KB140594

뉴턴의 물리학과 힘

17세기의 동역학

본 책은 (재)한국연구재단의 지원으로 한국문화사에서 출간, 유통을 한다.

서양편 · 740

뉴턴의 물리학과 힘

17세기의 동역학

리처드 샘 웨스트펄 지음
차동우, 윤진희 옮김

한국문화사

한국연구재단 학술명저번역총서 서양편·740

뉴턴의 물리학과 힘: 17세기의 동역학

발 행 일   2014년 11월 20일 초판 인쇄
          2014년 11월 25일 초판 발행

원   제   Force in Newton's Physics:
          The science of dynamics in the seventeenth century
지 은 이   리처드 샘 웨스트펄(Richard S. Westfall)
옮 긴 이   차 동 우, 윤 진 희
책임편집   이 지 은
펴 낸 이   김 진 수
펴 낸 곳   **한국문화사**
등   록   1991년 11월 9일 제2-1276호
주   소   서울특별시 성동구 광나루로 130 서울숲IT캐슬 1310호
전   화   (02)464-7708 / 3409-4488
전   송   (02)499-0846
이 메 일   hkm7708@hanmail.net
홈페이지   www.hankookmunhwasa.co.kr

ISBN 978-89-6817-186-4 93420

이 도서의 국립중앙도서관 출판시도서목록(CIP)은
서지정보유통지원시스템 홈페이지(http://seoji.nl.go.kr)와
국가자료공동목록시스템(http://www.nl.go.kr/kolisnet)에서
이용하실 수 있습니다. (CIP제어번호: CIP2014034427)

'한국연구재단 학술명저번역총서'는 우리 시대 기초학문의 부흥을 위해
한국연구재단과 한국문화사가 공동으로 펼치는 서양고전 번역간행사업입니다.

찬란했던 기원전 3세기, 17세기, 그리고 20세기, 그중에서 17세기에 대한 이야기

2008년 11월 14일, 사상(史上) 최초로 외계 행성의 모습을 직접 촬영했다고 해외 언론이 일제히 보도했다. 그것은 지구 밖에도 인간과 같은 고등 생명체가 존재할 가능성을 보여준 굉장한 뉴스였다.

하늘에 보이는 별은 모두 태양과 같이 크고 스스로 빛을 내지만, 행성은 작고 스스로 빛을 내지 않는다. 그래서 오랫동안 태양계에 속한 행성이 아닌 다른 별에 속한 행성은 비록 있다고 해도 직접 관찰할 수 없다고 여겼다. 또, 행성은 태양계에만 존재하고 고등 생명체 역시 지구에만 존재하지 않을까라고 막연히 생각하는 사람들도 있었다. 그런데 외계 행성의 직접 촬영을 시작으로, 우주의 존재를 인식할 수 있는 인간과 같은 고등 생명체가 지구가 아닌 다른 곳에도 존재할 가능성이 정말 있다고 생각하게 되었다. 그리고 그 뒤에도 이어서 다른 많은 외계 행성을 관찰했다는 보고를 실제로 속속 발표하고 있다.

그런데 인간과 같은 고등 생명체가 사는 행성이 정말 있다면, 그들도 인간처럼 과학기술 문명을 이룩할 수 있을지 궁금하다. 아니 어쩌면 인간보다 훨씬 더 수준이 높고 발달한 기술에 도달한 행성이 있을 것이라는 생각도 든다. 이 드넓은 우주에서 우리 인간만이 우주를 인식하는 외로운 존재인지, 아니면 하늘 저편에 그런 생각을 나눌 친구가 있어 그들과 만날 날이 있을 것이라는 희망을 가져도 되는지 정말 궁금하다. 물리학이 그런 궁금증을 풀어 줄 수가 있다. 물리학이 어떻게 발달했는지가 바로 인간이 자연 법칙을 깨달아간 과정이며, 물리학의 발달로 오늘날 우리가 누리고 있는 첨단 과학기술 문명이 가능해졌기 때문이다.

현대인들은 인간이 (또는 과학자들이) 자연 법칙을 아주 잘 알고 있다고 믿는다. 실제로 오늘날 물리학자들은 원자 내부의 미소(微小)한 세계에서 시작하여 우주 전체를 포함하는 광대(廣大)한 세계에 이르기까지 자연 현상이 어떤 법칙의 지배를 받으며 일어나고 있는지 거의 모두 이해하게 되었다고 생각한다. 그런데 지금부터 몇 백년 전 또는 몇 천년 전 사람들도 역시 자신이 살고 있는 시대의 사람들이 (또는 그 시대의 학자들이) 자연이 돌아가는 이치, 다른 말로 자연 법칙 또는 진리를 잘 알고 있다고 믿고 있었음이 틀림없다. 사람들은 그런 진리를 스스로 직접 깨달아서 진리인지 확인해보고 믿는 것이 아니라, 자기 윗대의 조상에게 이것이 진리라고 전해 듣고 믿는다. 그런 식으로 믿게 된 진리를 사람들은 결코 의심하지 않는다. 그렇지만 그렇게 굳게 믿었던 진리라도 그것이 옳지 않다는 분명한 증거가 나온다면, 그때는 사정이 달라진다. 그때는 사람들이 그동안 믿었던 진리를 대신할 새로운 진리를 찾아 나선다. 자연 현상을 지배하는 진리가 무엇인지 크게 생각을 바꾼 시기가 지금까지 세 번 있었다. 기원전 3세기와 17세기 그리고 20세기에 일어났다. 그 세 번의 기간이 인간의 역사에서 그 어느 때보다 인간의 사고(思考)를 활발하게 전개하고 찬란하게 꽃피웠던 시기이다. 리처드 웨스트펄의 『뉴턴의 물리학과 힘: 17세기의 동역학』은 17세기에 오늘날 우리가 알고 있는 물리학이 시작되면서 무슨 일이 벌어졌는지 역동적으로 전해주는 흥미진진한 이야기를 담고 있다.

★

과학에 별다른 생각이 없던 옛날 사람들은 모든 자연 현상은 신(神)이 좌지우지한다고 믿었다. 그러한 시대를 신화(神話) 시대라고 부르자. 신화 시대 사람들은 초능력이 있는 신이 자연 현상을 마음대로 변화시킬 수 있다고 생각했음이 틀림없다. 신에게 간절히 기도하면 신은 인간의 청을 들어서 자연 현상을 조절해 줄 수 있으며, 심지어 신이 마음만 먹는다면 아침에 태양이 서쪽에서 뜨게 만들 수도 있다고 믿었다.

그런데 기원전 3세기에 이르러, 고대 그리스에서 자연 현상을 면밀히 관찰하는 학자들이 많이 나왔다. 그들은 천상 세계를 지배하는 자연 법칙과 지상 세계를 지배하는 자연 법칙이 서로 다르다는 결론을 내렸다. 신이 살고 있는 천상 세계를 지배하는 자연 법칙은 완전하고 아름다워야 한다고 생각했다. 천상 세계에 속한 별들이 원을 그리며 운동하는 것이 그 증거이다. 별들은 완전한 형태인 원을 따라 이동하며 절대로 멈추지 않고 영원히 움직일 뿐 아니라 결코 변하지 않는 단 한 가지 종류의 물질로 이루어져 있다고 믿었다. 반면에 인간이 살고 있는 지상 세계는 불완전한 자연 법칙의 지배를 받는다고 생각했다. 그래서 지상 세계에 속한 물체는 힘을 받아야 비로소 움직이고 힘을 받지 않으면 움직이던 물체도 결국 정지한다고 생각했다. 또한 지상 세계에 속한 물질은 불완전하여 끊임없이 다른 물질로 바뀐다고 생각했다.

기원전 3세기의 고대 그리스 시대에 비롯한 천상 법칙과 지상 법칙에 대한 믿음은 근 2천 년에 이르는 중세 기간 내내 계속되었다. 그렇지만

16세기에 이르러 그동안 진리라고 믿었던 것이 옳지 않다는 증거가 드러나기 시작했다. 행성들의 운동을 면밀하게 관찰하여 얻은 브라헤의 자료를 수학적으로 분석한 케플러는 행성의 운동에 대한 법칙을 도출해냈다. 그 뒤로 사람들은 행성들이 원궤도가 아니라 태양을 한 초점으로 하는 타원궤도를 따라 회전한다는 사실을 알게 되었다. 또한 이탈리아의 갈릴레이는 지상 세계에 속한 물체가 힘을 받지 않으면 움직이던 물체도 결국 정지하게 된다는 지상 법칙이 옳지 않다는 것을 사고(思考)실험을 통하여 증명했다.

케플러의 공로로 행성들이 실제로 어떤 운동을 하는지 제대로 알게 되었지만, 당시 학자들은 그것으로 문제가 해결되었다고 보지 않았다. 오히려 더 중요한 문제가 새롭게 제기되었다고 보았다. 행성들이 왜 원궤도가 아닌 타원궤도를 그리며 회전하는지 이해할 수가 없었다. 원래 브라헤가 행성들의 운동을 조사하기 시작한 것은 코페르니쿠스의 지동설 때문이었다. 브라헤는 지동설이 옳지 않음을 증명하기 위해 행성들의 운동을 직접 관찰해보자고 작정했다. 사실 지동설을 주장한 코페르니쿠스도 행성들이 원궤도를 그리지 않으리라고는 꿈에도 상상하지 못했다. 그리고 브라헤의 믿을만한 자료에 근거해서 도출된 케플러 법칙으로 사람은 행성이 원이 아니라 타원궤도를 그리며 운동한다는 것을 분명하게 알았다. 그러나 이렇게 운동하는 이유는 도저히 알 수가 없었다.

이 문제를 해결한 사람이 뉴턴이다. 그는 태양과 행성 사이에 인력이 작용하기 때문에 행성이 태양 주위를 회전한다고 생각했다. 힘은 두 물체가 접촉하는 경우에만 작용한다고 생각하던 시기에 발표된 이러한 제안은 획기적이었다. 뉴턴은 태양과 행성들 사이뿐 아니라 자연에 존재하는 모든 물체 사이에도 그러한 인력이 작용한다고 믿고, 원래부터 모든 물체가 지니고 있는 인력의 원인을 물체의 질량이라고 불렀다. 그리고 두 물체 사이에 작용하는 인력의 크기는 그들이 지닌 질량의 곱에 비례하고 그들 사이의 거리의 제곱에 반비례하는 것으로 보았다. 이것이 바로 유명한 뉴턴의 만유인력 법칙이다.

만유인력 법칙만으로는 왜 행성들이 태양 쪽으로 끌려가지 않고 오히려 태양 주위를 타원궤도를 그리며 운동하는지 설명할 수 없다. 뉴턴은 물체에 힘이 작용하면 이 힘은 물체에 가속도를 만드는 원인이 된다고 했다. 지상 세계에 속한 물체에 힘이 작용하면 그 물체의 위치가 바뀌게 된다는 종전의 지상 법칙을, 힘은 물체의 속도를 바꾸는 원인이 된다는 것으로 수정한 셈이다. 이것이 바로 유명한 뉴턴의 운동 법칙으로 뉴턴의 운동 방정식이라고도 알려진 $F=ma$이다. 행성의 운동에 뉴턴의 만유인력 법칙과 뉴턴의 운동 법칙을 적용하면 왜 케플러 법칙이 성립하는지 잘 설명할 수 있다. 이렇게 발견된 뉴턴의 운동 방정식은 놀랍게도 천상 세계에 속한 행성들의 운동을 설명해줄 뿐 아니라 지상 세계에 속한 물체에도 역시 똑같이 성립했다. 그래서 이 세상은 천상 세계와 지상 세계로 구분되지 않고 모두 동일한 자연 법칙의 지배를 받는다는 것이 밝혀졌다. 이렇게 해서 17세기에 이르러 인간은 지상 세계와 천상 세계를 포함한 모든 자연 현상에서 성립하는 자연 법칙을 찾아냈다. 또한 뉴턴 역학은 자연에서 관찰할 수 있는 어떤 현상에도 모두 다 성공적으로 적용되었다. 그리하여 인간은 올바르고 궁극적인 진리를 찾아냈다고 믿었고, 19세기 말에는 물리학이 완성되었다고 확신하는 학자들이 많았다.

그러나 20세기로 들어서기 직전, 뉴턴 역학으로는 설명할 수 없는 현상들이 우연히 관찰되기 시작했다. 당시에는 물질을 구성하는 기본 입자가 원자일 것으로 생각했고 그 내부는 오직 신(神)만 아는 존재일 것이라고 상상했다. 그런데 음극선관 실험에서 전자(電子)를 발견한 톰슨은 전자가 원자에서 나오는 것이라고 생각하고, 전기적으로 중성인 원자 내부에는 구름 형태로 양전하가 분포하고 음전하를 지닌 전자들은 그 양전하 구름 사이사이에 박혀있을 것이라는 원자 모형을 제안했다. 그 뒤에 톰슨의 제자였던 러더퍼드는 톰슨의 원자 모형을 확인해볼 목적으로 당시 새로 발견된 방사선인 알파선을 금 원자에 충돌시켜서 그 내부를 조사했다.

러더퍼드의 실험 결과는 예상과 전혀 달랐다. 원자 내부는 거의 빈 공간이었고 양전하는 원자 중심부 아주 작은 공간에 밀집되어 있었다. 러더퍼드는 이렇게 해서 원자핵을 발견했다. 원자핵은 아주 작아서 만일 원자 크기가 야구장만 하다면 원자핵은 모래 한 알만 하지만 원자핵이 원자 전체 질량의 99.95% 이상을 차지한다는 것이 밝혀졌다. 원자핵은 양전하이고 전자는 음전하이므로 원자 내부 여기저기에 전자가 정지해 있다면 전자들은 즉시 원자핵으로 끌려들어가고 말 것이다. 그래서 러더퍼드는 전자들이 원자핵의 주위를 회전한다는 원자 모형을 제안했다. 그러나 곧 러더퍼드의 원자 모형도 수정되어야 했다. 그때 이미 잘 알고 있던 전자기(電磁氣) 이론에 의하면 가속 운동을 하는 전하(電荷)는 전자기파를 방출하며 자신의 운동 에너지를 잃어야 했기 때문이었다. 또한 원자핵 주위를 회전하는 전자는 전자기파를 내보내면서 회전 속력이 줄어들고, 그러면 전자의 회전 반지름도 감소하여 결국에는 원자핵 주위를 회전하는 모든 전자가 원자핵으로 끌려들어가기 때문이었다.

이와 같이 원자핵이 발견되고 원자가 기본 입자가 아니라 내부에 또 다른 구성 입자를 가지고 있다는 것이 알려지고, 원자의 내부 세계를 설명할 수 있는 자연 법칙은 무엇인가라는 문제가 새롭게 나타났다. 그렇게 옳다고 확신했던 당시 물리학은 원자 내부 세계에서는 더 이상 성립하지 않는 것처럼 보였다. 그래서 이제 당시 물리학으로 설명할 수 있는 세계와 그렇지 못한 세계로 세상을 구분해야만 했다. 전자(前者)를 거시 세계 그리고 후자(後者), 즉 원자 내부 세계를, 미시 세계라고 부르자. 이런 문제를 해결하려면 미시 세계에 대한 더 많은 정보가 필요했는데, 사실은 그런 정보가 이미 많이 나와 있었다. 러시아의 과학자 멘델레예프는 1869년에 원소의 주기율표를 발표했다. 주기율표는 당시 알려진 원소들을 질량 순으로 배열한 것인데, 그로부터 동일한 화학적 성질을 가진 원소들이 주기적으로 출현하는 것을 알 수 있었다. 이는 원소 하나하나가 모두 독립적으로 존재하는 기본 입자가 아니라는 명백한 증거이다. 또한 뜨거운 기체에서 나오는 빛도 역시 미시 세계, 즉 원자 내부의 정보를 가지고 있을 것임에 틀림없었다. 18세기 말에는 이미 빛을 프리즘에 통과시켜 그 빛의 진동수를 알아내는 분광(分光) 기술이 매우 정교하게 발달해 있었는데, 뜨거운 고체에서 나오는 빛의 진동수는 연속적으로 분포하지만, 뜨거운 기체에서 나오는 빛의 진동수는 불연속적이었다. 스위스의 고등학교 교사인 발머는 뜨거운 수소 기체에서 나오는 빛의 몇 가지 진동수로 규칙적인 관계식을 만들 수 있다는 것을 발견했다. 그러나 당시 알고 있던 물리학으로는 발머의 공식이 왜 성립되는지 도저히 설명할 수가 없었다.

20세기로 들어서기 직전, 당시 물리학으로는 해결할 수 없는 것처럼 보이는 문제들이 또 있었다. 독일의 물리학자 플랑크는 뜨거운 고체에서 방출되는 복사파의 세기를 진동수의 함수로 표현하는 식을 만들려고 노력했다. 진동수가 증가할수록 세기는 더 커지다가 어떤 진동수에 이르면 최고가 되고 그보다 더 큰 진동수에서는 진동수가 증가할수록 세기는 점점 더 약해졌다. 그런데 당시 이론으로는 복사파의 세기가 이렇게 바뀌는 모습을 설명할 수가 없었다. 단지 세기가 최대인 진동수를 중심으로 진동수가 낮은 쪽과 높은 쪽을 따로따로 설명하는 공식이 나와 있을 뿐이었다. 레일레이와 진스가 진동수가 낮은 쪽의 공식을 만들었고, 빈

이 진동수가 높은 쪽의 공식을 만들었다. 그런데 플랑크는 우연히 레일레이-진스 공식과 빈의 공식을 하나로 연결할 방법을 찾아냈다. 그렇지만 그것은 당시로는 도저히 이해할 수 없는 가정 아래서만 가능했다. 뜨거운 고체에서 나오는 복사파의 에너지가 아주 작지만 유한한 에너지의 정수배여야만 했다. 그보다 더 작은 에너지를 이용하면 양쪽을 잇는 복사 공식을 도저히 만들 수가 없었다. 이것은 복사파가 파동이 아닌 입자로 구성되어 있다고 생각하게 했다. 이렇게 더 이상 나눌 수 없는 가장 작은 에너지양을 규정하는 상수를 플랑크 상수라고 한다.

20세기에 들어와서도 그런 문제점들이 계속 나타났다. 금속 표면에 빛을 쪼여주면 금속 내부의 전자가 바깥으로 튕겨져 나오는데, 이 현상을 광전(光電) 효과라고 한다. 1886년에 헤르츠가 처음으로 광전 효과를 관찰했고, 전자를 발견했던 톰슨이 1899년에 빛을 쪼여준 금속에서 튕겨져 나오는 것이 정말 전자임을 확인했다. 그런데 1902년에 레너드는 당시 알고 있던 물리학 지식으로는 이 광전 효과 현상을 도저히 설명할 수 없다는 점을 실험으로 확인했다. 금속 표면에 빛을 쪼이면 금속 내부의 전자가 빛의 에너지를 흡수하여 운동 에너지가 증가하고, 이 에너지가 충분히 커지면 금속 바깥으로 튕겨져 나올 것이라고 예상할 수 있다. 그리고 당시 빛은 파동인 전자기파의 일종이며, 따라서 빛이 나르는 에너지는 빛의 세기에 비례한다고 알고 있었다. 그런데 광전 효과에서는 빛의 세기를 아무리 증가시켜도 나오지 않던 전자가 튕겨 나오는 경우는 없었고, 오히려 빛의 세기가 아무리 약하더라도 빛의 진동수를 증가시키면 나오지 않던 전자가 튕겨져 나오는 것을 관찰했다. 그리고 일단 전자가 튕겨져 나오기 시작할 때 빛의 세기를 증가시키면 나오는 전자의 수가 빛의 세기에 비례하여 많아졌다.

1905년에 아인슈타인은 빛이 입자라고 생각하면 광전 효과 문제가 해결된다고 제안했다. 그런데 여기서도 플랑크 상수가 중요한 역할을 했다. 빛이 입자들의 흐름이라고 생각하고 빛 입자 하나가 나르는 에너지는 플랑크 상수에 그 빛의 진동수를 곱한 것과 같다고 하면 광전 효과에서 관찰되는 모든 현상을 아주 잘 설명할 수 있었다. 빛이 입자라는 증거는 여기서 그치지 않았다. 1923년에 콤프턴은 단색광 빛을 전자에 충돌시켜 충돌 후 빛의 색깔이 바뀌는 것을 관찰했는데, 이때 빛을 입자라고 보고 구한 빛의 운동량이 플랑크 상수를 그 빛의 파장으로 나눈 것과 같다고 놓으면 충돌 전후 운동량의 합이 같도록 빛의 색깔이 바뀐다는 것을 발견했다. 이것은 빛과 전자의 충돌이 마치 당구공끼리의 충돌과 똑같은 방법으로 기술될 수 있다는 것을 의미했다. 만일 빛이 입자가 아니라 파동이라면 전자와 충돌한 뒤 회절하더라도 충돌 뒤 빛의 진동수가 바뀔 수는 없다.

이야기는 여기서 끝나지 않고 계속되었다. 원래 역사학자였던 드브로이는 빛이 입자일 수도 있다는 증거가 나왔다는 소식을 듣고 물리학에 관심을 가지기 시작했다. 1924년에 그는 만일 파동이라고 믿었던 빛이 입자라면 그동안 입자라고 믿었던 전자가 파동일 수도 있지 않겠느냐는 내용의 박사 학위 논문을 파리 대학에 제출했다. 드브로이의 생각은 1927년에 데비슨과 저머가 미국에서, 그리고 전자를 발견한 톰슨의 아들인 G. P. 톰슨이 영국에서 각각 독립적으로 수행한 실험으로 증명했다. 결정체를 통과시킨 전자들에서 파동만의 특징인 회절 현상이 관찰된 것이다.

이와 같이 뉴턴 역학과 물리학에 대한 믿음이 확고해진 시기에, 미시 세계에 관해서 당시 물리학으로는 도저히 해결할 수 없는 문제들이 제기되었다. 그리고 마치 17세기에 브라헤가 수집한 행성들의 운동에 대한 관측 자료에서 경험 법칙인 행성의 운동에 대한 케플러 법칙이 나왔듯이, 20세기 초에는 미시 세계에 대한 수많은 실험 자료를 설명해주는 경험 법칙들이 나왔다. 1913년에 보어는 러더퍼드의 원자 모형을 수정한 원자 모형을 발표했다. 보어는 전자가 원자핵 주위에서 정해진 궤도를 회전하면 전자기파를 방출하지 않고 안정된 상태를 유지하며 전자가 높은 에너지의 안정된 궤도에서 낮은 에너지의 안정된 궤도로 옮겨갈 때만 전자기파를 방출한다고 생각했다. 보어의 원자 모형에서 안정된 궤도는 회전하는 전자의 각운동량이 플랑크 상수를 2π로 나눈 값의 정수배일 때뿐이다. 그리고 전자가 높은 에너지의 궤도에서 낮은 에너지의 궤도로 옮길 때는 그 에너지 차이를 플랑크 상수로 나눈 값과 같은 진동수의 전자기파를 방출한다. 그리고 보어의 원자 모형을 이용하면 뜨거운 기체가 방출하는 빛에서 관찰되는 선 스펙트럼의 진동수 사이의 관계도 잘 설명할 수 있었다.

그리고 1927년에 하이젠베르크는 전자 등과 같이 원자 내부 세계에서 관찰된 자료들을 보면 왜 그런지는 모르지만, 위치가 불확실한 정도와 운동량이 불확실한 정도의 곱이 플랑크 상수보다 더 작을 수는 없다는 불확정성 원리를 발표했다. 예를 들어, 전자의 위치를 정확히 알면 전자의 운동량 값은 전혀 알 수가 없고 반대로 전자의 운동량을 정확히 알면 전자의 위치는 전혀 알 수 없다는 것이나. 또힌 1928년에 파울리는 여러 종류의 뜨거운 기체가 방출하는 선 스펙트럼의 진동수를 분류하면서, 왜 그런지는 모르지만 보어의 원자 모형에 나오는 전자들에 대해, 모든 면에서 동일한 상태에 두 개 이상의 전자가 존재할 수는 없다는 배타 원리를 발표했다.

20세기가 시작되면서 드러난 미시 세계를 지배하는 자연 법칙과 연관된 사정은 17세기에 대두되었던 것과 비슷했다. 천상 세계의 물체들이 완전한 원운동을 한다고 굳게 믿고 있던 시대에 경험 법칙인 케플러 법칙을 알게 되었다. 사람들은 케플러 법칙이 왜 성립되는지 그 이유를 몰랐는데, 그때 뉴턴이 제안한 만유인력 법칙과 운동 법칙으로 문제가 단번에 해결되었으며 그것이 고전 물리학의 기초가 되었다. 이제 고전 물리학이 자연의 진리라고 굳게 믿고 있던 시대에 미시 세계에서 관찰된 자료를 설명하려면 경험 법칙인 보어의 원자 모형이나 하이젠베르크의 불확정성 원리, 그리고 파울리의 배타 원리 등이 필요했는데 사람들은 그런 법칙들이 왜 성립되는지 알 수 없었다. 그렇지만 20세기에는 문제를 단번에 명쾌하게 해결해주는 17세기의 뉴턴 같은 사람이 나타나지 않았다. 대신 많은 학자가 서로 의견을 나누며 고심하면서 해결책을 모색해 나갔다. 그리고 마침내 미시 세계에서 성립하는 자연 법칙을 찾아냈는데, 그 이론 체계를 양자 역학이라고 부른다. 그리고 뉴턴의 운동 방정식이 뉴턴 역학에서 했던 역할을 슈뢰딩거 방정식이 양자 역학에서 담당한다. 즉 슈뢰딩거 방정식은 미시 세계에서의 현상에 적용되는 운동 법칙이다.

　미시 세계와 연관된 것 외에도, 19세기 말부터 관찰하기 시작한 현상 중에서 당시 물리학으로는 도저히 이해할 수 없는 것이 또 있었다. 바로 광속이 일정하다는 실험 결과가 그것이다. 광속이 일정하다는 말은 빛의 속도가 변하지 않는다는 의미이다. 그러나 예를 들어, 공기를 통과하는 빛의 속도나 물을 통과하는 빛의 속도가 바뀌지 않고 같다는 단순한 의미가 아니다. 매질이 다르면 빛의 속도도 바뀐다. 광속이 일정하다는 말은 똑같은 빛의 속도를 측정하는데 서로 상대적으로 움직이는 두 사람이 관찰하더라도 똑같다는 의미이다. 그래서 광속이 일정하다는 결과는 당시 물리학으로는 도저히 이해할 수 없었던 것이다. 이 문제에 대해 논리적으로 올바른 해답을 추구하는 과정에서 아인슈타인은 상대성 이론이라는 이론 체계를 수립했다.

아인슈타인의 상대성 이론은 1905년에 발표한 특수 상대성 이론과 1916년에 발표한 일반 상대성 이론으로 구성된다. 특수 상대성 이론에서는 상대방 기준계에 대해 서로 등속도 운동을 하는 두 기준계에서 대상 물체의 운동을 관찰하면 그 운동을 기술하는 방법이 두 기준계에서 어떻게 다르게 표현되는가를 다룬다. 그리고 일반 상대성 이론은 두 기준계가 서로 상대방에 대해 가속도 운동을 하는 경우까지 확장한 것이다.

특수 상대성 이론에 따라 인간은 그동안 공간과 시간에 대해 잘못된 개념을 가지고 있었음을 깨닫게 되었다. 뉴턴 역학에서는 공간과 시간을 서로 아무런 관계도 없는 절대 공간과 절대 시간으로 이해하고 있었으나, 아인슈타인은 광속이 일정하다는 실험 사실을 근거로 공간과 시간이 본질적으로 동일한 존재라는 결론에 도달했다. 또한 특수 상대성 이론에서 시간 지연과 길이 수축이라는 당시에는 도저히 이해할 수 없는 현상을 예언하기도 했는데, 오늘날 실험실에서는 시간 지연과 길이 수축이 일상사로 일어나고 관찰할 수 있다.

20세기에 들어와 종전의 물리학을 수정한 양자 역학과 상대성 이론을 함께 현대 물리학이라고 부른다. 그리고 현대 물리학과 대비하는 의미로, 19세기까지 이론 체계가 완성된 뉴턴 역학과 맥스웰이 통합한 전자기학을 함께 고전 물리학이라고 부른다. 현대 물리학에 속하는 상대성 이론과 양자 역학 중에서 상대성 이론은 공간과 시간의 개념을 제대로 이해하도록 수정한 이론이라고 한다면, 양자 역학은 거시 세계와 구별되는 미시 세계에 속한 자연 현상에 대한 기본 법칙을 알려주는 이론이다. 양자 역학이 나온 초기에는 미시 세계의 기본 법칙인 양자 역학이 진리이고 거시 세계에서 성공적으로 적용된 뉴턴 역학은 진리가 아니라 단순히 양자 역학의 근사 이론이라고 생각하기도 했지만, 오늘날에는 미시 세계를 기술하는 언어가 거시 세계를 기술하는 언어와 근본적으로 다르다고 보는 것이 옳다고 생각한다.

　그러나 특수 상대성 이론과 뉴턴 역학 사이의 관계는 양자 역학과 뉴턴 역학 사이의 관계와는 다르다. 뉴턴 역학은 절대 공간과 절대 시간이라는 개념 아래서 시작하는데, 공간과 시간에 대해서는 특수 상대성 이론이 옳다. 그래서 뉴턴 역학이 엄밀하게는 틀린 이론이다. 그렇지만 뉴턴 역학을 적용하는 거시 세계에서 관찰할 수 있는 현상에서는 특수 상대성 이론의 효과가 전혀 나타나지 않을 정도로 미미하기 때문에 뉴턴 역학으로 얻는 결과나 특수 상대성 이론을 제대로 적용하여 얻는 결과나 똑같다. 그렇지만 물체의 속도가 광속에 근접하는 현상에서는 특수 상대성 이론을 제대로 적용하여 얻은 결과와 그렇지 않은 결과 사이에는 큰 차이가 난다. 그런 경우에는 뉴턴 역학의 결과는 틀리고 특수 상대성 이론을 제대로 적용한 결과만 옳다. 그런 의미에서 뉴턴 역학은 비상대론적 근사이론이라고 말하기도 한다.

　특수 상대성 이론이 성공적이라고 판명된 뒤 아인슈타인은 두 관찰자가 서로에 대해 일반적인 운동, 즉 가속 운동을 하는 경우로 상대성 이론을 확장했다. 특수 상대성 이론에서와 마찬가지로, 일반 상대성 이론을 수립하는 과정에서도 역시 아인슈타인은 엄격하게 논리에 의존했다. 양자 역학은 관찰한 실험 사실을 설명할 수 있도록 이론을 다듬고 다듬어 완성했다면, 아인슈타인은 논리적으로 모든 것이 들어맞도록 일반 상대성 이론을 짜 맞추어 나갔다. 그리고 일반 상대성 이론을 수립하는 과정에서 아인슈타인은 가속 운동에 의한 효과와 중력 효과가 서로 구별되지 않고 동등하다는 결론에 도달했다. 그래서 아인슈타인의 일반 상대성 이론을 중력 이론이라고 부르기도 한다. 일반 상대성 이론은 그렇게 하여 뉴턴의 만유인력 법칙과 운동 법칙을 대체하는 이론으로 대두된다. 그뿐 아니라, 일반 상대성 이론은, 아인슈타인 자신도 미리 예상하지 못했지만, 우주의 창조와 진화 과정을 설명하는 우주론인 대폭발이론의 모체가 된다.

그렇다. 외계의 어떤 행성에 고등 생명체가 출현했다면, 그들도 처음에는 신(神)이 모든 것을 좌지우지한다고 믿지 않을까? 그리고 그렇게 시작했다면 지구의 인간과 똑같은 과정을 거쳐서 결국에는 직접 관찰할 수 없는 미시 세계에 대한 자연 법칙과, 역시 직접 관찰할 수 없는 우주 전체에 대한 우주론까지 깨닫게 되지 않을까?

★

인간이 자연의 진리라고 생각했던 믿음이 급격하게 바뀌었던 기원전 3세기와 17세기 그리고 20세기 중에서 얼핏 생각하면 17세기가 가장 쉬웠을 것처럼 여겨진다. 뉴턴이 만유인력 법칙과 운동 법칙을 발견하여 코페르니쿠스에서 케플러에 이르기까지 제기했던 문제들이 한 번에 해결된 것처럼 보였기 때문이다. 그렇지만 아니었다. 20세기에 들어서면서 양자역학과 상대성 이론을 수립하기까지 처음 시작한 학자들 당대(當代)에 20~30년이 걸렸다면, 17세기에는 갈릴레오에서 뉴턴에 이르기까지 수많은 학자가 기여하면서 근 한 세기가 필요했다. 리처드 웨스트펄은 『뉴턴의 물리학과 힘: 17세기의 동역학』에서 바로 17세기에 뉴턴 역학을 수립하기까지 어떤 과정을 거쳐왔는지 자세하게 소개했다.

20세기에 들어와 당시 옳다고 믿었던 고전 물리학이 미시 세계와 관계된 현상에 적용되지 않았는데, 이것이 단지 뉴턴의 운동 법칙이 미시 세계에서 성립되지 않아서 대신 다른 법칙을 찾아야 했던 그런 문제가 아니었다. 미시 세계를 기술하는 언어가 거시 세계를 기술하는 언어와 전혀 달랐기 때문이었다. 그것을 처음 알려준 것이 빛의 이중성(二重性)이었다. 거시 세계에서는 어떤 존재가 입자이면 그것은 절대로 파동일 수 없다. 또한 어떤 존재가 파동이면 그것은 절대로 입자일 수 없다. 그런데 빛은 입자이기도 하고 파동이기도 하다. 그것이 빛만의 특별한 성질이 아니라, 사실은 미시 세계에서는 모든 존재가 입자이자 파동이고, 더 정확하게는 미시 세계는 모든 존재가 거시 세계의 언어인 입자와 파동으로 구분되는 그런 세계가 아니었고 새로운 언어가 필요했다.

17세기에도 마찬가지였다. 당시 옳다고 믿고 있던 천상 법칙이 행성들에게 적용되지 않았던 것을 해결하기 위해서는 새로운 언어가 필요했다. 17세기에는 오늘날 우리에게는 너무 당연하고 친숙한 속도, 운동량, 충격량, 힘 등이 무엇을 의미할지 정하는 것이 필요했다. 그중에서도 힘에 대한 개념이 가장 중요했고 물체의 운동이란 무엇인지를 인식하는 방법 자체부터 대변혁이 요구되었다. 힘의 개념에 대한 새로운 인식은 갈릴레오에서 비롯되었는데, 웨스트펄의 책은 갈릴레오부터 (아래 표에 보인) 데카르트, 호이겐스, 그리고 라이프니츠 등을 거쳐서 뉴턴에 의해 힘의 개념이 확실히 정립될 때까지 100년 동안의 이야기를 담고 있다. 물론 책에는, 이들 다섯 명의 주요 등장인물들 외에도, 17세기 중엽에 가상디(프랑스), 홉스(영국), 발리아니(이탈리아), 메르센(프랑스), 마르시(체코), 토리첼리(이탈리아) 등이, 그리고 17세기 말엽에 파디스(프랑스), 드 샤를(프랑스), 렌(영국), 후크(영국), 보렐리(이탈리아), 윌리스(영국), 마리오트(프랑스), 로베르발(프랑스) 등이 어떻게 힘의 개념을 정착시키는 데 기여했는지 이야기하고 있다.

★

이 책은 영어로 쓰여 있지만 라틴어, 이탈리아어, 프랑스어 등의 외국어를 광범위하게 인용하고 있다. 이 책에서 외국어를 인용할 때 영어로 부연 설명한 경우도 있고 그렇지 않은 경우도 있다. 이 번역본에서는

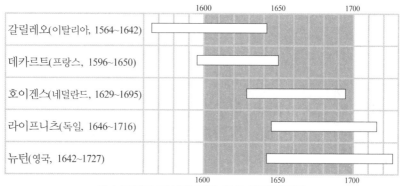

웨스트펄의 저서에 나온 주요 등장인물들

영어만 번역을 하고 영어가 아닌 외국어는 원문을 그대로 두었다. 다만 필요하면 그 외국어가 무슨 의미인지 역주를 달았다. 본문에 이미 영어로 설명을 했거나 그렇지 않더라도 본문의 내용으로 의미가 분명한 것은 따로 역주를 달지 않았다. 역주는 설명할 대상이 되는 부분의 바로 뒤에 괄호를 하고 달았는데, 본문과 구분을 쉽게 만들기 위해 별색으로 표기했다. 이 책에서 외국어로 인용한 용어나 논문의 제목 또는 중요하다고 생각되는 문장은 이탤릭체로 표기했다. 이 책에 이탤릭체로 표기한 부분을 번역본에서는 모두 별색 굵은 글자로 표기했다.

이 책에는 상당히 많은 인명이 등장한다. 본문에 나오는 인명은 모두 한글로 표기했는데, 그 인명이 최초로 나올 때 괄호 안에 그 이름의 원문을 표기했다. 본문에 나오는 서명(書名)이나 논문 제목 등도 모두 한글로 번역했는데, 그 제목이 최초로 나온 때 괄호에 원문을 표기했다. 서명이나 논문 제목이 영어가 아닌 외국어면 원문을 그대로 두었고 필요하면 역주를 달아 그 의미를 설명했다.

마지막으로, 이 책에는 인용한 책이나 논문의 내용 중 한두 문단을 있는 그대로 소개한 부분이 상당히 많이 포함되어 있다. 이 부분도 영어는 번역하고 영어가 아닌 외국어의 경우에는 원문을 그대로 두었으며 따로 역주를 달지도 않았다. 그렇게 외국어로 소개된 부분은 저자가 단순히 그 부분의 의미를 전달하려고 하기보다는 원전(原典)의 내용을 그대로 독자에게 보여주려 했다고 생각된다. 7장과 8장에서는 뉴턴의 어릴 적 일기장에서 그대로 소개한 부분도 많이 포함되어 있는데, 그 부분도 번역하지 않고 별색 문자로 그대로 표기했다. 거기서도 역시 저자가 그 부분의 의미를 전달하려고 하기보다는 원래 뉴턴이 쓴 것을 그대로 독자에게 보여주려 했다고 생각된다.

이 책은 2011년도 정부(교육과학기술부)의 재원으로 한국연구재단의 지원을 받아 출판되었다(NRF-2011-421-C00004). 한국연구재단의 지원에 감사드린다.

이제는 기억하기조차 힘든 오래 전에, 나는 힘에 대한 뉴턴의 개념을 공부하려고 이 책의 집필을 시작했다. 과학 역사 도서관의 편집장인 미카엘 허스킨(Michael Hoskin)의 추천으로 붙이게 된 뉴턴의 물리학과 힘이라는 책 제목은 그 당시 프로젝트를 위해서 임시로 사용했던 것이다. 역사학자로서 나는 시작할 때부터 힘에 대한 뉴턴의 개념을 그 이름에 걸맞게 조사하려면 반드시 17세기 역학 전반을 아우르는 무대에서 보는 것이 필요함을 알았지만, 순진하게도 나는 그런 프로젝트가 얼마나 엄청난 일일지는 거의 깨닫지 못했다. UCLA의 갈릴레오 탄생 400주년 기념 행사에서 갈릴레오에 관한 논문을 발표해달라는 초청을 받고서 힘의 개념이라는 관점에서 시작하여 갈릴레오의 역학을 새롭게 연구해보겠다는 생각을 했는데, 그때도 나는 여전히 뉴턴 자신에 대해 연구하고 있었다. 뉴턴 이전의 17세기가 뉴턴의 동역학을 얼마나 잘 조명할 수 있는지 알고부터 나의 연구가 앞으로 어떻게 진행될지 아이디어도 생겼다. 뉴턴이 여전히 전체 분량의 4분의 1이상을 차지하고 있다는 점에서 이 연구는 초기 의도를 유지하고 있다. 그렇지만, 이 연구는 17세기 동역학의 역사를 상당 부분 포함하고 있어서, 17세기의 동역학이라는 부제(副題)를 추가하게 되었다.

　이 연구가 17세기의 동역학에 대한 역사라면, 나는 그것이 색다른 역사라고 생각하고 싶다. 비록 동역학의 모든 중요 발전을 상당히 자세히 다루었지만, 이를 분류해서 모으는 데 주된 관심이 있었던 것은 아니다. 오히려 나는 현대 동역학에 이르는 길을 가로막는 장애물이 무엇이었는지 이해하려 했고, 또 풀어야만 했던 개념의 매듭이라는 다른 모습을 통해 바라보고자 했다. 내가 바라본 시각(視覺)이 17세기 동역학을, 그 과학을 만들어냈던 사람들의 눈을 통하여 보는 것이라 하면 틀리지 않을 것이다. 그래서 나는 그 사람들이 자기들의 전문 분야에 전력을 다 했던 문제를 정의(定義)하고, 그리고 그 사람들이 마음대로 이용할 수 있는 지적(知的) 장치와 관련해서 제안했던 해결책이 무엇이었는지 보려 했다. 그렇지만, 동시에 나는 3세기에 걸쳐 조망할 수 있는 장점도 활용하려 했다. 나는 17세기의 어떤 과학자도 이 연구에서 논의한 일련의 질문들을 20세기 역사학자들이나 가능할 정도로 명료하게 기술했을 것이라고 믿지 않는다. 오늘날 우리에게도 여전히 옳게 보이는 그들의 업적을 단순히 열거하는 정도로만 그치지 않기 위해서 그들의 눈으로 동역학을 바라볼 필요가 있다면, 그들의 문제가 무엇이었는지 충분히 이해하기 위해 그들의 혼동을 현재 우리의 위치에서 바라볼 필요도 있다. 나는 감동을 기대하면서 17세기의 동역학 공부를 시작했고, 그 결과에 실망하지 않는다. 기초 동역학은 이제, 총명한 학생이라면, 17세기 한 세기에 걸쳐 만들어 낸 모든 것을 불과 몇 주일 동안에 정복할 수 있을 정도로 합리화되고 체계화되었다. 그들이 어떻게 기초 동역학을 만들 수 있었는지 자세히 연구해보면 그 작업이 간단했으리란 의구심은 사라질 것이다. 앞서 얘기한 두 관점에서 보면, 17세기에 새로운 동역학의 창시는, '천재들의 세기'에 충분히 걸맞은 성공으로서 인간 정신이 이룩한 최고봉 중의 하나인 듯하다.

약간의 의문이라도 남을 경우를 대비해서, 솔직히 말하자면, 이것은 생각의 역사이다. 나는 동역학이 출현하게 된 사회적 그리고 경제적 무대는 거의 관심이 없었다. 이 책이 끝났을 때, 부르주아 계급의 수준이 나의 노력으로 이 책의 첫 페이지가 시작될 때보다 1인치라도 더 높아진 것이 없다. 능력을 갖춘 많은 사람이 17세기 동안 일반적으로는 자연과학에, 특히 역학에 전념했다는 사실은 유럽의 사회적 그리고 경제적 상황에 상당 부분 의존했다는 것을 의심할 여지가 없다. 그렇지만 내 경험을 조금이라도 따른다면, 역학에 대한 17세기의 문헌에서, 경제적 시스템에 따라 주어진 실용적인 생각이나 기술적인 문제들이 과학의 개념적 발전을 인도했고 결정했다고 결론을 내리기는 불가능하다. 당시에 동역학이 가장 중요하게 적용된 대상은 순수 과학에서의 문제들이었다. 한 예로, 뉴턴의 Principia에서는 여기서 등장하는 천체(天體) 동역학이 어디에 사용되는지 단적으로 보여주고 있다. 그리고 17세기만 놓고 볼 때는, 그 결론을 효과적으로 사용한 사람들은 그 다음 시대의 기술자들이었는데, 이는 계획된 일이었기보다는 우연이었다. 이 책에서 내가 얘기하고자 하는 것은 사회적 상황이나 실용적 생각들이 아니라, 17세기 초에 제안된 운동에 대한 새로운 생각에 따른 개념의 발전에 관한 것이다. 비록 사회적 요소에 관심을 기울이지는 않았지만, 그렇다고 기술적이고 수학적인 의문들에 더 관심을 기울인 것도 아니다. 물론 17세기 동역학에서 수학의 중요성을 부정하려는 의도는 전혀 없다. 예를 들어, 그때까지 정량적인 역학의 손에 닿지 않았던 전혀 새로운 영역의 문제들이 미적분학과 함께 정확하게 다룰 수 있게 되기도 했다. 그렇지만, 나의 주된 관심사는 개념적 문제들에 초점을 맞추고 있다. 그리고 뉴턴에 이르기까지 동역학이 개발되는 동안에, 나에게는 그런 문제들이 동역학이라는 과학의 중심이 되는 것처럼 보인다. 나의 시도는, 한편으로는 이어져 내려오던 생각에서 오는 한계와, 다른 한편으로는 자연에 대해 널리 퍼져있던 철학이 부과한 한계 내에서 개념의 발전과정을 쫓아가는 것이었다.

　조금은 놀랍게도 원고를 완성하면서 나는 어쩌면 암묵적으로 오늘날 과학의 역사라는 분야를 괴롭히는 질문에 대해 말하고 있었는지도 모른다는 것을 깨달았다. 과학적 변화는 점진적으로 발전하는 문제인가 아니면 급격한 패러다임의 전환인가? 본문에서 상세하게 제시하겠지만, 17세기 동역학을 연구하면서 가장 감동스러웠던 점은, 3세기만큼 떨어져서 보면 개념적 맥락에서 그들의 개념과 완전히 대치되어 보이는 생각들을 믿을 수 없을 만큼 끈질기게 받아들였다는 것이다. 뒤돌아보면, 우리는 갈릴레오에게서 뉴턴의 동역학을 찾으려 했다. 실제로, 수많은 능력자가 근 한 세기에 걸쳐서 노력한 다음에야 비로소 우리에게는 그렇게도 자명해 보이는 결과인 운동에 대한 새로운 개념을 추출해 낼 수 있었다. 그 밖에도, 그러는 과정 중에 너무도 친숙해서 그냥 당연하게 받아들여지던 중세나 고대의 역학에서 전해 내려온 일련의 아이디어들이 정량적인 동역학을 구축하는 데 큰 축이 되었다. 누군가가 아리스토텔레스의 동역학에서 이 시기로의 변화를 찾고자 할지라도, 역학에 관한 17세기의 문헌에서는 극적으로 패러다임이 전환했다는 증거를 찾기는 어려울 것이다.

　그 변화가 점진적이었으므로 기술적인 용어들이 상당히 애매모호했다. 나는 예외 없이 뉴턴의 동역학에서 사용하는 전문적인 용어들이 그 이전의 역학에서 흔히 사용하던 것들에서 전해져 내려왔다고 믿는다. 뉴턴에 와서야 정확한 의미를 얻게 된 단어들은 대부분 역학에서 오랫동안 교류되어 온 신조어(新造語)의 일부분이었으며, 대체할 신조어의 부족으로 그 단어들은 17세기에도 계속 사용되었다. 그 단어들을 사용했던 사람들은 그 단어들이 충분히 분명하다고 생각했다는 데는 의심의 여지가 없다. 그렇지만, 결국 새로이 등장했던 동역학과 관련해 그 단어들은 애매함이라는 결함을 드러냈다. 나는 독자들에게 그런 단어들에 현대적으로 정확한 의미를 부여하지는 말라고 경고해야만 한다. 라틴어로 된 본문에 'velocitas'가 나왔을 때, 그리고 프랑스어로 된 본문에 'gravité'가 나왔을 때, 그 단어들을 'velocity(속도)'와 'gravity(중력)'라고 번역하는 것 이외에는 달리 아무것도 할 수가 없었으며, 영어로 된 본문에 나오는 'force(힘)'를 다른 단어로 바꾸는 일은 거의 내 능력 밖의 일이었다. 내가 열거한 역사의 상당 부분은 정확한 용어의 발전과 관계가 있으며, 당시 널리 퍼져 있었던 애매함을 지적하는 것은 내가 해야 할 임무였다. 그래서 독자들이 그런 단어에 부과하는 의미는 신중히 할 것을 당부하고자 한다. 나의 경우에는, 17세기 동역학의 용어에 문제가 있음을 점점 더 많이 깨달아가면서, 특별히 '힘'이라는 단어의 사용법에 대해서 광범위한 에세이들을 작성하게 되었다. 이런 에세이들이 각주(脚註)에 인용한 부록이다.

사용법과 관련해 번역에 대해서도 역시 한마디 보태야겠다. 내가 포함한 모든 구절을 새로 번역하는 대신에, 그런 것이 나와 있다면 나는 표준으로 인정된 번역을 활용했다. 어떤 특별한 용어가 문제가 될 때마다, 나는 정확한 단어나 구절을 확실하게 하기 위해 원래 원문을 참고했다.

상당한 분량의 원고를 완성한 모든 저자와 마찬가지로, 나 역시 많은 출처에서 여러 형태로 충분히 도움을 받았다. 미국 과학재단(National Science Foundation)이 없었더라면, 나는 결코 이 프로젝트를 진지하게 시작할 수 없었을 것이며, 미국 과학재단의 후한 지원에 감사드린다. 인디애나 대학(Indiana University)의 연구처에서 지급한 연구비도 최종 원고를 준비하는 데 큰 도움을 주었다. 이 연구는 대부분 케임브리지 대학 도서관, 하바드의 와이드너(Widener) 도서관, 그리고 인디애나 대학 도서관 등 세 도서관에서 했다. 세 도서관 직원들의 전문적인 도움에 감사드린다. 케임브리지 대학 도서관의 평의회에서는 고맙게도 그들이 소장하고 있는 뉴턴의 논문들을 광범위하게 인용할 수 있도록 허용해 주었다. 인디애나 대학 역사철학과의 직원들이 원고 준비과정에서 수고를 아끼지 않았으며, 특히 조이스 추바타우(Joyce Chubatow), 진 코핀(Jean Coppin), 그리고 이나 미첼(Ina Mitchell)에게 감사를 표하고 싶다. 그리고 마지막으로 3세기나 떨어진 일에 전념하는 남편과 아버지를 오랫동안 견뎌준 나의 아내 글로리아(Gloria)와 자식들에게 갚을 수 없는 빚을 지었다. 이제 책을 완성했고 내가 20세기로 돌아올지는 아직 분명하지 않지만, 그렇게 된다고 하더라도 내가 좋은 동행자가 될지는 역시 분명하지 않다.

┃차례┃

• 일러두기 • ─────────────

1. 이 번역본의 원본은 Richard S. Westfall, *Force in Newton's Physics: The Science of Dynamics in the Seventeenth Century*, London, Macdonald American Elsevier Publishing Co., Inc., 1971이다.

2. 원본에는 외국어가 그대로 사용된 때도 있고 영어로 부연 설명된 때도 있다. 번역본에서는 원본의 영어만 번역하고 원본에서 영어가 아닌 외국어로 표시된 부분은 외국어를 그대로 두었다. 다만 필요한 경우에는 그 외국어가 무슨 의미인지 역주를 달았다. 그러나 본문에 이미 영어로 설명되어 있거나 그렇지 않더라도 본문의 내용으로 의미가 분명한 것은 따로 역주를 달지 않았다.

3. 원본에서는 외국어로 인용된 용어나 논문의 제목 또는 중요하다고 생각되는 문장을 이탤릭체로 표기했다. 원본에서 이탤릭체로 표시된 부분을 번역본에서는 모두 별색 고딕체로 표시했다.

4. 역주는 설명할 대상이 되는 부분의 바로 뒤에 괄호를 하고 달았는데, 본문과 구별을 쉽게 하기 위하여 별색으로 표기했다.

5. 번역본에서는 원본의 본문에 나오는 인명을 모두 한글로 표기했는데, 그 인명이 최초로 나올 때 괄호 안에 그 이름의 원문을 표기했다.

6. 원본의 본문에 나오는 서명이나 논문 제목도 번역본에서 모두 한글로 번역했는데, 그 제목이 최초로 나온 때 괄호에 원문을 표기했다. 서명이나 논문 제목의 경우에도 외국어로 되어 있으면 원문을 그대로 두었고 필요하면 역주를 달아 그 의미를 설명했다.

7. 이 책에는 인용한 책이나 논문의 내용 중 한두 문단을 그대로 소개한 부분이 본문 또는 미주에 포함되어 있다. 이 부분도 영어는 번역하고, 영어가 아닌 외국어인 경우에는 번역하지 않고 원문을 그대로 두고 별색으로 표기했다.

8. 7장과 8장에는 뉴턴의 어린 시절 일기장 내용 중 일부가 그대로 포함되어 있다. 번역본에서는 이 부분도 번역하지 않고 별색으로 표기했다.

01 갈릴레오와 새로운 역학

17세기가 끝날 무렵인 1687년에 출판한 프린키피아(Principia)라는 저서의 도입부에서 아이작 뉴턴(Isaac Newton)은 운동에 관한 다음 세 가지 법칙을 세웠다. 그 법칙은 역학은 물론 현대 물리학의 전체 체계를 구성하는 기초가 되었다.

> 제1법칙. 모든 물체는 그 물체에 작용한 힘에 의해서 상태를 바꾸도록 강요받지 않는 한 정지 상태를 계속하거나 직선 위에서 균일한 운동을 계속한다.
>
> 제2법칙. 운동의 변화는 운동을 일으키려고 작용한 힘에 비례하며 그 변화는 작용한 힘의 방향을 따라 일어난다.
>
> 제3법칙. 모든 작용은 항상 동일한 반작용에 의해 대항된다. 다시 말하면, 두 물체가 서로에게 미치는 상호간의 작용은 항상 크기가 같고 상대방을 향한다.[1]

제3법칙에 관한 한, 뉴턴은 자신이 독창적으로 만들었다고 믿었다. 나아가 자연현상이 이 법칙을 꼭 필요로 한다고도 믿었다. 그러나 처음 두 법칙은 갈릴레오(Galileo)의 영향을 받았음을 인정했다.

처음 두 법칙과 처음 두 추론에 관해서는, 물체가 낙하한 거리는 시간의 제곱에 비례하고 던진 물체의 궤도는 포물선임을 갈릴레오가 발견했고 …[2]

이 책에서 나의 첫째 관심사는 제2법칙, 즉 힘의 개념과 역학에서 힘의 역할이다. 뉴턴이 갈릴레오에게 공로를 돌린 사실은 많은 것을 시사해 준다.[3] 17세기 초에 갈릴레오는 역학을 개조하고 오늘날 우리가 알고 있는 의미로 힘이라는 문제를 도입했다. 갈릴레오의 역학과 자연에 대한 그의 철학관을 미루어 판단하면 운동의 제2법칙을 필요로 한 듯하다. 그래서 과학 역사학자 중에서 일부는 제2법칙에 대한 공로를 뉴턴처럼 간접적으로 갈릴레오에게 돌렸다. 심술궂을 정도로 깐깐한 몇 사람을 제외하면, 비록 갈릴레오가 정확하게 표현하지는 않았다고 하더라도 제1법칙을 수립하는 데도 그가 결정적으로 기여했다는 데 아무도 반대하지 않는다. 그런데 두 법칙을 떼어서 따로 생각할 수 없을 정도로 제1법칙은 제2법칙을 필요로 한다. 에른스트 마흐(Ernst Mach)는 제2법칙에 제1법칙이 암묵적으로 포함되어 있는데 뉴턴은 왜 일부러 제1법칙을 따로 천명했는지 의아해 할 정도였다. 뉴턴은 분명 갈릴레오의 공로를 예우하기 위해서였을 것이다. 그것은 물리학의 역사에서 뉴턴이 한 역할로 다행스러운 일이었다. 갈릴레오 역학이 많은 것을 암시한다고 할지라도 갈릴레오가 운동의 제2법칙을 명확히 하지는 않았다. 제2법칙을 수립한 것은 뉴턴의 공로이며 그 업적을 결코 잊으면 안 될 것이다.

그렇지만 힘이라는 개념만큼은 뉴턴만의 공로가 아니다. 힘의 개념이 형성되는 과정에서 결코 갈릴레오를 제외시킬 수는 없다. 실제로 갈릴레오가 세기 초에 마치 예언자처럼 앞을 내다봤다면 뉴턴은 그 세기 말에 마치 역사가처럼 뒤를 돌아본 셈이다. 갈릴레오는 '이렇게 광대하고 탁월한 과학이 열리고 있지만, 그에 대한 나의 기여는 단지 시작일 뿐이다. 이제 나보다 더 예리한 혜안을 지닌 사람들이 많은 방법으로 그 과학의 구석구석을 탐구하게 될 것이다'라고 했다.[4] 나보다 더 예리한 혜안을 지닌 사람들이라는 말만 (대개 이 말은 갈릴레오가 진지하게 사용했기보다는 단지 과장된 표현일 뿐이라고 생각한다) 제외하면, 그의 말은 17세기의 역학이 나아갈 진로를 예언한다. 뉴턴의 프린키피아(역주: 뉴턴의 저서 『자연 철학의 수학적 원리들』을 간단히 부르는 이름으로 라틴어로 '원리들'이라는 의미)는 갈릴레오에서 시작해 반세기를 넘는 동안 진행한 노력의 절정이었다. 기본적으로 갈릴레오가 기여한 운동에 대한 새로운 개념이 형성된 뒤, 제2법칙은 17세기 역학의 대표적인 성과였다. 갈릴레오는 운동에 대한 새로운 개념을 역학의 새로운 규범과 연결했는데, 그 새로운 규범의 목표는 운동 현상을 수학으로 묘사하는 것이었다. 제2법칙이 나오기 전까지 그 새로운 규범은 실제가 아니라 단지 희망사항에 불과했다. 그러나 마침내 Principia에서 실현되었으며, 그 즉시 기본원리가 되었고, 이는 수학을 이용한 과학의 예가 되었다.

갈릴레오는 역학에 대한 초기 연구를 17세기로 들어서기 10년 전쯤부터 시작했다. 1589~1592년 사이 젊은 청년시절에 이미 피사 대학교 수학과 과장직을 맡고 있으면서 그는 De motu(역주: '운동에 대하여'라는 의미의 라틴어)라는 제목의 저서를 저술했는데, 그 책은 출간을 19세기가 돼서야 했다. 그리고 1593년 파도바 대학교로 옮긴 직후 간단한 기계에 대한 논문을 작성했는데, 이는 그의 또 다른 관심사를 보여준다. 이 두 연구물은 갈릴레오가 초기에 역학을 어떻게 이해하고 있었는지 기초적인 증거를 보여준다. 17세기 초 아직 파도바 대학교에 있을 때 갈릴레오는 자신의 초기 견해를 근본적으로 바꾼다. 여기에는 코페르니쿠스의 천문학이 결정적인 역할을 했다. 갈릴레오는 코페르니쿠스의 천문학을 증명하고자 했고, 이를 위해 운동에 대한 새로운 개념이 필요했다. 갈릴레오는 그가 사용한 망원경으로 명성을 얻어, 1610년에 대공작(역주: 당시 이탈리아에서 대공작(Grand Duke)은 그 지방을 다스리는 국왕 다음의 권력자임)의 최고 수학자 겸 철학자라는 거창한 칭호를 받고서 토스카나(역주: 이탈리아 중부 지방 명칭)의 피렌체(역주: 이탈리아 중부 도시 이름)로 돌아올 수 있었다. 그는 피렌체에서 역학의 혁명을 이루어낸 다음 각각 Dialogo sopra i due massimi sistemi del mondo (간단히 Dialogue, 1632년, 역주: '세계의 두 가지 중요한 시스템에 대한 대화'라는 의미의 라틴어) 그리고 Discorsi e dimostrazioni matematiche intorno a due nuove scienze (간단히 Discourses, 1638년, 역주: '두 가지 새로운 과학에 대한 논의와 수학적 논증'이라는 의미의 라틴어)라는 제목의 저서 두 권을 완성했다. 갈릴레오는 Dialogue에서 코페르니쿠스 천문학을 옹호한 혐의로 1633년 종교재판을 받았으며, 그 뒤 시력을 잃고 자택에 연금되어 있다가 1642년에 운명했다. 그의 두 번째 저서인 Discourses는 원고를 은밀히 외국으로 보내 네덜란드에서 출판했다.

갈릴레오는 역학에서 힘에 대한 문제를 완전히 새로운 상황으로 바꾸어 놓았다. 따라서 운동 제2법칙은 사실상 갈릴레오에서 시작한다고 할 수 있다. 아리스토텔레스 역학이나 중세 역학은 정역학과 동역학 사이에 어떤 실제적인 차이도 구별하여 인지하지 못했다. 잘 알다시피 지렛대와 같은 간단한 기계는 물체를 평형 상태에 있도록 하기 위해서가 아니라 물체를 움직이기 위해서 이용된다. 그리고 아리스토텔레스 전통에 따라 간단한 기계를 동역학에 사용하는 용어로 분석했다. 중세 역학에서 힘에 대한 개념으로 가장 세련된 것은 요르다누스(Jordanus) (역주: 13세기에 수학과 기하 그리고 천문학에 대한 저서들을 남긴 독일 출신의 학자로, 그는 수학계산에서 숫자대신 문자를 처음 이용한 사람으로 유명함)가 저자라고 여겨지는 정역학에 대한 논문에서 볼 수 있다. 우리가 동역학이라고 부르는 것은, 간단한 기계에 국한되지 않은 운동을 고려하는데, 정역학에서 직접 도출된 원리들에 기초해서 수립되었으며, 소요학파 역학의 (역주: '소요학파'는 아리스토텔레스의 제자들을 말하는데, 아리스토텔레스가 산책로를 걸으며 제자들을 지도한 데에서 이 명칭이 유래되었음) 기본 명제인 omne quod movetur ab alio movetur(무엇이나 이동한 것은 반드시 자신이 아닌 다른 것에 의해 이동한다)에 의해 정당화 되었다. 아리스토텔레스의 저서 자연학(Physics)에 나오는 운동에 대한 해석은 지렛대의 양쪽 끝에 놓인 두 물체를 생각하면 그 의미가 가장 잘 드러난다.

> 지렛대의 한쪽 끝에 놓여 누르는 물체를 A, 다른 쪽 끝에 놓여 들려 올라가는 물체를 B, 올라가는 물체가 이동한 거리를 C, 이동하는 데 걸린 시간을 D라고 하자. 그러면 A는 동일한 시간 D 동안에 $\frac{1}{2}B$를 $2C$만큼 올라가게 하고, 또한 A는 $\frac{1}{2}D$ 동안에 $\frac{1}{2}B$를 C만큼 올라가게 할 것이다. 그래야 비율이 맞기 때문이다. 똑같이, A가 D동안 B를 C만큼 올라가게 하고 A가 $\frac{1}{2}D$ 동안에 $\frac{1}{2}C$만큼 올라가게 한다면, $E(=\frac{1}{2}A)$는 D 동안에 $F(=\frac{1}{2}B)$를 C만큼 들어 올라가게 할 것이다. 마지막 경우에 힘 $E(\frac{1}{2}A)$가 짐 $F(\frac{1}{2}B)$에 미치는 관계는 첫 번째 경우에 힘 A가 짐 B에 미치는 관계와 같아서 동일한 시간 (D) 동안에 동일한 거리(C)만큼 올라가게 될 것이기 때문이다.[5]

물체는 움직이는 동안 내내 무엇인가가 밀어주어야만 한다는 생각이 틀렸다는 갈릴레오의 주장과 함께 힘에 대한 개념은 새로운 길을 걷기 시작했고 그 정점(頂點)에 뉴턴의 제2법칙이 있었다.

갈릴레오 역학에서 중요한 두 가지 업적은, 17세기 초기 30~40년에 걸쳐서 점진적으로 완성되었으며, 그의 위대한 저서인 Dialogue와 Discourses를 통해 과학계에 알려졌는데, 바로 당대 독자의 관심을 사로잡았다. 첫 번째 업적은 운동이란 (최소한 수평 방향의 운동이란) 어떤 원인에 따라 얻는 과정이 아니라, 마치 정지한 물체가 그렇듯이, 외부의 어떤 원인이 물체와는 관계없는 한 상태에 그 상태를 변화시키지 않는 한, 계속 머물러 있다는 새로운 개념이다. 갈릴레오는 일단 마찰이 없는 수평면에서 운동을 시작하기만 하면 '그 운동은 동일한 속도로 영원히 계속될 것이다'라고 분명히 말했다.[6] 우리는 극히 최근에 이르러서야 비로소 갈릴레오의 수평면의 의미를 깨닫게 되었다. 수평면이란 중력의 중심에서 동일한 거리에 있는 점들로 이루어진 면이기 때문에, 갈릴레오가 말하는 동일한 속도로 영원히 계속되는 운동은 지구 표면과 같은 구의 표면에서 일어나야 한다. 그렇다면 우리는 직선 운동에서만 성립하는 관성의 원리를 제대로 표현했다고 말할 수가 없다.

일단 그러한 한계를 이해했으면, 우리는 갈릴레오가 이끌어 낸 관성이라는 개념에 주의를 기울여 보자. 그는 정지해 있는 것과 일정한 빠르기로 움직이는 것을 동일시했는데, 그에 따르면 정지란 극도로 천천히 움직이는 운동이다.

> 운동은 그것이 운동이거나 운동으로 작용하는 한, 그러한 운동이 없는 물체에 상대적인 정도를 의미한다. 따라서 어떤 운동도 운동의 정도가 동일한 물체들 사이에서는 운동으로 작용하지도 않고 존재하지도 않는다.

함께 움직이는 물체들 사이의 관계로 비추어 보면, 운동이란 '활동하지 않고 결과가 없는' 정도이다. 운동은 단지 그 운동이 결여된 다른 물체와 비교하는 경우에만 '효과'가 있다.[7] 물체는 운동 자체와는 무관하기 때문에 여러 운동에 동시에 참여할 수 있다. 그래서 서로 수직이지만 방해하지 않는 두 운동을 고려한 갈릴레오는 던진 물체의 궤도가 포물선을 그린다는 것을 논증했다. 뉴턴이 운동 제1법칙에서 이 개념을 잘못 이해했다는 사실이 조금 뜻밖이다.

갈릴레오의 두 번째 중요한 업적은 자유 낙하가 등가속도 운동임을 알아내고 자연에서 등가속도 운동의 역할을 자세하게 설명한 것이다. '정지에서 시작하여 동일한 시간 간격 동안 동일한 양만큼 속력이 증가하면 그 운동을 등가속도 운동이라고 말한다.'[8] 갈릴레오에 따르면 정의 (定義)란, 수학자들이 그 논리적 결과를 조사하기 위해 수립하는 것이 아니라, 자연현상에 대답하는 것이다. 얼마 되지 않는 공기 저항을 무시한다면, 모든 물체는 등가속도 운동을 하며 낙하하는데, 갈릴레오는 '자연스럽게 가속되는 운동'이라는 표현을 등가속도 운동과 동일한 의미로 사용했다.

> 어느 정도 높은 곳에서 정지되어 있다가 떨어지면서 끊임없이 속도가 더 빨라지는 돌멩이를 생각할 때, 이러한 속도의 증가가 가장 간단하고 가장 쉬운 방법으로 이루어지지 않을 이유가 있을까? 떨어지는 물체는 변하지 않고 그대로 남아 있고, 또한 운동의 원리도 변하지 않고 그대로 남아 있다. 그런데 왜 다른 요소들은 그대로 남아 있지 않으면 안 되는가? 이렇게 이야기한다면 속도가 불변이라고 말하게 되는 것일까? 그런데 실제로 속도도 변하고 운동도 변한다는 사실을 알고 있다. 따라서 불변성과 단순함을 원한다면, 속도가 아니라 속도의 증가량, 즉 가속도가 동일하다고 해야 한다.[9]

이 구절은 운동에 대한 새로운 개념과 긴밀한 관련이 있다. 불변의 운동이란 아무런 원인도 필요 없다고 결론을 내림으로써, 갈릴레오는 무게에서 나오는 새로운 동역학적 산물이 무엇인지 자연스럽게 도출해 냈다.

무거운 물체가 낙하하면, 그 물체의 무게는 불변의 속도가 아니라, 불변의 속도 증가량, 즉 불변의 가속도를 만들어낸다.

불변의 가속도라는 개념은 자유 낙하를 이해하는 데 갈릴레오가 바꾸어 놓은 것의 절반에 불과하다. 아리스토텔레스 역학은 속도가 무게에 비례한다고 규정했다. 그래서 아리스토텔레스 역학을 바꾸려 한다면 가속도가 무게에 비례한다고 규정하는 것이 당연하지 않을까? 갈릴레오가 그러한 견해를 Dialogue에서 사그레도(역주: 갈릴레오의 저서 Dialogue의 세 등장인물 중 한 사람으로 Dialogue에는 코페르니쿠스를 옹호하는 철학자 살비아티와 아리스토텔레스를 옹호하는 철학자 심플리치오 그리고 중립적 입장의 시민 사그레도가 등장함)의 입을 통해 표현한 것을 보면, 그가 그러한 사실을 고려해본 것이 틀림없다.[10] 누구나 아는 것처럼, 그는 궁극적으로 공기 저항 때문에 만들어지는 변화를 무시한다면 모든 물체는 지구를 향해 같은 가속도로 낙하한다고 결론지었다. 왜 그래야 하는지는 살비아티가 사그레도에게 다음과 같이 설명한다.

움직이는 물체와 정지해 있는 동일한 물체를 구별해보자. 저울에 올려놓은 큰 돌멩이 위에 다른 돌멩이를 얹어 놓아야만 무게를 더 얻는 것이 아니다. 실나래를 잇어 놓드리도 실이 얼마나 많으냐에 따라 무게가 6온스에서 10온스까지 더해지기도 한다. 그런데 만일 돌멩이에 실을 감고 높은 곳에서 자유롭게 떨어뜨리면, 실이 돌멩이를 눌러서 돌멩이가 속도를 더할 수 있을까 아니면 위쪽을 향하는 부분적 압력으로 돌멩이의 운동이 느려질까? 사람은 어깨에 짐을 지고 서 있으면 항상 어깨를 누르는 압력을 느낀다. 그렇지만 만일 내가 어깨에 진 짐이 떨어지는 것과 똑같은 빠르기로 떨어진다면 과연 짐이 내 어깨를 누를 수 있을까? 이것은 내가 창으로 상대를 찌르려고 하는데, 상대는 쫓아가는 나와 빠르기가 같거나 아니면 더 빠르게 도망가는 경우와 같지 않을까?[11]

동역학에서 무게의 효과는 결코 속도가 일정한 양만큼 증가하도록 만들지 않는다. 무게는 오히려 운동을 일정한 양만큼 증가하도록 만드는 것인데, 여기서 '운동'이란 속도와 움직이는 물체의 크기를 (여기서 물체의 크기는 암묵적으로 물체의 무게에 비례하는 양이라고 이해된다) 곱한 양으로 이해하면 된다. 역시, 뉴턴이 운동 제2법칙을 이러한 맥락에서 이해했다는 것은 자연스러운 일일 것이다.

갈릴레오의 역학은, 그의 자연관을 배경으로 하여 살펴보면, 훨씬 더 친숙하게 다가온다. 그는 중세 우주 철학에서 우주 전체가 인간을 위해 존재한다는 인간 중심의 우주관을 부정했을 뿐 아니라, 우주의 중심에 단지 지구나 또 다른 존재만 있을 것이라는 생각도 부정했다. 그는 모든 물체가 다 조밀한 정도 차이는 있어도 같은 재료로 채워져 있다는 물질의 동질성을 지지했다. 물질은 자력으로 움직이지 않고, 이러한 물질로 구성된 물체는 외부 원인에 순응하여 정해진 법칙에 따라 운동한다. 수평면에 놓인 물체는 '자신이 움직이든 정지해 있든 전혀 상관없이 존재한다. 움직일 때도 특정한 방향을 선호하지 않으며, 움직이는데 저항하지도 않는다.'[12] 모든 물질은 동일하기 때문에 연직 방향 운동에서 무겁고 가벼운 것은 구별되지 않으며, 제어하지 않는 한 무게가 있는 물체는 모두 아래로 떨어진다. 갈릴레오의 주장에 따르면 아리스토텔레스 과학에서 가장 근본적인 변화인 생성과 소멸은 '단순히 부분들이 서로 위치를 바꾼 것…'에 불과하다.[13] 분석자(The Assayer) (역주: 갈릴레오의 저서 중 하나로 1623년에 발간되었음)에 나오는 유명한 구절로 여러 특성의 실체를 부정하는 부분은, 눈에 보이는 실제 자연은 오로지 물질로 이루어진 입자들로만 구성되었다고 단언하는 것처럼 보인다. 그는 '맛이나 냄새, 소리 등을 자극하기 위해서는 크기나 형태, 개수, 그리고 빠르든 늦든 움직임 이외에는 어떠한 것도 필요하지 않다고 생각한다. 즉 귀나 혀, 코가 없어질 경우, 소리를 듣고, 맛을 보고, 냄새를 맡지는 못할지라도 그 형태나 개수나 움직임은 그대로일 것이다'라고 말했다.[14] 이런 것들이 17세기에 과학을 공부하던 학생들에게는 오히려 친밀한 개념이었기에, 자연에 대한 역학적 철학관(哲學觀)을 일으켰으며, 자유 낙하에 대한 갈릴레오의 분석이 운동 제2법칙에 한 발 더 다가가는 계기를 마련했다.

그렇지만, 운동 제2법칙은 물론 힘에 대한 만족할 만한 개념도 모두 갈릴레오 역학에는 나오지 않는다. 여기서 문제는 운동학이니 동역학이니 하는 것이 아니다. 비록 갈릴레오 역학에는 운동학적인 장황한 설명들이 나오지만, 사실 그의 역학은 처음부터 끝까지 자유 낙하를 동역학적으로 분석하고 있다. 그는 이 해석의 서두에서 등가속도 운동에 대한 정의를 수학자들처럼 임의로 가정하는 것이 아니라, 자연이 끊임없이 채택하는 것이라고 주장했다. 그는 또한 독자들에게 수평면 위의 운동이 균일한 이유는 운동을 증가시키는 요인도 또 감소시키는 요인도 존재하지 않기 때문임을 누차 일깨우고 있다. 그의 역학에서 가장 중요한 것은, 물체의 총 속도 변화량은 그 물체가 움직인 구체적 경로에는 무관하고 단지 연직 방향으로 이동한 거리에 따라서만 결정된다는 것인데, 이는 실제로 경사면에서 일어나는 물체의 운동에 대한 동역학적 해석에 근거했다. 갈릴레오 역학은 운동학 범위로 제한되기보다는 매번 결정적인 단계마다 자유 낙하의 동역학으로 되돌아가 역학 전체를 동역학적 관점으로 설명하려고 시도했다. 그뿐 아니라, 자유 낙하에 대한 갈릴레오의 해석에 따르면 무게란 정확하게 뉴턴의 제2법칙에서 힘과 똑같은 구실을 한다. 그래서 이러한 그의 해석은, 간단하게는 일정한 힘은 균일한 가속도를 만든다는 것으로 표현되는데, 이는 고전역학에서 힘을 취급하는 패러다임을 정립하는 계기가 되었다. 그럼에도 불구하고 갈릴레오 역학에서, 운동 제2법칙은 물론 힘에 대한 만족스러운 개념조차도 발견할 수가 없다.

　나는 단어의 뜻에 대한 논쟁에는 별 흥미가 없다. 그렇지만 17세기 역학에서처럼 새로운 개념을 도입하는 시기에 용어는 정확성을 부여하는 방법이 된다. 비비아니(Viviani) (역주: 이탈리아 출신의 유명한 물리학자 겸 수학자로 갈릴레오의 제자이자 동료)는 Discourses에 나오는 구절을 해설하면서 단어들을 상당히 무질서하게 사용했는데, 그는 우리가 움직이는 물체의 'il momento라고 말할 수 있는 것을 l'impeto(역주: 이탈리아어로 '충격'을 의미함), il talento(역주: 이탈리아어로 '재능'을 의미함), l'energia(역주: 이탈리아어로 '활력'을 의미함) 등으로' 불렀다.[15] 실제로 그렇게 불러도 괜찮을지도 모른다! 또한, 갈릴레오가 여러 번 말한 것처럼, 'la virtù(역주: 이탈리아어로 '덕목'을 의미함)'라든가 'la propensione al moto(역주: 이탈리아어로 '움직이려는 경향'이라는 의미)'라고 부를 수도 있다. 이렇게 여러 가지로 비슷하게 사용된 여러 용어 중 뉴턴은 la forza(라틴어로는 vis) (역주: 'forza'는 이탈리아어로 '힘'을 의미함)를 직접 골라 정의했다.[16] 이처럼 용어들을 체계적으로 사용하지 못해서 힘이라는 개념의 출현에 장애가 된 것은 분명하지만, 용어 사용법만이 그 문제의 결정적인 원인은 아니었다. 갈릴레오는 자유 낙하의 가속도가 물체에 작용한 힘에 의해 만들어진다고 제안한 적이 한 번도 없다. 그는 또한 자유 낙하를 일반적인 현상의 특별한 경우로 취급하지도 않았기 때문에 자유 낙하에 대한 해석을 운동의 변화를 모두 이해하는 데 적용할 수 있으리라고 상상조차 하지 않았다.

　17세기 과학사의 중요한 문제들은 운동 제2법칙과 연관이 있다. 제2법칙은 역학을 수리(數理) 과학화함으로써 수리 과학이 지닌 완벽성을 갖추도록 했고, 이는 과학 혁명의 최고 업적이라 할 수 있다. Principia에서 합리적인 역학은 17세기 과학의 걸작이 되었다. Principia 그 자체보다 그리고 만유인력 법칙보다 더 중요한 것은, 합리적 방식이 그 뒤 줄곧 물리학의 표본이 되었다는 점이다. 갈릴레오 역학은 자유 낙하의 해석에 이용되는 제2법칙의 패러다임을 제안했고, 그 패러다임이 너무나 명백했기 때문에 뉴턴 자신조차도 제2법칙은 갈릴레오의 공로라고 생각했다. 그렇지만 그것이 그냥 자명하다고 볼 수만은 없다. Discourses가 발표된 후 Principia가 발표되기까지 반세기 동안, 그 세기의 뛰어난 학자들의 노력으로도 작용하는 힘의 개념을 만드는 데는 역부족이었다. 앞으로 힘의 개념이 완성되어 가는 이야기를 따라, 우리는 17세기 과학의 매 단계들을 총체적으로 더듬어 보고, 그러는 와중에 뉴턴이 고군분투했던 기본적인 문제에 직면하게 될 것이다.

★

갈릴레오 역학의 본질 자체가 17세기 당시 뉴턴의 운동 제2법칙이 갈릴레오 역학과 동일하다는 것을 깨닫는 데 걸림돌이 되었음은 두말할 나위가 없어 보인다. 현대인들은 뉴턴의 안내 덕분에 통찰력이 있는 문장을 찾아내는 데 어려움이 없었고, 다른 문장들도 어떻게 해석할지 알고 있다. 그렇지만 아직 뉴턴이라는 안내인이 없었던 뉴턴 이전의 사람들에게는 갈릴레오 역학은 분명 다른 모습으로 보였을 것이다. 갈릴레오 자신도 물론 안내인이 없는 후자(後者) 그룹에 속했다. 갈릴레오는 본인 스스로도 힘의 개념을 명확히 하려고 애쓴 것 같지는 않다. 따라서 갈릴레오 역학을 운동 제2법칙이 지닌 풍부한 가능성에 의한 관점이 아니라, 뉴턴 시대 이전의 관점으로 검토해본다면 전혀 다른 아이디어로 보일 것이다. 그래서 만일 그런 관점에서 힘의 개념에 접근한다면 뉴턴의 힘의 개념과는 판이하게 다를 것이다.

가장 주목할 만한 것이 자연스러운 운동이라는 아이디어이다. 뉴턴의 우주에서는 자연스러운 운동이 배제되는데, 이러한 면에서 갈릴레오 역학과 뉴턴 역학은 확연하게 다르다고 할 수 있다. 이와는 대조적으로 갈릴레오의 우주에는 두 종류의 자연스러운 운동이 포함되어 있는데, 그의 저서에는 거의 매 쪽마다 그런 자연스러운 운동이 등장한다. 갈릴레오에게 자유 낙하하면서 생기는 균일한 가속도는 '모든 물체에 공통된 아랫방향을 향하는 자연스러운 가속도'이다.[17] 그의 말을 빌리면, 물체는 '지향하려는 점에 다가갈 때 속도를 더하며, 그 점을 떠나 멀어질 때 이를 싫어하기 때문에 감속한다….'[18] 갈릴레오의 자유 낙하 분석에서 일정한 힘에 따른 균일한 가속도가 만들어진다는 표현을 찾았으면 좋겠지만, 갈릴레오는 단 한 번도 그러한 용어를 사용하지 않았다. 무게란 그 물체에 작용해서 그 물체를 가속시키기는 힘이 아니었다. 그렇기는커녕, 무게란 물체가 자신의 자연스러운 운동을 누르는 다른 물체에 작용하는 좀 더 정적(靜的)인 힘이었다. 그렇다면 문제는 물체가 아랫방향을 향하여 움직이는 것이 자연스러운 경향이라고 말할 때 그것이 무엇을 뜻하는지가 문제인데, 이 문제는 나중에 논의하고자 한다. 지금으로서는 우주란 물체들이 자연스러운 위치에 잘 정렬해 있는 시스템이라는 갈릴레오의 신념에 비추어볼 때, 자연스러운 경향이라는 아이디어가 갈릴레오 역학을 떠나서는 설명할 수 없다는 정도로만 말해두자. 이러한 신념이 낳은 또 다른 결과로 갈릴레오가 '힘'이라는 단어를 자연스러운 질서를 거스르는 데 사용했다는 점을 들 수 있다.[19] 즉, 위를 향하는 운동은 '강제된' 운동이었다. 오랜 관습에 따라 그는 종종 '격렬함'과 '격렬한'을 동일한 문맥으로 사용했다. 그러나 강제된 운동은 자연스러운 질서에 격렬함을 주는 것이었다. 자유 낙하하는 균일한 가속도를 갖는 자연스러운 운동이기 때문에 격렬한 다른 운동과 같게 보기는 힘들었다.

만일 자유 낙하가 자연스러운 운동이라면, 지구 주변을 회전하는 물체의 균일한 운동도 또한 자연스러운 운동일 것이다. 즉, 지구 중심을 향해 일정하게 속도를 더하는 물체의 운동을 자연스러운 위치를 향해 다가가는 운동이라면, 지구 주변을 회전하는 물체의 운동은 자연스러운 위치를 이미 찾아낸 물체의 운동이다. 갈릴레오는 코페르니쿠스 천문학에 의해 제기된 문제들을 해결하기 위해 (원형) 관성이라는 개념을 도입했다. 만일 지구가 자전축 주위로 매일 회전하고 있다면 우리가 보는 현상들이 어떻게 일어날 수 있을까? 다시 말해서 높은 건물에서 공을 떨어뜨리면, 서에서 동으로 움직이는 건물의 운동 때문에 공은 저 먼 뒤쪽으로 뒤쳐져야 하고, 그래서 공은 서쪽으로 상당히 치우친 곳에 떨어져야 한다. 그렇지만 실제로 공을 떨어뜨려 보면 공은 건물을 따라 연직 아래 방향으로 떨어지는 것처럼 보인다. 회전하는 지구 위에서 그런 일이 어떻게 가능할까? 갈릴레오는 '지구를 따라 가려는 이러한 성질은 지상에 속한 물체라면 모두 지닌 근본적이며 영원히 변하지 않는 성질로서, 그러한 성질은 원래부터 있으며 영원히 있을 것'이라고 설명했다.[20] 어디에선가 그는, 지상에 속한 물체들이면 모두 지구에 매달려 있건 아니건 상관없이 일주(日週) 운동을 하게 되는데, 이러한 운동을 일컬어 '자연스럽고 영원히 지속되는 운동', '자연에 의해 물체에 새겨진 것', '자연적으로 일어나는 경향', 또는 '선천적으로 부여받는 자연적인 성향'이라고 했다.[21]

만일 지구의 자전축 주위로 지구에 속한 물체들이 매일 회전하는 운동이 자연스러운 것이라면, 이 운동은 마치 자연스러운 가속도가 특별한 것과 마찬가지로 다른 수평 방향의 운동과는 확연히 달라야 할 것이다. 실제로, 갈릴레오는 수차례 이 두 운동을 구분했으나, 갈릴레오 역학의 주된 관심사는 모든 균일한 수평 방향 운동이 지상에 속한 물체의 영원한 운동임을 밝혀내는 데 있었다. Dialogue에서 심플리치오는 움직이는 배를 예로 들었다. 돛대의 꼭대기에서 돌멩이를 떨어뜨리는 것은 움직이는 지구 위에 있는 건물 꼭대기에서 돌멩이를 떨어뜨리는 것과 마찬가지인데, 돛대에서 떨어진 돌은 배의 후미로 떨어진다고 확신했기 때문에, 심플리치오는 돌멩이가 건물의 연직면을 따라 떨어진다는 사실이 지구는 움직이지 않음을 증명한다고 주장했다. 이에 대한 답변으로, 살비아티는 먼저 배의 인위적인 운동과 지구의 자연스러운 운동은 다르다고 주장했다. 그러나 바로 이 주장을 거두고서는, 돌멩이가 돛대의 바로 밑에 떨어질 것이라고 주장하면서, 자연스러운 운동을 설명할 때와 거의 똑같은 방법으로 돛대에서 떨어지는 돌멩이에 대한 현상을 기술했다. 배와 함께 움직이던 돌멩이는 배와 같은 빠르기의 '불가분의 운동'을 얻는다. 즉, 돌멩이가 떨어질 때 배의 운동은 돌멩이에 '결코 지워지지 않도록 새겨져서' 남아 있게 된다.[22] Dialogue에 나오는 또 다른 사고(思考)실험은 배의 선실에 타고 있는 두 사람을 이용한다. 그 두 사람이 껑충 뛰어 오르고, 공을 주고받는 놀이를 하며, 그들 주위로 나비가 날아다니고, 어항 속에서 물고기가 헤엄치고, 물병에서 물방울이 떨어지며, 연기가 피어오르는데, 이 모든 일이 배가 움직이든 움직이지 않든 정확하게 동일한 모습으로 일어난다. 그것은 '배의 운동이 배에 포함된 모든 물체에 공통으로 새겨져 있기 때문이다….'[23] 그렇지만 한 번 더, 물보다 아주 조금만 더 무거워서 1분 동안에 1야드만 아래로 떨어지는 왁스가 항아리 속에 들어 있는데, 그 항아리는 1분에 100야드씩 이동하는 배에 놓여 있다고 하자. 배 안의 사람에게 왁스는 여전히 사선(斜線)이 아닌 아래로 떨어지는 것처럼 보인다.

이제 이런 일들이 자연스럽지 않은 운동에서도 일어나며, 정지해 있거나 또는 서로 반대방향으로 움직이는 상태에서도 일어나지만, 우리는 여전히 외양만으로는 아무런 차이도 찾아내지 못하므로, 그래서 마치 우리의 감각 기관이 속은 것처럼 보인다. 그렇다면 지구가 실제로 움직이고 있는지 아니면 정지해 있는지, 현재까지 똑같은 상태를 유지하고 있기나 했던 것인지를 파악하기 위해 우리가 할 수 있는 일이 무엇인가? 그리고 만일 지구가 움직이고 있는 상태와 정지해 있는 상태 등 두 상태 중에서 한 상태에 영원히 남아 있다면, 각각의 상태에서 일어나는 국소적 운동들을 실험으로 구분할 수 있는 시기는 언제쯤이 될까?[24]

지구의 회전과 운동에 대해 관찰된 현상을 양립시키기 위해 당면했던 것처럼, 지구의 회전과 유사한 문제에 당면할 때마다, 갈릴레오는 수평 방향의 균일한 운동은 어떤 것이나, 자연스러운 운동인지 인위적인 운동인지에 관계없이, 모두 근본적으로 동일하다고 강조했다. 단지 복잡한 표현을 피하기 위해, 그러한 운동을 간단히 관성 운동이라고 부르는데, 그렇더라도 그렇게 부르면서 갈릴레오에게 관성 운동이란 원운동을 의미했음을 유념하자.

갈릴레오 역학에서는, 관성 운동과 별반 다르지 않지만 갈릴레오는 달리 취급한 다른 종류의 문제를 소개했다. 당시 물체의 운동을 가리켜 'momento'와 'impeto'라는 단어가 서로 혼용되었다. 그런데 갈릴레오 체계에서는 수평 운동에서 모든 장애를 제거한다고 해도 물체의 momento와 impeto를 물체에서 떼어낼 수 없을 뿐더러 그것들이 없던 데서 새로 생겨날 수도 없다. 아랫방향으로의 운동에서는 속도가 생겨나고, 윗방향으로의 운동에서는 속도가 줄어들지만, 수평면 위에서는 운동의 속도가 보존된다. 그러므로 갈릴레오 자신의 용어를 빌리면, 어떤 순간에든 물체의 momento 또는 impeto는 단지 그 물체의 관성 운동을 표현할 따름인데, 물체의 관성 운동은 서로 운동을 공유하지 않는 다른 물체와의 관계에 의해서만 인지될 수 있는 상태이므로 그 물체와는 직접 관련이 없는 상태를 말한다. 그런데 유감스럽게도, 갈릴레오가 momento와 impeto라고 말할 때 함께 사용하는 동사는 도저히 물체와 관련이 없다고 볼 수 없게 만든다. 진자(振子)에 매달린 추가 자연스러운 운동에 따라 아래로 내려오면서 얻는 impeto는 강제된 운동 (sospignere di moto violento) (역주: '강제된 운동'이라는 의미의 이탈리아어)에 의해 동일한 경로를 따라서 추를 다시 원래 위치로 올려놓는다. 일반적으로, 무거운 물체가 떨어질 때 얻는 impeto는 그 물체를 원래 높이로 올리는 데 (tiralo) (역주: '운반한다'는 의미의 이탈리아어) 필요한 impeto와 동일한 양이다. 움직이는 바퀴 가장자리 위의 한 점은 돌멩이를 던질 (scagliare) (역주: '던진다'는 의미의 이탈리아어) 수 있을 만큼의 impeto를 지니고 있다. 바지선에 차 있는 물이, 배의 불규칙한 운동으로 진동하게 되면, 한쪽 끝의 물은 위로 상승했다가 그 무게 때문에 다시 아래로 떨어지고 다음에는 자신이 지니고 있는 impeto에 의해 평형 위치보다 더 위까지 올라가게 (promossa) (역주: '들어올린다'는 의미의 이탈리아어) 된다. 갈릴레오는 또한 낙하하면서 한 물체가 획득한 impeto가 다른 물체로 이동하여 두 번째 물체를 위로 들어올리는 (cacciare) (역주: '끌어올린다'는 의미의 이탈리아어) 동작을 하는 경우도 생각했다.[25] 갈릴레오 이전 역학의 전통적 사고 방식에서는 힘을 자연 질서에 반하는 것으로, 즉, 물체를 자연스러움에 반해 강제로 움직이게 하는 것으로 다루었기 때문에, 17세기에 역학을 배우던 학생들은 힘의 개념을 자연스럽게 가속되는 운동에 대한 갈릴레오의 해석에 근거하기보다는 전통적 사고 방식에 근거해서 다루었을 법하다. 이러한 힘의 개념은 뉴턴의 개념과 다를 뿐 아니라, 결과가 수치적(數値的)으로도 일치하지 않는다. 나는 그것을 충돌의 패러다임 또는 충돌 모형이라고 부르고자 한다. 갈릴레오 역학에 중세의 기동력 (起動力) 이론과 무게에 대한 중세 과학으로 거슬러 올라가는 개념이 아직 남아있다는 사실은, 우리가 갈릴레오 역학의 요점을 파악하고 동시에 왜 어떤 문제는 갈릴레오 이후인 17세기가 되어서야 풀렸는지 이해할 수 있게 해준다. 강조하고 싶은 점은, 갈릴레오가 주장한 힘의 모형이 한 가지가 아니라 두 가지인데, 두 가지 중에서 우리가 받아들이기가 훨씬 더 어려운 모형이 당시에는 오히려 더 잘 받아들여졌다는 것이다.

★

이제 momento 또는 impeto가 담고 있는 이상(理想)을 이해하려면, 갈릴레오의 저서인 운동에 관하여(De motu)를 말하지 않을 수 없다. 이 책은 피사 대학교에서 가르치던 1590년경에 집필했는데, 그가 역학 분야에서 독립적으로 연구한 결과를 최초로 저술한 논문이다. 그의 역학이 힘의 개념에 어떠한 기여를 했는지 알려면 먼저 De motu를 분석해 볼 필요가 있다.

갈릴레오는 이 책에서 집필의 목적을 밝히고 그의 역학을 지배하던 주제가 어떻게 변화해 나갔는지 빠짐없이 알려주는 말뜻을 명확히 했다. '유클리드의 유고(遺稿)에 따르면 무거운 것과 가벼운 것이 수학적으로 다뤄질 수 있다고 주장했다.'[26] 갈릴레오가 운동을 다루는 방식은 De motu를 완성한 뒤로 근본적으로 달라졌으나, 그의 역학이 나가는 방향은 처음과 결코 달라지지 않았다. De motu에서는 세겨진 힘이라는 이론을 채택했음에도 불구하고, 그 개념을 약간 비틀었기 때문에 당시 개념과 비슷하다는 것을 눈치 챌 수가 없었다. 그는 새겨진 힘을 부수적인 가벼움이라고 정의하여, 그것에 해당하는 동일한 크기의 무게인 측정이 가능한 양으로 만들었다. 다시 말해, 무거운 것과 가벼운 것을 수학적으로 취급한다는 것은, 수학을 이용한 학문으로 역학을 발전시킨다는 것과 같았다.

De motu에서 가장 기본이 되는 것은, 모든 물체는 무게를 가지고 있다는 주장인데, 이 주장은 끝까지 변하지 않았다. 갈릴레오는 자연스러운 운동에는 어떤 조건이 필요한가라는 물음에 이렇게 답했다. 첫째, 그 것은 무한하거나 막연해서는 안 된다. 자연스럽게 이동하는 물체는 '자연스럽게 정지할 수 있는 목표를 향해 운반'된다. 둘째, 이동한 물체는 반드시 외적 요인이 아니라 자신의 고유한 내적 요인에 의해서만 이동해야 한다. 아래로 떨어지는 물체는 지구 중심이라는 확실한 목표가 있다. 이와는 반대로, 위로 올라가는 물체는 반드시 외적 원인이 있어야만 한다. 위로 올라갈 때 그 끝은 어디일까? 물체는 언제 그곳에 도착하게 될까?

> 모든 물체는 동일한 물질로 구성되어 있으며, 그 물질에는 모두 무게가 있다. 그러나 무게가 같다면 자연스러운 운동에 거스르는 운동을 할 수는 없다. 그러므로 만일 자연스러운 운동이 있다면, 그와 반대로 일어나는 운동은 자연에 거스르는 것이어야만 한다. 그렇지만 무거움이 지닌 자연스러운 운동은 지구 중심을 향한다. 따라서 중심에서 멀리 가는 것은 자연스럽지 못한 것임에 틀림없다.[27]

모든 물체는 자신에게 속한 자연스러운 장소인 지구 중심을 향하여 움직이려는 노력을 다하고 있으므로, 그 물체의 무게와 같은 힘으로 물체를 막을 때만 자신의 자연스러운 장소의 바깥에 있는 다른 곳에서 정지 상태를 유지할 수가 있다.

이러한 개념을 통하여 갈릴레오는 새겨진 힘을 정량화할 방법을 알아냈다. 무거운 물체가 위로 움직이게 만드는 새겨진 힘이란 무엇인가? 갈릴레오는 무거움을 줄이는 것이라고 대답했다. 마치 쇳조각에 불을 갖다 대어서 그 위에 열을 새겨 넣으면 쇳조각의 차가움이 빼앗기는 것처럼, 돌멩이를 위로 던져 가벼움을 새겨 넣으면 돌멩이는 무거움을 빼

앗긴다. 그렇다면 왜 새겨진 힘을 가벼움이라고 불렀을까? 가벼운 물체
는 위로 올라가는데, 위로 올라가는 돌멩이와 가벼운 물체 사이에 이렇
다 할 차이가 없기 때문이다. 물론 돌멩이가 자연스럽게 가볍지는 않다.
돌멩이가 위로 올라가는 운동은 자연에 거슬러 강제된 것이기 때문에
돌멩이는 뜻하지 않았지만 초자연적으로 가벼운 것이다. 갈릴레오는 이
를 나무 조각과 비교했는데, 나뭇조각은 자연적으로는 무겁지만 물속에
잠기게 되면 초자연적인 운동으로 떠오른다. 마치 뜨거운 쇳조각의 열이
점차 사라지는 것처럼, 새겨진 힘도 그렇게 점차 사라진다. 새겨진 힘이
돌멩이의 무게와 같아지면, 돌멩이가 움직이는 궤도의 가장 높은 점에
도달한 것인데, 이 등식은 자신의 자연스러운 장소에서 벗어나 정지해
있는 물체는 반드시 자신의 무게와 동일한 힘 때문에 제한받는다는 명제
를 반복한 것에 불과하다. 새겨진 힘이 계속해서 사라짐에 따라, 어느
순간 돌멩이의 무게가 우세해지고, 그러면 돌멩이는 떨어지기 시작한
다.[28]

돌멩이와 물속에 잠긴 나뭇조각 사이의 비교는 매우 중요했다. De
motu에서, 갈릴레오는 운동하고 있는 매질의 역할을 다른 아리스토텔레
스의 방법을 수정하기 위해 아르키메데스의 유체 정역학을 채택했다.
한편, 아리스토텔레스에 따르면 매질은 계속해서 발사하는 역할을 한다.
아리스토텔레스 역학의 가장 기본적인 명제에 따르면, 물체는 오로지
무엇인가가 그것을 움직여주어야만 움직이며, 투사기(投射機)가 일단
발사체를 발사하고 나면 그 발사체를 계속해서 움직여주는 역할은 매질
이 한다. 기동력 역학에서는 계속 움직이게 해주는 요인을 매질에서 발
사체로 옮겼는데, 움직이는 물체는 투사기에서 떨어진 뒤 계속 움직이는
동력(動力)이 새겨진 힘, 즉 기동력을 얻는다. 그리고 갈릴레오는 De
motu에서 당시 통설로 받아들여지던 이와 같은 기동력을 그대로 반복했

다. 아리스토텔레스 역학에서는 또한 매질에게 두 번째 역할을 부여했는데, 매질은 추가로 저항의 기능도 수행해서, 운동의 빠르기는 저항에 비해 동기(動機)를 주는 힘이 차지한 비율에 따라 결정되었다. 무거운 물체가 낙하하는 특별한 경우에, 아리스토텔레스는 그 물체의 빠르기가 물체의 무게에 정비례하고 매질의 저항(또는 밀도)에 반비례한다고 말했다. 제대로는 아니지만 만일 아리스토텔레스의 분석을 한번 함수 형태로 나타내 본다면

$$v \propto \frac{F}{R}$$

라는 식으로 표현할 수 있는데, 여기서 F는 동기를 주는 힘인 무게를, R은 매질의 저항을 나타낸다. 당시의 전통적인 기동력 역학의 관점에서 볼 때, 매질에게 부여한 서로 상반된 성질의 두 역할은 아리스토텔레스 이론을 공격할 수 있는 좋은 근거가 되었고, 그래서 갈릴레오의 비판은 별로 새로운 것이 아니었다.

De motu가 독창적이었던 점은 유체 정역학을 이용하여 정량적으로 비판을 시작했다는 것이다. 그런 방법을 이용해, 갈릴레오는 아리스토텔레스가 낙하를 기술한 방법이 정량적으로 모순됨을 보였다. 예를 들어 납조각과 나뭇조각처럼, 서로 다른 두 물질로 이루어진 물체를 생각하자. 위에서 말했던 아리스토텔레스의 빠르기에 관한 공식에 따르면, 그 물체의 빠르기 비는 (그 비율이 얼마이든) 모든 매질에서 다 같아야만 한다. 만일 공기 중에서 두 물체의 빠르기가 2대 1이라면, 물속에서도 둘 다 느려지긴 하더라도 그 비율을 그대로 유지해야 할 것이다. 그러나 나무는 물론 물속에서 전혀 가라앉지 않겠지만 말이다.

이러한 모순을 해결하기 위해, 갈릴레오는 매질이 지닌 저항으로서의 역할을 수학적으로 수정하여 유효 무게라는 개념을 도입했다. 아리스토텔레스 공식을 보면, 물속에서 나무가 가라앉는 빠르기가 0이라는 사실을 설명하려면 분모에 놓인 저항이 무한대가 되어야 하며, 따라서 물의 밀도가 무한대여야만 한다. 반면에, 납의 경우에는 물의 밀도가 유한한 값이 되어야만 한다. 갈릴레오는 두 경우를 모두 만족시키려면 물체의 무게에서 물체와 같은 부피의 매질의 무게를 나눌 것이 아니라 빼야 한다고 제안했다. 모든 물체는 무게가 있지만, 특정 물체에 비하면 상대적으로 더 무겁다. 나무는 왜 물속으로 들어가면 떠오르는 것일까? 그 이유는 나무와 같은 부피의 물의 무게가 나무의 무게보다 더 무겁기 때문이다. 나무는 같은 부피의 물의 무게가 자신의 무게를 초과하는 양에 해당하는 '힘'이 있어 위로 뜬다. 똑같은 방법으로, 납조각은 자신의 무게가 같은 부피의 물의 무게를 초과하는 양에 해당하는 '힘'이 있어 아래로 가라앉는다.[29]

De motu에서 갈릴레오는 동역학의 기본 공식을 수정해야 한다고 제안했다. 매질의 저항은 떨어지는 물체의 빠르기에 영향을 미치는데, 두 빠르기의 비가 아닌 그 차에 해당하는 만큼 영향을 미친다. 이 제안을 갈릴레오가 독창적으로 내놓은 것은 아니다. 그것은 적어도 6세기의 요하네스 필로포누스(John Philoponus) (역주: 6세기에 활동한 그리스도교 철학자이자 신학자, 문헌학자로 아리스토텔레스 역학의 주석서를 썼고 기동력 역학을 처음 제안한 사람)까지 긴 역사를 거슬러 올라가야 한다. 또한 아르키메데스의 유체 정역학과 위의 전통적 이해가 통합된 것도 갈릴레오 이전에 기암바티스타 베네데티(Giambattista Benedetti) (역주: 16세기 이탈리아 과학자로 23세이던 1553년에 최초로 자유 낙하하는 물체는 무게가 다르더라도 똑같이 떨어진다고 주장한 사람)에 의해서였다. De motu의 독창성은 새겨진 힘이라는 개념을 동일한 구조 속에

엮었다는데 있다. 매질의 부력 효과는 새겨진 힘의 인위적인 가벼움과 수학적으로 동일하다. 나무의 인위적인 가벼움은 일정하게 유지되는 데 반해서 돌멩이의 인위적인 가벼움은 점차 감소한다는 점만 제외하면, 물속에 잠긴 나무의 운동은 위로 던진 돌멩이의 운동과 동일하다.

여러 업적 중에서, 특히 유효 무게라는 개념은 (갈릴레오 이전에 다른 많은 사람이 받아들였던 것처럼) 갈릴레오로 하여금 빈 공간에서 운동을 받아들일 수 있도록 해주었다. 아리스토텔레스 공식에 따르면, 빈 공간에서 물체의 빠르기는 저항이 없을 것이므로 무한대가 되어야 한다. 무한한 빠르기란 불합리하기 때문에 아리스토텔레스는 빈 공간이 존재할 수 없다고 주장했다. 이에 반해 갈릴레오는 저항의 역할을 재공식화해 그런 불합리함을 없애 버렸다.

> 물질이 채워진 공간의 경우 물체의 속도는 물체의 무게와 그 물체가 통과하는 매질의 무게 사이의 차이에 의존한다. 비슷하게, 빈 공간에서도 물체의 운동은 [그러니까 그 운동의 빠르기는] 자신의 무게와 매질의 무게 사이의 차이에 의존하게 될 것이다. 그러나 빈 공간의 경우 매질의 무게가 0이기 때문에, 물체의 무게와 매질의 무게 사이의 차이는 그냥 물체의 무게가 될 것이다. 그러므로 [빈 공간에서] 운동의 빠르기는 자신의 총 무게에 의존할 것이다. 그러나 물질이 채워진 공간에서는 매질의 무게에 비해 초과된 물체의 무게가 물체의 총 무게에 비해 작기 때문에, 물체가 그렇게 빨리 움직일 수 있을지는 의문이다.[30]

빈 공간을 다루는 것보다 속도를 다루는 것이 더 흥미진진했다. 아리스토텔레스가 그랬듯이, 그리고 스콜라 학자들이 그랬듯이, De motu의 저자인 갈릴레오도 물체가 일정한 속도를 유지할 수 있는 것은 물체에 일정한 기동력이 계속 작용하기 때문이라고 믿었다. 기동력을 제외하고는 위 공식의 모든 용어가 수정되었는데도 그랬다. 갈릴레오가 빈 공간에서 빠르기는 물체의 총 무게에 의존한다고 말했을 때, 무게는 물체 고유의 무게를 의미했다. 소나무 가지들은 크기에 관계없이 모두 동일한 힘과 속도로 떠오르기 때문에, 빈 공간에서도 모두 동일한 힘과 속도로 떨어지게 된다. 납과 나무가 서로 다른 속도로 움직인다고 하더라도, 매질에서는 납보다는 나무가 매질과의 무게 차이에 따른 효과가 더 크게 나타나겠지만, 여전히 나뭇조각은 나뭇조각대로, 납조각은 납조각대로, 그 크기에 상관없이 매질 내에서 모두 같은 속도로 떨어질 것이다. 물론 나뭇조각의 속도와 납조각의 속도 사이에는 차이가 날 것이다. 이렇게 갈릴레오가 아리스토텔레스에 동의하지 않았던 것처럼 보이지만, 일정한 속도로 움직이는 운동은 일정한 기동력을 가져야만 한다는 확신은 아리스토텔레스와 별반 차이가 없었다. Omne quod movetur ab alio movetur(역주: '무엇이나 이동한 것은 반드시 자신이 아닌 다른 것에 의해 이동한다'는 기본 명제를 라틴어로 쓴 것임.). 새겨진 힘을 무게와 동일시로써, 또 그 무게가 연직 방향의 운동에서 하는 역할을 집중해서 분석으로써, De motu는 이러한 동역학의 근본적 측면을 가장 잘 보여주었다. De motu의 동역학은 정역학에서 나왔다. 속도는 (고유) 무게에 정비례한다고 정의했다. 또한 갈릴레오는 물체의 속도는 물체의 운동에서 분리될 수 없다고 주장했다.

> 운동을 논의하려면 당연히 빠르기도 수반한다. 그리고 느리다는 것은 단지 좀 덜 빠르다는 것에 불과하다. 그러므로 빠르기는 운동과 동일한 것에서 [원인에서] 도출된다. 따라서 운동이 무거움과 가벼움에서 도출된다면, 빠르기나 느림 또한 같은 근원에서 출발해야 한다…. 그래서 운동이 아래쪽을 향할 때는, 더 무거운 물질이 더 가벼운 물질보다 더 빨리 움직일 것이기 때문이다. 그

리고 운동이 위쪽을 향할 때는, 더 가벼운 물질이 더 빨리 움직일 것이다.[31]

De motu에서 중요하게 이루어졌던, 새겨진 힘이라는 개념을 정량화하려는 시도는, 더 나아가 정역학과 동역학을 뒤섞는 역할을 했다. 새겨진 힘을 가벼움으로 정의한, 갈릴레오는 상승하거나 낙하하는 물체의 경로 중 모든 점에서 물체의 속도가 물체 고유 무게에 비례한다고 설정했다. '그러면 무거운 물체가 처음에는 나중보다 좀 더 느리게 움직이기 때문에, 운동이 시작될 때 물체의 무게는 운동이 끝날 때나 또는 처음과 끝 사이에서보다 더 작게 된다.'[32] 물체가 움직이는 경로의 꼭대기에서 물체의 상태는 물체가 줄에 매달려 그 자리에 정지해 있는 경우의 상태와 동일하다. 두 경우 모두에서, 새겨진 가벼움은 물체의 무게와 정확히 상쇄되어 빠르기는 0이 된다. 새겨진 가벼움이 감소함에 따라, 무게는 증가하고 그래서 그와 함께 빠르기도 증가한다. 이렇듯이 무거움과 가벼움을 수학적으로 다뤄 정역학뿐 아니라 동역학까지 기술하는 완전한 역학이 완성되었다.[33]

정역학은 아르키메데스와 아리스토텔레스에 이르는 고대까지 거슬러 올라가지만, De motu의 개념적 틀 내에서, 갈릴레오는 정적(靜的) 힘의 개념에 도달할 길을 준비해 놓았기 때문에, 정량적인 동역학의 출현을 가능케 했다. 라틴어인 'fortis'(강한, 세력이 있는이라는 의미)에서 유래된 '힘'이라는 단어를 갈릴레오가 찾아낸 것은 역학, 다시 말하면, 기계의 과학에서이다. 기계의 과학에서 '힘'은 일반적으로 '무게' 또는 '저항'을 들어올리기 위해 지렛대의 한쪽 끝에 작용하는 것을 지칭했다.[34] 무엇보다도, 이런 용법은 자연스러운 것과 강제된 것의 차이를 표현했다. 지렛대나 다른 간단한 기계들은 무거운 것들을 자연스러운 경향에 반하여 들어올리는 데 필요한 힘을 덜어주는 장치였다. 간단한 기계에 대한 초기 논문에서, 갈릴레오는 정적 힘의 개념을 일반화했다. 작용한 힘이 무엇이든, 말하자면, 인간의 완력(腕力)이든 또는 짐승의 완력이든 그는 머릿속에서 그런 힘을 도르래에 매달려 있는 물체의 무게와 바꾸어 놓더라도 아무런 차이가 생기지 않음을 알았다.[35] 무게는 모든 물체가 지구 중심을 향해 움직이려는 경향에서 생긴다. 그런 이유로, 무게가 힘이라고 생각되지 않았다. 그렇지만, 힘은 무게에 거스르며 평형을 유지하게 만들기 때문에, 무게가 힘을 측정하는 도구의 역할을 할 수 있었다. De motu에서, 갈릴레오는 무게를 동역학적 작용을 측정하는 도구로 만들어 더 일반화할 방안을 마련했다.

De motu에는 전체적으로 저울이라는 이미지가 흐르고 있다. 만일 유체 정역학이 인위적인 가벼움이라는 개념에 대한 합리적 근거를 제공한다면, 유체 정역학에 대한 이해는 저울에 의존했는데, 저울 자체는 자연스럽지 않은 가벼움을 설명하는 또 다른 이미지를 제공했다. 갈릴레오는 '위로 향하는 운동은 무거운 매질이 밀어내는 작용에 따라 일어난다'고 설명했다. '저울에서 가벼운 추는 무거운 추에 의해서 강제로 위로 오르는 것과 마찬가지로, 움직이는 물체도 더 무거운 매질에 의해서 강제로 밀려 위로 올라가게 된다.'[36] 저울은 무게로 힘을 측정하는 데 결정적인 역할을 한다. 저울에서 두 무게가 평형을 이루고 있을 때, 저울의 한쪽 접시에 무게를 추가하면 총 무게가 아니라 단지 추가된 양만큼 그 쪽이 아래로 내려간다. '그것은 마치 한쪽의 무게가 다른 쪽의 무게보다 작아서 그 차이에 해당하는 양만큼 측정되는 힘에 의해서 다른 쪽이 아래로 내려간다고 말하는 것과 같다. 같은 이유로, 한쪽의 무게는 다른 쪽의 무게가 더 많이 나가는 양만큼 위로 올라가게 될 것이다.'[37] 이를 자연스러운 운동에 대응해서 살펴보면, 무게가 있는 매질을 통해 움직이는 물체의 무게는 저울의 한쪽 무게에 해당하고 물체와 같은 부피의 매질의 무게는 저울의 다른 쪽 무게에 해당한다.

> 그리고 자연스러운 운동을 하는 물체와 저울의 무게 사이의 비교
> 는 매우 적절하기 때문에, 앞으로 자연스러운 운동은 계속 이러한
> 대비(對比)를 사용할 것이다. 이러한 대비법은 관계된 문제를 이
> 해하는 데 적지 않게 기여할 것이 분명하다.[38]

17세기 초, 수학을 이용한 역학을 추구하던 과학자들에게 지렛대 법칙은 증명된 정량적 관계를 제공했다. 갈릴레오가 말했듯이, 확실히 지렛대 법칙은 운동을 이해하는 데 적지 않은 기여를 했을 것이다. 갈릴레오가 De motu에서 정역학을 동역학으로 전환시킬 때, De motu가 활용한 정역학은 지렛대와 같은 간단한 기계에서 유도되었다. 즉, 갈릴레오는 De motu를 통해 지렛대 법칙을 전체 역학으로 확장하려고 시도했다. 만일 완성된 갈릴레오 역학이 좀 더 섬세했다면, 저울과 지렛대가 보다 더 중심적인 역할을 수행했을 것이며, 저울과 지렛대는 남은 세기 동안 관심의 대상으로 남아 있었을 것이다.

★

De motu가 나오고 15년쯤 지나자, 갈릴레오는 De motu의 역학을 더 이상 인정하지 않았다. 이는 분명 코페르니쿠스 천문학에 대한 관심이 높아진 탓이었다. 얄궂게도, 새겨진 힘에 대한 정량화된 이론이 설명할 수 없는 한 가지는, 바로 그것을 설명하려고 정성적인 이론이 개발되었던 현상인데, 그것은 또한 코페르니쿠스 시스템의 정당성이 입증되려면 반드시 설명되어야만 하는 현상이었다. De motu에 나오는 용어를 빌면,

De motu에서 발사체의 수평 방향 운동은 별반 이야깃거리가 없었다. 물론 De motu에서 아주 짧게 논의는 하나 인위적 가벼움으로 새겨진 힘이 어떻게 수직이 아닌 다른 방향의 운동을 유발할 수 있는지는 언급을 피하고 있다. 새겨진 힘을 정량화하는 문제는 가벼운 정도와 연결되어 있다. 그렇지만 정말 그것이 가벼움이라면, 극히 제한된 종류의 운동에 대해서만 적용될 것이며, 실질적으로 적용할 만한 경우는 거의 없다고 해도 과언이 아닐 것이다. De motu에서는 수평 운동은 우주의 중심에 놓인 구의 회전과 마찬가지로, 자연스러운 운동도 아니고 강제된 운동도 아니어서 아주 작은 힘만으로도 가능하다고 한다. 이는 갈릴레오가 관성의 개념을 향해 첫 발을 내디딘 셈이다. 그렇지만, De motu에서는 아직 관성의 개념이 연직 방향 운동의 기본 가정들과 양립하기는 힘들었다. 나중에 두 편의 걸작인 세계의 두 가지 중요한 시스템에 대한 대화(1632)와 두 가지 새로운 과학에 대한 논의와 수학적 논증(1638)을 통하여 갈릴레오 역학은 짜임새를 갖추는데, 관성 운동 또는 수평면에서 균일한 운동이 De motu에서 도입된 새겨진 힘이라는 개념을 바꿔놓지는 않았다. 오히려 갈릴레오는 De motu에서는 제대로 다룰 수 없었던 일련의 현상들을 연구하는 데 전념했다.

새겨진 힘이라는 표현 대신, 정지(停止)의 개념이 균일한 운동으로 바뀌었는데 이는 De motu에서 자세히 설명했던 것이다. 차라리 수평 방향 운동이, 힘이 평형을 이루어 정지해 있는 상태와 같다는 제안을 확장시켰다고 말하는 편이 나을 듯하다. 즉, 정지한 상태는 균일한 운동의 특별한 경우로 무한히 느린 운동이라고 정의했다. 이와 연관해 코페르니쿠스 천문학에서 자주 등장하는 구의 회전은 자연스럽지도 않고 강제된 것도 아니라는 생각은 좀 더 중요했다. 한 축을 중심으로 회전하는 것은 위치의 변화와 관계가 없다. 닫힌 궤도를 따라 회전하는 것은 위치를 재조정하지 않는다. 이에 비해서 직선 운동은 물체를 한 장소에서 다른 장소로 이동시키며, 결과적으로 물체는 운동을 시작하기 전의 적절한 장소에서 벗어나거나 다른 곳으로 이동한다. 이러한 이유로 갈릴레오는 원운동이, 그리고 오직 원운동만이, 질서 정연한 우주와 조화를 이룰 수 있다고 주장했다.

> 원운동은 움직이는 물체가 떠났다가도 끊임없이 돌아오게 만드는 운동이니만큼, 본질적으로 균일하다고 하겠다. 왜냐하면 가속도는 움직이는 물체가 가려는 성향이 있는 한 점을 향해 접근할 때 생기며 감속은 그 점을 떠나 멀리 가지 않으려는 저항에 의해 생기기 때문이다. 원운동에서는 물체가 끊임없이 본연의 목적지에서 멀어지거나 다가가려고 하기 때문에, 반발하려는 성향과 다가가려는 성향은 항상 세기가 같다. 따라서 속도가 줄지도 늘지도 않는데 이것이 운동의 균일성이다.[39]

원운동에서 중심을 향하는 경향은 중심에서 멀어지려는 반발과 정확하게 균형을 이룬다. De motu에서는 이렇게 균형을 이룬 상태는 정지 상태나 마찬가지이다. 갈릴레오가 말하는 질서있고 둥근 우주에서는, 어떤 점에서 동일한 거리만큼 떨어진 모든 점은 동등하며, 이러한 점들로 이루어진 구형의 표면 위에서 움직이는 물체는 실질적으로 정지한 것과 같다. 그러한 운동은 우주에 무질서를 불러오지 않으면서 영원히 계속될 수 있었다. 이렇듯이 원운동이 동역학적으로 정지한 것과 같다는 착상 (着想)은 17세기 학자들에게 너무나 그럴듯했기 때문에, 갈릴레오가 세운 우주 모형이 폐기되고 난 뒤에도 오래도록, 원운동을 역학적으로 분석하지 못했다.[40] 아리스토텔레스 세계관 아래서는 완전함의 상징으로서 너무나 자연스럽게 나타나던 원운동이, 역학적 우주에서는 완전히 불가사의한 것이 되어 버린 것이다. 그 수수께끼가 풀리기 전까지, 동역학은 별 효력을 발휘하지 못했다.

정량화된 과학, 수학을 이용한 과학으로서의 역학을 추구하고자 하는 이상은 De motu에서 시작하여 Dialogue와 Discourses의 두 저서에 이르면서도 여전히 이어졌다. 균일한 수평 방향 운동이라는 개념이 그러한 이상을 현실화시키는 데 중요한 역할을 했는데, 이 개념이 없었다면 갈릴레오는 발사체의 궤도가 포물선을 그린다는 사실을 논증할 수 없었을 것이다. 그렇지만, 연직 운동에 대한 관점을 바꾼 것이 보다 더 중요한 역할을 했고, 또 하나 주의를 기울일 부분은 힘으로 이어질 문제를 다루었다는 것이다.

균일한 운동을 하는 데는 원인이 필요 없다는 신념은 균일하게 가속되는 운동과 관련 있다. 뉴턴의 법칙을 이미 알고 있는 우리에게는 이 관련성이 당연한지 몰라도 갈릴레오에게는 그리 당연한 일은 아니었다. 그렇더라도 갈릴레오 역시 이 관련성을 피해갈 수는 없었다. 갈릴레오는 De motu의 원본에서 '원인이 강할수록, 그 효과도 더 강해진다'고 주장했다. '그래서, 무게가 무거울수록 더 크고 재빠른 운동이 일어나고, 가벼울수록 더 느린 운동이 일어난다.'[41] 이 주장을 10년 뒤에 발표된 가속 운동에 대한 에세이에서 한 주장과 비교해 보자. 이 에세이에는 사유 낙하 운동의 원리는 그대로 남아 있지만, 속도는 그렇지 않았다. '그러므로 균일함과 간결함을 원한다면, 속도가 아니라 속도의 증가량, 즉 가속도에 동일성을 부여해야 한다.'[42] 이 문장은 우리에게 힘이 균일한 운동을 변화하게 하듯이 무게가 균일한 가속도를 만든다는 외침으로 들린다. 비록 갈릴레오에게도 같은 외침으로 들리지는 않았겠지만, 그조차도 균일한 운동에는 원인이 필요 없다는 신념이 없었다면, 그러한 문장은 쓰지 않았을 것이다. 분명한 것은, 이 문장이 이전의 그의 주장, 즉 더 빠른 운동에는 더 강력한 원인이 필요하다는 주장과 모순된다는 점이다. 정지해 있을 때는 한 물체가 다른 물체를 누를 수 있으나 같이 낙하하고 있을 때는 그럴 수 없다는 사실에서, 낙하하는 물체의 무게는 온전히 자기 자신에게만 작용해서 균일하게 가속되는 운동을 만들어 낸다는 것을 깨달았다. 이로부터 갈릴레오는 동역학을 정역학에서 구분해 냈고 이 둘 사이의 관계를 적절한 형태로 표현하는 데 성공했다.[43] 그렇지만, 후에 이 두 구절 모두 겉모습이 De motu의 배경에 반하여 다소 바뀌는데, 이는 갈릴레오가 정량적인 역학의 틀을 짜던 초기에 존재했던 내부 모순을 수정하면서 생긴 결과이다.

수평 운동에 대한 의문점들은 차치하더라도, De motu 내부에 존재하는 문제점들은 심각했다. 자유 낙하를 정량적으로 기술하는 데 갈릴레오는 주저하지 않고 아리스토텔레스의 이론을 받아들여 이를 개선했다. 갈릴레오가 속도는 무게에 정비례한다고 정한 것 자체가 아리스토텔레스 동역학의 기본 명제를 받아들인 것이다. 그 명제를 받아들인다거나 혹은 그 명제에서 유래된, 더 강한 원인이 더 강한 효과를 만들어낸다는 주장을 받아들인다면, 무거운 물체는 가벼운 물체에 비해 더 빨리 낙하한다는 결론을 피할 길이 없다. 그러나 갈릴레오는 같은 재료로 만들어진 모든 물체는 그 크기에 관계없이 동일한 속도로 떨어진다고 확신했다. 실제로 크기가 같고 같은 재료로 만든 물체는 같은 속도로 떨어진다. 갈릴레오는, 아리스토텔레스 역학에 따르면 두 물체가 한 물체로 연결되어 두 배의 무게가 되므로 나란히 떨어지지 않고 두 배로 빨리 떨어질 것이라고 말했다. 이는 어처구니없는 이야기이로서, 하나로 연결된 물체도 작은 두 조각들과 마찬가지로 동일한 속도로 낙하할 것임을 갈릴레오는 알고 있었다. 이 문제를 해결하기 위해 De motu에서는 '무게'를 특별한 방법으로 정의했다. 무게는, 명시적으로, 특정한 형태의 중력에 해당했다. 그는 나뭇조각은 나뭇조각대로 일정한 빠르기로 낙하하고 납조각은 납조각대로 더 큰 빠르기로 떨어진다고 결론지었다. 그에게는 무게란 지구 중심을 향하는 자연스러운 경향이었다. 그와 동시에, '모든 물체에는 단 한 가지 종류의 물질'만이 존재한다. 조밀한 물체는 단지 동일한 공간 내에 동일한 물질 입자들이 더 많이 포함되어 있을 뿐이다.[44] 만일 그렇다면, 납조각이 모두 다 같은 속도로 낙하한다는 주장은, 그대로 어떤 물체이건 모두 다 같은 속도로 낙하해야 한다는 주장으로 이어진다. 이 결론을 인정한다면 De motu의 전체 구조를 폐기해야만 한다. 당장에는 더 강한 원인이 더 강한 효과를 만든다는 원리에 모순되며, 더 나아가서는 De motu의 중요한 목표 중 하나였던, 자유 낙하에서 가속도에 대한 설명을 부정하게 된다. 새겨진 힘은 인위적인 가벼움으로서, 마치 부력처럼 물체의 유효한 고유 무게를 바꾸는 역할을 한다. 매순간 물체의 빠르기는 물체의 유효 고유 무게에 비례한다. 따라서 모든 물체가 같은 속도로 떨어진다는 결론은 자유 낙하 운동에서의 가속도를 폐기하는 것과도 같은데, 이 가속도가 바로 수리(數理) 과학으로서의 동역학을 출발시켰던 계기였다.

한마디로 말하면, De motu의 역학은 해결할 수 없는 모순들로 가득했으며, 균일하게 가속된 운동을 좀 더 성숙하게 분석하기는 했으나, 관성이라는 개념의 결과였다기보다는, 오히려 초기 논문들과 동일한 결론을 얻기 위해 불완전했던 De motu를 재공식화 한 것에 가까웠다. 현대인이 관성이라는 측면에서 균일한 가속도 운동을 생각해보면, 아마도 일정한 힘이 존재해서 끊임없이 새로운 운동을 덧붙이는 관성운동이 될 것이다. 그러한 견해는 뉴턴의 제2법칙으로 이어지는데, 가속 운동을 이러한 관점에서 이해한다면 아마도 자유 낙하에 대한 갈릴레오의 분석이야말로 힘이 작용한다고 생각한 최초의 예가 아닐까 싶다. 물론 갈릴레오 자신이 가속 운동을 힘의 작용으로 표현하지는 않았지만, 대신 지구 중심을 향하여 움직이려는 자연스러운 경향에서 균일한 가속 운동이 일어난다고 표현했다.

> 정지해 있긴 하나 움직일 수도 있는 그런 물체는 특정한 지점을 향하는 자연스러운 경향이 있을 경우에만 자유롭게 움직인다. 물체가 장소에 별반 상관하지 않는다면, 다른 곳으로 움직여야 할 원인도 없고, 그래서 정지하고 있을 것이기 때문이다. 특정한 위치를 향하는 경향이 있다면, 물체는 자연스럽게 운동하고 계속해서 가속할 것이다. 가장 느린 운동에서 시작해서, 중간의 속도들을 점진적으로 다 겪어야만 빨라지게 된다…. 이제 이러한 운동의 가속도는 운동하는 물체가 계속 움직여서, 목표로 하는 빠르기에 가까이 가는 과정에서 얻어진다.[45]

보다 간단한 형태로 표현한다면, '무거운 물체는 공통의 중력 중심을 향해 끊임없이 그리고 균일하게 가속 운동을 하면서 움직이려는 내재적 경향을 갖는다….'[46] 중심을 향하는 자연스러운 경향은, 비록 그로부터 생기는 운동이나 운동이 지향하는 중심이 점진적으로 바뀌긴 했지만, De motu에 나왔던 자연스러운 경향과 똑같은 것이었다. De motu와는 달리 코페르니쿠스 세계관에서는, 지구의 중심이 우주의 중심은 아니었으며, 그래서 갈릴레오는 그럴듯하게 여러 개의 중심이 존재한다고 주장했다. 중심을 향하는 경향에서 유도된 운동은 이제 균일한 가속 운동이 되었다. 가속도라는 것은 동역학적인 효과이기보다는 오히려 정지해 있는 물체가 어떤 속도를 얻기 위해 점진적으로 거쳐야 하는 연속성의 결과물로 이해되었다. De motu에서는 단지 한 가지 종류였던 자연스러운 운동이 이제는 두 가지 종류로 존재하게 되었으며, 갈릴레오는 그들을 일관되게 구별했다. 이와 같이, 관성 운동에 대한 그의 관점에는 기본적으로 모호함이 있었다. 한편으로는, 자연스러운 운동도 아니고 강제된 운동도 아니었으며, 우호적이지도 않았지만 그렇다고 반발하는 운동도 아니었다. 다른 한편으로는, 더 심각해 보이는 게 '자연스러운 운동'으로서는 천체(天體)의 목적을 지닌 유일한 현상으로 인식되었다는 것이다. 자연스러운 운동은 코페르니쿠스 학파에서 수립한 질서 정연한 우주에서 꼭 필요했다. 원운동은 변화를 수반하지 않고 영원히 유지될 수 있지만, 스스로를 만들어 낼 수는 없었다. 새로운 운동을 생성하려면 (또는 운동을 소멸시키려면) 중심을 향하는 (또는 멀어지는) 직선 운동이 반드시 필요했다.

> 정지 상태에서 시작해 떨어지는 물체는 중간의 여러 속도를 거쳐야만 한다. 그래서 … 결과적으로 정해진 속도를 얻으려고 물체는 처음에 직선 운동을 해야만 하는데, 얻어야 할 속도에 따라 직선 거리가 결정되며 내려오는 경사도 결정된다. 수평면 위에서는 절대로 속도를 얻을 수 없으므로 정지해 있는 물체는 움직이지 않을 것이다. 따라서 기울어지지 않은 수평선상의 운동은 중심을 도는 원운동이 될 것이며, 이러한 원운동은 그 이전에 직선 운동이 없었다면 결코 자연스럽게는 일어나지 않는다. 그러나 원운동이 일단 시작되면 그 운동은 일정한 빠르기로 영구히 지속될 것이다.[47]

신(神)도 행성에 궤도 속도를 부여하는 데 분명 자연스러운 수단을 채택했을 것이다. 따라서 갈릴레오는 플라톤의 주장대로, 모든 행성이 태양을 향하여 떨어지면서, 어떤 지점에선가 각각의 궤도에 적합한 빠르기를 얻어 태양 주위를 회전하는 (수평 방향의) 원운동으로 비껴 들어가게 되면서 자연스럽게 운동을 계속하게 되었다고 주장했다.

갈릴레오에 따르면 자연스럽게 가속되는 물체는 모든 단계의 속도를 다 겪는다. 이러한 가속 운동의 개념에 아무런 제약도 가해지진 않았지만, 질서 정연한 우주에 대한 그의 믿음은 당연히 제약을 염두에 두었다. 예를 들어, 포탄이 공기 저항 때문에 무한정 빨라질 수는 없다고도 말했다. De motu에는 사실상 자연스러운 운동에는 상한선이 존재한다는 아이디어가 바탕에 깔려 있었다. 보다 중요하게는 그 상한선보다 낮은 모든 단계의 빠르기가 유효 고유 중력에서 얻어지는데, 고유 중력의 점진적인 변화가 무제한이므로, 빠르기의 점진적인 변화 역시 무제한이었다. 가속되는 물체는 모든 단계의 속도를 거친다는 갈릴레오의 주장은 그의 초기 논문에 나오는 무게들의 범위를 바꾸어 놓게 되었다.

De motu와 같이 잘 짜인 물리학은 지속된다. 갈릴레오는 무거운 물체가 떨어지려는 자연스러운 경향을 정량화하여 측정의 기준을 제공했다. 물론 무게가 새겨진 힘과 속도 모두 측정하는 기준이라는 부분은 분명히 수정되어야 한다. Discourses에서 놀랄 만하게 발전한 것은 기존의 정역학을 보다 사실에 바탕을 둔 동역학으로 바꿨다는 것이었다. 그는 정지해 있는 물체와 움직이고 있는 물체는 반드시 구별해야 한다면서, 자연스럽게 가속된 물체의 운동은 물리량을 측정하는 데 적용할 수 있어야 한다고 했다. 속도를 무게로 측정하기보다, 그 속도를 얻기 위해 물체가 떨어져야만 하는 연직 방향의 거리로 측정하자고 제안했다. 이러한 방법으로 모든 장소에서 동일한 속도의 기준을 제공할 수 있었다.

> 이 속도는 세계 어디에서도 모두 동일한 법칙에 따른다. 예를 들어 납으로 된 무게가 1파운드인 공이 정지 상태에서 시작해, 창의 길이만큼 떨어지면 얻는 빠르기는 모든 장소에서 동일하다. 그러므로 이 속도를 이용하여 자연스러운 낙하에서 얻는 운동량을 나타내는 것이 좋을 듯하다.[48]

같은 빠르기로 움직였을 때, 동일한 시간 간격 동안 균일한 운동에서 물체는 낙하 때보다 두 배 더 먼 거리를 이동한다.

갈릴레오는 또한 자연스러운 가속 운동이 충격력을 측정하는 데 필요한 기준을 제공한다고 믿었다. 충격에 관한 현상은 당시의 많은 사람에게 분석하기 어려운 문제였는데, 이는 갈릴레오에게도 마찬가지였다. 이 문제는 후에 호이겐스(Huygens)가 좀 더 다루기 쉬운 용어로 다시 기술하여 풀린다. 갈릴레오는 처음에 땅 속에 박히는 말뚝을 상상했다. 망치로 말뚝을 때리면 말뚝은 어느 정도 땅 속으로 박힌다. 다른 방법으로는 망치보다 훨씬 더 무거운 추를 말뚝 위에 올려놓을 수도 있다. 그렇다면 올려놓은 추의 무게로 충격력을 정의해도 좋을까? 갈릴레오는 아니라 했는데, 그 이유는 망치로 또 한 번 때리면 말뚝은 동일한 깊이만큼 박히지만, 추를 이용하면 더 무거운 추를 올려놓아야 하기 때문이다. 게다가, 그는 저항으로서의 말뚝의 역할에 모호한 구석이 있음을 알아차렸다. 말뚝이 깊이 박힐수록 땅은 더 단단해지므로, 동일한 세기로 말뚝을 때리더라도 박히는 깊이는 달라져야 한다. 그런데도 두 번 망치로 때린 세기가 과연 같다고 말할 수 있을까? 갈릴레오는 그렇지 않다고 했다. 말뚝을 움직이는 데는 망치로 내리친 힘의 일부만큼 말뚝이 박히므로, 망치로 때리는 세기가 같을 수는 없다. 망치로 때릴 때의 저항과 망치로 때리는 힘 모두 측정할 수 있는 기준을 찾아내기 위해, 갈릴레오는 다시 무게를 가진 물체의 자연스러운 운동으로 생각을 되돌렸다. 어떤 힘이 변하지 않고 일정한가? 주어진 높이에서 낙하하는 물체에 작용한 힘이 일정하다. 어떤 저항이 변하지 않고 일정한가? 위로 올라가고 있는 물체에 작용하는 저항이 일정하다. 충격력을 조사하기 위한 마지막 방안으로 갈릴레오는 도르래의 양 쪽에 연결된 두 물체를 상상했다. 더 무거운 물체를 책상 위에 놓고 다른 쪽 끝에 매달린 가벼운 물체를 떨어뜨리면,

떨어지는 물체가 줄을 채게 되고, 이때 작용한 힘이 도르래를 건너서 다른 쪽 물체로 전달된다. 이렇게 비록 무게가 작은 물체라도 속도가 무게를 보강하여 더 무거워질 수 있으므로, 두 물체의 무게의 비는 속도의 비보다 작을 수밖에 없다. 더군다나 초기에 무거운 물체는 정지해 있었다는 사실을 감안하면 더욱 그러하다. 그런데 이게 맞는다면 아무리 작은 물체라도 떨어지면서, 정지해 있는 큰 물체를 움직이게 할 수 있다. 이러한 결말은 갈릴레오가 애초에 모호해서 피했던 말뚝의 경우만큼이나 이해하기 어려운 것이었다.[49] 어찌되었건, 초기에는 이러한 사고(思考)를 통해 물체가 떨어지려는 자연스러운 경향은 충격력을 측정하는 수단으로 쓰였다.

갈릴레오가 처음에 충격력을 무거운 추와 비교하려고 노력했다는 사실은 그가 De motu의 시스템을 우리가 생각하는 만큼 철저하게 부정하지는 않았음을 시사한다. 어찌되었건 차후로는, 그가 impeto 또는 momento라고 부른 양이 힘을 측정하는 도구로써 무게를 대체하게 되는데, 이 또한 물체의 자연스러운 경향과 연관이 있는 양이다. 이 양은 오늘날 '운동량'이라고 불리는 것과 비슷하지만, 두 가지 면에서 차이가 있다. 하나는, 갈릴레오에게는 무게와 구별되는 질량의 개념이 없었다는 것이다. 또 다른 하나는 앞의 것보다 훨씬 중요하다. 앞에서 말했듯이, impeto는 (또는 momento는) 대개 능동사와 함께 사용되었다. 이 양이 '충격력'의 역할을 한다는 것은 갈릴레오가 추후 완성한 역학에서는 힘과 연관된 문제의 중심에 서게 됨을 의미한다. 당시에 '힘'은 (또는 'forza', 또는 'vis'라는 단어가) (역주: 'forza'는 이탈리아어 그리고 'vis'는 라틴어로 '힘'을 의미함) 결정적인 역할을 하는 주체가 아니라, 용어가 뭐든 별 중요하지 않은 개념적인 것에 불과했다. 갈릴레오와 동시대 사람들에게는 갈릴레오가 사용한 힘은 그저 impeto와 momento라고 표현한 무엇이었을 것이다. 이는, 기동력(機動力)에 대한 중세의 믿음과 매우 흡사한데, 이러한 믿음이 얼마나 깊게 파고들어와 있는지는 움직이는 물체가 힘을 갖는다는 생각을 보면 알 수 있다. 그러나 갈릴레오가 사용한 impeto와 momento의 의미는 중세 때와는 달랐다. De motu에 나오는 새겨진 힘과 마찬가지로, impeto는 수평 방향이 아니라 연직 방향의 운동을 향하며, 그 운동에 의해 impeto를 측정했다. 이 점에서 impeto는 기동력이라는 (역주: 원문에서는 'impetus'로 철자가 비슷하지만 그 개념에서 유래된 것이 아님을 강조함) 개념에서 유래했다기보다는, 물체를 본성에 거슬러 움직이게 하는 간단한 기계에 작용되는 힘이라는 개념에서 유래했다는 편이 더 적합할 것이다. 17세기 역학을 가장 적절히 표현하라면, 갈릴레오가 운동에 대한 새로운 개념을 공식화하고 균일한 가속 운동에 정의를 내리기는 했으나 그의 동역학적 기본개념은 여전히, '물체를 움직이거나 정지하도록 변화를 더하는 것이 외부 요인이 아니라 안에 들어 있는 능력으로서, 떨어지는 물체를 본성에 거슬러 원위치로 돌아가게 해주는 것도 물체 안에 들어 있는 힘이다'일 것이다.

갈릴레오 역학에서 가장 중요한 것 중 하나는 '높은 곳에서 떨어지는 물체는 땅에 닿는 순간 원래 높이로 돌아가는 데 꼭 필요한 만큼의 impeto를 얻는다는 주장이다. 이는 무거운 진자(振子)를 보면 확실히 보이는데, 진자를 연직선에서 50도 또는 60도 정도 끌어올리고 떨어뜨리면, 공기 마찰로 잃는 아주 적은 양을 제외하면 똑같은 높이까지 올라가는 데 딱 알맞은 만큼의 빠르기와 힘을 얻는다.'[50] 이 주장이 맞다면, (물론 마찰이 없는 이상적인 경우에) 획득한 impeto는 물체가 떨어지는 경로와는 무관해 보인다. 획득한 빠르기는 단지 연직 방향의 변위 하나에 의해서만 결정되므로 물체가 서로 다른 기울기를 따라 경사면을 내려오더라도 동일한 수평면에 도달할 때 빠르기는 모두 같다. 처음에 갈릴레오는 이 제안을 가정(假定)이라고 소개했다. 그러나 갈릴레오의 지도 아래 비비아니가 쓰고 Discourses의 개정판에 포함한 부분을 보면, 동역학적 고찰을 통해 이 제안을 증명하려 했다.[51] 왜 처음부터 갈릴레오는 그렇게 증명하려 하지 못했을까? 추측컨대, 이러한 제안을 통해서야 비로소 De motu에 나오는 새겨진 힘과 무게가 상응한다는 의미의 동역학적 동등함을 구체화했기 때문이 아닐까? 초기 논문에서는, 물체를 위로 들어올리려는 새겨진 힘이 그 물체를 아래로 내려가게 만드는 무게와 같을 때 물체는 정지한다고 주장했다. 한편 Discourses에서는, 움직이는 물체의 impeto는 물체가 떨어지려는 자연스러운 경향을 극복해서 원래 위치로 들어올리기에 딱 알맞은 양으로 정지해 있다고 설명한다. 원운동은 중력 중심 주위의 어떤 점이라도 같은 수평면에 있기만 하면 처음 위치와 동등하기 때문에 정지 상태와 똑같이 취급되었다. 이와 같이 De motu에서는 새겨진 힘을 무게로 측정했지만, Discourses에서는 impeto로 측정하는 것으로 바뀌었는데, 이 impeto도 역시 떨어지려는 무거운 물체의 자연스러운 경향에 기반을 두고 있었다.

힘을 impeto로 측정한다면 이는 균일한 가속 운동을 분석할 때 내재되었던 힘과는 일치하지 않는다. 현대 용어를 빌면, impeto로 측정하는 힘은 운동량이 변하는 비율이 아니라, 운동량 또는 운동량의 총 변화량 Δmv와 같을 것이다. 이러한 불일치에도 불구하고, 갈릴레오는 병행해서 사용하고 있다. 전자(前者)의 의미는 물체의 충격력에 들어 있고, 후자(後者)의 의미는 자기 자신이 힘을 만들 수 있는 힘과 같아야 한다는 가정에서 나타난다. 공이 경사면 위로 굴러 올라갈 때, '동일한 힘[forza]을 가진 동일한 물체라면 경사가 낮을수록 더 멀리 움직인다.' 여러 각도로 쏘아올린 발사체가 도달하는 거리를 논할 때도, 갈릴레오는 '발사체를 시작점 b에서 출발하여 도착점 d에 이르기까지 [45°의 고도를 따라서] 포물선 *bd*를 따라 보내는데, 고도가 더 작거나 더 큰 어느 포물선에서보다 더 작은 운동량'이 [운동량이 라틴어로는 "impetus"임] 필요하다는 것을 증명했다. 또한 서로 다른 각도로 발사되더라도 발사체가 도달하는 범위가 동일할 때 'impeti'와 'forze' 사이의 차이는 어떤지도 언급했다.[52] 이런 맥락에서 힘은 오직 Δmv로만 측정이 가능하다.

정역학과 동역학을 최초로 구별해 냈던 갈릴레오조차도 impeto 또는 momento라는 생각을 그렇게도 두드러지게 했던 것을 보면, 지렛대의 원리가 지속적으로 당시의 역학을 지배하고 있었음을 알 수 있다. 물에 잠긴 물체에 대한 논의라는 저서에서 갈릴레오는 저울을 예로 들어 momento의 정의를 정당화했다.

> 예를 들면, 절대 중력에서 동일한 두 무게를 팔의 길이가 동일한 저울의 양쪽 접시에 놓으면, 두 접시는 균형을 이룬다. 저울을 지탱하는 받침점에서 양쪽 팔의 길이가 동일하기 때문에, 그 저울의 양쪽 팔이 움직인다면, 두 무게는 동일한 시간 동안 동일한 공간을 동일한 속도로 이동하게 되는데, 두 무게 중 하나가 다른 하나보다 더 내려가야 할 이유가 없다. 따라서 두 물체는 균형을 이루고 두 물체의 운동량은 계속 동일하게 유지된다.[53]

만일 더 작은 무게로 더 큰 무게를 들어올리려 한다면, 그 물체를 받침점에서 더 먼 곳에 놓아서 더 빨리 움직이게 하면 된다.

> 그래서 보통, 가벼운 물체의 속도를 무거운 물체의 속도로 나눈 값이 무거운 물체의 무게를 가벼운 물체의 무게로 나눈 값에 비례할 때, 두 물체의 능률이 같다고 말하는데…[54]

위에 인용한 구절은 갈릴레오나 다른 많은 사람이 사용한 momento라는 하나의 용어에서 어떻게 운동량과 능률이라는 두 용어가 (역주: 오늘날 영어로 운동량은 momentum 그리고 능률은 moment라고 함) 유래했는지 알려준다.

갈릴레오는, momento의 개념을 설명하는 데 저울과 지렛대의 굴레에서 벗어나게 하려고 끊임없이 애썼다. 물에 잠긴 물체에 대한 논의에서, 갈릴레오는 자신의 원리를 이용하여 커다란 나무 기둥이 부피가 자신보다 100분의 1밖에 안 되는 물에 뜨는 것을 증명했다. 물론 나무 기둥은 폭이 아주 좁은 탱크에 넣고 물은 그 주위로 아주 얇게 채워져 있어서, 나무 기둥이 연직 방향으로 조금만 움직여도 나무 옆에 채워진 얇은 물이 위아래로 크게 요동친다. 그는 이 논증이 모순으로 보일 수도 있다고 결론을 내렸다. '그러나 운동의 속도에 어떤 중요성이 있는지 이해 못하고, 그리고 그것이 어떻게 정확히 중력의 결점과 부족함을 상쇄시킬 수 있는지도 이해 못하는 사람은, 더 이상 의문을 품지도 않을 것이다…'[55] 충격력을 다룰 때도 이 원리를 사용했는데, 이제는 그 원리가 제한된 메커니즘에서도 완전히 벗어나 있다. 그의 초기 논문인 역학에 관하여에서는, 망치가 '움직이는 데 받는 저항'과 망치가 때리는 물체가 '움직이는 데 받는 저항' 사이의 비는, 물체를 때리지 않았을 때 망치가 이동한 거리와 물체를 때렸을 때 물체가 이동한 거리 사이의 비와 같다고 제안했다.[56] 충격에 관한 최종 검토를 할 때쯤, 갈릴레오는 이동하는 물체가 받는 일반적인 저항에 대해서는 더 이상 이야기하지 않았지만, 그 사이 내린 임시 결론들은 역시 지렛대의 원리를 반복 적용하여 얻은 것이다. 그는 도르래의 양쪽에 물체를 연결한 장치에서도 물체의 비와 빠르기의 비를 비교했고, 결국 한 물체가 아무리 작더라도 다른 물체를 움직이게 하는 이유는 다른 물체가 처음에는 움직이지 않고 있었기 때문이라는 결론을 내렸다.

저울과 지렛대에는 힘의 개념을 계속 혼란스럽게 만드는 근본적인 모호함이 있었다. 이 문제는 다음과 같은 원리를 지렛대에 적용했던 그의 초기 역학에도 이미 나타나 있었다.

> 힘으로 얻은 것은 빠르기로 모두 잃는다. 지렛대를 들어올리는 힘 C는 AJ를 통해 전달되고, 무게는 간격 BH만큼 이동하는데, BH가 힘이 지나간 공간인 CJ보다 더 작은 정도는 거리 AB가 거리 AC보다 더 작은 정도와 같다. 다시 말하면 힘이 무게보다 더 작은 정도와 같다.[57]

여기서 중요한 요소는 무엇인가? 빠르기인가 아니면 이동한 거리인가? 위에 인용한 구절을 포함한 여러 다른 글에서, 갈릴레오는 두 가지를 서로 혼용했는데, 물론 간단한 기계의 경우에는 두 가지를 혼용하더라도 괜찮다. 문제는, 비교되는 두 가지 운동이 간단한 기계에 연관된 가상(假想) 운동일 때만 서로 혼용한다는 사실을 잊어버릴 수 있다는 것이다. 대체로, 갈릴레오는 그 조건을 기억한 편이지만, 그의 가장 중요한 주장, 즉 낙하하는 물체는 원래 떨어지기 전의 높이까지 돌아오기에 충분한 impeto를 얻는다는 제안 속에 이미 잊어버릴 가능성을 안고 있었다. 여기서 그는 가상 운동이 아니라 실제 일어나는 가속 운동을 다루었지만, 이동한 거리와 속도를 혼용해도 괜찮을 만큼 한꺼번에 묶어 사용하곤 했다. 갈릴레오는 적어도 한번은 이 두 가지가 얼마나 쉽게 혼용될 수 있는지 직접 보여주었다. Discourses에 나오는 이른바 여섯 번째 날에, 그는 경사면의 법칙을 (그는 이 법칙을 지렛대에서 직접 유도했는데) 충격 문제에 적용해 보았다. 연직 아래 방향으로 내려오는 10파운드 물체가 경사면에 놓인 100파운드 물체와 균형을 이루고 있다. 경사면의 길이는 연직 높이의 10배이다. 그가 계속하길, 그러므로,

10파운드 물체를 일정 거리만큼 연직 방향으로 떨어뜨리자 이 물체가 얻은 impeto는 100파운드 물체를 경사면을 따라 동일한 거리만큼 올라가게 만들 것인데, 연직 방향으로는, 이 거리의 10분의 1에 해당하는 높이만큼 위로 올라가게 된다. 경사면을 따라 위로 물체를 이동시키는 힘은 그 물체를 경사면의 고도와 같은 높이만큼 연직 위로도 충분히 들어올릴 수 있는데, 이 경우에는 경사면에서 이동한 거리의 10분의 1이 되고, 경사면에서 이동한 거리는 10파운드의 물체가 낙하한 거리와 같다. 그래서 10파운드 물체가 연직 아래로 떨어진 것은 100파운드 물체를 연직 위로 들어올리기는 하나 원래 낙하한 거리의 10분의 1에 해당하는 수직 공간만이 가능하다.[58]

갈릴레오는 경사면에서 평형 조건을 서로 무관한 두 물체의 가속된 운동에 적용해봄으로써 두 경우를 impeto의 개념으로 연결하려고 시도했다. 위의 경우에 무엇으로 힘을 측정할 수 있을까? 그 기준이 (우리 용어로는 mv인) impeto일까 아니면 우리가 일이라고 부르는 무게에 연직 방향의 이동 거리를 곱한 양으로 라이프니츠(Leibniz)가 측정했던 vis viva(역주: 라틴어로 '살아있는 힘'이라는 의미) (mv^2)일까? 그 둘이 같은 것이 아니다. 지렛대에 모호함이 들어 있었기 때문에 vis viva라는 양이 등장할 수 있었다. 두 세기가 넘는 기간에 걸쳐서 뉴턴과 라이프니츠가 이룩한 업적을 잘 이해한 우리에게, 그러한 모호함은 충분히 명백해 보인다. 그렇지만 근대 역학이 만들어지던 당시 사람들에게는 힘이라는 문제는 너무 복잡한 문제였으며, 갈릴레오가 사망한 이후 반세기가 지나서야 비록 풀지는 못했지만 그 모호함을 알아차리기 시작했다.

지렛대나 위에 든 예에서 보면, mv나 mv^2 두 가지 모두와 맞지 않는 또 다른 세 번째 힘의 의미 또한 존재했다. 그것은 De motu에서 채택된 것과 동일한 정적(靜的)인 힘이었다. Discourses의 '여섯 번째 날'에 나오는 구절을 보자. 떨어지는 물체는 원래의 높이까지 올라가기에 충분한 impeto(mv)를 얻게 되므로, 올라가는 면의 기울기와는 상관없이 정해진 연직 방향의 높이에 딱 맞는 양의 forza(mv^2)가 필요하다. 하지만 경사가 다른 평면을 따라 들어올리면, 경사가 작을수록, 작은 forza(F)가 필요하다.[59] 또한 충격에 대한 논의에서, 갈릴레오는 무게를 들어올리는 forza는 물체를 내리누르는 forza와 같다고 하면서, 이 양을 이용하여 충격력을 측정하려 했다.[60] 물체가 지나간 경로에 상관없이, impeto의 정해진 변화량은 주어진 연직 방향 이동 거리에 대응한다는 주장이 옳음을 보이기 위해, 갈릴레오의 요청으로 비비아니가 Discourses의 개정판을 수정하면서 첨가한 구절보다 모호함을 그렇게 더 잘 표현한 것은 아마도 없을 것이다. 여기서 비비아니는 경사면 위에 놓인 물체의 '기동력, 능력, 에너지, 또는 운동량이라 일컫는 것'[l'impeto, il talento, l'energia, o vogliamo dire, il momento]에 대해 말했다.[61] 오직 이런 전후 관계에서만 비로소 그는 면 방향의 무게 성분을 말할 수 있었다. 똑같은 단어가 다른 곳에서는 힘에 대한 다른 개념을 표현하기 위해 사용했다거나, 적어도 우리에게는 다르게 보이는 힘의 개념에 사용했다는 사실은 갈릴레오가 De motu에 나오는 사고 방식에서 아직 완전히 벗어나지 못했음을 암시한다. 이렇게 갈릴레오에게서 De motu의 양식이 계속 나타난다는 사실에서, 우리는 갈피를 잡지 못했던 17세기 역학의 두 가지 모호함을 알 수 있는데, 하나는 지렛대가 불러일으킨 힘의 측정에 관한 혼란스러움이고, 다른 하나는 정역학과 동역학에 대한 불확실한 구분이다.

★

De motu의 사고 방식은 갈릴레오 역학 내에 끊임없이 이어져 연직 방향 운동이 갈릴레오 역학의 중심에 놓여있었다. 하지만 연직 방향 운동이 맡은 중심 역할은 그 이후 상당히 수정되었다. 관성이라는 개념은 코페르니쿠스 천문학을 정당화시켰을 뿐 아니라, 운동에 있어 완전히 새로운 아이디어의 기초가 되었다. 그렇지만, 갈릴레오에게 관성 운동은 항상 가속된 연직 방향 운동과는 직교하는 수평 방향 운동이었으며, 관성 운동이 연직 방향 운동에 견주어서는 정지 상태로 여겨졌다.[62] 이러한 방식으로 그는 관성 운동과 연직 방향 운동을 절충하여 경로가 포물선 형태가 됨을 증명할 수 있었다. 그렇지만 갈릴레오는 자연스러운 가속 운동에 대한 분석을 수평면에서 가속된 (자연스럽게 가속된 운동이 아니라 격렬하게 가속된 운동이라 표현했을 법한) 운동에까지 확장해보려 하지는 않았다. 갈릴레오에게 자유 낙하라는 자연스러운 가속 운동은 힘이 작용하는 패러다임이 아니라, De motu에서와 마찬가지로, 충격력과 같은 다른 역학적 현상을 측정하기 위한 기준으로만 사용했을 뿐이었다. 그렇다 하더라도 자연스러운 가속 운동은, 자연에서는 매우 흔히 일어나는 운동이었지만, 갈릴레오의 역학 체계 안에서는 특별한 존재였다. 그는 운동에 관한 수리 과학의 상당량을 이 운동을 분석하는 데 바쳤으며, 그러한 분석은 이 운동이나 이 운동을 수정하는 데에만 쓰일 수 있었다.

경사면을 따라 내려온다든가, 또는 점성이 있는 매질에서 낙하하는 특별한 경우에 한해서, 갈릴레오는 자유 낙하의 분석을 거의 일반화하는 데 성공했다. 그에 따르면, 모든 물체는 동일한 가속도로 낙하하기 때문에, 자유 낙하 자체는 동일한 모습을 보인다. 그렇지만, 경사면을 따라 내려온다든가, 또는 점성(黏性)이 있는 매질에서 낙하하는 경우, 움직이는 물체는 바뀌지 않고 그대로 남아 있어도 움직이는 유효 무게는 감소한다. 갈릴레오가 이러한 경우 가속도가 유효 무게에 비례한다고 설정한 것은 마치 뉴턴의 제2법칙과 동등한 것처럼 보인다. 갈릴레오의 동역학을 잘 이해하기 위해 이 두 경우에 특별히 관심을 기울여 보자.

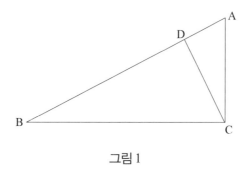

그림 1

갈릴레오는 De motu에서 이미 경사면을 고려한 바 있다. 그는 팔이 기울어진 저울에 수직이고 저울 팔의 끝이 연직면에서 그리는 원에 접하는 경사면을 상상하면서, 저울 또는 지렛대 법칙에서 경사면의 법칙을 유도했다. 어떤 면에서든, 물체가 갖고 내려오는 힘은 그 물체를 움직이지 못하게 하는 힘과 같은 양이다. 연직면에서는 그 양이 물체의 무게와 같은 반면, 경사면에서는 그보다 작은데, 이 둘의 비는 기울어진 평면상에서의 길이와 연직면 상에서의 높이 사이의 비와 같다.[63] 즉, De motu에서 갈릴레오는 경사면에서의 운동을 조밀한 매질 내에서 낙하하는 물체의 무게가 가벼워지는 것과 동일하게 취급했다는 뜻이다. 두 경우 모두 지렛대 법칙에 따라 분석한 것은 우연이 아니었던 게, 경사면과 매질 모두, 아래로 떨어지려는 경향을 줄인 결과 속도가 줄어드는 것으로 보였기 때문이다. Discourses에서는 속도 대신 가속도를 사용한 것만 제외하고는, 정확히 동일한 방식으로 경사면을 취급했다. De motu에서는 경사면에서 줄어든 속도가 물체의 상대적인 무게가 줄어들었기 때문인 것으로 해석했지만, 이제는 모든 물체가 동일한 물질로 이루어졌기 때문에 자유 낙하 시 동일한 가속도를 가져야 할 것이었다. 이 동일한 가속도는 물체가 자연스럽게 얻는 최댓값으로 경사면에서는 그 값이 줄어드는데, 그 비율이 De motu에서 속도가 줄어드는 정도와 동일하다. (그림 1에서) AB는 경사면이고 AC는 연직면상에서의 높이이다. AB 방향의 힘(impeto)에 대한 AC 방향의 힘의 비는 AB/AC와 같다. AB에서 $AD/AC = AC/AB$가 되도록 AD를 정하면 힘의 비는 AC/AD와 같아진다. '그러므로 물체는 연직거리 AC를 떨어질 때 걸리는 것과 같은 시간동안 경사면 AB를 따라 AD에 해당하는 공간을 통과하게 될 것이다(그 이유는 힘의[momento들의] 비가 거리의 비와 같기 때문이다). 또한 C에서 속력과 D에서 속력 사이의 비는 거리 AC와 거리 AD 사이의 비와 같다.'[64] 가속도는 평면의 기울기가 감소하면 같이 감소해서 수평이 되면 더 이상 아무런 가속도를 느끼지 못하게 된다. 갈릴레오는 경사면에서 일어나는 운동을 그가 De motu에서 구체화했던 저항의 역할을 통하여 바라보았다. 매질의 저항과 마찬가지로, 경사면도 물체의 자연스럽게 움직이려는 경향을 방해하며 결과적으로 그 경향을 감소시킨다. 그러나 갈릴레오의 이러한 분석은 뉴턴의 제2법칙과는 달리, 힘과 질량 사이의 비로 가속도를 제안한 것이 아닌데, 설령 갈릴레오가 질량의 개념이 없었다고 해도 최소한 물체가 움직이는 방향으로의 유효 성분이 물체의 크기에 의존한다고 본 것 역시 아니다.

Discourses에서 경사면을 설명한 부분을 살펴보면, 매질 내에서의 낙하를 어떻게 취급했는지 알 수 있다. 실제로는, 갈릴레오가 슬그머니 De motu의 용어법으로 다시 돌아감으로써 그것을 모호하게 만들고 말았다. 한 예로 그는, 낙하가 지닌 '고유하면서도 자연스러운 속력이' 매질의 부력 효과로 작아진다고 말했다.[65] 물체가 낙하할 때 속도가 일정한 비율로 증가하는 것을 깨닫지 못하는 심플리치오를 신랄하게 비난하면서 자신이 가속도라는 용어를 스스로 도입했음에도 불구하고 그는 똑같은 어법으로 전체 논의를 이어나갔다. 그렇지만, 이것은 그가 실수한 것으로 치자. 왜냐하면 갈릴레오가 예로 든 다른 논의들을 보면 그가 가속도를 염두에 두고 있음을 충분히 짐작할 수 있기 때문이다.[66] '물체가 정지 상태에서 출발하면, 단위 시간 당 속도는 가속도에 비례한다'라든가, '경사면과 마찬가지로 매질도 유효 무게를 줄이고 그 결과 가속도가 줄어든다'라는 것에서처럼 말이다.

매질을 통한 낙하에는 다른 특징이 있다. 경사면을 따라 내려오는 운동은 일정한 비율로 가속하는 데 반해, 매질을 통해 낙하하는 운동은 종단 속도가 존재한다는 것이다(물론 갈릴레오는 종단 속도라는 용어를 사용하지 않았다). 매질은 물체가 얼마나 조밀한지에 상관없이 물체의 가속도를 감시하고 있다가 물체가 매질에서 자연스럽게 움직일 수 있는 한계를 넘어 가속하면 물체의 속도를 감소시킨다. 한 예로 물은 물속에 떨어진 포탄의 운동량을 대부분 신속히 흡수해 버린다. 공기도 마찬가지인데, 높은 탑의 꼭대기에서 똑바로 아래쪽으로 발사된 포탄은 4~6큐빗 (역주: 고대의 길이 단위로 팔꿈치에서 가운데 손가락의 끝까지 길이에 해당하며 1큐빗은 대강 50cm 정도이다) 정도의 높이에서 발사된 포탄에 비해 지면에서의 충격이 더 작다.[67] (대포를 가지고 직접 실험하는 경우를 상상해보자! 갈릴레오가 정말 대포를 쏘려 했다면 피사의 사탑을 구하자는 시민운동이 일어났을지도 모른다.) 매질의 저항은 매질이 물체에 얼마나 신속히 길을 터주느냐에 비례할 것이고, 따라서 물체의 속도가 증가하면 함께 증가할 것이다. 하지만 이러한 경향은 물체가 아래로 내려가려는 자연스러운 성향과 속도가 같아질 때까지만 계속되고, 그 이후로 물체는 더 이상 가속하지 않고 균일하게 떨어진다.[68] 이와 같이 갈릴레오는 낙하하는 물체만큼은 물체에 대한 저항이 매질의 부력과 유사한 역할을 한다고 보았다. 즉 저항은 아래로 향하는 물체의 성향을 감소시킨다. 이는 갈릴레오가 움직이는 모든 지점에서 가속도가 이 유효한 성향에 비례한다는 사실을 깨달았음을 보이는 단적인 예로서, De motu와 달라진 또 다른 직접적인 증거이다. 이것이 바로 갈릴레오 역학에서 딱 한 번 나오는 균일하지 않은 가속도를 다룬 경우이다.[69] 그뿐 아니라, 종단 속도라는 자연에서 일어날 수 있는 속도에 대한 상한선을 두었는데, 이는 De motu에서 두었던 상한선과 같은 것이었다.

그렇다면 매질의 저항은 무엇에서 오는 것일까? 그에 따르면 매질이나 낙하하는 물체나 똑같은 물질로 구성되어 있다. 그래서 만일 저항이 매질을 옆으로 밀어제쳐서 생긴다면, 매질을 움직이게 만들도록 힘이 작용해야 하며, 이는 물체의 자연스러운 가속도와 유사한 또 다른 예가 아닐까? 갈릴레오가 매질의 저항을 다루는 방법을 보면 그의 역학 체계에 있는 한계가 무엇인지 알 수 있다. 종단 속도의 원리 설명 바로 뒤에 나오는 문단에서, 그는 저항이 어디서 유래하는지 설명하려고 했다.

진공처럼 어떤 이유에서든 아무런 저항도 부여하지 않는 매질 내에서 낙하하는 물체는 모두 동일한 속력을 얻게 된다는 원리 하에, 물체가 어떤 매질이나 다른 저항이 있는 매질을 통과할 때의 속력의 비를 정해 보자. 이 비는 매질이 움직이는 물체의 무게를 얼마나 많이 줄여주는지 살펴보면 얻을 수 있는데, 이 줄어드는 만큼 물체가 길을 트기 위해 주변 매질을 옆으로 밀어낸다. 이러한 현상은 진공에서는 당연히 나타나지 않는데, 그러므로 각 중력의 차이 때문에 [속력에서] 어떤 차이도 일어나지 않는다. 매질에서는 물체의 무게가 밀쳐진 매질의 무게만큼 줄어든다고 알려져 있으므로, 저항하지 않는 매질에서는 속력이 변하지 않는다고 가정했던, 물체의 속력을 딱 그 비율만큼 감소시킬 것이다.[70]

종단 속도에서 나타난 사실은 이러한 분석과 어긋난다. 또한 위로 올라가는 운동에 대한 저항 역시 이러한 분석과 모순이다. 갈릴레오는 매질의 무게에 따른 부력과 매질을 통과하는 운동에 주어지는 저항이라는 두 가지 서로 다른 효과를 제대로 분리해내지 못한 것이다. 그는 '유체로된 어떤 매질이든 그 내부에 담긴 물체의 무게를 줄게 하는 이유는 매질이 갈라지고 옆으로 밀쳐져서 결국은 들려서 올라가도록 제공하는 저항 … 때문이다'라고 주장했다.[71] 그는 동일한 물질로 만들었을 경우 작은 물체가 더 큰 물체보다 더 많이 느려진다는 데 동의하긴 했으나, 이는 표면의 거칠기 탓으로 돌렸다. 물체의 크기가 작을수록 거칠기는 더 커지는데, 그는 거친 돌기 부분들이 매질과 부딪쳐서 매질이 들려 올라간다고 생각했던 것 같다.

Discourses에서 말한 저항은 훨씬 이전에 물에 잠긴 물체에 대한 논의에서 다룬 문제에 그 뿌리를 둔다. 이 책에서 갈릴레오는 공기 중에서보다 물속에서 위로 올라가는 물체가 더 빨리 올라갈 것이라고 주장한 아리스토텔레스를 인용했다. 그는 아리스토텔레스의 잘못이 물체의 속도를 모양의 다양성과 '물체 표면의 거칠기 정도나 매질의 희박성 정도와 연관지은 것에 있으나 문제의 핵심은 물체와 매질의 중력 차이다…' 라고 했다.[72] 갈릴레오에 따르면 유체로 된 매질은 두 부분으로 갈라지는데 아무런 저항도 하지 않는다. 그러므로 물보다 더 무거운 물체는 그 초과분이 아무리 작더라도, 결국은 바닥에 가라앉고, 아무리 큰 나무 기둥이라도 물에서는 여인네의 머리카락으로도 [sic (역주: '원문 그대로'라는 의미의 라틴어): 남자의 머리카락뿐 아니라 심지어 여자의 머리카락으로도] 끌어올릴 수 있다. 그렇지만, 먼지를 이루는 미세 입자들은 설령 가라앉는다 해도 아주 천천히 가라앉으며, 큰 배는 여자의 머리카락으로는 어림없고 노와 돛으로만 움직인다. 이를 보완하려고 갈릴레오는 비록 물이 갈라지는 데 저항하지는 않지만 그것이 갑작스럽게 일어나면 저항한다고 했다.

> 모든 운동에는 시간이 따르고 그래서 시간 간격이 크면 더 오래 일어나기 때문에, 물체가 일정 시간동안 일정한 동력으로 일정한 공간을 움직인다면, 더 짧은 시간에 동일한 공간을 움직이려면 더 큰 동력이 필요하다. 그러므로 같은 힘으로 움직인다면 더 큰 배는 작은 배보다 천천히 움직이고, 같은 배라도 더 빨리 움직이려면 훨씬 더 센 바람이나 노 젓는 힘이 필요하다.[73]

그렇게 되는 이유는 무엇일까? 그것은 물이 갈라지는 데 저항하기 때문이 아니라, 배가 이동하는 경로 주위의 물이 옆으로 밀쳐져야만 하기 때문이다. 갈릴레오에게는 운동에 저항하는 원인은 오로지 무게였다. 무게의 효과를 말할 때도 갈릴레오는, 은연중 저울로 상징되는 특정한 의미의 중력을 전혀 관계없는 문제에 끼워 넣곤 했다. 그는 심지어 아래 방향을 향하는 자연스러운 운동은 가속 운동이라 해놓고도, 운동에 접근할 때는 항상 아리스토텔레스가 말한 매질의 역할을 수정한 De motu의 관점을 벗어나지 못했다. 문제는 동력이 되는 특정한 의미의 중력차(重力差)를 구하는 것이었고, 그래서 그는 가속 운동을 연직 방향의 운동으로만 제한적으로 사용했으며, 저항은 그러한 운동에서 무거운 매질이 바깥쪽으로 밀려나지 않으려는 성질에서 온다.

질량이라는 개념이 없어서, 아니 어쩌면 그보다는 질량 대신 무게를 사용해야 했기 때문에, 갈릴레오는 모든 문제에서 무의식적으로 연직 방향의 운동을 개입시켜야 했고, 이 때문에 자유 낙하에 대한 그의 분석이 제2법칙으로 일반화되지 못했다.

현재로서는 움직일 수 있는 물체가 갖는 자연스러운 성향과 경향이라 할 수 있는 것은 움직임에 반하는 내부 저항뿐이다. 그러므로 아래로 내려가려는 경향을 지닌 무거운 물체에서 저항은 위쪽 방향을 향한다.[74]

수평면에서 물체는 '움직이려는 성향도 없으며, 움직이지 않으려는 저항 또한 없다.[75] 이 생각을 잘 나타내는 갈릴레오의 유명한 표현을 보면, 수평면에 놓인 물체는 '움직임 혹은 정지해 있는 것에 전혀 개의치 않는다…'.[76] 경사면에 놓인 물체는 속력이 증가하면서 내려오는데. 만일 위로 향하는 기동력을 더하면, 속력이 줄다가 결국 정지한다. 그렇지만 수평면에서는 물체가

우리 마음에 흡족하게 행동한다. 즉, 물체를 정지 상태로 놓으면 그 물체는 계속 정지해 있다. 그리고 우리가 물체에게 어떤 방향으로 기동력을 더하면, 우리 손에서 원래 받은 것과 같은 속도를 유지하면서 그 방향으로 움직이는데, 이때 물체는 원래의 속도를 더 빠르게 하거나 더 느리게 할 능력을 갖지 못한다….[77]

운동과는 무관하게 봤을 때, 관성에 대한 개념을 닦은 것은 기념비적인 초석(礎石)이 되었지만, 동시에 힘이란 운동을 변하게 한다는 일반적인 개념에 이르는 과정을 어렵게 만들었다. 갈릴레오의 물리학은 수평면에 놓인 물체에 속도를 더하는 힘에 대한 어떤 개념도 포함하지 않았다.
　속도를 내는 데 작은 물체보다 큰 물체에 더 많은 노력이 필요하다는 점을 과연 갈릴레오가 인식했느냐는 중요하지 않다. 비록 문헌에는 없지만, 운동을 그렇게도 날카롭게 연구한 학자가 누가 보아도 명백한 현상을 인지하는 데 실패할 수도 있다는 것은 상상하기 어렵다. 오히려 중요

한 것은 그의 역학 체계 안에서 이용 가능한 개념적 도구들을 검토해보고, 그 도구들이 온갖 종류의 가속도를 연직 운동에서처럼 정량적으로 다룰 수 있는 데 충분했느냐이다.

> 이제 다음과 같은 옳고 잘 알려진 원리를 상기하자. 운동의 속력에서 생기는 저항은 또 다른 움직이는 물체의 무게에 의존하는 저항과 서로 상쇄된다. 즉, 무게가 1파운드이고 100의 속력으로 움직이는 물체가 받는 저항은, 무게가 100파운드이지만 1의 속력으로 움직이는 물체가 받는 저항과 같다. 동일한 두 물체가 동일한 속력으로 움직인다면 동일한 정도로 움직임에 저항하지만, 한 물체가 다른 물체보다 더 빠르게 움직인다면, 속력에 따라 저항이 주어지기 때문에 더 빠르게 움직이는 물체가 더 큰 저항을 만들게 된다.[78]

이 문장으로 지렛대 법칙에 대한 해설을 끝맺는데, 여기서는 연직 방향 운동과 가상적 운동을 모두 다루었으며, 운동에 거스르는 저항은 물체가 위로 들려 올라가는 것을 말한다.

★

바로 위에서 인용한 운동의 저항은 충돌 문제를 생각나게 한다. 실제로, 갈릴레오가 충돌에 적용한 원리는 거의 비슷한데, 그의 충돌에 대해 설명을 보면 그의 역학에 들어있는 한계를 또다시 느낄 수 있다. Discourses에 나오는 '여섯 번째 날'의 시작 부근에서 아프로이노(역주: 갈릴레오의 저서 Discourses에 등장하는 인물 중 한 사람)는 충돌의 위력이 간단한 기계의 힘을 몇 배 늘리는 것과는 다르다고 단언한다. 이 두 경우 모두 운동이 존재하는데, 간단한 기계와는 달리 충돌의 경우 두 가지 운동이 존재한다. 하나는 충격을 가하는 물체의 운동이고, 다른 하나는 충격당하는 물체의 운동이다. 이런 순서를 따라 사고했다면 그는 충격력을 충돌하는 물체의 무게와 속도로 나타냈을 수도 있었을 것이다.[79] 하지만 갈릴레오는 애초부터 정지 상태에서의 무게를 이용하여 충격력을 측정하려고 했고, 그러한 시도는 근 한 세기 동안이나 계속되었다. 마침내, 이 문제는 호이겐스가 힘의 개념을 완전히 배제하고 운동학을 이용하여 훨씬 쉽게 다룰 수 있음을 발견했고, 오늘날에는 주로 이 방법을 따른다. 그렇지만 동역학적으로 분석할 때는 충격량이라는 개념을 이용하는데, 충격량은 운동량의 변화량과 같다. 충격량은 힘이 작용한 시간에 대해 힘을 적분한 것으로

$$\int F dt = \Delta mv$$

와 같이 정의한다. 그러나 충돌이 일어나는 동안 힘이 작용하는 시간은 대부분 매우 짧고 그동안 힘이 어떻게 변하는지 알기가 아주 어렵기 때문에 이 적분 자체는 매우 복잡하다. 그렇지만 적분값 자체는 운동량의 변화량으로 쉽게 구할 수 있으며, 형식적으로는 짧은 시간 간격 동안 자유 낙하하는 물체에 가해진 중력의 작용과 정확히 일치한다. 다시 말하면, 자유 낙하에 대한 갈릴레오의 분석을 충돌의 분석에도 적용할 수 있다는 것이다. 실제로 갈릴레오가 정적(靜的)인 무게를 이용하여 충격의 힘을 측정하려 한 것을 보면, 그가 적용 가능한 동역학에 얼마나 가까이 다가갔는지 알 수 있다.

충격력을 측정하기 위해 최초로 고안한 장치가 큰 규모의 저울이었다. 저울의 한쪽 팔에는 물을 가득 채운 통을 매달고, 그 통 밑에 빈 통을 또 하나 매달았다. 다른 쪽 팔에는 추를 매달아 저울이 평형을 이루게

했다. 이제 위쪽 물통 바닥에 조그만 구멍을 뚫으면 물이 아래통으로 떨어지면서 저울은 평형을 잃게 된다. 이때 평형을 되찾는 데 필요한 무게를 측정하면 물에 따른 충격력을 구할 수 있을 것이라 기대했다. 그러나 이 장치가 별로 만족스럽지 못하다는 것이 알려지고, 다시 이전 문헌들에서 이용했던 말뚝을 땅에 박는 예로 돌아왔다. 즉, 한 편에서는 망치로 말뚝을 때리고 다른 편에서는 움직이지 않는 무거운 추를 말뚝 위에 올려놓는 방법을 이용하여 충격력을 측정하려 했다. 마지막으로는, 두 물체를 도르래로 연결해 타격과 저항을 모두 측정하는 기준을 얻으려 했다. 그는 최종적으로 저항이 무한이 아니라면 타격에 길을 내주지 않고는 저항할 수는 없다는 결론에 도달했다. 또한 '그런 충격을 정확하게 측정할 수는 없다'는 결론에도 도달했다.[80] 어떤 의미에서는, 충격력이 잠재적으로 무한히 크다는 결론은 지렛대 법칙과 유사한데, 지렛대 법칙에서는 저항이 무한히 크지만 않다면 주어진 힘으로 지렛대 팔의 길이만 조절하여 물체를 움직이게 만들 수가 있다. 그런데 갈릴레오는 이러한 지렛대와 말뚝의 두 경우가 같지 않다고 여긴 듯하다. 지렛대의 경우, 지렛대 길이의 비와 힘의 크기가 미리 주어지면, 그 지렛대로 움직일 수 없을 만큼 큰 저항이 항상 존재한다. 물체가 속도를 갖고 부딪칠 때에는 위의 결론이 성립하지 않는다. 이 경우 저항이 무한히 크지만 않다면 항상 부딪쳐진 물체는 움직이게 된다. 따라서 갈릴레오는, 충격력은 잠재적으로 무한대, 즉, 충격력이 어떤 정적(靜的)인 힘보다도 잠재적으로 더 크기 때문에, 이 두 경우를 같은 척도로 비교할 수는 없다는 결론에 도달했다. 그는 충격력을 확정적으로 측정하는 것이 불가능하다고 첨언하면서도, 그것을 합리적인 역학의 테두리 안으로 가지고 올 방법을 모르겠다고 고백하기도 했다.

'여섯 번째 날'에 나오는 구절에서 갈릴레오는 이 난제(難題)를 해결하는 첫 발을 내디뎠다. 그는 움직이는 물체에는 예외 없이 두 가지 형태의 저항이 존재한다고 단언했다. 첫 번째 저항은, 1,000파운드의 물체를 들어올릴 때 100파운드의 물체보다 더 많이 저항하는 것과 같다. 두 번째는 똑같은 물체를 100피트의 거리로 돌리기가 50피트의 거리로 돌리기보다 더 많은 힘을 필요로 하는 저항이다. 이 두 가지 저항이 두 가지 서로 다른 작동 요인에 대응한다. 하나는 누르면 움직이고 다른 하나는 치면 움직인다. 첫 번째 요인은 물체의 저항이 작을 때 움직이게 하지만, 같은 힘으로 꾸준히 누르면서 무한정한 거리를 움직이게 할 수 있다. 두 번째 요인은 아무리 큰 저항이라도 움직이게 만들지만, 단지 제한된 거리만큼만 움직이게 할 수 있다. 누르는 압력에 비례해서 저항은 커지지만 거리 간격은 그렇지 않다. 마찬가지로 충격에 비례해서 이동하는 거리 간격은 커지지만 저항은 그렇지 않다.[81] 비록 이 제안은 여전히 애매한 채로 남아 있긴 하지만, 첫 번째 종류의 저항은 아래로 향하는 무게의 경향일는지도 모르며, 그가 말하는 무제한의 운동은 계속되는 비평형(非平衡)이 만들어내는 지속적인 산물이라고 할 수 있을지도 모른다. 두 번째 종류의 저항은 아직은 더 애매하긴 하나, 가속 운동에 저항하는 척도로서의 질량이라는 개념을 형성하는 데 기여하지 않았을까 싶다.

위와는 다른 구절에서 갈릴레오는 운동하는 물체의 momento는 무수히 많은 수의 momenti(역주: 라틴어 momento의 복수형)로 짜여 있는데, 그 하나하나는 (정지한 경우 물체의 무게가) 자연스럽고 내부적이거나 혹은 (움직이는 경우 움직이게 하는 힘이) 외부적이고 격렬한 하나의 momento라 했다. 이와 같이 물체가 낙하할 때는 매순간 momenti를 축적하여 속도가 증가한다. 충격의 경우에는 시간이 필요하다. 그래서 momenti가 축적되는 동안 momenti가 동시에 흩어져 소멸되기 때문에, 짧은 시간 간격으로 충격이 일어나면 효과가 더 커진다.[82] 이는 막대한 잠재력을 지닌 통찰이었음에도 불구하고, 안타깝게도 갈릴레오는 망치로 통나무 끝을 반복하여 내리친 것을 momenti가 흩어졌다고 하면서 단번에 그러한 견해를 거둬들였다. 어쨌거나 그는, momenti는 무한정 축적되는 것이므로 (현대적 개념에서 축적은 Fdt에 대한 적분이다) 그러한 축적을 단 한 번의 momento와는 비교할 수도 없다고 했을 뿐 아니라, 실질적으로 균일한 가속도를, 이 경우에는 무게이겠지만, 균일한 힘의 효과로 다루었다. 이러한 맥락에서 힘을 측정하는 척도로써 무게라는 개념이 가속운동과 연관되었고, 그는 이러한 분석을 다른 힘에까지 확장하여 적용했다. 산조반니(San Giovanni) (역주: 천주교의 로마 주교이자 교황의 성당인 라테라노 대성당을 의미함)의 무거운 청동 문은 한 번에 밀어서 닫을 수는 없고, '지속적인 충격'을 주어 대단히 큰 힘으로 밀어야 하기에, 문이 문턱과 부딪칠 때는 교회 전체가 흔들린다. 종(鐘)의 경우에도 똑같은 일이 일어난다. 종에 연결한 줄을 잡아당길 때마다 이미 축적된 힘에 또다시 힘이 더해진다. 종이 무거울수록 더 큰 힘이 있으므로, 작은 종은 큰 종처럼 많은 힘으로 가득 차 있을 수가 (imbevuta) (역주: '흠뻑 잠기다'라는 의미의 이탈리아어) 없어서 자신의 impeto를 더 빨리 잃는다. 같은 이유로 배 역시 단번에 움직이지 않고, 노를 반복하여 저어주거나 바람이 돛을 끊임없이 밀어주어야 움직인다. 긴 투석기가 짧은 투석기보다 포탄을 더 멀리 가게 만들 수 있는 이유도 포탄에 힘이 작용하는 시간이 더 길기 때문이다.[83] 이 구절에서 갈릴레오는 힘의 일반적 개념에 가장 근접한 듯하다. 그러나 이러한 생각을 이어받아 충분히 활용한 이는 토리첼리(Torricelli)였고, 갈릴레오 역학의 주된 골격에서 이 구절은 벗어나 있었다. 이 구절들은 그의 시스템을 확장할 수 있을 정도로 간결한 통찰력을 담고 있지만, 아쉽게도 더 깊이 탐구하는 데 너무 늦게 눈을 돌렸다.

갈릴레오의 저항은 아리스토텔레스의 저항을 수정한 것인데, 이는 갈릴레오 자신뿐 아니라 그 후대(後代)의 역학에 걸쳐 이중적(二重的)인 역할을 했다. 그중 한 역할이 물체에 작용하는 효과적인 합력을 올바르게 이해하도록 인도한 것이다. 갈릴레오는 서로 다른 두 물체나 두 매질을 결합하는 방법으로, 아리스토텔레스의 비율이 정량적인 역학에서는 결코 허용되지 않는 모순을 지녔음을 증명했다. 하지만 모순은 움직이게 하는 힘을 저항으로 나누는 대신 저항을 빼면 사라졌다. 나무가 공기 중에서 아래로 떨어지는 것은 공기 속에서 나무에 작용하는 부력이 무게의 작은 일부분만을 상쇄시키기 때문이다. 그렇지만 나무가 물속에서는 떨어지지 않고 떠있는 것은 부력이 무게를 상쇄시키고도 남아있기 때문이며, 나무를 물속에 전부 다 가라앉히면, 합력은 아래쪽을 향하지 않고 오히려 위쪽을 향한다. 갈릴레오가 갖고있는 중력에 따른 가속도에 대한 견해가 좀 이상했기 때문에 아래로 떨어지는 간단한 경우에만 올바른 결과를 얻을 수 있었다. 예를 들면, 경사면을 따라 아래로 내려갈 때의 가속도라든가, 아니면 매질 내에서 떨어지는 물체에서 매질에 따른 마찰은 무시하고 부력의 작용만 고려하는 경우가 그렇다. 비교하자면, 그는 $a \propto F - R$이라는 공식을 사용했다. 그는 가속하면서 낙하하는 물체의 경향은 그 물체를 구성하는 모든 입자의 경향을 모두 합한 것과 같다고 믿었기 때문에, 모든 물체가 진공 중에서는 동일한 가속도로 낙하한다고 결론지었다. 현대인이 보기에, 질량은 속도가 더해지는 힘에 비례하여 증가하므로, 중력에 따른 가속도가 일정하다는 것은 질량과 힘 사이의 비가 일정하여

$$a = \frac{F}{m}$$

이 된다. 이 비는 갈릴레오가 전에 거부했던 것과 정확히 같은 형태인데,

그가 거부한 이유 중 하나가 바로 물질은 운동과 아무런 관련이 없다는 자신의 주장 때문이었다. 중세 철학에서 제시한 저항 중 하나는 물질의 운동에 대한 저항 그 자체였다. 한 곳에서 부정했던 것을 다른 곳에서는 인정할 수 없었던 갈릴레오는, 이와 같이 자유 낙하에 대한 분석을 일반적인 가속도 문제에 적용할 수 없었다. 물질의 저항이 운동을 변화시킨다는 것을 인정하려면 물질은 운동과 관련이 없다는 생각을 수정해야 했고, 유효한 힘을 계산하려면 유효한 힘과 질량 사이의 새로운 비에 따른 (제대로 된) 공식이 필요했는데, 여기까지 이르는 길에는 커다란 개념적 장애가 가로막고 있어서 자유 낙하가 힘이 작용한 결과라는 패러다임은 아직 찾아내지 못하고 있었다.

★

이제 갈릴레오 역학을 뒤돌아보면서 뉴턴의 제2법칙이 나오기 이전에 해결해야 할 문제가 무엇이었는지 살펴보자. 갈릴레오의 역학에는 힘을 일반화하는 개념이 절대 필요했지만 도대체 무슨 요인이 있어 그럴 수 없었는지 알아볼 필요가 있다. 이미 언급한 것 말고, 한 가지 확실한 사실은 그의 수학이 지닌 한계성이다. 오늘날 힘에 대해 기술할 때는

$$F = ma \ \text{또는} \ F = \frac{d}{dt}(mv)$$

와 같은 공식을 생각한다. 때문에 갈릴레오 역학에 나오는 문제를 논의할 때도 위와 같은 공식을 적용하고픈 충동을 느낀다. 물론 이 공식들은 갈릴레오는 전혀 몰랐던 후시대(後時代)의 산물이다. 갈릴레오의 수학에는 대수학(代數學)이 전혀 없었고, 약간의 계산법과 유클리드 기하학

이 있을 뿐이었는데, 그런 수학이 역학에 어떤 한계를 부여했을지 예상하기가 쉽지 않다. 예를 들어, 탑의 꼭대기에서 공기로 채운 풍선을 떨어뜨릴 때, 흑단나무로 만든 공이 땅에 떨어지는 시간 동안 풍선이 낙하하는 거리를 계산하려면 시간 간격을 적절히 선택해야 그 값이 비가 되어 상쇄되어 없어진다. 갈릴레오가 선택한 간격은 흑단나무 공이 지면에 도달하기까지 걸린 시간이었는데, 그 크기는 아무래도 상관없었다. 단지 그 시간 간격 동안, 딱 그 시간 간격 동안에만, 흑단나무 공이 지나간 거리와 공기 풍선이 지나간 거리 사이의 비는 공기 중에서 흑단나무 공과 공기 풍선의 유효 무게들 사이의 비와 같다. (이 문제에서 그는 공기의 저항을 무시한 것이 명백하다.) 이 예에서 알 수 있듯이, 갈릴레오는 유사한 양들만 기하학적 비로 비교할 수 있다는 규칙에 집착하고 있는데, 이것은 그의 수학이 그의 역학에 부여한 또 하나의 제약 조건이었다. 갈릴레오가 다루었던 문제들은 이러한 기하학적 비를 이용해도 괜찮았다. 거꾸로 갈릴레오가 기하학적 비를 이용해도 좋은 문제들만 다루었다고 말해도 좋을 것이다.

한 가지 예외만 빼고, 갈릴레오는 움직이는 물체의 경로를 따라 도표를 그렸는데, 그 경로는 대부분 위아래나 혹은 경사진 방향의 직선이었다. 그는 시간이 균일하게 흐른다고 생각했으므로, 직선을 따라 시간에 비례하게 거리를 표시할 수 있었다. 균일하게 가속된 운동에서는 속도가 시간에 비례하여 증가하므로, 직선상의 눈금이 속도를 나타낸다고 할 수 있었다. 제곱으로 표현되는 양중 하나가 시간에 따라 증가하는 거리였다. 기하학(幾何學)에서 기하평균이 알려져 있지 않았더라면, 갈릴레오는 자신의 가장 자랑스러운 업적 하나를 깨닫기 힘들었을 것이다. 그렇지만 그의 도표 중 어디에도 가속도나 힘을 보여주는 부분이 없었고, 그는 수학 때문에 가속도가 일정한 문제만 다룰 수가 있었다. 공통된

패턴과 다른 도표가 잘 알려진 삼각표현법이었는데, 이는 시간과 속도와 거리를 대표하는 삼각형이었다. 그러나 여기서도 역시 가속도를 직접 보여줄 수는 없었다. 갈릴레오는 변하는 가속도와 관련된 문제를 다루었다 하면 항상 잘못되었기 때문에 그런 문제를 다루지 않았던 것 같다. 진자(振子) 문제가 좋은 예인데, 원호를 그리는 진자의 움직임을 가속도가 일정한 부분을 따라 마저 확장하여 원을 그림으로써 갈릴레오는 원의 부분에서 일어나는 모든 진동의 주기는 다 같음을 증명했다고 착각했다. 물체가 저항이 있는 매질에서 낙하할 때 매질이 운동을 감소시켜서 결국에는 종단 속도로 균일하게 움직이는 것도 갈릴레오는 자세하게 조사하길 피했다. 그는 '무게나 속도, 모양에 따라 무수히 변하는 사건들을 모두 정확히 기술하는 것은 불가능하므로 이런 문제를 과학적 방법으로 다루기 위해 문제의 어려움을 어느 정도 해소하는 것이 필요했다. 따라서 정확히 기술할 수 없는 문제는 '저항이 존재하지 않을 때에 적용할 수 있는 원리를 먼저 발견하고 그 원리를 증명한 뒤에, 경험에서 터득한 요령으로 그 원리를 이용하거나 적용하면 된다'고 했다.[84] 동시에 그는 복잡한 운동을 정량적으로 다루려면 역학에서 힘이라는 개념을 반드시 발전시켜야 한다고 주장했다. 그러려면 그동안 이용했던 기하학보다 훨씬 더 강력한 수학이 필요했는데, 그러한 수학이 없었기 때문에 갈릴레오는 실질적으로 일정한 가속도와 연관된 문제만을 다루어야만 했다.

그렇지만 수학의 발전이 반드시 동역학의 발전으로 이어진다는 법은 없다. 오히려 동역학은, 초반부에 지적한 것처럼, 이미 갈릴레오 연구 안에 있었던 중요한 개념적 문제들을 잘 다루어야만 했다. 갈릴레오에 관한 한, 거의 모든 개념적 어려움은 '자연스러운'이라는 단어와 관련되어 있었다. 갈릴레오가 생각한 자연스러움을 조사하면 할수록, 그 개념은 더욱더, 상반되고 양립할 수 없는 요소들의 불가능한 혼합이며, 갈릴레오는 그런 상반된 견해 중간에서 엉거주춤한 입장을 취하고 있다는 결론을 내리게 된다. 유명한 단테의 심판에 순응하기 위해, 갈릴레오는 한 발은 중세 철학에 의한 질서 정연한 우주에 담고, 다른 발은 역학적 우주의 출현을 맞이하려고 서 있었으며, 이제까지 자주 언급했던 자연스러운 운동은 바로 질서 정연한 우주에 속해있었다.

> 따라서 원운동은 지금과 같이 완벽하게 배치된 우주를 구성하는 데 반드시 필요한 자연스러운 운동이며, 직선 운동은 물체가 자신의 고유한 자리에서 벗어나 배치의 균형이 깨지게 되면, 가장 짧은 경로를 통하여 원래 자연스러운 상태를 회복하도록, 자연이 물체에게 부여하는 운동이다. 바로 이런 사실 때문에 나는 우주를 이루는 구성 요소들 사이에 완벽한 질서를 유지하려면 움직이는 물체는 원운동만 해야 한다고 결론짓는 것이 합리적이라 생각한다. 만일 원운동을 하지 않는 물체가 존재한다면 그것은 움직일 수가 없다. 그래서 질서를 유지하려면 오직 정지와 원운동만 적절한 운동일 것이다.[85]

갈릴레오는 자연스러운 운동이 다른 운동과 섞여 있는 문제에 정면으로 대면까지는 못했어도 무시해버리지도 못했다. 서로 다른 운동이 섞인다고 할 때는 두 운동이 서로 간섭하지 않아 물체가 두 운동에 각기 자유롭게 참여할 수 있다는 가정이 깔려있다는 것이 핵심 과제였다. 갈릴레오가 이러한 가정을 직접 말한 것은 아니지만,[86] 주요 연구마다 자연스러운 운동이 두 개가 등장하면 항상 혼합이라는 개념을 먼저 소개했다. 이와 같은 문제가 Dialogue에서는 회전하는 지구에서 볼 때 연직 방향으로 낙하하는 물체의 운동에서 등장하는데, 이때도 결합되는 두 운동이 모두 자연스러운 운동이었다.[87] Discourses에서는 물체의 경로가 포물선을 유도하면서 그러한 개념이 등장한다. 그는 수평면을 따라 '균일하게 지속적으로 움직이는' 물체가 그 수평면의 가장자리를 벗어나면서 두 번째 운동이 첫 번째 운동과 겹치게 되는데, 이때도 두 운동이 모두 자연스러운 운동이었다.[88] 이때 증명된 물체의 경로인 포물선은 대포에서 쏘아올린 포탄처럼 비슷한 모든 경우에 적용된다. 그렇지만 두 운동 중 하나가 자연스러운 운동이 아닐 때는 문제가 심각하다. 물체가 자연스러운 운동을 할 때, 정말로 각각의 운동은 서로 영향을 끼치지 않을까? 자연스러운 운동이 그렇지 못한 운동을 방해하지 않듯 그 반대의 경우도 있을 수 있을까? 오늘날 우리는 이제 자연스러운 운동이라는 개념을 받아들이지 않으며 또, 서로 다른 운동의 혼합을 인정한다. 그런데 갈릴레오는 자연스러운 운동과 그렇지 못한 운동의 구분이 있음을 믿었고, 두 운동 사이의 연관성은 생각조차 하지 않으려 했다는 사실로 미루어 볼 때, 갈릴레오가 운동의 혼합이라는 개념을 내세운 게 그냥 불쑥 가설 하나를 내세운 것에 지나지 않는다고 결론지을 수밖에 없다.

수평면에서 일어나는 자연스러운 운동에 관한 한 갈릴레오는, 암묵적으로 모든 균일한 수평 운동을 동일하게 취급했다. 그는 모든 그러한 운동을 같은 용어로 기술했는데, 그런 교묘한 손재주가 철학적으로 설득력이 있지는 않지만 '균일한 수평 운동은 모두 저절로 일어난다는 점에서 같다'는 것이 그의 의견임에는 이의가 없다. 뭐 그런 점에서는 우리가 장황한 논의를 하지 않게 해주어서 여간 기쁘지 않다.

연직 방향 운동의 경우에는, 무거운 물체가 고른 가속도로 낙하하는 자연스러운 경향은 형이상학적으로 완벽한 운동이었기에, 다른 운동과 비교조차 할 필요가 없었다. 이 점이 갈릴레오 물리학의 어떤 요소보다도 힘을 일반화하는 데 장애가 되었다. 예를 들어, 마찰을 보자. 운동을 지연시킨다는 점에서 마찰은 약간 위로 향한 경사면과 유사한 역할을 한다. 즉, 마찰은 운동을 변화시키는 힘이며, 그 결과 나타나는 음(陰)의 가속도는 중력에 의한 가속도와 동일하게 취급될 수 있다. 그렇지만 이러한 동일시(同一視)를 갈릴레오는 절대로 허용할 수 없었고, 마찰은 그에게 그저 질서 정연한 우주의 이상적인 운동을 훼방 놓는 달갑지 않는 불쾌한 존재일 뿐이었다.

갈릴레오는 De motu에서 그랬던 것처럼, 아래로 향하는 자연스러운 경향은 정량화된 역학을 가능하게 만드는 보편적이고 변하지 않는 것이라고 줄곧 생각했다. 그러나 De motu에서는 이러한 경향이 무게가 평형을 이루는 것을 이용하여 힘을 측정하는 도구로 쓰였다면, 이제는 속도와 충격력을 측정하는 데 이용할 수 있는 것이다. 이런 의미에서 자유 낙하 운동을 다른 종류의 가속 운동과 직접 비교하기는 어렵지만, 갈릴레오가 자유 낙하가 자연스러운 운동이라고 여기는 한 자유 낙하에 대한 그의 정량적 분석이 힘이 작용하는 패러다임을 의미한다는 것을 결코 알아챌 수 없었을 것이다.

갈릴레오의 역학에 대한 데카르트의 판단은 지금까지 말한 무엇보다 더 공감을 받을 만하다. 데카르트는 갈릴레오가 자연의 제일(第一) 원인은 고려하지 않고 '단지 일부 특정한 효과의 원인만 조사했기 때문에 그가 이룩한 것은 기초가 부족하다'고 말했다.[89] 나 역시 갈릴레오가 그의 역학체계 내에서는 최대한 할 수 있는 일을 해냈다고 생각한다. 실제로 그는 철학적 늪에 빠져 꼼짝하지 못했다. 역학이 더 발전하려면, 자연에 대한 일관된 철학에 발을 단단히 디딘 채 운동을 재검토해야 했다. 결과적으로 데카르트의 출현을 기다려야 했는데, 데카르트의 철학에서는 더 이상 자연스러운 운동은 존재하지 않고 운동이란 운동은 모두 동일한 가치를 지닌다. 그런 의미에서 균일한 가속도의 자유 낙하 운동은, 최소한 가속도 운동이라는 더 일반적인 운동 중 하나로 취급할 수 있는 가능성을 보여 주었다.

하지만 아직도 몇 가지 개념적 문제들이 서로 엉켜 풀리지 않고 있었다. 17세기 당시 갈릴레오의 역학 체계에서 잘 정리된 동역학을 끌어낼수 없었던 것이 그리 놀라운 일도 아닌 것은 원래부터 그런 것이 존재하지 않았기 때문이다. 갈릴레오는 자주 개념들이 뒤얽힌 문제를 제시했는데, 이러한 문제들은 자신이 직접 만들어 낸 것은 아니지만 그의 작업을통해서만 그 전체적인 윤곽을 찾아볼 수 있었다. 이 문제들 때문에 17세기의 남은 기간에 합리적으로 사고할 수 있는 에너지를 모두 낭비하고말았다. 첫째, 동역학적 모형이 자유 낙하냐 충격이냐에 대한 의문을 들수 있다. 우리가 갈릴레오가 분석한 자유 낙하에서 힘의 모형을 보았지만, 그것을 본 갈릴레오 자신은 오히려 충격이었는데, 17세기 당시의 대부분 사람들이 그것에 동의했다. 둘째는 두 가지 기술적 문제였는데, 바로 동역학적 작용에서 질량의 역할과 원운동의 동역학이다. 전자(前者)를 파악하지 못한 갈릴레오는 자유 낙하에 대한 분석을 수평 방향의 가속 운동으로 일반화할 방법을 찾지 못했다. 또한 일반화된 동역학은 반드시 원운동도 포함해야 할 것이다. 만일 관성에 대한 갈릴레오의 개념이 그와 같은 문제를 제기하지만 않았더라도, 원운동에 대한 가정이 문제를 그렇게 어렵게 만들지는 않았을 것이다. 셋째, 힘의 측정이나 정역학과 동역학의 구분 등 몇 가지 모호한 점들이 분명해져야만 했다. 간단한 기계장치에서 비롯되어, 지렛대 법칙을 동역학으로 확장하려 했기때문에 모호한 점들이 많이 등장했다. 자연을 역학적으로 이해하는 철학의 등장만으로는 합리적 역학에 내재된 개념상의 어려움들을 제거하지는 못했던 것이다.

갈릴레오가 생각한 자연관의 문제점은 자연스러운 운동뿐 아니라 많은 기계적 철학의 특성까지 포함하고 있다는 데 있다. 즉, 갈릴레오가 기계적 철학에 가까이 다가가면 갈수록 힘의 개념에서는 더욱 멀어져 간 것이다. 다른 기계적 철학자들과 마찬가지로, 갈릴레오 역시 중세 인류 중심 우주관을 부정했다. 그의 세상은 복수(複數) 중심 세상으로써, 인간에게 유익하다는 것이 그 자체로 존재의 이유가 되지는 않았다. 그의 세상은 역학적 세계의 균일한 물질로 꽉 채워져 있으며, 그 물질은 모두 동일한 운동 법칙의 지배아래 놓여있었다. 갈릴레오의 철학 안에서 물질은 비활성적이지 않고, (지구상의 경우에) 지구를 향하는 자연스러운 경향에 의해서 스스로 움직였다. 이런 문맥에서 볼 때 자연스러운 운동이란 개념 자체는 너무도 부자연스럽게 보이며, 따라서 누구든 갈릴레오가 자연스러운 운동이란 용어로 무엇을 의미하고자 했는지 의아해 할 것이다. 그는 Dialogue에서 특정한 형태의 자연스러운 운동은 실제로는 존재하지 않는다고 했다. 갈릴레오는 회전하는 지구에서 떨어지는 물체의 경로를 조사하면서, 비록 결과적으로는 틀렸음이 확인되었지만 본인은 아주 만족스럽게도, 물체가 균일한 운동을 하면서 움직이는 궤도는 중심을 달리하는 원호(圓弧)의 일부분임을 증명했다; 낙하하는 겉모습은 전적으로 지구 표면에 위치한 관찰자에 따라 다르게 보이는데, 따라서 '낙하하고 있는' 물체의 진짜 운동은 가속 운동이 전혀 아닌 것이다.[90] 물체가 가속을 하든 안하든 물체는 지구를 향해 접근해 오는데, 갈릴레오는 이를 일컬어, 전체를 형성하기 위해 부분들이 상호 협력한다고 했다. '그래서 각 부분들은 가능한 한 가장 좋은 방법으로 결합하기 위해 함께 모이고 구의 형태를 취하려는 동일한 경향이 있다.' 한 부분이 전체에서 분리되면, 그 부분은 '자연스러운 경향에 의해서 저절로' 원래 상태로 되돌아간다.[91] 그가 어딘가에서 말했던 것처럼, 분리된 부분들은 '원래 속했던 전체로서의 모태를 향하여 움직인다.'[92] 어떤 면에서 이런 견해는, 비슷한 것들끼리 모인다는 먼 옛날부터 내려오는 믿음과 비슷하다. 갈릴레오는 원자론적 전통의 영향을 많이 받았는데, 원자론에서는 이를 '모양이 서로 잘 어울린다'고 표현한다.[93] 한편, 비슷한 것들끼리의 결합이라는 아이디어는 질서 정연한 우주에 대한 갈릴레오의 확신에 딱 들어맞았다. 지상의 물체들과 똑같은 경향을 지구가 아닌 다른 행성의 물체도 가질 수 있으며, 질서 있는 우주는 잘 분류되어 있어 물질을 구성하는 모든 입자가 각각 자신들에게 적합한 장소에 놓이게 된다. 심지어 우주와 우주를 구성하는 물체들이 구의 형태를 갖는다는 성질도 같은 종류의 부분들이 함께 결합하려는 자연스러운 경향을 따르는 것처럼 보였다. 이렇듯 질서 있는 우주에 대한 갈릴레오의 생각은 그의 기계론적 구성 요소와는 양립할 수 없는 듯이 보일지라도, 어쨌든 그것은 자연에 대한 그의 철학을 이루는 기본 전제였음이 확실하다. 자연스러운 운동 역시 질서 있는 우주와 긴밀히 연결되어 있으며, 그것을 제외하고는 설명이 불가능하다.

이와 동시에, 몇몇 다른 구절을 보면, 그의 마음속에 두 종류의 자연철학이 서로 경쟁하여 갈릴레오로 하여금 물체의 연직하방운동을 다른 관점에서 보도록 만들었음을 알 수 있다. Discourses에서 갈릴레오는 사그레도가 물체가 가속도로 낙하하는 원인을 마치 De motu에서 나오는 것과 같은 용어로 설명하도록 한다. 살비아티는 이 주제의 논의를 거절했다.

> 자연스러운 운동이 왜 가속하는지 너무도 많은 철학자가 너무도 많은 의견을 내놓고 있어, 현재로서는 그것을 논하기 적절하지 않은 듯하다. 혹자는 지구의 중심부가 잡아당기기 때문이라고 하고, 혹자는 뚫고 지나가야 할 매질의 양이 줄어들기 때문이라고도 하며, 또 혹자는 떨어지는 물체를 둘러싸는 매질이 뒤에서 밀어서 물체가 한 위치에서 다른 위치로 이동하게 만들기 때문이라고도

한다. 이제 이런 상상을 포함해서 그와 관련된 모든 주장을 다 조사해 보아야 할 것이다. 그러나 사실 그럴 만한 가치는 없다. 현재로서는 (가속의 원인이 무엇이든) 가속 운동을 조사해서 그 성질을 논증하는 것이 우리 저자의 [여기서 우리 저자는 갈릴레오 자신을 가리킴] 의도이다….[94]

실증주의자들은 해설을 곁들인 갈릴레오에게 찬사를 보내는 것을 잊지 않았다. 그렇지만 나에게는 그 논의에서 중요한 것이 다름 아닌 갈릴레오가 설명할 때 채택한 어휘라 생각한다. 바로 '상상에서 나오는 단어들'인데, 비록 정확히 동일하지는 않더라도, 비슷한 표현이 종종 그의 저술에 등장한다. 그는 말하기를, 해와 달이 밀물과 썰물의 원인이 된다는 생각이 '내가 보기에는 전혀 이치에 닿지 않는다. 왜냐하면 막대한 양의 물로 이루어진 대양(大洋)의 움직임이 어떻게 부분적으로 일어나며, 또 우리가 어떻게 감지할 수 있는지 생각해보면, 마치 빛이나 높은 온도, 신비한 성질 등 그와 비슷한 상상들만큼이나 전혀 믿을 마음이 들지 않는다'고 했다. 그는 그런 견해들을 '황당무계한 주장'이라고 불렀고, 케플러(Kepler)가 '달이 물을 지배한다거나, 신비한 성질 등의 유치한 언행을 인정했다'는 것에 매우 놀랐다.[95]

　이렇게 이야기하고 있는 이는 기계론적 철학자로서의 갈릴레오가 르네상스의 자연주의가 주장한 생동하는 우주에 대한 반감을 표현한 것이다. 그의 이런 자세를 고려한다면, 갈릴레오는 아래로 낙하하는 무거운 물체의 가속 운동을 어떻게 보았다고 생각하면 좋을까? 후기(後期) 기계론적 철학자들은 그것을 미세한 입자들의 복합적인 영향 때문으로 돌렸다. 갈릴레오가 그런 생각을 말한 적이 결코 없었음은 차치하더라도, 그것이 모든 물체가 동일한 가속도로 내려온다는 사실과는 도저히 조화를 이루지 못할 것처럼 보인다. 어쩌면 중력을 자기(磁氣) 현상으로 설명하는 것이 가능할 수도 있겠지만, 이는 해결할 수 없는 또 다른 문제를 불러올 뿐 아니라 자기 현상은 많은 기계론적 철학자가 받아들이지 않았던 신비로운 인력의 전형이었다. 따라서 중력을 증거 위주로 고찰하려는 갈릴레오의 자세는 어쩌면 신중한 입장을 표현하려는 것만큼이나 당혹감을 감추려는 것일지도 모른다.

갈릴레오는 무거운 물체의 균일한 가속도를 자연스러운 경향이라고 불러 단번에 불가사의라는 함정에서 빠져나올 수 있었고 갈릴레오 역학의 중심인 정량성을 계속 유지할 수 있었다. 그러나 이런 식의 해결책을 채택한 갈릴레오는 자유 낙하를 힘이 작용하는 패러다임으로 기술할 수 있는 기회를 처음부터 잃어버렸다. 내부에 존재하는 유일한 경향의 산물을 자유 낙하라고 했는데, 자연에 존재하는 모든 다른 운동과 구별되어야만 했다. 갈릴레오는 여기서 100년 동안 지속된 진퇴 양난의 궁지에 던져졌다. 수학을 이용하는 역학을 완성하기 위해 힘에 대한 일반적인 개념이 필요했던 한편, 형이상학적으로 고려할 때 힘이라는 개념은 자유 낙하라는 전형적인 경우에 전혀 들어맞지 않았다. 수학을 이용하는 역학에서 요구하는 것과 자연에 대한 기계론적 철학에서 요구하는 것이 서로 전혀 일치하지 않아 보인다는 사실이 운동 제2법칙으로 향하는 길을 가로막고 있었다. 이 진퇴 양난의 궁지가 해결되기 전까지 운동 제2법칙의 수립은 불가능했다.

■ 1장 미주

1 Mathematical Principles of Natural Philosophy, Motte-Cajori 번역, (Berkeley and Los Angeles, 1934), p. 13, University of California의 이사회의 허락으로 다시 출판됨.

2 위에서 인용한 책, p. 21.

3 어쩌면 뉴턴은 역학에 대한 갈릴레오의 대표 저서인 Discourses on Two New Sciences를 읽어본 적이 없었을지도 모른다는 점을 지적하고 넘어가자. (참고문헌, I. B. Cohen, 'Newton's Attribution of the First Two Laws of Motion to Galileo,' Atti del simposio su ≪Galileo Galilei nella storia e nella filosofia della scienza≫, (Firenze-Pisa, 14~16 Settembre 1964), pp. xxiii-xlii.) 뉴턴이 갈릴레오의 역학에 대해 간접적으로 전해들을 수 있는 자료는 많았다. 실제로 뉴턴이 케임브리지 대학의 학부생이었을 때 갈릴레오가 지은 Dialogue Concerning the Two Chief World Systems를 읽은 것은 틀림없다.

4 Dialogues Concerning Two New Sciences, Henry Crew와 Alfonso de Salvio 번역 (New York, 1914), pp. 153~154, Dover Publication, Inc., New York의 허락으로 다시 출판됨. 책 제목을 잘못 번역한 것은 유일한 영어 번역본인 이 책의 수많은 부적절한 번역 중 첫 번째에 해당한다. 앞으로 이 책을 인용할 때는 그냥 Discourses이라고 인용할 것이다.

5 Physics, P. H. Wicksteed와 Francis M. Cornford 번역, 2권. (London, 1934), VII, v, The Loeb Classical Library와 Harvard University Press의 허락으로 다시 출판됨.

6 Dialogue Concerning the Two Chief World Sciences – Ptolemaic & Copernican, Stillman Drake 번역, (Berkeley and Los Angeles, 1953), p. 28, University of California의 이사회의 허락으로 다시 출판됨.

7 위에서 인용한 책, p. 116. p. 171의 다음 구절 참고: '지구와 탑 그리고 우리 자신을 기준으로 보면, 이들 모두가 [탑의 꼭대기에서 떨어지는] 돌멩이와 함께 자전(自轉) 운동을 하기 때문에, 자전 운동은 마치 존재하지 않는 것 같다. 자전 운동은 느낄 수가 없고 지각(知覺)할 수가 없으며 어떤 흔적도 남기지 않는다. 관찰될 수 있는 것은 단지 결여된 것뿐이며, 그것은 탑 아래에서 살짝 닿도록 떨어지는 것이다.'

8 Discourses, p. 162.

9 이 구절의 원문은 다음과 같다. 'Dum igitur lapidem, ex sublimi a quiete descendentem, nova deinceps velocitatis acquirere incrementa animadverto, cur talia additamenta, simplicissima atque omnium magis obvia ratione, fieri non credam? Idem est mobile, idem principium movens: cur non eadem quoque reliqua? Dices: eadem quoque velocitas. Minime: iam enim re ipsa constat, velocitatem

eandem non esse, nec motum esse aequabilem: oporter igitur, identitatem, seu dicas uniformitatem, ac simplicitatem, non in velocitate, sed in velocitatis additamentis, hoc est in acceleratione, reperire atque reponere.' Le opere di Galileo Galilei, direttore Antonio Favaro, ed. naz., 21권 중에서 20번째 책, (Firenze, 1890~1909), 2, 262. 이 구절은 Discourses에 나오는 구절과 비슷하지만, 상세한 측면에서는 상당히 다른 부분도 있다.

[10] Dialogue, p. 202. Discourses의 제3권과 제4권 내용의 기초를 제공하고, Discourses이 쓰이던 때보다 훨씬 먼저 완성한 것이 분명한, 라틴어 저서인 De motu locali에는 모든 물체에 영향을 미치는 중력의 일정한 가속도는 언급하지 않았지만 균일하게 가속된 운동에 대한 논의는 수록되어 있다. 추측컨대 갈릴레오는 이 책을 저술할 때 아직 일정한 가속도에 대한 결론은 내리지 못한 것처럼 보인다.

[11] Discourses, pp. 63~64.

[12] 위에서 인용한 책, p. 181.

[13] Dialogue, p. 40.

[14] The Controversy on the Comets of 1618 중에서 The Assayer, Stillman Drake 와 C. D. O'Malley 번역, (Philadelphia, 1960), p. 311, University of Pennsyvania Press의 허락으로 다시 출판됨.

[15] Discourses, p. 181.

[16] 부록 A를 보라.

[17] Discourses, p. 215.

[18] Dialogue, p. 31.

[19] 위에서 인용한 책, p. 264. 부록 A 참고.

[20] 위에서 인용한 책, pp. 177~178.

[21] 위에서 인용한 책, pp. 154, 142.

[22] 위에서 인용한 책, pp. 148, 154.

[23] 위에서 인용한 책, p. 187.

[24] 위에서 인용한 책, p. 250. Discoveries and Opinions of Galileo 중에서 History and Demonstrations Concerning Sunspots and Their Phenomena, Stillman Drake 번역 및 편집, (Garden City, N. Y., Doubleday and Company, Inc. 1957), pp. 113~114를 참고하라: '왜냐하면, 관찰에 의하면, 물질로 이루어진 물체는 (무거운 물체가 낙하하려고 하는 것과 같은) 어떤 운동을 하려는 물리적 경향을 가지는데, 그 운동은, 어떤 다른 장애로 방해받지만 않는다면, 외부에서 움직이게 만드는 원인도 필요 없이, 물체 자신이 원래부터 가지고 있는 고유한 성질에 따라 물체 스스로 하는 것처럼 보였기 때문이다. 그리고 물체가 (바로 그 무거운 물체가 위로 올라가지 않으려는 것과 같은) 다른 운동에는 반감을 가지고 있는데, 그래서 외부에서 움직이게 만드는 원인이 격렬하게 그 운동을 일어나게 던져지지 않는다면

결코 그런 운동을 하지 않는다. 마지막으로, 똑같이 무거운 물체가 수평 방향 운동에 대해서 (지구의 중심을 향하지 않기 때문에) 그렇게 하려는 경향도 보이지 않을 뿐 아니라 (지구의 중심에서 멀어지는 것도 아니기 때문에) 전혀 반감도 갖지 않듯이, 물체는 어떤 운동에 대해서는 아무런 관심도 보이지 않는다. 그러므로 모든 외부 장애가 제거된다면 지구 중심을 중심으로 하는 구 표면에 놓인 물체는 정지해 있는 운동이나 또는 수평 방향으로 움직이는 운동에 아무런 관심도 보이지 않게 될 것이다. 그래서 물체는 원래 자신이 하던 운동을 계속하게 될 것이다. … 즉 원래 정지 상태에 놓여 있다면 계속 정지 상태에 있게 되고, 원래 (예를 들어) 서쪽을 향해서 움직이고 있다면, 그러한 운동을 계속하게 될 것이다. 그래서, 한 예로, 잔잔한 바다에서 일단 약간의 기동력을 받은 배는, 외부에서 온 모든 자극이 제거되지 않는 한, 멈추는 법이 없이 지구 표면을 따라 계속 움직이고, 처음에 정지해 있었다면, 외부에서 운동의 원인이 가해지지 않는 한, 영원히 정지한 채로 있게 될 것이다.'

25 Dialogue, p. 227; Discourses, p. 94; Dialogue, p. 213; 앞에서 인용된 책, p. 428; Opere, 8, 338 (역주: 'Opere'는 1890년에 Tip. di G. Barbèra에 의해 이탈리아에서 출판한 'Le opere di Gailileo Galilei (갈릴레오 갈릴레이의 업적)'이라는 책의 제목이며 위의 주9에서 인용한 것과 같은 책). 또한 Dialogue, p. 156의 다음 구절을 보라. 공을 던지면, 공 내부에서 보존되는 ('impeto'가 나오고 몇 줄 뒤에 나오는) 'moto'가 공을 계속 '밀고 나간다'(condurlo). 이따금, 갈릴레오는 깜빡 잊어버리고 관성 운동을 설명하는 데 비슷한 언어를 이용하기도 했다. 하루에 한 번씩 지구 주위를 회전하는 공이라는 가상의 예를 논의하면서, 그는 공이 회전하게 만드는 'virtù'에 대해 했다(앞에서 인용한 책, p. 233). 배에 대한 실험에 관한 유명한 말 중 한 대목에서 그는 수평 방향 운동은 '새겨진 힘'에 의해 발생한다고 했다(앞에서 인용한 책, p. 149).

26 이 구절의 원문은 다음과 같다. 'De gravi et levi tractationem mathematicam esse, testatur fragmentum Euclidis.' Opere, 1, 414. 갈릴레오가 유클리드의 유고(遺稿)라고 한 것은 Book on the Balance을 의미했던 것임에 틀림없다.

27 이 구절의 원문은 다음과 같다. 'Omnium corporum una est materia, eaque in omnibus gravis: sed eiusdem gravitatis non possunt esse contrariae inclinationes naturales: ergo, si una est naturalis inclinatio, ut contraria sit praeter naturam opus est: naturalis autem gravitatis inclinatio est ad centrum: ergo necesse est, quae a centro praeter naturam esse.' Opere, 1, 353, 362.

28 De motu, 17장; 운동과 역학에 관해, I. E. Drabkin과 Stillman Drake 번역, (Madison, The University of Wisconsin Press; © 1960 University of Wisconsin의 이사회), pp. 78~81.

29 위에서 인용한 책, pp. 38~39.

30 위에서 인용한 책, p. 45.

31 위에서 인용한 책, p. 25.

32 위에서 인용한 책, p. 88.

33 갈릴레오 자신도 궁극적으로는 De motu와 비슷한 평가에 도달했던 것처럼 보인다. Discourses에 나오는 세 번째 날의 마지막에, 살비아티는 현저하게 다른 어투로 (위의 주26)에서 인용한 유클리드의 유고를 말한다. '운동을 다룬 유클리드의 유고가 있는데, 거기에는 그가 가속도의 성질과 가속도가 경사면의 기울기에 따라 어떻게 변하는지 조사하기 시작했다는 어떤 징후도 없다. 그러므로 우리는 이제 역사상 최초로 수많은 경이로운 결과를 가져올 것이고 또한 후세에 다른 사람들의 마음을 사로잡을 새로운 방법으로 향하는 문이 활짝 열리게 되었다고 말할 수 있다.' (pp. 242~243.)

34 갈릴레오가 'forza'(역주: 힘을 의미하는 라틴어 fortis에 해당하는 이탈리아어)를 어떻게 사용했는지에 대한 논의는 부록 A를 보라.

35 Mechanics; Motion and Mechanics, pp. 160~161.

36 De motu; 위에서 인용한 책, p. 22의 주(註).

37 위에서 인용한 책, p. 39.

38 위에서 인용한 책, p. 23.

39 Dialogue, pp. 31~32.

40 나에게는 이 문제에 한정해서는 원심력은 어떤 어려움도 일으키지 않는 것처럼 보인다. 갈릴레오의 경우에는, 원운동이 힘이 필요 없는 운동은 아니었고, 오히려 원운동은 마치 무거운 물체가 정지해 있으려면 평형 힘이 필요한 것과 같았다. 원심력은 완벽하게 부드러운 평면이 그런 것처럼 지구 중심에서의 반발력을 제공해 줄 수 있다. 17세기 후반부에 들어서서, 이와 동일한 견해를 회전 운동에 적용했을 때, 원심력이 부드러운 평면을 모두 대치했다. Dialogue에서, 갈릴레오는 원운동을 하는 물체가 중심에서 멀어지려는 경향은 실제로 존재하는 중심을 향하는 자연스러운 경향을 절대로 이기지 못한다는 것을 보여주는 논법(論法)을 수립했다. 다시 말하면, 얼마나 빠른 속력으로 회전하든, 무거운 물체를 지구 표면에서 떠나도록 할 수는 없다(pp. 188~203).

41 De motu; 위에서 인용한 책, p. 31의 주(註).

42 Opere, 2, 262. 라틴어 본문은 주9에 인용되어 있다.

43 Discourses, pp. 63~64. Discourses에 나오는 여섯 번째 날을 참고하라. 거기서 갈릴레오는 커다란 저울에 매달려 있는 물통에서 바로 아래 매달려 있는 다른 물통으로 떨어지는 물의 충격에 따른 힘을 측정하려고 시도했다. 떨어지고 있는 물은 저울에 영향을 주지 않았다. 'perchè, andandosi continuamente accelerando il moto della cadente acqua, non possono le parti più alte gravitare o premere sopra le più basse …' (Opere, 8, 325).

44 De motu; 위에서 인용한 책, p. 15.

45 Dialogue, pp. 20~21.

46 Discourses, p. 74.

47 Dialogue, p. 28.

48 Discourses, p. 264.

49 Opere, 8, 332~333.

50 Discourses, p. 94. Discourses의 여섯 번째 날에 나오는 다음 구절을 참고하라. 우리는 'l'impeto acquistato in *A* dal candente dal punto *C* esser tanto, quanto appunto si ricercherebbe per cacciare in alto il medesimo cadente, o altro a lui eguale, sino alla medesima sino all'altezza *C* l'istesso grave, venga egli cacciato da qualsivoglia de' punti *A, D, E, B.*' 도표에서, *A*와 *D, E,* 그리고 *B*는 모두 동일한 수평선 위에 놓여 있다. *CB*는 그 선에 수직이고, *CE*와 *CD,* 그리고 *CA*는 연직 방향으로 동일한 높이를 갖는 세 경사면이다(Opere, 8, 338).

51 Discourses, pp. 180~185.

52 Dialogue, p. 147; Discourses, pp. 257, 286. Discourses에 나오는 다음과 같은 진자(振子)에 관한 논의를 참고하라. 커다란 진자에 바람을 보내서 움직이게 만들 수 있다. 한번 불어서 약간 움직이는 진자를 계속 연달아 불어준다. '이와 같이 계속해서 많은 충격을 [impulsi (역주: 이탈리아어로 '충격'을 의미함)] 가하면, 우리가 진자에게 그만큼의 운동량을 [impeto] 전달한 것이고, 진자를 멈추려면 한번 세게 분 충격보다 더 큰 충격이 [forza] 필요할 것이다.' (p. 98.)

53 Discourse on Bodies in Water, Thomas Salusbury 번역, Stillman Drake 편집, (Urbana, Illinois, 1960), pp. 6~7, University of Illinois Press의 허락으로 다시 출판됨.

54 Opere, 8, 330. Discourses에 나오는 다음 구절을 참고하라. 사그레도는 대저울에서 작은 추가 큰 추하고 균형을 이루는데 그것은 두 추의 운동이 다르기 때문이라고 설명했다. '가운데서 가까운 거리에 놓인 큰 추는 조금 움직일 때 가

(역주: 대저울을 보여주는 그림임.)

운데서 먼 곳에 놓인 작은 추는 더 많이 움직인다. 그래서 큰 추가 조금 움직일 때 작은 추는 훨씬 더 많이 움직여 큰 추의 저항을 이겨내는 것이 틀림없어 보인다.' 이것을 더 상세하게 설명하기 위해서, 살비아티는 '덜 무거운 물체의 속력은 더 무겁지만 더 천천히 움직이는 물체의 무거움을 상쇄시킨다 … 이제 운동의 속력에서 유래하는 저항이 다른 움직이는 물체의 무게에 의존하는 저항을 상쇄시켜서, 결과적으로 100단위 속력으로 움직이는 1파운드 물체의 저항과 단지 1단위 속력으로 움직이는 100파운드 물체의 저항은 서로 상쇄된다는 사실에 바탕을 두고 잘 알려진 원리를 마음에 잘 새겨두어야 하며 그리고 두 개의 움직일 수 있는 동일한 물체는 동일한 속력으로 움직일 때 움직임에 대해 똑같이 저항하게 된다. 그렇지만 둘 중 하나가 다른 것보다 더 빨리 움직인다면, 빠르게 움직이는 물체에 더 큰 속력을 부여하므로 더 많이 저항한다'고 추가했다. (pp. 214~215.) 갈릴레오가 구속에 저항하는 움직이는 물체와 움직임에 저항하는 물체에 대해 이야기했을 때, 그는 간단한 기계의 정역학(靜力學)에서 동역학적인 결론을 유도하려고 시도

했다. 두 경우 모두에서, 그는 대저울에 매단 물체의 가상적 속도 사이의 관계를 방정식에 포함시켜서, 물체가 움직이려는 경향을 움직이지 못하게 만드는 데 필요한 힘을 이용하여 측정한다는 원리를 적용했다.

55 Bodies in Water, p. 16. 같은 책에서 공리 I은 다음과 같다. '정확히 동일한 무게의 두 물체가 동일한 속도로 움직이면 동일한 힘과 동일한 모멘트로 동작한다.' 모멘트라는 개념을 도입하고 나서, 갈릴레오는 모멘트를 다음과 같이 정의했다. '기계를 다루는 사람들 사이에서 모멘트란 움직여주는 것이 움직이게 하고 움직임을 당하는 것이 저항하는 가치, 힘 또는 효능을 의미한다. 그 가치는 단순한 중력에만 의존하는 것이 아니라 움직임의 속도에도 의존하고 또한 운동이 일어나는 공간의 다양한 성향에도 의존한다. 밑으로 내려오는 추는 덜 경사진 공간에서 보다 많이 경사진 공간에서 더 큰 충격을 만든다.' (p. 6) Mechanics에 나오는 다음 구절을 참고하라. '추 A가 D를 향해서 더 약하게 움직이고 무거운 물체 B는 좀 더 빨리 E로 내려올 때, 무거운 물체 B가 움직이는 속력이 추 A의 더 큰 저항을 상쇄하도록 자연이 배열된 것이 조금도 낯설지 않다.' 그러므로, '움직이는 속력은 그 속력이 증가하는 것에 비례하여 움직여지는 물체의 모멘트를 증가시킬 수가 있다.' (p. 156.)

56 위에서 인용한 책, pp. 180~181.

57 위에서 인용한 책, pp. 163~164. pp. 164, 168에 나오는 다음 구절을 참고하라. 나사를 돌리는 동작은 모든 기계 장치에 적용할 수 있는 원리를 이용해 이해할 수 있다. '사용한 수단에 의해서 힘에 이익을 보면 항상 그만큼 시간과 속력에서 손해를 본다.' 이 원리를 나사의 경우에 적용하기 위해 (나사란 단순이 원통 둘레에 경사진 면을 둘러 감은 것인데), 그는 도르래를 통과하는 줄의 한쪽 끝에는 추 F를 매달고 다른 쪽 끝에는 경사면 위에 놓여서 위로 올라가는 추 E가 연결되어 있는 장치를 상상했다. 추 F가 아래로 떨어지면, 추 F는 경사면을 따라서 추 E가 이동하는 거리와 같은 거리만큼 아래로 움직이지만, 추 E는 경사면을 따라 움직이기 때문에 추 E가 연직 방향으로 내려온 거리는 추 F가 이동한 거리보다 더 작다. '그리고 무거운 물체는 지구 중심에서 멀어지거나 가까워지는 거리에 비례한 것을 제외하면 횡단하는 방향 운동에 아무런 저항도 받지 않으므로, … 힘 F가 움직인 정도와 힘 E가 움직인 정도 사이의 비는 [경사면을 따라 이동한 거리인] 선분 AC와 [연직 방향으로 이동한 거리인] 선분 CB 사이의 비와 같고, 또는 추 E와 추 F의 무게 사이의 비와 같다.' (pp. 176~177.) 속력을 이용하여 이 원리를 설명한 다음, 갈릴레오는 이동한 거리를 이용한 분석을 이어나갔다.

58 이 구절의 원문은 다음과 같다. 'Qui, primieramente, è manifesto che il peso delle dieci libbre, dovendo calare a perpendicolo, sarà bastante di far montare un peso di libbre cento sopra un piano inclinato tanto, che la sua lunghessa sia decupla della sua elevazione, per le cose dichiarate di sopra, e che tanta forza ci vuole in alzare a perpendicolo lieci libbre di peso, che nell'alzarne cento sopra un piano di lunghezza decupla alla sua perpendicolare elevazione; … adunque, caschi il peso di dieci libbre per qualsisia spazio perpendicolare, l'impeto suo acquistato, ed

applicato al peso di cento libbre, lo caccerà per altrettanto spazio sopra il piano inclinato, a quale spazio risponde l'altezza perpendiculare grande quanto è la decima parte di esso spazio inclinato. E già si è concluso di sopra che la forza potnte a cacciare un peso sopra un piana inclinato è bastante a cacciarlo anche nella perpendicolare che risponde all'elevazione di esso piana inclinato, la qual perpendicolare, nel presente caso, è la decima prte dello spazio passato sull'inclinata, il quale è eguale allo spazio della caduta del primo peso di dieci libbre; adunque è manifesto che la caduta del peso di dieci libbre fatta nel perpendicolare è bastante a sollevare il peso di cento libbre pur nella perpendicolare, ma solo per lo spazio della decima parte della scesa del cadente di dieci libbre.' Opere, 8, 340~341.

59 위에서 인용한 책, 8, 338~339.

60 위에서 인용한 책, 8, 341.

61 Discourses, p. 181. 다음 내용을 참고하라. Discourses에서 논의하는 마지막 주제에서는 수평 방향으로 잡아당긴 끈이 늘어나야만 하는 점을 이용하여 수평 방향으로 발사된 물체는 아무리 가까이 놓여 있는 표적이더라도 같은 수평 방향의 선 위의 있으면 그 표적은 결코 맞출 수가 없다는 것을 증명하고 있다. '수평 방향으로 발사된 포탄의 경로가 그리는 곡률은 두 forze에 따른 결과로 정해지는데, (무기에서 나오는) 하나는 포탄이 수평 방향으로 진행하게 만들고 (자신의 무게에서 나오는) 다른 하나는 포탄이 연직 아래 방향으로 내려가게 만든다. 마찬가지로, 끈을 늘어뜨릴 때도 수평 방향으로 잡아당기는 forze가 있고 또한 아래 방향으로 작용하는 자신의 무게에 의한 forze가 있다. 그러므로, 이 두 경우에 대한 주변 상황이 아주 비슷하다. 그렇다면 어떤 늘어뜨리는 forza라도, 그것이 얼마나 세던지, 대항하고 이기는 데 충분한 possanza(역주: 이탈리아어로 '능력'을 의미함)와 energia가 끈의 무게에서 온다는 것은 인정하면서 왜 탄환의 무게[peso (역주: 이탈리아어로 '무게'를 의미함)]에서 온다는 것은 인정하지 못하는가?' (p. 290). 내가 번역 몇 군데를 수정했다.

62 내가 아는 한, 갈릴레오가 수평 방향을 제외하고 운동에 관성의 개념을 적용한 유일한 구절은 Discourses에 나온다. 운동들을 겹쳐 놓는 방법을 이용해, 그는 경사면을 따라 내려오는 물체가 획득하는 momento는 그 물체를 원래 높이까지 올려놓는데 딱 맞는 양임을 증명했다. 그는 경사면을 따라 밑으로 내려온 물체가 동일한 각만큼 위로 향한 경사면을 때라 비껴 올라가게 된다고 상상했다. 그는 물체가 경사면을 따라 내려오는 데 걸린 시간과 같은 시간동안 물체의 관성 운동이 물체를 이동시키게 될 거리를 계산하고, 그 결과에서 물체가 정지에서 시작하여 같은 시간동안 이동했을 거리를 공제했다(pp. 215~217). 어쩌면 Discourses의 여섯 번째 날에 다른 예를 찾을 수 있을지도 모른다. 갈릴레오는 도르래에 걸쳐진 끈의 양쪽 끝에 연결된 두 물체의 무게가 같다고 생각했다. 떨어지는 물체가 끈을 잡아당기기 시작한 뒤에는, 두 물체로 이루어진 시스템이 수평면에 놓인 공과 동역학적으로 똑같다. 한 물체가 아래로 내려가려는 경향은 다른 물체가 올라가려는

반감(反感)과 정확하게 균형을 이룬다. 그렇지만 끈을 잡아당기기 전에 떨어지는 물체의 momento는 다른 물체가 운동하도록 만들게 된다. 이와 같이 이 시스템은 균일한 운동으로 움직이게 되지만, 한 물체는 올라가고 다른 물체는 내려온다. 경향과 반감이 동일하기 때문에, 갈릴레오는 끈을 당기는 순간에 속도는 자유 낙하하는 물체의 속도와 같을 것이라고 보았다. 전체 배치 상황은 놀랄 만큼 애투드 기계와 똑같다. (Opere, 8, 334~337). 그가 종단 속도(終端速度)를 인식한 것도 비슷하다. 그러므로 갈릴레오는 이미 움직이고 있는 물체가 운동하려는 성향이 반대 방향을 향하는 동일한 힘과 균형을 이루기만 하면 언제나 물체는 균일한 속도로 계속 움직일 것이라고 생각했다. 이렇게 연직 방향으로 균일한 운동을 하는 산발적인 경우들은 그의 시스템에서 별로 의미 있는 역할을 하지 못했고, 위의 두 가지 경우에 있는 의미를 그가 모두 다 이해했는지는 분명하지 않다. 다만, 그 경우에 따라서, 갈릴레오가 결코 힘이 작용하는 패러다임으로써 자유 낙하를 인식하지는 못했다는 평가를 아니라고 바꾸지는 않았다는 것만큼은 확실하다. 두 경우 모두에서, 그는 단지 낙하하는 물체를 올림을 당하는 다른 물체와 짝지어줌으로써 만들어진 운동에 대한 반감을 찾아내었을 뿐인데, 다른 물체가 한 경우에는 끈의 반대편에 연결된 다른 물체이고 다른 경우에는 (저항을 그의 방식으로 해석한) 매질이다.

63 De motu; 위에서 인용한 책, pp. 64~65.

64 Discourses, p. 184. 이 구절은 갈릴레오의 요청에 의해 비비아니가 썼고 제2판에 삽입되었음을 유의하자. 원의 모든 현(弦)을 따라 내려 올 때 동일한 시간이 걸린다는 것을 증명할 때도 똑같은 관점에서 설명했는데, 물론 이 경우에는 갈릴레오 자신의 말이었다(pp. 189~190).

65 위에서 인용한 책, p. 76.

66 위에서 인용한 책, 흑단 나무는 공기보다 천 배 더 무겁고, 공기를 채운 주머니는 공기보다 네 배가 더 무겁다. 그러므로, 공기는 흑단나무가 '원래 가지고 있는 자연스러운 속력'을 [intrinseca e naturale velocità (역주: 이것은 이탈리아어로 원래 가지고 있는 자연스러운 속력이란 의미)] 원래의 천분의 일만큼 줄이고 공기를 채운 주머니의 속력을 원래의 4분의 1만큼 줄인다. 그래서, 높이가 200큐빗인 탑의 꼭대기에서 바닥까지 흑단나무가 떨어지는 데 걸리는 시간 동안에 공기를 채운 주머니는 그 높이의 단지 4분의 3만큼만 떨어지게 된다. 납은 물보다 열두 배 더 무겁고 상아는 물보다 두 배 더 무겁다. 납과 상아의 방해받지 않은 원래 속력은 [assolute velocità (역주: 이탈리아어로 '절대 속력'이란 의미)] 동일하다. 물속에서 납이 내려오는 속력은 12분의 1만큼 줄어들고 상아가 내려오는 속력은 절반으로 줄어든다. 그래서 물속에서 납이 11큐빗만큼 내려오는 데 걸리는 시간과 같은 시간동안 상아는 6큐빗만큼 내려온다. 두 경우 모두에서 그는 동일한 시간동안 내려오는 거리를 비교하는 것을 선택했다. 걸린 시간이 같으면, 정지 상태에서 출발하여 진행한 거리는 가속도의 비에 비례한다. 갈릴레오가 단지 운이 좋아서 이 문제를 올바른 방법으로 설명했다고 상상하기는 어렵다. 그는 'velocità'라는 용어를 사용했음에도 불구하고, 자연스러운 가속도가 매질의 부력에 의해서 줄어든다고

명료하게 생각하고 있었다.

67 위에서 인용한 책, p. 99.

68 위에서 인용한 책, p. 74. 주62에서 인용한 도르래에 걸린 끈의 양쪽에 연결한 두 물체를 참고하라.

69 진자(振子)는 두 번째 경우에 해당하는 것처럼 보이지만, 사실은 그렇지 않다. 진자의 운동을 자세히 분석하고 원의 원호(圓弧)는 가장 빨리 내려오는 경로라는 것을 보이기 위한 갈릴레오의 시도는, 그가 증명한 원의 모든 현을 따라 내려오는 시간은 같다는 것에 근거를 둔, 일련의 부등식들로 이루어졌다. 그렇지만 원호 위의 서로 다른 점에서 가속도 값을 구하려고 시도하지는 않았다. 게다가, 이 말이 필요할지는 모르겠지만, 갈릴레오는 원의 원호가 가장 빨리 내려오는 경로라는 것을 자기가 증명했다고 착각하고 있었는데, 그것은 물론 잘못된 이야기이다(위에서 인용한 책, pp. 237~240).

70 위에서 인용한 책, p. 75.

71 위에서 인용한 책, p. 81.

72 Bodies in Water, p. 67.

73 위에서 인용한 책, p. 41.

74 Dialogue, p. 213. 진동하는 줄에서 나는 소리의 높이와 관련하여 Discourses에서 줄의 크기를 논의하는 부분을 참고하라. 같은 재료로 만든 줄은, 줄의 크기가 클수록 그 줄에서는 높은 소리가 난다. 그런데 다른 재료로 만든 줄을 비교했을 때, 줄이 내는 소리를 비교하려면 줄의 무게가 중요한 인자가 된다. 동물의 내장으로 만든 줄은 구리로 만든 더 가는 줄보다 더 높은 소리를 낼 수가 있다. 금의 밀도는 구리의 밀도보다 두 배가 더 크다. 그러므로 스피넷 두 개를 (역주: 16~18세기에 이용된 소형 하프시코드를 말함) 같은 크기와 같은 장력의 줄을 이용하여 만든다면, 금으로 만든 줄이 내는 소리 높이는 (한 옥타브 더 낮은 소리를 내려면 줄의 크기나 무게는 네 배가 더 커야 하므로) 구리로 만든 줄이 내는 소리 높이의 5분의 1이 된다. '그리고 움직이는 물체의 크기보다는 오히려 물체의 무게가 운동의 변화에 대한 [velocità del moto: 이탈리아어로 된 원본에는 "변화"라는 단어는 나오지 않는다] 저항을 제공한다는 점을 잊지 않아야 한다….' (p. 103).

75 Dialogue, p. 149.

76 Discourses, p. 181.

77 이 구절의 원문은 다음과 같다. 수평면에서는 물체가 'farà quello che piaccerà a noi, cioè, se ve lo mettereme in quiete, in quiete si conserverà, e dandogli impeto verso qualche parte, verso quella si moverà, conservando sempre l'istessa velocità che dalla nostra mano averà ricevuta, non avendo azione nè di accrescerla nè di scemarla …' Opere, 8, 336.

78 Dialogue, p. 215.

79 Opere, 8, 323.

80 이 부분의 원문은 다음과 같다. '… di tal percossa non si possa in veruna maniera assegnare una determinata misura.' 위에서 인용한 책, 8, 337.

81 위에서 인용한 책, 8, 343.

82 위에서 인용한 책, 8, 344~345.

83 위에서 인용한 책, 8, 345~346. The Assayer에서 갈릴레오는 물의 흐름이 어떻게 움직이게 하는가라는 문제에 대해 똑같지는 않더라도 어느 정도 비슷한 내용의 분석을 했다. (Drake와 O'Malley 지음, The Controversy on the Comets of 1618, p. 281.)

84 Discourses, pp. 252~253.

85 Dialogue, p. 32.

86 Discourses에서 갈릴레오는 포탄의 경로는 포물선이라는 증명에 대해 사그레도에게 다음과 같이 응수하도록 시켰다. '이 가정에 근거하면 그런 것처럼, 수평 방향 운동은 계속 균일하게 운동하고, 연직 방향 운동은 시간의 제곱에 비례해서 계속하여 아래로 가속되는 운동을 하고, 이와 같은 운동들이나 속도들은 서로 바뀌거나 상대방에게 훼방을 놓거나 지연시키지 않아서 운동이 진행되면서 포탄의 경로가 다른 곡선으로 변화하지 않는다는 등의 논법(論法)이 새롭고 예리하며 단호하다는 것을 아무도 부정할 수가 없지만 내 의견으로는, 그렇게 되는 것은 불가능하다.' 사그레도와 심플리치오는 더 나아가 둥근 지구 표면 위에서 수평면에 수직인 선들은 서로 평행하지 않으며 매질의 저항이 운동을 바꾸게 될 것이라고 이의를 제기했다. 뒤이은 답변에서 살비아티는 마지막 두 문제만 논의하고 서로 간섭하지 않으며 혼합되어 있는 운동에 관한 의문에 대해서는 아무 말도 하지 않았다(pp. 250~251).

87 Dialogue, p. 139. 그렇지만 갈릴레오는 즉시, 수평 방향의 운동이 지구의 자연스러운 운동에 해당하지 않는 경우인, 움직이는 배의 돛대에서 떨어뜨린 돌의 운동에 이 분석을 적용하기 시작했다. 그 뒤에, 바로 위로 발사한 대포 포탄은 지구가 회전하고 있음에도 불구하고 대포 바로 위에서 계속해 움직인다는 것을 증명하면서, 갈릴레오는 자연스러운 수평 방향 운동을 연직 방향의 격렬한 운동과 결합했다(pp. 176~177).

88 Discourses, p. 244.

89 데카르트가 메르센(Mersenne)에게 보낸 편지, 1638년 10월 11일; Ocuvres de Descartes, Charles Adam et Paul Tannery 편집, 12권 (Paris, 1897~1910), 2, 380.

90 Dialogue, p. 166.

91 위에서 인용한 책, pp. 33, 34.

92 위에서 인용한 책, p. 37.

93 거꾸로, 비슷한 것들이 비슷하지 않은 것들을 밀쳐낸다는 생각 또한 갈릴레오의 사고(思考)에서 상당한 역할을 했다. Discourses에서, 살비아티는 나뭇잎의 물이 어떻게 물방울을 형성하는지 논의했다. 입자들 사이에 작용하는 어떤 내부의 점착

력 때문에 물방울이 만들어질 수는 없다. 그러한 성질은 물이 포도주 속에 있을 때 더 잘 나타나야 한다. 왜냐하면 물이 공기 속에 있을 때보다 포도주 속에 있을 때 덜 무겁기 때문이다. 그렇지만 실제로는 물이 포도주 속에 있을 때는 흩어져 버리고 만다. 물방울의 형성은 오히려 공기의 압력 때문인데, 물이 공기와 함께 있으면 갈릴레오가 이해하지 못하는 어떤 불친화성을 갖게 된다. 심플리치오가 이 대목에서 끼어들었다. 살비아티가 천성적으로 싫어한다는 말을 의도적으로 피하려 했기 때문에 심플리치오가 웃게 만들었다. 살비아티는 뒤이어 반어적으로 '좋소, 심플리치오가 좋다면 천성적으로 싫어한다는 말로 이 난제가 해결된 것으로 합시다.' 여기서 갈릴레오는 끝을 냈지만, 이 구절이 한편으로는 (내부의 인력이 아닌 외부의 공기 압력과 같이) 기계적으로 설명하려는 적극적 자세와 다른 한편으로 그가 인정하지 않은 자연의 모든 사물에 영혼이 깃들어 있다는 자세 사이의 차이를 기가 막히게 잘 보여준다. 그가 비웃듯이 내뱉은 'antipathy라는 단어'가 유행하는 자연 철학이 지닌 이름뿐인 특성인, 자연의 실체와는 동떨어진 말에 대한 그의 판단을 분명히 보여준다. 갈릴레오가 심플리치오의 입을 빌려서 최초의 조롱을 말하게 했다는 바로 그 사실이 매우 중요하다. 갈릴레오는 '천성적으로 싫어하는 것'과 '내가 아직 이해하지 못하는 어떤 불친화성 …' 사이에 존재하는 차이의 세계를 찾아낸 것이 분명했다(pp. 70~71).

94 위에서 인용한 책, pp. 166~167. 내가 조금 다르게 번역했다. Dialogue 중에서 살비아티가 무거운 물체가 아래로 움직이게 만드는 원인은 중력이라는 심플리치오의 주장에 대답하는 부분이 나오는 구절을 참고하라. '심플리치오, 당신이 틀렸소. 당신은 그것을 중력이라고 부른다는 것은 누구나 다 알고 있다고 말해야만 했소. 내가 당신에게 요청하는 것은 그것의 이름이 아니고, 그것의 본질이오. 그런데 당신은 별을 회전시키는 본질에 대해 알고 있는 것보다 그것의 본질에 대해 조금도 더 알고 있지 못하오. 나는 그것에 붙어 다니는 이름, 그리고 매일 듣고 보는 연속적인 경험으로 친숙한 집안일 단어처럼 되어버린 그 이름을 제외시키겠소. 그런데 우리는 위로 던진 돌멩이가 손을 떠나서 위로 올라가게 하는 것이 무엇인지, 또는 무엇이 달을 회전시키는지 알고 있지 못하는 것과 똑같이 돌멩이가 아래로 움직이게 하는 원리나 힘에 대해서도 알고 있지 못하오.' (p. 234.)

95 위에서 인용한 책, pp. 445, 462. pp. 410, 419~420을 참고하라.

02 데카르트와 기계적 철학

갈릴레오가 역학이라는 새로운 과학을 시작한 창시자라면, 데카르트 역시 그에 못지않게 중요한 기여를 했다. 데카르트는 갈릴레오가 수령 속에 그대로 남겨놓았던 철학적 늪지에서 운동에 대한 새로운 개념을 끌어냈다. 생물체의 특성을 의도적으로 제거해 자연에 대한 새로운 개념을 만들어 낸 사람도 바로 데카르트였다. 최종적으로, 자연스러운 운동이 그럴듯했던 고대 그리스의 질서 잡힌 우주의 자리에, 운동에 대한 새로운 아이디어 없이는 자연스러운 운동이 불가능한 기계적 우주가 들어섰다. 수평 방향의 운동하고만 연관되었던, 운동이 물질과는 아무런 관계도 없다는 갈릴레오의 생각이, 데카르트에 의해서 운동의 종류를 따지지 않고 모든 운동으로 확장되었고, 또한 우주에 속한 모든 물체는 같은 물질로 구성되어 있다는 갈릴레오의 생각에 더해, 데카르트는 그 모든 물체가 모두 같은 방법으로 운동한다는 일관된 운동의 개념을 도입해, 기계적 철학에 두 번째 초석을 놓았다. '나는 격렬한 운동과 자연스러운 운동 사이에 있다는 차이를 인정할 수 없다.'[1]

데카르트는 프랑스의 하급 귀족 혈통으로 성공한 가문에서 갈릴레오보다 딱 한 세대 늦은 1596년에 출생했다. 가톨릭의 예수회 소속 학교인 라플레체(La Flèche)와 푸아티에(Poitiers) 대학에서 교육받은 뒤, 한동안

직업 군인이 되기 위해 입대했지만, 결국에는 비교적 지적으로 자유로웠던 네덜란드에 정착했다. 그곳에서 그는 수학과 철학 공부에 전념했고, 친구인 아이작 베크만(Isaac Beeckman)이 제안한 운동에 대한 새로운 생각들을 접하게 되었다. 그에 대한 명성이 널리 퍼져나갔지만, 데카르트는 1637년에 기하학과 굴절 광학 그리고 기상학(氣象學)에 대한 3편의 에세이를 포함한 방법서설(Discours de la méthode)을 출판하기 전까지는 어떤 저술활동도 하지 않았다. 그 뒤 7년 동안 그는 제 1 철학에 관한 성찰(Meditationes de prima philosophia, 1641)과 철학의 원리(Principia philosophiae, 1644) 등 2권의 다른 책을 더 출판했다. 이 책들은 Discourses와 함께 자연 철학을 포함한 새로운 철학의 시작을 알리는 역할을 했다. 기계적 철학을 자연에 대한 일반적 개념으로 자리잡게 하고 또한 갈릴레오와 비슷한 운동에 대한 개념을 기계적 철학의 한 부분으로 자리잡게 한 사람을 고른다면 그 누구보다도 데카르트를 꼽을 수 있다. 그는 1650년에 생을 마감할 때까지 스웨덴에서 크리스티나 여왕(Queen Christina) (역주: 1633년에서 1654년까지 22년 동안 스웨덴을 통치했음)의 간청으로 철학을 강의했으며 그것을 계기로 그의 영향력은 굉장히 빠른 속도로 퍼져 나갔다.

데카르트의 운동에 대한 논의는 그의 분석적 사고가 얼마나 명쾌한지 보여주는 좋은 예이다. 데카르트는 운동을 새로운 생각으로 체계화해 나가는 과정 한 가운데서, 시간에 대한 관점이 완전히 결여되어 있는데도, 새로운 개념의 중심이 되는 특성을 찾아내어 오늘날 과학사가들이 이해할 수 있는 용어로 서술했다. 그는 아리스토텔레스가 정의한 운동, 즉 Motus est actus entis in potentia, prout in potentia est(운동이란 가능성이 있는 한, 가능성 상태에 있는 작용이다)가 아주 애매모호해서 아무런 의미도 없다고 했다. 이와는 대조적으로, 그의 아이디어는 너무 명료해서 사물을 가장 분명하게 구분해 내는 기하학자까지도 선(線)을 설명할 때 선이란 점(點)이 이동한 궤적이라는 데카르트의 생각을 그대로 사용하는 데 익숙해져 있다.[2] 데카르트에게 운동은 명시적으로 국소적(局所的) 운동으로 한정되었다 – '왜냐하면, 나는 다른 종류의 운동은 상상할 수도 없고, 자연에서 어떤 종류의 운동도 상상할 필요가 없다고 생각하기 때문이다….'[3] 운동이란 물체가 한 장소에서 다른 장소로 옮겨 가는 작용이 보통 사람들이 사용하는 의미의 전부이다. 이 정의가 '작용'이라는 단어 때문에 데카르트의 눈에는 적절하지 않아 보였다. 물체를 움직이게 만드는 데 노력이 필요하다는 우리 경험에서, 정지 상태는 아무런 작용도 필요하지 않아 보이는 데 반해 운동은 작용이 반드시 필요하다는 편견이 있다. 그것이 잘못된 생각인 것은, 물체를 움직이는 데도 노력이 필요하지만 움직이던 물체를 멈추게 하는 데도 똑같은 노력이 필요하기 때문이다. 운동에 대한 만족스러운 정의는 운동이란 '물질의 한 부분이나 한 물체가 접촉하고 있는 부근에서 우리가 정지해 있다고 여기는 다른 물체의 부근으로 이동하는 것'이라고, 말한다.[4] 사실, 이 정의는 1644년에 출간된 철학의 원리에 수록되어 있는데, 그 이전에 갈릴레오가 종교재판에서 시련을 받자 출판을 보류한 Le monde(역주: '세계'라는 의미의 프랑스어로, 데카르트는 이 원고에서 물리학과 형이상학을 기술했는데, 갈릴레오가 종교재판에서 유죄 평결을 받았다는 소식을 듣고 출판을 즉시 취소했으며, 이 책은 데카르트가 죽은 지 14년이 지난 1664년에 출판되었음)라는 제목의 원고에 나오는 정의를 수정한 것으로, 갈릴레오가 유죄 평결을 받은 후, 데카르트가 자신도 지구는 움직이지 않는다고 주장할 수 있도록 의도적으로 고안했다. 그의 시스템에 따르면, 지구는 (대기(大氣)라든지 대기의 사이사이를 채우고 있는 미세한 물질 등과 같은) 지구와 직접 접촉하고 있는 물체에서 떠나 움직이는 것은 아니므로, 정의에 따르면, 지구는 정지해 있다. 이 정의가 교회를 속이지도 못하고 교회를 달래지도 못했을지 모르지만, 적어도 운동에 대한 데카르트의 개념에서 중요한 것은 하나도 잃지 않도록 영리하게 고안된 것이었다. 이 정의는, 그의 개념에서 기초가 되는 두 가지 연관된 원리, 하나는 운동이 갖는 상대성이고 두 번째는 움직임과 정지(靜止)가 존재론적으로 동일하다는 원리를 분명하게 표현하고 있다. 데카르트의 개념에서, 만일 A가 B를 기준으로 볼 때, 움직이고 있다면 B도 A를 기준으로 볼 때, 동일한 속도로 움직이고 있다. 철학적 관점으로 본다면, 상대방이 움직이고 있다면 나도 똑같은 정도로 움직이고 있는 것이다. 데카르트는 정의에서 '이동'이라는 말을 강조해서 사용했다. 운동이란 작용도 아니고 이동시키는 힘은 더더구나 아니다. 운동은 이동 그 자체이다. 운동은 움직이는 물체 외부에 존재하는 그 무엇도 아니다. 운동은 단지 '물체가 이동했을 때는 이동하지 않았을 때와 다르게 배치한 것일 뿐이며, 그래서 운동과 정지는 단지 같은 것의 서로 다른 두 방식일 뿐이다.'[5]

데카르트는 이 논의의 배경에 대비해서 자신이 자연의 제1법칙이라고 부른 것을 논증할 수 있는 여건을 마련하고 있었다.

> 모든 것은 아무것도 그것을 바꾸려 하지 않는 한 그것이 놓여 있는 상태에 그대로 놓여 있다.[6]

어떤 물체의 모습이 사각형이면, 어떤 것이 그것을 바꾸지 않는 이상 사각형 그대로 남아 있다. 어떤 물체가 정지해 있으면, 그것은 계속 정지해 있고 스스로 움직이지는 않는다. 물체가 존재할 수 있는 상태 중에서 왜 단지 운동만 스스로를 파괴하려는 씨앗을 포함하고 있어야 하는가? 우리는 어려서부터 움직이는 물체는 저절로 정지하려고 한다는 또 하나의 잘못된 생각이 있다. 그와는 반대로, 물체가 일단 움직이기 시작하면,

그 물체를 정지시키려는 무엇을 만나지 않는 한, 동일한 속도로 계속 움직이지 않을 이유가 없다. 이 점이 갈릴레오보다 훨씬 더 분명하게 관성의 원리의 핵심을 짚고 있다. 데카르트는 콘스탄틴 호이겐스 (Constantijn Huygens) (역주: 17세기 네덜란드의 저명한 시인이자 작곡가이며 과학자인 크리스티안 호이겐스의 아버지)에게 '운동의 본질은, 물체가 일단 움직이면 어떤 다른 원인으로 정지되거나 방향을 바꾸지 않는 한, 동일한 직선을 따라 동일한 속력으로 계속 움직이는 것이다'고 말했다.[7]

직선을 따라 운동한다는 점에서 데카르트는 단순히 현대 관성의 원리와 비슷한 운동의 보존이라는 개념을 주장한 것이 아니라, 현대 관성의 원리와 구별이 안될 정도로 똑같은 직선 운동 보존의 개념을 주장했다는 점에서 갈릴레오를 능가했다. 그는 운동의 제1법칙에 다음과 같은 제2법칙을 추가했다.

움직이는 물체는 모두 직선을 따라 그 운동을 계속하여 유지하려고 한다.[8]

신(神)은 항상 동일한 방식으로 작용하여 모든 물체가 접촉 때문에 변화되지 않는 한, 현재의 상태를 유지하게 한다. 제1법칙이 이와 같은 신의 일관성에 의존하는 것처럼, 제2법칙 역시 모든 물체를 매순간 그대로 유지한다는 신의 일관성에서 유도된다. 직선 운동은 더 간단한 운동이라는 점에서 원운동과 다르다. 원운동을 정의하려면 잇따르는 두 순간이 필요한 데 반해, 물체가 움직이려는 한 순간에 물체의 위치와 방향을 알면 직선 운동을 정의할 수 있다. 이렇게 모든 운동을 하나의 유형으로 환원하는 데카르트의 방법은 적어도 두 가지 면에서 중요하다. 첫째, 그는 자연스러운 운동과 격렬한 운동 사이의 차이를 인정하지 않았다. 둘째, 그는 원운동이 기본 운동이라는 생각을 받아들이지 않았다. 운동하는 모든 물체는 스스로 직선 위를 움직이려고 한다. 물체가 만일 곡선을 따라 움직인다면, 방향을 바꾸기 위해 어떤 외부 요인이 물체에 작용해야만 한다.

데카르트는 운동을 체계적으로 분석하여 동역학이라는 현대 과학을 수립하는 데 기초를 제공했다. 그는 운동의 제1법칙이라는 수단을 이용해, '손으로 던진 돌멩이가 손을 떠나 잠시 동안 왜 같은 운동을 계속하는지 설명할 필요가 없다. 왜냐하면, 오히려 돌멩이가 왜 영원히 같은 운동을 계속하지 않는지 묻는 것이 옳기 때문이다'라고 말했다.[9] 바로 이 점이 특정한 문제에 적용해 관성의 원리에서 동역학에 이르게 하는 핵심 질문이다. 운동 상태란 계속해서 요인이 동작해야 유지되는 것이 아니기 때문에, 무엇이 운동을 일으켰느냐고 물을 게 아니라, 무엇이 운동을 변화시켰느냐고 물어야 한다.

데카르트가 대포를 떠난 포탄이 받는 가속도에 관해 메르센(Mersenne)(역주: 데카르트와 동시대에 활약한 프랑스 신학자, 철학자, 수학자이며 음향학(音響學)의 아버지라고도 불린 사람으로 1600년대 전반부에 과학과 수학 분야에서 중심적인 활동을 했음)과 주고받은 편지를 보면 새로운 관점이 얼마나 자유로운지 잘 알 수 있다. 경험이 많은 사수(射手)는 누구나 그런 가속도가 생긴다는 점에 동의한다. 포탄은 단거리에서는 위력을 제대로 발휘할 수 없다. 포탄이 가장 큰 힘을 발휘하려면 단거리가 아니라 어느 정도의 거리가 필요하다. 메르센은 이런 현상을 기동력 또는 발사와 함께 포탄에 새겨진 격렬함을 이용하여 설명하려 했다. 이와는 대조적으로 데카르트는 그동안 익숙했던 생각을 과감히 버리고 잘못된 주장을 단호히 거절했다. 포탄에 새겨진 기동력이란 단순히 포탄의 운동일 뿐이며, 그 운동은 포탄이 대포를 떠나는 순간 최대이다. 그 순간 이후로는 포탄이 지나가는 경로에서 공기가

저항하므로 운동은 오직 느려질 뿐이다.[10]

데카르트는 동역학의 핵심 문제를 정의했을 뿐만 아니라, 한 걸음 더 나아가 운동에서 일어나는 많은 변화의 원인을 단 하나로 압축했다. 데카르트의 우주에서 물체는 결코 스스로 운동할 수 없다. 그는 물체는 '원래 스스로 움직일 수 없고, 그 물체와는 상관없는 무엇에 따라, 무엇인가가 그것을 접촉해야만 움직일 수 있는데, 왜냐하면 스스로 움직일 능력이 있다는 것은 또한 스스로 느끼거나 생각하는 능력도 있다는 것을 의미하는데, 그런 성질이 물체에 주어져 있다고 생각하지는 않기 때문…'이라고 말했다.[11] 물체와는 '상관없는 그 무엇'이 신(神)일 수 있는데, 실제로 데카르트는 우주에서 일어나는 모든 운동의 궁극적 원인은 신이라고 생각했다. 그렇지만 신의 행동은 운동의 발단에만 국한되었는데, 왜냐하면 신은 최초의 양(量)을 유지하게 하는 것으로 역할을 스스로 제한하기 때문이었다. 인간의 영혼은 몸과 독특하게 결합하고 있어서, 몸을 움직이는 능력도 또한 행사할 수 있다. 그렇지만 자연에서 일어나는 거의 모든 현상에서, 그리고 순수하게 일어나는 모든 물리적인 현상에서, 오직 다른 물체와 충돌해야만 물체의 운동에 변화가 일어날 수 있다. '한 물체가 다른 물체에 작용하거나 또는 다른 물체의 작용을 방해하는 힘은 그 물체에만 내재(內在)하므로, 다른 물체는 최대한 같은 상태에 그대로 있으려고 노력하며 그래서 제1법칙을 따르게 된다…'.[12] 세상은 물질로 꽉 차 있으므로, 움직이는 물체는 끊임없이 다른 물체들과 충돌해야 한다. 그러므로 운동의 변화 때문에 생기는 모든 자연 현상은 그런 이유로 나타난다. 우주에서 일어나는 운동의 양은 신의 일관성으로 일정하게 유지되지만, 신은 충돌 과정을 통해서 운동이 한 물체에서 다른 물체로 전달될 수 있도록 우주를 설계했다. 데카르트의 우주에서 우주가 창조된 다음 운동의 모든 변화를 일으키는 원인은 인간의 의지에서 나오는 행동만 예외로 하고, 단 하나로 줄어들었다. 동역학은 그러한 철학적 기초 위에서 안전하게 정착할 수 있었다.

★

그렇지만 여전히 동역학은 데카르트의 저술에 등장하지 않는다. 그 이유는 부분적으로 그의 철학이 지향하는 주안점이 정확한 정량적 역학을 추구하기보다는 현상들 사이에 역학적 인과 관계가 존재할 가능성을 실증(實證)하는 데 있었다. 그렇지만 서로 잘 맞아떨어지는 일련의 동역학 개념들은 그의 철학을 더욱 풍요롭게 만들 수도 있었을 것이다. 물론 우주의 인과 관계를 만드는 원인은 충돌이라는 그의 주장으로 말미암아 필시 오늘날 우리가 채택하고 있는 동역학과는 다른 동역학이 출현했겠지만, 어찌되었든 그런 일련의 동역학 개념들이 그의 글에서는 발견되지 않는다. 동역학의 발전 과정에서 볼 때, 갈릴레오를 가로막았던 철학적 장애물을 제거해준 이가 데카르트였지만, 정작 자신은 사용 가능한 동역학을 만들지 못했다는 사실은 흥미로운 부분이다. 그의 예로 비추어 보면, 개념들이 얼마나 난해한지, 그리고 풀어야 할 문제가 얼마나 복잡한지 똑똑히 알 수 있다. 데카르트가 동역학적 의미로 사용한 수많은 용어 중에서 동사 'agir' (역주: '행동한다'는 의미의 프랑스어 동사)와 이 동사와 어원(語源)이 같은 다른 세 단어(agité, agitation, action) (역주: 모두 프랑스어로 각각 '들뜬'이라는 의미의 형용사, '흥분'이라는 의미의 명사, 그리고 '행동'이라는 의미의 명사)가 중요한 역할을 한다. 데카르트는 '운동(motion)'이라는 단어를 17세기 이전보다 훨씬 더 제한된 의미로 사용했으며, 오랫동안 좀 더 넓은 의미로 써왔던 '작용(action)'이라는 개념을 국소적(局所的) 운동의 변화에만 사용했다. 물체는 자신의 운동 상태를 변화시킬 때 (때로는 변화시키려 할 때, (agit contre)) 다른 물체에 작용한다. 물체가 다른 물체에 작용할 수 있으리라는 말 그대로를 데카르트가 인정한 것은 아니었을지도 모른다. 우주에서 인과 관계의 원인을 제공할 수 있는 것은 신이 유일하다. 충돌 과정에서 한 물체가 다른 물체에 작용하는 것은 아니며, 그보다는 신이 우주에서 일어나는 운동의 양을 일정하게 유지한다. 실제로는, 데카르트가 이러한 형이상학적 관점을 유지하는 데 노력한 것은 아니고, 한 물체가 다른 물체에 부딪치는 것을 작용한다고 말했다. 동사 'agir'와 긴밀하게 연관된 것으로 형용사 'agité'와 명사 'agitation'가 있다. 데카르트 자신의 용어를 빌면 물체가 다른 물체에 작용하기 위해서 그 물체가 운동하고 있어야만 할 논리적 필요성이 있는 것은 아니었지만, 실제로 그는 'agités' 상태의 물체나 'agitation'가 있는 물체에만 한정하여 'agir'를 적용했다. 실제로 데카르트가 운동을 논할 때 자신이 세운 상대성의 원리를 수시로 무시하긴 했으나, 운동이라든가 정지라는 것이 상대적이라는 주장을 보면 이렇게 한정해서 사용한 것이 타당해 보인다. 물체가 'agités' 상태에 있거나 'agitation'을 가지고 있으면 'agir'하는 것이 가능하며, 'agités' 상태에 더 강하게 있을수록 물체는 더 강하게 'agir' 할 수 있다. 'agir' 한다는 것은 'agitation'을 나눈다는 의미이며, 'agir' 하는 물체는 다른 물체와 나누면서 거기에 맞는 'agitation'을 잃는다.[13] 'agitation'이라는 단어는 정확하게 정량적인 의미로 사용하는 것이 거의 불가능하기 때문에 이 단어의 사용에는 기본적으로 모호함이 따라온다. 한편으로, 'agitation'은 흔히 입자들이 몹시 무질서하게 움직이는 운동을 묘사할 때 이용했다. 그래서 물체의 구성 요소들의 'agitation'이 바로 열(熱)을 의미했다.[14] 그렇지만 다른 상황에서는 단지 '속도'나 또는 '운동량으로만 'agitation'이 나올 수 있다. 우주 물질의 소용돌이를 지나서 이동하는 혜성에 관해, 데카르트는 '혜성이 계속 이동하기 위해 또는 단순히 움직이기 위해 획득해야 하는 … 힘은,

나는 그것을 혜성의 agitation이라고 … 부른다'고 말했다.[15] 이따금, 데카르트는 물체에 대한 효과를 물체의 속도나 'agitation'과 연관짓는 것이 아니라 그 효과가 작용하는 시간과 연관지으려고 시도했다. 그는 뼈를 모루에 올려놓고 망치로 칠 때보다 뼈를 손으로 붙잡고 망치로 칠 때, 망치가 뼈와 더 오랫동안 접촉하고 있으므로, 뼈를 더 쉽게 부술 수 있다고 주장했다.[16] 그렇지만 대부분의 경우에 데카르트는 드러내놓고 말하지는 않았지만 물체가 'agir'하는 능력은 물체의 운동 즉 물체의 'agitation'에 비례한다고 보았다.

'작용'이라는 단어는 운동에만 국한되는 것이 아니었다. 데카르트는 '작용'의 의미는 '일반적이어서 단지 움직이는 능력이나 움직이려는 경향만 포함하는 것이 아니라 움직임 자체도 포함한다'고 역설했다.[17] 특히 광학적(光學的) 의미에서 그는 빛도 매질을 통해서 전달되는 '작용'으로, 물질을 구성하는 입자들이 작용의 방향을 따라 실제로 움직이지만 않을 뿐 운동이 만족하는 것과 똑같은 법칙을 만족하는 '작용'이라는 주장을 고수했다.[18] 데카르트는 이 차이 때문에 광선(光線)들이 서로 방해하지 않고 교차하여 진행할 수 있다고 설명했다. 물체는 한 번에 한 방향으로밖에는 움직일 수 없지만, 한 번에 여러 작용을 전달할 수는 있다. 예를 들어, 여섯 개의 관이 N에 연결되어 있는데, 여섯 명의 사람이 각 관을 통해 바람을 불어 넣는다고 상상하자(그림 2를 보라). N에 놓인 공기입자는 한 번에 한 방향으로만 움직일 수 있지만, '그 입자들은 자기들이 받은 모든 작용을 끊임없이 전달한다. 즉, F에서 들어온 작용이 직선을 따라 G에 전달되는데, F로 들어와서 N에 도달한 공기입자 중 방향을 틀어서 I나 L쪽으로 향하는 입자는 하나도 없을 것이다. 만일 있다면, 그 공기입자들은 자기들을 G를 향해 가도록 만든 작용을 H나 K에서 온 다른 공기입자들에게 전달하여 그 입자들이 마치 F에서 온 입자들과 똑

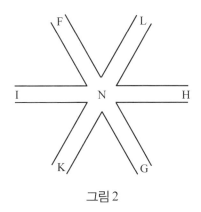

그림 2

같이 *G*를 향해 가도록 만들 것이기 때문이다….'[19] 데카르트는 최소한 한 번은 힘과 시간의 곱을 '작용'이라고 불렀다. 그뿐 아니라, 간단한 기계를 분석하면서 힘과 거리의 곱을 이용했는데, 오늘날 우리는 '일'이라 부르는 그 곱을 그는 자주 '작용'이라고 불렀다. 그렇지만 거의 모든 경우에, 그 단어는 'agir'나 'agitation'과 같은 범주에 속했으며, 그는 그 단어를 정확하게 통제해서 사용한 것 같지는 않다.

　데카르트가 'agir'라는 단어나 그와 유사한 단어를 어떻게 사용했는지를 살펴보면 오늘날 우리가 알고 있는 동역학을 형성하는 데 그의 철학이 어떻게 방해가 되었는지 이해할 수 있다. 그의 기계적 자연 철학은 현상을 일으키는 원인에 초점이 맞추어져 있었기 때문에, 그에게 주된 동역학 개념들은 물체가 직접 겪는 운동의 변화가 아니라, 오히려 다른 물체의 운동을 변화시키기 위해 그 물체에 'agir' 하는 역할인 물체에 초점이 맞추어져 있었다. 그에게 '작용'은 다른 물체의 운동 상태나 정지 상태를 바꾸기 위해 한 물체가 다른 물체에 미치는 동작을 뜻했다. 물질은 자력(自力)으로 움직일 수 없기 때문에 자신의 운동 상태를 바꿀 수 없다. 그래서 'agir' 하려면, 어떤 물체든 다른 물체를 'agir' 해야만 한다.

모든 '작용'은 그 작용이 작용하는 물체 외부의 원인에서 생겨야만 한다. 데카르트는 자신의 기계적 철학의 기본 신조(信條)와 일치하는 이런 일반화된 의미를 제외하고는, 'agir'와 '작용'을 엄밀하게 정의하려는 어떤 노력도 기울이지 않았다.

그가 드러내지는 않았지만 암묵적으로 정량적인 의미를 부여한 동역학적 개념이 하나 있긴 하다. 바로 '물체가 작용하게 하는 힘'이다.[20] 나는 여기서 '정의'라는 말 대신 '의미'라 말했는데, '정의'라 하면 그가 사용하면서 의미했던 것보다 더 큰 일관성이 있다는 인상을 줄지도 모르기 때문이다. 데카르트가 사용한 물체가 작용하게 하는 '힘'이라든가, 물체의 운동의 '힘', 또는 물체를 계속해서 움직이게 하는 '힘'은 오늘날 우리가 운동량이라고 말하는 것과 대충 같은 개념이다. 데카르트가 대충 간추려 생각한 크기나 차지하는 공간이란 것은 운동량의 정의에 들어있는 질량과는 차이가 나며, 오히려 그가 이따금 말했던 세 번째 요소라는 양이 질량에 더 가깝다. 게다가, 작용하는 '힘'에는 물체 표면의 넓이가 들어가는데, 데카르트는 그 역할을 일관적으로 기술하지는 못했다. 다시 말하지만, 그 개념은 힘을 받기보다는 힘을 주는 물체에 주어진 것이라서, 정해진 조건 아래 물체가 겪는 운동의 변화가 아니라 다른 물체에 작용하는 물체의 능력을 측정하는 것이었다. 갈릴레오와 마찬가지로, 직선 운동에서 관성의 원리를 공식화한 데카르트에게도 역시 (역주: 데카르트는 물체가 지닌 관성이 그 물체의 직선 운동을 유지시킨다고 처음 제안한 사람 중 하나) 가장 중요한 동역학적 개념은 운동하고 있는 물체와 관련된 힘이었는데, 이 힘이 궁극적으로 중세 시대의 기동력이라는 개념에서 유도된 것이다. 뉴턴 시대 이후를 살고 있는 우리는 관성의 원리에 의해 자유 낙하란, 힘의 모형, 즉 물체의 관성 상태를 변화시키는 외부 작용임을 안다. 이와는 대조적으로 데카르트와 갈릴레오는 둘 다 힘을 충돌의 모형이라는 관점에서 생각했다. 힘은 움직이고 있는 물체가 작용하는 능력이다.

그렇지만 작용은 상대 물체에도 역시 의존하기 때문에, 물체의 힘이 그 물체가 수행하는 작용을 수량화 한 것이라고 여겨지지는 않았다. 예를 들어, 물체는 부드러운 장애물에 부딪칠 때보다는 단단한 장애물에 부딪칠 때 더 많이 튕겨 나오는데, 그 원인은 물체가 마주치는 저항에 비례해서가 아니라 물체가 이겨낸 저항에 비례해서 운동이 느려지기 때문이다. 그러는 와중에 옮겨지는 물체는 옮기는 물체가 잃은 만큼의 힘을 넘겨받는다.[21] 데카르트는 물체가 잃은 운동의 힘을 다른 물체가 얻은 운동의 힘과 연관지어 운동량 보존의 원리와 뉴턴의 운동 제3법칙 모두로 향하는 첫걸음을 내디뎠다. 정량적인 역학 이론을 수립하는 데에, 그의 생각 중 이런 면이 어떤 면보다도 더 큰 영향을 발휘했다. 그러나 물체의 운동의 힘이라는 개념이 그의 여러 개념 중 유일하게 정량화된 또는 잠재적으로 정량화될 수 있는 동역학적 개념인데도 그 개념 자체만으로 정량적인 역학으로 나아가지 못했다. 물체의 힘이라고 말하면 그 힘은 물체에 작용하는 무엇이 아니라 물체가 지닌 무엇을 의미한다. 그것은, 우리가 알고 있는 운동 에너지와 유사한데 (나중에 라이프니츠가 이 생각을 바꿔놓으면서 더욱 분명해진 것처럼), 운동 에너지의 변화량을 측정할 수 있는 다른 개념이 등장하여 두 개념이 결합하기 전까지는 역학에서 그 쓰임새가 드물었다 하겠다. 비록 데카르트가 운동의 개념을 공식화하여 기술하고자 하는 물체의 변화, 즉 운동에서의 변화를 가져왔지만, 그의 정량적인 동역학적 개념은 변화하는 운동보다는 오히려 변하지 않는 운동을 중점적으로 다루었는데, 변하지 않는 운동이란, 그의 말을 빌리면, 설명할 필요가 없는 운동이었다. 그런 이유로, 운동하는 물체에 있는 힘이라는 아이디어는 정량적인 역학을 수립하는 데 도움이 되기보다는 장애가 되었다.

하지만 데카르트가 이러한 개념을 적용하는 것이 간단치만은 않았던 이유는, 물체의 운동의 힘과 물체의 결정이 서로 달랐기 때문이다. 그는 '물체가 저 방향이 아니라 이 방향으로 움직여야 한다고 결정한 것과 운동은 별개이며 … 엄밀하게 말하면 힘이란 물체가 움직여야 하는 방향을 결정하기 위해서가 아니라 물체를 이동시키려고 필요한 것인데, 그 이유는 움직이는 방향을 결정하는 데 움직이는 주체나 그 주변에 있는 모든 물체의 위치가 별로 상관이 없는 것만큼이나 움직이는 주체의 힘 역시 별로 상관이 없다는데 있다'[22]라고 말한 것을 주의 깊게 살펴보자. 주어진 물체가 움직이는 속도는 그 방향과 별개이다. 그는 비록 결정되지 않은 힘이란 [vis sine determinatione] (역주: '결정되지 않은 힘'이라는 의미의 라틴어) 존재할 수 없다고 할지라도 '동일한 결정이 더 큰 힘이나 더 작은 힘과 결부될 수도 있으며, 그 결정이 어떤 식으로든 바뀐다 하더라도 같은 힘을 그대로 유지할 수도 있다'고 말했다.[23]

데카르트가 유도한 반사의 법칙과 굴절의 법칙은 그가 구분했던 차이점이 가장 잘 나타나는 응용 사례 중의 하나이다. 그는 빛이란 비록 매질을 통해 순식간에 전달되는 작용이라고 믿었지만, 움직이는 경향으로서 작용은 운동 자체로서의 작용이 따르는 것과 같은 법칙을 따른다고 주장했다. 그래서 단순히 테니스공에 견주어서 반사의 법칙과 굴절의 법칙을 이끌어 냈다. 공이 *A*에서 시작하여 *B*에서 지구와 충돌했다고 하자 (그림 3을 보라). 관계없는 어려움을 피하려고, 그는 지구가 완전히 단단하고 매끄럽다고 가정하여 무게나 크기 또는 모양에서 오는 효과를 제거했다. 운동방향을 결정하려고 지구에 평행한 성분과 (*AH*) 그에 수직한 성분으로 (*AC*) 분리 했다. 지구와 부딪치면 평행 성분은 조금도 방해받지 않지만, 수직 성분은 당연히 유지 못한다. 공이 어디로 갈지 알아내려면, *B*를 중심으로 반지름이 *AB*인 원을 그려야 한다. 왜냐하면 공의 운동의 힘은

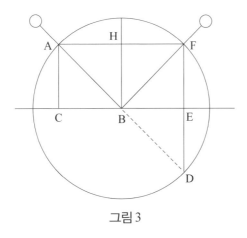

그림 3

어떤 방법으로든 바뀌지 않을 것이므로, 공은 *AB*를 진행하는 데 걸린 시간과 같은 시간 동안에 같은 거리를 진행하여 원의 둘레 중 어느 한 곳에 도달하게 될 것이다. 정확히 원의 둘레 위의 어떤 점에 도달할지는 방해받지 않은 성분인 평행 성분에 따라 결정된다. *B*에서 *AC*에 이르는 거리와 같은 거리만큼 떨어진 곳에 수직선 *FE*를 그리자. 공이 원의 둘레 까지 진행하는 시간 동안에 공은 표면에 평행하게 선분 *FE*까지 갈 것이 고, 그러므로 그 선분과 원이 만나는 *F*에 도달할 것이다. 이것으로 입사 각과 반사각이 같다는 것을 간단한 기하학을 이용하여 쉽게 보일 수 있다.

지구를 공이 뚫고 지나가는 한 조각 천으로 바꾸면 굴절의 법칙도 사실상 반사의 법칙과 똑같은 방법으로 증명할 수 있다. 천 한 조각은 굴절 하는 표면을 상징하는데, 데카르트는 두 매질에서 빛이 다른 속도로 진 행한다는 가정에서 방향이 다르게 결정된다는 것을 이끌어냈다. 공이 단단하거나 부드러운 표면에서 되튀기는 예를 이용해, 그는 빛이 소(疏) 한 매질보다는 밀(密)한 매질에서 더 쉽게 진행한다고 주장했고, 이를 테니스공으로 견주면서 '더 쉽게'를 '더 빠르게'로 바꿨다. 그는 빛이 한 매질에서 더 쉽게 진행하는 다른 매질로 들어가는 경우를, 공이 *B*점에서

한 번 더 부딪쳐서 공의 운동의 힘이 필요한 양만큼 증가하는 것에 견주었다. 빛이 서로 다른 두 가지 속도로 움직인다는 것은, 빛이 무한한 속도로 움직인다고 그가 말한 빛의 개념에 모순될 뿐만 아니라, 데카르트의 자연관은 공이 조밀한 매질로 들어갈 때 라켓에 추가적인 타격을 주는 메커니즘을 전혀 생각해내지 못했다. 게다가 모든 변화가 표면에서 일어나 공이 일단 표면을 통과한 다음에는 저항하는 매질 내에서 관성으로 진행한다는 추가(追加) 가정 또한 그의 운동 법칙과 모순이었다. 그러나 어쨌든 그것이 옳다고 치고, 공이 천 조각을 지나가면서 두 번째로 부딪치고, 표면에 부딪치기 전에는 3초 만에 진행했던 거리와 같은 거리인 AB만큼의 공간을 2초 만에 진행할 정도로 공의 힘이 증가했다고 가정하자. 반사의 경우와 마찬가지로, 천은 천에 평행한 성분을 결정하는 데 아무런 영향도 미치지 않는다. 그러므로 그 성분은 2초 동안에 공을 B에서 선 FE까지 옮겨 놓는데, 이 거리는 AC까지 거리의 3분의 2에 해당한다(그림 4를 보라). 반지름이 AB인 원을 그리면, 선 FE가 원과 만나는 I에 빛이 도달한다. 힘이 감소해서 공이 수직선에서 더 멀어지는 굴절도 비슷하게 설명할 수 있는데, 수직선 FE가 원의 바깥으로 나가게 되면 굴절은 불가능해지고 빛은 표면에서 반사한다.[24] 이렇게 기하학적으로 굴절에 대한 사인 법칙이 귀결되며, 이 법칙은 데카르트가 최초로 출판했다.

힘과 결정을 구별하여 얻은 중요한 결과는 동역학의 영역에서 방향의 변화를 제거했다는 것이다. 반사의 경우에 그가 말한 것처럼, '공의 운동의 힘을 변화시키지 않고' 공의 결정(방향)을 변하게 하는 것이 불가능하지만은 않다….[25] 다시 말하면, 결정의 변화는 작용 없이 일어나는 변화라는 것이다. 그는 실제로 공은 절대로 멈추지 않는다고 우겼다. 만일 공이 정지한다면 공의 운동의 힘이 간섭을 받는 것이고, 이 공을 다시

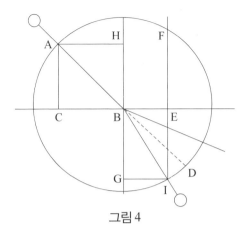

그림 4

움직이게 만드는 원인을 찾을 수가 없다. 그래서 동일한 운동의 힘이 간섭받지 않고 이어진다. 움직이는 물체나 또는 다른 어떤 것도 움직이고 있든 정지해 있든 그 상태가 바뀌는 경험을 하지 못하며, 공의 반사와 같은 단순한 반사 역시 어떠한 동역학적 작용도 필요하지 않다. 그는 운동의 실질적인 원인이 그 결정의 실질적인 원인과 같아야 한다는 것은 옳지 않다고 주장했다. '예를 들어, 벽을 향해 공을 던지면 공이 되돌아오는 것은 벽이 결정하지만, 벽이 공의 운동의 원인은 아니다.'[26] 데카르트는 그러한 반사가 어떤 방식으로든 탄성적이어야 함을 이해하지 못했다. 반사가 일어나려면 벽이라든지 반사의 법칙에서 지구와 같은 것들이 존재해야만 한다는 의미에서, 이들이 반사의 원인은 되지만, 어떤 식으로든 벽이 공에 작용해서 운동의 힘을 바꾸는 것은 아니다.

오직 역학의 관점에서만 본다면, 데카르트가 왜 이러한 구분을 받아들였는지 이해하기란 불가능하다. 그의 동역학 체계 내에서는 이러한 구분은 참패일 뿐이었다. 그의 처음 두 개의 운동 법칙은, 결합하여 관성운동의 벡터적인 성질을 나타냈다. 물체는 외부에서 무엇인가가 작용하기 전까지 직선을 따라 움직인다. 운동에 관한 한, 방향의 변화는 속력의 변화만큼이나 중요하다. 그리고 일단 직선 관성을 가정하면, 적용 가능한 동역학에 따라 속력이나 방향의 변화가 모두 정량적으로 같은 작용을 측정해야만 한다. 하지만 데카르트는 위에서 말한 구분 때문에 두 변화 사이에 어떤 공통점도 인정하지 않았고, 방향의 변화를 어떤 작용도 수반하지 않는, 변화가 아닌 변화라는 어정쩡한 신분으로 만들어버렸다. 그의 자연 철학을 역학에 한정짓지 않고 바라볼 때, 우리는 비로소 이 구분의 목적이 무엇인지 파악할 수 있다. 데카르트의 동적(動的)인 기계적 철학에서, 궁극적인 원인이 되는 행위자는 움직이는 입자였는데, 작용하는 데서 이 행위자의 능력은 입자의 운동의 '힘'이라는 용어 안에 편리할 정도로 애매하게 응축되어 있었다. 물론, 속도가 물체의 운동의 힘을 측정하는 지표였는데, 이 속도의 변화를 제외한 모든 변화를 동역학에서 제거하여 데카르트는 물체의 힘이 쓸데없는 소모품이나 불량품이 되지 않도록 보호할 수 있었다. 다른 물체와 충돌해도 물체는 움직일 수 없고, 물체의 힘만이 유일하게 운동을 일으킬 수 있다. 탄성과 관련해서 외부에서 오는 어떠한 쓸데없는 힘도 도입하지 않아 문제를 복잡하거나 애매하게 만들지 않았다. 물체의 힘은 그 힘이 작용하는 전체 충돌 과정에서 영향 받지 않으며, 바뀌지 않고 보존된 채로 유지된다. 예를 들어서 불은 빠르게 움직이는 입자들의 모임이다. 데카르트는 입자들이 어떤 방향으로 움직일지 말하지 않았다고 명시했는데, '왜냐하면, 만일 움직이는 능력과 마땅히 움직여야 할 방향을 무엇이 결정하는지는 전혀 서로 다른 두 가지 일이며 그 둘을 구분할 수 있음을 헤아린다면' 누구든 불꽃에서 각 입자가 움직이는 방향은 '그 입자를 둘러싸고 있는 물체들의 배열에 따라 덜 어려운 쪽으로 움직인다는 것을 …' 깨달을 것이기 때문이다.[27] 그렇다면 불꽃의 입자들은 모든 방향으로 움직이려고 할 텐데, 입자 주위의 물체들이 위쪽을 제외한 다른 방향으로는 더 많은 저항을 하기 때문에 불꽃은 일반적으로 위쪽을 향한다. 차차 알게 되겠지만, 데카르트는 충돌을 분석하며 물체는 정지해 있는 더 큰 물체를 결코 움직이게 만들 수 없다고 결론지었다. 그 결과, 힘과 결정이 구분되었으며, 그의 자연 철학이 요구하는 것처럼, 가냘픈 물질을 구성하는 입자는 거의 항상 가장 빠른 속도로 움직이고, 더 큰 물체에서 힘을 받을 수가 있지만 반대로 더 큰 물체에게 힘을 빼앗기지는 않는다. 무엇보다도 방향의 변화는 반드시 순간적으로 일어나야 하는데, 이는 물체가 운동하는 힘이 방해받지 않고 계속하여 동작하기 때문이다. 순간적이기 때문에, 방향의 변화는 심지어 동역학적 변화에 대한 데카르트 철학의 원형(原型)도 보여주는데, 운동에서 어떤 양이 한 순간에서 다음 순간 사이에 보존된다는 것은 실제로 한 물체가 다른 물체에 주는 작용에서가 아니라 신의 일관성에서 유도되었다. 데카르트의 기계적 철학에서는 힘과 결정을 구분하는 데서 역학의 실질적 내용이 정해진다. 그런 의미에서, 그 구분이 데카르트 역학의 전모(全貌)를 요약한다. 데카르트의 자연에 대한 기계적 철학의 요구로 결국 그의 동역학은, 일단 관성의 원리를 발표한 뒤에는 누구도 받아들이지 않는 방향으로 인도되었다.

★

데카르트가 물체의 힘이라는 개념을 결정과 구분했던 것 외에도, 이 개념은 물질의 역할과 결부된 또 다른 어려움을 수반하였다. 이러한 어려움은 데카르트 자신이 만든 것은 아니고 17세기 당시 물질에 대한 인식 한가운데 존재하는 것으로, 갈릴레오 때 이미 겪은 것이었다. 데카르트의 역학이라고 이 문제가 덜 골치 아픈 것은 아니었다. 그 세기에는 전체적으로 마찬가지였겠지만, 그는 물질이란 완전히 비활동적이어서 어떠한 내부 힘도 존재하지 않고 외부의 작용으로만 움직인다고 생각했다.

갈릴레오의 고전적 문구를 빌리면, 물질은 움직이고 있든 정지해 있든 전혀 무관심하다. 데카르트는 헨리 모어(Henry More)에게 운동이 물질에 격렬함을 주지는 않는다고 말했다. '격렬함'이란 인간의 의지와 상관 있는 단어라, 인간은 의지에 거슬리는 무엇인가를 겪으면 격렬함으로 고통받는다. '그렇지만, 자연에서는 어느 것도 격렬하지 않고, 물체는 서로 닿으면 반발하거나 밀쳐내는 것과 정지해 있는 것이 똑같이 자연스럽다.'[28] 결과적으로 물체는 움직임에 대항할 힘이 없다. 물질에 그런 저항력이 있다는 생각은 우리 감각에서 얻게 되는 선입관에서 비롯된 잘못된 편견인데, '그 감각은 우리가 어렸을 때부터 단단하고 무거운 물체를 옮기려 할 때마다 항상 어려움을 겪어서 그때부터 어려움은 물질에서 나오고 그 결과 어려움은 모든 물체에 공통으로 존재한다고 믿게 된 사실에서 생겨났고, 우리가 움직여 보려고 하는 물체에서 그 물체를 들어 올리지 못하도록 방해하는 것은 오직 물체의 무게뿐이고, 그 물체를 밀지 못하도록 방해하는 것은 오직 물체가 단단하면서 물체의 각 부분이 고르지 못하기 때문이라는 것, 따라서 단단하지도, 무겁지도 않은 물체에서는 같은 일이 벌어지지 않아야 한다는 것을 체득하기보다는 그냥 가정하는 것이 더 쉬웠다.'[29] 데카르트는 물질은 운동에 무관심하다는 것에서 물체는 유한한 속도로 움직이기 시작한다는 확신을 얻었다.[30] 움직임과 정지는 (또는 서로 다른 정도의 움직임은) 연속적이지 않으며, 움직이기 시작한 물체는 갈릴레오의 주장과는 달리 모든 정도의 움직임을 다 거치는 것은 아니다.

물질의 무관심과 비활동성과는 대조적으로, 데카르트가 알게 된 운동의 힘이라는 아이디어에는 '크기는 항상 운동의 속도에 거스른다'라는[31] 의미가 함축되어 있다. '크기'라는 단어 자체는 데카르트의 물질의 연장에 대한 방정식 때문에 이해를 더 어렵게 만드는데, 이 어려움을 풀기 위해서 항상 그렇지는 않지만, 몇 가지 가정을 했는데, 물체의 크기는 그 물체가 포함한 만질 수 있는 물질인 제3요소의 양으로 측정한다. 또한 물체 내의 기공(氣孔)은 만질 수 없는 물질로 메워진다는 것, 이 물질은 기계론적 필요에 따라 제1의 형태와 제2의 형태로 나뉘어 데카르트의 우주 전체에 퍼져있다는 것, 그는 이런 만질 수 없는 물질은 물체의 크기를 고려할 때 물체에 포함하지 않는다는 것을 가정했다. 더욱이, 그는 종종 다른 물체와 접촉할 때 닿는 표면의 양에 따라 물체의 힘이 바뀌어서 운동을 계속한다고 주장했다. 이러한 두 사안을 모두 고려하면, 데카르트의 철학에서 물체의 크기는 너무도 모호한 개념이어서 역학을 정량화하기가 불가능했다고 말해도 지나치지 않으리라. 설령 물체의 크기를 정확하게 정의했다 하더라도, 물질은 운동에 무관심하다는 사실과 물체의 크기 사이를 어떻게 연결할 것인지는 여전히 심각한 문제로 남아있었을 것이다. 만일 물질이 오로지 비활동적이라면, 어떻게 크기가 속도를 방해할 수 있는가?

데카르트는 이 문제를 해결할 한 가지 방안으로 순수하게 운동학적인 용어로 '자연 관성'이라는 개념을 정의하자고 제안했다. 이제까지 나는 '관성'이라는 단어를 데카르트가 착상(着想)한 운동의 개념에 적용해왔는데 그것이 바로 20세기에 통용되고 있는 의미이기 때문이다. 그렇지만 뉴턴 시대 이전까지는 이 단어를 이렇게 사용하지도 않았으며, 데카르트 역시 결코 '관성 운동'을 말한 적도 없다. 데카르트는 '관성'을 케플러가 그랬던 것처럼, 물질 편에서 움직임에 거스르는 저항이라는 의미로 말했다. 그러한 관성을 물질의 비활동성과 조화시키는 것이 문제였다.

그래서, 만일 서로 다른 두 물체가 모두 동일한 양의 운동을 받는다면, 더 큰 물체의 속력이 더 작은 물체보다 더 작을 것이므로 이런 의미에서 우리는 더 많은 물질을 포함할수록 더 많은 자연 관성을 갖는다고 말할 수 있다. 덧붙여서 우리는 작은 물체에 비하여 큰 물체가 다른 물체에게 더 쉽게 운동을 전달해 줄 수 있으며, 이동시키기에는 큰 물체가 더 어렵다고 말할 수 있다. 그래서 관성에는 물질의 양에 의존하는 부분도 있고 물체의 표면이 얼마나 퍼져 있는지에 의존하는 부분도 있다.[32]

다시 말하면, 운동에 대한 관성이나 저항은 환상(幻想)이다. 그 환상 뒤의 실제(實際)는, 운동의 양이 주어졌을 때 물체가 더 클수록 속도는 더 작아진다는 운동의 양 속에서 물질의 양이 담당하는 역할이다. 이 문제를 이런 식으로 해결하는 방법은 동역학적 측면을 고려하지 않았으며, 운동의 양이라는 운동학적 개념만으로 관심을 제한한 것이었다.

하지만 데카르트가 운동학으로만 관심을 제한하는 데 항상 성공한 것은 아니었다. 특히 충돌을 논의하면서 동역학적 고려가 모르는 사이에 살짝 끼어들어왔고, 거기에 곁들여서 물질의 비활동성과는 어울릴 수 없는 운동의 저항도 같이 끼어들어왔다. 데카르트는 충돌이 탄성에서 유도되는 힘이라고 인정하지 않았는데, 그 결과 그는 거의 모든 충돌이 비탄성적이라는 원리에 도달했다. 물체 B가 정지해 있는 물체 C에 충돌해서 그 물체를 움직이게 만들 때는 언제나 두 물체가 같이 움직이는데, 이때의 속도는 두 물체의 운동의 양이 충돌 전에 B에 있던 운동의 양과 같도록 결정된다. 만일 B가 C를 움직이게 만들 수 없다면, 우리가 이미 본 분석에 따라, B는 반대 방향으로 튕겨 나가고, B의 운동의 힘은 그대로 유지되고 B의 결정만 반대 방향으로 바뀐다. 두 물체의 크기가 상대적으로 어떻게 되느냐에 따라 B가 C를 움직일 수 있을지 아니면 없을지 결정된다. 만일 C의 크기가 얼마가 됐든 B보다 더 크기만 하면, B는 C를 움직이게 만들 수 없다. 이 시점에서, B의 속도가 점점 더 커지면 B의 힘은 한없이 증가할 수 있는데도 정지해 있던 C는 항상 정지해 있을까라는 의문이 자연스럽게 든다. 어떤 단계가 되면 분명히 B가 C를 움직이게 만들 수 있을 것이다. 그런데도 데카르트는 이 문제를 더 많이 검토하면 할수록, B의 속도가 얼마가 커지든 결코 C를 움직이게 만들지 못할 것이라고 확신했다.

왜냐하면 B가 충돌한 뒤에 자신이 움직이는 것만큼 빠르게 C도 움직이도록 밀 수 없는 한, B가 C에게 더 빠르게 다가올수록 C도 그만큼 더 많이 저항해야만 하고, C가 B보다 더 크기 때문에 B의 작용에 비해서 C의 저항이 더 우세해야만 할 것이 분명하기 때문이다. 그래서, 예를 들어, 만일 C의 크기가 B보다 두 배이고 B에는 세 단위의 운동의 양이 있다면, B는 C를 절반으로 나눈 하나마다 한 단위의 운동의 양을 갖도록 C에게 두 단위의 운동의 양을 전달해주고 B 자신은 남은 세 번째 단위의 운동의 양만 간직해야만 B가 C를 겨우 밀 수가 있는데, 이는 B가 C를 절반으로 나눈 하나보다 더 크지 않고 충돌한 뒤에 B가 C보다 더 빨리 움직일 수가 없기 때문이다. 같은 방법으로, 만일 B에게 30단위의 속력의 양이 [sic] (역주: '원문 그대로'라는 의미의 라틴어임. 앞에서 '운동량'이라고 한 것을 여기서는 '속력의 양'이라고 썼는데, 잘못 옮겨 적은 것이 아니라 원문이 그렇게 되어 있음을 강조한 것) 있다면, B는 C에게 그중에서 20단위를 전달해야 하며, 만일 B에 300단위가 있다면 B는 C에게 그중에서 200단위를 전달해야 하는데, 그래서 항상 자기가 간직하는 양의 두 배를 전달해야만 한다. 그러나 정지해 있기 때문에 C는 두 단위보다 열배나 더 많은 20단위를 받아들이는 데 저항하며, 100배나 더 많은 200단위를 받아들이는 데 저항한다. 그래서 B의 속력이 더 커지면 커질수록 C는 더 많이 저항한다. 그리고 C를 절반으로 나눈 각각의 하나는 B가 C를 밀더라도 그 미는 힘에 견주어 정지한

채로 남아 있을 만큼의 힘이 있기 때문에, 또한 절반으로 나눈 둘
이 모두 동시에 함께 B에 저항하기 때문에, 그들 둘이 B가 되튀도
록 만드는 데 성공하리라는 것은 분명하다. 따라서 B가 정지해
있는 더 큰 C를 향해서 어떤 속력으로 부딪치든, B는 결코 C를
움직이게 할 만한 힘이 없다.[33]

데카르트가 출판한 거의 모든 글에서도 그랬지만, 그는 편지에서도 그런
주장을 논의하고 옹호했다. 그는 클레르셀리에(Clerselier) (역주: 데카르트와
동시대에 활동했던 프랑스 철학자로 데카르트가 라틴어로 저술한 유명한 저서 '성찰'을 프랑스
어로 번역한 사람)에게 다음과 같이 설명했다.

> 한 물체가 다른 물체를 움직이게 하려면 그 물체는 다른 물체가
> 저항하는 힘보다 더 큰 힘이 있어야만 하는 것은 자연 법칙이다.
> 그러나 그 초과량은 단지 물체의 크기에만 의존할 수 있다. 왜냐
> 하면 움직이지 않는 물체는, 자신을 움직이게 만들려는 다른 물체
> 에 있는 속력의 양과 같은 정도의 저항을 갖기 때문이다. 같은 연
> 유로, 그보다 두 배나 더 빠른 물체에 따라 움직인다면, 움직여지
> 는 물체는 두 배가 되는 운동량을 받겠지만 두 배로 더 많이 운동
> 에 저항하게 된다.[34]

나중에 널리 퍼진 역학의 관점에서 보면, 이 분석에는 비판받을 여지
가 많다. 데카르트는 정지한 물체를 움직이게 하는 모든 충돌을 비탄성
충돌로 다뤄 자신의 결론에 불필요한 구속 조건을 주었다. 그는 운동의
변화가 순간적이라고 취급했으므로, 그가 물질의 성질이라고 생각한 저
항은 운동의 변화가 아니라 운동 자체에 대한 것이어야만 했다. 데카르
트 자신의 철학적 관점에서 보더라도, 그가 받아들인 운동에 대한 저항
을 물질이 지닌 필연적인 본성의 결과로서의 비활동성과 서로 조화하게

할 수가 없었다. 그렇지만 이 분석의 결함 때문에 탁월함을 놓쳐서는 안 된다. 이 분석은 물체를 작은 속도로 움직이게 만들기보다 큰 속도로 움직이게 만들려면 더 많은 노력이 필요하다는 경험적 사실을 합리적 역학의 영역 내에서 제기한 첫 번째 시도였다. 비록 물질에서 저항이라는 아이디어가 물질의 비활동성과는 모순이었지만, 데카르트에서 시작한 이러한 분석을 계속 추구해, 서로 조화하게 할 수 없었던 두 생각을 질량이라는 하나의 개념으로 포용함으로써, 비로소 역학을 완성할 수 있었다.

★

일반적으로는 역학에, 그리고 그중에서도 특히 동역학에 데카르트가 기여한 중요한 공헌은 철학적 분석이라는 분야, 즉 자연의 기계적 개념에 대한 철학적 분석과 운동의 새로운 개념의 여러 함의(含意)에 대한 철학적 분석에서 찾을 수 있다. 갈릴레오와는 달리, 데카르트는 역학 내에 존재하는 개별적인 문제들을 주로 검토하지는 않았다. 그렇지만, 데카르트는 세 가지 중요한 질문은 상당히 주의 깊게 고찰했으며, 이 세 질문은 모두 그 이후에 등장하는 역학에 영향을 미쳤다. 전형적으로 그의 공로는 문제를 명확히 하여 모호한 점들을 분리해 낸 데 있다. 내가 이미 지적한 것처럼, 자연에 대한 데카르트의 철학은 힘의 모형을 선택하도록 강조했는데 그것은 별 효과가 없었음이 밝혀졌다. 반면에, 역학이 직면했던 다른 두 가지 개념적 어려움을 대처하는 데 그의 분석적 재능은 지대한 공헌을 했다.

세 질문 중에 데카르트가 상세하게 검토했던 질문은 간단한 기계를 어떻게 다루는가였는데, 이는 1637년 콘스탄틴 호이겐스에 보낸 편지와 뒤이은 여러 편지에 나와 있다. 힘과 저항 사이의 기본 비율만큼은 (힘과 저항은 데카르트 역시 간단한 기계를 통해 채택하려 했던 공인된 용어들인데), 오래 전부터 확립해 있었고, 그가 더 더할 것도 없었다. 데카르트는 이 상황을 잘 인식했으므로 이 주제에 대한 자신의 저술은 그 비율이 유도된 기본 원리를 설명한 것이라 했다. 그는 다른 누구보다도 자신이 잘 했다고 만족해 했다.[35]

기초가 되는 원리에 따르면 '효과는 항상 그 효과를 만들어내는 데 필요한 작용에 비례해야만 한다….'[36] '작용'이라는 단어의 사용은 기대해도 좋은 진전이었다. 이런 문맥에서 그는 작용을 정확하게 정의했다. 그가 일관성 있게 사용하기만 했더라도, 그 용어는 역학에서의 논의를 더욱 명료하게 만들 수도 있었을 것이다. 유감스럽게도 데카르트 자신은 보통 '힘'이라는 단어를 사용했는데, 매우 정확하지 못했다. 그는 메르센에게 자신이 사용한 '힘'은 일상생활에서 어떤 사람이 다른 사람에 비해 더 큰 기력[힘]이 있다고 말할 때 사람의 기력[힘]을 지칭하는 능력[세력]과 같은 의미는 전혀 아니라고 분명히 말했다. 우리가 '한 효과를 일으키려 사용하는 힘이 다른 효과를 일으키려 사용하는 힘보다 더 작아야 한다고 할 때, 더 작은 능력[세력]이 필요하다는 것은 아닌데, 왜냐하면 그런 능력은 크든 작든 별로 상관이 없기 때문이다. 따라서 더 작은 작용이 필요하다고 해야 한다. 그리고 그 글[간단한 기계에 관한 데카르트의 짧은 에세이]에서 나는 무거운 것을 위로 들어올릴 수 있는 것은 사람의 기력[힘]이라고 불린 능력[세력]이 아니라, 힘이라고 불린 작용이며, 이 작용은 사람에게서 나올 수도 있고 용수철이나 다른 무거운 물체 등 여러 가지에서 나올 수 있다고 했다.'[37]

간단한 기계의 범주 내에서, '작용' 또는 '힘'은 단순히 무게에 그 무게가 연직 방향으로 이동한 변위를 곱한 것을 뜻했다.

이 모든 기계를 고안할 때 단 한 가지 원리에 기반을 두는데, 그 원리란 같은 힘을 주어 물체를 들어올릴 때, 예를 들어, 무게가 100파운드인 물체는 2피트의 높이만큼, 무게가 200파운드인 물체는 1피트의 높이만큼, 또 무게가 400파운드인 물체를 0.5피트의 높이만큼 들어올릴 수 있으며, 다른 무게의 물체에도 비슷하게 적용된다는 것이다.[38]

데카르트가 설사 가상 운동의 원리를 이해하고, 그래서 가상(假想) 일의 원리도 이해했다고 해도,[39] 간단한 기계를 논할 때는 위에서 설명한 예에서처럼 대부분 실제 운동과 실제 일을 다루었다. 지렛대를 다루는 연습문제에서는 혼란스러워서 지렛대가 전체 각 180°만큼 완전히 도는 것으로 상상했다. 지렛대의 끝에서 항상 수직 방향으로만 작용하는 힘이 반원을 그리며 움직이면, 다른 끝에 놓인 물체는 반원을 따라 움직이는 동안에, 물체는 원의 지름과 같은 거리만큼 연직 위로 올라간다. 그러므로 지렛대에 대한 데카르트의 분석에서는 인자 π가 나왔다.[40] 비록 그 문제와 풀이가 지렛대를 이해하는 데 별로 유용하지는 못했지만, 그가 정의한 문제에 관한 한, 그의 풀이는 전적으로 옳을 뿐 아니라 자신의 기본 원리를 얼마나 온전히 이해했는지 보여준다. 다른 간단한 기계에서도, 이와 비슷하게 관련이 없는 점들을 고려하긴 했으나 분석 자체를 혼란스럽게 만들지는 않았다.

간단한 기계를 고찰하면서, 예를 들어, 갈릴레오는 속도와 변위를 구분하지 않고 바꿔가며 사용했는데, 데카르트도 이 작업을 알고 있었다. 그런데 대조적으로 데카르트는 변위 하나만으로도 충분하다고 완강히 주장했다. 이러한 문맥에서 속도를 참조하는 것은 알아차리기 힘든 만큼이나 더 위험한 실수인데, 왜냐하면 두 물체 중 하나의 무게가 다른 물체의 두 배가 되는 것은 속도의 차이가 아니라 변위의 차이에 따라 결정되

기 때문인데,

> 그것은, 예를 들어, 손으로 물체 F를 G까지 올리는데, 만일 두 배로 더 빨리 올리고 싶다면, 원래 필요한 힘보다 정확히 두 배인 힘을 사용할 필요는 없다는 사실에서 알 수 있다. 대신 저항하는 인자(因子)를 고려하여 속도가 가질 수 있는 여러 가지 비율에 따라 대충 두 배 정도의 힘이 필요하다. 반면에 물체를 같은 속력으로 두 배 더 높이, 즉 H까지 올리려면 정확히 두 배의 힘이 필요한데, 여기서 나는 마치 하나에 하나를 더하면 정확히 두 개가 되듯이 정확히 두 배라고 말한다. 왜냐하면 물체를 F에서 G까지 올리는 데 그 힘 중에서 일정한 양을 사용해야만 하며 다시 물체를 G에서 H까지 올리는 데도 다시 똑같은 양만큼의 힘을 사용해야만 하기 때문이다.[41]

덧붙여 데카르트는 간단한 기계에서는 속도와 변위 각각에 동일한 비율이 성립하는 것을 부정하지 않는다고 했다. 속도 사이의 비율은 사실로 나타난 현상이다. 오직 변위 사이의 비율로만 왜 힘과 저항 사이에 할당된 몫이 그렇게 나타나는 것처럼 변하는지 설명할 수가 있다. 우리가 속도를 지적(知的)으로 논의하려면 먼저 물체의 무게를 이해해야만 한다. 물체의 무게를 이해하려면 우리는 모든 자연을 포함한 전체 시스템을 이해해야만 하며, 그런 이유로 데카르트는 너무 간단해서 그 자체만으로 명백한 원리를 이용하여 간단한 기계를 논의하는 쪽을 선택했다. 메르센은 만일 한 순간에 주어진 힘으로 물체를 정해진 높이만큼 올릴 수 있다면, 그 한 순간에 두 배의 힘으로는 물체를 두 배 더 높은 곳까지 올릴 수 있다고 강력히 주장했다. 데카르트는 '그렇게 되는 이유를 어떤 방법으로도 찾을 수가 없다'고 반박했다.

그리고 나는 누구든 실험으로 그 반대를 어렵지 않게 증명할 수 있다고 믿는다. 평형 상태의 저울을 생각하자. 저울을 움직이게 만드는 가장 가벼운 추를 올려놓는다. 그러면 저울은 매우 느리게 움직일 텐데, 만일 저울에 두 배로 더 무거운 추를 올려놓는다면 저울은 두 배보다 더 빨리 움직이게 될 것이다. 이번에는 손에 부채를 들고 있다고 하자. 부채를 간신히 들고 있는 정도의 힘만을 사용하면서도 손에서 놓을 때 공기 중에서 저절로 떨어지는 속도로 올리거나 내릴 수 있을 것이다. 그렇지만 부채를 두 배 더 빨리 위로 올리거나 아래로 내리려면 약간의 힘을 사용해야만 하는데, 이 힘은 처음 힘의 두 배보다 더 클 수밖에 없다. 왜냐하면 처음에는 힘을 하나도 사용하지 않았기 때문이다.[42]

변위에 대해 집착했던 데카르트는 결국 속도로는 가능하지 않은 중대한 인자를 지렛대의 비례 관계에서 분리해냈다. 지렛대 법칙에서 유도된 크기와 속도의 곱은, 과학자들이 가상 속도에서 성립하는 양을 실제 운동에 적용하려고 시도함으로써 한 세기에 걸쳐 역학적 논의를 편견에 파묻혀 있게 했다. 데카르트 또한 그 개념을 물체가 움직이는 힘으로 광범위하게 사용했으며, 이 개념을 통하여 간단한 기계의 정역학이 계속해서 동역학을 좌지우지 했다. 그렇지만, 그는 간단한 기계의 경우 힘과 변위의 곱이 지렛대의 가상 운동에 한정된 양이 아니며, 따라서 독립된 원리로 쓰일 수 있음을 알았다. 17세기 후반에 라이프니츠는 이 원리를 사용하여 ─ 동일한 작용은 동일한 효과를 만들어야만 한다는 데카르트의 다른 원리와 함께 ─ 데카르트의 희생 하에, 물체의 운동의 힘은 그 물체의 속도에 비례할 수 없음을 보이고자 했다.

 이 경우에도 역시 지구 표면에서 일어나는 연직 방향 운동을 주의 깊게 살펴봄으로써 개념을 명료하게 하는 데 크게 진일보하게 되었음을 필히 주목해야 한다. 갈릴레오가 주로 균일하게 가속하는 운동을 기술한 것과 마찬가지로, 데카르트는 (오늘날 사용하는 단어를 채택하여) 역시 거의 그런 조건들에 한정해서 일을 정의했다. 당시 일은 무게에 물체가 올라간 연직 방향 거리를 곱한 값으로 정확하게 측정할 수 있었다. 데카르트는 이를 일반화하는 데 간단한 기계를 사용해 어느 정도 성공했다. 물체를 연직 방향으로 올리는 대신에 경사면을 따라 올리면 더 작은 힘으로도 가능하다. 그러면 한 일은 그 힘에 물체가 움직인 거리를 곱한 값으로 측정할 수 있다(물론 이 값은 물체의 무게에 물체가 연직 방향으로 이동한 변위의 곱과 같다). 갈릴레오와 마찬가지로 데카르트도 무게에 따라 측정하는 정적(靜的) 힘의 개념을 채택했다.[43] 그러므로 간단한 기계에 적용한 힘 대신 도르래를 지나가는 줄에 연결된 물체의 무게를 사용할 수 있다. 이 무게는 동등하게 사람이나 동물 또는 용수철 등에 따라 균일하게 작용하는 힘을 측정하는 데 쓰일 수 있다. 일반화의 성공 여부는 연직 방향으로 움직이는 물체의 무게가 어느 정도까지 다른 힘을 대치할 수 있느냐에 달려 있다. 또한 이 무게를 힘의 한 예로 보기보다는 그 힘에 대한 측정으로 보느냐에 달려 있다. 이러한 분석은 물체의 연직 방향 운동에 초점을 맞추어 연직 방향으로 움직이는 물체의 무게로 대치할 수 있는 힘에 한정되었다.

간단한 기계를 분석한 데카르트는 힘의 개념을 명료하게 만드는 데 중요하게 기여했다. 이미 말했던 것처럼, 그는 보통 자신의 '작용'이라는 개념을 표현할 때 '힘'이라는 단어를 사용했다. 이는 오늘날의 일이라는 개념이다. '힘'이라는 단어의 모호함은 필연적으로 오해를 불러 일으켰는데, 거기서 제기된 질문에 대한 답변은 데카르트 정신의 탁월한 분석 능력을 무엇보다도 생생하게 볼 수 있다.

무엇보다도 알아야 할 것은 내가 힘을 이야기할 때는, 물체를 어느 높이로 들어올리는 2차원의 힘을 이야기하는 것이지 물체를 지탱하는 1차원 힘이 아니며, 이 두 힘은 마치 2차원인 면(面)이 1차원인 선(線)과 다르듯이 서로 다르다. 못이 한 순간 무게가 100파운드인 물체를 지탱했다면, 감소하지 않는 한, 같은 힘으로 같은 물체를 1년 동안이라도 지탱할 수 있을 것이다. 그러나 그 물체를 1피트의 높이만큼 올리는 데 사용한 힘으로는 동일한 물체를 2피트의 높이까지 올릴 수 없으며, 이때는 두 배의 힘을 사용해야만 한다는 것은 2더하기 2가 4라는 것만큼이나 옳다.[44]

그가 다룬 도르래 문제에 누군가가, 줄의 한쪽을 묶은 못이 무게의 절반을 지탱해서, 도르래에 매달린 물체를 들어올리는 데 줄의 다른 끝에 힘의 절반만 들여도 된다고 이의를 제기했다고 하자. 어떤 의미에서는 그런 이의 제기도 옳다. 그렇지만 못으로 지탱하는 물체의 무게 때문에 절반의 힘만 사용해도 되는 것은 아니다. 예를 들어, 천장에 매달린 또 하나의 도르래에 연결된 줄이 나머지 반의 무게를 지탱한다고 해도, 그 때문에 물체를 들어올리기 위해서 줄의 끝에 더해지는 힘이 줄어들지는 않을 것이기 때문이다.

그러므로, 못 *A*가 물체 *B*의 무게 중 절반을 지탱한다는 사실을 잘못 이해하면 안 되는 것이, [도르래에] 적용한 이번 경우에, 물체를 들어올리기 위해 [줄에서 붙체가 연결되지 않은 쪽의 끝인] *C*에 가해져야 하는 힘의 두 차원 중 한 차원은 절반으로 줄어들고 결과적으로 다른 차원은 두 배가 된다는 사실 외에는 어떤 결론도 내려서는 안 된다. 만일 선 *FG*가 한 위치에서 다른 기계의 도움 없이 온전히 물체 *B*의 무게를 지탱하는 데 필요한 힘을 의미하고, 직사각형 *GH*는 그 물체를 1피트의 높이까지 들어올리는 데 필요

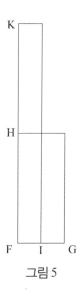
그림 5

한 힘을 의미한다면, 못 *A*가 지탱하는 힘에 의해서 선 *FG*로 표현되는 차원이 절반으로 감소하고, 줄 *ABC* 방향으로는 두 배가 되어서 선 *FH*로 표현되는 다른 차원은 두 배로 증가하므로 물체 *B*를 1피트의 높이만큼 올리기 위해 *C*에 가해야만 하는 힘은 직사각형 *IK*로 표현된다[그림 5를 보라]. 그리고 기하학에서 잘 알려진 것처럼 표면에서 선 하나를 더하거나 빼더라도 표면은 전혀 증가하지도 않고 감소하지도 않듯이, 못 *A*가 물체 *B*의 무게를 지탱하는 힘은 단순히 1차원이기 때문에 *C*에 가해지는 2차원의 힘을 도르래를 이용하지 않고 물체를 들어올리는 것보다 더 줄일 수 없음을 명심해야 할 것이다.[45]

데카르트는 그의 원본 논문에서 덧붙여 설명하기를, 단순히 50파운드의 물체를 4피트 높이만큼 올릴 수 있는 힘으로 200파운드의 물체를 1피트 높이만큼 올릴 수 있다고 말한 것이 아니라, '힘이 물체의 무게에 가해진다는 조건 아래서만' 그렇게 할 수 있다고 했다.

> 이제 분명해졌지만, 4피트의 전체 길이만큼 힘이 가해지는 동안 물체는 단지 1피트만 들어올리는 기계나 또 다른 장치의 도움이 없으면 물체에 그 힘을 가하는 것은 불가능하고, 따라서 이 장치는, 무게가 200파운드인 물체를 1피트 들어올리는 데 필요한 힘을 나타내는 직사각형을, 넓이는 같지만 무게가 50파운드인 물체를 4피트 들어올리는 데 필요한 힘을 나타내는 비슷한 다른 직사각형으로 변환시키는 것이다.[46]

전에 말했다시피, 데카르트가 2차원적 힘을 시종일관 '작용'이라 부른 것은 더 나아가 이 문제를 명료하게 만들었다. 그럼에도 위의 문장들은 그런 이유로 더욱 주목할 만하다. 데카르트는 누구보다도 먼저 '힘'이라는 단어 뒤에 감춰있는 모호함을 알아차렸다. 그가 좀 더 조심스럽게 분석하고 그 분석을 좀 더 확장했더라면 동역학이 극복해야 했던 중대한 개념적 난관 중 하나가 깨끗이 해결되어 사라져버렸을지도 모른다. 하지만 그렇지 못했기 때문에 힘의 모호한 의미가 간단한 기계의 사례에 의존하게 되어, 19세기까지 역학은 그 난관에서 벗어나지 못했다.

데카르트가 동역학 분야에서 이룬 두 번째 업적이 바로 원운동에 대한 역학이다. 그의 운동 제2법칙에 따르면, 움직이는 물체는 모두 직선을 따라 움직이려 하는데, 만일 물체가 실제로 곡선을 따라 움직였다면, 직선으로 움직이려는 길을 방해하는 다른 물체가 필연적으로 존재해야만 한다. 앞에서 이미 논의했던 것처럼, 데카르트는 물체의 운동의 힘을 물체의 판단과 구별했고 물체의 운동의 방향을 바꾸는 데는 그 어떤 작용도 필요하지 않다고 주장한 바 있다. 자기 자신이 구분했던 바를 그대로 적용만 했더라면, 원운동의 동역학은 아예 의문의 대상이 되지도 못했을 것이다. 그렇지만, 그의 시스템 중에서 한 부분은 부정되고 다른 한 부분은 인정되어서, 물체가 원을 따라서만 움직이도록 하는 경향이나 힘은 그가 자연의 기본 현상들을 설명하는 데 선도적인 역할을 담당하게 되었다. 한편, 물질이 충만한 공간에서는 (역주: 원문에서 'plenum'을 '물질이 충만한 공간'으로 번역했는데, plenum은 진공을 의미하는 vacuum의 반대말) 원운동이 필연적이었다. 이러한 공간에서, 물체는 마치 바퀴의 테가 한 덩어리가 되어 움직이듯이, 물질로 이루어진 전체가 함께 움직일 때만 이동할 수가 있다. 따라서 모든 운동은 닫힌 운동, 즉 원운동을 하게 되는데, 여기서의 '원'은 기하학적으로 완벽한 원을 의미하지는 않는다. 다른 한편으로, 원운동은 자연스럽지 못하다. 자연의 제2법칙에 의해서, 물체는 직선을 따라 움직이려 한다. 원을 따라 움직이려면, 물체는 외부에서 무언가에 의해 구속되어야만 한다. 이 구속에 대해 저항하면서, 물체는 중심에서 멀리 움직여 나가려고 애쓴다. 줄에 돌멩이를 연결하고 빙빙 돌리면, 우리는 돌멩이가 회전의 중심에서 멀어지려고 애쓰면서 줄을 잡아당기는 것을 느낄 수 있다. 중심에서 멀어지려는 이런 노력 또는 능동성은 데카르트의 빛에 대한 개념의 기초가 되었을 뿐 아니라 무게와 연관된 현상을 설명하는 데도 중요한 기초가 되었다.

이와 같은 맥락에서 데카르트는 곡선 운동이 필연적으로 동역학적인 과정을 일으킬 수밖에 없다는 것은 확신했지만, 쉽게 분석할 방법을 찾지 못했다. 그는 이 문제의 실마리를 풀기 위해 원운동을 하는 모든 물체의 순간적인 경향은 접선 방향으로 직선 운동을 하는데, 이 경향이 원을 따라가려는 경향과 중심에서 지름 방향으로 멀어지려는 경향의 합이라 가정했다. 그는 설명하기를, 종종 몇 가지 원인들이 동일한 물체에 한꺼번에 작용하여 서로 자기가 아닌 다른 원인의 효과를 막기 때문에 물체가 동시에 여러 방향으로 향하는 경향을 지닌다고 말하는 것이 가능하다고 했다. 줄에 매달려서 원 AB를 따라 회전하는 돌멩이가 A에 있을 때, 돌멩이의 운동만 따로 일어난다고 하면 돌멩이는 접선 방향인 C를 향해 움직이려고 한다(그림 6을 보라). 만일 돌멩이의 운동을 줄이 저지했다는 점을 고려하면, 돌멩이는 원을 따라 B를 향해 움직이려고 한다. 그리고 마지막으로, 운동의 효과가 방해받지 않는 부분을 고려하지 않는다면, 돌멩이는 지름을 따라 E를 향하는 바깥쪽을 향해 움직이려는 노력을 한다. 데카르트는 단언하기를 어떤 노력이든 저항을 수반한다고 했다. 중심에서 멀어지려는 돌멩이의 노력은 접선 방향으로 움직이려는 부분의 경향인데, 이에 수반되는 것이 줄의 저항이다.[47]

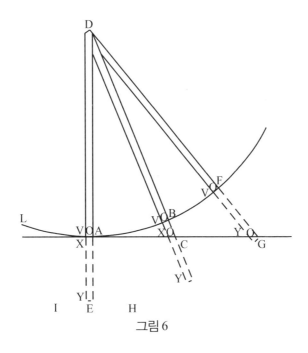

그림 6

철학의 원리에서 데카르트는 위에 소개한 분석 중에서 기본이 되는 부분을 되풀이하여 설명하고 또 실례를 들기 위해 두 가지 새로운 예제를 추가했는데, 그 분석은 원래 자연에 대한 그의 기계적 시스템이 무엇인지 최초로 설명했던 저서 Le monde를 위한 것이었으나, 그 책은 1630년대 초에 쓰기만 했지 바로 출판하지는 않았다. 그렇게 추가된 두 예제 중 하나에서는, 막대가 한쪽 끝을 중심으로 회전하는 동안 개미 한 마리가 막대를 따라 바깥쪽을 향하여 기어나가거나, 또는 기어나가려고 기를 쓰고 있다.[48] 두 번째 예제에서는 속이 비어 있는 관에 공을 놓았는데, 관이 한쪽 끝을 중심으로 회전하는 동안 관의 내부에 있는 공은 회전의 중심에서 먼 쪽으로 관의 길이를 따라 움직인다.[49] 이 두 가지 예제 모두 중심에서 멀어지는 쪽으로 운동이 일어나고 있기 때문에 전적으로 적절하지는 않았다. 그렇지만 그 방향으로 움직이려는 노력이나 경향이 존재하기 때문에 그런 일이 일어나며, 그의 분석은 전적으로 물체가 곡선 경로에서만 움직이도록 구속되기만 하면 언제든 그런 경향이 반드시 생긴다는 것을 증명하는 것이 목적이었다.

데카르트는 그러한 경향이 존재한다는 것을 보이는 것 이상으로 나아가지는 않았다. 경향 자체가 그의 시스템이 요구하는 전부인 것처럼 보였다. 그는 경향을 정량적으로 취급하는 것이 그의 목적에 보탬이 될 것이라는 점을 알지 못했다. 어쩌면 그 역시 정량적으로 취급하는 수학적 과정을 잘 몰랐을지도 모르겠다. 그럼에도 불구하고, 그의 분석 중에서 특정한 해석은 암시하는 바가 크다. 그의 그림에서는 회전하는 막대 끝이 접선과 만나는 점을 지나 두 연속된 위치를 보여주는데, 원과 접선 사이의 거리 즉 반지름이 늘어난 길이가 일정하지 않은 비율로 점점 증가하는 것을 분명히 볼 수 있다. 철학의 원리에 소개한 예제에 등장하는 개미의 운동을 논할 때 그가 그런 기하학적 사실을 참조한 듯하다.

> 처음에는 이 개미가 아주 느리게 움직일 것이 분명하고 그래서 오직 그런 초기 운동만으로 측정한다면 개미의 노력이 별로 대단하게 보이지 않을 것이다. 그렇다고 해서 개미의 노력이 전혀 없다고 말해서는 안 되며, 그 노력은 그 노력이 만드는 효과에 비례해서 속력을 키울 것이기 때문에, 속력은 오래지 않아 상당히 커지게 된다.[50]

빈 관에 들어있는 공에 대해서 그는 좀 더 구체적이었다.

> 관이 중심 E 주위로 회전하기 시작하는 순간에는, 공은 [관의 바깥쪽 끝인] Y를 향하여 천천히 진행할 것이다. 그러나 그 다음 순

간에는 좀 더 빨리 진행하게 될 것인데, 그 이유는 처음 공에게 전달된 힘에 추가로 공이 중심에서 멀어지려는 새로운 노력에서 힘을 더 얻을 것이기 때문이다. 이렇게 힘을 더 얻는 노력은 원운동이 멈추지 않는 한 계속되며 매순간 노력은 새로이 갱신된다.[51]

분명히, 중심에서 멀어지려는 경향은 무거운 물체가 지구로 떨어지려는 경향과 공통점이 있어 보인다. 실제로 전자(前者) 때문에 일어나는 운동을 기술하는 데 데카르트가 사용한 언어는 후자(後者) 때문에 일어나는 운동을 기술하는 데 사용한 언어와 같았다. 이러한 유사성에 감명 받은 이가 크리스티안 호이겐스인데, 데카르트가 중심을 향해 움직이는 무거운 물체의 경향을 덜 무거운 물체의 멀어지려는 경향에서 이끌어내 더 큰 감명을 받았으리라. 호이겐스도 역시 데카르트의 그림에서 암시한 원이라는 구조가 두 가지 경향의 유사성을 증명하고, 더 나아가 멀어지려는 경향을 정량적으로 취급하도록 만드는 데 이용할 수 있음을 알았다.

후기(後期) 역학의 관점에서 보면, 데카르트가 분석한 원운동의 특이성 중 하나는 물체가 중심에서 멀어지려는 경향에 보인 그의 유례 없는 관심이었다. 데카르트 자신의 자연의 법칙에 따르면, 물체는 직선 경로를 따라 계속 움직이며, 오직 어떤 다른 물체에 의한 작용이 있어야만 그 경로에서 벗어난다. 원을 따라 움직이는 물체를 분석한 데카르트는 항상 외부에서 구속이 존재한다고 가정했다. 그럼에도 불구하고, 그의 논지(論旨)의 초점은 물체가 관성 경로에서 벗어나는 데 필요한 외부의 구속이나 힘이 아니라, 오히려 구속된 물체 내부의 노력이나 힘이었던 것이다. 이 문제를 더욱 흥미롭게 만드는 사실은, 데카르트보다 후대(後代)에 이루어진 중요한 원운동에 대한 분석이 하나같이 모두 중심에서 멀어지려는 힘을 고려하며 시작했다는 점이다. (그 자신도 처음에는 데카르트의 입장에서 시작했던) 뉴턴이 가르쳐준 것처럼, 우리는 오늘날 물체가 원운동을 하도록 구속하려면 물체에 구심력을 작용해야 한다고 말한다. 17세기 연구자들은 원운동에 구속된 물체는 (호이겐스가 처음 사용한 용어인) 원심력을 발휘한다고 했다. 비록 이 두 양이 양적으로는 동일하지만, 원심력이라는 개념은 동역학에서 명료하게 사고하는 데 장애가 되었으며 결국에는 배제되었다. 하지만 데카르트의 예제가 원운동에 접근하는 방법을 결정하는 데 중심 역할을 한 것은, 그는 개척자였고 다른 사람들은 그의 업적을 기초로 해서 덧붙였기 때문이다. 데카르트의 예제는 한 가지 양식을 수립했는데 그것 자체가 구속 조건이 되었다. 단순히 예제 이상이 되어버린 것이다. 그의 접근 방법은 너무 자연스러웠기 때문에 누구도 처음에는 의문을 품지 않았다.

데카르트의 경우에는 두 인자(因子)가 서로 보강하여 접근 방법을 결정한 것처럼 보인다. 두 인자 중 하나는 움직이는 물질 입자가 자연에서 궁극적인 동인(動因)이라고 보는 기계적 철학이었다. 우리가 알고 있는 정량적 과학인 역학은 힘이라는 개념 위에 세워져 있는데 힘은 그 힘이 원인이 되어 생기는 운동의 변화로 측정한다. 이와는 대조적으로, 기계적 철학은 작용하게 될 움직이는 입자의 힘에, 예를 들어, 원운동의 경우에는 입자가 회전의 중심에서 멀어지려고 애쓰는 힘에 초점을 맞췄다. 압력의 형태로 나타나는 소용돌이를 통하여 전달되는 이 경향은 가벼움의 물리적 실체로 인식되었다. 중심에서 멀어지려는 경향이 작다는 것은 무거움의 원인으로 여겨졌다.

기계적 철학에서 요구되는 사항을 보강하는 작업은, 확립한 원운동의 개념을 끈질기게 훈련해야 하는 지난(至難)한 작업이었는데, 이는 설령 그 개념을 뒤바꾸려는 사람에게조차도 마찬가지였다. 데카르트는 관성 운동은 직선으로 나가야 하고 물체가 원을 그리며 움직이려면 반드시 구속되어야 한다고 주장했다. 그렇지만, 원운동에 대한 동역학을 분석하면서, 그는 접선 경로가 원운동과 그리고 중심에서 멀어지려는 지름 방향 경향이 합성하여 생기는 결과로 취급하는 개념상의 설계를 채택했다. 그가 원형 성분을 물체의 경향 중에서 '그 경향의 효과가 방해받지 않는' 부분이라고 말했을 때, 이미 그는 무의식적으로 자연스러운 원운동으로 되돌아와 그 생각을 실질적으로 받아들인 셈이었다.[52] 여기서 내가 '실질적으로 받아들인다'고 표현한 이유는, 그가 원운동을 분석할 때 사실상 내재된 개념은 갈릴레오의 개념과 더 흡사했기 때문인데, 이때의 원운동은 뭐가 됐든 물체를 원형 경로로 유지하는 구속과 그 구속에 대항하기 위해 물체가 가하는 힘 사이의 평형 상태로 생각되었다. 그런 평형 상태는 마치 영속적(永續的)인 원운동이 갈릴레오 우주의 기초적 토대가 되었던 것과 마찬가지로, 데카르트 우주에서도 그 자체로 기초적 토대가 되었다.[53] 원운동을 취급하는 데 데카르트의 방법을 따르는 사람들에게는 이러한 평형 상태는 그 자체로 자명했다. 유한한 세계에 자연스럽게 보이는 운동은 무한한 우주에서는 불가해(不可解)한 것이었다. 17세기의 한 난제(難題)가 암중모색하는 와중에 현세의 우리에게 오히려 수수께끼가 되어버린 것이다. 당시 세대의 뛰어난 사람들은 겉보기에 원의 완전함이라는 피할 수 없는 매력에 속아서, 그 결과 불가해한 것을 외면하고, 그들 자신이 주장한 관성의 원리에 의해 등속 원운동은 균일하게 가속되는 운동이어야만 한다는 사실을 인정하지 못했다.

역학에서 데카르트가 기여한 세 번째 문제는 충돌이었다. 기계적 철학에서 용납되는 유일한 작용 방법이 한 물체가 다른 물체에 충돌하는 것이었으므로 데카르트는 이 문제를 자세히 검토하지 않을 수 없었다. 그가 부여한 새로운 견해는 궁극적으로 이 문제를 해결할 수 있는 길로 이끌었다.

이 문제에 대해 동역학적으로 주목할 만한 데카르트의 견해는 이 문제를 동역학에서 제거하여 운동학적 문제로 변환한 것인데, 이는 불변의 신(神)은 우주에 존재하는 전체 운동의 양을 영원히 동일하게 유지시킨다는 원리에 근거했다. 우리는 그 원리에서 얼마든지 이의를 제기할 것들을 찾아낼 수 있다. 우주에 존재하는 운동의 양이 주어졌다는 생각은 오직 절대 기준계가 존재하는 경우에만 의미가 있다. 데카르트가 주장한 것처럼, 만일 운동이 상대적이라면, 절대적 의미의 운동량이라는 생각은 아무런 의미도 없다. 그렇지만, 충돌 문제에 적용할 때는 '타격의 힘'이라는 단어에 함축되어 있듯이 지극히 복잡한 쟁점을 피하는 수단으로 사용하기도 했다. 동역학적 질문을 무시하고 충돌 후의 두 물체의 운동량은 충돌 전의 운동량과 반드시 같아야 한다는 원리를 적용함으로써 데카르트는 이 문제를 풀 수 있는 새로운 형태를 진술했다. 그는 자신의 통찰력에 충실하게 남아 있었기 때문에 풀이를 찾아내는 데 도움이 되었다.

데카르트는 충돌에 대해 일곱 가지 개별적인 경우를 고려하였는데, 그중 단지 두 경우만 옳아 보이며, 기묘하게도, 그 둘 중에 하나는 완전하게 탄성 충돌인 조건 아래 성립하고 다른 하나는 완전하게 비탄성 충돌인 조건 아래 성립한다. 그가 실패한 명백한 이유는 운동학에 충실하지 못해서 나중에 동역학적 고려를 다시 적용했기 때문이었다. 그의 자연에 대한 제3법칙을 보면, 운동학적인 요소와 동역학적인 요소가 타협이 불가능한 불협화음으로 격돌한다.

제3법칙에 따르면, 만일 움직이는 물체가 자신보다 더 강한 다른 물체에 부딪치면 자신의 운동을 조금도 잃지 않으며, 만일 그 물체가 자신보다 더 약해서 움직이게 만들 수 있는 다른 물체에 부딪치면 그 물체는 운동을 잃고 잃는 양만큼 다른 물체에게 운동을 넘겨준다.[54]

마지막 조항은 운동의 총량이 보존된다는 운동학적 원리를 진술한 것인데, 데카르트 철학과 관련하여 한 물체가 다른 물체보다 더 강하다는 것이 과연 무엇을 의미할까? 실제 문제에서는 주로 크기를 의미했다. 이는 자연의 시스템으로서의 기계적 철학이 필요에 따라서 역학 분야의 세세한 사항들을 결정할 수밖에 없었음을 의미했다. 데카르트는 작은 움직이는 물체도 정지해 있는 더 큰 물체를 움직이게 만들 수 있다는 데 동의했는데, 그 뒤 5년이 채 지나기 전에 충돌의 규칙을 정식으로 발표했다.[55] 철학의 원리에 수록된 자연의 시스템에서, 큰 물체는 작은 물체에게 자신의 운동을 쉽게 건네줄 수 있지만, 작은 물체가 정상적으로 큰 물체에게 자신의 운동을 건네줄 수는 없다는 주장을 널리 이용했다. 항상 인과 관계의 중개인으로서 물질 입자에 관심을 집중하면서, 기계적 철학은 입자가 원래 정지한 상태 또는 운동하는 상태를 그대로 유지하려는 견인(堅忍)에 관해서 말했다. 물체의 크기는 견인의 힘을 나타내는 척도가 되었으며, 데카르트는 운동의 보존에 대한 운동학적 원리에 더하여 힘이 더 많은 물체는 '항상 그 효과를 만들어 내고 힘이 더 적은 다른 물체의 효과는 방지해야만 한다'는 동역학적 원리를 받아들였다.[56]

충돌에 관한 첫 번째 사례는 동일한 운동을 하며 반대 방향으로 진행하는 두 동일한 물체에 관한 것이다. 두 물체 중 어느 것도 다른 물체보다 더 강하지 않으므로, 운동의 보존에 의해서 그들의 운동에는 변화가 없고 그들은 결정을 반대로 바꾸어야만 한다. 두 번째 사례에서는, 전과 마찬가지로 속력이 같고 방향은 반대이지만 B가 C보다 더 크다. B가 더 강하기 때문에, C는 B에 영향을 줄 수가 없다. 그렇지만, B는 강제로 C의 결정을 거꾸로 뒤바꿀 수가 있으며, 그래서 충돌 뒤에는 그들은 그들의 원래 속력으로 함께 움직인다. 세 번째 사례에서는 B와 C가 크기는 같지만 그러나 B가 C보다 더 빨리 움직인다. 이 경우에는 속도가 강도

(强度)를 결정한다. 그리고 이미 정해진 원리에 의해서, 더 강한 B가 C로 하여금 결정을 거꾸로 뒤바꾸도록 강요한다. 그런데 이번 사례에서는 아무리 보아도 무엇인가 더 바뀌어야 하는데, 왜냐하면 충돌 후에 B가 C와 같은 방향으로 움직이고 그러면 운동을 전달해주지 않은 한 B가 C를 더 큰 속력으로 쫓아가기 때문이다. 즉 B는 자신의 여분의 운동 중 절반을 C에게 넘겨주어야만 하는데, 그러면 충돌 뒤에 그들은 동일한 속력으로 움직일 수 있다. 다른 사례들도 비슷한 원리를 따른다. 정지해 있는 C가 B보다 더 크면, B는 운동을 전혀 잃지 않고 그대로 유지하면서 되튀게 된다. 정지해 있는 C가 B보다 더 작으면, B는 자신의 운동 중에서 충돌 후에 그들 둘이 동일한 속력으로 움직이기에 충분한 양을 C에게 넘겨준다. 정지해 있는 C의 크기가 B와 정확히 같으면, 둘 중 어느 하나가 다른 하나보다 더 큰 효과를 낼 이유가 없으므로, 결과적으로 각각은 효과를 절반씩 내게 된다. B가 모든 효과를 다 취하는 경우에는 절반의 운동량을 건네주지 않고 자신의 운동은 전혀 영향을 받지 않은 채로 되튀기기도 하며, 만일 C가 모든 효과를 다 취하면 B는 자신의 운동 중 4분의 1을 C에게 넘겨주고 되튀긴다. 마지막으로, 데카르트는 B와 C가 동일한 방향으로 움직이다가 B가 C를 추월하는 경우도 고려했다. 이 경우에 강도는 크기와 속도의 곱으로 측정하는데, B가 더 강할 때 B가 넘겨줄 운동량은 운동의 보존에 의해 결정된다.[57]

충돌의 규칙에 대한 그의 증명은 아주 명백해서 데카르트는 결론짓기를 '비록 경험에 의하여 그 반대가 옳다고 가르쳐주는 것처럼 보이더라도, 우리는 우리의 감성보다 이성을 더 믿지 않을 수 없다'고 했다.[58] 그 뒤 바로, 그는 유체에서는 모든 것이 반대로 일어난다는 것을 보이는 작업에 착수했다. 작은 물체가 진공 중에 정지해 있는 더 큰 물체를 움직이도록 강제할 수는 없지만, 유체 속에 평형을 이루며 떠 있는 물체는 아무리 작은 힘이라도 움직이게 만들 수 있다.[59] 물론, 데카르트의 우주관에서는 물체는 항상 유체 내에 떠 있으며, 진공은 존재하지 않는다. 이와 같이, 이성은 이성이 부정했던 것을 회복시켰으며, 결국 작은 물체가 큰 물체를 움직이는 것을 허용했다. 우리는 지금까지 한 모든 게 헛수고는 아니었는지 의아하게 생각하지 않을 수 없다. 비록 우리에게는 의아한 일이었다 하더라도 17세기에는 그렇지 않았다. 데카르트의 규칙이 불완전하다는 데 모든 사람이 동의했다. 그렇지만, 데카르트의 원리를 보다 엄격하게 적용하면 다루기 힘든 충돌에서 발생하는 타격이라는 힘을 피할 수 있었고, 이러한 방법으로 데카르트의 불완전한 규칙을 수정할 수 있었다.

★

데카르트가 역학 부분을 다룰 때마다 그 부분들은 자연에 대한 기계적 철학의 요구에 부응하여 모습을 갖춰나갔다. 매순간, 정량적인 역학을 향한 시험적인 노력들이 시스템의 골격을 건드릴 때마다 이들 사이에 조정이 필요했다. 조정이란 절차가 항상 역학에 불리하게 작용한 것만은 아니었다. 이미 논의했다시피, 조정을 통해 운동의 개념 중에 서로 일치하지 않는 성질들을 제거하여 모든 운동이나 운동의 변화들을 한 가지 공통된 유형으로 압축시킬 수도 있었다. 그러나 자연계의 요구가 때로는 역학이 자연스럽게 향하지는 않았을 방향으로 이끌기도 했다. 기계적 철학은 구체적인 문제나 현상을 다루기보다는 역학 분야에서 제기되는 질문을 다듬고 이 분야에서 채택되는 개념상의 언어를 결정하는 데 그 영향력을 행사했다. 데카르트가 기계적 철학을 설계한 유일한 사람도 아니었으며, 역학에서 기계적 철학의 역할이 데카르트에 한정된 것도 아니었다. 그럼에도 불구하고 기계적 철학을 널리 보급하는 데는 데카르트의 의견이 가장 큰 영향력을 행사했으며, 데카르트 역학에서 기계적 철학의 역할은 후대(後代)의 전형이었다.

기계적 철학이 당시 자연관을 급격히 변화시킴에 따라, '나의 내부에 존재하는 생각은 나의 외부에 존재하는 것과 비슷하거나 일치한다'는 명제를 부정하게 했는데, 이는 기계적 철학의 기초가 되었다.[60] 이 명제를 미심쩍게 여겨 거부한 데카르트는 뒤에, 자신의 호기심을 만족시키기 위해 물리적인 물체가 실제로 존재한다는 것을 증명해 보였다. '그렇지만, 아마도 물체가 우리가 감각으로 인지(認知)한 물체와 정확히 같지 않을 수도 있는데, 그것은 감각으로 얻은 지식이 분명하지 않고 애매할 때가 많기 때문이다.'[61] 그의 인식론(認識論)은 신은 기만하지 않기에 인간을 창조할 때 기만하는 능력을 주었을 리가 없다는 원리에 기초를 두었기 때문에, 데카르트는 인간의 감각 기관이 불완전하다는 점을 설명해야만 했다. 신은 인간의 보존을 위해 인간에게 감각의 지각력(知覺力)을 주었다. 그것으로 우리는 무엇이 이로운지 알게 되고 무엇이 해로운지 경고를 받는다. 그런 감각이 외부 세계의 본질을 가르쳐 준다고 생각하면 우리는 우리가 받은 도구를 잘못 사용하고 있는 것이다.

> … 나는 비슷한 다른 경우와 마찬가지로 여기서도, 내가 습관적으로 자연의 질서를 어지럽히고 있음을 보는데, 이러한 감각의 인식이 단순히 이 세상을 이루고 있는 전체 구성물 중에서 어떤 것이 이로운지 또는 해로운지를 내 마음에 나타내주려는 목적으로 나의 내부에 들어왔고, 그때까지는 충분히 명료하고 혼동되지 않을 정도로 뚜렷했기 때문에, 나는 여전히 그런 감각의 인식들을 마치 외부에 존재하는 물체들의 본질을 결정하는 절대적인 규칙인 것처럼 이용하는데, 실제로는 가장 애매하며 분명하지 않은 것 이상의 그 어떤 것도 내게 가르쳐줄 수가 없다.[62]

데카르트의 철학에서 물리적 실체는 우리의 감각이 감지하는 세상과 모든 것이 다르다. 이러한 확신은 주로 물체의 성질에 대한 질문에 적용되었다. 예를 들어, 우리에게는 색깔 감각이 있지만, 우리가 감각한 것만으로는 결코 물체에 색깔이 존재한다고 증명할 수 없다.[63] 기계적 철학은 물질을 구성하는 움직이는 입자들이 어떻게 색깔 감각의 원인이 되는지 설명할 수 있었으며, 이를 설명하면서 실체에 관한 문제까지 해결해 버렸다. 비록 색깔의 실체는 역학과 아무런 관계가 없다고 할지라도, 무게의 실체는 역학과 관계가 있다. 자석(磁石)에서 일어나는 것과 같이 여러 가지 외관상 인력이나 척력의 실체도 똑같이 역학과 관계가 있다. 자연에 대한 기존의 철학은 그러한 인력(引力)들을 몇몇의 초자연적인 성질 탓으로 돌렸는데, 눈이 색깔을 감지하듯 감각을 이용해서 직접 감지하는 성질은 아니지만 이 성질에서 일어나는 인력이라는 현상에 의해서 스스로 발현하는 성질이라는 것이다. '초자연적'이라는 단어가 기계적 철학자들에게는 사용해서는 안 되는 금기어인데, 이를 금기시하는 것은 확신과 동시에 열정의 문제였다.

물리적 실체는 겉으로 보이는 세상과 모든 것이 다르다는 주장만큼이나 확신에 찬 믿음이 바로 자연에는 신비하다거나 인간이 알 수 없는 것은 존재하지 않는다는 것이다. 초고(草稿)는 아니겠지만 방법서설(Discourse on Method) (역주: 데카르트가 1637년에 네덜란드에서 간행한 저서로 자신의 철학 전체를 최초로 세상에 공표한 책)보다 먼저 1628년경에 발표한 데카르트의 초기 저서 정신(精神)지도를 위한 규칙들에서 자기(磁氣) 현상을 논의하는데, 이를 통해 데카르트가 평생 변하지 않고 유지했던 태도가 무엇인지 알 수 있다. 그가 말하기를, 사람들은 자기 현상을 고려할 때 복잡할 거라 생각하기 때문에 이미 알고 있는 모든 것을 지워버린 다음, 가장 어려운 것을 붙잡아 뭔가 새로운 것을 찾으리란 막연한 희망을 갖는다고 했다. 데카르트 자신은 그런 식으로 접근하지 않았다. 만일 자기 현상의 원인이 모두 우리가 경험할 수 있는 영역 바깥에 있다면, 우리는 그 원인을 파악하기 위해 새로운 감각을 갖추어야만 할 것이다. 실제로 우리에게 친숙한 실재물(實在物)이나 현상이 알려진 자기 현상을 어떻게 만들어낼 수 있는지 보이기만 한다면 인간이 알 수 있는 자기 현상은 다 안 것이나 같다.[64] 데카르트는 실재물이 인간의 마음이 이해할 수 있는 능력 바깥에 존재한다고는 믿지 않았다. 그는 의도적으로 우주에서 초자연적인 것을 모두 제거했다. 색깔이나 다른 성질들이 그랬던 것처럼, 눈에 보이는 인력(引力) 역시 움직이는 물질 입자로 다 설명되어야만 했다. 철학의 원리에서 말한 아래 문장을 보면 이를 알 수 있다.

> 그렇게 불가사의한 성질도 알려진 바 없으며, 그렇게도 굉장하고 이상한 것에 공감하거나 반감을 갖는 효과도 없어, 결국에는 (완전히 물질적인 원인에 따라 생각이나 자유 의지가 박약해진다는 가정 하에) 동일한 원리로 설명할 수 없는 것이 자연에는 거의 존재하지 않는다.[65]

역학 분야의 경우, 초자연적인 것을 제외시킨다는 말은 인력이라는 개념을 받아들이지 않는다는 의미였다. 태양계를 설명하기 위해 두 가지 서로 다른 종류의 인력을 사용했던 로베르발(Roberval) (역주: 데카르트와 동시대에 살았던 프랑스의 수학자로 곡선의 기하학을 크게 발전시킨 것으로 유명한 사람)의 아리스타쿠스(Aristarchus) (역주: 고대 그리스의 천문학자이자 수학자로 최초로 태양 중심설을 주장한 사람임. 로베르발은 아리스타쿠스의 태양 중심설을 찬양했으며, 여기서 '로베르발의 아리스타쿠스'란 바로 로베르발이 찬양한 태양 중심설을 가리킴)에 대한 데카르트의 반응은 남은 17세기 내내 유사한 이론들에 대한 유사한 반응의 전형이 되었다. 데카르트는 다음과 같이 신랄하게 비판했다. 로베르발이 가정했듯이, 우주에 존재하는 물질을 구성하는 모든 입자가 서로 잡아당기고 거기에 추가로 지구를 구성하는 부분들이 또 다른 독립된 성질을 가지고 서로 잡아당긴다고 가정하려면 물질을 구성하는 입자들은 적어도 두 개의 영혼으로 움직여야 할 뿐 아니라 '그 영혼들은 지적이고 실로 신성(神性)까지도 있다고 가정해야만 하는데, 왜냐하면 그 영혼들이 어떤 중개자도 거치지 않고 그들에게서 아주 멀리 떨어진 곳에서 무엇이 일어나고 있는지 알 수 있으며 심지어 그곳에 그들의 힘을 행사할 수도 있기 때문이다.'[66]

데카르트는 마음에 들지 않는 개념이 있으면 그 대신, 그가 자석에 적용한 논거에 따라 옳다고 입증된 눈에 보이지 않는 메커니즘을 사용했다. 그것은 모든 현상의 원인들은 반드시 유사한 종류여야 한다는 것이다. 그러한 설명에는 굉장히 많은 기계적인 논의가 나온다. 그러나 가상의 메커니즘을 이용하는 원인 설명과 과학으로서의 역학을 혼동해서는 안 된다. 자연에 대한 새로운 개념을 제안했고 물리적 실재는 그 겉모습과 많이 다르다는 주장을 하기는 했으나, 그의 주목적은 모든 현상이 기계적으로 만들어질 수 있음을 증명하는 것이었다. 따라서 설명과 인과관계에 무엇보다 관심을 쏟았는데, 이 둘은 역학에서 필요한 힘과 운동을 정확히 기술하는 것과는 거의 상관이 없다. 오히려 그는 현상을 논의하면서 미소(微少)-기계론을 전반적으로 사용했기 때문에, 이의 그럴듯한 기계적인 겉모습만으로도 정당화되어 현상을 설명할 수 있다고 받아들여졌다.

데카르트의 말에 따르면, '물질적인 사건을 분석할 때는 항상 나의 상상력의 도움을 받는 …' 습관이 생겼다.[67] 물리적 실재는 경험으로 얻은 세상과 다르다는 점을 인정했으면서도 그러한 세계의 한 측면을 이용하는 것을 용인했던 것이다. 미시적인 단계의 세상은 아주 새로운 무엇이 아니라 단지 우리가 거시적인 단계에서 알고 있는 똑같은 메커니즘을 축소한 것에 지나지 않는다. 이러한 기계적 설명에 필요한 첫 번째 조건은 구현(具現)이 가능한 이미지였다. 나중에 보겠지만, 설명하고자 하는 현상에 적절한 입자들의 형태나 운동을 상상하여 연결하는 것은 전혀 어려운 일이 아니었다. 물의 성질을 유추해 낼 때, 열이나 바람으로 물체에 침투했다가 다시 빠져나오는 걸로 미루어 물 입자가 마치 뱀장어처럼 길고 잘 구부러져야만 한다고 했다.[68] 소금의 정령(精靈) (역주: 염산 용액을 '소금의 정령' 또는 'spirit of salt' 라고 하는데 황산과 소금에서 만들어져서 그렇게 불림)이라고 불리는 독한 산성물은 순수한 소금이나 또는 다른 건조한 고형물과 섞인 소금을 가열할 때만 얻을 수 있다. 그렇다면 명백하게, 소금 입자는 증류기에서 자연스럽게 증발할 수도 없고, 불이 입자들을 두들겨 패서 유연해져서야 비로소 휘발성을 얻는 입자들이다. 이 과정에서 입자들의

(역주: 아이리스)

형태가 바뀌어서 막대 모양의 소금 입자는 아이리스(역주: 그림에 보인 것과 같은 식물인데, 잎이 칼처럼 얇고 길쭉함)의 잎사귀처럼 평평하게 펴진다. 그 입자들의 맛이 매서운 이유는 그 모양 때문인데, 얇고 길쭉한 모양의 입자가 혀를 마치 칼처럼 자른다.[69] 데카르트는 특정한 개개 현상을 설명하는 것은 쉬운 일이지만, 모든 현상을 설명하는 데 적절한 것만이 옳은 원리라고 주장했다.[70] 실제로, 17세기의 남은 기간에 보이지 않는 메커니즘을 상상해 내는 게임은 한도 끝도 없이 계속되어, 그 메커니즘을 상상해 낼 수 없었던 현상은 하나도 없었다. 이런 종류의 기계적 철학은 그럴듯한 설명 중에 어떤 것이 유효한지 판단할 기준이 없었으며, 데카르트는 기계적 용어로 모든 것을 설명하려는 열정에 사로잡혀

비판적인 역할을 수행하지 못했다. 인력을 일반적으로 설명하려고 고안된 메커니즘이, 살해된 사람의 상처에서 살인자가 접근하면 피를 흘리는 원인을 설명하는 데도 역시 이용되었다.[71] 번갯불은 공기 중에서 토해져 나온 무엇인가가 원인이었다. 그렇다면 다른 것 역시 공기 중에서 토해져 나올 가능성이 있는데, 구름이 그렇게 나온 것들을 압축해서 혈액이나 우유, 살코기, 돌멩이 등과 같은 물질을 만들어 낼 수도 있고, 또 그렇게 만들어진 물질은 형태가 바뀌어 심지어 작은 동물로 다시 태어날 수도 있다. 심지어 하늘에서 피, 우유, 살코기, 돌멩이, 그리고 동물이 비처럼 떨어졌다는 기이한 현상이 보도되었더라도 기계적 철학은 그런 현상이 왜 일어나는지 설명을 찾아냈다.[72] 궁극적이라고 여겨지는 존재, 즉 운동하는 물질 입자라는 용어를 이용하여 설명하는 것이 기계적 철학의 기본 관심사이기는 했다. 그러나 기계적 철학은 역학이라는 과학의 대상인 힘과 운동을 면밀히 검토하지 못하게 끊임없이 주의를 흩트리기도 했다.

마찬가지로, 기계적 철학이 때로는 역학이라는 과학을 직접 방해하는 기능을 하기도 했다. 인력에 대한 의문이 이 문제를 함축하고 있다. 기계적 철학은 한편으로는 '인력'이라는 단어에 '불가사의'라는 딱지를 붙이고는 이 개념을 자연 철학에 받아들이기를 거부했다. 하지만 다른 한편으로는, 인력은 힘에 대한 일관적이고도 간단한 개념에 도달하는 데, 특히 자유 낙하에 가장 편리한 수단을 제공했다. 갈릴레오로 하여금 자유 낙하를 동역학의 패러다임으로 끌어들이는 것을 불가능하게 만들었던 딜레마가 기계적 철학에 따라 17세기 전반에 걸쳐 일반화되었던 것이다.

데카르트가 드 본느(de Beaune) (역주: 데카르트와 비슷한 시기에 활동한 프랑스의 수학자)에게 보낸 편지에 '내가 하는 모든 물리학은 역학이긴 하나, 그런데도 나는 속도를 엄밀하게 측정하는 문제는 검토해 본 적이 없다'라고 썼다.[73] 이 문장에는 인과 관계의 메커니즘으로서의 역학과 운동에 대한 정량적인 과학으로서의 역학이 생생하게 대비되어서 그 차이점을 보여 준다. 데카르트는 그의 철학에서 수학이 중심적인 역할을 맡을 것이라고 즐겨 강조하긴 했으나, 그의 수학은 갈릴레오가 추구했던 것과 같은 수리(數理) 역학이 아닌 물질의 연장(延長)이라는 기하학적 방법을 의미했다.[74] 그가 수리 역학으로 행한 가장 중요한 일은 충돌에 대한 분석이었다. 그의 분석에 무슨 결함이 있든, 그 분석은 이 쟁점을 새로운 방법으로 보게 했는데, 이는 역학을 해결이 가능한 제대로 된 궤도에 올려놓는 계기가 되었다. 데카르트는 이 문장을 끝맺으면서, 관찰된 사실이 그의 규칙을 부정하는 것처럼 보이는 데는 명백한 이유가 있어 보인다고 했다. 그 규칙들은 다루고 있는 물체가 완전히 단단하고 다른 물체의 작용에서 자유롭다고 가정했는데, 이 두 조건은 만족될 수가 없다. 그렇다면 우리는 어떻게 두 물체가 만날 때 서로 작용하느냐 알 필요가 있을 뿐만 아니라, '그것을 뛰어넘어 두 물체를 둘러싸는 모든 다른 물체가 어떻게 이 둘의 작용을 늘리거나 줄일 수 있는지 고민해봐야만 한다.'[75] 물질이 충만한 공간이라는 관점에서 볼 때, 이렇게 말하는 것은 충돌을 정확한 용어로 다루려는 노력을 포기하는 것과 마찬가지이다.

자유 낙하에 대한 갈릴레오의 논의를, 데카르트는 거의 같은 결점을 이유로 비판했다.

> 진공 중에서 낙하하는 물체의 속도 등등에 대해서 그가 말한 것은 모두 아무런 근거도 없이 내세운 것이다. 왜냐하면 그는 무엇보다 먼저 무게가 무엇인지 결정했어야 하는데, 만일 그가 진실을 알았더라면, 그는 진공 중에서 그 무게가 전무(全無)함을 알았을 것이기 때문이다.[76]

기계적 철학이 인과 관계에 집착해서 이상화(理想化)하는 방법에 미친 부정적인 효과를 이보다 더 극명하게 기술할 수는 없는데, 이 방법은 이미 역학에서는 풍부한 결실을 보았다고 증명된 바 있다. 만일 물체를 균일하게 가속한다면 갈릴레오의 증명이 옳음을 데카르트는 인정했다. 그렇지만 물체가 균일하게 가속할 수 없는 것은 무엇보다 명백했기에 데카르트는 더 이상 이 문제에 관심을 두지 않았다. 갈릴레오가 분리해서 생각했던 공기의 저항이 큰 문제가 되었던 것은 아니다. 오히려 무게의 역학적 원인이 무엇인지가 고민거리였다. 물체가 속력을 모으면서, 물체를 아래로 내려 보내는 미묘한 물질의 충격이 힘을 줄여 가속도는 기껏해야 균일한 값에만 접근할 수 있고 그것도 떨어지기 시작하는 부근에서만 해당된다.[77] 비슷한 경우를 고려해 볼 때 그는, 갈릴레오가 지켰던[78] 모든 물체는 동일한 가속도로 낙하한다든가, 혹은 수평 방향의 균일한 운동은 연직 아래 방향의 균일한 가속 운동과 서로 간섭하지 않고 혼합하여 포물선 경로를 움직인다는 것에도[79] 의문을 품었다. 이러한 갈릴레오의 자유 낙하 분석 외에도, 행성의 운동에 대한 케플러의 법칙 또한 수리 운동학에서 중요한 보기인데, 데카르트의 기계적 철학은 갈릴레오를 인정하지 않았던 것처럼 케플러 법칙 역시 인정하지 않았다.[80]

이런 것들이 17세기 역학의 딜레마였다. 한편으로는 자연을 수리화하는 것, 다른 한편으로는 기계적 철학, 이 두 가지가 당시 과학적 사고를 이끄는 두 흐름이었는데, 두 흐름의 의견이 갈릴 때는 서로 찢어지는 수밖에 없다. 서로 상충하는 동기(動機)들을 중재하는 수단을 찾을 때까지 일관된 동역학의 출현은 지연될 수밖에 없었다.

■ 2장 미주

1 데카르트가 메르센에게 보낸 편지, 1640년 3월 2일; Oeuvres, 3, 39. 헨리 모어에게 1649년 8월에 보낸 데카르트의 편지를 참고하라. 그 편지에서 그는 운동이 물질에서 격렬함의 원인이 된다는 것을 부정하고 물체에서 운동은 정지한 것처럼 자연스러운 것이라고 단언했다(위에서 인용한 책, 5, 404).

2 Le monde; 위에서 인용한 책, 11, 3809.

3 철학의 원리, II, 24; 데카르트의 철학적 연구, Elizabeth S. Haldane과 G. R. T. Ross 번역, 2권, (New York, 1955), I, 265~266, Dover Publication, Inc., New York의 허락으로 다시 출판됨. 나는 Haldane과 Ross의 번역본에 포함된 것은 모두 그 번역본을 사용함; Oeuvres에서 인용된 것은 모두 내가 직접 번역함.

4 철학의 원리, II, 25; 위에서 인용한 책, 1, 226.

5 철학의 원리, II, 27; Oeuvres, 9, 78.

6 철학의 원리, II, 37; 위에서 인용한 책, 9, 84.

7 데카르트가 호이겐스에게 보낸 편지, 1643년 2월 18일; 위에서 인용한 책, 3, 619.

8 철학의 원리, II, 39; 위에서 인용한 책, 9, 85.

9 Le monde; 위에서 인용한 책, 11, 41.

10 데카르트가 메르센에게 보낸 편지, 1640년 9월 15일과 1640년 11월 11일; 위에서 인용한 책, 3, 180, 234.

11 데카르트의 성찰; 데카르트의 철학적 연구, 1, 151.

12 철학의 원리, II, 43; Oeuvres, 9, 88.

13 Le monde; 위에서 인용한 책, 11, 54, 129. 철학의 원리, III, 88; IV, 95~106; 위에서 인용한 책, 9, 153, 253~258. 철학의 원리, III, 76 참고: 비록 첫 번째 요소에는 직선 운동과 원 운동 모두 있지만, '그것은 그것의 작은 입자들의 형태를 끊임없이 바꾸기 위해 필요한 다른 모든 방법 중에서 스스로 움직이는데 자신의 agitation 중에서 가장 많은 부분을 사용한다…. 그러므로 그와 같이 나뉘기 때문에 그것의 힘은 더 약하다….' (위에서 인용한 책, 9, 145).

14 철학의 원리, IV, 29, 60, 87, 108; 위에서 인용한 책, 9, 215, 234, 247, 258~259.

15 철학의 원리, III, 121; 위에서 인용한 책, 9, 174. Le monde 참고. 위에서 인용한 책, 11, 75, 85. 또한 데카르트가 메르센에게 보낸 편지, 1646년 11월 2일, 이 편지에서 그는 agitation의 중심이라는 개념과 중력 중심에 대한 그 개념의 기하학적 관계에 대해 논의했다. 무게와 agitation은 '물체가 자유로울 때 물체가 직선을 따라 떨어지게 만드는데 관련되는 두 능력이다…(그것은 물체가 처음에서보다 나중에 더 빨리 떨어지게 만드는 것이 agitation이라는 사실에서 나타난다).' (위에

서 인용한 책, **4**, 546.)

16 데카르트가 메르센에게 보낸 편지, 1640년 6월 11일; 위에서 인용한 책, **3**, 74~75. 이 논의에 대한 데카르트의 결론은 그가 힘과 시간의 곱을 그 자체로 중요한 양이라고 여기지 않았음을 시사한다: '그러나 타격 당한 물체의 부분들이 서로 분리되는 데 필요한 대강의 시간에 따라서, 작용을 더 크게 만들기 위해 타격하는 힘과 그 힘이 작용하는 시간 사이에 구해야만 하는 비율이 바뀐다.' 타격의 효용성에서 시간의 역할을 다룬 다른 논의에는 데카르트가 메르센에게 보낸 편지, 1640년 3월 11일과 1641년 3월 4일을 보라; 위에서 인용한 책, **3**, 41, 327.

17 데카르트가 메르센에게 보낸 편지, 1638년 7월 13일; 위에서 인용한 책, **2**, 204.

18 Dioptrique (역주: 데카르트가 1637년에 발표한 세 저서 Les Météores (기상학), La Dioptrique (굴절광학), 그리고 La Géométrie (기하학) 중의 하나); 위에서 인용한 책, **6**, 88.

19 데카르트가 드 본느에게 보낸 편지, 1639년 2월 20일; 위에서 인용한 책, **2**, 518~519. 데카르트가 모랭(역주: 'Jean Baptiste Morin'은 데카르트와 동시대에 활동한 프랑스 수학자)에게 보낸 편지 참고, 그는 이 편지에서도 또한 '작용'이라는 단어가 운동하려는 경향의 의미까지 포함하고 있어서 '운동'이라는 단어보다 더 일반적이라는 의견을 계속 유지했다. 예를 들어, 만일 눈이 먼 두 사람이 막대의 양쪽 끝을 붙잡고 있으면서 막대를 서로 똑같이 밀거나 똑같이 잡아당겨서 막대는 움직이지 않는다면, 막대가 움직이지 않는다는 사실에서 각자는 상대방이 자신과 똑같은 힘으로 밀거나 잡아당긴다고 결론지을 수 있다. 눈이 먼 한 사람이 운동하지 않는 막대에서 느끼는 것을 '눈이 먼 상대방 사람의 다양한 노력으로 막대에 새겨지는 다양한 작용이라고 불릴 수 있다.' (위에서 인용한 책, **2**, 363.)

20 부록 B를 보라.

21 Le monde; 위에서 인용한 책, **11**, 42.

22 데카르트가 메르센에게 보낸 편지, 1640년 6월 11일; 위에서 인용한 책, **3**, 75.

23 데카르트가 메르센에게 P. 부르댕(Bourdin)을 위해 보낸 편지, 1640년 7월 29일; 위에서 인용한 책, **3**, 113. A. I. 사브라(Sabra)는 최근에 결정에 대한 데카르트의 개념을 단순히 방향이라고 이해해야 한다는 것에 동의하지 않았다(데카르트에서 뉴턴까지 빛에 대한 이론, (London, 1967), pp. 116~121). 그는 힘과 결정 사이의 차이는 스칼라량과 벡터량 사이의 차이로 이해해야 하며, 그래서, 그의 의견으로는, 결정은 우리의 운동량 개념과 비슷해야 한다고 주장했다. 우리가 앞으로 보게 되겠지만, 전적으로 데카르트의 Dioptrique를 경청한다면 이러한 해석에 추천할 만한 점이 많다. 그렇지만 그 해석은 그가 다른 곳에서 한 말과 조화시키는 것이 가능하지 않아 보인다. 예를 들어, 그는 메르센에게 보낸 편지에서 '운동의 힘과 운동이 만들어지는 방향은 [le costé vers lequel il se fait] 내가 나의 Dioptrique 에서 말한 것처럼 완전히 구분되는 것들이다…'라고 썼다. (1640년 3월 11일; Oeuvres, **3**, 37). 명백하게, 그의 단어들은, 여기서 그가 '결정'을 언급하지 않으면서 차이를 가리킨 것이지만, 그 용어의 의미를 방향으로 제한한다. 개별적인 구절

들은 제외하고, 동역학적 고려에 따르면 '결정'을 '방향'과 동의어로 이해하는 것이 필수적이다. 나는 이 차이의 핵심은 결정의 변화가 다른 물체에 의해서 어떤 동역학적 작용도 수반하지 않는다는 주장에 있다고 말하고 싶다. 그렇지만 만일 '결정'이 우리가 말하는 '운동량'과 같다면 그런 결과를 얻는 것은 불가능하다.

24 Dioptrique; 위에서 인용한 책, 6, 93~101. 반사의 법칙과 굴절의 법칙에 대한 증명 모두에서, 데카르트는 함축적으로 결정의 의미를 확장해서, 사브라가 주장했던 것처럼, 그것이 실질적으로 운동량과 동등하게 만들었다. 그만큼 말하는 것은, 그가 이런 의미에서 의도적으로 그런 차이를 만들었다거나 또는 이런 의미가 동역학적 목적과 일치한다고 시인하는 것은 아니다. 우리가 데카르트에 대해 너무 오래 공부해서 그의 저술(著述)에 모순되는 내용이 있다는 생각을 쉽게 믿을 수가 없다.

25 Dioptrique; 위에서 인용한 책, 6, 94.

26 데카르트가 메르센에게 홉스(Hobbes)를 위해 보낸 편지, 1641년 4월 21일; 위에서 인용한 책, 3, 335.

27 Le monde; 위에서 인용한 책, 11, 8~9.

28 1649년 8월; 위에서 인용한 책, 5, 404.

29 데카르트가 모랭에게 보낸 편지, 1638년 7월 13일; 위에서 인용한 책, 2, 212~213.

30 '나는 물체가 움직이기 시작하면 모든 단계의 속도를 다 거친다는 생각을 고수하는 사람들을 믿게 만들려면, 매우 단단한 다음과 같은 두 물체를 생각하는 것이 가장 좋다고 생각한다. 매우 큰 한 물체는 밀쳐질 때 물체에 새겨진 힘에 따라 움직이고 그래서, 화약으로 발사한 뒤에는 공기를 가르며 날아가는 대포 탄환처럼, 물체를 움직이게 만든 원인은 더 이상 작용하지 않는다. 그리고 매우 작은 다른 물체는 공중에 매달려서 큰 물체가 지나가는 선을 따라 움직인다. 그리고는 그 사람들에게, 예를 들어 대포 탄환 같은 큰 물체 A를 매우 격렬하게 B쪽으로 밀면, B 앞에는 움직이지 못하게 만들 것이 아무것도 놓여 있지 않을 때, 과연 B도 함께 움직일지 물어보자 (qui ne tient à rien qui l'empeche de se mouvoir). 만일 그들이 대포 탄환은 B의 옆에서 정지하거나 되튀어야 한다고 말하면, 내가 두 물체는 매우 단단하다고 가정했으므로, 단단함으로 큰 물체가 작은 물체를 밀어내지 못할 이유가 없어서, 그렇게 말한 것이 잘못임이 자명해진다. 그리고 만일 그 사람들은 A는 반드시 B를 밀어야 한다고 말하면, 같은 이유로 그들은 B를 민 그 순간부터 B는 A와 같은 속도로 움직인다고 말해야만 한다. 그래서 B는 속도의 여러 단계를 거치는 것이 아니다. 만일 사람들이 A가 B를 밀면 민 바로 그 순간에 B는 매우 느리게 움직인다고 말하면, B와 결합하게 될 A는 똑같이 느리게 움직여야만 한다. 그런데 두 물체가 모두 매우 단단하고 서로 접촉하고 있으므로, 뒤따르는 물체가 앞서 가는 물체보다 더 느리게 움직일 수는 없다. 그러나 만일 단지 한 순간만 뒤따르는 물체가 매우 느리게 움직인다면, 대포 탄환을 밀어내는 화약이 더 이상 작동하지 않으므로 그 물체의 원래 속력을 되찾게 만드는 원인이 없게 된다. 그리고 한 순간 동안 물체가 정지해 있거나 또는 매우 느리게 움직이는 것은 매우 긴 시간동안 그러는 것과 동일하다.' (데카르트가 메르센에게 보낸 편지, 1640년 11월 17일; 위에서 인용한 책, 3, 592~593. 데카르트가 메르센에게 보낸

편지, 1642년 12월 7일; 위에서 인용한 책, 3, 601을 참고하라.) 완전히 단단한 물체라는 생각을 사용하기 위해 탄성력과 그 결과로 생기는 경향을 고려하는데 대한 망설임이 가속도에 비례하는 힘이라는 개념에 도달하는 데 직접적인 장애가 되었다. 데카르트는 물체가 처음 떨어지기 시작하는 속도는 0이 아닌 유한한 값을 갖는다고 확신했다. 동역학의 용어를 이용하면, 물체의 아래로 향하는 운동은 위에서 소개한 충돌이 원인이 된 경우로 설명할 수 있는데 다만 두 물체 사이에 크기를 뒤바꾸면 된다.

31 Le monde; 위에서 인용한 책, 11, 51.

32 데카르트가 드 본느에게 보낸 편지, 1639년 4월 30일; 위에서 인용한 책, 2, 543~544. 데카르트가 실론(Silhon)(?)에게 보낸 편지, 1648년 4월; 위에서 인용한 책, 5, 136을 참고하라.

33 철학의 원리, II, 49; 위에서 인용한 책, 9, 90~91.

34 1645년 2월 17일; 위에서 인용한 책, 5, 184.

35 데카르트가 메르센에게 보낸 편지, 1638년 9월 12일; 위에서 인용한 책, 2, 358.

36 데카르트가 메르센에게 보낸 편지, 1638년 6월 13일; 위에서 인용한 책, 3, 228.

37 데카르트가 메르센에게 보낸 편지, 1643년 11월 15일; 위에서 인용한 책, 2, 242~243. 데카르트가 메르센에게 보낸 편지, 1638년 7월 13일을 참고하라. 경사면의 길이가 경사면의 높이보다 두 배인 경사면을 따라서, 주어진 무게를 지탱할 수 있는 '역량(puissance)'이 물체를 경사면의 길이만큼 이동시키는데 수행하는 '작용'은 동일한 높이를 연직 위로 들어올리는 데 수행하는 것의 두 배가 된다(위에서 인용한 책, 2, 232).

38 데카르트가 호이겐스에게 보낸 편지, 1637년 10월 5일; 위에서 인용한 책, 1, 435~436. 같은 편지, pp. 437, 439를 참고하라.

39 데카르트가 메르센에게 보낸 편지, 1638년 7월 13일; 위에서 인용한 책, 2, 23~24.

40 데카르트가 호이겐스에게 보낸 편지, 1637년 10월 5일; 위에서 인용한 책, 1, 433~437.

41 데카르트가 메르센에게 보낸 편지, 1638년 9월 12일; 위에서 인용한 책, 2, 354.

42 데카르트가 메르센에게 보낸 편지, 1643년 2월 2일; 위에서 인용한 책, 3, 614.

43 그는 간단한 기계를 (이 경우에는 도르래) 물체를 들어올리는 것이 평형 상태에서 물체를 붙잡고 있는 것과 다르다고 제안함으로써 그 개념을 애매하게 만들었다. '물체를 들어올릴 때는 그 물체를 붙잡고 있을 때보다 항상 약간의 힘이 더 필요하다는 것을 반드시 유의해야만 한다. 그것이 바로 두 물체를 구분해서 한 물체를 여기서 따로 이야기하는 이유이다.' (데카르트가 호이겐스에게 보낸 편지, 1637년 10월 5일; 위에서 인용한 책, 1, 438.) 이것은 직선인 관성 운동과 운동의 상대성 모두의 개념화를 주장한 사람의 입장에서는 유감스러운 실수이다. 그것은 데카르트가 부정했던 운동에 대한 저항과 같은 그 무엇을 암시했다는 점에서도 똑같이 유감스럽다.

44 데카르트가 메르센에게 보낸 편지, 1638년 9월 12일; 위에서 인용한 책, 2, 352~353.

45 데카르트가 메르센에게 보낸 편지, 1638년 9월 12일; 위에서 인용한 책, 2, 356~357.

46 데카르트가 메르센에게 보낸 편지, 1638년 9월 12일; 위에서 인용한 책, 2, 357. 같은 편지를 더 보면, 그는 이 분석을 경사면에 적용했다. 경사면의 길이 BA는 경사면의 연직 높이 AC의 두 배이고, 물체 D가 경사면의 전체 길이를 따라 위쪽으로 올려진다고 하자. FG는 일차원 힘을 대표하고 GH(=BA)는 그 힘이 작용하는 거리이다. 이제 NO가 또 다른 하나의 일차원 힘이 다른 물체 L을 BA와 같은 연직 거리 LM(=OP)만큼 들어올린다고 하자. 그러면 직사각형 NP로 대표되는 힘은 직사각형 FH로 대표되는 힘과 같게 될 것이다. 그러나 면 BA를 따라 올라가는 D의 운동은 서로 다른 두 운동의 합으로 생각할 수 있는데, 그 두 힘에 속한 한 힘은 수평면 BC를 따라 작용하고 다른 한 힘은 연직면 CA를 따라 작용한다. BC를 따라 가는 운동은 어떤 힘도 필요 없다. 그러므로 전체 힘(=FH)은 물체를 연직 위로 거리 CA만큼 올리는 데 사용된다. 정의에 따라, CA=½BA이다. 물체를 올리는 데 드는 힘은 L을 거리 LM만큼 올리는 힘과 같으므로, D=2×L이다. (위에서 인용한 책, 2, 358~360.

47 Le monde; 위에서 인용한 책, 11, 84~86.

48 철학의 원리가 출판되기 직전에 데카르트는 운동의 조합을 설명하기 위해 막대자 위에서 기어가는 개미를 때렸다(데카르트가 호이겐스에게 보낸 편지, 1643년 2월 18일; 데카르트가 메르센에게 보낸 편지, 1643년 3월 23일; 위에서 인용한 책, 2, 362~369, 640~641). 그렇지만 원운동의 경우에, 그는 (원을 따르는) 실제운동을 (지름 바깥쪽 방향으로) 운동하는 경향과 혼합하여 그 결과로 물체를 원 위를 움직이도록 제한하지 않는다면 그릴 직선인 접선 경로를 구하려고 시도했다.

49 철학의 원리, III, 57~59; 위에서 인용한 책, 9, 131~133. 존 허리벌(John Herivel)은 (뉴턴의 'Principia'의 배경, (Oxford, 1965), pp. 47, 54) 최근에 원운동을 분석한 데카르트는 그렇게 움직이는 물체에서 두 가지 서로 독립인 경향을 가정한다고 주장했다. 그중 하나는 접선 방향이고 다른 하나는, 접선 방향에 독립인, 지름 바깥 방향이다. 나는 허리벌이 데카르트가 원운동의 동역학을 취급하면서 겪은 어려움을, 서로 독립이고 허리벌의 용어로 원인이 없는 경향을 주장하려고 고의로 잘못 이해했다고 확신한다. 결국, 그 분석은 선구적인 노력이었으며, 우리는 그가 핵심 인자(因子)를 파악하는 데 어려움을 겪고 그 문제를 집중적으로 검토하지 못했다고 해서 전혀 놀라지 않아야 한다. 게다가, 그 분석의 주안점은 중심에서 밖으로 나가는 경향은 가만히 놓아두면 직선 위를 움직이는 물체가 원을 따라 움직이도록 제한받는 것이 원인이 되어 만들어지는 것을 보여준다. 그는 Le monde에서, 투석기의 돌을 빙빙 돌리면, 돌은 투석기를 누르고 줄을 잡아당기는데, '이것은 돌이 항상 직선 위를 움직이려는 경향이 있으며 단지 구속 조건에 따라서만 돌이 원을 따라 도는 것을 보여준다'고 말했다(위에서 인용한 책, 11, 44). 직선 운동을 하려는 운동의 성질을 주장하는 그의 제2법칙에 대한 논의에서,

136 | 뉴턴의 물리학과 힘

그는 투석기의 돌이 원 *LAB*를 따라 움직이는 경우를 생각했다. 돌이 *A*에 도달한 순간에, 돌은 *A*에서 원의 접선인 선 *AC*를 따라 움직이려고 결정된다. '그렇지만 돌이 원을 따라 움직이도록 결정된다고 상상할 수는 없는데, 그 이유는 돌이 곡선 경로를 따라서 *L*에서 *A*까지 도달했지만, 돌이 점 *A*에 있을 때 곡선의 어느 한 부분도 돌에 포함되어 있다고 생각해내지 못한다. 그리고 돌이 투석기를 떠나면 *C*를 향하여 직선을 따라 움직이지만 어떤 방법으로도 *B*를 향하여 움직이는 것처럼 보이지 않기 때문에 경험상으로도 똑같은 것을 확인할 수가 있다. 이것이 우리에게 원을 따라 움직이는 물체는 모두 끊임없이 그 원에서 멀어지려고 한다는 것을 분명하게 알게 해준다. 그리고 우리는 돌팔매질을 하려고 돌을 연결한 줄을 돌릴 때 손에서 바로 그것을 느낄 수가 있다. 왜냐하면 돌은 우리 손에서 직접 멀어지려고 줄을 잡아당겨서 줄이 늘어나게 만들기 때문이다. 이런 것들에 대한 고려는 너무 중요하고 앞으로 나올 많은 논의에서 꼭 필요하기 때문에, 좋은 기회가 오면 이런 문제를 훨씬 더 자세하게 설명할 작정이다.' (위에서 인용한 책, 9, 86.) 이 마지막 문장은, 비록 물질이 충만한 공간에서는 필요하다고 할지라도, 데카르트의 시스템에서 원운동이 자연스럽지 못한 환경이 원인이 되어 발생하는, 중심에서 멀어지려는 경향의 역할을 가리킨다. 우리는 그의 자세한 분석을 시스템 전체를 고려하며 읽어야 하고, 개미의 예와 관에 들어 있는 공의 예에서 오도(誤導)되지 않아야 하는데, 그런 예는 단순히 밖으로 향하는 경향을 설명하려고 시도할 뿐이다. 심지어 그의 자세한 분석에서조차도, 그는 돌이 점 *A*에 있을 때, 만일 단지 돌의 운동의 힘만 고려한다면, 돌은 *C*를 향하여 접선을 따라 가려는 경향이 있다고 한 번 더 말했다. '마지막으로, 만일 물체가 이리저리 움직이도록 하는 모든 힘을 전부 다 고려하는 대신에, 단지 그 부분만 따로 고려한다면, 그 효과는 투석기로 방지하고, 그렇게 방지하지 못한 효과에 대한 다른 부분을 구별해, 우리는 돌이 점 *A*에 있을 때 오로지 [지름 바깥 방향을 향하는] *D*를 향하려는 경향이 있다고 말하거나, 또는 오히려 돌은 오로지 직선 *EAD*를 따라서 중심 *E*에서 멀어지려는 노력을 한다고 말한다.' (위에서 인용한 책, 9, 131.) 그러나 이것은 노력은 저항을 암시한다는 주장을 반복하는 셈이다. 원을 따라 움직이는 접선 방향 운동 성분은 방해받지 않는다. 원에서 멀어지려는 성분만 방해를 받으며, 그러므로 원을 따라 움직이게 만드는 구속이 자신에 대해 중심에서 멀어지려는 지름 방향의 노력을 만든다. 만일에 원을 따라 움직이게 만드는 구속이 중심에서 멀어지려는 경향의 원인이 되지 않는다면, 그것이 어디에서 나올까? 데카르트의 물질은 운동 자체를 빼고는 내부 경향을 의도적으로 제외시켰다.

50 철학의 원리, III, 59; 위에서 인용한 책, 9, 132.

51 철학의 원리, III, 59; 위에서 인용한 책, 9, 132~133.

52 철학의 원리, III, 57; 위에서 인용한 책, 9, 131.

53 데카르트가 메르센에게 보낸 편지, 1638년 7월 13일 (위에서 인용한 책, 2, 232~233)을 참고하라. 20세기의 독자에게는 순전히 예수회의 교리처럼 보이는, 이 편지에 담긴 구절에서, 그는 물체가 지구의 중심에 가까이 있을수록 더 가볍다고 주장한다. 그 주장은 지구는 둥글기 때문에 지구 표면에 수직한 선들은 서로

평행하지 않다는 사실에 따른 것이다. 예를 들어, 물체가 경사진 면을 따라 내려오면, 중력 중에서 그 면에 평행인 성분은, 그 면이 반지름을 수직으로 자르는 점에서 0이 될 때까지 계속해서 감소한다. 데카르트가 그의 간단한 기계를 분석하는데 이러한 고려를 도입했다는 사실은 그가 세상이 둥글다는 점을 얼마나 진지하게 의식했는지를 보여준다. 그가 원운동을 다룬 방법과 관련해, 중심에서 멀어지려는 경향 또는 힘은, 아마도 간단한 기계 중 하나에서 추가 중심에서 먼 곳으로 이동하는 데 필요한 힘에 대응하는 것과 관련된다. 동역학의 결정적 구성 요소로 그는 중심을 향하는 힘 대신 중심에서 멀어지는 힘을 선택했는데, 그렇게 하면서 바로 이러한 대응관계가 어떤 역할을 했을 수도 있다.

54 철학의 원리, II, 40; 위에서 인용한 책, 9, 86.

55 데카르트가 메르센에게 보낸 편지, 1639년 12월 25일, 1640년 10월 28일; 위에서 인용한 책, 2, 627; 3, 210~117.

56 철학의 원리, II, 45; 위에서 인용한 책, 9, 89.

57 철학의 원리, II, 44~52; 위에서 인용한 책, 9, 88~93.

58 철학의 원리, II, 52; 위에서 인용한 책, 9, 93.

59 철학의 원리, II, 61; 위에서 인용한 책, 9, 99~100.

60 데카르트의 성찰; 데카르트의 철학적 연구, 1, 160.

61 데카르트의 성찰; 위에서 인용한 책, 1, 191. Le monde는 다음과 같은 문장으로 시작한다. '내가 이 책에서 빛에 대해 논의하자고 제안했으므로, 가장 먼저 내가 여러분에게 분명하게 해 둘 일은 우리가 빛에 대해 갖는 두 가지 감각, 즉 눈으로 볼 때 우리의 상상 속에서 만들어지는 빛에 대한 생각과 빛이 우리 내부에서 그런 감각을 만들어내는 물체, 예를 들어, 불꽃이나 태양에 있는 우리가 빛이라는 이름으로 부르는 것, 사이에 차이가 있을 수 있다는 것이다. 왜냐하면 우리 각자는 일반적으로 마음속에서 만들어지는 생각들이 그 생각을 만들어내는 물체와 전적으로 닮았다고 믿지만, 나는 실제로 그렇다고 확신할 수 있는 그 어떤 이유도 결코 찾을 수가 없기 때문이다. 그러나 그와는 반대로 우리로 하여금 그것을 의심케 만드는 경험을 수없이 관찰했다.' (Oeuvres, 11, 3~4.)

62 데카르트의 성찰; 데카르트의 철학적 연구, 1, 194.

63 '대상 물체의 색깔을 안다고 말할 때, 그것은 마치 우리가 잘 알아채지 못하는 성질이 있는 물체임에도 불구하고 매우 분명하고 생생한 감각을 자아내는 무엇을 알아내어 말하는 것과 비슷하고 그것이 색깔의 감각이라고 … 불린다. 그러나 우리가 판단하는 방식에는 커다란 차이가 존재하는데, 왜냐하면, 대상 물체에 (다시 말하면, 우리에게 오는 감각을 생기게 하는 물체에) 우리가 알지 못하는 무엇인가가 있다고 믿는다면, 우리는 잘못에 빠지게 될 것이 분명한데, 그와는 반대로, 알지 못한다고 미리 경고받은 것은 우리가 경솔하게 판단하지 않게 되는 것이 더 있을 법하기 때문이다. 그러나 우리가 물체가 보이는 색깔의 이름이 무엇을 뜻하는지 실제적인 지식이 전혀 없으면서도 어떤 분명한 색깔을 인지했다고 생각할 때, 우리는 우리가 그 물체에 존재한다고 가정한 색깔과 우리의 감각에서 우리

가 의식한 것 사이에 어떤 명료한 유사점도 찾을 수가 없다. 그럼에도 불구하고, 우리는 크기나 모양 숫자 등과 같이 이 물체에 대해 우리 감각 또는 이해심이 우리에게 알려주어서 우리가 분명하게 알고 있거나 또는 물체에 존재할지도 모르는 어떤 다른 성질을 관찰하거나 주목하지 않았으므로, 물체에서 우리가 색깔이라고 부른 것이, 우리가 인지한 색깔과 전적으로 유사한 무엇이라고 가정했다는 오류에 빠진다고 어렵지 않게 인정할 수 있다. 그래서 우리가 전혀 인지하지 않은 것을 우리가 분명하게 인지했다고 가정하는 것도 전혀 어렵지 않다.' (철학의 원리, I, 70; 위에서 인용한 책, 1, 249.)

64 Regulae; 위에서 인용한 책, 1, 47~55.

65 철학의 원리, IV, 187; Oeuvres, 9, 309.

66 데카르트가 메르센에게 보낸 편지, 1646년 4월 20일; 위에서 인용한 책, 4, 401.

67 데카르트의 성찰; 데카르트의 철학적 연구, 1, 186.

68 Météores (역주: 데카르트가 1637년에 발표한 세 저서 Les Météores (기상학), La Dioptrique (굴절광학), 그리고 La Géométrie (기하학) 중의 하나); Oeuvres, 6, 249.

69 Météores; 위에서 인용한 책, 6, 263~264.

70 데카르트가 메르센에게 보낸 편지, 1640년 10월 28일; 위에서 인용한 책, 3, 212.

71 철학의 원리, IV, 187; 위에서 인용한 책, 9, 309.

72 Météores; 위에서 인용한 책, 6, 321.

73 1639년 4월 30일; 위에서 인용한 책, 2, 542.

74 갈릴레오가 열중했던 수리(數理) 운동학을 데카르트가 하나도 관심을 보이지 않은 것은 아니었으며, 몇 번의 기회가 있을 때 그는 시간과 거리 그리고 속도 사이의 그럴듯한 관계를 수립하기도 했는데, 때로는 끔찍하게 실패했고 때로는 그렇지 않기도 했다. 1629년 11월 13일에 메르센에게 보낸 편지에 그가 낙하에 대한 아직 알려지지 않은 동역학에 근거하여 만든 그런 종류의 관계가 포함되어 있었다. 그는 '일단 어떤 물체에 새겨진 운동은 어떤 다른 원인에 의해 그 운동이 무효로 되지 않는 이상 영원히 지속되는데, 그것은 물체가 일단 진공에서 움직이기 시작하면 그 물체는 일정한 속력으로 영원히 계속 움직인다고 말하는 것'이라는 가정으로 시작했다. A에 있는 물체가 '그 물체의 중력에 [무게를 말하는 gravitas에] 의해서' C를 향해 움직인다고 가정하자. 만일 물체가 움직이기 시작하는 순간에 물체의 중력이 사라진다면, 물체는 C에 이르기까지 자신의 운동을 계속한다. 이 때 거리 AB를 통과하는 데 걸린 시간은 같은 거리인 BC를 통과하는 데 걸린 시간과 같게 될 것이다(그림 7을 보라). 물체가 실제로 그런 방법으로 이동하지는 않지만, '그러나 물체의 중력은 물체에 계속 머물러 있으면서 물체를 아래쪽으로 밀고 잇따르는 순간마다 낙하하라고 강요하는 새로운 힘을 물체에 더하게 된다….' 그 결과 물체는 경로의 두 번째 절반인 BC를 첫 번째 절반보다 훨씬 더 빨리 지나가게 되는데 그 이유는 물체가 AB를 지나가는 동안 모든 충격을 그대로 간직하고 있으면서 물체의 중력은 계속해서 충격을 더 증가시키기 때문이다. 삼각형 모양의 도표는 속도가 어떻게 증가하는지 보여준다. 첫 번째 세로 선은 최초 순간에 새겨

진 '속력의 힘'을 대표하며, 그 옆의 두 번째 가로선은 그 다음 순간에 '새겨진 힘'을 대표하고, 그런 식으로 계속된다. 그러므로 삼각형 *ACD*는 물체가 *A*에서 *C*까지 내려오는 동안 '운동의 속력이 증가한 양'을 대표하며, 경로의 위쪽 절반에 있는 더 작은 삼각형인 *ABE*는 낙하의 처음 절반 동안에 증가한 양을 대표하고, 사다리꼴 *BCDE*는 나중 절반 동안에 증가한 양을 대표한다. 사다리꼴은 삼각형보다 세 배 더 크므로, 결과적으로 물체가 *BC*를 지나가는 데 걸린 시간은 *AB*를 지나가는 데 걸린 시간의 3분의 1이 될 것이다(위에서 인용한 책, 1, 71~73). 1634년 8월 14일에 메르센에게 보낸 다른 편지에서, 데카르트는 다시 한 번 더 그가 갈릴레오를 대단하게 본 것이 얼마나 잘못된 것이었는지 그리고 그런 관계식을 혼동하도록 만들기가 얼마나 쉬웠는지 밝혔다. 그는 물체의 낙하에 대해 갈릴레오가 말해야만 했던 것에 동의하면서, '무거운 물체가 낙하할 때 지나가는 공간은 서로에게 낙하시간의 제곱이 되며, 그것은 물체가 *A*에서 *B*까지 낙하하는 데 세 몫의 순간이 걸린다면 그 물체가 *B*에서 *C*까지 계속 낙하하는 데는 단지 한 몫의 순간만 걸린다고 말하는 것과 같다'고 진술했다(위에서 인용한 책, 1, 304). 그런데 그로부터 9년이 지난 뒤에, 호이겐스에게 보낸 편지에 그는 오류를 모두 수정한 운동학 관계식을 보냈다(위에서 인용한 책, 3, 619~620).

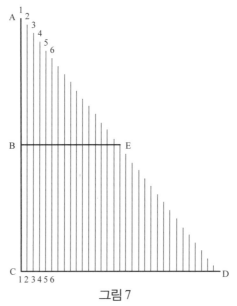

그림 7

75 철학의 원리, II, 53; 위에서 인용한 책, 9, 93.

76 데카르트가 메르센에게 보낸 편지, 1638년 10월 11일; 위에서 인용한 책, 2, 385.

77 데카르트가 메르센에게 보낸 편지, 1631년 10월, 1638년 11월 15일, 1640년 3월

11일, 1640년 6월 11일, 그리고 데카르트가 드 본느에게 보낸 편지, 1639년 4월 30일; 위에서 인용한 책, **1**, 221~222; **2**, 442~443; **3**, 37~38, 79; **2**, 544.

[78] 데카르트가 메르센에게 보낸 편지, 1629년 12월 18일 그리고 1632년 11월 또는 12월; 위에서 인용한 책, **1**, 95~96, 261.

[79] 데카르트가 메르센에게 보낸 편지, 1643년 3월 23일; 위에서 인용한 책, **3**, 644.

[80] 1648년 또는 1649년에 밝혀지지 않은 사람에게 보낸 데카르트의 편지를 참고하라. 철학의 원리에서 데카르트는 행성들의 모든 운동을 자세하게 기술할 가치가 없다고 천명했지만, 그는 일반적으로 관찰자들이 인식하고 그 원인을 설명하려고 시도한 모든 것을 가정했다. 모든 행성이 '그래야만 한다고 예상되는 완전한 원형 궤도에서 불규칙적으로 벗어나는' 한 가지 공통점을 가지고 있는 한, 그리고 이런 공통점은 천문학자들이 행성들에게 그 궤도의 원지점(遠地點) 또는 원일점(遠日點) 그리고 근지점(近地點) 또는 근일점(近日點)을 부여하는 동기가 되었는데, 그도 그런 공통점이 존재하는 원인을 제공했다. 그는 또한 하늘이 타원 형태임을 증명하기 위해 왜 행성이 삭망(朔望)일 때보다 보름일 때 광행차(光行差)가 더 큰지 이유와 그리고 행성이 하늘이 가장 많이 팽창된 타원의 끝에 도달했을 때 그 행성의 운동에 영향을 줄 수 있는 다른 원인들을 발표했다(위에서 인용한 책, **5**, 259). 비슷한 방법으로, 단진자의 주기는 이론으로는 정해질 수가 없고 단지 실험에 의해서만 결정된다는 입장을 지녔으며, 그래서 단진자의 주기 때문에는 결코 고민하지 않았다(데카르트가 캐번디시에게 보낸 편지, 1646년 11월 2일; 위에서 인용한 책, **4**, 560). 단진자에 미치는 공기 저항의 영향에 대한 메르센의 질문에, 그는 '그 문제를 과학적으로 다룰 수가 없기 때문에 (et sub scientiam non cadit) 답변하는 것이 불가능한데, 만일 기후가 덥다거나 춥다면, 만일 공기가 건조하거나 습하다면, 만일 날씨가 청명하거나 흐리다면, 그리고 수천 가지의 다른 환경에 따라서 공기의 저항이 바뀌고, 그뿐만 아니라, 만일 단진자에 연결된 물체가 납이라면, 쇠라면, 또는 나무라면, 그리고 그 물체가 구형이라면, 네모라면, 또는 어떤 다른 형태라면, 등과 같이 수천 가지의 다른 요소들이 그 비율을 바꿀 수가 있기 때문에, 공기의 저항과 연관된 모든 질에 일반적으로 말할 수가 없다'는 답장을 보냈다(1629년 11월 13일; 위에서 인용한 책, **1**, 73~74). 같은 문제가 같은 방법으로 논의된 데카르트가 메르센에게 보낸 편지, 1637년 6월 22일 (위에서 인용한 책, **1**, 392)을 참고하라.

03 17세기 중엽의 역학

17세기의 역학에서 가장 영향력 있는 주제 두 개를 꼽으라면, 하나는 갈릴레오가, 다른 하나는 데카르트가 주장한 것이다. 그러나 그 어느 것도 두 사람 중 한 명한테서만 영향을 받았다고 볼 수 없다. 균일한 가속운동을 정의하고 그 결과를 기하학적으로 유도함으로써 운동 과학의 발전에 중요한 역할을 한 것은 갈릴레오임이 확실하다. 그러나 갈릴레오의 유산 중에서 정말 중요한 것은 운동에 대한 새로운 개념과 수리(數理) 역학을 향한 이상(理想)이었다. 데카르트 역시 새로운 운동의 개념에 기여한 바가 갈릴레오 못지않았으며, 그 밖에 다른 사람들의 기여 또한 무시하지 못할 정도이다. 수리 역학을 향한 이상 역시도 갈릴레오와는 별개로 유력한 영향력을 행사했던 아르키메데스에서 시작했다. 이 주제는 정말이지, 피타고라스학파의 전통이라고 부르는 것이 가장 적합할 것 같다. 두 번째 주제에 관한 한, 만일 데카르트가 자연에 대한 기계적 철학을 다른 누구보다도 더 효과적으로 제시만 했더라도, 기계적 철학을 최초로 발의한 사람이 그라는 사실을 누구도 부정하지 못했을 것이며, 자연에 대한 기계적 개념을 주창한 많은 사람 중에서 오직 그의 발언권만이 가장 설득력을 가졌을 것이다. 그러나 이 부분 역시, 고대 그리스학파가 먼저 연구했던 것이 사실이며, 따라서 데모크리토스학파의 전통이라고 쉽게 말할 수 있다. 역학의 행로를 결정한 것은 갈릴레오나 데카르트가 아니었다. 그보다는 그들 둘이 상호간의 긍정적인 영향과 암암리에 대립하여 역학에서 두 가지 흐름을 만들었고, 이 흐름이 역학의 행로를 결정했다는 편이 나을 것이다.

자연에 대한 데카르트의 기계적 철학은, 데카르트와 같은 시대에 살았던 또 다른 프랑스 철학자 피에르 가상디(Pierre Gassendi)의 원자론과 경쟁했는데, 가상디는 에피쿠로스(Epicurus) (역주: 기원전 2~3세기에 살았던 고대 그리스의 철학자로 에피쿠로스학파의 창시자)와 루크레티우스(Lucretius) (역주: 기원전 1세기 로마의 시인이자 철학자)의 남아있는 업적과 같은 데모크리토스 학파의 고대 문헌 자료를 직접 연구했다. 가상디는 1592년부터 1655년까지 살았던 가톨릭교회의 사제로 고대 원자론을 다시 회복시키는데 주된 역할을 했다. 일생 동안에 걸친 그의 원자론에 대한 관심은 Syntagma philosophicum(역주: 가상디의 전집 중에서 사후에 출판한 대작으로 '철학총서'라고 번역되어 알려져 있음)에서 완결되었는데, 이 대단한 작업은 그가 작고한 뒤인 1658년에야 출판되었다. 이 책에는 특히 운동의 본성에 대한 가상디의 최종 견해가 수록되어 있다. 철학사적 관점에서 보면, 중요한 쟁점마다 데카르트와 가상디는 의견을 달리했는데, 예를 들면, 물질이 충만한 공간이 존재한다는 주장과 텅 빈 공간을 받아들이는 문제, 물질을 무한히 작게 나눌 수 있다는 주장과 궁극적으로 나눌 수 없는 원자가 존재한다는 주장, 이성론(理性論)과 경험론(經驗論) 등이다. 그렇지만, 역학의 관점에서 보면, 철학적 차이는 사소한 문제로 별 의미가 없다. 자연에 대한 가상디의 역학적 견해는 데카르트와 거의 차이가 없는 일반적 개념 체계를 받아들였으며, 두 사람의 영향력은 비록 그들만의 영향력 때문은 아니겠지만, 역학이 발전해도 좋을 만한 개념의 기본 틀을 수립하는 데 도움이 되었다.

역학에서 인정하는 방식을 따라, 가상디는 물체에 속한 모든 성질이 그 물체를 구성하는 입자들에 있는 다양한 구조에서 비롯한다고 주장했다. 알파벳이라는 글자가 음절이나 단어, 문장, 책 등을 구성하는 단위 요소이듯이, 원자는 입자와 더 큰 물체를 구성하는 단위 요소가 된다. 알파벳에서 두 글자 A와 O는 모양이 달라 서로 다른 소리를 표시하는 것처럼, 원자들도 모양이 서로 달라 신경에 충돌할 때 서로 다른 감각을 불러온다. 똑같이 짧은 선 세 개가 단지 서로 다른 위치에 놓인 것만으로 서로 다른 두 글자 N과 Z를 만들 듯이, 원자들이 서로 다른 위치에 놓이면 완전히 다른 감각을 불러온다. 끝으로, 몇 개 안되는 알파벳으로 수없이 많은 단어가 만들어지고, 이 단어들로 세상의 모든 책이 쓰이듯이, 원자들도 모양을 달리하여 수없이 많은 원자가 만들어지며, 이 원자들이 다양하게 결합하여 자연이 나타내는 거의 무한에 가까운 다채로운 성질을 만들어낼 수가 있다.[1] 원자들은 또한 움직여야만 한다. 끊임없는 변화가 자연의 규칙이라서 신(神)을 모든 현상의 제1원인으로 꼽는다면 제2원인은 바로 운동이다. 가상디는 모든 변화는 운동이라는 종(種)에 속한 속(屬)이라는 (역주: 생물의 분류에서 가장 하위분류인 종(species)과 바로 그 위 분류인 속(genus)과 유추하여 변화를 운동의 하위개념으로 연결시킨 것) 에피쿠로스의 의견을 적절하게 인용했다.

> 그는 발생이나 부패, 성장이나 감퇴, 가열이나 냉각을 통하여 하얗게 되거나 검게 되는 등의 변질 등 이런 모든 변화는 단지 원자들이 오고, 가고, 충돌하고, 결합하고, 혼합하고, 분리하고, 서로 떨어지고, 물체 내에서 위치나 장소를 서로 바꾸는 등의 국소적(局所的)인 운동에서 나온다는 견해를 지켰음이 확실하다.[2]

자연이란 물질을 구성하는 입자들이 운동한다는 생각에 추가해서, 가상디는 원자는 다른 원자와 오직 직접적인 접촉으로만 작용한다는 조건을 넣었다. 물체가 없는 장소에 떨어져 작용한다는 생각은 있을 수도 없었다. 떨어져 있는 물체를 움직이려면 막대기를 사용해야만 한다. 또 멀리 있는 사람에게 상처를 입히려면 돌을 던져야 한다. 이와 유사한 경우들을 설명하기 위해, 가상디는 도구라는 개념을 사용하여 붙어있는 도구와 떨어져있는 도구를 구분했다.

> 그러므로, 자석이 쇠에 작용한다거나, 불꽃이 당신에게 작용한다거나, 태양이 긴 거리를 가로질러서 지구에 작용한다면, 모두 같은 이유로 자신과 붙어있건 떨어져 있건 도구를 보내야 하는데, 이 도구가 바로 입자이며 이 입자의 표면이 작용하는 물체의 표면을 접촉한다는 것을 분명히 이해할 것이다.[3]

모든 실용적인 면에서 비추어보면, 가상디의 물리적 우주에 대한 존재론은 데카르트의 존재론과 아주 똑같다. 가상디도 데카르트와 마찬가지로 불가사의한 성질에 대해 듣기조차 거부할 정도로 까다로웠다는 것이 전혀 놀랄 일이 아니다. 가상디의 업적을 영어로 번역하고 요약했던 월터 찰튼(Walter Charleton)이 간추린 이 쟁점을 보면, 자석이 작용해서 일어나는 현상이라든가 호박(琥珀)이 밀짚을 잡아당기는 현상을 불가사의한 성질로 돌리는 것은 무지(無知)를 고백하는 것과 같다. 이 말은 우리가 그러한 것들이 이유 없이 끌리거나 밀치는 것이라고 말할 때도 똑같이 성립하는데, '그렇게 공허한 용어들이 게으르고 무지한 자들에게 피난처를 제공하는 것처럼 신비로운 성질 역시 그와 비슷하다…. 왜냐하면, 우리 자신이 어느 한쪽을 택하자마자, 우리의 학식 전부를 이용해도 어찌할 바를 모르고 우리의 이성은 완전히 정복당하고 제시된 어려움으로 들판에서 기진맥진했다고 공개적으로 고백한 것이기 때문이다.'[4]

가상디는 기계적 철학자들이 즐겨 사용하는 방식으로, '지구를 구성하는 물체에서 인지할 수 없을 정도로 아주 작은 입자들이 나오고, 그 입자들의 작용으로 무겁다고 할 수 있는 물체들이 아래로 잡아 당겨진다'고 상상했다.[5] 다른 저서에서 그는 좀 더 구체적으로 말하기를, 인지(認知)할 수 없을 정도로 아주 작은 입자들이 아주 가느다란 실 모양으로 결합해서, 한쪽 끝은 지구에 달라붙은 채로 남아 있다고 했다. 이와 비슷한 종류의 실이 자석에 따른 인력을 불러온다. 이렇게 당시의 전형적 방책이었던 보이지 않는다는 메커니즘을 이용해, 그는 한 물체는 오직 직접적인 접촉을 통해서만 다른 물체에 작용한다는 금언(金言)을 그대로 지킬 수 있었다.

가상디의 원자론적이고 기계적인 우주는 그 안에서 관성이라는 개념을 형성할 수 있는 정황을 제공해 주었다. 광대하게 텅 빈 공간에 한 물체가 고립되어 있다고 상상하자.

> 누구든 물체를 밀면, 그 물체는 민 방향으로 밀 때의 충격으로 결정된 빠르기나 속력에 따라 균일하게 움직이는데, 물체의 운동을 분산시켜 더 빠르거나 더 느리게 만드는 어떤 원인도 존재하지 않기 때문에, 실제로 물체는 동일한 직선을 따라서 영원히 움직이게 된다.[6]

혹자는 격렬한 운동은 영원히 계속될 수 없다고 반박할지 모른다. 그렇지만 가상디의 설정을 따르면, 물체가 움직임에 어떤 저항감도 없고, 더구나 텅 빈 공간을 가정하면 물체가 무게를 얻는 중심이라는 자체가 없기 때문에 운동은 격렬하지 않다. 지상에서 던진 물체의 경우는 다르다. 중력에 따른 작용선들은 발사체의 경로를 끊임없이 휘게 만들어 결국 지상에 떨어져 정지하게 한다. 여기서 중요한 것은 운동이 쇠퇴하는 원인이고, 그 원인이 바로 지구의 중력에 의한 인력(引力)이다.

> 따라서 결론짓자면, 일단 새겨진 운동은 그 운동의 본성에 따라
> 절대로 지워질 수 없으며, 그 본성을 견제하는 외부의 원인을 통
> 하지 않는 한 줄어들거나 멈추지 않는다.[7]

가상디는 평소 말투보다 훨씬 더 즐거운 문구로 이 문제를 요약했다. 문제는 '지속된 운동을 만드는 동인으로서의 미덕이 무엇인가가 아니라, 무엇이 운동을 지속하도록 만드는가'이다.[8]

가상디는 광대하게 텅 빈 공간이 갖는 조건들을 발췌하면서, 갈릴레오처럼 단지 마찰만이 아니라, 중력까지도 제외하는 데 성공했는데, 이는 갈릴레오가 관성 운동이라 보았던 원운동에서 관성 운동을 외관상으로나마 풀어주는 결과를 낳았다. 여기서 나는 '외관상으로나마'라고 표현했는데, 이는 '동일한 직선을 따라'라는 구절에 가상디 역시 오늘날 우리가 부여하는 것과 같은 의미를 부여했는지 분명하지 않기 때문이다. 가상디는 관성 운동을 설명하기 위해, 행성의 운동과 완벽하게 매끄러운 지표면 위를 구르는 공의 운동을 보기로 사용했는데, 이 둘은 모두 갈릴레오가 사용했던 보기이며 둘 다 원운동이다. 다시 갈릴레오로 돌아가서, 그는 균일한 운동인 수평 방향의 운동과 가속되거나 감속되는 운동인 연직 방향의 운동을 구분했다. 그는 자연스러움과 격렬함이라는 이분법을 시도해, 자연에 순응하여 거스르지 않는 운동과 자연에 거스르는 격렬한 운동을 도입했다.[9] 이러한 구분의 핵심은 무거움이라는 사실에 포함되어 있는데, 무거운 물체에게는 위로 향하는 운동은 무조건 거스르는 운동이다. 가상디에게는 수평면에서 굴러가는 공의 운동은 거스름이 없는 자연스러운 운동이다. 그러나 만일 공을 위로 던진다면, 이 운동은

이제 거스름이 생기기 때문에 결렬한 운동이 된다. 그래서 텅 빈 광대한 공간에 고립되어 있는 물체에는 '물체의 운동을 분산시켜 물체를 가속시키거나 감속시키는' 역할을 하는 중력에 따른 작용선들이 없어야 한다. 가상디에게 중요한 것은 방향이 바뀌는 것이 아니라 무거움 때문에 나타나는 가속이나 감속이었는데, 그것은 물체가 수평 방향의 경로에서 연직 방향의 경로로 바뀔 때 일어난다. 어찌되었건, 가상디 자신이 이 일의 중요성을 제대로 이해했는지는 알 수 없지만, 그는 중력에 따른 인력을 제거하면서 원모양의 운동도 역시 제거하고 직선 운동에 대한 관성의 원리를 천명했다. 이렇듯 심지어 상대적으로 덜 체계적인 사상가조차도, 자연에 대한 기계적 철학이 운동에 대한 새로운 생각을 명료하게 만드는 데 한몫을 했다.

가상디는 그러한 방향의 변화에 대해서 별 관심을 두지 않았지만, 수평 방향 운동의 보존을 충분히 잘 이해하고 있었기 때문에, 갈릴레오가 한 번 다루었던, 움직이는 배에서 떨어뜨린 돌멩이 문제에 그것을 적용했다. 이 문제는 반세기에 걸쳐 논의된 끝에 드디어 가상디가 실제로 실험했는데, (갈릴레오는 가상의 결과를 이용했던 것에 반하여) 그는 이 결과를 이용하여 지구의 회전을 반대하는 주장을 침묵시켰다.[10]

위에 인용한 구절들에도 불구하고, 가상디에게는 운동을 새로운 개념으로 인도해 줄 중요한 계기로써 진지한 경우가 만들어지지 않았다. 가상디는 운동에 대해 여러 개념이 있었지만 그들을 서로 조정하려 하지는 않았다. 이미 앞에서 지적했던 것처럼 원운동에는 문제가 하나 있었다. 그는 행성의 궤도 운동을 관성 운동으로 취급했는데, 그런 생각은 그가 이미 천명했던 관성 운동은 직선 운동이어야만 한다는 성질과 모순이라는 사실을 미처 깨닫지 못했다. 더 중요하게는 그의 중력이나 무게에 대한 개념에 내포된 모순이었다. 중력이나 무게는 원자들에 있는 모양이나 크기 등과 같은 원자의 성질에 속했다. 가상디는 그 개념을 무게라는 용어에 있는 의미인, 지구의 중심을 향한 물체의 경향이라는 뜻으로 말한 것이 아니었으며, 가상디는 그런 의미의 무게는 외부의 작용이라고 일관되게 주장했고 결코 내부의 경향으로 취급하지 않았다. 우리가 생각할 수 있는 물체의 중력이 아니라 원자의 중력이라는 것은 에피쿠로스와 고대 원자론자들에게서 내려온 개념이었다. 월터 찰튼의 말을 빌면, 원자의 중력이란 '원자의 운동에 대한 원리'이며, 원자들의 운동의 '원인'이 되는 '어떤 특별한 재능 또는 덕목'이다. 신이 원자를 처음 만들었을 때, 그는 '원자에게 내부 에너지 또는 재능의 동기를 북돋거나 충만시켰는데…' 이것이 세상에 존재하는 모든 운동의 제1원인이다.[11] 관성의 원리를 천명했던 바로 그 가상디가 'materiam non inertem, sed actuosam esse'라고도 했는데, 이 말은 물질은 불활성(不活性)이 아니라 활성(活性)이다라는 의미이다.[12] 운동을 그대로 유지하려면 힘이 필요하다는 것을 부정했던 바로 그 가상디가 원자들의 중력은 원자들의 '원래 타고난 힘'이며 '동기가 되는 힘'이라고 했다.[13] 원자들의 중력 때문에 어떤 것도 절대적으로 정지해 있는 것은 아니다. 물체를 구성하는 원자들은 자유로워지기 위해 끊임없이 애쓰며, 그것이 영원히 계속되는 원자들의 무질서한 떨림을 만든다. '따라서 그 결과 운동은 보편적으로 정지 상태보다 더 자연스러울 뿐 아니라, 모든 운동은 그 근원으로 볼 때 원래 저절로 움직이도록 되어 있는 원자에서 비롯되므로 자연스러운 것이다. 그런데 만일 일부 운동이 실제로 격렬하다면, 그것은 부차적으로 그렇게 되었거나 또는 물체가 본성적으로 거부하며 움직였기 때문이다.'[14]

여기서 우리가 당면한 모순의 일부는 철학자로서 가상디의 성격 때문임이 틀림없다. 마음에서 과거의 지식은 깨끗이 지우고 일관된 계획으로 지식에 대한 새로운 구조를 세우고자 했던 데카르트와는 달리 가치를 구성하는 모든 가닥을 하나하나 분리해 내기 위해 의식적으로 전통을 결합시키는 학자인 가상디는 궁극적인 의미로 절충주의자이다. 가상디는 아이작 베크만(Isaac Beeckman) (역주: 17세기 네덜란드 출신의 자연 철학자로 근대 원자론을 처음 생각한 사람이며 데카르트에게 과학자로서의 길을 안내한 사람으로 알려져 있음) 그리고 갈릴레오에게 운동에 대한 새로운 개념을 빌려와 자기 것으로 만들었는데, 그것은 그럴듯해 보였으며 자연에 대한 그의 기계적 개념과 잘 어울리는 것처럼 보였다. 원자론의 애초 주창자인 에피쿠로스와 루크레티우스한테는 원자의 중력이라는 아이디어를 물려받았으나, 어떤 아이디어가 다른 아이디어와 모순되지는 않는지 확인하려고 시도조차 하지 않았다. 가상디의 철학에서 절충주의를 적용한 예로 운동이 유일한 것은 아니다. 하지만 역학에서는 물론 운동이 가장 중요하다.

그렇지만 절충주의만으로 그러한 모순점들이 모두 다 깔끔하게 설명되는 것처럼 보이지는 않는다. 원자의 중력은 운동에 대한 내부 원리이자 동기(動機)가 되는 힘으로, 데카르트가 말한 물체의 운동의 힘을 떠올리게 하는데, 운동을 일으키는 입자의 효력을 표현하는 개념을 나타내기 위해 자연에 대한 기계적 철학에 등장할 수밖에 없었던 듯이 보인다. 모든 작용이 한 물체와 다른 물체의 충돌에서 유래하는 그런 우주에서는 움직이는 입자가 힘을 실현한다. 충돌 모형이 17세기 동역학을 지탱했다는 주장이 상당부분 설득력을 가질 수 있었던 것은 바로 자연에 대한 기계적 철학 때문이었음을 의심할 여지가 없다. 원자의 중력과 이를 직관적으로 복합체로까지 확장한 것이 가상디 철학 중에서 동역학 개념의 핵심을 이룬다.[15]

가상디에게서도 물론 수리(數理) 동역학의 흔적을 찾아볼 수 있다. 단지 그의 천부적인 정성적(定性的) 재능이 그 방향으로 이끌지 않았을 뿐이었다. 그는 오히려 기계적 철학자에게 직관적으로 있는 용어들을 활용하여 순전히 말로만 하는 동역학을 펼쳤다. 한편으로 가상디는 운동에 대한 새로운 개념의 신봉자였던 만큼, 던진 사람이 던져진 물체에 '힘'을 새겼다고는 믿지 않았다. 능동적인 힘은 던진 사람에 속해 있고, 던져진 물체에는 단지 수동적인 힘만이 존재하는데, 이 힘이 때로는 기동력이라고 불리는 것으로 운동 자체와 조금도 다르지 않다.[16] 수동적 힘이라는 개념을 도입하는 것 자체가 운동학적 용어만으로 기계적 철학을 다루기가 얼마나 어려운지 말해준다. 월터 찰튼이 '자연에 존재하는 모든 것은 자신이나 다른 것을 움직이는 능력 바로 그 정도만큼의 효능 또는 작용이라고 평가된다'고 말했을 때, 그는 다름이 아닌 이 딜레마를 표현한 것이었다. 물체의 운동은 그 물체의 작용과 같다. 수동성은 능동적인 능력이 부족한 것이며, 수동적 물체는 '다른 물체의 에너지를 따라야만 한다.' 찰튼은 또한 물체를 구성하는 모든 원자가 동일한 방향으로 움직이면, 그 원자들의 '연합된 힘'이 그 방향을 향하도록 결정하며, 혼합된 물체의 동인(動因)은 그 물체를 구성하는 원자들이 '원래 가지고 있는 동질(同質)의 운동성'에서 유래한다고 주장했다.[17] 기계적 철학에 내재되어 있는 경향은 물체의 운동과 관련된 힘으로 볼 수 있는데, 이의 이론적 근거를 제공한 것이 바로 중력의 원자 개념이었다.

가상디가 단지 운동만 새겨진다고 아무리 강력하게 단언했어도, 그는 힘을 이용하여 운동을 논의하는 것이 더 쉽다는 것을 알았다. 대포에 관한 티코(Tycho) (역주: 덴마크의 천문학자 티코 브라헤를 말함)의 수수께끼를 가상디가 어떻게 풀었는지 보자. 그 풀이는 갈릴레오의 통찰력을 가상디의 용어로 반복한 것에 지나지 않았다. 동서로 연결한 선 위의 두 점 A와 F에 대포가 놓여 있다고 하자. A에 놓인 대포가 F를 향해 발사하고 F에 놓인 대포는 A를 향해 발사한다. 이제 지구의 회전과 함께 A는 포탄의 운동과 똑같이 F쪽으로 이동한다고 하자. A에서 F를 향하여 발사한 포탄이 갖는 '힘'은 지구의 운동이 더해져서 두 배가 된다. 포탄이 날아가는 동안 점 F는 AF와 같은 거리인 FK만큼 이동하기 때문에, 포탄은 여전히 지구 표면의 동일한 장소에 다시 떨어진다. F에서 A를 향하여 발사한 포탄의 경우에는 대포에 따른 '새겨진 힘'으로 움직이는 만큼 지구에 따른 '새겨진 힘'으로 반대 방향으로 움직인다. 포탄이 움직이지 못하고 머물러 있는 절대 공간에 관해 말하자면, 포탄은 물론 날아가고 있긴 하지만, 점 A가 원래 F가 있던 자리로 이동하기 때문에 포탄은 지구 표면의 동일한 위치에 떨어진다.[18] 만일 가상디가 이러한 맥락에서 힘이라는 단어를 운동 그 자체로 표현한 것이라는 주장을 받아들인다면, 이 문제에서 아무것도 바뀌지 않는다. 그런데도 가상디는 습관적으로 동역학적 용어를 이용하는 것을 더 편하게 생각했던 것 같다.

가상디가 충돌을 논의할 때도 마찬가지였다. 운동하는 물체가 그 물체의 경로 상에 놓인 다른 물체와 충돌할 때, '두 번째 물체에 질량[moles]이 있고 첫 번째 물체를 가로막기 때문에, 첫 번째 물체는 자신이 움직이고 있는 힘 자체 때문에 밀쳐지며 [ea ipsa vi, qua corpus movetur] 두 번째 물체는 고정되어 있지 않거나 또는 기동력에 대항하여 고정된 위치를 계속 유지할 수 없으면 자리를 내어줄 수밖에 없고, 그래서 두 번째 물체도 자신에게 부딪친 첫 번째 물체가 움직이는 방향으로 움직일 수밖에 없게 된다.'[19] 가상디의 생각에 대한 찰튼의 해석은 또다시 동역학적 요소를 강조했다. 운동이 물체에 새겨지는 것은 '움직이는 물체에 있는 추진력보다 저항의 힘이 더 작아야만 가능한데, 그래서 움직이는 물체가 움직여지는 물체의 위치로 밀고 들어가 움직여지는 물체를 강제로 물러나게 하거나, 강제로 길을 내주고 다른 곳으로 가게 만든다.'[20] 찰튼은 실제로 원래 원자들에 있는 가동성(可動性)이라는 개념이, 운동의 양은 일정하게 유지된다는 데카르트의 법칙의 기초가 되었음을 깨달

있는데, 데카르트의 법칙이란 '동인(動因)으로서의 힘은 세상이 여전히 세상인 한, 세상이 만들어진 이래 항상 똑같은 만큼만 존재해왔다'는 것이다.

> 원자가 다른 원자와 충돌하면 그 원자를 밀치고 자신도 역으로 밀침을 당하게 된다. 따라서 운동의 힘은 늘지도 줄지도 않고 서로 보충해, 자유 공간에서 일어나거나 또는 저항을 받지 않고 일어나는 한, 항상 일정하게 유지된다. 그러므로 상호간에 일어나는 운동처럼 혼합된 운동은 서로 역으로 밀치면서, 서로 상대방에 작용하거나 작용을 받게 되는데, 만일 이들이 동일한 힘으로 만난다면 각각 동일한 운동을 얻게 되고, 만일 이들이 서로 다른 힘으로 만난다면 한쪽의 느린 정도가 다른 쪽의 빠른 정도에 따라 보상받게 되어서, 이들의 운동을 한꺼번에 모아서 생각한다면 운동은 여전히 똑같게 유지된다.[21]

데카르트가 다룬 충돌 문제에서 가장 중요한 업적이었던 운동학적 요소는, 물체가 힘을 작용하고 힘을 받은 다른 물체는 운동의 힘이 변한다는 방정식에 들어있는 의미에 따라 완전히 동역학으로 변환되었다. 찰튼의 논리에 나오는 난해한 라틴어 문장을 제대로 이해하고 보면, 한 물체의 운동의 변화는 다른 물체의 운동의 변화와 같다는 데카르트의 제3법칙이 애매한 형태로나마 뉴턴의 제3법칙에 이르게 되는 기본 골격을 제공했다. 찰튼과 가상디에 관한 한, 위에 나온 논리에서 그들 나름대로는 정량적으로 상당히 정확한 수준에 도달해 있었음을 알 수 있다. 하지만 힘을 막연하고 직관적인 개념에 근거해서 말만으로 적당히 설명한 것을 그 이상으로 받아들여서는 안 된다. 물체가 움직이지 못하는 대상에 충돌한 경우는, 작용과 반작용의 상호관계는 잊어버리고 되튕겨 나가는

것이 움직이던 물체에 있던 원래의 힘 때문이라고 생각했다.[22]

충돌에서 가상디는 운동을 정확하게 기술하기보다는 충돌 그 자체에서의 역학적 세부 사항에 더 많은 관심을 기울였다. 그는 입사각과 반사각이 같다는 것을 물체를 구성하는 섬유 조직을 이용하여 설명하려 했다. 물체가 수직으로 충돌할 때, 물체의 무게 중심이 섬유 조직의 선을 따라 놓인 경우에 물체는 오던 길로 반사한다. 그렇지만 물체가 비스듬히 충돌하면 무게 중심의 한쪽에 놓인 섬유 조직과 먼저 접촉한다. 그러면 힘의 불균형이 존재하고, 무게 중심은 여전히 앞으로 나아가려 하므로 물체가 표면에서 구른다. 진자(振子)와 마찬가지로 물체는 평형 점을 지나서 같은 거리만큼 더 굴러간 다음에 표면에서 떨어져 나와 반사하는데, 이때 반사각은 입사각과 같다.[23]

물체의 운동이 지닌 힘이라는 생각에는 이 힘이 운동을 일으키는 힘과 같다는 개념도 포함하고 있다. 동서로 쏘아올린 포탄에 대한 가상디의 논의는 바로 그런 동일시의 관점을 채택했다. 이런 아이디어는 힘이 충돌의 모형처럼 한꺼번에 일시에 작용하든, 아니면 시간을 두고 천천히 균일하게 작용하든, 지각하지 못할 정도로 서서히 운동의 원인이 되는 힘의 개념으로 형성되어갔다. 천천히 균일하게 작용하는 가장 좋은 예가 물체에 무거움을 할당하는 중력인데, 가상디는 이 중력이 물체를 지구 쪽으로 끌어당기는 힘으로서 외부에서 작용한 것이라고 일관되게 다루었다. 그는 중력이 자석에 따른 인력과 동일하거나 최소한 유사하다고 생각했다. 두 현상 모두 방사된 역선(力線)에 따라 생기는데, 이 역선은 물체를 애초에 역선이 갈라져 나온 곳으로 끌어당긴다.[24] 가상디가 처음에는 주로 운동의 힘과 충돌의 모형에 관심을 가졌지만, 나중에는 자유 낙하에 대한 모형을 주로 동역학적 용어를 이용하여 조사하기도 했다.

가상디가 자유 낙하를 다루는 과정을 보면 그가 뛰어난 수학자는 아님을 알 수 있다. 1642년에 출판한 편지에서 그가 포사체 운동을 처음으로 다룰 때, 그는 낙하하는 물체에 두 가지 힘이 작용하는 것이 틀림없다고 확신했다. 물체가 평형 상태에서 이탈할 때, 바로 그 순간부터 중력에 따른 인력이 물체에 작용해, 물체가 한 단위의 공간을 가로지를 때마다 한 단위의 속도를 물체에게 부여한다. 만일 두 번째 순간에도 물체에 단지 중력만 작용한다면, 물체는 두 단위의 속도를 얻게 되고, 그러면 두 단위의 속도로 물체는 두 단위의 공간을 가로지를 것이다. 그리고 세 번째 순간에는 물체가 세 단위의 속도로 세 단위의 공간을 가로지르고, 그런 식으로 계속된다. 그렇지만 갈릴레오가 이미 물체가 가로지르는 공간은 1, 2, 3, …와 같은 일련의 자연수가 아니라 1, 3, 5, …와 같은 일련의 홀수라는 사실을 증명한 바 있다. 그래서 가상디는 물체가 일단 운동하기 시작하면 두 번째 힘이 작용하기 시작해야 한다고 결론을 내렸다. 이 경우 움직이는 물체의 뒤에서 물체를 밀면서 물체에 충격을 전달해주는 것이 공기이다. 그렇게 해서, 두 번째 순간에, 처음 속도에 두 단위의 속도가 더 더해져서 총 세 단위의 속도로 물체는 세 단위의 공간을 가로지르게 된다. 세 번째 순간에는 두 단위가 더 늘어나 다섯 단위가 되고, 그런 식으로 계속되어 갈릴레오가 증명한 일련의 홀수들이 나온다.[25] 가상디는 1645년에 그의 잘못을 깨달아, 공기의 역할을 제외시키고 중력만이 균일하게 가속되는 운동의 원인임을 받아들였다.[26]

균일한 가속도를 설명하기 위해, 가상디는 또다시 광대하게 텅 빈 공간에 놓인 물체를 어떤 한 방향으로 살짝 민 경우를 상상했다. 그 물체는 운동에 대한 어떤 반감도 없고 어떤 저항도 경험하지 않으므로, 물체는 균일한 운동을 할 것이다. 이제 물체를 처음 밀어준 것과 똑같은 크기로 두 번째로 밀어주자. 두 번째로 밀어준 것은 원래 속도에다 두 번째 정도의 속도를 더해줄 것이다. 그리고 세 번째 충격은 세 번째 정도의 속도를 더해준다. 일단 획득한 속도는 잃지 않으므로, 중력의 균일한 인력은 매 순간 새로운 정도의 속도를 더하여 균일한 가속도를 만들어 낸다.[27] 이렇게 가상디는 자유 낙하의 동역학을 외양적(外樣的)으로 조사해 뉴턴의 제2법칙을 말로 표현하는 데 이른 것이다.

그렇지만, 가상디를 새로운 동역학의 아버지라고 칭송하기 전에 잊지 말아야 할 것이 있다. 절충주의자들 때문에 자유 낙하 모형이 결코 충돌 모형을 대신해서 동역학의 중심 개념으로 구현되지 못했다는 것이다. 찰튼이 위로 던진 발사체의 운동을 기술한 부분에서 이 문제가 나타났다. 그가 말하기를, 물체가 지구에서 멀어지려면 중력에 따른 인력보다 더 큰 힘을 받아야 한다고 했다.

> 따라서 위로 던진 돌멩이에 얼마나 더 큰 힘이 새겨지는지, 즉 새겨진 힘이 자기력선(磁氣力線)의 힘보다 얼마나 더 큰지에 따라 돌멩이가 공기 중에 얼마나 높이 올라가는지를 결정한다. 그 반대도 마찬가지이다. 같은 이유로 돌멩이가 올라가고 있는 최초 단계에서 새겨진 힘이 가장 활기차며 그래서 운동 초기에는 돌멩이를 가장 격렬하게 나르고 굴절되지 않는다. 그러나 그 뒤에 돌멩이는 오르는 동안 새겨진 힘을 하나씩 잃고 점점 더 느려져서 결국에는 아래로 떨어지게 만드는 지구의 자기력선이 만드는 반대방향 힘과 평형을 이룬다.[28]

가상디가 마지막으로 내세웠던 자유낙하 의견이 자유 낙하를 동역학적으로 취급하면 즉시 동역학의 핵심 방정식에 도달할 수 있음을 보인 것이라면, 찰튼이 내세운 위의 주장들은 동역학이 아직도 개념적 곤경이라는 수렁에서 헤어나지 못하는 것을 다시 한 번 더 생각나게 한다. 힘에 대한 모형은 무엇이고, 그것을 어떻게 측정할 수 있을까? 찰튼은 세 가지 서로 양립하지 않는 기준들, 즉 충격량(Δmv), 운동량(mv), 그리고 가속도(ma)를 사용했다. 이미 충분히 봐왔고 또 보게 되겠지만, 이 문제는 가상디와 찰튼에게만 국한된 것은 아니었다. '힘'이라는 개념이 모호했던 것은 17세기 역학에서 중대한 개념적 문제였으며, 이 개념이 명확해지기 전까지는 사용이 가능한 동역학을 수립할 수가 없었다. 가상디의 직관적인 동역학은 그러한 목표에 조금도 기여하지 못했다.

여기서 가상디가 낙하를 다루는 데 보인 또 다른 두 가지 주장도 말해 둘 필요가 있다. 지구에서 퍼져 나가는 실이나 역선(力線)의 모습이라든지 지구가 물체를 아래로 잡아끈다는 주장은 중력에 따른 인력이 먼 거리에 걸쳐 보면 일정할 수 없음을 의미했다. 역선이 지구에서 밖으로 뻗어 나감에 따라 더 큰 공간으로 퍼져 나가고 그러면 점점 덜 촘촘해져, 인력의 정도가 '덜 강력하게' 된다.[29] 비슷하게 한편으로는 물체의 밀(密)한 정도와 소(疏)한 정도 사이의 관계나 다른 한편으로는 물체의 무거움과 가벼움 사이의 관계가 서로 같음을 암시한다. 물체가 주어진 공간에 더 많은 원자를 담고 있을수록, 더 많은 역선이 연결되어서 그 물체를 아래로 잡아당길 수가 있다. 물체에 포함한 고형(固形) 물질 또는 원자의 양을 말하는 질량(moles)이라는 개념은, 한 걸음 더 나아가서, 모든 물체가 그 물체의 무게에 관계없이 똑같이 낙하하는 원인이 무엇인지 암시해주었다. 잡아당기는 역선 하나하나는 각각 한 입자에 연결되므로, 따라서 모든 물체가 중력 때문에 동일한 가속도를 경험한다는 말은 단순히 물체란 원자가 모인 것이고, 이 원자들 하나하나는 모두 똑같이 가속된다는 사실을 표현한 것에 지나지 않는다. 이는 갈릴레오의 아이디어에서 기계적 용어를 빌어 다시 표현한 것일 따름이다.[30] 이런 생각들은 얼마나 친숙하게 보이는지. 또 얼마나 쉽게 그 중요성이 과대평가 될 수 있는지. 그러나 그 의미는 실제로 눈에 보이는 것보다 더 작았다. 가상디에게 중요했던 것은 낙하할 때 일정한 중력이 일정한 가속도를 만든 것이라고 했을 때와 같이, 역학적인 이미지 그 자체이지 우리가 그의 말을 통해 알 수 있는 수학적 결과가 아니었다. 그 이미지를 뭔가 암시하는 것으로 다루었더라도 때 늦은 지혜를 발휘해서 바로 동역학의 기본 공식을 찾아낼 수 있었을 것이다. 그러나 가상디에게는 이미지가 가장 중요한 요인이었고 그것만이 전부였다. 가상디는 일찍이 갈릴레오가 얻은 결론을 설명할 메커니즘을 제공한 것에 지나지 않았다. 그뿐 아니라, 그 이미지를 조사해보면 수학적 공식은 단지 근사식에 불과함이 드러난다. 지구에서 나오는 잡아당기는 역선이 과연 균일한 가속도를 만들어낼 것인가? 원자들이 원래 모두 동일하지 않다면, 그의 메커니즘에서 질량과 무게가 정확히 비례한다고 할 수 있을까? 또 다시, 기계적 이미지가 수리역학으로 가는 길을 가로막고 있었다.

★

데카르트와 대적하기 위해 기계적 자연관을 피력했던 철학자가 피에르 가상디만은 아니다. 영국의 토마스 홉스(Thomas Hobbes)도 위에 기술한 두 가지의 역학 시스템에 이어 세 번째 중요한 시스템에 대해 논의했는데, 그 내용은 주로 1655년에 출판한 그의 저서 De corpore(역주: 홉스의 철학 3부작 '물체론, De corpore', '인간론, De homine', '시민론, De cive' 중 하나)에 자세히 설명했다. 자연 철학자로서 홉스의 영향력은 데카르트나 가상디만 못했고, 또한 그의 시스템은 특정 현상을 다루는 데서도 훨씬 덜 세부적이었으므로, 역사적으로 역학에 미친 그의 업적을 길게 논할 필요는 없다. 단지 그가 제시했던 자연관은 전형적인 기계적 관점으로, 모든 변화는 운동하는 물질을 구성하는 입자들에서 비롯한다는 것을 지적하는 것만으로 충분할 듯하다.

게다가, 작용하는 것과 작용받는 것은 각각 움직이는 것과 움직여지는 것이다. 그리고 접촉하지 않고 움직여지는 것도 없으며, 접촉하는 물체 또한 움직인다.…[31]

매개체의 운동이 모든 현상을 효율적으로 일으키는 원인이 되므로, '모든 능동적인 동력이 운동 속에 내재되어 있다…'[32] 동력은 작용과 다른 존재가 아니다. 동력은 작용 자체이며, 운동은 동력이라 불리는 작용인데 이는 또 다른 작용을 만들어 내기 때문이다. 그의 시스템이 기반을 둔 위와 같은 가설은, 그가 De corpore의 결론에서 밝혔듯이, 자체적으로도 가능하며 이해 또한 어렵지 않다. 혹자는 다른 가설에서 동일한 결과를 보일 수 있을지도 모른다. 만일 그 가설이 그럴듯하기만 하면, 홉스는 그런 시스템도 똑같이 유효함을 서슴지 않고 받아들였을 것이다.

> 자기 자신에 따라, 종(種)에 따라, 자신의 능력으로, 물질의 형태에 따라, 무형(無形)의 물질에 따라, 본능에 따라, 안티페리스타시스(역주: 'antiperistasis'는 상반되는 성질에 둘러싸이면 강도가 더 높아지는 성질을 부르는 철학 용어. 아리스토텔레스가 가장 먼저 사용했다고 함)에 따라, 혐오감이나 연민, 불가사의한 성질, 그리고 학자들이 사용하는 다른 공허한 단어들로, 어떤 것이든 움직여지거나 만들어질 수 있다고 말하는 사람들에게 고하노니, 그대들이 그렇게 말하는 것은 조금도 유익하지 않다.[33]

홉스에게 역학이라는 학문에서 가장 중요한 관심사는 '노력'[conatus]에 대한 그의 개념에 있다.

> 나는 노력을 주어질 수 있는 것보다도 훨씬 적은 공간과 시간, 즉 노출이라든가 숫자에 따라 결정되거나 주어질 수 있는 것보다 더 작

은 공간과 시간에서 행해지는 운동이라고 정의한다. 즉, 한 점에 해당하는 길이와 한 순간이나 시각에 해당되는 시간을 통하여 행해지는 운동을 말한다.[34]

얼핏 보면, 홉스는 순간 속도를 정의하는 것처럼 보인다. 그렇지만 뒤에 따르는 설명과 그 개념을 이용한 용도 모두 고려하면, 이 정의는 다른 목적으로 한 것처럼 보인다. 위와 같이 정의한 홉스는 바로 기동력 또는 운동의 신속성을 정의하기를, '움직인 물체의 빠르기 또는 속도이긴 하나, 그것은 물체가 움직인 시간의 여러 점에서 고려해야 한다고 했다. 그런 의미에서 기동력이란 단지 노력의 양이나 속도에 지나지 않는다'라고 했다.[35] 분명히 '기동력'은 순간 속도를 의미했다. 또한 양털로 만든 공에 비하여 납으로 만든 공이 더 큰 노력을 하며 떨어졌다고 덧붙인 것으로 미루어 보면, '노력'이 속도 이상의 것을 가리켰음이 분명하다.

우선 첫째로, 노력은 벡터의 성질이 있는데, 그가 기동력을 논의할 때는 그런 성질을 말하지 않았다.[36] 더 중요한 것은 그가 '노력'이라는 용어를 움직이는 상태뿐 아니라 정지한 상태에도 적용할 수 있는 문맥으로 사용했다는 점이다. 홉스는 운동 하나만으로도 능동적인 매개체가 될 수 있다고 주장했다. '그러므로 정지 상태는 아무것도 하지 않고 어떤 효력도 없다는 것이 분명하다. 그리고 운동 외에 어떤 것도 정지 상태에 있는 물체를 움직이게 만들 수 없으며, 움직인 물체에서 운동을 빼앗아 갈 수 없다.'[37] 이런 연유로 홉스의 시스템에서는 오늘날 우리가 사용하는 정적(靜的)인 힘에 가까운 개념은 성립할 수가 없다. 그래서 사실상 압력은 모두 내재된 운동이거나 가상적인 운동이다. '왜냐하면, 노력하는 것은 단순히 가는 것과 같기 때문이다.'[38] 노력은 저항을 받을 수 있다. 저항이란 단지 다른 방향으로 움직이는 다른 물체의 노력이다.[39] 평형 상태는 두 물체의 노력이 서로 저항해서 아무런 움직임도 없을 때 일어난다. 무게란 단순히 물체의 각 부분들이 아래로 향하려는 노력을 모두 더한 것에 불과하다.[40] 홉스가 내재하는 운동을 이용하여 능률의 개념을 논한 것을 보면, 저울과 지렛대가 17세기의 동역학에 어떤 영향을 미쳤는지 다시 한 번 가늠할 수 있다.[41] 정적인 상황에서는 홉스가 주장한 '노력'은 간단한 기계의 가상적(假想的) 운동과 동일하다. 이 '노력'이라는 개념은 내재하는 운동을 매개체로 사용하여 정역학과 동역학을 결합하는 다리 역할을 했다. 홉스의 철학에서는 정역학이 더 이상 존재하지 않게 되었으며, 역학은 노력이 서로 작용하는 것으로 해석되었다.

이 밖에도 홉스의 동역학에서는 중심적인 개념으로 기능했던 노력이 그의 자연에 대한 기계적 철학의 문맥에서는 기묘하게도 동역학적 내용을 잃고 동역학 자체를 운동학으로 바꾸어 놓는 결과를 낳았다. 팽팽하게 당겼다 놓은 물체를 홉스가 어떻게 다루었는지 보면, 그가 동역학 문제를 어떻게 운동만 고려하는 것으로 국한했는지 보여준다. 강제로 압축하거나 늘어나서 [per compressionem vel tensionem vi factam – '힘'이라는 단어를 일반화시키고 애매하게 만든 표현으로 격렬하다는 의미를 분명하게 함축함] 원래의 위치에서 벗어났던 물체들은 그 힘이 사라지면 '원래 상태로 복원되는데, 이러한 복원은 애초부터 물체 안에 존재했던 것으로, 다시 말하면, 물체 내부의 각 부분들이 압축되거나 늘어났을 때 이미 그 부분 안에 존재했던 것이다. '그렇기 때문에 복원되는 것은 움직이는 것이고 정지한 것은 움직이는 물체가 접촉하기 전에는 움직일 수 없다.' 단순히 팽팽하게 당기거나 미는 힘을 제거한다고 복원이 이루어질 수는 없는데, 방해물 제거가 복원하고자 하는 이유 자체가 되지는 않기 때문이다. 따라서 복원의 원인은 반드시 운동이어야만 하고, 그 운동은 주변의 매질이나 또는 당겨진 물체에 존재해야만 한다.

그런데 그것이 매질일 수는 없다. '그러므로 물체가 압축되거나 늘어날 때부터 물체에 어느 정도의 노력 또는 운동이 남아있어서, 장애를 제거하면 물체의 각 부분을 원래 위치로 돌아오게 만든다.'[42]

홉스는 힘의 개념을 아래와 같이 정의했다.

> 나는 힘을 기동력 또는 운동의 빠른 정도를 제곱하거나 기동력 또는 운동의 빠른 정도를 움직임의 크기에 곱한 것으로 정의하는데, 여기서 말한 움직임은 크든 작든 움직임에 저항하는 물체에 가해진 것이다.[43]

그는 빠른 정도를 제곱하는 것은 깊이 생각하지 않았다. 그렇지만 빠른 정도와 움직임의 크기의 곱은 데카르트가 말한 '물체 운동의 힘'과 같은 것임이 분명하다. 그래서 홉스는 두 움직임의 크기가 같을 때는 더 빨리 움직이는 물체가 저항하는 물체에 더 큰 '힘'을 작용한다고 했다. 두 물체의 속도가 같을 때는 더 큰 물체가 더 큰 '힘'을 작용한다.[44]

그런데 홉스의 철학에서 중요한 역할을 하는 것은 힘이라는 개념이 아니라 노력이라는 개념이다. 노력은 더 광범위한 현상에 적용되었다. 노력은 정적인 문제뿐 아니라, 전혀 운동이 아닌 것이 명백한 '작용'에도 적용할 수 있었다. 물질이 충만한 공간에서는 어떤 노력이든 모두 무한히 먼 곳까지 영향을 미친다.

> 그러므로 어떤 노력이든 움직이기만 하면, 그 앞에 놓인 무엇이든 아주 적게나마 노력을 만들게 하고, 이러한 현상이 물체가 앞으로 움직이는 한 계속 일어난다. 노력을 만든 것 역시 움직이며 다시 그 앞에 놓인 것으로 하여금 노력을 만들게 한다. 이러한 것이 매질이 꽉 차 있는 한 계속 반복된다. 즉, 매질이 무한하다면 영원히 반복된다…. 이제 노력이 영원이 전달되어 퍼지기는 하지만 우리

에게 항상 운동으로 인지되는 것은 아니고, 때로는 작용처럼 때로는 어떤 갑작스러운 변화의 효율적인 원인처럼 나타나기도 한다.[45]

빛은 그러한 작용의 분명한 예였다. 가까운 곳에서 볼 수 있는 모래 한 알이, 볼 수 없을 정도로 멀리 이동한 다음에도 우리의 눈에 끊임없이 작용한다. 그 모래 한 알이 아무리 멀리 있어도, 다른 모래알을 충분히 많이 모아서 모래 덩어리로 보일 수 있는데, 만일 한 알 한 알에서 나오는 작용이 모두 도달하지 않았다면 보일 수가 없었을 것이다. 데카르트의 예제를 채택한 홉스는 비록 데카르트의 세세한 증명을 그대로 따르지 않아 생기는 손해를 감수해야 했지만 물체의 운동에서 반사의 법칙과 굴절의 법칙을 이끌어냈다. 그는 덧붙이기를, '그러나 만일 물체가 움직이지 않은 채로 노력만 조금 전달했다고 가정한다고 하더라도 …, 그래도 역시 똑같이 증명될 것이다. 왜냐하면 노력은 모두 운동이기 때문이다…' 라고 했다.[46] 움직이려는 경향은 운동 그 자체가 만족하는 것과 동일한 법칙을 만족한다는 데카르트의 주장과 비슷한 논리를 그럴듯하게 내세워, 운동의 힘은 적용할 수 없는 문제에 노력은 적용할 수 있었던 것이다.

어쩌면 노력에 대한 개념이, 홉스로 하여금 그것에 내재된 정역학과 동역학의 방정식과 함께, '충격의 힘'을 다루게 했을지도 모른다고 생각할 만하다. 실제로, 이에 대한 홉스의 유일한 언급은 충격이 정적(靜的)인 무게로 측정할 수 있다는 것을 부정한 것이다. 충격의 효과는 끌기나 밀기의 효과와는 너무 달라서 이들의 힘을 비교하는 것은 거의 불가능하다. 말뚝에 충격을 주어 단단한 땅 속으로 얼마간 박아넣을 때, 때리지 않고 그냥 무게를 얹어서 같은 깊이를 땅 속으로 넣을 때의 무게로 충격의 힘을 정의하는 것이 가능하다 해도 무척 어렵다.

그런 어려움이 생기는 원인은, 때리는 물체의 속도와 맞는 물체의 크기를 비교해야 하기 때문이다. 자, 속도는 파고드는 거리로 계산되므로 1차원적이나 무게는 꽉 차있어 물체 전부의 차원으로 측정된다. 그래서 꽉 차있는 물체를 길이, 즉 선(線)에 비교할 수가 없다.[47]

결론 자체는 칭찬할 만하지만, 그 결론에 이르게 된 근거는 다소 황당하다. 다시 말해, 홉스는 동역학 문제를 운동학으로 바꾸어 버리는 경향이 있음을 알 수 있다.

여기서 홉스 역학의 또 다른 면을 말할 필요가 있다. 데카르트의 역학에서 중요한 역할을 한 '작용'이라는 개념이 그의 역학에서도 존재했다. 하지만 '노력'과는 달리, '작용'은 공식적으로 정의된 것은 아니었다. 작용은 기계적 우주에서는 이미 너무도 잘 확립된 개념을 대치하는 용어이므로 따로 정의할 필요가 없었다. '능동적 작용'과 '수동적 복종', '능동'과 '수동', '발동자(發動者)'와 '수동자(受動者)' 등에서처럼 서로 짝을 이루어 사용됨으로써 고대 서양 철학의 전통 안에 애초부터 존재해왔다. 그래서 홉스가 미리 어떤 소개도 없이 다음과 같이 말한 것이 조금도 놀라운 일이 아니다.

> 작용과 반작용은 동일한 선(線)을 따라 진행하지만 방향이 반대이다. 반작용으로 말할 것 같으면, 단지 수동자가 발동자에게 강요당한 상황에서 스스로를 회복하려는 노력일 뿐이다. 발동자든 수동자 또는 재발동자(再發動者)든, 이들의 노력 또는 운동은 둘 다 동일한 두 지점 사이에서 전달할 것이다. 단지 작용이 시작하는 곳이 반작용은 향하는 곳이 될 뿐이다.[48]

이 문장은 그동안 자체의 필요성에 따라 기계적 철학의 전통 내에 존재해왔던 일반적 인식이 뉴턴의 제3법칙에 얼마나 근접해 있었는지 시사해 준다.

역학이라는 과학이 발달하는 과정에서 홉스의 역할은 그다지 중요하지 않았다. 그의 수학적 자부심에도 불구하고 그가 역학을 정량적으로 정확하게 다루려 한 시도들은 별 성과를 얻지 못했다. 그는 순간 기동력들의 총합으로 정의되는 전체 운동의 속도라든가 또는 평균 기동력에 운동의 시간을 곱한 것과 같은 별 쓸잘 데 없는 개념에 집착했다.[49] 그는 문제를 비현실적으로 만들거나 아니면 그보다도 더 못한 문제로 만들었다.[50] 또한 안타깝게도 물리적 직관이 모자랐다. 역학의 역사에서는 주로 노력이라는 개념에 관심을 기울였는데, 이 개념은 후대에 계승되지는 못했지만 기계적 철학과 동역학 사이의 관계를 분명히 해주는 개념이기도 하다. 노력이라는 개념이 데카르트 학파의 '물체의 운동이 지닌 힘'과 다소 다르기는 하지만, 그래도 이 힘과 연관되어서, 자연에 대한 기계적 철학이 어떻게 자유 낙하의 모형이 아니라 충돌의 모형을 통해, 힘에 대한 개념을 본질적으로 추구했는지 알게 해 준다. 오로지 운동하는 물질 입자들만 포함하고 있는 기계적 존재론에서는 오늘날 우리가 이해하고 있는 힘이 설자리가 없었다. 반면에 노력이라는 개념은 정확히 기계적 우주가 포함하고 있는 바로 그런 요소들로 구성되었으며, 만일 역학의 역사에서 노력이라는 개념이 효과가 없다고 증명되었다면, 그것은 역학이 발달했던 철학적 사조(思潮)를 반영한 것이 틀림없다.

★

그러한 철학적 사조 내에서, 역학이라는 과학에 가장 큰 영향을 끼친 이가 갈릴레오였다. 무엇보다도 그가 자유 낙하를 다루어 완전히 새로운 현상들을 과학적으로 분석하는 것이 가능해졌고, 역학을 공부하는 학생이라면 이런 그의 업적에 감명을 받지 않을 수 없었다. 갈릴레오의 Discourses는 1638년에 메르센이 대신 출판했다. 그 뒤 곧바로 많은 연구가 이러한 흐름을 좇아 진행되었다. 이러한 연구는 모두 동역학적인 관점을 공유했다. 나는 앞에서 갈릴레오 운동학의 밑바탕에 동역학이 은연중에 깔려있다고 주장한 바 있다. 그러나 역시 그가 역학에 기여한 백미는 균일하게 가속되는 운동을 운동학적으로 다룬 데 있다. 17세기에는 운동학적인 역학의 가능성을 온전히 음미한 사람은 오직 크리스티안 호이겐스(Christiaan Huygens)뿐이었다. 그를 제외한 다른 사람들은 거의 다 동역학을 탐구하는 데 일생을 바쳤는데, 이들은 운동학이 동역학에서 나올 것으로 기대했다.

지오바니 바티스타 발리아니(Giovanni Battista Baliani) (역주: 갈릴레오와 같은 시대에 활동했던 이탈리아의 수학자, 물리학자, 천문학자로 갈릴레오와 서한을 주고받았으며 갈릴레오의 피사의 사탑 실험을 더 정밀하게 행한 것으로 알려져 있음)가 지은 De motu naturali gravium solidorum(역주: '물체와 고체의 운동에 대하여'라는 의미의 이탈리아어)은 1638년에 출판했다. De motu naturali가 특별히 훌륭한 저술은 아니지만, 연직 방향 운동의 운동학에서, 갈릴레오 역학은 안에 감추어진 채로 존재했던 동역학적 근거들을 겉으로 드러내 보이는 역할을 했다. 발리아니는 무거운 물체들이 똑같이 낙하하는 것은 중력과 물질 사이의 관계를 표현해 준다고 주장했다. 낙하 과정에서, 중력은 발동자의 역할을 하고 물질은 중력의 작용을 받는 수동자의 역할을 한다. 무거운 물체가 낙하하는 비율은 중력과 물질의 비례 관계에 따라 결정되는데, 중력과 물질은 서로 비례하기 때문에 저항이 없다면 물체들은 똑같은 비율로 낙하한다. 저항이 존재할 때, 운동은 수동적인 저항을 초과하는 만큼의 능동적인 능력에 비례하는데, 그러한 초과분을 운동량이라고 부른다. '무거운 고체의 운동량이 운동량에 비례하는 것처럼, 속도 역시 속도에 비례한다.'[51] 발리아니는 경사면을 따라 내려오는 운동을 다루려고 이 공식을 제안했지만, 용어의 선택이 적절하지는 않았다. 자유 낙하에서는 수동적 인자가 이 비율의 분모에 놓였지만, 경사면을 따라 내려오는 운동에서는 분명히 이 인자가 분자에 놓인다. 이렇게 용어의 결함이 있지만, 발리아니가 이 문제를 다룬 방법이 그 결함을 상쇄하고도 남음이 있다. 그에게 저항이라는 것은 면의 마찰이 아니라 중력의 유효 성분이 감소하는 것이었다. 그는 종종 면의 마찰은 무시했다. 그는 한 가지 '가설'로 경사면 위에 놓인 물체의 운동량과 중력의 비가 경사면의 높이와 경사면의 길이의 비와 같다고 제안했다. 그래서 만일 두 물체가 하나는 수직으로 다른 하나는 경사면을 따라 내려온다면, 두 물체의 속도 사이의 비율은 두 물체가 진행하는 거리 사이의 비율과 역으로 비례한다.[52] 가속 운동에 대한 갈릴레오의 분석을 채택했던 발리아니가 그와 같은 맥락의 운동에서 속도를 사용했다는 것은 뜻 깊은 일인데, 그의 결론을 이해하려면 두 운동에 단위 시간이라는 인자(因子)를 곱해주어야만 한다. 자유 낙하에 대한 갈릴레오의 운동학은 당시에는 혁명적일만큼 새로웠으며, 단위 시간동안 간 거리인 속도를 생각하는 데 익숙해 있던 사람들이 그 대신 가속도를 염두에 두기를 배운다는 것이 결코 쉽지 않았다. 발리아니는 운동학을 받아들이는 것을 주저했지만, 경사면 위에서의 운동에 대한 동역학이 실질적으로 갈릴레오의 요청으로 비비아니가 Discourses(역주: 갈릴레오가 완전히 실명한 뒤에 'Discourses'의 개정판을 준비하는데 비비아니가 갈릴레오를 도왔음)의 개정판에 추가한 내용과 같다고 주장했다. 그러나 발리아니는 표현은 하지 않았지만 질량의 개념을 갖고 있었기 때문에 비비아니를 넘어설 수 있었다.

메르센 신부(神父)의 저서 Harmonie universelle(역주: '보편적 조화'라는 의미의 프랑스어) 제2권은 운동에 대한 갖가지 관찰을 담고 있다. 비록 그 책들이 Discourses보다 2년이나 더 먼저 출판되었지만, 그 내용은 대부분 갈릴레오한테서 영감을 받은 것들이다. 가상디처럼 역시 천주교회의 신부였던 메르센은 17세기 전반부에 걸쳐 과학적인 교류의 중심 인물이었으며 파스칼(Pascal)이나 호이겐스 그리고 데카르트 등과 같은 다양한 사람들이 연구를 촉진시켰다. 갈릴레오의 역학에 정통했던 그는 Discourses를 네덜란드에서 출판하는 데도 기여했다. 갖가지 관찰은 메르센이 역학을 체계적으로 분석할 수 있게 해주었다. 메르센은 주로 운동에 대한 갈릴레오의 과학을 동역학적 용어로 읽는 데 관심을 가졌으며, 나아가서 그가 채택한 직관적 동역학을 지렛대 법칙에 적용하려 했다. 경사면을 따라 굴러 내려오는 공에 대한 그의 논의는 발리아니의 것과 비슷하였지만, '저항'이라는 용어 대신에, 그는 반(反)-무게라는 개념을 사용하여 평형을 도입했다. 여기서 반-무게란, '면으로 받쳐지는 공의 일부가 일종의 반-무게로, 가능한 한 공이 내려오는 것을 늦추는데, 공은 많이 받쳐질수록 그에 비례하여 더 천천히 구른다.'[53] 메르센은 운동에 대해 대체적으로 동역학적 어휘를 적용해 운동과 힘이 동등하다는 것을 암시했다. 낙하할 때 무거운 물체는 '그 물체를 다시 위로 올릴 수 있는 격렬함'을 습득하게 된다.[54] 행성은 태양을 향해서 떨어지면서 속도를 얻는다는 갈릴레오의 생각을 검토하면서, 메르센은 궤도를 회전하는 속도가 생기는 원인으로 '직선 운동의 힘'을 말했다.[55] 만일 포탄이 공기를 뚫고 날아가면서 회전축을 중심으로 회전한다면 더 큰 효과를 낼 텐데, 이는 '격렬함에 드릴이나 바이스(역주: '바이스(vise)'는 그림과 같이 꼭 죄는 장치)의 힘이 결합하기 때문이다.'[56] 운동에 대한 그런 견해를 가지고, 메르센은 충격을 측정할 때는 정적인 무게를 이용하는 것이 논리적이라고 생각했다. 예를 들어, 공기 중에서 낙하하는 물체가 종단 속도에 도달했는지하지 않았는지는 판단할 수 있을 것이다. 만일 12피트 높이에서 낙하하여 저울의 한쪽 접시에 떨어진 납 한 조각이 다른 쪽 접시에 놓인 1파운드의 추를 위로 올릴 수 있다면, 자유 낙하에 대한 갈릴레오의 분석에 따라서, 그 추가 48피트의 높이에서 낙하할 때 2파운드의 추를 올릴

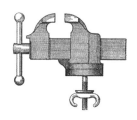

(역주: 바이스)

수 있어야 한다. 만일 정해진 높이에서 떨어진 납이 예측된 무게를 올리지 못한다면, 공기가 납의 운동을 방해하여 처음에 예상한 값의 속도까지 도달하지 못하도록 한 것이 분명하다.[57]

자유 낙하에 대한 메르센의 접근 방법에는 비슷한 개념들이 등장한다. 메르센이 비록 갈릴레오를 따라 모든 물체가 동일한 비율로 낙하한다고는 했지만, 공기와 같이 저항하는 매질이 존재할 때는 매우 밀도가 큰 물체에서만 성립한다. 물체가 아주 가벼워서 '공기의 저항을 극복하는 힘을 갖기가 어려울 때는' 물체에 따라 낙하하는 비율이 달라진다.[58] 저항이 생기는 원인은 두 가지인 것처럼 보인다. 첫째는 밑으로 내려가려는 물체의 자연스러운 경향에서 생기는데, '밑으로 내려가려는 경향은 위로 움직이려는 저항과 동일하기 때문이다….' 그렇지만 무게만이 유일한 요인은 아니고 속도 역시 요인이 된다. 동일한 무게일지라도 '저울의 회전축에서 멀어지는 정도에 비례하여 더 큰 힘을 갖는데, 이는 같은 시간 동안에 조금밖에 움직이지 않는 반대쪽에 비해 이쪽은 상당히 많이 움직이기 때문이며, 그래서 작은 쪽의 속력이 큰 쪽의 무게를 정확하게 상쇄한다….' 갈릴레오와 마찬가지로 메르센도 '100단위로 움직이는 1파운드 물체에 저항하기가 단지 한 단위로 움직이는 100파운드의 물체에 저항하기와 같은 정도로 어렵다'고 결론지었다.[59] 힘과 운동에 대해 구체적이지 못한 방정식에 근거한 완전히 비체계적인 논의가, 저울에서

처럼 비교 분석이 가능한 무게와 맞아떨어지면서, 막연하게나마 일반적인 동역학의 원리에 도달하게 된 것이다. 갈릴레오의 영향에도 불구하고 메르센은 저울에 대한 분석을 하여 충돌을 동역학적으로 작용하는 모형으로 보게 되었다.

메르센이 잡다하게 해석한 것과는 다르게, 역학뿐 아니라 의학과 광학에도 중요하게 기여한 체코 출신의 의사 요하네스 마르쿠스 마르시(Johannes Marcus Marci)는 De proportione motus(역주: '비례 운동에 대하여'라는 의미의 라틴어)라는 책을 통해 동역학의 체계를 제시하려고 시도했다. 1639년에 출판한 이 책은 갈릴레오의 영향을 받은 것이 분명한데, 이 책에는 갈릴레오가 얻은 많은 결론이 포함되어 있기 때문이다. 그렇지만 마르시는 갈릴레오의 몇몇 결론은 받아들이면서도 그의 논거는 받아들이지 않았는데, 그 논거란 원인을 능동적으로 행사하지 않고도 스스로 유지하는 상태로서의 관성이라는 개념이었다. 마르시의 동역학은 운동에 대한 좀 더 오래된 개념에 그 뿌리를 두고 있다. 그의 동역학은 전통적인 동역학 개념들을 새로운 운동학에 어떻게 적용했는지 보여준 데 역사적 가치가 있다.

충격은 시스템 전반에 걸쳐 기본이 되었던 개념이었다.

충격은 유한한 시간동안 그리고 유한한 거리에 걸쳐서 움직이는 운동을 일으키는 능력 또는 성질이다.[60]

충격 자체도 역시 유한하다. 그래서 물체를 제 자리에 붙잡아 두려는 저항보다 충격이 더 크지 않는 한 그 물체를 움직일 수 없다.

충격은 필요한 동인이며 자신과 동일한 운동을 생기게 한다.[61]

열과 같이 자연스러운 동인은 자신만큼의 효과를 만들어내지 않거나 만든다고 하더라도 곧바로 만들지는 않는 것에 비해, 충격은 바로 자신한 테 있는 최대의 운동을 만들어 낸다. 그렇지만 이렇게 얻은 운동은 임시적이어서 서서히 줄어들고, 힘이 줄어들면서 속도 역시 같은 비율로 줄어든다.

명백하게 마르시의 '충격'은 중세의 기동력을 새롭게 해석한 것이었다. 물체 내부에 있는 힘은 그 힘과 동일한 정도의 운동을 불러온다. 균일한 운동에 충격의 개념을 적용하면서 갈릴레오의 Discourses에 나오는 명제와 유사한 한 쌍의 명제를 얻게 되었다. '동일한 기동력은 같은 시간 동안 또는 같은 크기의 시간 간격 동안 같은 거리를 움직인다.' '기동력이 더 크면 같은 시간 동안 또는 같은 크기의 시간 간격 동안 더 먼 거리를 움직이거나 또는 같은 거리를 더 작은 시간 동안 갈 수 있다.'[62] 충격은 저절로 소멸된다는 마르시의 주장을 고려해 볼 때, 이러한 명제들은 아무리 좋게 보려 해도 그 중요성에 의구심이 들 뿐이다.

그런데도 이 명제들은 기동력과 속도 사이의 비례 관계 만큼은 명확하게 기술하고 있다. 여섯 번째 명제 다음에 마르시는 그가 '더 큰 기동력'이라고 부르려 했던 것을 정의했다. 기동력이 더 크다는 것은 외연적이 아니라 내연적으로 더 크다는 것이었고, 그래서 운동의 속도가 기동력에 비례하여 바뀐다는 것이었다. 그렇지만 그의 책 후반부에서는 내연적인 크기와 외연적인 크기 사이의 구분이 겉으로나마 사라지고, 정해진 물체를 어떤 속력으로 움직이게 만드는 충격은 무게가 절반인 물체를 두 배의 속력으로 움직이게 만들 것이라고 했다.[63] 그는 계속해서 이 비율에다 임의의 조건을 결합시켰는데, 특정한 물체를 움직이게 만들려면 그 물체에 비해 충분히 큰 충격을 주어야만 한다는 것이었다. 충격은 움직이는 물체에 비례해야만 했는데, '왜냐하면 나무 공을 움직이게 만든 충격으로는 나무와 크기가 같거나 더 큰 쇠공을 결코 움직이게 만들지 못할 것이기 때문이다.'[64] 원인이 되는 힘이 저항보다 더 클 경우에만 운동이 발생한다는 아리스토텔레스의 금언을 반복하는 것에 불과한 이 조건은, 마르시가 주장한 충격과 속도 사이의 비율이라든가 충격과 크기 사이의 비율에도 맞지 않는다. 이 조건만 빼놓고 보면, 마르시가 말하는 '충격'과 데카르트가 말한 '물체의 운동이 지닌 힘'은, 운동에 대해 근본적으로는 전혀 다른 아이디어와 닿아 있는데도 서로 많이 닮았다. 이는 역사적인 뿌리와 그 안에 내재되어 있는 동역학적인 개념들의 가능성이 기계적 철학의 테두리에 얼마나 잘 들어맞고 있는지 바로 보여준다. 지렛대 법칙을 이용하여 정량적으로 정의한 '충격' 또는 '물체의 운동이 지닌 힘'은 아리스토텔레스 식의 운동 개념을 받쳐주는 동역학적 인식을 표현한 것이다. 비록 기계적 철학이 운동을 서로 다른 개념에 기초하고 있기는 하지만, 운동에서 힘을 동역학적으로 인식하는 것은 너무도 강력하고 흡족한 유혹이었다. 마르시가 말하는 '충격'으로서든 데카르트가 말하는 '물체의 운동이 지닌 힘'으로서든, 충격을 동역학적으로 작용하는 모형으로 묘사했기 때문에 바로 자유 낙하 모형을 연구하지 못했다.

마르시는 갈릴레오의 자유 낙하 운동학에 감명을 받았지만, 자기 자신의 동역학으로 자유 낙하에 대한 기초를 제공하려 했다. 그러한 목적을 위해 마르시는 중력을 충격의 일종으로 취급했다.

> 충격이 다른 충격의 방해를 많이 받을수록 물체는 덜 움직인다. 그런데 중력은 지구의 중심을 향하여 아래쪽으로 움직이는 충격이다. 따라서 연직 방향으로는 다른 어떤 충격으로도 방해받지 않으며 필수적인 발동자이므로, 중력은 자신과 동일한 운동을 만들어낼 것이며, 운동의 속도는 중력과 같게 될 것이다.[65]

여러 면에서 마르시의 충격이라는 개념은 홉스의 노력이라는 개념과 유사했지만, 마르시의 경우에는 그 동역학적 의도가 구체적으로 표시되었다. 홉스와 마찬가지로 마르시의 충격도 정역학적 의미와 동역학적 의미 사이의 차이가 애매해서, 정지와 운동을 실질적으로 동일시했다. 그는 '연직 방향의 운동에서는 운동을 시작한 시점부터 속도는 중력과 같다…'고 주장했다.[66] 모든 운동이 충격에서 비롯된다고 보는 한, 마르시의 분석은 운동을 자연스러운 운동과 격렬한 운동으로 나누는 전통적인 구분을 부정하는 것이었다. 그에 따르면 충격으로서의 중력은 물체를 일정한 비율로 떨어뜨리기 때문에, 자유 낙하 가속도를 설명하려면 전통적인 구분을 수정하여 다시 도입하는 수밖에 없었다. 격렬한 운동에서는, 속도가 꾸준히 감소하고, '원래 있던 충격은 점점 더 사그라진다.' 운동의 원인은 외부에서 왔고 물체가 그 원인에서 분리되어 있으므로 충격이 보충되지 않는다. 충격은 '충격이 원래 지닌 성질에 의해서' 그리고 중력의 상반된 작용에 의해서 사라진다. 반면에 자연스러운 운동에서는 운동의 원인이 내부에 있다. '중력에서 충격이 생기고 충격이 바로 필요한 발동자이므로 자신과 동일한 운동을 만들어내며, 충격이 자신의 운동을 마치기 전에 같은 원인에서 또 다른 충격이 끊임없이 재생산되어 운동의 속도가 계속해서 증가할 것이다.'[67] 무거운 물체가 정지해 있을 때, 중력이 만들어내는 충격은 곧바로 그 물체가 의지하고 있는 저항에 따라 중화된다. 오직 움직이고 있을 때만 충격이 보존된다. 그렇게 해서 자유 낙하의 가속도가 만들어진다.

마르시가 자유 낙하를 어떻게 다루었는지 De motu에 나오는 갈릴레오의 논의와 비교해보면 흥미로운 사실을 알 수 있다. 갈릴레오는 무게가 인위적인 가벼움이라고 생각하고 새겨진 힘이 무게와 상쇄된다고 제안한 반면에, 마르시는 무게가 충격이라고 완전히 반대로 생각했다. 일

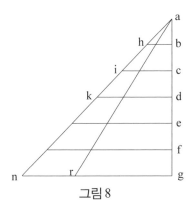

그림 8

반적인 동역학의 출발점으로는 명백하게 마르시의 생각이 더 유리하다. 마르시는 자유 낙하에 대한 갈릴레오의 사려 깊은 분석에 동역학적 해석을 적용함으로써, 바로 뉴턴 동역학의 기본 공식과 아주 유사한 공식을 도출해 낼 수 있었다. 낙하에 대한 논의 마지막 부분에서 그가 말했듯이, 중력이 내부 원리이든 아니면 자성(磁性)처럼 외부에서의 끌림이든 상관없이 그 결과는 똑같다.[68] 마르시가 갈릴레오의 삼각 도표를 재현한 것은 명백하게 동역학적이었다. 갈릴레오는 수평 방향 좌표로 증가하는 속도를 나타냈는데, 마르시는 그것으로 증가하는 충격과 또한 삼각형 위쪽 꼭지각의 크기가 효과적인 동인(動因)이 되는 원리의 크기를 나타낸다고 했다(그림 8을 보라). 자유 낙하에서는 어떤 저항도 중력을 거스르지 않기 때문에 꼭지각은 크고 충격은 급속히 증가한다. 반면에 경사면에서는 경사각이 작을수록 그 꼭지각이 더 작으므로 충격은 더 낮은 비율로 커진다.[69]

자체적인 일관성을 따지자면, 자유 낙하에 대한 마르시의 논의는 자신의 동역학에 거의 기여하지 못했다. 충격이 저절로 소비된다는 성질이 문제점이었다. 만일, 마르시가 주장하듯 충격이 자연스럽게 소멸된다면,

그의 논리로는 도저히 자유 낙하에서 균일한 가속도에 도달할 수 없다. 비록 그가 애초부터 균일한 가속도라는 결과를 원했지만 말이다. 또한 그가 자연스러운 운동과 격렬한 운동을 구분한 것도 거의 핵심을 찌르지 못한 부분이다. 충격이 아무리 끈질기다고 할지라도, 만일 충격이 항상 자신과 같은 만큼의 운동을 만들어 낸다면, 동역학은 운동이 시작되는 첫 순간에 벌써 유한한 속도를 가져야만 하는 문제에 얽혀들어 버린다. 내부 원리로든 아니면 외부 힘으로든, 중력이 균일하게 작용해서 균일한 가속 운동을 만들어 낸다면, 그 운동은 속도가 없던 데서 시작할 수는 없고 적게나마 유한한 속도에서 시작해야 한다.[70] 이러한 분석은 무엇보다도 그가 주장하는 동역학의 궁극적 목적을 은연중에 재설정하도록 이끌었다. 애초에 그는 중력을 충격이라 불렀지만, 이런 방식으로 일정한 운동을 만들어 내는 일정한 힘으로 가속도를 설명하는 것은 거의 불가능했기에, 자신의 생각을 바꾸어서 중력을 충격의 근원으로 다루게 되었다.[71] 이러한 분석은 여러 면에서 결함이 많았지만, 동역학의 기본 공식은 먼저 자유 낙하를 동역학적으로 분석하는 작업에서 나와야만 한다는 것을 보여준 좋은 예이다. 심지어 갈릴레오의 운동학과 완전히 모순되는 개념들로 도배한 분석이었어도 조금만 수정하여 갈릴레오의 운동학을 따르는 운동 제2법칙에 잘 들어맞게 했다.

그런데 자유 낙하의 균일한 가속도는 마르시가 주장하는 동역학에서 전혀 중요한 쟁점이 아니었다. 오히려 다른 문제를 다루는 과정에서 그의 역학 전체 얼개를 다듬는 데는 다른 지적(知的) 인자나 영향이 더 중요한 듯했다. 간단한 기계들을 살펴보는 것이 더 설득력 있게 묘사할 수 있는 방법이었다. 모순은 같은 정도의 모순이 내는 효과를 방지한다는 일반적인 원칙을 충격에 대한 개념에 적용하는 과정에서, 마르시는 저울이 문제를 명확하게 보일 수 있는 도구라고 생각했다.

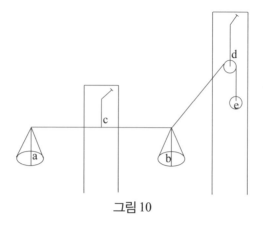

그림 10

무게가 8파운드인 추 *a*를 저울 *abc*에 놓으면 8파운드의 충격으로
저울의 팔을 아래로 누르게 된다. 이 추의 충격은 단지 똑같은 무
게인 추의 충격으로만 제지될 것이다.

이 원리를 설명하려고 마르시는, 저울의 다른 쪽 끝에 줄을 연결하여
그 줄이 도르래를 지나가게 한 뒤 그 끝에 추 *e*를 연결하여 저울의 팔을
위로 올리도록 한 장치를 상상했다(그림 10을 보라). 그런 다음에 그는
비록 숫자상의 값만 가지고도 자신의 목적을 충분히 명확하게 드러냈지
만, 정확히 반대 효과를 보기 위해 다시 진행했다.

만일 무게가 5파운드인 추 *e*가 저울의 바로 그 추를 올려놓은 팔
을 들어올린다면 [그가 그린 도표에서는 반대 쪽 팔을 들어올리고
있고, 그렇게 올린 방향이 실제로는 저울 팔에 수직이지 않고 경
사를 이루고 있다], *a*에서의 충격은 3파운드가 될 것이다. 그러므
로 *a*에 있는 충격과는 달리 *e*에서의 무게 또는 충격은 자신과 동
일한 양만큼을 *a*에서 취한다. 같은 방법으로, 만일 동일한 노력을
지닌 두 공이 동일한 선 위에서 만나 충돌한다면, 그들 사이의

접촉에서 어떤 운동도 뒤따르지 않을 것이다. 실제로 더 큰 충격은 더 작은 공을 반대 방향으로 움직이게 만들 것이고, 더 큰 공은 접촉 이후 더 작은 속도로 움직이게 될 것인데, 이때 줄어드는 속도는 더 작은 충격의 저항이 더 큰 만큼에 비례한다. 왜냐하면 더 작은 충격은 소멸 하자마자 더 큰 충격에서 원래 충격과 똑같은 양만큼 가져올 것이 틀림없기 때문이다. 그러므로 더 큰 충격의 여분이 접촉 이후 운동의 근본이 될 것이고, 필요한 발동자로서 자신과 동등한 운동을 만들어낸다.[72]

이것이 그동안 자유 낙하에서 이끌어낼 수 있던 어떤 동역학보다도 충격의 개념과 그것으로 만드는 충돌 모형과 훨씬 더 조화를 잘 이루는 원리였다.

마르시는 단지 위 문장에서 제시한 충돌을 조사하려는 목적뿐 아니라 경사면을 따라 내려오는 운동도 역시 조사하기 위해서 역(逆)-충격이라는 것을 제시했다. 그는 관심의 대상을 굴러가는 공으로 한정했다. 그리고 메르센이 한 것과 유사한 분석을 했는데, 여기서 그는 접촉하는 점을 받침점이라고 불렀다. 경사면을 따라 내려오는 속도의 증가를 가속도라고 부른다면, 이것은 자유 낙하의 가속도보다 더 작은데, 그 이유는 공의 받침점 반대편에 놓인 부분이 저울의 반대쪽 접시의 무게처럼 행동하기 때문이다. 그것은 역-충격을 공급하는데, 역-충격은 자신과 같은 양을 공제해서, 가속을 일으키는 충격이 줄어드는 만큼에 비례해 가속도가 감소한다.[73] 마르시가 실제로 받침점으로 구분되는 공의 두 부분의 크기를 계산하려 했던 것은 아니다. 그는 오히려 중력 중심의 모멘트를 이용하는 방법으로 문제를 해결했다. 그는 단순히 충격의 개념을 확장하여 모멘트까지 포함시켰는데, 이것이 전형적인 개념의 발달 단계이다. '중력의 충격은 받침점에서 중력 중심까지의 거리에 비례하여 증가한다.'[74]

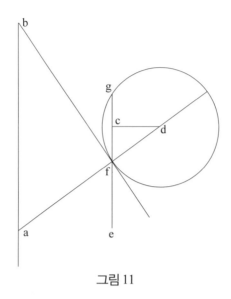

그림 11

작도(作圖)를 보면, 마르시는 공이 경사면을 따라 움직일 때, dc를 받침점에서 중력의 중심까지의 거리와 같게 놓았는데, 여기서 (반지름인) df는 경사면이 연직으로 놓여 있을 때 거리를 나타낸다(그림 11을 보라). '그러므로 충격은, 공리 6에 따라, 받침점에서 중심까지의 거리에 비례해서 증가하고, 명제 2에 따라 충격은 자신과 동일한 운동을 만들어 내기 때문에, 운동의 속도는 이 거리에 비례한다. 그렇지만 명제 7에 따라 더 큰 충격 fd와 더 작은 충격 dc 사이의 관계는 ba에서 운동과 bf에서 운동 사이의 관계와 같아질 것이다.'[75] 결론 부분을 구술하면서 마르시는 균일한 운동의 언어로 슬쩍 돌아왔다. 그는 문제에서 ba와 bf에서 경과한 시간이 같다고 했고, 또한 두 운동이 모두 가속 운동이라고 명시적으로 논했으므로, 따라서 결론 부분을 최종적으로 얻은 속도를 이용하여 고쳐서 말할 수가 있다. 그럼에도 불구하고, 그가 다시 슬쩍 또 다른 용어를 사용했다는 것은 새로운 사실을 알려주는 셈인데, 이는 균일한 가속 운동은 결코 마르시의 기본적인 동역학적 개념과 조화를 이루지 못했지만 그 새로운 용어는 조화를 이루었다는 사실이다.

경사면보다 실은 충돌 문제가 마르시의 동역학에서 궁극적인 목표였다. 그는 이 문제를 다음과 같은 일반적인 명제로 도입했다.

> 어떤 운동도 같은 크기의 역-충격 때문에 생기지는 않지만, 크기가 같지 않은 역-충격 때문에는 생기며, 이때 운동은 더 큰 쪽의 여분과 같다.[76]

마르시는 충돌 문제를 다루면서 '충격'의 의미를 어느 정도 애매하게 남겨두었다. 그는 충격을 만들어내는 타격을 이야기하면서 주저하며 이 타격을 동역학적으로 다루려고 했다.[77] 그렇지만 같은 빈도로, '충격'은 또한 동인(動因)이 되는 능력으로 언급되기도 했는데, 이 능력은 다루고 있는 물체의 무게에 속도를 곱한 것이다. 갈릴레오가 충돌을 타격의 힘으로 측정하려고 시도했던 데 비해, 마르시는 데카르트와 비슷한 방식으로 했다. 즉, 충돌 후 두 물체의 운동을 충돌 전 두 물체의 운동과 크기로 정의하려 했던 것이다. 그래서 그도 데카르트와 마찬가지로, 충돌을 동역학적으로 고려하면 할수록 점점 더 논의가 혼란스러워지는 결과를 낳았다. 마르시는 운동의 보존을 주장하지는 않았기 때문에, 그가 얻은 결과는 데카르트의 결과와 여러 면에서 달랐다.

마르시는 데카르트의 의견에 동조해서 움직이는 물체가 다른 물체에 충돌한다고 해서 언제나 그 물체를 움직이게 만들 수는 없다고 생각했다. 물체를 움직이게 만들려면 적합한 양의 충격이 있어야만 한다. 부드럽거나 부서지기 쉬운 물체가 움직이지 못하는 물체에 부딪치면, 충격은 그냥 흡수되어 버리고 만다. 부딪친 물체가 단단할 때는 그 단단한 정도가 증가할수록 첫 번째 물체는 그 물체의 원래 속도에 더 가까운 속도로 되튀게 된다. 운동하던 물체가 처음에는 충격 때문에 멈추지만, 그 물체가 부딪친 장애물이 거기에 응해 물체를 다시 가격해서 새로운 충격이 그 물체를 되튀게 한다. 처음 주장과는 달리, 마르시는 이제 서로 반대 방향에서 접근하는 같은 충격의 두 물체가 충돌할 때 각 물체는 서로에게 움직이지 못하고 고정된 장애물처럼 행동한다고 주장했다. 역-충격이 서로 상대방의 운동을 소멸시키지만, 타격이 둘 다에게 새로운 충격을 주어 두 물체 모두 되튄다. 이 쟁점에서 핵심은 연달아 생기는 두 충격에 있다. 첫 번째 타격 바로 뒤에 두 번째 타격이 생길 때, 두 충격은 서로 섞이지도 않고 또 서로 상대 충격을 소멸시키지도 않으며, 그래서 물체는 되튄다.[78]

두 충격이 같지 않을 때는 문제가 더 복잡해진다. 만일 대상이 되는 두 물체의 크기가 같다면, 두 물체의 속도는 각 물체의 충격에 비례한다. 더 빨리 움직이는 물체가 자기가 되받는 것보다 더 세게 때린다.

> 서로 움직이면서 부딪치는 두 물체의 속도는 타격으로 서로 교환하는 것이 분명하다. 세게 부딪치면 그만큼 덜 격하게 되튀기며, 그보다 약하게 부딪치면 그만큼 더 격하게 되튀긴다.[79]

물체도, 충격도 같지 않을 때, 마르시는 주어진 충격이 물체가 되튀게 만들지 결정하기 위한 두 가지 판단 기준을 만들었다. 큰 물체를 움직일 수 있는 충격은 어떤 경우라도 더 작은 물체를 움직일 수 있다. 큰 물체가 자기를 되튀게 만들 수 없는 작은 물체에 부딪칠 때는, 큰 물체는 작은 물체에게 자신의 원래 속도와 같은 속도를 나눠주고 나머지 충격으로 움직이던 방향으로 계속 움직인다.

그리고 이와 같이 서로 다른 속도의 물체는 서로 다른 타격으로 생겨나는데, 더 큰 물체는 타격으로 힘이 잘려나가기 때문에 더 작은 속도로 움직이는 반면에 작은 물체는 같은 힘이 그대로 유지되기 때문에 더 큰 속도로 움직이게 된다.[80]

그러나, 더 작은 물체를 움직이게 만드는 충격이 더 큰 물체를 움직이기도 한다. 이 경우는 움직이게 만들려는 물체에 대비해서 충격의 비율이 원래 작았던 물체의 비율보다 더 클 때만 가능하다. 마르시가 이런 엉뚱한 비교 공식을 만드는 데는 두 가지 요소가 기여했다. 첫째, 그는 중력을 충격이라고 보았으며, 그래서 물체의 무게는 그 물체의 운동에 한몫을 한다. 이 경우에 그는 중력이 (운동이 수직 방향으로 일어나지 않으므로 옳은 것처럼 보이지 않았지만) 역-충격이며, 따라서 어떤 물체가 다른 물체를 움직이게 하려면 그 물체의 충격이나 운동이 다른 물체의 중력보다 더 커야만 한다고 지적했다.[81] 둘째, 모든 곳에 나타나는 저울의 이미지 역시 비교를 부추겼다. 여기서는 추의 무게와 가상의 속도 사이의 비례 관계가 그 도구가 되었다. '받침점의 비율'에 대한 언급이 충격 논의의 대부분을 차지했다.[82] 저울의 한쪽 끝에 놓인 물체는 그 물체의 무게와 가상 속도의 곱이 다른 쪽에 놓인 물체의 무게와 가상 속도의 곱보다 더 커야만 다른 쪽에 놓인 더 큰 물체를 들어올린다. 그런 경우가 충격에서 성립할 때는 더 강력한 발동자가 우세해지고, 더 큰 물체는 되튀지 않을 수 없게 된다. 작은 물체도 역시 되튄다.

큰 물체의 충격이 작은 물체의 충격보다 더 작기 때문에 작은 물체의 충격은 큰 물체의 중력보다 더 크며, 작은 물체가 큰 물체를 칠 때 큰 물체는 타격에 따라 움직이게 될 것이다. 게다가 작은 물체 역시 더 큰 물체에서 되튄다. 이는 작은 물체는 거기서 나오

는 얼마 정도의 타격으로도 쉽게 움직여질 수 있기 때문이다.[83]

그 시대에 가장 그럴 듯해 보이는 동역학적 작용에 대한 모형을 제공하는 충격이라는 현상 자체가 운동학적 분석에 가장 잘 순응했다는 사실은 바로 17세기 동역학의 예상 밖 결말이었으며 풀어야 할 난제였다. 마르시가 새롭게 다른 방법으로 설명했다시피, 전인미답의 늪지에서 충돌을 동역학적으로 분석해서 보는 모든 시도가 바로 제기되었다.

갈릴레오의 운동학이 지닌 동역학적 중요성을 마르커스 마르시보다 더 예리하게 탐구한 이가 바로 갈릴레오의 위대한 제자였던 이탈리아 출신의 에반젤리스타 토리첼리(Evangelista Torricelli)였다. 1715년에 출간된 토리첼리의 저서 Lezioni accademiche(역주: '학술 강좌'라는 의미의 이탈리아어 제목)의 표지에는 저자의 초상화 아래 라틴어로 된 'En virescit Galilaeus alter'라는 문구가 적혀있다. 이것은 저자의 이름인 Evangelista Torricelli의 알파벳 낱자들의 순서를 바꾸어 만든 말로 '또 한명의 갈릴레오가 활약하는 것을 보라'고 번역할 수 있다.[84] 역학에서 토리첼리가 이룬 업적을 갈릴레오의 업적과 관련지어 말할 때, 제자가 스승의 업적을 일관되게 계승하여 출발점으로 삼았다고 하는데, 이는 어느 정도 역사적으로 옳은 표현이다. 그렇지만 이 말은 반만 옳다. 만일 토리첼리가 갈릴레오를 출발점으로 삼았다면, 그의 역학은 동역학을 명시적으로 강조함으로써 스승의 역학과는 사뭇 달라졌을 것이기 때문이다. 피렌체에서는 1642년경에 학술 강좌라는 이름 아래 서로 다른 여러 분야의 강의가 열렸는데, 그중 충돌 문제에 대한 강의도 몇 개 있었다. 이 강의는 토리첼리가 갈릴레오의 뒤를 이어 교수직에 처음 취임하면서 열린 공개 강의였다.

토리첼리는 대공작의 수학자 겸 철학자였던 갈릴레오를 (역주: 갈릴레오가 직접 제작한 망원경을 이용하여 발견한 목성의 네 개 달에 대한 책을 저술하여 토스카나의 대공작인 코시모 2세에게 증정했고, 대공작은 매우 만족하여 갈릴레오를 그의 수학자 겸 철학자로 임명하고 상당한 액수의 연봉을 제공했음) 그 생애의 마지막 몇 달 동안 옆에서 간병했다. 17세기 당시에는 잘 알려지지 않았던 그 강좌들 외에도, 토리첼리는 De motu gravium naturaliter descendentium et proiectorum libri duo라는 제목의 책을 (역주: 이 제목은 '자연스럽게 내려오는 물체의 운동과 발사체에 관한 두 권의 책'이라는 의미) 썼는데, 이 책은 1644년에 출판되어 갈릴레오의 운동학을 동역학으로 확장시킨 것으로 널리 알려졌으며 영향력 또한 컸다.

실제로 토리첼리의 역학에는 동역학적인 관점이 두루 퍼져있어서 운동에 대한 개념을 갈릴레오와는 근본적으로 다르게 결정했다. 토리첼리는 던진 물체를 운반하는 것이 무엇인지 고민했다. 갈릴레오는 그것이 매질일 수는 없음을 보였다. 그렇다면 그것은 '물질 전체에 들어차 새겨진 기동력'이어야만 했다. 무엇이 기동력 역할을 하는지 알지는 못했지만, 기동력이어야만 한다는 것을 그는 알았다. 팔이 발사체를 밀고 있는 한, 그 물체가 움직인다는 것은 전혀 놀랄 일이 아니다.

그러나 물체를 던지고 함께 움직이던 손에서 물체가 떨어진 뒤에, 그 물체에 어떤 보조적인 능력이 새겨져 있어서 공기 중에서 그 물체를 나르고 있는 것이 아니라면 놀라지 않을 수 없다. 왜냐하면 대기(大氣)를 통해 날아가는 포탄이, 주위 매질의 방해를 받는데도 포탄과 함께 날아가는 어떤 권능의 도움도 없이 날아가고 있다면, 원인이 없는 효과가 될 것이며, 그렇다면 자연이 불합리하게 되기 때문이다. 그래서 필연적으로 운동과 속도를 일으킬 수 있는 (그것이 무엇이든) 어떤 능력이 어느 정도 새겨져 있어서,

그 새겨진 능력이 많으면 많은 대로 적으면 적은 대로, 움직이고
있는 물체에 자신을 새긴다 ….[85]

토리첼리가 즐겨 사용하는 용어는 '기동력'이 아니라 '모멘트
[momento]'였는데, 그것도 주로 복수형[momenti]이었다. 그는 속도란
그저 겉으로 나타나는 효과일 뿐이라고 했다. 그것의 실체는 물체에 처
음부터 고유하게 있는 momenti인데, momenti는 속도가 수반되지 않고
서도 스스로 존속하지만, momenti가 없으면 속도는 존재하지 않는다.
저울의 팔에서 서로 다른 거리에 놓인 추나 또는 서로 다른 경사각의
경사면에 놓인 추는 서로 다른 momenti를 갖지만, 그 추들의 속도는
단지 잠재적으로만 다를 뿐이다. '그러나 속도는 내부의 momenti가 없
다면 정말이지 스스로 존속하지 못한다.'[86]

위의 구절들은 1640년대 초부터 시작된 학술 강좌에서 인용한 것이다.
자연스럽게 내려오는 물체의 운동과 발사체에 관한 두 권의 책(1644)에서
는 토리첼리가 생각을 종종 바꾼 듯하다.

포물선 *ABC*를 따라 움직이는 발사체가 포물선 위의 한 점 *B*에서
그 물체의 중력 모두를 소진했다면, 의심할 여지가 없이 그 물체
는 포물선에 접하는 직선 *BD*를 따라서 항상 균일한 운동으로 이
동을 계속했을 것이다. 왜냐하면 운동을 휘게 하거나 속도를 늘이
거나 줄이는 원인은 어떤 것이건 중력에서 나올 것이기 때문이다.
그러므로 물체의 기동력[impeturn]은 물체가 접선 *BD*위의 어느
부분에서건 항상 계속해서 점 *B*에 있을 때와 같을 것이다.[87]

이 경우에 기동력은 동역학적 특성을 잃어버리게 되고, 위의 문장은 관
성의 원리에 대한 초기 진술 중에 하나처럼 된다. 그렇지만 De motu

gravium의 어디선가 동역학적 의미가 다시 출현했다. 그래서 그는 포물선 궤도 위의 어떤 점에서든, 두 기동력을 더해서 구성한 운동량은 같은 크기만큼의 동력[potentia]이 되어야만 한다고 말했다.[88] 이런 분명한 모순은 갈릴레오 역시도 불명확한 언어로 자주 그랬던 것을 보면, 당시로서는 항상 존재하는 기동력이라는 개념을 관성의 개념과 구분하는 것이 거의 불가능했다는 것을 상기시켜준다. 토리첼리가 기동력(또는 momenti)을 대부분 능동적 의미로 이해했다는 것은 분명하다. 기동력은 운동을 단순히 말로 표현한 동의어 이상이었다. 기동력은 운동의 동역학적 원인이었다. 그런 의미에서 기동력은 마르시가 이야기한 충격의 개념과 비슷했다.

아마도 토리첼리와 갈릴레오 사이의 관계가 De motu gravium에서보다 더 분명히 나타나는 곳은 없을 것이다. 책의 전체 제목(De motu gravium naturaliter descendentium) 자체가 갈릴레오를 생각나게 하는데, 토리첼리는 무거운 물체가 아래로 내려오는 움직임이 자연의 유일한 현상이라고 생각한 스승을 계승했다. 그런데 토리첼리는 이 책의 서론에서 벌써 이 주제에 대한 그 자신의 접근 방법을 천명했다. 그에 따르면, 갈릴레오는 서로 다른 경사각의 경사면을 내려오는 동일한 무거운 물체가 얻는 속도 증가분이 경사각이 다르더라도 경사면의 높이가 같으면 모두 같다는 원리에 따라 가속 운동을 다루었으나, 이는 실증되지 않았다. 따라서 그는 이 실증을 넘겨받아 기계의 원리를 이용하여 증명했다.

> 서로 다른 경사각의 경사면에 놓인 동일한 무게의 물체들의 모멘트는 경사면의 동일한 거리에 해당하는 높이의 비에 비례한다.[89]

확실하게 해두기 위한 말이지만, 이 원리는 비비아니가 Discourses의 개정판에 삽입한 증명에서 이용한 것과 똑같고, 또한 갈릴레오 자신이 그 책의 초판에서 원의 현(弦)을 따라 움직이는 운동에 대한 그의 정리 (定理)들에서 인용한 것과도 똑같다. 토리첼리의 경우에는 연구 목적을 기술할 때 벌써 연직 운동 자체를 동역학으로 설정한 것과 같았다.

증명을 완성하기 위해 토리첼리는 다음과 같은 가정을 제시했다.

> 서로 연결된 두 물체는 두 물체의 중력 중심이 아래로 내려가지 않는 한 그들 스스로 움직이게 만들 수가 없다.
> 왜냐하면, 저울이나 도르래 또는 어떤 기계적 장치를 이용하든, 한 물체의 운동에 따라 다른 물체의 운동도 뒤따르도록 두 물체를 연결하면, 이는 두 물체로 구성된 한 물체가 될 것이기 때문이다. 그뿐 아니라, 이런 종류의 물체는 그 물체의 중력 중심이 내려오지 않는 이상 결코 움직이지 않는다. 실제로 중력 중심이 스스로는 내려오지 못하도록 물체의 배열을 구성하면, 그 물체는 제자리에서 전적으로 정지해 있는데, 왜냐하면 만일 그 물체가 절대로 아래로 내려오지 않는 수평 방향 운동과 같이 다른 방법으로 운동한다면 그 물체는 보람 없이 운동한 셈이기 때문이다.[90]

이 가정은 역학에서 굉장히 중요한 새로운 원리를 표현했다. 적절하게 정의한 조건들 아래서는, 두 개 또는 그보다 더 많은 물체가 그들의 중력 중심에 집중되어 있는 단 한 개의 물체처럼 취급할 수가 있다. 이 한 물체에 수립된 결론들은 모두 그들의 중력 중심의 운동에도 똑같이 적용할 수 있다. 토리첼리 자신은 이 가정을 연직 방향 운동이라는 자연스러운 운동에서 두 물체를 연결해 한 물체를 만드는 경우에만 한정시켜서, 지극히 갈릴레오다운 방법으로만 적용했다. 이 가정을 더 광범위하게 적용한다면 더욱더 중요한 결과를 얻을 수 있을 것이었다.

경사면에서의 운동에 대한 갈릴레오의 제안을 증명하려고 토리첼리는 한 점에서 동일한 면으로 내려오는 서로 다른 경사각의 두 경사면을 생각했다. 각 경사면에 정지해 있는 물체들은 위의 꼭짓점에 매달린 도르래를 통해 줄로 연결되어 하나의 단위로만 움직일 수 있다. 구성된 형식만으로도 바로 다음과 같은 결론이 나온다. 이 두 물체는, 서로에 대한 비율이 평면의 길이 사이의 비율과 같을 때, '같은 운동량'을 갖게 된다. 토리첼리는 물체의 무게를 '총 운동량'이라고 부르기로 하고, 그의 결론을 다음 도움 정리로 요약했다.

> 물체의 총 운동량과 경사면에서 그 물체의 운동량 사이의 비는 경사면의 길이와 경사면의 높이 사이의 비와 같다.[91]

삼각법에 나오는 언어를 이용하면, 경사면을 따라 움직이게 만드는 효과적인 힘을 말하는 운동량은 경사각의 사인값에 비례해서 변한다. 토리첼리는 운동량을 물체가 경사면을 따라 아래로 내려가는 운동의 원인으로 취급하면서 결론에 접근해 나갔는데, 당연히 성립해야 하는 동역학의 기본 공식을 다음과 같이 표현했다.

> 갈릴레오가 그랬던 것처럼 우리는 여기서 서로 다른 경사각의 경사면에서 속도들 사이의 관계는 질량[moles]이 같을 때 운동량들 사이의 관계와 같다고 가정한다.[92]

갈릴레오의 문제처럼 원의 현을 따르는 가속 운동을 취급하는 상황에서 보면, '속도'는 단위 시간 끝에서의 속도를 말하기 때문에, 위의 표현은 사실 질량이 일정할 때 가속도는 움직이게 만드는 힘에 비례한다고 말하는 것과 마찬가지이다. 여기서 'moles'를 '질량'으로 번역한 것은 달리 어떻게 할 수 없어서 궁여지책으로 고른 현대화된 단어이다. 토리첼리는 질량을 무게와 구분하지 않았으며, 어쩌면 'eadem moles'를 '동일한 물체'로 번역하는 것이 더 좋을지도 모른다.[93] 그렇지만 이 표현은 균일한 가속도의 운동학을 놀랍게도 동역학적으로 가감 없이 해석한 것이다.

토리첼리는 이미 초기 학술 강좌에서 훨씬 더 놀랄만한 방법으로 똑같은 것을 증명한 바 있다. 거기서 문제는 경사면을 따라 내려오는 운동이 아니라 충격이었고, 거기서도 역시 갈릴레오가 출발점을 제공했다. 토리첼리는 갈릴레오가 파도바에서 했던 일련의 매혹적인 실험들을 반복했는데, 충돌의 힘에 관한 갈릴레오의 책에는 언급하지 않은 것들이었다. 토리첼리는 받침대에 활을 단단히 고정하고 길이가 1 braccio(대략 2피트에 해당)인 활시위의 중간에 무게가 2온스인 납으로 만든 공을 매달았다. 활시위의 높이에서 공을 떨어뜨렸을 때, 충격의 힘이 활을 휘게 만드는데, 이때 때리면 소리를 내는 그릇을 이용하여 갈릴레오는 공이 줄을 얼마나 당기는지 계산했다. 잡아당긴 길이가 4인치라고 하자. 이제 가만히 매달아서 같은 길이를 잡아당기려면 얼마나 무거운 공이 필요한지 알아보았다. 그 무게가 10파운드라고 하자. 더 단단한 활로 동일한 실험을 해서 같은 길이를 잡아당기려면 20파운드 이상이 필요하다는 것을 알았다. 세 번째로 더 단단한 활을 이용하면 더 많은 무게가 필요했다. 그리하여 활이 점점 더 단단해질수록, 같은 거리를 떨어진 동일한 납공의 '힘'[forza]에 필적하려면 점점 더 많은 무게가 필요했다. 그는 아주 단단한 활을 이용하면 1,000파운드가 필요할 것이라고 결론을 내렸다. 그런데 1,000배가 더 단단한 활을 상상하면 납공은 백만 파운드에 해당하는 효과의 원인이 될 수도 있다. 이것은 '그렇게 작은 무게로 단지 2피트를 낙하한 힘이 무한히 클 수도 있다는 완벽한 증거이다.'[94]

무한히 큰 충격의 힘을 분석하기 위해, 토리첼리도 스스로 문제를 설계했다. 대리석으로 만든 책상 위에 1,000파운드의 무게를 놓으면 책상이 깨어질 수 있다고 가정하자. 책상 위에 100파운드의 무게를 놓으면, 책상을 깨뜨리는 것에 관한 한 그 무게는 아무 역할도 하지 못한다. 정확하게 무게가 매순간 100파운드의 'forza' 또는 'momento'로 책상을 아래로 누르지만, 책상은 매순간 1,000파운드의 momento를 가지고 저항한다. 만일 하나가 각각 100파운드씩인 공 10개를 책상 위에 놓는다면, '또는 만일 이 열 개의 능력과 모든 활동을 단지 하나에만 집중할 수 있다면', 책상의 저항을 무력화시키기에 충분한 'forza'를 가질 수도 있다. 책상 위에 공 10개를 놓으면, 물질을 늘리는 것이다. 만일 물질을 늘리는 대신에 시간을 늘릴 수 있다면, 매순간에 공 한 개가 누르는 momento를 보존하는 어떤 방법을 찾아서 똑같은 효과를 이룰 수도 있다. 그리고 그렇게 하는 것이 전혀 어렵지 않은데, 바로 공을 떨어뜨리는 것이다.[95] 토리첼리의 기동력 또는 momento에 대한 개념이 어떻게 충격의 힘에 대한 분석에 잘 맞아 떨어질지 분명히 알 수 있는 부분이다. 토리첼리가 발사체들을 논의할 때 자주 발사체들의 forza를 말한 것은 전혀 우연이 아니었다.[96]

한 시간 동안 한 병의 물만 채울 수 있는 비율로 물이 흐르는 샘에서 물병 100개를 채운다고 상상해보자. 그러면, 말할 것도 없이, 매 시간 물병을 채우는 일을 100시간 동안 계속해야 한다.

자연스러운 물체에서 중력은 momenti가 계속해서 흘러나오는 샘이다. 우리가 다루고 있는 물체는 매순간 100파운드의 forza를 만들어 낸다. 그러므로 10개의 순간 동안에, 또는 시간의 가장 짧은 단위로 10개 동안에 라고 말하는 것이 더 좋지만, 그 물체는 한 번에 100파운드에 해당하는 10번의 forze를 만들어 낼 것인데, 이 것은 단지 그 forze가 소멸되지 않는다는 조건 아래서만 성립하는 말이다. 그러나 물체가 물체를 지탱하는 다른 물체 위에 정지해 있는 한, forze는 결코 모아지지 않다. 그것은 두 번째 forza 또는 momento가 나타나는 순간에 그 전에 생겼던 forza 또는 momento가 사라져버린다거나, 말하자면, 지탱하는 물체에 반해서 저항하는 데 모두 써버리기 때문인데, 지탱하는 물체는 모든 momenti를 생기자마자 바로 없애버린다. 그러나 더 이상 지루하고 장황한 설명이 없더라도 [sic!], (역주: 라틴어로 '원문 그대로'라는 의미로 인용하는 문장을 글자 그대로 따왔음을 강조하는 것) 갈릴레오가 제공한 자연스러운 가속 운동에 대한 정의 그 자체만으로도 충격의 forza와 관계된 이러한 자연의 신비를 밝히는 데 충분하다. 이제 중력의 샘이 열렸다고 하자. 무거운 공을 들어올렸다가 놓으면 다시 떨어지는 데 10번의 순간에 해당하는 시간이 걸리고, 그 결과 10개의 momenti가 발생했다고 하자. 그 momenti는 소멸하지 않고 한꺼번에 모아질 것이다. 이는 떨어지는 물체와 가속 운동에서 얻은 한결같은 경험에서 명백한데, 물체에 있는 forza가 정지해 있을 때보다 떨어졌을 때 더 크기 때문이다. 그러나 이치에 맞추어 보아도 이 결론이 그럴듯한데, 왜냐하면 물체를 지탱하는 장애물이 앞에서 말한 것처럼 증오에 찬 접촉으로 끊임없는 저항해서 momenti를 모두 다 소멸시킨다면, 장애물이 치워지면 원인과 함께 효과도 역시 제거될 것이기 때문이다. 그러므로 물체가 낙하한 뒤에 부딪치면, 그 물체는 더 이상 전에 그랬던 것처럼 단 한 번의 순간의 결과로 나오는 100파운드에 해당하는 forza만 사용하지 않고, 10번의 순간의 결과가 늘어나서, 대리석 책상을 부수고 함락시키기에 충분한, 1,000파운드와 정확히 맞먹는 forze가 한꺼번에 결합되어 사용한다.[97]

가속 운동에서는 점점 증가하는 물체의 속도가 물체에 축적된 momenti를 나타내는데, 이 momenti가 훨씬 더 근본적인 실체이다. 충격의 forza는 이 동역학적 실체의 또 다른 모습일 뿐이다. 충격의 forza가 단순히 momenti의 정도를 표현하는 척도에 불과한 것이 아니라, 타격의 힘이라든가 운동의 속도와 동등한 momenti이다. 토리첼리는 발사체의 forza가 '그 물체를 움직이게 만든 기계가 그 물체에 새긴 능력 외에 어떤 것일 수도 없고, 수치적(數值的)으로도 그 기계에서 흘러 들어온 만큼의 능력과 정확히 같다'고 주장했다.[98]

　말할 것도 없이, 속도만이 momenti의 정도를 표현하는 척도는 아니다. 굉장히 큰 물체는 같은 비율로 움직이고 있는 작은 물체에 비해 굉장히 더 큰 힘으로 부딪친다. 충격에서 물질은 어떤 역할을 할 수가 있을까? 토리첼리는 물질 자체로는 아무런 역할도 할 수 없다고 확신했다.

> 물질 자체로는 죽어 있으며 단지 활동하고 있는 능력을 차단하고 저항하는 역할만 할 뿐이라는 것까지는 명백하다. 물질은 키르케 (역주: 그리스 신화에서 태양신 헬리오스의 딸이며 마법에 능해 남자들을 마음대로 농락할 수 있는 요정)의 마법을 행사하는 항아리 이상도 이하도 아닌, forza와 impeto의 momenti를 저장하는 그릇의 역할을 할 뿐이다. 그렇다면 forza와 impeti는 너무나도 추상적으로 민감하고 또 철저히 심령과 연관되어서, 자연스러운 물체의 가장 본질적인 물질적 성질 외에는 어떤 단지에도 담겨질 수가 없다. 이것이 최소한 내 생각이다.[99]

방해물이 소멸시키지만 않는다면, momenti는 물체 내부에 쌓여서, 가속 운동으로 스스로를 드러낸다. 그러므로 충격할 때 물체의 힘은 정지해 있을 때 물체의 힘보다 더 크다. 만일 'forza'라는 단어와 관계된 모호함을 잠시 접어둔다면, 자유 낙하의 경우 토리첼리의 결론은 다음 공식

$$mv = \sum F \Delta t$$

과 동일하다고 할 수 있다. 여기서 F는 낙하하는 물체의 무게를 나타낸다.

　실제로 토리첼리는, forza와 momento를 사용하는 데 어떤 모호함이 있는지 깨닫기 바로 직전까지 와 있었다. 그가 의심쩍게 생각하기 시작한 부분이 바로 충격의 힘이 무한히 크다는 것이었다. 이제까지 어떤 것도 힘이 무한대여야 한다는 징후를 보여주지 않았다. 위에서 논의된 것은 단순히 물체의 무게에 낙하하는 데 걸린 순간들의 수(數)를 곱한 것이다. 토리첼리가 시간을 어떻게 이해했느냐에 따라 많은 것이 달라진다. 토리첼리에게는 시간이란 알갱이 모습이어서, 불연속적인 부분들의 연속이라고 생각했고, 그런 것을 물론 순간이라고 불렀다. 비록 불연속적이긴 하지만 한 순간은 무한히 짧게 지속되며, 충격의 힘과 관련된 문제에서 중요한 것은 모든 유한한 시간 간격은 무한히 많은 수의 순간으로 구성된다는 생각이다. 중력의 샘에서 매순간 momento가 하나씩 흘러나오기 때문에, 유한한 시간동안이라도 낙하한 뒤에는 충격의 힘은 무한히 커져있어야만 한다.[100]

　얼핏 보기에는 토리첼리가 너무 과하게 증명한 것처럼 보인다. 만일 위의 분석이 옳다면, 아무리 작은 돌멩이라도 어떤 높이든 유한한 높이에서 떨어지면 대리석 책상을 깨뜨릴 수밖에 없다. 그러나 다행스럽게도 실제로 그런 일은 일어나지 않는다.

　　이 문제에 대한 반응은 다음과 같다[토리첼리가 계속했다]. 만일 충격이 순간적으로 일어난다면, 아무리 작은 충격이라도 매 충격마다 무한한 효과가 뒤따른다. 다시 말하면, 충격이 축적된 momenti를 한꺼번에 모두 다 가할 수가 있다면, 즉 자신이 수집한 무한의 momenti를 몽땅 한 순간에 저항체에 부과한다면 말이

다. 그러나 만일 그 momenti를 적용하면서 약간의 시간 간격을
두고 적용한다면, 그 효과가 반드시 무한대일 필요는 없다….[101]

물체가 낙하하면서 얻은 운동이, 떨어질 때와 같은 시간 동안에 그 물체
를 다시 원래 높이까지 올려놓을 수 있다는 것은 잘 알려져 있다. 물체의
무게와 같고 시간 간격 동안 변하지 않고, 위로 향하는 작은 반감(反感)
으로도 충분히 낙하하는 동안에 축적된 무한한 양의 forze을 소멸시킬
수 있다. 충격에서는 저항이 훨씬 더 큰데, 이때는 시간 간격이 더 짧은
동안에 작용해서 같은 효과를 낸다. '동일한 impeto를 소멸시키기 위해
필요한 저항은 시간에 반비례한다.'[102]

물체가 낙하하면서 예를 들어 momento를 100배로 늘렸다고 하자.
그렇게 늘린 forze를 물체가 충돌해서 그 한 순간에 모두 다 가하
면, 저항체는 정확히 그 100배의 forza에 해당하는 격렬함을 느끼
게 될 것이다. 그러나 물체가 예를 들어, 10순간에 골고루 분산시켜
서 forze를 가한다면, 저항체는 결코 forza의 100 momenti를 느끼
지 못하고, 한 번에 단지 10momenti만 느끼게 될 것이다.[103]

토리첼리가 그의 주안점을 설명하기 위해 자주 사용했던 인상적인 예로
입구의 바위 위에서 한 시간 동안 잠이 든 지친 농부 이야기가 있다.
그 농부는 엄밀히 말하면 별로 편안하시는 않지만, 그래도 압력이 한
시간 동안 나뉘어져 있었으므로 견딜 만했다. 그런데 이제 그 농부가
달에서 떨어지면서 한 시간 동안 잠을 잔다고 상상해보자. 공기보다 더
푹신푹신한 침대는 없겠지만, 땅에 떨어질 때는 이전에 한 시간 동안
나뉘어 있던 압력을 땅에 닿는 짧은 시간 동안 한꺼번에 몽땅 받게 된
다.[104] 만일 다이아몬드를 나무 책상 위에서 깨뜨리려 할 때, 책상은 받는

타격을 유한한 시간 동안 나누어서, 망치의 momenti가 몽땅 한꺼번에 동작할 수 없다. 그러나 쇠판 위에 다이아몬드를 놓고 쇠망치를 사용한다면, 다이아몬드는 '타격의 momenti를 한꺼번에 받지 않을 수 없으며, 다이아몬드는 아무리 단단해도 견디지 못하고 가루가 되어버릴 것이 명백하다.'[105]

실제로, 토리첼리의 의견을 따르면, 쇠망치로 다이아몬드를 내려 칠 때도 충돌이 탄성적이기 때문에 약간의 시간 간격이 필요하다.[106] 운동이 변화하려면 반드시 힘이 작용해야 하는데, 토리첼리는 그런 운동의 변화량은 힘에 시간을 곱한 것과 같다는 아주 중요한 동역학적 일반화를 발표할 수 있는 직전 상황까지 근접해 있었다. 이런 방법으로 표현하면, 일반화는 단지 일정한 힘으로만 한정되었다. 토리첼리는 아직 탄성(彈性)이라는 수준 높은 개념을 알지 못했으므로, 충돌할 때의 저항은 충돌을 하는 시간동안 변하지 않고 일정하게 유지한다고 가정했다. 비록 그의 수학적 재능이 뛰어나긴 했지만, 설사 후크의 법칙과 같은 관계를 알았다고 하더라도 이 문제를 제대로 다룰 수는 없었을 것이다. 상당히 중요한 문제였지만, 이 문제가 해결되기 위한 구체적이고 세세한 기법이 나오기까지는 한참 더 기다려야 했다. 개념적인 것이 더 기본적인 문제였고, 토리첼리는 가까이 근접하긴 했지만 마지막 한 걸음을 내딛지 못했다. 그가 운동이 생성되는 데에 적용했던 용어를 운동이 파괴되는 데는 적용하지 못했던 것이다. 탄성이라는 문맥에서는 'momento'라든가 'forza'라는 단어를 사용하지 않았다. 그는 오히려 타격이라든가 그 격렬함, 또는 타격을 받은 물체의 저항 등의 효과에 대해 기술했다. 어쩌면 일반화된 관점에 그가 가장 가까이 간 경우는 momento의 소멸을 설명하기 위해 위로 올라가는 물체를 예로 들었을 때인지도 모른다. 그런데 심지어 이 경우에도 그는 다른 용어를 사용했다. 물체가 위로 올라가기 위해서 음수(陰數)의 momento가 아닌 반감(反感)을 갖는다고 말한 것이다. 정말이지 토리첼리의 생각에는 음수의 momento라는 개념이 들어갈 자리는 전혀 없었던 것 같다. 그에게 momento는 운동의 원인이고 운동하기 위한 능력이다. 그래서 운동을 소멸시키는 것은 momento가 아닌 다른 것이어야만 한다.

토리첼리의 동역학은 힘의 개념을 포함하고 있으므로 위와 연관된 또 다른 문제점은 정역학과 동역학을 같은 것으로 취급하고 충돌의 힘을 정지된 힘으로 측정하려는 것이다. 다시 한 번, 그가 때로는 정역학과 동역학의 차이를 정의하는 데 근접했던 것처럼 보인다. 그는 낙하하는 물체에 축적된 momenti가 무한대의 forza를 구성한다는 결론을 내렸지만, 그렇다면 그 물체의 속도 또한 무한대여야 한다는 데 의문을 제기했다. 이 의문을 풀기 위해, 토리첼리는 변하지 않는 절대적인 양과 증가하는 양을 구분했다. 낙하하는 물체의 momenti는 무한히 증가한다. 물체는 정지에서 출발하기 때문에, 물체의 속도도 또한 무한히, 즉 끝없이 증가한다. 그렇지만 어느 순간이나 속도의 양은 언제나 유한하다.[107] 토리첼리 자신의 용어를 빌어서도 이 설명은 만족스럽지 않다. 그의 momento 개념은 단지 정적(靜的)인 상황을 효과적으로 부정해서, 마르시와 홉스가 주장했던 것과 비슷하게 낙하의 초기 속도를 인정한 것과 마찬가지 개념이었다. 우리는 어쩌면 그의 설명을 momento를 충분히 인식하지 못한 데서 오는 불완전한 수정이라고 보아야 할 것 같다. 그가 낙하하는 물체의 momenti는 무한대라고 결론지었을 때, 그는 암묵적으로 그 물체의 forza는 그 물체의 정적 forza나 무게와 서로 비교할 수 있는 양이 아니라고 결론지은 셈이었다. 20세기에 흔히 쓰이는 용어를 빌면, 물체 운동의 힘은 정지한 물체에 작용하는 힘과 서로 비교할 수 있는 양이 아니다. 단순히 정역학의 원리를 확장해서 동역학을 만들 수는 없다. 토리첼리는 이를 깨닫기 직전까지 와 있었다. 만약 그가 다른 용어를 만들어 냈다면, 그래서 두 가지 용어를 서로 구분하는 개념으로 인식했다면, 그는 정역학과 동역학을 구분하여 실행할 수 있도록 정의를 내릴 수 있었을지도 모른다. 그러나 그는 그러지 못했고, 그것이 아마도 토리첼리 역학의 가장 위대한 업적이 미완성으로 남게 된 이유일 것이다.

같은 문제의 또 다른 일면이 그가 탄성 되튐을 다룰 때 등장한다. 이번에도 역시 토리첼리는 운동을 만들어 내는 모든 작용을 다 포괄하도록 힘을 일반화한 개념을 발표할 준비를 한 것처럼 보였다. 그가 다루고 있던 되튐에서는 운동이 없어지지 않고 운동이 발생하기 때문에, 중력에 유추하여 되튐을 분석하는 데 어떤 장애도 없었다. 그는 빵빵하게 부푼 공에 그런 성질이 있다고 다음과 같이 주장했다.

> 공의 표면을 어느 정도 격렬하게 누르면, 공은 원래 상태로 돌아가려는 forza를 갖게 되며, 공 내부에 갇힌 공기를 압축하는 forza에 비례하여 어느 정도의 impeto를 갖는다.[108]

내부 공기는 보통 수준보다 더 압축되어 원래 상태로 돌아가려 하면서 다음과 같이 된다.

> 내부 공기는 매우 큰 forza로 바닥을 누르는데, 그것은 마치 뱃사공이 작은 배에 서서 강둑을 밀 때, 실은 강둑을 움직이게 하는 게 아니라 배를 움직이게 하려고 미는 것이나 마찬가지이다. 공의 내부 공기가 격렬하게 밀면, 공은 느낄 수 없을 만큼 짧은 시간 간격 동안 아주 빠르게, 압축된 것과 같은 길이만큼 솟아오른 뒤에 원래 상태로 되돌아온다. 그러므로 impeto가 일단 만들어지

기만 하면 상당한 시간동안 스스로를 보존하고 되튐이 일어나게
한다.[109]

그는 반복하여, 북의 가죽에서 물체가 되튀길 때, '정말이지 되튀는 물체
의 impeto가 일부 남아 있어서 되튀는 것이 아니라, 가죽의 forza에 의해
서 새로운 impeto가 물체에 발생하기 때문에 되튀는 것이다'라고 말했
다.[110] 위의 문장에서 토리첼리는 좀 모호하게나마, forza가 되튀는 과정
중 순간적으로 작용하는 압력이 아니라 순간적인 압력들의 합으로서 전
체 기동력 또는 발생한 운동과 같은 양으로 생각한 것처럼 보인다. 이런
의미에서 forza는 물체의 운동의 힘 또는 물체의 momenti와 같겠지만,
물체의 정적 무게와는 같게 취급될 수 없을 것이다.

　토리첼리가 충격의 힘을 분석하는 데 중요한 것은 그가 힘에 대한 다
른 모형인 자유 낙하 모형을 활용했다는 사실이다. 토리첼리는
momento 개념을 이용하여 운동학에 내재되어 있는 동역학적 결과들을
뽑아냈다. 중력 대신 다른 원인이 운동을 일으키는 완전히 다른 동역학
적 상황에 이 분석을 적용하는 그의 능력을 보면 그의 통찰력이 얼마나
깊은지 알 수 있다. 그는 다음과 같이 물었다. 왜 큰 갈레온선(역주: 토리첼
리가 활동하는 17세기에 스페인에서 군함이나 상선으로 이용한 대형 돛배를 말함)을 사람이
끌면 부두 전체가 흔들리는데, 작은 스키프(역주: 소형 보트를 말함)는 똑같은
사람이 똑같은 forza를 갖고 똑같은 거리를 끌면, 스키프가 훨씬 더 빠른
속력으로 부두에 부딪치는데도, 왜 아무런 흔들림이 없는가. 물론 이 문
제에서 핵심은 물질의 역할과 물질이 힘을 흡수하는 능력이다. 물질에는
반항하는 요소가 있어, 그것이 클수록 힘의 작용을 연장시키고 물체에
더 많이 쌓여 새겨지도록 허용한다.[111]

그러므로 [밧줄을] 잡아당기는 사람의 forza가 행동하는 것이고 [부두에] 일격을 가하는 것이다. 여기서 나는 배가 도착하여 충돌하는 바로 그 순간에 잡아당긴 것만 forza가 아니라, 운동이 시작할 때부터 끝까지 이미 잡아당겼던 모든 것을 합하여 forza라고 한다. 만일 갈레온선을 잡아당길 때 얼마나 오랫동안 힘을 쏟았냐고 묻는다면, 그는 그 거대한 배를 20피트만큼 움직이는 데 아마도 반시간 정도는 계속 잡아당기고 있어야만 했다고 대답했을 것이다. 그렇지만 조그만 스키프를 잡아당기는 데는 노래를 네 박자 부르는 시간도 걸리지 않았다. 그러므로, 샘에서 콸콸 물이 솟아 흐르듯, 밧줄을 잡아당긴 사람의 팔과 근육에서 반시간 동안 흘러나온 forza는 단순히 연기처럼 사라지거나 공기속으로 날아가 버리지는 않는다. 만일 갈레온선이 전혀 움직일 수 없었더라면 forza는 소멸되는데, 이때는 모든 forza가 갈레온선을 움직이지 못하도록 만드는 바위나 이물 닻이 파괴했을 것이다. 그렇지 않았다면 forza는 배를 만들고 있는 목재와 볼트에 깊숙이 새겨져, 바닷물의 저항으로 약간 줄어든 것을 제외하면, 그 내부에서 끊임없이 보존되면서 점점 더 커질 것이다. 그렇다면 반시간 동안 축적된 momenti로 타격하는 것이 노래를 네 박자 부르는 동안 축적된 forza로 타격하는 것보다 훨씬 더 큰 효과를 낸다는 것이 얼마나 놀라운 일인가.[112]

우리가 잘했든 못했든 역학을 다루면서 시적(詩的) 환상을 억제했지만, 그래도 위에서 기술한 두 배의 운동량에 대한 분석은 본질적으로 달라지지 않는다. 자유 낙하를 제외한 상황 아래서, (비록 'forza'라는 단어의 모호함은 여전히 벗어나지 못했지만) 토리첼리는 한 번 더 다음 공식

$$mv = \sum F \Delta t$$

과 같은 결론을 주장했다.

토리첼리의 Lezioni accademiche는, De motu gravium과는 다르게, 1640년대 초 열렸던 강좌 이후 완전히 자취를 감추고 말았다. 17세기 후반에, G. A. 보렐리(Borelli) (역주: 1608년 이탈리아의 나폴리에서 출생한 생체 역학의 아버지라고 불리는 사람)는 이 강좌에 대한 소식을 듣고 그에 관련된 책을 찾아보았지만 한 권도 찾을 수가 없었다고 전했다.[113] 그에 관한 자료는 1715년에 이르러서야 비로소 출판되었는데, 그때는 단지 역학의 역사에 관한 자료로서만 관심을 가질 정도로 역학이 진척되어 있었다. 그래서 만일 그의 자료가 부분적으로나마 남아 있어 논의의 과정에서 제 역할을 했다면 과연 역학의 역사가 달라질 수 있었을까라는 질문이 불가피하게 나올 수밖에 없었다. 17세기의 전반부에는 모든 역학 연구에서 자유 낙하에 대한 동역학적 모형을 탐구하는 데 토리첼리의 학술 강좌 영향력과 일관성을 따라가지 못했다. 나는 토리첼리가 정적(靜的)인 힘을 기술하는 용어를 이용하여 충돌의 힘을 다루려고 시도할 때 그의 동역학은 혼동을 일으키는 원인을 포함하고 있다고 한 바 있다. 하지만 이러한 혼동이라는 점에서 17세기 내내 100년에 걸쳐, '힘'이라는 제목 아래 나오는 서로 모순되는 온갖 개념들이 함께 마구 뒤섞여 있었다. 토리첼리의 동역학은 단지 동역학의 개념적 발전이 얼마나 어려운지 보여주었을 뿐만 아니라, 데카르트를 제외하고는 뉴턴 이전에 어떤 누구도 그 실마리를 푸는 쪽으로 다가가지 못했음을 보여주었다. 무한히 큰 힘이라는 생각에 현혹되어, 토리첼리는 정적인 힘과 운동량은 본질적으로 서로 양립할 수 없음을 깨달았을 때 내렸어야 할 명백한 결론을 알아차리지 못하고서 '어쩌면 자연의 모든 불가사의 중에서 가장 난해하고 가장 심오하다'고 말하며[114] 탐구를 중단하고 말았다. 17세기에는 어떤 사람도, 단 한 사람 라이프니츠가 예외일수도 있지만, 토리첼리에 걸맞은 통찰력으로 충돌의 동역학을 분석하지 못했다. 만일 토리첼리의 학술 강좌가 제때 출판되었더라면 동역학이 적어도 반세기는 더 빨리 발전했을 것이라는 말이 절대 헛말은 아니다.

그렇지만 그것은 일부의 바람일 뿐이다. 달리 생각하면, 토리첼리와 동시대 사람들은 토리첼리의 동역학을 이해하지 못했을 수도 있다. 토리첼리의 운동에 관한 개념은 이미 당시 유럽 과학을 주도하는 학자들과는 상당히 동떨어져 있었을 뿐만 아니라, 그의 개념을 뒷받침하는 자연에 대한 개념 또한, 당시 과학적 사고에 빠르게 영향력을 넓혀갔던 기계적 철학과는 전혀 조화를 이루지 못했다. 토리첼리가 말한 충돌의 forza 또는 momenti는 정량적으로는 데카르트가 말한 물체 운동의 힘과 같을지도 모른다. 그렇지만 개념적으로는 세계의 정 반대편에 있을 정도로 다르다. 토리첼리의 우주에서 forza 또는 momento는 존재론적 지위에 있었다. 어쩌면 그것은 물질의 무디고 비활성적인 특성에 현실성을 부여해서 살아 움직이게 만드는 파라켈시안적(역주: 15세기 스위스 출신의 물리학자이자 연금술사인 파라켈수스의 가르침을 따른다는 의미)인 능동 원리를 정량적으로 해석했다고 이해하는 것이 가장 좋을지도 모른다.

> 나는 아마 상상의 배를 반시간 동안이나 잡아당기면서 만들어낸 forza나 애쓴 힘을, 비록 깨뜨릴 수는 없지만 가장 비천한 호두 껍데기 안에 모두 다 가두거나 밀어 넣을 수 있다면, 아마도 지극히 가벼운 그 껍질이 부딪칠 때, 거대한 배의 질량과 똑같은 효과를 일으킬 수도 있다고 믿고 싶어질 것 같다.[115]

그는 계속해서 위에서 상상했던 것은 불가능하다고 말했다. 그럼에도 바로 그러한 제안이, 기계적 철학자들은 절대로 용납할 수 없었던 힘이라는 아이디어를 제공한 것이다. 실제로, 자연에 대한 기계적 철학이 출현하게 된 본래 이유는 무엇보다도 자연 철학에서 그러한 영적(靈的)인 요소를 제거하기 위한 것이었다. 동역학에서 토리첼리가 이룬 성과는 17세기 동안 역학을 주도했던 사람들 대부분이 결코 받아들일 수 없었던 개념을 채택하려 한 그의 의도와 직접 관련 있다. 어쩌면 그가 Lezioni accademiche를 출판하지 못하고 De motu gravium을 통하여 자신의 생각을 훨씬 더 신중하게 표현한 것이 모두 우연은 아니었을지도 모른다. 역학이 다른 개념적 체제 안에서 발전했던 것을 보면, 토리첼리의 Lezioni는 어떤 고유의 필요성도 동역학이 최종 경로를 따라 발전하도록 강요하지 않는다는 것을 영원히 잊지 않게 할 것이다. 좀 다른 철학적 풍토였다면 판이하게 다른 동역학이 출현했을 가능성이 적지 않다. 그리고 토리첼리가 이룬 성과로 미루어 판단하건데, 그 성과의 기술적 능력이 모자란다고 믿을 어떤 이유도 없다. 토리첼리의 동역학만은 직선 운동의 문제만 다루었다. 원운동을 다룬 동역학이 17세기 역학에서 중심이었는데도, 토리첼리는 그런 난제(難題)에 대해 어떤 해답도 제공하지 않았다. 우리가 보기에 그는 아무런 해결책도 내놓을 능력이 없었던 것이 아닌가 싶다. 원운동에서는 힘을 연속으로 주어도 물체 운동의 힘은 증가하지 않는다. 토리첼리의 방법으로는 직선 운동을 정량화해서 동역학적으로 다루기가 거의 불가능하리라고 기억하는 것만으로도 충분하다.

■ 3장 미주

1 Syntagma philosophicum; Opera omnia, 6권. (Lyons, 1658), 1, 367.

2 Syntagma philosophicum; 위에서 인용한 책, 1, 363.

3 Syntagma philosophicum; 위에서 인용한 책, 1, 364~365.

4 월터 찰튼, Physiologia Epicuro-Gassendo-Charltoniana: 또는 원자가 존재한다는 가정 아래 자연스러운 과학의 구조, (London, 1654), p. 343. 가상디, Syntagma philosophi- cum를 참고하라; Opera, 1, 449.

5 Syntagma philosophicum; 위에서 인용한 책, 1, 205.

6 Syntagma philosophicum; 위에서 인용한 책, 1, 354. 이 의견에 대한 가상디의 원래 진술은 Epistolae tres. De motu impresso a motore translato에 나온다. 빈 공간에 놓아 둔 돌멩이가 어떤 힘에 의해 운동하게 된다면 무슨 일이 벌어질까? 'Respondeo probabile esse, fore, ut aequabiliter, indefinenterque moveretur; & lente quidem, celeriterve, prout semel parvus, aut magnus impressus foret impetus.' 수평면 위에 놓인 움직이는 공은 어떤 수직 방향의 운동도 경험하지 못하기 때문에 결코 가속되거나 감속되지 않는다; 'adeo, ut quia in illis spatiis nulla esset perpendicularis admistio, in quamcumque partem foret motus inceptus, horizontalis instar esset, & neque acceleraretur, retardareturve, neque proinde unquam desineret.' (위에서 인용한 책, 3, 495.)

7 Syntagma philosophicum; 위에서 인용한 책, 1, 355.

8 나는 찰튼의 번역본을 인용했다. (Physiologia, p. 465.) 가상디가 쓴 라틴어 원본은 다음과 같다. '& vis motrix quaerenda sit non quae motum perseverantem faciat, sed quae fecerit perseveraturum.' (Syntagma philosophicum; Opera, 1, 354.)

9 Syntagma philosophicum; 위에서 인용한 책, 1, 343.

10 Epistolae tres. De motu impresso; 위에서 인용한 책, 3, 478~483. 세 통의 편지 중 두 번째 편지에 (pp. 500~520) 지구의 운동에 대한 논의가 실려 있다.

11 찰튼, Physiologia, pp. 112, 126.

12 Syntagma philosophicum; 위에서 인용한 책, 1, 335.

13 그가 사용한 라틴어 단어들을 그대로 옮기면 'ipsa nativa Atomorum vis'와 'motrix sua vis'이다. (Syntagma philosophicum; 위에서 인용한 책, 1, 343.)

14 Syntagma philosophicum; 위에서 인용한 책, 1, 343.

15 부록 C를 보라.

16 Epistolae tres. De motu impresso; 위에서 인용한 책, 3, 498~499.

17 Physiologia, pp. 271, 269.

[18] Epistolae tres. De motu impresso; Opera, 3, 503~504.

[19] Syntagma philosophicum; 위에서 인용한 책, 1, 385.

[20] Physiologia, p. 465.

[21] 위에서 인용한 책, p. 445.

[22] Syntagma philosophicum; 위에서 인용한 책, 1, 338. 다음의 찰튼이 설명을 참고
하라. 유연한 물체가 구부러졌다가 원래 모습을 되찾는 원인은 그 물체를 처음에
구부러뜨렸던 힘과 같은 힘인데, 그것은 마치 장애물에 공이 부딪쳐서 되튀긴 것
은 공이 처음에 부딪친 힘과 동일한 힘 때문인 것이나 마찬가지이다. 예를 들어,
만일 책상의 가장자리에 막대를 걸쳐 놓고서 밖으로 나온 쪽 끝을 때린다면, 다른
쪽 끝이 위로 올라간다. 만일 다른 쪽 끝의 위에 장애물을 올려놓는다면, 그것을
때리면 되튀어 내려갔다 다시 올라오고를 반복하게 되는데, 그것은 '두 막대 사이
의 저항의 힘이 처음 충격 또는 충돌의 힘을 완전히 제압할 때까지 계속된다.'
여기서 발생하는 모든 되튐은 막대에 처음부터 새겨져 있던 힘이 원인이 되어
일어난다. 이제 만일 막대를 구멍에 세워놓고 그 막대를 옆으로 민다면, 마치 첫
번째 막대의 경우처럼, 막대는 앞뒤로 진동하게 되는데, 그것은 '구멍의 저항이
우리 손으로 전달한 힘을 완전히 제압할 때까지 계속된다.' 유연한 물체에서 스스
로 형태를 회복하는 운동은 막대가 되튀는 것과 비슷하며, 두 경우 모두 원래 새겨
진 힘이 원인이 되어 일어난다. (Physiologia, p. 332.)

[23] Syntagma philosophicum; Opera, 1, 354, 360~361. 찰튼, Physiologia, pp.
471~474를 참고하라.

[24] Epistolae tres. De motu impresso; Opera, 3, 491~495. Syntagma
philosophicum; 위에서 인용한 책, 1, 346.

[25] Epistolae tres. De motu impresso; 위에서 인용한 책, 3, 497.

[26] Epistolae tres de proportione qua gravia decidentia accelerantur; 위에서 인용
한 책, 3, 622~623.

[27] Syntagma philosophicum; 위에서 인용한 책, 1, 349~350.

[28] Physiologia, p. 285.

[29] 찰튼, 위에서 인용한 책, p. 283에서 인용한 것이다. Epistolae tres. De motu
impresso; Opera, 3, 494; Syntagma philosophicum; 위에서 인용한 책, 1, 353을
참고하라.

[30] Epistolae tres. De motu impresso; 위에서 인용한 책, 3, 495.

[31] 물체에 관하여; 맘스베리의 토마스 홉스가 저술한 영어 업적, Sir William
Molesworth 편집, 11권으로 구성, (London, 1839~1845), 1, 334. 내가 번역을 약간
바꾸었다. 라틴어 원본은 다음과 같다. 'Agere autem et pati est movere et moveri;
et quicquid movetur, a moto et contigue movetur ….' Thomae Hobbes
Malmesburiensis opera philosophica quae latine scripsit ommia, Sir William
Molesworth 편집, 5권으로 구성, (London, 1839~1845), 1, 272.

32 물체에 관하여; 영어 업적, 1, 131.

33 물체에 관하여; 위에서 인용한 책, 1, 531.

34 물체에 관하여; 위에서 인용한 책, 1, 206.

35 물체에 관하여; 위에서 인용한 책, 1, 207.

36 물체에 관하여; 위에서 인용한 책, 1, 215~216.

37 물체에 관하여; 위에서 인용한 책, 1, 213. 홉스는 물체가 접촉하여 움직여지는 것을 제외하고는 운동의 원인이 따로 존재할 수 없다고 주장했다. 똑같은 이유로, 무엇이든 일단 움직인 것은 어떤 다른 물체가 접촉해 움직여져서 그 운동이 방해 받지 않는 이상 같은 방향을 향하여 같은 운동으로 움직임이 계속될 것이다. '그 결과 ⋯ 어떤 물체도 그 물체가 정지해 있든 또는 주위가 진공으로 둘러싸여 있든, 다른 물체의 운동을 일으키거나 또는 다른 물체의 운동을 없애거나 줄일 수가 없다. 움직이는 물체는 정지한 물체가 아닌 반대로 움직이는 물체에 더 저항을 받는다고 기록한 사람[데카르트]이 있다. 바로 그런 이유 때문에, 그는 정지해 있는 운동과 그렇게 다르지 않다는 생각을 하게 되었다. 그보다 그를 잘못생각하게 만든 것은 정지와 운동이라는 두 단어의 의미가 서로 반대라는 것이었다. 그런데 실제로 운동은 정지에 따라서 방해받는 것이 아니라 그와는 반대로 운동에 방해받는다.' (물체에 관하여; 위에서 인용한 책, 1, 125.) '그러므로 갑작스럽게 변하는 것은, 말하자면, 발동자(發動者)나 아니면 수동자(受動者)의 운동이며 ⋯. 그리고 그런 취지에서 정지는 어떤 것의 원인이 될 수 없을 뿐 아니라, 정지에서는 어떤 작용도 진행할 수가 없다. 그로부터 정지가 어떤 운동이나 갑작스러운 변화의 원인도 될 수 없음을 알 수 있다.' (물체에 관하여; 위에서 인용한 책, 1, 126.)

38 'Nam conari simpliciter idem est quod ire.' De corpore; Opera, 1, 271. 저자가 번역한 것임.

39 물체에 관하여; 영어 업적, 1, 211.

40 물체에 관하여; 위에서 인용한 책, 1, 351.

41 물체에 관하여; 위에서 인용한 책, 1, 353~354.

42 물체에 관하여; 위에서 인용한 책, 1, 344~345.

43 물체에 관하여; 위에서 인용한 책, 1, 212.

44 물체에 관하여; 위에서 인용한 책, 1, 217.

45 물체에 관하여; 위에서 인용한 책, 1, 342.

46 물체에 관하여; 위에서 인용한 책, 1, 385.

47 물체에 관하여; 위에서 인용한 책, 1, 346~347.

48 물체에 관하여; 위에서 인용한 책, 1, 348.

49 '어떤 물체든 그 속도는 그 물체가 움직인 시간이 얼마였든, 그 크기는 물체가 움직이는 동안 몇 개의 시간 지점에서 갖는 몇 개의 빠르기 즉 기동력을 모두 더한 합에 따라 결정된다. 속도를 경험하는 것은 ⋯ 물체가 어느 정도의 시간 간격

동안 어느 정도 길이를 통과할 수 있는 능력이다. 그리고 운동의 빠르기, 즉 기동력은 … 단지 시간상 한 순간에 취한 속도인데, 시간상 모든 순간에 취한 기동력을 모두 더하면 평균 기동력에 전체 시간을 곱한 것과 같은 양이 되며, 이것들을 모두 한꺼번에 하나로 표현하면 전체 운동의 속도가 될 것이다.' (물체에 관하여; 위에서 인용한 책, 1, 218~219.) 그는 통과한 거리가 전체 속도에 비례한다고 생각했고, 그래서 그는 계속해서 기동력이 시간의 제곱에, 세제곱에, 네제곱에, 그리고 다섯 제곱에 비례할 때 통과한 거리를 계산하려고 시도했다(위에서 인용한 책, 1, 224~227).

50 다음 문제를 참고하라. '균일한 운동으로 주어진 시간동안 통과하는 길이가 주어질 때, 균일하게 가속되는 운동, 즉, 연속해서 통과한 길이들의 비율이 끊임없이 그 길이를 통과하는 데 걸린 시간 간격의 두 배로 되고 마지막에 얻은 기동력의 선이 운동의 전체 시간의 선과 동일한 그런 운동에서, 처음 주어진 것과 동일한 시간동안 통과하는 길이를 구한다.' (물체에 관하여; 위에서 인용한 책, 1, 237.)

51 지오바니 바티스타 발리아니, De motu naturali gravium solidorum, (Genova, 1638), p. 9.

52 위에서 인용한 책, pp. 8, 23.

53 마랭 메르센, Harmonie universelle, (Paris, 1636), p. 124.

54 위에서 인용한 책, p. 108.

55 위에서 인용한 책, p. 103.

56 위에서 인용한 책, p. 120.

57 위에서 인용한 책, p. 130.

58 위에서 인용한 책, p. 142.

59 위에서 인용한 책, p. 147.

60 'Impulsus cst virtus seu qualitas locomotiva, quae non nisi in tempore, & per spatium movet finitum.' Johannes Marcus Marci, De proportione motus seu regula sphygmica ad celeritatem et tarditatem pulsuum ex illius motu ponderibus geometricis librato absque errore metiendam, (Prague, 1639), Propositio I. 이 책은 쪽수가 매겨져 있지 않음.

61 위에서 인용한 책, Propositio II.

62 위에서 인용한 책, Propositiones V 와 VI.

63 위에서 인용한 책, Propositio XXXVII와 끝 부분에 나오는 네 번째 문제를 참고하라.

64 물체가 움직이는 데 어떤 충격이나 다 충분한 것은 아니다 'sed [impulsum] proportionatum illi mobili: impulsus enim, quo globus ligneus ad motum concitatur, haud quaquam loco movebit pilam ferream ejusdem molis aut maiorem ….' 위에서 인용한 책, Propositio XXXVII.

65 위에서 인용한 책, Propositio VIII.

66 'Velocitas a principio motus per lineam perpendicularem est aequalis gravitati, minor vero per lineam inclinatam.' 위에서 인용한 책, Propositio VIII.

67 위에서 인용한 책, Propositio IX.

68 위에서 인용한 책, Propositio IX.

69 위에서 인용한 책, Propositio XII. 마르시가 이것을 증명하는데 약간 실수한 것은 사실이다. 그는 다음과 같은 방법으로 제안했다. 'Incrementa velocitatis [sic] rationem habent quam temporum quadrata.' 그래서 이 증명은 속도를 (또는 충격을) 지나온 거리와 혼동하도록 진행되었다. 'Quia virtus locomotiva eo modo augetur, quo triangulum sibi simile manens ⋯ propterea quod hujus augmentum sit perfectio intensiva; cum ex illo puncto quietis veluti latescit, angulum constituit sui augmenti, majorem minoremve pro cuiusque perfectione, quam obtinet in principio motus, sive ex natura sua, sive ex impedimento; majori enim perfectioni maior angulus debetur.' 그는 증명을 위해서 꼭지각을 45°로 맞추고, 시간을 ab, bc, cd, 등과 같이 동일한 간격으로 나누었다. 'velocitas ergo motus augetur impulsu augescente in primo quidem minuto in hb, in 2. in ic, in 3. in kd, atque ita consequenter aequata area illius triangul rectanguli, cujus longitudo numerus minutorum, basis vero terminus augmenti. Quia vero eadem est ration motus & virtutis impulsivae, virtus quidem dupla in eodem aut aequali tempore movebit per spatium duplum,' 그러므로 만일 점 a에 잠재되어 있는 속도를 동일하게 증가시키는 능력이, 첫 번째 순간까지 hb로 증가하고, 두 번째 순간까지 ic로 증가하고, 세 번째 순간까지 kd로 증가한다면, 처음 두 순간 동안 지나간 거리와 처음 한 순간 동안 지나간 거리의 비는 삼각형 iac와 삼각형 hab의 비와 같게 된다. 그러므로 두 순간의 운동과 한 순간의 운동의 비는 밑변 ic의 제곱과 밑변 hb의 제곱의 비와 같게 된다. 'Itaque si quadratum lateris ab, hoc est primi minuti, subtrahas a quadrato ac secundi minuti, numerus reliquus dabit velocitatem motus in eodem minuto ⋯.'

70 가속도에 대한 마르시의 가장 잘 알려져 있는 논의는 대부분 정량적인 논의지만, 진자 운동에 대한 Propositio XX에 나온다. 그는 대칭성을 고려해서 진자가 내려오는 각 점에서 (접선의 기울기로 측정된) 충격의 증가분은, 진자가 올라가면서 줄어드는 동일한 양의 충격의 감소분과 대응관계가 성립하고, 그래서 진자가 내려온 것과 같은 양만큼 다시 올라간 다음에 진자가 멈춘다는 것을 보였다. 역시 진자를 논의한 Propositio XXIII에서, 마르시는 그의 개념 방식에 한계가 있음을 한 번 더 드러냈다. 그 명제는 진자가 동일한 원을 그리며 움직일 때 같은 길이의 원호를 지나가는 시간이 다를 수도 있으며, 원호가 연직선에 가까울수록 걸리는 시간이 더 길어진다고 말한다. 진자가 진동할 때 그리는 원의 중심을 a라고 하고, ab가 연직선, 그리고 bd와 df가 동일한 길이의 원호라고 하자 (그림 9를 보라). df를 지나가는 운동은 bd를 지나가는 운동보다 더 빠르게 된다. 'Quia enim motus per arcus ejusdem circuli rationem habent, quam sinus, ⋯ est autem sinus bg major

sinu *bt*, erit velocior motus in *f* quam in *d*: & quia arcus *bd*. *df* sunt aequales, minori tempore movebitur movebitur in arcu *df* remotiore, quam in arcu *bd* stationi [즉 연직선] propiore ⋯.' 운동이 균일하지 않다는 지적에 대해, 그는 *f*에서 *d*까지 사이에서 수집한 속도가 *b*에서 *d*까지 사이에서 수집한 속도보다 더 크다고 답변했다. 'Quia enim velocitatis ex *d* in *b* continuo quoque minora fiunt incrementa; velocitas inde collecta erit moinor velocitate *ab* aequalibus ipsi *d* incrementis collecta: at vero velocitas in *f* majora ex *f* in *d* sumit incrementa, quan ut aequalia sint velocitati in *d*: velocitas ergo ex *f* in *d* collecta est multo major velocitate ex *d* in *b* collecta, ac proinde minori tempore illos arcus perambulat aequales.' 이 논의는 각 점에서 속도의 증가분을 자꾸 속도 자체와 혼동했다. 만일, 가속 운동을 논의하는 과정에서 터득하면서 그 시대에 속한 사람들 전체가 경험했던 어려움을 대표하는, 표현에 대한 그의 이런 문제들을 무시한다면, 원호 *bd*가 더 큰 원호 *fb*의 나중 절반이 아니라, *d*에서 정지 상태로부터 출발하여 진자가 흔들리는 독자적인 원호라고 취급함으로써 마르시의 제안을 우리가 받아들일 수 있는 의미로 해석할 수가 있다. 이런 의미로는 물론 그 명제가 자명해진다. 진자의 모든 흔들림이 등시성(等時性)을 가지므로, 더 큰 흔들림의 처음 절반은 더 작은 흔들림보다 더 짧은 시간이 걸리게 되어 있다.

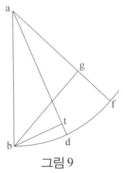

그림 9

71 Propisitio XI는 다음과 같이 말한다. 'Impulsus in quolibet motu seu recto [즉 연직의], seu inclinato est major gravitate.' 이 논의는 다음과 같은 내용을 포함한다. 'Motum in quolibet puncto lineae perpendicularis esse majorem sua gravitate nullum est dubium: nam cum velocitas cum ipso motu incipiat augeri, sicuti a principio est aequalis gravitati, ita in progressu erit major gravitate.' 그가 받아들인 전제(前提)와 함께, 경사면에서 일어나는 모든 운동도 또한 중력보다 더 크다는 그의 증명도 물론 잘못된 것이다.

72 위에서 인용한 책, Positio [sic] II.

73 위에서 인용한 책, Proposito X.

74 위에서 인용한 책, Positio VI.

75 위에서 인용한 책, Proposito XIII. Proposito XXXIX에서 그는 이 분석을 이용하

여 면에서 공이 되튈 때 반사각이 입사각과 같음을 증명하려고 시도했다. 경사면은 공이 되튀는 면의 역할을 하며, 입사각은 면과 연직선 사이의 각이다. 그는 면에 수직인 운동과 평행인 운동을 합성해서 반사 운동의 선을 구했다. 그는 경사면에 대한 그의 분석을 이용하여 반사각의 크기를 결정했다.

76 위에서 인용한 책, Propositio XXX.

77 위에서 인용한 책, Propositio XXXVII. 불기는 두 물체가 단지 접촉하기만 해서 만들어지지는 않고 오히려 불기가 충돌한 물체를 관통하면서 미치는 타격에 의해서 'ex irruptione violenta' 때문에, 불기는 운동을 요구하고 운동은 시간을 요구한다. 타격에 대한 Porismae II와 III에서, 마르시는 이런 막연한 학설을 약간 확장했다. 타격은 시간이 흐르면서 일어난다. 불기가 형성되면서, 불기는 원래 정지해 있던 물체를 같은 속도에 도달할 때까지 움직이게 하며, 물론 그 시간에 타격도 끝난다. 타격을 받은 물체가 더 클 때는, 그 물체의 충격은 다른 물체에 동일한 속도를 나누어 주고서도 충격이 남아 있을 수가 있다. 그렇지만 타격을 받은 물체가 더 작으면, 다른 물체는 타격을 받은 물체의 처음 속도까지 도달할 수가 없는데 그것은 모자라는 속도로 더 큰 물체를 움직이느라 충격을 모두 다 소진하기 때문이다.

78 위에서 인용한 책, Propositio XXXVII.

79 'Ex quo fit manifestum illorum velocitatem, quae in motu se percutiunt, a percussione permutari: quae enim magis percutiunt, minus; & quae minus percutinunt, magis impetuose reflectunt.' 위에서 인용한 책, Porisma V.

80 'Itaque fit ut ex illa inaequali plaga, velocitate ferantur inaequali, minori quidem majus ob vires a percussione accisas & multilates, majori vero minor ob easdem vires de integro acquisitas.' 위에서 인용한 책, Propositio XXXVII.

81 위에서 인용한 책, Porismae III 그리고 IV.

82 두 물체가 서로 상대방을 충돌하는 격렬함이 같지 않을 때는, 더 큰 물체는 정지하지 않는다 'propterea quod minus non habeat rationem hypomochlij ad majus ⋯.' 위에서 인용한 책, Propositio XXXVII.

83 'Quia enim major est impulsus minoris gravitate majoris, ob minorem hujus quam illius rationem si minor percutiat majorem, movebitur ex illa plage major: refecit autem & minor a majori, propterea quod a quacung; hujus plaga movetur minor.' 위에서 인용한 책, Porisma VI.

84 에반젤리스타 토리첼리, Lezioni accademiche, (Firenze, 1975). De motu gravium에 나오는 다음 첫 구절을 참고하라. 'Scientiam de motu ⋯ a pluribus quidem tractatam, ab unico (quod ego sciam) Galileo Geometrice demonstratam, aggredi libet. Fateor, quod ille totam hanc segetem tamquam falce demessuit, nec aliud superest nobis, nisi ut tam seduli messoris vestigia subsequentes, spicas colligamus, si quae ab ipsa vel relictae fuerint, vel abiectae: sin minus, ligustra salem, et humi nascentes violas decerpamus; sed fortasse et ex floribus coronam

contexemus non contemnendam.' (Opere, ed. Gino Loria and Guiseppe Vassura, 4 vols. (Faenza, 1919~1944), 2, 103, Comune di Faenza의 허락으로 인용함.)

85 Lezioni accademiche; 위에서 인용한 책, 2, 30.

86 Lezioni accademiche; 위에서 인용한 책, 2, 22.

87 De motu proiectorum; 위에서 인용한 책, 2, 159.

88 De motu gravium; 위에서 인용한 책, 2, 125.

89 De motu gravium; 위에서 인용한 책, 2, 104.

90 'Praemittimus: Duo gravia simul coniuncta ex se moveri non posse, nisi centrum commune gravitatis ipsorum descendat.'
'Quando enim duo gravia ita inter se coniuncta fuerint, ut ad motum unius motus etiam alterius consequatur, erunt duo illa gravia tanquam grave unum ex duobus compositum, sive id libra fiat, sive trochlea, sive qualibet alia Mechanica ratione, grave autem huiusmo야 non movebitur unquam, nisi centrum graviatatis ipsius descendat. Quando vero ita constitutum fuerit ut nullo modo commun ipsius centru gravitatis descendere possit, grave penitus in sua positione quiescet: alias enim frustra movebitur; horizontali, scilicet latione, quae nequaquam deorsum tendit.' De motu gravium; 위에서 인용한 책, 2, 105.

91 De motu gravium; 위에서 인용한 책, 2, 106.

92 De motu gravium; 위에서 인용한 책, 2, 108.

93 예를 들어, 별로 중요하지 않은 주석(註釋)에서, 토리첼리는 두 무거운 물체를 'di diversa gravita in if specie ma di mole eguali ⋯'라고 말했다. De motu ac momentis varia; 위에서 인용한 책, 2, 238. 여기서 'mole'은 오직 부피라고만 변역할 수 있다.

94 Lezioni accademiche; 위에서 인용한 책, 2, 22~23.

95 Lezioni accademiche; 위에서 인용한 책, 2, 6~8.

96 De motu proiectorum을 참고하라; 위에서 인용한 책, 2, 228~230.

97 Lezioni accademiche; 위에서 인용한 책, 2, 8~9. 세 번째 강좌를 시작하면서, 토리첼리는 그가 앞의 강좌에서 주장했던 것들을 요약했다 - 'che la gravità ne i corpi naturali è una fontana continuamente aperta, la quale ad ogni istante di tempo, o (se non piacciono gli istanti) ad ogni brevissimo tempo, produce un momento eguale al peso assoluto di detti corpi. È ben vero, che quando i gravi stanno quiescenti, tutti gl'impeti prodotti se ne trascorrono via, venendo o ricevuti, o annichillati dal corpo sottoposto, il quale col contrasto dell'indiscreta repugnanza va continuamente estinguendo tutti quei generati momenti. Ma quando i medesimi gravi cadono per l'aria, quegl'impeti non s'estinguono più, ma si conservano là dentro, e vi si moltiplicano: a però quando i gravi velocitati arrivano a percuotere, la forza, o virtù loro deve essere infinitamente accresciuta.' (Lezioni

accademiche; 위에서 인용한 책, **2**, 15.)

[98] Lezioni accademiche; 위에서 인용한 책, **2**, 30.

[99] Lezioni accademiche; 위에서 인용한 책, **2**, 27.

[100] Lezioni accademiche; 위에서 인용한 책, **2**, 10.

[101] Lezioni accademiche; 위에서 인용한 책, **2**, 10~11.

[102] Lezioni accademiche; 위에서 인용한 책, **2**, 11.

[103] Lezioni accademiche; 위에서 인용한 책, **2**, 12.

[104] Lezioni accademiche; 위에서 인용한 책, **2**, 29.

[105] Lezioni accademiche; 위에서 인용한 책, **2**, 12.

[106] Lezioni accademiche; 위에서 인용한 책, **2**, 16~17.

[107] Lezioni accademiche; 위에서 인용한 책, **2**, 15~16.

[108] Lezioni accademiche; 위에서 인용한 책, **2**, 18.

[109] Lezioni accademiche; 위에서 인용한 책, **2**, 18.

[110] Lezioni accademiche; 위에서 인용한 책, **2**, 19.

[111] Lezioni accademiche; 위에서 인용한 책, **2**, 30~32.

[112] Lezioni accademiche; 위에서 인용한 책, **2**, 27~28. 토리첼리는 다른 예를 하나 더 간단히 소개했다. 담을 허물려고 누군가가 담을 하루 종일 밀고 있었다고 가정하자. 사람들은 이런 현대판 삼손을 보고 십중팔구 비웃을 것이다. 그렇지만 만일 그가 만들어낸 'le forze'가 없어지지 않고 어떤 저장소에 쌓인 다음에 담장에 가해질 수 있다면 마치 여리고(역주: 팔레스타인의 옛 도시 이름. 여호수아가 이끄는 이스라엘 백성이 여리고 성 때문에 더 이상 앞으로 갈 수가 없었지만, 사람들이 엿새 동안 하루에 한 번씩 여리고 성 주위를 돈 다음 일곱째 날에 나팔을 불고 큰 소리로 외치자 그 견고한 성이 저절로 무너져 내렸음) 성처럼 담장을 무너뜨릴 수 있을지도 모른다. (Lezioni accademiche; 위에서 인용한 책, **2**, 28~29.)

[113] 토리첼리, Lezioni accademiche, x1vii-x1viii.

[114] Lezioni accademiche; Opere, **2**, 5.

[115] Lezioni accademiche; 위에서 인용한 책, **2**, 28.

04 크리스티안 호이겐스의 운동학

크리스티안 호이겐스는 17세기 역학에 가장 중요하게 기여한 사람들의 명단에 반드시 포함되어야 할 이름이다. 호이겐스는 17세기 초 갈릴레오와 데카르트 그리고 17세기 말 라이프니츠와 뉴턴 사이에서 절대로 빼놓을 수 없는 연결 고리로 자리하고 있는데, 이 연결 고리로 그 시대의 노력들이 연속성을 잃지 않고 일관성을 유지할 수 있었다. 호이겐스는 네덜란드에서 태어났고 아버지는 유럽의 지식층과 폭넓게 교류 하던 유명인이었으며, 덕분에 호이겐스는 소년 시절에 이미 데카르트와 갈릴레오의 업적을 알았고, 나중에 뉴턴의 시대가 출현하기 전에 17세기 후반의 위대한 과학자 중 한 명이 되었다. 콜베르(Colbert) (역주: 프랑스의 정치가로 17세기 루이 16세 시대에 재무장관을 지냈음)가 1666년에 Académie royale des sciences(역주: 프랑스 왕립 과학 아카데미로 콜베르의 제안에 따라 프랑스의 루이 14세가 1666년에 설립했음)를 설립했을 때, 호이겐스는 당시 파리에서 이미 저명한 과학자로 활동하고 있었고, 따라서 국적에 관계없이 회원으로 자동 가입했다. 갈릴레오와 데카르트를 계승한 호이겐스는 그들의 업적을 받아들여 동화시켰다. 너무나도 명석한 과학자였던 그는 갈릴레오와 데카르트를 단순히 받아들인 것이 아니라 그들의 성과를 한층 더 정교하게 발전시켰다. 그는 라이프니츠와 뉴턴보다 더 먼저 활동한 사람으로서, 정량적인 동역학에 이르는 길을 준비했다. 호이겐스가 동역학의 발전에 크게 기여하기는 했으나, 호이겐스 자신이 동역학을 만들어낸 것은 아니다. 갈릴레오와 데카르트한테 이어받은 유산을 절묘하게 결합하여 동역학의 원리들을 넓힐 수 있었으나, 거기서 한 발 나아가 자신의 것으로 만드는 데는 주저하는 바람에 기회를 놓치고 말았다. 호이겐스의 역학이 중요한 것은 갈릴레오와 데카르트의 영향이 서로 상호작용했다는 것, 즉 17세기 과학에 피타고라스 전통과 데모크리토스 전통이 서로 상호작용했다는 것이다.

호이겐스가 처음으로 열심히 연구한 역학 문제는 충돌이었다. 1656년에 작성한 문장으로 추후 완성하는 작업의 서문 중 일부로 사용할 생각으로 쓰인 문장을 보면, 그가 과학자로서 평생 동안 일관되게 추구한 원칙을 알 수 있다. 충돌은 단순히 역학 문제 중 하나가 아니라 자연철학 자체의 핵심문제이다.

> 왜냐하면 수많은 철학자가 생각하듯이, 만일 자연 전체가 어떤 입자들로 구성되어 있어서, 그 입자들의 운동에서 온갖 종류의 일들이 일어나며, 그 입자들이 아주 빨리 충돌할 때 빛이 전파되어 하늘의 광대한 공간에 한 순간 퍼져 나가게 된다면, [자연에 대한] 이러한 이해가 물체와 물체 사이에 운동이 전달되는 것에 대한 진정한 법칙을 찾아내는 데 큰 도움이 될 것이다.[1]

이것은 데카르트의 친구인 콘스탄틴 호이겐스의 아들이자 기계적 철학자, 그리고 아버지한테 데카르트를 알게 되고 그의 신봉자가 된 사람이 한 이야기이다. 움직이는 물질 입자로만 구성된 세계에서 작용할 수 있는 유일한 수단은 입자와 입자 사이의 충돌이며, 이것이 바로 호이겐스가 조사하고자 했던 것이다.

호이겐스가 충돌 연구를 하는 데 데카르트의 역할이 비단 자연에 대한 기계적 철학을 수립하는 데 미친 영향력에만 국한된 것은 아니었다. 이 연구는 원래 데카르트 자신이 바로 찾아내려던 충돌의 법칙에서 비롯되었고, 이 사실은 연구의 특정한 성향이 시작부터 데카르트의 규칙들을 반박하는 데 전념했다는 데에 잘 반영되어 있다. 첫째, 호이겐스는 데카르트의 규칙들이 경험에 부합되지 않는다는 사실을 발견했다. 다음으로 그는 그 규칙들이 자기들끼리도 모순된다는 것을 발견했다.[2] 실제로 충돌의 성질이 확실하게 알려진 내용은 아무것도 없었다. '아무것도…'라는 용어를 더 빈번히 사용했고 훨씬 강한 효과를 내겠지만, 의심할 여지도 없이 충돌의 원리 역시 알려지지 않았다.'[3] 이 문제는 고대(古代) 학자들도 전혀 해 놓은 것이 없었다. 그렇게 많이 운동을 설명한 갈릴레오마저 충돌에 관해서는, 그 위력에 대해 몇 마디 의견을 내놓은 것을 제외하곤 전혀 출판한 바가 없었다. 갈릴레오 이후에는 몇 가지 엉뚱한 노력들을 시도했지만 경험과 일치하거나 논리적으로 잘 들어맞는 증명은 전혀 내지 못했다. 데카르트만이 유일하게 전부 갖추어진 일련의 규칙들을 제안했지만 그 규칙들도 옳지 않았다.

호이겐스가 발을 들였던 지식인 사회에서 데카르트를 반박한다는 것은 결코 쉬운 일은 아니었다. 그의 멘토인 반 스호텐(Van Schooten) (역주: 17세기 네덜란드의 수학자로 데카르트의 해석 기하를 대중에게까지 널리 알려지게 한 사람으로 유명함)은 호이겐스에게 그러한 연구를 중단하라고 권고했다. 그런 반대에도 불구하고 호이겐스는 자신의 추정(推定)을 끝까지 고집했지만, 그가 내린 결론들을 간단한 개요 이상으로 출판하는 모험은 감행하지 못했고, 그나마 그 개요도 10여 년이 지난 뒤에야 발표했다.[4] 그렇지만 호이겐스는 자신이 옳고 데카르트는 틀렸음을 굳게 믿었다. 그의 신념은 대체로 그가 직접 해본 경험에서 왔음이 틀림없다. 그는 데카르트의 규칙들을 실험 결과와 맞춰보았을 뿐 아니라 자신의 규칙들도 실험 결과와 맞춰 보았는데, 이렇게 해서 자신의 규칙들이 실험 결과와 더 잘 일치해서 상대적으로 비교 우위에 있다는 사실을 알았다. 그럼에도 불구하고 그 규칙들을 실험 결과로부터 유도하지는 않았으며, 또한 실험 결과에 기반을 두었을 거라고 믿지도 않았다. 호이겐스는 주로 데카르트를 데카르트로 맞서게 했을 뿐 아니라, 데카르트의 원리로써 데카르트의 오류를 증명했다. 그런데, 이렇게 말하면 실상을 절반만 이야기하는 셈이다. 호이겐스가 역학에서 잡은 첫 번째 연구 목표로 한때 데카르트가 물체의 운동을 수학을 이용하여 정확히 기술하려고 했던 그 주제를 선택한 것이 순전히 우연만은 아니었다. 그뿐 아니라 호이겐스가 충돌에 대해 출판한 갈릴레이의 논의를 잘 알고 있음을 시사한 것 또한 우연이 아니었다. 만일 호이겐스가 자신의 원리로 데카르트가 틀렸음을 밝혔다고 하더라도, 호이겐스 자신의 원리라는 것도 결국 갈릴레오의 원리나 마찬가지이고, 호이겐스가 수행했다는 것은 그저 17세기 갈릴레오의 업적으로 상징되는 해석 역학의 본체에 충돌을 포함시키는 작업을 수행한 것이었다. 무엇보다도 그의 충돌에 대한 연구는 피타고라스 전통을 이용하여 데모크리토스 전통과 대결을 벌이는 것이었다. 그렇게 함으로써, 그는 생애에서 중요한 업적으로 남길 실 한 가닥을 뽑아내게 되었다.

1652년에 쓰인 그의 충돌에 관한 논문 초판은 데카르트의 글을 직접 인용한 전제로 시작한다.

> 만일 완벽하게 단단한 두 개의 같은 물체가 서로 반대 방향을 향해서 같은 속력으로 다가와 충돌한다면, 각 물체는 원래 속력을 조금도 잃지 않고 오던 방향과 반대 방향으로 반사될 것이다.[5]

이 가정을 어떻게 해석해야 할까? 논문의 최종본에서는 같은 가정을 사용해 대칭성을 암시적으로 호소하고 있다. 데카르트는 이를 동역학적 근거를 들어 증명했고, 호이겐스도 역시 초창기에는 데카르트와 똑같은 근거로 사용했다는 증거를 많이 볼 수 있다. 두 물체의 크기와 속력이 같다는 것은 그 물체의 운동의 힘이 균형을 이루고 있음을 의미하며, 두 힘이 균형을 이룬다면 결과적으로 두 물체는 똑같이 반사한다. 예를 들어, 두 번째 사례에서도 두 물체 A와 B가 동일한 속력으로 반대 방향으로 움직이는데, 그 크기가 서로 달라 $B=2A$인 관계가 된다. 그는 만일 B의 반쪽만 A와 부딪친다면, 그 부딪친 반쪽은 원래 속력으로 반사될 것이라고 논리를 전개했다. B의 나머지 반쪽은 원래 방향으로 똑같은 속력으로 계속 움직이려 할 것이다. 그러므로 각각의 반쪽은 서로의 운동을 상쇄하여 B는 정지하게 된다. A를 원래 속력으로 반사시키기 위해서는 $B/2$면 충분한데, 실제로는 두 배로 밀쳐졌으므로, A는 반사 뒤에 원래 속력의 두 배로 움직인다.[6] 이 경우는 동역학적인 경향이 확연하다. 비록 호이겐스는 이 문장을 지우고 대신 정지해 있는 A에 같은 물체 B가 충돌하는 다른 문제를 넣었지만, 이 새로운 상황 역시 동역학적인 요인들로 규정하긴 마찬가지였다. 그는 A가 정지해 있고 B는 어떤 속력으로 움직이고 있을 때, 또는 그 속력의 절반으로 A는 오른쪽으로 움직이고 B는 왼쪽으로 움직일 때나 모두 '충돌의 힘'은 같다고 했다.[7] 운동의 상대성을 적용하면 두 경우 모두 같고, 이때 두 물체에 있는 같은 힘은 서로의 운동에 같은 변화를 일으킨다. 그는 또한 이러한 충돌 모형에서 가상적이지만 힘의 개념을 정의할 수 있는 공리(公理)를 추가했다.

정지한 물체에 일정한 속력을 내게 만드는 힘과 같은 힘은 원래 물체보다 두 배로 큰 다른 물체에는 그 속력의 절반을 내게 한다.[8]

몇 해 뒤에, 라이프니츠의 vis viva(역주: 살아있는 힘이라는 의미의 라틴어)라는 개념을 접한 호이겐스의 첫 반응을 보면 그가 처음 충돌을 다루던 모습이 생각난다.

> 라이프니츠는 기동력이 보통 생각하듯이 [en générale] (역주: '일반적으로'라는 의미의 프랑스어) 물체와 속력의 비율에 따라 구성되는 것이 아니라 물체와 속력을 만드는 높이의 비율에 따라 구성되는데, 그래서 물체와 속력의 제곱의 비율에 따라 구성된다는 것을 명시할 필요가 있다고 주장한다. 만일 그렇다면 그에게 묻고 싶다. 그가 정의한대로 동일한 기동력이 있는 두 물체가 서로 정면으로 충돌하여 되튄 뒤에 왜 원래의 속력을 다시 회복하지 못하는가? 예를 들어서, 물체 B는 물체 A의 네 배이고 물체 A의 속력은 물체 B의 속력의 두 배라고 하자. 라이프니츠에 따르면 A와 B의 기동력은 같다. 그 두 물체가 C에서 만날 때 둘 중 어떤 것도 더 우세하지 않고, 따라서 각 물체는 전에 가졌던 속력으로 돌아가야 한다. 그렇지만 실상은 그렇지가 않다. 그러나 A의 속력이 B의 네 배이면 그런 일이 일어난다. 그러므로 기동력이 같은 때는 이 마지막으로 말한 경우이며, 하나가 다른 하나보다 우세할 때는 그런 일이 일어나지 못한다고 말해야 한다.[9]

호이겐스는 1652년 초에 작성한 어떤 소논문의 수정본에서, 같은 논리를 사용해 같은 물체를 대상으로 했던 것을 서로 다른 물체로 확장했다.

> 공리 3. 물체 A와 더 작은 물체 B가 충돌할 때, A와 B 사이의 속도가 크기에 [sic] 반비례한다면, 두 물체는 모두 충돌하기 전의 속력과 같은 속력으로 되튈 것이다.
> 만일 이 공리가 성립한다면, 모든 것을 증명할 수 있다. 어쨌든

데카르트는 이 공리가 성립한다는 것을 인정할 수밖에 없을 것이다.[10]

어떤 근거로 데카르트가 인정할 수밖에 없다고 한 것일까? 아마도 힘의 평형에 근거했음이 분명한데, 이들 힘을 계산한 방법이 데카르트와 완전히 똑같았기 때문이리라. 호이겐스는 초고(草稿) 중에서 이미 폐기했던 두 번째 경우에서, 힘으로 논리를 세우는 작업이 얼마나 잘못되기 쉬운지 이미 배운 바 있다. 그래서 그는 지금 다루고 있는 경우에다 덧붙여서, '그러나 좀 더 잘 알려진 원칙에서 증명할 수 있는지를 반드시 확인해보아야 한다.'는 참조를 달았다. 그러면서 '공리 3'이라고 쓴 표시를 X자로 지웠다.

더 잘 알려진 원리들이란 무엇이었을까? 수정본에 나와 있는 공리 1을 보자. 이 공리는 초고에서는 두 번째로 다루었던 예제 중에서 성립하는 부분만 모아서 내린 결론이었다. '두 물체가 충돌한 다음 분리된 뒤의 속력은 충돌 전에 두 물체가 접근하는 속력과 같다.'[11] 그는 이 공리도 마찬가지로, 좀 더 기본적인 다른 공리를 이용하여 증명할 수 있다는 메모를 써 놓고는 취소해버렸다. 그 대신 이 공리는 초고에서는 예제와 같은 페이지 아래에 처음으로 등장하는데, 물결선으로 동그라미를 쳐서 그 중요성을 강조했다. 결과적으로 이 공리는 최종본에서 마지막으로 남은 다섯 개의 가설 중 하나로 남게 된다.

> 공리. 만일 서로 반대 방향에서 접근하는 두 물체가 서로 충돌하여 두 물체 중 한 물체가 자신의 운동을 하나도 잃지 않고, 원래 다가오던 속력과 같은 속력으로 되튀어 나가면, 다른 물체도 역시 원래 다가오던 속력과 같은 속력으로 되튀어 나가게 된다.[12]

호이겐스의 생각이 발전하는 과정을 재구성해보면, 초고에 나온 두 번째 예제를 수정해가면서 채택한 원리의 중요성을 자각하고 점점 더 확대해 나가는 듯하다. 그는 같은 두 물체를 다룰 때는 모두 다 같게 설명한다는 것을 입증하려고 물체들이 움직이고 있는 공간 역시 균일한 속도로 움직인다고 가정했는데, 그 속도의 양을 조정함으로써 같은 두 물체 사이의 어떤 충돌도 모두 움직이는 공간 밖에서 관찰하는 사람에게는 크기가 같고 방향이 반대인 속도로 움직이는 충돌로 보이도록 만들 수 있었다. 초고에서 그는 심지어 '공간'이라는 단어도 지우고 '보트'라는 단어로 대신했는데, 이 논문의 최종본에서도 보트라는 장치를 그대로 사용했다. 모든 충돌은 네덜란드의 운하를 따라 부드럽게 움직이는 보트에서 일어나는데, 보트의 속력은 논하려는 실험에 따라 조정되고, 모든 충돌은 보트에 타고 있는 사람과 해안에 정지해 있는 사람 등 두 사람이 관찰한다. 두 사람이 모두 똑같은 사건을 관찰한다. 같은 한 사건을 한 기준계에서 다른 기준계로 변환하는데 균일한 속도를 더하고 빼는 것 이외에는 아무것도 필요없다. 여기서는 물론 데카르트가 주장한 운동의 상대성 원리를 이용했는데, 이 원리는 결국 호이겐스 자신의 결론을 부정하는 꼴이 되었다. 이 논문의 최종본에서 상대성의 원리는 다섯 가설 중의 하나로 구체화되었다. 수정본의 새로운 공리 역시 데카르트에게까지 거슬러 올라간다. 이 공리에 따르면, 실제 충돌에서 그리고 오직 충돌에서만 한 물체에서 다른 물체로 운동을 전달한다. 그러므로 만일 두 물체 중에서 하나가 원래의 운동을 그대로 유지한다면, 다른 물체 역시 운동을 그대로 유지해야만 한다. 호이겐스가 충돌을 생각할 때는 항상 완벽하게 단단한 물체만 다루었는데, 그런 물체는 완전 탄성체라 불리는 이상적인 물체들이 충돌할 때와 똑같은 결과를 가져오는 물체라고 정의했으나, 호이겐스가 보기에는 단단한 물체가 어떤 방식으로든 탄성체는 아니었다. 상대성의 원리로 예기치 않게 알게 된 것은, 어떤 충돌이든 한 물체가 (그러므로 다른 물체도 역시) 충돌 전 원래의 속력과 같은 속력으로 되튀는 것이 관찰되는 기준계가 있다는 것이었다. 그가 지적했던 것처럼, 충돌 전 다가오는 속력과 충돌 후 멀어지는 속력이 같다는 것은 새로운 공리에서 바로 증명된다. 그는 또한 각 물체가 충돌 전 다가올 때의 원래 속력과 같은 속력으로 되튀는 기준계에서는 두 물체 속력의 비는 두 물체 크기의 비의 역수와 같다는 것을 직관적으로 알아차렸는데, 나중에 이 결론이 주어진 공리에서 당연히 성립하는 것이 아니라 추가로 다른 원리를 더 이용하여 따로 증명해야만 한다는 것을 깨달았다. 한편, 만일 되튀는 속력이 항상 다가가는 속력과 같다면, 데카르트가 제안했던 개별적인 규칙들이 틀렸을 뿐 아니라, 운동의 보존에 대한 그의 궁극적인 원리도 틀리게 된다. 어떤 물체가 정지해 있는 더 큰 물체와 충돌한다고 하자. 두 물체가 되튀는 속력은 두 물체가 다가오는 속력과 같으므로 두 물체의 속력의 합은 더 작은 물체의 처음 속력과 같다. 그러나 이제는 더 큰 물체가 운동의 일부를 제공하므로 운동의 총량은 더 커진다. 물론 한 기준계에서 보면 운동량이 일정하게 유지되기는 한다. 그러나 어찌되었건 이것은 호이겐스가 깨달았던 것처럼, 운동의 보존과 운동의 상대성이라는 데카르트의 두 원리들이 궁극적으로 서로 모순이라는 것을 좀 더 일반적인 용어로 기술했을 뿐이다. 임의의 두 물체의 운동의 양은 어떤 기준계에서 보느냐에 따라 달라진다. 그리고 실제로 운동이 상대적이라면, 운동의 양이 절대적인 양일 수는 없다.

이러한 변화는 논문의 논조는 물론 논문의 논리적 구조까지 바꾸는 효과를 가져왔다. 원고를 한번 수정할 때마다, 데카르트의 방법론 중 전망이 있어 보이는 부분은 강조하고 절충해야 할 부분은 최소화하느라, 동역학적 내용은 점점 줄어드는 대신 운동학적 내용은 점점 늘어났다.

본문 내용에서 'vis collisionis'(역주: '충돌의 힘'이라는 의미의 라틴어)를 말한 부분은 제외되었고, 대신 운동의 전달만 이야기하는 쪽을 택했는데, 전달 자체는 기준계에 따라 달라지므로, 운동의 '겉보기' 이동이라는 표현을 쓰기도 했다. 이와 같이, 1654년에 작성한 원고는 같은 물체 E와 D의 충돌을 설명했다. 두 물체가 다가오는 속력이 같을 때, 두 물체가 똑같이 되튄다는 점은 이견이 없다. 이제 호이겐스는 이 주장을 받아들이기는 했으나 증명이라기보다는 전제된 가설로 최종본에 남겨 두었는데, 이는 동역학적 요소를 고려해서가 아니라 내면적인 대칭성을 고려한 결과로 보인다. 이제 보트가 두 물체와 같은 속력으로 움직여서 해안에 서 있는 사람에게 E는 정지한 것처럼 보인다고 하자. '그러므로 만일 물체 E가 사람 G에 대해 정지해 있고 동일한 물체 D가 물체 E에 부딪친 것처럼 보인다면, 물체 E는 물체 D에서 모든 운동을 받아서, 물체 D 자체는 물체 E가 원래 있던 자리에 정지한 채로 남아 있게 될 것이다.'[13] 이 논문의 서문도 비슷한 경향으로 바뀌었다. 1654년에 나온 논문의 서문은 힘이 배가된다든가 충돌이 지닌 무한한 능력, 또 그러한 작용을 이해하는 것의 중요성 등을 논했으나, 반면에 1656년에 나온 논문의 서문에서 충돌의 힘은 짧게 한 구절로 끝내고 그 대신 데카르트의 규칙에 존재하는 결점들을 집중해서 논의하고 있다.[14] 호이겐스가 그의 작업에서 동역학을 완전히 배제할 수는 없었다. 충돌 후 되튀어 나가는 속력이 충돌 전 다가오는 속력과 같다는 것을 최종적으로 증명하는 부분을, 움직이고 있는 물체가 정지한 더 큰 물체와 부딪치면 작은 물체는 큰 물체에게 자신의 원래 속력보다 더 작은 속력을 전달해준다는 가정 안에 슬쩍 끼어넣었다.[15] 그렇지만 호이겐스는 충돌을 운동학적으로 다루도록 전환시켰다. 호이겐스가 그 논문에 부여한 제목을 보면 의미심장한데, 17세기의 비슷한 논문들에서 전형적으로 사용하던 De vi percussionis(역주:

'충격의 힘에 대하여'라는 의미의 라틴어)라고 하지 않고, 유례없이 운동학적인 제목인 De motu corporum ex percussione(역주: '충돌한 물체의 운동에 대하여'라는 의미의 라틴어)라고 했다.

그뿐 아니라, 그가 계속해 나갈수록 처음에는 안에 숨겨져 보이지 않던 것들이 점점 더 구체적이고 명료해졌다. 그가 증명했다시피 데카르트의 운동 보존에 관한 원리가 성립하지 않는다면, 충돌을 다룰 때 근거가 될 궁극적인 원리는 무엇인가? 상대성 원리와 두 물체 중 한 물체의 운동이 보존된다면 두 물체의 운동이 모두 보존된다는 원리는 기본적인 원리임이 분명하지만, 이들의 밑바탕이 되는 더 기본적인 원리가 있었다. 호이겐스는 애초부터 관성이라는 개념을 채택했으며 그의 최종본 논문에서는 제1가설이라고 불리었다. 그는 두 물체가 충돌할 때, 이들 무게가 몽땅 무게 중심에 쏠린 한 물체로 여겨질 수 있음을 점점 더 명확하게 인식했다. 토리첼리는 그의 원리에서 간단한 기계를 이용해 연직 방향으로 함께 움직이도록 구속된 무거운 물체에만 국한시킨 데 반해, 호이겐스는 관성의 원리 외에는 아무것에도 구속되지 않은 물체로까지 일반화시켰다. 각각의 물체가 충돌하기 전 원래 속력으로 되튀는 무게 중심의 기준계가 아닌 다른 기준계가 있다면 그것이 무엇일까? 그리고 만일 물체가 무게 중심으로 다가가던 속력과 똑같은 속력으로 멀어진다면, 무게 중심 자신에게는 운동의 변화가 전혀 없을 것이다.

> 하지만 내 말에 따르면, 물체들을 한꺼번에 묶는 무게 중심은 항상 직선을 따라 균일한 운동을 하며 물체들끼리의 충돌로 영향받지 않는다는 것을 알아 둘 필요가 있다.[16]

호이겐스는 충돌하는 두 물체는 그들의 무게 중심에 몽땅 모여 있는 한 개의 물체로 취급될 수 있음을 깨닫고서, 충돌의 힘에 대한 연구에서 전환하여 균일한 운동에 대한 갈릴레오의 운동학을 확대해 나갔다.

이 점에 대해서는 좀 더 구체적인 설명이 필요할 것 같다. De motu ex percussione가 처음 구상 단계에서는 데카르트의 충돌에 대한 규칙에서 비롯되었지만, 그 논문의 형식은 갈릴레오의 Discorsi(역주: 영어 단어 'Discourses'에 해당하는 라틴어 단어로, 갈릴레오의 저서 Discourses를 의미함)를 본 모형으로 삼아 운동에 관한 현상을 기하학적으로 묘사하려고 노력했다. Discorsi의 마지막 이틀과 마찬가지로, De motu ex percussione에서도 아르키메데스적인 양식의 공리, 도움 정리, 명제 등을 이용해서 논리를 구축했다. 또한 Discorsi의 전반적인 흐름을 본떠, De motu ex percussione에서도 물체의 성질이나 운동 등을 정량적으로 표현하는 방법을 추구했다. 이 저서에서는 속도가 갈릴레오의 논문들에서보다 좀 더 분명하게 물리량의 하나로 등장했다.

> 그러므로 두 속도의 비를 동일한 시간 간격 동안에 두 물체가 진행한 거리의 비로 측정한다. 그래서 물체 A는 속도 AC로 움직이고 동시에 물체 B는 속도 BC로 움직인다고 말하는 것은, 같은 시간 간격 동안에 A는 거리 AC를 진행하고 B는 거리 BC를 진행해서 두 속도 사이의 비가 두 선분 AC와 BC 사이의 비와 같도록 유지되는 것을 의미한다.[17]

갈릴레오의 그림에서는 물체가 움직인 경로가 표시되고 그 물체의 속도는 부수적으로만 알 수 있는 데 반해, 호이겐스의 그림에서는 물체의 속도가 표시되고 경로는 부수적으로만 알 수 있다. 이러한 변화는 정량적인 역학을 구축하는 데 있어 의미심장한 첫걸음을 내디딘 것이라 할 수 있다.

1656년에 완성된 De motu corporum ex percussione의 최종본은, 비록 정의(定議)에 관한 문장들은 대부분 후반기에 서술된 것이긴 하지만, 다음 세 가지 원리로 시작한다. 관성의 원리, 반대 방향으로 같은 속도로 움직이는 동일한 두 물체의 대칭성, 그리고 상대성의 원리.[18] 이 세 가지 원리를 이용해서 호이겐스는 충돌하는 동일한 두 물체에 대한 모든 가능한 경우를 하나도 빠짐없이 설명할 수 있었다. 서로 다른 두 물체를 설명하려면 두 가지 가정이 더 필요했는데, 하나는 정지해 있는 물체에 더 큰 물체가 충돌할 때는 더 큰 물체는 작은 물체에게 약간의 운동을 나누어 주고 결과적으로 자신은 운동 중 일부를 잃게 된다는 것이었고, 다른 하나는 충돌 중에 한 물체의 운동이 보존되면 다른 물체도 역시 운동을 더 잃지도 더 얻지도 않는다는 것이었다.[19] 호이겐스는 추가로 도입한 가정 중의 첫 번째 가정에 상대성의 원리를 적용함으로써 데카르트의 또 다른 결론을 뒤집어 버렸다.[20] '아무리 작은 물체라도 속력이 있으면, 아무리 큰 물체와 충돌하더라도 그 물체를 움직이게 만든다.' 기준계를 뒤바꾸면, 큰 물체가 작은 물체를 움직이게 만들면서 잃어버린 운동은 작은 물체가 큰 물체에 충돌하면서 잃은 운동이 되며, 이 운동이 큰 물체를 움직이게 만들어야 한다. 굳이 순서를 따지자면 세 번째인 이 제3가설은 기계적 철학의 기초가 되는 물질의 비활성적 성질을 재확인한 것이다. 갈릴레오 역시 아무리 작은 힘이라도 얼마든지 큰 물체를 움직일 수 있다고 주장하긴 했으나 그 개념적 장치는 단지 연직 방향 운동을 다루는 데에만 제한되어 있었다. 호이겐스의 가설은 거기에 수평면 위에서 발생하는 운동을 계산하는 방법을 추가했는데, 좀 더 확실하게 말하면 힘이 정지한 물체에 만들어내는 운동이 아니라 크기와 속도가 주어진 물체가 정지한 다른 물체에 부딪쳐 발생하는 운동에 대한 것이라 하겠다.

호이겐스는 다섯 번째 가설을 이용하여 서로 다른 물체들 사이의 충돌을 공략했는데, 이 경우 가장 중요한 것이 속도가 물체 자체에 반비례하는 경우이다. 초고에서는 가설 자체에 이러한 조건이 다 들어있다고 생각했다. 그러나 곧, 이 가설의 적용 범위를 넓혀서 직관적인 주장은 줄이고 숨어있는 동역학적인 가정들은 받아들이거나, 아니면 속도가 물체의 크기에 반비례하면 제5가설의 필요조건이 만족된다는 것을 증명하지 않으면 안 된다는 사실을 깨달았다. 이를 증명하기 위해 그는, '역학에서 가장 확실한 공리'라고 알려진 '물체의 공동 무게 중심이 자신의 중력에 따라 발생하는 운동으로 절대로 높아질 수 없다'는 또 다른 가정을 끌어들였다.[21] 호이겐스는 이 공리를 적용하기 위해 갈릴레오가 자유 낙하의 균일한 가속도를 분석한 방법을 따라했다. 충돌 전에 물체는 일정 거리를 떨어져 자신에 반비례하는 속력을 얻는데, 이 거리는 갈릴레오의 운동학에서 속력의 제곱에 비례한다. 그리고 물체는 되튀면서 원래 속력이 아닌 다른 속력을 갖는다고 가정하면, 그 속력으로 두 물체가 가장 높은 곳까지 올라갔을 때 두 물체의 무게 중심은 처음 떨어지기 시작할 때의 무게 중심보다 더 높다는 것을 증명했다.[22] 그래서 두 물체가 그들의 원래 속력으로 되튀지 않는다면 이치에 맞지 않게 운동이 끝없이 증가한다. 여기서 호이겐스는 다시 한 번, 두 물체로 이루어진 고립계는 두 물체가 그들의 무게 중심에 모두 모여 있는 경우와 똑같이 취급할 수 있다는 직관에 의지했다. 즉, 갈릴레오가 한 개의 물체를 증명했던 것처럼, 두 물체로 이루어진 계도 떨어지면서 원래의 높이까지 다시 오르기에 충분한 양의 운동을 얻는다는 직관에 의지했던 것이다.

호이겐스는 연직 방향 운동에서 무게 중심을 고려해 수평면에서 무게 중심의 관성 운동은 두 물체의 충돌 과정에서 방해받지 않는다는 그의 직관적 판단이 옳다는 것을 증명했다. 그는 무게 중심에 고정된 기준계를 모든 충돌을 통틀어 가장 기본적인 기준계로 보았으며, 그 기준계의 관점에서는 어떤 일도 일어나지 않는다. 충돌은 동역학적 행동이 아니다. 그것은 순전히 운동학적이다. 탄성에 따른 힘은 그것이 어떤 종류인지 관계없이 물체를 정지 또는 움직이게 만들 수 없다. 이 내용은 토리첼리나 월리스(John Wallis) (역주: 17세기 영국의 수학자로 무한대와 무한소에 대한 개념을 최초로 도입하고 무한대에 ∞라는 기호를 사용했음), 그리고 마리오트(Edme Mariotte) (역주: 17세기 프랑스의 물리학자이자 생리학자로 기체의 압력과 부피가 반비례한다는 보일의 법칙을 최초로 인지했으며 눈의 망막에 맹점(盲點)이 존재한다는 사실도 처음 발견했음)와 같은 사람들이 채택할 만한 관점이었다. 호이겐스는 물체들이 정지하거나 새로 운동하게 만들려면 동역학적 작용이 존재해야만 한다는 것을 깨달았으며, 그래서 그는 분석의 전 과정에 따라 작용하지 않는 것을 배제하려고 했다. 그런 의미에서 그는 완벽한 탄성체보다 완벽하게 단단한 물체를 고집했다. 부드러운 물체가 충돌할 때는 그 물체가 짧은 시간 동안에 서서히 정지하고 다시 되튀지 않는데 그 이유는 그 물체에게 새로운 운동을 부여하는 것이 아무것도 없기 때문이다.

> 그러나 단단한 물체의 경우에는 상황이 반대인데, 왜냐 하면 물체의 속력이 방해받거나 축소되지 않고 항상 그대로 유지되기 때문이다. 그러므로 단단한 물체가 충돌 후에 되튀는 것은 놀랄만한 일이 아니다.[23]

단단한 물체 사이의 충돌은 순간적으로 일어난다.[24] 물체의 크기에 반비례하는 속력으로 움직이던 두 물체가 충돌하면서 만날 때, 각 물체는 자신의 원래 운동을 그대로 유지한다. 호이겐스는 항상 상황을 운동이라는 용어로 설명하도록 조심했다. 즉 물체들이 원래 속력과 같은 속력으로 되튄다고 말하지 않고, 원래 있던 운동을 그대로 유지한다고 말했다.

물체의 운동은 결코 방해받지 않는다. 단지 물체가 움직이는 방향이 바뀔 뿐이다. 그러나 무게 중심을 기준으로 보면 모든 충돌에서 물체의 속력은 크기에 반비례한다.

호이겐스는 자신이 데카르트를 수정했다는 점을 강조하려는 열망 때문에 그가 얼마나 데카르트에게 많은 빚을 지고 있는지 깨닫지 못했을지도 모른다. 충돌을 바라보는 그의 시각에는 물체의 운동을 속력과 운동 방향으로 나누는 데카르트식 구분과 단순히 방향만 바뀌는 데는 어떤 종류의 동역학적 작용도 필요 없다는 한층 더 깊은 확신이 잠재해 있었다. 그는 관성의 원리를 물체는 어떤 다른 것이 방해하지 않는 이상 직선을 따라 균일한 운동을 계속한다고 분명한 용어로 기술했다. 그런데도 그는 우리에게는 너무도 당연해 보이는 결론, 즉 방향을 바꾸는 것은 관성의 상태를 변경시킨다는 면에서 속력을 변하게 하는 것과 동역학적으로 같다는 결론을 이끌어 내지는 않았다. 이와 관련해서 그는 운동의 변화를 기술하는 데도 역시, 운동이 동역학적으로 소멸하거나 발생한다고 하지 않고, 운동이 한 물체에서 다른 물체로 전달된다는 식으로, 순전히 운동학적 용어로 취급하는 방법을 추구했다. 이런 시각에는 역시 운동은 항상 0보다 큰 양이라는 데카르트식 확신이 있었다. 실제로 호이겐스는 보존되는 운동이 특정한 방향의 운동이라는 조건을 추가할 수만 있다면, 운동의 보존이 충돌의 원리로 될 수도 있다는 것을 깨달았다.[25] 이 생각을 이용하면 효과적으로 운동의 양이라는 개념을 0보다 작은 값도 가질 수 있는 벡터량인 운동량이라는 개념으로 바꿀 수도 있었다. 그렇지만 그는 그다지 이 개념에 만족하지 못했고, 공식적으로는 이 운동의 양을 데카르트식 의미로 해석해서 항상 양수값만 있는 스칼라량으로 계속 사용했다. 이런 의미에서 무게 중심 기준계에서 운동은, 충돌 과정에서 절대로 변화하지 않는 양이다. 별다른 노력 없이 한 기준계에서 다른 기준계로 바꾸기만 해도, 충돌 후에 운동을 잃거나 얻기도 하고 보존되기도 한다는 사실, 이는 운동의 전달이 동역학적 작용과는 상관없이 이루어진다는 면에서 충돌은 궁극적으로 운동학적 본성이 있음을 표현한 것에 불과하다. 기계적 철학이라는 엄격한 기하학적 세계에서, 호이겐스가 말한 완벽하게 단단한 물체로 취급한 궁극적인 입자들, 즉 물질은 당시로는 용납하기 힘든 이상한 힘의 원리를 강제로 도입하지 않더라도 움직이게 된 것이다. 공교롭게도 충돌이 바로 동역학적 작용의 대표적 모형이라고 끊임없이 주장했던 기계적 철학은, 느닷없이 동역학적 작용이 없이도 충돌이 가능하다는 것을 폭로한 꼴이 되었다.

데카르트가 주장한 운동 보존의 원리는 설령 무게 중심의 기준계나 그 밖에 두 물체 모두 운동 방향을 바꾸지 않는 기준계에서는 성립한다 하더라도, 호이겐스는 받아들이기를 주저했다. 운동의 상대성을 이용하면 어떤 충돌이라도 무게 중심의 기준계에서 볼 수 있기도 하지만, 역으로 다른 기준계에서 보는 것도 똑같이 가능한데, 이 모든 기준계에서 다 운동이 보존되는 것은 아니었다. 그런데 호이겐스는 모든 기준계에서 다 보존되는 양이 하나 있다는 것을 알았다.

> 두 물체가 서로 부딪칠 때, 각각의 물체의 크기에 그 물체 속력의 제곱을 곱한 것을 더해서 얻는 양은 [id quod efficitur ducendo singulorum magnitudines in velocitatum suarum quadrata, simul additum] 두 물체가 충돌하기 선과 후에 같다는 것을 발견했다.[26]

다시 말하면, 해석 역학이라는 무대에서 데카르트의 '운동의 양'의 퇴장은 단지 새로운 양(mv^2)의 입장을 알리는 신호가 될 뿐이었다. (물론 여기서 기호 m을 사용하는 것은 약간 이르다. 나중에 다시 논의하게 되겠지만, 호이겐스는 아직 분명하게 질량이라는 개념까지 도달하지는 못했다.) 이 양은 어떤 의미로는 갈릴레오의 운동학에 이미 들어 있다. 정지 상태에서 낙하하는 물체의 속도는 그 물체가 떨어진 거리의 제곱근에 비례한다는 (또는 우리 용어로는 $v^2 = 2as$) 증명에 들어 있다. 아니면 호이겐스가 속력에 반비례하는 물체들끼리의 충돌과 자유 낙하 사이의 연관성을 인식하여 새로운 보존 공식을 유도했을지도 모른다. 돌이켜보면, 호이겐스는 이를 증명하면서 연직 방향 운동에 대한 운동학을 이용했다. 그렇지만 그의 직관은 순전히 상상력에 따랐다. 어찌되었거나 분명한 것은 호이겐스가 차후 역학의 역사에서 중심적인 역할을 할 운명인 정량적인 관계식을 최초로 구체적인 기술을 했다는 사실이다.

다른 양보다 mv^2이 갖고 있는 장점은 무엇이었을까? 데카르트의 양과는 달리, 이 양은 운동의 상대성에 모순되지 않았다. 이 양은 어떤 기준계에서나 모두 다 성립했다. 이런 관점에서는 왜 호이겐스에게 이 양이 그토록 중요한지 이해할 수 있다. 충돌하는 두 물체에 대해, 물체의 크기와 속도의 제곱을 곱한 양의 합이 기준계가 달라지면 그 값도 달라질 것은 분명하다. 달라지지 않는 것은 바로 같은 기준계에서 충돌 전과 후에 이 합(合)을 계산한 양이다. 호이겐스는 mv^2가 물체의 힘을 측정하는 도구로서 운동의 양을 대신할 거라고는 생각하지 않았다. 그가 충돌을 취급하는 데 동역학적 개념은 전혀 끼어들지 않았다. 그에게 충돌은 힘에 대한 모형으로 대두하지도 않았다. 힘을 측정하는 도구로써 새로운 양은 이전과 똑같이 운동의 상대성과 조화를 이루지 못했다. 기준계가 다르면 새로운 양의 값도 바뀐다. 호이겐스는 자신이 발견한 것은 힘을 측정하는 도구가 아니라, 데카르트는 이루지 못한 어떤 기준계에서나 모두 다 성립하는 새로운 운동학적 공식이라고 믿었다. 그런데 물체의 크기와 속도의 제곱의 곱은 수학적 연산으로 계산되는 단순한 숫자였고,

어떤 형이상학적인 의미도 전혀 없는 그저 숫자에 불과했다. 호이겐스는 생의 말년에 가까워지면서, 그 자신이 mv^2의 보존을 처음으로 가르쳤던 라이프니츠의 영향을 받아서, 이 숫자에 어느 정도 더 넓은 의미를 부여했던 것처럼 보인다. 그렇지만 라이프니츠의 vis viva의 보존에 대해 처음 들었을 때 호이겐스는 마른기침 정도의 열정밖에는 보이지 않았다. '그러나 그는 기동력의 보존에 대한 이 원리가 마치 증명할 것도 없을 정도로 인정받을 것이라고는 전혀 예상하지 못했다.'[27]

★

호이겐스가 힘을 측정하려고 충돌이라는 모형을 이용하지 않았다고 해서, 대신 자유 낙하 모형을 이용한 것도 아니다. 왜냐하면 그가 자유 낙하에 접근한 방식 역시 똑같이 운동학적이었기 때문이다. 호이겐스의 진자(振子) 연구는 균일하게 가속된 운동의 성질과 그 결과에 상당한 관심을 갖게 해주었다. 그는 1659년 11월에 원운동 연구를 하여 원추(圓錐) 진자의 이해를 높이고, 원추 진자의 주기가 원추 높이의 제곱근에 비례한다는 것을 알아냈다. 호이겐스는 이미 갈릴레오가 확립한 연직 방향 높이의 제곱근이 운동학에서 차지하는 중요성을 알고 있었다. 갈릴레오에 따르면, 정지 상태에서 낙하하는 데 걸리는 시간만 연직 높이의 제곱근에 비례하는 것이 아니라, 일반적인 단진자의 주기 또한 그 길이의 제곱근에 비례한다. 이 문장의 나중 부분이 옳기는 하나, 갈릴레오가 이를 증명하는 방법에는 틀린 게 많았고, 호이겐스는 이 점을 제대로 파악하고 있었다. 호이겐스는 이 점을 분명히 이해하고 있었기 때문에 원추 진자의 미소(微少) 진동 (역주: 진동의 폭이 작은 진동을 말함) 과 일반적인 진자의 미소 진동이 같다는 것을 가정했다. 이 두 가지 진동이 같다는 가정 아래 그는, 자유 낙하 가속도의 함수로 구한 원추 진자의 주기를 같은 값의 함수로 구한 일반적인 진자의 주기와 연관지을 수 있었다. 두 종류 진자의 주기는 미소 진동의 경우 같은 관계를 따른다. 두 종류의 진자의 주기는 모두 연직 방향 높이의 제곱근에 비례하여 변한다. 연직 방향의 높이는 두 진자 모두 같기 때문에 일반적인 진자의 주기와 원추 진자의 주기는 같다. 지금까지의 논의는 전부, 미소 진동은 모두 같다는 직관에 따랐는데, 호이겐스가 충돌을 다루면서 제기했던 엄밀한 증명에 대한 욕구가 단순한 직관만으로는 충족될 것 같지가 않았다. 이러한 이유로 1659년 12월에 발표한 논문에 등시성(等時性) 진동 물체가 그리는 궤적이 원이라기보다는 사이클로이드 (역주: 원형의 바퀴가 직선을 따라 굴러갈 때 바퀴 위의 한 점의 궤적이 그리는 곡선을 'cycloid'라고 함) 라는 발견을 수록했고, 거기에 덧붙여 또 하나 다른 목적을 기술했다는 것이 전혀 놀랍지 않다.

> 진자의 미소 진동 시간에서 진자의 높이로부터 수직으로 떨어지는 시간이 차지하는 비율이 얼마인지 알고자 한다.[28]

호이겐스의 진자 연구는 자유 낙하에 대한 갈릴레오의 운동학을 연장한 것이며, 이 연구는 등시성 진동의 궤적이 사이클로이드라는 것을 엄밀하게 증명하고 또한 진자의 길이와 중력 가속도를 이용하여 진자의 주기를 유도하는 등의 성과를 냈다. 충돌에 대한 연구와 마찬가지로, 진자 연구에서도 호이겐스의 역학이 지닌 근본적인 동기가 무엇인지 알 수 있다.

호이겐스가 초창기에 자유 낙하라는 균일한 가속 운동을 설명한 것과 충돌을 처음 다루기 시작할 때의 접근 방법을 비교하면, 흥미로운 사실을 발견할 수 있다. 이 논문이 1659년부터 나왔고 그 후 수년이 지난 뒤에야 충돌에 대한 운동학적 설명이 확실한 성공을 거두기는 했으나, 어찌되었건 이 논문에서 우리는 호이겐스가 처음에는 가속 운동을 그야

말로 동역학적 용어로 취급했음을 알 수 있다. 관성의 원리 때문에 이번에도 그는 무거운 물체에서 출발했다. 떨어지고 있는 무거운 물체는 매 순간 속도를 얻는다. 그 물체의 가속도는 이미 물체에 있는 속도에 새로운 속도가 계속해서 덧붙여지기 때문에 생긴다. 만일 물체가 '중력의 작용을 전혀 느끼지 못하는' 장소에 놓이면, 물체는 균일한 속도로 낙하하게 될 것이다. 물론 그러한 장소는 존재하지 않는데, 왜냐하면 '균일한 중력의 힘은 어디에나 존재하기' 때문이다. 따라서 자유 낙하 운동은 균일하게 가속된다.[29] 그러한 중력의 기원에 대해서 이 젊은 기계적 철학자는 수많은 입자와의 충돌이 이른바 무겁다는 물체를 낙하시킨다는 데 조금도 의심을 품지 않았다.[30] 그러한 견해가 이 논문에서 근본적으로 쓰인 동역학적 접근 방법을 전혀 수정하지도 않았고, 또한 중력이 작용하는 근원에 대한 저자의 시각과 상관없는 동역학적 용어들을 사용하는 데 지장을 주지도 않았다.

비록 이 논문이 주로 완전히 운동학적 입장을 택하긴 했으나, 논문 전체로 보면 동역학적 고려들이 간혹 나타났다. 완전히 단단한 물체가 바닥에 수직으로 떨어져서 자신의 운동을 유지한 채로 되튈 때, 원래 높이로 되돌아가는 데 걸린 시간은 물체가 떨어지는 데 걸린 시간과 같다는 것을 증명하기 위해 쓰인 네 번째 문단은 동역학적 용어들을 이용하여 기술되었다. 물체가 A에서 떨어진다고 하자. 물체가 B에 도달할 때의 속도는 같은 시간 동안 두 배의 거리인 $2AB$만큼을 진행하는 속도와 같은데, 물체는 충돌하면서 운동을 조금도 잃지 않기 때문에, '만일 중력의 힘이 물체를 끊임없이 정반대 방향으로 끌어당기려고만 하지 않는다면' 물체는 $2AB$에 해당하는 높이만큼 올라갈 테지만, 반대 방향으로 작용하는 충격으로 물체는 단지 AB에 해당하는 높이까지만 올라간다. 그렇게 된다는 것을 보이기 위해서, 호이겐스는 수평하게 놓인 테이

블 *FD*위에서 '처음에는 정지해 있는 공 *C*가 용수철의 힘 또는 도르래의 한쪽 끝에 연결된 추 *E*의 힘에 따라 끌린다'고 상상했다. *C*는 왼쪽으로 거리 *FD*만큼 이동하는데, *D*에 도착했을 때는 도착하는 데 걸린 시간과 같은 시간 동안에 거리 2*FD*만큼 진행할 수 있는 속도로 움직인다. 이제 *C*가 *D*에 이르렀을 때 *C*의 속도와 똑같은 속도로 오른쪽으로 움직이는 보트 위에 테이블이 실려 있다고 상상하자. 이것이 바로 전형적인 호이겐스 장치이다. 보트의 운동은 말할 것도 없이 충돌 후에 위로 올라가는 원래 물체의 운동을 의미하고, '그동안에 공이 실제로 *FD*만큼 왼쪽으로 끌려가는 운동은 무거운 물체가 자신의 무게의 힘 때문에 아래로 끌리는 반대 운동을 의미한다.' 여기서, 용수철이나 추 때문에 왼쪽으로 향하도록 만들어지는 운동이 의미하는 운동을 결코 생략해서는 안된다. 그 이유는 '중력에 의한 인력(引力)은 항상 같은 방법으로 작용해서 그 물체가 어떤 다른 운동을 하는지 상관없이 항상 같은 효과를 낸다는 것을 이미 입증하여 놓았기 때문이다.' 그래서 물체가 되튀어 위치 *A*까지만 올라간다는 것을 즉시 그리고 명백하게 알 수 있다.[31] 그는 나중에 비슷한 방법을 이용하여 '서로 다른 경사각의 경사면에서 같은 물체가 같은 시간 동안 지나간 거리는 각 경사면에서 물체를 떠받치는 힘에 [potentiae] 비례한다'는 것을 증명했다.[32] 이 증명은 정적(靜的) 평형을 명시한 것으로서 옳긴 하나, 증명 과정에서 원호(圓弧)을 따라 움직이는 운동에 대한 갈릴레오의 제안을 이용한 것은, 경사면을 따라 물체를 가속시키는 힘이나 평형 상태로 유지시키는 힘이나 같다고 놓은 셈이다. 이 두 증명이나 아니면 또 논문의 어딘가 다른 데서, 호이겐스는 균일한 가속도에 대한 갈릴레오의 운동학을 동역학적으로 단순하게 해석하여 적용했다. 수평면 위에 놓인 물체를 예로 택했을 때나 한 발 더 나아가 줄에 연결한 추를 용수철로 바꾸었을 때, 그는 동역학을 일반화하는 방향으로 두 단계 더 전진한 것이다. 그 스스로가 동역학적 용어들을 일부러 따로 정의하지 않았던 것을 보면, 동역학이 그에게는 명확해 보였던 것 같다.

호이겐스는 1673년에 그의 명저 Horologium Oscillatorium(역주: '진동하는 시계'라는 의미의 라틴어)를 발표했는데, 이 책의 제II가 위의 논문을 수정하고 확장한 내용이다. 이 책은 이제 충돌에 관한 그의 연구를 기려서 De descensu gravium & motu eorum in cycloide, 즉 '무거운 물체의 하강(下降)과 사이클로이드에서 물체의 운동에 관하여'라는 제목으로 불린다. 이 제목이 암시하듯이, 논문의 수정은 동역학적 내용을 체계적으로 축소시키는 과정을 따라 이루어졌다. 그러나 동역학적 내용을 완벽하게 제거하기는 불가능했는데, 논문이 전체적으로 무거운 물체는 아래로 떨어진다는 전제, 즉 공리와도 같은 전제에 기반하고 있었기 때문이었다. 그는 동역학과 관련된 내용을 최대한 축소하면서 전적으로 운동학적 근거 위에 연구를 진행시키려 했다.

제II부는 다음 세 가지 가설에서 시작한다.

I. 만일 중력이 존재하지 않고 공기가 물체의 운동에 영향을 주지 않는다면, 일단 운동을 시작한 물체는 직선을 따라 균일한 속도로 계속 움직인다.

II. 이제 실제로 근원이 무엇이든 중력이 작용하면, 물체는 원래 이 방향 또는 저 방향으로 균일하게 움직이던 운동과 중력 때문에 아래로 향하는 운동을 합성한 운동을 하게 된다.

III. 그리고 이러한 운동은 각각 독립해서 따로 생각할 수 있으며, 한 운동이 다른 운동을 방해하지 않는다.[33]

제1명제는 자유 낙하에서 속도와 시간 사이의 관계를 확립했는데, 갈릴레오의 Discourses에 나오는 유사한 구절에 비하여 훨씬 더 동역학적으로 표현했다. 균일하게 가속되는 운동을 갈릴레오는 정의 중 하나로 도입한 데 반해, 호이겐스는 가설을 근거삼아 중력이 작용함에 따라 관성운동이 끊임없이 수정되는 것으로 취급했으며, 또한 만일 중력이 균일하게 작용한다면 속도는 시간에 비례하여 증가하고, 연속된 같은 시간 간격마다 진행하는 거리는 각 항의 차이가 모두 같은 급수를 형성한다는 것을 보였다.[34] 제1명제에서 그는 'motus à gravitate productus'(역주: '중력이 만드는 운동'이라는 의미의 라틴어)라든가 'actio gravitatis'(역주: '중력의 작용'이라는 의미의 라틴어) 그리고 심지어 'vis gravitatis'(역주: '중력의 힘'이라는 의미의 라틴어)와 같이 암묵적으로나 명시적으로나 모두 동역학적인 표현법을 구사했다. 뒤이은 두 가설 제2명제와 제3명제에서는 균일하게 가속된 운동에서 물체가 진행한 거리가 속도와 시간에 어떻게 의존하는지 유도하고, 그 다음에 물체가 낙하하면서 얻은 속도를 가지고 물체의 원래 높이까지 다시 오르는 것을 동역학적으로 증명하는 과정을 순전히 운동학적 용어만으로 진행했다.

1659년에 발표한 논문과 비교하면, 이 명제에서 동역학적 내용은 상당히 많이 축소되었다. 이 시점에서 삽입된 문장들에 나타난 어조의 변화를 보면 호이겐스가 그렇게 축소된 동역학적 내용을 얼마나 불편해했는지 분명히 알 수 있다. 그의 말에 따르면, 물체가 처음 떨어지기 시작한 높이까지 오를 것이라는 증명에는 연속되는 같은 시간 간격마다 진행한 공간들 사이에 정해진 관계가 존재한다는 가정이 깔려있다. 이것은 물론 제1명제의 동역학에서 얻은 결론이었으며, 호이겐스는 그런 결론에 다른 사유를 달지 않았다. 만일 그 명제가 옳지 않다면, '같은 시간 간격마다 진행한 공간들 사이의 비율 연구가 어떤 결실도 얻지 못함을 인정할 수밖에 없다.' 그런데도 그는 계속해서 제1명제의 구체적 결론을 전제하지 않더라도, 갈릴레오의 방법을 따르면, 균일하게 가속된 운동에서 물체가 진행한 거리를 증명하는 것이 가능하다고 말했다. 그 첫 단계로 갈릴레오의 정지 상태에서 출발해 주어진 시간동안 물체가 낙하한 거리는 그 물체가 마지막 순간의 속도로 같은 시간동안 균일하게 움직일 때 진행하는 거리의 절반에 해당한다는 증명은 다소 불완전하므로 호이겐스는 이 증명을 좀 더 엄밀한 것으로 바꾸자고 제안했다.[35] 그러면서 시도한 것이 균일한 가속 운동이 지닌 동역학적 측면은 외면하고 그 운동에 대한 갈릴레오의 정의에만 의거하여 진행된 순전히 운동학적인 분석이었다. 그는 시간을 연속하는 같은 크기의 시간 간격들로 나누고, 각각의 시간 간격 동안에는 속도가 변하지 않는다고 가정한 다음 효과적으로 $\Delta t \rightarrow 0$이면 $s = \int v \, dt$임을 증명했다.[36]

그렇다고 해서 호이겐스가 물체에 원래 위치까지 되돌아가는 능력을 새로이 부여한 것은 아니었다. 위에서 인용한 문장은 그러한 결론을 내리려고 균일한 가속 운동에서 진행한 거리는 연직 방향으로 중첩되어 있다는 세 번째 가설을 운동학적으로 표현한 것뿐이었다. 그 결론을 받아들이게 되면 다른 중요한 가설에 이르는데, 이는 경사면을 따라 아래로 내려오는 물체가, 그 경사면의 기울기가 얼마나 가파른지 관계없이, 떨어지는 연직 방향의 거리만 같으면 물체는 같은 속도를 얻는다는 것이었다. 여기서 호이겐스는 다시 한 번 갈릴레오의 증명에 불만을 토로했는데, 이번에는 '전혀 그럴듯하지 않다'[parum firma]고 더 강하게 표현했다.[37] 물론 그가 불만스러워한 것은 Discourses의 개정판에 추가한 확실하게 동역학적인 증명인데 거기서는 물체의 가속도는 무게 중에서 경사면에 평행한 성분에 비례한다고 가정했다. 호이겐스는 그 증명을 물체는 자기가 지나온 경로를 되돌아가 처음 출발한 높이까지 다시 올라갈 수 있다는, 이미 검증된 능력을 이용하여 다시 증명했을 뿐 아니라,

거기에 더해서 물체는 처음 출발한 높이보다 더 높이는 오를 수 없다는 가정을 했다. 이 추가적인 가정은 마치 영속적인 운동을 부정하는 것 같지만, 너무나 명백한 사실이기 때문에 그 가정을 부정하는 것이야말로 어처구니없는 일이라 했다. 그런데 이 추가적인 가정이 오히려 논문에 동역학적 내용을 약간 더했다. 그는 연직 방향의 높이는 같으나 기울기가 다른 두 경사면을 설정하고, 기울기가 급한 경사면을 따라 내려오면 더 큰 속도를 얻는다고 가정해보았다. 만일 정말 그렇다면, 급한 경사면을 좀 덜 내려오면 완만한 경사면을 따라 내려올 때와 같이 좀 더 작은 속도를 얻고, 그러면 바로 앞에서 가능하다고 증명했듯이, 물체는 다른 경사면을 따라 올라가 그 물체가 원래 떨어졌던 높이보다 더 높이 올라갈 수 있게 된다.[38] 따라서 연직 방향으로 같은 높이에서 떨어지면 같은 속도를 얻는 경우에만, 먼저 얻은 결론, 즉 물체가 경사면을 따라 내려오면서 얻는 속도로 원래 높이까지만 오를 수 있다는 결론과 모순이 되지 않는다.

호이겐스는 낙하하는 물체에 대한 갈릴레오의 운동학에 숨어있던 동역학적 내용을 철저하게 가려냈다. 중력은 미세한 입자들의 충돌에서 생겨난다는 확신과 또 실제로 그러한 확신의 근거가 된 것이 기계적 철학이었지만 호이겐스는 바로 그 힘의 개념을 불신했는데, 그 이유는 그 안에 뭔가 초자연적인 성향을 숨기고 있다고 생각했기 때문이다. 호이겐스의 경우에는 갈릴레오보다도 훨씬 더 사실에 근거하여 무거운 물체의 운동학을 연구하려 했는데, 이때 근거가 된 경험적 사실이 무거운 물체는 균일한 가속 운동을 하며 낙하한다는 것이었다. Horologium의 내용을 보면, 중력은 물체에 작용하는 외부의 힘이라기보다 단지 물체의 무게라는 경험적 사실로 여겨졌다. 그러므로 'gravitas'와 'pondus'는 서로 바꾸어 사용할 수 있는 단어였고, 만일 그가 때때로 'vis gravitatis'를 말할 필요가 생기면 대신에 'vis gravitatis suae'라고 말하는 경향이 있었는데, 이는 물체의 무게라는 힘, 즉 물체가 무겁다는 사실을 정량적 크기로 표현한 것이다. 호이겐스가 단어들을 이렇게 사용한 것은 간단한 기계에 대한 오랜 전통과 밀접하게 연관있다. 지렛대의 한쪽 끝에 작용한 '힘'은 평형 상태의 지렛대에서 다른 쪽 끝에 올려놓은 물체의 무게를 표시하는 척도였기 때문이다. 예를 들어, 호이겐스는 Horologium의 제 IV부에서 여러 물체로 이루어진 계의 중력 중심은 스스로 높아질 수는 없다는 가설을 논의하면서, '힘'이라는 단어에 함축되어 있는 의미를 환기시켰다. 서로 연결되지 않았더라도 여러 물체에는 중력 중심이 있으며, 그 중력 중심의 높이가 이 물체들의 계의 높이로 간주되어야만 하는데, 이는 '물체들의 무게 (ponderibus) 자체에 포함된 것을 제외하고는 그 어떤 능력도 [nulla alia accersita potentia] 도입하지 않더라도 …' 계에 속한 모든 물체를 그 높이까지 옮겨놓을 수 있기 때문이다. 물체를 막대로 연결하여 중력 중심 주위로 회전시킬 수도 있는데, '그렇게 하기 위해 어떤 측정 가능한 힘이나 능력도 [nulla vi neque potentia determinata] 필요없다.' 이 물체들을 몽땅 한꺼번에 경사면에 갖다 올려 놓으면, '그 물체의 중력의 힘으로[vi gravitatis suae]' 스스로 경사면 위로 올라갈 수 없고, 또 그래서 다른 곳에 놓이더라도 그 계의 중력 중심 역시 스스로 올라갈 수가 없다.[39] 여기에 정확히 갈릴레오의 관점이 되풀이 되고 있는데, 이 관점이란 간단한 기계에서 나온 전통의 산물로 무거운 물체가 낙하하려는 경향은 지렛대나 천칭의 반대편에 평형을 유지하기 위해 놓이는 힘에 따라 측정하거나 대치할 수 있다는 것이었다. 호이겐스는 당시 초진자(秒振子) (역주: 주기가 2초인 진자) 길이의 3분의 1을 변하지 않는 상수(常數)라고 생각해서 'pes horarius'(역주: '일반적인 척도'라는 의미의 라틴어)라고 부르곤 길이의 표준으로 삼고자 했는데, 사이클로이드 진자의 등시성(等時性)을 증명하고 최초의 정밀 시계를 제작했을 정도로 천재적인 사람이, 무거운 물체가 낙하하려는 경향에서 길이의 표준을 정하자고 제안했다는 것은 전적으로 기계적 전통을 따른 것이 아니고서는 설명이 안 된다.[40] 갈릴레오가 무거운 물체의 낙하하려는 경향을 이용하여 그의 운동학의 배후에 깔려있던 동역학을 수립했던 것처럼, 호이겐스의 작업에도 힘을 일반화시키기 위해 사용하는 모형과 같이 동역학을 형성할 수 있는 부분이 존재했다. 그렇지만 어찌됐건, 낙하하는 물체에 대한 호이겐스의 운동학은 갈릴레오보다도 더 동역학을 구체화하는 데 실패했다.

연직면이나 경사면을 오르내리는 것에 대한 기본적인 증명을 하여 호이겐스가 내린 결론은 일반성(一般性)에서 갈릴레오를 능가했다. 곡선은 무한히 많은 수의 면으로 여겨질 수 있기 때문에, 연직 방향으로 같은 거리를 움직일 때의 속도 변화는 경로에 상관없이 일정하며, '물체는 … 올라가고 있든 내려가고 있든 상관없이 같은 높이에서는 속도가 같다.'[41] 이 뒤에 나온 가설이 차례로 사이클로이드의 등시성을 증명하는 기초가 되었다. 사이클로이드를 일련의 면들의 극한으로 취급하면서, (그림 12를 보라) 그는 물체가 임의의 어떤 점 B에서 출발하여 낙하하면서 사이

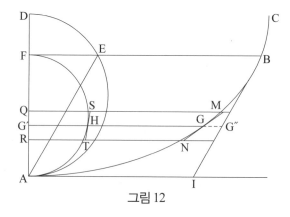

그림 12

클로이드 위의 임의의 원호를 지나가는 데 필요한 시간을, B에서 사이클로이드의 접선인 선분 BI를 BI의 끝부분에서 얻게 될 속도의 절반으로 균일하게 내려올 때 필요한 시간과 비교했다. 원호를 모두 다 더하는 방법으로, 그는 물체가 사이클로이드의 출발점에서 가장 낮은 점까지 내려오는 데 걸리는 시간과, 접선을 따라 내려오면서 얻는 속도의 절반으로 균일하게 접선을 가로지르는 데 걸리는 시간 사이의 비가, 반원의 둘레와 그 원의 지름 사이의 비와 같다는 것을, 다시 말하면 그 비가 $\pi/2$라는 것을 보일 수 있었다. 그러나 갈릴레오의 정리에 따라, 원 위의 임의의 두 점을 지나는 원을 따라 내려오는데 걸리는 시간은 연직 방향의 지름 DA를 따라 내려오는 시간과 같다.[42] 사이클로이드를 그리도록 만든 사이클로이드 양볼 (역주: 진자의 끝이 원을 그리지 않고 사이클로이드를 그리도록 진자의 양쪽 측면을 가린 장치를 말하는데, 호이겐스가 이런 장치를 처음 만들었음) 사이에서 흔들리는 진자의 길이는 사이클로이드를 만드는 원의 지름의 두 배이다. 그러므로, 호이겐스는 단지 사이클로이드 진자의 등시성만 증명한 것이 아니라, 그 진자의 주기에 대한 공식인

$$T = 2\pi\sqrt{1/g}$$

도 유도한 셈이다. 진자의 길이는 직접 측정하고 지구의 회전에 따라 시간을 측정한 다음에 그는 이 공식을 이용해서 전에는 근처에도 못 가봤을 정도로 정확하게 g의 값을 정했다.[43] 한편, 위의 유도에서 놀랄만한 점은, 우리에게 익숙한 분석과는 전혀 다르게 동역학적인 고려를 전혀 하지 않았다는 사실이다. 이 유도는 단지 균일한 가속 운동의 운동학을 호이겐스의 상상력만으로 확장한 것이며, 운동학 중에 숨겨져 있는 최소한의 동역학적 가정들만 사용했을 뿐이다.

아마도 그가 역학에서 이룬 최고의 업적은 더는 동역학적 고려를 도입하지 않고서도 단진자에 대한 분석을 확장하여 물리 진자까지 적용했다는 것이리라. 이 과정에서 바탕에 깔린 생각은, 토리첼리가 처음 제안했고 호이겐스가 무시하지 못할 정도의 상상력을 동원하여 다양하게 확장시켰던 문제, 즉, 여러 물체로 이루어진 계는 그 물체가 중력 중심에 모두 모여 있는 한 물체처럼 취급할 수 있다는 통찰력이었다. 그래서 물리 진자를 머릿속에서 여러 구성 부분으로 분리시켜 서로 독립적으로 움직인다고 상상할 수 있다. 그는 똑같은 것을 만들어내려고 흔들리는 진자가 가장 낮은 위치에 도달했을 때 일련의 서로 분리된 물체와 부딪치는데, 그 물체 각각의 무게는 진자의 구성 부분 중에서 그 물체와 부딪친 부분의 무게와 같다고 상상했다(그림 13을 보라). 충돌에 대한 호이겐스의 연구에서 진자는 정지하고, 부딪친 각각의 물체들은 진자 중에서 부딪친 해당 부분의 속도와 같은 속도로 움직인다. 그 다음에, 이들 물체의 운동은 물체를 위로 올리는 데 다 소진한다고 상상했는데, 그 물체로

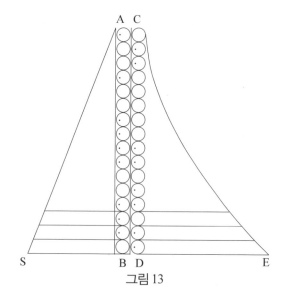

그림 13

이루어진 계의 중력 중심은 정확하게 물리 진자의 중력 중심이 처음 있던 높이와 같은 높이에 도달한다. 호이겐스는 이 마지막 원리를 '역학에서 가장 중요한 원리'라고 불렀는데, 이 원리는 이미 충돌에 대한 그의 분석과 단진자에 대한 공식의 유도 등 두 가지 모두에서 중요한 역할을 했다.[44] 고립된 물체의 계는 그 물체의 질량 중심에 모두 모인 단 한 물체와 똑같다는 통찰력과 함께, 이 가장 중요한 원리는 그가 물리 진자를 공략하는 데 출발점을 제공했다.

물리 진자의 일부인 추의 속도나 추가 내려온 정도는 진자의 다른 부분의 속도나 내려온 정도와 관련이 있어서 회전축과의 거리에 따라 그 비가 정해진다. 그러나 물리 진자의 부분들이 분리되어 있을 때 각 부분이 잠재적으로 상승하는 거리는 그 부분의 속도나 회전축과의 거리에 비례하지 않고 그 부분의 속도의 제곱에 비례한다. 그러므로 그는 무게와 회전축과의 거리를 이용해 물리 진자가 실제로 떨어진 거리와 떨어지면서 얻은 속력으로 다시 올라갈 수 있는 잠재적 거리가 같다는 식을 세울 수 있었다. 이제 물리 진자 바로 옆에서 등시성을 보이는 단진자가 같은 원호 사이를 흔들거린다고 하자. 단진자의 길이와 물리 진자의 길이 사이의 비는 두 진자 추의 속도 사이의 비와 같고, 단진자의 경우 추가 잠재적으로 상승할 수 있는 길이는 정의에 따라 실제 하강하는 길이와 같다. 두 진자, 즉 단진자와 물리 진자의 비를 원래 방정식에 대입해, 등시성이 성립하는 단진자의 길이를 물리 진자의 길이와 그 구성원들의 상대적 무게의 함수로 표현했다.[45] 이러한 분석을 이용하여 호이겐스는 단진자를 마찰이 없는 면에서 할 수 있는 물체의 이상적인 운동으로 이해하고, 여기서 정밀한 시계라는 도구를 실제로 구현해낼 수 있었다. 이 분석은 여러 가지 이점(利點) 중에서도 그에게 시계를 어떻게 조절할지 방법을 알려주었다. 진동의 중심에 무게를 조금 추가하면 주기

(週期)는 영향받지 않지만, 이 무게를 중심의 아래에 놓으면 진자가 더 느리게 움직이고 위에 놓으면 더 빨리 움직인다.[46]

물리 진자를 분석하는 데에는 충돌을 분석할 때에도 출현했던 양, 즉 mv^2이 나온다.[47] 호이겐스는 자신이 정리가 안 된 채로 가르쳤던 제자 라이프니츠한테 오히려 영향을 받아 마침내 이 양을 힘이라고 생각했다.

> 물체의 움직임에서는 무엇이든, 힘을 잃거나 없어지려면 반드시 제거된 양만큼의 힘을 만들어 내는 효과가 뒤따라야 한다. 내가 말하는 힘이란 무게를 들어올리는 능력이다. 그래서 두 배의 힘이 란 같은 무게를 두 배 더 높이 올리는 능력이다.[48]

Horologium이나 초기 원고에서는 그 분석이 아무리 성공적으로 결론을 내더라도 위와 같은 말은 전혀 발견되지 않는다. 그런 원고에서는 물리 진자를 무거운 물체에 대한 운동학의 범주에서 취급했으며, 단지 영원한 운동은 불가능하다는 말만이 후에 나타날 힘의 보존이라는 생각을 약간 암시했을 뿐이었다. 게다가 이런 의미의 힘은 뉴턴의 제2법칙과 아무런 관계도 없었다. 비록 그 유도에는 자유 낙하에 대한 분석에 의존했지만, 개념적으로 충돌의 모형을 표현한 것으로, 이것은 물체에 작용하여 물체의 운동을 변화시키는 외부에서 작용한 힘이 아니라, 움직이는 물체에 있는 힘으로서 데카르트의 '물체의 운동이 지닌 힘'을 새롭게 정량적으로 표현한 것에 불과했다.

★

De vi centrifuga (역주: '원심력에 대하여'라는 의미의 라틴어로, 호이겐스가 사망한 뒤인 1703년에 이 제목으로 책을 출간했음) – 가장 중요한 연구 중 하나임에 틀림없는 이 책의 제목을 보면 호이겐스가 그의 역학에서 힘에 대한 개념을 완전히 제거하지는 못했음을 알 수 있다. 내가 이미 주장했던 것처럼, 원운동은 17세기의 역학이 직면한 난제 중 하나였다. 그의 생애 동안 원심력에 대해서는 증명에서 중요한 부분은 떼어버리고 단지 뼈대가 되는 몇 가지 명제만 발표했는데, 호이겐스의 원심력에 대한 이 저서는 충돌을 정량적으로 정확하게 기술한 사람에게 걸맞게, 데카르트의 정성적 논의를 정량적 논의로 대치함으로써 이 문제를 좀 더 정교하게 이해할 수 있었다. 그렇지만 성공의 정점에서 원심력에 대한 정량적 표현을 유도했던 사람조차도, 이 난제를 완전하게 풀지 못했다는 사실은 원운동이 17세기 역학에서 어느 정도 수수께끼였는지 알 수 있게 해준다. 그가 다루는 원운동은 그의 운동에 대한 개념의 기저(基底)가 되었던 관성의 원리와 완전히 일치하지 않은 채로 남아 있었다. 또한 '힘'이라는 단어를 사용했다는 것은, 어느 시점인가부터 무거운 물체들에 대한 갈릴레오의 운동학을 17세기의 역학이 다루었던 문제에 적용하기가 부적절했음을 시사해준다.

완성된 저서는 실제로 무거운 물체들이 낙하할 때 일어나는 중요한 사실을 기술하면서 시작하는데, 이미 종결된 어떤 작업에서보다 더 솔직하고 더 동역학적인 용어로 목적을 기술하고 있다. '중력은 낙하하려는 노력이다.'[49] 그러한 노력 또는 conatus (역주: 애쓴다는 의미의 라틴어로 '노력'이라고 번역될 수 있음) 덕분에, 물체는 떨어진 거리가 걸린 시간의 제곱에 비례하는 가속 운동을 한다. 무거운 물체가 실제로 그렇게 운동한다는 것은 실험으로 확인되며, 혹시 공기 저항이 이상적인 비례 관계를 방해한다 하더라도, 그때문에 생기는 약간의 오차가 균일한 가속 운동을 한다는 법칙을 무효로 만들지는 못한다. '그러므로 무거운 물체가 줄에 매달려 있을 때는, 물체가 이런 종류의 가속된 운동으로 줄과 반대 방향을 향해 움직이려고 노력하므로 줄을 잡아당긴다.'[50] 만일 줄에 연결된 공이 경사면 위에 정지해 있으면, 공이 움직이려고 노력하면서 여전히 줄을 잡아당기기는 하나, 주어진 시간 동안에 공이 지나갈 공간이 더 작으므로 그에 비례해서 노력도 더 작다. 그러한 노력이 있는 경우에는 모두 다 같은 상황이 벌어진다. 즉, conatus의 원인이 무엇인지는 관계없이, 그 노력은 줄을 잡아당기는 것으로 발현된다. 게다가, 단지 잠재적인 운동의 최초 순간만 conatus를 측정하는 데 의미가 있다. 예를 들어, 공이 연직 방향으로 매달려 있다가 떨어져 곡선을 따라 내려간다면, 오직 운동의 첫 번째 순간의 처음 노력만 '노력의 힘' (vim conatus)을 결정하는 데 관련된다.

> 그러므로 같은 무게의 두 물체가 따로 줄에 매달려 있고, 그 두 물체가 같은 시간 동안에 줄의 방향으로 같은 거리를 지나가도록 같은 가속 운동을 할 노력이 있다면, 두 줄이 아래로 당겨지든 위로 당겨지든 또는 어떤 방향으로 당겨지든 관계없이 두 줄에서 느끼는 장력은 확실히 같다.[51]

호이겐스가 물체를 측정하는 양으로써 '무게'를 이용했다는 사실은 이미 전에 지적한 바 있듯이, 그의 역학에서 풀리지 않은 문제를 드러낸 셈이며, 그의 통찰력을 약간이나마 떨어뜨리는 것이었다. 그래도 위의 문장은 17세기 역학이라는 과학이 소개할 힘을 최초로 일반화한 내용을 담고 있다.

여기서 잠깐 멈춰서 conatus에 대한 논의에 함축되어 있는 정역학(靜力學)과 동역학(動力學) 사이의 관계를 생각해볼 필요가 있다. 호이겐스는 정역학을 조금도 심각하게 생각해보지 않았다. 아마도 정역학은 이미 제대로 잘 취급하고 있다고 생각했으리라. 그렇다고 하더라도, 위에서 소개한 문장은 정역학과 동역학 사이의 관계를 최초로 완전하고 만족스럽게 구현한 진술이다. 정역학이란 단지 동역학의 한 가지 특별한 경우로, 거기서는 노력이나 힘이 평형을 이루고 있는데, 그렇지 않으면 물체의 노력에 비례하는 가속 운동을 하게 된다. 호이겐스의 역학에는 간단한 기계에 나오는 비율에서 동역학을 유도해보려는 그 어떤 시도도 없다. 비록 그는 그러한 비율을 세세하게 논의하지 않았지만, 위에서 본 경사면에 대한 언급으로 미루어 판단하건데, 그는 분명히 간단한 기계를 동역학에서 힘을 이해하기 위한 하나의 패러다임으로 본 게 아니라 평형의 관점에서 보았다. 같은 맥락에서 그에 앞선 그 누구도 그렇게 하지 못했지만, 그는 비평형에 대한 패러다임으로써 갈릴레오가 분석한 자유 낙하의 중요성을 충분히 제대로 파악했다. 그가 맘만 먹었더라면 그런 모형을 활용하고 자체의 용어로 힘을 정의함으로써 동역학을 일반화할 수 있는 길이 그 앞에 활짝 펼쳐져 있었다.

아마도 conatus라는 개념을 적용하는 데 가장 만족스럽지 못했던 예를 든다면, 적어도 우리가 보기에는 그가 그 개념을 특별히 원운동의 vis centrifuga (역주: ‘원심력’이라는 의미의 라틴어)에 적용하려 했던 것이다. 사람이 자기 몸에 줄을 감고 회전하는 플랫폼에 서있다고 상상하자. 그 사람은 줄에서 ‘회전하는 힘’ 때문에 발생하는 장력을 느낀다. [vis vertiginis] (역주: ‘회전의 힘’이라는 의미의 라틴어). 그뿐 아니라 원의 기하를 이용하면, 몸이 접선을 따라 이동하려 하면서, 걸린 시간의 제곱에 비례하는 거리만큼 원에서 벗어나려 한다는 것을 증명할 수가 있다.

> 그러므로 이 노력은 공이 줄에 매달려 있을 때 느끼는 노력과 전부 비슷할 것이 확실하다. 그 경우에도 역시 공은 비슷하게 가속된 운동으로 줄 방향으로 더 멀어지려고 움직이기 때문이다.[52]

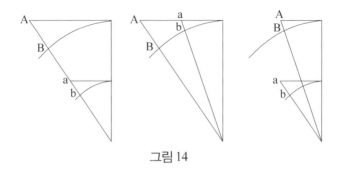

그림 14

원의 기하적 성질을 이용한 그는 물체의 속도와 물체가 움직이는 원의 지름으로 원심력에 대한 정량적인 표현을 정확하게 유도할 수 있었다. 같은 두 물체가 서로 다른 원을 따라서 같은 각속도로 움직이면, 주어진 회전각에 접선이 더 큰 원에서 멀어진 거리는 작은 원에 비해서 지름에 비례해 커진다(그림 14를 보라). 주어진 회전각은 시간을 측정하며 접선이 원에서 멀어진 거리는 물론 단위 시간 동안에 conatus를 측정하는 척도가 된다. 그러므로 각속도가 같으면 원심력은 원의 지름에 따라 변화한다. 그는 동일한 원에서 원심력은 속도의 제곱에 비례한다는 것과, 서로 다른 원에서 동일한 물체가 동일한 선형 속도로 움직이는 경우에 원심력이 같다면 주기는 지름의 제곱근에 비례한다는 것을 비슷한 방법으로 증명했다.[53] 기호 m을 다시 사용하고 비례상수 값이 1이 되도록 단위를 조정하면, 호이겐스의 결과는 우리가 지금도 원운동에 이용하고 있는 공식인

$$F = mv^2/r = mr\omega^2$$

와 같이 표현할 수가 있다.

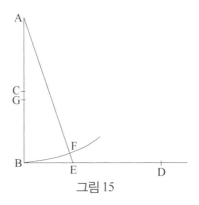

그림 15

호이겐스에게는 물론 단위에 대한 문제가 훨씬 더 복잡했다. 원심력에 대한 비례상수를 당시 받아들여지는 단위에 맞추기 위해서, 물체의 원심력이 그 물체의 무게와 같아지는 조건을 찾으려 했다. 물체가 원의 반지름의 절반과 같은 거리 CB만큼 낙하한다고 하자 (그림 15를 보라). 물체는 획득한 속도로 같은 시간 동안에 두 배가 더 큰 거리인 BD를 갈 수 있다. 이제 $CG/CB = BE^2/BD^2$가 되도록 그리자. 그러면 BE는 물체가 정지 상태에서 시작해서 CG만큼 낙하하는 시간에 비례하고, 그 시간 동안에 물체는 CB를 통해 낙하하면서 얻은 속도로 거리 BE만큼 움직인다. 각도가 매우 작을 때는 $BE = BF$이고, 물체는 균일한 속력으로 원을 따라서 거리 BF만큼 움직인다.

따라서 우리는 (이미 보인 바와 같이) 물체 안에는 자연스러운 가속 운동을 할 때 B점에서 FE만큼 안으로 끌어당기는 노력이 존재하는데, 같은 시간동안 그 접선 속도로 균일하게는 BE를 움직이고, 또 같은 시간 동안에 정지 상태에서 출발해서 CG의 거리만큼 가속 운동을 한다. 따라서 거리 CG하고 FE가 같다는 것을 보일 수만 있다면, 매달린 물체가 가속하면서 낙하하려는 노력이나 같은 물체가 원의 둘레를 따라 움직이면서 줄 방향으로 가속하면서 끌어당기는 노력이나 같다. 왜냐하면 가속 운동을 하려는 노력이나, 같은 거리를 같은 시간동안 움직이는 노력이 같기 때문이다.[54]

원의 기하에 의해서 각도가 작으면 *CG*와 *FE*가 같다는 것을 쉽게 증명할 수 있으며, 따라서 원의 반지름의 절반에 해당하는 거리를 낙하하며 얻은 속도로 원의 둘레를 회전하는 물체는 그 무게와 같은 원심력을 갖는다는 결론이 분명해진다. 이 결론에 따라서 단위들이 정해지며, 자유 낙하에 대한 갈릴레오의 공식에서 비롯한, 호이겐스의 제안은 다음 공식

$$F = mv^2/r$$

과 같음을 쉽게 보여준다.

일단 여기까지 진행한 호이겐스는 코페르니쿠스 천문학이 제시한 문제, 즉 지구가 회전축을 중심으로 회전한다면, 왜 물체들은 지구 표면에서 떨어져 나가지 않는가라는 문제에 이 결론을 반드시 적용할 수밖에 없었다. 갈릴레오는 원운동을 충분히 이해하지 못한 채로 이 문제에 착수했다. 호이겐스는 이제 이 문제를 명확하게 해결할 수 있는 위치에 있게 되었다. 사실, 그가 이 문제를 처음 접했을 때는 아직 확실히 해결할 수 있는 위치는 아니었다. 실제로는 그가 지구의 크기와 지구의 회전 속력에서 계산된 원심 가속도를 측정한 중력 가속도와 비교하면 좋겠다고 생각했다. 당시에 알고 있던 지구 반지름이 정확하지 못했을 뿐 아니라, 자유 낙하하는 물체를 직접 측정하여 얻은 당시에 가장 정확하다는 *g*값은 더욱 부정확했다. 호이겐스가 처음 이 둘을 비교했을 때, 그는 구(球)가 지구와 같은 회전율로 회전할 때 구의 표면에 놓인 물체가 그 물체의 무게와 같은 크기의 원심력을 받게 될 구의 반지름을 계산했다.

각속도가 정해져 있으면, 원심력은 반지름에 비례하여 변하는데, 그는 중력 가속도를 그대로 유지하면서 물체가 지구에서 떨어져 나가려면 지구가 그 구보다 265배가 더 커야 한다는 것을 발견했다.[55] 그 숫자는 너무 작았는데, 그러나 그 후 얼마 지나지 않아서 그는 진자에 대한 연구에서 g의 값을 수정하는 방법을 발견했고, 이를 이용하여 잘못이 나오게 된 중요한 원인을 제거할 수 있었다.[56] 그 뒤 20년이 지나서야 충분히 만족스러운 비교를 할 수 있게끔 지구에 대한 측정이 더 정확해졌다. 한편, 원심력에 대한 공식은 부정확한 자료를 적용했을 때조차도, 태양 중심계를 반대하는 목소리를 잠재울 수 있었다. 정말로 이러한 이의가 만일 완고한 지구 중심론자들을 제외하고 어떤 사람이라도 그런 반대 이유를 진지하게 받아들였다면 효과적으로 뒤집었다.

원운동에 대한 그의 분석이 정량적으로 옳았지만, 어쩌면 실제로는 그것이 정량적으로 옳았기 때문에 문제가 생겼을지도 모르겠다. 그 전의 데카르트와 마찬가지로 호이겐스도 선형(線形)적인 관성에 대한 개념을 직접 언급했다. 이미 보았다시피, 그는 충돌과 진자 모두를 관성에 대한 개념에서 시작하여 분석했다. 지금의 우리에겐 너무도 분명하게 선형 관성의 원리에 따라 방향의 변화는 속력의 변화와 같이 취급할 수 있다. 따라서 충돌이나 진자 모두 관성 상태를 바꾸려면 외력의 작용이 필요하다. 이렇게 물체의 운동의 방향을 바꾸는 힘을 '구심력(求心力)'이라고 부르는데, 구심력은 물체가 회전하는 원의 중심을 향하고, 호이겐스의 공식은 오늘날 우리의 구심력 공식과 정량적으로 같았다. 그렇지만 데카르트와 마찬가지로 호이겐스도 원운동에 대한 동역학을 정확히 반대로 이해했다. 즉 직선을 따라 움직이려는 물체를 그 경로에서 벗어나게 하는 중심을 향하는 힘이 아니라, 곡선 경로를 따라 움직이도록 구속된 물체를 그 중심에서 벗어나게 만드는 노력인 힘으로 이해했다. 그 자신도 이러한 멀어지려는 경향이라는 표현이 마음에 안 들었던지 원심력이란 표현을 사용했다.

호이겐스가 왜 우리에게는 부정확하고 자기 자신의 원리에도 모순인 용어를 이용하여 원운동에 접근해야만 했는지 설명하려면, 우리도 당연히 그가 처음 출발했던 데카르트에서 출발해야만 한다. 원운동에서 역학적 요소를 분석하려고 최초로 시도한 사람이 데카르트였기 때문에, 그가 문제에서 주어진 개념들을 정리하여 발표한 것은 그를 따르는 사람들에게 영향을 줄 수밖에 없었다. 그래서 데카르트가 원운동의 중심에서 멀어지려는 경향을 이야기했다는 사실 자체가, 호이겐스가 원심력이라는 용어로 원운동을 기술했던 이유 중 하나였다.

그런데 데카르트가 문제를 정리하여 기술한 것만으로는 호이겐스가 그런 개념을 갖게 된 것을 설명하기에는 부족하다. 실제로, 데카르트의 영향력은 그가 원운동에서 동역학적 요소를 분석하려고 시도했던 문장 몇 줄의 영향력을 훨씬 더 뛰어넘는 것이었다. 데카르트에게 원운동은 단순히 역학에 나오는 한 문제만은 아니었다. 원운동은 역학적 우주에 대한 그의 구상에서 중심이었다. 혹시 호이겐스가 데카르트 시스템의 세세한 사항까지는 다 따르지 않았다 해도, 원운동을 다루는 방식이 더 광범위한 설정에까지 자연스럽게 잘 들어맞는다고 생각할 만큼은 받아들였다. 무엇보다도 원운동에 대한 호이겐스의 견해는, 데카르트 학파가 중력의 원인이라고 본 소용돌이 메커니즘에 대한 그의 이해에 따라서 좌우되었다. 호이겐스는 논문을 시작하면서 원심력과 무게를 여러 면에서 비교해 나간다. 호이겐스는 그 둘 사이의 관계를 단순히 유사한 것이 아니라, 원인과 효과의 관계로 보았다. 1659년 이른 가을, 아직 원심력에 대한 정량적인 표현에 도달하기도 전에 호이겐스는 원심력이 중력과 비슷해야만 한다고 확신했다.

물체의 무게는 같은 양의 물질이 중심에서 멀어지려고 매우 빨리 움직이는 노력과 같다. 매달린 물체가 멀어지려는 것을 막든, 아니면 허락해서 지름을 따라 중심에서 멀어질 기회를 제공하든, 물체가 떨어질 때는 하나에서 시작해서 홀수로 된 급수만큼씩 중심에서 멀어지는 것처럼 무거운 물체도 비슷하게 중심을 향해서 가속하지 않을 수 없다. 이렇게 해서 중심에서 멀어지는 운동이나 중심을 향해 떨어지는 운동이나 모두 같은 결과를 준다. 그러므로 주어진 시간동안 물체가 얼마나 내려갔는지 알면 같은 시간동안 중심에서 얼마나 올라올 것인지 알 수 있는데, 예를 들어 1초-초 동안에 3/5만큼 선(線)을 따라 내려갔다면 1초-초 동안에 선의 3/5만큼 올라가게 될 것이다.[57]

호이겐스는 마지막 저서인 **빛에 관한 논고**(역주: 'Treatise of Light'는 호이겐스가 1690년에 출판한 저서)와 함께 중력에 대한 논의도 출판하는데, 여기서 나타나는 관점을 뒷받침하는 중심적인 아이디어를 결코 부인한 적이 없었다. 원심력이라는 개념은 데카르트의 기계적 시스템에 필수적이었던 것과 꼭 마찬가지로 호이겐스의 기계적 시스템에서도 필수적이었다.

자연에 대한 기계적 철학은 또한 호이겐스가 원운동의 개념을 세우는 데 좀 더 미묘한 방법으로 영향을 끼쳤다. 기계적 철학의 기본 신념은 움직이는 입자가 궁극적인 동인(動因)이라는 것인데, 그 동인은 입자의 운동을 변경시키는 입자 외부의 힘이 아니라, 입자와 그리고 그 입자가 작용하는 능력이라는 것이 이 기계적 철학의 주된 관심사였다. 호이겐스가 원운동을 보는 기본적인 시각은 물체가 원운동을 하도록 구속되어서이긴 하지만, 그가 주안점을 두었던 것은 구속하는 것이 무엇이냐가 아니라 물체의 작용하는 능력이었다. 수평면 위에 놓인 물체가 원을 그리며 회전하고, 그 회전의 주기는 높이가 $\pi^2 D$인 곳에서 낙하하는 데 필요한 시간과 같다고 하자. 이제 물체가 원을 따라 돌면서, '길이가 지름의 절반인 줄로 말뚝에 묶여있다면, 줄은 물체가 중심에서 멀어지려는 노력에서 생기는 힘으로 잡아당겨지는데, 그 힘의 크기는 같은 물체가 줄에 매달려 있을 때 물체가 줄을 잡아당기는 힘, 즉 물체의 적절한 무게와 같다.'[58] 비슷하게 호이겐스의 용어를 빌면, 원을 따라 도는 물체는 주어진 원심력을 '갖는다'.[59] 원심력에 대한 개념은 자연에 대한 기계적 철학이 변함없이 조장(助長)했던 충돌 모형이 지나온 길을 되풀이하고 있었다.

이 밖에도 다른 종류의 영향 또한 있었는데, 이는 기계적 철학보다도 훨씬 오래 되었고 기계적 철학과는 절대로 양립할 수 없었던, 바로 완벽한 원운동이라는 개념이다. 갈릴레오가 17세기 과학자들에게 상기시켰던 것처럼, 단지 원운동만이 질서가 잡힌 우주와 모순 없이 공존할 수 있었다. 질서가 잡힌 우주는 해체되어 기계적 우주로 흡수되었지만, 원운동이 물체들 사이의 관계를 유지시킨다는 확신은 변함없이 그대로 남겨 두었다. 회전축 주위로 회전하는 구(球)는 정말로 정지해 있는 물체와 많은 공통점이 있다. 궤도를 따라 공전하는 운동은 회전축 주위로 자전하는 운동보다 더 복잡하기는 하지만, 속력이 일정한 운동을 균일하게 가속된 운동으로 보려면 상당한 노력이 필요하다. 균일하게 가속되는 직선 운동에 대한 운동학에 몰두했던 세대가 원운동을 같은 범주에 포함시켜 같은 규칙을 적용하기 어려웠다는 것은 조금은 놀랍다. 원심력에 관한 표현을 모두 정량적으로 유도한 호이겐스에게 원운동은 균일하게 가속된 운동이라기보다는 균일한 관성 운동 또는 정지 상태와 더 유사했는데, 그에게는 균일한 관성 운동이나 정지 상태가 아주 똑같은 운동이었다. 그는 말하기를 '우리는 세상에서 두 가지 종류의 운동을 보는데, 그것은 직선 운동과 원운동이다…'고 했다.[60]

물체에 관해 무거움이라고 불리는 성질을 빼고 간단히 생각하면, 물체의 움직임은 자연스러운 직선 운동 아니면 자연스러운 원운동이다. 직선 운동은 물체가 방해받지 않으면 일어난다. 원운동은 물체가 어떤 중심 주위에서 벗어나지 않도록 유지되거나 또는 물체 자신의 중심을 중심으로 회전할 때 일어난다.[61]

그는 여러 곳에서 물체의 conatus를 '자연스럽게 가속된 운동을 통하여 …' 중심에서 멀어지는 것이라고 말했다.[62] 이 문장에서는 물체가 아래로 떨어지려는 노력과 원운동을 하는 물체가 중심에서 멀어지려는 노력을 비교하는 데 깔려있는 생각을 반복하고 있다. 특히 주의할 점은, 가속된 운동은 원운동이 아니라 오히려 원궤도에서 멀어지는 잠재적인 운동이며 원을 깨부숴야만 노력이라는 물리량이 튀어나올 수 있다는 것이다.

무게와 원심력 사이의 공통점 또한 예기치 못했던 또 다른 차원이 필요했다. 줄에 매달린 물체는 밑으로 내려오려고 노력하며, 물체의 무게는 줄이 반대 방향으로 잡아당길 때 평형을 유지한다. 물체는 원을 따라 움직이도록 구속할 때에만 원을 그리며 운동한다. 물체의 원심력은 무거운 물체의 노력과 마찬가지로 구속하는 힘과 평형을 이루며 유지된다. 원운동과 관성 운동 사이의 공통점은 원운동과 정적(靜的) 평형 사이의 공통점과 같다. 호이겐스가 원심력을 연구하게 된 발단을 제공했던 원추 진자 자체가 그에게는 예를 들어, 경사면에서 평형 문제로 보였다. (그림 16에서) 원추 진자 AC를 생각하면, 선분 CE는 AC에 수직이도록 작도되었다. 추 C가 그 위치에 곧게 뻗어있으려면 원심력이 작용하고 있음이 분명하다.

그리고 물체 C는, 비록 면 CE위에 정지해 있지만, 중력 때문에 떨어지려는 노력이 있으며, 또한 선 BC를 따라서 축 AB에서 멀어지려는 원심력이 중력에 따른 노력에 대항하고 있으므로, 이 원심력은 수평 방향과 평행한 선 *BC*를 따라서 가해지는 힘과 같아지고, 이 힘 때문에 물체 *C*는 경사면 *CE*에 머물러 있을 수 있다.[63]

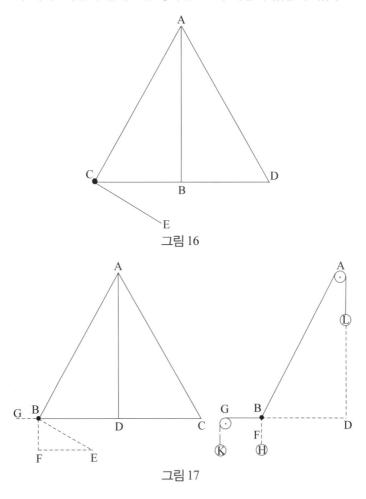

그림 16

그림 17

그는 계속해서 추가 줄을 잡아당기는 힘을 무게로만 당길 때와 비교하여 조사했다. 여기서도 역시 그는 줄에 수직인 면(*BE*)을 상상했지만 (그림 17을 보라), 그는 원심력을 또 다른 줄 *BG*로 바꾸어 도르래를 통해 추를

BG방향으로 잡아당기는데, 이때 무게와 추의 무게의 비는 $BF:BE$와 같다. '그러면 그것은 이 무게에 대한 원심력의 비와 같아진다.' 그러나 추는 원심력으로 BG를 따라 축에서 멀어지는 쪽으로 잡아당길 뿐 아니라, 추는 또한 자신의 전체 무게 때문에 BF를 따라 바로 아래로 잡아당긴다.

> 따라서 선의 끝 B에 다른 두 선 BG, BF를 연결해서, 그 중에서 BF에는 물체 B의 무게와 같은 무게가 매달려 있고, 다른 BG는 B의 무게 중에 BF가 FE를 차지하는 비율만큼의 무게로 잡아당기는 것과 똑같은 상황임이 분명하다.[64]

호이겐스는 얼마나 많은 하중(荷重)이 결합되어 줄을 잡아당기는지 알아내려고 매달린 점 A에 또 다른 도르래를 장치하고 다른 두 추가 평형을 유지하기 위해서 줄에 연결해야만 하는 무게 L을 결정했다. 원추 진자가 스테빈(Simon Stevin) (역주: 16세기에 플랑드르(오늘날의 벨기에)에서 출생한 수학자로 소수(素數)를 처음 고안한 사람으로 알려져 있음)의 평형을 이룬 힘의 삼각형으로 변환되었다. 호이겐스가 어쩌다가 선택하여 분석한 원심력은, 균일한 원운동을 평형의 상태로 인식한 데에서 말미암을 것이 전혀 아니었다.

'원심력'이라는 표현은 호이겐스가 역학을 결국에는 순전히 운동학으로만 기술할 수 없었다는 것을 여실히 보여준다. 그렇지만 그가 원심력을 바라본 문맥으로 판단하면 또한 그의 원심력이 일반화된 동역학과는 얼마나 멀리 떨어져 있는지 알려준다. 내가 이미 주장했던 것처럼 그의 눈에는 동역학적 작용이 아니라, 오히려 정적 평형이 원운동과 가장 기본적으로 비슷했다. 이용할 수 있는 수많은 용어 중에서 그가 선택한 '힘'이라는 (또는 vis라는) 단어도 간단한 기계와 관련해서만 쓰일 수 있었다. 그가 밑으로 내려오려는 경향이 억제되는 것이라고 보았던 정적 평형은 잠재적으로 동역학적인 정황과 잘 들어맞는다는 것은 옳다. 자유롭게 행동할 때는 아래로 떨어지는 경향이 갈릴레오의 운동학에서 말하는 균일한 가속 운동을 발생시키며, 원심력에도 역시 똑같이 적용된다고 호이겐스는 주장했다. 그런데 이는 호이겐스가 일반화된 동역학에 필요한 모든 개념적 장치를 실질적으로 다 구비했다고 말하는 것과 같다. 그는 '원심력'이라는 개념으로 아주 작은 영역에서만 쓰이리라 기대했던 동역학을 향해 한 걸음 내디딘 셈이다.

★

호이겐스의 역학이 지닌 매력 중 하나가, 그가 역학에서 동역학적 개념을 제거하여 운동학적으로 다루려고 하면 할수록 끊임없이 일반화된 동역학적 개념들에 맞부딪쳐야 했다는 사실이다. 균일하게 가속된 운동을 운동학적으로 보고자 하는 그의 의도 자체가 동역학적으로 작용하는 모형에 맞닥뜨려야함을 의미했는데, 우리가 이미 보았다시피, 이는 그도 단번에 알아차릴 수 있었겠으나 그의 과학적 사고가 그로 하여금 이를 표현하지 못하도록 했다. 충돌이나 진자, 또는 원운동에 대한 효과적인 조사를 끝마치고도 10년 정도 지난 뒤인 1670년대 중반에 작성한 원고에서, 그는 De vi centrifuga의 서론에 간단히 도입했던 개념을 좀 더 완벽하게 연구하여 잘 들어맞는 동역학의 기초를 구체적으로 구상했다.
그 논문은 실질적으로는 운동 법칙인 세 가지 공리에서 시작한다.

> 움직이면서 일단 속력을 획득한 물체는, 그 물체의 움직임을 축소시키거나 새로운 것을 만들려고 자극하지 않는 한, 같은 속력으로 계속해서 움직인다.
> 만일 움직이고 있는 물체의 움직임을 감소시키기 위해서 무엇인가가 끊임없이 작용한다면, 물체는 점점 그 속력을 잃게 된다.

그리고 만일, 그와는 반대로 움직이는 물체에 무엇인가가 계속
작용해서 그 물체가 움직이는 방향으로 밀면, 물체의 움직임은
계속 가속된다.

첫 번째 공리는 'inciter'라는 동사를 사용했으며, 호이겐스는 더 나아가
그것의 명사형인 '자극(incitation)'을 물체가 움직이도록 작용하거나 또
는 물체의 속력을 바꾸도록 작용하는 힘으로 정의했다. 이 원고에서 사
용된 '자극(刺戟)'은 개념적으로 De vi centrifuga의 conatus와 같다. 이
단어는 호이겐스가 더 다듬게 된 동역학에서 중심이 되는 요소를 제공
했다.

자극은 양적으로 '물체가 움직이지 못하게 만들기 위해서 물체가 있
는 장소나 물체가 움직이려는 방향으로 [dans la direction qu'il a] 채택
되어야만 하는 힘으로 측정할 수 있다.' 예를 들어, 곡면 위에 놓인 공을
생각하자. 그 면 위의 임의의 점에서 공의 자극은 그 점에서 공을 정지
상태로 유지하기 위해 곡면의 접선 방향으로 공에 연결한 줄을 잡아당겨
야만 하는 힘과 같다. 공의 무게는 바뀌지 않기 때문에 공이 정지해 있든
아니면 움직이든 그 자극은 같다. 그런데 자극이라는 개념의 주안점은
하강을 동역학적으로 해석한 것에 국한되지는 않는다. 오히려, 자유 낙
하 모형을 사용하여 일반화된 동역학을 유도해 낸 것에 있다. 만일 용수
철이 물체를 밀면, '각 지점에서의 자극은 물론 용수철이 미는 방향으로
움직이지 못하게 하는 데 필요한 힘으로 측정된다.'

[그가 계속하여 기술하길] 지금까지 이야기했던 바에 따르면 물체
의 자극들은 비록 그 자극들이 무게나, 탄성, 바람, 자석의 인력
등 그 원인이 무엇이든 서로 같을 수가 있다는 것이 분명하다.

비록 자극의 원인이 명시적으로 제거되었다고 할지라도, 이 논문에서 호이겐스는 힘에 대한 모든 의문을 검토하는 데, 기계적 철학의 문맥에 의존하는 것을 철저히 도외시할 수는 없었다. 그는 자극의 속력이 움직이는 물체의 속력에 비해 무한히 클 때를 완전한 자극이라 정의했는데, 이 정의는 은연중에 궁극적인 메커니즘을 생각나게 한다. 그중 특별히 중력에 적용했을 때를 보자. 호이겐스는 자극을 이용해서 데카르트가 수학적 운동학을 소홀히 할 수밖에 없게 만들었던 문제를 피해갈 작정이었다. 중력은 완전한 자극을 만들어내므로, 낙하하는 물체에 동작하는 자극은 그 물체의 속력이 증가해도 변하지 않고 일정하게 유지되며, 이러한 완전한 자극이 바로 균일하게 가속된 운동의 동역학적 근원이다. 비록 그러한 쟁점들을 무시할 수 없었지만, 호이겐스는 이 논문에서 물체가 정지해 있거나 움직이고 있는 상태를 바꾸기 위해 동작하는 모든 원인에 다 성립하는 정량적 동역학의 인과 관계를 추출해내는 데 주로 관심을 쏟았다. 다음 가설이 이 점을 다시 한 번 상기시킨다.

> 만일 똑같은 두 물체가 똑같은 두 선을 지나가는데, 두 선에서 서로 대응하는 점으로 이루어진 각 쌍의 점에서 자극이 서로 같으면, 비록 두 물체의 자극이 다른 원인에서 만들어졌더라도, 두 선을 지나는 시간은 같다.[65]

논문은 이 가설로 끝을 맺었다. 그 바로 전에 나오는 간단한 세 문장이 그가 자극의 동역학을 이용하여 풀려고 계획했던 문제들을 제시했는데, 이 문제들은 서로 다른 균일한 자극을 가지고 움직이는 동일한 물체들의 움직임, 동일한 거리를 지나가는 데 필요한 시간 (서로 다른 균일한 자극으로 라는 의미가 내포됨), 그리고 같은 자극으로 움직이는 서로 다른 물체들의 움직임이다. 비록 이 논문에 해법은 없지만, 그 전에 나온 것들에서 해법이 무엇일지는 충분히 짐작할 수 있다. 이 논문은 동역학적 작용의 모형으로서 특별히 물체의 낙하를 이용해, 원심력에 대한 그의 연구에서 conatus로 기술했던 개념을 좀 더 구체적으로 만들면서, 동역학을 17세기 당시까지 성취했던 어떤 과학보다 더 보편적인 단계로 끌어올렸다. 호이겐스가 반복해서 자극은 운동과 같은 방향이라고 주장한 것은, 관성 역학 안에서는 동역학적으로 방향의 변화가 속력의 변화와 동등하다는 점을 깨닫지 못해서 더는 일반화를 진행시키지 못했음을 시사한다. 자극은 오로지 선형 속도의 변화에만 관계된다고 표현한 것도 그가 원운동을 어떻게 이해했는지 보여주는 또 다른 증거이다. 이러한 한계가 있지만 이 논문은 자유 낙하의 운동학을 활용하여 힘에 대한 일반화된 개념을 이끌어내는 데 성공했다.

호이겐스는 왜, 오늘날까지 이용되고 있는 'virtue'나 'power' 또는 'force'(역주: 모두 17세기에 힘을 지칭하는 용어들이었음)라는 용어 대신에, 자신의 원고 외에는 17세기의 동역학 문헌에 전혀 알려지지 않았던 '자극(incitation)'이라는 용어를 사용했을까? 그가 이유를 직접 설명하지 않았기 때문에 추측할 수밖에 없지만, 많은 논문에는 나오지 않는 생소한 단어를 선택했다는 사실은 확실히 무엇인가 시사해준다. 동역학에서 제기되는 문제의 절반은 사용하는 단어의 모호함 때문에 발생한다. 힘에 대한 정의는 무엇이고 힘은 어떻게 측정하는가? 힘은 의미가 서로 다르며 상반되기도 하는 적어도 네 가지의 용도로 쓰였고, 그런 모호함은 널리 쓰이는 모든 단어에 똑같이 퍼져 있었다. 호이겐스는 새로운 동역학적 용어를 고안해 내고, 그 용어에 단 하나의 정확한 정의를 부여해주어 단어들의 늪에서 자신을 구출해 내고 안정된 구조를 기초로 하여 단단한 기반을 설치하려고 시도했음이 분명하다. 그는 '자극'을 정의하기 위해, '힘(force)'이라는 단어를 사용해야 한다는 것을 알았지만, 그는

'자극'은 물체가 움직이는 것을 방지하는 데 필요한 '힘'으로 측정한다고 말했을 때, 그는 그 단어에 대한 가장 정확하고 가장 일반적으로 받아들일 수 있는 용도를 찾아낸 것이다. 간단한 기계의 전통에서 '힘'은, 예를 들어 지렛대의 한쪽 끝과 같이, 한 점에 작용하고 그래서 다른 점에 놓인 무거운 물체를 이동시킨다. 17세기에 이르기까지 거의 모든 곳에서 간단한 기계의 비율이 평형의 조건이라고 이해되었으며, 호이겐스는 경사면에 놓인 물체의 자극은 물체가 움직이는 것을 방지하는 힘으로 측정했다고 말했을 때, 그는 일반적으로 인정된 어법에 따른 용어를 이용하여 '자극'을 정의하고 있었던 것이다.[66]

그에게 있던 conatus에 대한 개념에서와 마찬가지로, '자극'에 대한 그의 정의도 예외 없이 정역학과 동역학 사이의 관계를 기술하는 것이었다. 정역학은 균형을 이루고 있는 힘에 관한 것이며, 동역학은 균형을 이루지 않은 힘에 관한 것인데, 이 두 가지의 곱이 가속 운동이라 할 수 있다. 이와 같이 동역학에 관련해서 정역학을 인식하는 것이 호이겐스가 저항하는 매질에서 연직 방향으로 운동하는 물체에 대한 연구에 나타나 있다. 첫째, 호이겐스는 물체의 운동이 위를 향할 때는 무게에 (속도의 함수로 나타나는) 저항을 더하고, 아래를 향할 때는 무게에서 저항을 빼는 방법으로, 물체에 작용하는 합력을 찾아냈다. 그 다음에 그는 합력이 가속도에 비례한다고 놓았다.[67] 호이겐스는 관성의 원리를 충분히 소화했고 관성의 원리가 동역학과 간단한 기계와의 연결 고리를 단번에 영원히 끊어버렸다는 사실을 이해했다. 그는 발표가 됐든 안 됐든 자신의 연구물에서 지렛대 법칙에서 동역학을 유도하려는 어떠한 노력도 하지 않았다. 그는 충격의 힘은 무한히 커서 정적인 힘으로는 측정할 수 없다고 주장했다.[68] 대신에 그는 자극이라는 개념으로 자유 낙하의 운동학에 내재한 동역학적 원리를 활용하려고 시도했다.

위에서 인용한 논문에서 힘의 개념에 적용되었던 '자극'이라는 단어는 그보다 몇 년 전에 줄의 진동을 연구한 다른 논문에서 (라틴어 단어인 incitatio로) 처음 선보였다. 거기서는 그 단어가 아직 정의 되지 않은 채로 단순 조화 진동의 동역학을 분석하려는 흥미로운 시도에 직관적으로 적용되었다. 그 논문은 호이겐스 앞에 놓인 동역학이 얼마나 중요한지 암시해준다. 또한 그가 그 이전에 진자를 운동학적으로 검토하면서 소홀히 했던 결론인 진동 운동의 동역학적 조건을 기술하면서 시작한다. 사이클로이드 위의 임의의 두 점 A와 B에 대해, 'A와 B에 놓인 같은 두 추에 작용하는 중력의 비는 원호 AC와 BC사이의 비와 같다.' 다시 말하면, 사이클로이드의 임의의 점에서 경로에 평행한 무게의 성분은 가장 낮은 점에서 사이클로이드를 따라 측정된 변위에 비례한다. 이 논문의 구조로 미루어 볼 때, 이 관계는 그에게 원추 진자와 원심력에 대한 그의 분석, 즉 각속도가 일정할 때 원심력은 반지름에 비례한다는 것을 생각나게 했음이 분명하다. 진자의 동역학을 적용하기 위해, 호이겐스는 수평 방향의 줄을 상상했는데, 이 줄은 도르래를 지나 추에 연결되어서 잡아당겨졌다. 처음에는 줄에 있는 물질이 모두 다 중심에 모여 있다고 상상했으며 줄의 무게는 무시되었다. 작은 원형 진동의 경우에, 줄에 걸리는 일정한 장력은 원추 진자 추의 일정한 무게에 대응한다. 원운동에 대한 호이겐스의 견해에 따르면, 작은 원의 중심을 향하는 '자극'은 변위에 비례하고, 원운동을 계속 유지할 때 원심력은 자극과 같아야만 했다. 원심력은 또한 반지름에 비례하기 때문에 모든 (작은) 원형 진동은 반지름에 관계없이 주기가 모두 같다. 앞에서처럼 진자의 경우, 그는 진폭이 작아서 0에 가까워질 때 작은 원형 진자가 평면 내에서의 진동과 근본적으로 같다는 것을 간파하고 있었으며, 한 평면 내에서의 진동을 더 깊이 분석하기 위해, 그는 위에서 말한 진자에 대한 동역학적 관계를 적용했다. 줄에 연결된 무게는 일정한 장력을 유지하므로, 작은 진동의 경우, 물체가 한쪽으로 잡아당겨졌을 때 중심을 향하여 물체를 몰아붙이는 '자극'은 변위에 비례한다. 그는 줄의 중심에 집중하도록 배치한 물체가 줄을 잡아당기는 무게와 같게 준비하여, 줄의 진동을 그 줄과 길이가 똑같은 진자의 왕복운동과 동등한 것으로 나타낼 수가 있었다. 이러한 분석에서 그는 줄에 걸리는 다른 장력을 계산하여 주기는 장력의 제곱근에 반비례한다는 것을 보여 주었다. 이 결과는 '자극' 때문에 이동할 모든 물질은 단순한 진자에 대응하는 줄의 중심에 집중해 있다는 가정에 의존했으나, 그는 물리 진자에 대한 이론을 이용하여 이 결과를 물리적 줄의 경우로 바꾸어 놓았다.[69] 위에서 논의한 나중에 나온 논문에서 보듯이 진동하는 줄에 대한 분석에서 이용한 '자극'이라는 개념은 오로지 힘의 일반화된 개념으로서만 이해할 수 있다. 그것은 낙하에 관한 운동학이 호이겐스로 하여금 사용이 가능한 동역학에 얼마나 가까이 다가가게 인도해 주었는지 보여줄 뿐만 아니라, 운동학의 결과를 다른 문제로 바꾸어 놓는 데 동역학이 얼마나 유용할 수 있는지도 보여준다.

동역학을 과감하게 탐구한 것과 밀접하게 관련해서, 호이겐스는 질량의 개념을 모색하기도 했다. 동역학의 개념을 낙하에 관한 운동학에 적용하고 자유 낙하에서 모든 물체가 같은 가속도로 움직인다는 사실을 곰곰이 생각해 본 사람은 누구나 무게와 질량 사이에서 은연중에 나타나는 차이점을 만나게 된다. 그뒤 1668년부터 무게의 원인을 고려하는 논문들에서 그러한 차이가 구체적으로 나타나고 있다는 사실은 조금도 놀랍지 않다. 한 논문에서 그는 일련의 질문들이, 또는 아마도 일련의 가설들이, 중력이 물체에 포함된 작은 구멍들을 충분히 관통할 수 있을 정도로 미세한 입자들의 충돌로 생겨나는 부수적인 현상이라는 문맥 하에, 물체의 비중과 밀도 사이의 관계를 시험적으로 탐구했다. 그는 금속에

망치질을 하면 압축되고 더 무겁게 만들지, 그리고 금속이 뜨거울 때도 (그래서 팽창한다면) 무게가 변하지 않을 것인지 등의 질문을 했다. 그러한 질문들 속에서 중요한 결과가 한 가지 더 나타난다.

> 어쨌든 단단한 물체의 힘은 같은 물체의 중력에 정확하게 비례한다. 그래서 그 결과 그 어떤 물체라고 해도 중력은 그 물체에 있는 물질의 양에 비례하는 것처럼 보인다.[70]

그가 이미 필요한 실험을 했는지 또는 최소한 그런 실험 결과를 기대했는지는 모르겠지만, 같은 해에 쓰인 또 한편의 논문에서 그런 실험을 했다. 그가 알기로는, 데카르트는 물체의 무게가 그 물체에 포함된 물질의 양에 비례하지 않는다는 견해를 유지했다.

> 나의 입장에서는, 각 물체의 무게는 물체를 구성하는 물질의 양에 비례한다고는 하나, 이때는 반드시 그 물체를 통과하는 [그래서 물체에 무게를 제공하는] 물질이 무한히 빠르게 통과하고 있어서 물체가 상대적으로 정지해 있거나 정지해 있다고 취급될 수 있을 때이다. 이는 충돌의 효과가 정확히 물체의 무게 비율에 비례한다는 사실에서 분명히 알 수 있다.[71]

호이겐스가 충돌을 통해, 무게와는 상관없이 물체에 속한 물질의 양을 측정하는 수단을 구할 수 있음을 깨달았다는 사실은 매우 중요하다. 동역학에서 질량은 단순히 물질의 양에 불과한 것이 아니다. 물체의 관성 상태 변화를 억제하는 기능을 가져 질량은 힘과 힘이 발생시키는 가속도 사이의 비율을 결정한다. 1689년경에 작성한 충돌에 관한 그의 논문 서론에서 호이겐스는 데카르트가 물체의 저항이 그 물체가 얻게 되는 운동의 양에 비례한다고 한 것에서 더 작은 물체는 결코 더 큰 물체가 운동하도록 만들 수 없다는 결론에 도달했던 것에 주목했다. 반면에 파디스 (Ignace-Gaston Pardies) (역주: 17세기 프랑스 과학자)는 어디에든 고정되지 않고 정지해 있는 물체는 그것만으로 운동에 저항할 수는 없다고 제대로 이해하긴 했지만, 거기서 그가 내린 결론은 어떤 속력이라도 물체에 똑같이 쉽게 전해질 수 있다였다. 그러므로 정지해 있는 물체는 그 물체에 부딪치는 물체의 속력을 받아들인다는 이 결론은 데카르트의 결론보다도 더 터무니없다.[72] 비록 호이겐스가 말한 건 아니지만 파디스의 주장은 물질이 운동과는 아무런 관련이 없다는 17세기 개념의 논리적 결과였다. 호이겐스의 동역학적 통찰력이 얼마나 대단한지는 그러한 결론을 내리기 거부한 것에서 여실히 알 수 있다. 하지만 운동과 무관하다는 말에 함축된 의미 중 하나는, 자연스러운 운동을 거부하는 관성의 개념이 요구하는 것처럼, 물질도 또한 운동 자체에 저항하지 않고 움직여지는 것에 저항한다는 말이다. 모든 물체는 주어진 운동의 속도에 저항하는데, 그 정도는 물체에 포함되어 있어서 물체의 운동을 따를 수밖에 없는 물질의 양에 비례한다.[73] 그래서, 호이겐스는 충돌에 관한 그의 주장이 요구하는 것처럼, 정지해 있는 물체 A에 그보다 더 작은 물체 B가 부딪쳐서 A를 움직이게 만들 때 그 속도는, 두 물체의 크기가 같을 때 물체 A가 움직였을 속도보다 더 작다.[74] 물체가 수평 방향으로 움직여지는 것에 대항하는 저항은 그 물체의 무게가 원인이 될 수는 없다. 그 이유는 수평 방향의 운동 때문에 물체가 지구에서 더 멀리 옮겨지지도 않으며 어떤 방법으로도 물체를 지구 쪽으로 밀어붙이는 무게의 작용에 거스르지 못하기 때문이다.

그렇다면 이러한 저항의 원인이 되는 것은 처음부터 물체에 있던 물질의 양뿐임을 알 수 있는데, 결과적으로 만일 포함하고 있는 물질의 양이 같은 두 물체가 같은 속력으로 서로 충돌한다면, 두 물체는 그들이 단단하다면 똑같이 반사해 나갈 것이고, 부드러우면 똑같이 정지하게 될 것이다.[75]

여기에 소개한 것이 질량이란 개념을 구성하는 모든 요소이다. 그렇지만 호이겐스에게 무게와 분명히 구별되는 질량의 개념이 있었고 이를 사용했다고 단언하는 것은 불가능하다. 예를 들어 위에서 말한 진동하는 줄에 대한 연구는, 결정적으로 중요한 단계에서, G로 대표되는 줄의 질량이 줄의 한 가운데에 있는 점에 모두 다 모여 있다는 가정에 의존하는데, 그 질량은 줄의 끝에 매달려 있는 무게 K가 원인으로 생기는 장력으로 움직인다. 호이겐스는 심지어 G의 무게를 고려하지 않게 명시적으로 제외시켜 그의 의도가 무엇인지 분명히 했다. 그럼에도 문제에 대한 그의 진술인 'Ponatur pondus G aequale K'[76]에 따르면 그가 애써 제외시켰던 모호한 것들을 모두 다 다시 받아들였다. 그가 물리 진자의 진동 중심을 연구할 때, 그는 물체가 무게는 없지만 단단한 막대에 붙어 있다고 상상했다. 우리 같으면 분석에서 물체의 질량을 도입할 곳에 그는 물체의 'gravitas'를 이야기했다.[77] 여기서 일부 문제는 두말할 것도 없이 명명법(命名法)에 대한 쟁점이었다. 그는 물체의 크기를 부를 때, 어떤 때는 단어 'moles'를 사용하고 어떤 때는 단어 'magnitudo'를 사용하기도 했는데, 둘 다 모호하기는 매한가지다. 비록 정확한 정의를 내리기에는 너무 민감했을지 모르겠지만 말이다. 그는 정의를 내리지 않은 것뿐 아니라, 이들 중 어느 한 단어라도, 또는 심지어 '물질의 양'이라는 말조차도 일관되게 사용하지 않았다. 그는 오히려 물체의 크기를 표현하려고 'gravitas'나 또는 'pondus' 등을 사용하기도 했는데, 무게는 물질의 양에 비례한다는 그의 확신에 비추어보아서 그런 사용이 훨씬 수월했을 것이 틀림없다. 그렇게 말해봤자 단순히 호이겐스는 질량에 대한 뚜렷한 개념도 없고 사용하지도 않았다는 가정을 반복하는 것일 뿐이다. 이런 사실을 설명하자면 결국 그가 동역학을 믿지 않고 운동학을 선호했다는 사실로 되돌아가야만 한다. 동역학적 정황 아래서는 그가 한 질문의 논리를 따르면, 호이겐스는 바로 질량과 무게의 차이점을 인식했어야 했다. 그런데 호이겐스의 역학이 일관되게 피하려고 한 것이 동역학적 정황이었으며 운동학에서는 그 차이가 전혀 문제되지가 않았다.

★

17세기 역학에서 호이겐스의 역할에 대한 최종 평가는, 마지막에 거의 직관적이었다고 할 수 있는 동역학에 대한 그의 불신에 따라 결정된다. 자극(刺戟)에 대한 개념은 옆으로 밀쳐졌을 뿐 아니라 그 내용도 자신이 논문으로 발표하지 않았다. 단언하건데 충격이나 원심력과 같은 중요한 업적들과 똑같은 운명이긴 했으나, 충격과 원심력과는 달리 공들여 마무리할 가치조차도 없다고 여겨졌다. 호이겐스는 자극에 대한 개념을 넣으려고 짧은 몇 쪽을 할애한 다음에 이에 대해서는 그냥 잊어버리고 말았다. 그가 동역학을 그토록 불신하게 된 근원을 찾자면 그의 자연에 대한 철학 때문이었다는 결론을 내릴 수밖에 없는데, 동역학적 생각은 너무 쉽게 기계적 우주에서는 추방된 개념들이 깃든 이미지를 불러들였기 때문이다. 호이겐스가 거의 최초로 한 과학적 증명은 균일하게 가속된 운동의 운동학과 관련이 있는데, 여기서 그는 공기나 다른 종류의 저항이 전혀 없다고 가정하면서 메르센에게 말하길, '크건 작건 간에 오로지 아래로 향하는 균일한 인력만 존재한다'[78]고 했다. 그로부터 40년 이상 흐른 뒤, 파티오 드 뒬리에(Fatio de Duillier) (역주: 스위스 출신의 수학자로 뉴턴과 친했던 사람으로 유명함)가 호이겐스에게 곧 출간될 Principia에 담길 내용을 설명하는 편지를 보냈을 때, 그는 책이 나오기를 고대하며, '뉴턴이 인력이 작용한다는 가정을 제안하지 않는다면' 뉴턴이 데카르트 신봉자가 아니어도 상관이 없다는 답장을 보냈다.[79] 실제로 인력이 문제의 핵심이 었다. 메르센에게 보낸 호이겐스의 혈기 넘치는 편지에서는 낙하하는 물체의 운동학에 대한 동역학적 해석이 얼마나 쉽게 인력이라는 생각을 불러내는지 지적했으며, 인력이란 기계적 철학자의 한 사람으로 그가 결코 인정하지 못하는 것이었다. 그는 생애 마지막에 이르러, 데카르트 가 자신에게 끼친 영향을 다음과 같이 평가했다.

> M. 데카르트는 그의 추측과 허구를 진리라고 잘못 믿게 만드는 방법을 발견했다. 그리고 그가 저술한 철학의 원리를 읽은 사람들 에게는 마치 재미있는 소설을 읽고서 그것이 실제로 일어난 이야 기라고 믿게 되는 것과 같은 일이 벌어졌다. 데카르트가 말하는 작은 입자들과 소용돌이에 대한 이미지가 주는 참신함이 가장 마 음에 든다. 내가 철학의 원리를 처음 읽었을 때, 모든 것이 완벽하 게 진행된다는 인상을 받았으며, 책에서 약간 어려운 부분을 만났 을 때는 그의 생각을 충분히 이해하지 못하는 것은 내가 부족하기 때문이라고 믿었다. 당시 나는 단지 열다섯 또는 열여섯 살밖에 안 되었다. 그러나 그 이후로, 때때로 무엇인가 분명히 잘못된 것 이나 또는 아주 그럴듯하지 못한 것을 발견한 뒤에는, 내가 품었 던 선입관들을 완벽하게 없앴고, 나는 이제 그의 물리학 전체에서 내가 진리라고 받아들일 게 거의 하나도 없다는 것을 알게 되었 고, 그의 형이상학이나 기상학에서도 역시 마찬가지로 내가 받아 들일 것은 하나도 없다.[80]

호이겐스는 자신을 몹시 기만하고 있었다. 호이겐스의 역학에는 데카르 트의 자연 철학에서 비롯된 세부 사항들이 너무도 많이 관련되어 있어 서, 실제로 그 많은 세부 사항과 인연을 끊었다면, 데카르트의 자연 철학이 그에게는 더는 일관된 체계로 남아있지 못했다고 주장하는 것이 오히려 공정할 정도였으며, 그만큼 데카르트의 자연 철학은 계속해서 호이겐스의 자연 철학에 압도적인 영향을 끼쳤다. 데카르트의 후견을 받으면서, 그는 기계적 철학자가 되었으며, 그리고 계속 기계적 철학자로 남아있었다. 기계적 철학자의 한 사람으로 그는 인력과 같은 범주를 다루는 것을 거부했다. 또한 동역학의 개념을 피했으며, 그의 역학을 기계적 우주의 궁극적 실체인 운동하고 있는 물질 입자가 스스로를 측정하는 역학인 운동학으로 한정시키고자 애썼다.

뉴턴의 손에서는 자연에 존재하는 인력의 예가 되었던, 당연하리만큼 명백한 모든 현상이 호이겐스에게는 계속해서 기본적으로 데카르트 식으로 착상(着想)된 기계적 이미지들로 나타났다. 그런 것은 자기(磁氣) 현상에서도 마찬가지였는데, 데카르트는 자기 현상을 특별히 미세한 물질 때문에 생기는 특별한 소용돌이로 설명했다.[81] 전기 현상의 경우에도 똑같이 그러했다.[82] 무엇보다도, 17세기 역학에서 결정적으로 중요한 중력도 역시 똑같았다. 1668년에 발표된 논문에서 호이겐스는 중력에 관한 데카르트의 설명에 날카로운 의문을 제기했다. 데카르트의 설명에 따르면, 깊은 광산에서는 중력이 존재하지 않아야만 하는데, 실제로 거기에도 중력이 존재한다. 데카르트에 따르면 중력의 원인이 되는 미세한 물질이 지구에 충돌한 다음 되튀어야 하지만, 중력의 원인은 단단한 물체의 중심까지 침투하는 것이 틀림없다. 비록 금은 물보다 20배나 더 무겁지만, 데카르트는 물을 구성하는 입자들은 내부 운동 때문에 중심에서 멀어지려는 경향이 있으므로 금은 물보다 단단한 물질이 단지 네 배나 다섯 배 더 많다고 말했다. 호이겐스는 만약 그것이 사실이라면 얼음이 물보다 더 무거워야 한다는 것에 주목했다. 결국, 데카르트의 주장과는 반대로 물체는 낙하하면서 균일하게 가속되며 심지어 충분히 빠른 속력을 얻은 때에도 마찬가지이다. [83] 이 마지막 두 가지 쟁점은 기계적 철학과 관련하여 해석 역학의 분야에서 굉장히 중요했다. 낙하에 대한 갈릴레오의 운동학은 균일하게 가속된 운동과 그리고 모든 물체에서 중력 가속도가 일정한 것 등, 정량적 역학의 기초가 된 두 가지 개념에 의존한다. 이 두 가지 개념이 중력의 인과 관계에 대한 설명으로 알맞다고 상상한 메커니즘과 어떻게 조화를 이루었을까? 많은 다른 질문 중에서도 이 두 가지 쟁점을 숙고한 뒤 뉴턴은 인과 관계의 메커니즘을 거부하고 동역학이 요구하는 힘의 개념으로 용이하게 치환되는 인력(引力)이라는 아이디어를 받아들였다. 이와는 대조적으로 호이겐스는 절대로 끊어버릴 수 없도록 맺어진 기계적 철학에 속박되어 있었다. 역학에 대한 호이겐스의 시각을 지배한 기계적 철학은 1688년부터 은밀한 문구로 작성된 '뉴턴이 파괴한 소용돌이. 구형(球形)의 운동 소용돌이를 제자리로.'[84]라는 상징적 표현을 발견했는데, 이 표현이 Principia와 잘 어울렸다.

그보다 20년 전, Académie(역주: 이 장의 앞에서 소개한 '프랑스 왕립 과학 아카데미'를 의미함)에서 중력에 관해 공식적인 논의를 하던 행사 중에 이미 호이겐스의 중력에 대한 소용돌이 이론도, 데카르트의 설명에 호이겐스가 제기했던 질문과 실질적으로 똑같은 반응을 받았다. 1669년 8월, 로베르발과 프레니클(Bernard Frénicle) (역주: 프랑스 수학자이며 마법 제곱수에 대한 업적으로 유명함) 그리고 호이겐스 등 세 사람은 Académie에서 중력의 본성에 관해 그들의 견해를 발표했다. 셋 중에서 가장 정성스럽게 작성한 호이겐스의 논문은 1690년에 빛에 관한 논고와 함께 출판했던 그의 **중력의 원인에 대한 논의**에 포함된 주요 내용을 발표했다. 로베르발과 프레니클 두 사람은 모두 중력, 즉 밑으로 내려오기를 추구하는 물체의 무거움은 지상의 물체와 지구 사이의 인력이 원인이 되어 생기고, 같은 물체들끼리의 상호 인력은 지구도 함께 전체가 결합된 하나로 붙잡고 있다고 주장했다. 다른 두 사람이 발표한 뒤를 이어서 호이겐스가 한 강연의 모두 (冒頭) 발언은 기계적 철학자의 신앙 고백과 같았으며 사실상 무지몽매한 세력에 대한 선전포고와 다름없었다.

> 무게의 원인을 찾으려면, 그것도 지성적인 원인을 찾으려면, 무게가 어떻게 생기는지를 조사해야 하는데, 단 존재하는 모든 물체가 한 가지 물질로만 만들어져 있으며 이 물체들이 접근하는 데에는 크기나 모양, 움직임 등을 제외한 어떠한 성질이나 경향도 인정할 수 없다는 가정 아래서 조사해야만 한다.[85]

그렇다면 지성적인 설명이란 오로지 움직이는 물질밖에 다른 것은 없다. 호이겐스는 로베르발에게 물체가 지구를 향해 내려오는 원인을 지구나 물체에 속한 것들이 서로 끌어당기는 성질 탓이라고 돌리는 것은 전혀 아무 말도 안하는 것과 똑같다고 말했다.[86] 호이겐스 자신의 지성적인 설명은 데카르트가 말하는 소용돌이의 변종(變種)이었다. 호이겐스의 설명이 데카르트와 다른 점은 모든 평면에서 미세한 물질의 움직임을 도입한 것인데, 그래서 그 미세한 물질의 원심(遠心) 경향이 중심에서 멀어지고 물체에는 그 반대 방향인 중심을 향하는 밀침이 생긴다. 이것이 바로 그가 구(球) 형태인 운동의 소용돌이라고 말한 것의 의미였다. 이와는 대조적으로 데카르트의 소용돌이는 많은 사람이 지적한 것처럼 축에 수직인 운동을 발생시킨다. 중력의 가속도가 모든 물체가 일정하다는 (또는 무게와 물질의 양 사이의 비가 일정하다는) 사실을 설명하기 위해, 그는 물체에 대단히 많은 구멍이 있어서 미세한 물질이 물체에 포함된 모든 물질 입자와 작용할 수 있다고 주장했다. 물체가 낙하하는 중에도 계속 균일한 가속도를 유지하는 것을 설명하려고 지구의 적도에 놓인 한 점의 속도와 비교하여 미세한 물질의 속도를 계산했는데, 이때의 속도는 충분히 커서 자연 현상에서 관측이 될 정도의 범위 내에서 계속 가속되는 것이었다. 첫 번째 문제에 대한 풀이는 명백히 적절하지 못했다. 두 번째 질문에 대한 풀이는 갈릴레오의 운동학에 대한 데카르트의 반응과 비슷했는데, 균일하게 가속된 운동을 실제 낙하에 대한 단순한 근사(近似)로 취급한 것이다. 심지어 공기에 따른 저항이 고려되기도 전에 말이다. 두 경우 모두 인과 관계의 메커니즘이 주는 효과는 갈릴레오의 운동학에 대응하는 정확한 정량적 동역학은 이제 추구할 가치가 없는 착각에 불과하다고 말하는 것과 마찬가지였다.

호이겐스가 마침내 **중력에 관한 논의**를 출판했을 때 뉴턴의 Principia도 나왔으며, 호이겐스는 그 책을 고려해서 몇 구절을 첨가했다. 그는 특히 케플러 법칙에 대한 증명을 비롯하여 그렇게 많은 현상에 대한 수학적 증명을 인정하지 않는 것은 불가능하다는 데 동의했다. 중력이 태양계 전체까지 영향을 미치며 그 세기가 거리의 제곱에 비례하여 감소한다는 뉴턴의 논점은 틀림없이 옳았다. 그렇지만 중력이 인력이라는 것은 또 다른 문제였으며, 이것은 호이겐스가 받아들일 수 없는 것이었다. 중력은 반드시 운동으로 설명되어야만 한다.[87] 그는 전에 그가 지상의 중력을 설명하는 데 썼던 구 형태의 소용돌이를 전체 태양계에 적용하고, 태양의 표면에서 미세한 물질은 지상의 중력을 설명하는 데 이용된 미세한 물질보다 49배 더 빨리 움직여야만 한다는 계산 결과를 얻었다.[88] 뉴턴은 공간의 미세한 물질은 행성들의 운동을 방해할 수도 있다고 주장했다. 이에 대해 호이겐스는 행성의 운동을 방해하기는커녕 오히려 그러한 물질이 물체의 구심(求心) 운동을 촉진시킨다고 답변했다.

> 만일 무게가 순수한 물질에 속한 고유한 성질이라고 가정한다면, 그것은 또 다른 문제가 된다. 그러나 그러한 가설은 수학과 역학

의 원리에서 우리를 완전히 떼어놓기 때문에 나는 뉴턴 선생이 그런 생각을 가졌으리라고 믿지 않는다.[89]

실제로 여기에 물질의 핵심이 있었다. 호이겐스가 사용했던 말대로, 인력이라는 개념이 역학의 원리들과 일치하지 않는다는 말은 분명하다. 그렇지만 수학은 또 다른 문제이다. 17세기에 어떤 누구의 연구에서도 호이겐스의 연구에서처럼 자연에 대한 기계적 철학과 역학의 수학적 체계 사이의 긴장을 더 적나라하게 드러내지는 못했다. 만일 그가 자유 낙하의 모형을 활용하여 효과적으로 낙하 운동학에 대한 동역학적 조건들을 표현하는 방법으로, 전에 개략적으로 설명했던 동역학을 계속 추구하기로 선택했더라면, 오늘날의 교과서에서 뉴턴의 세 가지 운동 법칙 대신에 호이겐스의 두 가지 운동 법칙을 배우고, '힘'을 이용해서 동역학을 논의하는 대신에 '자극'을 이용해서 그렇게 했을 것으로 상상하는 것도 아주 틀린 일은 아닐 것이다. 호이겐스의 '자극'이라는 개념은 인과 관계의 메커니즘에 의존하지 않았으며, 이론상으로 말하면 호이겐스는 자극을 자연에 대한 어떤 철학으로든 발전시켰을 수 있었을 것이다. 그렇지만 호이겐스가 중력 또는 무게를 생각할 때마다, 그는 결코 자극이라는 추상적 개념을 가속도에 비례한 것으로 생각하지는 않았다. 그와는 전혀 반대로, 그는 마음의 눈을 통하여 소용돌이 운동을 하는 미세한 입자들이 지나치는 물체에서 멀어지면서 물체들을 중심으로 향하도록 열심히 밀어내는 아주 너무 구체적이고 선명한 이미지로 중력을 보았다. 그리고 그러한 이미지와 함께 즉시 정량적인 동역학을 위한 문제들이 등장했다. 호이겐스한테는 그러한 동역학이 요구하는 개념적 장치가 있었다. 자연에 대한 그의 기계적 철학은 일찌감치 종말을 향해 나아가고 있었다.

■ 4장 미주

1   크리스티안 호이겐스, Oeuvres completes, 22권 (La Haye, 1888~1950), **16**, 150, Martinus Nijhoff N. V.가 허락하여 전재(轉載)함.

2   위에서 인용한 책, **16**, 139.

3   위에서 인용한 책, **16**, 99~100.

4   'Extrait d'une lettre de M. Hugens à l'auteur du Journal,' Journal des sçavans, 18 March 1669, **2** (1667~1671), 531~536. (Oeuvres, **16**, 179~181.) '운동 법칙에 대한 개요 설명, Mr. 크리스티안 호이겐스가 왕립 과학 아카데미에 보낸 서한,' Philosophical Transactions, No. 46, 12 April 1669, **4** (1669), 925~928. (Oeuvres, **6**, 429~433.)

5   위에서 인용한 책, **16**, 92.

6   위에서 인용한 책, **16**, 92.

7   위에서 인용한 책, **16**, 93.

8   위에서 인용한 책, **16**, 94.

9   위에서 인용한 책, **16**, 164~165. 대략 1667년경의 것으로 보이는 짧은 기록물에서 호이겐스는 크기가 같고 서로를 향해 반대 방향으로 같은 속도로 다가오는 부드러운 두 물체들 사이의 충돌을 생각했다. 호이겐스는 두 물체의 공동 무게 중심이 저절로 위로 올라갈 수는 없다는 논리를 이용해, 두 물체는 정지해야만 한다는 것을 증명했다. 오래지 않아, 프랑스의 예수회 수사인 클로드 프랑수아 드 샤를은 이것과 같은 문제를, 두 물체는 같은 양의 운동이 있으므로 어떤 것도 상대 물체보다 더 우세할 수 없고, 그래서 정지할 수밖에 없다는 간접적으로 동역학에 근거한 논리에 근거하여 분석한 논문을 발표했다. 호이겐스는 드 샤를의 증명을 논평하면서, 그가 충돌에 대해 다른 접근 방법을 더 좋다고 생각한 이유를 설명했다. '샤를. 각 물체가 지닌 운동량이 다른 물체가 지닌 운동량과 같다는 사실에서 이 정리가 옳음을 제대로 증명했다고 생각하는 사람들이 있다. 추리 과정은 그럴듯하지만 그러나 만족스럽지는 못하다. 똑같은 방법으로 정지한 물체에 같은 운동량을 지닌 다른 물체들이 충돌하면 어떤 경우에나 동일한 속력을 얻는다는 것을 증명할 수도 있는데, 그건 잘 아는 것처럼 사실이 아니다.' (위에서 인용한 책, **16**, 164.)

10 위에서 인용한 책, **16**, 96.

11 위에서 인용한 책, **16**, 94.

12 위에서 인용한 책, **16**, 96.

13 위에서 인용한 책, **16**, 110.

14 위에서 인용한 책, **16**, 104~105 그리고 137~140.

¹⁵ 위에서 인용한 책, **16**, 43.

¹⁶ 1654년 판에서 인용; 위에서 인용한 책, **16**, 132. 1669년에 호이겐스는 충돌에 관한 영국 학술원으로 보낼 그의 소논문에 포함시키고 싶지 않은 몇몇 정리를 애너그램으로 (역주: 철자의 순서를 바꾸어 새 단어를 만든 것을 anagram이라고 함) 작성한 적이 있었다(그렇지만 그는 결국 그 애너그램도 보내지 않았던 것으로 알려졌다). 그런 애너그램 중에서 첫 번째는 다음 정리를 숨기려고 한 것이었는데, 그 정리는 충돌에 관한 그의 최종본 논문에도 수록되지 않았다. '충돌 전과 후에, 충돌하는 두 물체의 무게 중심은 직선 위에서 균일한 운동을 계속한다.' (위에서 인용한 책, **16**, 175 주석.) 같은 해에 출판한 Journal des sçavans라는 논문집에 충돌에 관한 일곱 가지 규칙에서, 그는 어떤 종류의 충돌이든 가리지 않고 모든 충돌을 일반적으로 성립하는 것처럼 보이는 '감탄할 만한 자연 법칙'에 대해 말했다. '그것은 다름이 아니라 두 물체나 세 물체 또는 원하는 만큼 얼마나 많은 수의 물체이든 그 물체들의 공동 무게 중심은 그들이 서로 충돌하기 전과 후에 적당한 직선 위에서 균일하게 운동을 계속한다는 (advance toûjours également) 것이다.' (위에서 인용한 책, **16**, 181.) 비록 호이겐스가 완벽하게 단단한 물체들 사이로 제한된 충돌에 대한 논문을 완성했지만, 1667년에 그는 부드러운 물체들 사이의 충돌과 그리고 덜 완벽하게 단단한 물체들 사이의 충돌도 고려한 결과 그런 때에도 역시 무게 중심은 계속해서 관성 상태를 유지한다는 결론에 도달했으며, 이 결론은 Journal des sçavans에 실린 그의 논문에서 알 수 있다(위에서 인용한 책, **16**, 166~167).

¹⁷ 1656년 판에서 인용; 위에서 인용한 책, **16**, 143.

¹⁸ 위에서 인용한 책, **16**, 31~33.

¹⁹ 위에서 인용한 책, **16**, 39~41.

²⁰ 위에서 인용한 책, **16**, 39.

²¹ 위에서 인용한 책, **16**, 57.

²² 위에서 인용한 책, **16**, 53~65.

²³ 충돌과 원심력에 대해 계획한 원고를 위해 1689년에 작성한 미완성 서문에서 인용함; 위에서 인용한 책, **16**, 210.

²⁴ 대략 1667년경에 작성한 논문에서, 호이겐스는 같은 세 물체 A, B, 그리고 C를 생각했다. 운동하고 있는 A가 정지해 있는 B와 C에 충돌한다. 자신은 움직이지 않는 B가 A에서 받은 충격을 C에게 전달하는 것이 어떻게 가능할까? 그는 이 문제를 논의하면서 충돌의 시간을 생각했다. '단단한 물체가 정지해 있는 다른 동일한 물체에 부딪칠 때, 한 물체는 순간적으로 운동을 획득하고 다른 물체는 순간적으로 운동을 잃는다고 말할 수 있다.' (위에서 인용한 책, **16**, 160.) 같은 시기에 발표된 또 다른 논문에서, 그는 만일 형태를 전혀 바꾸지 않는 완벽하게 단단한 물체들의 충돌이, 실제로 실험에 이용할 수 있는 탄성 물체들 사이의 충돌이 만족하는 것과 같은 법칙을 만족한다면, 단단한 물체들도 형태가 바뀌었다가 원래대로 되돌아오게 되는가라고 물었다. 그는 '그렇게 되지 못할 이유를 찾을

수가 없다'고 답변했다. '왜냐하면 대상이 되는 물체들이 더 단단하면 할수록, 다시 말하면 물체의 형태가 덜 바뀌고 그래서 복원되는 부분도 더 작을수록, 또다시 말하면 그 물체들 사이에 운동을 교환하는 시간이 더 짧을수록, 물체들은 우리의 반사 법칙을 더 잘 준수할 것이므로, 운동이 순간적이거나 또는 더 이상 나눌 수 없는 (필요한 만큼) 짧은 시간 간격 동안에 교환되는 것이 불가능하다고 보이지 않기 때문이다.' (위에서 인용한 책, 16, 168.)

25 1669년에 Journal des sçavans에 실린 그의 논문에는 다음과 같은 문장을 포함하고 있다. '두 물체에 있는 운동의 양은 그들 사이의 충돌에 따라서 증가할 수도 또는 감소할 수도 있다. 그러나 같은 방향에서 그 양은, 반대 방향의 운동량을 전체 운동량에서 뺀다면, 항상 일정하게 유지된다. [mais il y rest toûjours la mesme quantité vers le mesme costé, en soustrayant la quantité du mouvement contraire].' (위에서 인용한 책, 16, 180.) 1654년과 1656년에 출판한 두 판 모두에서, 그는 약간 다른 단어를 이용하여 같은 원리를 발표했다. (위에서 인용한 책, 16, 130~131 그리고 146~147 각주.)

26 위에서 인용한 책, 16, 73. 이 결론은 1652년에 출판한 논문의 제2판에 이미 알려졌다. (위에서 인용한 책, 16, 95.)

27 위에서 인용한 책, 19, 164.

28 'Quaeritur quam rationem habeat tempus minimae oscillationis penduli ad tempus casus perpendicularis ex penduli altitudine.' 위에서 인용한 책, 16, 392.

29 위에서 인용한 책, 17, 125.

30 위에서 인용한 책, 17, 125~128.

31 위에서 인용한 책, 17, 130~131.

32 위에서 인용한 책, 17, 136~137.

33 위에서 인용한 책, 18, 125.

34 위에서 인용한 책, 18, 127~129.

35 위에서 인용한 책, 18, 137.

36 위에서 인용한 책, 18, 137~141.

37 위에서 인용한 책, 18, 141.

38 위에서 인용한 책, 18, 141~143.

39 위에서 인용한 책, 18, 249.

40 위에서 인용한 책, 18, 97. 1666년에 발표한 한 짧은 논문에서 혹시 중력이 지구 중심에서 잰 거리가 커질수록 감소하지 않을까라는 의문이 제기되었다. 호이겐스는 혹시 그러한 감소가 있다고 하더라도 높이가 3,000피트인 산꼭대기로 가져간 진자에서 그 차이를 알아볼 수가 없다고 답변했다(위에서 인용한 책, 17, 278). 그로부터 이십년 뒤에 서로 다른 위도에 놓인 초진자의 길이가 차이나는 것이 관찰되었다. 1686~1687년 사이에 남아프리카의 희망봉을 방문하고 돌아온 탐험

대는 초진자의 길이에 차이가 있음을 확립했다. 호이겐스는 그러한 차이가 지구의 회전에 따른 원심력 효과 때문이라고 보았다. 어찌되었든, 그래서 pes horarius 프로젝트는 없어지고 말았다(위에서 인용한 책, 18, 636~643).

41 위에서 인용한 책, 18, 145~149.

42 위에서 인용한 책, 18, 171~183.

43 Alexander Koyré, 'An Experiment in Measurement', Proceedings of the American Philosophical Society, 97, (1953), 222~231을 참고하라.

44 호이겐스가 드 라 로크에게 보낸 편지, 1684년 6월 8일; Oeuvres, 8, 499.

45 상당히 많은 수의 원고가 호이겐스의 연구가 얼마나 발전했는지 기록하고 있다; 위에서 인용한 책, 16, 385~439. 완성된 발표가 Horologium의 제IV부에 실려 있다; 위에서 인용한 책, 18, 243~359.

46 위에서 인용한 책, 16, 423.

47 호이겐스의 역학에서는 질량이라는 개념이 충분히 분명하게 나오지 않았기 때문에 m이라는 기호를 사용하는 것이 시대적으로 약간 어울리지 않는다는 점을 한 번 더 환기시키고자 한다. 그가 진자를 취급하면서 어떤 것도 이 개념을 분명하게 만들 계기가 되지 않았다. 똑같이, 진자를 취급하면서 어떤 것도 질량을 제외시킨다고 해서 큰 일이 벌어지지도 않았다.

48 위에서 인용한 책, 18, 477.

49 'Gravitas est *conatus* descendendi.' 위에서 인용한 책, 16, 255.

50 위에서 인용한 책, 16, 257.

51 'Porro quoties duo corpora aequalis ponderis unum quodque filo retinertur, si conatum habeant eodem motu accelerato, et quo spatia aequalia eodem tempore peractura sint, secundum extensionem fili recedendi: Aequalem quoque attractionem istorum filorum sentiri ponimus, sive deorsum sive sursum sive quamcunque in partem trahantur.' 위에서 인용한 책, 16, 259.

52 위에서 인용한 책, 16, 263.

53 위에서 인용한 책, 16, 267~273.

54 위에서 인용한 책, 16, 275~277.

55 위에서 인용한 책, 16, 304.

56 제IV 가설이 물체의 원심력이 그 물체의 중력과 같을 때 물체가 1초 동안에 한 바퀴 돌 수 있는 원의 지름을 결정한다. 제IV 가설은 g의 값을 알고 있다고 가정한다. 호이겐스가 처음 이 원고를 작성했을 때, 그는 '실험'이 [experientia] g값을 제공해준다고 말했다. 시간이 좀 흐른 뒤에, 그는 'experientia'라는 단어를 지우고 그 자리에 'calculus'라는 단어를 바꾸어 넣었다. 여백에, 그는 다음과 같은 설명문을 적어 놓았다. '그렇지 않고, 수직으로 내려오는 낙하를 사이클로이드를 통한 낙하 또는 진자의 진동을 [비교하면서] 가설을 발표한 뒤 나중에 내가 발견한

것처럼 계산해서 구했다.' (위에서 인용한 책, **16**, 278 각주.) 1665년 말 또는 1666년 초에, 그는 한 번 더 지구의 적도에 놓인 물체의 원심력을 그 물체의 무게와 비교했다. 그는 여전히 *g*의 값으로 너무 작은 숫자를 채택했으며, 지구의 지름은 50퍼센트 더 큰 값을 적용했다. 그래서 이 경우 그의 결과는, 즉 적도에 놓인 물체의 무게가 원심력보다 165배 더 크다는 결과는, 먼젓번 결과보다도 덜 정확하다 (위에서 인용한 책, **16**, 323~324).

57 위에서 인용한 책, **17**, 276~277. 분명이 1667년 말 경에, 호이겐스는 미묘한 문제에 대한 짧은 논문을 작성했는데, 그 논문에서 그는 위에서 설명한 것과 유사하게 중력의 원인에 대한 간단한 생각의 줄거리를 기술했다(위에서 인용한 책, **19**, 553). 1669년 8월에, 그는 Académie 앞에서 중력에 대한 그의 완성된 설명을 발표했다. 그는 지구가 회전하면 지상의 물체들을 공기 중으로 날아가 버리게 만들 것이라는 이유로 코페르니쿠스 시스템을 반대했다고 말했다. 그의 의도는 바로 그 반대를 증명하는 것이었는데, 바로 이 중심에서 멀어지려는 노력이 지구를 향하여 다른 물체들을 미는 원인이 된다는 것이다(위에서 인용한 책, **19**, 632).

58 위에서 인용한 책, **16**, 303. 물체가 4분원을 다 내려오도록 흔들린 다음에 경로의 최저점인 *B*에서 줄을 잡아당기는 힘에 대한 호이겐스의 계산을 참고하라. 그의 말을 빌리면, '물체가 *B*에 도달했을 때, 물체는 단순히 그 무게만으로 줄에 매달려 있을 때보다 줄 *AB*를 더 세게 잡아당기게 된다. 그렇지만 얼마나 더 세게 잡아당길까? 세 배 더 세게 잡아당긴다.' (위에서 인용한 책, **16**, 296 각주.)

59 수많은 예 중에서 단 두 개만 골라서 인용한다면, 위에서 인용한 책, **16**, 271, 275를 참고하라.

60 1669년 Académie 앞에서 발표했던 그의 중력에 관한 논의; 위에서 인용한 책, **19**, 631.

61 중력의 원인에 대한 논의; 위에서 인용한 책, **21**, 451. 출판한 논의에서는, 이 두 문장이 바로 위에서 인용된 (참고문헌 60) 것과 교체되었는데, 앞에서 인용한 것은 1669년 Académie 앞에서 그리고 1687의 MS.에서 발표했다. 그러한 수정은 아무래도 그가 Principia를 읽은 뒤에 한 것 같으며, 수정을 최소한으로 한 것으로 보아 원운동에 대한 그의 견해가 얼마나 확고했는지 알 수 있다.

62 위에서 인용한 책, **16**, 269. 위의 참고문헌 54에서 인용된 pp. 275~277을 참고하라.

63 위에서 인용한 책, **16**, 285. 연직 축 *AC* 주위를 회전하는 경사각이 45°로 기울어진 관 *AB* 내에서 (불안정) 평형에 있는 공 *B*에 대해 그가 조사했던 비슷한 문제를 참고하라. 만일 그 공이 지나간 원의 반지름이 $9\frac{1}{2}$인치이고 원운동의 주기가 1초라면, 그 공은 관 내부에서 평형을 유지하고 있게 된다. '왜냐하면 만일 공이 중심에서 거리가 $9\frac{1}{2}$인치 떨어진 바퀴에 놓여 있다면, 같은 공 *D*를 선 *DCB*에 연결해서 바퀴의 중심을 통해 아래로 매달을 수가 있기 때문이다. 그렇지만 회전하는 관에서, 공은 오른쪽 선 *CB*를 따라서 중심에서 멀리 이동하려고 시도한다. 그러나 *B*의 공이 면 *BA*에 그대로 유지되고 같은 공이 방해받지 않고 공중에 그대로 매달려 있으려면 선 *CB*를 따라서 같은 힘이 작용해야 한다. 그러므로 공 *B*는 중심에서

멀리 이동하려는 노력과 똑같은 노력으로 관 *AB*에 스스로를 그대로 유지할 수 있게 되는데, 그 노력은 (공이 바퀴 위에 놓여 있을 때는) 똑같은 노력으로 공중에 매달린 *D*를 그대로 유지할 수 있다.' (위에서 인용한 책, 16, 306~307.) 호이겐스는, *D*와 *B*가 동일한 선 위에서 평형을 이루고 있을 때, 원형 경로에 있는 *B*를 붙잡고 있는 *D*를 이용해서가 아니라, 오히려 멀어지려는 노력으로 *D*를 지탱하고 있는 *B*를 이용해서 이 문제를 시각화했음을 유의하라. *D*라기보다는 *B*가 능동적인 물체로 여겨졌다.

64 위에서 인용한 책, 16, 310.

65 위에서 인용한 책, 18, 496~498.

66 부록 D를 보라.

67 위에서 인용한 책, 19, 102~157.

68 위에서 인용한 책, 19, 24.

69 위에서 인용한 책, 18, 489~494. 브라운커 경(Lord Brouncker)이 사이클로이드란 등시성 진동의 곡선임을 증명하는데 근거로 이용한, 비슷하지만 충분히 개발되지 않았던 동역학을 참고하라. '그러나 허락된다면 나는 무엇보다도 먼저 내려오고 있는 같은 물체의 속도의 증가가 항상 무게의 능력과 비례하는가라는 질문을 해야만 하겠다. 스테비너스(Stevinus), Livre I, de la Statique, prop. xix. cor. 2에서 볼 수 있는 것처럼, 무게의 능력은 경사면의 수직 높이에 비례하기 때문에, *AB*와 *DE*의 길이가 같다면, 그리고 *EF*와 *BC* 사이의 비가 1과 *a* 사이의 비와 같다면, *BA*만큼 내려오는데 속도의 증가와 … 같은 탄환이 *ED*만큼 내려오는데 속도의 증가 사이의 비는 *a*와 1 사이의 비와 같으며, 그리고 결과적으로, 탄환이 *ED*만큼 내려오는 데 걸리는 시간과 같은 탄환이 *BA*만큼 내려오는 데 걸리는 시간의 비는 $\sqrt{a}$와 1사이의 비와 같다.' (Thomas Birch, 자연에 대한 지식을 개선하는 데 기여한 런던 영국 학술원의 역사, 그 첫 번째 출현, 4 vols. (London, 1756~1757), 1, 70~71.)

70 'An vis percutiendi in corpore duro sequatur precise gravitatem corporis ejusdem. Hinc enim sequi videtur gravitatem sequi quantitaem materiae cohaerentis in quolibet corpore.' Oeuvres, 19, 625.

71 'Moy je dis que chasque corps a de la pesanteur suivant la quantité de la matiere qui le compose et qui est en repos, ou peut estre prise pour estre en repos a l'egard du mouvement infiniment viste de la matiere qui le traverse. Cela paroit de l'effect de l'impulsion qui suit exactement la raison de la pesanteur des corps.' 위에서 인용한 책, 19, 627. 그가 1669년에 Académie 앞으로 제출한 충격의 규칙에 대한 요약본에서, 그는 다음과 같이 비슷하게 언급했다. 'le considere en tout cecy des corps d'une mesme matiere, ou bien j'entends que leur grandeur soit estimée par la poids.' (위에서 인용한 책, 16, 180.) De vi centrifuga에서, 그가 원심 경향이 무게와 같다고 놓는 방법을 추구했을 때, 그는 처음에는 원심 경향을 경험하는 물체의 크기를 표시하기 위해 '무게'라는 단어를 사용했다. 그가 제기했던 문제점을 깨닫고는, 그는 계속해서 동일한 원을 따라서 균일하게 움직이는 물체들의 원

심력은 '물체의 무게, 또는 그 물체에서 단단한 양'에 따라 변한다고 말했다[sicut mobilium gravitates, seu quantiltates solidas] (위에서 인용한 책, 16, 267).

72 위에서 인용한 책, 16, 207.

73 위에서 인용한 책, 19, 482. 나는 Silvanus P. Thompson에 의한 번역본인 빛에 관한 논고(London, 1912), p. 30을 이용했다.

74 Oeuvres, 16, 43.

75 그가 1669년에 Académie에서 발표한 중력에 대한 논의에서 인용함; 위에서 인용한 책, 19, 638.

76 위에서 인용한 책, 18, 490. 내가 이탤릭체로 표시함.

77 위에서 인용한 책, 16, 417.

78 호이겐스가 메르센에게 보낸 편지, 1646년 10월 28일; 위에서 인용한 책, 1, 27.

79 호이겐스가 파티오에게 보낸 편지, 1687년 7월 11일; 위에서 인용한 책, 9, 190.

80 바이에(역주: 아드리앙 바이에(Adrien Baillet)는 프랑스 학자이자 비평가로 데카르트 전기를 쓴 것으로 유명함)의 데카르트 전기에 대해 1693년에 작성한 일련의 코멘트에서 인용함; 위에서 인용한 책, 10, 403.

81 대부분 1680년경에 나온 많은 논문이 자기(磁氣) 현상을 다루었다; 위에서 인용한 책, 19, 565~603.

82 1690년대로 보이는데, 그는 전기 현상을 다룬 많은 수의 논문을 작성했다; 위에서 인용한 책, 19, 611~616.

83 위에서 인용한 책, 19, 626~627.

84 'Tourbillons detruits par Newton. Tourbillons de mouvement spherique a la place.' 위에서 인용한 책, 21, 437.

85 'Pour chercher une cause intelligible de la pesanteur il faut voir comment il se peut faire, en ne supposant dans la nature que des corps faicts d'une mesme matierre, dans lesquels on ne considere nulle qualité, ny inclination a s'approcher les unes des autres, mais seulement des differentes grandeurs, figures et mouvements ….' 위에서 인용한 책, 19, 631.

86 위에시 인용한 책, 19, 642.

87 위에서 인용한 책, 21, 472.

88 위에서 인용한 책, 21, 478.

89 위에서 인용한 책, 21, 474.

05 17세기 말엽의 역학 체계

호이겐스와 같은 거장들의 손을 거치며 역학 문제가 아주 단순 명쾌해지고 과학이 너무도 손쉽게 친숙한 형태로 윤곽을 드러내는 바람에, 그렇게 되기까지의 난관을 과소평가하기가 쉽다. 그러한 난관을 새롭게 환기시키고 또한 해결하는 과정에서 이룩한 업적에 마땅한 평가를 내리고자, 올림포스 산정에서 내려와 평지의 대기를 다시 마셔보는 것이 필요하다. 사실은, 일반적인 평지의 대기가 아니다. 내가 이 장에서 검토하는 사람들은 결코 보통 사람들이 아니었다. 그들은 17세기 후반의 유럽 과학 공동체의 지도자들이었으며, 많은 사람들이 과학에서 명성을 떨치고 있다. 그들에게는 동역학이라는 학문이 분명하지도 않았고, 또한 오늘날에는 신입생들도 풀 수 있는 문제에 서투르기도 했다. 그러나 이는 그들의 명성을 깎아내리기보다는, 완성된 결과물이 너무도 단순 명료해서 기본적인 개념을 명확히 하는 것이 얼마나 힘든 일인지 미처 감지하지 못했다는 결론이 옳다.

그들은 호이겐스와 또 다른 면이 있었다. 그들은 모두 드러내놓고 역학을 동역학적으로 접근하고자 했다. 힘에 대한 개념은 뭐라 불렸든, 그들의 논문 매 쪽마다 등장했고 난도질을 당했다. 우리는 호이겐스의 동료들이 동역학적 용어들의 늪에서 절망적으로 허우적거리던 자신들을 구하기 위해 쏟아 부은 노고가 전부 허사였음을 지켜본 뒤에야 비로소 호이겐스가 운동학을 선호했던 진정한 가치를 충분히 인정할 수 있다. 마찬가지로, 호이겐스의 동료들이 비슷한 문제를 해결하지 못하는 것을 지켜봤을 때 비로소 우리는 호이겐스가 자극(刺戟)이라는 개념을 만들어 낸 사고(思考)의 명료성을 제대로 충분히 인정할 수 있다. 비록 호이겐스는 논문을 출판할 가치가 없다고 판단했지만, 만일 출판했더라면 그 거장들은 이 논문을 환영했을 것이다. 그들은 동역학이 정확하게 자기들이 원했던 것이며, 확실하게 수립된 모형이 없는 상황에서, 아직 남아있던 역학의 전통 때문에 다소 이질적이긴 하지만 아직 제대로 통합되지 않은 요소에서 동역학을 얻어내려고 시도했다.

가톨릭 예수회 소속인 이냐스 파디스(Ignace Pardies) 신부는 원래 수사학 교수였는데, 과학자로 변신한 뒤에 파리의 클레르몽 대학의 수학 교수가 되어 사망하기 직전인 1673년에 역학에 대한 짧은 두 편의 논문을 썼다. 한 논문의 제목은 Discours du mouvement local(역주: '국소적 운동에 대한 대화'라는 의미의 프랑스어)이었고 다른 논문의 제목은 La statique (역주: '정역학(靜力學)'이라는 의미의 프랑스어)였다. 두 논문 모두 동역학 자체는 아니라고 해도 동역학적 개념을 다루고는 있다. 이름만 보아서는 오해할 수도 있지만, 국소적(局所的) 운동 연구에서는 무엇보다 충돌에 전념했다. 이 논문에서는 충돌이라는 현상을 '충격의 힘'이라는 진부한 아이디어를 이용해 명확히 이해하려고 시도했다. 파디스의 분석은 모든 단계에서 17세기 역학의 기본이 되는 주제들과 연결되어 있는데, 충돌 모형이 얼마나 쉽게 동역학적으로 잘못 생각하게 할 수 있는지 보여준다.

이 논문은 관성의 원리 해설에서 시작했다.[1] 관성의 원리란 물체가 운동을 하든 정지해 있든 똑같다는 것이다. 정지해 있는 물체를 상상해보자. 이 물체는 '정지 상태를 유지하는 것과 또는 주어질 수 있는 운동을 받아들이는 것 모두 전혀 무관한…', 그런 물체에 이제 다른 물체가 와서 부딪친다. 두 물체 모두 투과해서 지나칠 수는 없으므로 무엇인가 일어나야만 한다. 정지해 있던 물체는 아무런 방해도 받지 않고 운동에도 무관하다. 만일 정지해 있던 물체가 움직이지 않는다면, 와서 부딪친 물체도 계속해서 운동하지 못한다. 그러므로 정지해 있던 물체는 와서 부딪친 물체의 속도로 움직이기 시작해야만 한다.[2] 파디스의 분석에 나타난 흥미로운 점은, 만일 물체가 실제로 운동에 무관하여 영향을 받지 않는다면 충돌 과정에서 물체의 행동에 물체의 크기는 전혀 영향을 미치지 않아야 한다는 주장이다. 데카르트는 물체가 '자신이 있는 곳에 정지해 있게 서로 달라붙게 하는 힘이 있어서 그 물체를 떼어 놓으려면 어떤 노력이 필요하다고 …' 주장했다. 파디스는 그런 생각은 터무니없다는 것을 발견했다. 배가 바다 한 가운데서 못 움직이게 스스로를 붙들 수도 없고, 또 돌멩이가 공중에서 스스로를 붙들 수도 없는데, 어떻게 텅 빈 공간에서 물체가 붙잡을 단단한 아무것도 없이, 스스로를 붙들고 정지해 있을 수 있을까?[3] 실제로 우리는 물체 내에서 무게와 연결된 것을 제외하고는 어떤 저항도 상상할 수 없고, 충돌에 대한 정의를 따른다 해도 충돌은 무게의 성질에서 추출된 물체에 관한 것이다. 어떤 때에는 부딪침을 당한 물체가 부딪친 물체보다 크고, 다른 때에는 두 물체의 크기가 같다면, '왜냐하면 … 크기가 더 큰 물체나 같은 물체나 똑같이 정지해 있든 운동하고 있든 상관없어서, 어느 물체도 전혀 저항을 제공하지 않을 것이므로, 크기가 더 큰 물체가 같은 물체보다 더 많은 저항을 제공하지는 않을 것이 명백하다.'[4] 누구나 인정하는 무관(無關)의 원리가 성립한다면, '더 작은 물체를 움직이는 것보다 더 큰 물체를 움직이는 데 더 많은 힘이 요구되지는 않으며, 따라서 … 다섯 조각을 움직이는 것보다 열 조각을 움직이는 데 더 많은 노력이 필요하지 않은데, 그 이유는 다섯

조각이나 열 조각이나 모두 아무런 저항도 제공하지 않기 때문이다.'[5]

호이겐스는 노골적으로 경멸의 어조를 드러내며, 그렇게 어리석은 결론에 도달할 수 있는 사람이 있다는 사실에 놀라워했다.[6] 그런데 파디스는 구체적으로, 유체로 된 매질이 있다면 조건이 바뀌어서, 매질 속에서는 큰 물체가 작은 물체보다 움직이기 더 어렵다고 주장했기 때문에, 호이겐스의 조롱은 약간 잘못 겨냥된 감이 있었다.[7] 어쩌면 그 조롱은, 데카르트 이전 시대에 즐겨 사용했던 방법, 즉 실제로는 존재하지도 않는 조건을 분석하는 그런 아이디어 자체를 겨냥한 것일 수도 있다. 그렇다고 하더라도, 최소한 절반은 무관함이란 개념 자체를 겨냥했음은 피할 수 없다. 파디스는 이의(異意)를 주장할 수 없는 용어로 논리적 결과를 이끌어 냈다. 만일 그 결과가 불합리하다면, 무관함이라는 개념에 문제가 있는 것이지 파디스가 그 개념에서 추론하는 과정에 문제가 있는 것은 아닐 것이다. 동역학이 어느 정도 인정받기까지는 이 문제도 불완전한 채로 남아 있게 되었다.

어쩌면 호이겐스 또한 파디스가 동역학적 요소를 빼버린 듯한 것을 기반으로 오히려 순전히 동역학적인 이론을 이끌어냈던 것에 놀랐을지도 모른다. 동역학적 요소는 물체가 운동에 무관하다는 성질을 배제한 후에 물체가 서로 투과할 수 없는 성질과 함께 등장했다. 두 물체가 서로 상대방 물체와 부딪칠 때 충격이 생기는데, '그것은 단순히 접근하는 두 물체 사이를 투과하지 못하는 성질 때문에 서로 상대방을 방해해서 생기는 타격일 뿐이다.' 투과할 수 없는 성질은 두 물체 모두 있는 특징이므로 충격은 두 물체에 공동으로 일어난다. 만일 물체에 감각이 있다면, 각 물체는 서로 상대방과 똑같은 만큼 아픔을 느낄 것이다. 만일 두 물체에 못을 대고 두 못의 머리가 서로를 향하게 붙여서 때리면, 못이 두 물체에 박힌 부분의 길이는 똑같게 될 것이다. '그러므로 두 물체가 서로 부딪치면, 충격은 두 물체에 똑같이 일어나며 두 물체가 받는 충격의 크기도 같다는 일반적인 원칙을 수립할 수가 있다.'[8] 다시 정지해 있는 물체로 돌아오자. 만일 물체가 한 단위의 속도로 와서 부딪치고 정지해 있던 물체도 그 속도로 움직이기 시작한다면, 한 단위의 충격이 똑같이 와서 부딪친 물체에게도 반대 방향으로 한 단위의 속도를 주게 된다. 그 속도는 이 물체의 처음 운동과 혼합되어, 정지할 때까지 속도를 줄이게 된다. 다른 예로, 두 물체 모두 움직이고 있고, 한 단위의 속도로 서로 상대방을 향해서 접근하고 있다고 하자. 이 경우에 '충격의 힘'은 두 단위이고, 각 물체의 속도의 방향은 반대로 바뀌게 된다. 말할 것도 없이, 충격의 힘은 각 물체의 속도가 아니라 두 물체의 상대 속도에 비례한다 – '충격은 항상 상대 속도에 비례한다….'[9]

만일 무관함이라는 개념과 관련된 문제만 눈감아준다면, 다시 말해 힘을 측정하는 데 질량이 안 들어가 있는 문제만 제외하면, 파디스의 '충격의 힘'에서 어느 정도까지 적용이 가능한 동역학적 개념을 얻을 수 있을까? 얼핏 보면, 파디스는 속도의 변화가 충격의 힘에 비례한다고 놓고, 힘의 측정을 관성 상태의 변화량을 측정하는 개념으로 생각을 진행한 듯이 보인다. 그러나 겉보기만 그랬지 실제로는 그렇지 않았다. 파디스도 당시 충돌에 대해 공부한 다른 사람들처럼, 와서 부딪치는 물체와 관련된 겉보기 힘에 몰두하고 있었다. '충격의 힘'은 물체의 움직임이 갖는 힘으로, 부딪치는 물체에 대한 상대적인 운동과 거기서 일어나는 속도의 변화량으로 측정한다. 속도의 변화량은 움직이지 못하는 장애물에 부딪치는 물체에 대한 그의 분석에서 보다시피, 항상 충격의 힘에 비례하는 것은 아니다. 이 경우를 조사하기 위해, 파디스는 먼저 어떤 소재(素材)로 된 얇은 판을 중심으로 양 편에서 정면으로 각각 한 단위의 속도로 접근하는 두 물체를 상상했다. 얇은 판이 있다고 해도 두 물체의 충돌은 전혀 영향을 받지 않는다. 얇은 판은 그냥 계속 고정되어 있을 것이고, 두 물체는 충돌 후에 얇은 판이 없을 때와 마찬가지로 똑같은 모양으로 되튈 것이 분명하다. 이제 두 물체 중에서 한 물체를 없애고 얇은 판 대신 벽처럼 움직이지 않는 장애물을 상상해보자. 파디스가 추론을 더 진행하기 전에, 물체가 운동에 무관함에 비추어 볼 때 움직이지 않는 장애물이 정말 가능한지 생각해 보았더라면 좋았을 것이다. 그런데, 그러지 못하고 오히려 물체가 그런 장애물을 만날 때는 전과 똑같이 되튄다고 단언했다. 그는 또한 속도의 변화는 같은데 비해 충격의 힘은 절반으로 줄어든다는 사실을 알아차리지 못했거나 아니면 그것이 중요한 줄을 몰랐다. 그는 적어도 한 번 이상, 그런 충돌에서 '충격의 힘'이 벽에 상대적인 물체의 속도에 비례한다고 단언했다.[10] 파디스가 생각했던 '충격의 힘'에 대한 개념은 그의 다른 역학에서도 찾아 볼 수 있듯이, 기본적으로 힘에 대한 직관적인 생각을 확장한 것인데, '세기'와 거의 구별되지 않았다.[11] 그리고 그런 것들, 즉 직관적이고 애매한 개념에 당장 정확하고 사용할 수 있는 의미를 부여하는 것이 17세기에 동역학의 과제였다. 파디스가 속도의 변화량을 충격의 힘에 비례한다고 가정하려는 경향은 그런 방향으로 한 걸음 나간 것이지만, 충돌의 모형에서 나타난 황당함이 오히려 그가 이룩한 것의 명료성과 유용성을 제한하고 말았다.

파디스가 동역학을 취급하면서 직면했던 문제 중 일부는 힘의 또 다른 모습이었던 지렛대, 좀 더 일반적으로는 간단한 기계였다. 파디스가 쓴 역학 논문 중 두 번째 논문의 전체 제목이 정역학 또는 움직이는 힘인데, 서로 배타적으로 보이는 두 용어를 같게 놓았다는 점이 의미심장하다. 논문의 서문에서, 그는 '역학의 완전한 시스템을 구축하고 운동에 관한 모든 지식을 질서 정연하게 정리하겠다'는 의사를 밝혔다.[12] 모두 여섯 권으로 계획된 것 중 첫 번째 권에서 그는 국소적 운동이 어떻게 발생하고, 보존되고, 전달되는지를 보였다. 이 논문에서는 '더불어 존재하는 저항을 극복하는 과정에서 생긴 격렬함으로' 만들어진 운동을 취급할 예정이었다.[13] 다른 논문들은 무거운 물체의 운동과 유체의 운동, 진동하는 운동, 그리고 소리와 빛과 같은 파상(波狀)의 운동을 조사할 예정이었다. 이미 출판한 처음 두 논문과 더불어 마지막 논문도 틀림없이 어느 정도 완성된 형태를 갖추었고 빛의 파동성(波動性) 개념에 상당한 영향을 주었다. 다른 논문들이 작성되었는지는 모르겠지만, 그랬더라도 지금은 사라지고 없다. 한편, 파디스는 역학 체계 중에서 정역학이 어디에 있어야 옳은지 제시했다. 그 명칭에도 아랑곳없이 정역학은 근본적으로 운동과 관련된다.

> 물체들은 종종 서로 종속되어서 다른 물체가 같이 움직이지 않으면 움직이지 못할 때가 있다. 그리고 심지어 때로는, 어떤 물체가 다른 물체의 방향과 반대로 움직이려고 시도할 때는, 만일 그들의 힘이 같으면 각 물체는 서로 상대방의 운동을 못하게 만든다. 그리고 만일 그들의 힘이 같지 않으면, 더 강한 물체가 지배하게 되어 더 약한 물체는 자신의 경향에 거슬러 움직일 수밖에 없게 된다.

예를 들어, 저울에서 한쪽 추는 다른 쪽 추가 자신의 경향에 거슬러서 올라가야만 내려갈 수가 있다. 다른 사람과 마찬가지로 파디스도 역시, 17세기 역학에서 그렇게도 많은 문제를 일으켰던 간단한 기계의 주된 변칙과 맞섰다. 이들의 분석은 모든 사람이 역학에서 기본적인 관계라고 받아들이는 비례식들을 만들어내긴 했으나, 어디까지나 이 분석의 대상은 평형조건이었다. 그러나 간단한 기계는 평형을 유지해서 그대로 들고 있으려고 필요한 게 아니라 무엇인가를 운반하기 위한 것이다. 파디스는 정역학의 목적에 관해 대단히 분명하게 알고 있었다.

> 따라서 물체가 움직임에 저항하는데도 움직이게 만들기 위해서
> 필요한 것이 힘이다. 이제 우리가 다루어야 할 것이 이런 힘이고
> 우리가 정역학이라고 부르는 학문이 이런 과학이다.[14]

그러고 나서, 주제를 의도적으로 나누었는데, 하나는 저항이 없는 조건에서 운동이 전달되는 충격이었고 다른 하나는 저항에 대항하는 운동을 공부하는 정역학이었다. 어느 정도 선에서는 무게를 배제한 운동과 물체의 연직 방향 운동으로 구분하기도 했다. 그렇지만 파디스가 질문을 그렇게 깔끔하게 구분했다거나 또는 간단한 기계의 이미지가 그의 충격을 다루는 방법에 영향을 미치지 않았다고 생각하면 오판이다. '충격의 힘'이 상대 속도에 비례할 것이라는 그의 신념은, 비슷한 종류의 모든 식이 그랬던 것처럼, 결국은 틀림없이 지렛대의 원리에서 유래되었다. 파디스는 적어도 한 번은 간단한 기계로부터 직접 충돌을 이해한 듯했다. 경사면에 대한 논의에서 그는 연직 방향으로 내려오는 물체가 자기보다 크기가 10배 또는 100배나 더 큰 물체를 어떻게 경사면을 따라 끌어올릴 수 있는지 증명해 보였을 뿐 아니라, '내려오면서 다른 무게를 … 같은 속력으로 올라가게 만들 수 있는지도 역시 증명해 보였다.'[15] 그가 구체적으로 지적했다시피 여기에 충돌에 관한 그의 모형이 있었다.
파디스는 논문에서 그가 힘을 생각하는 두 가지, 즉 '충격의 힘'과 간단한 기계에 나오는 '움직이는 힘'이 상충되지 않게 만들려고 시도하지는 않았다. 어쩌면 왜 그 둘 사이에 있는 모순을 제거해야만 하는지 깨닫지 못했을 수도 있다. 두 가지 생각은 모두 움직이는 물체에 대한 것이었

고, 그 힘의 세기에 대한 직관적 생각을 상식적으로 확장한 것이었다. 정말이지, 그러한 원칙을 일반화시킨 것이 파디스의 정역학(靜力學)이며 앞선 두 가지와는 다른 힘의 정의에 도달했다. 그 정의에 따르면, 100파운드의 물체를 1피트 올리는 데 요구되는 '힘'의 양은 1파운드의 물체를 100피트 올리는 데 필요한 양과 같다.[16] 힘의 정의가 무엇이든, 그는 일반화된 힘을 제안했다. 저울에서 평형을 이루고 있는 두 물체를 생각하자. 한 물체 대신에 사람이 다른 물체를 평형 상태로 유지하기에 충분한 '힘'으로 아래로 잡아당길 수 있다. '그 사람의 손이 잡아당기는 힘은 물체의 무게와 같을 것이다.' 이제 다른 물체 대신에 두 번째 사람이 무게와 같은 '힘'으로 잡아당긴다고 하자. 그러면 평형은 여전히 유지된다. 파디스의 말에 따르면, 정역학이란 반대되는 '힘'의 저항에도 물체를 움직이는 데 필요한 '힘'에 관한 학문이다. 그 정역학은 무거운 물체에 있는 '힘'에 국한되는 것이 아니다. '모든 힘은 어떻게든 무게라는 힘으로 표현될 수 있으므로, 모든 종류의 끌거나 움직이는 데 원인이 되는 힘을 일반적으로 옳게 표현하기 위해 평상적으로 무거운 물체를 예로 사용하는 것은 사실이다.'[17] 갈릴레오는 힘을 측정하는 데 무게를 이용하긴 했지만, 무게 자체가 힘이라고 생각하지는 않았다. 파디스는 이보다 한 단계 더 나아가 오직 무게만이 가장 편리하게 정량화할 수 있는 실례(實例)라는 일반화된 개념에 도달했다. 파디스가 이러한 단계로 건너뛰었던 것을 지나치게 강조할 필요는 없다. 왜냐하면 다른 사람들도 각자 똑같은 생각에 도달하고 있었으니까. 그의 역학 전부가 그랬듯이, 파디스 역시 주로 17세기 후반의 반세기 동안에 역학적인 사고가 어떻게 일반화되어 가는지를 보여주는 하나의 보기일 뿐이다.

똑같은 말을 클로드 프랑수아 밀리에 드 샤를(Claude-François Milliet de Chales)에게도 할 수 있는데, 그는 또 다른 예수회 소속 신부로 1674

년에 출판된 그의 Cursus seu mundus mathematicus(역주: '순수 수학 강좌'라는 의미의 라틴어)에서는 역학 분야가 광범하게 다루어져 있다. 드 샤를을 파디스와 같은 범주에 넣을 수는 없다. 파디스는 과학 공동체 안에서 공로를 인정받는 사람이어서, 예를 들어, 뉴턴의 색(色) 이론에 대한 그의 논평은 무시당하지도 않았고 무례하게 대접받지도 않은 데 반하여 드 샤를은 요약하거나 해설하는 사람이라는 좀 더 겸손한 역할을 담당하고 있었다. 그의 Cursus는 처음부터 초보자를 위해 쓴 것이라고 밝히고 있긴 하나, 독자를 수학의 정상까지 올라간 기분을 맛보게 해주겠다고 약속하기도 했다. 그런데 진실을 밝히자면, 그 책의 절(節)들은, 또는 그 자신이 선호한 명칭대로 역학에 대한 논문들은, 논문 6의 제목은 'Mechanice'(역주: '역학'이라는 의미의 라틴어)이고 논문 7의 제목은 'Statica seu de gravitate terrae'(역주: '지구 중력에 관한 정역학'이라는 의미의 라틴어)인데[18], 제목만 봐도 그렇듯 독자들은 정상에 올라가기 훨씬 전에 숨이 차서 헐떡거리고 있었다. 그렇지만 바로 그러한 제한 속에서도, 그 논문들은 17세기 후반의 반세기 동안에 역학적 사고의 일반적인 수준과 그리고 무엇보다도 그 기간의 동역학적 개념의 본질과 근원을 반영하는 훌륭한 거울이 되었다.

비록 드 샤를이 자유 낙하에 대한 갈릴레오의 운동학의 총체적인 결론을 소화해 내기는 했지만, 이 결론을 순전히 운동학적으로만 받아들일 준비는 되지 않았다. 그의 역학적 사고는 완전히 동역학적이었으며, 모든 움직임에는 그 원인이 반드시 존재한다는 소요학파(逍遙學派)(역주: 아리스토텔레스 학파를 가리킴)적인 신념에 근거했는데, 그러한 신념은 갈릴레오를 제대로 받아들이려면 결코 근거로 해서는 안 되는 출발점이었다. 드 샤를의 역학적 사고의 중심에는 '기동력'이라는 개념이 있었는데, 이 기동력은 주로 운동의 원인으로 이해되지만 가끔은 운동의 결과로 표현되기도 했다. 그는 기동력을 '운동량'이라는 또 다른 개념과 완전히 혼동하고 있었는데, 이 두 개념을 동일하게 사용했음에도 외관상으로는 '운동량'을 '기동력'과 구분하고 싶었던 듯하다. 문제를 더 복잡하게 만든 것이 'potentia'(역주: '능력'이라는 의미의 라틴어)와 'vis'(역주: '격렬함'이라는 의미와 '힘'이라는 의미의 라틴어)라는 용어였다. 대부분 드 샤를은 'potentia'를 '기동력'의 근원이라고 보았다. 이런 의미에서 이 potentia는 우리가 말하는 '힘'과 약간 유사한데, 이런 식의 유사성은 항상 뭔가를 잘못 이해하게 만드는 구석이 있다. 그런 구절에서 그는 'potentia'를 '기동력'과 구분함으로써 토리첼리와 비슷한 방법으로 자유 낙하의 가속도를 설명할 수 있었다.[19] 때때로 'vis'는 오직 '세기'라고만 번역될 수 있게 사용했지만, 때로는 '기동력'이나 '운동량'으로도 바꾸어 쓸 수 있게 사용하기도 했다.[20] 내가 주장하고자 하는 것은, 용어와 개념의 혼란스러움이 17세기 역학의 특징이었으며, 여전히 명료해지려고 애쓰는 과학적 애매함으로 드 샤를을 비난할 것은 아니라는 것이다. 오히려 반대로, 그는 혼란을 조장하고 있는 요인들을 밝혀내는 데 다소간의 식견을 제공했다.

드 샤를은 역학 또는 간단한 기계에 대한 논문에서 자신의 기동력 개념을 발전시켰다. 무거운 물체는 위로 올라가는 운동에 저항하고, 작은 운동보다는 더 큰 운동에 더 많이 저항해서, 1파운드의 물체를 1피트 올리기보다 2피트 올리는 데 더 많은 기동력이 요구된다. 무거운 물체의 저항은 떨어지는 다른 물체로 극복할 수 있는데, 내려오는 다른 물체는 내려온 거리에 비례해서 기동력을 만든다. 지렛대에서 멀리 놓인 1파운드의 물체는 더 가까이 놓인 1파운드의 물체를 위로 들어올릴 수 있다. 그러므로 드 샤를은, '같은 무게를 먼 거리로 이동시킬 때가 더 적게 이동시킬 때보다 더 많은 기동력이 요구되며, 이는 전체 기동력이 물체를 던질 때처럼 한꺼번에 만들어지든 무거운 물체가 끌려갈 때처럼 일정

시간동안 만들어지든 상관이 없다'는 결론에 도달했다.[21] 정황이라든가 제시된 예들로 보건데 이는 의심할 여지 없이 오늘날 우리가 일이라 부르는 양으로 기동력을 측정하자는 것이며, 간단한 기계를 이용하면 바로 유도할 수 있다. 그렇지만 드 샤를은 간단한 기계와의 단절을 위해서 앞에서 인용한 문장과 같이 생각했는데, 이 때문에 곳곳에 널린 덫에 빠져 우왕좌왕하게 되었다.

그뿐 아니라, 이미 보았다시피, 간단한 기계는 당황스러운 교훈을 가르쳐주기도 했다. 만일 간단한 기계를 통해서 1파운드 물체가 2피트 떨어지면 2파운드 물체를 1피트 올릴 수 있다는 사실을 알게 되었다면, 마찬가지로 2단위의 속도로 움직이는 1파운드의 물체의 세기는 1단위의 속도로 움직이는 2파운드 물체의 세기와 같다는 것도 보일 수 있다. '크기와 속도가 역비례 관계에 있는 움직이는 두 물체의 힘은 같다.' 드 샤를은 간단한 기계에서 나온 결과를 직접 이용하여 이 정리(定理)를 입증했고, 그리고는 계속해서, 물체가 간단한 기계에 연결되었든, 안 되었든 이 정리가 일반적으로 성립한다고 주장했다. '만일 이것이 기계와 분리되어서는 성립하지 않는다면, 물체가 기계에 연결되어 있을 때만 물체가 같고 외연(外延)이 내연(內延)을 보상'해야 할 이유가 없다.[22] 그는 크기와 속도의 곱에도 또한 '기동력'이라는 용어를 적용했다. 이렇게 측정한 기동력이, 속도가 거리의 제곱근에 비례하여 증가하는 자유 낙하에 대한 갈릴레오의 운동학에[23] 모순되지 않게 만드는 것은 가능했으나, 일을 이용하여 측정하는 것과는 양립할 수 없었다.

드 샤를의 동역학은 지렛대 법칙을 일반화시킨 것에 지나지 않았다. 그가 한 충격 조사는 적절하지 않은 문제에 지렛대의 비율을 잘못 적용하면 얼마나 많은 복잡함을 만들어내는지 보여준다. 쐐기에 올려놓은 큰 무게는 아무런 일도 일으키지 않지만, 쐐기를 망치로 때리면 상당한 효과를 일으킨다. 여기서 문제는 '운동이 얼마만큼의 무게를 추가하는지' 계산하는 것이다. 그것이 이 문제를 제대로 규정하는 것으로, 이는 충격과 정적(靜的) 힘을 같게 한다는 것을 의미했고 간단한 기계를 이용한 문제 해결을 권장하는 것이었다. 그 다음은 별 어려움 없이, 드 샤를은 간단한 기계가 제공하는 비율을 이용했다. 무게가 1파운드이고 길이가 6피트인 망치를 1초 동안에 네 번의 큰 원을 그리도록 충분히 빨리 회전시켜, 이 속도로 못을 1인치만큼 박는다고 하자. 원의 둘레에서 속도는 초당 144피트임을 계산해낼 수 있다. 만일 망치를 '무거움에 따른 힘'으로 자연스럽게 떨어지게 놓는다면, 망치는 떨어지기 시작한 지 5초 뒤 425피트나 떨어진 다음에 그 속도를 얻게 될 것이다.[24] '그러므로 425피트의 높이가 충격을 측정한 것이라고 결론짓자 ….' 게다가, 무게가 1파운드인 물체가 425피트만큼 떨어지면, 1파운드의 물체를 425피트만큼 올리는 '힘을 얻게 되고', '그러므로 이 충격은 425피트만큼 움직인 1파운드의 물체와 평형을 이루는 것처럼 보인다.' 그러나 1인치만큼 움직인 무게가 5,100파운드인 물체는 425피트만큼 움직인 1파운드의 물체와 평형을 이룬다. 그러므로 오직 무게만으로 5,100파운드인 물체는 못을 1인치만큼 박게 될 것이다. 드 샤를은 이 정도의 복잡함으로는 부족한지, 계속해서 연직 방향으로의 가속도나 감속도도 고려해야만 한다고 주장했는데, 물론 가속도는 이미 한 군데에서 고려된 바 있다. 100파운드의 물체가 10피트만큼 떨어진 뒤에 못을 1인치만큼 박았다고 가정하자. 40피트에서 떨어진다면 얼마만큼의 무게가 못을 같은 깊이로 박을 수 있을까? 앞의 결과에서 답은 25파운드가 될 수도 있다. 그렇지만 이 상황에서 드 샤를은 속도들 사이의 비율에 관심을 갖고 50파운드라는 답을 구했다. '이 두 가지 근거에서 운동의 양이 같다면 그 결과도 같을 수밖에 없다.' 무게를 이용해서 충격의 힘을 측정하려는 해결할 수 없는 난제 외에도, 드 샤를은 구속되지 않은 운동에 변위의 비율과 속도의 비율을 구분하지 않고 마구잡이로 적용해서 더욱 어렵게 했다. 그는 '충격이란 정말 어렵다 …'고 술회했다.[25] '그에게는 충격만이 어려운 것은 아니었다'고 추가해야만 할 것 같다.

드 샤를이 사고하는 과정을 충분히 파악하려면, 그가 간단한 기계를 어떻게 이해하고 있었는지 조사해보아야만 한다. 파디스와 마찬가지로, 드 샤를도 간단한 기계를 평형을 이루는 장치로만 생각한 것은 아니었다. 그는 기계가 힘의 세기를 경이로운 방법으로 늘려서 '전에는 예를 들어 100파운드의 저항을 극복하는 것이 가능하던 것이, 이제는 1,000파운드 또는 2,000파운드 또는 그보다 더 많이 끌 수 있게 되었다'고 말했다.[26] 간단한 기계를 이용하면, 힘이 저항을 '극복' (vincere 또는 superare) 한다.[27] 기계는 짐을 이동시키려고 있는 것이지 짐을 평형으로 유지시키려고 있는 것은 아니다. 두 번째 견해는 틀림없는 비율을 다른 문제에 적용하도록 부추겨서, 거기서 나오는 변위나 속도는 단지 가상일 뿐임을 못 보게 만들었다.

드 샤를은 역학의 역사에서 뛰어난 역할을 담당하지는 못했지만, 그가 간단한 기계를 이용한 것은, 좀 더 비중 있는 과학자인 크리스토퍼 렌 (Christopher Wren)이 작성한 충돌에 관한 수수께끼같이 불가해한 논문을 해독하는 데 열쇠를 제공해 주었다. 이 논문은 마지막으로 건축이 그의 창조적인 재능을 몽땅 빨아들이기 전에 그가 자연 과학에 실질적으로 남긴 마지막 공헌이었다. 영국 학술원이 1668년에 충돌에 관한 연구를 공모한 결과 3개의 중요한 논문이 들어왔던 사실은 잘 알려져 있다. 호이겐스가 아직 발표하지 않았던 이전 논문의 결론을 제출했고, 그 밖에 두 영국 과학자가 논문을 제출했다. 존 월리스의 논문은 1672년에 출판한 그의 저서 Mechanica, sive de motu(역주: '역학 또는 운동에 관하여'라

는 의미의 라틴어)에 어느 정도 자세히 설명되어 있는데, 그 내용은 이 장의
뒷부분에서 다시 검토할 예정이다. 이 두 사람의 논문과는 대조적으로,
렌의 '물체의 충돌과 관련된 자연의 법칙'이라는 제목의 소책자는 어디
서도 자세하게 해설한 기록이 없는데, 그 내용이 매우 간결해서 마치
수수께끼와도 같았다. 비록 그 소책자는 완전 탄성체들 사이의 충돌에
관해 가능한 모든 경우를 제대로 풀어냈지만, 어디에도 어떻게 이 풀이
를 유도해냈는지 나타나 있지 않았다. 그가 쓴 문장을 보면 그의 역학적
사고가 얼마나 우수한지 알 수 있다.

논문의 주요 내용을 간단히 반복하면 다음과 같다.

> 물체의 적절하고 가장 자연스러운 속도는 물체의 크기에 역비례
> 한다.
> 그러므로 두 물체 R과 S가 적절한 속도로 움직이면, 충돌 후에
> 도 역시 그 속도를 유지한다.
> 그리고 두 물체 R과 S가 적절하지 않은 속도로 움직이면, 충돌
> 후에 평형에 도달하는데, 다시 말하면 충돌 전에 R이 적절한 속도
> 보다 초과하는 속도의 양과 S가 모자란 속도의 양은 [두 양의 합
> 은] 충돌로 R에서는 제거되고 S에는 추가되며, 그 역도 성립한다.
> 그러므로 적절한 속도로 움직이는 두 물체의 충돌은 두 물체의
> 중력 중심에 대해 진동하는 저울과 동등하다.
> 그리고 적절하지 않은 속도로 움직이는 두 물체의 충돌은 두
> 물체의 중력 중심에서 한쪽과 다른 쪽으로 같은 거리만큼 떨어진
> 두 점을 중심으로 진동하는 저울과 같다. 물론 필요하면 저울의
> 팔은 연장된다.[28]

렌의 충돌 이론은 별다른 정당성 없이 제안한 주장에 근거했는데, 그
주장이란 두 물체의 속도가 물체의 크기에 반비례할 때는 두 물체는 아

무엇도 변하지 않고 속도만 뒤바뀌어 되튄다는 것이었다. 비록 그가 사용한 '적절한 속도'라는 용어가 20세기 사람들에게는 약간 이상하게 들릴 수도 있지만, 이 용어는 단순히 17세기에는 모든 사람에게 인정된 제안을 반복한 것일 따름이다. 적절한 속도란 물론 절대적 양은 아니다. 적절한 속도는 충돌하는 두 물체와 두 물체의 속도의 합 모두에 상대적이다. 한 물체가 자기의 적절한 속도를 초과하면, 다른 물체는 당연히 적절한 속도보다 더 작아야 하고, 충돌하는 두 물체와 두 속도가 정해지면, 한 물체가 적절한 속도를 초과하는 양은 다른 물체가 적절한 속도보다 모자란 양과 같다. 그래서 더 큰 속도에서 두 속도의 합을 빼는 것은, 대상 물체가 자기의 적절한 속도를 초과한 양의 두 배를 빼는 것과 같아서, 충돌 후에는 그 물체가 자기의 적절한 속도를 초과한 만큼 오히려 못 미치게 된다. 이것이 평형에 대한 렌의 용어에 담겨 있는 의미이다. 두 물체를 잇는 선 RS가 두 물체의 중력 중심인 a에서 나뉜다고 가정하자 (그림 18을 보라). 만일 두 물체의 속도 사이의 비율이 Ra와 Sa 사이의 비율과 같지 않으면, 이 선 위에는 속도 사이의 비율이 $Re : Se$와 같게 되는 다른 점 e가 존재하게 된다(그는 이 점이 꼭 R와 S 사이에 있어야만 하는 것은 아니고 선이 더 연장될 수도 있다고 말했다). 이제 a의 건너쪽에 $ea=oa$를 만족하는 다른 점 o를 정하자 (이번에도 선을 연장해도 좋다). 그러면 충돌 후의 두 속도의 비율은 $oR : oS$와 같게 될 것이다. 이 결론에서 두 중심에 대한 진동이 일어나는 선이 정해진다. o와 e는 중력 중심 a에서 같은 거리만큼 떨어져 있으므로, R, S, a, o, e를 포함하는 선은 저울과 같은데, 중력 중심 a 주위로 균형을 잡은 저울이 아니라, 중력 중심에서 똑같은 거리만큼 이동된 두 점 e와 o 주위로 균형을 잡은 저울과 같다.

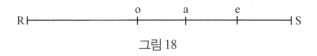
그림 18

이렇게 갈피를 잡을 수 없는 이론을 푸는 열쇠는 틀림없이 저울을 사용한 것에 있지만, 소책자에서는 마치 참고할 만한 문헌이 무엇인지 누구나 다 알고 있다는 듯이 더 이상 어떠한 논의도 추가로 제시하지 않았다. 17세기 독자에서 부연 설명 없이 자명할 수 있을 만한 게 무엇이었을까? 지렛대 법칙에 내포되어 있는 이해할 만한 동역학이 말이다. $Rv_R = Sv_s$이면 $F_R = F_s$이다. 렌은 완전한 탄성체 사이의 충돌에 관한 동역학적 이론을 제안하고 있었던 것이다. 두 물체가 적절한 속도로 움직이고 있으면 (이 문장 자체는 저울의 평형을 이용해서 이해할 수 있게 된다), 두 물체는 같은 힘을 갖게 된다. 두 물체 중 어느 하나도 다른 물체보다 더 우세해질 수 없으며, 두 물체는 모두 원래 속도로 되튄다. 렌이 그의 논문을 작성했던 당시 17세기 과학자 중에서는 호이겐스만이 이 제안의 정당성을 직관적으로 판단할 수 있을지 의문을 제기했는데, 호이겐스 자신은 직관적으로 그럴 가능성이 매우 높다고 생각했다.

렌의 경우에, 각 물체가 자기의 원래 속도로 되튄다고 말하는 것이 아주 옳지는 않다. 충돌을 동역학적으로 접근하려면 반드시 필요하겠는데, 그의 이론에도 속도에 대한 벡터적 개념이 암묵적으로 포함되어 있었다. 속도 Sa는 속도 aS와 같지 않다. 속도의 양은 똑같지만, 속도의 방향은 거꾸로 되어 있다. 충돌에서는 동역학적 작용이 일어난다는 것이 중요하며, 그러면 운동의 변화를 일으킨다. 당시에 통상적으로 알고 있던 동역학적 가정에 렌이 추가한 것은, 두 물체 사이의 모든 종류의 충돌은 '적절한 속도'에 의한 충돌과 동역학적으로 동등하다는 것이었다. 여기서 다시 한 번 더 '적절한 속도'란 상대적인 용어임을 상기하는 것이 필요하다. 적절한 속도는 첫째, 두 물체 R과 S에 대해 상대적이며, 둘째, $Ra : Sa$는 비율이므로, 두 물체의 처음 속도의 합에 대해 상대적이다. 두 물체 R과 S 사이의 어떤 충돌에서도, 각 물체는 자기의 '적절한 속도'의 두 배와 같은 속도의 변화를 겪는다. 처음 속도 Re와 Se가 무엇이든, 나중 속도 oR과 oS를 구하려면 처음 속도를 그 물체의 '적절한 속도'의 두 배에서 빼면 된다. 이것은 사실상 호이겐스의 입장을 동역학적 용어로 표현한 것과 같다. 관성의 원리 때문에, 모든 충돌은 공동의 중력 중심에서 관찰할 수가 있는데, 그렇게 보면 두 물체는 서로 상대방을 향해 '적절한 속도'로 접근한다. 호이겐스에게는 그의 운동학적 접근 방법과 함께, 충돌은 동역학적 작용과 전혀 관련이 없었다. 두 물체는 단순히 운동 방향을 바꿀 뿐이다. 이와는 대조적으로 렌에게는 중력 중심에서 볼 때, 속도 Ra로 움직이는 물체 R이 속도 aR로 되튀고, 그래서 속도의 변화는 $2Ra$와 같다. 모든 충돌은 '적절한 속도'에 의한 충돌과 동역학적으로 동등하므로, 모든 경우에 나중 속도 oR을 (또는 oS를) 구하려면, 처음 속도 Re에서 (또는 Se에서) $2Ra$를 (또는 $2Sa$를) 빼면 된다. 이 논문은 두 물체 R과 S 그리고 두 물체의 처음 속도가 주어지면 어떻게 Ra와 Sa를 구하는지, 그리고 나중 속도를 구하기 위해 어떻게 Ra와 Sa를 이용하는지 보여주는 계산상의 규칙들로 끝을 맺는다.

렌이 비록 그의 논문에서 '힘'이라는 단어를 사용하지는 않았지만, 그의 이론에 내포되어 있는 동역학은 심각할 정도의 모호함을 포함하고 있다. 비록 완전한 탄성체들 사이의 충돌을 옳게 풀어내기는 했지만 말이다. '힘'이라는 건 무엇을 말하는 건가? 직관적으로 자명한 경우로서 평형 상태의 저울을 이용한 것이라든가 저울과 관계된 '적절한 속도'라는 용어 등 모두 '힘'이란 물체의 움직이는 힘, 즉 우리의 용어로는 mv를 의미함을 암시한다. 그렇지만, 적절한 속도로 움직이는 물체의 충돌을 적절하지 않은 속도로 움직이는 물체의 충돌에 적용했을 때, 그가 중요하게 다룬 요소는 속도의 변화, 즉 우리 용어로 Δmv였다. 그가 만든 계산의 규칙은 본질적으로 먼저 속도의 변화를 계산한 다음에 그 결과에서 나중 속도를 계산하는 규칙이었다. 동역학의 기초로서 지렛대 법칙은, 그 모든 통찰력에도 불구하고, 최소한 또 하나의 딜레마를 초래하고 있었다.

★

비록 충돌이 17세기 역학을 다루는 학자들에게 설득력 있는 모형을 제공했고 간단한 기계는 이를 정량화할 수단을 제공했지만, 자유 낙하에 대한 갈릴레오의 운동학에서 영감을 받은 이들도 몇 있었다. 그중 한 사람이 로버트 후크(Robert Hooke)였다. 후크는 과학사학자들에게 어느 정도 불가사의한 사람이다. 그는 자신의 시대에 과학계의 지도자로 인정받았다. 그는 10여 개의 분야에 걸쳐 훌륭한 결과를 내어 만능에 가까운 재능이 있어 보였으며, 그래서 시대의 천재 중 거인의 한 사람으로 기억될 운명인 듯했다. 그런데 그는 별 볼일 없는 사람들의 무리로 떨어져 나갔고, 그의 이름은 주로 역학과 관계있는 다음 두 가지 이유로 기억된다. 하나는 뉴턴이 자기에게서 만유인력 법칙을 훔쳤다는 주장 때문인데, 이 싸움에서 그는 바로 패배했다. 다른 하나는 그가 발표한 후크의 법칙 때문으로 이것은 상대적으로 사소한 탄성의 원리에 지나지 않았다. 비록 그가 뛰어난 기술을 가진 실무에 노련한 기계공이었고 역학 이론 분야에서 돌발적으로 날카로운 통찰력이 있는 사람이었지만, 과학을 체계적으로 배운 학생은 아니었다. 그는 역학에 관한 아무런 논문도 작성하지 않았다. 대신, 그가 과학 분야에서 가장 왕성하게 활동한 기간인 1660년대와 1670년대, 20년 동안, 역학을 말한 몇 개의 간단한 문장들을 보면 그의 연구 내용을 미루어 짐작할 수가 있는데, 그는 자신의 기준에 따라 일반적으로 중요하다고 생각되는 동역학적 원리들을 발표했다. 그 문장들은 여기 저기 산발적으로 흩어져 있는데 여기서 주장하는 동역학적 원리들은 종종 자기들끼리 모순되기도 했다. 오늘날에 와서는 그런 일들이 비단 후크에게만 한정되어 일어난 것도 아니었음이 분명하다. 동작이 가능한 동역학 체계는 아직 출현하지도 않았다. 서로 다른 모형들이 서로 다른 통찰력을 가능하게 했고, 그런 통찰력들이 서로 모순된다는 것조차 그때는 분명하지 않았다. 후크는 간단한 기계에 구속된 운동보다는 자유 낙하에서 균일하게 가속된 운동이 동역학으로서는 좀 더 유용한 모형이 된다는 것을 알았으며, 역학의 역사에서 그의 역할은 그러한 깨달음과 직접적으로 연결되어 있다.

만일 후크가 간단한 기계가 아닌 다른 데서 모형을 구했다면, 그는 오히려 간단한 기계에서 조장된 힘의 개념을 일부 인정했을지도 모른다. 다른 무엇보다도, 후크에게 힘은 움직이는 물체의 성질이었으며, 한때 그는 그것을 '움직이는 물체에 포함된 힘 …'이라고 말하기도 했다. 그런 의미로 이해했기에 그는 1669년 영국 학술원에서 발표한 강연에서 힘은 속도의 제곱에 비례해서 '속도를 두 배로 하려면 무게를 네 배로 하는 것이 필요하다'고 말했다. 이 제안을 지지하기 위해서 두 가지 실험이 고안되었다. 그중 하나는 후크의 말을 빌면, 시계의 균형을 이룬 속도 조절기를 본떠 제작된 진자(振子)를 이용했다. 이 진자의 메커니즘은 용수철로 돌아가는 시계에서 속도 조절기를 움직이는 용수철 대신에 추로 바꾼 것과 같다. 이렇게 한 효과는 보통 흔히 보는 진자에서 중력 가속도를 변화시킨 것과 같다. 그는 진동의 수를 배로 하려면 추의 무게를 네 배로 해야 한다는 것을 알아냈다. 나머지 실험 하나는 유체의 깊이와 구멍으로 나가는 유출물의 속도 사이의 관계를 조사했다. 유감스럽게도 물통이 새서 증명을 망치고 말았지만, 그 실험이 노린 목표는 분명했다. 바로 유체 흐름의 속도는 깊이의 제곱근에 비례한다.[29]

이제 이것은 [그는 거기서 8년 뒤에 커틀러리안(Cutlerian) 강의(역주: 영국 학술원 소속의 전임 강사직으로 커틀러리안 강사가 있는데 커틀러리안 강사가 하는 강의를 '커틀러리안 강의'라고 부르며, 후크가 커틀러리안 강사를 역임했음)에서 똑같은 제안에 대해 설명했다] 역학의 일반적 규칙을 정확히 따른 것이다. 그 규칙이란, 어떤 물체든 그 물체를 움직이는 세기 또는 능력의 비율은 항상 물체가 그 세기나 능력에서 받는 속도의 제곱에 비례한다[sic]. 그래서 만일 어떤 물체든 정해진 양의 세기 때문에 한 단위의 속도로 움직인다면, 그 물체가 두 배 더 빠르게 움직이려면 네 배의 세기가 필요하며, 세 배 더 빠르게 움직이려면 아홉 배의 세기가 필요하고, 네 배 더 빠르게 움직이려면 열여섯 배의 세기가 필요하며, 그런 식으로 계속된다.

계속해서 말하길, 이 규칙은 대포와 총에서 발사되거나 공기총과 석궁에서 발사된 탄환의 운동과 활에서 날아간 화살의 운동, 손이나 투석기로 던진 돌의 운동, 추의 중력으로 움직이는 진자의 운동, 악기 현의 운동, 용수철이나 그 밖에 모든 진동하는 물체의 운동, 추 또는 용수철로 돌아가는 바퀴나 속도 조절기의 운동, 낙하하는 운동 등에 잘 성립하는데, 다시 말하면 이 규칙은 모든 역학적 운동에 잘 성립한다.[30]

이 문장에는 암묵적으로 물체에서 생기는 힘과 외부에서 물체에 작용하는 힘에 대한 방정식이 포함되어 있다. 그가 이해한 외부 힘이 오늘날 일의 개념에 해당한 것이라면, 그의 원리는 근사적으로 오늘날의 일-에너지 식에 해당한다. 그가 말하는 외부 힘은 정말로 일과 동등한 양이다. 또한 암묵적인 방정식이라 하면 자유 낙하에서 속도의 제곱은 낙하한 거리에 비례한다는 갈릴레오의 결과를 말한다. 동역학적 맥락에서는, 이

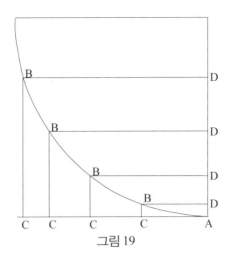
그림 19

렇게 사용되는 힘은 무게에 거리를 곱한 것으로서 오늘날 일의 개념과 같다. 예를 들어, 진자에 대한 분석에서 후크는 진자 추의 흔들림에서 추를 움직이게 하는 '세기의 정도'는 원호에 대응하는 '잡아당기는 수직선'들에 대응한다고, 다시 말하면 연직 변위 BC를 통해 작용하는 '잡아당김'에 대응한다고 주장하고(그림 19를 보라), 속도의 제곱이 세기의 정도에 비례한다고 했다.[31] 굳이 후크의 공로를 크게 기리려 한다면, 그는 이 문제에서 속도란 한 번 왕복하는 동안의 최대 속도를 의미한다고 놓고 중요한 결론을 이끌어냈다는 사실이다.

그런데 겉으로 보기에는 아주 명료한 개념임에도 불구하고, 상당한 혼동이 있다는 것을 무시할 수가 없다. 이를 부분적으로 알 수 있는 것이 같은 의미에 대응하는 용어가 여러 개 있다는 점이다. 후크는 '세기', '세기의 정도', '힘', '움직이는 물체의 힘', '압력', '능력', 등을 모두 다 섞어서 사용했다. 한 번은, 용어가 뒤죽박죽인 데 절망해서, '힘, 압력, 노력, 기동력, 세기, 중력, 능력, 운동, 또는 무엇이든 당신이 부르고 싶은 대로 …'라고 말하기도 했다.[32] 용어들이 혼동되는 배경에는 그보다 훨씬 더 중요한 개념의 혼동이 자리한다. 진자에 대한 분석에서 그는 대담하게도 균일하게 가속된 운동에 대한 갈릴레오의 결과를, 마치 그럴 듯한 모형인양 증명하려고도 않고, 그냥 균일하지 않게 가속된 운동에 적용했다. 진자의 경우에는 후크에게 행운이 따랐지만, 그러한 행운이 엄밀한 역학의 기초가 되지는 못했다. 대개 (단어는 무엇이든) '힘'을 오늘날의 '일'과 비슷하게 사용했지만, 때로는 일과는 아주 다른 그냥 힘처럼 사용하기도 했다. 어찌되었든 이러한 개념의 혼동은 이런저런 방법으로 후크가 역학에 기여한 거의 모든 것에 광범위하게 퍼져있었다.

세 가지 예를 간략히 살펴보자. 1666년 영국 학술원에서 발표한 논문에서 후크는 궤도 운동의 역학에 관한 조사를 했다. 가만히 놓아두면 움직이는 물체는 직선 위를 계속 움직인다. 만일 물체가 닫힌 궤도를 따라 움직인다면, 운동을 구부러지게 만들기 위해 어떤 원인이 계속해서 작용해야만 한다. 그렇게 구부러지게 만드는 한 가지 가능한 원인으로 그는 태양이 잡아당긴다고 제안했다. 이를 설명하기 위해서 그는 원추 진자를 예로 들었는데, 이 예가 최소한 한 가지 면은 다르다는 것을 알고 있었다. 중력은 중심에서 거리에 따라 줄어드는데, 원추 진자에서는 '연직선에서 서로 다른 거리에 떨어진 지점에서 노력(conatus)의 정도'는 줄과 연직선이 이루는 각(角)의 사인값에 비례한다. 예를 들어, 추가 C에 있을 때 (그림 20을 보라) 내려오려는 노력과 추가 F에 있을 때 내려오려는 노력 사이의 비는 CD/FG와 같은데, 그는 이어서 이 비율을 경사면에서 구하려고 했다. 그래서 '진자에서 중심으로 돌아오려는 노력은 추가 중심에서 점점 더 멀어질수록 점점 더 커지는데, 이것은 태양의 잡아당김과 다른 것으로 보인다 ….'[33] 이 문장은 명료하기도 하지만, 또한 혼돈스럽기도 하다는 점에서 중요하다. 한편으로는 궤도 운동을 개념화하는 데 중요한 진전을 기록했다. 관성의 원리에서 그는, 중심에

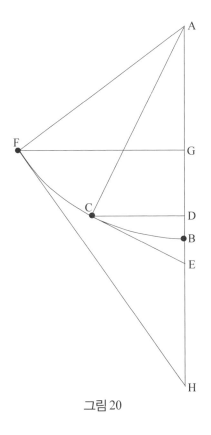

그림 20

서 자유로워지려는 노력 대신에 '중심으로 돌아오려는 노력'이라는, 구부러지게 만드는 힘이 필요함을 추론했다. 그렇지만 그의 동역학은 개념화시킨 것을 엄밀한 분석으로 옮길 능력은 없었다. 이 문제를 다루기 위해, 그는 정역학의 전통을 빌려 추의 서로 다른 두 위치에서 줄에 수직한 중력 성분을 비교했다.

궤도 운동의 역학적 요소에 대한 후크의 진술이 얼마나 중요한지는 아무리 강조해도 모자라지 않는다. 데카르트가 수립한 양식을 좇아 원운동을 공부하던 후크 이전의 사람들은 하나도 빠짐없이 원운동하는 물체가 중심에서 멀어지려는 경향이 있다고 했다. 그와 같은 독재적인 양식을 깨부수고 문제의 개념을 다시 설정한 사람이 후크였다. 만일 관성의 원리가 성립한다면, 문제 삼아야 할 것은 구속당한 물체가 보여주는 멀어지려는 경향이 아니라, 무엇이 물체가 구부러진 경로를 따라가게 만드느냐이다. 후크가 역학이라는 과학의 역사에 바로 이러한 기본적인 교훈을 가르쳤고, 그렇게 해서 원운동에 대한 만족할 만한 동역학이 시작되었다고 해도 과언이 아닐 것이다. 1666년에 영국 학술원에서 이러한 제안을 한 후크는 1674년 지구의 운동에 대한 커틀러리안 강의에서 다시 제안했다. 그는 자기가 완벽하다고 고안한 태양계의 역학에는 세 가지 가정이 있다고 했다. 첫 번째 가정은 천상의 모든 물체가 그들의 중심을 향해 끌려가는 능력이 있는데, 그 능력의 활동 범위는 충분히 멀리까지 미쳐서, 예를 들어 태양이 지구와 다른 행성들을 잡아당길 수 있다.

> 두 번째 가정은 이렇다. 어떤 물체든 직접적이고 간단한 운동을 하는 모든 물체는 직선을 따라 계속 움직인다. 단, 어떤 다른 유효한 능력이 작용하면 물체가 원이나 타원 또는 좀 더 복잡한 곡선을 그리는 운동을 하도록 방향을 바꾸어 구부러진 경로를 따라 운동한다. 세 번째 가정은, 이런 잡아당기는 능력은 작용하는 물체가 자신들의 중심에 얼마나 더 가까이 있느냐에 따라 더 강력하게 작용한다는 것이다.[34]

1679년에 후크가 뉴턴에게 보낸 편지에도 이 문제와 같은 진술을 했는데, 거기서 후크는 '행성들의 천상 운동은 접선 방향의 직접적인 운동과 중심을 향해 잡아당기는 운동의 혼합 …'이라고 이야기했고,[35] 후크는 뉴턴을 통하여 궤도 운동의 역학을 새롭게 이해했다.

문제를 개념화하는 것은 쉬운 일이 아니었다. 그런데 그렇게 개념화한 것의 역학적 요소를 분석하는 것은 또 다른 이야기였는데, 앞에서 살펴보고자 했던 세 가지 중 두 번째가 바로 이 작업이었다. 그는 이 작업에서 재빨리 그의 동역학에 원래부터 포함되어 있던 혼동을 피해갔다. 그가 1674년에 말했던 것처럼, 잡아당기는 능력은 거리가 멀어짐에 따라 줄어든다. 그런데 줄어드는 비율은 어느 정도일까? 이 질문에 대답하기 위해, 후크는 궤도상의 여러 점에서 행성의 속도는 태양과의 거리에 반비례한다는, 이미 폐기되던 케플러의 속도 '법칙'을, 힘은 속도의 제곱에 비례한다는 자기 자신의 동역학 공식에 적용한 듯하다. 뉴턴이 중심을 향하는 균일한 힘으로 잡아당겨지는 물체의 궤도를 묘사할 때, 후크는 그 곡선이 가정된 힘은 옳다고 답했다. '그러나 내 가정은 인력은 항상 중심으로부터 거리의 제곱에 반비례하며, 그리고 속도는 인력의 제곱근에 비례하고 그리고 결과적으로 케플러가 가정한 것처럼 속도는 거리에 반비례한다는 것이다.'[36] 이런 기초 위에서, 후크는 거리의 제곱에 반비례하는 관계는 그가 발견한 것이라고 우겼으며, Principia가 출판된 뒤까지도, 그는 그런 주장을 거둬들이지 않았다.

세 번째 예는 후크가 역학에서 이룩한 주요 업적인 용수철의 진동에 대한 분석이다. 모든 사람이 아직까지도 그가 발표한 법칙에 그의 이름이 붙어 있다는 것은 잘 알고 있지만, 후크의 법칙을 발표한 강의에는 오늘날 우리가 단순 조화 운동이라고 부르는 현상에 대한 분석 또한 포함되어 있다는 것은 잘 알려져 있지 않다. 이 분석은 용수철의 '능력'이 흰 정도에 비례한다는 그의 법칙에 기반을 두고 있다. 무한히 많은 자유도(自由度)로 구성된 변형의 각 자유도마다 능력이 비례해서 대응한다. '그리고 결과적으로 0에서 시작해서 늘어남이나 휘어짐의 마지막 자유도에서 끝나는 모든 그런 능력이 하나의 총량 또는 집합체로 더해져서, 휘어진 공간의 정도 또는 구부러진 정도의 제곱에 비례하게 될 것이다….' 그래서 만일 한 단위의 변형에 대응하는 능력의 집합체나 총량이 하나이면, 두 단위의 변형에 대응하는 능력의 총량은 넷이 될 것이다.

> 그러므로 각 지점에서 받은 능력 때문에 용수철이 휘어지고, 다시 복구되면서 장력을 받은 각 지점의 용수철이 갖는 능력만큼을 충격으로 되돌려준다. 즉, 최대로 장력을 받았을 때 힘의 총합을 한꺼번에 돌려주는 것이다. 그래서 두 공간만큼 휘어졌던 용수철은 되돌아오면서 네 단위의 충격을 받는데, 그중에서 셋은 되돌아오는 첫 번째 공간에서, 그리고 나머지 하나는 두 번째 공간에서 받는다. 이런 식으로 용수철이 세 공간만큼 휘어지면 아홉 단위의 충격을 되돌려준다…. 이제 움직인 물체의 상대적인 속도는 그 물체를 움직이게 만든 능력의 집합체 또는 총량의 제곱근에 비례하므로, 일정 거리를 되돌아 왔을 때의 속도는 그 거리에 비례하게 될 것이다. 그래서 거리나 속도는 모두 능력의 제곱근에 비례할 것이고, 따라서 이 둘은 서로 같다.[37]

이 분석은 궁극적으로 진동하는 용수철이 동역학적으로 진자와 동등하다는 명석한 직관에 따른 것이다. 이때의 '능력의 집합체'는 다른 경우의 '세기의 양' 또는 '인력의 수직선'과 동등하고, 두 경우 모두에서 그는 이 합계 또는 총량을 속도의 제곱에 비례한다고 놓았다. 그가 서로 다른 두 가지 종류의 합계를, 즉 하나는 거리에 비례하여 변하는 힘이고 다른 하나는 연직 변위의 변화에도 불구하고 변하지 않는 일정한 힘인데, 이 둘의 합계를 전혀 증명조차 거치지 않고 그냥 동등하다고 놓은 것은 사실이다. 어찌되었건 두 경우 모두 그가 사용한 단어의 의미를 말하자면, 오늘날의 일-에너지 식과 똑같아진다. 그런데 그 단어들에게 의미를 부여하기 전에 잠시 멈추는 것이 현명할 것 같다. 그가 한 일이란 균일하게 가속된 운동을 유도한 갈릴레오의 결과인 $v^2 \propto s$를 균일하지 않게 가속되는 운동에도 적용한 것이었다. 그리고 복잡한 것은 모두 무시해버리고 결론을 도출했는데, 이 결론이 옳았던 진짜 이유를 그는 알지도 못했다. '정해진 거리를 되돌아왔을 때의 속도'가 무엇을 의미한다고 이해해야 할까, 그리고 그런 개념으로 동역학이 얼마나 많이 발전할 수 있을까?

후크가 제시한 세 가지 예는 17세기 동역학의 문제점이 무엇인지 잘 설명해준다. 같은 시대의 동료들과는 달리 그는 힘의 개념을 정량화 하려고 동역학적 작용에 매달렸는데, 여기서 힘이란 저울의 평형이 아니라 자유 낙하의 균일한 가속 운동이었다. 그렇지만 그런 작용에서 어떤 요소가 힘을 대표하는가라는 문제가 여전히 남아 있었다. 그가 선택했던 우리가 일이라고 부르는 것은 처음에 보였던 것만큼 간단한 기계와 무관하지 못했다. 힘을 그렇게 측정하는 방법은 데카르트가 제시한 예에서와 마찬가지로, 변위로 나타내는 지렛대 법칙에서 직접 유래했다. 후크가 제시한 힘을 측정하는 방법은 시스템이 어떻게 발전해 나가느냐에 민감하게 의존했는데, 그 복잡성 때문에 후크를 좌절시키고 말았다. 원추 진자도 이용해보았지만 그는 그냥 포기해버렸다. 그리고 궤도 운동의 경우에는, 진동하는 용수철에서 능력들의 집합체에 적용했던 바로 그 단어들을 순간적인 잡아당김에 적용했다. 즉 힘이 거리의 제곱에 반비례하는 관계를 '유도'하기 위해 속도는 힘의 '제곱근에 비례'한다고 했다. 실제로 쓸 만한 동역학을 만들려면 그냥 그럴듯한 모형 이상의 것이 필요해 보였다. 능력이 결코 부족하지 않았던 후크가 혼동에서 벗어나지 못했다는 것은 이 문제가 얼마나 어려운지 보여주는 척도라고 할 수 있다.

★

17세기 중엽 호이겐스의 뒤를 이어 역학을 고심하던 과학자 중에서 양으로 보나 질로 보나 다른 사람들보다 뛰어난 사람이 셋이 있었다. 그들은 이탈리아의 지오바니 알폰소 보렐리와 영국의 존 월리스, 그리고 프랑스의 에듬 마리오트였는데, 이 세 명은 라이프니츠와 뉴턴이 동역학에 대한 불후의 양식을 수립하는 결정적인 공헌이 나오기 전까지는 그래도 이름난 거장으로 인정받던 사람들이었다.

순전히 양만 가지고 보자면, 보렐리가 다른 두 사람을 훨씬 앞섰다. 갈릴레오를 직접 만날 정도로 일찍 출생한 보렐리는 17세기 역학에서 이탈리아 전통을 잇는 정통적인 후계자였다. 역학적 사고 방식을 과학적 사고의 모든 영역으로 확장시킨 면에서 그는 또한 그 시대가 낳은 사람이었다. 오늘날 그는 De motu animalium(1680~1681) (역주: '동물의 운동에 관하여'라는 의미의 라틴어)으로 가장 잘 알려져 있는데, 이 책은 아마도 치료에 이용하는 역학적 전통에서도 선도적인 논문일 것이다. 그렇지만 이 책이 그 자신이 역학의 역사에서 일정 부분을 담당했다고 주장하는 중요한 근거는 아니었는데, 왜냐하면 그는 또한 De vi percussionis(1667) (역주: '타격의 힘에 관하여'라는 의미의 라틴어)와 De motionibus naturalibus, a gravitate pendentibus(1670) (역주: '중력에 의해 낙하하는 자연스러운 운동에 관하여'라는 의미의 라틴어)와도 같은 방대한 규모의 학술 서적을 저술했기 때문이다. 이 두 책은 역학을 공부하는 학생들이 골머리가 짜개질 정도의 일반적인 연습 문제들을 다루었다. 또 Theoricae mediceorum planetarum ex causis physicis deductae(1666) (역주: '물리에서 유래된 원인에 의한 행성의 치유에 대한 이론'이라는 의미의 라틴어)라는 책에서는 천상의 동역학을 정량적으로 다루려고 진지하게 노력했는데, 이러한 시도는 케플러의 Astronomia nova (역주: '새로운 천문학'이라는 의미의 라틴어) 이후로 처음이었다.

비록 De motu animalium과 Theoricae planetarum이 역학에서 그가 이룬 가장 중요한 산물은 아닐지라도, 이 두 책에는 그가 기계 학자의 처지에서 자신의 생각을 가장 분명하고 가장 철저하게 표현한 결과가 담겨있다. 플라톤은 우리가 천문의 비밀을 풀기 위해 하늘로 올라갈 때 달아야 할 두 날개가 기하(幾何)와 산수(算數)라고 천명한 바 있다. 또한 보렐리는 '동물의 운동에 대한 감탄할 만한 과학에 오르기 위해 사용하는 계단이 기하와 역학이다'고 덧붙였다.[38] 동물도 물체이고, 동물이 생명을 유지하기 위한 동작은 운동이다. 물체와 운동은 수학에 종속되어 있다. 그렇다면 결국 동물의 운동을 다루는 과학 역시 기하학적이게 되고 저울과 지렛대에 관련된 같은 역학적 논거가 적용될 것이다.[39] 근육은 '영혼이 움직이기 위해서 손발과 장기(臟器)를 움직이게 하는 도구이자 장치이다.'[40] 보렐리의 천상(天上)에 관한 동역학에는 전체적으로 하나의 주제가 흐르고 있다. 그는 천상에 존재하는 물체들의 운동이 어떻게 '자연의 특정한 필요에 따른 물리적 원인에서 생기는지' 보이려고 작정했다.[41] 운전자를 필요로 하는 기계를 만드는 것보다 저절로 동작하는 기계를 만드는 데 더 많은 기술이 필요할 텐데, 신이 우주를 만들 때 그렇게 저절로 동작하도록 만들어야만 했다.[42] 부요(Ismael Boulliau) (역주: 17세기 프랑스 천문학자로 갈릴레오와 코페르니쿠스의 지동설을 강력히 지지했음) 같은 천문학자들은 행성들의 궤도가 텅 빈 점들 주변을 도는 운동에 따라 생겼다는 방식을 고안했다. 보렐리는 이에 반대하여 그런 시스템은 근본적으로 가능하지 않다고 했다. 물리적인 힘이, 텅 빈 점에 처음부터 포함되어 있을 수는 없다. 그런 방식은 행성들을 궤도로 안내하는 지적(知的) 존재가 있다고 가정해야만 가능한데, 그래서 그는 '지적 존재나 천사들의 권능이 아니라 오직 자연에 저절로 존재하는 힘으로만' 행성들의 궤도가 만들어진다고 했다.[43] 여기서 기계적 철학의 집요한 음성이 들린다. 그렇지만 보렐리는 역학이라는 정량적으로 명확하게 구성된 과학에 기계적 철학의 요구사항을 주문했다. 이 점에서 단순한 기계적 철학자들의 일반적인 행동과 구분된다.

그런 과제를 수행하기 위해 보렐리는 철저하게 절충적인 정신을 도입했다. 그의 자연관을 결정하는 중요한 특징이 기계적 철학에 따른 세계관이기도 했지만, 그는 또한 길버트(William Gilbert) (역주: 16세기 영국의 의사이자 물리학자로 자기학(磁氣學)의 아버지라 불리는 사람)의 자성(磁性)에 대한 견해에서 영향을 받았는데, 보렐리는 자기소(磁氣素)에 대한 메커니즘이 없는 자성에 대한 길버트의 견해를 받아들여 중력에까지 확장했다. 게다가 운동의 보존을 암묵적으로 받아들이는 그의 기계적 철학에 따른 사색의 중심에는, 심란하게 스콜라 학파풍의 주장도 엿보이는데, 즉 무거운 물체들의 운동으로 자연이 의도한 궁극적인 목적은 지구의 중심에 도달하여 쉬려는 것이라는 예상치 못한 주장이다.[44] 보렐리는 갈릴레오의 운동학을 철저하게 이해하고 터득해, 그것을 자주 기동력 역학의 어휘로 상세히 설명했다. 마찬가지로 그는 케플러의 천상 동역학도 자기 것으로 만들었다. 그리하여 그런 활동 분야에서, 그가 관여하는 문제 중 적어도 절반은 갈릴레오와 케플러라는 마구(馬具)를 동일한 마차에 매달려고 노력하는 데서 직접 유래했다. 한 마디로, 보렐리는 역학적 전통을 보관하고 있는 살아있는 저장소였으며, 어떻게 그 전통이 오늘날 바로 가까이에서 발견할 수 있는 문제에 가장 쉽게 적용되듯이 보이는지 알려주는 놀라운 예였다.

그러한 문제 중에서 어떤 것은 본질적으로 정역학에 관련된 문제들이었는데, 보렐리는 이를 정확하게 파악하고 있었다. 그는 정적(靜的) 힘이라는 개념을 쉽사리 일반화시켜 용수철의 탄성이나 손으로 잡아당기는 것을 무게와 동등하게 놓고 이를 이용하여 측정하게 했다. 정역학은 평형 상태일 때 적용한다. 현재 고려하고 있는 힘들이 평형을 이루지 않을 때는 그 결과로 운동이 생긴다. 보렐리는 갈릴레오가 왜 속도가 무게에 대한 직접적인 동역학적 결과가 아닌지 설명한 부분을 마음에 새겨두었다. 열 사람은 한 사람이 견뎌낼 수 있는 무게의 열 배를 지탱하지만, 그렇다고 해서 그 무게를 열 배 더 빠르게 나를 수는 없다. 개 열 마리를 묶어 놓는다고 해서 한 마리 개보다 더 빨리 뛸 수는 없다.[45] 평형으로 유지되는 무거운 물체의 무게는 마치 정적인 힘처럼 아래로 누른다. 물체가 자유롭게 움직일 때는 새로운 상황이 된다. 이제 무게는 운동을 일으키는 데 이용하기는 하지만 속도가 무게에 비례해야만 될 이유는 존재하지 않는다. 유체 속에 잠긴 물체는 움직임의 원인인 효과적인 힘은 물체의 무게와 물체와 같은 부피의 유체의 무게 사이의 차이이다. 비록 그가 이러한 생각을 처음 제안한 것은 아니었지만, 이러한 문장들을 보면 보렐리는 정량적인 동역학을 출범시키려고 필요한 동역학과 정역학 사이의 이런 관계를 분명히 인지하고 있었음을 알 수 있다.

만일 정적 평형이 깨지는 곳에서 동역학이 그 역할을 물려받는다면, 정량적 동역학을 구축하려면 도대체 동역학적 상황의 어떤 요소가 둘 사이의 관계를 이어주는 열쇠가 될까? 널리 인정된 역학이라는 지식이 보렐리로 하여금 이 질문을 암묵적으로 제기하도록 만들었지만, 그 답변을 어디서 찾아야 할지는 아무런 암시도 없었다. 어쩌면 오히려 잘못된 방향만을 찾도록 유인했다는 것이 더 정확한 표현일지도 모른다. 동역학적 문제에 직면할 때 보렐리는 언제나 변함없이 힘, 속도, 변위의 방정식, 즉 지렛대 법칙을 의심하지 않고 사용했다. 그가 갈릴레오의 업적 중에서 가장 핵심적인 요소를 잘 알고 있었는데도, 힘이 가속도에 비례할 것이라고는 전혀 생각조차 못했다는 점은 참으로 그의 역학의 한 단면을 잘 보여준다 하겠다. 대신 그는 간단한 기계에서 이런저런 방법으로 유도한 서로 이질적인 동역학적 개념들에 의존했는데, 그것은 17세기에 산출한 가장 이질적이고 기괴한 동역학이었다.[46] 정역학을 동역학과

혼동함으로써 그는 마지막에 그렇게 분명하게 나뉘어 보였던 두 학문을
완전히 하나로 다시 되돌리는 결과를 낳았다.

보렐리의 동역학은 vis motiva(역주: '움직이는 힘'이라는 의미의 라틴어)라는
개념에 근거를 두었는데, 이것은 갈피를 못 잡을 정도로 다양한 형태로
보일 수 있는 개념이긴 하나, 중세에는 흔히들 기동력이라는 개념과 같
은 의미로 사용했다. '움직이는 능력' R만큼 속도 DE로 움직이는 물체
A가, 운동하지 않는 물체 B에 부딪칠 때,

$$\frac{A+B}{B} = \frac{속도\ DE}{속도\ DF}$$

라 하자.

여기서 DF는 밀고 들어온 물체 A의 충돌 후 감속된 정도이다….
아까 그 A를 움직이게 했던 힘과 같은 R은 항상 같은 노력 만큼을
작용하기 때문에, 물체 A가 혼자 움직일 때와 같은 에너지를 B에
서 받아 밀리게 된다. 더구나 B는 운동과 무관하기 때문에 아무리
작은 충격에도 자리를 내어주게 되는데, 따라서 움직이는 힘 R에
저항하지도 않고 감소시키지도 않으면서 자신의 위치로 밀고 들
어오는 물체 A에게 완전히 자유롭게 자기 자리를 내어준다. 그렇
지만 물체 B는 움직여지지 않는 이상 자신의 위치에서 떠날 수도
없고, 또한 바로 R이라는 동인(動因) 때문에 밀쳐지지 않는 이상
움직일 수도 없다. 그러므로 충돌 뒤에는 같은 움직이는 힘 R이
두 물체를 밀쳐낸다 …. 그렇지만 충돌 전에는 이 움직이는 힘은
단지 물체 A만 움직이게 만들었다. 그러므로, 두 가지 다른 실체
로서의 질량, 즉 더 큰 질량인 AB와 더 작은 질량인 A를, 같은
동인인 R이 움직였다 ….[47]

이렇게 변하지 않는 생기 넘치는 스타일로 원하는 결론을 얻을 때까지 지나치게 길게 계속된다.

얼핏 보면 그 개념이 수수께끼 같다. 갈릴레오와 데카르트의 후계자로서, 보렐리는 관성의 원리라든가 아니면 이를 합리적으로 근사(近似)시킨 것을 사용했다. 어떤 물체라도 운동이 새겨진 물체는 같은 속도로 계속해서 움직인다. 만일 누군가가 물체에 새겨진 것이 무엇이냐고 묻는다면, '새로이 추가된 운동 자체 말고는 … 아무것도 없다. 이 운동은 실제로 그 본성에 따라 한 장소에서 다른 장소로 이동하는 것일 뿐이다… 어떤 다른 반대적인 것 때문에 저항을 받지 않고도 스스로 소멸된다면, 그렇게 이동하지 못할 것이다.'[48] 위의 두 문장 사이에 이렇게 심한 모순을 어떻게 설명할 수 있겠는가? 나는 이러한 모순이, 17세기 역학이 동역학적 현상에 직면하면서 겪은 엄청난 당혹스러움을 표현한 것이라고 본다. 운동만을 따로 떼어 생각한다면, 보렐리는 갈릴레오와 데카르트의 혁신적인 사상의 본질을 꿰뚫었다. 반면에 충돌은 단순한 이동에서는 볼 수 없었던 운동에 처음부터 내재되어 있던 힘을 드러냈다. 충돌은 동역학적 작용이었고, 이를 다루기 위해 그는, 그에게 있는 운동의 개념에 중요하건 중요하지 않건 상관없이, 잡히는 대로 무작정 동역학적 개념을 갖다 사용했다.

움직이는 힘을 어떻게 정량화시킬 수 있었을까? 지렛대 법칙은 동역학적 작용을 나타내는 의심할 바 없는 관계였으며, 보렐리는 본능적으로 그것에 눈을 돌렸다. 위에서 든 예제를 보면, 같은 움직이는 힘과 같다고 놓은 두 곱은 저울에 올린 두 질량이 평형이 될 조건을 표현한다. 그가 충돌 문제에서 한 것은 실질적으로 모든 문제에서 한 것과 똑같다.

어떤 크기라도 움직이는 힘을 조사하는 가장 간단한 방법은 [그가 천명하길] 가장 잘 알려진 그 힘의 효과를 인식하면서 시작하는데, 그 효과가 바로 그 힘이 지탱하는 무게이다. 왜냐하면, 어떤 크기의 힘은 평형 상태에서의 저항과 같기 때문이며, 여기서 평형 상태란 팔의 길이가 같은 저울에 놓이거나 아니면 서로 즉시 저항하도록 놓일 때 하나가 다른 하나보다 우세하지 않을 때를 말한다. 또는 지렛대로 간단히 대표할 수 있는 기계가 있다면, 능력은 그들의 거리에 반비례하거나 또는 그들이 움직일 수 있는 속도에 반비례한다.[49]

　동물의 운동에 대한 그의 연구에서 말하는 많은 문제는 지렛대에 유추하는 작업을 훌륭하게 수행하고 있다. 이 책에 나오는 기본 개념 중 하나는 근육이 보통 역학적으로 상당히 불리하게 움직인다는 가정이었다. 팔뚝이 무거운 물체를 들고 있을 때, 이를 지탱하는 근육은 받침점으로 이용되는 팔꿈치 근처에 연결되어 있는 데 반해, 무거운 물체는 아래팔뚝 전체를 지렛대 장치로 사용한다. 이 점에서, 보렐리는 간단한 기계의 모순에 직면했다. 그가 관심을 가졌던 것은 동물의 평형이 아니라 동물의 운동이었으며, 그는 아무런 주저 없이 평형의 조건을 운동으로까지 확장하려 했다. 예를 들어, 명제 175는 사람이 공중으로 뛰어 오르려면 그의 무게의 2900배나 되는 '움직이는 힘'이 필요하다는 것을 증명하기 위한 것이었다. 그의 잘 정립된 양식에서, 보렐리는 먼저 웅크린 사람의 관절의 접합 부분의 각도들을 측정한 후 그런 자세에 있을 평형 조건을 계산하고, 이어서 그 자세에서 무게를 지탱해야만 하는 근육의 역학적 불리함에서, 근육이 작용하는 힘은 사람 무게의 420배가 된다고 결론지었다. 보렐리가 셈한 것에 따르면, 이 힘은 사람을 평형으로 유지하는 데 필요한 힘이 아니었다. 오히려 사람을 똑바로 일으켜 세우는 힘이었다. 사람이 공중으로 뛰어 오르는 데 필요한 힘은 그보다 훨씬 더 클 것은 명백하다. 얼마나 더 큰지 계산하기 위해, 보렐리는 갈릴레오의 자유 낙하 분석에서 도움을 받았다. 물체를 위로 밀어 올리는 '던지는 힘'은 올라간 높이의 제곱근에 비례해서 변한다. 사람이 스스로 혼자서 일어설 때, '그의 중력 중심을 위로 밀어 올린 운동은 기동력이 새겨지지 않고서는 발생하지 못하기 때문에, 그가 실제로는 위로 점프한 것인데, 이 점프는 소멸되지 않고, 그래서, 팔과 다리를 쭉 펴는 것이 끝날 때, 그 능동적인 기동력은 바닥에 접촉한 사람의 몸을 들어올리는 효과를 만들어내며, 이것이 뛰어 오르기를 만들어 낸다.' 보렐리는 여기까지를 '숨겨진 뛰어 오르기'라고 불렀으며 그 높이를 반 인치라고 계산했다. 반면에 '명백한 뛰어 오르기'는 사람을 2피트까지 올리며, 그러므로 일곱 배가 더 큰 (즉 $\sqrt{48} \approx \sqrt{49}$인) 힘을 필요로 한다. 그 결과 뛰어 오르기를 만드는 데 필요한 '움직이는 힘'은 사람의 무게의 2,900배보다 더 크다.[50]

평형에서 비롯된 보렐리의 별난 동역학적 개념은 그가 운동을 취급하는 방법의 기초가 되었다. 비스듬히 기울어진 선 위에서 두 힘 R과 S가 지탱하는 무게 T를 생각하자.

그리고 분명히, 같은 무게 T가 비스듬히 잡아당기는 능력 R과 S로 평형을 유지하고 있을 때, 개별적인 선은 저항하는 능력 때문에 당겨진다. 그러므로, 비록 능력들은 평형을 이루어 한 곳에서 다른 곳으로 실질적으로 옮겨지는 것은 아니라 할지라도, 적어도 운동하려는 성향이 있다는 것은 부인할 수 없다. 두 말할 것도 없이 이미 잠재되어 있는 정지상태가 아니라 서로 반대로 잡아당겨 생긴 정지 상태이기 때문에, 정지 상태라고는 생각할 수 없는 어떤 숨 고르는 운동이라고 볼 수 있다…[51]

평형은 '숨 고르는 운동' 또는 '숨겨진 뛰어 오르기'를 겉으로 드러내지 않기 때문에, 간단한 기계의 정역학이 직접 움직이는 물체들의 동역학에 확장되어 적용된다. 간단한 기계에 관한 가장 일반적인 전통은 항상 그런 용어로 이와 같은 현상에 접근했다. 보렐리의 동역학이 궁극적으로 부족했던 것은 이들을 바라보는 전통적인 인식에서 근본적으로 벗어나지 못했다는 데 있다.

그런 맥락에서 보면, 보렐리가 원운동을 취급한 방법의 주된 특징을 이해할 수 있다. 목성의 달(메디치(Medici)가의 행성) (역주: 목성의 위성을 갈릴레오가 메디치가의 행성이라고 불렀음)에 대한 연구에서 보렐리는 일반적인 천상(天上) 역학을 제안했다. 갈릴레오가 유죄 판결을 받은 지 50년이 채 지나지 않은 시기의 이탈리아 사람으로, 보렐리는 태양 중심의 우주를 공개적으로 지지하는 것이 두려웠다. 대신에 그는 겉으로는 티코 브라헤(Tycho Brahe)의 모형(역주: 태양과 달은 지구 주위를 회전하고 행성들은 태양 주위를 회전하며 별들은 회전하는 구에 박혀있다는 모형을 주장했음)을 채택하고 지구는 전혀 논의하지 않았지만, 그러나 목성을 도는 달의 운동으로 가장(假裝)하고서 태양 둘레를 도는 행성들의 궤도 그리고 지구 주위를 도는 달의 운동의 균차(均差), 이 두 가지에 대한 동역학적 풀이를 제시했다. 이 두 가지 모두 그의 모형은 패기에 넘치는 프로그램이었고, 종교 재판소의 면전에서 똑똑히 보인 그 모형의 담대함은 보렐리 역학이 지닌 범위를 능가했다. 천상 동역학 하나로만 볼 때, 이 모형은 정적(靜的) 평형을 확장한 것으로 본 동역학에 대한 보렐리 자신의 생각에 기초해, 케플러와 갈릴레오 그리고 데카르트를 독특하게 융합시킨 것이었다.

이 이론의 기본은 원운동에 대한 그의 이해에 있다. 보렐리는 케플러의 처지에서 시작했다. 만일 행성들이 태양 주위를 회전하기만 한다면, 그것은 '행성들이 움직이는 능력을 제공하는 심장으로서 또는 없어서는 안 될 샘으로서' 태양이,[52] 태양의 축을 돌리면서 행성들을 움직이게 만들기 때문이다. (티코 브라헤 시스템으로 가장한 뻔히 들여다보이는 위장은 숨기려는 실체를 감추는 데 이미 실패했다. 보렐리는 태양의 힘이 존재하는데도 지구가 안정한 것에 대해서는 어떠한 증명도 하지 않았고 언급조차 하지 않았는데, 표면상으로 그가 다룬 목성에서도 비슷한 힘을 정당화하기 위한 어떤 말도 없었다. 종교 재판소가 이 문제에서 그를 방면해 준 것이, 그가 담대했기 때문이라고 말하는 것은 아마 옳지 않을 것이다. 어떤 핑계라도 다 받아들였을 것임이 분명하다.) 보렐리는 태양의 힘이 빛이라고 보았는데, 빛의 입자가 행성들에 부딪쳐서 태양이 도는 방향으로 행성을 움직이게 만든다. 그런 운동이 어떻게 가능한지 설명하려고, 그는 수평면에서 (즉 구면(球面)에서) 물체가 운동에 무관하다는 갈릴레오의 개념을 이용했다. 광선의 힘이 얼마나 작든, 그리고 행성이 얼마나 크든, 광선은 행성을 얼마간이라도 이동시킬 수가 있다.[53] 충분히 긴 시간이 지난 뒤에는, 그런 시간은 이미 오래 전에 지났지만, 행성은 광선의 속도로 움직인다. 이 결론은 한 행성의 속도 변화로 보나 또는 행성과 행성 사이의 속도 변화로 보나, 그럴듯해 보이지는 않는다. 하지만 걱정하지 않아도 된다. 그의 천상 동역학은 두 번째 문제를 포함시키려는 어떤 노력도 하지 않았고, 실제로 능력 밖이었으며, 첫 번째 문제가 제기되었을 때 그는 단순히 행성의 운동에 대해 설명하는 것을 잊었을 뿐이었다. 한편, 그의 천상 역학의 기본적인 요소들은 케플러의 요소 위에 상식하려고 갈릴레오의 겉치장을 덧붙인 것이었다.

어쨌든, 케플러 시대 이후로 데카르트는 원운동의 문제를 공략했다. 그리고 데카르트의 뒤를 이어, 보렐리는 행성을 태양 가까이에 붙잡아 두고 행성이 길을 잃고 헤매는 것을 방지하려면 어떤 힘 또는 능력이 반드시 동작해야만 한다고 주장했다. 지상의 무거운 물체는 지구와 하나가 되려는, 그리고 철로 된 물체는 자석과 하나가 되려는 '자연스러운 본능'이 있다. 그래서 행성들이 태양과 하나가 되려는 '어떤 비슷한 기능', 즉 그가 말한 '자연스러운 욕구'를 갖는 것이 불가능하지는 않다.[54] 이 시점까지는 보렐리가 원운동을 가속 운동으로 보는 데까지는 잘 따라온 듯 보였다. 그러나 실제로는 그렇지 못했다. 만일 원운동의 유일한 요소가 태양과 결합하려는 행성의 욕구라면 분명히 결합했을 것이다. 하지만 행성이 태양에서 정해진 거리를 유지할 때에는, 어떤 다른 경향이 첫 번째 경향과 균형을 이루어야만 한다. 보렐리는 그러한 경향을 원을 따라 움직이는 물체가 중심에서 멀어지려는 노력에서 찾았다. 운동의 속도가 충분히 클 때는, 멀어지려는 경향과 가까워지려는 본능이 균형을 이루며, 물체는 완전한 원을 따라 움직인다. '그뿐 아니라 이 원운동은 필요해서 일어나는 운동이므로 가까워지려는 행성의 능력이 멀어지려는 능력을 극복할 수가 없고, 그 반대가 성립할 수도 없다….'[55] 원운동은 보렐리에게 평형과 같아 보였다. 원운동은 심지어 평형 이상의 것이었다. 바퀴가 떨어져나간 물체의 운동을 함축하는 구절에서 그는 '이전의 원형 기동력은 선형(線形) 기동력으로 변형되었다…'고 주장했다.[56] 어떤 의미로도 그는 원운동을 직선 운동하는 물체의 경로를 바꾸게 일정한 속도를 더하는 힘의 결과로 보지는 않았다. 보렐리는 속도를 더하는 일정한 힘에 대한 관념을 결코 이해하지 못했다. 그는 그의 동역학을 정적(靜的) 평형의 연장선에서 기술했으며, 궤도 운동 역시 그러한 용어로 묘사했다.

> 그러므로 같은 방식으로, 에테르가 가득 찬 공간에서 행성 *I*가, 태양 *D*를 향해 접근하려는 자연스러운 본능과 함께 태양 주위로 매순간 태양에 접근하려는 것과 똑같은 양만큼 멀어지게 만들기에 충분한 속도로 회전한다면, 이 두 가지의 서로 반대되는 운동이 서로 상쇄되어 별 *I*는 태양에서 [원형 궤도의] 반지름 *DG*보다

더 가까이 접근하지도 않고 더 멀어지지도 않는다는 것은 의심할 여지가 없다. 그렇기 때문에 완벽한 유체인 에테르 안에 놓여 어떠한 곳 위에도 놓여있지 않고 어떠한 것으로 묶여있지도 않으면서도, 마치 견고한 사슬 같은 것으로 묶여 있는 것처럼 공중에 떠서 균형이 잡힌 채로 유지될 수 있는 것이다….[57]

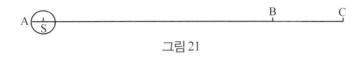

그림 21

　그러나 행성들은 원형 궤도를 따라 균일하게 움직이지는 않는다. 그들의 속도나 태양에서 거리가 모두가 변한다. 보렐리의 천상 동역학에 있는 주요 기능은 두 변화를 모두 역학적으로 설명하는 것이었는데, 이 이론은 비록 복잡한 동역학적 문제들을 너무 쉽게 비유로 유추하면 위험하다는 것을 가르쳐주긴 하나 그래도 칭찬하지 않을 수 없을 만큼 독창적이다. 속도의 변화에 관계되는 한, 보렐리는 지렛대 법칙에서 직접 유도했다. 받침점 S 주위로 움직이는 지렛대 ABC를 생각하자 (그림 21을 보라). 그의 도표에서, S는 태양의 중심을 나타내는데 지렛대의 한쪽 끝인 A가 태양의 원둘레에 놓이도록 도표가 그려져 있다. 그가 A에서 potentia라고 부른 것에 그것의 속도를 곱하면 태양의 움직이는 능력이 되는데, 그 능력이 축 주위로 회전시키면서 행성을 민다. 만일 행성에서 태양까지의 거리가 변하면, 지렛대에 올려놓는 짐의 크기가 바뀐다. 행성이 B에 있을 때, 태양의 능력이 행성의 저항에 속도를 곱한 양보다 조금이라도 크기만 하면 행성을 움직이게 만들 수가 있다. 이제 같은 저항이 있는 같은 행성이 S에서 더 먼 C로 이동한다고 하자. 만일 태양이 계속해서 그 행성을 움직이게 만든다면, 행성의 속도는 BS/CS의 비율로 감소해야만 한다.[58] 내가 여러 번 지적했다시피, 지렛대는 힘은 저항을 이동하게 하는 도구로 생각했다. 보렐리는 자기가 찾고 있는 비율을 구하는 데, 뻔뻔스러울 정도로 지렛대 법칙을 교묘하게 조작했다. 그는 행성의 운동에 관해 이전에 기술한 구절과 모순되지 않게 만들려는 노력은 아예 하지도 않았는데, 때문에 독자들에게 단순히 교묘함을 넘어서 궤변을 훈련할 기회를 탕감해 주었다. 이러는 와중에 그는 케플러의 속도 '법칙'에 새로운 역학적 기초를 제공한 셈이 되었다.

어떤 다른 메커니즘이 거리를 변하게 만드는 원인이 되어야만 했다. 케플러는 이 작용의 원인을 자성(磁性)에 의한 인력과 척력으로 돌렸지만, 보렐리는 이 설명을 공식적으로 거부했다. 대신에 그는 동물의 세계에서 유추해, '어떤 방법으로는 심장과 유사한 맥박'을 제안했다.[59] 동물 운동에 관한 그의 역학이 암시하는 것처럼, 맥박을 설명에 이용했다고 해서 물질에 영혼이 있다는 것은 아니다. 밀도가 물의 반과 같은 통나무가 똑바로 세운 자세로 떠 있다고 하자. 절반이 물에 잠겨 있을 때, 통나무는 평형을 이루며 서 있을 것이다. 그렇지만 만일 통나무를 물에서 모두 드러나게 올려서 통나무의 아래쪽 끝이 물의 표면에 살짝 닿아 있을 때 놓으면, 무게와 부력이 번갈아 커지면서 통나무는 올라갔다 내려갔다 하게 될 것이다. 진동하는 용수철에 대한 후크의 분석과 비교하면, 상하로 움직이는 통나무의 동역학에 대한 보렐리의 논의는 조잡하다. 그는 통나무 운동의 주기(週期)는 처음 변위가 얼마인지에 관계없이 등시성(等時性)일 것임을 깨닫지 못했다. 더 중요한 것은 그가 처음 상상한 것이 맥박이 뛰는 심장이지 진자가 아니었다는 사실이다. 그는 진동의 앞쪽 절반과 뒤쪽 절반이 대칭이고 같은 시간이 걸린다는 것을 증명하는 데 관심이 있었으므로, 잇따르는 유한한 순간들에서 운동을 조사했고, 그 결과에 따라 두 가지 서로 모순이 되는 의미로 '힘'을 사용했는데, 하나는 오늘날 사용하는 의미와 같고, 다른 하나는 우리가 말하는 충격인 $\int Fdt$를 의미했다. 그런데도 이 구절은 이른바 단순 조화 운동이라 불리는 것을 분석하기 위해 또 다른 암중모색의 노력을 했다는 점에서 흥미롭다. 비록 그에게 힘에 대한 만족스러운 개념이 있지도 않았고 또한 정교한 수학 역시 부족해서 세세한 점에서 서툴렀던 것은 사실이나, 번갈아 반복되는 운동에서 중심이 되는 동역학적 요소를 직관적으로 식별해 냈다는 점 또한 사실이다.[60]

행성의 경우에, 그가 말한 것처럼 힘은 결코 지치지 않으며, 그리고 에테르의 완전한 유동성 때문에 그 힘을 거스르는 저항이 전혀 존재하지 않는다. 행성이 태양에 가까이 가려는 본능은 통나무의 무게와 비슷하며, 원운동에서 생기는 멀어지려는 경향은 물의 부력에 대응한다. 멀어지려는 경향은 속도에 비례해서 바뀐다. 그래서 만일 창조 과정에서 신이 행성의 궤도를 원에서 벗어나게 만들려 했다면, 처음에 행성을 태양에서 일정 거리에 놓되 그곳에서는 가까이 오려는 본능이 멀어지려는 경향보다 더 크게만 하면 되었다. (통나무와의 공통점에 너무 정신이 팔려서, 보렐리는 착오로 그 지점에서 멀어지려는 경향이 0이 되도록 정했다.[61]) 행성이 태양에 가까이 오면 행성의 궤도 속도는 증가한다. 행성이 멀어지려는 경향도 똑같이 증가하며, 반지름 벡터를 따라 진동하는 운동은 두 힘이 서로 교대로 우세해지는 것을 따라간다. 무엇이 도대체 태양 주위를 공전하는 주기와 반지름이 진동하는 주기를 같게 놓아서 근일점(近日點)의 선이 안정되도록 만들 수 있을까? 보렐리가 이 문제를 논의했지만, 결국 마지막에 그는 겨우 신의 노련함이 놀라울 뿐이라고 고백하는 것이 전부였다. 천상 역학으로서 이 이론은 필요한 부분을 많이 남겨 놓았다. 이 이론은 단지 당시 널리 퍼져있던 동역학적 사고가 어느 정도의 수준이었는지 보여준다는 것만으로도 매우 값지다 하겠다.

비록 간단한 기계에서의 힘과 저항 사이의 관계가 보렐리에게 동역학을 정량적으로 다루는 방법을 제공해주었다고 해도, 동역학적 작용에서 그가 중요하게 채택한 것은 충격으로서, 그는 충격의 '힘과 에너지'는 '적지 않은 양으로 막대한 능력'이 있다고 말했다.[62] 그 주제에 관해, 그는 친숙한 제목의 방대한 저서인 De vi percussionis(역주: '타격의 힘에 관하여'라는 의미의 라틴어)를 저술했다. 대충 이야기하자면 이 저서의 마지막인 제3권은 충격의 힘을 측정하려고 정적(靜的) 무게를 사용하는 각종 노력을 설명했다. 시작부터 그는 이러한 노력에 회의적이었다. 한 접시에 무게를 놓고 다른 접시에 물체를 떨어뜨리면 반대편 접시는 올라간다. 이때 놓인 무게를 이용하여 충격의 힘을 측정하려는 실험에 대해서는 어느 정도의 통찰력으로 비판했는데, 그 근거는 이 실험에서 결정적인 요소는 단순히 추가 움직였다는 사실이 아니라 추가 얼마나 올라갔는지 하는 부분이라고 주장했다. 이러한 생각 아래, 그는 '망치를 한번 휘두를 때의 에너지를 무게에 대응시킨다는 것은 옳지 않다 …'고 결론을 내렸다.[63] 이는 실제로 충격의 힘이 무한히 크다는 갈릴레오의 결론과 같은데, 보렐리는 한 술 더 떠서 문장에서 사용된 기동력은 '충격의 에너지'와 동의어로 사용한 단어로서 무게와 직접 비교할 수 있는 양이 아니라고 했다. 다시 말하면 이 두 양은 '보통 흔히들 말하듯이 같은 종류에 속해있는 것은 아니다.'

> 마치 두 선을 비교하듯이, 하나에 몇 배를 하면 다른 하나보다 더 커질 수 있는 양들은 같은 종류라 할 수 있다. 그러나 선에 아무리 큰 수를 곱하더라도 면이나 체적과 같아지거나 더 클 수는 결코 없는 것처럼, 무게에 아무리 큰 수를 곱하더라도 결코 기동력보다 더 커질 수는 없는데, 그것은 이 두 양이 서로에 대해 전혀 비례 관계에 있지도 않으며 같은 종류로 여겨지지도 않기 때문이다.[64]

여기에 동역학이라는 분야에서 장차 상당히 중요한 역할을 할 통찰력이 엿보인다. 이 통찰력은 충격에 관한 책의 말미에, 자신이 앞에서 진행했던 방법을 비판하면서 등장했기 때문에, 이전의 논의와 어떤 관계인지 전적으로 명백하지는 않다. 적어도 결론을 유추할 수 있는 문장이 책 전반에 걸쳐 여기 저기 흩어져 나오는데, 그런 문장에서 그는 의도했든 의도하지 않았든 운동의 양이 변하는 정도를 가지고 충격의 힘을 측정해야만 한다고 제안했다. 한 예로, 저울의 한쪽 접시에 물체를 떨어뜨리는 방법으로 충격의 힘을 측정하려는 시도를 비판한 그는 아주 다른 실험 하나를 제안했는데, 그 실험에서는 연직면에서 흔들리는 물체가 수평 방향의 충격을 받기 위해 장치해 놓은 다른 물체와 충돌한다. 그 다른 물체가 받은 기동력은 충격을 측정하는 도구로 생각할 수 있는데, 물체가 마루에 닿기 전까지 이동한 거리에 따라서 정해진다.[65] 앞에서 얻은 결론을 구체화시킨 장치는 정지한 다른 물체에 부딪친 물체의 입장에서 '충격의 작용은 방해받지 않아 보존되고 능동적인 기동력이 아니라, 저항받고 진행이 방해받으면서 빼앗기고 손상된 기동력으로 측정된다…'고 표현했다.[66] 좀 더 간단히 말하면, '힘과 충격의 에너지'는 정지한 물체에 부딪쳐서 그 물체를 운동하게 만든 물체의 '속도 감소분'으로 측정된다.[67] 보렐리도 역시 힘은 두 물체 중 어느 것으로도 측정이 가능하다고 명시적으로 주장한 바 있다. 한 물체가 작용하는 만큼 똑같이 다른 물체도 저항하지만, 충돌은 오직 하나이다. 단지 두 가지 서로 다른 관점이 존재할 뿐이다.[68] 그뿐 아니라, 충돌을 고려하면서, 보렐리는 무게와는 전혀 상관없이 물체가 지닌 물질의 양인 moles 또는 질량이라는 개념에 도달했는데, 그는 그것이 수평 방향 운동에서는 동작하지 않는다고 말했다.[69] 만일 그런 문장을 책의 나머지 부분과 결부시키지 않고 자체 내에서만 비교한다면, 보렐리는 간단한 기계나 움직이는 능력과 연관된 동역학과는 다른 종류의 동역학에 접근하고 있었던 것처럼 보인다.

사실상 그는 산발적인 문장의 수준을 넘어서 더 앞으로 나가지는 못했다. 그가 내놓은 제안들은 잘 들어맞고 자체적으로 합리적인 이론으로 꿰어 맞추어지지 못했다. 게다가, 움직이는 힘이라는 바로 그 개념이 보렐리로 하여금 자신이 제안한 것의 중요성을 깨닫지 못하게 만든 것처럼 보이는데, 왜냐하면 그가 단지 가끔 한 번씩만 충돌을 그 충돌이 만드는 운동의 변화로 보았다면, 많은 예에서 충돌은 움직이는 물체에서 힘을 드러낸다고 여겼기 때문이었다. 당시 17세기 학자들은 절대다수가 충돌을 이와 같은 모형으로 바라보았다. '충격의 힘'이라는 개념은 이 모형에서 유도되었고, 보렐리가 그의 책 제목으로 잘 알려진 표현을 선택했다는 사실은 그의 작업의 기본 방향이 무엇인지를 시사한다. 힘을 측정하는 서로 다른 척도에 대해 그는 시험적인 암중모색을 했는데도, 그의 저서는 주로 17세기 동역학의 인기 대용물이었던 물체의 움직이는 힘에 관심을 가졌는데, 이 힘의 측정은 궁극적으로 간단한 기계의 비율에서 유도되었다. 그래서 충돌에 대한 그의 연구는 동역학에서 새로운 앞날을 여는 것과는 거리가 멀게, 그가 벗어날 뻔했던 정역학과 동역학의 연속성으로 그를 되돌리게 했다.

보렐리가 충돌에 접근하는 방식의 결과로 충돌을 다루는 방법이 다소 산발적이었다. 통일된 이론을 전개하는 대신에 그는 마음이 내키는 대로 힘에 대해 직관적인 아이디어를 적용하면서, 필요에 따라 그때그때 서로 다른 경우들을 공략했다. 그는 어떤 탄성도 명시적으로 제외시키고 완벽하게 단단한 물체에서 시작했으며, 무엇보다도 먼저 그러한 두 물체 중 하나는 정지해 있을 때의 충돌을 조사했다. 이때 힘은 분명히 움직이는 물체와 연관이 있었다. '던져진 물체는 던진 물체에 의해 전해지고 교환되는 능력에 의해 움직인다.'[70] 철저하고 상세하게, 그는 움직이는 힘의 크기를 조사한 뒤 힘은 속도와 물질의 양 모두에 비례해서 변한다는 아주 새롭지만은 않은 결론에 도달했다. 정지한 물체는 저항의 힘이 없다. 갈릴레오의 문구를 따르면, 정지한 물체는 운동에 '전적으로 무관'하며, 그래서 정지한 물체는 어떤 힘에도 맞설 수가 없고 '완전히 무방비로 그 힘에 복종할 수밖에 없다.'[71] 그렇다면 어쩌면, 파디스가 주장했던 것처럼, 정지한 물체는 그 물체에 부딪친 물체의 속도로 움직이기 시작할까? 보렐리의 생각에는 전혀 그렇지 않았는데, 왜냐하면 만일 그게 사실이라면, 같은 움직이는 힘으로 더 큰 물체를 같은 속도로 움직이게 할 수 있을 것이고, 그렇다면 이는 움직이는 힘에 대한 분석 전체에 위배되기 때문이었다. 움직이는 힘은 그 본질 상 단지 그 힘이 존재하는 물체를 이동시키는 것만이 아니라 '추가로 [힘은] 진행을 가로막는 다른 움직일 수 있는 물체들과 교환되거나 분산될 수도 있다….'[72] 이 문제의 풀이는 명백하다. 하나의 같은 움직이는 힘이 연차적으로 두 물체를 이동시키는데, 처음에는 충돌하는 물체를, 그리고 그 다음에는 충돌하는 물체와 충돌 당한 물체 모두를 이동시키며, 속도는 물체의 크기에 반비례한다. 보렐리는 이때에 운동의 교환이 순간적으로 일어난다고 주장했는데, 이것은 완전히 단단한 물체들 사이에서는 논리적으로 필수적인 요소이다.[73] 그는 또한, 그리고 그의 생각에서는 논리적으로 엄격하게 한 번 더, 그런 충돌은 물체의 운동을 모두 다 소멸시킬 수는 결코 없다고 주장했다. 오로지 움직이는 힘을 점점 더 큰 물체에 분산시켜서 단순히 그 힘을 무한히 줄여나갈 수 있을 뿐이다. 조금 놀라운 것이 이러한 분석을 통해, 속도의 변화(손실)를 이용하면 '충격의 힘'을 측정할 수도 있겠구나하는 것이었다. 충돌은 근본적으로 운동학적 용어로 다루어지는 것처럼 보이는데도 말이다.

이제 두 번째 물체도 움직인다고 하자. 보렐리는 이 문제를 앞에 두고 망설였다. 한편으로는 이 문제도 이전 문제와 비슷해 보였다. 그는 자기가 부분 충격이라고 부른 것들을 더하여 풀면 된다고 제안했다. 두 물체 A와 B에 대해, 정지한 B에 부딪친 A의 충격을 계산하고, 정지한 A에 부딪친 B의 충격을 계산한다. '두 물체 A와 B 사이의 상호 충돌에서는 같은 크기의 반대의 충격이 일어나고 …' 그리고 전체 충격은 두 부분 충격의 합이 분명하다.[74] 부딪침을 당한 물체가 같은 방향으로 더 천천히 움직일 때에도 비슷한 생각을 하게 된다. 이 경우에는 물체의 운동이 타격하는 힘을 줄일 것이 분명하다.

> 그러므로 충격의 힘과 에너지는 절대 공간에서 충돌하는 물체의 실제 운동의 기동력이 아니라, 한 물체가 다른 물체를 초과하는 만큼의 상대적인 운동에 의존한다는 것이 입증되었다.[75]

유감스럽게도, 다른 고려 사항들이 이 유추의 간결성을 손상시킨다. 한 물체가 정지해 있는 경우의 충돌에 대한 풀이는 그 물체가 운동에 무관하고 힘 또는 저항이 전혀 없다는 점에 의존했다. 그 물체가 움직일 때는 동일한 풀이가 구해지지 않는 것은 분명하다. A와 B가 자신의 크기에 반비례하는 속도로 만난다고 가정해 보자.

> 두 물체 A와 B사이의 충격의 힘은 서로 같기 때문에 (이것은 그 둘의 크기와 속도가 서로 반비례하기 때문임), 두 물체 모두 같은 에너지로 충돌하며, 물체 B의 저항의 세기는 A자체의 충격과 정확히 같으므로 두 물체 모두 서로에게서 같은 에너지로 반격을 받게 되는데, 따라서 물체 A가 G를 향하여 진행할 때는 B의 안정성을 [firmitudinis] 유지하는 힘이나 저항성 때문에 전적으로 방해받는다. 그뿐 아니라, A의 움직이는 힘은 소멸되지 않고 유효하게

남아 있으므로, *A*는 가능한 방향을 향하여 운동을 계속할 필요가 있다. 그래서 *C*에서 다시 *A*를 향하여 같은 능동적인 속도 *DE*로 반사된다. 같은 이유로, 물체 *B*도 *G*를 향하여 전에 가졌던 것과 같은 속도 *H*로 반사된다….[76]

*A*가 *B*보다 더 크고 *A*의 움직이는 힘이 *B*의 움직이는 힘보다 더 크면, *B*는 되튀면서 더 큰 힘 때문에 속도가 증가한다. *A*의 움직이는 힘이 *B*보다 더 크지만 물체의 크기가 더 작으면, 상황은 다소 복잡해진다. *B*는 어찌되었든 앞으로 향하는 진행이 '더 큰 움직이는 힘 때문에' 저지당해서 기동력은 바뀌지 않고 속도만 '더 강한 *A*의 움직이는 능력 때문인 충격으로' 증가해서 반사된다. *A*의 경우에는 여러 가지 결과가 나온다. 만일 *A*의 초기 '기동력'이 *B*의 '속도'보다 충분히 더 커서 충돌 뒤에도 여전히 *B*의 속도보다 더 크면, *A*는 반대 방향으로 움직이면서 나아갈 수밖에 없다. 다시 말하면 *A*는 되튄다. 반면에, 만일 *A*의 나중 속도가 *B*의 나중 속도보다 더 작으면, *A*는 같은 방향으로 진행한다. 그는 어쩌면 필요 이상으로 냉담한 어조로 결론짓기를 '비스듬한 충돌에서 동일한 물체가 경험하는 여러 가지 서로 다른 반사는 이미 입증한 것들을 적용해서 쉽게 구할 수 있으며, 그래서 이런 문제들을 가지고 이제 시간을 끌 필요가 전혀 없다'고 했다.[77]

무엇이 보렐리로 하여금 처음에는 그렇게 집착하는 것처럼 보였던 상대성의 원리를 포기하게 만들었을까? 그가 주장한 내용의 구조를 보면 그는 충돌에서 움직이는 힘에 주의를 기울인 것처럼 보인다. 상반되게 움직이는 힘이 있어 두 물체가 모두 움직이고 있는 경우와 한 물체가 정지해 있어 운동에 무관할 때의 두 충돌이 달라 보인다. 후자의 예는, 정의(定義)에 의해서 탄성이 없다고 했으므로, 충돌 뒤에 두 물체가 함께 움직인다. 그렇지만 전자의 예는 두 개의 상반되는 힘이 서로 싸우며 더 센 것이 우세해지는데, 이 점에서 다시 저울의 이미지가 어린다. 그래서 이때 두 물체가 분리되어 움직이는데 차이점은 이 외에도 많다. 보렐리가 명시적으로 말한 바에 따르면 반사되는 물체가 일단 멈췄다가 반대 방향으로 다시 움직이기 시작하는 것이 아니다. 그보다는, 반사되는 물체의 초기 움직이는 힘이 바뀌지 않고 계속 그 물체를 움직이게 만드는 것이다. 동역학적으로, 반사는 전혀 작용이 아니며, 반사에는 앞에서 그가 정의한 의미의 '충격의 힘'은 전혀 존재하지 않는다. 한편으로는 데카르트의 결론을 그대로 반복하면서, 다른 한편으로는 결국 저울에서 힘들이 능동적으로 평형을 이룬다는 보렐리의 개념을 표현한 것에 지나지 않는다.

완전하게 단단한 물체들 사이의 충돌에서, 힘이 평형을 이룬 결과는 물체가 정지하게 되는 것이 아니라 반사되는 것이다. 보렐리는 완전히 단단한 물체 사이의 충돌에서는 물체가 결코 정지할 수가 없다고 확신했다.

> 그러므로 타격의 에너지는 [정지한 채로] 매달려 있는 물체에 운동과 기동력을 만들어 낼 수 있다는 것은 분명하지만, 타격이 일단 새겨진 다음에는 다른 상반되는 충격으로 같은 운동을 약하게 만들거나 소멸시키는 것은 가능하지 않다 ….[78]

그런데 세상은 완전히 단단한 물체들로 구성되어 있지 않다. 우리가 다루는 모든 물체는 유연하고 어느 정도 탄성이 있으며, 탄성체는 '운동에 전적으로 무관하지 않고 오히려 저항을 갖는 것이 명백하기 …'[79] 때문에 상황이 달라진다. 무엇이 저항을 만들어 내는 근원일까? 보렐리의 해석에 따르면, 경과한 시간이 절대적으로 중요했다. 완전히 단단한 물체들 사이의 충돌은 순간적으로 일어난다. 결코 방해받지 않는 움직이는 힘은 이 방향 아니면 저 방향으로 계속 작용해서 물체는 결코 정지하지 않는다. 그렇지만 충돌하는 시간 간격 동안에, 반대되는 기동력이 새겨져서 원래 힘을 평형이 되게 만들고 물체는 외관상 정지에 이르게 할 수 있다.[80] 그는 심지어 움직이는 배 안에서 배와 반대 방향으로 움직이고 있는 물체를 예로 들기도 했다. 보렐리는 순간적으로 일어나는 충돌은 주어진 운동과 크기가 같고 방향이 반대인 운동은 만들어 낼 수 없지만 시간을 통해 계속되는 작용은 그렇게 할 수 있다고 우겼지만 그 이유는 확실하게 설명하지 않았다. 단지 상하로 움직이는 통나무에 대한 분석을 탄성체의 작용에 적용할 때, 그런 확신의 출처가 어디인지 암시했다. 그는 정량적으로 다루려는 시도는 전혀 없이 어떻게 탄성 저항이, 변형이 증가하며 통나무를 더 많이 물속에 넣을 때 생기는 부력같이, 점차로 물체의 움직이는 힘을 평형에 이르게 하는지 설명했다. 또 탄성체가 원래 모습을 되찾으면 원래 속도와 같은 새로운 속도를 새기게 되는지도 설명했다. 전과 마찬가지로, 조짐이 별로 좋지 않게 문제는 아주 복잡해졌다. 예를 들어, 만일 서로 반대로 움직이는 완전히 단단한 두 물체가 서로 반사된다면, 테니스 라켓과 같은 탄성체는 완전히 단단한 물체와 충돌할 때 두 배 더 빠르게 반사시켜야만 한다.[81] 그런데도, 당시에 오직 토리첼리만이 그런 현상을 만족스럽게 분석했는데, 이는 통찰력 없이 이루어진 것이 아니었다.

더욱이 그 분석은 동역학적 작용을 명료하게 설명하는 데 지렛대를 무한정 사용할 수 있음을 드러낸다는 점에서 중요했다. 그는 수차례 반복해서 비탄성 충돌과는 달리 탄성 충돌의 핵심은 탄성체가 '충격이 없어도' 저항한다는 사실에 있다고 말했다.[82] 저항은 물체의 부분들 사이에 서로 엉클어지면서 나타난다. '그 부분들이 마치 지렛대처럼 여겨져 한쪽 끝은 투사체가 누르고 다른 쪽 끝은 반항하려는 노력을 하며 투사체의 충격에 거슬러 저항하면서 서로 밀착되고 …,'[83] 전에 이미 평형을 이루고 있는 저울에 놓인 물체의 가상 속도와 움직이는 물체의 실제 속도 사이의 구분을 없애는 데 성공한 바 있었다. 보렐리가 말하는 '충격이 없는' 저항은 단순히 저울의 평형이었으며, 탄성에 대한 그의 개념은 지렛대 법칙을 적용하는 또 다른 예였던 것이다.

비록 보렐리가 간단한 기계에 나오는 비율에서 동역학적 식을 끌어내려고 끊임없이 노력했고, 그가 충돌을 조사하면서 그러한 자료에 끊임없이 의존했지만, 그는 또한 자유 낙하의 가속 운동도 동역학적 작용에 대한 또 다른 잠재적 모형임을 인식하고 있었다. 보렐리의 역학에서는 일정하게 움직이는 힘은 일정한 속도를 유지한다고 믿고 있었으므로, 그가 자유 낙하 자체를 동역학적 모형으로 생각했을지는 분명하지 않으며, 실제로 명시적으로 그렇지도 않았다. 그는 대신 자유 낙하를 그의 동역학으로 설명해야 할 현상으로 취급했지만 동역학을 추출해 낼 패러다임이 될 현상으로는 취급하지 않았다.

De vi percussionis에서는 모든 운동의 원인을 외부 발동자(發動者)와 내부 발동자 두 가지 계급으로 나누었다. 던진 물체의 운동은 첫 번째 운동의 예가 되었고, 동물의 운동과 무거운 물체의 낙하는 두 번째 운동의 예가 되었다. 그런데, 가속 운동을 설명하면서 그는 외부 발동자를 이용하여 그 운동의 근원을 조사하는 방법을 선택했다. '일정하게 계속되는 움직이는 힘과 일정한 기동력 FC를 지닌' 물체 A가 정해진 시간 간격 동안 물체 B를 계속해서 민다고 가정하자. 최초 순간에 ('충돌'이라고 읽자), 물체 A는 속도의 정도인 FI를 물체 B에 새긴다. 그 다음 순간에 ('충돌'이라고 읽자), B는 이제 같은 방향을 향해 움직이고 있으므로, A는 자기의 전체 속도로 B를 밀 수가 없다. 단지 초과된 속도 IC만 작용하여 FI보다 더 작은 속도의 증가분 IK만 B에 새긴다. 세 번째 순간에는,

A는 여전히 더 작은 속도를 새기며, B가 A의 속도에 도달할 때까지 그런 식으로 계속된다.[84] 그런 운동은 균일하게 가속된 운동이 아닌 것은 분명하다. 이제 움직이는 힘이 있는 물체 A가 B와 함께 움직이고 있다고 가정하자. 최초 순간에 A가 B에게 속도 FI를 주면 같이 움직이려고 A 자신의 속도도 같은 양만큼 증가하게 되며, 따라서 두 번째 순간에도 여전히 A의 속도는 B의 속도보다 FC만큼 더 커서 첫 번째와 같은 양만큼 나누어준다. 이 설명에는 어느 정도 재능이 엿보이지만, 좀 더 확실하게는 몹시 별난 개념과 연결되어 있었다.

그는 그러한 힘이 물체와 함께 무엇을 나르며 무엇과 끊임없이 부딪치고 있을지 설명하려고 몇몇 상황을 상상했는데, 모두 다 충격의 힘을 이용했다. 보트에 연결되지 않은 용수철에서는 용수철이 복원될 때 보트는 한 방향으로만 충격을 느끼고 다른 방향으로는 역반응을 느끼지 못하는 상황이라든가, 보트와는 연결되어 있지 않는 망치에서 보트를 치는 상황, 또는 보트의 크로스피스를 향해 날아오는 새 등과 비교했다. 거기서 생각나는 말은 '내부의 바람'에 대한 말이다.[85] 결국 그는, 내부의 바람을 포함하고 있으려면 더 큰 구멍이 있는 더 희박한 물체가 더 무거워져야만 했기 때문에, 그런 물질적인 표현을 채택하지 않기로 결정하고, 대신 물질 입자가 스스로 움직이거나 또는 그 입자들이 스스로 움직이는 정신(精神)을 포함하고 있다고 결론지었다.

그렇지만 충격이 연속해서 일어난다는 표현은 그대로 남아 있었다.

무거운 물체의 낙하는 같은 무거운 물체 내부의 움직이는 능력으로 만들어진 타격과 충격 때문에 발생한다….

중력을 '내부의 충격'으로 지칭한 것은 일반적인 충격과 구별된다.

왜냐하면 던진 물체를 밀고 있는 힘은 한 순간에 물체 내부에 어느 정도의 기동력을 만들어 내기 때문인데, 그 기동력은 세분할 수 없는 건 아니지만 유한하며 그 길이 방향으로 어느 정도 확장성이 있다. 그러나 중력의 능력은 한 순간에 유한한 기동력을 만들어 내지 않고 대신에 세분할 수 없는 기동력을 만들어 내는데, 나중에 주어진 시간 동안에 표현할 수 없는 대량의 순간들로 곱해지면 한참 있다가 유한하고 측정 가능한 속도를 만들어 낸다.[86]

그 책의 내용 중에서 연속적인 힘은 가속도를 생산하고, 이런 의미에서 힘은 기동력이나 운동과 같은 기준으로 비교할 수가 없으며, 어떤 시간 간격 동안 작용한 그런 힘은 운동의 증가를 ($Ft = \Delta mv$) 만들어 낸다는 개념에 대한 표현을 쉽게 찾을 수 있다. 그런데도, 보렐리는 이런 관계를 명료하게 표현하지 못했다. 그는 오히려 가속된 운동을 거슬러 올라가 동역학에 대한 자신의 기본 개념에 도달하려고 추구했다. 그에게는 그것이 연속되는 미세한 충격들이 되었으며, 그러한 각각의 미세한 충격은 운동의 변화 때문이 아니라 운동 자체, 즉 그가 동역학의 전반적인 근거로 삼았던 vis motiva 때문에 측정되었다. 그는 그 장(章)의 맨 앞에 다음과 같은 제목을 달았다.

낙하하는 물체의 기동력의 힘은 던진 물체가 새긴 어떤 충격의 힘보다도 더 작다.[87]

이 개념은 우리에게는 친숙해 보이지만, 보렐리는 그것을 세분할 수 없는 것들을 조잡하게 엮은 수학으로 이해했고, 그렇게 세분할 수 없는 것들을 구성하는 궁극적인 한 개는 전체와 같은 종류였다. 비록 중력의 기동력은 지극히 작다고 할지라도, '절대로 세분할 수 없는 것도 아니고 크기가 없는 것도 아니다 ….'[88] 함께 비교할 수 없는 양들에 대한 문장인데도, 그런 것들이 그에게 가장 알맞은 생각인 것처럼 보였다.

다른 그림들이 전체 구상을 더 강화시켰다. 그는 낙하하는 물체의 가속도를 매 진동마다 조금씩 밀어주는 진자의 운동과 비교했다. '모든 그러한 미세한 충격을 곱하면 매우 큰 진자에서도 한참 뒤에는 재빠르고 격렬한 진동이 만들어질 것은 …' 분명하다. 이런 일이 일어날 수 있는 것은 '아무리 작고 아무리 느린 힘이더라도 매달려서 움직이는 물체에는 어느 정도의 기동력을 새겨 넣을 수 있기 때문이다…'[89] 이 문장에서 형용사 '느린'이 우리에게는 약간 걱정스럽다. 그것은 물체에 실려서 이동하는 그의 '내부의 바람'이라는 구상을 생각나게 한다. 이 장의 제목은 같은 아이디어를 좀 더 발전시킨 것인데, 결국 가속된 운동을 보는 시각에서 보렐리와 우리가 궁극적으로 다르다는 점을 보여준다.

> 천천히 움직이는 물체의 아무리 작은 움직이는 힘이더라도 거대한 물체에 새겨져서, 밀고 있는 물체의 속도보다 더 큰 속도로 증가시킬 수 있다.[90]

자연스러운 운동, 즉 낙하하는 가속 운동에 관한 그의 책에서, 갈릴레오의 방법을 좇아 매질은 단지 유효 무게를 감소시키는 기능만을 수행할 수 있다고 주장하려 했을 때, 그는 가속도가 아니라 속도만을 이용하여 논리를 전개시키는 제약을 범하고 있음을 깨달았다는 사실은 중요한 일이다. 무거운 물체의 운동에는 어떤 의문점도 없었다. 무거운 물체는 균일하게 가속된 운동을 한다. 그렇지만 그가 유도해낸 움직이고 있는 물체의 움직이는 힘에 대한 방정식은 가속도가 유효 무게에 비례하다고 말할 수조차 없게 만들어놓았다. 예를 들어, 그는 크기도 같고 형태도 비슷한 서로 다른 두 물체는 같은 매질 내에서 같은 속도로 낙하한다는 것을 증명했다. 그 매질 내에서 두 물체의 유효 무게는 똑같다.

그러나 두 물체 *A*와 *B*가 아래로 이동하는 움직이는 능력은 … 두 물체의 무게에 따른 에너지일 뿐이다. 그러므로 두 물체 *A*와 *B*는 같은 유체 내에서 같은 움직이는 힘을 갖는다. 그뿐 아니라 두 물체의 형태가 같거나 유사하기 때문에 그것들은 [힘들은] 같은 유체에 의해서 같게 방해받는다. 그러므로 그 힘들의 효과는, 다시 말하면 두 물체가 아래로 이동하는 속도도 또한 서로 같아야만 할 것이다.[91]

그의 동역학은 그가 처음에 부정했던 속도 항을 포함한 무게에 대한 방정식으로 그를 되돌려 보냈다.

어떤 의미로도 보렐리가 자유 낙하의 가속 운동을 동역학적 작용의 모형으로 보았다고 말할 수는 없다. 실제로 어떤 의미로도, 그가 동역학적 작용을 정역학과 구별되는 문제로 보았다고 말할 수도 없다. 오히려 그는 역학 전체를 간단한 기계에서 관찰되는 신뢰할 만한 관계에서 접근했다. 그리고 충격의 모형에 근거하여 지렛대 법칙으로 측정되는 움직이는 힘이라는 개념을 통해, 정역학이나 동역학에 관련된 모든 문제를 궁극적으로 같은 언어로 정리하려고 시도했다.

★

존 월리스는 17세기 후반부 50년 동안 영국의 과학계를 선도한 지도자 중 한 사람이었다. 1640년대에 런던에서 영국 학술원의 전신인 모임의 회원이었던 그는 영국 국회에서 승리한 뒤인 1649년에 다수의 회원들과 함께 옥스퍼드로 거처를 옮겨 계속 활동했다. 그는 비록 왕정복고 뒤에도 계속 옥스퍼드에 남아 있었지만, 그는 영국 학술원의 창립 회원 중 한 사람이었다. 그리고 1649년부터 그가 사망한 1703년까지 세빌 기하학 석좌교수(역주: 영국의 옥스퍼드 대학에서 헨리 세빌 경을 기념하여 1619년에 제정되었으며, 존 윌리스는 제2대 세빌 기하학 석좌교수로 임명되었음)로 있으면서 영국 과학계에서 좀처럼 얻기 힘든 명성과 지위를 누렸다. 그는 기계 학자라기보다는 수학자였으며, 그가 역학에 보인 관심은, 그의 발표 논문들로 미루어 보건데, 보렐리가 보인 관심에 비하여 현저하게 적었다. 역학에 대한 그의 기여는 1670~1671년에 출판한 Mechanica: sive de motu라는 제목의 책 한권과 그리고 그 책의 내용과 긴밀한 관련이 있는 영국 학술원에 제출한 충돌에 관한 논문과 같은 과제가 전부이다.[92] 심지어 그의 책 Mechanica도 내용의 절반 이상을 실질적으로는 수학 문제인 중력 중심에 관한 문제에 할애했다. 그렇더라도, Mechanica는 방대한 저서여서, 절반이 못되는 내용만으로도 여전히 무게 있는 전문 서적이다. 이 책은 실제로 Principia가 출판되기 전 영국에서 역학에 관한 가장 중요한 업적이었으며, 보렐리의 연구와 마찬가지로, 뉴턴 이전 역학에 대해 알려진 지식 중에서는 가장 높은 수준이었다. 윌리스도 보렐리와 마찬가지로 순수한 운동학이란 없다고 믿는 사람이었으므로, 그가 취급하는 과학에서 역학은 순전히 동역학적이었다.

Mechanica는 일련의 정의에서 시작했다.

> 나는 운동을 만들어내는 데 도움을 주는 것을 Momentum이라고 부르며, 운동을 막거나 방해하는 것을 Impedimentum이라고 부른다.

그는 momentum이라는 제목 아래, 움직이는 힘[vis motrix]과 시간 등

두 가지 양을 포함시켰는데, 만들어진 운동은 이 두 양에 각각 비례한다. 그는 impedimentum에 대해서도 역시 저항과 거리 등 두 양을 말했는데, 이 두 양이 증가하면 운동이 방해받았기 때문이다. 움직이는 힘과 저항도 또한 정의가 필요하다.

> 나는 운동을 만들어내는 것을 [Potentiam efficiendi motum] 움직이는 힘 또는 더 간단하게 힘이라고 부른다 ….
> [나는] 운동에 적대하는 능력 또는 운동에 저항하는 능력을 저항 또는 저항하는 힘[Vim resistendi]이라고 부른다.[93]

힘의 개념을 일반화시키려는 노력을 잘못 이해할 수 없는 것이 바로 '저항하는 힘'이라는 표현을 사용했다는 것이다. 이 저서에서, 월리스는 움직이는 힘과 저항을 서로 더할 수 있는 양으로, 즉 비록 그들의 효과는 서로 상반되지만 같은 종류의 양으로 취급했다. 만일 전체 움직이는 힘 또는 momentum이 전체 저항 또는 impedimentum보다 더 커지면, 운동이 새로 만들어지거나 또는 증가한다. 만일 저항 또는 impedimentum이 더 커지면, 운동은 막아지거나 감소된다. 만일 그 둘이 같다면, 운동은 새로 만들어지지도 않고 없어지지도 않으며, 정지해 있거나 움직이고 있거나 현존 상태가 그대로 유지된다.[94]

그러한 맥락에서, 중력은 (즉, gravitas는, 또는 무거움은) 더 광범위한 집단에 속해있는 한 가지 예에 불과하다.

> 중력은 아래를 향하는 또는 지구의 중심을 향하는 움직이는 힘이다…. 그뿐 아니라, 중력을 말할 때 지구의 중심을 거론한 것은, 임의의 힘을 말할 때 그 힘의 목적지를 거론하는 것과 같은 방법으로 이해할 수 있다. 그러므로 만일 지금까지 지구의 중심만 고

려하는 특별한 용법으로 제한된 그 단어[힘]를, 이제 목적지를 향하여 직접 이동하는 임의의 잇다르게 움직이는 힘까지 확장한다면, 일반적인 용어는 일반적으로 표현될 것이기 때문에, 그 단어가 덜 정확하기보다는 오히려 더 정확하게 사용될 것이다. 그러나 모든 잇다르게 움직이는 힘에 적절한 것들은 대부분 특별히 중력에 적용되기 때문에, 지금까지 특별한 의미로 표현된 것들이 일반적인 의미로도 옳다는 흔한 오류를 범하지 않을 것을 경고해야만 한다.[95]

중력의 원인을 논의하기를 명시적으로 거절함으로써, 윌리스는 힘이란 자연에 대한 철학에 관련되어 있는 게 아니라 정량적 역학에 더 관련되어 있는 추상적 개념이라는 점을 암묵적으로 인정했다. 그는 중력을 무게[pondus]와 구분하고, 무게란 단지 중력을 측정하는 척도가 되는 양이며 마찬가지로 다른 모든 움직이는 힘도 무게로 측정할 수 있다고 정했다.[96] 나는 이미 다른 기계 학자들도 개념을 일반화시키는 방향으로 가고 있다고 지적한 바 있다. 이러한 개념의 일반화 단계는 정량적인 역학을 구축하는 데 필수적인데, 이 과정이 윌리스의 Mechanica에 가장 명확하게 나타나 있다.

윌리스가 이러한 과정 중에 다른 기계 학자들보다 뛰어났던 점이 하나 있다. 윈들러스(windlass)와 비슷하지만 무거운 물체를 주로 수평 방향으로 끄는 기계인 캡스턴(capstan) (역주: 무거운 물체를 수직으로 들어올리는 기계인 '윈들러스'와 수평으로 잡아끄는 기계인 '캡스턴'은 그림 참고)에 대해 논의하면서, 그는 (예를 들어, 윈들러스로 들어올리는 무게와 같은) '반대 힘'과 (예를 들어, 무거운 물체가 끌려갈 때 거친 표면 때문에 생기는 저항이나 또는 뾰족한 못이 표면에 긁히면서 생기는 저항과 같은) 단순한 '장애 힘' 사이에 차이가 있음을 도입했다. 단순한 장애 힘과는 달리, 반대 힘은 적어

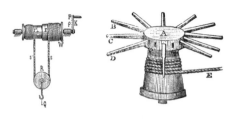

(역주: 윈들러스(좌)와 캡스턴(우))

도 평형을 이루거나 아니면 서로 반대 방향으로 움직여야 한다. 경사면을 따라 무거운 물체를 끌어올리려면, 장애 힘과 반대 힘 두 가지 모두를 다 극복해야만 한다. 그런데 반대 힘이 경사면을 따라 내려오려고 애쓸 때, 장애 힘은 반대 힘에 대항해서 작용하며, 만일 경사진 정도가 심하지 않다면 무거운 물체를 평형에 이르게 만들기도 한다.[97] 월리스는 효과적으로 보존력과 비보존력을 구분한 셈이 되었으며 마찰을 해석 역학의 영역에 포함시킴으로써 힘의 일반화를 더 확장시킨 셈이 되었다.

책의 뒷부분에서 월리스는 힘에 대한 그의 일반화된 개념을 자유 낙하의 모형에 적용했으며 별다른 수고 없이, 설명의 장황함만 제외한다면, 운동의 제2법칙과 별다르지 않은 진술까지 바로 도달했다.

> 움직이는 힘을 균일하게 지속적으로 작용하면, 계속해서 가속되는 운동이 발생할 것이며, 실제로 물체는 같은 시간 간격 동안에 같은 속력의 증가분을 얻는 식으로 가속될 것이다. 그런 운동을 사람들은 **균일하게 가속된다**고 말한다. 방해하는 힘 역시 균일하게 비슷한 방법으로 작용시킨다면, 물체는 비슷하게 감속되는 운동을 하게 되는데, 그런 운동을 **균일하게 감속된다**고 말한다….
> 왜냐하면 움직이게 만드는 어떤 원인이라도 한 순간 물체에 한 단위의 속력을 새겨 놓는다고 이해하자. 이렇게 새겨진 것은 어떤 다른 방해물이 제거하지 않는 이상 새로운 원인이 없더라도 계속 유지될 것이다….

실제로 그 다음 순간 동안에 같은 방법으로 작용하는 같은 원인이 같은 방식으로 적용되어 같은 효과를 만들어 낼 것이다…. 그러므로, 최초에 새겨진 한 단위의 속력은 여전히 유지된 채로, 두번째 한 단위의 속력이 추가될 것이다. 그리고 비슷하게 세 번째 순간에는 처음 두 단위의 속력이 여전히 유지되고 있으므로, 세번째 한 단위의 속력이 추가되고, 그런 식으로 계속될 것이다.[98]

작게나마 한 걸음 앞으로 내디딤으로써, 경사면에 놓인 물체의 운동 역시 균일하게 가속되는 운동이라서 경사각의 사인값에 비례하는 가속도로 가속 운동을 한다는 결론에 이르렀던 것이다.[99] 월리스는 자유 낙하를 동역학적으로 취급하면 얼마나 쉽게 일반적인 동역학 방정식이 나오게 되는지 한 번 더 보여준 셈이다.

그렇지만 만일 월리스가 뉴턴의 동역학이 가능하게 만든 혁신적인 선각자라고 환호한다면 그건 잘못된 일이다. 위에서 가속 운동을 설명한 문장은 아주 긴 저서의 끝 부분에 나오는데, 그 앞에 나오는 긴 부분은 그 문장과 전혀 관련이 없어서, 그 문장은 어떤 논리적인 과정을 거쳐서 도달한 결론이라기보다는 오히려 전혀 준비되지 않은 생뚱맞은 주장처럼 보인다. 월리스의 전체 역학이 기초하고 있는 momentum이라는 개념과 impedimentum이라는 개념을 면밀히 조사해보면, 그것이 뉴턴이 도달한 결과와는 얼마나 다른지 알 수 있다. 앞에서 지적했던 것처럼, 월리스는 두 양 각각에 대해 두 가지 요소를 말했다. impedimentum에는 무게와 거리가 기여한다. 어느 시점에선가 그는 거리에 관한 것이 모두 매질의 밀도나 또는 접착성에서도 똑같이 성립한다고 말하긴 했지만,[100] 그들이 어떻게 치환되는지는 결코 설명한 적이 없었다. 그는 모든 논의를 거리를 이용하여 설명했는데, 밀도나 접착성이 어떻게 거리가 한 것과 비슷한 역할을 하게 되는지 알아내기는 불가능하다. 월리스가 무게와 거리를 서로 더할 수 있는 양으로 취급하여 그 합이 impedimentum이 된다고 하진 않았다. 그의 도표는 직사각형으로 impedimentum을 표현했는데, 직사각형의 한 변은 무게이고 다른 변은 이동한 거리이다. 비슷하게, momentum은 힘과 시간의 곱이다. 그는 'momenta와 impedimenta가 함께 비교된 운동에서는 모두, 이 둘은 비례한다…'고 결론지었다. '한 운동에서 무게와 거리의 곱과 다른 운동에서 무게와 거리의 곱의 비는, 다른 것들이 똑같다면, 처음 운동에서 힘과 시간의 곱과 나중 운동에서 힘과 시간의 곱의 비와 같다.' 어떤 다른 것들이 똑같아야 하는지는 말하지 않았지만, 그는 계속해서 그 명제를 다음 방정식

$$VT = PL$$

로 표현했다. 이 식에서 V는 힘[Vis]을, T는 시간[Tempus]을, P는 무게[Pondus]를, 그리고 L은 거리[Longitudo]를 의미한다. '힘과, 시간, 무게, 그리고 거리에 관련되어 두 운동을 비교할 때는 주로 이 명제에 의존해야 한다.'[101]

이 색다른 공식에 대한 해석은 식의 좌변에 나오는 힘과 우변에 나오는 무게(또는 저항)라는 두 가지 중요한 인자를 어떻게 인식하느냐에 따른다. 간단한 기계와 관련된 용어에는 전통적으로 사용되는 단어들이 있었다. 월리스의 공식은 평형의 조건을 표현하려고 시도한 것이었다. 그런데 나는 오히려, 보렐리의 동역학에서와 마찬가지로, 이 공식이 간단한 기계의 적용을 확장시키는 것이라고 말하는 것이 더 그럴 듯하다고 본다. 내가 논의하고 있는 기본 분석은 I장에 나오는데, 그 장의 제목은 '운동의 일반 원리'[De motu generalia]이다. 월리스는 자신이 다른 사

람들에게 인정하고 수립된 원리에서 일반화된 동역학으로 옮겨 가고 있다고 이해했다. 힘이나 무게 또는 저항과 같은 용어들이 시사하는 것처럼, 그도 역시 간단한 기계를, 평형 유지가 아니라, 실제로 그런 기계의 용도인 무거운 물체를 이동시키는 장치로 여겼다.[102] 그는 움직이게 하려면 평형을 초과하여 약간의 힘이 더 필요하다고 제안함으로써 점점 더 이해하기 어려운 방향을 향해서 애매한 생각을 했다.[103] 책의 마지막 부분에 나오는 명제의 제목인 'De motibus pure staticis' '절대로 움직이지 않는 운동에 관하여'가 월리스 자신이 빠진 딜레마를 요약해서 알려준다.[104] 공교롭게도 그는 지렛대 법칙을 일반화시키려 하면서 운동을 실제적인 것으로 취급했으며 공식에는 시간과 거리 모두 독립 변수로 삽입함으로써 심지어 간단한 기계에 대해서도 만족스럽지 못한 결과를 얻었다.

월리스는 자기 방정식을 한 단계 더 발전시키려고 양변을 시간으로 나눔으로써

$$V = PC \quad [C \equiv \text{Celeritas}]$$

라는 (역주: 'Celeritas'는 '속력'이라는 의미의 라틴어) 진술에 도달했는데, 이 식은 우리 용어로는 대강

$$F = mv$$

에 해당한다. 그렇지만 이 식에 나오는 힘은 움직이는 물체가 지닌 힘이 아니라 물체를 움직이는 힘을 의미한다는 것에 유의하자. 월리스는 일찍이 관성의 원리를 이야기했는데도, 간단한 기계를 이용한 유추를 계

속 진행해서 실질적으로 운동에 대한 아리스토텔레스적인 표현에 도달했다.

> 나는 다른 것들이 같다면, 속력이 어떤 비율로 늘어나든 줄어들든, 작용된 힘도 비슷하게 똑같은 비율로 늘어나거나 줄어들며, 주어진 물체는 원하는 속력으로 움직이게 될 것이라고 주장한다.[105]

이 명제의 내용이 시사하는 것처럼, 그는 이 명제를 이용하여 가상의 속도뿐 아니라 실제 속도까지 계산하려고 했다. 하지만 간단한 기계의 이미지는 완전히 사라지지 않고, 마치 뱅쿼의 유령처럼 (역주: '뱅쿼'는 셰익스피어가 지은 맥베스에서 죽은 뒤 유령으로 나타나 맥베스를 괴롭히는 무장의 이름) 부르지도 않았는데 계속해서 다시 나타났다. 그가 마련한 문제들은 예를 들어, '주어진 힘으로 주어진 무게를 이동시킨다'는 식으로 기계를 가정했다. 무게 P를 속력 C로 움직이게 만드는 힘 V가 주어질 때, 같은 힘으로 무게 nP를 움직이게 할 것을 요구한다.

> 나는 다른 것들이 같다면, (기계를 적용해서 [interposita Machina]) 무게 nP가 무게 P에 비해 어떤 비율로 더 크거나 더 작거나에 상관없이 그 역수의 비율로 속력을 감소시키거나 증가시키면, 즉 $\frac{1}{n}C$가 되게 하면, 같은 힘 V가 주어진 무게 nP를 속력 $\frac{1}{n}C$로 움직이게 만들 것이라고 주장한다.

그리고 그는 풀이에서 결과를 다음과 같이 일반화시켰다.

> 그러므로 역학은 주로 힘의 운동의 속력이나 작용한 무게를 조절하여 기계를 고안하거나 배치하는 임무를 띠고 있어, 운동을 느리

게 해서 무게의 크기를 보충하거나 또는 시간을 늘려 힘의 부족분을 보충한다.[106]

'기계의 적용'이라든가 '기계의 고안' 등과 같은 지렛대의 이미지가 월리스한테도 '운동의 일반 원리'에 대한 논의 여기저기에 나타난다.

I장의 제목이 운동의 일반 원리를 생각해본 것이라면, II장의 제목은 '무거운 물체의 낙하와 운동의 경사(傾斜)에 관하여'인데 경사면에서 가속도의 비율을 조사한 것임을 알 수 있다. 앞에서 살펴봤다시피, 월리스는 이 문제를 충분히 잘 이해하고 있었으며, 연구의 마지막 부분에서는 일반적이기보다는 다소 특수한 경우로, 이 문제를 더할 나위 없이 완벽하게 처리했다. 이와는 대조적으로 II장에서는, 그 제목이 운동을 포함하고 있었는데도, 경사면에서 평형의 조건을 집중해서 다루었다. 월리스는 경사면에서 변위의 수직 성분이 결정적으로 중요한 요인임을 매우 잘 이해하고 있었다. 그런데도 그는 또다시 운동은 가상적이 아니라 실제적이어야 함을 요구했으며, 속도를 계산하는 데 위에서 설명한 공식을 이용하고자 했다.

> 만일 게다가 … 속력의 비율을 계산해야 한다면, 그래서 단지 그냥 운동이 일어나야만 하는 게 아니라, 어떤 속력으로 운동이 일어나야 한다면, 그 풀이는 I장의 명제 29와 30을 이용해 구할 수 있다. 다시 말하면, (앞의 세 명제 각각에 대해 말하자면) 어떤 속력에서 운동이 만들어질 수 있는 조건을 찾았을 때, 그 속력이 어떤 비율로 늘어야 하든, 이 장의 명제 28에 나오는 선분 *PO*의 길이도 같은 비율만큼 늘어야만 하며, 명제 29에 나오는 힘과 명제 30에 나오는 무게도 같은 비율만큼 늘어야만 한다.[107]

지렛대 법칙에서 일반화된 동역학을 끌어내려는 시도가 이보다 더 구체적일 수는 없었다.

힘의 개념을 일반화시키는 것과, 힘의 개념에서 간단한 기계에 원래부터 포함했던 모호함이라든가 정역학과 동역학 사이의 혼동을 제거시키는 것은 다른 일이다. 월리스가 일단 지렛대 법칙에서 동역학을 끌어내고자 마음을 먹자마자, 그는 오히려 17세기 100년에 걸쳐 힘의 개념을 둘러싸고 있던 각가지 모호함에 절망적으로 갇혀버리고 말았다. 무엇이 힘을 정하는 척도인가? 17세기 동역학에서 흔히 이용되었던 네 가지 척도 모두가 월리스의 Mechanica에 등장했는데, 한 문장 속에 그 네 가지 중 두 가지 또는 어떤 때는 세 가지까지도 (그리고 어떤 식으로든 항상 다른 것들이) 나오는 것이 다반사였다. 이제 지금쯤이면 분명해졌겠지만, 전적으로 정역학에만 관계된 문제에서는 월리스가, 단지 간단한 기계에서 평형 조건에 대해서뿐만 아니라 대기(大氣) 압력이나 유체 정역학과 같은 훨씬 더 복잡한 질문도 똑같이, 힘에 대한 적절한 개념을 전혀 결점 없이 완벽하게 구사했다. 그러나 그가 정적(靜的)인 힘의 개념을 직관적으로 다른 문제에 확장하여 적용하려고 시도하기만 하면 모호함이 나타났다. 이 경우에는 더군다나, '움직이는 힘을 지속적으로 적용한다'라는 문장에서처럼 정적인 힘의 개념을, 위에서 소개한 문장에 나오는 자유 낙하의 모형에 적용하여 일관된 결론에 도달했다. 자유 낙하에 대한 동역학적 분석은 X장의 명제 2에 나와 있는데, 이 장의 제목이 '가속과 감속이 복합된 운동과 포사체의 운동에 관하여'로서 이 주제는 경사면에 비해 3분의 1에 해당하는 분량만큼만 할애했다. 한편, 같은 장의 명제 1은 그러한 문제에 동역학적으로 접근할 때 도사리고 있는 위험을 지적했다.

만일 움직이는 물체에 동일한 방향으로 새로운 힘 또는 새로운 기동력이 추가된다면, 가속도가 발생한다. 만일 장애나 반대 힘의 경우에는 [추가된다면], 감속의 원인이 된다. 그리고 두 경우 모두에서, [가속 또는 감속은] 새로운 기동력이나 또는 저항 또는 반대 힘에 비례한다. 그러므로 만일 저항이나 반대 힘이 주어진 힘보다 [Vi posita] 작으면, 운동은 같은 방향을 향하고 줄어든 속력으로 계속할 것이다. 만일 그것이 같다면, 또는 역시 만일 저항이 주어진 힘보다 더 크다면, 운동은 없어지게 된다. 그러나 만일 반대 힘이 더 크다면, 반대 힘은 반대 방향의 운동을 만들어낼 수도 있다.[108]

여기에 나오는 힘을 측정하는 두 가지 서로 다른 척도는, 둘 다 힘이 가속도에 비례한다는 명제 2에서 사용되는 척도와 다르다. 증명 과정에서 명시적으로 말하고 있는 것처럼, 그가 명제를 설명하는 문장에서 '주어진 힘'이라고 부르는, 물체를 이동시키는 '힘 또는 기동력'은 물체의 무게에 물체의 속력을 곱한 것과 같다. ('I장의 명제 27에 의해 $V=PC$ 임.') 이 힘(mv)은 운동의 증가분을 생기게 하는 새로운 힘이나 저항 또는 반대 힘과 (Δmv) 직접 비교된다.

명제 2에서 균일하게 가속된 운동을 분석한 뒤, 명제 3에서 그는 힘의 척도에 관한 사항도 추가했다(그림 22를 보라).

비슷하게 만일 A에 놓인 무거운 물체에 Aa만큼의 속력을 새겨 넣는 힘[Δmv]으로 위로 던져 그 속력이 시간 간격 AB동안 계속된다면, 물체는 평행사변형 $ABaa$로 대표되는 거리만큼 통과하게 될 것이다. 실제로는, 그 속력이 반대 힘[ma]처럼 행동하는 중력 때문에 계속해서 감소하며 그래서 momentum을 축소시킬 것이다. 삼각형 aaB 내부에 포함된 선분들에게서 ab을 제한 bb가 속력을

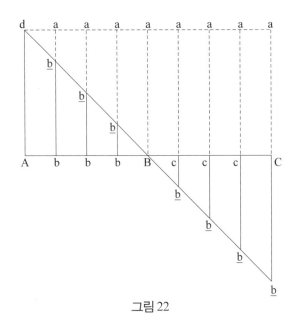

그림 22

대표하는 선분인데, *ab*가 점점 증가하여 *aB*가 되는 지점, 즉 시간
이 *B*인 점에서 상승을 멈추게 될 것이다. 그러나 중력 때문에 생
기는 기동력이 좀 더 증가하면, 물체는 더 높이 올라가지 못할
뿐 아니라, (그 능력에서 이제 아래쪽을 향하는 힘[*mv*]이 우세해
져서) 물체가 내려오기 시작하는데 (삼각형 *BCb*를 구성하는 선분
들인 *cb*, *cb*처럼 기동력이 균일하게 증가하기 때문에) 정말 균일
하게 가속된 운동을 한다. 그리고 삼각형 B*b*C가 삼각형 *AaB*와
같게 되면, 물체는 앞에서 올라간 높이만큼 내려오게 될 것이다.
그런데 만일 물체를 정지하게 만드는 것이 아무것도 없으면, 물체
는 계속해서 내려온다.[109]

　월리스는 쐐기를 분석하면서 세 가지 서로 다른 척도를 사용했다. 분
모에 들어가는 나무 조각의 거칠기 때문에 생기는 저항을 *O*라고 하고

쐐기에 작용한 힘을 V라고 하자. 쐐기의 두께와 길이의 비가 c/a일 때 힘 V가 저항 O와 평형을 이룬다. '왜냐하면, 2장의 명제 5로 움직이는 힘은 움직이는 힘과 힘의 방향으로 앞 또는 뒤로 진행하는 변위의 곱에 비례하므로 [Motus in ea ratione polleant] …,' 그리고 그 방향으로 진행하는 저항의 변위와 그 방향으로 힘이 진척되는 비는 c/a이므로, 만일 $V/O=c/a$이면, '힘에 있어서 운동들은 같게 된다[aequipollebunt].' 이제 무게가 P인 망치가 속력 C로 움직인다고 하자, '그러므로 망치의 momentum 또는 힘은 PC가 된다. 그리고 $PC=V=\frac{c}{a}O$이어서, 쐐기에 직접 작용한 망치에 따른 힘은 힘에서의 방해물과 [aequipollebit] 같게 될 것이다. 그러므로 힘이 증가하면 쐐기는 움직이게 된다.'[110] 비록 그가 힘과 힘의 변위의 곱을 명시적으로 'vis'라는 단어로 표시하지는 않았지만, 그는 분명하게 그것을 동역학적 작용의 척도라고 확인했다. 그가 말했던 II장의 명제 5에서도 똑같은 어휘가 사용되었다.

> 서로를 비교하는 데, 무거운 물체가 떨어지면 무게와 연직 방향으로 내려온 변위의 곱에 비례하여 강력해진다 [pollent] …. 그리고 보편적으로 움직이는 힘은 그 힘 방향으로 앞이나 뒤 방향의 변위와 힘의 곱에 비례하여 강력해진다 [pollent].[111]

그는 윈들러스를 다루면서 '모든 기계의 힘을 계산하는데 따르는 보편적 원리'로서 동일한 명제를 이용했다.[112]

월리스가 서로 다른 표제(標題)를 채택해서, 그가 마치 우리가 '일'이라고 부르는 양을 '힘'이라고 부르는 양과 구별했던 것처럼 보일지도 모르지만, 기껏해야 그는 힘에 붙어 다니는 뒤죽박죽 혼란스러운 척도에서 일을 제거시키는 데 겨우 반걸음 정도 더 나간 셈이었다. 결국 일은 I장에서 동역학의 기초로 유도했던 평형 방정식 $VT=PL$의 한 인자(因

子)로 존재했다. 그러면 무엇이 힘의 척도였을까? 월리스는 표준이 되는 척도 네 가지를 모두 다 채택했고 그 네 가지를 아무런 구분 없이 바꿔가면서 사용했다.

월리스의 충돌에 대한 분석이 특별히 흥미를 끄는데, 왜냐하면 그가 이 분석의 요약을 호이겐스와 렌이 논문을 발표했을 때와 같은 시기에 영국 학술원에 제출했고, 17세기 동역학에서 충돌이 중심 역할을 담당했기 때문이다. 월리스는, 그가 다룬 역학의 다른 분야에서와 마찬가지로, 충돌을 곧바로 동역학적으로 접근했다. 그의 접근 방법은 I장에서 유도했던 $V=PC$라는 식에 (또는 $F=mv$라는 식에) 굳건히 기초를 두었는데, 이 식은 처음 착안했을 때부터 충돌 문제에 사용할 것을 기대했던 것이 틀림없다.

> 움직이고 있는 무거운 물체가 완전하게 단단하다고 생각한다면, 그리고 그 물체가 역시 완전하게 단단하고 견고한 장애물에 직접 충돌한다면, 그리고 물체를 그렇게 움직이게 만드는 힘이 운동을 저항하는 장애물의 힘보다 더 작거나 또는 같다고 하더라도, 운동은 멈출 것이다. 그러나 그 힘이 저항하는 장애물의 힘보다 더 크다면, 장애물을 극복해 운동은 계속할 것이지만, 장애물의 저항이 요구하고 계산에 따라 결정될 비율로 감속할 것이다. 다시 말하면, (무게와 속력으로 구성된) momentum에서 장애물을 극복하는 데 필요한 힘을 빼고 남는 것을, 그것이 무엇이든 무게로 나누게 되면 마지막에 도달하는 속력의 정도가 구해질 것이다.[113]

장애물의 저항하는 힘은 일반화된 설명에서는 막연해 보였다. 하지만 월리스가 완전하게 단단하다고 가정한 두 물체 A와 B의 충돌을 분석하려고 했을 때는 장애물의 힘이 충분히 분명해 보였다. 두 번째 물체는

A때문에 충돌하기 전에 정지해 있다고 하자. B는 충돌 전까지 운동과 무관했으므로, B는 A때문에 움직이기 시작할 것이 분명하다. 그렇다면 B는 얼마나 빨리 움직일까? 충돌 뒤에도 A가 B의 뒤에서 계속 따라 올 것이므로, B가 A의 최종 속도보다 더 느리게 움직일 수는 없다. 그리고 두 물체 모두 완전하게 단단하다고 가정했고, 일단 A가 자기 자신의 빠르기와 같은 빠르기만큼의 운동을 B에게 심어주었다면, 둘을 분리할 여분의 힘이 존재하지 않으므로, B가 A의 마지막 속도보다 더 빠르게 움직일 수는 없다는 것 또한 분명하다. 완전한 단단함이라는 기능이 충돌을 다루는 월리스의 방법과 호이겐스의 방법에서 서로 다르게 작동했다. 네덜란드 출신의 과학자인 호이겐스는 동역학적 인자를 제거하려는 배려에서 완전한 단단함이 충돌에서 힘을 제외시킨다고 보았지만, 월리스는 충돌 자체라는 행위의 동역학과 연관하여 단단함을 보았다. 월리스는 완전히 단단한 물체를 한편으로는 부드러운 물체와 구분했고 다른 한편으로는 탄성체와 구분했다. 탄성체의 경우에 충돌 후 두 물체를 다시 떨어뜨리는 힘이 발생한다. 부드러운 물체의 경우에는 분리가 일어나지는 않지만, 부드러운 물체가 변형되면서 움직이는 물체에 있던 원래 힘 중에서 일부가 흡수된다.[114] 비록 두 번째 관점이 앞으로 중요하게 될 통찰력을 포함하고 있기는 하지만, 월리스는 그 관점을 정성적인 주장의 영역에서 정량적인 분석의 영역으로 이동시킬 수 있는 개념적 도구가 없었다. 게다가, 변형 중에 힘을 잃어버린다는 생각은 월리스가 원래 이용하던 힘의 척도와는 다른 척도를 가정하는데, 그 척도가 오늘날 역학에서는 물체가 단단하든 단단하지 않든 충돌 중에 항상 보존된다. 한편, 월리스에게 힘의 (PC 또는 mv) 보존은 완전한 단단함이 있는 기능이었다. 충돌 뒤에 두 물체의 공통 속도를 구하기 위해, 그는 처음 힘을 두 물체가 결합된 무게로 나누었다. 여기에 다시 설명할 필요가 없을 정도

로 자명한 충돌 후의 속도를 구할 수 있다. 거기에는 비슷한 분석을 이용하면 두 번째 물체가 충돌 전에 운동하고 있을 때도, 첫 번째 물체와 같은 방향이든 또는 반대 방향이든 관계없다.[115]

월리스가 계속해서 momentum의 변화량으로 타격 자체의 세기를 계산하는 문장은 상당히 흥미롭다. '타격의 세기는 힘으로 비교하면 [aequipollet] 정면충돌하는 두 물체 중에서 더 센 물체가 잃은 momentum의 두 배와 같다….' 더 센 물체가 때리고 덜 센 물체가 맞는다고 하자.

> 맞은 물체는 때린 물체가 잃은 것과 같은 양의 momentum을 받는다. (다시 말하면, 비켜줄 수 없도록 고정된 장애물이거나 동일한 반대 기동력으로 움직이는 물체는 힘에 저항하거나 또는 힘을 지속하면서, 또 처음에는 정지해 있거나 또는 같은 방향으로 움직일 때는 새로운 기동력을 받으면서, 또 약한 반대 운동의 경우에는 위의 두 경우를 모두 부분적으로 포함하면서 일어나므로, 이 모든 경우에 다 개별적으로 각자의 위치에서 보이게 될 것이다.) 그런데 두 가지 모두가 타격의 효과이므로 타격은 힘으로 비교하면 앞의 두 경우와 같으며, 그래서 타격은 더 센 물체가 잃은 momentum의 두 배와 같다.[116]

그런 식으로 구상된 타격의 힘은 뉴턴이 동역학에서 정의한 힘의 개념과 한 식구처럼 닮았다. 타격의 힘은 momentum의 전체 증가량 또는 감소량으로 측정될 텐데, 그것은 월리스가 쓴 Mechanica의 어딘가에서 나오는 힘의 척도인 운동의 변화량, 즉 Δmv와 같거나 또는 거의 같다. 그런가 하면, 그가 사용하는 정의에서 타격의 힘은 오늘날 우리가 사용하는 충격의 개념인 적분 $\int F dt$와 비슷하다.

그렇지만 타격의 힘이 아주 중요한 면에서 충격과 다르며, 당시 가장 널리 받아들여지던 동역학에 대한 접근 방식에 뭔가가 있음을 드러냈다. 타격의 힘은 더 센 물체가 잃은 momentum의 두 배로 측정된다. 월리스가 깨달았던 것처럼, 두 물체 각각이 모두 같은 세기로 충돌하며, 타격에서 나오는 전체 힘은 두 개의 부분적 타격의 합이며, 부분적 타격은 더 센 물체가 잃은 momentum으로 가장 편하게 측정될 수 있다. 다시 말하면, 월리스는 A의 운동 변화량을 측정해서 A가 B에게 얻어맞은 힘을 측정한 것도 아니고, 역으로 B가 A에게 얻어맞은 힘을 측정한 것도 아니라, 타격의 힘을 두 개의 같은 부분으로 구성된 추상적인 양으로 보았다. 더군다나 가장 중요한 것은 그는 계속해서 힘을 물체의 운동 상태를 변경하려고 외부에서 그 물체에 작용하는 것이 아니라, 물체가 스스로 준다고 생각했다. 두 물체의 충돌에서 각 물체는 힘을 자체적으로 준다. 월리스는 또한 각 물체는 타격을 받는데 힘을 주는 쪽에 더 관심을 집중했다. 타격의 힘은 주어진 두 힘의 합이다. 그는 단순히 더 센 물체가 잃은 momentum을 절반의 타격에 대한 가장 편리한 잣대로 선정했을 뿐이었다.

힘은 단지 그 힘이 저항되는 범위까지만 주어진다. 장애물이 타격을 일부만 저항하면서 어느 정도는 길을 터주기 때문에, 절반의 타격은 장애물의 '저항하는 힘'으로 측정하고, 그것은 다른 물체가 잃은 momentum과도 같다. 반면에 만일 장애물이 움직이지 않고 그대로 있다면, 절반의 타격의 힘은 때리는 물체의 momentum으로 측정할 수 있다.

다시 말하면, 움직이는 물체 A의 무게가 mP이고 그 물체의 속력이 rC이면, 그래서 그 물체의 momentum 또는 밀고 가는 힘이 $mrPC$이면, 그것과 같은 저항이 장애물에 존재하게 되는데 (왜냐하면 무엇이 때리는 전체 힘을 움직이지 못하게 하든 상관없이 저항은 하나와만 같기 때문인데), 그리고 그 둘이 모두 타격의 일부분이기 때문에 타격은 그 둘을 합친 힘과 같으며, 그러니까 때리는 물체의 momentum의 두 배 즉 *2mrPC*가 된다.[117]

그가 정의했던, 단단한 물체가 움직일 수 없는 장애물을 때릴 때 운동의 전체 변화량이 타격의 힘의 절반에 불과하다. 그러한 문장에서, 공식 *V*=*PC*에 따르면 momentum은 글자 그대로 물체의 힘을 대표한다는 사실을 잊지 말자. 이 momentum은 같은 물체에서 같은 속도를 발생시키는 데 필요한 힘을 나타내려고 흔히 쓰이는 용어는 아니다. 이는 힘에 대한 뉴턴의 개념과 매우 닮았는데도, 월리스가 말하는 타격의 힘은 오히려 충격의 힘이라는 오래된 생각을 표현한 것이다. 이 momentum은 그 효과로 나타나는 운동의 변화에 따라 측정되는 외부의 작용이 아니라, 물체들의 관점에서 물체들이 주는 두 힘의 합이었다.

1668년 11월 영국 학술원에 제출한 논문에서 월리스는 문제를 완전히 단단한 두 물체의 충돌로 한정해서, 앞에서 지적했듯이 우리가 완전 비탄성 충돌을 유도한 결과와 비슷한 결론에 도달했다. 그는 Mechanica에서 탄성 충돌도 다루었는데, 라이프니치 이전에 이루어진 탄성 충돌에 대한 분석 중에는 아주 뛰어난 것이었다. 그는 많은 저자들이, 진행하다 방해를 받고 새로운 방향으로 튕겨 나가는 물체에 대해서는 '나는 힘이 무엇인지 모른다'고 [Vim nescio quam] 상상한다고 주장했다. 월리스는 그렇게 튕겨 나가는 것을 받아들이지 않았는데, 그 이유는 만일 그렇다면 새로운 원인이 없는데 새로운 운동이 존재한다고 단정하는 것처럼 보이기 때문이었다. 처음에 움직이고 있던 물체가 정지하게 되면, 오직 '0보다 더 큰 힘'을 주어야만 새로운 운동을 발생하게 할 수 있다. 충돌에서 그런 힘은 오직 한 물체나 두 물체 모두의 탄성에 따른 힘뿐이다.[118]

'나는 힘으로 변형된 물체가 원래의 형태를 되찾으려고 애쓰는 것을 탄성력이라고 부른다.'[119] 물체가 탄성은 있지만 움직이지 않는 장애물에 부딪친다고 가정하자. 우리가 본 것처럼, 무게가 mP이고 속력이 rC인 물체에 대해 타격의 힘은 $2mrPC$이다. 물체가 정지하게 될 때 정확히 이 양과 같은 양의 탄성력이 발생했다. 탄성력은 양쪽으로 다 작용해야 하기 때문에, 물체가 뒤로 물러가게 만드는 데는 원래 양의 절반만 소비된다. 그러므로 물체는 원래의 momentum인 $mrPC$로 되튄다.[120] 반대 방향을 향하고 서로에게 접근하는 두 물체에도 비슷한 분석을 적용할 수 있다. 하나가 정지해 있는 같은 두 물체에서, 윌리스는 정지해 있는 B가 A의 속도로 운동하게 되고 A는 정지할 것임을 보였다. 완전히 단단한 물체들에서는, 두 물체가 A가 처음 움직였던 속도의 절반으로 함께 움직인다. 그리고 이제 충돌로 발생한 탄성력이 스스로 부여된다. A에 작용한 탄성력은 A의 처음 운동의 나중 절반을 소멸시키고, B에 작용한 탄성력은 처음 것의 크기만큼 운동을 증가시킨다.[121] 탄성력이라는 개념을 가지고, 윌리스는 탄성력이 외부에서 가한 작용으로서 발생시킨 운동에 따라 측정이 가능하다는 아이디어로 돌아왔다. 이 아이디어는 그가 이해하는 힘의 개념을 둘러싼 갖가지 혼란을 암시하는데, 그 예가 바로 탄성력과 자유 낙하를 동역학적으로 분석하는 데 쓰인 중력과 비슷하다고 보지 않았다는 것이다. 오히려 그는 단지 탄성력이란 탄성력이 발생시키는 운동의 총 증가분과 같은 전체 양이라고만 보았다. 심지어 그의 동역학 중에서 20세기 독자의 눈에 가장 친숙해 보이는 그러한 부분들에서도, 거의 모두가 지렛대를 빗대어 유도된 힘이었기 때문에 그 개념의 모호함은 계속 잠재되어 있었다.

★

이탈리아에서는 보렐리가 그리고 영국에서는 월리스가 역학에 관한 책을 쓰고 있던 비슷한 시기에, 프랑스에서는 에듬 마리오트가 과학을 이끌고 있었다. Académie royale des sciences(역주: 프랑스의 '왕립 과학 아카데미'로 콜베르의 제안에 따라 프랑스의 루이 14세가 1666년에 설립했음)의 창립 회원 중 한 사람인 마리오트는 무거운 물체의 운동에 있는 여러 가지 성질을 학회 초창기에 회원들 앞에서 증명했으며, 1668년에는 그때까지 얻은 결론들을 Traité du mouvement des pendules에 체계적으로 정리했다.[122] 1673년에는 Traité de la percussion ou choc des corps를 출판했고, 그로부터 오래지 않아 Traité du mouvement des eaux et des autres corps fluides를 썼는데, 이 책은 그가 사망한 뒤에야 겨우 출판되었다. 비록 마리오트가 역학을 전반적으로 체계화하여 다루지는 않았지만, 그 시대 과학에서 중심이 되는 문제들을 거의 다루었다.

마리오트는 그 시대의 역학에서 남의 시샘을 받을 정도는 아니었지만 독특하다고 할 수 있는 역할을 담당했다. 진자에 관한 그의 논문 서론은 호이겐스에게 보낸 다소 색다른 편지에서 시작했다. 마리오트는 이 편지에서 호이겐스에게 진자와 무거운 물체의 운동에 대한 몇몇 증명을 보여주었더니 갈릴레오가 이미 똑같은 것을 증명했다는 사실을 호이겐스가 알려주었다고 했다. 그래서 마리오트는 갈릴레오의 저서들을 읽었고 자기와 갈릴레오의 생각이 너무 잘 일치하는 것을 발견했는데, 호이겐스 생각에는 아마 마리오트가 갈릴레오의 아이디어를 빌려왔으리라 짐작했을지도 모른다. 그렇지만 그건 사실이 아니었다.[123] 몇 년 후, 마리오트가 충격에 대한 논문을 발표했을 때, 호이겐스는 똑같은 범죄가 되풀이됐다고 불만을 토로했는데, 이번에는 좀 더 신랄했던 이유가, 그 근원지가 본국에 더 가까이 있음을 깨달았기 때문이다.

위의 두 논문을 읽으면 자연스럽게 마리오트가 결백을 주장하는 것을 느낄 수밖에 없는데, 예를 들어 마치 자기는 갈릴레오를 읽지 않은 듯이 가장하는 행위는 솔직하지 못한 것 이상이었지만, 마리오트 또한 자신이 여느 선행 연구자와는 구분되는 무언가를 하고 있다는 것을 이해했다. 진자에 대한 논문의 서론에 소개된 호이겐스에게 보내는 편지에서, 그는 '갈릴레오는 가속도를 가정하고 그것을 정의한 것인 데 반하여 자신은 운동의 가속도가 생기는 진정한 원인을 제공했다(또는 제공했다고 믿었다)'고 진술했다. 이와 같이 질문의 순서가 뒤바뀌어, 갈릴레오가 경사면에서 하강을 전제했던 것에 비하여 마리오트는 동역학적 원인에서 하강이라는 결과가 나올 수밖에 없음을 증명했다.[124] 그는 주변을 어슬렁거리며 대꾸하려는 호이겐스와 구체적인 비교를 하는 모험을 더 이상은 하지 않았지만, 수학적 운동학이란 기껏해야 흥미로운 연습 문제일 뿐인 데 반하여 원인을 구체적으로 고려하는 동역학이야말로 역학의 진정한 실체라는 의사를 분명하게 표시했다. 이와 같이 막연하다는 이유 때문에 처음에는 갈릴레오가 그 다음에는 호이겐스가 더 적극적으로 피하려 했던 동역학적 가정을, 마리오트는 질문의 가장 중앙에 배치했으며 그는 자신에게 부족했던 수학적인 엄밀함이 오히려 긍정적인 덕목이라고 자랑했다. 20세기의 독자 중에서 마리오트보다는 갈릴레오와 호이겐스를 더 선호한 역사가 잘못되었다고 느끼는 사람은 거의 없다. 그렇지만 보렐리나 월리스와 마찬가지로, 받아들일 수 있는 운동학을 유도해 낼 수 있는 동역학을 기술하려는 그의 노력은 그 자체로 의미가 있다.

　비록 마리오트는 그가 사용한 힘에 대한 직관적인 개념에 원래 포함되어 있던 모호함에서 벗어나지는 못했지만, 힘에 대한 한 가지 특별한 생각이 상당한 일관성을 갖고 그의 역학을 지배했다. 그 생각은 대개의 경우 충격에 대한 연구에서 가장 잘 나타나 있었다. 그는 만일 어떤 물체가 크기가 같은 다른 물체보다 더 빨리 움직이면, 또는 더 작은 물체와 같은 속도로 움직이면, 그 물체는 '더 큰 운동의 능력[puissance], 또는 더 큰 운동의 양'을 갖는다고 말했다. 그는 계속해서 주어진 물체의 운동의 양을 '효과적으로 그 속력으로 움직이는 그 무게의 힘[force]', 그리고 더 간단하게는 '운동의 능력[puissance]'이라고 불렀다.[125] 17세기 역학에서 널리 퍼져 있던 '물체의 움직이는 힘'과 대비되어, 마리오트의 기본적인 동역학적 개념은 대신에 좀 더 시간적으로 멀리 거슬러 올라가야 한다. 힘은 단순하게 운동의 결과가 아니었다. 힘도 똑같이 원인이었다. 그가 '힘'이라고 부른 것은 중세에 사용한 기동력의 개념을 당시에 새로이 명시한 것에 지나지 않았다.

충돌에 대한 연구에서 마리오트가 호이겐스와 다른 생각을 했던 부분이 오직 동역학만은 아니다. 마리오트는 또한 자신을 실험 과학자라고 생각했고 충돌에 대한 자신의 규칙들이 옳다는 것은 그의 논문 내부 논리적 구조에서가 아니라 그가 증명하려고 얻은 실험적 증거들에서 정당화된다고 믿었다. 특히 그는 자신이 고안한 진자 기구를 이용하여 상당한 실험적 증거들을 확보하고 있었다. 그는 자신의 동역학적 개념의 핵심 부분을 보강하기 위해 더 넓은 영역의 증거를 원했다. 만일 납으로 만든 공을 '매우 큰 힘'으로 던진다면, 그 공을 '보통 힘 …'으로 던졌을 때 부드러운 땅에 박히는 것보다 더 깊이 박히게 될 것이다. 만일 무엇인가를 부수려고 쇠로 만든 공 두 개를 거기에 던진다면, (두 공의 속도가 같다고 할 때) 두 공 중에서 무거운 공의 효과가 더 클 것이다. 물에 떠내려가는 가는 막대는 큰 대들보보다 더 쉽게 멈추게 할 수 있다. 굴러가는 나무로 만든 공은 크기와 속력이 같은 굴러가는 쇠공보다 더 쉽게 멈추게 할 수 있다.[126] 암시된 실험이나 보편적 경험에 호소하는 것과 같은 예들은 충돌을 즉시 동역학적 작용의 모형으로 생각나게 하는 출처들이 무엇일지 알려준다. 힘에 대한 이런 직관적인 인식과 비교하면, 자유 낙하라는 모형은 추상적이고 동떨어졌다.

충돌에 대한 논문에서, 마리오트는 먼저 그의 동역학을 비탄성 물체에 적용했다. 어떤 때는 힘의 개념을 직접 확장해보면 완벽하게 분명해진다. 만일 움직이고 있던 한 물체가 멈춰 있거나 또는 처음 물체가 움직이는 방향과 같은 방향이지만 더 느리게 움직이는 다른 물체와 충돌한다면, 비탄성 충돌 때문에 형성된 합성 물체는 전체 힘으로 움직인다. 역학에서 마리오트의 견해는 서로 반대 방향으로 움직일 때 뚜렷이 차별화된 특징을 보여준다. 그는 그런 때를 서로 반대되는 힘의 평형이라는 면에서 보았다. 이 반대되는 두 힘이 같을 때, 충돌은 정적(靜的) 평형과 동일하며, 물체들은 정지한다. 두 힘이 같지 않을 때, 작은 힘과 큰 힘 중에서 같은 양의 힘 사이에 부분적 평형이 이루어지고, 합성된 물체는 큰 힘 중에서 나머지 부분으로 움직인다.[127]

탄성 충돌에 대한 그의 분석에서는 평형이 더 큰 역할을 맡았다. 두 물체가 만날 때 이 두 물체는 모두 변형이 된다. 만일 두 물체가 비탄성이라면, 두 물체의 형태를 복원시키거나 또는 두 물체를 다시 분리시키려는 어떤 작용도 일어나지 않는다. 만일 실제로 두 물체가 되튄다면, 오직 두 물체의 탄성만이 그 원인이 된다. 마리오트는 탄성 자체의 동역학을 조사해야 한다고 주장했다. 그의 역학의 대부분이 그랬던 것처럼, 그의 진단은 직관적 통찰이라는 점에서는 장황했고 엄밀한 증명이라는

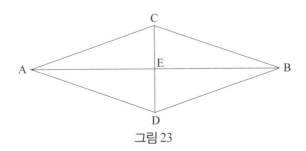

그림 23

점에서는 단순했다. 그는 탄성이 있는 줄을 늘여서 그 가운데 점인 E를 옆으로 잡아당겼다가 놓아서 진동하는 줄을 상상했다(그림 23을 보라). 진동하는 줄의 가장 먼 변위를 C라고 부르자. 줄이 C에서 E로 돌아오면서, 줄의 모든 점은 멀어지면서 잃어버렸던 속도를 다시 회복한다. 그러므로 줄이 E에 도달하면 바로 전에 줄이 E를 반대 방향으로 지나갈 때의 속도와 정확히 같은 속도로 움직인다. 이제 줄과 수직방향으로 움직이는 물체가 줄에 부딪쳐서 줄을 C까지 이동시킨다고 상상하자. 줄이 원래 모양을 회복하면서 줄은 물체의 처음 속력도 회복하게 된다.[128] 이 예는 물론 완전 탄성을 가정한다. 마리오트는 완전하게 탄성인 물체는 완전하게 비탄성인 물체만큼이나 비현실적임을 깨달았지만, 그의 탄성 충돌에 대한 논의를 완전하게 탄성인 물체만으로 한정시켰다. 그리고 그가 내린 결론은 완전하게 단단한 물체를 다루면서 호이겐스가 내렸던 결론과 똑같았다.

두 개의 크기가 같고 내부 압력이 같도록 공기로 부풀린 공이 같은 속도로 서로 충돌한다고 하자. 갈릴레오의 운동학과 호이겐스의 충돌에 대한 분석에 덧붙여, 마리오트는 보일의 법칙도 성립해야 한다고 주장했는데, 공기로 부풀린 공은 탄성 물체에 대한 그의 이미지를 의미했다. 그렇게 공기로 부풀린 두 공은 원래의 속도로 되튀게 될 것이다.

> 왜냐하면 … 두 공의 단순한 운동은 전부 다 소멸해야만 하고, 만일 공에 탄성이 전혀 없다면 소멸된 운동은 회복되지 않을 것이다. 그러나 두 공이 똑같은 힘으로 부딪쳐 상대방에게 길을 비켜주지 않았기 때문에, 두 공은 마치 각각 변형되지도 않고 움직이지도 않는 물체에 부딪친 것과 똑같은 효과가 있을 것이다. 결과적으로 두 공은 서로 상대방을 안으로 밀어서 똑같이 납작하게 만든다. 그러나 앞의 가정에서처럼 탄성체일 때는, 두 공이 탄성

에 의해 원래 형태를 회복하면서 모양이 완전히 복원되는 시점에
는 원래의 속력으로 다시 움직이게 될 것이다.

이제 두 물체의 크기가 같지 않고 두 물체의 속도는 무게에 반비례한다
고 하자. 이 경우 두 공 역시 운동을 모두 잃게 되는데, 두 공 모두 움직일
수 없는 장애물에 충돌할 때와 같은 탄성 긴장 상태에 놓이게 된다.

그리고 두 공이 무게에 반비례하는 속력을 얻으면서 자기들 사이
에서 일종의 평형에 도달하는 과정에서, 각 공은 충돌 전 원래 속
력으로 되튀게 된다.[129]

바로 호이겐스의 기본이 되는 통찰력이 생각나고 렌의 암묵적인 동역
학을 명시적으로 표현한 것 같기도 한 분석에서, 마리오트는 계속해서
모든 탄성 충돌이 무게와 반비례하는 속력으로 움직이는 두 물체 사이의
충돌과 같다는 것을 증명했다. 두 물체가 서로 상대방을 누른 수단이
무엇이었든, 두 물체가 붙었다가 다시 떨어질 때 두 탄성 물체는 자기의
무게에 반비례하는 속도를 얻는다. 충돌에서 두 물체 사이의 상대 속도
가 눌리는 정도와 '탄성의 힘 …'을 결정하며 탄성의 힘은 다시 그 힘을
낳던 것과 같은 상대 속도를 새로 만들어 낸다. 그러므로 두 물체는 원래
의 상대 속도로 분리되는데, 그렇게 생긴 상대 속도를 두 물체가 각자의
무게에 반비례하게 스스로 나눈다.[130] 위에서 설명한 양식에서 벗어난
것처럼 보이는 충돌도 두 물체가 함께 공유한 속도를 더하거나 빼면 그
러한 양식으로 되돌려 놓을 수 있다. 충돌을 공동의 질량 중심에서 기술
함으로써, 탄성 충돌에 대한 모든 문제를 해결할 수 있다.
한 예로, 마리오트는 호이겐스가 제안한 문제에 이 분석을 적용했다.
속도가 100,000이고 무게가 100,000온스인 물체 *A*가 정지해 있고 무게

가 1온스인 물체 B와 충돌한다고 가정하자. 호이겐스에 따르면 A는 B에게 200,000의 속도를 주게 될 텐데, 이 결과는 불합리해 보인다. 마리오트는 이렇게 명백한 경이적인 일은 자연의 두 가지 규칙에서 생긴다고 강조했다.

> 두 물체가 서로 상대방을 누르는 정도는 두 물체가 다른 물체에
> 부딪치는 상대 속력이 같을 때 항상 같다. 그리고 둘 사이의 충돌
> 이 두 물체를 탄성 긴장 상태에 놓을 때, 두 물체는 상대 속력을
> 각 물체의 무게에 반비례하는 비율로 나눈다 ….[131]

두 물체의 크기가 굉장히 다를 때 호이겐스를 떠올리게 하는데, 전체적으로 탄성 충돌을 취급하는 방법에는 공동의 중력 중심에 대한 통찰력으로 가득 차 있다. 그렇지만 마리오트는 또다시 네덜란드 출신의 과학자 호이겐스가 공리로 취급했던 움직이는 동역학적 원리에서 위의 문제를 증명하고자 했다. 그래서 제II부의 명제 IV는 두 물체의 충돌이 균일한 운동 상태 또는 두 물체의 공동 중력 중심의 정지 상태를 깨뜨리지 않는다는 것을 증명하기 위해서 탄성 충돌에 대한 분석을 이용했다.[132] 실제로, 마리오트는 비슷한 생각에서 관성의 원리 자체를 이끌어내려고 시도했다. 비탄성 물체가 정지한 다른 물체와 충돌하면, 두 물체는 처음에 운동하던 물체의 운동의 양과 같은 양의 운동으로 함께 움직인다. 그는 계속해서 '이 명제에서 어떤 저항도 만나지 않는 물체의 운동은 훼손되지 않음을 알 수 있다…'고 말했다.[133] 호이겐스는 관성의 원리에서 추출된 운동학적 공리에 최대의 확신을 가졌던 데 반해, 마리오트는 대신 힘에 대한 직관적 인식에 의존하는 것을 선택했다.

나는 앞에서 이미 마리오트가 충돌을 다룰 때, 그 전에 렌의 분석에서는 드러내지 않고 있었던 힘의 개념을 명시적으로 사용했음을 이야기한

바 있다. 마리오트가 저울을 논의할 때 이와 유사한 내용이 더욱 분명히 표현되었다. 저울에서는 두 물체의 무게와 저울의 받침점에서 물체까지의 거리가 서로 반비례할 때 두 물체가 평형을 이룬다. 저울의 경우에, '무게의 양'이라는 말은 저울의 팔 길이에 비례하는 속도로 움직이는 무게의 힘을 표시한다. 충격에서 '운동의 양'은 대응하는 속도로 움직이는 무게의 힘을 표시한다. 받침점에서 2피트 떨어진 6파운드의 무게는 3피트 떨어진 4파운드의 무게와 같은 힘을 갖는다. 두 단위의 속도로 움직이는 6파운드의 무게는 세 단위의 속도로 움직이는 4파운드의 무게와 같은 양의 움직이는 힘을 갖는다.[134] 마리오트는 운동의 양이 같은 두 물체가 비탄성 충돌을 하면 서로 상대방을 멈추게 만든다는 원리를 주장한 후, Avertissement(역주: 프랑스어로 책에서 '일러두기'를 의미함)에 위의 논의를 소개했다. 그가 지렛대 법칙을 서로 거스르는 두 힘의 평형을 증빙하는 원인으로 본 것이 아니라 평형의 결과로 보았다는 것이 의미심장하다. 유체에 관한 그의 논문에서, 그는 역학에 대해 다음과 같은 두 가지 일반적인 규칙을 제안했다. 첫 번째 규칙은 물체는 지구의 중심에서 그 물체를 더 멀리 이동시키는 부분의 운동에만 저항한다는 것과, 그리고 두 번째 규칙은 동일한 운동의 양이 있는 두 비탄성 물체가 충돌하면 '평형을 이룬다'는 것이다.

> 후자에서, 알키메데스와 갈릴레오 그리고 많은 저자들이 서투르게 증명했던 [mal prouvé] 역학의 원리가 어렵지 않게 증명된다. 즉, 저울에 놓인 무게가 받침점에서의 거리에 반비례할 때 무게는 평형을 이룬다. 그 이유를 보려고 저울 *BAC*가 있는데 *A*가 운동의 중심이고, *AC*는 *AB*의 네 배이며, 무게 *B*는 무게 *C*의 네 배라고 하자. 그러면 두 무게 중 어느 것도 상대방 무게를 들어올리지 못한다. 만일 가능해서 무게 *B*가 *C*를 들어올린다고 하자. 그러면

B가 원호 BD를 따라 어떤 속력으로 움직일 때 C는 원호 CE를 따라 네 배 더 빠른 속력으로 움직여야만 하는데, 왜냐하면 반지름 AC가 반지름 AB보다 네 배 더 크기 때문이다. 그러므로 두 물체의 운동의 양은 같게 될 것이며, 운동의 양 하나가 그것과 똑같은 다른 운동의 양을 이겨야 하는데, 그것은 그들 둘이 반드시 평형이어야만 한다는 두 번째 규칙 때문에 불가능하다. 똑같은 이유로, 무게 C도 역시 아래로 내려갈 수가 없다. 그러나 만일 C가 A에서 약간 더 멀리 이동한다면, C는 B에게 원래 예정되어 있던 것보다 더 작은 운동의 양을 주게 될 것이며, 그래서 결과적으로 이길 수 있기 때문에 내려가게 된다.[135]

역학에 대해 마리오트가 핵심적으로 인식하고 있는 것이 운동의 양으로 측정되는 힘의 개념이었으며, 그가 다루었던 대부분의 문제들은 그러한 힘들이 평형을 또는 비평형을 이룰 수 있는지의 범위 내에서 해결되는 것처럼 보였다.

그런 의미에서, 마리오트가 유체 동역학의 영역으로 갑자기 뛰어든 것은 뜻이 깊다. 유체를 불연속적인 입자들의 모임으로 여긴 그는 충돌에 대한 그의 분석을 유체 역학에 적용해서 한 가지 양식을 수립했는데, 나중에 뉴턴이 이를 좀 더 다듬었다. 결과적으로 유체 역학에 큰 도움이 된 것은 아니었지만 말이다. 마리오트에게 유체는 유체를 이루는 모든 입자가 유체의 질량이 움직이는 공동의 속도로 움직인다는 점에서 고체와 같았다. 유체는 충돌에서 각 부분이 다르게 행동하기 때문에 고체와 다르다. 전형적인 방법으로, 그는 이 점을 보여주는 간단한 실험을 제안했다. 그는 길이가 8피트에서 10피트인 관을 물로 채우고 저울의 한쪽 끝을 막고 세워서 들고 있다. 그는 저울의 다른 쪽 끝은 지주를 대어서 아래로 내려갈 수 없게 만들었으며 그 위에는 관 속에 든 물 무게의 단지

5분의 1에 해당하는 1쿼터의 무게를 올려놓았다. 그가 관의 아래쪽을 막았던 손을 떼었을 때, 물이 흘러내리기 시작했는데, 관 전체 길이를 다 흘러내릴 수 있는 제일 마지막 부분만 남게 되기 전까지는 물의 충돌 때문에 저울이 움직이지 않았다. 이에 덧붙여서, 2에서 3피트 정도 높이 에서 떨어뜨린 물은 같은 높이에서 떨어뜨린 무게가 절반밖에 안 되는 밀랍 공보다 무게를 들어올리는 데 덜 효과적이었다. 밀랍은 하나의 개체로 행동하는 데 비해, 물은 하나의 개체로 행동하지 않는다.[136] 여기서 같은 유체의 같은 흐름은 속도의 제곱에 비례하여 무게를 지탱한다는 것을 알 수 있다. 즉, 다른 흐름보다 두 배가 더 빠른 흐름에서는 주어진 시간 동안에 두 배가 더 많은 입자가 장애물에 충돌하며, 그러므로 '다른 흐름보다 두 배가 더 빨리 움직이는 흐름은 단지 충돌하는 입자의 수 한 가지만 보더라도 두 배의 노력을 만들어내게 된다. 그러나 그 입자들 은 두 배나 더 빠르게 움직이기 때문에 입자들의 운동만 보게 되면 두 배의 노력을 만든다 ⋯.' 따라서 전체 흐름은 속도의 제곱에 비례하는 힘을 만들어낸다.[137]

언뜻 보기에 마리오트가 질문하는 순서가 잠재적으로 결실이 풍부할 것으로 보인다. 그렇지만 그가 그것을 추진해 나가면서, 20세기 독자는 전혀 예상하지 못할 당황스러운 전환을 한다. 그는 충돌을 일종의 평형 이라고 이해했으며, 비슷하게 그는 소멸된 유체의 운동의 양이라는 면에 서 힘의 척도를 찾으려고 유체 역학에 접근한 것이 아니라, 오히려 그가 충돌에서 보았던 것처럼 힘의 평형을 찾으려고 유체 역학에 접근했던 것이다. 이를 나타내는 문장을 인용하자면, 유체 흐름에 대한 그의 규칙 은 '유체 흐름과 그 흐름이 충돌하는 고체 물체 사이의 평형을 ⋯' 계산 해줄 수 있게 해준다.[138] 그래서, 그는 물레방아 바퀴를 조사하면서 비탄 성 충돌에 대한 그의 결론을 사용했다. 그는 물레바퀴는 물레바퀴를 회전시키는 물이 흐르는 빠르기의 단지 절반의 빠르기로 움직이는 것처럼 보인다는 사실에 주목했는데, '물이 물레바퀴를 돌리는 것은 움직이는 무게가 정지해 있는 다른 무게에 충돌할 때 둘이 결합하는 것과 같은 일이다….' 그러므로 그는 물레바퀴 자체의 무게와 함께 축의 마찰과 분쇄하는 동안에 받는 마찰이 '대략 부딪치는 물의 저항과 동일한 만큼의 무게의 저항에 맞먹는다…' 고 결론지었다[139]

유체 역학에서 마리오트가 기본으로 삼은 문제는 흐름의 힘이었으며, 흐름의 힘을 분석하기 위한 그의 기본적인 장치는 밑바닥에 구멍을 뚫어서 유체가 흘러나오게 만든 용기(容器)였다. 그 용기를 공기로 채울 때는 용기의 위쪽에 놓은 추가 달린 피스톤이 (그가 말한 것처럼 '격렬하게') 공기가 구멍 밖으로 나가게 만들고, 용기를 물로 채울 때는 물 자체의 무게 때문에 물이 구멍 밖으로 빠져나간다. 그는 양쪽이 똑같은 길이인 저울의 한쪽 끝을 구멍 밑에 갖다 놓았다. 그의 과제는 저울의 한쪽 끝에 있는 구멍으로 나오는 유체의 흐름과 평형을 이루도록 다른 쪽 끝에 올려놓을 무게를 찾는 것이었다. 피스톤 위의 무게 P가 누르는 공기는, 저울의 다른 쪽 끝에 놓인 무게 G와 P사이의 비가 구멍의 넓이 P와 피스톤의 넓이 사이의 비가 같을 때, 저울은 평형에 놓인다.

왜냐하면 구멍 N과 같은 구경(口徑)인 풀무로 무게 P가 누르는 공기의 힘과 같은 힘으로 구멍 N으로 나오는 공기를 밀면, 두 힘은 평형이 될 것이고, 구멍 N을 통해 공기가 빠져 나오지 않으므로 무게 P는 아래로 내려오지 않게 될 것이다. 그러므로 풀무가 누르는 구멍을 채우고 있는 공기는 무게 P의 해당 부분을 지탱하고 밑바닥 BC의 다른 부분은 그 무게의 나머지 부분을 지탱할 것이다. 그리고 압축된 공기가 지탱할 부분과 전체 무게 P 사이의 비는 구멍 N과 밑바닥 BC 전체 크기 사이의 비와 같게 될 것이다.

> 그러므로 역으로 풀무가 제거된 뒤에 구멍에서 나오는 공기와 무게 P와의 비율이 구멍 N과 밑바닥 BC사이의 비율과 같을 때 충돌로 평형을 수립하게 될 것이다.[140]

마리오트는 유체 흐름의 동역학적 작용을 정적 평형에 대한 문제로 변환시켜 해답을 찾았다.

마리오트의 정적 평형은 동역학적 작용이었음을 반드시 기억해야만 한다. 그는 유체 흐름과 관계된 문제에서 두 가지 조건을 가정했는데, 이들이 정적 평형의 조건과 같다고 보았다. 두 공기의 흐름이 서로를 평형으로 붙들고 있는 것이 마치 같은 힘으로 상대방을 정지하게 만드는 두 물체와 비슷해 보인다. 뿜어져 나오는 유체의 흐름이 저울 한쪽의 무게와 평형을 이루는 것은 저울 자체가 오직 동역학적 평형으로만 이해될 수 있음을 상기시킨다. 마리오트는 만일 아래로 내려오는 공기가 저울에 거슬러서 움직인다면 저울의 다른 쪽 끝의 무게도 역시 내재적으로 움직여야만 한다고 확신했다. 이게 도대체 무슨 말일까? 떨어지기 시작하는 물체는 유한한 속도로 출발하기 때문이다. 정지와 움직임 사이에는 중간 지대가 없다. 조금이라도 움직이려면 물체는 미리 정해진 속도로 움직여야만 한다.

이 점을 확실하게 하려고 마리오트는 낙하하는 물체의 운동을 경사면을 따라 내려오는 다른 물체의 운동과 비교했으며, 저울의 긴 쪽 팔에 놓인 작은 물체의 운동을 짧은 쪽 팔에 놓인 큰 물체의 운동과 비교했다. 두 예 모두 더 빨리 움직이는 물체의 처음 운동은 더 느리게 움직이는 물체의 처음 운동보다 더 빨라야만 했으며, '이것으로 보아 작은 무게가 [즉 저울의 긴 팔에 놓인 무게가] 시작하는 운동이 무한히 느린 것은 [de la dernière lenteur] 아니었음이 분명하다….'[141] 물체가 낙하한 원인을 미세한 물질과의 충돌이거나, 내부 원리, 또는 다른 무엇이라고 하자. '그렇게 자연스러운 동인(動因)은 그것이 무엇이든, 미리 정해진 작용을 갖는다. 그러므로 그 작용의 효과, 다시 말하면 낙하하는 물체에 새겨진 처음 속력도 또한 미리 정해져야만 할 것이다….'[142]

마리오트는 물의 흐름과 관계된 또 다른 문제를 이용하여 이 결론의 의미를 설명했다. 위로 뿜어져 오르는 물줄기 위에 줄로 연결한 물체 C가 매달려 있는데 방금 그 줄을 자른다고 상상하자.

> 이제 무게 C와 그 무게에 충돌하는 물의 처음 입자들의 무게 사이의 비가 무한히 크지 않는 한 그리고 물줄기의 속력과 무게[C]가 떨어지기 시작할 때 무게의 속력의 비가 무한대라고 가정하는 한, 떨어지고 있는 물체 C의 처음 운동이 무한히 작다면, 무게를 매단 줄을 자를 때 무게는 떨어질 수가 없다… 왜냐하면 물줄기의 처음 입자들의 운동의 양이 무게가 떨어지기 시작할 때 무게의 운동의 양보다 더 클 것이고, 결과적으로 무게는 위로 오를 것이기 때문이다….[143]

불가피하게, 마리오트는 실험을 시도할 수밖에 없었다. 그가 사용한 무게는 실제로 떨어졌으므로 무게의 처음 운동은 무한대임이 분명했다. 이 논의의 핵심은 모두 무게와 속도의 곱으로 측정된 힘들의 내면적인 비평형이었다. 정역학을 동역학에서 분리시키는 모호한 근거 위에 서서, 월리스는 동역학을 정역학에 병합시키는 방법으로 역학을 분명하게 만들려고 시도했다. 그와는 대조적으로, 마리오트가 진행한 방법은 정역학을 동역학으로 변환하는 것이었다.

실험이 밝혀준 것을 확신한 마리오트는 심지어 내려오는 처음 속도가 매초 약 4라인(1인치의 3분의 1) (역주: 'line'은 1824년 이전에 사용한 영국의 길이임을 계산으로 구했는데, 정적 평형이 처음 속도에 의존한다. 우리는 실험으로 물 한 방울은 매초 대략 12피트로 떨어지고 매초 24피트의 속도까지 도달하는 것을 알았다. 높이가 12피트인 탱크의 바닥에 뚫린 구멍에서 흐르는 물줄기는 속도가 같으며, 이 속도는 물줄기를 다시 표면까지 올릴 만큼 충분히 크다. 그러한 물줄기는 밑면의 넓이가 물줄기의 단면의 넓이와 같고 높이가 12피트인 원통 모양의 물을 밀어서 지탱할 수 있다. 이 시점에서, 앞에서 풀무가 공기의 흐름을 평형으로 유지할 때 제시된 것과 마찬가지로, 동역학에서 정역학으로 가는 결정적인 통로가 열리는데, 그것이 우리 눈에는 동역학에서 정역학으로 가는 통로이고 마리오트의 눈에는 결정적인 통찰력에 대한 진술이었다. 간단히 계산해보면 지름이 1인치인 물줄기가 문제에 주어진 속도로 흐르면 72온스의 무게를 지탱한다는 것을 알 수 있다. 매순간 얼마나 많은 양의 물이 작용할까? 마리오트는 그것이 2라인의 두께일 것으로 추산했는데, 그것은 12피트의 $\frac{1}{864}$에 해당한다. 그러므로 72온스와 높이가 2라인인 이 작은 원통 사이의 비는 물줄기의 속도와 낙하하는 무게의 처음 속도 사이의 비와 같다. 864와 1 사이의 비는 매초 24피트의 속도와 매초 4라인 사이의 비와 같다. 다른 문제로, 편편한 대리석 위에 놓인 두께가 2라인인 얇은 유리판이 400파운드인 무게에 부서졌다. 7인치만큼 떨어진 2파운드 2온스의 무게가 비슷한 유리판을 깨뜨렸다. 400과 $2\frac{1}{8}$ 사이의 비는 (7인치 떨어지는 동안 얻은 속도인) 매초 830라인의 속도와 매초 4라인의 속도 사이의 비와 같다. '여기서 우리는 정지한 공기에서 떨어지기 시작한 400파운드인 무게의 처음 속력은, 그 처음 속력으로 균일하게 계속 움직인다면, 1초 동안에 4라인을 지나갈 수 있는 그러한 속력이다.'[144]

운동과 힘을 같게 보는 사람에게는 적법하다고 말하기 어려운 수단이지만, 마리오트는 운동의 상대성에 호소하여 앞에서 설명한 분석 방법을 적용하여 물체가 저항하는 매질로 낙하할 때 도달하는 종단 속도를 구했다. 매질의 저항은 물체가 매질 내부를 통과할 때나 또는 매질이 물체에 거슬러 움직일 때나 똑같다.

> 그러므로 만일 위를 향하는 공기의 속력이 무거운 물체가 작은 초기 속도로 아래로 내려가려는 최초 노력과 평형을 이루어서 떨어지지 않고 떠 있을 수 있다면, 움직이지 않는 공기 중에서는 물체가 아까의 그 물체를 떨어지지 않도록 지탱한 공기의 속력과 같은 속력을 얻게 될 때, 공기가 물체의 운동에 거스르는 저항과 물체에 언제나 동일한 양으로 남아 있는 떨어지려는 처음 노력 또는 능력 사이에도 여전히 평형이 존재하게 될 것이다. 결과적으로, 가속도의 원인이 되는 처음 노력은 물체가 얻은 속력을 만들어 내려고 초기의 작은 속력에 조금씩 끊임없이 추가되는데, 평형에 도달하는 순간 더는 추가될 수 없게 될 것이고, 그렇기 때문에 물체는, 제일 높은 점에서 평형 점에 이르기까지 떨어지면서 획득한 속력으로 균일하게 지속적으로 떨어진다.[145]

마리오트는 종단 속도를 단순히 접근하는 상태가 아니라 도달하는 상태라고 생각했다. 그런데 사실을 떠나서 서로 대립하는 힘으로 본 그의 역학에 대한 개념은 이때에 얻을 수 있는 평형에 대한 그의 통찰력을 북돋워 주었다. 이 풀이에는 공기가 매초 약 4라인 정도의 미리 정해진 유한한 속도로 올라가기 시작해야 한다는 안타까운 결과가 포함되어 있다는 것을 말하지 않았거나, 어쩌면 전혀 몰랐을지도 모른다.

마리오트는 그의 역학의 대상으로 실제이든 겉보기든, 평형에 포함된 문제들을 자연스럽게 찾아냈지만, 그는 갈릴레오가 17세기 역학의 중심에 가져다 놓았던 가속 운동 현상을 전혀 모른 채 할 수는 없었다. 많지는 않지만 그래도 몇 군데에서 그는 가속 운동을 구체적으로 다루었다. 그가 가속 운동을 다루는 방법은 동역학적이지 않을 수 없었는데, 가속 운동에 대한 모든 다른 동역학적 분석이 그랬듯이, 그의 기술은 처음부터 뉴턴의 제2법칙과 비슷하다는 것을 인정해야 했다. 어떤 문장에서 마리오트는 충돌에 대한 그의 연구에서 얻은 유사성을 적용했다. 바람을 이용하여 배를 움직이게 만들 때, 매 60초마다 불연속적인 돌풍이 분다고 가정하자. 갤리선에서 노를 힘껏 저을 때마다 속도가 증가하듯이, 매번 부는 돌풍마다 속도를 새로 늘리며, 만일 바람이 '똑같은 힘으로' 끊임없이 불면, 적어도 처음에는 운동이 균일하게 가속된다.[146] 갈릴레오가 단순히 균일한 가속 운동이라고 기술했던 자유 낙하에 마리오트는 평형에 적용한 것과 똑같은 분석을 적용했다.

> 내가 그것을 생각하게 된 과정은 다음과 같다. 자기보다 100배나 더 무거운 물체와 충돌하는 아주 가벼운 물체가 있다면, 첫 번째 충돌에서 가벼운 물체는 무거운 물체에게 속력의 100분의 1을 나눠줄 것이다. 그리고 무거운 물체에 두 번째로 부딪치면, 가벼운 물체는 여전히 또 다른 100분의 1을 나눠줄 것이다. 이 결과와 함께 만일 충돌하는 물체에 101단위의 속력이 있다면, 충돌 당하는 물체는 첫 번째 타격에서 한 단위의 속력을 취하게 될 것이고, 충돌하는 물체의 운동의 양은 100이 될 것이다. 그리고 가벼운 물체에 의해서 같은 101단위의 속력으로 두 번째 충돌 당하면, 충돌 당하는 물체는 그 물체에서 새로운 한 단위의 속력을 받게 될 것이고, 그것이 첫 번째 받은 것과 합해지면 2단위의 속력이 될 것이다. 세 번째 타격에서도 여전히 또 다른 한 단위의 속력이 추가될 것이고, 그런 식으로 물체의 충돌에 대한 논문에서 증명했

던 것처럼 계속된다. 어떤 약한 능력이 불연속적으로 끌면서 [par reprises] 아주 무거운 물체를 잡아당기면 똑같은 일이 일어날 것이다. 이제, 미세한 유체 물질이 물체를 밀거나 잡아당기면, 그 물질의 노력의 첫 번째 순간에 물체는 균일한 속력으로 한 라인을 진행하고, 두 번째 타격과 함께 두 번째 순간에 물체는 두 라인을, 세 번째 순간에는 세 라인을 진행하는 식으로 일이 진행되어야만 할 것이다.[147]

그리고 그는 계속해서 그러한 운동은 많은 순간이 지나가면, 갈릴레오의 균일하게 가속된 운동과 똑같다는 것을 보였다.

실제로 미세한 유체의 이미지가 그대로 중력에 대한 마리오트의 개념에 대응할 수는 없다. 마리오트가 보기에는 잡아당기는 '능력'이라고 하는 것이 더 좋은 모습이었으며, 그는 물체가 지닌 '지구의 중심을 향하여 내려가려는 자연스러운 능력 …'이라고 말하기를 선호했다.[148] 명백하게 능력은 주어진 운동의 양과 같게 취급되었으며 '무게는 단지 일정한 속력으로 밑으로 내려가려는 능력일 뿐이다.'[149] 기동력의 개념을 활용하려던 사람들에게 가속된 낙하에 대한 그러한 생각은 문제를 일으켰으며, 마리오트는 자연스러운 능력과 획득한 능력 사이의 차이를 가지고 그런 문제를 해결하려고 시도했다. 그의 진자 연구는 두 가지의 '자연스러운 원리'에 대한 진술과 함께 시작했다. 첫 번째 원리는 물체가 변하지 않는 유한한 속도로 떨어지기 시작한다는 진술이었다. 두 번째 원리는 만일 물체가 '어떤 이유로든 짧은 거리를 균일한 속력으로 이동한다면, 비록 그 원인이 멈춘다고 해도, 다른 원인 때문에 방해받지 않는 한, 물체는 최초 속력과 같은 속력으로 공간을 통하여 같은 방향으로 계속 운동할 것'이라는 주장이었다. 만일 두 번째 조항이 관성의 원리를 진술했다면, 첫 번째 조항은 균일한 속도로 물체를 나르는 원인을 제공한다. 실제로 그는 계속해서 데카르트와 갈릴레오 그리고 실험을 근거로 그 원리를 지지한 뒤에, 이어서 지속되는 운동도 말했다. '우리는 앞으로 물체가 자기 운동을 계속하는 이 능력을 획득한 능력이라고 부를 것이다.'[150] 이 분석의 상당 부분은 토리첼리를 생각나게 한다. 이 이탈리아 과학자처럼, 마리오트도 속도의 궁극적인 단위에 대응하여 공간과 시간도 더는 나뉠 수 없는 궁극적인 단위를 생각해냈다. 그렇지만 마리오트는 모든 것이 무한히 덜 교묘하게 처리되었다. 토리첼리는 적어도 선형(線形) 가속도를 기동력 역학과 조화시키는 수단을 제시했다. 마리오트는 중력이라는 같은 힘이 균일한 운동과 가속된 운동의 원인이 된다는 대담한 주장을 수수께끼처럼 그저 바라볼 뿐이다.

마리오트의 역학에서는 충돌 모형이 힘에 대한 문제를 완전히 지배했다. 앞에서 지적했듯이, 심지어 자유 낙하의 균일한 가속도까지도 그에게는 '획득한 능력'인 낙하하는 물체의 힘이라는 관점에서 이해되었다. 획득한 능력은 불연속적으로 증가하는 '자연스러운 능력'으로 구성하는데, 자연스러운 능력은 다시 물체의 크기와 물체가 낙하할 때 처음 속도의 곱으로 이해했다. '물체의 움직이는 힘'은 항상 그것을 만들어 내는 외부의 힘과 관련된 방정식 하나를 필요로 했는데, 마리오트의 저술에서 그러한 문장을 많이 발견할 수 있다. 같은 물체를 '서로 다른 힘으로 [forces differentes]' 위를 향하여 던질 때, 그 물체는 힘에 비례하는 속도를 획득한다.[151] 굴러가는 공을 단순히 멈추게 하는 것이 운동의 방향을 바꾸는 것보다 쉬운데, '그것은 공의 방향을 바꾸어 원래의 속력을 회복하는 데는 공을 멈추는 데 필요한 힘 외에도 여분의 힘이 더 필요하기 때문이다.'[152] 두 경우 모두 힘의 내면적인 척도는 Δmv이고, 물체의 운동을 변화시키기 위해 작동하는 힘, 즉 외적인 힘은, 아마도 일종의 평형에서 평형을 유지시키는 내적인 힘으로서 mv로 측정한다고 이해된다. 17세기에 힘의 개념을 괴롭히는 다양한 모호함 중에서, 이것이 가장 덜 혼란스러운 것이었지만, 이것은 관성의 원리와도 모순이 되고 운동의 상대성에도 모순됨으로써 동역학에는 전혀 무익한 양식을 생산했다.

마리오트 역학은 장래 동역학 발전에 중요하고 의미심장한 토대를 마련했다. 뉴턴이 Principia에서 정의하고 사용했던 것과 같은 질량의 개념이 그의 저술에서 처음으로 나타나기 시작했다. 한편 마리오트는 그가 무게라고 잘못 불렀던 물체에 포함된 물질의 양이, 물체의 크기와 물체의 밀도 등, 두 가지 요소 모두 관련된다는 것을 이해했다.[153] 그런데 그것보다 더 중요한 것은 물질의 양을 물체가 갑자기 운동을 획득할 때 그것을 방해하는 '저항'과 관련지었다는 점이다. 정지한 물체가 그 물체에 충돌하는 다른 물체보다 더 작으면, 둘의 크기가 같을 때와 비교하여 '그 물체는 운동에 덜 저항할 것이고, 정지한 물체가 더 무거울수록 운동에 더 많이 저항할 것이다.' 물체가 놓여 있는 매질의 저항이 이와 같이 관찰한 현상의 궁극적인 원인일까? 마리오트는 납으로 만든 무게가 2파운드인 공은 나무로 만든 무게가 1파운드인 공보다 더 작으며, 그래서 매질을 덜 엉기게 만들지만, 그것이 운동에 더 많이 저항한다는 사실을 예로 들었다. 그뿐 아니라, 무거움의 원리는 저항의 원인이 되지 못하는데, 물체가 무거움의 원리에 개입하지 않는 수평 운동에 저항하기 때문이다. '그러나 이 효과에 대한 진짜 원인은 물체를 더 무겁게 만드는 것, 즉 더 많은 물질의 양에 있다.' 이 개념을 설명하기 위해, 그는 뜨거운 쇠 한 조각을 한 번은 1파인트(역주: pint. 액체의 양에 대한 단위로 영국의 1파인트는 0.57리터에 해당함)의 물에 식히고 다른 한 번은 3파인트의 물에 식힌 비유를 사용했다. 1파인트의 물이 가열할 물질을 덜 포함하고 있기 때문에 더 뜨겁게 되며, 비슷하게 똑같은 타격을 할 때 1파운드의 물체가 3파운드의 물체보다 더 큰 속도를 받는다. 그는 계속해서 '얼마나 가볍든 물체는 큰 속력을 갑자기 받으면 크게 저항한다는 점을 알아차릴 수 있다'고 말했다. 잘못될 수 없는 흥미진진한 실험으로, 칼의 뾰쪽한 곳이 수평하게 실로 매달아 놓고 뾰쪽한 부분을 얇은 금속판으로 때려보자. 움직이기 시작하는 대신, 칼은 양철 판을 뚫고 나간다. 탄환은 가죽으로 된 풍향계를 뚫고 지나가는데, 그것은 갑자기 풍향계를 그렇게 빨리 움직이게 만들기보다는 부수는 게 더 쉽기 때문이다.[154] 마리오트의 충돌에 관한 논문은 17세기에 나온 문헌 중에서 무관심의 개념을 최초로 구체적으로 수정했다. 정량적인 동역학이 성공적으로 마무리되려면 마리오트가 열었던 길이 좀 더 넓게 탐구되어야 했다.

우리가 이미 본 것처럼, 무관심의 의미를 탐구한 유일한 기계 학자는 마리오트 외에도 더 있었다. 실제로 라이프니츠와 뉴턴 이전에도 동역학과 직결된 기술적 문제와 질량의 역할, 그리고 원운동에 포함된 요소들을 모두 이해하는 데 그럴듯한 발전이 이루어졌다. 또한, 비록 충돌의 모형이 손상을 입을 때까지는 계속해서 동역학적 사고를 지배했던 것은 확실하지만, 자유 낙하에 본래부터 있었던 동역학적 작용의 모형으로써 가능성들을 기술한 과학자가 한 명 이상이었다는 것이다. 그렇지만 과학을 괴롭히는 모호함에 관한 한, 이것을 해결하려는 어떠한 진척도 이루어진 바 없다. 지렛대의 매력적인 명료함이 계속해서 정역학과 동역학을 혼동시켰고, 갈피를 잡지 못하는 힘의 정의는 혼란의 본래 원인이 되었다. 무엇보다도 이 장에서 말한 과학자들이 증명한 것은 힘에 대한 직관적 아이디어에 있는 잘못 인도하는 놀라운 능력이다. 무엇보다도 동역학이 필요했던 것은 이전에 운동이라는 아이디어에 데카르트가 부여했던 것과 같이 모든 면에서 엄밀한 체계적인 분석, 즉 '냉정한 철학적 마무리'였다. 동역학에서 라이프니츠와 뉴턴의 역할은 이들이 그러한 분석을 적용하는 데 성공했다는 것과 바로 관련이 있다.

★

17세기 후반 50년 동안 해석 역학이 계속해서 직면하고 있던 또 다른 문제점은, 과학이 다루려던 문제 중 많은 부분에 대한 전통적인 수학적 도구들이 적절하지 못하다는 것이었다. 비록 이 장에서 말한 사람 중에서 몇몇이 유명한 수학자였고 그중에 한 명인 존 월리스는 해석학을 발달시키는 데 어느 정도의 역할을 담당했지만, 그들이 해석 역학에 적용한 수학은 17세기가 시작할 때 갈릴레오가 접근했던 것과 같은 바로 그 기하학이었다. 그들은 정량적으로 추상화시키려는 자세에서는 갈릴레오를 능가했다. 갈릴레오는 거의 항상 운동의 경로를 나타내는 선 위에 도표를 배치시켜 놓았던 데 반해, 문제와 관련된 어떤 양이라도 경로 자체를 그리지 않더라도 도표로 표현할 수 있는 방법이 개발되었다. 이런 역량은 개념화를 유연하게 하는데 상당한 성공이었고 의심할 여지 없이 동역학의 발전에 도움을 주었다. 그렇지만, 그 도표가 무엇이든, 도표와 관련된 양들은 기하학적 비율에 따라 다루어졌고, 상당수의 문제는 그런 식으로 처리될 수 없는 것이었다. 속도나 가속도가 균일할 때는 갈릴레오의 방법을 이용하여 결과를 얻을 수 있었다. 그러나 진동하는 운동이나 저항하는 매질을 통과하는 운동과 같이 균일하지 않은 가속도는, 역학(力學) 학자들의 주의가 필요한 문제로서 반복해서 조사되었고 계속된 혼란의 근원이었다.

예를 들어, 보렐리는 효과적인 공기 저항을 도입하여 연직 운동에 대한 갈릴레오의 운동학을 다음과 같이 보완하려 했다. 물체를 기동력 AB로 똑바로 위쪽으로 던졌다(그림 24를 보라). 시간 AC 동안에, 만일 무엇도 물체를 방해하지 않는다면, 물체는 넓이 $ABCD$로 대표되는 거리만큼 올라가게 된다. 저항이 없는 이상적인 경우에, 중력의 기동력은 무(無)에서 CD까지 증가하며, 시간이 C일 때 물체는 오르는 것을 멈춘다. 그런데

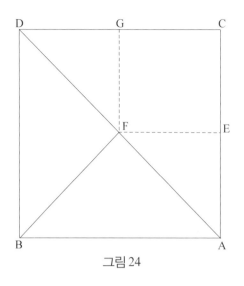

그림 24

중력이 물체를 △ACD와 같은 거리만큼 아래로 이동시켰으므로, 물체가
실제로 최고점까지 상승한 높이는 단지 △ABD에 따라 측정한 거리일
뿐이다. 여기까지는 Accademia del Cimento(역주: 'Academy of Experiment'라
는 의미의 이탈리아어인데, 1657년 갈릴레오의 제자인 보렐리와 비비아니 등에 의해 이탈리아
의 피렌체에 세워진 과학 협회 이름)에서 나오는 것으로 따분해 할 일이 없었지
만, 보렐리는 이제 스승한테 받은 학습을 뛰어 넘어서려고 했다. 공기의
저항 때문에 시간 *AE* 동안에 위로 오르려는 원래 기동력이 *FE*까지 감소
되었다고 하자 (물론 이것은 아래로 향하는 중력 때문에 기동력이 증가
하는 것과 같은데, 그래서 이 경우에 시간 *E*는 최종적으로 올라가는 최
고점을 의미한다). 도표에서, $AE = \frac{1}{2}AC$인데, 이것은 보렐리가 아무런 정
당성을 증빙하지도 않고 한 가정이었다. 그렇지만 이 식은 수학적으로
이 문제를 간단히 만드는 데 굉장히 크게 기여했다. 그리고 앞으로 보게
되겠지만, 이 가정이 그에게 많은 도움을 주었어도 그를 시기할 일은
아니다. 시간 *AE* 동안에, 위로 향하는 감소하는 기동력은 물체를 *ABFE*

와 같은 거리만큼 이동시킨다. 중력은 물체가 AEF만큼 떨어지는 원인이 되며, 그래서 물체가 실제로 오르는 거리는 ABF이다. 이제 물체가 낙하하기 시작하면서, 위로 향하는 남은 기동력 FE는 더 이상 저항받지 않고 시간 EC 동안 물체를 거리 $ECGF$만큼 위로 이동시킨다. 한편 증가하는 중력의 기동력은 물체가 $ECDF$만큼 낙하하는 원인이 되며, 실제 낙하는 ΔFDG로 대표된다. 만일 공기가 중력의 기동력을 감소시키지 않는다면, $\Delta FDG = \Delta AEF$가 된다. 공기가 실제로는 운동에 거스르기 때문에, 낙하한 실제 거리는 ΔAEF보다 더 작고 ΔABF보다는 훨씬 더 작다. 그러므로 낙하한 거리는 같은 시간 동안 상승한 거리보다 더 작다. 그뿐 아니라, 그가 '낙하의 마지막에 획득한 최종 기동력'이라고 부르기로 결정했던 DG는 물체가 오르기 시작할 때 갖고 있던 기동력인 AB보다 더 작다. 이 분석의 다른 결함은 차치하고라도, 이 마지막 결론은 물체가 낙하하는 마지막 순간에도 여전히 공기 중에 떠있게 된다는 것인데, 이는 사람들이 인지(認知)하지 못했다는 사실 때문이 아니라 물체가 땅에 떨어지지 못한다는 불행한 숙제를 남겨주었다. [155]

통나무가 똑바로 서서 비중이 자기보다 두 배인 유체 내에서 상하 운동하는 것에 대한 보렐리의 분석은 천상(天上) 동역학에서 두드러진 역할을 했고 단순 조화 운동을 다루는 선구적인 시도 중에 하나였음에도, 균일하지 않은 가속도에 관해서는 조금도 엄밀하게 다룰 수가 없었다. 보렐리는 통나무가 가장 아래 끝이 물의 표면에 닿을 때까지 올라갔다가 다시 내려간다고 상상했다(그림 25를 보라). 도표에서, AC를 물의 표면으로 정하고, 잇따르는 동일한 시간 간격 BM, MN, NF, … 다음에 통나무의 위치를 연직선 BA, MH, NI, … 라고 정했다. 보렐리는 시간을 표시하는 데에서 이미 어려움을 충분히 겪고 있었다. 다음에는 유효한 힘을 표시하려고 연직선을 이용했는데 그러면서 연직 방향의 변위 역시 같은

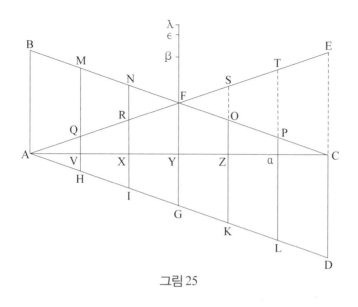

그림 25

선으로 표시해야 한다는 사실을 인식하지 못했고, 유효한 힘만을 연직선에 대응시킴으로써 더욱 곤경에 빠졌다. 변위를 나타내려고 연직선 대신 선분 *AE*을 사용하는 별로 그럴듯하지 않은 방법을 찾아냈다. 통나무가 놓이고 내려가기 시작한 첫 순간인 *BM* 동안에, 물의 부력을 초과하는 통나무 무게의 잉여분은 사다리꼴 *BQ*로 표시된다. 이 힘으로, 통나무는 거리 *AQ*를 가로질러 가는 데 필요한 속력 *Fβ*를 얻는다. 선분 *Fλ*는 간격이 일정하지 않게 나뉘어 있는데, 이는 그냥 보렐리가 직관적으로 균일하지 않은 운동을 다루려고 나눈 것으로 보렐리가 거둔 성공의 정도를 구체적으로 보여준다. 두 번째 순간인 *MN*에 미치는 힘 *MR*은 *Fβ*보다는 작은 *βε*만큼의 속력 증가를 부여하고, 세 번째 순간인 *NF*에 힘 *NFR*이 최종적으로 여전히 더 작은 *ελ*만큼의 속력 증가를 부여한다. 유감스럽게도, 나중 두 순간 모두에서 가로지른 거리에 대한 측정인 *QR*과 *RF*은 첫 번째 순간의 거리 *AQ*와 같다. 보렐리가 이런 불합리함을 알지 못했는지 아니면 어떻게 할지 몰라서 그냥 진행했는지는 모르겠는데 둘 중 하나일 것이다. F에서 부력을 초과하는 아래로 향하는 힘의 잉여분은 없어지지만, 획득한 기동력은 통나무를 E쪽으로 이동시킨다. 네 번째 순간에 힘인 SFO는 세 번째 순간의 힘과 크기는 같고 방향은 반대이며, 다섯 번째 순간과 여섯 번째 순간의 힘들은 두 번째 순간과 첫 번째 순간의 힘들과 크기는 같고 방향은 반대이다. 그러므로, 그 힘들은 원래 힘이 주었던 속력의 증가분들과 같은 속력의 증가분들을 공제하도록 작동한다. 그리고 E에서 통나무는 정지하게 되는데, 그 뒤로 반대 방향의 순환이 다시 시작된다.[156] 변위를 표시하기 위해 보렐리가 선택한 선분 AE 위의 증가분들은 적당하지 못했는데 실제로 선분 VH, XI, YG, …은 (또는 도표에서 이들의 차이는, 모두 다 VH와 같지만) 충분히 선형적(線形的)이었다. 말할 것도 없이, 도표에 대한 해석이 그의 가장 큰 문제점은 아니었다. 균일하지 않은 가속도는, 이 문제에서처럼 사인 함수를 따르더라도, 또는 다른 문제에서처럼 지수 함수를 따르더라도, 도저히 그의 수학적 능력 밖이었다.

본질적으로, 두 개의 같은 문제가 이 장에서 거론된 사람들의 관심을 사로잡았다. 내가 전에 말했던 것처럼, 후크의 법칙을 포함한 커틀러리안 강의에서는 진동하는 운동을 분석하는 데 이 법칙을 적용해보고자 했다. 용수철이 변형된 정도에 따라 정해진 단위의 힘이나 능력이 대응한다. 결과적으로 그 모든 능력이 '모두 더해진 총합 또는 총체'는 변형 또는 왜곡된 양의 제곱에 비례한다.

그러므로 용수철은 공간의 각 지점에서 받은 능력에 따라 변형되는데, 그 변형의 정도가 어떻든, 다시 회복되면서 장력이 작용하는 바로 그 지점에서의 용수철의 능력과 같은 만큼의 충격을 되돌려준다. 그리고 이렇게 되돌려줄 때는 받은 것 전부를 한꺼번에, 즉 가장 많이 변형이 일어났을 때에 속하는 모든 힘의 총체로서 돌려준다. 그래서 두 공간이 변형된 용수철은 되돌아오면서 4단 위의 충격량을 받는데, 3단위는 첫 번째 공간을 되돌아오면서 받고, 한 단위는 두 번째 공간을 되돌아오면서 받는다. 그래서 세 공간이 변형되면 모두 다 되돌아오는 데 9단위의 충격량을 받는다···. 이제 어떤 물체든 움직이는 물체면, 비교되는 속도들은 그 물체가 움직이는 데 사용한 능력들의 총합의 제곱근에 비례하며, 따라서 되돌아오는 동안의 모든 공간의 속도는 항상 그러한 공간에 정비례하고 또 이 두 양이 모두 능력의 제곱근에 비례하므로 결과적으로 항상 같다.

다시 말하면, 후크는 용수철의 진동에 '어떤 물체든 움직이게 만드는 세기 또는 능력의 비율은 항상 물체가 능력에서 받은 속도의 제곱근에 비례한다'는 기본적인 그의 동역학 공식을 적용하고 있었다. 그리고 만일 '되돌아온 모든 공간의 속도'를 최종 속도라고 해석한다면, 이 말은 수학적으로 일-에너지 방정식과 같음을 알 수 있다. 유감스럽게도, 후크는 방정식에 시간도 포함되기를 원했으며, 그렇게 만들려고 그는 마지막 문장에 단지 균일한 운동에만 성립하는 관계를 채택해야만 했다. 그렇지만 그는 그 운동이 균일한 운동이 아님을 충분히 인식하고 있었고, 그래서 한 발짝 더 나아가 한 번 진동하는 동안 모든 점에서 속도와 경과된 시간 모두를 계산하는 작업을 했다. 어떤 점에서든, 속도는 새겨진 능력의 총합의 제곱근에 비례한다. AC가 총 변형을 나타내고 CD는 C에 놓인 용수철의 능력을 나타낸다고 하자(그림 26을 보라). 그러면 BE는 B에 놓인 용수철의 능력을 나타내야만 한다. 삼각형 ACD의 넓이는 절반의 진동 CA에 대한 능력의 총합을 나타내며, 사다리꼴 $BCDE$는 C에서 B까

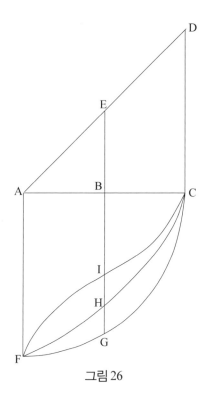

그림 26

지 운동에 소비된 능력이 된다. 그러므로 만일 총 변형이 10단위이면, 첫 번째 단위의 마지막에 속도는 $\sqrt{19}(\sqrt{10^2-9^2})$에 비례한다. 두 번째 단위의 마지막에 속도는 $\sqrt{36(10^2-8^2)}$에 비례한다.[157] 이제 $AC=a$ 그리고 $AB=b$라고 하자. 사다리꼴의 넓이는 a^2-b^2 에 비례한다. 이제 중심이 A인 원의 4분원 CGF를 만들자. 그러면 $(BG)^2 a^2 - b^2$이고, BG는 B에서의 속도이다. 속도의 증가는 어떤 드러나지 않은 비율에 따라 감소한다는 보렐리의 직관적 인식과 비교하면, 후크의 풀이는 괄목할 만한 분석적 발전을 이룬 것이라 하겠다. 그렇지만 시간을 어떻게 표현할지는 아직 해결하지 못했으며, 그래서 그는 시간 때문에 계속 곤란해 하고 있었다. 그는 공간이 시간의 제곱근에 비례하는 것처럼 속도도 공간의 제곱근에 비례할 것이라고 추론했다.[158] 이제 축 AC 위에 최고점이 C에 있는 포물선 CHF를 그리자. $(BH)^2 \propto CB$이다. 곡선 CIF 위의 모든 점에서 $GB/HB = HB/IB$라고 하자. 그러면 IB는 C에서 B까지 운동해서 경과한 시간을 나타낸다.[159] 보렐리가 했던 것보다 좀 더 분명하게, 후크는 진동하는 운동이 진자의 흔들거림과 동역학적으로 똑같은 운동임을 간파했다. 그렇지만, 전통적인 기하적 방법으로 이 운동을 분석하려는 그의 시도는 문제가 너무 복잡하여 결국 실패하고 말았다.

종단 속도에 대한 마리오트의 분석은 저항받는 운동을 정량적으로 취급하려는 시도를 향한 절름발이의 노력이다. 종단 속도를 얻으려면 크기와 모양 그리고 성분이 주어진 물체가 어떤 높이에서 얼마 동안 떨어져야만 하는가? 마리오트는 이 문제는 어렵다고 고백했지만, 그가 계속해서 구체적으로 언급한 어려움이란 수학적인 복잡함이 아니라 문제에서 물리적 상수(常數)에 관한 것이었다. 물체가 1초 동안에 떨어진 거리를 정확히 측정하는 것이 어려웠다. 밀도가 다른 물체들이 공기 중에서 떨어질 때 물체들의 서로 다른 속력들을 구분하는 것이 어려웠다. 공기의 변하는 밀도를 다양한 위치에서 측정하는 것이 어려웠다. 이러한 어려움들을 극복하려고 마리오트는 단순히 지름이 6라인인 납으로 만든 공이 1초 동안에 공기 중에서는 14피트 떨어지고 진공 중에서는 15피트 떨어질 것이라고 가정했다. 그는 또한 저항이 속도에 비례한다고 가정했는데, 이 가정은 그가 먼저 분석했던 것과 직접적으로 모순이 되었다. 이러한 가정이 그의 수학적 어려움들을 굉장히 간단하게 만들었다. 보렐리와 마찬가지로, 이런 일들은 충분히 대단한 것이기 때문에 반대하기보다는 이로부터 얻는 모든 위안(慰安)을 그와 함께 축하해야 할 일이다. 갈릴레오의 운동학에 따르면, 공은 진공 중에서 2초 동안에 60피트 낙하하고, 3초 동안에는 135피트 낙하한다. 만일 저항이 균일하다면, 그 공은 2초 동안에는 56피트 그리고 3초 동안에는 126피트 낙하하게 될 것이다. 물론 어려움은 저항이 속도와 함께 증가한다는 데 있다. 가정한대로 하면, 처음 1초 동안에는 저항이 1피트에 해당하는 운동을 가져간다. 우리는 여기서도 또 갈릴레오의 공식에 따라 2초 동안에 (증가한 속도에 따른 저항이 2이고, 총 시간의 제곱인 4로 곱하면) 8단위의 속도가 소멸할 것이라고 말하고 싶어질지도 모른다. 이 결론은 단지 2초의 마지막 부분이 되어서야 최댓값에 도달하는 저항을 2초 동안 내내 작동한다고 가정하기 때문에 숫자가 분명이 너무 크다. 그 대신 그 저항이 두 번째 초의 중간 즉 $1\frac{1}{2}$초에 도달한다고 생각한 것을 사용해야 하며, 그것을 총 시간의 제곱으로 곱하면 6이 된다. 그러므로 2초 동안에 공은 공기 중에서 54피트 낙하하며, 두 번째 1초 동안에만 40피트를 낙하한다. 3초 동안 낙하한 거리를 구하기 위해, 최초 1초 이후의 시간 주기 동안 중간 저항을 사용한다(2초 동안 저항은 $1+\frac{1}{2}\times1=1\frac{1}{2}$이고, 3초 동안은 $1+\frac{1}{2}\times2=2$이다. 4초 동안은 $1+\frac{1}{2}\times3=2\frac{1}{2}$이다). 3초 동안 낙하하는 경우에, 저항은 18단위의 속도를 소멸시키며 (2×3^2), 물체는 117피트만큼 낙하한다. 물체가 2초 동안에는 54피트를 낙하하므로, 물체는 세 번째 1초 동안에 63피트 낙하한다. 이런 식으로 진행해서, 마리오트는 11초 동안까지의 표를 작성했다. 아홉 번째 1초 동안에, 공은 138피트 낙하하며, 열 번째 1초 동안에는 140피트를, 그리고 11번째 1초 동안에는 139피트를 낙하했다. 그러므로 가속도는 11번째 1초의 중간에 끝나고 종단 속도는 1초에 140 또는 141피트이다.

조금도 거리낌 없이, 마리오트는 위의 결과를 다른 물질로 확장하고자 했다. 그는 자신이 만족하려고 종단 속도는 밀도의 제곱근에 비례한다는 것을 증명했다. 왁스의 밀도는 납의 밀도의 11분의 1이다. 그러므로 왁스의 종단 속도는 대략 매초 $3\frac{1}{11} \times 140$피트 또는 42피트이다. 왁스는 최초 1초 동안 12피트 낙하한다고 가정하고, 그는 납에 대해 만들었던 것과 같은 표를 작성했으며, 그 표에 따르면 왁스는 3초와 반 초가 지난 다음에 종단 속도에 도달한다. 코르크의 밀도는 왁스 밀도의 단지 4분의 1에 지나지 않는다. 그러므로 코르크의 종단 속도는 매초 약 21피트이다. 코르크에 대한 표를 작성하려고, 그는 시간의 단위로 1/4초를 사용했으며 코르크는 1/4초가 약 6번 지난 뒤에 종단 속도에 도달하는 것을 발견했다.[160]

위에서 든 예들을 보면, 역학이란 전통적인 기하학의 상대적인 비융통성에 도전해서 일련의 문제들을 해결하려는 것임이 분명해 보인다. 마지막에는 해석학이 간단한 기하로 다루기 어려운 광대한 영역의 문제를 직접적이고 효과적으로 해결하는 도구를 제공하며, 동역학의 역사에서도 중심적인 역할을 담당하게 된다. 그렇지만 나는 동역학 문제는 무엇보다도 개념적이며, 해석학을 적용한다고 해서 그런 문제점이 저절로 제거되지는 않는다고 계속 주장해왔다. 중요한 것은 이런 예제들에서 나타나는 어려움이 수학적인 것도 아니고 거기서 비롯한 것도 아닌 바로 개념적이라는 사실이다. 진동하는 운동에 대한 보렐리의 분석에서는, 오늘날 사용하는 의미의 힘과 그리고 적분 $\int F dt$로 표현되는 힘 등, 두 가지 서로 모순되는 힘의 개념을 사용했다. 종단 속도에 대한 마리오트의 분석에서는 종단 속도가 단순히 접근하는 상태가 아니라 도달하는 상태라고 가정했다. 해석학은 동역학 문제를 취급하는 것을 매우 용이하게 만들어줄 것이며, 과학의 영역을 크게 확장시켜줄 것이다. 그렇지만 해석학이 유용한 결과를 가지고 적용할 수 있기 전에 개념적 문제들을 해결해야만 했다.

★

개념적 모호함과 수학적 표현에 대한 문제점 외에도, 힘의 존재론적인 지위가 무엇이냐는 형이상학적인 질문이 동역학이라는 과학이 직면하고 극복해야 할 궁극적인 장애물로서 항상 존재했다. 이에는 자연의 현존하는 질서를 정확한 수학으로 제대로 기술하고 있는지에 대한 근본적인 쟁점이 제시되어 있었다. 가설 따위는 필요 없다는 뉴턴적인 자세로 존 월리스는 탄성과 무게를 얻는 현상의 원인을 논의하기를 거부하고 계속해서 그 결과만 정량적으로 기술했다. 충돌에 대한 그의 논문이 물리적 원인은 없고 단지 수학적 규칙만 제시했을 뿐이라는 반론이 제기되었을 때, 그는 까다롭게 답변하기를, '내가 당신들에게 보낸 가설은 실제로는 운동에 대한 물리적 법칙이지만 그러나 수학적으로 증명된 것이다. 왜냐하면 나는 물리적 가설과 수학적 가설이 전혀 서로 모순이 없게 취했기 때문이다. 그러나 물리적으로 수행한 것은 수학적으로 측정한 것이다. 그리고 수학적인 측정과 비율을 물리 법칙에 적용하는 것을 제외하고는 운동에 대한 물리 법칙을 결정하는 다른 방법은 존재하지 않는다' 라고 했다.[161] 월리스는 자신이 든 예에서, 원인을 가상적으로 상상하는 메커니즘의 늪에서 허우적대는 것을 단순히 거부한다고 해서 동역학의 개념적인 문제가 저절로 풀리는 것은 아님을 그 자신이 증명한 셈이다. 그렇지만 그의 논문에 이견을 보이는 것은 성공적인 정량화된 과학에 이르는 길을 가로막는 원인적 편견이 계속 존재한다는 것을 증언해준다.

당시 유행하던 자연에 대한 기계적 철학은 두 물체 사이에 인력이나 척력이 작용한다는 어떤 생각에도 결단코 반대했는데, 바로 그 생각이 결국에는 동역학이 탄생하는 데 산파 기능을 했다. 충돌에 대해 월리스가 제안한 수학적 규칙들을 반대한 배경에는 기계론적인 선입관이 존재하고 있음을 감지할 수 있다. 널리 알려진 기계 학자인 보렐리는 서로 접촉하지 않은 어떤 물체들 사이의 작용도 반대한다는 통상적인 편견을 지지했다. 그는 '자연에는 인력, 즉 서로 잡아당기는 어떤 힘도 존재하지 않는다'고 주장했다. 학자나 철학자들이 가장 빈번하게 사용한 문장은 '잡아당기는 능력'이었으며, 그들이 그 문장에서 의미한 것이 무엇인지 조심스럽게 검토해보면 '진정 이보다 더 모순된 것'은 없었다. 왜냐하면 그들은 자석이 쇠를 자기에게 끌어당기거나 또는 전기를 띤 물체가 아주 작은 입자들을 끌어오거나, 몸에 부황 단지를 잘 다룰 때, 그들은 물질로 된 발동자(發動者)가 존재한다는 것을 알아챌 수가 없어서, 물질과는 관계없는 잡아당기는 성질이 존재해야만 한다고 주장했기 때문이다.

> 그러나 누가 실체가 없는 능력이 있어, 물질로 된 도구가 없이도 또 바로 작용하는 힘을 이용하여 물체를 움직이고 잡아당길 수 있다고 믿을 것인가? 도대체 어떻게 실체가 없어서 분할할 수도 없는 어떤 것인가가 크기가 있는 물체를 꽉 쥐고, 행동을 구속하고, 밀칠 수 있을 것인가? 왜냐하면 우리는 배우지 않고서도 직감으로 어떤 운동이나 물리적 작용도 접촉하지 않고서는 교환할 수 없다는 것을, 또한 물질로 구성된 존재가 실체가 없는 존재에 의해서 실제로 만져질 수 없다는 것을 똑같이 잘 알고 있기 때문이다. 따라서 어떤 물질적 도구의 매개를 통해서만 인력(引力)이 작용할 수 있다.[162]

보렐리는 계속해서 그 효과를 정량화시킬 가능성이 있었던 내부 에테르를 활용하는 미세 메커니즘을 설명했다. 그렇지만 그러한 장치는 늘 그렇듯이 관심을 정량화시킬 수 있는 효과에서 비켜나, 메커니즘 자체로 돌려버렸다. 위에서 설명한 논의는 무거운 물체의 운동에 관한 연구의 제6장에 나왔으며, 그는 무거움이란 그러한 내부의 에테르 바람에서 오는 것이라고 말했다. 이것을 보면 그가 동역학적 작용의 모형으로서 자유 낙하에 집착한 것은 아니며, 충돌의 모형을 통하여 움직이는 미세 입자의 '힘'이 표출된다는 생각에 끊임없이 집착했던 것은 기계적 철학에 따라 생겨난 편애임에 틀림없다.

비록 17세기 내내 기계적 철학이 과학적 사고를 지배했다고 하더라도, 물체들 사이의 호감과 반감, 즉 인력과 척력에 원인을 돌리는 연금술의 전통이 완전히 억제되거나 축출된 적은 없었다. 이 연금술은 기계적 전통 안에서 비이성적이었던 것만큼이나 합리적이라 여겼다. 1669년 여름에, Académie royale에서는 물체가 지닌 무거움의 원인이 무엇인지 공식적으로 논의하는 자리를 마련했는데, 그곳에서 세 명의 회원들이 공식적으로 논문을 발표했다. 호이겐스의 논문은 기계적 철학의 기본 신조를 정력적으로 선언했다. 이 주제에 관련된 최초의 에세이는 20년 뒤에나 발간되었다. 다른 두 참가자인 베르나르 프레니클 드 베시 (Bernard Frénicle de Bessy)와 질 페르손 드 로베르발(Gilles Personne de Roberval)도 지상의 물체가 무거운 까닭은 지구가 잡아당기는 인력이라는 주장을 비슷하게 열정적으로 지지했다는 사실은 큰 의미가 있다. 둘 중에서 더 말을 잘하는 사람이 로베르발이었는데, 그는 데카르트 시대의 저명한 수학자로 1669년쯤에는 이미 황혼기에 들어선 노인이었다. 그는 무게를 물체가 중심을 향해 내려가려는 경향이라고 정의하면서도 중심에 그러한 능력을 부여한 것은 아니라고 계속 주장했다. 오히려 그는 '물체의 모든 부분 사이에 상호 작용하는 잡아당기는 능력은 각 부분들이 하나로 결합하려는 것'이라고 주장했다. 결합하려고 노력하면서 각 부분들은 중력의 중심을 만들고, 무게란 전체를 구성하는 개별적인 구성원이 중심을 찾아가는 힘이다. 지상의 시스템에는 지상의 중력이 존재하고, 마찬가지로 달의 시스템에는 달의 중력이 존재하며, 목성의 시스템에는 목성의 중력이 존재한다.[163] 그는 어디선가 다른 곳에서 인력은

'자연에서는 일반적인 성질'이라고 말했다.[164]

60년 전 케플러의 주장과 실질적으로 똑같은데, 중력에 대한 로베르발의 개념 이해에 중요한 것은 각 행성마다 고유하고 특별한 중력이 있으며, 한 시스템에 속한 부분들이 서로 잡아당겨 결합해 전체를 형성한다는 로베르발의 주장이다. 다시 말하면, 중력은 같은 종류의 물질끼리 잡아당김이며, 그런 의미에서 중력은 연금술의 자연 철학에서 말하는 호감과 다르지 않다.

> 모든 물체는, 그것이 무엇이든, [프란시스 베이컨(Francis Bacon) 이 주장했던] 비록 감각은 없다고 하더라도, 지각 능력은 있다. 왜냐하면 한 물체를 다른 물체에 접촉시킬 때, 마음에 들면 받아들이고 들지 않으면 차단하거나 내쫓는 일종의 선택이 있기 때문이다. 그리고 물체가 변화를 일으키는지 또는 변화가 되는지에 따라, 언제나 지각 작용이 계속해서 동작한다. 왜냐하면 그렇지 않다면 모든 물체는 어느 것이나 똑같을 것이기 때문이다.[165]

Académie에서의 발표보다 근 사반세기 전, 그가 한참 과학적 창의성을 발휘하던 시기에, 로베르발 자신은 Aristarchi Samii de mundi systemate, partibus, & motibus eiusdem, liber singularis라는 제목의 연구에서 자신이 그런 개념을 생각한 연금술적 출처를 공개했다. 오직 자연주의적인 생각에서 태양 중심계를 설명하려고 시도한 Aristarchus에 대해 로베르발은 이 연구가 고대에 쓴 원고(原稿)를 자신이 발견해서 출판한 것이라고 빤히 보이는 핑계를 대서 신학적인 반대를 피하려 했다. 이 설명에서 기본이 되는 것은 그가 1669년에 발표한 것과 비슷한 인력이라는 개념이었다. 그는 무엇보다 먼저 오히려 17세기 기계적 우주론에서 대단히 사랑받던 에테르와 비슷한 물질인 '우주 물질'을 상상했는데, 행성들이 이 우주 물질 안에서 헤엄치며 태양 주위를 회전한다고 했다. 이 물질의 각 부분들에는 '특정한 성질 또는 특정한 요건'이 주어지는데, '그 힘 때문에 모든 부분이 끊임없이 노력하여 서로에게 끌려가고 그들이 단단하게 합쳐지도록 서로 상대방을 잡아당기며, 더 큰 능력이 아니고서는 서로가 분리될 수가 없다.'[166] 인력 때문에 우주는 태양을 중심으로 구의 형태를 하고, 근처의 물질을 희박하게 만드는 태양의 열이 서로 다른 밀도를 갖는 구역이 생기게 하는데 그러한 구역이 태양의 주위를 회전하는 개별적인 행성들의 거리를 결정한다.

각 행성들은 각자의 고유한 요소들이 있어서 독특한 시스템을 형성하는데, 그런 다양한 행성들이 태양 주위의 우주 물질로 이루어진 바다에 떠있다. 지상의 시스템을 기술하기 위해, 로베르발은 자신이 전에 우주 물질에 적용했던 것과 실질적으로 똑같은 문장을 사용했다. 즉 계의 부분에 있는 '특정한 성질 또는 특정한 요건이 …그 힘 때문에 각 부분들이 분명하게 단 하나의 전체 시스템으로 모이게 되며, 서로에게 끌리고 끌며 단단하게 붙어있게 된다….'[167] 그는 지구가 '지구의 요소들을 속박시켜서 지구에서 분리될 수 없게 만들며, 중력의 족쇄로 …'라고 말했다.[168] 지구 자체는 매우 밀(密)하지만, 물은 덜 밀하며, 공기는 지극히 희박한데, 이 세 가지가 전체 지구라는 본체를 형성하고, 이 지구 본체의 평균 밀도가 태양에서 주어진 거리에 떠 있게 만드는 원인이 된다. 시스템의 전체적인 의도는 물질을 몇 가지 서로 다른 형태로 구분하는 것이었으므로, 각각의 형태는 각자의 인력으로 독특하게 결합하는데, 로베르발이 주장하듯이 태양에서의 거리를 결정하는 데 사용하는 밀도가 태양과 대비하여 무엇에 따라 결정되는지가 분명하지 않다. 그 점은 태양의 열이 시스템 중심을 희박하게 만들었으므로 우주 시스템에 비하여 더 큰 밀도는 행성 중심에 놓이는 게 아니라 가장자리에 놓이게 될 것이었다. 그런데 이 문제는 그의 문제 중에서 가장 하찮은 것이므로 걱정하지 않아도 된다. 행성들 하나하나도 또한 모두 태양에서 적당한 거리를 유지하게 만드는 서로 다른 여러 가지 밀도로 된 독특한 시스템을 구성한다고 말하는 것으로 충분하다.

> 그러므로, 엄밀히 말하면, 지구가 지구의 요소들 즉 물과 공기 한 가운데에 있는 것처럼, 예를 들어, 화성도 화성의 자연 또는 화성의 요소들 한 가운데에 있으며, 목성은 목성의 요소들 속에, 토성은 토성의 요소들 속에, 달은 달의 요소들 속에, 그리고 나머지 행성들도 마찬가지로 한 가운데에 있다고 이해한다. 그뿐 아니라, 이에 상응해, 행성들 하나하나는 자기 요소들과 결합해 있어서 강제적인 격렬함이 없으면 그 요소에서 분리될 수가 없고, 그 요소들과 하나의 시스템을 구성하며, 그 시스템의 모든 부분은 그들 공동의 고리로 함께 결합한다. 그러한 고리는 실제로 지구의 중력과 비슷한 특정 성질로, 다시 말하면 그 시스템에서는 그 성질이, 마치 지상에서 중력이 행동하는 것과 똑같은 방법으로 행동한다.[169]

말할 것도 없이, 달은 로베르발의 시스템에서 특별한 문제가 되었다. 달은 태양 대신에 지구 주위를 회전할 뿐 아니라, 로베르발이 지구 시스템의 지름을 지구 지름의 백 배 이상으로 정했기 때문에, 달은 지구 시스템 내에 놓여 있는 것처럼 보였다. 그는 지구 시스템과 달 시스템의 밀도가 거의 같기 때문에 달이 지구에 현재 상황처럼 가까이 있는 것이라고 말했다. 게다가, '지구와 달은 서로 상대방과 결합하려고 추구하는 특정한 성질 면에서 볼 때 유사성이 [aliquam affinitatem] 있다.' 그러므로 두 시스템은 연합되어 있다. 그러나 마치 물이 물과 섞이고 기름이 기름과 섞여서 한 물체를 만들 듯이 두 시스템이 서로 섞이지는 않지만, '그러나 마치 왁스로 만든 공이 물에 잠기지만 서로 섞이지는 않듯이, 달의 시스템은 지구의 시스템에 완전히 잠기지만 둘이 섞이지는 않는다.'170 결과적으로 달은 자신의 밀도에 따라 결정된 거리에서 지구 주위를 헤엄치지만, 달의 시스템은 자신의 독특한 정체성을 유지한다. 기름과 물 그리고 왁스의 예는 호감과 반감에 대한 전형적인 현상에 속했다. 로베르발이 주장한 시스템은 연금술에서 유래했지만 반드시 연금술과만 관계있지 않고, 서로 같은 것끼리 끌어당긴다는 개념에 직접 근거했다. 로베르발의 시스템이 기계적 철학이 기본적인 신조로 주장하는 자연은 균일한 물질로 되어 있다는 것을 인정하지 않는다는 사실은, 연금술의 전통이 구체화시켰던 자연의 작동자(作動者)를 독특하게 전문화시킨 급진적인 명목론(名目論)을 표현한 것이다.

Aristarchus가 1644년에 발표되었을 때, 데카르트는 그것이 애매모호하다고 노골적으로 폄하했으며, 그로부터 20년이 지난 뒤에 Académie에서 비슷한 생각을 설명했을 때, 호이겐스가 기계적 철학의 정통성의 이름을 빌어 이에 반대 생각을 표명하면서 보인 분노가 데카르트의 분노보다 조금도 덜하지 않았다. 만일 Aristarchus를 면밀하게 검토한다면, 같은 것끼리 끌어당기는 성질은 기계적 철학의 다른 개념들과 틀림없이 상충되지 않는데, 이는 어쩌면 로베르발과 같은 신비술사(神秘術士)의 경향이 있는 기계적 철학자들을 확신시키기 위해 더 계산된 것인지도 모른다. 겉으로는 조금도 꺼리는 내색 없이 그는 지구와 행성들이 생명체이며 지구에게는 정신이 주어져 있어서 '어떤 것이 지구의 시스템에게 유리하고 어떤 것이 해로운지 인식하는 것이 가능하다'는 생각을 받아들였다.171 그런 기능은 동물이나 식물이 공동으로 소유한 것이고, 그런 것이 돌과 그리고 흔히 생명이 없다고 생각하는 물체에서도 발견된다.172 그가 일단 그런 초자연적인 비술(秘術)을 가슴으로 받아들이자, 그는 계속해서 합리적인 과학의 가능성 자체를 부정했다. Aristarchus는 본질적으로 천체들의 운동과 관련되었으며, 로베르발은 천체들의 자발적인 행동은 결코 과학으로 체계화될 수 없다고 선언했다. 지구의 회전은 규칙적이지 못하고 그러므로 시간의 측정은 확실하지가 않다. 춘분점과 추분점은 불안정하고 그래서 천문 관측은 확신할 수가 없다. 이제 누구나 완전한 천문학이 가능할 것이라고 자신을 현혹시키지 않는 게 좋은데, 왜냐하면 수많은 불규칙성이 존재하고 '그런 불규칙성의 숨겨진 원인들이 너무 난해하므로, 그렇게 숨겨진 원인들을 드러나게 만들거나 또는 그러한 것들을 단지 이해하기만 하는 것도 인간의 능력을 훨씬 초월한다.'[173] 기계적 철학자들이 자신들이 추구하던 목표를 부정하기를 거부했다는 사실은 놀랄 만한 일이 아니다. 그런데도, 인력, 특히 중력에 따른 인력의 개념을 상상하는 것은 가능한데, 이 부분이 좀 더 극단적인 연금술과 관련된 부분을 삭제시키고 정량화된 것이었다. 비록 그런 개념이 로베르발에게서는 나오지 않지만, 그럴 가능성이 정량적인 동역학에 이를 수 있는 하나의 통로를 열어주었는데, 이 통로는 엄격한 설득을 요구하는 기계적 철학자들에게는 닫혀있던 것이었다.

　로버트 후크의 저술에서는 로베르발과 근본적으로 비슷한 생각들이 정량화를 향해 실질적인 진전을 이루었다. 후크를 유명하게 만든 계기가 되었던 모세관 현상에 대한 소논문은 조화와 부조화에 대한 원리를 발표한 것인데, 그 원리는 그의 전 생애를 통하여 자연 철학에서의 입지를 확고히 하는 역할을 했다. 가는 유리관에서 물이 올라가는 것은 관 내부에 포함한 공기의 압력이 낮기 때문이며, 이때 감소한 압력이 생기는 이유는 '유리나 그 밖에 다른 물체와의 사이에서 유리보다는 공기가 훨씬 더 큰 (좋을 대로 불러도 되지만) 불일치 또는 부조화'가 있기 때문이다. 후크는 일치 또는 조화를 '유체로 된 물체의 성질로 그중 임의의 부분이 자신이나 아니면 자신과 똑같거나 비슷한, 유체 또는 단단하거나 딱딱한 물체 중에서, 임의의 다른 부분과 쉽게 결합되거나 또는 뒤섞이는 성질'이라고 정의했다. 그리고 불일치 또는 부조화는 유체의 성질로, 이 성질에 따라서 어떤 다른 종류 또는 비슷하지 않은 유체 또는 고체 물체와는 결합하지 않거나 섞이지 않는다.[174] 그러한 원리의 존재를 입증하려고 후크는 로베르발이 지적했던 것과 상당히 유사한 여러 현상을 인용했다. 최대 여덟 가지 또는 아홉 가지에 달하는 서로 다른 유체들이 서로 섞이지 않고 층을 이루며 떠있도록 만들 수 있다. 실제로 부조화한 유체들은 섞을 수가 없다. 그런 유체들을 함께 넣고 흔들면, 그들은 서로 다른 방울 상태로 분리되어 있다. 물은 공기 중에 있을 때는 구 모양의 방울을 형성하고, 공기가 물속에 있을 때도 구 모양의 거품을 만든다. 이 원리는 유체에만 한정된 것이 아니다. 물은 기름칠한 표면에서는 괴어 있지만 나무에서는 속으로 스며든다. 이와는 대조적으로 수은은 나무에서 괴어 있고 금속에는 속으로 스며든다. 후크는 조화의 원리가 자연이 동작하는 데서는 일반적인 역할을 한다고 밝혀지지 못할지도 모른다는 의문을 표시하면서 소논문을 결론지었다.[175]

자신이 기계적 철학자였던 후크는 조화와 부조화가 물질을 이루는 입자에서 조화와 부조화의 진동이 발현된 것일지도 모른다고 주장했다. 그렇지만, 잇따라 그 원리는 그로 하여금 기계적 철학자들한테서 멀어지게 만드는 방향으로 가게 만들었다. Mycrographia에서 그는 조화를 '일종의 인력'이라고 불렀으며 심지어 당시에 경멸당했던 '호감'과 '반감'이라는 용어도 사용했다.[176]

그의 저서인 지구의 운동을 증명하려는 시도에서 후크는, 로베르발이 그랬던 것처럼, 이 생각을 중력의 개념에 적용했다. 그는 그가 준비하고 있던 세상의 시스템은 당시까지 알려진 어떤 것과도 달랐으며, 역학의 규칙들에 대해 답변해주었다고 말했다.

> 이것은 세 가정에 의존한다. 첫째, 천체는 모두 다 자신의 중심을 향하는 인력 또는 중력의 능력이 있으며, 그런 능력을 이용하여 천체는 단지 자신들의 일부분을 잡아당겨서 자신들한테서 날아가 버리지 못하도록 붙잡고 있는 것이 아니라, 우리가 지구에서 관찰할 수 있듯이, 자신들의 활동 영역인 구 내부에 존재하는 다른 모든 천체도 역시 잡아당긴다. 그리고 결과적으로 단지 태양과 달만 지구와 지구의 운동에 영향을 주고, 지구가 태양과 달에만 영향을 주는 것이 아니라, ☿와 또한 ♀, ♂, ♄, 그리고 ♃도 그들의 잡아당기는 능력으로, 마치 지구가 대응하는 잡아당기는 능력으로 그들의 운동에도 많은 영향을 미치고 있는 것처럼, 지구의 운동에 상당히 많은 영향을 미친다.[177]

겉으로 보기에는 분명히 만유인력의 원리를 말한 것으로 이 문장은 상당히 큰 관심을 끌었다. 그렇지만 조화의 개념이라는 관점에서 이 문장을 면밀히 검토하면, 후크가 정말로 만유인력을 구상했는지 의문이 든다. 그가 잡아당기는 힘이 동작하는 범위를 대단히 크게 확장시키고 개별적인 행성들의 중력이 다른 행성을 잡아당길 수 있다고 상상함으로써 그런 방향으로 큰발을 내디딘 것은 분명하다. 그렇지만 그는 행성이 '자기 자신의 부분들은 자신의 중심으로 끌어당기면서' 다른 행성에는 단지 '상당한 영향'만을 행사한다고 강조했으며, 이렇듯 그의 특정한 중력이라는 개념의 꾸물거리는 영향력은 완전한 만유인력이라는 개념에 이르는 길목을 가로막고 있음을 암시한다.

후크가 만유인력이라는 개념의 출현을 향해 반걸음 더 내딛는 것보다 더 중요한 것은 그가 만유인력이 동역학이라는 학문과 어떻게 조화를 이룰 것인지 깨달았다는 것이었다. 위에서 이미 인용했던, 두 번째 가정은 직선 관성의 원리를 천명했고 곡선 궤도를 따라 움직이는 행성은 중심을 향하는 인력 때문에 그들의 직선 경로에서 끊임없이 휘어져야 한다고 주장했다. 세 번째 가정은 중심에 더 가까이 있는 물체에 인력이 더 강력하게 작용한다고 가정했는데, 그렇지만 그는 힘과 거리 사이의 관계를 정하는 함수는 찾을 수가 없다고 고백했다.[178] 후크가 궤도 운동의 역학을 개념적으로 재해석하고 곡선 운동이란 끊임없이 가속되는 운동임을 깨달을 수 있도록 만든 것은 인력이라는 생각이었다. 그뿐 아니라, 인력에 대한 후크 자신의 정량화가 당장 어떤 결실을 맺지 못했더라도, 이 단계에서 그러한 작업에 있는 가능성을 제시해주었다.

인력이라는 생각 자체에 관한 한, 후크는 그것이 조화의 원리와 관련되어 배타적인 경향에서 완전히 탈피하지 못했다. **지구의 운동을 증명하려는 시도**가 나온 지 4년 뒤에 출판한 Cometa에서, 그는 또다시 태양과 행성들 사이에 서로 작용하는 인력이 행성을 궤도에 붙들어둔다고 주장했는데, 여기서 그는 이 인력을 구체적으로 자석과 철 사이의 인력과 비교했다. 그런데 자석이 쇠는 잡아당기지만, '주석이나 납, 유리, 나무 등등으로 만든 막대'에는 어떤 영향도 주지 않으며, 그 밖의 다른 물체는 '자석의 한쪽 극이 바늘의 끝과 접촉하면 바늘의 반대 부분이 그러하듯이, 돌출된다거나 불쑥 밀린다거나 또는 멀어지는 등, 분명한 반대 효과'가 있다. 그는 계속해서 혜성 내부의 교란이 '중력을 작용시키는 원리를 복잡하게 만들지도 모른다…'고 했다. 뒤섞이고 혼란스러워져서, 혜성을 구성하는 부분들은 '전과 다른 성질을 갖게 되고, 그래서 그 물체는 우주에서 자기 자리를 유지 못할 수도 있다.'[179] 근접한 궤도에 붙잡혀 있는 행성과는 달리, 혜성의 비-주기적인 성질 때문에, 혜성은 시스템에서 밀려난다.

결코 체계적인 사색가가 아니었던 후크는 적지 않은 애매모호함을 덮

어둔 채로 중력에 대한 개념을 더는 추구하지 않았다. 그가 저술한 혜성의 본성에 대한 논의(1682)에서는 중력을 단지 로베르발이 지지했던 것과 같은 특정한 중력에만 적절하게 정의했다.

> 그렇다면 나는 중력을 비슷한 또는 균질한 성질이 있는 물체들이 하나로 결합될 때까지 서로 상대방을 향해서 이동하려는 원인과 같은 능력이라고 이해한다. 또는 그 물체들을 항상 밀거나, 잡아당기거나 끌어누르는 운동으로, 그런 방식으로 작동하게 만들거나, 또는 그 물체들을 하나로 결합시키는 능력이라고 이해한다.[180]

같은 저술의 다른 문장에서는 한 물체가 다른 물체에 얼마나 많이 작용하는지에 대한 정도를 결정하는 조화의 규모를 제안한다는 면에서 배타적인 어조가 다소 완화되었다. 빛과 중력 때문에 현재 상태에서 팽창과 수축을 번갈아 하는 것이 우주를 지배하는 법칙의 근간이 되는 원리로서 자연의 일반적인 체계를 간단히 묘사했다.

> 이러한 두 능력이 태양이나 별, 행성과 같은 커다란 물체의 정신을 구성하는 듯하다. 즉 태양이나 다른 어떤 중심 둘레를 도는 운동과 같은 것 말이다. 그리고 두 능력 모두 다 세상의 모든 그러한 물체에서 발견되어야 한다. 어떤 때는 좀 더 많이, 어떤 때는 좀 더 작게, 어떤 때는 하나가 지배적이고 다른 데서는 나머지 하나가 지배적이게. 그렇지만 두 능력을 모두 어느 정도는 포함해야만 한다. 왜냐하면 중력의 원리가 없이는 어떤 것도 존재하지 않듯이 빛이 없이는 마찬가지로 어떤 것도 존재할 수 없기 때문이다.[181]

후크는 또한 물체가 중력을 받아들이는 성질도 다르다고 했다. 크기는 가장 크고 결은 가장 촘촘한 입자들로 구성된 물체가 작용에 가장 잘 반응하고, 물질의 양 하나만으로 물체의 중력이 정해지지는 않는다.[182] '중력에 관하여'라는 표시가 붙어 있지만 단지 몇 개의 표제(標題)만을 포함하고 있는 것을 보면 조화의 개념이 그의 중력에 대한 생각을 궁극적으로 지배하고 있음을 알 수 있다. '비슷한 물체는 더 쉽게 서로 결합한다.'[183] 기계적 철학이 인력(引力)이라는 생각을 반대한 것과 무척 흡사하게, 자연에 존재하는 물체가 궁극적으로는 모두 같다는 것을 부정하는 조화 개념의 배타적 측면도, 어쩌면 17세기 과학의 기본 원리들과 심지어 더 근본적으로 모순이 되었을 수도 있다.

조화의 개념과 이를 설명한 예들을 단번에 받아들인 뉴턴에 대한 영향으로, 후크는 만유인력의 개념을 발전시키는 데 중요한 역할을 행사했다. 인력이라는 아이디어보다도 더욱 중요한 것은 정량화된 동역학에서 인력이 채우게 될지도 모르는 역할을 그가 지적했다는 점이다. 후크가 정량화한 인력은 뿌리 깊은 결함을 포함했다. 그는 힘에 대한 그의 정의를, 우리에게는 일의 개념과 비슷한 정의를, 불연속적인 위치에서의 중력에 의한 인력의 세기에 적용하려고 시도했다. 이와 같이, 그가 거리의 제곱에 반비례하는 관계를 유도한 것은 케플러의 실패한 속도 법칙에 힘에 대한 그런 정의를 왜곡되게 잘못 대입한 것에 근거했다.[184] 해석 역학에 대해 후크의 노력이 기여한 정도는 미미했다. 그렇지만, 그것이 정량화를 향한 과정 중에서는 절대적으로 중요했다. 뉴턴과 1679~1680년에 주고받은 유명한 편지에서, 그는 Principia에 기본 문제인, 거리에 따른 세기가 중심을 향하는 인력으로 닫힌 궤도를 유지하는 행성의 경로에 대한 증명을 제안했다. 인력을 단호히 거절하는 기계적 철학에 국한되기를 거부한 채로, 후크의 제안은 동역학에 이르는 새로운 길을 열었다. 우리가 알고 있는 동역학은 그가 가리킨 길의 끝에서 발견되었다고 말하는 것이 전혀 과장이 아니다.

■ 5장 미주

1   이냐스 가스통 파디스, Discour du mouvement local, 3rd ed. (La Haye, 1691), 파디스의 Oeuvres de mathematiques 중에서 따로 쪽수가 매겨진 절, pp. 9~24.

2   위에서 인용한 책, p. 27.

3   이냐스 가스통 파디스, La statique ou la science des forces mouvantes, 3rd ed. (La Haye, 1691), 파디스의 Oeuvres de mathematiques 중에서 Mouvement local 다음에 연이어 쪽수가 매겨진 부분, pp. 174~176.

4   파디스, Mouvement local, p. 52.

5   이 구절은 다음과 같이 계속된다. 'Et certainement puisque une boule en frappant contre une autre boule qui lui est égale, peut la mouvoir, & en la mouvant lui donner toute sa vîtesse, comme tout le monde en convient; si nous venons à considerer cette seconde boule jointe à une troisième qui n'ajoûte aucune nouvelle résistance; n'estil pas visible que la même force qui suffisoit pour mouvoir cette seconde boule quand elle étoit seule, suffira aussi pour la mouvoir avec la même vîtesse quand elle est jointe à cette triosième, qui n'apporte aucune nouvelle difficulté?' 작은 돌을 움직일 때보다 큰 돌을 움직일 때 훨씬 더 많은 노력이 요구되는 것은 사실이지만, 이런 사실은 무게의 저항 때문에 생긴다. 만일 큰 돌의 무게가 작은 돌의 무게와 같다면, 두 돌을 똑같이 잘 움직일 수 있다. 파디스, La statique, pp. 173~174.

6   호이겐스, Qeuvres, p. 207. 제IV장의 주석 72를 참고하라.

7   파디스, Mouvement local, pp. 53~58.

8   위에서 인용한 책, pp. 28~29.

9   위에서 인용한 책, pp. 30~32.

10 위에서 인용한 책, p. 41.

11 예를 들어, 파디스는 자주 (바람의 '힘'과 같은) 각종 압박에 대항하기 위한 구조물의 '힘'을 이야기했고, 그것과 똑같은 문맥으로 그는 구조물들이 얼마나 'forts'한가에 대해 논의했다(La statique, pp. 118, 206, 229, 235~236). 그 의미는 간단한 기계를 이야기하면서 두 물체가 서로 상대방의 운동을 방지하는데 같은 '힘'이 있고, 만일 두 힘이 같지 않으면 'plus fort'인 물체가 우세하게 된다고 말했을 때와 거의 다르지 않다(위에서 인용한 책, p. 129). 받침대가 한쪽 끝에 있는 지렛대는 부하가 받침대에 가까이 있을수록 더 많은 '힘'을 가한다(위에서 인용한 책, p. 159). 때로는 이러한 용법이 믿을 수 없을 만큼 정확한 것처럼 들린다. 예를 들어, 배의 운동에 대한 논의에서 만일 배가 옆 방향 보다는 앞뒤 방향으로 100배나 더 쉽게 움직인다면, 배를 앞으로 움직이게 하는 것보다 옆으로 움직이게 하는

데 100배보다 더 많은 '힘'이 필요하다고 진술되었다. 같은 문장에서 돛을 여러 가지 다양한 방향으로 올렸을 때 바람의 '힘'에 대해 조사했다(위에서 인용한 책, pp. 241~244). 면밀히 조사해 보면, 정확한 정도는 대부분 사라진다. 두 경우 모두에서 '힘'은 세기의 어렴풋한 느낌과 거의 구별되지 않으며, 나중 경우에 그가 말했던 바람의 힘은 세기의 효과적인 성분이다. 그런데도, 비슷한 경우에 사람들은 직관적인 의미와 궁극적으로 정확한 기술적 의미 사이의 차이가 별로 크지 않다고 생각한다. 서로 다른 의미로 향하는 비슷한 과정이 간단한 기계에서 100파운드의 물체를 1피트 들어올리는 데 필요한 '힘'의 양은 1파운드의 물체를 100피트 들어올리는 데 필요한 양과 같다는 그의 주장에서 발견된다(위에서 인용한 책, pp. 180~181). 또한 '힘'이 여전히 격렬함의 의미가 있음을 주목하는 것도 흥미롭다. 유체를 통한 운동에 대한 논의에서는 유체가 물체를 누르는 '힘'과 물체에 의해서 운반되는 'avec ⋯ violence ⋯' 등 두 가지 모두에 대해 말했다. (*Mouvement local*, pp. 54~56.)

12 파디스, La statique, p. 107.

13 위에서 인용한 책, p. 117.

14 위에서 인용한 책, pp. 129~131.

15 위에서 인용한 책, pp. 176~177.

16 위에서 인용한 책, pp. 180~181.

17 위에서 인용한 책, pp. 130~131.

18 클로드 프랑수아 밀리에 드 샤를, Curus seu mundus mathematicus, *3 vols.* (Lugduni, 1674); Tractatus sextus mechanice, 1, 395~432; Tractatus VII; Statica seu de gravitate terrae, 1, 433~570.

19 다음 'potenia'라는 단어를 전혀 사용하지 않는 가속도에 대한 설명을 참고하라. 이 설명에서, 드 샤를은 'Velocitas aut impetus aequabiliter in temporilbus aequalibus acquisitus ⋯'라고 말했다. 그는 계속해서 덧붙이기를, 속도를 말하는 대신 기동력에 대해 말하는 것을 선호한다며, 'quasi de causa motus, & velocitatis ⋯'라고 했다. 그 다음에, 무거운 물체의 가속도에서 물체는 기동력을 얻는다고 'qui sit huius accelerationis causa'라고 결론짓는다. 그러나 여기에 어려움이 있다. 무거운 물체의 중력은 똑같이 유지되고 계속해서 똑같은 효과를 만든다. 그러므로, 가속 운동을 설명하기 위해, 무엇인가에 의지하는 것이 필요하다 'quod ipso motu acquiratur'. 기동력 자체는 반대되는 기동력에 의해 저항하거나 없어지지 않는 이상 계속된다. 떨어지는 것이 억제된 무거운 물체는 계속해서 기동력을 만들어내고 그 기동력은 다시 계속해서 파괴되는데, 그 결과로 기동력이 축적되지는 않는다. 'At vero cadit, quia illi non resistitur omnino, impetus semper crescit. Nihilque, aut parum illius deperit; si ergo impetus sit causa velocitatis ita ut eodem modo augeatur quo augetur velocitas, dico impetus ⋯' 등등. 이 문장에서는 potentia라기보다는 오히려 중력이 기동력의 원인이 되며 기동력은 운동의 원인이 된다(Cursus, 1, 464~465).

20 여기서 드 샤를이 용어를 어떻게 이용했는지 집중해서 다룰 생각은 없다. 그렇지만 다음 두 가지 예만 보자. 대포의 포탄이 지나가는 포물선 경로를 논의하면서, 그는 계속해서 휘어지는 'vi gravitatis …'인 'impetu a pulvere pyrio recepto'이 원인이 된 균일한 수평 방향 운동을 말했다(위에서 인용한 책, 1, 488). 그가 진자(振子)에 대해 고려하면서, 길이가 긴 진자는 비록 주기가 더 길지만 줄이 짧은 진자보다 더 빨리 움직이는 것에 주목했다. 이것을 줄이 긴 진자는 더 큰 '운동량'을 갖기 때문이라고 설명하는 사람도 있는데, 더 큰 운동량을 갖는 것은 진자의 추에서 줄을 매단 점까지의 더 큰 거리에서 유도된다. 드 샤를은 이 설명을 인정하지 않았는데, 그 이유는 '운동량'의 차이가 속도의 차이를 만들지 않기 때문이다. 예를 들어, 서로 다른 무게의 두 물체는 비록 '운동량'에서는 차이가 나지만 둘이 똑같이 떨어진다(위에서 인용한 책, 1, 518~519).

21 위에서 인용한 책, 1, 402. 그는 계속해서 그의 의미를 발전시켰다. 2피트를 내려온 1파운드의 물체는 1파운드 물체가 1피트를 올라가는데 겪는 저항을 극복할 수 있다. '그러므로, 두 개의 서로 다른 무게의 물체가 받침대에서 같은 거리만큼 이동할 때는, 내려오는 운동 부분의 수가 올라가는 운동 부분의 수보다 더 많기 때문에, 더 무거운 물체가 더 가벼운 물체를 올라가게 만든다. 그러나 똑같이 같은 무게의 두 물체가 저울에 연결되었는데, 그중 하나가 [받침대에서] 더 먼 곳에 연결되었을 때는, 한 물체에서 아래로 내려가는 운동 부분의 수가 다른 물체에서 올라가는 운동 부분의 수보다 더 많게 된다. 그러므로 받침대에서 더 먼 곳에 연결된 물체가 크기가 같은 다른 물체를 위로 올리게 된다.' (위에서 인용한 책, 1, 402.)

22 위에서 인용한 책, 1, 404~405.

23 드 샤를의 Statica에 나오는 두 문장을 참고하라. 거기서 기동력은 높이의 제곱근에 비례하여 변하는 것을 보였는데, 이때 높이는 자유 낙하에서 높이를 의미하는 것은 아니다. 진자에 관해, 그는 진자의 주기가 진자의 길이의 제곱근에 비례하여 변하는 것에 주목했다. 그는 계속해서 진자의 속도에 대해 생각해보았다. 물론 진자의 속도란 애매한 개념이다. 그가 그린 도표를 보면 원호가 움직인 회전각과 같아서, 서로 다른 세 진자에 대해 원호의 길이는 진자의 길이에 비례한다. 길이가 9배가 더 긴 진자가 움직인 경로는 9배가 더 크고, 그 경로를 다 지나가는 데 걸린 시간은 3배가 더 오래 걸리므로, 드 샤를은 진자의 '속도'는 3배가 더 크다고 결론지었다. 만일 진자의 추가 부딪칠 곳에 공을 놓아둔다면, 진자의 'impetus seu velocitas'와 같은 'impetus in iis productus'는 길이의 제곱근에 비례하게 될 것이다(위에서 인용한 책, 1, 470). 똑같이, 물이 물통의 바닥에 난 구멍을 통하여 흐를 때, 물의 속도 또는 '기동력'은 물통에서 구멍 위의 물의 깊이의 제곱근에 비례한다(위에서 인용한 책, 1, 472).

24 드 샤를의 계산을 보면 그가 어떤 수준의 수학을 이용하는지 알 수 있다. 그는 π값으로 3.0을 사용하여 1초당 144피트라는 속도를 구했다. 자유 낙하에서 그 속도까지 도달하는 데 필요한 시간을 계산하면서, 그는 1초 동안 진동하는 길이가 3피트인 진자로부터 시작했다. 절반만큼 진동하는 시간에, 물체는 4피트보다 조금

더 낙하했고, 이것에 갈릴레오의 비율을 적용하면 1초에 17피트 낙하한 것이 되었다. 이 숫자로부터 바로 가속도를 구하고, 가속도에서 1초당 144피트의 속도에 도달하는 데 필요한 시간을 구하는 대신에, 그는 계속되는 매 1초마다 낙하한 거리를 계산하는 수고를 마다하지 않았고, 그래서 두 번째 1초 동안에는 51피트, 세 번째 1초 동안에는 85피트, 네 번째 1초 동안에는 119피트, 그리고 다섯 번째 1초 동안에는 153피트 식으로 구했다. 다섯 번째 1초 동안에 이동한 거리를 보면 속도는 적어도 1초당 144피트가 된다. 5초 동안에 이동한 거리의 합은 425피트이다(위에서 인용한 책, 1, 431).

25 위에서 인용한 책, 1, 430~432.

26 위에서 인용한 책, 1, 395.

27 위에서 인용한 책, 1, 406.

28 Philosophical Transactions, No. 43 (1668/9년 1월 11일), 867~868.

29 Thomas Birch, The History of the Royal Society of London, 4 vols. (London, 1756~1757), 2, 338~339.

30 R. T. Gunther, Early Science in Oxford, 14 vols. (Oxford, 1923~1945), 8, 186~187, A. E. Gunther, F. G. S., Museum of the History of Science, Oxford의 허락으로 발췌 인쇄됨. 그런데, 내가 지적한 것처럼, 후크는 자기 자신이 만든 원리와 모순되는 말을 할 수 있었다. 그는 어떤 때는 힘을 속도에 비례한다고 했다. 그는 1663년에 영국 학술원에서 '낙하하는 물체의 힘'에 대한 논문을 발표했다. 그 논문에서 그는 '두 배 더 민첩하게 움직이는 물체는 두 배의 세기를 필요로 하며 자기와 같은 크기의 물체를 다시 움직이게 만들 수 있다'고 주장했다. (Birch, History, 1. 195~196.) De potentia restitutiva (1678)에서 그는 운동과 물체는 '항상 자연의 모든 효과나 외관(外觀)이나 동작에서 서로 균형을 이루며, 그러므로 그 둘은 하나이고 같다는 것이 불가능하지만은 않다고 주장했다. 그 이유는 자연의 모든 감지할 수 있는 효과에서 크게 움직이는 작은 물체는 조금 움직이는 큰 물체와 동등하기 때문이다.' 그러므로 진동하는 입자에서, 운동은 물체의 크기에 역비례 한다. (Gunther, Oxford, 8, 339, 342.) 그의 전성시대를 지난 뒤, 틀림없이 1690년에 있었던, 배의 운동을 조사한 강의에서, 그는 17세기에 역학적 논의에서 저울의 역할이 얼마나 강력했는지 보여주는 방법으로 같은 공식을 사용했다. 그는 공기의 비중이 물의 비중에 비해 800분의 1 또는 900분의 1밖에 되지 않는 것을 주목하는 것으로 시작했다. 만일 똑같은 속도로 움직이는 같은 양의 서로 다른 유체가 같은 물체를 향하여 흐른다면, 그 두 유체는 똑같은 비율로 운동을 전달할 것이다. 그러므로 만일 공기가 물의 속도에 28.3($\sqrt{800}$을 곱한 것과 같은 속도로 흐른다면, 주어진 시간 동안에 공기보다 28.3배가 물체에 부딪히게 될 것이고, '그러면 28.3×28.3배가 한 단위의 속도로 움직이는 물에서 800개의 끌려가는 부분이 만드는 운동과 같은 운동을 만들 것이다.' 바람에 수직으로 세운 돛이 *ab*라고 하고 주어진 시간 동안에 바람이 거리 *da*만큼 움직인다고 하면, 공기의 총 부피 *abcd*가 돛에 대항해서 이동한다. 게다가, *abon*은 동일한 밑변 *ab*에서 물의 각(角)기둥을 대표해서, 물의 각기둥의 길이가 공기의 각기둥의 길이인 $\frac{1}{30}da$와 같다고

하자. (이 문제의 경우에는 그가 비중의 비로 숫자를 900으로 바꾸었다.) 그는 물이 공기의 운동과 반대 방향으로 (돛에 대항하는 방향으로!) 움직인다고 가정했다. 그러면 물과 공기는 돛을 평형으로 유지했다. 물이 돛에 대항해서 움직이거나 또는 돛이 물에 대항해서 움직이거나 상황은 같다. 그러므로, 만일 공기가 한 단위 더 빠르면, 공기가 물을 이기고 공기 앞의 돛을 밀고 나가게 된다. (The posthumous Works of Robert Hooke, M.D.S.R.S. Geom. Prof. Gresh. &c., pub. Richard. Waller, (London, 1705), pp. 565~566.) 이와 같이 이 문제는 저울 한쪽 팔이 우세하여 다른 쪽 팔을 이기고 움직이게 만들어 평형이 깨지는 것과 같은 저울의 평형 문제로 바뀌었다. 심지어 갈릴레오의 운동학이 동역학과 어떻게 연관되는지를 꿰뚫어본 후크까지도 이전 양식의 편안함으로 슬쩍 들어왔다.

31 Birch, History, **2**, 126.

32 Gunther, Oxford, **8**, 184.

33 Birch, History, **2**, 91~92.

34 Gunther, Oxford, **8**, 27~28.

35 후크가 뉴턴에게 보낸 편지, *1679년 11월 24일*; The Correspondence of Isaac Newton, ed. H. W. Turnbull, 4 vols. continuing, (Cambridge, 1959 continuing), 2, 297, 케임브리지 대학 출판부의 허락으로 인용됨.

36 후크가 뉴턴에게 보낸 편지, 1679/80년 1월 6일; 위에서 인용한 책, 2, 309.

37 Gunther, Oxford, **8**, 349~350.

38 지오바니 알폰소 보렐리, De motu animalium, 2 vols. (Roma, 1680~1681), 1, 56.

39 위에서 인용한 책, 1, 머리말.

40 위에서 인용한 책, 1, 2.

41 지오바니 알폰소 보렐리, Theoricae mediceorum planetarum ex causis physicis deductae, (Firenze, 1666), p. 29.

42 위에서 인용한 책, p. 75.

43 위에서 인용한 책, p. 49.

44 지오바니 알폰소 보렐리, De vi percussionis liber, (Bononiae, 1667), p. 173.

45 지오바니 알폰소 보렐리, De motionibus naturalibus, a gravitate pendentibus, (Lugduni Batavorum, 1686), pp. 270, 272.

46 부록 E를 보라.

47 보렐리, De vi percussionis, p. 46. 문제가 시작할 때 *DF*는 *A*가 잃는 속도임을 주목하라. 충돌 후에 공동의 속도는 *EF*가 될 것이다.

48 보렐리, Mediceorum, p. 58. De vi percussionis, p. 62~63을 참고하라. 여기서 그는 같은 내용을 이야기했는데, 심지어 삼각형의 물체는 외부의 행위자가 그 형태를 바꾸지 않는 이상 저절로 다른 형태로 되지 않는 것과 꼭 마찬가지로 속도도

저절로 없어지지 않는다는 데카르트의 논법을 이용하기까지 한다.

49 보렐리, De motu animalium, 2, 130.

50 위에서 인용한 책, 1, 277~280. 위에서 인용한 책, 1, 297~299를 참고하라. 여기서 새들이 날아가는 것을 분석하는데 숨겨진 점프에 대한 같은 개념이 사용된다.

51 위에서 인용한 책, 1, 142. 위에서 인용한 책, 1, 125~126을 참고하라. 동일한 팔 AC와 BC를 갖는 저울이 두 무게 R과 S와 함께 평형을 이루고 있을 때, 그 두 무게는 정지한 채로 유지된다. '& talis quies non dependet ab inertia, sed ab exercitio actuali ppotentialrum integrarum R, & S, quatenus pondus R tanta vi comprimit librae radium CA, quanta est energia, qua pondus S nititur flectere deorsum radium CB ····.'

52 보렐리, Mediceorum, p. 56. 보렐리의 천상 동역학에 대한 전체 해설은 Alexandre Koyré, La révolution astronomique. Copernic, Kepler, Borelli, (Paris, 1961)에 나온다.

53 보렐리, Mediceorum, pp. 61~63.

54 위에서 인용한 책, pp. 76, 47. Serrus, 'La mécanique de J.-A. Borelli et la notion d'attraction' Revue d'histoire des sciences, 1 (1947), 9~25를 참고하라. 여기서 보렐리의 자연스러운 본능과 인력의 개념 사이의 관계에 대해 논의한다.

55 보렐리, Mediceorum, p. 77.

56 지오바니 알폰소 보렐리, Responsio ad considerationes quasdam et animad-versiones R. P. F. Stephani de Angelis ··· de vi percussionis. 보렐리의 De vi percussionis, editio prima Belgica, (Lugduni Batavorum, 1686), p. 247에 추가되었음.

57 보렐리, Mediceorum, p. 49.

58 위에서 인용한 책, pp. 63~65.

59 위에서 인용한 책, p. 65.

60 위에서 인용한 책, pp. 70~73.

61 위에서 인용한 책, p. 77.

62 보렐리, De vi percussionis, 서문.

63 위에서 인용한 책, p. 199.

64 위에서 인용한 책, pp. 251~252.

65 위에서 인용한 책, pp. 288~289.

66 위에서 인용한 책, p. 90.

67 위에서 인용한 책, p. 68.

68 위에서 인용한 책, p. 69.

69 위에서 인용한 책, pp. 295~296. De motionibus naturalibus, pp. 114~115에 나온

비중에 대한 다음 논의를 참고하라.

Definitio I. Et primo noto, quod corpus sive similare, & homogeneum, sive heterogeneum, tunc vocatur existimaturque rarius specie, quam aliud, quando sumptis aequalibus molibus eorumden illud minorem copiam materialis substantiae corporeae, & sensibilis comprehendit in eodem spatio, quam istud, quod profecto concipi potest, si intelligatur minor copia materiei sensibilis in majori spatio corporis rarioris, extensa per interpositionem inanium spatiolorum.

Definitio II. Si vero moles aequales, sive inaequales non considerentur, & raritas in una earum contenta major fuerit raritate alterius, tunc dicetur illa raritas absolute major reliqua, sive excessus raritatis extensive in majori mole multiplicetur, sive intensive in minori mole augeatur.

Suppositio VII. Praeterea suppono ex Aristotele, raritatem alicujus corporis multiplicari & augeri in infinitum posse, prout substantialis moles corporea, quae in eodem spatio continebatur, successive imminuitur, & post diminutionem extenditur expanditurque ut repleat idipsum spatium, quod prius a non imminuto corpore occupabatur.

70 보렐리, De vi percussionis, p. 31.

71 위에서 인용한 책, p. 43.

72 위에서 인용한 책, pp. 49~50.

73 위에서 인용한 책, p. 49.

74 위에서 인용한 책, pp. 71~73.

75 위에서 인용한 책, p. 78.

76 위에서 인용한 책, p. 120.

77 위에서 인용한 책, pp. 122~123.

78 위에서 인용한 책, p. 126.

79 위에서 인용한 책, p. 62.

80 위에서 인용한 책, pp. 127~131.

81 위에서 인용한 책, pp. 146~149.

82 위에서 인용한 책, pp. 141~144.

83 위에서 인용한 책, p. 142.

84 위에서 인용한 책, pp. 163~164.

85 위에서 인용한 책, pp. 168, 180.

86 위에서 인용한 책, pp. 183~184.

87 위에서 인용한 책, p. 183.

88 위에서 인용한 책, p. 185.

89 위에서 인용한 책, pp. 246~247.

90 위에서 인용한 책, p. 244.

91 보렐리, De motionibus naturalibus, p. 282.

92 영국 학술원에 제출된 논문은 Philosophical Transactions, No. 43 (1668/9년 1월 11일), 864~866에 출판되었다.

93 존 월리스, Mechanica: sive, de motu, tractatus geometricus, (London, 1670~1671), pp. 2~3.

94 위에서 인용한 책, p. 18.

95 위에서 인용한 책, pp. 3~4.

96 위에서 인용한 책, pp. 4~5. 제II장에 나오는 처음 두 명제를 참고하라. 그 명제에서 그는 무거운 물체가 구속되지 않으면 자기의 무게에 비례하여 행동하고 하강한다고 주장했다. 두 명제 모두 명시적으로 'vires motrices quaelibet'까지 일반화되었다.

97 위에서 인용한 책, p. 612.

98 위에서 인용한 책, pp. 646~647.

99 위에서 인용한 책, p. 651.

100 위에서 인용한 책, p. 21.

101 위에서 인용한 책, p. 26.

102 그는 지렛대의 주된 용도가 '무거운 물체를 올리는 것 … [ad onera in altum levanda …]'이라고 말했다(위에서 인용한 책, p. 575). 윈들러스에 대해 논의하면서, 그는 같은 비례 관계로 동작하는 관련된 기계들에 대해 '이동시킬 무게를 [Pondus movendum] 적용한 회전축의 둘레와 움직이는 힘이 적용한 바깥쪽 축의 둘레 사이의 비는, 평형을 유지시키는 힘과 이동시킬 무게 [Vis aequipollens, ad Pondus Movendum] 사이의 비와 같으며 … 그 역도 성립한다'고 했다. (위에서 인용한 책, p. 610.) 후자(後者)의 경우에, 'vis aequipollens'와 'pondus movendum'의 두 문장을 나란히 써 놓으면 그 역설이 요약된다.

103 위에서 인용한 책, pp. 61~62.

104 위에서 인용한 책, p. 770.

105 위에서 인용한 책, p. 31.

106 위에서 인용한 책, p. 30.

107 위에서 인용한 책, p. 67.

108 위에서 인용한 책, pp. 645~646.

109 위에서 인용한 책, p. 650.

110 위에서 인용한 책, p. 684.

111 위에서 인용한 책, p. 37.

112 위에서 인용한 책, p. 611.

113 위에서 인용한 책, p. 660.

114 위에서 인용한 책, pp. 661~662.

115 위에서 인용한 책, pp. 662~665.

116 위에서 인용한 책, p. 666.

117 위에서 인용한 책, p. 667.

118 위에서 인용한 책, p. 690. 다음과 같은 월리스가 올덴부르크에 보낸 편지, 1668년 12월 3일을 보라. '내 의견으로는, 모든 튕겨 나오기는 탄성으로부터 나온다 ….' (헨리 올덴부르크의 서간집, ed. A. Rupert and Marie Boas Hall, 6 vols. continuing, (Madison, The University of Wisconsin Press, 1965, reprinted by permission of the Regents of the University of Wisconsin), 5, 218.)

119 월리스, Mechanica, p. 686.

120 위에서 인용한 책, p. 689.

121 위에서 인용한 책, pp. 697~698.

122 이 논문은 마리오트의 Oeuvres가 1717년에 발표되기 전까지는 나오지 않았다. 진자에 대한 연구는 1668년 2월 1일자 편지에 의해 Oeuvres에서 소개되었는데, 이 논문은 완성된 날짜에 적절하게 발표된다.

123 에듬 마리오트, Oeuvres, (Le Haye, 1740), p. 558. 나는 마리오트의 업적에 대한 모든 것을 이 책에서 인용한다. Traité du mouvement des pendules는 pp. 557~566에 나온다. Traité de la percussion은 pp. 1~116에 나오고, Traité du mouvement des eaux는 pp. 321~482에 나온다.

124 위에서 인용한 책, p. 558.

125 위에서 인용한 책, pp. 11~14.

126 위에서 인용한 책, p. 11.

127 위에서 인용한 책, pp. 19~21.

128 위에서 인용한 책, p. 23.

129 위에서 인용한 책, p. 29.

130 위에서 인용한 책, pp. 30~44.

131 위에서 인용한 책, pp. 50~51.

132 위에서 인용한 책, p. 62.

133 위에서 인용한 책, p. 17.

134 위에서 인용한 책, p. 14.

135 위에서 인용한 책, pp. 356~357. 마리오트는 계속해서 두 무게가 함께 움직이도록 구속을 받으면, 단지 운동의 수직 성분만 운동의 양을 계산하는 데 관계된다고 말하는 제3규칙으로 이어 나갔다. 그는 '역학의 보편 원리'에서 그 규칙을 다음과

같이 요약했다. '두 개의 무게 또는 서로 다른 두 능력이, 다른 것을 움직이게 만들지 못하면 움직일 수 없도록 배열될 때는 언제든, 만일 두 무게 중 하나가 적절하고 자연스러운 방향으로 가로질러 가야만 하는 거리와, 다른 무게가 동일한 시간 동안 적절하고 자연스러운 방향으로 가로질러 가야만 하는 거리 사이의 비가, 두 무게 사이의 비의 역수이면, 두 무게 사이에는 평형이 이루어져야만 한다. 그러나 만일 두 무게 중 하나가 다른 무게와의 비율에 비하여 더 크면, 한 무게는 다른 무게를 강제로 움직이게 만들 것이다.' (위에서 인용한 책, p. 360.) 계속된 논의에서, 그는 서로 연결된 그릇의 서로 다른 다리 부분에서 왜 유체가 동일한 높이를 가리키는지 증명하기 위해서 동일한 평형의 개념을 적용했다. 먼저 그는 단면의 넓이가 일정한 U자형 관을 분석했다. 두 다리에 같은 높이로 담긴 원통형의 유체는 무게가 같고 같은 속도로 움직여야 한다. 그러므로 힘의 평형에 대한 원리를 이용하여 한 다리의 유체가 다른 다리의 유체를 올라가게 만들면서 내려갈 수는 없다는 것을 증명하기는 어렵지 않다. 이제 한 다리의 지름이 다른 다리의 지름에 비해 네 배가 더 크다고 하자. 같은 높이의 두 원통을 취하면, 하나의 무게는 다른 것의 무게의 16배이지만, 만약 그들 둘이 움직인다면 더 작은 것은 더 큰 것보다 16배 더 빨리 움직여야만 할 것이다. '그러므로 그들의 속력은 그들의 무게와 반비례 관계에 있으며, 그들 둘의 운동의 양이 같게 되는데, 그것은 불가능하다. 왜냐하면 보편 원리에 따라 물로 된 두 원통은 평형을 이루어야만 하며, 그들 둘은 같은 방향으로 같은 운동의 양으로 움직이도록 배열되어 있으므로 하나가 다른 것을 움직이게 만들 수 없기 때문이다.' (위에서 인용한 책, p. 367.)

[136] 위에서 인용한 책, pp. 394~395.

[137] 위에서 인용한 책, p. 74.

[138] 위에서 인용한 책, p. 392.

[139] 위에서 인용한 책, p. 403.

[140] 위에서 인용한 책, p. 67. 이 구절은 충돌에 대한 마리오트의 논문에서 인용한 것이다. 실질적으로 거의 똑같은 분석이 유체의 운동에 대한 그의 연구에도 또한 실려 있다. (위에서 인용한 책, pp. 395~396.)

[141] 위에서 인용한 책, p. 77.

[142] 위에서 인용한 책, p. 77.

[143] 위에서 인용한 책, p. 78.

[144] 위에서 인용한 책, pp. 79~80.

[145] 위에서 인용한 책, pp. 99~100.

[146] 위에서 인용한 책, p. 76.

[147] 위에서 인용한 책, p. 393.

[148] 위에서 인용한 책, p. 560.

[149] 위에서 인용한 책, p. 564.

[150] 위에서 인용한 책, p. 560.

[151] 위에서 인용한 책, p. 4.

[152] 위에서 인용한 책, p. 28.

[153] 위에서 인용한 책, pp. 11, 371.

[154] 위에서 인용한 책, pp. 12~13.

[155] 보렐리, De vi percussionis, pp.257~258.

[156] 보렐리, Mediceorum, pp. 72~73.

[157] 내가 지적했던 것처럼, 이 결과는 일-에너지 방정식인 $\frac{1}{2}mv^2 = \int F dx$와 정확히 똑같다. 문제를 간단히 만들기 위해, A에 원점을 정하자. (후크의 경우에는, 그의 수식에서 원점을 이야기할 수 있다면, 원점이 C에 있다.)
$$F = -kx. \quad \tfrac{1}{2}mv^2 = -\tfrac{1}{2}kx^2 + K = -\tfrac{1}{2}kx^2 + \tfrac{1}{2}kx^2_{max}$$

[158] 이 주장의 근거는 틀림없이 갈릴레오의 두 가지 결론인 (대수식으로 표현하면) $v^2 = 2as$와 $s = \frac{1}{2}at^2$이었다. 내가 후크의 절차를 이해하는 한, 그는 이 두 표현의 상수가 다르다는 점을 고려하지 않았으며 두 식을 결합하여 가속도를 소거했다. 그가 표현한 식은 $v/\sqrt{s} = \sqrt{s}/t$이었다. 그러므로 균일하지 않은 가속 운동을 다루는 문제에서, 그는 균일한 운동에서의 공식인 $s = vt$와 같은 비율에 도달했다.

[159] Gunther, Oxford, 8, 349~350. 나는 후크가 저항이 있는 매질에서 물체의 운동에 대해 무엇인가를 이야기한 경우를 알지 못한다. 이 유고(遺稿) 연구에서, 그는 범선의 동역학을 분석하려고 시도했지만, 그는 그 문제를, 물체들의 운동을 대표하는 양들에 의한 평형에서, 유체의 두 가지 프리즘인 공기와 물이라는 면에서 접근했다. (위에서 인용한 책의 주석 30을 참고하라.) 그가 말했던 것처럼, 그 문제는 정상 상태에 대한 것이며, 저항이 있는 매질을 통하여 낙하하는 보렐리의 문제에서처럼, 정상 상태에 접근하는 균일하지 않은 운동에 관한 것이 아니다.

[160] 마리오트, Oeuvres, pp. 106~112. 마리오트는 진동하는 운동을 분석하려고 시도하지는 않았다. 그렇지만 그는 진자에 대한 논문을 썼으며, 거기서 다룬 문제 중 일부는 약간이나마 비슷했다. 갈릴레오를 따라서, 그는 가장 빠른 낙하를 하는 곡선은 원임을 '증명'했다. 갈릴레오와는 달리, 그는 실제 숫자를 제공할 만큼 용감했다. 만일 4분원의 현을 따라 낙하하는 시간이 100,000이라면, 그는 4분원의 현 두 개 그리고 세 개를 따라 낙하하는 시간을 계산했고 외삽법에 의해서 원의 4분원을 따라 낙하하는 시간은 (그리고 그러므로 암묵적으로 4분원보다 더 작은 어떤 원호를 따라서도) 약 93,000이며, 그러므로 원을 따라 낙하하는 시간과 현을 따라 낙하하는 시간 사이의 비는 13/14 'à peu près'라고 결론지었다(위에서 인용한 책, p. 565). 이 마지막 구절은 마리오트의 역학을 거의 발췌한 것이었다.

진자의 운동에서 저항의 역할에 대해 주의를 집중하면서, 그는 지구의 중심을 관통하는 구멍 문제를 상상하는 데서도 역시 갈릴레오를 본받았다. 만일 물체를 그런 구멍에 떨어뜨린다면, 물체는 종단 속도까지 가속되고 그 다음에는 중심에 도달할 때까지 균일하게 떨어지게 될 것이다. 물체가 지구의 중심을 지난 뒤에는 종단 속도에 도달할 때까지 물체가 처음에 지나간 것과 같은 공간을 이동하게 될 것이다(위에서 인용한 책, p. 566). 두 가지 논의 모두 다 이 문제의 복잡성을 제대로 이해하지 못한 것처럼 보인다.

161 윌리스가 올덴부르크에게 보낸 편지, 1668년 12월 5일; 올덴부르크, 서간집, 5, 221. 윌리스가 올덴부르크에게 보낸 편지, 1668년 12월 31일을 보라. 윌리스는 용수철의 힘이나 중력의 원인이 무엇인지 결정하려는 시도를 하지 않았다고 주장했다. 두 가지 모두가 실제로 존재하며, 그것들의 원인이 무엇이든, 그는 그 효과에 대해 설명했다. 한 가지는 복원 운동의 원리이며, 다른 하나는 아래로 내려오려는 경향이다. 비록 데카르트도 두 가지에 대한 원인을 부여하려고 시도했지만, 윌리스는 자신을 만족시킬만한 가설을 결코 찾지 못했으며, 그래서 자신이 그런 가설을 세우려고 시도하지 않았다(위에서 인용한 책, 5, 287~288). Mechanica에 나오는 주석이 중력에 대해 실질적으로 똑같은 이야기를 했다. 그는 중력의 원인이 무엇이냐는 질문을 생각하는 것도 거절했고 심지어 중력이 정상적인 규칙에 따라서 행동하는지를 고려하는 것조차 거부했다. 다른 사람들은 중력을 설명하려고 가설을 설정했다. 그는 그 질문 자체를 피하려고 작정했다. 실험으로 중력은 그가 가정했던 것처럼 일정하지도 않았고 또는 거의 일정하지도 않았음이 증명되었다. 이런 증거를 받아들여서, 그는 계속해서 그 결과에 대한 수학적 이론을 세웠다. (Mechanica, p. 650.)

162 보렐리, De motionibus naturalibus, pp. 166~167. De motu animalium을 참고하라. 왜 가슴의 공간을 확장시킬 때 공기가 폐로 들어갈까? 폐가 공기를 잡아당기는 것은 아니다, 'cum nulla vis attractiva detur in natura'. (2, 166.) De vi percussionis에서 그는 자기(磁氣) 작용에 대해 조사했다. 통속적으로는 그것이 인력 때문이라고 알려져 있지만, 그것은 'qui magis physice philosophantur & non acquiescunt nominibus non perceptis aut nil significantibus' 어떤 자기소(磁氣素)에서 유래한다. 보렐리 자신은 계속해서 쇠 한 조각을 자석의 영향이 미치는 구 내부에 놓으면, 'ab effluvio halituum magnetis'라는 작용이 쇳조각 내에서 소요를 일으키게 되고 그래서 특정한 형태의 입자들은 모두 다 일렬로 정렬하게 되어서 그 입자들의 노력이 같은 방향으로 쏠리게 한다고 제안했다(pp. 185~187). 동일한 연구에서, 그는 또한 물체 내부의 작은 구멍 내에서 공기 같은 매질을 활용해, 탄성의 원인이 되는 것으로 이해한다고 메커니즘을 설명했다(pp. 235~244).

163 1669년 8월 7일에 Académia에서 읽은 무게의 원인에 대한 로베르발의 논문은 호이겐스, Oeuvres, 19, 628~630에 수록되었다. 프레니클과 호이겐스의 논문들 모두 Oeuvres의 같은 파트에 실렸다.

164 레옹 오제, Un savant méconnu: 질 페르손 드 로베르발(1602~1675), (Paris, 1962), p. 79. 오제는 그가 이 구절을 어떤 출처에서 인용했는지 분명하게 말하지 않았지만, 나는 그가 논문 원고인 De mechanica를 지적했다고 생각한다(B. N. Man. Lat. n. acq. 2 341).

165 프란시스 베이컨, 프란시스 베이컨의 업적, ed. James Spedding, Robert Leslie Ellis, and Douglas Denon Heath, 15 vols. (Boston, 1870~1882), 5, 63.

166 질 페르손 드 로베르발, Aristarchi Samii de mundi systemate, partibus, & motibus eiusdem, liber singularis, 2nd ed., p. 2. Aristarchus는 마랭 메르센, Novarum obervationum physico-mathematicarum tomus III, (Paris, 1647) 중에 따로 쪽수를 매긴 절로 수록되어 있다.

167 위에서 인용한 책, p. 4.

168 위에서 인용한 책, pp. 5~6.

169 위에서 인용한 책, p. 7.

170 위에서 인용한 책, pp. 7~8.

171 위에서 인용한 책, p. 59. 조수 간만에 대한 그의 설명을 참고하라. 그는 지구가 'animata'이어서, 조수 간만은 지구의 호흡 또는 지구의 생명과 관련된 비슷한 효과라고 주장했다. 두 시스템의 성질이 밀접하게 연관되어 있기 때문에, 달은 달이 존재하는 것에 따라서 그러한 효과를 일으키는 역할을 한다. 지구의 생기(生氣)는 또한 잡다한 증발과 증기, 뜨거운 것과 찬 것, 젖은 것과 마른 것 등 지구가 저절로 방출하는 것들을 설명한다. 'vel ad exteriores suas partes calefaciendas. refrigerandasve, aut exsiccandas, aut humectandas; prout sibi conducere nativo sens,' deprehendit: vel certe tanquam excrementa sibi inutilia, atque fortassis nocentia ⋯ u (위에서 인용한 책, p. 33.)

172 위에서 인용한 책, p. 49.

173 위에서 인용한 책, pp. 61~62.

174 로버트 후크, An Attempt for the Explication of the Phaenomena, Observable in an Experiment Published by the Honourable Robert Boyle, Esq.; in the XXXV. Experiment of his Epistolical Discourse Touching the Aire, (London, 1661). Gunther, Oxford, 10, 1~50에 복사본이 출판되었다. 여기서 인용된 문장은 Gunther 복사본의 pp. 7~8에 수록되어 있다. Micrographia, (London, 1665), pp. 11~31에는 거의 소논문 전체와 추가 자료가 포함되어 있었다.

175 Gunther, Oxford, 10, 41.

176 후크, Micrographia, pp. 15, 16.

177 Gunther, Oxford, 8, 27~28.

178 위에서 인용한 책, p. 28.

179 위에서 인용한 책, pp. 228~229.

180 후크, 유고집, p. 176.

181 위에서 인용한 책, p. 175.

182 위에서 인용한 책, p. 182.

183 위에서 인용한 책, p. 191.

184 이 장 위의 주석 36을 보라.

06 라이프니츠의 동역학

17세기의 마지막 20년 동안, 막 태어나려고 하는 동역학에 엉켜있던 일련의 개념적 매듭을 풀어내고 성공적으로 정량화된 과학을 창조한 두 사람이 있었다. 고트프리트 빌헬름 라이프니츠(Gottfried Wilhelm Leibniz)와 아이작 뉴턴은 장애물이 깨끗이 치워지고 평평하게 고른 땅 위에 건물을 세우기 시작한 것이 아니었다. 17세기 동안 해석 역학의 전통은 그 건물의 구조를 올릴 기초를 닦아 놓았다. 두 사람 모두 이 전통을 알고 있었다. 두 사람 모두 이 전통을 이용했다. 그런데도, 그들의 업적은 단순히 한 세기 동안 들인 노고의 필연적인 산물이라고 요약할 수는 없다. 내가 주장했던 것처럼, 해결해야 할 개념적 문제들이 분명하지도 않았고 쉽지도 않았으며, 둘 중 누구에 대해서도 이러한 문제에 적용한 창조적인 통찰력이 과소평가되어서는 안 된다. 이런 면에서, 라이프니츠와 뉴턴 모두 그들 자신만의 동역학을 창조했다는 점이 중요한데, 이들은 각각 힘에 대해서 다른 개념을 사용했고 동역학적 작용에 대해서도 다른 상(像)을 제시했다. 만일 그 시기 이래로 역학이 두 사람을 어울리게 하고 두 사람의 통찰력을 구체화하는 방법을 알았다면, 17세기 말에 바로 그것이 찾는 것임을 조금 분명하지는 않더라도 알았을 것이다. 적어도 어떤 정도까지는, 18세기의 vis viva(역주: '활력(活力)' 또는

'살아있는 힘'을 의미하는 라틴어)논쟁이 두 사람의 다양한 비전의 부산물이었다. 한편, 그렇게도 다른 두 가지의 동역학을 제안했다는 바로 그 사실은 아직 그 문제의 해답이 명백하고 필연적인 것에서 얼마나 벗어나 있었는지 암시해준다.

라이프니츠는 뉴턴보다 4년 늦게 출생했다. 믿기 어려울 만큼 다재다능한 대학자이고 유럽의 전 지식인 공동체를 통하여 잘 알려진 세계주의자인 그는 철학자이자 수학자로 불후의 명성을 쌓으면서도 저명한 외교관이었고 공무원이었다. 철학과 수학에 기여한 것 말고도, 역학에 대한 그의 업적이 크게 중요하지 않게 보일지 모르지만, 내가 이미 암시했듯이 그는 현대 동역학을 창조한 두 사람 중 한 사람으로 뉴턴과 나란히 서 있다. 그뿐 아니라, 그의 동역학은 여러모로 그 원리들에 대한 일반적인 진술인 그의 철학과 분리할 수 없고, 또한 그의 동역학이 적절한 표현을 찾을 수 있는 언어를 제공했던 그의 미적분학과도 분리할 수 없다. 동역학에 대한 일반화된 논문 대신에 라이프니츠는 상당히 많은 수의 에세이를 썼는데, 대부분은 매우 짧았고, 거기서 그는 결론에 대해 설명했다. 동역학에 관한 가장 중요한 에세이들은 1685년에서 1695년 사이의 10년 동안에 쓰여졌다.

'동역학'이라는 단어는 (프랑스어로는 'dynamique'인데) 그리스 어원에서 라이프니츠가 만든 신조어로서, 그는 그 단어를 과학에 대한 그의 가장 중요한 두 연구의 제목인 Essay de dynamique(1692)와 Specimen dynamicum(1695)에서 사용했다. 그의 역학에 대한 관심은 20년보다 더 오래전 그가 Hypothesis physica nova(1671)를 저술했을 때로 거슬러 올라가는데, 이 논문은 그가 곧 부정하게 될 얽히고설킨 의견들을 희미하게나마 신중하게 묘사한 것이었다. 우리가 라이프니츠의 동역학이라고 알고 있는 것이 실질적으로 세상에 나온 해는 1686년인데, 이때 라이프니츠는 이미 충분히 오랫동안 신동이라고 불린 후이고, 그의 해석학 책을 출판하여 학계를 뒤흔들기 시작하고 있었으며, Acta eruditorum(역주: 독일에서 최초로 출간한 과학 학술지 이름으로 라틴어이며 '학자들의 보고서'라는 의미이고, 이 학술지는 1682년에 오토 멩케와 라이프니츠가 창간했고 1782년까지 계속 출판했음)에서 'Brevis demonstratio erroris memorabilis Cartesii et aliorum cira legem naturalem'(역주: 이것은 Acta eruditorum에 실린 라이프니츠가 저술한 논문 제목으로 '자연의 법칙에 대해 데카르트와 다른 사람들이 범한 현저한 오류에 대한 간단한 증명'이라는 의미)로 학계를 더더욱 심하게 뒤흔들 때였다. 라이프니츠가 그랬던 것처럼 간단히 말하면, 데카르트의 현저한 오류란 데카르트가 운동의 양을 (효과적으로 mv를) 힘과 같다고 한 것이었다. 라이프니츠는 실제로는 오직 mv^2만 힘의 척도가 된다는 것을 증명하기 위한 작업에 착수했다. 라이프니츠가 받아들인 것에 따르면, 데카르트의 오류에 대한 증명은 역학을 연구하는 학자로서 라이프니츠의 생애에서 중심 사건이었다. 그 뒤에 작성한 동역학에 대한 모든 저술에서, 사람들은 그가 한손으론 책을 쓰면서도 그의 업적에 주목하라고 다른 손을 마구 흔든다는 인상을 받는다. 그리고 그는 독자들이 자기 논문을 읽으면서 매 쪽마다 데카르트를 제대로 만들어 놓은 사람이 바로 고트프리트 빌헬름 라이프니츠 자신임을 독자에게 반드시 상기시켰다. 좀 심하지 않았나 싶기도 하다. 사실은 mv^2이라는 양은 호이겐스의 업적이 더 크며, 라이프니츠가 가장 많이 의존한 것도 역학에 대한 호이겐스의 업적이었다. 그렇다고 해서 동역학의 역사에서 라이프니츠의 결정적인 역할을 조금이라도 부정하려는 것은 아니다. 호이겐스에게는 mv^2이라는 양이 그저 숫자일 뿐이던 것을 라이프니츠가 우주적으로 중요한 양으로 운용했다. 라이프니츠의 동역학이라는 드라마에서 중심 배역은 살아있는 힘 또는 vis viva인데, 이에 대한 '간단한 증명'과 함께 그는 공인(公人)의 경력을 쌓기 시작했다.

라이프니츠는 '정해진 높이에서 떨어지는 물체는 원래 높이로 다시 올려놓는 데 필요한 만큼의 힘을 얻는다…'라는 가정에서 시작했다. 17세기 자연 철학의 기본 신조인 이 가정은 이미 철칙으로 굳어 있었다. 그는 두 번째로 '1파운드의 물체 *A*를 … 4야드인 높이 *CD*까지 올리는 데 필요한 힘은 4파운드의 물체 *B*를 1야드인 높이 *EF*까지 올리는 데 필요한 힘과 같다'고 가정했다. 그가 이미 알고 있었던 것처럼, 데카르트 신봉자들과 다른 사람들이 이 가정에 동의했다. 일단 두 가정이 인정되자, 라이프니츠는 단순히 자유 낙하에 대한 갈릴레오의 운동학에 필요한 숫자를 공급하고 시동만 걸면 되었다. 물체 *A*가 거리 *CD*만큼 낙하하고 두 단위의 속도를 얻었다고 하자. 물체 *B*는 *EF*만큼 낙하했다고 하자. 갈릴레오에 따르면, *B*는 한 단위의 속도를 얻는다. 만일 힘이 운동의 양과 같다면, *B*의 힘(4×1)이 *A*에게 작용되면 (*A*는 1파운드이므로 속도가 4가 될 것이고) *A*는 4피트가 아니라 16피트만큼 올라가게 되는데, 이것은 분명히 불합리하다.

> 이처럼 움직이는 힘과 운동의 양 사이에는 큰 차이가 있으며, 우리가 증명하려고 시작한 것처럼, 하나에서 다른 하나를 계산할 수 없다. 이 결과에서 힘은 힘이 만들어낼 수 있는 효과의 양에서 계산해야 하는 것처럼 보인다. 예를 들어, 힘을 물체에 새길 수 있는 속도가 아닌, 크기와 종류가 정해진 무거운 물체를 올릴 수 있는 높이에서 힘을 계산해야 한다.[1]

증명의 핵심은 1파운드의 물체를 4야드 들어올리는 힘은 4파운드의 물체를 1야드 들어올릴 수도 있다는 두 번째 가정이었다. 라이프니츠는 데카르트가 간단한 기계에 대한 논문에서 힘에 대한 같은 측정을 주장했다는 것을 알고 있었다. 그는 데카르트를 효과적으로 이용해서 데카르트를 반박했던 것이다. 그런데 이 논쟁의 초점이 단지 영리하게 구성되어 데카르트로 하여금 스스로를 부정하게 만드는 원래의 목적에 한정하지 않고 그 이상으로 확대되었다. 데카르트와 마찬가지로, 라이프니츠도 무게와 연직 높이의 곱에 특별한 중요성이 있다는 점을 깨닫고 있었다. 여기에 오늘날 우리는 일이라고 부르는 양의 역할이 존재한다. 이 양은 단지 간단한 기계에만 한정해서 응용되는 것이 아니라 결과를 일으키는 효과를 보편적으로 측정하는 방법을 제공했다. 데카르트가 틀렸다는 것을 보이는 증명은 궁극적으로 이러한 통찰력에 근거했다.

> 나는 자연이 결코 힘을 힘과 같지 않은 무엇으로 대체하지는 않을 것이지만 그러나 전체적인 효과는 언제나 모든 원인과 같을 것임이 … 확실하다고 가정한다.[2]

라이프니츠에게 보내는 답변에서 데카르트 신봉자들은 물체의 속도를 두 배로 하면 그것이 구체화하는 움직이는 힘의 효과를 정확히 두 배로 만든다고 주장했다. 라이프니츠는 물론 그 주장을 부정했다. 움직이는 물체의 질량을 두 배로 한다고 해서 물체의 힘을 두 배로 만들지는 않는다. 만일 A와 B가 같은 속도인 같은 물체라면, 이 둘이 함께 해서 두 배의 힘이 있는 것은 명백하다. 다른 어떤 것도 바뀌지 않으면서 단지 관계된 물질의 양만 두 배로 되었기 때문이다. 비록 데카르트 신봉자들은 두 배로 된 속도도 마찬가지라고 반박했지만, 라이프니츠의 주장은 달랐다. 첫 번째 경우에, 원래 물체를 물질의 양과 운동의 양 모두에서 완전하게 두 배로 한 것은 힘을 직접 비교할 수 있게 허용한다. 두 번째 경우에는 이처럼 모두 똑같이 두 배로 하지 않았고, 그래서 두 상태는 그들이 만들어 낼 수 있는 효과에 따라서 간접적으로 비교할 수밖에 없다. 무게를 연직 위로 올리는 것은 다음에 올 비교를 허용하는 균일한 효과이다. 4파운드의 물체를 네 개의 같은 조각으로 나눈다고 상상하자. 각 조각은 도르래 장치를 이용하여 1야드의 거리를 연달아 들어올린다고 하자. 첫 번째 조각을 두 번째 1야드로 올리고 두 번째 조각을 첫 번째 1야드로 올리더라도 상관이 없다. 두 효과는 온전히 동질적이다. 속도로는 똑같은 주장을 확실하게 할 수가 없다. 속도와 시간은 서로 관련되어 있기 때문에 잘못 인도할 수도 있다. 굴러가는 공은 완만한 경사면에서나 가파른 경사면에서나 똑같은 높이만큼 올라가지만, 도달하는 데 걸리는 시간은 다르다. 그래서 움직이는 물체의 힘을 모두 다 써버리는 연직 방향의 상승이 그 힘을 측정하는 데 이용할 수 있는 효과이다. 한 단위의 속도로 움직이는 4파운드의 물체 A는 1피트를 오를 수 있다. 두 단위의 속도로 움직이는 1파운드의 물체 B는 4피트를 오를 수 있으며, '그리고 이 두 경우의 그런 효과는 전체적이고, 원인이 되는 능력을 써버리며, 그러므로 효과를 만들어내는 원인과 같다. 그러나 능력이나 힘에 관해 두 효과는 서로 같다. (물체 A의 경우) 4파운드의 물체가 1피트의 높이만큼 올라가는 것과 (물체 B의 경우) 1파운드의 물체가 4피트의 높이만큼 올라가는 것은 같은 능력을 써버린다. 결과적으로 질량이 4이고 속력이 1인 A의 원인과 질량이 1이고 속력이 2인 B의 원인도 힘 또는 능력 면에서 역시 같다….'[3]

데카르트의 오류 뒤에는 무엇이 놓여 있을까? 이 점에 대해 라이프니츠는 어떤 의심도 하지 않았다. 데카르트로 하여금 운동의 양을 힘과 같게 놓도록 만든 것은 간단한 기계였다. '다섯 종류의 흔한 기계에서 속도와 질량이 서로 상쇄되는 것을 보고, 많은 수학자는 운동의 양으로 또는 물체와 물체의 속도의 곱으로 운동의 힘을 추정했다.'[4] 그렇지만 이 결론은 단지 정역학에서만 성립하며, 이유도 오직 힘에 대해 제안한 두 가지 측정 방법이 (mv와 mv^2이) 죽은 힘의 경우에 우연히 일치하기 때문일 뿐이다. 두 물체가 저울 위에서 평형을 이룰 때는, 그들의 가능한 연직 방향 변위가 그들의 무게에 반비례한다.

> 그리고 그것은 단지 평형 또는 죽은 힘에만 일어나며, 높이는 속도에 비례하고, 그래서 무게와 속도의 곱은 무게와 높이의 곱에 비례한다. 나는 이것이 죽은 힘, 또는 무거운 물체가 움직임을 시작하려고 시도하지만, 그러나 내가 유혹이라고 부르는, 아직 어떤 격렬함도 없을 때 발생하는 무한히 작은 운동에만 일어난다고 말하고자 한다. 그리고 이것은 물체들이 정확히 평형에 놓여 있어서 낙하하고자 하나 서로 상대방을 낙하하지 못하게 막을 때 일어난다. 그러나 무거운 물체가 어느 정도 진전을 보아서 자유롭게 낙하할 때는, 그리고 약간의 격렬함 또는 살아있는 힘이 있게 되었을 때는, 이 물체가 도달할지도 모르는 높이는 속도에 비례하지 않고 오히려 속도의 제곱에 비례한다. 살아있는 힘일 때 힘이 운동의 양 또는 질량과 속도의 곱에 비례하지 않는 것이 바로 이런 이유 때문이다.[5]

동역학에서 라이프니츠가 이룬 업적 중 중요한 부분은 그가 동역학이 정역학과 다르다는 것을 인식한 데 있었다. 역학에서 지렛대의 독재를 타도함으로써, 그리고 더 중요하게는, 자신이 그렇게 한다는 것을 의식적으로 앎으로써, 라이프니츠는 17세기 100년 내내 동역학의 경로를 따라 끈질기게 힘의 개념에 붙어다녔던 애매모호함이라는 혐의를 벗겨주었다. 과학으로서 동역학이 태어난 날짜를 정하는데, 정역학에서 동역학을 어떻게 구별할지 적절하게 정의했던 바로 그 순간이라고 해도 조금도 지나치지 않는다. 라이프니츠 자신이 효율적으로 만들어낸 과학에 이름을 부여했다는 것은 역사적으로도 공평하다 하겠다.

★

라이프니츠는 '간단한 증명'을 출판하고 5년 정도 지난 뒤에 사람들이 그것이 옳다는 것을 받아들이기 시작했고, 운동의 양이 보존된다는 믿음을 거두어들이고 있음을 알게 되었다. 뒤따라서 불편한 일들도 일어났다. 다른 쪽 극단으로 치우쳐 그의 증명을 받아들인 사람들은 데카르트가 말한 양을 대신해서 보존되는 절대적인 양이 존재한다는 것을 인정하지 못했다. '그러나 우리의 정신은 그렇게 보존되는 양을 찾고 있으며, 수학자들의 심오한 논의에 참가하지 않는 철학자들은 그들이 붙잡고 있을 다른 양을 주지 않는 한 보존되는 운동의 양과 같은 공리를 포기하는 것이 어렵다고 내가 말한 이유가 바로 그 때문이다.'[6] 천박한 철학자들을 겁낼 필요는 없다. 라이프니츠는 자신과 같은 사려 깊은 수학자들이 몰아넣은 난처함에서 그들이 계속 허우적거리게 놓아 둘 사람이 아니었다. 17세기 남은 기간 그는 영원하고 외부의 원동력 때문에 계속된 간섭을 받지 않으면서 영구히 동작하는 기계인 우주에 대한 비전을 공유했다. 우주가 실제로 그렇다는 것은 질문을 제기하기에는 너무 기본적인 전제였다. 그가 말했던 것처럼, 그의 마음은 보존되는 절대적인 양을 찾고 있었다. 정말이지 데카르트에 동의하지 않는 논거로 그가 제출한 논문에는 데카르트의 힘에 대한 정의를 따르면 우주가 스스로 유지하기 힘들어진다는 증명이 실려 있었다. 기계의 계속된 동작은 힘의 보존을 요구하며, 이는 효과가 항상 원인의 능력과 동일할 것을 요구한다. '왜냐하면, 만일 효과가 더 크다면, 기계적인 영구 운동이 존재할 것이고, 한편, 만일 효과가 더 작다면, 물리적인 영구 운동이 존재하지 못할 것이기 때문이다.'[7]

물리적인 영구 운동은 기본적인 전제가 스스로 유지하는 우주와 같다. 힘은 계속해서 무너지고 결국에는 없어진다는 것은 '의심할 여지가 없이 일들의 질서에 어긋난다.'[8] 라이프니츠의 뚜렷한 천재성을 말해주는 증거 중의 하나는 현실화된 역학의 현상적 영역에서 이와 같은 궁극적인 형이상학적 수준을 구별해 내는 능력이었다. 만일 물리적 영구 운동에 이의를 제기할 수 없다면, 기계적 영구 운동은 불가능한데, 그 이유는 '만일 그렇다면 저항에 따라 항상 조금씩은 줄어들어서 오래지 않아 마지막에 도달할 수밖에 없는 기계의 힘이 스스로 회복되어서 결과적으로 외부에서 어떤 새로운 추진력에 따르지 않고도 저절로 증가할 것이기 때문이다.'[9] 모든 기계적 운동에서 확인된 마찰의 실체를 '물리적 운동'의 영구성에 결코 도전할 수 없었던 라이프니츠는 특별한 형태로 제시해, 마찰력에 독특한 설득력을 주었다. 기계적 영구 운동은 '원인보다 더 강력한 효과가 …' 필요하다. 자기 자신의 힘으로, 한 단위의 속도로 움직이는 4파운드인 물체 A는 자신을 1피트만큼 위로 올릴 수 있고, 같은 힘은 1파운드의 물체를 4피트만큼 위로 올릴 수 있다. 데카르트가 주장했던 것처럼, 힘이 운동의 양과 같다면, 네 단위로 움직이는 물체 B는 자신을 자기 자신의 힘으로 4피트가 아니라 16피트까지 위로 올릴 수 있어야 한다.

> 그러면 B의 힘으로 우리는 A를, 내려오면 다시 원래의 속력을 되찾을 수 있는, 1피트의 높이까지 다시 올릴 수 있을 뿐만 아니라 몇 가지 다른 효과도 만들어낼 수 있는데, 그렇게 되면 원래의 힘을 회복한 뒤에도 사용할 수 있는 여분이 남게 되므로 실제로 기계적 영구 운동이 가능하게 된다.[10]

그런 결과는 명백히 모순이므로 힘은 mv가 아니라 mv^2으로 측정해야만 한다. 그리고 물리적 본성의 궁극적인 실체로, 꾸준히 균일하게 보존되는 양은 vis viva 즉 살아있는 힘이다.

만일 어떤 의미에서 라이프니츠가 데카르트의 논리를 이용하여 자신의 잘못을 수정하게 했다면, 갈릴레오의 논리를 이용하여 데카르트의 논리를 반박할 수 있다는 것 역시 똑같이 정당하다. 갈릴레오의 자유낙하 운동학은 더는 증명이 필요 없을 정도로 보편적으로 받아들이고 있는 물체의 운동인데, 이 운동학이 라이프니츠에게 필요한 논거를 제공했다. 라이프니츠가 동역학을 이 한계점을 넘어 확장하지 않았다면 동역학은 출생부터 불구의 과학이 되었을 것이며, 그 과학을 만들어낸 사람을 역학의 위대한 공헌자 반열에 올려놓지도 못했을 것이다. 라이프니츠의 세 번째 행운은 현명한 조언자이자 친구인 크리스티안 호이겐스가 있었던 것인데, 호이겐스의 충돌에 대한 연구는 vis viva의 개념을 진정으로 중요하게 만드는 데 결정적인 역할을 했다.

라이프니츠 자신은 동역학에 어떤 중요한 정량적인 관계도 보태지 않았다. 그런 방향으로 그가 한 것이라곤 딱 하나 '움직이는 작용'이라는 개념이었지만, 바로 인위적이고 쓸모없는 것으로 밝혀져 과학의 발전에 아무런 기여도 하지 못했다. 그의 역할은 오히려 이전에 이루어진 업적들을 한데 묶어서 새로운 양식으로 이해하게 만든 데 있다. 이렇게 평가한다고 해서 결코 그의 업적을 깎아내리지는 못한다. 오히려 반대로, 17세기를 통하여 이루어진 동역학의 발전을 단적으로 보여주었던 셈이다. 나는 17세기의 전반 50년 동안에 주로 갈릴레오와 데카르트가 공식화했던 운동에 대한 새로운 개념이 비록 새로운 동역학을 구체적으로 실현시키지는 못했지만 이를 잉태시켰다고 주장했다. 현대 동역학을 만드는 것은 실험과 새로운 발견의 문제가 아니었고, 이미 인정된 결론들에서 결과를 도출하고, 애매모호한 것들을 분명하게 만들고 개념적 혼란을 해결하며, 무엇보다도 일반적으로 인정된 동역학 작용의 직관적 개념의 경직성을 타파하는 문제였다. 라이프니츠의 무시무시하리만치 명료한 정신이 바로 그러한 임무를 수행하는 데 필요했다. 호이겐스의 업적과 관련해 그는 원저자(原著者)는 충분히 인식하지 못했던 관계들을 구체적으로 만들었고, 이러는 와중에 vis viva라는 개념을 일반화시켰다.

호이겐스와 의견을 함께해 라이프니츠는 데카르트의 충돌에 관한 규칙이 틀렸다는 데 동의했다. 그는 그 대안이 될 다른 접근 방법을 Hypothesis physica nova에서 제안했는데, 이는 그가 1672년에 호이겐스를 파리에서 만나기 이전의 일이다. 초기 연구에서는 많은 오류가 나와서 포기했는데, 충돌을 다룬 궁극적인 방법은 주어진 문제의 풀이와 비교해 볼 때 호이겐스와 같았다. 그렇지만 그가 데카르트의 규칙에 결정적으로 반대한 이유는 자기 자신이 만든 근거 때문이었다. 호이겐스는 데카르트의 규칙들이 그 규칙들 사이에 모순이 되고 경험과도 모순이 되어서 반대했던 데 반해 라이프니츠는 기본 원리들에 비추어 그 규칙들의 결점을 조사해 철학적 비판가로서 역할을 담당했다. 라이프니츠가 연속성의 원리에 따라 그 규칙들을 검토한 것은 오늘날에도 과학의 전체 역사 중에서 가장 통렬한 비판 중의 하나로 남아 있다.

라이프니츠는 연속성이, 기하에서 절대적으로 필요하며, 신은 창조하면서 완전한 기하학자로 행동했으므로, 물리에서도 역시 적용할 수 있는 일반적인 질서의 원리라고 보았다. 그런 원리로 철학자는 과학의 이론을 자세하게 검토하기 전에 먼저 외부에서 보이는 그대로를 놓고 비판할 수 있다.

두 연속적인 순간의 차이 또는 미리 가정된 차이는 얼마든지 축소되어 그 무엇보다도 작아질 수 있을 때, 찾고자 하는 또는 그 결과에 대응하는 양도 얼마든지 축소되어 그 무엇보다도 작아질 수 있다. 또는 좀 더 쉽게 이야기하면, 두 경우 또는 두 순간의 어떤 자료가 서로에게 잇따라 접근해서, 결국에는 하나가 다른 하나를 지나칠 때는, 그 귀결이나 결과도 (또는 알지 못하는 것도) 필연적으로 역시 그렇게 지나쳐야만 한다. 이것은 자료가 순서로 정렬해 있으면, 구하려는 것도 역시 순서로 정렬해 있다는 좀 더 일반적인 원리에 의존한다.[11]

데카르트의 처음 두 규칙을 연속의 원리에 따라서 비교해보자. 첫 번째 규칙은 두 물체 B와 C가 같은 속력으로 다가올 때 물체 B가 물체 C와 크기가 같으면, 두 물체는 모두 그들의 원래 속력으로 되튄다고 말한다. 두 번째 규칙은 B가 C보다 더 크고 두 물체가 같은 속력으로 다가올 때, C는 되튀고 B는 변하지 않은 채로 운동을 계속한다고 말한다. 연속의 원리에 따라서, 충돌 후에 B의 속력은 그 크기가 변할 때 잇따라 변해야 하며, 그래서 B의 크기가 C의 크기에 접근하면, B가 되튀는 속력은 두 물체의 크기가 같을 때의 속력에 접근해야만 하는데, 데카르트의 규칙을 따르면, 두 물체가 서로 다를 때의 모든 충돌은 두 물체가 같을 때의 충돌과 갑작스럽게 불연속적으로 분리된다. 물체 C가 처음에는 정지해 있는 네 번째 규칙과 다섯 번째 규칙도 비슷한 효과를 내는 것으로 비교할 수 있다. 네 번째 규칙에서, B가 C보다 작을 때, B는 항상 자신의 처음 속력으로 되튄다. 그렇지만 다섯 번째 규칙에서는, B가 C보다 더 클 때, B는 계속해서 같은 방향으로 진행하고 C는 B와 함께 움직이며, 두 물체의 속력은 그들의 운동의 양이 충돌 전 B의 운동의 양과 같도록 결정된다. B의 크기가 C의 크기보다 더 작을 때와 더 클 때 모두에서, B의 크기가 C의 크기로 접근한다고 상상하자. 연속의 원리에 따라서, 충돌 후 B의 속력도 또한 중간값에 잇따라 접근해야만 한다. 그러나 데카르트의 규칙에 따르면 그렇지 않다.[12] 충돌 현상을 연속 원리와 일치시킴으로써 충돌하는 두 물체의 공동 중력 중심은 충돌 전 처음 상태의 경우와 변하지 않고 그대로 유지된다는 호이겐스의 통찰력을 받아들이는 결과를 낳았다. 연속 원리의 도움을 받아서 라이프니츠는 철학적 기초를 갖춘 통찰력을 공급하게 된 것이다.

비록 라이프니츠의 충돌 규칙이 호이겐스의 충돌 규칙과 다르지 않았지만, 그가 접근한 방법은 아주 달랐다. 힘의 보존과 관련해서 라이프니츠는 동역학적 측면에서 충돌을 보았으며 결과적으로 완전히 단단한 물체들이 아니라 완전히 탄성적인 물체에 대해 말했다. 그는 데카르트와 호이겐스는 모두 인정했던 운동의 양과 운동의 결정이 서로 다르다는 것을 부인했으며, 운동의 양과 운동의 결정은 서로 상대방을 유지시킨다고 주장했다. 물체는 자신의 모든 힘과 모든 운동의 양을 가지고 자신의 결정을 유지하려는 경향이 있다. 물체가 속력을 잃으면, 비록 물체의 방향은 변하지 않고 남아 있더라도, 결정도 역시 잃는데, '왜냐하면 같은 방향을 향해서 더 천천히 진행하면서, 물체는 속력을 보존하려는 결정이 약해지기 때문이다.' 게다가, 물체를 원래의 운동과 반대 방향으로 반사시키려면 단순히 그 물체를 정지시키는 것보다 더 큰 반대가 필요하다. 만일 물체 A가 정지해 있는 물체 B와 충돌하면, B가 더 작을 때 A는 같은 방향으로 운동을 계속하며, B의 크기가 A의 크기와 같을 때 A는 정지하고, B가 더 클 때 (비록 처음 속력과 같은 속력은 아니더라도) A는 되튄다. 이때 결정은 운동 자체와 같다. 결정은 동역학적 작용이 없이는 데카르트와 호이겐스가 주장했던 것처럼 바뀔 수는 없다.

그리고 움직이는 물체의 이 결정은 다시 말하면, 정지하는 것보다는 같은 방향으로 진행하려는 것이 더 쉽고, 반대로 방향을 바꾸

는 것보다는 정지하는 것이 더 쉬운 (다시 말하면, 반대가 덜 필요
한) 만큼의 양을 가지고 있다….[13]

그래서 충돌을 동역학적으로 다루다보니 운동량이 지닌 벡터로서의 성
질 또한 표출되었다.

라이프니츠는 Essay de dynamique에서 충돌의 규칙을 세 개의 일반
적인 식으로 표현했다. (a와 b는 두 물체의 질량을 대표한다. v는 충돌
전 a의 속도이고, x는 충돌 후 a의 속도이다. y는 충돌 전 b의 속도이고,
z는 충돌 후 b의 속도이다. v는 항상 0보다 더 크고 반대 방향으로 진행
하는 속도는 0보다 작다.)

$$1. \quad v - y = z - x$$

이 '선형 방정식'은 '충돌의 원인의 보존 또는 상대 속도의 보존을 …'
표현한다. 이 식은 효과적으로 완전 탄성을 가정한 것으로서 라이프니츠
가 완전한 단단함을 거부하고 대신 사용한 개념이다.

$$2. \quad av + by = ax + bz.$$

이 '평면 방정식'은 '두 물체의 공동 보존 또는 두 물체 전체의 총 진행
경과를 …' 표현한다. 이것은 우리의 운동량 보존과 똑같고 운동량이
벡터라는 본성을 명시적으로 알았다는 점에서 데카르트의 운동의 양의
보존과는 다르다. 처음 식과는 다르게 평면 방정식은 완전히 탄성이거나
불완전하게 탄성이거나 완전히 비탄성인 모든 경우의 충돌에 성립한다.

3. $avv+byy = axx+bzz$

이 '고체 방정식'은 '절대적 힘의 총량 또는 움직이는 작용의 보존을 …' 표현한다. 식에 나오는 양들이 제곱으로 되어 있어서 부호의 차이는 없어진다.

> 그리고 이 식이 상대 속도라든지 또는 어떤 한쪽의 진척 상황과 무관한 절대적인 무엇을 제공하는 이유가 바로 그 때문이다. 여기서 질문은 속도가 어떤 방향으로 향하려고 하는지에는 관심이 없고 단지 질량과 속도를 정하는 것만 중요하다. 그리고 이것이 바로 수학자의 엄격함과 철학자의 포부, 그리고 서로 다른 원리들에서 추출한 실험과 주장을 함께 만족시키는 것이다.[14]

'움직이는 작용'이라는 개념으로, 라이프니츠는 한 가지 독립적인 기초 위에 완전 탄성 충돌에서 vis viva의 보존을 성립시키려고 시도했다. 그는 충돌에서 mv^2의 역할을 호이겐스한테 배웠으며, 호이겐스는 그것을 공동의 중력 중심에 적용한 갈릴레오의 자유 낙하에 대한 운동학에서 유도했다. 라이프니츠는 이 결과를 특별히 균일한 운동에 대해 성립하는 원리에서 유도하기를 원했으며, 그 목표를 위해서 그는 '움직이는 작용'이라는 [action motrice] 개념을 만들어 냈다. 충돌하는 물체들 사이에서 어떤 변화가 일어나든, 그는 하나만 보았을 때 그 물체들 사이에 같은 시간 간격 동안 같은 양의 움직이는 작용이 존재해야 한다고 주장했다. 움직이는 작용을 측정하려고 우리는 먼저 운동의 '공식적인 효과'를 측정해야 하는데, 공식적인 효과는 변화하는 것, 다시 말하면 공간을 통한 질량의 이동으로 구성된다. 예를 들어, 둘에 해당하는 질량이 3피트만큼 이동할 때의 공식적인 효과는 셋에 해당하는 질량이 2피트만큼 이동할 때의 공식적인 효과와 같다. 공식적인 효과는 격렬한 효과와 구별되어야만 한다.

왜냐하면 격렬한 효과는 힘을 소비하고 힘이 없더라도 무엇인가에 행사하기 때문이다. 그러나 공식적인 효과는 움직이고 있는 물체에서 존재해 스스로 획득하고 힘을 소비하지 않으며, 실제로 같은 질량이 같은 양만큼 이동하는 것은, 외부에서 아무것도 그것을 막지 않는 이상, 항상 계속되므로 오히려 힘을 보존한다. 절대적인 힘은 절대적인 힘을 소비하는 격렬한 효과와 같지만 공식적인 효과와는 결코 같지 않은 이유도 바로 이 때문이다.

그러면 '공식적인 효과'는 균일한 운동에 스스로 관계한다. '움직이는 작용'은 단순히 공식적인 효과가 만들어지는 속도에 따라 측정된다. 100파운드의 물체가 1시간 동안에 1마일을 움직이면, 움직이는 작용은 같은 운동을 두 시간 동안에 얻었을 때보다 두 배가 된다. 라이프니츠가 말한 것처럼 이런 관점에서 움직이는 작용의 보존을 증명하는 것은 간단한 일이었다. '내가 이미 다른 곳에서 같은 힘이 보존된다는 것을 증명했으며, 그리고 … 마지막 부분에서, 힘의 행사 또는 시간에 걸쳐 힘으로 끌리는 것을 작용이라 하며 이 작용은 오직 그 내부에만 존재하는 힘의 추상적 본질임을 보인 바 있다. 그래서 같은 힘이 보존되므로, 그리고 작용은 힘과 시간의 곱이므로, 같은 시간에서 같은 작용은 보존될 것이다.'

$$작용 = Ft = mv^2t.$$

균일한 운동의 조건 아래서, $v = s/t$이다. 그러므로, 라이프니츠의 분석이 이미 결론내린 것처럼

$$움직이는\ 작용 = msv$$

이다.

라이프니츠는 충돌에 대한 처음 두 방정식을 이용해 움직이는 작용이 완전 탄성 충돌에서 보존된다는 것을 증명했다. 일단 움직이는 작용이 보존된다는 사실이 확립되자, 그는 아주 단순한 단계만 거쳐서 vis viva 가 보존됨을 보일 수 있었다. 물체가 균일하게 움직일 때 속도는 단위 시간 동안에 이동한 공간에 비례하므로, 움직이는 작용은 ms^2 또는 mv^2 둘 중 어느 것으로도 표현할 수 있다.

> 결과적으로 내가 어디선가 힘은 보존되며 질량에 속도의 제곱을 곱한 것이라고 보였던 것과 상관없이도 움직이는 작용이 보존되 며 작용은 힘에 시간을 곱함으로써 얻을 수 있음을 보였다. 만일 우리가 다른 방법으로 이런 척도도 알지 못했고 힘의 보존도 알지 못했더라면, 우리는 여기서 그것을 배웠을 수도 있다….[15]

완전 탄성 충돌에서 움직이는 작용의 개념과 그리고 그것에 의존하는 vis viva의 보존에 대한 유도를 진지하게 받아들일 수는 없다. 이미 알려 진 결과를 얻으려고 이것저것 섞었음이 분명한데, 증명 도중에 '작용'을 정의하는 공식 속에 이미 결론을 슬며시 집어넣었던 것이다.[16] 그렇지만 그 유감스러운 계략만 제외하면 라이프니츠가 충돌을 취급한 방법은 과 학의 정확성 면에서 뛰어난 업적이다. 비록 그 기초는 호이겐스에 있었 던 것이 명백하지만, 그 결과는 호이겐스의 결론을 일반성과 간결함에서 한 단계 더 높이 끌어올렸다 하겠다. 라이프니츠가 목적을 이룰 수 있었 던 더 중요한 요인은 완전히 단단한 물체에 대한 호이겐스의 운동학을 완전 탄성 물체에 대한 동역학으로 옮겨놓았다는 것인데, 그 안에서 상대 속도와 운동량 그리고 vis viva의 보존은 모두 다 충돌의 동역학적 작용을 인식하지 않고서는 이룰 수 없는 것이었다.

여러 가지 면에서, 완전 탄성 충돌은 vis viva의 보존을 연직 방향 운동의 동역학보다 훨씬 더 만족스럽게 설명했다. 연직 방향의 상승에서는 격렬한 효과가 힘을 소비한다. 그리고 비록 힘은 자유 낙하에서 항상 다시 회복하지만 vis viva는 실제로 상승과 하강의 순환을 통해서 보존되지 않는다. 반면에 탄성 충돌에서는 운동의 힘이 스스로 탄성의 힘으로 전환된다. 라이프니츠 쪽에서 보면 탄성 자체가 임의로 한 가정은 아니었다. 연속의 원리가 탄성을 요구했다. 거시적 물체의 탄성은 거시적 부분들에 대해 연속적으로 바뀌어야만 한다. 호이겐스는 입자들이 완전히 단단한 궁극적인 요소로 구성된다고 주장했다. 그에 반해 라이프니츠는 연속의 원리를 이용하여 궁극적인 구성 요소가 존재할 가능성 자체를 부인했다. 탄성 물체는 여전히 더 작은 입자들로 구성되어 있으며, 그런 식으로 무한히 계속됨으로써 단단함과 궁극적인 구성 요소 모두가 추방되어 버린다.[17] 똑같이, 연속의 원리는 완전히 단단한 물체의 충돌에서 요구되는 속도의 순간적인 변화도 제외시켰다. 탄성은 충돌에 대한 동역학과 힘의 보존을 만족시키기 위한 기초가 되었다.

이와 같이 우리는 만일 두 물체 A와 B가 충돌하는데 A_1과 B_1에서 출발하여 A_2B_2에서 충돌하게 되면, 거기서 두 물체는 마치 두 개의 부풀린 공처럼 점차로 압축되고, 압력이 연속적으로 증가하면서 두 공은 서로에게 점점 더 접근한다는 사실을 알아야만 한다. 그러나 바로 그런 사실로 운동은 약해지고 의욕의 힘은 물체의 탄성으로 옮겨가서, 그런 다음에는 물체들이 완전히 정지한다는 점도 알아야만 한다. 이후에는 두 물체의 탄성이 스스로 회복되면서, 두 물체는 정지 상태에서 시작해서 이전의 역순으로 서로에 대해 되튀고 운동이 연속적으로 증가하며, 마침내 두 물체는 서로에게 접근했던 처음 속도와 같지만 반대 방향을 향하는 속도를 되찾는다….[18]

탄성 충돌에서, 합성된 물체의 vis viva는, 라이프니츠는 이것을 또한 '지향성(指向性) 힘'이라고도 불렀는데, 스스로 각 부분의 vis viva, 즉 이들의 '상대적인 힘'으로 전환되며, 이로부터 합성된 물체의 vis viva는 새로워진다. 비록 vis viva라는 개념은 연직 운동에 대한 갈릴레오의 운동학에서 처음 유도되었지만, 이의 보존은 탄성 충돌을 분석하는 과정에서 아주 분명하게 드러난다.

물론, 모든 물체가 완전히 탄성은 아니다. 실제로는 라이프니츠도 아주 잘 알고 있었던 것처럼, 어떤 물체도 완전히 탄성은 아니다. 충돌을 체계적으로 설명하는데 그가 뛰어났던 점은 이상적인 것에서 벗어난 차이를 적절하게 수용한 능란한 솜씨다. 물체들은 어느 정도 불완전하게 탄성이어서 물체의 부분들은 그들의 운동을 물체 전체에 전달하리만큼 단단히 결합되어 있지 않다. '그래서 그런 물체들 사이의 충돌에서, 이 힘이 물체 전체에 주어지는 것이 아니라, 힘의 일부분이 질량을 구성하는 작은 부분들에 흡수된다. 그리고 그런 것은 압축된 질량이 완전하게 회복되지 않을 때는 항상 일어나야만 한다….'[19] 20세기의 독자는 vis viva라는 말을 볼 때, 그리고 특별히 mv^2이라는 공식을 볼 때, 어김없이 '에너지'라고 말한다. 라이프니츠가 완전하지 않은 탄성 충돌을 다룰 때가, 그 개념이 오늘날의 에너지에 가장 가까이 근접했다고 하겠다. 힘의 일부는 '물체의 부분에 흡수된다.' 첫 번째 식과 세 번째 식은 '힘의 일부분이 다른 곳으로 바뀐다는 이유로 충돌 후에 남은 것이 충돌 전에 있던 것보다 더 작기 때문에' 더 이상 성립하지 않게 된다.[20] 아마도 라이프니초는 각 부분들로 흡수된 '힘'이 열로 측정할 수 있음을 깨닫지 못했다는 사실을 지적할 필요가 있을지도 모른다. 이는 라이프니츠 역시 그의 시대에서 100년을 뛰어 넘을 수는 없다고 말하는 것이나 같다. 그렇다고 해서 궁극적으로 에너지 보존 원리에 도달하는 토대를 제공한 그의 통찰력이 지닌 광채가 결코 흐려지지 않는다.

> 그러나 전체 힘이 이렇게 손실된다고 해서, 또는 세 번째 식이 성립하지 못한다고 해서, 세상에 존재하는 같은 힘에 대한 보존 법칙이 어긋날 수 있다는 것은 아니다. 왜냐하면 미세한 부분으로 흡수되는 것이, 비록 공존하는 물체들의 전체 힘에서는 손실이 되지만, 우주에서 완전히 없어지는 것은 아니기 때문이다.[21]

★

에너지와 vis viva를 비교하면서, 나는 라이프니츠의 개념에서 '힘'과 (또는 '살아있는 힘'과) 우리가 익숙하게 사용하는 뉴턴의 개념에서 '힘'은 아무런 관련이 없음이 명백하다는 점을 지적하고자 한다. 실질적으로 17세기 전반을 통틀어 그랬던 것처럼, 라이프니츠는 힘과 동역학적 작용을 움직이는 물체와 연관지었다. 라이프니츠가 균일한 운동의 '공식적인 효과'와 그런 조건 아래 놓인 힘의 '움직이는 작용'을 정의하려 했던 것이 순전히 우연은 아니었다. '힘'은 운동과 관련해서 물체에 있는 것이다. 그리고 물체에 힘이 있기 때문에 충돌하면서 다른 물체에 작용할 수 있는데(또는 작용하는 것처럼 보일 수가 있는데), 이러한 작용은 물체가 다른 물체의 상태를 바꿀 수 있는 (또는 바꾸는 것으로 보일 수 있는) 유일한 수단이라고 라이프니츠는 생각했다. 다시 말하면, 라이프니츠의 힘에 대한 개념은 충돌의 모형을 표현한 것이다. 비록 그는 그 모형에서 힘의 척도가 mv 대신 mv^2이라고 주장했지만, 그는 결코 모형 자체에 도전하지는 않았다. 이와 동시에, 자유 낙하에 대한 모형 역시 그의 동역학에서 중심적인 역할을 했다. 만일 그가 자유 낙하를 어떻게 활용할지 알지 못했더라면, 그의 동역학도 셀 수 없이 많은 사람과 마찬가지로, 움직이는 물체가 지닌 힘에 대한 직관적인 인식 위에서 동역학을 구축하려는 실패한 시도들의 쓰레기 더미에서 끝났을 것이다. 라이프니츠의 유일한 성공은 그가 힘의 개념을 둘러싸고 있는 애매모호함을 해결하려고 자유 낙하를 활용한 것과 충돌의 모형을 통하여 구상한 힘의 척도를 수정한 데 있다.

그의 동역학의 유일무이한 성공이 또한 동역학의 한계도 되었다. 해석학이 그에게 열어주었던 분명한 기회인데도, 그리고 한 마디 한 마디 충실하게 일반화 하려는 그의 잠정적인 노력에도, 해석 역학의 한 면이라고 여겨졌던 그의 동역학은, 정량적 요소들을 처음으로 이끌어냈던 자유 낙하의 운동학에서 자유롭지 못했다. 그는 충돌의 현상을 토대로 더 넓은 영역에서의 일반화를 이루려고 노력했지만, 내가 보기에는 독립된 원리로부터 탄성 충돌에서 vis viva가 보존된다는 것을 이끌어내려는 이러한 시도는 환상이며, 호이겐스가 그랬듯이 보존된다고 우긴 것은 공동의 중력 중심이 연직 방향으로 올라갈 수 있는 잠재적인 높이에 의존할 뿐이었다. 라이프니츠는 그의 동역학적 용어를 다른 역학적 작용을 이해할 수 있다는 것을 인용함으로써 그의 동역학이 일반적임을 즐겨 암시했다. 연직 방향으로 올라가는 높이는 힘을 모두 써버렸을 때 일어나므로 힘을 측정하게 만드는데, 여러 격렬한 효과 중에서 유일하게 원인이 되는 힘을 소비하는 효과이다. 예를 들어, 그는 비슷한 격렬한 효과들로 용수철에서 장력이 만들어지는 것이라든지 움직이려는 물체의 충동, 그리고 움직이는 물체의 지연 등을 말했다.[22] 그렇지만, 그 모든 문장에서 라이프니츠는 단순히 유사성과 그리고 힘의 척도로 mv^2이 궁극적으로 필요하다는 것만 가정했다. 어떤 경우에도 그는 그것을 일상적인 표현으로 유도하려 하지 않았다. 라이프니츠의 동역학에서 vis viva는 중심이 되는 개념적 역할을 담당했지만, 그는 결코 vis viva를 정량적으로 측정하려고 자유 낙하의 운동학 외에 어떤 것도 기반으로 하지 않았다.

나중이니까 깨닫게 되긴 하지만, 라이프니츠가 vis viva의 동역학을 일반화시키는 데 실패한 것은, 그가 죽은 힘과 연관된 개념을 충분히 탐구하고 개발하는 데 실패한 것과 밀접한 관계가 있었다. 해석 역학의 영역 내에서 우리가 오늘날 운동 에너지라 부르는 개념은, 일이나 퍼텐셜 에너지의 개념과 함께 짝지어질 때만 유용하다. 라이프니츠가 간단하고도 자주 애매하게 말하는 '죽은 힘'은 어떤 의미에서도 위와 같은 기능을 수행할 수 없다. 특정한 문제를 다룬 별도의 문장에서 '죽은 힘'은 우리가 익숙하게 사용하는 '힘'과 정확히 똑같게 나타나며, 그 발전을 가로막을 어떤 장애물도 개념 안에 내재되어 있지 않았다. 그렇지만 라이프니츠의 동역학과 형이상학이 지닌 독특한 구조는 그로 하여금 끝까지 발전해 나가도록 격려하지는 않았다.

죽은 힘, 또는 동등하게 불렸던 '유혹'이나 'conatus'와 살아있는 힘과의 관계는 정역학과 동역학과의 관계와 똑같았다.

> 나는 물체가 말하자면 운동하라고 조르거나 요청하는 무한히 작은 노력 또는 conatus를 유혹이라고 부른다. 예를 들면, 무게의 작용이나 중심에서 밖으로 향하는 경향 같은 것들은 무한히 많이 모여야만 일반적인 운동을 만들 수 있다.[23]

죽은 힘은 특별히 정적인 상황에서 나타나는데, 그런 데서는 어떤 기동력도 발생하지 않으며 막 움직이려는 최초의 경향이 나타날 수 있다.

살아있는 힘이 실제로 무엇인가를 일으키는 것처럼 죽은 힘도 실질적으로는 무엇인가를 일으킬 수 있는데, 이는 유혹을 반복하면서 유한한 크기의 속도를 만들어 낼 때에 해당한다. 라이프니츠는 데카르트가 동역학의 평형 조건을 잘못 이해했기 때문에 힘의 척도에서 어리석음을 범했다고 믿어 의심치 않았다. 죽은 힘은 막 움직이려는 첫 번째 노력에 해당하는 지극히 작은 무한소(無限小)의 하강이, 속도의 요소에 비례하고, 유한한 속도가 발생한 다음에 죽은 힘은 멈춘다. 다음은 일반적인 규칙으로

> 힘은, 무게와 무게의 힘으로 자신을 들어올릴 수 있는 높이와의 곱에 비례한다. 그리고 움직이기 직전에 평형을 유지하려고 들이는 간단한 노력을 (conatus를) 고려하는 것이 필요한데, 이것이 내가 죽은 힘이라고 부르는 것으로, 죽은 힘과 (운동 자체에 있는) 살아있는 힘 사이의 비는 점과 선 사이의 비와 같다. 이제 낙하하기 시작할 때 운동은 지극히 작고, 속도 또는 속도의 요소는 낙하만큼이나 작지만, 적분을 하면 힘은 살아있는 힘이 되고 낙하는 속도의 제곱에 비례하게 된다.[24]

위 문장에서 사용한 언어를 보면 라이프니츠의 동역학은 그 시작부터 미적분학을 통해서 표현했다고 자연스레 생각하게 된다. 해석학은 그것 자체만으로 그의 동역학을 정교함과 엄격함에서 새로운 수준으로 올려놓았으며, 여기에서 적어도 잠재적으로나마 동역학이 전통적인 기하로 한정되어 있던 역학의 역량을 초과하여 모든 영역의 문제를 다룰 수 있는 능력을 얻게 되었다. 해석학적 용어를 빌면, 죽은 힘이 운동의 요소 또는 미분이며, conatus의 무한한 반복은, 즉 죽은 힘을 시간에 대해 적분한 것은 운동이 된다. 만일 우리가 라이프니츠의 동역학에서는 결코 문제의 핵심에 서지 못했고 뉴턴의 Principia가 출판된 이후에야 분명해

진 질량의 개념을 허용한다면, 우리는 위 문장을 동역학의 기본이 되는 관계로서 다음과 같이 바꾸는 것이 가능하다.

$$F = m\frac{dv}{dt}$$

$$mv = \int F\,dt$$

라이프니츠가 동역학에 기여한 것은 애매모호함을 깨끗이 제거한 것이다. 미분 해석학을 이용해, 그는 정역학과 동역학의 혼란을 해소하고 오늘날 우리가 정의한 것과 같이 힘을 정의하려고, 힘의 (그의 용어로는 죽은 힘의) 개념을 둘러싸고 있는 혼동을 (그가 그렇게 하려고 선택했을 때) 쳐내는 데 성공했다.

그리고 살아있는 힘의 기동력과 순수한 유혹 사이의 관계는 무한대와 유한 사이의 관계와 같고, 또는 내가 제안하는 미분 해석학에서는 선과 선의 요소 사이의 관계와 같다…. 한편 평형의 법칙이 미분 또는 증분(增分)에 항상 적용된다는 것이 알려지면서, 적분에서도 역시 경이로운 자연의 미적 감각에 따라서 같은 vis viva가 [원인과 효과가] 동등하다는 법칙에 따라 보존된다는 것이 알려졌다 …. 결과적으로 무거운 물체의 경우에는 낙하하는 매순간 같으면서 무한히 작은 속도의 증분을 받아들이기 때문에 죽은 힘과 살아있는 힘을 동시에 계산할 수 있다. 더 정확히 말하면, 속도는 시간에 대해 균일하게 증가하지만, 절대적인 힘은 거리나 시간의 제곱에 대해, 즉 효과에 대해 균일하게 증가한다. 그러므로 기하와 유사하게 비교하자면, 또는 우리의 분석과 비교하자면, 유혹은 dx에 비례하고, 속도는 x에 그리고 힘은 xx 또는 $\int x\,dx$에 비례한다.[25]

언뜻 보기에는, 이 구절이 서로 모순되는 정의를 제안하는 것처럼 보인다. 처음 문장은 죽은 힘이 vis viva의 미분이며, vis viva는 죽은 힘의 합 또는 적분이라고 말하는 것처럼 보인다. 그에 반해서, 마지막 문장에서는 속도를 (또는 더 적절하게는 운동을) 반복해서 적분하여 죽은 힘의 적분을 얻기도 하고 살아있는 힘의 미분을 얻기도 한다. 아마도 라이프니츠는 시작하는 문장에서 그냥 vis viva라고 말하지 않고 vis viva의 '기동력'이라고 말함으로써 그러한 구분을 유지하려고 했던 것 같다.[26] 이런 해석에서, 기동력(mv)은 라이프니츠가 종종 vis viva의 격렬함이라고 말했던, vis viva가 작용하려는 생생한 능력을 표현하지만, 그것은 수학적으로 그것의 기동력미분과 관계된다.

유감스럽게도 죽은 힘이 기동력이라는 중간 단계의 양을 거쳐서 살아있는 힘으로 건너가는 깔끔한 이중 적분은 자주 단일 적분으로 단순화되었다. '무한한 단계의 죽은 힘의 결과로 나타나는 살아있는 힘과 죽은 힘 사이의 관계는 표면과 선의 관계와 같다. 무게나 탄성 그리고 원심성(遠心性) 등과 같은 죽은 힘은 유한한 속도에는 존재하지 않고 단지 무한히 작은 속도에만 존재하는데, 그것을 나는 유혹이라고 부르며 이러한 유혹이 계속 반복해서 태어나는 것이 살아있는 힘이다.'[27] 다시 한 번 더 Specimen Dynamicum에서, 그는 수평면 위에서 한쪽 끝을 중심으로 회전하는 관 내부의 공이 받는 원형 원심의 충격을 예로 들면서, 유혹과 이의 반복으로 생기는 기동력의 차이를 또다시 논의했다.

그러므로 힘에도 역시 두 가지 종류가 있다. 하나는 기본적인 것으로 나는 죽은 힘이라 부르는데, 관 속에 들어있는 공이나 아직 줄에 매달려 있는 돌과 같이 매달리려는 있지만 아직 움직이지는 않고 단지 움직이려는 유혹만 존재하기 때문이다. 다른 하나는 실제적인 운동과 결합한 평범한 힘으로, 내가 살아있는 힘이라고도 부르는 것이다. 죽은 힘의 한 가지 예가 원심의 힘이며, 비슷하게 중력의 힘 또는 구심의 힘과 같은 것들이 있다. 또한 잡아당긴 탄성 물체가 처음으로 돌아가기 시작할 때의 힘도 죽은 힘이다. 그러나 충돌에서는 상당한 시간 동안 낙하한 무거운 물체에서 생긴 것이든, 또는 상당한 시간 동안 스스로 회복하면서 잡아당긴 활에서 생긴 것이든, 그 힘은 살아 있고 죽은 힘이 연속해서 무한히 많은 수로 새겨져서 만들어진다.[28]

어떤 의미에서는 개별적인 문장들에 있는 단어 하나하나에 정확한 의미를 부여하는 것은 쓸모없는 짓이다. 라이프니츠가 기본적인 적분을 해나가는 능력은 의심할 여지가 없으며, 죽은 힘과 살아있는 힘을 정의한 용어들을 조심스럽게 말할 때는 항상, 죽은 힘 $\left(m\dfrac{dv}{dt} \right)$ 을 시간에 대해 한 번만 적분하면 살아있는 힘 (mv^2)을 절대로 만들 수 없다는 것을 분명하게 알고 있었다. 필수적인 사항은 오히려 매 적분마다 시간 간격을 통하여 더해야 한다는 사실이다. 라이프니츠의 접근 방법은 힘이 (다시 말하면, 죽은 힘이) 시간의 함수인 동역학적 문제에는 더 이상 개선의 여지가 없었을 정도였다. 예를 들어 질량이 2이고 속도가 3인 A와 질량이 3이고 속도가 2인 B와 같이, 운동의 양이 같은 두 물체는 충돌하면 서로 상대방을 멈추게 만들므로, (그는 살아있는 힘이라고 말했음직한) 힘은 운동의 양과 똑같아야만 한다는 이의에 대한 라이프니츠의 답변을 보자.

왜냐하면 만일 B가 1파운드를 18피트만큼 위로 올릴 수 있다면 A는 1파운드를 겨우 12피트밖에 올리지 못해서, 비록 A가 B보다 절대적으로 더 약하다고 하더라도, 그런데도 충돌에서는 그들이 서로 상대방을 멈출 수 있는데, 그 이유는 물체가 단지 죽은 힘의 또는 정역학의 법칙으로만 방해받기 때문이다. 탄성을 가정하면 두 물체는 충돌해서 죽은 힘으로만, 또는 평형으로만 서로에게 작용을 한다. 다시 말하면, 서로 누르고 저항하고 점차로 약화시키면서 결국에는 멈추게 될 때까지, 아주 작은 변화로, 매순간 상대방의 운동을 또는 죽은 힘을 아주 조금씩 파괴하는데, 이는 양쪽이 다 마찬가지이다. 이제 죽은 힘의 양은 평형의 법칙에 따라서 실제로 무한히 작은 운동의 양으로 측정하지만, 그런 운동의 양이 계속 반복되어서 마지막에는 두 물체의 전체 운동의 양이 소진되며, 운동의 양은 두 물체에서 똑같은 양이라고 가정해서, 각 운동의 양이 동일한 시간 동안에 소진되고, 결과적으로 두 물체는 그들의 탄성이 주는 압력으로 동일한 시간 동안에 정지 상태로 바뀌며, 그 뒤에 두 물체는 스스로 운동의 양을 회복해서 운동을 다시 만든다. 이런 모순의 원인을 구성하는 것은, 두 탄성체의 충돌 시 운동의 양이 평형을 유지하면서 점진적으로 축소되어야 한다는 데 있는데, 이 두 힘은 절대적으로는 다르지만 운동의 양은 같아서 서로를 정지시켜야만 한다. 그 연유는 이런 일들이 상대적인 작용에서만 일어나는데, 여기서는 계속해서 반복하는 무한히 작은 운동의 양에 따라서만 경기가 벌어지기 때문이다.[29]

이 경우에 대한 라이프니츠의 장황한 설명은

$$\int Fdt = \Delta mv$$

라고 간단히 쓸 수 있는데, 이것이 바로 해석적 과정의 이점이다.

그렇지만 라이프니츠의 동역학에서 중심이 되는 양인 (죽은) 힘은 거리의 함수인 경우에서 유도된다. 그는 수학을 바로 이용할 수 있었는데도 철학적 고려 때문에 방해받아서, 자유 낙하에서 vis viva가 발생하는 것을 죽은 힘의 거리에 대한 적분으로 설명할 수 있다고 결코 암시하지 않았다. 그의 동역학에서는 어떤 개념도 일이나 또는 퍼텐셜 에너지와 가깝게 대응하지 않았다. 그에 가장 가까이 접근했던, vis viva를 소비하는 격렬한 효과라는 개념도 다른 의미를 함축하고 있었다. 실제로 라이프니츠의 철학적 정신에 따르면 힘과 거리 사이에는 아무런 함수 관계가 성립하지 못했다. 그는 힘이란 물체가 전개되는 법칙에서 순간적인 상태인 물체의 성질로, 물체가 구체화시키는 과거의 합산(合算)이며, 또한 물체가 그 존재를 드러내기 위한 미래의 근원이라고 보았다. 라이프니츠는 죽은 힘이, 해석 역학에서 중요한 용어라고 하기보다는 물체의 내부 법칙에 따라 정의하는 여러 순간 중의 한 순간으로 인식되었는데, 이런 법칙은 죽은 힘보다는 살아있는 힘으로 기술된다. '살아있는'과 '죽은'이라는 형용사는 라이프니츠의 생각을 과장하여 표현한다. 그는 동역학 내에서 죽은 힘의 개념이 갖는 의미를 충분히 조사하기 위해서 과도하게 고민하지는 않았다. 비록 죽은 힘의 수학적 표현인 $\left(m\frac{dv}{dt} \right)$이 우리가 익숙하게 사용하는 힘의 정의와 똑같지만, 개념에서는 그 두 개가 근본적으로 다르다. 우리가 이해하는 힘은 관성의 원리와 논리적으로 관계가 있는 것으로, 스스로 변화를 주도할 수 없는 물체의 상태를 바꾸는 외부의 작용이다. 그와는 대조적으로 라이프니츠는 외부의 어떤 것이라도 실체를 지배하는 독자적인 법칙에 영향을 미칠 수 있다는 바로 그 가능성을 배제했다. 라이프니츠가 죽은 힘에 대한 동의어로 사용한 'conatus'라는 단어는 중요한 화물(貨物)이라는 의미다. 물체의 살아있는 힘은 성취된 운동의 격렬한 동작에서 스스로를 표현한 것이라면, 죽은 힘은 물체의 움직이려는 '시도' 또는 '노력'이다. 그러한 용어들로 힘을 이해하면, 힘은 유일하게 시간의 함수이다. 실체를 지배하는 법칙은 공간이 아니라 시간을 통해서 모습을 보인다. 물체의 노력을 수학적으로 시간에 더하는 것은 물체가 존재하고자 하는 노력을 반복하는 것인 데 반해, 공간에 더하는 것은 아무런 의미도 없다. 장 베르누이(Jean Bernoulli) (역주: 뉴턴과 라이프니츠와 같은 시대에 활동한 스위스의 수학자로 뉴턴과 라이프니츠 사이의 미적분 논쟁에서 라이프니츠 편을 든 사람이며 유체 역학에서 '베르누이 방정식'으로 유명한 Daniel Bernoulli의 부친)는 물체가 올라갈 수 있는 높이로 vis viva를 측정하는 것에 이의를 제기하면서, 올라가는 효과가 중력의 법칙이나 원인이 되는 에테르의 운동에 의존한다는 생각에 반대했다. 즉, 신이 다른 조건으로 만들어 놓았을 수도 있기 때문에 그 효과로 절대적인 힘을 측정할 수는 없다면서, 일-에너지 방정식과 그 효과가 동등한, vis viva의 증분(增分)은 죽은 힘을 거리에 대해 적분한 것과 같다고 말하면서 라이프니츠의 의견을 구했다. 그 점에 라이프니츠의 답변은 더욱 흥미로웠는데, 그는 베르누이에게 움직이는 작용에 대한 선험적(先驗的) 원리에서 vis viva의 보존을 어디선가 증명했다는 점을 상기시켜 곤경에 빠질 뻔했던 곳에서 잘 빠져나갔다.[30]

힘의 형이상학적 실체를 주장하면서, 라이프니츠는 기계적 인과 관계에도 경험적인 수준에서 마찬가지로 성립할 것이라 주장했다. 접촉하지 않고서 행동하는 작용이라는 생각은, 거리의 함수로 주어지는 힘의 개념과 아주 밀접하게 관계되는데, 이 생각을 호이겐스 못지않게 라이프니츠도 싫어했다. 결과적으로 그에게 자유 낙하 운동은 속도의 미분 요소들의 합으로 표현할 수는 있었지만, 일의 미분 요소들의 합으로 표현할 수는 없었다. 우습게도 라이프니츠는 힘의 척도가 되는 격렬한 효과를 연직 방향의 상승으로 나타낼 수 있는 이유는 그것이 속도와 시간에 모두 독립적이기 때문이라는 것을 끊임없이 지적했다. 경로야 어찌 됐든, 연직 방향으로 상승한 높이만 같으면 같은 양의 힘을 소모한다. 그런데도, 연직 방향 운동이 그에게는 적분 $\int Fds$로 표현하는 우리의 일의 개념과 비슷하게 보이지는 않는다. 그의 vis viva 표현 앞에 계수 $\frac{1}{2}$이 빠진 것이 좀 이상한데, 어쩌면 이 점이 뭔가 암시하는지도 모른다. Principia 가 출판된 뒤에 라이프니츠가 쓴 동역학에 대한 에세이에서조차, 물체의 힘이 물체가 오를 수 있는 높이와 '질량 또는 무게'와의 곱으로 측정할 수 있다고 말했던 것은 주목할 만하다.[31] 그의 동역학에서 중심이 되는 양은 우연찮게 자유 낙하에 대한 갈릴레오의 운동학에서 기인했는데, 그것은 물체는 떨어지기 시작한 처음 높이까지 오를 수 있다는 생각이었고, 여기서 보존이라는 개념이 라이프니츠의 관심을 끌게 된 것이었다. 그는 결코 자유 낙하에 대한 동역학을 일반화해서 그가 비슷하다고 생각한 다른 동역학적 작용에 정량적으로 이용하게 하지는 않았다.

라이프니츠의 동역학이 최종 형태로 제안한 일반적인 원리들은 두 가지 중요한 현상들, 즉 자유 낙하와 탄성 충돌의 분석에 주로 근거했다. 각각의 분석은 서로 완전히 반대였다. 그의 중심이 되는 개념인 vis viva 의 보존에 관한 한, 탄성 충돌이 가장 좋은 본보기를 제공해 주었다. 탄성 충돌에서, 움직이는 물체의 운동은 (두 물체의 vis viva는) 스스로 탄성의 힘으로 전환하는데, 그 탄성의 힘에서 원래의 운동의 힘이 새롭게 구성된다. 그 다음으로 탄성의 힘은 움직이고 있는 에테르 입자들이 발현한 것으로 이해되었다. 여기서는 실제로 vis viva의 보존을 이해할 수 있는 정도로 말할 수 있었다. 유감스러운 점은 라이프니츠는 이에 단지 말만 했다는 것이다. 탄성에 대한 그의 논의는 한결같이 비-정량적이었다. 어떤 곳에서도 그는 진동하는 용수철을 후크가 수행했던 것처럼 분석하지 않았다. 그랬더라면 그는 자유 낙하를 다룰 때 외면했던 (죽은) 힘이 거리의 함수로 되는 관계에 직면했을 것이다. 그가 움직이는 작용의 개념으로부터 탄성 충돌에서 유도한 vis viva의 보존은 잘못된 것이었다. 그 결론은 중력의 공동 중심의 잠재적인 상승에 대한 호이겐스의 연구에 이미 있는 사실에 근거했다.

탄성 충돌과는 대조적으로, 자유 낙하는 기껏해야 힘의 보존을 과시하는 맥락에서 얽히고설킨 채로 정량적인 동역학 용어들을 제공했다. 비록 데카르트에 반대하는 그의 논거가 원인을 초과하는 효과는 있을 수 없다는 사실에 바탕을 두었지만, 그는 결코 위로 올라가는 무거운 물체에서 무엇이 탄성 물체의 변형에 해당하는지 지적하지 않았다. 그의 동역학에서 중심이 되는 양적 인자(因子)인 mv^2은 죽은 힘의 개념을 좀 더 철저하게 조사하고자 하는 일반적인 분석에서 나온 것이 아니고, 갈릴레오의 운동학을 직접적으로 바꾸어 놓아서 나왔다. 반면에 탄성 충돌은 일반적인 분석이 이루어졌으나 정량적이지 못하고 말로만 설명했을 뿐이었다.

★

라이프니츠는 갈릴레오의 운동학에서 운좋게도 힘의 정량적인 척도를 얻는 게 가능했지만, 원운동에서는 그런 행운이 따르지 않았다. 실제로 그가 동역학을 체계화한 특정한 방법은 17세기 동역학의 이러한 결정적인 문제에서 유용한 통찰력을 실질적으로 차단하는 결과를 가져왔다. 쟁점을 우리 용어로 표현하자면, 균일한 원운동에서는 운동 에너지의 증가 없이 힘의 연속적인 작용이 필요하다. 명백해 보이는 수수께끼를 풀려면 일의 개념이 꼭 필요하다. 균일한 원운동에서는 어떤 일도 수행되지 않는다. 거리에 대한 힘의 적분은 없다. 우리가 이미 본 것처럼, 라이프니츠의 역학에서는 죽은 힘이 단지 시간으로만 적분된다. 우리가 믿는 것처럼, 만일 원운동이 균일하게 가속된다면, 라이프니츠의 기준에 따르면 원운동은 반드시 vis viva의 증가를 수반해야 하는데, 라이프니츠는 그 결과가 틀렸음을 알았다. 그가 격렬한 효과와 공식적 효과를 구분한 기준은, 17세기 초에 갈릴레오가 그 기준에 대해 말한 것과 정확

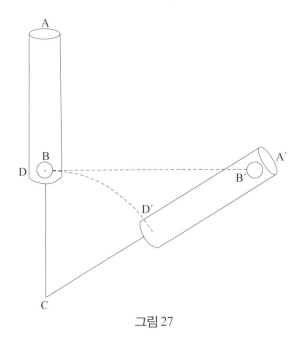

그림 27

히 똑같게, 중심들 주위의 구(球)에 편성된 우주에서 연직 방향 운동과 수평 방향 운동을 구분하는 기준을 그대로 반복했다. 그러므로 관성 운동은 직선 운동이어야 한다고 이해하고 있었던 라이프니츠에게는, 속도가 일정해서 vis viva가 일정한 운동인 원운동은 전혀 관성 운동이 아닌 관성 운동과 비슷하고 정적 평형과도 비슷한 평형 상태라고 이해되었다.

이런 문맥에서, 위에서 인용한 문장들처럼, 라이프니츠는 원심력을 죽은 힘의 예로 자주 인용했다. 수평면 위에서 한쪽 끝을 중심으로 회전하는 관 속에 들어 있는 공을 상상하자. 관이 회전하면 공은 원심력을 경험한다. 그리고 처음 회전하기 시작할 때 공은 관이 D에서 D'로 이동하는 회전의 기동력과 비교하면 무한히 작은 conatus와 함께 지름 방향으로 움직이기 시작한다(그림 27을 보라). '그러나 만일 회전에서 계속되는 원심 자극을 상당한 시간동안 계속한다면, 공에는 회전의 기동력 DD'에

견줄 만한 완전한 원심 기동력 *D'B'*가 스스로 만들어진다.'[32] 만일 이 예가 의심스러웠다면 데카르트 전통의 영향력이 덜 했기 때문은 아니었다. 데카르트와 마찬가지로 이럴 때 라이프니츠도 접선 방향 운동을 (공이 실제로는 참여하지 않는) 원형 운동과 원심 방향의 경향과의 합성 운동으로 취급했다. 물론 원운동이 일어나려면 원심 방향의 경향을 방해해야만 했다.

> 곡선 경로를 그리며 움직이는 모든 물체는 접선 방향으로 멀어지려는 경향이 있는데, 이를 밖으로 향하는 conatus라 불러도 될 것 같다. 마치 투석기에서 물체가 길을 벗어나지 않도록 움직이는 물체를 구속하는 같은 힘이 필요한 것처럼.[33]

라이프니츠는 원운동이나 소용돌이 운동에 대한 분석을 데카르트보다 더 이전인 케플러까지 거슬러 추적하고자 했다. 그렇기는 하지만, 소용돌이는 데카르트 철학에서 맡았던 역할 만큼이나 대단히 중심적인 역할을 라이프니츠의 자연 철학에서도 맡았다. 그는 '자연의 법칙에 따르면 … 회전하는 물체는 중심에서 접선을 따라서 멀어지려는 경향이 있다…'고 말할 준비가 되어 있었으며,[34] 데카르트한테 중력의 원인을 보이지 않는 에테르의 원심력에 돌리는 것을 배웠다. 그는 데카르트보다 한 걸음 더 나아가 같은 원인에서 고체의 성질을 유도했다. 모든 물체는 접선을 따라 날아가려고 애쓰는 에테르 입자의 미세한 소용돌이다. 소용돌이의 원심력은 그들을 둘러싸는 물질에 반(反)-압력을 만들어 내서 이들을 다시 밀려들게 한다.[35] 그러므로 물체의 탄성은 라이프니츠의 우주에서는 꼭 필요한 요소인데, 물체의 각 부분의 원심 경향에 의존하며, 물리적 실체는 소용돌이 속의 소용돌이 속의 소용돌이로 무한히 계속되는 식으로 구성된다. 한 사람의 기계론자인 라이프니츠는 '신이 마치 물체의 법칙으로는 어떻게 할 방법이 없어서 별에게 (즉 행성에게) 자기가 갈 경로를 정하는 특별한 지능을 준다는 것은 신의 감탄스러운 기량에 비추어볼 때 맞지 않다'고 믿었다. 게다가 그 뒤에 수정(水晶) 같은 구 개념이 퇴출되었고, 그리고 '호감(好感)이라든가 자기(磁氣) 그리고 다른 비슷한 종류의 난해한 성질들은 이해할 수 없거나 또는 이해한다면 육체적인 느낌의 가시적 효과라고 생각했다. 나는 천체들이 운동하는 원인은 에테르의 운동으로, 또는 천문학적으로 말한다면, 유체인 서로 다른 천체가 일으킨다고 말하는 것밖에는 다른 것은 없다고 생각한다.'[36] 그는 Tentamen de motuum coelestium causis (천체 운동의 원인에 관한 에세이)에서, 자칭(自稱) 중력의 인력은 행성의 운동에 영향을 미치는데, 에테르가 그 원인이라고 주장했다. 무엇인가가 행성이 멀리 가려는 conatus를 구속해야만 하는데, 거기에는 에테르를 제외하고는 주위에 아무것도 없으며, 주위에 있는 것이 아니면 어떤 것도 conatus를 구속하지 못한다.[37] 라이프니츠의 글에서 원심력에 주어진 우선권과 기계적인 자연 철학 사이의 연관성을 무시하기 어렵다. 자연에 존재하는 모든 중심을 향하는 충격이 주변 물질의 원심 경향에서 유도되었다면, 원운동을 구심력에 따라 계속 경로를 바꾸는 직선 운동이라고 생각하는 것은 불가능했다. 그의 동역학에서는 원운동이 균일하게 가속되는 운동이라는 생각을 수용할 여지가 없었으므로, 원운동을 그의 방식대로 이해한 것은 차라리 나름대로 일관성이 있어 다행스러운 일이었다.

라이프니츠는 뉴턴이 Principia를 출판한 지 얼마 지나지 않아서 작성된 Tentamen에서, 지금까지는 지상의 물체에 한정했던 그의 동역학을 천체의 운동을 결정하는데 적용했다. 이미 말한 바 있듯이, 그는 회전하는 에테르의 존재가 꼭 필요할 뿐 아니라 의심할 여지가 없다고 생각했다. 라이프니츠는 그가 조화 원운동이라고 부르는 모습으로 움직이는 에테르가 존재한다고 단정했다. 이는 행성의 속도에서 반지름에 수직인 성분은 반지름에 반비례한다는, 케플러의 속도에 대한 수정된 법칙에 따른 것이다. 조화 원운동에서 에테르 껍질의 선형 속도는 원의 반지름에 분명히 반비례한다. 그런 에테르는 현존하는 태양계와는 모순되는데, 라이프니츠는 이 사실을 알고 있었는데도 별로 심각한 문제가 아닌 것처럼 가장했다. 실제로, 그의 Tentamen은 행성 하나의 타원 궤도에 대한 논의를 담고 있다. 그의 풀이를 전체 태양계로 확장하려면, 비록 태양의 소용돌이를 태양계 전체로 고려하는 것이 성립할 수 없겠지만, 각 행성마다 조화 관계가 성립하는 영역이 구별되어 존재한다고 가정해야만 한다. 한편, 조화롭게 회전하는 매질의 내부에서, 행성은 두 가지 운동을 따라가는데, 하나는 에테르의 회전 운동이고, 다른 하나는 행성이 태양에 가까워지거나 멀어지는 지름 방향 (또는 라이프니츠가 부른 '편동원체형(偏動原體型)') 운동이다. 행성이 회전하는 속도는 물론 편동원체형 운동의 결과로 바뀌는데, 그것은 행성이 행성의 주변을 둘러싸고 있는 에테르의 운동에 복종하기 때문이다. 라이프니츠는 그 결과로 넓이 법칙이 나와야만 한다는 것을 어렵지 않게 증명했지만 케플러의 Epitome이 나온 지 60년이 지난 뒤이어서 그렇게 열광할 만한 결과는 아니었다. 그는 조화로운 회전을 모든 가능한 세계의 가장 좋은 것의 심장부에 확고하게 놓음으로써 호이겐스를 극찬했다.

> 조화로운 회전만이 같은 방법으로 회전하는 매질 내에서 자신을 보존할 수 있고, 또 고체의 운동과 주변을 채우고 있는 유체의 운동을 영구히 일치시킬 수가 있다. 이것이 바로, 내가 언제인가 말해주기로 약속했던, 서로에게 더 잘 어울리기 위해서 따르기로 결정된 회전 운동의 물리적 근거이다. 왜냐하면 조화로운 회전만이, 그런 방식으로 회전하는 물체가 정확하게 그 방향으로의 힘을

유지하고 있어서 마치 무게와 연관된 격렬함에 따라 빈 공간을 움직이는 것처럼 보이게 하는 성질이 있다. 그리고 같은 물체는 또한 에테르 내부에서 마치 자기 자신의 어떤 충동이나 또는 그 이전의 영향에서 어떤 잔여물도 없이 그 안에서 조용히 헤엄치는데, 회전 운동에 관한 한 (편동원체형 운동을 제외하고는) 아무것도 하지 않고 주위의 에테르에 절대적으로 복종하면서 움직인다....[38]

라이프니츠는 그가 제안했던 회전하는 매질이 행성을 움직인다는 것은, 명백히 뉴턴의 Principia를 빗댄 것이 뻔한, 행성이 진공에서 중력의 영향으로 움직이는 것과 정확히 같다고 잘못 주장했다. 회전 운동에 대한 두 사람의 생각 차이가 무엇인지 이해하지 못하고서, 그는 중력의 작용을 에테르의 조화로운 회전 운동에서 분리시켰으며, 뉴턴이 중력에 부여했던 주요 기능을 후자(後者)에 소속시켰다. 라이프니츠의 시스템에는 행성이 직선 경로에서 벗어나는 데 중력은 아무런 관계도 없다. 중력은 오로지 행성과 태양 사이의 거리를 변화시키는 데만 동작한다. 그는 행성이 닫힌 궤도를 따라 운동하도록 구속하는 기능을 회전하는 에테르에게 주었고 그 작용에 대해서는 분석에서 누락시켰다. 그러므로 그의 천체 역학은, 라이프니츠 자신이 암시했던 대로, 케플러의 천체 역학의 수정판 또는 좀 더 최근으로는 보렐리의 천체 역학의 수정판에 지나지 않았다. 그가 도입한 수학은 훨씬 더 복잡했지만 개념적인 체계에서는 변함이 없었다.

라이프니츠가 그의 해석적 재능을 쏟아 부었던 문제는 Tentamen의 핵심이었던 편동원체형 운동이었다. 보렐리는 행성이 태양을 향하는 경향은 일정한 데 반하여 원심 경향은 이보다 더 커졌다 작아졌다 하는 요동 때문에 행성의 지름 방향 운동이 생긴다고 했는데, 라이프니츠는 뉴턴이 이미 중력이 거리의 제곱에 반비례한다는 사실을 증명했음을 알고서는 변화하는 위의 두 경향들 사이에 좀 더 복잡한 관계를 찾아냈다. 구심 가속도에 대해 라이프니츠가 최종적으로 도달한 방정식에는 분모에 r^2의 인자를 포함하고 있음을 의심할 필요가 없다. 조화로운 회전이라는 조건 아래서, 원심력은 반지름의 세제곱에 반비례하면서 변한다. 라이프니츠의 분석이 지닌 열쇠 중의 하나는 원심 conatus가 오로지 회전의 성분에만 관계되고 그 경로의 굽은 정도에는 전혀 관계되지 않는다는 데 있다. 조화로운 회전 운동에서 속도는 거리에 반비례하므로, 원심 가속도는 v^2/r에 비례한다는 호이겐스의 주장은 바로 원심 가속도가 거리의 세제곱에 반비례함을 의미했다. 중력에 따른 인력은 거리의 제곱에 반비례하여 감소하고, 원심의 노력은 거리의 세제곱에 반비례하여 감소하므로, 먼 거리에서는 중력이 우세해서 행성을 태양 쪽으로 잡아끌고 원심의 경향이 우세해지면 행성을 멀리 밀어버리는 식으로 번갈아 바뀌는 운동이 가능해진 것이다.

하지만, 라이프니츠의 분석에 등장한 주요 방정식의 구체적인 형태는 당황스러울 정도로 복잡하다. 그의 말을 그대로 옮기면, 그 방정식은 '편동원체형 기동력의 요소는 (다시 말하면, 중심을 향하거나 또는 중심에서 내려오는 속도의 증감은) 편동원체형 유혹과 (다시 말하면, 중력 때문에 … 또는 그와 비슷한 원인으로 생긴 새김과) 그리고 (조화로운 회전 운동 자체에서 만들어지는) 원심 conatus의 두 배 사이의 … 차이와 같다'이다.[39] 라이프니츠도 구체적으로 인식했던 것처럼, 가장 간단한 형태인 원에서만 하더라도 구심력은 원심력의 두 배라는 결과가 뒤따른다. 그러므로 우리가 보기에는 균일한 원운동은 균일하게 가속된 운동이라 할 것이다. 라이프니츠는 이것을 아주 다르게 보았다. 일정한 시간에 걸쳐서 계속해서 죽은 힘의 작용에 따라 발생한 편동원체형 기동력 또는 속도라는 (그리고 결과적으로 vis viva라는) 아이디어는 그의 동역학에서 수용이 가능했다. 그러나 vis viva를 발생시키지 않는 가속된 운동이라는 아이디어는 수용이 가능하지 않았다. 그는 자신이 만든 방정식의 명백한 중요성을 간단히 무시해 버렸고 효과적인 원심력을 conatus의 두 배와 같다고 놓음으로써 원운동의 평형을 그대로 지켰다. 이와 같이, 타원 궤도일 때, 그는 근일점이 지난 다음에 멀어지는 속도가 증가하는데, 이러한 증가는 '멀어지려는 새로운 새김이, 또는 두 배의 원심 conatus가, 중력 또는 접근하는 새김과 다시 같아질 때까지 …' 계속된다고 말했다.[40] 그뿐 아니라, 나중에 밝혀진 것처럼, 이러한 특별한 공식 체계가 또한 서로 다른 원뿔 곡선을 깔끔하게 구분하는 방법을 제공했다. 원심 경향이 중력에 따른 인력의 절반과 같을 때는 원 궤도를 따라 지나가게 된다. 근일점에서 원심력이 중력에 따른 힘의 절반보다 더 크지만 온전한 힘보다 작으면 그 결과는 타원이 된다. 근일점에서 원심력이 중력과 같을 때는 곡선은 포물선이 되며 더 클 때는 쌍곡선이 된다.[41] 그래서 균일한 원운동에서는 서로 상반되는 두 힘이 계속 평형을 유지한다. 두 힘이 거리에 따라 줄어드는 비율의 차이에 따라서 비평형이 변화하고, 이에 따라 다른 원뿔 곡선들이 만들어진다.

천체 동역학에서 중요한 경로인 타원을 생각해보자. 라이프니츠는 타원 궤도의 장축(長軸)과 행성의 반지름 벡터 사이 각의 요소는 (또는 미분은) $1/r^2$에 비례한다는 것을 증명했는데, 중력이 원인이 되어 생기는 편동원체형 가속도도 역시 이 비율에 의존했다. 비례항의 합은 역시 비례항이므로, 그가 회전 운동의 각이라 부르는 각도는 '행성이 움직이는 동안에 태양의 인력에서 계속해서 받은 기동력'에 비례한다. 이제 원일점에서 시작하자 (그림 28을 보라). A점에서, 중력에 따른 인력은 원심 경향의 두 배보다 더 크다. '그러므로 행성은 경로 $AMEW\Omega$를 따라서

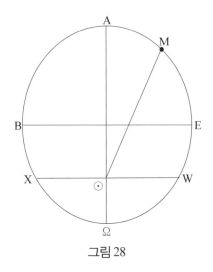

그림 28

태양을 향해 내려오며, 중력의 새로운 유혹이 새로운 원심 conatus의 두 배보다 더 크게 유지되는 한, 내려오려는 기동력은 낙하하는 무거운 물체의 가속도에서와 같이 [in gravibus acceleratis – sic!] (역주: 여기서 'sic'는 원문을 그대로 인용했다는 의미) 계속해서 증가한다. 왜냐하면 그때까지는 접근하려는 새김이 멀어지려는 새김보다 더 크고 그래서 접근하는 속도는, 두 개의 새로운 상반되는 새김이 서로 같아질 때까지 절대적으로 증가한다 ….' 두 새김이 같아지는 점은 아래 쪽 초점을 지나면서 장축과 수직인 선 *XW* 위의 점 *W*에 있다. *W*에서 Ω까지는 행성이 계속 태양과 가까워지지만, 행성의 편동원체형 가속도는 이제 감소하는데, '처음 점 *A*에서 Ω까지 합해진 원심 새김이 같은 기간 동안 합해진 중력 새김을 정확히 소비할 때까지, 또는 (개별적인 원심 새김들을 함께 모아서 만들어진) 멀어지려는 총 기동력이 결국 (계속해서 반복된 중력 새김들에서 만들어진) 접근하려는 총 기동력과 같아질 때, 더 이상 접근하지 않게 될 때까지 …' 계속 감소한다. 이 점이 물론 근일점이다.

궤도의 나머지 절반 동안은 정확히 역순(逆順)의 과정이 일어난다. 멀어지는 속도는 원심 conatus의 두 배가 중력에 따른 인력보다 더 크기만 하면 증가한다. 멀어지기 자체는 '멀어지려는 총 기동력이, 또는 Ω에서 문제의 점까지 획득하게 된 모든 멀어지려는 새김의 합이 Ω에서 그 점까지 새롭게 새겨진 접근하려는 총 기동력보다 더 크기만 하면 계속된다.' 멀어지기의 두 번째 부분 동안에, 중력에 따른 인력이 원심 conatus의 두 배보다 더 크게 되며, 그리고 새김의 합은 A에서 원심 새김의 합과 같아질 때까지 증가하는데, 'A에서는 이들이 서로 소멸되어' 더 이상 멀어지지 않는다. '그리고 이와 같이 초기의 모든 새김이 크기가 같은 상반되는 새김들에 따라서 상쇄되어 소멸될 때, 상황은 원래 상태로 돌아가고, 전체 과정이 다시 새롭게 영원히 반복된다.'[42] 타원에서 궤도의 절반 동안에 구심 새김과 원심 새김의 적분이 같다는 사실은 원운동에서 똑같이 나타난다.

어떤 무엇도 라이프니츠의 동역학이 이렇게 활력이 넘치는 것을 더 분명히 보여줄 수는 없었다. 비록 그는 두 힘 모두가 거리의 함수일 거라 여기고 이 두 힘의 상호작용을 궤도를 따라 추적해 갔지만, 두 힘은 여전히 편동원체형 속도를 지배하는 다음 식

$$v = \int adt$$

에 따라서만 고려될 수 있었던 것이다. 그런 접근 방법은 원운동에 대한 동역학을 해결할 새로운 실마리를 제공할 수가 없었다.

라이프니츠가 곡선 운동을 제대로 다룰 수 없었다는 것은 힘의 모형으로 충돌을 고려하는 어떤 동역학이라도 해결해야만 할 난제(難題)가 어느 정도인지 알려준다. 어떤 의미에서는 물체의 운동의 힘은 항상 그

운동을 일으킨 힘들의 합을 의미했다. 라이프니츠의 용어로는 이미 작용한 죽은 힘의 적분인 vis viva는 물체의 과거 상태를 알게 해준다. 관성역학에서 원운동과 관계된 쟁점의 핵심은 물체의 직선 경로를 바꾸는 힘을 계속 작용하더라도 그 물체의 운동의 힘에는 아무것도 더하지 않는다는 것이다. 라이프니츠보다 반세기 전에 토리첼리는 충돌의 모형이 심지어 기동력의 개념으로 표현되었을 때조차도, 직선에서 균일하게 가속된 운동을 정량적으로 만족스럽게 취급할 수가 있다는 것을 보았다. 토리첼리가 원운동을 다루려 했더라면, 그의 momento에 대한 동역학은 분명히 라이프니츠의 vis viva를 혼쭐내준 것과 똑같은 장애를 만나서 실패하고야 말았을 것이다. 라이프니츠의 vis viva의 동역학은 그 자체만으로는 17세기 말에 해석 역학이 직면했던 모든 문제를 해결하기에는 역부족이었다. 그 문제들의 풀이는 충돌의 모형에서 유도된 힘의 개념 외에 추가로 물체의 관성 상태를 바꾸는 외부의 작용으로서의 또 다른 힘의 개념을 필요로 했다.

★

라이프니츠의 동역학에 나오는 개별적인 문제들의 배경에는 항상 그의 형이상학의 위압적인 모습이 어려 있다. 그렇다고 해서 지금 라이프니츠 철학의 세련되고 까다로운 쟁점들을 자세히 검토하자는 것은 전혀 아닐 뿐더러 나 또한 그런 자질을 갖춘 훌륭한 해설자라고 자처할 생각도 없다. 그런데도 이 주제를 완전히 피할 수는 없겠다. 17세기에 역학이라는 학문은 당시 널리 유행한 기계적 철학과 긴밀한 연관을 가지고 있었으며, 이 기계적 철학이 받아들였던 자연의 기본적인 인과 관계와 기묘한 방법으로 연관되어 있었고, 또한 그 발전 과정에서 기계적 철학이 강요했던 존재의 범주에 의해서 특정한 방법으로 구속되어 있었다. 이러한 관계는 라이프니츠에 이르러 새로운 국면을 맞게 되었다. 새로운 국면이란 한편으로는, 17세기 말의 모든 독창적인 과학자와 마찬가지로, 라이프니츠도 기계적 철학의 자유로운 영향을 경험했는데, 그 영향이 그의 경우에는 심각하기도 했고 영구적이기도 했다. 다른 한편으로는, 라이프니츠의 동역학이 기계적 철학의 궁극적인 범주인 물리적 사고(思考)를 정면으로 거부하는 데 기초했다는 것이다.

겉으로 보기에 현상론적인 수준에서는 모든 것이 같게 보이지만, 표면 안에 형이상학적인 수준에서는 모든 것이 달리 보인다. 우주는 여전히 자신을 공공연하게 무한 기계처럼 제시하지만 그러나 그 외관(外觀) 뒤에 우주가 조화로워야 한다는 원리는 명료하고 조직적인 전체를 알려준다. 모든 운동은 목적이 있다. 현상론적 수준에서 속도의 벡터적 성질은 형이상학적 평면에서 그 목표를 수행하는 것을 의미한다. 그가 이러한 이중성에 대한 생각을 깔끔하게 포착한 문장에 따르면, 세상에 어떤 점이라도 그 운동은 '자연에서 엄격하게 결정된 선을 따라 일어나야 하며, 그 선이 일단 한 번 결정되면 어떤 방법으로도 그 선을 포기하게 만들 수 없다.'[43] 비슷한 방법으로 관성의 원리에 대한 그의 진술은, 관성의 모습을 형이상학적으로 정밀하게 검사하면 자체적인 행동으로 분해됨을 상기시키는 추가 조항을 포함한다.

이와 같이 어떤 것이든 그것이 존재하는 상태로 남아있기도 하고 또, 그것이 자신에 의존하는 한, 변화하는 상태에 있을 때는 또한 계속해서 변하기도 하는데, 항상 단 하나의 같은 법칙에만 따른다. 그러나 내 의견으로는 창조된 물질이 정해진 순서를 따라 끊임없이 변하는 것이 그 물질의 본성이며, 그 순서는 물질을 자발적으로 (이런 단어를 사용해도 좋을지 모르지만) 모든 상태를 거치게 하는데, 그렇게 해서 모든 것을 보는 이는 물질의 현재를 보면서

과거와 미래를 모두 볼 수 있게 된다.[44]

　운동 문제보다 더 기본적인 것이 물질 문제이다. 위에서 인용한 구절이 제시하듯이, 라이프니츠의 견해에서 (사물의 구성 요소인) 물질은 자연에 대한 기계적 철학에는 기본적이었던 불활성인 물질과는 거의 연관성이 없었다. '나는 능동성의 원리가 물질의 개념보다 우세하며, 말하자면, 생명력이 물체의 모든 곳에 존재한다고 생각한다….'[45] 라이프니츠가 폭넓게 받아들여지고 있던 자연에 대한 철학에 반대했던 핵심적인 이유는, 그가 굳게 믿었던, 창조된 존재를 향한 활동과 힘을 그 철학이 부정한다는 것이었다. 피조물에게 힘과 활동의 권능을 갖게 하는 것은 어떤 의미에서도 신의 유일한 지위를 탐내는 것이 아닌데, 그것은 그들이 그러한 능력을 갖게 된 것이 창조자인 신의 덕택이기 때문이다. 그와는 정 반대로 기계적 철학에서의 물질들은 존재론적으로 무력해서 스스로는 어떤 활동도 주도할 수 없는데, 마치 주도할 수 있는 것처럼 가장하는 것은 창조자의 위엄에 대한 모욕이었다. 존재한다는 것과 활동한다는 것은 동의어이다. 만일 신이 무엇이라도 창조했다면, 그의 피조물은 활동할 수 있는 물질이어야만 하고, 신의 전능함에 가치가 있는 물질이어야 한다. '그렇지 않다면 나는 … 신이 아무것도 만들어내지 않았을 것이며, 신 자신의 것이 아닌 어떤 물질도 존재하지 않았을 것이다… 이런 견해는 다시 스피노자의 불합리한 신으로 귀결된다는 것을 안다. 또한 스피노자의 오류는 피조물이 갖는 힘과 활동을 전적으로 부정한 교리(教理)에서 나온 결과를 극단적으로 밀어붙였기 때문이었다고 생각한다.'[46] 그렇게 되면, 해석 역학에서 등장하는 vis viva는 호이겐스가 계산했던 순수한 양과는 철저하게 다른 무엇이 된다. 존재의 궁극적인 실체인 원시(原始) 힘에서 파생된 vis viva가 보존된다는 것은 현상적인 수준에서 개별적인 물질의 힘과 생명력이 영원히 보존됨을 표현한다. 자연에 대한 기계적 철학에서는, 물질은 자력으로 행동할 수 없으며 수동적이다. 라이프니츠의 철학에서 물질은 활동이 집중되어 있는 부분들로 구성되어 있다. 그는 '물질은 활동할 수 있는 존재이다'라고 주장했다. '… 그 결과로 자연은 전체가 생명으로 가득 차 있다.'[47]

라이프니츠에게는 종종 그랬던 것처럼, 탄성 충돌은 그가 동역학을 형이상학적으로 연장시킬 때 얻는 고전적 표현을 제공한다. 물체의 충돌에서 그는 '각 물체는 이미 그 물체 속에 들어있던 운동으로 생긴 자신의 탄성에 따라서만 영향을 받는다'고 말했다.[48] 처음에는 의도적으로 특이하게 보였던 이 말을 이해하려면, 우리는 라이프니츠 역학의 모든 것이 시작했던 곳, 즉 호이겐스부터 시작해야만 한다. 호이겐스가 충돌을 다루면서 근거로 삼았던 궁극적인 통찰력은 운동의 상대성이었다. 운동의 상대성 때문에 항상 가정할 수 있었던 공동의 중력 중심의 관점에서 보면, 두 개의 완전히 단단한 물체는 그들의 원래 운동을 손상되지 않은 채로 고스란히 갖고 되튄다. 라이프니츠는 이 결론을 수용했지만, 그 의미를 변환시켰다. 호이겐스의 완전히 단단한 물체는 라이프니츠에서는 완전히 탄성적인 물체가 되었으며, 운동학적 풀이는 자연스럽게 동역학적 풀이로 전환되었다. 모든 기준계에서 질량과 속도의 제곱의 곱인 mv^2의 합에 대한 보존은 물론 vis viva에 대한 보존으로 전환되었다. 충돌을 공동의 중력 중심에서 보면 각 물체는 충돌하기 전의 처음 속력으로 되튀게 되는데, 이러한 통찰력은 각 물체는 항상 자기 자신의 힘을 보존한다는 역학적 기본 가정을 훌륭하게 설명하는 본보기가 되었다. 라이프니츠는 충돌 현상에서 성립하는 현상을 다음과 같이 말했다.

물체의 모든 열정은, 비록 계기는 외부에서 주어졌더라도, 자발적으로 또는 내부의 힘에서 발생한다. 그러나 이 열정은 경우에 따라 적절하게 주어지는데, 그것은 충격에서 생길 수도 있고, 또는 가설에 상관없이 [즉, 어떤 관성 기준계를 가정하더라도] 똑같이 남아 있을 수도 있고, 또는 어떤 물체든 가리지 않고 그 물체를 정지하게 하거나 움직이게 할 수도 있다. 왜냐하면 충격은 진정한 운동이 있는 물체가 어떤 것인지에는 관계없이 똑같기 때문에 충격의 효과는 두 물체에 똑같이 배분되고, 그래서 **충돌에서 두 물체가 똑같이 작용**할 것이고, 그래서 그 효과의 절반은 한 물체의 작용에서 오고 다른 절반은 다른 물체의 작용에서 온다. 그리고 그 효과나 열정의 절반도 역시 한 물체에 있고 나머지 절반은 다른 물체에 있기 때문에, 한 물체에 속한 열정도 그 물체에 있는 작용에서 끌어내면 충분하고, 그래서 비록 물체의 작용이 그 안에서 변화를 일으키게 기회를 제공하는 것은 다른 물체이기는 하지만 한 물체가 다른 물체에 영향을 미칠 필요는 없다. 분명히 A와 B가 충돌할 때 두 물체가 압축되는 원인은 탄성과 결합된 두 물체의 저항인데, 두 물체의 원래 운동이 어떠했건 상관없이 압축은 두 물체에서 같게 일어난다. 실험에서도 역시 이런 사실을 볼 수 있는데, 만일 공기를 주입한 두 공이 충돌한다면, 충돌 전에 두 공이 모두 움직이든 또는 하나는 정지해 있든, 그리고 심지어 정지해 있는 하나는 줄에 매달려서 쉽게 흔들릴 수 있더라도 마찬가지로, 접근하는 속도 즉 상대 속도만 같다면, 압축 또는 탄성 장력은 같고 두 물체에서 모두 같을 것이기 때문이다. 그러면 두 공 A와 B는 그들 내에서 압축된 능동적인 탄성의 힘으로 스스로 회복해 서로 상대방을 밀치게 될 것이고, 또한 같은 힘으로 밀쳐져서 마치 활로 쏜 것과 같이 튕겨져 떨어져 나갈 것이고, 그래서 다른 공의 힘이 아니라, 자기 자신의 힘에 따라서 멀어져 가게 될 것이다. 그러나 공기가 주입된 공에 대해 성립하는 것은 충격을 받는 물체에 대해서는 모두 성립한다고 이해되어야 한다. 다시 말하면, 되튀김과 척력은 물체 자신 내부의 탄성에서, 또는 물체에 스며들어 있는 에테르 유체의 운동에서, 그래서 물체 속에 존재하는 내부의 힘에서 생긴다.[49]

이와 같이 완전한 탄성 물체의 파생된 힘은, 존재론적 실체를 구성하는 개별적인 모나드(역주: 철학에서 존재의 궁극적인 단위를 'monad'라 함)가 갖는 원시 힘이 현상적인 세계에서 독자적으로 펼치기를 반복하는 것이다.

라이프니츠는 동역학과 형이상학 사이의 관계를 파생된 힘과 원시 힘이라는 개념을 통해서 표현했다. 원시 힘은 모나드의 궁극적인 활동 원리를 가리킨다. 그것은 변하지 않고 영원히 지속된다. 반면에 파생된 힘은 주위의 다른 모나드들의 존재에 따라서 구속되어 일시적으로 원시 힘이 발현되는 것인데, 이 모나드들은 잘 조직된 전체로서의 우주와 조화롭게 잘 들어맞아야만 한다. 모나드론(역주: 'Monadology'는 라이프니츠 철학이라고도 불림)의 핵심은, 충돌에서 탄성 공과 마찬가지로, 원시 힘의 제한이나 구속이 어떤 방법으로도 한 모나드가 다른 모나드에게 행하는 작용에서 나오는 것은 아니라는 주장에 담겨져 있다. 오히려 원시 힘의 제한이나 구속은, 물질의 개념 자체가 요구하는 것처럼, 이미 정해진 순서에 따라서 완전히 자발적으로 스스로를 드러내는 모나드의 내부 법칙에서 나온 결과이다.

개별적인 물질의 완전한 또는 완벽한 개념은 그것의 모든 술부(述部)인 과거, 현재, 미래를 다 포함한다. 왜냐하면 이제 틀림없이 미래 술부는 미래를 기술하게 될 것이고, 그래서 그것이 이미 물질의 개념 안에 포함되어 있었음이 진실이기 때문이다…. 형이상학적으로 엄격하게 따지자면, 어떤 창조된 물질도 다른 창조된 물질에 형이상학적 작용 또는 영향을 미치지 못한다고 말할 수 있다. 왜냐하면 어떤 물질이 한 물체에서 다른 물체로 어떻게 전달될 수 있는지 설명할 수 없다는 사실에 대해 말할 것이 아무것도 없기 위해서, 각 물체의 모든 미래 상태는 그 물체 자신의 개념에서 나온다는 것이 이미 증명되었기 때문이다. 우리가 원인이라고 부르는 것이 형이상학적 엄격함에서는 단지 부수적인 필수 조건일 뿐이다.[50]

예정된 조화의 원리에 의해서, 부수적인 필수 조건은, 또는 다른 데서는 이유라 부른 것은, 그들 자체가 똑같이 자발적인 물질의 술부인데, 원인이 등장하는 바로 그 순간에 저절로 등장한다. 역학이라는 학문은 오직 파생된 힘이자, 우주에서 자발적인 물질의 개념인 원시 힘의 술부만을 다룬다. 예정된 조화의 원리에 따라서, 파생된 힘의 합인, 물체의 vires vivae는 일정한 채로 남아 있다. 그렇지만 vis viva의 보존은 개별적인 모나드의 법칙인 원시 힘의 끝이 없는 영속성에 궁극적으로 기초한다.

자연 현상에 대한 설명에서 라이프니츠는 철저한 기계론자였다. 스콜라 철학은 물체의 성질을 설명하는 데 물체가 동작하는 방식을 조사하는 것이 필요할 때 오히려 물질의 형태를 조사하려 했는데 이것은 옳지 않았다. '이는 시계의 기능에는 무엇이 있는지 알아보려고 하지는 않고, 마치 시계의 형태를 보고서 시계는 시간을 가리키는 성질이 있다고 말하려는 것과 같았다.'[51] 기계적 철학자들에 동의하여 그는 먼 거리의 작용을 인정하자는 어떤 요청도 단지 비술(秘術)일 뿐이라고 거부했다. 그리고 뉴턴의 Principia가 나왔을 때, 어떤 데카르트 신봉자도 라이프니츠만큼 만유인력에 거부하며 내뱉었던 냉소를 능가하지 못했다. 그 모든 것에 대해 라이프니츠는 기계적 철학이 반세기 전에 정성적인 자연 철학에 했던 것과 같은 술수를 썼다. 데카르트가 메커니즘은 정성적인 외관(外觀) 뒤의 실체라고 주장했던 것처럼, 라이프니츠는 이제 메커니즘도 또한 외관일 뿐이며 그 궁극적인 실체는 메커니즘과 아무런 관련이 없는 현상이라고 주장했다. (물체가 차지하는) 크기 자체는 우주의 1차 질료(質料)라는 배가된 동시대의 저항으로 사그라졌다. '크기, 운동, 그리고 물체 자체는, 그것들이 범위와 운동만으로 구성되는 한, 무지개나 파라헬륨(역주: 헬륨 원자의 상태를 두 전자의 상태에 따라 오소헬륨(Orthohelium)과 파라헬륨(Parahelium)으로 나눔)처럼, 물질이 아니라 오로지 현상일 뿐이다.'[52]

만일 크기와 운동 그리고 물체 자체가 단지 현상일 뿐이라면, 무엇이 절대적이고 실제로 존재하는 것인가? 운동에는 '변하고자 염원하는 힘으로 구성됐음이 틀림없는 순간적인 상태를 제외하면 실제적인 것이 전혀 없다. 모양이나 크기를 제외하고는 실질적인 본성은 무엇이든 이러한 힘으로 환원되어야만 한다.'[53] 라이프니츠의 철학에서 '힘'은 오늘날 우리가 역학에서 부여한 것과 다른 의미가 있다는 것을 반복할 필요는 전혀 없어 보인다. 라이프니츠의 힘은 운동의 변화에 대한 원인이나 척도라기보다는 오히려 에너지에 대한 우리 개념에 더 가까웠으며, 이러한 유사성은 라이프니츠가 모나드를 '실제적이며 살아있는 점으로 … 완벽한 존재가 되려면 어떤 능동적인 형태를 포함해야만 하는 물질의 원자(原子)'로 말하거나 또는 이와 비슷한 문장으로 말할 때 더 분명하게 나타난다.[54] 라이프니츠의 동역학의 진가가 충분히 인정받는 데는, 뉴턴의 힘에 대한 개념이 충분히 이해되어서 뉴턴의 힘과 라이프니츠의 힘 사이의 관계가 충분히 분명하게 알려지고 라이프니츠의 동역학이 응분의 분량만큼 에너지 보존 원리에 기여할 수 있었을 때인, 19세기 중반까지 기다려야만 했다. 한편, 동역학의 지위를 정확하고 정량적인 과학으로 상승시키려면 당시 널리 알려진 역학적 철학을 완전히 수정해야 한다는 것을 17세기에 바로 증명했다.

라이프니츠는 공공연하게 기계론을 확신했음에도 불구하고, 그의 철학에는 데모크리토스 전통에 비하여 피타고라스 전통이 월등히 우세했다. 그는 기계적 철학자들이 즐겨 사용했던 미세 역학에는 거의 관심을 기울이지 않았다. 그는 그런 것이 존재해야만 한다는 것을 동의했지만, 수학적으로 그 원인됨이 용인된 현상을 다룰 때만 그들의 필요를 인정할 뿐이었다. 그는 원인이 되는 입자의 힘을 측정하는 척도에 대해 데카르트를 반박하려고 자유 낙하에 대한 갈릴레오의 운동학을 이용했는데, 이는 라이프니츠의 철학에서 두 전통이 어떠한 관계에 있는지를 상징적으로 보여준다. 17세기 동역학이 인과 관계라는 늪에 곤두박질치며 떨어져 허우적대고 있을 때, 라이프니츠는 효율과 최종적인 인과 관계 사이에 예정된 조화를 사용하여 모든 쟁점을 깨끗하게 피해갔다. 그리고 무한 급수라는 수학적 모형에 따라 정의된 모나드라는 아이디어는 그로 하여금 정확한 정량적 관계를 탐구하도록 유도했는데, 이를 통해 라이프니츠는 피타고라스 전통이 항상 의존하기가 일쑤였던 기하화(幾何化)된 신이라는 근원을 추적해 갈 수 있었다.

★

라이프니츠가 실체에 대한 정의를 바꾼 것은 동역학에서 또 다른 결과를 낳았다. 그의 실체에 대한 개념은 그에 상응되는 물질에 대한 개념에 반영되었다. 만일 모나드론(論)이 현대 형이상학을 지배하지만 않았더라면, 라이프니츠의 물질 개념은 역학에서 채택된 질량의 개념에 남아 있었을지도 모른다.

당시 널리 알려진 물질의 개념에서 두 가지 중요한 요소는 크기와 운동에 대한 무관함이었다. 라이프니츠는 그 두 생각이 서로를 요구한다고 생각했다. 만일 물질이 크기와 동등하다면, 물질은 그 물질에 필수적이면서도 무관함에는 반대되는 실체적인 활동성을 몽땅 잃게 될 것이다. '운동(또는 작용)뿐 아니라 저항(또는 수동적 힘)도 크기에서 나타날 수 없다. ….'⁵⁵ 작용에 관한 한, 그는 존재와 작용하는 용량은 하나이고 같은 것임을 증명함으로써 자아 만족을 얻었다. 수동적 힘의 경우에는 이 생각이 나중에 나오는 질량의 개념에 더 중요해지게 된다. 수동적 힘 또는 저항은, 17세기 역학의 중심이 되는 믿음 중 하나인, 물체는 자신이 운동하는지 또는 정지해 있는지와 무관하다는 것을 부정하는 꼴이었던 것이다.

움직이는 물체가 같은 방향으로 좀 더 천천히 움직이는 물체를 따라 잡아서 그 물체와 충돌한다고 상상하자. 만일 물체들이 운동과 무관하다면, 더 빠른 물체는 자기 자신의 운동에는 어떤 축소도 받지 않고, 더 느린 물체를 함께 데리고 움직여야 한다. 이번에는 두 번째 물체는 정지해 있다고 하자. 이번에도 역시 움직이는 물체는 자신의 운동에는 어떤 손실도 입지 않고 충돌한 물체가 움직이도록 만들어야 하고, 두 물체는 원래 움직이던 물체의 처음 속력으로 함께 움직여야만 한다. 그뿐 아니라 만일 물체가 예외 없이 자력으로 운동할 수 없고 운동과 무관하다면, 두 물체의 상대적인 크기는 어떤 방법으로도 충돌의 결과에 영향을 주어서는 안 된다. 그러므로 '아무리 작은 물체라도 운동하는 물체가 정지한 물체에 충돌하면, 자신의 운동이 조금도 줄어들지 않으면서, 가장 큰 물체도 함께 이동하게 될 것인데, 그 이유는 물체에 대한 관념이 운동에 어떤 저항도 부여하지 않고 오히려 운동과는 무관하기 때문이다. 이와 같이 큰 물체를 움직이는 것이 작은 물체를 움직이는 것보다 조금도 더 어렵지 않으므로, 반작용이 없이 작용만 존재하고, 어떤 일이라도 어떤 것에 따라서라도 성취가 가능하기 때문에 능력을 추정하는 것도 가능하지 않게 될 것이다.'⁵⁶ 요컨대, 만일 물체가 운동과 무관하다면 동역학이라는 정량적인 과학은 불가능하다.

실제로 라이프니츠는 무관함이라는 개념을 거부하기 전에 그 개념의 의미를 끝까지 파헤쳤다. 초기 논문인 (Hypothesis physica nova의 일부분인) 추상적 운동에 대한 이론에서, 그는 그러한 가정들에서 충돌의 법칙을 유도하려고 시도했다. 그 에세이의 기초를 conatus라는 개념이 제공했고, 거기서 conatus를 움직이는 물체의 크기는 제외시키고 순전히 순간 속도만으로 정의했다. 어떤 conatus든 다른 conatus만이 방해할 수가 있다. 정지해 있거나 또는 같은 방향으로 움직이는 물체는 운동에 무관하기 때문에 어떤 저항도 가하지 않는다. 이렇게 해서 추상적 운동에 대한 이론은 conatus를 삭감하고 결합하는 일련의 규칙들을 이용하여 충돌 문제의 풀이를 제안하고 있다.[57] 라이프니츠가 가졌던 conatus에 대한 초기 관념은 많은 면에서 홉스의 개념을 닮았지만, 이 독일 철학자는 무관함의 논리적 결과를 좀 더 집요하게 파헤쳤다. 추상적 운동에 대한 이론은 이상하게 동역학적인 운동학으로 결론짓게 되는데, 이 때문에 conatus에 있는 함축적인 동역학적 의미는 나중에 갖게 되는 힘의 새로운 개념에 영향을 끼쳐, 이 논문에서 이루어진 순수하게 운동학적인 규칙들을 왜곡시켰다.

게다가 라이프니츠는 곧 그러한 결론들이 불합리하다는 것을 깨달았다. 그 결론들은 지독하게도 모든 경험과 상반되었다. 큰 물체를 이동시키려면 작은 물체를 이동시키는 것보다 더 많은 노력이 필요한 것은 명백했다. 그뿐 아니라, 어떠한 저항이든 물질과 관련되어 있다는 인식이 라이프니츠가 보기에는 실체가 동역학적이라는 사실을 뒷받침하는 모든 경향과 잘 맞아 떨어졌다. 그의 완성된 철학에서 힘은 두 가지 복장(服裝)으로 나타나는데, 하나는 능동적이고 다른 하나는 수동적이다. 우리가 보아온 것은 능동적 힘이다. 이 힘은 원초적인 힘으로서, 활력 또는 개별적인 모나드에 대한 법칙이다. 여기서 파생된 것들인 죽은 힘과 기동력, 그리고 살아있는 힘을 통해서 이 능동적인 힘은 자명하게 나타난다. 라이프니츠는 수동적 원초적 힘을 우주의 1차 질료라고 불렀다. 크기란 우주의 1차 질료를 공간에 복제한 모습이다. 뚫고 지나갈 수 없는 성질 또한 라이프니츠에게는 크기의 결과가 아니라 수동적 힘의 발현이었다. 무엇보다도 특히, 운동을 강요하는 물질의 저항과 현재 상태로 남아 있으려는 물질의 노력은 수동적 힘에서 파생된 것이다. 한마디로 파생된 수동적 힘이 질량이라고 할 수 있다.

라이프니츠는 물질이 '운동에 저항하는 것은 케플러의 적절한 표현을 빌면 자연스러운 관성인데, 그 결과는 사람들이 흔히 믿는 것처럼 물체가 운동이나 정지 상태와 무관해서가 아니라, 물체를 움직이려면 물체의 자연스러운 관성의 양에 비례하는 더 많은 힘을 필요로 하기 때문이다'고 말했다.[58] '자연스러운 관성'이라는 구절이 의미심장하다. 비록 라이프니츠의 개념이 케플러의 개념과 완전히 똑같은 것은 아니지만, 오늘날 우리가 사용하는 관성의 원리보다는 케플러의 것에 더 가깝다. 특히 중요한 것은, 그가 물체의 균일한 운동을 말할 때는 결코 '관성'이라는 단어를 사용하지 않았다는 사실이다. 그는 그러한 운동이 물체의 비활성의 결과로 생겼다고 보지 않았다. 오히려 그와는 반대로, 그러한 운동은 실체에게는 필수적인 활동의 산물로 원인을 소비하지 않고 발생하는 형식적인 효과이지만, 결코 원인이 없이 일어나는 효과는 아니다.

라이프니츠가 사용한 의미로 자연스러운 관성도 물질의 필수적인 활동의 의미로 쓰였다. 그것은 그의 동역학의 중심적인 양식인 상호간의 역할에, 현상적으로도 또 능동적이거나 수동적인 힘의 수준에서도 편하게 잘 들어맞는다. 물체에는 자연스러운 관성이 존재하므로, 작용된 모든 것은 반드시 역으로 작용해야 하고, 작용한 모든 것은 반드시 어느 정도의 반작용을 받아야만 하며, 결과적으로 정지한 물체는 작동자의 방향이나 속력을 바꾸지 않고서는, 작동자에 의해 움직여질 수가 없다.[59]

작용과 반작용이 같다고 주장하는 것은, 우주에서 힘이 보존된다는 것을 지지하는 것과 같다. 능동적인 힘은 혼자서 운동을 발생시킬 수가 있기 때문에 힘의 양은 줄어들지 않을 것이 보장된다. 저항할 수만 있는 수동적 힘은 힘의 양이 늘어나지 않을 것임을 보장한다. 연속성의 원리는 또한 물질의 자연스러운 관성을 요구했다. 물체의 운동 상태 또는 정지 상태가 변화되는 것에 대한 저항은, 데카르트나 호이겐스가 구상했던 순간적인 변화와는 대조적으로 점진적인 변화를 강요한다. 특히, 물질과 관련된 저항이 존재하므로, 효과는 원인에 비례하며 정량적인 동역학이 가능하게 된다.

마지막 항목이 좀 중요하다. 동역학적 작용에서 질량의 역할은 원운동에 대한 문제와 함께, 결정적으로 중요한 문제 중 하나인데, 이 문제들을 해결함으로써 동역학을 성공적으로 수립할 수 있는 기초가 만들어졌다. 17세기 말, 물질의 개념에 저항을 포함하지 않고서는 동역학이 더는 발전할 수 없음이 발견되었다. 만일 해석 역학의 내부로 국한하여 고려한다면, 똑같은 이유로 마리오트도 라이프니츠와 정확히 똑같은 결론에 도달했을 것이다. 뉴턴도 Principia를 저술하면서 유사한 저항을 주장할 수밖에 없게 되었다. 어떤 누구도 이 문제를 라이프니츠보다 더 선명하게 분석하지 못했으며, 어떤 누구도 그것을 이해하는 데 더 많이 기여하지 못했다. 그런데도, 이런 면에서 그한테 물려받은 동역학적 유산은 아이러니하지 않을 수 없다. 라이프니츠에게 물체의 수동적 힘은 활동이라는 면에서 실체를 정의했던 철학의 한 단면이었다. 이와는 대조적으로 17세기 이후의 역학은 물질의 완벽한 비활동성을 의미하는 관성의 원리에 근거를 두고 있다. 역학은 물체의 저항을 질량이라는 개념에 숨겨두었는데, 오늘날 그 저항이 현대 과학의 전체 구조 속에서 가장 이상한 예외 중의 하나로 남아있다.

1 '간단한 증명'; 고트프리트 빌헬름 라이프니츠, Philosophical Papers and Letters, tr. and ed. Leroy E. Loemker, 2 vols. (Chicago, 1956), I, 456~457, D. Reidel Publishing Company의 허락을 받고 재판(再版)됨.

2 'Specimen Dynamicum'; 위에서 인용한 책, 2, 726.

3 'Remarques sur Descartes'; 고트프리트 빌헬름 라이프니츠, Opuscules philosophiques choisis, tr. Paul Schrecker, (Paris, 1954), p. 45, Librairie A. Hatier 의 허락으로 인용됨. 영어 번역권은 나에게 있음.

4 '간단한 증명'; Papers and Letters, 1, 455. 동일한 논문의 p. 457을 참고하라. 또한 '동역학에 대한 에세이'; 고트프리트 빌헬름 라이프니츠, New Essays Concerning Human Understandings, tr. Alfred G. Langley, (New York, 1896), p. 659도 참고하라. 아놀드(Arnauld)에게 보내는 편지에서, 그는 간단한 기계에 대한 데카르트의 에세이에서 나오는 문구를 인정했다. 거기에서 데카르트는 연직 방향의 변위가 매우 중요함을 주장했다. 만일 데카르트가 원리들을 쓸 때 그 문구를 기억하기만 했더라도, 그가 빠졌던 자연의 법칙에 대한 오류를 피할 수 있었을지도 모른다. '그러나 그는 정확히 반드시 있어야만 할 곳에서 속도에 대한 고려를 실수로 제거했으며, 오류로 인도하는 곳에서는 계속 갖고 있었다. 왜냐하면 (물체가 운동을 계속하는 방법에 의해서는 아직 어떤 격렬한 동작도 획득하지 않고서 낙하하려는 처음 노력을 할 때와 같이) 내가 죽었다고 부르는 힘에 관해 그리고 두 물체가 평형에 있을 때는 (그러면 서로에 대항해서 두 물체가 만드는 처음 노력은 항상 죽어 있는데) 우연히 속도가 거리에 비례하지만, 처음부터 약간의 격렬함을 가지고 있는 물체의 절대적인 힘을 고려할 때는 (운동의 법칙을 수립하려면 반드시 그렇게 해야만 하는데), 측정은 원인이나 또는 효과에 의해서만, 다시 말하면 그 속력의 능력에 의해서 물체가 오를 수 있는 높이에 의해서만 또는 이 속력을 얻으려면 반드시 낙하해야만 하는 높이에 의해서만, 이루어져야 하기 때문이다. 라이프니츠가 아놀드에게 보내는 편지, 1686년 11월 28일/12월 8일; 고트프리트 빌헬름 라이프니츠, Philosophischen Schriften, ed. C. I. Gerhardt, 7 vols. (Berlin, 1875~1890), 2 80.

5 '동역학에 대한 에세이'; New Essays, pp. 659~660. 비록 내가 영어 번역본으로 출판된 것에서 '동역학에 대한 에세이'를 인용하게 되었지만, 내가 필요하다고 생각한 곳에서는, 무례하지만, 번역을 수정했다. '간단한 증명의 보충'; Papers and Letters, 1, 460에 나오는 비슷한 구절을 참고하라.

6 '동역학에 대한 에세이'; New Essays, pp. 657~658.

7 '자연 과학의 요소에 관하여'; Papers and Letters, 1, 430.

8 '동역학에 대한 에세이'; New Essays, p. 661.

9 '형이상학에 대한 대화'; Papers and Letters, 1, 482.

10 'Remarques sur Descartes'; Opuscules, pp. 45~46.

11 '자연의 법칙을 설명하는 데 유용한 일반적인 원리에 관하여'; Papers and Letters, 1, 539. 이 특별한 구절은, 비록 충돌의 법칙과 관련된 것이지만, 데카르트를 향했던 것이 아니라 말브랑슈(Malebranche)를 향해서 이야기된 것이었다. 라이프니츠는 그의 'Remarques sur Descartes'에서 연속의 원리는 운동이 연속해서 줄어들 때 마침내는 정지 상태로 서서히 다가가게 되는 것을 암시하며, 그러므로 그 정지 상태는 운동의 특별한 경우임을 강조했다(Opuscules, p. 52). 이와 같이 연속의 원리는 관성의 개념에서 기본적으로 나오는 추론 중의 하나로 인도했다.

12 'Remarques sur Descartes'; 위에서 인용한 책, pp. 53~60.

13 'Remarques sur Descartes'; 위에서 인용한 책, pp. 49~50.

14 '동역학에 대한 에세이'; New Essays, pp. 666~668.

15 '동역학에 대한 에세이'; 위에서 인용한 책, pp. 661~666.

16 Martial Guéroult, Dynamique et metaphysique leibniziennes, (Paris, 1934), pp. 131~132에 나오는 비슷한 판단을 참고하라.

17 '동역학에 대한 에세이'; New Essays, pp. 668~669. 라이프니츠가 호이겐스에게 보낸 편지, 1693년 3월 10/20일을 참고하라; 고트프리트 빌헬름 라이프니츠, Der Briefwechsel mit Mathimatikern, ed. C. I. Gerhardt, (Berlin, 1899), pp. 713~714.

18 'Specimen Dynamicum'; Papers and Letters, 2, 730~731.

19 '동역학에 대한 에세이'; New Essays, p. 669.

20 '동역학에 대한 에세이'; 위에서 인용한 책, p. 670.

21 '동역학에 대한 에세이'; 위에서 인용한 책, p. 670.

22 '간단한 증명에 대한 보충'; Papers and Letters, 1, 462.

23 'Deux problemes'; 고트프리트 빌렐름 라이프니츠, Mathematische Schriften, ed. C. I. Gerhardt, 7 vols. (Berlin, 1849~1863), 6, 234.

24 'Essay de dynamique'; 19세기에 원래 출판된 '에세이'의 다른 버전으로 최근에 Pierre Costabel, Leibniz et la dynamique에 의해서 다시 출판되었다(Paris, Hermann, 1960), p. 104.

25 라이프니츠가 de Volder, c.에게 보낸 편지, 1699년 1월; Philosophischen Schriften, 2, 154~156.

26 이런 해석은 Guéroult, Dynamique et metaphysique, pp. 40~43에서 제안되었다. Costabel, Leibniz, pp. 92~93을 참고하라.

27 라이프니츠가 l'Hôpital에게 보낸 편지, 1696년 12월 4/14일; Mathematische Schriften, 2, 320.

28 'Specimen Dynamicum'; Papers and Letters, 2, 717.

29 '동역학에 대한 에세이'; New Essays, p. 660.

30 베르누이가 라이프니츠에게 보낸 편지, 1695년 6월 8/18일; Mathematische Schriften, 3, 189. 라이프니츠가 베르누이에게 보낸 편지, 1695년 6월 24일; 위에서 인용한 책, 3, 193. Guérould는 라이프니츠가 연직 변위 대신에 시간의 차원을 사용하여 mv^2을 유도하려고 움직이는 작용이라는 개념을 개발했다고 추측한다 (Dynamique et metaphysique, p. 119).

31 '동역학에 대한 에세이'; New Essays, p. 659.

32 'Specimen Dynamicum'; Papers and Letters, 2, 716.

33 '천체 운동의 원인에 관한 에세이,' tr. Edward J. Collins; in I. Bernard Cohen, Readings in the Physical Science, (Cambridge, Mass., 1966), p. 172. Cohen의 책에는 '에세이' 전체가 번역되어 있지는 않다. 내가 원하는 문구가 포함되어 있으면 나는 모든 경우에 그 책을 인용한다.

34 '천체에 관한 에세이'; 위에서 인용한 책, p. 166.

35 'Specimen Dynamicum'; Papers and Letters, 2, 735.

36 '천체에 관한 에세이'; Cohen, Readings, p. 167.

37 '천체에 관한 에세이'; 위에서 인용한 책, pp. 168, 177.

38 라이프니츠가 호이겐스에게 보낸 편지, 1690년 말; Briefwechsel, p. 608.

39 '천체에 관한 에세이'; Cohen, Readings, p. 174.

40 'Tentamen'; Mathematische Schriften, 6, 159.

41 'Tentamen'; 위에서 인용한 책, 6, 161.

42 'Tentamen'; 위에서 인용한 책, 6, 158~160.

43 '베일 씨의 중대한 사전의 제2판에 수록된 예정된 조화 계에 대한 사고(思考)에 대한 답변'; Papers and Letters, 2, 938.

44 '새로운 계에서 베일 씨가 발견한 어려움에 대한 해명'; 위에서 인용한 책, 2, 800.

45 'Specimen Dynamicum'; 위에서 인용한 책, 2, 722.

46 '베일 씨의 중대한 사전에 수록된 사고(思考)에 대한 답변'; 위에서 인용한 책, 2, 949.

47 '자연의 원리와 은총의 원리'; 위에서 인용한 책, 2, 1033~1034.

48 '자연의 새로운 시스템과 물질 사이의 소통'; 위에서 인용한 책, 2, 938.

49 'Specimen Dynamicum'; 위에서 인용한 책, 2, 733~734. 1680년대 초 처음 데카르트를 공격한 것보다 먼저 발표한 '첫 번째 진실'의 한 문구를 참고하라. 어떤 물체도 다른 물체에 형이상학적 영향을 미칠 수 없다는 것을 옹호하려고 그는 '두 물체가 어떤 성질이 다른 힘에 의해서가 아니라 물체 자신의 탄성으로…' 서로 멀어져 가는 탄성 충돌을 인용했다. 다른 물체가 존재하는 이유는 단지 탄성이 동작하게 하려고 부수적으로 필요한 조건이다(위에서 인용한 책, 1, 415).

50 '첫 번째 진실'; 위에서 인용한 책, 1, 414~415. '형이상학에 관한 논의'에서 한 문구를 참고하라. 그 문구는 라이프니츠의 연구가 수용할 여유가 있는 거의 무한히 많은 비슷한 구절 중에서 하나이다. 이 주제에 대한 개념을 완전히 이해할 수 있는 사람은 누구나 거기에 포함된 술부들 전부를 알게 될 것이다. '이것이 전제된다면, 우리는 그렇게 완전한 개념을 가져서 우리를 충분히 이해시킬 수 있고 그것에서 그 개념이 속해있는 주제의 모든 술부를 충분히 연역해 낼 수 있는 것은 개별적인 물질 또는 완전한 존재의 성질이라고 말할 수 있다.' 알렉산더 대왕의 개별적 개념을 알면서, 신은 그를 확인할 수 있는 모든 것을, 예를 들어, 그가 다리우스를 정복할 것임을 알 것이다. '이와 같이, 물체 사이의 관계를 잘 고려하면, 언제나 알렉산더의 영혼에는 그에게 일어났던 모든 것의 자취와 앞으로 일어날 모든 것의 표시와 심지어 우주에서 일어난 모든 것의 자취가, 비록 그것을 모두 아는 것은 신에게만 속해 있지만, 존재한다고 말할 수 있다.' (위에서 인용한 책, 1, 472.)

51 '형이상학에 대한 대화'; 위에서 인용한 책, 1, 473.

52 '첫 번째 진실'; 위에서 인용한 책, 1, 417.

53 'Specimen Dynamicum'; 위에서 인용한 책, 2, 712.

54 '새로운 계'의 개정판에서 인용함; 위에서 인용한 책, 2, 1185.

55 'Remarques sur Descartes'; Opuscules, p. 33.

56 'Specimen Dynamicum'; Papers and Letters, 2, 720.

57 '추상적 운동에 대한 이론'; 위에서 인용한 책, 1, 221~222. 'Specimen Dynamicum'; 위에서 인용한 책, 2, 719~720에 수록된 라이프니츠의 초기 이론의 나중 논의를 참고하라.

58 'De la nature en elle-meme'; Oeuvres de Leibniz, ed. A. Jacques, new ed. 2 vols. (Paris, 1842), 1, 462.

59 1691년 6월의 편지; 위에서 인용한 책, 1, 449.

07 뉴턴과 힘의 개념

라이프니츠는 vis viva라는 개념으로 역학을 새로운 차원의 정교함으로 끌어올렸을 뿐 아니라, 기계적 철학이 공표했던 자연에 대한 존재론이 근본적으로 수정되어야 한다는 확신 또한 표현했다. 존재를 결정하는 기본적인 기준은 운동하는 물체가 아니라 힘이었다. 그런데도, vis viva 는 어쩌면 라이프니츠의 생각만큼 기계적 철학에서 제거되지는 못했다. 형이상학적 지위에까지 올라 새로운 정량적인 기술을 가능하게 해준 것은 17세기 전반에 걸쳐 널리 보급된 힘의 개념에서 직접 파생된 것으로, 여러 이름 중에서 물체 운동의 힘이라고 알려진 개념이었다. 17세기에는 힘을 물체의 운동과 관련된 물체의 성질로 생각하는 경향이 있었다면, 관성의 원리에 구체적으로 나타난 운동에 대한 새로운 생각에는, 힘이란 외부에서 물체에 작용하여 운동의 변화를 만들어 내는 것이라는 아주 다른 정의가 필요함을 암시했다. 17세기에 널리 알려진 사용법과는 대조적으로 역학에서는, 대체로 아이작 뉴턴의 업적으로 이 두 번째 개념을 위해 '힘'이라는 단어를 따로 남겨 두었다. 하지만 때로는 그 차이가 분명하지 않다. 만일 라이프니츠의 가장 통렬한 적대자(敵對者)가 된 뉴턴이 힘에 대해 다른 생각을 채택했더라면, 뉴턴의 역학 역시 라이프니츠의 역학과 마찬가지로 기계적 철학의 존재론을 수정했던 형이상학적 기반 위에 세워졌을 것이다. 라이프니츠와 마찬가지로 뉴턴의 동역학도 그의 자연 철학과 뒤섞여 구성되었으며, 둘 중 어느 하나도 다른 것을 배제하고는 이해될 수 없다.

따라서 뉴턴의 자연에 대한 철학과 그의 역학을 추적해가다보면 둘다 공동의 근원에 이르는 것은 당연하다. 그가 아직 케임브리지 대학의 학부 학생이었을 적에, 뉴턴은 과학적 혁명을 가져온 선도적 학자들의 저술을 읽었으며, 그 책들을 읽으면서 적어 넣은 메모가 그의 과학자로서의 생애를 출발하게 한 첫걸음이 되었다. 뉴턴은 무엇이든 버리지 못하고 수집하는 성질을 타고 났다. 학교 다닐 때의 필기장이나 계산할때 쓴 연습장 등, 그가 조금이라도 잉크를 묻힌 종이는 하나도 버리지 않고 보관했는데, 그 덕택으로 뉴턴의 과학적 사고가 어떻게 전개되었는지 추적하는 것이 가능했다. 이와 같은 일은 뉴턴에 비견할 만한 어떤 학자에게도 가능하지 않다. 그의 생애의 각 시기를 반영하는 메모장들이 아직까지 남아있는데, 여기에는 그가 고민한 물리적 실체의 본성에 대한 사색이 기록되어 있다. 그는 17세기 철학적 전통을 따르긴 했으나 그자신만의 독특한 생각에 맞추어 그 전통을 새로이 빚어냈다. 그 자신이 개발 중인 자연에 대한 철학의 틀 안에서, 그는 역학에 내재된 개념적 난제들을 해결하는 작업에 착수했다. 그에게서 철학적 사색은 학부 시절부터 죽을 때까지 끊이지 않고 이어져 내려왔으며, 이를 토대로 특정한 의문들의 본질이 직물이 짜이듯 그의 지적 생애를 짜나갔다. 그러나 이와는 달리 역학에서 뉴턴의 능동적 작업은 시기적으로 한정되며 크게 둘로 구분된다. 기술적 역학과 자연에 대한 철학이라는 두 줄기의 사고는 모두 같은 출처인 그의 학부 시절에 시작한 일련의 메모들로 귀결되는데, 이것이 바로 그의 과학적 경력의 출발점으로서 이후 60년을 지배하며 어떠한 과장도 과장일 수 없는 그런 업적을 낳게 된다.

17세기의 케임브리지 대학에서 학부생들은 여러 가지 주제에 대해 몰두했던 필기장을 그대로 보존하는 것이 유행이었다. 젊은 아이작 뉴턴도 그랬다. 그중에는 신학에 관한 독서도 있었고, 철학에 관한 독서도 있었다. 나중에는 수학과 화학에 대해서도 비슷하게 필기장을 만드는 데 열심이었고, 때로는 자신의 생각들과 돈을 지출한 내역들도 적었는데, 그 필기장 중 몇몇은 적어도 그랜덤(Grantham) (역주: 뉴턴이 12세부터 17세까지 다닌 학교 이름)에서의 어린 학생시절이었을 때까지 거슬러 올라간다. 덧붙여서 그는 그의 의붓아버지인 바나바스 스미스(Barnabas Smith) 목사가 한때 '비망록'으로 적기 시작한 것이 분명한 아주 많은 분량의 필기장도 있었다. 그때는 지금처럼, 그러한 작업들이 폐기될지도 모르는 것들이었으며, 뉴턴은 수많은 백지(白紙)를 물려받았는데, 그는 '일기장'이라는 이름으로 힘들여서 채워나가기 시작했다. 원래 스미스 목사는 여기다 '신께서는'으로 시작하여 '금단현상', '자기 부정' 등의 용어로 이어지는 영적으로 교화적인 내용을 담은 신앙심이 충만한 글들을 채워 넣으려 했겠지만, 뉴턴은 대신 역학과 수학에 관한 중요한 문장을 써넣었다. 현재 나에게는 철학 필기장이 가장 관심이 가는 부분이다. 뉴턴은 필기장의 여백에 그의 이름과 1661년이라는 년도를 기입했는데, 이 해는 그가 대학에 입학한 해였고, 그 필기장의 한쪽 끝에서 그는 'Ex Aristotelis Stagiritae Peripateticorum principis Organo'라고 표지를 단 일련의 메모들을 쓰기 시작했다. 이 메모들 자체는 그리스어로 쓰여 있는데 언어를 연습하거나 철학을 공부한 듯이 보인다. 그 필기장의 다른 쪽 끝부터는 학부생으로서 또 다른 비슷한 메모를 시작했는데, 마찬가지로 라틴어로 'Ex Aristelis [sic] Stagiritae Peripateticorum principis Ethice'라는 표지를 붙였다. 이 메모들 다음에 다른 메모들도 이어지는데, 그 속에는 제라르드 보시우스(Gerard Vossius) (역주: 뉴턴 직전 시대에 수사학(修辭學)으로 유명한 네덜란드 출신의 학자)의 Partitionum oratorarium libri에 대한 메모도 있다. 유럽 대학들의 전통적인 교과 과정은 13세기에 처음 세워질 때부터, 논리학과 윤리학 그리고 수사학을 기초로 했다. 우리는 다른 출처에서 그러한 전통적인 교과 과정이 17세기 중엽을 지난 뒤에도 대체로 변하지 않고 그대로 유지되고 있다는 것을 알고 있으며, 뉴턴의 필기장은 그의 학부 경력이 잘 수립된 계획을 따라 진행되었음을 증언해준다.[1] 전통적으로 그러한 기반에서는 아리스토텔레스의 철학 체계를 따르게 되는 것이며, 뉴턴의 개별 지도 교수는 그에게 당시 널리 사용한 표준이 되는 교본들을 소개해주었다. 보시우스의 수사학에 추가로 성 바울의 유스타키우스(Eustachius)의 윤리학과 다니엘 스탈(Daniel Stahl)의 공리들, 그리고 요하네스 마지루스(Johannes Magirus)의 물리학에 대한 메모들도 아리스토텔레스에 대한 메모들과 함께 포함되어 있다.[2] 이 모든 것은 일상적으로 치루는 대가였다. 17세기에는 케임브리지 대학뿐 아니라 유럽 전역의 수많은 대학에서 수천 명의 학부생이 비슷한 책으로 비슷한 메모를 작성해야만 했다. 1661년에 대학교 교과 과정은 철저하게 복고적이었고 유럽식 사고의 선구자들에게 거부되었던 철학적 전통에 전념했다. 뉴턴이 의무적으로 쓴 메모들은 미래가 아니라 과거를 돌아보는 것이었으며, 뉴턴 이후의 경력에 대한 힌트를 거기서 찾는다면 헛된 노력이 될 것이다.

뉴턴의 필기장을 독특하게 만든 것은 그 중심에 있는 문장이었다. 필기장의 양쪽 끝에서 기입하기 시작해서, 데카르트의 형이상학에 관한 메모가 있는 쪽에서 갑자기 어조가 변하면서 뉴턴은 필기장 가운데 대략 100쪽 정도를 백지로 남겨 놓았다. 그 다음 쪽에는 'Questiones quaedam Philosophiae'라는 제목이 나오고, 매 쪽의 맨 위에 써 넣은 45가지의 항목 아래, 그는 완전히 다른 종류의 독서 내용에 대한 메모를 기입했다. 나중에 총 제목의 위에 'Amicus Plato amicus Aristoteles magis amica veritas'라는 좌우명이 추가되었다. 이 좌우명은 월터 찰리턴의 Physiologia Epicuro- Gassendo-Charletoniana에서 한 마디도 바꾸지 않고 그대로 베낀 것인데, 그 책은 가상디의 원자론 철학을 요약하여 번역한 것과, 같은 출처에서 가져온 머리말 quaestio(역주: '질문'이라는 의미의 라틴어)인 '첫 번째 물질에 대하여'의 내용을 혼합한 것이다. 뉴턴은 찰리턴이 화려하게 연주한 가상디를 감상하고 어쩌면 가상디 본인의 저술을 읽었을 뿐 아니라,[3] 비록 약간 체했을지도 모르지만 데카르트에 열중하여 잘 소화시켰다. 그는 토마스 홉스와 케네름 딕비(Kenelm Digby), 그리고 헨리 모어(Henry More) 등, 자연에 대한 체계적인 철학을 공식화하려고 시도한 당시의 영국 학자들과도 교류했다. 뉴턴은 그때 바로 나왔던 로버트 보일(Robert Boyle)의 연구에 대해서도 읽었고, 그 뒤 20여 년 동안에 발표된 보일의 그 다음 책들도 역시 읽었다. 조세프 글랜빌(Joseph Glanvill)의 **독단적 주장의 무익(無益)** (역주: 17세기의 영국의 저술가이자 철학자인 'Joseph Glanvill'은 1661년에 '독단적 주장의 무익(Vanity of Dogmatizing)'이라는 유명한 저서를 발표함)에 대해서는 상당한 양의 자료를 수록했다. 데카르트와 가상디를 제외한 (영국이 아닌) 다른 나라 학자들의 저서로는 적어도 (솔즈베리(Salusbury)의 번역에 나오는) (역주: 토마스 솔즈베리가 갈릴레오의 'Dialogue'를 영어로 번역하여 출판했음) 갈릴레오의 Dialogue에 인용된 참고문헌이 앞에서 언급했던 뉴턴의 필기장의 Questiones라는 제목 아래 자리 잡았다. 플라톤과 아리스토텔레스에 빠져있던 뉴턴의 사랑을 획득한 Veritas(역주: 로마 신화에 나오는 신의 이름으로 진리의 여신을 가리킴)는 바로 부끄럼을 타지 않는 숙녀인 philosophia mechanica(역주: '역학이라는 학문'이라는 의미의 라틴어)였다.

뉴턴의 필기장에 쓴 Questiones quaedam Philosophiae라는 문구는

마치 뉴턴이 기존의, 하지만 부서지고 있던, 지적(知的) 질서에 대항하여 개인적 혁명을 일으켰던 시점을 표시하는 기념비처럼 놓여 있는데, 그러한 혁명은 Questiones에 이름이 올라있는 저자들은 한 사람도 빠짐없이 모두 다 했어야만 했을 혁명이었다. 자료에 의하면 케임브리지나 트리니티 대학에서 시행되던 교육 과정에서는 뉴턴에게 어떠한 혁신적인 내용의 읽을거리도 제공해주지 않았다. 뉴턴의 필기장 앞쪽 끝과 뒤쪽 끝에는 공식적인 교육 과정에 따라 적힌 메모들로, 13세기 유럽의 대학들을 발달시켰고 그 이후로도 계속해서 지배적이었던 아리스토텔레스의 소요학파 철학의 영향을 받은 것들이었다. 이러한 영향을 거부한 내용이 정확히 Questiones였다. 적어도 한 출처에 따르면 데카르트가 1660년대에 케임브리지 학부생들에게 상당히 인기가 있었으며, Questiones의 곳곳에서 데카르트가 눈에 자주 띄는 것을 보면 뉴턴도 데카르트에서 시작했다고 믿는 것이 어렵지 않다.[4] 뉴턴이 학생이던 시절에 대학에서 유명한 학자였으며, Questiones 전체에서 영향력을 행사한 헨리 모어도 또한 뉴턴을 새로운 사고의 세계로 인도하는 데 기여했다. 이 신세계로 일단 들어서자, 독서의 지평이 점점 넓어졌음을 Questiones는 증언하고 있다. 우리가 Questiones가 쓰인 날짜를 정확히 알아낼 수는 없다. 잉크가 바뀐 것이라든지, 무엇보다도 필체가 바뀐 것을 보면, 기입된 것들은 상당한 기간 안에 이루어졌음이 틀림없다. 개인적으로 혜성을 관찰한 기록은 가장 앞부분의 항목은 아니지만, 1664년 12월이라고 날짜가 기입되어 있는데, Questiones를 작성하기 시작한 시기가 적어도 그보다는 더 이전임을 말해준다. 그러나 그 이전 언제인지를 확실하게 말해주는 자료는 없다. 초기에 작성된 항목들은 모두 1661년에 뉴턴이 대학에 입학하던 때의 필체와 그리고 1664년 말쯤부터 뉴턴이 사용한 작고 수직으로 쓰인 필체 사이의 바뀌어 가는 이상한 필체로 기록되었다. 아마도 1664년 초라고 말하는 것이 가장 근거 있는 짐작이 될 것 같다. 정확한 날짜가 무엇이었든, 그의 학부 시절이 끝나기 한참 전에, 뉴턴은 자연의 기계적 철학에 대해 기초가 되는 책들과 기계적 철학을 옹호하는 새로운 정량적 과학에 대한 책들을 발견했다. 그는 즉시 새로운 학문에 심취했다. Questiones에는 뉴턴이 소개한 운동에 대한 새로운 과학이 포함되어 있을 뿐만 아니라, 역학에 대한 그의 연구의 틀이 된 일련의 자연 철학적 사색이 최초로 등장하기도 했다.

Questiones에 기입한 처음 두 제목과 그리고 그 제목 아래 작성한 자료는 전체를 안내하는 열쇠를 제공한다. '최초의 물질에 대하여', '원자에 대하여' ‒ 이 둘은 함께 물리적 세계가 구성된 물질의 궁극적 성질을 탐구한다. 최초의 물질에 대해, 뉴턴은 네 가지 가능성을 제시했는데, 이들은 각각 '수학적 점; 또는 수학적 점과 부분; 또는 구분 자체가 불명확한 단순한 존재; 또는 개별적인 것, 즉 원자'였다.[5] 실제로, 앞의 네 가지 후보들은 가상디를 찰리턴이 번역한 판의 내용을 거의 말 그대로를 따온 것이며,[6] 이들에 대한 논의는 찰리턴과 헨리 모어한테서 얻어온 것이다. 이 두 항목을 무엇이라 부르는 것이 좋을까? 어느 정도 선에서 이 둘은 뉴턴의 독서 노트이지만 실제로는 그 이상이라 할 수 있다. 또 어느 정도 선에서 이 둘은 에세이이지만 그러기에는 그 내용이 그것을 인용한 원래 출처와 너무 많이 겹친다. 바로 이 두 가지 형태의 어중간한 혼합이 바로 Questiones의 특징이다. 내용의 대부분은 위에서 말한 작업들에 그 출처를 두고 있었으며, 아마도 나머지 대부분도 내가 미처 찾지 못한 작업들에 그 출처를 두고 있음이 틀림없다. 그러나 이미 뉴턴은 그가 전승받은 유산을 그 자신의 것으로 구체화하는 작업을 진행하고 있었다. 물질에 대한 두 '에세이'가 철학적 사색을 시작하는 젊은이의 열정을 반영하고 있다. 그는 상당 부분 책들이 제시하는 것에 자연스럽고 적절하게 의존했지만 그렇다고 수동적으로 받아들이기만 한 것은 아니다. 그는 저울질을 해보고, 선택을 하고, 옳다고 여기는 것을 받아들였을 것이다. 그리고 그러한 조각들에서 시작해서 자연에 대한 자신의 철학을 맞춰나갔을 것이다. 처음 두 '에세이'가 또한 우리에게 말해주는 것처럼, 뉴턴은 그의 관심을 대안이 될 수 있는 역학적 시스템으로 한정시켰으며, 처음에는 데카르트의 철학과 원자론 사이의 기본적 선택에 직면했다. 찰리턴을 좇아서 그는 그가 열거했던 네 가지 가능성 중에서 처음 두 가지를 즉시 제외시켰고, 따라서 한편으로는 데카르트의 물질이 충만한 공간과 다른 한편으로는 원자와 텅 빈 공간 사이에 하나를 결정할 것만 남았다. 그는 원자를 선택했는데, 확실히 말하자면 가상디의 원자는 아니고, 헨리 모어의 minima naturalia(역주: 라틴어로 '자연의 가장 작은 것'이라는 의미)에 더 가까운 개념으로서, 존재할 수 있는 것 중 가장 작고 바로 보이지도 않는 물체라는 좀 이상하기는 하나 원자의 더 좋은 성질과 점(點)의 장점을 결합하려 한 개념이었다. 나중에 그는 이 문장을 줄을 그어 지웠지만, 그가 최종적으로 채택한 물질에 대한 견해는 바로 이 개념을 떠오르게 한다. 어찌됐건 그는 원자와 텅 빈 공간을 선택했다. 이로써 그는 결코 다시 돌아오지 않을 특정한 길로 이미 접어들었던 것이다.

데카르트의 철학과 원자론 사이의 논쟁이 Questiones를 규정하는 특징 중 하나였다. 그렇지만 아직은 격렬하지는 않았다. 뉴턴이 말년으로 갈수록 데카르트에 대해 점점 더 신랄해지긴 했지만, 1664년에는 그렇지 않았다. Questiones라는 제목이 그 내용을 적절하게 표현하고 있다. 그의 어조는 단호하게 답변하는 투가 아니라 오히려 성실하게 의문을 제기하는 편에 가까웠다. 그런데도, 그는 데카르트를 향해서 절묘하게도 예리한 질문 몇 가지를 내놓았다. '천상의 물체 & 궤도에 대하여'라는 제목 아래에 나오는 구절을 보자.

Whither Cartes his first element can turne about y^e vortex & yet drive y^e matter of it continually from the $\odot$[sun] to produce light & spend most of its motion in filling up y^e chinkes betwix y^e Globuli. whither y^e least globuli can continue always next y^e $\odot$ & yet come always from it to cause light & whither when y^e $\odot$ is obscured y^e motion of y^e first Element must cease (& so whither by his hypothesis y^e $\odot$ can be obscured) & whither upon y^e ceasing of y^e first element motion y^e Vortex must move slower. Whither some of y^e first Element comeing (as he confesseth y^t hee might find out a way to turne y^e Globuli about theire one axes to grate y^e 3^d El into wrathes like screws or cockle shells) immediately from ye poles & other vortexes into all ye parts of o^r vortex would not impel ye Globuli so as to cause a light from the poles of those places from whence they come.[7]

뉴턴이 데카르트에게 관점의 정확성을 얼마나 부여했든, 그가 의문을 제기한 방식이 반드시 만족할 만한 대답을 기대했던 것은 아닌 듯하다. 다른 문구에서도 이와 비슷한 방식이 나타난다. 뉴턴은 '물과 소금에 관하여'라는 제목에서 순수한 물이 길고 유연한 입자로 구성되고 소금은 단단한 입자들로 구성될 수 있는지 의문을 던지고, 이 경우에 왜 그럴 수가 없는지에 대해서 여섯 가지 이유로 자세히 설명했다.[8] 물에 대한 질문은 조수간만(潮水干滿)의 차에 대한 질문과 이에 대한 데카르트의 설명으로 이어진다. 데카르트는 조수가 달이 바다를 내리 누르기 때문에 생기는 것이라 설명했는데, 뉴턴은 이러한 달의 압력이 기압계에도 영향을 미치는지 관찰해 이 이론의 진위를 조사해 보자고 제안했다.[9] 실제로

이 실험은 보일이 쓴 책에서 설명한 크리스토퍼 렌이 제안했던 것인데, 뉴턴은 여기에 자신의 아이디어를 덧붙여서 그렇다면 달의 압력이 지구를 소용돌이의 중심에서 옮겨야만 하며 그 결과로 한 달 간격으로 화성의 시차가 관찰되어야만 한다고 주장했다.[10] 뉴턴은 빛에 대한 데카르트의 설명을 받아들이지 않았다. 그것이 압력일 수는 없는데, 만일 그렇다면 낮과 마찬가지로 밤에도 볼 수가 있어야만 하며, 태양이 달에 가려지는 일식도 일어날 수가 없으며, 밤에 달리는 사람이 빛을 볼 수 있어야만 한다. 또한 만일 그렇다면 밤과 낮이 뒤바뀌어야만 하는데, 그 이유는 소용돌이가 지구에 미치는 압력이 가장 클 때가 달이 태양의 옆으로 비껴있을 때이기 때문이다. 물과 조수(潮水), 심지어 소용돌이의 경우 뉴턴은 오히려 경쟁의 대상이었던 원자론보다도 더 심하게 데카르트에 반대했다. 그렇지만 빛의 경우에는 원자론은 빛이 입자라는 견해를 장려하는 경향이 있었고 가상디가 이 생각을 채택했음이 분명한데, 뉴턴은 추가로 실험할 것을 제안함으로써 본인이 받아들이고자 하는 빛의 개념을 암시한 바 있다: '바람이 풍차의 날개를 움직일 수 있는 데 비해 빛줄기는 물체를 움직일 수 없을지도 모른다.'[11]

그렇지만 데카르트를 암묵적으로 비판했다고 그가 데카르트를 받아들이지 않았던 것은 아니다. 데카르트나 가상디와 함께, 그는 Questiones에서 유일하게 가능한 시스템으로서 또 유일하게 과학적 논의를 가능하게 하는 기초로서 자연에 대한 기계적 개념을 껴안았다. 데카르트를 향해 던진 예리한 질문들, 그리고 그 수는 비록 적지만 가상디를 향해 던진 비슷하게 예리한 질문들은[12] 세세한 내용에만 국한되었으며 단지 기계적 철학의 일반적 맥락 안에서만 이해될 수 있었다. 따라서 뉴턴의 과학자로서의 경력은 그의 역학이나 힘의 개념에 결정적이었던 몇몇 쟁점들에 인정할 만한 풀이를 제공하는 데서 시작했다고 하겠다.

인력과 척력만이 그럴듯한 현상이었다. 움직이는 입자가 인력이나 척력으로 보이는 것을 불러일으키는 와중에는 반드시 보이지 않는 메커니즘이 존재해야만 했다. 중력 — gravitas(역주: '중력' 또는 '무게'의 의미를 갖는 라틴어), 무거움 — 지구 표면에 위치한 물체가 밑으로 내려오려는 경향 — 뉴턴의 사고에서 주인공 역할을 맡을 운명이었던 중력의 현상을 보자.

Of Gravity and Levity

The matter causing gravity must pass through all ye pores of a body. it must ascend againe. i for else ye bowels of ye earth must have had large cavity & inanitys to conteine it in, 2) or else ye matter must swell it. 3 ye matter y^t hath so forcibly borne down ye earth & all other bodys to ye center (unles you will have it growne to as gross a consistance as ye Earth is, & hardly y^n) cannot if added to gether be of a bulke so little as ye Earth, for it must descend exceeding fast & swift as appears by ye falling of bodys, & exceeding weighty pressure to ye Earth. It must ascend in another forme y^n it descendeth or else it would have a like force to beare bodys up y^t it hath to press y^m downe & so there would bee no gravity It must ascend in a grosser consistence y^n it descends 1 because it may be slower & not strike boddys wth so greate a force to impell y^m upward 2 y^t it may onely force ye outside of a body & not sinke into every pore & y^n its densness will little availe it because it will yeild from ye superfecies of a body wth ease to run in an easier channell as though it never strove against y^m. if it should ascend thinner it can have only this advantage y^t it would not hit bodys wth so weighty a force but y^n it would hit more pts of ye body & would have more pts to hit w^{th} & hit wth a smarter force: & so cause ascension wth more force y^n ye others could do descension. Wee know no body that not sinke into ye pores of body's finer y^n aire & it will sink into most if it be forcibly crouded in. ye stream descending will lay some hould on ye streame ascending & so press it closer & make it denser & therefore twill rise ye slower. ye streame descending will grow thicker as it comes nigher to ye earth but will not loose its swiftness until it find much opposition as it hath helpe from ye following flood behind it. but when ye streames meete on all sides in ye midst of ye Earth they must needs be coarcted into a narrow roome & closely press together & find very much opposition one from another so as either to turne back ye same way y^t they came or croud through one anothers streames wth much difficulty, & pressure & so be compacted & ye descending streame will keepe y^m so by continually pressing y^m to ye Earth till they arise to ye place from whence they came, & there they will attaine theire former liberty.[13]

기계적 우주에서 무겁다고 불리는 물체가 내려가려는 경향은, 그 전달 방법이야 어떻든, 어떤 보이지 않는 물체와의 충돌 탓이라고밖에는 생각할 수가 없었다. 데카르트는 실체가 있는 물체의 무거움이, 지구 주위의 소용돌이 안에 있는 미세한 물질이 겪는 더 큰 원심 경향에서 나온다고 보았다. 가상디는 자기력의 역선(力線)에 걸어 매는 고리가 있다고 상상했다. 뉴턴이 제안한 밑으로 내려오는 에테르 소나기는 아마도 케네름 딕비한테서 빌려온 아이디어일 가능성이 많은데, 이 모든 것이 다 자연의 모든 현상은 움직이는 물질 입자들이 오직 접촉에 의해서 서로 상대방에게 작용해서 일어난다는 기계적 철학의 기본 제안을 잘 표현하고 있다.

Questiones가 흥미를 끄는 점 중 하나는 기계적 철학이 이론적으로 설명하고자 꿈꾸었던 영구 운동에 매료된 뉴턴을 그대로 보여주고 있다는 것이다. 예를 들어 중력을 일으키는 에테르 물질의 끝없는 흐름은 만일 그것을 건드릴 수만 있다면, 기계적 우주에서 물질의 영구 운동은 실체가 있는 영구 운동 기계를 동작시킬 수가 있다. 뉴턴은 자신에게 되묻기를, '그러면 중력선(重力線)이 반사나 굴절 때문에 정지할지도 모르는데, 그렇다면 이런 두 방법 중 하나 때문에 영구 운동이 만들어지는 것이 아닐까?' 아래 두 개의 그림을 보면 더는 말이 필요 없이 두 가지 가능성을 구체화했다. 한 그림에서, 중력 차폐가 '중력선'을 반사시켰다. 수평축에 따라 자유롭게 움직이도록 매달려 있는 바퀴가 절반만 차폐 바깥으로 나오도록 장치되어 있었다. 노출된 절반은 항상 더 무거울 것이므로, 바퀴는 어떤 추가의 입력(入力)이 없더라도 회전할 것이었다(그림 29를 보라). 두 번째 장치는, 뉴턴의 용어를 사용하면 중력선을 굴절시켜서, 영구 운동 기계와 짝지어 주도록 제안했다. 날개가 달린 바퀴는 수직 축에 올려놓았으며, 말하자면 수평으로 놓인 풍차는, 한바탕 쏟아져 내려오는 중력선 때문에 회전했다.[14] 미세한 입자의 유사한 흐름에 따라 생긴다고 가정한, '자기 현상에 따른 인력'이라는 주제 아래에서는, 뉴턴은 다른 한 벌의 비슷한 영구 운동 장치를 상상했다.

르네상스 시대의 자연론자들이 우주에 존재한다고 믿었던 눈에 보이지는 않는 호감과 반감이 현실화된 화신(化身)이 바로 자석이었는데, 자석의 인력은 실제로 자연에 대한 기계적 철학을 옹호하는 사람들에게 매우 중요한 현상이었다. 기계적 철학자들이 그것을 제대로 설명하지 못하는 한, 자연은 오로지 움직이는 물체만으로 구성됐다는 주장이 틀렸다는 것을 별 어려움이 없이 증명할 수 있다. 자석을 설명하려고 데카르트는 나사 모양의 입자에 대한 복잡한 이야기를 지어내는 데 정성을 쏟

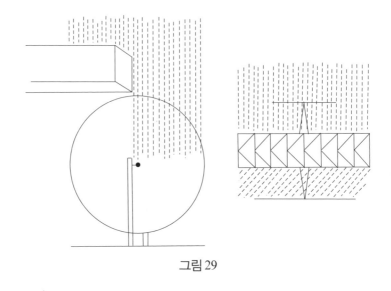

그림 29

앉다. 뉴턴 역시도 철학적 문제에 전념하던 초기에 데카르트의 이야기 못지 않은 복잡한 이야기를 지어냈다는 사실은 매우 흥미롭다. 그 내용이 Questiones에는 수록되어 있지 않지만, 필체로 판단해 보건데 1667년경에 작성한 것으로 보이는 다른 메모지에 담겨져 있다. 한때 호감과 반감의 화신이었으며 또한 기계적 용어로 설명해야 할 골치 아픈 현상이었던 자성의 문제점은 두 개의 극에 있었다. 데카르트는 두 개의 극을 설명하려고 일부 입자들은 오른손 나사 날로 되어 있고 다른 입자들은 왼손 나사 날로 되어 있다고 상상했다. 뉴턴은 두 개의 서로 다른 자성 물질의 흐름을 선택했는데, 그중에 하나는 지구를 통과하면서 쇠와 자석에 더 '친화적'인 어떤 '냄새'를 획득하고, 나머지 하나는 쇠에는 덜 '친화적'이지만 에테르가 차 있는 작은 구멍에는 더 '친화적'인 다른 '냄새'를 획득한다. 따라서 두 흐름은 자석을 다른 경로를 따라서 서로 스쳐지나갈 수 있다. 지구에서 자기 흐름이 흐를 통로가 이미 마련된 자석을 공기 중으로 들어올리면, 지구로 되돌아오는 흐름들의 방향을 바꾸게 만들고 또한 자석 안에 마련된 통로를 통과할 때 여러 작은 조각으로 흐름을 쪼개어 버린다. 이런 작은 흐름들은 자석을 빠져나오면서 쉽게 휘어질 수 있다. 어쩌면 에테르의 압력이 물체의 작은 구멍 안에서보다 자유 공간에서 훨씬 더 밀(密)해서 조각난 흐름들의 방향을 바꾸게 되는 건지도 모른다. 또한 어쩌면 그 조각난 흐름들이 자신들의 마찰로 전기적 혼령을 흥분시키고, 흥분된 혼령은 다시 쇠 속으로 웅크리고 들어가면서 흐름을 휘어지게 만들지도 모른다. 어떤 방법으로든 휘어지고 되돌려져서, 그 결과로 자석 주위에 생기는 자성 흐름의 회전이 겉보기 인력을 일으킨다.[15] 이 친화성이라는 개념은 뉴턴이 후크한테 따왔는데, 이 시점에서 그의 논문에 최초로 등장해서 이후로도 오랜 기간 뉴턴의 사고에 결정적인 역할을 담당했다. 한편, 자기 현상을 다룬 논문은 뉴턴의 철학적인 아집을 증언한다는 점에서 관심을 끈다. 데카르트의 나사 모양의 입자나 뉴턴의 냄새가 있는 흐름, 이 둘 중에서 어느 것이 더 경험적인 사실에 부합하는지는 아직 해결되지 않은 문제이나 이런 물음은 요점을 제대로 짚었다고 할 수 없다. 기계적 철학은 궁극적 실체가 경험 세계와 차이가 난다는 가정에 기초를 두고 있으며, 궁극적 실체는 오로지 움직이는 물질로만 구성되어 있다는 확신은 자기적 인력이나 중력과 같은 현상들을 가상의 메커니즘으로 설명해야 함을 의미한다.

Questiones quanedam Philosophiae는 그 이름이 암시하는 것처럼, 역학이 아니라 자연 철학을 다루고 있지만, '중력'이란 항목 아래 기록된 다른 사항들은 뉴턴이 자유 낙하에 대한 갈릴레오의 분석에 나오는 것과 같은 역학이라는 새로운 과학의 기본 명제들도 잘 알고 있음을 알려준다.

According to Galilaeus a iron ball of 100^l fflorentine (y^t is 78^{li} at London of Averdupois weight) descends an 100 braces fflorentine or cubits (or 49.01 Ells, perhaps 66^{yds}) in $5''$ of an hower ….

The gravity of bodys is as their solidity, because all bodys descend equall spaces in equall times consideration being had to Resistance of y^e aire &c.

17세기의 역학이라는 과학에서 중심이 되는 문제는, 무거운 물체는 모두 다 똑같이 떨어진다는 것과, 이때 물체는 균일한 가속도를 갖는다는 갈릴레오의 결론을 인과 관계 메커니즘과 조화시키는 것이었다. 같은 페이지에 나오는 또 다른 항목은 뉴턴도 같은 쟁점에 직면하고 있었음을 암시한다. 그는 '물체가 떨어지면서, 매순간 (가장 빠른 물체에서 가장 작아야 하는) 물체의 중력에서 받는 힘과 (물체의 빠르기에 비례해서 증가하는) 공기에서 받는 방해를 고려해야만 한다'는 것에 주목했다.[16]

Questiones가 우리의 관심을 끄는 이유는, 내용이 과학자로서 뉴턴의 경력에 중요한 특색을 어느 정도 암시하고 있기 때문이다. 비록 뉴턴이 학부생일 때 이미 앞으로 지속적으로 관심을 갖게 될 쟁점들을 인식하기는 했지만 말이다. 그 내용면에서는 광학(光學)에서의 기본적인 아이디어가 수립되어 있다. 색(色)이란 빛을 수정(修正)해 생기는 것이 아니라 혼합된 광선이 서로 다른 색의 감각을 자극받아 나뉘기 때문이라는 생각도 '색에 관하여'라는 항목을 기입하면서 떠오른 것이었다.[17] 이 문장은 그가 빛을 어떻게 알았는지 의미 있는 것을 제공하며, 그만큼 그의 자연철학적 사색에서 중요한 위치를 차지했던 수많은 현상에 대한 조항은 현재 나의 관심을 끌기에 더 적합하다. 광학은 뉴턴의 마음 속에서 항상 이중(二重) 의미가 있었다. 광학은 빛의 본성과 직접 관련이 있었지만 물질의 구조와도 관련이 있었다. '투명함과 불투명함에 관하여'라는 표제 하에, Questiones에서는, 마른 부레와 물은 모두 투명한데 왜 젖은 부레는 불투명한지, 그리고 물은 왜 수증기보다 더 깨끗한지 등의 질문을 던지며 두 번째 쟁점을 탐구하기 시작했다. 그는 유리와 결정체 그리고 불에서 투명도의 효과는 공기와 에테르, 부레, 그리고 종이에서의 투명도의 효과와 차이가 난다는 의견을 말했다.[18] 물체의 구조와 관련된 또 다른 질문은 물체의 응집에 관한 것인데, 뉴턴은 그것을 설명하려고 제안했던 여러 이론을 검토했다. '물체의 결합은 정지에서 온다.' 뉴턴은 이런 데카르트 학파의 설명을 거부했는데, 그 이유는 만일 그렇다면 모래를 쌓아 올린 것이 모두 하나로 결합해야 할 것이기 때문이었다. '응집은 세상의 모든 물체가 아주 가깝게 몰려드는 것에서 나온다.' 뉴턴은 이런 해결 방법을 찬성했다. 우리는 광택이 날 정도로 잘 연마한 대리석 조각 두개를 공기의 압력만으로도 달라붙게 할 수 있다는 것을 알고 있다. 보일의 실험에서 우리는 또한 공기의 압력이 정량적으로 제한되어 있다는 것도 안다. '그러나 태양과 우리 사이의 모든 물질의 압력은 엄청나게 큰 태양의 노력으로 만들어졌기 때문에 (그 압력은 물질을 가까이 모여 있게 만드는 어떤 다른 능력일 수도 있다),' 입자들이 일단 접촉해서 그 입자들 사이에 어떤 물질도 존재하지 않을 때는 그런 압력은 그 입자들을 함께 응집시키는 데 충분할지도 모른다.[19] 데카르트 신봉자들이 주로 말하는 원심력을 별도로 치면, 이 구절은 물체의 응집을 두 가지로 설명하게 될 것인데, 하나는 기계적 설명이고, 다른 하나는 뉴턴이 나중에 다른 시기에 제안한 기계적이지 않은 설명이다. 뉴턴의 물질에 대한 개념이 형성되는 데 중심이 되는 역할을 한 또 다른 일련의 자료가 있다. 바로 물에 비해서 금은 19배가 더 무겁고 수은은 14배가 더 무거운데, 공기에 비해서 물은 400배가 (또는 '어쩌면 2,000배가') 더 무겁다는,[20] 상대 밀도에 대한 메모다.

물체의 응집에 추가로, 모세관 작용, 또는 Questiones에서 뉴턴이 '여과(濾過)'라 부른 것이, 뉴턴의 사색에서 역시 중심이 되는 질문으로 남아 있었다.

Whither filtration be thus caused. The aire being a stubborne body if it be next little pores into wch it can enter it will be pressed into y^m (unles theye be filled by something else) yet it will have some reluctancy out wards like a piece of bended whale bone crouded into a hole wch its middle pte forwards, if y^n water whose (pts are loose & pliable) have opportunity to enter y^t hole ye aire will draw it in by strivei[ng] it selfe to get out. The aire too being continually shaken & moved in its smallest parts by vaporous particles every where tossed up & down in it as appears by its heate, it must needs strive to get out of all such cavity wch doe hinder its agitation: & this may be the cheife reason sponges draw up water. But in paper ropes hempe theds fiddle-strings betwixt whose particles there is noe aire or but a little & it so pend up y^t it can scarce get out the cause may be this. y^t ye parts of those bodys are crushed closer together y^n there nature will well permit & as it were bended like ye laths of crosbows so y^t they have some reluctancy against y^t position & striv to get liberty wch they cannot fully doe unless some oth^1 bodys come betweene y^m as aire or water but where aire cannot enter water will (as appears in y^t it will get through a bladder wch aire cannot doe &c) wherefore when opportunity offers it selfe by striveing to get assunder they draw in ye pts of water betwixt y^m.[21]

다른 문제는 좀 더 짧게 소개되었다. 그는 표면 장력 현상과 ('왜 물의 표면에서 헤엄치는 물체가 물속으로 빠지더라도 물의 표면은 나뉘지 않고 여전한가') 기체의 팽창에 ('토리첼리의 실험으로 알 수 있을지도 모르는데 공기가 얼마나 자연스럽게 팽창할 수 있을까') 주목했다.[22] 비록 뉴턴이 Questiones를 작성할 당시에는 화학은 단지 피상적으로만 알고 있있을 뿐이었지만, 그가 비슷하다고 분류해 놓는 자료들이 끊임없이 방대해지는 와중에 계속해서 두드러진 위치를 차지하고 있는 두 가지 현상과 조우(遭遇)하게 되었는데, 하나는 수은은 금속을 제외한 어떤 것에도 침투하지 않고 다른 하나는 기름은 대부분의 물체와 섞이는데 물과는 섞이지 않는다는 것이다.[23]

자연에 대한 어떤 철학에서든 그 철학에 도전하는 것처럼 보이는, 그래서 그 풀이가 그 철학이 성립하는 데 필수적인 결정적으로 중요한 문제가 존재하는 법이다. 뉴턴은 이미 Questiones에서 기계적 철학에 결정적으로 중요한 일련의 현상들을 골라냈는데, 자연의 모든 현상은 움직이는 물질 입자들에 따라서 생성된다는 기계적 철학의 주장에 도전장을 던지는 것이었다. 물체들의 응집, 모세관 작용, 표면 장력, 기체의 팽창, 그리고 전기적 친화성과 열의 발생을 나타내는 화학 반응 등, 이러한 일련의 현상들은 일생에 걸친 질문과 사색을 통하여 뉴턴의 관심의 중앙에 자리 잡고 있었다. 이러한 결정적인 현상 중에서, 그가 Questiones를 작성할 때, 오직 열이 발생하는 화학 반응만 그 중요성을 주장하지 않았다. 그는 기름이 물과 섞이는 것보다 다른 물체들과 더 쉽게 섞이는 경향을 화학적 친화성과 똑같은 현상이라고 여겼다. 결정적인 현상들을 제외하면, 그는 이미 자연에 대한 첫 번째 철학을 수립할 자료를 손에 넣고 있었으며, 그런 다음 그 구조 안에서 자료가 잘 맞지 않으면 두 번째 철학을 다른 것을 기반으로 시도했다. 이렇게 개개의 현상이 차례로 그의 역학에 어떤 영향을 끼치는지 시험했다.

★

뉴턴의 초기 자연 철학에 관한 한, Questiones는 그 철학의 기본적인 특징을 너무도 명료하게 표현하고 있다. 뉴턴은 기계적 철학자였다.

Questiones는 필기장의 수준을 능가하면서, 또 연결된 논의의 기품을 유지하려고 노력하면서, 새로운 기계적 시스템을 제안했는데, 이는 물론 데카르트와 가상디, 홉스, 그리고 보일의 작업을 토대로 했으나 여러 가지 자세한 사항은 그들과 차이를 보였다. 처음 Questiones가 나온 뒤 대략 15년에 걸친 기간에, 뉴턴은 이들 학자들이 구상한 시스템을 정성들여 다듬었다. 이 시스템의 핵심은 미세한 에테르라는 것이 자연 전체에 스며있고 결정적으로 중요한 현상들을 만들어 내는 데 이용되는 보이지 않는 메커니즘을 제공한다는 것이다. 그렇게 미세한 매질은 모든 기계적 철학의 sine qua non(역주: '꼭 필요한 행동이나 조건 또는 구성 요소'를 의미하는 라틴어)이었는데, 이는 물체의 한 형태로서 정의(定義)상 관찰할 수 없는 것이었으며, 이로부터 상상으로 다루기 힘든 현상을 발생시키는 가공(架空)의 메커니즘을 구축할 수 있었다. 뉴턴이 미세한 에테르에 대한 개념을 최초로 만들어 낸 것은 아니었다. 위에 나온 연구자들의 생각에는 미세한 에테르가 우주의 구석구석에 스며들어 있는 것과 꼭 마찬가지로 거리낌 없이 기계적 철학에 스며있었다. 위에서 중력과 응집에 대해 인용한 것과 같은, Questiones에 나오는 많은 문구들이 미세한 에테르의 존재를 당연하다고 여기고 있었다. 1670년대에 뉴턴이 충분히 공들여 만들어낸 시스템에서 에테르가 담당하는 역할은, 여러 가지 다른 기능 중에서 광학적 현상의 역학을 설명한다. '반사와 파동 그리고 굴절에 관하여'라는 항목 아래 들어있는 일부 사항은 그가 처음부터 그런 가능성을 인식하고 있었음을 알려준다.

> Whither ye backsid of a clear glas reflect light in vacuo Since there is refraction in vacuo as in ye aire it follows y^t ye same subtile matter in ye aire & in vacuo causeth refraction Try Whither Glasse

hath ye same refraction in Mr Boyles Receiver, ye aire being drawn out, wch it hath in ye open aire.

Questiones에서는 빛을 이미 입자라고 취급하는데, 그 항목의 제목에 사용된 '파동'이라는 단어는 이것과 무슨 상관일까? 그 다음에 기입한 사항이 어떻게 연결이 되는지를 암시해 준다.

How long a pendulum will undulate in Mr Boyles Receiver? &c.[24]

만일 빛이 진공 중에 놓인 유리의 뒤쪽 면에서 반사된다면, 이전의 기계적 철학자들이 주장했던 것처럼 단단한 물질까지 뚫고 들어가 부딪쳐서 반사가 일어날 수는 없다. 그렇다면 그런 반사는 '미스터 보일의 수신기'에 에테르가 존재한다는 것을 '증명'하며, 공기에서나 진공에서나 똑같이 굴절한다는 것 역시 동일한 결론을 '증명'한다. 뉴턴은 진자(振子) 운동이 에테르의 존재를 훨씬 더 선명하게 드러낸다고 믿었으며, '파동'이라는 단어는 빛이 아니라 진자를 언급한 것이었다. 비슷한 제안이 '운동에 관하여'라는 항목에도 나온다.

How much longer will a pendulum move in ye Receiver then in ye free aire. Hence may be conjecttured w^t bodys there bee in the receiver to hinder ye motion of the pendulum.[25]

여기서 에테르가 존재한다는 것을 (또는 존재하지 않는다는 것을) 증명하려고 진자를 이용한 것은 뉴턴이 끝까지 사색했던 요소 중의 하나였다.

매질이 미세한 물질로 이루어졌다는 생각이 도저히 달리 설명할 수 없는 현상을 설명하는 유일한 장치는 아니었는데, 학부를 졸업한 후 그리 오래되지 않았을 때 작업한 한 논문에서 뉴턴은 거의 무심코 또 다른 대안을 조사하기 시작했다.[26] De gravitatione et aequipondio fluidorum 은 주로 Questiones가 마지막까지도 해결하지 못했던 논란거리에 대한 해답을 제공했는데, 그 논란거리란 기계적 철학자로서 뉴턴이 데카르트 신봉자인가 또는 원자론자인가라는 것이었다. 위의 해답에 따르면 그는 의심할 여지 없는 원자론자였다. 이렇게 이야기하는 것은 어쩌면 쟁점을 왜곡하는 건지도 모른다. 데카르트를 무신론자로 무섭게 몰아붙였던 예에서도 드러나듯이, 뉴턴이 사용하는 용어를 보면 그가 자연 철학 그 이상의 논의를 진행시켰음이 분명하다. Questiones에서, 물질의 질서가 신의 섭리와는 무관하게 자율적으로 정해졌을 가능성을 반박하려는 의도의 문구에서는 헨리 모어의 영향이 특히 강하게 보인다. 어쩌면 뉴턴이 더 반-데카르트적으로 된 배후에는 모어의 영향이 유효했을 것이다.[27] 무엇이 고무적인 영향을 주었든, 그의 자연에 대한 철학에서 결과는 원자론의 절대적인 승리였다.

De gravitatione에서 뉴턴은 상대적인 운동이라는 질문에 대해 먼저 데카르트를 파고들었다. 가상디의 맛을 더한 네 가지 정의들이 무대를 장식했다. '위치란 어떤 무엇이 골고루 채워진 공간의 일부분이다.' '물체는 위치를 채우는 무엇이다.' '정지는 동일한 위치에 남아 있는 것이다.' '운동은 위치의 변화이다.'[28] 뉴턴의 말을 따르면, 이 정의에 따라 물체는 공간과 구체적으로 구분된다. 이 정의를 구름판으로 사용해, 그는 즉시 데카르트와의 한바탕 싸움에 뛰어들었다. 운동에 대한 데카르트의 개념은 '혼돈스럽고 이치에 맞지 않을' 뿐만 아니라, 또한 '어처구니없는 결과'까지 있었다. 그것은 내부 모순에 가득 차 있었는데, 뉴턴이 상당히 자세하게 분석했다. 그 점에 대한 많은 논의의 밑바탕에는 종교

재판에서 갈릴레오를 유죄로 선고한 데 대응해서 데카르트가 고안했던 운동에 대한 특정한 정의가 깔려 있었다. 비록 뉴턴이 책임질 일은 아니었지만, 종교 재판이 있은 지 한참 시간이 흐른 후에, 또 공간적으로 멀리 떨어진 곳에서, 또 교회와도 무관한 채로, 데카르트의 딜레마를 대가로 점수를 올리는 그의 모습이 그다지 영광스러워 보이지는 않는다. 그러나 이 쟁점을 그렇게 과소평가할 수는 없는 것이, 데카르트의 세세한 정의가 무엇이든, 그의 시스템이 필요했던 이유는 그가 운동은 상대적이라고 기술했기 때문이며, 운동의 상대성이 뉴턴이 반대한 궁극적인 핵심이었기 때문이다. 그의 주장을 따르면 데카르트의 개념에서 '어떤 한 운동이 다른 운동보다 먼저 더 옳고, 더 절대적이고, 더 적당하다고 말할 수 없으며, 오히려 가까운 물체를 기준으로 하든 또는 먼 곳의 물체를 기준으로 하든, 어떤 이상한 경우를 상상하더라도 모든 경우가 똑같이 이성적이라는 것이 성립한다.'[29]

이 주장을 옹호하려고 뉴턴은 어떤 식으로든 힘과 관련한 사항들을 연달아서 고려했다. 지구의 '옳고, 절대적이며 적절한' 운동은 지구가 태양에서 멀어지려고 노력하는 운동 하나일 뿐이다. 원운동뿐 아니라 모든 운동에서, 서로 다른 운동을 구분할 수 있는 절대적인 요소는 바로 힘이다. 그는 다섯 번째 정의로 '힘은 운동과 정지의 원인이 되는 원리이다'라고 말했다.[30] 데카르트의 약점은 운동에 대한 그의 정의에 따라 힘을 작용하지 않고서도 운동이 발생할 수 있고 힘을 작용하고서도 운동이 발생하지 않을 수도 있다는 가능성에 있었다. 그래서 신은 지구를 멈추게 하지 않고서도 그 속에서 지구가 움직이고 있는 소용돌이를 멈출 수도 있다. 데카르트의 정의에 따르면, 비록 지구에 아무런 힘이 작용하지 않더라도 지구가 움직일 수도 있다. 또는 지구 주위로 하늘의 모든 것을 회전시키도록 막대한 힘을 작용하더라도, 운동에 대한 데카르트의 생각에 따르면 하늘은 계속 정지해 있을 수도 있다. '따라서 물리적이고 절대적인 운동은 이동이 아니라 다른 사항을 고려해서 정의해야 하며, 그런 이동은 단지 외적이라고 표시할 뿐이다.'[31] 운동을 순전히 상대적인 용어로만 정의하려는 데카르트의 노력은 물체가 진정으로 움직이는지 또는 아닌지 결정하는 어떤 수단도 남겨놓지 않았다. 주변의 물체들이 정지해 있지 않거나 정지해 있다고 볼 수 없을 때, 어떻게 그 물체가 움직인다고 말할 수 있을까?

> 마지막으로 이러한 입장이 불합리하다는 것은 충분히 알 수 있는 사실인데, 이 입장에 따르면 움직이는 물체는 어떤 정해진 속도도 갖지 못하며 직선을 따라서 움직일 수도 없기 때문이다. 설상가상으로 저항 없이 움직이는 물체더라도 그 속도가 균일하다거나 그 궤적이 직선이라고 말할 수도 없다. 반면에 정해진 속도와 방향이 없다면 운동도 없으므로 운동이란 존재할 수 없다.[32]

목성이 1년 전에 어디에 있었느냐고 묻는다고 하자. 목성 주위의 유체 물질을 구성하는 입자들은 움직였다. 항성(恒星)들도 역시 에테르 바다에 떠서 움직이기 때문에 기준틀을 제공해주지 못한다. 실제로 세상에서 어떤 물체도 서로 상대방에 대해 정지한 채로 머물러 있을 수 없다.

> 그래서 목성이 1년 전에 어디 있었느냐는 질문처럼 추론하면 데카르트의 학설에 따라 어떤 움직이는 물체라도 사실상 물체의 변화된 위치 때문에, 그 장소는 자연에서 더 이상 존재하지 않으며, 또한 신 자신조차도 그 물체의 과거 위치를 정확하고 기하학적으로 정의할 수 없을 것임이 분명하다.[33]

상대성이라는 스킬라(역주: 'Scylla'는 그리스 신화에 나오는 바다에서 선원을 잡아먹는다고 알려진 머리가 6개이고 발이 12개인 괴물 이름)를 피하려고, 뉴턴은 절대 공간이라는 카리브디스(역주: 'Charybdis'는 그리스 신화에 나오는 바다의 소용돌이가 괴물로 의인화한 짓)를 받아들였다. 모든 동기가 뉴턴을 그 방향으로 강요했다. 원자론자로서, 그는 빈 공간이 존재하고 그래서 물질과는 구별되는 범위가 존재한다는 것을 주장하고 싶었다. 또한 뉴턴은 인간은 사물의 궁극적인 본질을 알 수 없다는 어느 정도의 회의주의자였던 가상디를 지지했으므로, 공간을 차지하고 있는 물체에 대한 데카르트적인 방정식에서 의미하듯이 물질이 스스로 이해할 수 있는 성질이 있다는 것을 부정하고자 했다. 그리고 마지막에는 운동과 장소의 상대성으로 암시된 불확실성에 대한 혐오감과 같은 개인적인 이유들 때문에, 그도 역시 인정했던 무한한 우주에서 일종의 고정 장치로써 절대적인 기준틀이 필요하다고 생각했다.[34] 가상디의 철학에서 뉴턴은 이런 모든 필요를 만족시켜주는 공간의 개념을 발견했다.[35] 범위는 실질적 성질도 아니었고 우연적 성질도 아니었다. 그것은 독립적으로 존재할 수도 없고 다른 실체에 작용할 수 없기 때문에 실체가 없다. 그것은 주체가 없이도 존재할 수 있기 때문에 사건도 아니다. 신은 공간을 창조하지 않았다. 만일 창조했다면 신은 자신이 공간을 창조하기 전에 아무 곳에도 있을 곳이 없었을 것이기 때문이다. 공간 즉 범위는 '신이 발산하는 성질이거나 신의 섭리이다…'[36] 공간은 영속적인 신이 발산하는 성질이므로 영속성을 갖게 된다.

> 공간은 존재의 qua(역주: '…의 자격으로'라는 의미의 라틴어)로서 존재의 섭리이다. 어떤 존재도 어떤 방법으로든 공간과 관계되어 있지 않으면 존재하지 않고 존재할 수 없다. 신은 모든 곳에 있고, 창조된 정신은 어느 곳엔가 있으며, 물체는 그 물체가 차지하는 공간에 있다. 그리고 모든 곳에 있지도 않고 어딘 가에도 있지 않은 것은

존재하지 않는다. 그러므로 공간은 존재가 존재하자마자 발생한 효과인데, 그 이유는 어떤 존재든 가정되는 순간 공간도 가정되기 때문이다.[37]

절대적인 공간은 신의 무한한 존재로 구성한다고 말하는 것은, 절대적인 시간은 신의 무한한 영속성으로 구성한다고 말하는 것과 같은 의미이다. 만일 물체가 범위에 해당하지 않는다면, 그것은 무엇인가?

> 그런데도 인간은 신의 능력의 한계를 알지 못하므로, 다시 말하면, 물질이 단지 한 가지 방법으로만 창조될 수 있는지, 또는 물체와 비슷한 존재가 만들어질 수 있는 여러 가지 방법이 존재하는지 알지 못하게 되어 있으므로, 필요에 따라 존재하는 것이 아니라 신의 의지에 따라 존재하는 존재에 대한 설명은 좀 더 애매할 수밖에 없다.[38]

이 부분에서는 가상디주의자들의 회의적인 목소리가 들리는데, 데카르트가 주장했던 추론까지 이르는 자연의 본질에 대한 투명성을 부정하는 것이었다. 유한한 인간은 사물의 숨겨진 본질을 영원히 알 수가 없고, 오로지 창조주를 무한히 이해하는 데만 그 지식을 사용하도록 허락되어 있다. 뉴턴은 여기에 놓인 형태의 물체가 요구하는 것은 단지 '범위와 신의 의지의 작용뿐이다….'라고 주장했다.[39] 우리가 우리 몸을 움직이게 하는 우리의 능력을 인식하고 있는 것만큼이나, 신도 같은 능력이 있음을 부정할 수는 없다. 이제 신이 물체가 어떤 주어진 공간으로 들어가는 것을 금지시킨다고 가정해보자. 어떤 방법으로 우리는 그런 공간을 물체와 구별할 수 있을 것인가? 뚫고 들어갈 수 없는 것은 만져서 알 수 있기 마련이다. 빛이 반사되면 보이기 마련이다. 부딪치면, 주위 공기가 움직여서 반향(反響)하게 될 것이다. 나아가서 그러한 구역이 여러 개 있고 그 공간들이 정해진 법칙을 따라 움직인다고 가정하면, 어떤 방법으로도 그런 공간이 물질 입자들과 다르다고 말할 수가 없다. '그래서 만일 이 모든 세상이 이런 종류의 존재로 구성되었다 해도 지금과 조금도 다르지 않을 것이다.'[40]

이런 견해에 따라, 뉴턴은 물질을 '동시에 어디에나 존재하는 신이 정해진 조건에 따라 부여한 범위의 일정량'이라고 정의했다. 그 조건의 수는 세 개다. 그 양은 움직일 수 있다. 물질은 뚫고 들어갈 수 없으며, 두 물질이 서로 부딪치면 정해진 법칙에 따라서 반사한다. 물질은 마음의 감각을 들뜨게 할 수 있으며, 거꾸로 마음으로 물질을 움직이게 할 수도 있다.[41] 그가 설명한 입자가 실제로 물질적 실체에 해당하는가? 뉴턴은 물론 대답하기를 거절했다. 가상디의 회의적 자세가 뼛속까지 들어차서, 신은 여전히 물체들의 모든 작용과 현상을 보여주는 다른 존재들을 창조할 수 있다고 반복할 뿐이었다. 그러므로 그는 물체의 성질이 무엇인지 말하는 것이 불가능했지만, '그러나 나는 오히려 여러 가지 면에서 물체와 비슷한 어떤 종류의 존재를 설명할 수 있는데, 이 존재를 창조하는 것은 순전히 신의 능력으로 그것이 물체가 아니라고는 말할 수 없다.'[42]

물질에 대한 논의에서 뉴턴은 인간의 마음과 신 사이의 유사성을 특별히 강조했다.

이와 같이 나는 우리 몸을 움직이는 우리의 능력에서 실체적 본질을 기술할 수 있었는데, 인식하는 데서 나타나는 어려움은 모두 이것으로 귀착될 것이다. 그리고 더 나아가 마치 우리의 의지를 작용함으로써 몸을 움직일 수 있는 것과 꼭 마찬가지로, 신도 의지를 작용함으로써 이 세상을 창조한 것으로 (우리의 가장 내밀한 의식 속에서) 생각될지도 모른다. 그리고 어쩌면 신의 능력과 우리 능력이 유사하다는 것은 이전에 철학자들이 생각했던 것보다 훨씬 더 그럴듯한 사실일지도 모른다.[43]

이러한 유사성 때문에, 사람은 신의 형상을 본떠서 창조되었다고 말한다. 사람이 몸을 이동할 수 있는 마음의 능력은 물체를 움직이는 신의 능력의 희미한 화신(化身)이며, 그것이 뉴턴의 눈에는 물체를 창조하는 신의 능력과 같아 보였다. 은연중에 데카르트를 겨냥해서 내린 신(神)의 존재를 부정했다는 혐의는 데카르트가 물체는 신과 무관하다고 주장한 것에 그 핵심을 두고 있는 반면, 뉴턴이 정의한 물체는 신의 존재를 가정하지 않으면 생각해볼 수도 없었다. 범위는 신과 무관하지 않다. 범위는 '분명히 신에 포함되어 있다…'[44] 비슷하게, 모든 물질적 우주는 신에게 특정한 성질을 부여받은 정해진 양의 범위로 구성되는데, 절대 공간의 무한한 범위는 전지전능한 신이 설치하기 때문에 이 우주는 분명히 신에 소속되어 있다.

자연 철학에 대한 이런 학설의 중요한 결과 중에는, 뉴턴이 이미 그 사용법을 터득했던 에테르를 신이 대치할지도 모른다는 가능성도 있다. 뉴턴이 신에게 부여했던 역할은 정확히 에테르와 똑같으며 관찰되는 움직임과 똑같은 방법으로 입자를 움직이게 하는 보이지 않는 매질이었다. 어쩌면 기계적 철학에 내포되어 있다고 생각한 물질세계의 질서가 저절로 그렇게 되었을지도 모른다는 불안감이 있는 헨리 모어와 케임브리지 대학의 플라톤 학자들의 영향이 뉴턴의 행동에 언뜻 비쳐진 것일지도 모른다. 그러던 중에 그는 한때는 우주와 신 사이에서 불필요한 중개자여서 받아들이지 않았던 개념인 '세상의 영혼'이 존재할 가능성을 구체적으로 언급했다.[45] 비물질적인 매질, 또는 차라리 신성(神性)이 담긴 매질이라는 개념은 에테르 메커니즘과 수리(數理) 운동학의 양립을 그토록 어렵게 만들었던 물질적 매질의 한계점을 극복할 가능성을 제공했다. 위에서 인용했던 Questiones에서 자유 낙하의 가속도에 대한 논의를, 신이 '특정한 법칙에 따라서 정해진 양의 범위를 여기저기로 이동시킨다는' 주장에 내포되어 있는 가능성과 비교해보자.[46] De gravitatione에서 뉴턴은 물질적 에테르를 대치할 비물질적인 대용물로서 신의 존재를 알아차리지는 못했다.[47] 그런데도 그는 그런 방향으로 인도할 수 있었던 아이디어를 호의적으로 받아들이기 시작했는데, 그가 에테르 메커니즘에 아주 많은 공을 들였지만, 모든 아이디어를 기억하듯이 그 아이디어도 기억하고 있었다.

★

De gravitatione et aequipondio fluidorum은 명백히 유체 역학에 대한 논문으로 만들어졌다. 뉴턴이 완성했던 것은 주로 서론 부분으로 공간과 운동, 그리고 물체에 대해 데카르트의 의견에 반(反)하는 논의였다. 그렇지만 그는 이 작업을 중단하기 전에 꽤 많은 정의를 더 깊이 있게 정의했고 또 두 개의 명제를 추가했다. 뉴턴의 역학이 발달하는 과정에서 De gravitatione는 특별한 지위를 차지하는데, 단지 그 내용 때문만은 아니고, 역학을 연구한 첫 번째 시기의 마지막 산물이기 때문이다. De gravitatione 이후에는 약 15년 동안 역학에서 어떠한 연구도 지속적으로 수행하지 않고, 1684년에 이르러서야 그는 다시 사고(思考)를 시작했다. 그의 역학에서 De gravitatione의 의미를 이해하려면 먼저 그의 초기 논문들을 살펴볼 필요가 있다.

뉴턴이 역학이라는 과학 분야에서 최초로 기록을 남긴 자료는 물론 Questiones이다. 무거움이라든가 무거운 물체의 낙하가 역학에서 갖는 의미 등에 관해서 이미 여러 자료를 인용한 바 있다. '공기에 관하여'라는 항목 아래 한 자료는 풍차의 날개와 바람 사이의 각도가 얼마로 맞추어져야 하는지에 대해 간단히 기술하고 있으며, 이 와중에 운동의 합성(또는 분해) 원리를 어느 정도 알고 있음이 나타난다.[48] 역학을 다루는 데 단연코 가장 중요한 문구는 '격렬한 운동에 관하여'라는 방대한 에세이에서 나타난다. 그 에세이를 쓴 필체를 근거로 하면, 그것은 Questiones에서 가장 초기 부분에 속한다. 뉴턴은 격렬한 운동이 계속되기 위한, 즉 투사체가 투사기에서 분리된 이후로 투사체 운동이 계속되기 위한 세 가지 가능성을 고려했다. 이것은 운동에 대한 새로운 개념이 스스로 표출되는 전형적인 문제이다. 어느 정도 시일이 지난 뒤에 뉴턴은 아리스토텔레스 이론이 아니라 그것을 쉽게 고친 이론인 물체 사이의 반작용 이론을 다루면서, 공기가 움직이게 만드는 것으로 행동할 수 있다는 이론을 배제했다. 두 번째 가능성은 '새겨진 힘'으로 운동이 지속될 수 있는지에 대한 것이었다. 그는 새겨진 힘이란 원래 힘을 작용했던 모터가 분리된 채로도 계속해서 작용하는 것으로 받아들였고, 그래서 그러한 힘이 물질적으로든 비물질적으로든 서로 소통할 수 없다는 것을 근거로 그 가능성을 배제했다. 따라서 마지막 세 번째 가능성이었던 투사체는 자신의 '자연적인 중력'으로 움직인다고 결론지었다. 중력이 내부 동인(動因)이 된다는 원리는 원자론적 전통에서 유도한 것인데, 이 사실이 뉴턴의 논의로 훨씬 더 분명해졌다. 처음 두 경우에 적용했던 동역학적 고려를 확장하는 대신에 그는 전적으로 진공에서 운동이 가능한가라는 질문을 검토했다. 다시 말해서 위치의 변화를 빈 공간에서도 정의할 수 있다고 주장했는데, 이 문장은 절대적 공간이라는 아이디어로 귀결된다. 한편, '격렬한 운동에 관하여'라는 에세이에서 뉴턴은 원자론적 전통을 따라 역학에 균일한 운동을 도입했는데, 이를 움직이는 물체

에 내재된 힘의 산물로 취급했던 것 또한 중요한 의미가 있다.[49]

1665년 1월 20일에, 뉴턴은 운동과 충돌에 대한 질문들을 철저히 검토했는데, 그는 이것을 일기장의 '반사에 관하여'라는 제목 아래 일련의 정의들과 공리들 그리고 명제들로 기록했다. 운동에 관해 색다른 생각 하나가 이 메모에 활력을 불어넣고 있다. '격렬한 운동에 관하여'라는 에세이의 배경에는 원자론의 전통이 자리 잡고 있었지만, 뉴턴이 '반사에 관하여'를 기술한 형태는 데카르트의 영향을 받았다는 표시를 분명히 남겨 놓았다. 먼저 두 가지 잘못된 것을 적었고, 그 뒤로 운동과 운동의 양과 같은 사항에 대한 정의 11가지와 일련의 공리가 뒤따랐다.

1. 어떤 양이 일단 움직이면 외부의 원인이 방해하지 않는 이상 결코 정지하지 않는다.
2. 어떤 양은 외부의 원인이 방향을 바꾸도록 하지 않는 이상 (운동의 방향이나 빠르기를 바꾸지 않으면서) 항상 동일한 직선 위를 움직인다.[50]

나아가서 이 두 공리를 하나로 수정했다.

공리: 100 모든 사물은 자연스럽게, 어떤 외부의 원인 때문에 방해받지 않는 한, 자신이 있던 상태를 유지하는데, 그러므로 공리 1과 2와 γ는, 일단 움직인 물체는 항상 똑같은 운동의 빠르기와 양과 방향을 유지한다.[51]

아마도 동시에 능동적이기도 하고 수동적이기도 한 애매한 의미가 있는 동사 '유지하다'는 그가 이전에 '중력'이라고 불렀던 내부 힘을 반영한다. 그것만 제외하면 정지 상태를 구체적으로 말하기만 하면, 공리 100

에서 받아들이는 관성이 Principia의 운동 제1법칙에서의 관성과 구별할 수 없게 된다.

'반사에 관하여'라는 제목이 가리키는 것처럼, 뉴턴의 목적은 데카르트가 해결하지 못했던 충돌 문제를 풀려는 데 있었다. 뉴턴은 처음의 잘못된 두 부분에서 정면 대결을 시도했다. 이제 정의로 기초를 확보하고 그는 '유지'라는 용어로 표현한 관성의 원리로 충돌 문제를 취급하려고 시도했다.

> 만일 (*bcpq*와 *r*이라는) 같은 두 물체가 같은 속도로 서로 만나면 (그들이 서로 상대방을 관통하여 지나갈 수 없는 이상) 그들은 (한 물체가 다른 물체보다 더 유리한 것이 없으므로 꼭 그래야 하는데) 상대방이 상태를 유지하는 것을 똑같이 방해해야만 한다. 마찬가지로 만일 물체 *aocb*의 빠르기가 물체 *r*의 빠르기와 같다면, 그들이 만나면 서로 상대방의 상태가 발전하거나 유지하는 것을 똑같이 방해하거나 반대하게 되며, 따라서 물체 *aopq*[*aocb*+*bcpq*]의 능력은 (이것의 빠르기가 *r*의 빠르기와 같을 때) *r*이 자기 상태를 유지하려는 능력의 두 배이다. *aopq*가 정지하기까지 축소시키는 원인인 유효 힘 또는 능력은 *r*이 정지하기까지 축소시키는 능력 또는 유효 원인의 두 배여야만 하며, 또는 하나를 움직이는 능력은 다른 것을 움직일 수 있는 능력의 두 배여야 그들의 빠르기가 같아진다. 그러므로 빠르기가 같은 두 물체에서 그들의 상태를 유지하는 능력은 그들의 양에 비례한다.[52]

이 문제에 대해 17세기의 대부분의 학자들과 마찬가지로, 뉴턴도 데카르트적인 측면을 이용하여 충돌에 접근했는데, 그것은 바로 호이겐스가 끊임없이 피하려고 노력했던 방법이었다. 뉴턴의 취급 방법은 시작부터 노골적으로 동역학적이었다. 그는 이미 운동의 양을 물체의 양과 (다시 말하면, 물체에 포함된 물질의 양과) 물체가 움직이는 속도의 곱으로 정의했다. 충돌에 대한 그의 동역학에서 기초가 되는 것은 운동의 양으로 정의된 능력 또는 힘의 단위이었다. 위의 문장의 초판에서 그가 말했던 것처럼, '물체의 운동의 양은 그 물체의 운동 상태를 유지하는 능력에 비례한다.'[53]

운동의 양에 의해 측정한 힘의 개념은 17세기 역학에서 전혀 새롭지 않았다. '물체의 운동의 힘'으로서 힘의 개념은 무엇보다 데카르트의 논의와 같은 17세기 논의의 핵심 요소가 되어왔다. 뉴턴이 그의 측정의 단위를 운동의 양으로 정했을 때, 그 전체 문장이 드러내듯이 뉴턴은 데카르트에게 또 다른 차원의 부채를 지게 됨을 의미했다. 동역학의 역사에서 **일기장**은 독보적인 평가를 얻게 되는데, 그 이유는 관성의 원리를 기초로 수립된 동역학에서는 널리 알려진 것과는 다른 힘의 개념이 필요하다는 점 때문이다. 그는 '물체의 운동의 힘'이 또 다른 관점으로도 볼 수 있다는 것을 깨달았다. 충돌에서 한 물체의 운동의 힘은 두 번째 물체에게는 공리 1과 2에서 말한 물체의 운동 상태 또는 정지 상태를 바꿀 수 있는 유일한 수단인 '외부 원인'으로서 기능을 한다. 뉴턴은 두 번째 물체의 관점을 그의 가장 중요한 관점으로 만들었다. 이와 같이 그는 동역학에서 관성이 갖는 의미, 즉 동작이 가능한 동역학이 필요한 가장 중요한 이유는 운동의 변화를 가져오는 '외부 원인'을 측정하는 개념적 단위라는 것을 온전히 파악한 첫 번째 사람이었다. '반사에 관하여'에서 처음으로 힘을 그러한 용도로 바꾸기 시작했다. 뉴턴은 관성의 상태를 정의하는 일련의 공리를 처음 정한 다음에 두 가지 공리를 더 추가하여 힘의 정의를 내렸다.

3. 움직이던 물체를 정지시키는 데 필요한 힘은 물체를 그만큼 움직

이도록 만드는 데 필요한 힘과 똑같고 더 많지 않으며 역도 성립한다.

4. 물체에서 운동의 양을 소멸시키는 데 필요한 힘과 그만큼의 운동의 양을 발생시키는 데 필요한 힘은 같으며, 그래서 운동을 발생시키는 데 필요한 양만큼이 운동을 소멸시키는 데도 필요하다.[54]

그러면 같은 힘으로 같지 않은 물체를 이동시킬 때, 그들의 속도는 물체의 양에 반비례하며, 같지 않은 힘이 같은 물체를 이동시킬 때, 그들의 속도는 힘에 비례한다.

104. 그러므로 물체 중에서, 속도를 방해하거나 속도에 도움을 줄 때 어떤 물체는 더 큰 유력하거나 유효한 원인을 필요로 하고 다른 물체는 더 작은 그런 원인을 필요로 하는 것처럼 보이는데, 어떻게 그리고 왜 그렇게 될까? 이러한 원인의 능력이 보통 힘이라고 불린다.[55]

마지막 문장이 역사적인 진술이었다는 점은 검토할 필요조차 없을 것이다. 문장 그대로 보면 뉴턴은 힘의 동의어로 '능력'이라는 단어를 사용하고 싶은 마음이 강렬했으며, 그 앞에 나오는 공리에서는 운동을 일으키는 것으로 '원인이 되는 능력 또는 유효한 활력의 세기 또는 효력'이라고 말했다.[56] 그런데도 이 문장은 역학의 용어에서 전환점을 기록했다. 무엇보다 먼저, 뉴턴은 그것을 혼란스러운 용어들의 홍수 속에서 골라냈으며, 힘이 운동의 변화를 일으키는 원인으로 인정받은 단어가 되었다.

물론 명칭보다는 그 개념이 훨씬 더 중요했다. '반사에 관하여'에서 뉴턴은 그 원인을 분리시켜서 오로지 정량적인 개념으로만 취급하는 추상적인 개념을 만들기 시작했는데, 이는 정량적인 역학에 사용할 수 있도록 만들기 위해서였다. 도입부에서 관성의 원리를 주장한 것과 충돌 문제에 따라 정해진 맥락에서 보면, 힘의 척도가 될 수 있는 것은 오직 운동의 변화 하나밖에 없는 것이 분명했다. 물론, 운동의 변화가 운동이 변하는 비율과 같지 않다는 것은 명백하다. 뉴턴은 충돌 현상을 정량화하고자 했는데, 운동의 총 변화량이 바로 그 양이었다. 그래서 그는 힘을 ma 또는 $\frac{d}{dt}mv$로 측정하지 않고 Δmv로 측정했다. 이보다 한 세대 이전에는 데카르트가 모든 운동을 운동으로서 같은 평면 위에 놓음으로써 새로운 역학의 근본적인 기초를 수립했다. 이 원리에 추가해 뉴턴은 이제 운동의 모든 변화는 선형(線形)인 척도에서 동등하고 측정이 가능하다는 두 번째 원리를 세웠다. 그는 '같은 물체에서 같은 힘은 같은 변화라는 효과를 가져 온다는 것을 자연 현상에서 알게 된다'고 주장했다.[57] 주어진 운동을 발생시키는 데 필요한 힘과 똑같은 힘이 그 운동을 소멸시키는 데도 필요하다. '왜냐하면 같은 운동의 양을 잃거나 얻으려면 [sic] 물체는 그 물체의 상태가 똑같은 양만큼 변화를 겪게 되고, 같은 물체에서 같은 힘은 같은 변화라는 효과를 가져 올 것이기 때문이다.'[58] 물체가 이미 움직이고 있다면, 같은 힘은 첫 번째와 같은 만큼의 운동을 증가시키는데, '그것은 물체가 운동을 다시 얻는데, 그 물체가 운동하지 않을 때보다 더 큰 변화를 얻지 못하기 때문이다…'[59] 그는 힘의 정리를 공리 23에 다음과 같이 요약했다.

만일 물체 *bace*가 힘 *d*에서 운동 *q*를 얻고 물체 *f*가 힘 *g*에서 운동 *p*를 얻으면 $d:q::g:p$가 성립한다.[60]

힘을 새롭게 정의해서 얻는 부산물 중의 하나는 질량을 정의하는 첫걸음을 떼었다는 것이다. 뉴턴은 최초로 정한 일련의 정의 중에서, 예를 들면 '물체'라는 단어를 사용했는데, 한 '물체'의 각 부분이 움직이는 공간을 다 더한 것이 다른 물체의 각 부분이 같은 시간동안 움직인 공간을 다 더해 놓은 것에 비례해서 더 많은 운동을 갖는다.[61] 그러고 나서 그는 정의로 다시 돌아가, '물체' 대신에 '양'이라는 단어로 바꾸어 놓았는데, 이는 힘이 작용하는 대상을 가리키는 개념을 좀 더 정확하게 찾는 방향으로 한 걸음 더 나아간 것이었다. 기계적 철학의 생각에서 '물체'라는 단어 대신 '양'이라는 단어를 사용한 것은 역학에서 지울 수 없는 사건으로 물질에 대한 가정(假定)과 관계가 있다. 물질은 정성적으로 중성이었으며 균일하고 오로지 양으로만 구분이 되었다. 그렇다면 물질은 관성적으로도 균일해야만 하는데, 뉴턴은 망설임 없이 그렇다고 가정했다. 운동의 변화에 대한 선형 척도는 부수적으로 두 번째 선형 척도가 필요한데, 그래서 물질의 양이 증가하면 그에 비례하여 주어진 속도를 내는 데 필요한 힘도 증가한다.

뉴턴 이전에 17세기의 동역학을 지배했던 힘의 개념은 기동력 역학과 기동력 역학이 형식화했던 상식에 기반을 둔 인식에서 상속받은 것이었다. 이 개념은 새로운 운동학의 기본인 관성의 원리와는 도저히 조화를 이룰 수 없는 것이었다. 나중에 비로소 알게 됐지만, 관성이라는 생각이 운동을 측정하는 것이 아니라, 뉴턴이 일기장에서 제안했듯이 운동의 변화를 측정하는 힘의 개념을 요구한 듯하다. 그가 그러한 개념을 이론화한 것이 '격렬한 운동에 관하여'라는 에세이에 쓴 관점을 거부하고, 추후 역학의 초석이 된 운동의 제1법칙인 관성의 원리를 확실하게 지지한다고 표명한 것이었을까? 일기장을 보면 힘의 개념 채택이 다른 개념의 부정이라고 보기보다는, 두 개념이 하나의 단일 동역학 안에서 조화를 이룰 수 있게 노력했다는 것이 더 잘 들어맞음을 알 수 있다.

The force wch ye body (*a*) hath to preserve it selfe in its state shall bee equal to ye force w^{ch} [pu]t it into y^t state; not greater for there can be nothing in ye effect wch was not in ye cause nor less for since ye cause only looseth its force onely by communicateing it to its effect there is no reason why its should not be in ye effect w^n tis lost in ye cause.[62]

궁극적으로 이 문장은 운동학을 동역학이라는 보편적인 과학 안에 흡수하는 것처럼 보이는데, 이 동역학에서는 임의의 순간에 운동으로 나타나는 물체의 힘은 그 물체에 작용한 힘들을 모두 합한 것이다.

그런 동역학을 위의 문장 전반에 깔려있는 관성의 원리와 어울리게 할 수 있을까? 일기장에 기술한 뉴턴의 관성은 데카르트한테서 직접 왔다. 그리고 '물체의 운동의 힘'에 대한 모든 기술도 데카르트가 관성의 원리에서 결론지은 운동의 상대성에서 왔는데, 이 결론은 뉴턴이 모색하고 있는 보편적인 동역학과 조화를 이루는 것이 불가능하다. 그뿐 아니라, 그가 채택했던 힘과 운동 사이에는 균일하게 선형인 관계가 성립하는데, 즉 움직이는 물체에 두 번째 운동의 증가를 더하는 데 필요한 힘이, 정지한 물체에 첫 번째 운동의 증가를 더하는 데 필요한 힘과 같게 되며, 이는 균일한 운동이나 정지한 상태나 동역학적으로 똑같다는 것을 의미한다고 하겠다. 분명히 뉴턴 역시 그러한 모순을 인식했음이 틀림없다. 적어도 뉴턴은 위의 문장을 삭제하고 다른 문장으로 대신했는데, 이 문장을 보면 뉴턴이 물체 운동의 힘이 관성 역학에서 의미 있는 절대적인 양일 수가 있다는 생각을 의도적으로 포기한 것처럼 보인다.

112. 물체는 더 많거나 더 적은 힘으로 움직이면 더 많은 또는 더 적은 운동을 갖는다고 말하는데, 그것은 물체의 운동 전부를 만들

어 내거나 없애는 데 더 많은 또는 더 적은 힘이 필요하기 때문이다.[63]

비록 그는 계속해서 일기장에서 운동의 양과 힘을 같다고 놓았지만, 공리 112는 그가 물체는 '더 많은 또는 더 적은 힘으로 움직인다'고 말했을 때, 우리는 그가 힘을, 운동 자체가 아니라 운동의 발생이나 소멸, 다시 말하면 운동의 변화와 관계를 지었다고 이해해야 한다. '물체의 운동의 힘'이라는 개념은 균일한 운동을 지속시키기 위해서 필요한 일정한 힘이라는 의미를 잃고 우리가 말하는 '운동량'과 거의 같은 의미로 나타나기 시작했다. 운동의 양은 오직 주어진 관성 기준틀에서만 의미가 있고, 그 기준틀에서 그 운동의 양을 생기게 하거나 없애는 데 필요한 힘을 표현하지만, 운동을 지속시키는 힘을 표현하지는 않는다. 힘과 질량과 속도 사이의 관계를 정해주는 일반적인 공식을 유도했던 공리 118은 힘에 대한 이러한 해석을 반복한 것이다. 물체 p가 힘 q에 따라 움직이고, 물체 r은 힘 s에 따라 움직인다고 하면, 두 물체의 속도 v와 w 사이의 비는 무엇일까? 뉴턴은

$$\frac{v}{w} = \frac{qr}{ps} \quad \text{또는는} \quad \left(\frac{v_p}{v_r} = \frac{f_p m_r}{f_r m_p} \right)$$

임을 증명했는데, 다시 말하면 p의 운동과 r의 운동 사이의 비는 p의 힘과 r의 힘 사이의 비와 같다. 그렇지만 다음 문장에서 그는 다시 운동의 변화를 좀 더 자세히 알아봐야 한다는 것을 이해하고 있다고 주장했다.

And by y^e same reason if y^e motion of p & r bee hindered by y^e force q & s, y^e motion lost in p is to y^e motion lost in r, as q is to s. or if y^e motion of p be increased by ye force q, but ye motion of r hindered by ye force s; then as q, to s:: so is the increase of motion in p, to ye decrease of it in r.[64]

전체 연습 문제의 목적은 충돌을 다루는 것이었고, 충돌을 다루는 것이 정확하게 힘의 개념을, 운동 자체에 대한 척도가 아니라 운동의 변화에 대한 척도임을 강조하는 역할을 했다. 그가 '반사된 물체들 사이에 서로 작용하는 힘'이라고 부른 것을 조사하면서, 뉴턴은 'p가 r을 누르는 힘은 r이 p를 누르는 힘과 같다고 주장했다. 그러므로 두 물체의 운동은 모두 동일한 양만큼 변해야 한다.'[65] p와 r의 운동이 똑같은 특별한 경우를 제외하면, 두 물체가 상대방 물체를 똑같이 누른다는 결론은 1665년 이전에 충격의 힘을 분석하려 했던 대부분의 사람들에게는 분명히 옳지 않은 것으로 보였다. 일기장은 뉴턴이 모든 충돌에는 공동의 중력 중심이 정지해 있는 기준틀이 존재해 거기서 두 물체가 동일한 힘을 갖게 된다는 것을 깨닫고 직관적으로 자명해 보였던 것을 부정하게 되는 과정을 보여준다. 다시 말하면, 그가 충돌을 그렇게 다룰 수 있었던 것은, 물체의 운동의 절대적인 힘은 전혀 의미가 없다는 운동의 상대성을 받아들였기에 가능했다. 일련의 명제들에 따라 두 물체는 공동의 중력 중심에 대해 같은 운동을 하며, 이들이 같은 평면에 놓여있든 다른 평면에 놓여있든 상관없이 둘 다 균일한 운동을 하면 공동의 중력 중심도 균일한 운동을 한다는 것이 (또는 정지한다는 것이) 수립되었다. 그는 이제 두 물체가 충돌에서 만나서 되튈 때에도 역시 두 물체의 중력 중심은 균일하게 운동한다는 것을 증명할 준비가 되어 있었다(그림 32를 보라).

For ye motion of b towards d ye center of their motion is equall to ye motion of c towards d ⋯ therefore ye bodys b & c have equall motion towards ye points k & m y^t is towards ye line kp [the line of motion of their center of gravity before impact]. And at their reflection so much as (*c*) presseth (*b*) from ye line *kp*; so much (*b*) presseth (*c*) from it ⋯. Therefore *e* & *g* [*b* and *c* at some time after impact] have equall motions from y^e point *o*. w^{ch} ⋯ must therefore be y^e center of motion of y^e bodys *b* & *c* when they are in y^e places *g* & *e*, & it is in y^e line *kp*.[66]

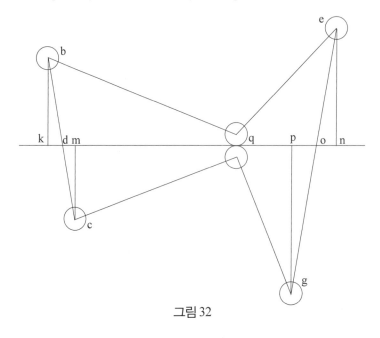

그림 32

　역학의 역사에서, '반사에 관하여'는 특별히 중요한 역할을 담당하고 있다. 뉴턴이, 현대 동역학의 기초가 될 힘의 개념을 불완전하나마 최초로 생각했던 때가 바로 1665년 초 바로 이 부분에서였다. '반사에 관하여'에서 제안된 힘의 개념은 운동의 변화를 일으키는 정량적인 척도를 제공함으로써 수리(數理) 역학의 경쟁력을 강화할 수 있는 전도가 유망한 개념이었다. 그런데도 역학이라는 과학 내에만 국한되었고, 어떠한 특별한 존재론적 지위도 요구하지 않았다. 일기장에서 힘에 대한 뉴턴의 개념은 어떤 방법으로도 당시 널리 알려진 기계적 철학에 도전하지 않았다. 그보다는 '힘'을, 물체들 사이에 일어나게 허용한 한 가지 상호작용을 정량적으로 더 확실하게 보조해줌으로써 기계적 철학을 오히려 명확하게 해주는 수단으로 보았다. '반사에 관하여'에서는 충돌이, 그리고 단지 충돌만이, 한 물체가 다른 물체에 작용하여 그 물체의 운동을 변화시키는 예라고 가정했다. 힘에 대한 존재론적 지위에 대해, 이 에세이에서는 아무런 말도 없다. '힘'은 그저 충돌을 정량적으로 취급하는 데 유용한 개념일 뿐이었다. 뉴턴은 '힘이란 한 물체가 다른 물체에 가하는 압력 또는 밀고 들어가기'라고 주장했다.[67]

또 다른 곳에서는 그가 기계적 철학을 어느 정도 가정하고 있는지에 대해 다시 말했다. 도입부의 정의(定義)에서 뉴턴은 되튐을 (또는 반사를) 탄성으로 정의하기 시작했는데, 이때 탄성을 주는 물체는 되튀는 당사자인 물체든 또는 물체들 사이에 존재하는 매질이든 되튐을 일으키는 것은 무엇이든 상관없었다. '용수철'이 '활기찰'수록, 분리될 때의 속도는 접근할 때의 속도와 비슷해진다. 그 시점에서 여백에 전체 논의를 부정할 만한 메모가 있다. 그는 '반사에서 운동이 조금도 손실되지 않는다'고 결론을 내렸다. '왜냐하면 끊임없이 반사하면 원운동이 사그라질 것이기 때문이었다.'[68] 그는 소용돌이 속에서 일어나는 행성의 궤도 운동에 대해 생각하고 있던 것이 분명했다. 만일 행성들과 소용돌이의 물질 사이의 충돌이 완전히 탄성적이지 않다면, 행성들의 운동은 적어도 고대 이후로 관찰했듯이 감쇠하지 않고 지속하는 것이 가능하지 않다. 뉴턴은 이 사실을 잊지 않고 있었는데 추후 아주 다르게 이용하게 된다.

★

뉴턴이 운동을 변화시키는 것으로 힘의 개념을 수립했는데도 만일 일기장에서 계속 운동의 힘에 대해 말했다면, 그 이유는 아마도 충돌에 대한 분석을 원운동에 대한 역학으로 확장하려는 그의 시도 때문이었을 것이다. 물체가 원을 그리는 경로를 따라 회전할 때, 물체가 끊임없이 중심에서 멀어지려는 노력은 물체의 운동의 힘과 유사하다는 것을 분명히 암시한다. 원통 표면의 내부에서 굴러가는 공을 상상하자. 임의의 주어진 순간에 그 공의 운동의 결정은 공이 지나가는 원의 접선 방향을 향한다. 그리고 만일 원통형 통이 공을 더는 저지하지 않는다면, 공은 접선을 따라 균일하게 움직이고 중심에서 비스듬하게 멀어지게 될 것이다. 만일 원통이 공의 경향에 거슬러서 공을 원형 경로에 붙잡아 둔다면, '그것은 O의 모든 점에서 접선으로 가지 못하도록 끊임없이 저지하거나 또는 반사해서 이루어진다 ….' 그러나 '원통과 공이 서로를 끊임없이 누르지 않는 이상' 원통은 공의 결정을 저지할 수가 없다. 줄에 연결되어서 원운동을 하게 구속된 물체에게도 똑같이 말할 수가 있다.

Hence it appears y^t all bodys moved Olarly have an endeavour from ye center about wch they move ⋯.[69]

여기까지는 뉴턴이 데카르트에 의거하여 논의를 진행한 부분이다. 같은 곳에서 시작해서 호이겐스는 원의 기하를 이용하여 중심에서 벗어나려는 노력을 정량적으로 설명한 바 있다. 뉴턴은 충돌에 대한 분석을 통하여 이 문제를 공략했다.

The whole force by wch a body ⋯ indevours from ye center m in halfe a revolution is double to the force wch is able to generate or destroy its motion; that is to ye force wch wch it is moved.[70]

물체가 원의 절반만큼 회전했을 때, 물체가 움직이는 방향은 정확히 반대로 된다. 뉴턴은 원운동에 대한 데카르트의 분석을 함축적으로는 받아들이되 어디선가 다른 곳에서 주장했던 것처럼 물체의 운동의 방향을 바꾸는 데는 아무런 작용도 요구하지 않는다는 데카르트의 공식적 의견은 거부하면서, 뉴턴은 원의 절반만 회전한 운동은 완전히 탄성적인 되튐과 동등하고 그러한 운동은 먼저 물체가 앞으로 가는 운동을 정지시키기고 그 다음에 반대 방향으로 똑같은 운동을 발생시키기에 충분한 큰 힘을 요구한다고 추론했다. 그리고 추가 분석에서 다른 결과를 얻은 뉴턴은 '힘의 두 배에 …'라는 문구 앞에 '더 많은'이라는 단어를 덧붙였다.

충돌과의 유사성이 무엇이든, 둘 사이에는 분명 차이 또한 존재했다. 중심에서 멀어지려는 물체의 노력에 해당하는 물체가 원운동하는 힘이 관성이라는 요술 지팡이를 한 번 흔든다고 해서 사라져버리지는 않는다. 어떤 관성 기준틀이든 이 힘은 일정하게 남아 있다. 여기에 운동의 힘이라는 아이디어를 포기하지 않고 그대로 유지하려는 강력한 동기가 역학의 개념적 구조에 있었다. 충돌과 구분되는 또 다른 차이는 회전하는 물체는 결코 정지하지 않으며, 운동의 변화를 한꺼번에 유한하게 발생시키는 충돌의 힘과는 달리 중심에서 멀어지려는 노력은 작용하는 시간 내내 균일해야 한다는 사실이다. 우리가 사용하는 언어로 표현하면, 중심에서 '힘'은 충돌에서 작용하는 '힘'과 (또는 충격과) 차원적으로 비교할 수가 없다. 반 회전 동안의 '전체 힘'에 대한 (우리의 언어로는 차원적으로 적분 $\int F dt$에 대한) 뉴턴의 언급은 그가 서로 다른 두 가지 양을 다루고 있다는 사실을 이미 인식하고 있음을 의미한다.

원운동에 대한 뉴턴의 분석에서 나올 수 있는 매력적인 질문 중의 하나는 그가 이 문제를 어떻게 개념화했느냐이다. 균일한 운동을 변화시킨 것과 같은 힘의 개념에서 뒤따르고 흘러나온 분석에서, 그는 스스로 물체의 관성 경로를 바꾸는 외부 힘이 아니라, 원운동의 중심에서 멀어지려는 물체의 노력을 정량화시키기 시작했다. 물론 그는 은연중에 원심(遠心) 노력과 크기는 같고 방향은 반대인 외부의 힘이 필요함을 알고 있었다. 그러나 이는 그가 단순히 17세기에 널리 퍼져있던 평형을 이루는 힘을 가지고 원운동을 이해했다고 말한 것일 뿐으로, 이미 알다시피 관성의 원리에서 시작한 분석으로 내린 결론치고는 다소 이상했다. 왜 뉴턴은 원운동을 연구한 초기의 다른 학자들과 마찬가지로 원운동을 이런 방식으로 개념화했을까? 부분적으로는 데카르트의 선구적인 노력이 후속 세대에게 출발점이 되어 그들로 하여금 이 문제를 데카르트적 언어로 생각하게 유도했으며, 그래서 후크도 그것을 다른 형태로 고쳐 말하는 데 대단한 상상력이 필요했음에 틀림없다. 내게는 뉴턴의 특정한 정황과 충돌 문제 그리고 그 배경을 이루었던 전체 기계적 철학이 또한 이 문제에 대한 데카르트의 공식화가 자연스럽고 적절하게 보이게 한 듯싶다. 뉴턴은 회전하는 물체의 방향이 바뀌려면 외부의 힘이 작용해야 한다는 것을 알았지만, 물체의 운동의 변화가 충돌의 경우와는 달리, 상대방 물체의 운동의 변화와 동일한 양이며 반대 방향이라는 사실과 연관 짓지는 않았다. 원통 내부의 공과 같이 뚜렷하게 한정된 공간에서 일어나는 몇몇 예를 제외하면, 외부의 힘은 물체와는 연관지어지지조차 않았다. 예를 들어, 뉴턴이 당시 생각했던 행성의 운동에서 행성이 직선 경로를 진행하지 못하도록 바꾸는 힘은 수많은 미세한 물체와의 충돌에서 나온다. 따라서 뉴턴에게는 중심에서 멀어지려는 힘이 그 물체에 작용한다고 생각하기보다는 그 물체에 따라 작용한다고 생각하는 것이 훨씬 더 쉬웠다. 그래서 나중에 '구심(求心)'이라는 새로운 단어를 만들어 냈던 사람이, 단어는 다를지 몰라도 '원심(遠心)'의 힘이라는 아이디어에서 시작했으며, 또한 우리가 여전히 원운동의 동역학에 사용하고 있는 공식과 정량적으로 똑같지만 가상적인 힘의 척도에 도달했다.

힘의 척도로서 운동의 양을 선택하고 그것을 원운동에 적용한 것은 또한 지렛대가 지속적으로 동역학에 영향을 미치고 있음을 반영한다. 궁극적으로 동역학을 정적 평형과 구별하게 만든 힘의 개념을 공식화하는 바로 그 과정에서, 뉴턴은 지렛대의 분석이 힘의 척도로서 뽑아냈던 양을 알아차렸다. 그는 원운동에서 물체가 한 회전 동안 중심에서 나아가게 만드는 '전체 힘'이 '물체가 움직이게 만드는 힘'의 여섯 배보다 더 큰 무엇과 같으므로, 한 회전에서 한 물체의 전체 힘과 다른 물체의 전체 힘 사이의 비는 한 물체의 운동과 다른 물체의 운동 사이의 비와 같다고 결론지었다. 두 물체의 공동 중력 중심은 두 물체의 중심을 잇는 선 위에서 공동 중력 중심에서 물체까지의 거리가 각 물체의 크기에 반비례하게 정해지는 점이므로, 각 물체가 공동의 중력 중심 주위로 회전하면, 각 물체는 동일한 운동을 갖게 되는데, 이것이 지렛대 법칙이다. 그러므로 각 물체가 중심에서 멀어지려는 노력은 평형을 이루게 된다. 원심의 경향이 갑자기 왕년의 가정(假定)에서 새로운 차원을 열게 된 것이었다.[71]

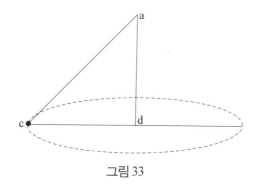

그림 33

원운동에서 서로 반대되는 두 힘의 평형을 이루는 경향은 그 경우에 동역학을 정역학과 구별해 내는 것을 가장 힘들게 만들었다. 예를 들어, 일기장에서 뉴턴은 원추 진자를 이용하여 '중력 광선의 압력을 임의의 주어진 운동을 갖는 물체의 힘과 …' 비교해 보라고 제안했다. 이 제안은 부수적으로 뉴턴이 말한, 한 회전에서 '전체 힘'이라는, 문구에 내포된 통찰력을 조사하는 데 어떻게 완벽하게 실패했는지, 그리고 어떻게 '힘'이라는 단어를 차원이 서로 다른 개념에 분별없이 적용했는지를 그대로 드러내준다. 그 제안에 포함되어 있는 간단한 설명에서 ad는 원추의 수직 높이를 대표하고 dc는 추 c가 지나가는 원의 반지름을 대표한다(그림 33을 보라). '그리고 ad와 dc 사이의 비는 중력의 힘과 c의 중심에서 c의 힘 사이의 비와 같다.'[72] 물론 이 그림은 정적(靜的) 평형의 조건을 대표한다.

뉴턴은 일기장의 다른 곳에서 원운동에 대한 분석을 확장하여 중심에서 멀어지려는 경향을 정량적으로 진술하게 되는데, 이 표현식은 구심력에 대해 그가 나중에 구한 공식과 같았다.

If ye ball b revolves about ye center n ye force by wch it endeavours from ye center n would beget so much motion in a body as ther is in b in ye time y^t ye body b moves ye length of ye semidiameter bn. [as if b is moved wth one degree of motion through bn in one seacond of an hower y^n its force from ye centre n being continually (like ye force of gravity) impressed upon a body during one second it will generate one degreeof motion in y^t body.] Or y^e force from n in one revolution is to y^e force of y^e bodys motion as :: Periph : rad

뉴턴은 이 명제를 증명하려고 원에 외접하는 정사각형을 상상해, 그 안에서 움직이는 공은 원과 정사각형이 접하는 점에서 튕겨 나와 원에 내접하는 두 번째 정사각형의 경로를 그린다고 상상했다(그림 34를 보라). 각 변에 수직한 운동의 성분을 취해서, 그는 그 성분이 방향을 바꾸는 한 번의 충돌에 대한 힘을 공의 운동의 힘과 비교하는 표현을 적었다. '$2fa{:}ab :: ab{:}fa ::$ 반사하면서 fg에 작용하는 b의 힘 또는 밀기 : b의 운동의 힘.' 한 번의 완전한 회전에는, 네 번의 반사가 일어나며, 한 회전에서 전체 힘과 물체의 운동의 힘 사이의 비는 $4ab{:}fa$와 같은데, 다시 말하면, 경로의 길이와 원의 반지름 사이의 비와 같다. 그 시점에서, 뉴턴은 (비록 일기장에서 그가 그렇게 하지 않았다는 것을 쉽게 증명할 수 있지만) 내접하고 외접하는 다각형의 변의 수를 증가시키면, 한 회전의 힘의 비는 경로의 길이와 반지름 사이의 비와 계속해서 같게 된다는 것을 알았다.

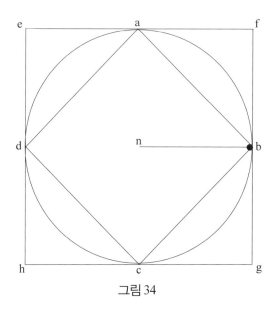

그림 34

And soe if body were reflected by the sides of an equilaterall circumscribed polygon of an infinite number of sides (i.e. by y^e circle it selfe) y^e force of all y^e reflections are to y^e force of y^e bodys motion as all those sides (i.e. y^e perimeter) to y^e radius.[73]

다시 말하면, 한 번의 완전한 회전 동안에 $F/mv = 2\pi r/r$, 즉 $F = 2\pi mv$이다. 여기서 힘은 물론 한 회전에서 전체 힘을 가리키며, 이 힘을 한 회전을 하는 데 걸리는 시간($2\pi r/v$)으로 나누면, 뉴턴이 설명했던 것처럼, 매 순간 '원추 진자가 중심에서 멀어지려고 노력하는 힘은 중력의 힘과 같아서, 만일 그 힘이 한 주기 동안 계속해서 물체에 새겨지면, 구심력에 대한 우리 공식인 mv^2/r과 같은 유한한 운동의 양이 발생할 것이다.[74]

  뉴턴의 초기 동역학은 원운동의 문제를 통해, 힘의 개념화에 대한 또 다른 가능한 모형인 자유 낙하에 대한 갈릴레오의 분석이 제시했던 균일하게 가속된 운동과 대결했다. 뉴턴이 충돌을 하나의 모형으로 취급했을 때, 그는 힘을 Δmv로 정의했다. 그렇지만, 낙하하는 물체의 가속도는 충돌에서 물체가 받는 것과 아주 똑같은 운동의 변화임이 명백한데, 보이지 않는 물체들과의 다중(多重) 충돌이 중력의 원인이 된다는 확신으로 그 둘이 같다는 것을 이해하기가 훨씬 더 쉬워진다. 조금도 망설이지 않고 뉴턴은 중력을 (그리고 중심에서 conatus를) '힘'이라고 확인했으며, 그가 단지 '전체 힘'을 말할 때만으로 한정해서 차원적으로 양립하지 않는다는 것을 인식했다. 그렇다면 당시에 힘의 척도는 ma와 Δmv 중 무엇이었을까? 그 시점에서 그의 동역학에 나타났던 힘의 정의에 애매함이 끝까지 그를 괴롭히고 있었다.

★

뉴턴이 **일기장**에서 충돌을 검토했던 것과 비슷한 시기에, 그는 또한 갈릴레오가 Dialogue에서 해답을 찾으려고 시도했던 문제에 대한 검토도 착수했다. 코페르니쿠스의 시스템에서 단언하듯이, 지구가 회전축 주위로 매일 한 번씩 회전한다면, 왜 원심(遠心)의 노력이 물체를 지구에서 밖으로 던지지 않을까?[75] 중심에서의 노력에 대해 뉴턴이 최초로 접근했던 방법은 물체가 반 바퀴 회전하는 동안 전체 힘이 물체 운동의 힘의 두 배와 같다고 놓은 것이었는데, 그 이유는 반 회전 동안에 무엇이 물체를 정지시키고 회전시켰든 물체의 원래 운동을 소멸시키고 방향이 반대인 운동을 발생시키는 효과가 있기 때문이었다. 허리벌이 양피지(羊皮紙) 원고라고 불렀던 문제의 별지(別紙)에, 그는 반 회전 대신 4분의 1 회전을 사용했고, 적도 상의 한 점은 4분의 1회전 동안에 균일하게 감속해서 그 점이 적도 둘레의 4분의 1과 같은 거리를 지나간 다음에는 완전히 정지한다고 상상했다. 뉴턴은 무거운 물체는 5초 동안에 100걸음 거리를 낙하한다는 갈릴레오의 주장에서, 그렇다면 중력이 동일한 운동을 발생시키는 데 얼마나 오래 걸릴지 계산했다. 그는 중력과 원심의 노력 모두 시간에 반비례해서 동일한 운동을 만들어낸다고 추론했다. 첫 번째 시도에서 뉴턴은 두 가지 오류를 범했다. 그는 각도(角度)와 시간을 혼동해서 4분의 1회전하는 데 몇 초 걸리는지 계산하려고 90×60×60이라고 곱했으며, 또 물체가 (정지 상태에서 속도 v까지 균일하게 가속되는 운동에서는 $s = \frac{1}{2}vt$이기 때문에) 적도 둘레의 4분의 1의 절반에 해당하는 길이를 떨어지는 데 걸리는 시간을 계산해야 하는데, 대신에 4분의 1 모두에 해당하는 길이를 계산했다. 이 계산은 '중력으로부터의 힘이 적도에서 지구 운동에 따른 힘의 159.5배가 된다'는 결론에 이르게 했다. 두 번째 시도에서 그는 두 오류를 모두 수정했고 15라는 숫자를 얻었는데, 중력은 15배가 더 컸다.[76]

이 접근 방법의 결함은 충분히 자명하다. 뉴턴도 또한 그러한 결함을 인식했으며, 일기장의 제1쪽에 원운동에 대한 새로운 해석을 써넣은 것이 아마도 이 시기쯤이었다. 동일한 페이지에 원추 진자에 대한 말도 있었는데, 뉴턴은 양피지 원고에서 중력의 가속도 값을 수정하는 데 이를 활용하기도 했다. 중심에서의 노력에 관한 한, 그는 양피지 원고에 적힌 그 문제로 돌아와 결정적으로 중요한 거리가 4분의 1회전이 아니고 1라디안의 회전임을 알아차렸다. 회전하는 물체의 원심력은 물체가 1라디안을 회전하는 시간 동안에 동일한 질량의 물체에 작용한 동일한 힘이 다른 물체에 동일한 선(線) 속도를 발생시키고 그 물체를 정지로부터 1라디안 길이의 절반에 해당하는 길이만큼, 다시 말하면 회전 반지름의 절반에 해당하는 길이만큼 이동시키는 것이다. 뉴턴은 이 새로운 분석을 갈릴레오가 제기한 문제에 갈릴레오의 수치(數值)들을 적용해서, '지구의 중심에서 지구의 힘과 중력의 힘 사이의 비는 144분의 1 정도'임을 계산해 냈다.[77]

이 시점에서 뉴턴은 중력의 가속도에 대한 갈릴레오의 수치를 확인해 보기로 결정했다. 원추 진자와 원심력에 대한 공식으로 계산할 수 있는 g의 정밀도는 자유 낙하를 직접 측정하는 것에 미치지 못할 것이라는 일기장에서의 깨달음이 아마도 그런 시도를 하게 만들었을 것이다. 무엇이 그를 부추겼든, 그 원고에는 줄 길이가 81인치인 원추 진자의 그림이 수록되어 있다. 뉴턴은 공개되지 않은 어떤 방법으로 줄의 경사각을 45°로 하여 회전수를 측정했다. 일련의 비율을 이용해서 1시간에 1,512번의 '똑딱'이라는 수치를 구했다. 대략 8분의 3초 동안에 진자의 추는 반지름만한 거리를 원을 따라 움직이며, 동일한 시간 동안에 정지 상태에서 낙하하는 물체는 그 절반에 해당하는 길이만큼, 즉 0.5초 동안에 50인치만큼 진행하며, 그러므로 1초에는 200인치만큼 진행하는데, 이는 우리가 알고 있는 값에도 아주 잘 맞는다. 뉴턴이 사용한 갈릴레오의 수치는 1초에 대략 2.5야드였으므로, 뉴턴 자신은 200인치를 반올림하여 5야드로 잡았다. 그리고 나서는 이전의 계산 결과에 두 배를 곱했다.[78]

뉴턴은 모든 계산을 정지 상태에서 출발하여 균일하게 가속되어 진행한 거리는 시간의 제곱에 비례한다고 한 갈릴레오의 결과를 이용했다. 그러므로 '중력의 힘'에 대한 그의 말은 갈릴레오의 운동학을 동역학으로 변환하는 효과를 내포하고 있다. 여기서 뉴턴은 충돌을 배제하고 유한한 운동의 변화라는 맥락에서 주어진 물체의 가속도는 힘에 비례한다는 관계를 최초로 채택했는데, 이는 흔히 뉴턴의 운동 제2법칙이라고 불린다. 물론, 이 문제는 힘을 이렇게 사용하는 것을 앞서 사용했던 다른 두 가지 사용법, 즉 운동의 척도로서 힘과 운동 변화의 척도로서 힘이라는 두 가지 사용법과 절충하기 위한 것이었다.

필체로 보면 학부 시절 직후의 몇 년이라고 생각되는 시기인 듯한, 양피지 원고보다 좀 더 나중의 또 다른 별지에서 뉴턴은 원운동이라는 질문을 다시 다루어서 천체의 회전에 정량적인 분석을 적용하기 시작했다. 그는 원심의 conatus에 대한 공식을 좀 더 경제적이고 좀 더 격조 높은 방식으로 유도했다. 물체 *A*가 원 *ADEA*에서 중심 *C* 주위로 회전한다(그림 36을 보라). 이 물체의 운동이 균일하므로, 원호의 길이를 시간의 척도로 취할 수 있다. *A*가 *AD*를 통하여 움직일 때, '(나는 그것을 매우 작게 놓았는데),' 중심에서 벗어나려는 그 물체의 conatus는 같은 시간 간격 동안에 물체를 원의 둘레에서 거리 *DB*만큼 멀리 이동시키는데, 이는 물체가 방해받지 않고 접선을 따라서 자유롭게 움직인다면 물체는 원에서 그 거리만큼 벗어나게 될 것이기 때문이다. 다시 한 번 더 뉴턴은 동역학적 해석을 갈릴레오의 운동학에 적용했다. 이 노력은, '중력의 방식으로 직선을 따라 작용한다는 가정 아래서, 시간의 제곱과 같

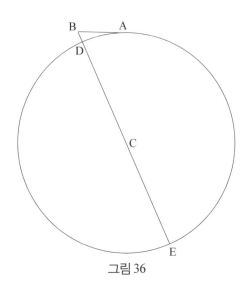

그림 36

은 거리를 통하여 물체를 밀치게 될 것이다….' 그러므로, 한 회전 *ADEA*에 해당하는 시간 동안에 물체가 얼마나 멀리 밀쳐질 것인지 알기 위해, 그는 선의 길이와 *BD* 사이의 비가 (원둘레의 제곱인) $(ADEA)^2$과 $(AD)^2$ 사이의 비와 같은 선의 길이를 계산했다. 간단한 기하 비례식에 따르면 그 선의 길이는 $(ADEA)^2/DE$, 즉 $2\pi^2R$과 같다는 것을 입증했다. 양피지 원고에서와 마찬가지로, 그는 '중력의 힘'이 지구 중심에서 보다 얼마나 더 큰지를 계산했는데, 이번에는 350배가 더 크다는 결론에 도달했다. 이 논문에서는 한층 더 심도있게 논의했다. 그는 '지구 중심에서 멀어지는 달의 노력'을 지구 표면에서의 중력의 힘과 비교해서 중력이 4,000배보다 더 크다는 것을 발견했다.

마지막으로 행성의 경우에는 태양에서 거리의 세제곱은 주어진 시간 동안에 공전하는 횟수의 제곱에 반비례하기 때문에, 태양에서 멀어지는 노력은 태양에서 거리의 제곱에 반비례할 것이다.[79]

만유인력의 법칙의 기초가 되는 거리의 제곱에 반비례한다는 관계식은 구심력에 대한 공식을 케플러의 제3법칙에 대입한 것이었다. 뒤에 후크가 뉴턴이 거리의 제곱에 반비례하는 관계를 자기한테서 훔쳤다고 주장했을 때, 뉴턴은 그 사실을 그 이전에 알았다고 반박하면서 후크의 비난에 분개했다. 그런 맥락에서 이 논문은 그의 주장에 대한 충분한 근거가 될 수 있다. 이 논문이 바로 1694년에 그레고리(James Gregory) (역주: 17세기 영국의 수학자 겸 천문학자로 뉴턴의 열렬한 지지자였으며 반사 망원경을 설계한 것으로 유명한 사람)가 묘사했던 논문인 듯하다. 그레고리는 1669년 이전에 작성한 글에서, 그 논문은 '예를 들어 지구를 향한 달의 중력과 태양을 향한 행성들의 중력과 같은 그의 철학의 모든 기초를 … 포함하고 있었으며, 그리고 실제로 이 모든 것을 그 당시 계산하고 있었다'고 썼다.[80] 만일 이 논문이 정말 두 사람이 말했던 바로 그 논문이라면, 어떤 의미에서 뉴턴과 그레고리가 옳았던 것일까? 이 논문에 만유인력 이야기는 분명히 나오지 않는다. 그렇지만, 이 논문은 어떤 구속으로 물체가 원형 경로에 붙잡혀 있기 때문에 중심에서 멀어지려는 노력이 발생한다는 생각을 구체적으로 했으며, 중심에서 노력은 구속하는 힘과 크기가 같고 방향이 반대라는 것도 가정했다. 뉴턴이 몇몇 행성들에 대해 태양으로부터의 노력을 비교했을 때, 그는 명시적으로 행성들이 공동의 동역학적 인자(因子)의 영향을 받는다고 여겼으며, 그리고 만일 그가 행성들에 '중력'이라는 단어를 적용하지 않았다고 하더라도, 그가 지구로부터 달의 노력을 중력과 비교한 것은 사실이었다. Principia에서, 달의 운동과 중력의 가속도 사이의 상관관계가 우주와 지구 표면에서의 힘을 이어주는 결정적으로 중요한 고리를 제공했는데, 그래서 후자(後者)의 명칭이 일반화되었으며 '만유인력'이라는 개념이 정당화되었다. 물론, 논의하고 있는 이 논문에서 그러한 비교가 정확하게 거리의 제곱에 반비례하는 관계를 드러냈다고 할 수는 없다. 달까지의 거리가 지구 반지름의 60배임을 이용해, 뉴턴은 중력이 달의 노력의 3,600배가 아니라 4,000배보다 더 크다는 것을 발견했다. 우리는 이 차이가 왜 일어났는지 알고 있다. 지구의 크기를 너무 작게 놓았기 때문에, 지구 표면에서의 중력이 달에 비하여 너무 컸던 것이다. 그렇지만 이 차이는, 뉴턴이 나중에 '상당히 가까운 답'을 구했다고 주장한 것과도 들어맞았으며, 또한 뉴턴이 오랫동안 달의 궤도에 작용하고 있는 다른 요인들이 존재한다고 믿었음을 증언하는 세 가지의 서로 독립적인 출처와도 들어맞았다.[81] 그렇지만 그 논문에는 달의 경우에서조차, 지구가 달을 잡아당긴다는 암시가 존재하지 않는다. 우리가 기억해야만 하는 것은 명시적인 문맥이다. 달이 지구에서 멀어지려는 것은, 무엇인가가 달이 지구 주위를 회전하도록 구속하기 때문에 발생하며, 그리고 그 노력은 구속하는 힘과 크기가 같다. 그가 그 논문을 작성할 당시에 만일 뉴턴이 지구가 달을 잡아당긴다고 말하지 않았다면, 지구에서 중력이 인력 때문에 생긴다고도 믿지 않았을 것이다. 그것은 기계적 작용의 결과로 일기장에서 그가 중력의 광선의 압력이라고 부른 것이다. 뉴턴이 행성과 달을 궤도에 붙잡아두는 것과 무거운 물체가 낙하하도록 만드는 원인에 모두 공동의 동역학적 인자가 작동하고 있다고 확신하지 않았다면, 도대체 왜 그 둘을 비교했는지 상상하기가 힘들다. 이 논문은 논의되고 있는 운동들 사이에 행성은 정확하고, 특별히 달은 다소 근사적으로 성립하는 간단한 정량적 관계가 존재한다는 것을 밝혀주어 그러한 확신을 확인해주었다.

기계적 철학은 공동의 동역학적 인자가 바로 인력이라고 생각하는 것을 불가능하게 만들었다. 원운동에 대한 데카르트의 분석에서 유래된 선례가 갖는 위력과 그리고 뉴턴의 동역학 내부의 인자들이 모두 원운동을 움직이는 물체가 중심에서 멀어지려는 것임을 쉽게 믿게 만들었다.

기계적 우주에서는 인력이 불가능하다는 사실이 그런 접근 방법에게 용기를 북돋워 주었다. 그러나 그가 발견했던 정확한 정량적 관계는 인과관계의 메커니즘을 찾는 자연에 대한 철학이 우리를 선고한 사람들의 발견을 걸러내는 역할을 했다.

★

1660년대 유죄를 선고한 후반의 날짜가 찍힌 (그리고 어느 정도 완전한 형태에 도달하기 전에 한 번 이상의 초안을 거쳤던) 또 다른 한 논문에서 뉴턴은 역학에서 그가 쏟아 부었던 갖가지 노력을 '운동의 법칙'이라는 제목 아래 한데 합쳤다.[82] 또다시 이 제목에서 논문의 내용이 어떠한지 이해할 수 있다. 뉴턴이 공식화하려던 운동의 법칙은 기계적 우주에서 물체들 사이의 상호작용으로 허용된 단 하나의 형태인 충돌을 충분히 일반적으로 취급하면서 최고조에 이르렀다. 일기장에서 충돌을 주로 물체 사이의 병진 운동에 국한하여 다루었던 데 반해, 이제 뉴턴은 물체에게 회전 운동도 허용함으로써 그 취급 방법을 좀 더 일반적으로 확장했다. 물체의 전체적인 운동은 물체가 '앞으로 진행하는' 운동과 '회전하는' 운동 모두로 구성되어 있다는 것을 깨닫고, 후자의 운동을 전자와 같은 용어로 바꾸어 정의하려고 시도했다. 물체가 그 물체의 중력 중심이 있는 회전축을 중심으로 회전하면서 질량이 같은 다른 물체와 충돌하면 회전하던 물체는 멈추게 되고 다른 물체는 움직이게 된다고 상상하자. 원운동의 진짜 양은 '그 물체가 자기 운동을 보존하려는 어느 정도의 능력 또는 힘으로 어느 정도' 정해지기 때문에, 그는 원운동이 회전하는 물체의 '회전의 균분원(均分圓)' 위의 한 점 속도에 그 물체의 질량을 (또는 '크기'를) 곱한 것과 같다고 결정했다.[83] 그는 이 정의에 각운동량 보존의 원리를 추가했으며, 여기서 역학의 역사에서 최초로 다음과 같은 명확한 발표를 했다.

> 모든 물체는 다른 물체가 방해하지 않는 한, 원운동의 같은 진짜
> 양과 속도를 같게 유지한다.[84]

앞으로 진행하는 운동에 관한 한, 그는 **일기장**에서도 채택했던 관성의 원리를 한 번 더 천명했다.

기초 작업이 준비되자 뉴턴은 이제 충돌의 문제로 관심을 돌렸다. 앞으로 진행하는 운동과 회전 운동을 하는 임의의 두 물체 A와 a가 서로 충돌한다고 하자.[85] 접촉한 점이 분리되는 속도가 접근하는 속도와 같다고 가정하면서, 다시 말하면, 완전한 탄성 충돌을 가정하면서, 그는 Q를 접근하는 속도의 두 배로 놓았는데, 이는 접촉점에서는 양쪽에서 접근하므로 속도가 두 배가 되기 때문이었다. 따라서 Q는 접촉점에서 속도의 전체 변화량과 같다. 그는 또 P를 두 질량의 역수의 합, 또는 뉴턴이 질량 대신 사용했던 오늘날 관성모멘트라 불리는 양의 역수의 합으로 놓았다. 그는 P가 각각의 운동에서 가능한 변화에 대항하는 '저항의 작은 정도'의 합을 대표한다고 말했다.[86] 그러면 Q/P는 운동의 전체 변화와 같으며, 그는 네 가지 인자 중에서 이 둘을 묶어서 '그 속도들이 변화하기 쉬운 정도 (또는 저항의 작은 정도) …'에 비례하는 양으로 따로 떼어 놓았다. 다시 말하면, A의 앞으로 나가는 운동의 전체 변화량은 Q/AP가 되는 것과 같이 말이다. 만일 그의 '원운동의 진짜 양'과 우리의 '관성모멘트' 사이의 차이를 고려한다면, 그의 결과는 같은 문제에 대한 현대적 풀이에 해당하게 될 것이다.[87] 비록 '운동의 법칙'은 힘의 개념을 사용하지 않았지만, 그 발전 과정에서 결정적으로 중요한 단계들은 **일기장**에서 다룬 충돌에 대한 동역학적 분석에서 흘러 나왔다. 이와 같은 작업은

충돌에 대한 뉴턴의 다른 연구들과 마찬가지로 호이겐스의 운동학적 접근 방법과 대조를 이루었다.

충돌을 다루는 방법을 일반화했다는 점과 각운동량 보존의 원리를 명확하게 진술한 점 등 몇몇 발전된 점을 제외하면, '운동의 법칙'은 또한 운동의 상대성에서 후퇴한 단계로도 주목할 만하다. **일기장**에서 충돌을 다룬 방법을 보면, 뉴턴은 절대 운동에 대한 이전의 원자론자의 생각을 포기하고, 운동과 정지가 동역학적으로 동등하다는 데카르트의 관성에 대한 생각을 인정할 준비가 되어 있는 것처럼 보였다. 이와는 대조적으로 '운동의 법칙'은 절대 운동과 공간을 다시 시인하는 것에서 시작했다.

> 균일하게 확장한 공간 또는 경계가 없이 각 방향으로 무한히 이어져 널리 퍼진 것이 존재한다. 그 안에 모든 물체가 그 공간의 몇 부분을 차지하며 놓여 있다. 물체들이 소유하고 적절하게 채워진 공간의 부분이 그 물체의 장소이다. 그리고 한 장소 또는 공간의 일부분에서 나와 중간의 모든 공간을 지나서 전달하는 것이 물체의 운동이다.[88]

원운동 문제를 고려하면서 뉴턴은 얼마나 분명하게 생각을 바꾸었을까? **일기장**에서 뉴턴은 간단한 충돌 문제를 검토하며 운동의 상대성을 향해 가차 없이 나아갔지만, 결국 원운동을 분석하면서 당면한 복잡성은 원운동에서 도입한 힘을 이용해서는 바로 해결할 수 없는 것이었다. 물체의 힘은 물체의 운동의 힘처럼 기준틀에 대해 중심에서 멀어지려고 하는가? '운동의 법칙'에서 뉴턴은 그렇지 않다고 주장하는 것처럼 보였다. 모든 물체는 단지 원운동의 동일한 양을 유지할 뿐 아니라, 동일한 회전축 역시 그대로 유지한다.

만일 적도와 운동의 자오선에 대칭으로 마주보는 두 1/4조각에 대해, 이들의 축에서 멀어지려는 힘이 정확히 반대에 있는 나머지 두 개의 1/4조각의 힘과 균형을 이룬다면, 그 축도 항상 자신과 평행을 유지한다. 그러나 만일 앞에서 말한 축에서 멀어지려는 힘이 반대 방향의 능력으로 정확히 균형을 이루지 않는다면, 약간 우세한 부분들이 조금씩 축에서 멀어지고 그래서 다시 균형에 조금씩 가까워지게 되지만, 그러나 결코 정확히 균형을 이루지는 않을 것이다. 그리고 물체의 축이 지속적으로 이동하면 물체도 공간에서 일종의 나선형 운동을 하면서 끊임없이 움직이게 되는데, 항상 중심을 향해서 평행으로 다가가지만 결코 중심에 도달하지는 못한다.[89]

그는 단지 절대적인 원심의 노력에 대응하여 절대 기준틀이 존재해야 한다는 것을 발견했을 뿐만 아니라 물체의 축이 균형 잡히지 못한 채로 움직이는 것을 통하여 노력이 물체의 운동에 영향을 줄 수 있는 힘으로 취급했던 것이다. 이렇게 또다시 운동의 힘이 내부에 존재한다는 것을 인정하는 쪽으로 다가서게 되었다.

비록 '운동의 법칙'이나 De gravitatione 두 가지 모두가 작성한 날짜를 밝히고 있지 않지만, 생각하는 과정을 보면 De gravitatione가 더 나중에 나왔을 것이다. 반(反)데카르트주의의 격렬함에 휩쓸려서, 뉴턴은 데카르트의 운동에 대한 개념을 완전히 관심 밖으로 돌려버렸는데, 이에 대한 증거가 일기장에 나타나다. 그는 데카르트의 상대성에 거슬러 물리적이고도 절대적인 운동은 '병진 운동이 아닌 다른 것들을 고려하여 정의해야 한다고 주장했는데, 왜냐하면 병진 운동은 단지 외적인 모양이기 때문이다.[90] 만일 병진 운동은 단지 외적인 모양에 불과하다면 도대체 무엇이 본질적인 것일까? 힘을 제외하고 무엇이란 말인가?

힘은 운동과 정지의 원인이 되는 원리이다. 그리고 힘은 어떤 물체에 새겨진 운동을 발생시키거나 소멸시키고, 그렇지 않으면 변화시키는 외적인 것이다. 힘은 또 물체 안에 존재하는 운동이나 정지를 보존시키는 내부 원리이며, 어떤 존재하는 노력이 저항에 거슬러서 그 상태에 계속 머물러 있게 하는 것도 바로 그 힘 때문이다.[91]

진짜 운동을 겉보기 운동과 구분하려고 뉴턴이 내세운 유일한 힘의 예는 원심의 힘이었다. 그런데도 뉴턴이 '물리적이며 절대적인' 운동은 병진 운동이 아닌 다른 무엇으로 정의되어야 한다고 말했을 때, 그는 원운동 이상의 무엇을 마음에 두고 있었다. 그가 그렇게 주장했던 목적은 지금 돌이켜보면, 절대 공간이 아니라 절대 운동의 존재를 수립하려는 것이었는데, 이는 어떤 누구도 움직이는 속도나 방향을 확실하게 단언할 수 없다는 상대적 운동을 반박하려는 것이었다. 원운동에서 그는 그의 가장 손쉬운 예를 발견했지만, 예 이상의 무엇인가를 원한 것은 아니었음이 분명했다. 그가 내린 다른 많은 정의 중에서 관성이란 '물체의 상태가 외부에서 자극하는 힘에 따라 쉽게 바뀌지 않도록' 해주는 물체 내부의 힘이라는 정의는, 운동의 상대성과 조화를 이루어 뉴턴의 역학을 성숙하게 해주었다. 그렇지만 기동력에 대한 정의는 균일한 운동과 연관된 내부 힘으로서의 개념을 거듭 주장했다. '기동력은, 그것이 물체에 새겨져 있는 한, 힘이다.'[92] 그는 또한 중력과 conatus를 힘이라는 면에서 정의했다. De gravitatione가 전달하고자 하는 기본적인 메시지는 상대적 운동학을 절대적 동역학으로 변환시키는 것인데, 이 절대적 동역학에서는 병진 운동이 아니라 힘이 궁극적인 실체를 표현한다.

역학에서 뉴턴의 초기 연구는 De gravitatione에서 종지부를 찍는다. 그 뒤 15년 동안 그는 역학에 손도 안 대는데, 1684년 Principia를 출현시킨 De motu의 집필을 끝내 새로운 시기가 도래함을 알리게 된다. 뉴턴은 이 주제를 다시 집어 들었을 때, 1660년대의 얽히고설킨 혼돈이 여전히 남아 있음을 발견했다. 무엇보다도 힘의 개념과 연관된 두 가지 애매함이 남아 있었다. 힘은 운동의 척도인가, 아니면 운동의 변화의 척도인가? 만일 후자라면, 그 사례는 충돌인가 또는 자유 낙하인가? 또 Δmv로 측정되는가 또는 ma로 측정되는가? 이러한 질문들이 Principia를 저술하는 데 골칫거리인 채로 남아 있었다.

★

한편, 뉴턴이 아직 Principia를 집필할 생각을 품기도 전에, 자연에 대한 그의 철학은 더욱더 발전하면서 그의 동역학이 진화해 나가는 데 중요한 역할을 하게 된 근본적인 변화를 경험하게 된다. 1670년대 초까지는 그의 초기 논문에서 감지할 수 있다시피 그의 자연에 대한 철학은 아직은 미완성의 형태로서 '빛의 가설'로 알려져 있는 실체적인 형태였다. 비록 그 가설의 주요 특징은 1672년 이후의 논문부터 나타나기는 하지만,[93] '빛의 성질을 설명하는 가설'이라고 불리는 논문은 뉴턴이 그 논문을 얇은 막에서 일어나는 광학적 현상을 관찰한 결과와 함께 영국 학술원에 제출했던 때인 1675년 말에 마지막 형태로 마무리되었다. 뉴턴은 겉으로는 그 '가설'을 다른 논문에 기록했던 관찰을 설명하려고 도입할 의도였으며, 또한 어떤 것보다도 광학적 현상이 그 논문에서 가장 많은 공간을 차지했다. 그렇지만 광학적 현상을 설명하기 위해 그는 먼저 자연 전체 시스템의 윤곽을 잡을 필요가 있음을 깨달았다.

　뉴턴의 자연 철학을 만들어준 정통적 사상은 역학적 시스템에 있었다. 그리고 그 시스템의 중심에는 공기와 상당히 유사하지만 훨씬 더 희박하고, 훨씬 더 포착하기 어렵고, 그리고 훨씬 더 강력하게 탄성적인 에테르라는 매질이 있었다. 이미 주장한 바와 같이 그리고 '가설'이 새롭게 증명한 것처럼, 그와 같은 에테르는 자연에 대한 기계적 철학이 성공하려면 꼭 필요한 sine qua non이었다(역주: 앞에서도 소개했지만, 한 번 더 소개하면, 'sine qua non'은 '꼭 필요한 행동이나 조건 또는 구성 요소'를 의미하는 라틴어). 뉴턴은 에테르를 이용해서 전기에 따른 인력과, 중력, 물체들의 부착, 탄성, 감각, 동물의 운동, 열, 그리고 물론, 광학적 현상까지 설명했다. 에테르가 존재함을 증명하는 과정에서 그는 공기 펌프의 빈 용기 안에 놓인 진자는 공기 중에 놓인 것과 거의 비슷한 시간 안에 그 흔들거림이 멈춘다는 사실을 인용했다.

> 아마도 자연의 전체 틀은 다른 것이 아니라 어떤 에테르의 정령 같은 것이어서 쉽지는 않겠지만 구름처럼 증기가 물방울로 응집하거나 아니면 보다 증발해서 더 큰 물질로 합쳐지든가 하는 방법으로 응집된 증기일지도 모른다[고 그가 제안했다]. 그리고 응집이 된 다음에 여러 가지 형태로 만들어지는데, 처음에는 창조자가 바로 손으로, 그리고 그 뒤로는 자연의 능력이, 증가와 번식을 거듭하며 최초의 원형을 본떠서 복사한 완벽한 모사본이 되는 것이다. 그래서 모든 것의 근원은 에테르일 것이다.[94]

예를 들어, 그는 전기에 따른 인력을 마찰이 전기를 띤 물체에 응집된 에테르를 증발시킬 때 형성되는 에테르 흐름으로 설명했다. 이는 장차 전기의 역사에 어느 정도의 영향을 행사하는 논점이었다. 에테르는 (또는 에테르를 통해 확산된 좀 더 미세한 어떤 정령은) 발효와 불을 통해 응집된 것이 원인이 되어 지구를 향해 낙하하는데, (지구라는 광대한 물체의 … 중심 깊숙한 곳까지 모든 곳에 존재해서 영원히 동작할지도 모르는데 …[95]) 그것이 물체들을 잡아당기고 중력 현상을 일으킨다. 태양도 역시 자신의 물질과 열을 보존하기 위한 연료로 에테르를 흡수하며, 그렇게 설정된 움직임이 행성들로 하여금 자신들의 궤도를 유지하게 한다. 뉴턴은 표절에 대한 후크의 비난에 답변하면서 핼리(Edmond Halley) (역주: 뉴턴과 동시대에 활동했던 영국의 학자로 뉴턴에게 Principia를 저술하라고 요청했으며, Principia가 나온 뒤에는 뉴턴의 운동 법칙과 만유인력 법칙을 이용하여 핼리 혜성의 궤도를 계산한 것으로 유명함)에게 이 문구를 참고하라고 말했다. 한편, 뉴턴은 자신의 회전하는 우주에서 17세기 기계적 철학의 또 하나의 근본적 성질인 물질의 균일성을 재현했다. 뉴턴의 견해로는 에테르가 물질과 구별이 되는 소재는 아니었지만, 우주의 모든 물체를 형성하는 균일한 물질의 좀 더 미세한 형태였다.

광학 현상에서 에테르에 요구되는 중요한 성질은 밀도의 다양함이다. 물체의 기공(氣孔)에서는 에테르가 더 희박하다. 빛의 입자들이 에테르를 통과해 지나갈 때, 밀도가 다른 구역들이 그 입자들이 움직이는 방향을 바꾸며, 반사와, 굴절, 그리고 변화 굴절 (또는 회절) 등의 현상들은 모두 다 에테르의 변화하는 밀도와 에테르가 빛의 입자들에게 미치는 영향으로 설명된다. 뉴턴의 관점으로는 그렇게 설명하는 메커니즘이 기존의 메커니즘에 비하여 훨씬 유리했다. 그것은 반사와 굴절의 균일한 규칙성도 설명할 수 있었다. 이전의 기계적 시스템에서는 빛이 물체의 구성 입자와 충돌한다고 생각했던 데 반해, 뉴턴은 만일 실제로 그렇다면 물체를 구성하는 입자들이 균일한 양식으로 배열되지 않았기 때문에 반사와 굴절이 균일할 수 없을 것이라고 이의를 제기했다. 그렇지만 기공을 채우고 있는 에테르는, 모래가 머금고 있는 물처럼 균일한 표면을 만들고 있으며, 방향이 균일하게 바뀌는 원인이 된다. 그뿐 아니라 이 메커니즘은 진공 상태 안에 있는 유리조각이라는 어려운 경우에서도 빛의 내부 전반사를 설명할 수 있었다. 이전의 어떤 메커니즘도 이런 현상을 다룰 수가 없었다. 무엇보다도 그의 메커니즘은 얇은 막에서 관찰되는 주기적인 현상도 설명할 수 있었는데, 이 현상은 뉴턴이 처음으로 자세하게 조사했다. 두 유리판 사이에 채워져 있는 공기의 막(膜)과 같이 얇은 막은 모두 다 동시에 에테르의 얇은 막이기도 하며, 특정한 밀도에 따라 전 공간에 분포된 에테르와 구분이 되는 막이다. 비록 굴절과 반사를 설명하면서 그는 물체의 가장자리에 에테르의 밀도가 점진적으로 바뀌는 구역을 가정하긴 했으나, 이제 이 표면은 물의 표면과는 사뭇 다른 성질이 있었다. 빛의 입자가 그런 표면에 충돌할 때, 마치 바위가 물에 떨어졌을 때 만들어내는 것과 같은 진동을 만들어낸다. 뉴턴은 그런 진동이 빛 자체인 것은 아니나, 빛의 운동에 영향을 준다고 주장했다. 20세기의 용어로는 그것은 종파(縱波)로서, 밀(密)한 것과 희박한 것이 반복되는 규칙적인 진동이며 빛보다 빨리 진행한다. 이처럼 빛 입자가 얇은 막의 두 번째 표면에 도달하면, 표면이 충분히 희박할 때는 그냥 통과하고 표면이 충분히 밀할 때는 반사하는데, 표면의 밀도를 조절하는 파동의 주기성 때문에 얇은 막의 광학적 현상은 주기적이 된다.[96] '빛의 가설'에서 다룬 광학적 현상에 대한 설명은 17세기의 기계적 철학을 연습하는 대표적인 문제 중 하나가 되었다.

'가설'을 보면, 뉴턴은 자연을 사색하는 과정에서 출현하는 거의 모든 중요한 현상을 실질적으로 다루었다. 물체들이 뭉치는 것, 기체의 팽창(또는 압력), 표면 장력, 모세관 작용, 전기적 인력 등은 모두 에테르로 설명해야 할 현상이거나 또는 다르게 설명할 때 사용한 원리들을 잘 묘사해주는 실례들로 보였다. 이러한 일련의 중요한 현상 중에서 열을 발생하는 화학적 반응만 포함되지 않았다. 뉴턴이 화학을 진지하고도 자세하게 연구하기 시작한 것은 1675년에 이르러서였으며, 1670년대 후반에서야 화학적 현상들이 그의 관심을 사로잡고 사색을 지배하게 되는데, 이러한 현상들은 그 전까지는 그렇게 중요하다고 생각하지 않고 있었다.

1676년에 올덴부르크에게 보낸 편지에서, 그는 금과 섞이면 뜨거워지는 유명한 보일의 수은을 논의했다.[97] 이 편지는 '가설'과 함께 읽어야만 하는데, 여기서 뉴턴은 최초로 그러한 화학 반응을 자연을 구성하는 전체 시스템을 지배하는 것과 같은 원리로 다루려고 시도했다.

어려운 모든 현상을 기계적 원리로 설명하는 데 분명히 성공했는데도, 뉴턴의 '빛의 가설'은 왜 그의 추론이 그런 형태로 영구히 굳어지지 않았는지 암시하는 몇 가지 내부적 알력을 보여준다. 그는 빛을 다룰 때 빛이란 밝게 빛나는 물체에서 뿜어져 나오는 수많은 극히 작은 입자로 구성되었으며 '운동의 원리에 따라 끊임없이 앞으로 진행하며, 처음에는 운동의 원리가 빛을 구성하는 입자들을 가속시키는데 그것은 에테르 매질의 저항이 그 원리에 따른 힘과 같아질 때까지 계속된다…' 많은 광학적 현상을 설명하려면 그런 운동의 원리가 필요한 것처럼 보인다. 입자들의 흐름으로 이해되는 빛이 더 희박한 매질을 통과하면서 수직선에서 멀어지는 방향으로 굴절될 때, 그 입자들의 흐름의 속도는 데카르트가 보인 것처럼 감소한다. 속도가 감소한다는 사실이 기계적 철학자들에게는 전혀 문제가 되지 않았다. 그들은 입자들이 더 큰 저항을 만난다고 상상할 수 있었으며, 자세한 사항을 아주 세밀하게 검토하지 않는 한, 그들은 문제가 풀렸다고 여겼을 것이다. 그렇지만 굴절은 반대 방향으로도 일어나는 현상이다. 광선이 더 조밀한 매질로 들어가서 수직선을 향하여 굴절할 때, 굴절이 사인 법칙을 만족하려면 광선을 구성하는 입자들이 가속되어야만 한다. 그런데 새로운 운동은 어디서 생길까? 사인 법칙을 유도하면서 데카르트는 속도를 증가시키려고 새로운 타격을 가정했는데, 그는 편리하게도 자연에서 무엇이 그 타격의 역할을 할지 무시했다. 뉴턴의 '운동의 원리'가 바로 이런 광학적 현상들, 즉 빛의 입자들이 활동성을 얻는 것으로 보이는 수직선을 향하는 방향으로의 굴절과 같은 현상들에 해답을 제공하게 되었다. 그렇지만 우수한 기계적 철학자로서 뉴턴은 그러한 원리를 기계적 용어로 구상할 수 있다고 주장했다. '어떤 사람은 이것이 영적(靈的) 원리일지도 모른다고 선뜻 인정할 수도 있지만, 기계적 원리일지도 모르고 이 부분을 간과하지 않는 것이 좋다고 생각한다.'[98]

빛 입자의 운동의 원리가 뉴턴의 기계적 시스템에서 유일한 작동 원리는 아니었다. 에테르의 본체를 통해 확산되는 '에테르 영(靈)'에 비슷한 특징이 있었으며, 뉴턴은 그것을 대기에 확산되어 있는 '불꽃과 생명 활동을 보존하는 데 필수적인 공기의 생명력 영'과 비교했다.[99] 이 구절은 존 메이오(John Mayow) (역주: 17세기 영국의 화학자로 데카르트의 기계적 철학을 신봉했고 반(反)-플로지스톤설 화학의 선구자)의 니트로-공기 입자(역주: 존 메이오가 공기 중에서 연소를 지탱하는 요소로 제안한 입자)를 생각나게 한다. 실제로 '빛의 가설' 전체는 메이오의 이론과 상당히 유사하다. 메이오는 헬몬트 (Helmont) (역주: 17세기 벨기에의 화학자로 아리스토텔레스의 4원소설에 반대하고 기(氣)와 물을 원소라고 주장한 사람) 철학에서 능동적인 원리를 취해서 그것을 기계적 철학의 언어로 다시 표현했다. 메이오의 니트로-공기 입자는 동물의 생명, 동물의 활동, 식물의 생명, 탄성, 그리고 다른 많은 것 등, 자연의 모든 활동의 근원이었다. 메이오는 기계적 우주에서는 무엇이 능동적인 원리일 수 있는지에 대한 질문은 회피하면서, 그 원리를 단지 입자로 된 의상(衣裳)으로 치장했고 그러면 문제가 해결된 것으로 착각했다. 어쩌면 뉴턴의 '가설'에는 그런 착각이 좀 덜했을지도 모르지만, 궁극적으로는 그것도 능동적인 원리는 물질의 입자로 번역될 수 있다고 비슷하게 결정했다. 그는 빛에 대한 운동의 원리도 똑같이 진술했고, 그가 '공기의 생명력을 주는 영'이라고 말했을 때 그는 괄호 안에 '(나는 가상적인 휘발성의 초석을 의미한 것이 아니다)'라고 급히 추가했다.[100] 한편, '가설'

은 전기적 인력, 중력, 발효, 탄성 등, 비슷한 영역의 '능동적인' 현상을 다루었다.

어떤 의미에서 뉴턴은 기계적 철학의 일반적인 문제에 맞서고 있었다. 르네상스의 자연주의 전통은 능동적인 원리를 이야기했지만, 기계적 철학은 자연의 실체가 자연의 외관과 똑같아야 하는 것은 아니라고 주장했다. 그렇지만 두 전통 모두 필연적으로 동일한 현상을 다루어야만 했으며, 기계적 철학자로서 뉴턴은 자연에서 능동적인 원리가 분명히 존재함을 철저하게 의식하고 있었다. 실제로 그는 몇몇 해설자들이 그 '가설'을 연금술 우주론이라고 기꺼이 부를 정도로 능동적인 원리를 의식하고 있었다.

그는 또한 특정한 현상이 갖고 있는 특이성이 무엇인지도 의식하고 있었다. 물과 기름은 나무와 돌 내부로 스며들지만 수은은 그렇지 않다. 수은은 금속의 내부로 스며들지만 물과 기름은 그렇지 않다. 물과 산(酸)의 용액은 소금과 섞이지만 기름과 포도주는 그렇지 않다. 기름과 포도주는 유황과 섞이지만 산의 용액은 그렇지 않다. 오랜 세월에 걸쳐서 유사한 또는 유사해 보이는 현상이 광범위하게 알려져 있었다. 르네상스의 자연주의는 그런 현상들을 호감과 반감이라는 루브리카(역주: 'rubrics'는 붉게 쓴 글씨라는 의미로 중세에 붉은 글씨로 썼던 전례나 관례 또는 규정을 의미함)에 따라 취급했다. 갈릴레오가 물이 공기 중에서 방울모양이 되려는 경향을 대면했을 때, 그는 이것을 물과 공기 사이의 적대감 때문이라고 설명했지만, 의도적으로 '반감'이라는 단어를 피하고 대신 물과 공기 사이의 '어떤 부적합성'이라고 말했다.[101] 후크는 모세관 작용을 설명하려고 갈릴레오의 제안을 확장했다. 그는 유사한 물체는 쉽게 결합하고 그렇지 않은 물체는 쉽게 결합하지 못한다는 '적합'과 '부적합'에 대한 일반 원리가 성립한다고 가정하고, 공기와 유리 사이는 물과 유리 사이보다 더 많이 부적합해서, 좁은 관에서는 공기의 압력이 감소한다고 주장했다.[102] 뉴턴은 이 개념을 후크한테서 가져왔으며, 이것을 '사교성'이라고 이름을 바꾸고, 후크와 마찬가지로 모세관 작용과 위에서 인용한 화학적 현상들 모두를 설명하는 데 사용했다.

비록 기계적 전통이 그런 경우에 이용할 수 있는 입자의 형태라든가 기공(氣孔)과 같은 갖가지 장치를 제공했지만, 뉴턴은 그런 장치를 딱 잘라 거부했다. 그는 액체나 영은 '그것의 민감함과는 다른 이유로 물체에 퍼지거나 퍼지지 않는 경향이 있다…'고 주장했다. 기름이나 물과 같은 일부 유체는 '비록 그들의 기공은 서로 섞이기에 충분하리만큼 자유롭지만,' 그런데도 섞이지 않는다. 뉴턴은 이것을 '비사교성의 어떤 숨겨진 원리 …'라고 불렀다.[103] 그는 1676년 4월 26일에 올덴부르크에게 보낸 편지에서 이 문제를 다시 다루었다. 이 편지는 수은을 금과 혼합하면 뜨거워진다는 사실을 보일이 **철학회보**(역주: Philosophical transactions는 영국 학술원에서 1665부터 발행하기 시작한 학술지로 영어로 된 최초의 학술지이며 헨리 올덴부르크가 철학회보의 초대 편집장이었음)에 발표했던 논문에[104] 대한 논평으로 쓰였는데, 이 편지에는 열을 발생하는 화학 반응이라는, 뉴턴이 추후 점점 더 많이 사색하게 되는 주제를 최초로 논의한 내용을 포함하고 있었다. 이 편지에서 뉴턴은 통상적인 기계적 철학과 사교성의 원리를 결합하여 열(熱)을 설명했다. 그것이 그에게는 '여전히 ☿[수은]이 스며든 금속 입자들은 ☿입자들보다 더 클지도 모르며 그 입자들의 민감함과는 다른 어떤 이유에서 ☉[금]과 더 용이하게 섞이도록 처리되고, 그러면 그렇게 혼합되면서 더 크다는 사실이 입자들로 하여금 금의 일부분에 더 큰 충격을 줄지도 모르고, 그래서 그 입자들을 작은 입자들이 할 수 있는 것보다 더 활발하게 움직이게 한다'고 여겨졌다. 그는 보일의 스며든 수은을 aqua fortis(역주: 강수(強水)라는 의미의 라틴어로 질산을 의미함)와 같은 '부식성(腐

觸性) 액체'와 비교했다. '가설'에서 그는 비사교적인 물체도 자주 제3의 물체의 중개로 사교적으로 바뀔 수 있다고 제안했다. 그래서 납은, 구리와 함께 녹이면 섞이지 않는데, 약간의 주석이나 안티몬을 첨가하면 구리와 쉽게 섞인다. 비슷한 방법으로 부식성의 액체에서 소금 입자들은 마치 보일의 수은에서 금속 입자들과 마찬가지로, '그 입자들이 스며든 액체와 그리고 그 입자들이 용해한 물체의 중간 성질을 가지고 있을지도 모르며, 그래서 그런 물체들에 더 자유롭게 들어갈 수가 있고, 그래서 더 민감한 매개자들이 하는 것보다, 더 크기 때문에 용해된 입자들을 더 강하게 흔들게 된다.'[105]

뉴턴은 '가설'에서나 또는 올덴부르크에게 보낸 편지에서나 사교성에 대한 '숨은 원리'를 기계적 용어로 바꾸려고 하지 않았지만, 그는 그 원리를 크기와 같이 그렇게 일상적인 인자(因子)의 능력을 돕는 면에서는 기계적 맥락으로 사용했다. 연금술 전통을 연상시키면서 그 원리는 기계적 철학과 친해지기를 거부하고 기계적 철학의 토대에 적나라하게 반대했다. '가설'에서 언급한 운동 원리나 활동 원리의 경우에 뉴턴은 이들의 기계적 본성을 강조할 뿐이지 어떻게 그렇게 그렇게 되었는지에 대해서는 해석할 엄두를 내지 않았다. 그 원리의 바로 선조(先祖)인 헬몬트 철학과 함께 그 원리도 역시 기계적 전통과는 어울리지 않는 사고가 잔존하고 있음을 알려주었다. 1670년대 후반의 몇 년 동안 그가 연금술 문헌을 집중적으로 연구한 것도 이러한 영향을 상당히 강화시켰을지도 모른다.[106]

★

철학회보에 수록된 보일의 논문에 대한 뉴턴의 논평은 주로 그가 그 이전 봄에 보일을 만났음을 기억하며 또한 그의 모든 연구 업적을 읽고 이해하고 있음을 보이려는 간접적인 노력이었다고 생각할 만한 이유가 있다. 그가 그렇게 작정한 것이든 아니든, 결과적으로는 그렇게 되었다. 1676년 11월, 보일은 뉴턴에게 책을 한 권 보냈는데, 그것은 아마도 그가 가장 최근에 발표했던 **각종 성질의 기계적 기원과 생산에 대한 실험과 기록**이었다.[107] 이 책이 두 사람 사이에서 논의의 주제가 되었던 것은 분명하다. 뉴턴이 1678/9년 2월 28일에 보일에게 보낸 에테르에 관한 그 유명한 편지에서 뉴턴은 그런 논의를 언급하면서 편지를 시작했다.

존경하는 귀하

우리가 의견을 교환했던 물리적 성질에 관한 저의 생각을 귀하에게 보내는 것을 너무 오랫동안 미루어서 약속을 지키지 못한 것을 죄송스럽게 생각하며, 그런 생각을 보내는 자체도 부끄러울 수밖에 없습니다. 사실은 이런 일들에 대한 저의 개념이 아직 제대로 완숙되지 못하여 저 스스로도 매우 만족스럽지 못하고, 제스스로가 납득할 수 없는 것을 다른 사람들과 나눈다는 것은 적절하지 못하다는 생각이 듭니다. 상상력에 끝이 없는 자연 철학에는 더더욱 그러합니다.[108]

의심할 여지 없이 이 편지의 내용은 주제 면에서 보일의 **각종 성질의 기계적 기원**의 내용과 비슷하다. 물론 그 풀이가 항상 비슷한 것은 아니지만 말이다. 위에서 인용된 두 번째 문장은 뉴턴이 비판을 피하려고 미리 조치를 한 것으로 마치 관심이 없는 듯 가장하는 전형적인 예이다. 실제로, 이 편지는 물리적 실체의 본성에 대해 그가 자유로이 사색하는 데 한 단계 더 진보되었음을 알려주며, 이 경우에는 응집과 용해 그리고 기화(氣化) 등 실질적으로 화학적 현상에 거의 한정해서 집중했다.

1675년에서와 마찬가지로 그는 강력하게 탄성적이며 밀도도 일정하지 않고 또 공기보다 훨씬 더 미세한 에테르의 존재를 가정하는 것으로 시작했다. 에테르는 물체의 기공(氣孔)을 채우고 있는데 자유 공간에서 보다 기공 내에서 더 희박한 상태를 유지한다. 그는 이 성질을 이용하여 모세관 현상과 그리고 공기 펌프에서 공기를 빼내는 수신부를 구성하는 두 개의 연마된 대리석의 응집과 같은 현상을 설명했다. 그 사이에 뉴턴은 그가 1675년에 그랬던 것처럼 굴절과 회절을 설명했다. 그리고 편지의 마지막에 에테르의 밀도가 변화하고 또 그 에테르 입자들의 크기가 다른 것을 이용하여 중력을 (즉 지구의 표면에서 무거움을) 설명하는 방법을 제안했다. 후자의 설명은 '가설'에 나오는 설명과 차이가 났지만 기계적 정통성만은 공유했다. 그렇지만, 이 편지에서 뉴턴이 주로 관심을 보인 것은 그런 것들이 아니었다. 그는 주로 물체가 산(酸)에 용해하는 것이라든지, 공기의 발생, 그리고 이러한 것들에 필요한 사전 준비로 물체의 응집 등에 관심을 가졌다.

물체의 기공에서 에테르가 훨씬 더 희박한 것은 표면에서 끝나버리는 것은 아니다. 이 희박함은 기공을 지나 밀도가 증가하는 좁은 영역까지도 확장된다. 두 물체가 서로 가까이 접근할 때, 두 물체 사이의 에테르는 두 물체가 접촉할 수 있기 전에 희박해져야만 하며, 에테르를 희박하게 만들려면 힘이 작용해야만 한다. 실제로 두 물체를 바로 접촉하는 것은 어렵다. 얇은 막에 생기는 색깔을 조사하면서 뉴턴은 두 개의 유리를 접촉하려면, 심지어 그중 한 면이 볼록하더라도, 상당히 큰 압력이 필요하다는 것을 알았다. 에테르 때문에, 물체들은 '서로 상대방에서 멀어지려는 노력을 …' 한다. 그러므로 날벌레들은 다리를 적시지 않고서도 물 위를 걷고, 먼지 무더기는 심지어 압력을 가하더라도 응집하지 않고, 압력을 낮추면 기체와 증기는 팽창한다. 만일 에테르가 희박해지지 않으려는 저항을 극복하기에 충분한 힘을 작용한다면, 그래서 두 물체가 실제로 접촉한다면, 두 물체 주위의 더 밀한 에테르의 압력이 두 물체를 결합한 채로 있게 유지시킨다. 에테르가 희박해지는 것에 저항하기 위해 멀어지는 노력이 에테르 주위의 압력으로 균형을 이루는 임계 거리가 존재한다. 임계 거리 내부에서는 물체들이 '접근하려는 노력을 …' 보이고 서로 접촉한 두 물체를 떼어놓는 데 힘이 필요하다. 그렇지만 임계 거리 너머로 분리되면 두 물체는 통기어 떨어진다. 뉴턴은 그러한 원리를 사용해서 물체의 용해를 설명했다. 가용성(可溶性)의 물체를 물 속에 담근다고 가정하자. 물의 입자가 물체의 기공으로 들어가면, 들어감 자체가 입자 주위의 모든 부분의 에테르의 압력을 똑같게 만들고, 그래서 조그마한 움직임으로도 물체가 느슨해질 수 있다.[109]

지금까지는 좋았지만, 모든 물체가 물에 녹을 수 있는 것은 아니다. 예를 들어서, 물이 금속의 기공으로 들어가서 금속을 녹이지는 못한다.

> 물이 너무 큰 입자로 구성되어서 그런 게 아니라, 금속과 사교적이지 않아서이다. 자연에는 어떤 숨겨진 원리가 존재해서 그 원리에 따라 액체가 어떤 것과는 사교적일 수가 있고 다른 것과는 비사교적이게 된다.[110]

뉴턴은 그 원리의 존재를 확인하려고, 자신이 3년 전에 인용했던 것과 같은 현상들의 목록을 인용했다. 물은 나무에는 스며들지만 금속에는 스며들지 않는다. 수은은 금속에는 스며들지만 나무에는 스며들지 않는다. 또 aqua fortis는 은을 녹이지만 금은 녹이지 않는다. 그리고 aqua regia(역주: 왕수(王水)라는 의미의 라틴어로 질산과 염산의 혼합액이며 귀금속을 용해하는 데 사용함)는 금은 녹이지만 은을 녹이지는 않는다. 보일에게 보냈던 편지나 질문 31과 같은 그 이후의 저술들을 통틀어 뉴턴이 인용했던 거의 모든 화학 반응은 (그리고 그가 똑같다고 생각한 현상들은) 보일의 연구 업적에 나온 것들이며, 따라서 그런 반응들에 대한 뉴턴의 지식은 틀림없이 그 출처에서 나왔음을 주목해야 할 것이다. 그가 화학에 가져다준 것이 자기 자신의 실험에서 알아낸 새로운 정보는 아니었지만, 일반적으로 얻을 수 있었던 정보를 새롭게 접근하는 방법이었다.[111] 그는 계속해서 어떤 액체가 물체와 비사교적이면 제3물질의 매개로 사교적으로 만들 수가 있다고 말했다. 그래서 물에 포함된 소금의 영(靈)은 물이 금속을 녹일 수 있게 한다. 그것들의 사교성으로 그러한 입자는 금속의 기공으로 들어갈 수가 있으며, 그들과 함께 물도 가지고 가고, 위에서 설명한 방법으로 효과적으로 용해가 일어난다. 금속이 소금 입자에게 사교적인 것보다 더 사교적인, 주석(酒石) (역주: '주석(tartar)'은 포도주 제조용 통에 침전하는 물질을 말함)의 염제(塩劑)와 같이 새로운 물질이 용액에 첨가되면, 염제는 금속과 물을 매개하는 소금 입자를 포획해서 금속이 침전한다.

뉴턴은 올덴부르크에게 보낸 편지에 나오는 이전의 해석적인 모형에서 벗어나, 이제 금속의 산 용액에서 발생하는 열을 설명하기 위해 자신의 '멀어지려는 노력'을 사용했다.

> 금속 용액에서 입자가 물체에서 떨어져 나갈 때, 곧 멀어지려는 원리가 … 다가오려는 원리를 극복하는 거리에 도달하게 되고 … 멀어지는 입자는 가속을 하게 되며, 그래서 입자는 격렬하게 물체에서 뛰어 올라서 액체를 활발하게 휘젓게 만들고, 우리가 자주 금속의 용액에서 원인이 된다고 발견하는 열을 발생시키고 촉진시킨다.[112]

입자를 용액 밖으로 날려 보낼 만큼 격렬함이 충분히 클 때, 용액은 공기로 된 물질을 발생시킨다.[113] 물과 같이 구성 입자의 크기가 작은 일부 물질의 경우에 입자들이 자유롭게 움직이도록 떼어놓는 데 열 하나만으로도 충분하다. 물의 공기 형태를 수증기라고 부른다. 입자의 크기 때문에 수증기 입자들이 멀어지려는 노력은 약하며, 그래서 수증기는 빠르게 다시 물로 응집한다. 좀 더 오래 가는 공기 물질은 더 크고 더 밀집된 입자들로 만들어지며, 그것은 결과적으로 처음부터 그 입자들을 분리시키는 데 단순히 열보다 더 큰 힘이 필요하다. 그 출처가 발효이다.

때로는 진정으로 영구히 계속되는 공기는 아마도 금속에서 나오지 않았을까 하고 생각하게 된 계기는 바로 이 때문이다. 어떤 물질 입자도 금속 입자보다 더 밀하지 않다. 이런 생각 또한 경험적인 것인데, 왜냐하면 내가 전에 철학회보에서 파리의 M. 호이겐스가 주석(酒石)이 녹아서 만들어진 공기가 이틀이나 사흘 만에 응집되어 다시 낙하하지만, 금속이 녹아서 만들어진 공기는 조금도 응집하거나 누그러들지 않고 계속하는 것을 발견했다는 글을 읽은 기억이 나기 때문이다. 만일 지구의 땅 밑에서 끊임없이 발효하여 어떻게 모든 종류의 물체에서 공기와 같은 존재가 만들어졌으며, 어떻게 이 물체가 대기를 만들고 이들 중 가장 영속적인 것이 금속이라는 것을 생각해보면, 아마도 진정한 공기로 이루어진 대기에서 가장 오래 지속되는 부분은 그런 입자들로 구성되어야만 한다는 것이 불합리해 보이지는 않을 것이다. 특히 금속 입자들이 다른 모든 입자와 비교해서 가장 무거우므로 대기의 가장 낮은 부분으로 가라앉아야만 하며 지구의 바로 위에 떠 있어야만 하고, 그보다 가벼운 막대한 양의 증기와 수증기는 그 위에 떠 있어야만 한다. 이와 같이 산성 용매의 작용으로 지구의 땅 밑에서 금속 증기가 위로 오르게 되며, 그것이 진짜 오래 지속되는 공기이다···. 공기는 또한 대기 중에서 가장 큰 비활동적인 부분으로서, 공기 중에 떠 있는 좀 더 부드러운 증기와 영(靈)이 없으면

살아있는 것에 영양분을 제공할 수 없다. 금속과 같은 물체보다
더 비활동적이고 영양분과 관계가 먼 것은 없다.[114]

최근에 처음 출판한 보일에게 보낸 편지와 관련이 있어 보이는 논문
을 보면, 뉴턴의 사색은 또 다른 한 걸음을 내디뎠음을 알 수 있다.[115]
De aere et aether는 보일에게 보낸 편지에 포함된 가장 중심이 되는
원리를 논문이라는 좀 더 체계적인 형태로 표현하려는 노력인 듯하다.
그는 사물의 본성에 대한 연구를 천체, 그중에서도 감지가 가능한 공기
를 먼저 생각하며 시작하겠다고 천명하면서,[116] 이러한 감지의 안내로
진행하기 위해 공기의 기본적인 성질들을 열거하기 시작했다. 공기의
성질 중에서 가장 놀라운 것은 극도로 희박해지고 극도로 응집될 수 있
는 능력이다. 뉴턴은 공기가 희박해지는 데는 몇 가지 원인이 있다고
했다. 예를 들어, 공기는 다른 물체를 피하려고 시도한다. 공기는 물체들
주위에서는 더 희박하다. 각종 모세관 현상에서 보여주는 것처럼 (그는
모세관 현상이 진공 중에서는 일어나지 않는다는 것도 추가함) 공기는
물체의 기공(氣孔)에서 더 희박한 채로 존재한다. 공기가 물체를 피하려
고 노력하는 것처럼, 물체도 다른 물체에서 멀어지려는 경향이 있다. 두
개의 렌즈를 하나로 접촉시키는 것은 어렵다. 먼지를 함께 누르더라도
한 덩어리로 응집하지 않는다. 곤충은 다리를 적시지 않고 물 위를 걷는
다. 이렇게 서로 미는 힘에 대해 잠수부의 의견이 제시되기도 했다. 물질
들 사이에 놓여 있는 매질은 아주 어렵게 길을 터줄 것이다. 신은 아마도
물체들이 서로 미는 영적인 성질을 창조했는지도 모른다. 물체는 단단한
중심부가 있고 그 주위는 다른 물체가 쉽게 접근하지 못하게 막는 실체
가 없는 물질의 구(球)로 둘러싸여 있을지도 모른다. '이런 물질에 대해
나는 전혀 반론을 제기하지 않는다. 그러나 공기가 물체를 피하는 것과

마찬가지로 물체들 사이에도 서로 밀쳐내는 것이 똑같이 성립하므로, 이런 현상을 종합하면 공기는 접촉하면서 물체에서 떨어져 나온 입자들로 구성되었고 그 입자들은 서로를 어떤 큰 힘으로 서로 밀치고 있다는 판단이 옳은 것처럼 보인다.'[117] 이런 점을 바탕으로 공기에서 보이는 이런 현상들을 이해할 수 있다. 공기는 공기에 대한 압력에 따라 압축되기도 하고 희박해지기도 한다. 압력이 절반이 되면 부피는 두 배가 된다. 압력을 100분의 1 또는 심지어 1,000분의 1까지 줄이면, 부피는 100배 또는 1,000배까지 는다. 뉴턴은 만일 공기의 입자들이 서로 접촉한다면 그렇게 팽창하는 것은 거의 불가능할 것이라고 했다.

> 그러나 만일 멀리서도 작용하는 어떤 원리로 [입자들이] 서로 상대방에 대해 멀어지려고 한다면, 입자들 중심 사이의 거리가 두 배가 될 때 멀어지는 힘은 절반이 되고, 거리가 세 배가 되면 힘은 3분의 1로 줄어들게 되고, 기타 등등이 될 것임이 이치에 맞으며, 그래서 어렵지 않은 계산으로 공기의 팽창은 압축하는 힘에 반비례한다는 것을 알게 된다.[118]

공기의 발생도 똑같은 원리로 설명한다. 열(熱)이나 마찰, 또는 발효 때문이든 물체의 입자들이 분리될 때는 언제든 입자들은 떨어져 나간다. 열이 발생되는 각종 화학 반응이 그 예이며, 그중에서도 탄약의 폭발이 가장 좋은 예인데, '혼합된 대부분의 물질이 격렬한 휘젓기로 공기 형태로 바뀌는데, 이러한 갑작스러운 팽창 때문에 가루의 엄청난 힘이 바로 공기의 성질이다.'[119] 게다가, 공기를 이루는 물질은 공기를 발생시킨 물체가 무엇이냐에 따라 다르다. 증기는 가장 가볍고 가장 덜 오래 지속되는 것인데 액체에서 생긴다. 중간 성질이 있는 날숨(역주: 생물이 숨을 내쉬어 나오는 기체를 말함)은 식물에서 나온다. 진짜이고 영원히 계속되는 공기는 가장 무거운 것으로 알 수 없는 부식(腐蝕) 작용으로 금속에서 발생한다. 금속의 결코 파괴되지 않는 성질처럼 진짜이고 영원히 계속되는 공기는 생명을 유지하는 역할도 하지 않고 불을 유지하는 역할도 하지 않는다.[120]

De aere et aethere는 두 단원으로 구성되어 있다. 첫 번째 단원인 공기에 대하여는 입자들 사이의 힘을 뉴턴이 전에 주장했던 그 어떤 것보다도 더 깊이 파고들었다. 보일에 보내는 편지는 '멀어지려는 노력'을 이야기한 데 반해, 이제 그는 단호하게 서로 접촉하지 않는 물체들이 서로를 밀어낸다고 주장했다. 그런데도 그 주장의 의미는 애매한데, 왜냐하면 그는 두 번째 단원의 제목을 'De aethere'라고 지었고, 그 단원에서 그는 밀어내기를 설명하는 데 에테르 메커니즘을 이용하려고 작정한 것이 분명했기 때문이다. 첫 번째 단원에서 그는 이미 지나가는 말로 에테르의 압력에 따른 물체들의 응집을 말한 바 있었다. 이제 두 번째 단원은 에테르를 좀 더 자세히 기술하기 시작했다. 지상의 물체는 입자로 쪼개져 공기가 될 수 있는 것처럼, 공기의 입자도 더 쪼개져서 에테르라 불리는 좀 더 희박한 입자로 바뀔 수 있다. 보일은 물체의 기공 속으로 침투하기에 충분할 정도로 희박한 에테르가 존재한다는 사실을 실험에서 증명했는데, 그 실험에서 밀폐된 플라스크 내에서 가열된 금속의 무게가 증가했다. '그리고 유리병에서 공기를 빼면 진자 운동이 멈추지 말아야 하는데도, 공기가 없는 유리병 내에서 진자 운동이 공기가 노출된 곳에서보다 별로 더 오래가지 않는다는 사실이, 유리병 내에는 추의 운동을 멈추게 만드는 무엇인가 훨씬 미세한 것이 남아 있다.'[sic][121] 자기소(磁氣素)와 전기소(電氣素)가 또한 그런 것의 존재를 증명한다. 그리고 논문은, 페이지가 끝나기도 전에 문장의 중간에서 끊어졌다.

뉴턴이 왜 중단했는지 누가 말할 수 있을까? 어쩌면 그는 그 논문을 다시 보기 전에, 저녁 식사에 불려가, 선술집에 모인 친구들에게 둘러싸여, 그 논문을 계속하겠다는 욕구를 잃었을지도 모른다. 또는 자연에 대한 뉴턴의 철학에서 전개된 긴장이 이제 한계점에 도달했을지도 모르는데, 나는 그런 해석이 가장 그럴 듯하다고 생각한다. 내가 이제껏 계속 주장해온 긴장들이란 먼저 사교성과 비사교성에 대한 능동적이거나 숨겨진 원리인데, 이와 별반 차이가 없어 보이지만, 이제는 입자들 사이의 반발력으로 표현되어 있다. 또 다르게는 그는 물체의 응집과 표면 장력, 모세관 작용, 기체의 팽창, 몇 가지 화학 반응 등 일련의 매우 중요한 현상을 설명하려고 시도하면서 그러한 긴장을 드러냈는데, 이러한 현상들이 뉴턴의 마음속에서는 자연이 동작하는 비밀을 풀 열쇠였다. '빛의 가설'에서는 그러한 현상들이 모두다 에테르에 대한 기계적 이론으로 설명했다. 보일에 보내는 편지에서는 그러한 현상들은 가까워지거나 멀어지려는 노력과 관계가 있었다. 이 현상이 이제 De aere et aethere에서는 밀어내는 (그리고 내면적으로 잡아당기는 의미도 포함된) 힘으로 표현되는데, 보일에게 보낸 편지에서였다면 희박한 에테르에 의한 '노력'으로 설명됐어야 했을 것이다. 좀 덜 중요하기는 하지만 지금까지 전해져 내려오는 자연에 대한 사색으로, Principia가 저술되던 1686년경에 앞서 말한 것과 같은 현상을 중심으로 진행한 것이 있는데, 이제 그런 모든 현상이 드러낸 바로는 자연의 궁극적인 과정은 입자들 사이의 잡아당김과 밀어내기임이 명백했다. De aere et aethere를 갑작스럽게 중단했던 것이 자연에 대한 뉴턴의 철학이 결정적으로 방향을 바꾼 시점과 일치하는 것일까? 적어도, 만일 그가 다시 돌이켜보려고 잠시 멈추었다면 그때까지 그가 써 놓았던 것은 그가 되새겨 사색할 음식을 제공했을 것이라고 분명히 말할 수 있다. 에테르 메커니즘에 내재된 복잡함과 비교하면, 밀어내기라는 개념은 상당히 효율적이었다. 보일의 법칙에 대한 논의에서 보다시피, 밀어내기라는 개념은, 에테르 먼지 구름으로 가려졌을지도 모르는 정량적인 정확성으로 인도하는 길을 열어주었다. 무엇보다도, De aere et aethere에서 끝 모를 후퇴를 시작한 듯하다. 그가 주장했던 것처럼, 만일 에테르가 공기와 같은 탄성 유체라면, 그리고 만일 공기의 탄성은 공기를 구성하는 입자들 사이의 상호 밀어내기 때문에 생긴 것이라면, 공기 입자들을 에테르로 밀어낸다고 하면 어떨까? 또 무엇이 에테르 입자들을 서로 밀치게 만들까?

1685년이나 1686년쯤 Principia를 저술하면서, 뉴턴은 몇 년 전에 그가 수행했던 한 실험에 대해 묘사했다. 비록 정확한 날짜는 아니었지만, 그는 날짜를 기록한 종이를 잃어버렸고 그래서 그 날짜를 기억해내야만 했다고 말했다. 바로 그 실험이 내가 시험적으로 대략 1679년경으로 추정하는 견해의 방향 전환과 연관되어 있다고 추측하는 것이 아주 불합리해 보이지는 않는다.

> 마지막으로 지극히 희박하고 포착하기 어려운 어떤 에테르라는 매질이 존재해서, 그것이 모든 물체의 기공(氣孔)에 자유롭게 스며든다는 것이 이 시대의 철학자들이 가지고 있는 가장 보편적인 의견이기 때문에, 그리고 그렇게 물체의 기공에 스며든 그런 매질에서 어떤 저항이 반드시 생겨날 필요가 있으므로, 움직이는 물체들이 경험하는 저항이 물체의 단지 겉 표면에서만 생겨나는지, 또는 물체의 내부 부분들도 그 표면에서 어떤 상당한 저항을 만나게 되는지 알아내려고 나는 다음과 같은 실험을 고안했다.[122]

그는 속이 빈 나무 상자를 추로 연결하여 길이가 11피트인 진자를 설계했는데, 연결 부위의 마찰을 최소화하기 위해 애썼다. 그러고 나서 그는 추를 옆으로 약 6피트 정도 잡아당기고 처음 세 번 흔들리는 동안 도달한 점들을 꼼꼼히 표시했다. 상자와 함께 줄의 절반을 더해서 무게를 측정했고, 그 합에 상자에 포함된 공기의 무게를 계산하여 구한 것을 더한 다음에 상자를 금속으로 채우고 무게를 재었더니 무게가 전보다 78배 더 무거웠다. 줄이 늘어났으므로, 그는 줄의 길이를 원래 길이와 같게 조절했고, 진자를 전과 마찬가지 위치까지 잡아당긴 다음에, 진자가 앞에서 첫 번째, 두 번째, 세 번째 도달한 것으로 표시한 곳까지 도달하는 데 걸린 흔들림의 수를 모두 세었다. 첫 번째 표시한 곳까지 도달하는 데는 77번 흔들렸고, 두 번째도 77번 흔들렸고, 세 번째도 역시 똑같이 흔들렸다. 채워진 상자의 관성은 빈 상자보다 78배가 더 크므로, 채워진 경우의 저항과 빈 경우의 저항 사이의 비는 78/77이라고 결론지었다. 그는 계산으로 물체 외부 표면에서의 저항은 물체 내부의 부분들 사이의 저항보다 5,000배 더 크다는 결론을 얻었다.

> 이와 같은 추론은 채워진 상자의 더 큰 저항이 채워진 금속에 작용하는 어떤 미묘한 액체에서 생긴다는 가정에 의존한다[고 그는 결론지었다]. 그러나 나는 전혀 다른 원인 때문이라고 믿는다. 왜냐하면 채워진 상자의 진동 주기는 빈 상자의 진동 주기보다 더 작으며, 그러므로 채워진 상자의 외부 표면에 대한 저항은 상자의 속도와 진동 중에 진행한 거리에 비례해, 빈 상자의 외부 표면에 대한 저항보다 더 크다. 그렇기 때문에 상자 안에 들어있는 부분들에 대한 저항은 하나도 없거나 아니더라도 전혀 감지되지 않을 정도일 것이다.[123]

진자가 주었던 것을 진자가 빼앗아 간 꼴이다. 뉴턴의 에테르 가설은 물체의 가장 안쪽 부분에 매우 큰 효과를 작용할 수 있는 에테르의 존재에 근거를 두고 있었으며, 그리고 진공 중에서 진자를 이용한 실험은 그러한 능력을 지닌 에테르의 존재를 확인하는 중요한 증거 중 하나였다. 분명히 에테르가 제공했던 저항은 공기를 제거했다고 해서 진동이 잦아드는 데 필요한 시간에 거의 영향을 주지 않아야 하므로, 공기가 제공했던 저항보다 훨씬 더 커야만 했다. 이제 훨씬 더 정교하게 다듬어진 실험이 정확히 반대가 되는 결론을 냈다. 에테르 가설에서 가장 유력한 해석에 따르면 공기보다도 5,000배나 더 적은 저항이 나온다. 그런 에테르는 뉴턴의 목적에는 쓸모가 없었으며, 실제로 그는 에테르가 전혀 존재하지 않는다는 증명으로 그 실험을 해석했다. 아마도 그가 De aere et aethere를 저술하면서 도달했던 결론도 이것이었을 것이다. 물체들은 접촉하지 않고서도 그의 표현을 따르면, '어떤 큰 힘을 가지고' 잡아당기고 그리고 밀치면서 서로 상대방에 작용한다.

★

뉴턴이 1679년경에 자연에 대한 그의 철학의 방향을 바꾼 것은 아무리 강조해도 지나치지 않는다. 그는 자연의 존재론에 한 가지를 더 추가하기를 주장했다. 17세기 과학의 정통적인 기계적 철학의 전통에서 물리적 실체는 단지 크기와 형태와 단단함만으로 규정되는, 운동하는 물질 입자만으로 구성되어 있었는데, 이제 뉴턴은 자연의 존재론적 목록에 그런 입자들의 성질로 잡아당기고 밀치는 힘을 추가했다. 추후에 논의하겠지만, 뉴턴의 자연에 대한 개념에서 궁극적이고 존재론적인 힘의 지위는 복잡하고도 뒤죽박죽인 질문이다. 내가 이해한 바로는 출판된 저술들에서 그는 진정한 의견을 우회적으로만 표현했으며, 그래서 의미를 제대로 파악하려면 출판되지 않은 원고까지 참고해야만 한다. 그가 출판한 연구들에 관한 한, 그리고 무엇보다도 과학적 논의에서 채택했던 개념적 도구에 관한 한, 그는 힘을 실제로 존재하는 실체(實體)로 취급했다. 정통적인 기계적 철학에서는 설명에 필요한 궁극적인 용어는 움직이는 입자였다. 예를 들어서, 뉴턴은 자기적(磁氣的) 현상과 정전기적(靜電氣的) 현상을, 운동학적 기계적 철학자는 사탄에 따른 비술(秘術)적인 것이라고 여겼던 '잡아당김'과 같은 용어 사용을 거부하고, 대신 물질의 입자들이 관찰한 운동을 만들어내는 보이지 않는 메커니즘을 허구적으로 구축하는 방법을 취했다. 자연에 대한 뉴턴의 철학이 기계적이기를 중단한 것은 아니었다. 물리적 실체는 여전히 움직이는 물질 입자들에 따라 구성되었지만, 설명하는 데 사용하는 궁극적인 용어는 이제 입자의 운동 상태를 바꾸는 잡아당기거나 또는 밀치는 힘이었다. 뉴턴의 자연에 대한 개념은 동역학적 기계적 철학이라고 불렸다. Principia에서, 한때는 그가 악취 나는 메커니즘이라고 불렀던 자기적 현상과 전기적 현상을 자연 전체를 통하여 그가 제안한 힘을 손쉽게 관찰할 수 있는 예로 말했다. 움직이는 입자는 스스로 어떤 설명도 요구하지 않는 용어였지만 이제 자연에 대해 완전히 새롭게 설정된 철학에서는 능동적인 원리인 힘이 그 역할을 수행하게 되었다.

> 물체를 구성하는 작은 입자들은 떨어진 채로 광선에 작용해서 광선을 반사시키거나 굴절 또는 회절시킬 뿐 아니라, 다른 입자에 작용해서 자연 현상의 상당 부분을 만들어 내는 특정한 능력이나 장점 또는 힘을 갖지 않았겠는가? 왜냐하면 잘 알려져 있다시피 물체들은 중력과 자기 그리고 전기의 잡아당김을 통하여 서로 상호간에 작용하기 때문이다. 그리고 이러한 작용들이 자연의 경향성과 추세를 보여주는데, 이러한 작용이 일어날 성싶지 않은 게 아니라 오히려 이들보다 더 강하게 잡아당기는 능력이 존재할지도 모른다. 왜냐하면 자연은 매우 조화로워서 모순되지 않기 때문이다.[124]

라틴어 초판으로 1706년에 최초로 출판했던 Opticks의 물음 31은 (1706년 Optice의 Quaestio 23은) 동역학적 기계적 철학의 중심이 되는 명제로 문장을 시작한다. 비록 이 물음이 뉴턴의 자연에 대한 철학에서 중요한 전환이 있은 지 20년도 더 지난 뒤에 작성되었지만, 이 물음은 그의 남은 전 생애를 통하여 실질적으로 바뀌지 않았던 전망을 구체적으로 진술한 것이었다. 나는 그가 보일에게 편지를 보내고 그 편지와 연관된 논문인 De aere를 발표한 지 오래지 않았던 1679년경에 그의 전망에 대한 변화가 일어났다고 주장한 적이 있었다. 1679년이었든 아니든, 그가 Principia를 완성하고서 물리적 실체의 본성에 대해 그 뒤를 이어 광범위하게 추론하는 것을 저술할 때인1686~1687년까지는 확실하게 전망이 변했다. 처음에는 이 연구의 공식적인 결론으로 의도했던 것이 이후 서론이 되었고, 결국에는 모조리 삭제되어서 덜 광범위해지긴 했으나, 그래도 이 논문들은 나중에 작성한 물음 31에 나오는 일련의 현상을 망라했다.[125] 중요한 사실은, 그 논문들이 입자들 사이의 힘에 근거해 그것도 에테르 유체에 따라 희석되지 않은 깔끔한 힘에 근거하여 자연에 대한 철학을 설명했다는 것이다. 뉴턴은 1690년대에 하나의 짧은 논문을 썼는데 그 논문은 나중에 해리스의 Lexicon Technicum(역주: 존 해리스(John Harris)라는 사람이 편찬한 백과사전으로 'Or, An Universal English Dictionary of Arts and Sciences: Explaining not only the terms of Art, but the Arts Themselves'라는 부제가 붙어 있으며, 1704년에 출판한 영어로 된 최초의 백과사전)에서 De natura acidorum이라는 제목으로 기술되었다.[126] 1690년대의 10년에 걸쳐 그는 마지막에는 Opticks에 첨부된 물음들로 나타나는 논문을 쓰고 또 다시 썼다. 그리고 (각각 1704년과 1706년에) Opticks의 영어 판과 라틴어 판이 나온 뒤에, 그는 (17번에서 24번까지) 8개의 물음을 추가로 완성하여 1717년에 발간한 영어 제2판에 수록했고, 또한 1713년에 Principia의 제2판에 추가한 일반 주석을 작성했다. 그 모든 것을 합하면 논문들은 1679년 이전에 완성했던 다소 회의적인 저술들보다 훨씬 더 많은 양의 원고가 되었는데, 그렇다고 해서 그 취지가 확 바뀐 것은 아니다. 마지막으로 결정적인 방향 전환이 이루어진 것이다. 뉴턴의 추론이 운명적으로 예정된 목표에 도달하게 된 것이다. 어떤 문서에서보다 더 충실하게 물음 31은 자연에 대한 그의 철학의 궁극적 형태를 구체화하고 있다.

　뉴턴이 그의 가장 개인적인 생각들을 발표할 결심을 쉽게 한 것은 아니었다. 위에서 말했던 것처럼, 그는 Principia에 포함시키려고 자연에 대한 그의 철학을 설명하는 광범위한 논의의 초안을 작성했으며, 그리고 그 다음에 그것을 압축했다. 뉴턴은 빛에 대한 그의 이전 논문들을 함께 Opticks에 엮어 넣으면서, 그가 광학적 현상에서 잡아당김과 밀침의 역할에서 자연에 그러한 힘이 일반적으로 존재한다는 주장으로 전개할 네 번째 책에 대한 계획을 세웠다. 그리고 또다시 생각한 뒤에 마음을 바꾸었다. Opticks의 초판에서 그는 그 책에 포함되었던 16개의 물음에서 빛과 물질 사이의 상호작용에 대해 가장 간단하게 주장하는 것으로 자신을 제한했다. 마지막으로 2년 뒤 라틴어 판에서 그는 용기를 내어서 출판을 진행했다. 한편, 계획했던 네 번째 책의 초판에는 그의 견해를 더 심도있게 보여주는 중요한 진술이 포함되어 있다. 뉴턴은 빛에 대한 일련의 명제들에서, 즉 제1버전에서는 20개의 명제로, 그리고 제2버전에서는 18개의 명제로, 네 번째 책을 시작할 작정이었다.[127] 명제들 다음에는 일련의 '가설'들이 그 명제들의 의미를 일반화시키고 있다. 자신이 제안한 철학의 중요성을 뉴턴 자신이 얼마나 잘 이해하고 있는지가 가설 2에 잘 나타나 있다.

　가설 2 세상에서 매우 큰 운동은 모두 다 어떠한 힘에 (이 힘을 지구의 경우에는 우리가 중력이라고 부르는데) 의존하며, 거대한 물체는 매우 멀리 떨어져 있어도 서로 상대방을 잡아당기는 것처럼, 세상에서 작은 운동들도 모두 다 어떤 종류의 힘에 의존하고 그래서 미소(微小)한 물체가 약간 떨어진 거리에서 서로 상대방을 잡아당기거나 밀친다.

어떻게 지구와 태양, 달, 그리고 행성들과 같은 거대한 물체가 서로 상대방을 강하게 잡아당기고, 그리고 어떻게 그런 물체의 모든 운동이 중력에 따라 지배되는지 나는 나의 저서인 철학에 대한 수학적 원리에 독자들이 만족할 만큼 증명하여 놓았다. 그리고 만일 자연이 아주 단순하고 완벽하게 조화로워야 한다면 작은 물체나 큰 물체나 같은 방법으로 조정되어야 한다. 이러한 자연의 원리는 내가 그 책에서 조금이라도 말하지 않도록 자제하는 철학자들의 개념과 너무 동떨어진 것으로, 독자들에게는 엄청난 변종으로 여겨질 것인데, 이 모든 독자의 편견에 맞서려는 것이 그 책의 주된 취지이다. 나는 그 책의 서문과 본문에서 그런 것들을 암시했으며, 거기서 나는 빛의 굴절과 공기의 탄성 능력에 대해 설명했다. 그러나 이제 그 책의 취지가 수학자들의 동의를 받아서 승인되었으며, 나는 주저없이 이 원리를 평이한 언어로 제안하는 바이다. 내가 이 가설이 옳다고 주장하는 것은 내가 그것을 증명할 수가 없기 때문이 아니라, 자연 현상 중 상당 부분이 여기에서 쉽게 발생하나 달리 설명하기는 불가능해 보이기 때문에 나는 그것이 매우 그럴 듯하다고 생각해서이다. 그런 현상들로는 화학 용액에서의 침전과 여과, 폭발, 휘발, 응고, 희박해짐, 응집, 결합, 분리, 발효 등이 있고, 물체의 부착과 표면의 단단함, 유동성과 유공(有孔)성, 공기의 희박성과 전기, 빛의 반사와 굴절, 유리관에서 공기의 희박성, 그 내부의 물의 상승, 어떤 물체의 허용성과 다른 물체의 비허용성, 열의 개념과 지속성, 빛의 방출과 소멸, 공기의 발생과 소멸, 불과 불꽃의 성질, 단단한 물체의 튕김 또는 탄성 등이 있다.[128]

그의 초기 추론과 비교하면, 물음 31을 포함하여 그의 이후 저술에서 뚜렷한 특징 중 하나는, 말하고 있는 화학 현상의 목록이 아주 많이 확장되었다는 것이다. 그 무엇보다도, 힘이란 자연에서 궁극적인 인과 관계를 만드는 행위자라는 결론은 뉴턴의 화학에 대한 깊은 심사숙고에서 떠올랐다.[129] 힘이 일반적으로 존재한다고 주장한 첫 문단 다음에 나오는 물음 31에서, 그는 바로 화학적 현상에서 나타나는 증거로 관심을 돌렸다. 주석(酒石)의 소금은 그 구성 입자들이 공기 중의 수증기 입자에 인력을 작용하기 때문에 per deliquium하게 되는데 (다시 말하면, 녹게 되는데), 비록 물 혼자서는 부드럽게 가열하면 증류되지만, 주석의 소금은 인력 때문에 상당히 센 열을 작용해야만 소금에서 물이 증류된다. 주석의 소금과는 다르게, 보통 소금과 주석의 소금은 그 구성 입자들이 수증기를 잡아당기지 않기 때문에 per deliquium하게 되지 않는다. 초석의 복합 영(靈)을 진한 동물성 기름이나 또는 식물성 기름에 떨어뜨리면, 두 액체는 불꽃이 만들어질 만큼 아주 뜨거워진다. 뉴턴은 '이것이 매우 크고 그리고 갑작스러운 열'이 아닌가라며 다음과 같이 물었다.

> 두 액체가 격렬하게 섞이며, 그 과정에서 각 부분은 서로 상대방을 향해 가속 운동을 하며 돌진하고, 가장 큰 힘으로 충돌하는 것이 아닐까? 그리고 잘 정류(精溜)된 포도주의 영(靈)을 같은 복합 영(靈)에 부으면 번쩍이는 것도 같은 이유 때문이 아닌가? 그리고 유황과 초석 그리고 주석의 소금으로 구성된 번갯불 가루는, 유황과 초석의 산성 영(靈)이 서로 상대방에게 강렬하게 돌진해 들어가고 또 주석의 소금으로도 돌진해 들어가 그 충격으로 전체를 재빠르게 수증기와 불꽃으로 변화시켜서, 탄약 가루보다도 더 갑작스럽고 격렬하게 폭발하며 터지는 것이 아닐까?[130]

심지어 보통 유황도 가루로 만들어 같은 무게의 쇳가루와 충분한 양의 물과 섞어서 반죽으로 만들면, 다섯 또는 여섯 시간 만에 만지지 못할 정도로 뜨거워진다. 뉴턴은 그러한 실험이 지진과 뇌우(雷雨)를 이해하는 데 열쇠를 제공해준다고 확신했다. 땅속 깊은 곳의 유황 증기는 광물과 발효를 일으키고, 만일 좁은 곳에 갇혀서 일어난다면, 폭발하여 지진의 원인이 된다. 유황 증기가 대기 중으로 새어 나와서 공기 중에 많이 포함되어 있는 산성 수증기와 발효를 일으키면 불이 만들어지고 그래서 번개와 천둥 그리고 불타는 유성(流星)의 원인이 된다. 뉴턴은 열(熱)이란 물체를 구성하는 입자들의 운동이라고 생각했다. 두 개의 찬 물질이 혼합하여 열이 발생할 때는 새로운 운동이 나타났다.

> 이제 앞에서 말한 운동들은 [그는 지진과 폭풍우에 대해 말했다] 너무나 거대하고 격렬해서 발효 중에서 거의 정지해 있던 물체의 입자들이, 서로 접근할 때만 작용하는 매우 능동적인 원리에 따라, 새로운 운동을 하게 되어서, 입자들이 서로 만나 대단히 격렬하게 부딪치고 운동을 하며 뜨거워져서, 서로 상대방에게 돌진하여 조각으로 부서지고, 그래서 공기 중으로 수증기로 불꽃으로 사라지는 것을 보여준다.[131]

열을 발생시키는 반응에 더해, 전기적 이끌림을 보이는 반응도 뉴턴의 관심을 끌었다. 주석의 소금은 산성 용액에 첨가하면 금속 침전물을 만들어 낸다. '이것은 산성 입자들이 금속보다 주석의 소금 때문에 더욱 강력하게 이끌리고, 더 강력한 인력에 따라 금속에서 주석의 소금으로 가는 것을 보여주는 것이 아닌가?' 철이나 구리, 주석(朱錫), 또는 납을 수은 용액에 넣으면, 수은을 침전시키고 용액 자체로 들어간다. 구리는 은을 침전시킨다. 철은 구리를 침전시킨다. 각각의 경우에 용액에 첨가한 금속은 침전된 금속보다 산(酸)을 더 강력하게 잡아당긴다. 똑같은 이유로 철을 녹이려면 구리를 녹이는 것보다 더 많은 aqua fortis가 필요하며, 다른 금속보다는 구리를 녹이는 데 더 많은 aqua fortis가 필요하다. 그리고 모든 금속 중에서 철이 가장 잘 녹이 슬고, 철 다음에는 구리가 잘 녹이 슨다.[132] 한편 aqua fortis는 은은 녹이지만 금은 녹이지 않는다. 그리고 aqua regia는 금은 녹이지만 은은 녹이지 않는다. 이것은 각각의 경우에, 금은 aqua fortis가 그리고 은은 aqua regia가 금속 안으로 침투해 들어가는 데 충분히 미세하기는 하지만 '그러나 금속으로 들어가는 문을 열려면 잡아당기는 힘이 필요'하다는 사실 때문이 아닐까? 소금의 영(靈)이 aqua fortis에서 은을 침전시킬 때, 소금의 영은 산을 끌어당겨서 함께 섞일 뿐 아니라 또한 은을 밀어낼 수도 있다.

> 그리고 물이나 기름, 수은과 안티몬, 납과 철 등의 물질이 서로 섞이지 않는 것은 이들 사이에 잡아당기는 능력이 부족한 때문은 아닐까? 그래서 잡아당기는 힘이 약한 수은과 구리는 섞이기 힘들고, 잡아당기는 힘이 강한 수은과 주석(朱錫), 안티몬과 철, 물과 소금은 쉽게 섞이는 것이 아닐까? 그리고 일반적으로 열(熱)이 같은 종류의 물질은 하나로 결합시키고 서로 다른 종류의 물질은 분리시키는 것도, 같은 원리 때문이 아닐까?[133]

이미 암시했지만, 뉴턴의 세계에는 단지 잡아당기는 힘만이 존재한 것은 아니다. 비슷한 증거들에 따라 서로 밀치는 힘의 존재 또한 있었다. 소금이 물에 녹을 때 소금이 물보다 더 무거운데도 소금은 가라앉지 않고 오히려 전체 용액에 균일하게 확산된다. 이것이 뉴턴에게 '소금의 부분들은 … 서로 상대방에게서 멀어지고, 스스로 팽창하려고 노력하며, 이들이 퍼져 있는 물의 양이 허용하는 한 산산이 흩어진다.'는 것을 암시해 주었다.[134] 소금 용액이 증발하면 규칙적인 형태가 있는 결정체를 남겨 놓는다는 사실이 용액에서 소금 입자들은 규칙적인 거리를 유지한다는 것을 확인시켜준다. 공기는 굉장히 큰 부피로 팽창할 수 있다는 사실이 공기 분자들 사이의 유사한 척력의 존재에 대한 긍정론이 된다.

뉴턴은 이제 화학적 현상의 범위를 벗어나서 자연에 대해 사색할 때면 항상 마음속에 맴돌았던 다른 결정적인 현상들로 옮겨가고 있었다. 1675년에는 그런 현상들은 모두 다 어떤 방법으로든 에테르와 연관되어 있었다. 이제 모든 것은 물질을 구성하는 입자들 사이의 인력과 척력으로 설명되었다. 제목을 Opticks라고 붙인 연구는 '빛에 대한 가설'이라는 이름의 논문과 비교되었다. 그리고 실제로 광학적 현상을 대조적으로 다룬 것을 보면 뉴턴의 철학이 진화하고 있음을 알 수 있다. '가설'에서는 밀도의 변화율이 수행했던 작업을, Opticks에서는 인력(引力)이 수행했다. '물체는 멀리 떨어진 광선에 작용하고, 그런 물체의 작용으로 광선이 구부러지지 않는가 …?' 물음 1은 반문(反問) 식의 질문을 가정한 주장이었다.[135] 밝혀진 결과에 따르면, 힘을 이용한 광학은 에테르를 이용한 광학에 있었던 모든 장점이 거의 다 있었다. 다수의 입자들에 대해 합한 힘은, 이전에 무질서한 입자들의 울퉁불퉁한 표면을 부드럽게 만들려고 에테르가 등장했던 것과 마찬가지로, 균일하게 굴절하고 반사하려는 균일한 표면을 가져다주었다. 인력은 심지어 유리의 뒤쪽 면에서 빛이 반사하는 것까지도 설명할 수가 있었다. 힘을 이용해서 설명할 수 없었던 한 가지는 얇은 막(膜)에서 관찰되는 현상의 주기성(週期性)이었다. 뉴턴이 주기적 현상을 설명한 기초는 에테르의 진동이었는데, 그는 비슷한 방법으로 힘을 진동하게 만들 방법을 상상해 낼 수 없었다. 그러므로 뉴턴이 광학에 괄목할 만하게 기여했던 공적 중에 하나이고 원래는 박막(薄膜)에 대한 그의 관심사의 중심이었던 주기성이 Opticks

에서는 상당한 평가 절하를 가져왔으며, 믿기지 않는 불가사의한 용어로, 주기성이란 '쉽게 전달하고 반사하는 경련'이라는 식으로 설명하지 않은 경험적 사실로 제시했다.[136]

　뉴턴의 다른 결정적 현상에 대한 설명도 비슷한 변화를 겪었다. 물체의 응집은 분명히 입자들이 서로 잡아당기는 것에 따라 생겼다. 뉴턴은 일부 철학자가 응집을 설명하려고 갈고리 형태의 원자를 고안해 냈지만, 그런 것은 단지 또 다른 질문을 만들어 낼 뿐이라고 주장했다. 다른 이들은 물체들이 딱 달라붙어 있어서 서로 상대적으로 움직이지 않는다고 주장한다. 즉, 뉴턴은 결코 질 수 없는 교활한 공격을 청중에게 했는데, 바로 그러한 신비한 성질을 이용했다.

> 응집에서 유추해 낼 수 있는 것은 물체를 구성하는 입자들이 어떤 힘 때문에 서로를 잡아당기는데, 그 힘은 직접 접촉해 있으면 굉장히 강력하고, 짧은 거리에서는 위에서 말한 화학 작용을 하며, 어떤 감지할 수 있는 효과를 가진 채로는 입자들에서 먼 곳까지 작용하지도 않는다.[137]

물체의 내부 응집과 유사하게 뉴턴의 이전 논문들에서 인용되었다시피, 두 대리석의 표면을 잘 연마하면 진공에서조차도 잘 달라붙으며, 또 공기를 제거한 관에 수은을 넣고 조심스럽게 그리고 부드럽게 일으켜 세우면 수은이 70인치의 높이까지 응집되어 올라간다.[138] 그는 이제 이 두 가지 현상을 모두 다 인력으로 설명했으며, 심지어 어떻게 물체로 스며든 에테르를 가지고는 이런 현상을 설명할 수 없는 것인지도 설명했다.[139]

　가장 작은 입자들이 가장 강한 인력으로 결합하여 더 큰 입자를 만들고, 이 큰 입자들은 약한 인력으로 뭉쳐 다시 더 큰 입자들을 구성하는

데, 이 더 큰 입자들은 더 작은 인력을 행사한다. 뉴턴의 생각으로는 여기서 논의되고 있는 인력은 어떤 경우에든 입자에서 짧은 거리까지만 영향을 미친다. '그리고 양수(陽數)인 양이 끝나고 없어지면 음수(陰數)인 양이 시작하는 대수학(代數學)에서와 마찬가지로 역학에서는 인력이 끝나는 곳에서 척력의 능력이 계속되어야만 한다.'[140] 빛의 반사는 위에서 인용했던 공기의 팽창과 그리고 용액에서 소금의 확산과 함께 그런 척력의 증거가 되었다. 또한 모세관 현상도 그러했다. 공기를 구성하는 입자들과 유리를 구성하는 입자들 사이의 척력은 좁은 유리 관 내에서 공기가 희박하게 되는 원인이 되며 그 결과 유리관에 들어있던 물이 더 높은 수준으로 올라간다.[141] 뉴턴은 관찰하기를 좋아했는데, 공기를 다 써버린 공기 펌프의 수신기에서는 모세관 현상이 일어나지 않는다는 사실이 이러한 설명을 확인시켜주었다. 뉴턴은 1706년의 라틴어 판에서 물음을 처음 발표하고 얼마 후, 40년 넘게 후크의 권위를 인정해온 결과를 확인하는 실험을 했다(또는 헉스비(Francis Hauksbee) (역주: 전기 현상과 전기적 척력에 대한 연구로 널리 알려진 17~18세기 영국의 과학자로 1703년에 뉴턴의 실험실 조교가 되었던 사람)로 하여금 그 실험을 하게 했다).[142] 모세관 현상이 실제로는 진공상태에서도 일어난다고 밝혀졌을 때, 그는 이후의 수정판에서는 이와 관련된 모든 문구를 액체와 유리 사이의 인력을 확인하는 것이라고 고쳤다. 두 개의 볼록 렌즈를 서로 접촉하게 만들기가 어렵다는 사실이 추가로 척력의 존재를 증명해 주며, 파리가 다리를 적시지 않고 물 위를 걸을 수 있다는 것과 가루를 단순히 함께 누르기만 하는 방법으로 응집시키기 불가능하다는 것도 역시 그러한 증명이 된다.

입자들 사이에 작용하는 힘이 실제로 존재한다는 확신에서 또한 뉴턴은 물질에 대한 개념을 급진적으로 바꾸지 않으면 안 되었다. 어쩌면 그는 물질에 대한 개념을 그렇게 바꾸지는 못했을지 모르고, 그래서 그는 계속해서 모든 물체는 하나의 같은 물질로 구성되어 있다는 거의 보편적으로 인정된 의견을 주장했는데, 그 물질은 정성적으로는 중성이며 오직 주어진 크기와 형태에 따라서만 구분되는 입자로 분리된다. 물론 그는 그런 입자들이 지닌 표준 성질로 위에서 논의된 힘을 추가했다. 태초에는, 신이 그의 목표에 합당한 크기와 형태를 갖는 '고형(固形)이고, 질량이 있으며, 단단하고, 침투할 수 없고, 움직일 수 있는 입자들'을 창조했다.[143] 뉴턴은 원자론자였으며, 입자들은 모든 시대를 통하여 변하지 않고 견뎌 낸다는 생각을 지켰다. 무엇이 원자들을 결코 변하지 않도록 만드는가? 그는 효과적으로 물체는 그 내부의 빈틈과 기공에서 쪼개진다고 답변했다. 정의에 따라서, 원자란 아무것도 있지 않으며 그래서 쪼개질 수가 없다.[144] 단지 확실히 하려고 그는 어떤 '정상적인 능력'도 신 자신이 창조 과정 중에 만들어낸 것을 쪼갤 수는 없다는 점을 덧붙였다.[145]

같은 물질에서 시작하긴 했으나, 거기서 뉴턴이 그린 물체의 이미지는 당시 널리 받아들여지던 모형과는 현격하게 차이가 났다. 그는 처음에는 물체들이 '마치 돌무더기의 돌들처럼 우연히 함께 놓이게 된 규칙적이지 않은 입자들로 …' 구성되어 있다는 생각을 거부했다.[146] 그와는 아주 대조적으로, 물체를 구성하는 물질은 돌무더기가 아니라 결정체로 된 격자처럼 잘 짜인 구조라고 생각했다. 동물을 만든 신과 같은 신이 물질 또한 만들었는데, 그것 역시 신의 의도에 따라 목적에 맞게 만들었다. 뉴턴은 계속해서 '물체는 흔히 믿고 있는 것보다는 훨씬 더 희박하다'고 주장했다.[147] 우리가 알고 있는 가장 밀도가 큰 물질인 금도 수은을 흡수하기도 하고 아주 얇은 막이 되게 때리면 스스로 반투명해지기 때문에 완전히 고형(固形)일리가 없다. 당분간 부피만 생각해서 금의 절반은 고형 물질이고 나머지 절반은 빈 공간이라고 가정하자. 금의 밀도는 물의 밀도의 19배이다. 그러면 물의 부피를 38부분으로 나눈 것 중에서 37부분이 빈 공간이어야만 하는데, 그렇지만 물은 더 이상 압축되지 않는다. 실제로 물은 금과 비교해서 제시한 것보다도 훨씬 더 희박해야 한다. 물의 투명도도 고려해보자. 빛이 무엇이든, 만일 매질을 관통해 통과하는 광선이 고형의 입자와 부딪친다면, 광선은 가던 경로에서 옆으로 구부러지게 될 것이고, 그 광선이 정확히 원래 경로로 다시 되돌아올 수 있는 환경을 상상하는 것은 거의 불가능하다. 그렇지만 물은 단지 투명할 뿐만 아니라 모든 각도에서 투명하다. '어떻게 물체에 충분히 구멍이 많이 뚫려 있어서 광선에 이르는 올바른 선을 따라 모든 길을 자유롭게 지나갈 수 있을지 생각하기 어렵지만 불가능하지는 않다.'[148] 그는 우리가 '어떤 놀랍고도 매우 숙련되게 꾸며낸 입자의 짜임새'를 고려한다면 물체는 '그물 [more retium] (역주: 'retium'은 그물이라는 의미의 라틴어) 양식'으로 구성되어야만 할 것이라고 결론지었다.[149]

> 물체가 더 작은 부분과 그 부분 사이에는 함께 놓여 있는 같은 수의 기공(氣孔)들로 구성되어 있고, 그 더 작은 부분 하나하나는 더더 작은 부분과 그 사이에 놓여 있는 같은 수의 기공들로 구성되어 있고, 그 더더 작은 부분 하나하나는 더더더 작은 부분과 그 사이에 놓여 있는 같은 수의 기공들로 구성되어 있고, 그리고 그런 식으로 계속되어 마지막에는 기공들이 하나도 없는 고형의 부분에 도달할 때까지 원하는 만큼의 분해가 계속된다고 가정하자. 그리고 만일 이렇게 진행되는데 10번의 분해를 거쳤다면, 물체에는 부분의 개수보다 1,000배 이상의 기공을 갖게 될 것이고, 만일 20번의 합성을 거쳤다면, 물체는 부분들의 개수보다 1,000배의 1,000배 이상의 기공을 갖게 될 것이다. 그리고 만일 30번의 합성을 거쳤다면, 물체는 부분들의 개수보다 1,000배의 1,000배

의 1,000배 이상의 기공을 갖게 될 것이고, 그런 식으로 영원히 계속된다.[150]

물의 밀도를 금의 밀도와 비교하는 것만으로도 물에 그렇게 많은 구멍이 있으면서도 어떻게 압축이 불가능할까? 이에 대해서 뉴턴이 말했다시피 이를 설명할 수 있는 사람은 누구든 똑같은 가설을 이용하여 어떻게 금이 얼마든지 구멍이 숭숭 뚫릴 수 있는지도 틀림없이 설명할 수가 있다. 물질에 대한 우리 자신의 운동학적 관점과는 대조적으로, 뉴턴의 모형은 정적(靜的)으로, 투명한 실들이 3차원 그물을 만들면서 가느다랗게 이어져 있었다. 그렇지만 이 점만 제외하면, 물질에 대한 그의 개념은 앞으로 나타날 결론을 놀랄만큼 구체적으로 예고한 것이었다. 데카르트의 물질이 충만한 공간과는 대조적으로, 뉴턴의 우주는 빈 공간이 광대하게 펼쳐져 있었고, 거기에 고형의 물질을 미세하게 곁들인 것이다. 보일의 기계론적 연구를 뛰어넘어, 광대한 공간 중에 이제 가장 가느다란 실이 차지하는 지극히 제한적인 영역만이 물질이 존재하는 구역이었다. 그러한 실은 차례로 섬유질이 아닌, 뉴턴이 대학 시절의 많은 시간을 공들였던 공책에 헨리 모어의 parva naturalia(역주: '가장 작은 구성 요소'라는 의미의 라틴어)를 생각나게 하는, 점(點)과 같은 입자들로 구성되었다. 이 입자들은 그들이 함께 모여 있을 수 있는 유일한 방법인 인력으로만 함께 모여 열을 지어 놓여있다. 우주를 힘으로 채우는 것은 우주에서 물질을 제거하는 조건이 되었다.

★

뉴턴은 Opticks나 다른 저술에서도, 17세기의 자연 철학이 기본 전제 중의 하나로 인정하기를 거부했던 아이디어를 자신이 받아들인 것에 조금 염려를 표명했다. 그는 힘이 비술(秘術)적인 성질과 같다는 것을 강하게 부정했다. 그와는 아주 달리, 힘은 '자연의 일반 법칙이며 그 힘으로 사물 자체가 형성되며, 비록 힘의 원인이 무엇인지는 아직 규명하지 못했지만, 현상을 보면 그것이 진리임을 알 수 있다.'[151] 그는 종종 그 원인이 무엇인지 자문했다. 사이에 낀 매질의 충돌과 같이 여러 방법으로 그가 말하는 인력이 발생했을 수도 있다. 그 원인이 뭐가 됐든 인력과 척력이 존재한다는 것은 그에게는 하나의 정당하고 이미 증명된 결론인 듯했다.[152] 그는 인력과 척력을 자연 철학 전체에 적용할 수 있고 자연 철학이 안전하게 의지할 수 있는 기초를 제공하는 일반적인 원리라는 생각이 만족스러웠다. 기계적 철학이 안고 있는 문제점은 현상을 여러 조각으로 나누어 ad hoc(역주: '즉석에서', '임시의', '임시변통으로' 등의 의미가 있는 라틴어)으로 해결하려는 경향이 있다는 것이다.

Could all the phaenomena of nature be deduced from only thre or four general suppositions there might be great reason to allow those suppositions to be true: but if for explaining every new Phaenomenon you make a new Hypothesis if you suppose y^t y^c particles of air are of such a figure size & frame, those of water of such another, those of Vinegre of such another, those of sea salt of such another, those of nitre of such another, those of Vitriol of such another, those of Quicksilver of such another, those of flame of such another, those of Magetick effluvia of such another, If you suppose that light consists in such a motion pression or force & that its various colours are made of such & such variations of the motion & so of other things: your Philosophy will be nothing else then a systeme of Hypotheses. And what certainty can there be in

Philosophy wch consists in as many Hypotheses as there are Phaenomena to be explained.[153]

그에 반해서, 그의 목표는 비슷한 ad hoc인 가정에 의지하지 않고서도 모든 현상을 설명할 수 있는, 이른바 '일반적인 원리' 또는 '사물의 일반적인 성질'을[154] 밝혀내는 것이었다.

각각의 사물마다 비술(秘術)적인 특정한 성질을 부여받고 사물은 그 성질로 행동하며 분명한 효과를 만들어 낸다고 말하는 것은, 아무것도 말하지 않는 것과 같다. 그러나 현상에서 운동에 대한 두 개 또는 세 개의 일반적인 원리를 도출해 내고, 그 뒤에 물질로 된 모든 사물의 성질과 행동이 그런 분명한 원리들에서 어떻게 유래하는지 말하는 것은, 비록 그러한 원리의 원인이 무엇인지 아직 발견되지 않았다고 하더라도, 철학에서 매우 큰 걸음을 내디딘 것이다. 그러므로 나는 위에서 말한 운동에 대한 원리들을 제안하지 않을 수 없으며, 매우 일반적인 범위에서 적용되는 그 원리의 원인은 나중 과제로 남겨둔다.[155]

뉴턴이 자연에 대한 두 세 개의 일반적인 원리를 말했을 때, 누구든 그가 자신을 기만하고 있다고 생각했을 것이다. 그가 말하는 입자들 사이에 작용하는 힘은 적어도 보통의 기계적 철학에서 말하는 ad hoc의 가설만큼이나 광범위한 특정 가설을 가정하기 때문이었다. 어쨌거나 보일이 갖가지 종류의 입자들에 대한 상상을 시작하기 전에 이미 물질과 운동에 대한 보편적인 원리들을 즐겨 이야기했으며, 보일 이전에 데카르트 역시 일련의 해석적인 일반 원리들로서 기계적 철학을 고안해 냈다. 비슷하게 뉴턴 역시 인력과 척력에 대해 일반적으로 말할 수는 있었으나, 그 가능한 형태의 구체적인 인력과 척력들이 무수히 많았다. 또한 그가 인력과 척력의 존재를 인정하게 인도했던 바로 그 지적(知的)인 추세는 끊임없이 뉴턴으로 하여금 그의 일반적인 원리를 수많은 ad hoc 로 세분화하게 강요했다. 물음 31과 그리고 다수의 원고에서 암시하듯이, 뉴턴으로 하여금 힘이 존재한다고 확신하게 만든 중요한 증거 중 하나는 선택적으로 친화(親和)성을 보이는 화학 반응들이었다. 초기 논문들에서 그는 비슷한 현상을 '사교성에 대한 어떤 비밀 원리'라고 불렀는데, 이 이름은 르네상스 자연주의에서 특정한 인력의 발단을 생각나게 한다.[156] 17 세기 전체를 통해서 그렇게도 경멸을 받으며 취급되었던 비술(秘術)적인 성질인 르네상스 자연주의의 호감과 반감은 그 주체성이 갖가지 자연적인 행위자에 속해 있음을 분명히 했다. 천연 자석은 자연에 존재한다고 생각하는 바로 호감과 반감의 환생이었다. 천연 자석은 철은 잡아당기지만 구리는 잡아당기지 않는다. 다른 종류의 극은 서로 잡아당기지만 같은 종류의 극은 서로 밀친다. 르네상스 자연주의에 거슬러 기계적 철학은 부분적으로 특이성을 거부하고 일반성을 긍정했다. 오직 입자의 형태와 크기로만 구분되는, 하나의 공통 물질이 모든 물질의 재료가 된다. 그래서 보일은 확신을 가지고 어떤 물질이든 어떤 다른 물질에서 만들어질 수가 있다고 주장할 수 있었다. 뉴턴은 자신이 일반적인 원리를 수립했다고 확신하고 주장했지만, 그가 도입한 인력과 척력은 자연을 갖가지 특이한 행위자들로 갈라놓으려고 끊임없이 유혹했다. 기계적 철학은 단 한 가지의 보편적인 물질을 주장했지만, 뉴턴은 사색 중에 때때로 '균일한 물체'라든가 '동일한 성질'의 물체에 대해 말했다.[157]

자연을 탐구하는 17세기 철학자의 한 사람으로서, 뉴턴은 충분히 생각하지 않고 그의 사색이 지향하는 것 같은 이런 결론을 인정하라고 제안하지는 않았다. 그가 Principia의 초판에 이용하려고 의도했던 'Conclusio'(역주: 결론이라는 의미의 라틴어)에서, 그는 '모든 사물을 구성하는 물질은 모두 한 가지로 되어 있으며, 그것이 자연의 동작에 따라서 셀 수 없이 많은 형태로 바뀐다 …'고 단언했다.[158] 비록 뉴턴이 Principia는 'Conclusio'를 결국 포함시키지 않았지만, 제1판은 똑같은 내용을 주장한 가설 III을 포함하고 있었다.

> 모든 물체는 무엇이든 어떤 다른 종류의 물체로 변환되고 그 중간
> 단계의 모든 성질을 연속해서 부여받는 것이 가능하다.[159]

이 책이 발표되기 전의 원고에서는 더 나아가 거의 모든 철학자가 이렇게 주장한다고 했다. 모든 데카르트 신봉자와 소요학파(逍遙學派) 학자 그리고 다른 모든 사람도 '모든 사물은 특정한 공통의 물질에 다양한 형태와 결을 부여해서 생기며 그리고 모든 사물은 형태와 결을 빼앗기는 방법으로 다시 같은 물질로 돌아간다'고 가르친다.[160] 때로는 추론에 따라서 힘이 변하는 요인은 궁극적인 균일한 입자들에서 시작하여 점점 더 큰 입자를 합성해 냈기 때문이라고 제안하는 듯했다. 그렇지만 물질에 대해 널리 퍼져 있던 기계적 개념과 화해한 것처럼 보이는 것은 그의 착각이었다. 같은 종류의 입자들에서 그가 추론한 것처럼 각기 다른 특정한 인력과 척력을 부여받은 입자를 구성한다는 것은 불가능했다.[161] 중력에 따른 인력이라는 생각에 정통적인 기계적 철학자들이 어떻게 반응할지 잘 알고 있기 때문에, 뉴턴은 Principia를 출판했을 때 현명하게도 자연에 대한 그의 철학 전부를 잘 숨겨 두었다. 비록 호감과 반감을 되살리려 하지는 않았더라도, 바로 이들의 직접적인 파생물을 도입하고 있었으며, 기계적 철학자들이 둘 사이의 유사성을 알아채지 못했을 리가

없었다.

게다가, 힘을 '능동적인 원리'라고 부르는 그의 습관은 그가 생각했던 것 이상으로 르네상스 자연주의에 더 큰 영향을 끼쳤음을 암시한다. 그의 생각에는 인력이 물체의 재료들 사이에 고르게 분포하지는 않는다. 그와 반대로, 인력은 특별히 산(酸)과 연관 있다. 물은 산을 아주 조금밖에는 포함하지 않기 때문에 분리 힘만 조금 있다. '왜냐하면 강하게 잡아당기거나 잡아당겨지는 것은 무엇이건 산이라고 불려도 좋다.'162 그러므로 산은 격렬하게 용해된다. 유황과 같은 여러 가지 재료에서, 산은 토류(土類)의 물질과 결합해 숨겨지고 감추어져 있고, 이들의 인력으로 산은 발효와 부패가 일어나게 만든다. 유황을 함유한 물체는 또한 다른 물체보다 빛에 더 강력하게 작용한다.

> 명제 1 진공 속에서 물체가 굴절시키는 능력은 그 물체의 비중에 비례한다.
>
> Note that sulphureous bodies caeteris paribus are most strongly refractive & therefore tis probable y^t y^e refracting power lies in y^e sulfur & is proportional not to y^e specific weight or density of y^e whole body but to that of y^e sulphur alone. ffor $\frac{\triangle}{+}$s do most easily conceive y^e motions of heat & flame from light & y^e action between light & bodies is mutual.163

뉴턴은 또한 빛 입자 자체가 능동적인 능력의 궁극적인 출처가 아닐까 생각했다.

> 물체와 빛이 서로 상대방으로 바뀌지는 않을까? 그리고 물체는 대부분의 능동적인 능력을 복합체 자신으로 들어온 빛의 입자들

에서 얻는 게 아닐까? … 이제 빛은 우리에게 알려진 모든 물체 중에서 가장 활동적이며, 또한 빛은 모든 자연적인 물체의 복합체 안으로 들어가니 왜 빛이 물체들의 활동에서 중요한 원리가 되지 않을 수 있을까?

좀 더 작은 물체에서는 항상 인력이 물체의 크기에 비례하여 더 세다. 빛의 속도와 그 방향 전환의 예리함을 고려해볼 때 계산상으로, 물체의 크기에 비례하는 빛 입자들의 서로 잡아당기는 힘은 지구의 표면에서 작용하는 물체의 중력보다 백만 배의 1,000배의 1,000배의 1,000배보다 [10^{15}배보다] 더 크다. '그리고 광선의 힘이 그렇게나 커서 물질의 입자에 매우 큰 효과를 미치지 않을 수 없으며, 그래서 빛과 물체의 입자들이 뭉쳐지면서 서로 상대방을 잡아당기게 된다.'[164]

    뉴턴의 초기 '빛의 가설'에서와 마찬가지로, 능동적인 원리에 대한 그의 개념은 필연적으로 존 메이오의 니트로-공기 입자를 생각나게 한다. 메이오는 헬몬트의 능동적인 원리를 입자의 형태로 치장함으로써 기계적으로 만들었지만, 이 니트로-공기 입자의 개념은 르네상스 자연주의의 전통 안에서 이들 탓으로 여겨졌던 모든 '능동적'인 현상의 원인으로 계속해서 남아있었다. 뉴턴이 주장한 힘도 자주 똑같은 역할을 했던 것처럼 보인다. 그가 물음을 작성하기 훨씬 전에 Principia에 나오는 초기 역학을 완성했다. 거기서 내부의 힘과 외부의 힘에 대한 그의 초기 생각을 전개했는데, 내부의 힘은 물체가 운동하고 있거나 또는 정지한 상태의 변화에 저항하는 vis inertiae(역주: 관성의 힘이라는 의미의 라틴어)라는 개념으로 발전했으며, 외부의 힘은 물체에서 새로운 운동을 발생시키려고 외부에서 동작하는 새겨진 힘이라는 개념으로 발전했다. 그는 물음 31에서 vis inertiae는 수동적인 원리라고 말했다. 단지 vis inertiae만 있다면 세상에는 어떤 운동도 결코 존재할 수 없었다. '물체를 움직이게 만들려면 어떤 다른 원리가 필요했다. 그리고 이제 물체가 움직이고 있으면 그 운동을 보존하려 해도 어떤 다른 원리가 필요하다.' 뉴턴은 운동의 합성을 간단히 말함으로써, 곧바로 우주에 존재하는 운동의 양이, 데카르트 식의 의미에서 일정하게 유지될 수가 없음을 증명했다. 정말이지 마찰이나, 유체의 점착력, 그리고 물체에서는 불완전한 탄성 때문에, '운동은 얻기보다는 잃기가 훨씬 더 쉬우며, 그리고 운동은 항상 약해진다.' 틀림없이 이 진술은 관성의 원리를 만고에 불변의 진리로 공식화했던 사람이 남긴 어마어마한 양의 논문 중 가장 이상한 주장이다. 그 진술은 만일 운동이 끊임없이 약해지지 않는다면 운동의 양을 끊임없이 증가시킬 것이라는 식으로 능동적 원리가 존재해야 한다고 주장하는 맥락에서만 이해가 가능하다.

운동은 끊임없이 약해진다는 주장을 확인하려고 뉴턴은 불완전하게 탄성인 물체, 즉 실제로 존재하는 모든 물체의 충돌을 인용했다. 비록 그가 열이란 물체를 구성하는 입자들의 운동이라고 믿었지만, 그렇다고 해서 잃어버린 운동이 (또는 에너지가) 열로 나타날 수 있다고 제안한 것은 아니었다. Principia에서 뉴턴은 자신의 분석을 설명하면서, 추가로 소용돌이 운동을 인용했다. 만일 세 개의 둥근 그릇을 하나는 물로, 다른 하나는 기름으로, 그리고 마지막 하나는 녹인 콜타르 피치로 채운 다음에, 모두 빙빙 저으면 피치가 가장 먼저 정지하고 그 다음에는 기름이 정지할 것이다. 비록 물은 그 운동을 가장 오래 유지하지만, 이 역시 아주 짧은 시간 안에 운동을 잃어버린다. 아무런 점착력도 없고 아무런 내부 저항도 없는 물질에서만 소용돌이가 결코 멈추지 않고 계속될 테지만, 그런 물질은 존재하지 않는다.

그러므로 세상에서 발견되는 다양한 운동이 항상 감소하고 있는 것을 보면, 행성과 혜성이 자기들의 궤도 내에서 자기들의 운동을 유지하며, 그리고 물체가 낙하하면서 큰 운동을 얻게 하는 중력의 원인과 같은, 그리고 동물의 심장과 피가 영원한 운동과 열 안에서 유지하게 만드는 발효의 원인과 같은, 능동적인 원리로 운동을 보존하고 강화시킬 필요가 있다. 지구의 속은 끊임없이 더워지고 있고, 어떤 부분에서는 매우 뜨거워진다. 물체는 불타오르고 빛나며, 산이 불타고, 동굴이 무너지고, 태양은 끊임없이 격렬하게 뜨겁고 빛나며 자신의 빛으로 모든 사물을 덥힌다. 그래서 원인이 되는 이러한 능동적인 원리를 제외하면, 세상에는 몇 안 되는 운동만 남을 것이다. 그리고 만일 이러한 원리가 없었더라면, 지구와 행성, 혜성, 태양, 그리고 거기에 속한 모든 사물로 이루어진 물체는 냉각되고 얼어붙어서 결국에는 활동하지 않는 덩어리가 되고 말 것이다. 그리고 부패와 생식, 성장 그리고 생명은 멈추고 행성과 혜성은 자기 궤도에 남아있지 못할 것이다.[165]

17세기 전체를 통해, 기계적 방식의 표현은 자연에 대한 초기 철학에서 유래한 정령 숭배적인 사고가 살아남은 것처럼 위장했다. 그것은 무엇보다도 생명 현상에서 두드러졌는데, 이 분야가 상대적으로 조잡한 메커니즘이었던 17세기의 사고로는 가장 적용하기가 적절하지 못했기 때문이었다. 정령 숭배적인 철학이 모두 아무렇게나 이루어진 것은 아니었다. 정령 숭배 철학은 물리적 세계에서 저절로 벌어지는 활동을 가능하게 하는 근원에 대해 서로 공통으로 인식을 같이 함을 의미한다. 대부분 17세기의 기계적 철학은 활동을 가능하게 하는 근원에 대해 인식을 같이하지 못했을 뿐 아니라 제대로 설명하지도 못했고, 그래서 특별한 입자 또는 유체로 가장하여 능동적인 원리를 넌지시 도입했다. 메이오의 니트로-공기 입자는 그런 과정 중의 단지 하나의 예일 뿐이다. 어느 정도는 뉴턴의 힘도 같은 목표를 이루려는 또 하나의 장치에 불과했다. 물론,

다른 의미에서 인력이나 척력과 같은 힘은 자연에 대한 기계적 철학에만 독특했던 개념이었다. 분명히 말하자면, 힘을 포함하고 있는 기계적 철학은 17세기 과학의 정통파적 학설과는 달랐지만, 그것은 여전히 입자의 운동을 이용하여 자연 현상을 논의했다. 그렇지만 위의 문구들에서 알 수 있듯이, 그의 힘은 마이오의 입자와 마찬가지로 똑같이 애매했다. '능동적인 원리'로서 뉴턴의 힘이나 마이오의 입자는 똑같이 어느 정도 정령 숭배적인 면을 함축적으로 숨기고 있었는데, 이는 결코 뉴턴 자신이 알고 있는 개념을 이용하여 순수한 메커니즘으로 바꿀 수 있는 것은 아니었다.

★

뉴턴은 그 이후 힘을 역학적 함수로 접근하면서 한 단계 발전한 듯했지만 이는 실질적인 변화는 아니었다. 1679년경 그가 근본적으로 자신의 자연 철학의 방향을 바꾼 것은 단지 입자들 사이의 힘을 받아들였기 때문만이 아니라, 에테르를 겉으로 보이는 잡아당김과 밀침을 설명하려는 눈에 보이지 않는 메커니즘의 근원으로 사용하기를 포기한 것과도 관계가 있었다. 뒤이은 30년은 그의 인생에서 가장 클라이맥스였으며 그의 능력이 최고조에 달했던 시기로서, 그 시기에 뉴턴은 Principia와 Opticks를 저술했는데, 그러한 에테르의 존재를 인정하지 않았다. 내가 아는 바로는 이 시기에 뉴턴이 에테르가 존재한다고 분명하게 주장한 문서는 없다.[166] 그렇지만 1810년대에 에테르가 그의 자연 철학 관련 논문에 다시 등장했으며, 오히려 더 교묘하게 그의 사색에 응축되어 있었다. 그가 에테르를 말한 것은 1713년에 출판된 Principia의 제2판에 추가된 일반 주석(註釋)의 끝부분이었던 듯하며, 1717년에 출판된 Opticks의 영어 제2판은 여덟 개의 새로 작성한 물음이 포함되었는데, 거기서 에테르를 상세히 논의하고 있었다. 그 책의 서문에서 (또는 책을 홍보하는 광고에서) 그는 '중력이 물체의 근본적인 성질이 아님을 보이려고, 나는 그 원인과 관계된 질문 하나를 추가했다…'고 말했다.[167]

실제로 자연에 대한 뉴턴의 철학이 마지막으로 이렇게 전개되기까지 두 개의 특징적인 단계를 거쳤다. 그가 일반 주석에서 말했던 '모든 큰 물체에 숨어서 스며들어 놓여 있는 어떤 가장 민감한 영(靈)은 …'[168] 4년 뒤에 추가된 여덟 개의 새로운 물음에 나오는 에테르와 같지가 않았다. 첫 번째 유체는 분명히 말하면 전기적이었다. '빛의 가설'에서, 뉴턴은 에테르에 대한 증거로 일부 조잡한 정전기 현상을 인용했다. 그가 런던에서 영국 학술원의 일을 보던 시기에 프란시스 헉스비의 실험들이 그의 기억을 되살렸고 잠재해 있던 생각들을 다시 일깨웠다. 정전기 현상은 실험을 갓 시작한 모든 실험가에게 물질적 자기소(磁氣素)의 작용이라는 인상을 강력하게 주었다. 심지어 기계 학자가 아닌 것이 명백한 윌리엄 길버트까지도 전기적 인력을 그러한 의미로 보았으며, 이는 물질적 원인과 자석의 작용에 의한 비물질적 원인을 구별짓는 것이었다. 궁극적으로는 일반 주석으로 발표할 문장에 대한 초안을 작성하기 시작했을 때, 뉴턴은 한 편으로는 전기적 인력과 자기적 인력을, 그리고 다른 한 편으로는 중력을 비슷하게 구분했다.[169] 그는 중력의 원인이 무엇인지 결정짓지 않았는데, 그 이유는 현상에서 그 원인을 증명할 수가 없기 때문이라고 했다. 중력이 소용돌이의 원심 경향에서 생길 수 없다는 것은 분명하다. 물체의 표면에서 일어나는 일반적인 행동의 역학적 원인은 물체의 표면의 크기에 비례한다. 그에 반해서 중력은 물체의 질량에 비례하며, 중력의 원인은 그것이 무엇이든 물체를 구성하는 입자들까지 도달하게 물체 내부로 침투해야만 한다. '현상을 관찰해 보면, 중력은 확실히 존재하며 위에서 묘사된 법칙에 따라 거리에 비례하여 모든 물체

에 작용하는 것이 분명하다….' 행성과 혜성의 운동을 설명하는 데 중력
이면 충분하며 우리가 중력의 원인을 알든 모르든 관계없이 중력은 자연
에 대한 법칙이다.

> 태양과 행성 그리고 혜성들로 이루어진 시스템이 중력의 힘에 따
> 라 움직이고 그 운동을 유지하는 것과 똑같은 방법으로 움직이는
> 것처럼 보인다. 물체들로 이루어진 더 작은 시스템도 역시 다른
> 힘, 특히 전기력에 따라 움직이고, 물체들의 부분들도 그들 사이
> 에서 여러 가지 방법으로 움직이는 것처럼 보인다.[170]

일반 주석의 초기본에서는 대우주의 운동을 설명하는 중력과 입자들 사
이에 작용하는 미소(微小) 세계의 힘을 확실하게 구분했지만, 주석의 최
종본에서는 그 구분이 희미해졌다. 입자들을 지배하는 법칙은 '중력 법
칙과 완전하게 다르다.' 중력은 일정하게 유지되나 미소 세계의 힘은 늘
거나 줄어든다(또는 충당하거나 경감한다). 중력은 항상 잡아당기나 미
소 세계의 힘은 때로는 밀치기도 한다. 중력은 물질의 양에 비례하나
자기력은 오직 철(鐵)에만 있다. 많은 물체는 전기력이 있지만, 전기력이
물체의 질량에 비례하지는 않는다. 중력은 굉장히 먼 거리에서도 작용하
는데, 자기력과 전기력은 단지 짧은 거리에서만 작용한다. 자기력은 대
충 거리의 세제곱에 비례하여 감소하고 먼 거리에서는 그 효과가 없다.
전기력은 마찰에 따라 일어나지 않는 이상 짧은 거리에서만 작용한다.[171]
이 시기쯤에 마찰에 따라 생기는 전기적 작용 때문에 구(球)가 팽창하는
것이 특별히 그의 눈길을 끌었다. 전기적 영(靈)은 '마찰에 따라서 전기
를 띤 물체에서 아주 먼 거리까지 자신을 확장시키면서 수축하고 연장하
는 것이 [sic] 가능하다….'[172] 그리고 나서 뉴턴은 계속해서 입자들 사이
에 힘이 작용한다고 주장하는 근거로 삼았던 모든 현상에 전기적 영(靈)

을 적용했다.

> 그러므로 물체들의 발효나 증식 그리고 가장 작은 입자들 사이의
> 여러 가지 운동이나 작용 등에 의존하는 자연 현상을 설명하려
> 하는 누구라도, 특별히 힘과, 그리고 (내가 잘못 알고 있지 않다
> 면) 모든 물체에 스며들어 있는, 전기적 영(靈)의 작용에 전념하고
> 이 영(靈)이 활동하는 동안 준수하는 법칙을 조사할 필요가 있을
> 것이다. 그 다음에는 자기적 인력도 또한 고려되어야 할 텐데 이
> 는 많은 물체가 철(鐵) 입자들을 함유하고 있기 때문이다. 이러한
> 전기력과 자기력은 먼저 화학적 공정과 그리고 소금과 눈, 결정,
> 유동(流動) [fluorum], 그리고 다른 광물들의 응결(凝結)에서 조
> 사해야 하고, 그 다음에 자연의 다른 현상을 설명하는 데 적용해
> 야 한다.[173]

일반 주석의 마지막 문단에서 도입된, 큰 물체에 들어 있는 '미세한 영
(靈)'은 그의 초기 에테르 시스템의 완전한 부활은 아니었다. 고형(固形)
물체에만 한정해서, 전기적 영(靈)은, 중력에 따른 인력과는 구별되는
입자들 사이의 일련의 인력과 척력을 설명하는 원인으로 활용되었다.
　　뉴턴은 Opticks의 영어 제2판을 준비하면서, 원래는 이 영(靈)에 대해
좀 더 충분히 논의할 작정이었다. 라틴어 판에는 23개의 물음이 포함되
어 있었다. 적어도 한 경우에 대해서는 순전히 전기적 영(靈)만을 다루는
물음 두 개를 추가로 작성했다. 라틴어 판의 Quaestio 23에서는 (오늘날
우리가 알고 있는 물음 31에서는) 물질의 입자들 사이에 힘이 존재한다
고 주장했다.

　　Quaest. 24. May not the forces by wch the small particles of bodies cohere & act upon one another at small distances for producing the above mentioned phaenomena of nature, be electric? ffor altho electric bodies do not act at a sensible distance unless their virtue be excited by friction, yet that virtue may not be generated by friction but only expanded. ffor the particles of all bodies may abound with an electric spirit wch reaches not to any sensible distance from the particles unless agitated by friction or by some other cause & rarefied by the agitation. And the friction my rarefy the spirit not of all the particles in the electric body but of those only wch are on the outside of it: so that the action of the particles of the body upon one another for cohering & producing the above mentioned phenomena may be vastly greater then that of the whole electric body to attract at a sensible distance by friction. And if there be such an universal electric spirit in bodies certainly it must vary much influence the motions & actions of the particles of the bodies among one another, so that without considering it, philosophers will never be able to give an account of the Phenomena arising from those motions and actions. And so far as these phaenomena may be performed by the spirit wch causes electric attraction it is unphilosophical to look for any other cause.

Quaest 25. Do not all bodies therefore abound wch a very subtile active potent elastic spirit by wch light is emitted refracted & reflected, electric attractions & fugations are performed, & the small particles of bodies cohaere when contiguous, agitate one another at small distances & regulate almost all their motions amongst themselves.[174]

그런데 뉴턴은 영어 제2판을 출판하기 전에 마음을 바꾸었고, 큰 물체에는 단순히 전기적 영(靈)이 존재해서 물체 서로 상호 작용을 일으킨다고 제안하는 대신에, 모든 공간에 퍼져 있는 '에테르 매질'의 존재를 주장하는 (17번에서 24번까지) 여덟 개의 새로운 물음들을 삽입했다.[175] 그는 빛이 반사하고 굴절하는 것이며 그리고 열이 전파되고 또 (감각과 근육 운동 모두에 대한) 신경 충격이 전달되는 것이 모두 에테르 때문이라고 했다. 그는 또한 에테르를 이용하여 중력에 따른 인력을 설명했지만, 전기적 '증발'과 자기적 '발산'을 말한 것으로 보아 거시적 인력의 원인과 미시적 인력의 원인을 계속해서 구분했던 것으로 보인다.[176] 그가 중력의 원인을 서문에서 말한 것으로 보아, 기계적 철학에 익숙한 세대에게는 그렇게도 비술적(祕術的)으로 보였던 힘을 기계적으로 설명하려고 에테르를 도입하는 것이 보편적으로 받아들여졌던 것 같다. 에테르에 대한 그런 이론적 근거가 인정되기 전에 두 가지 사항을 주목할 필요가 있다. 첫째, 그가 여덟 개의 새로운 물음에서 중력보다 광학에 더 지면을 할애했고, 그리고 에테르가 그에게 제공한 것 중의 하나는 제II권에서 주기적 현상을 설명하려고 도입했던 진동하는 매질이었다. 새로 추가한 물음 중에서 첫 번째인, 물음 17은 겉으로 보기에도 분명히 에테르를 이 목적에 적용했다. 둘째, 만일 에테르가 주로 중력을 설명하려고 도입되었다면, 에테르가 제공하는 설명은 그것을 조심스럽게 읽는 수고를 아끼지 않았던 기계적 철학자들을 만족시키기에는 매우 부족했다. 에테르는 지극히 희박하고 지극히 탄성적이었다. 에테르에서는 진동이 빛의 속력보다 더 빠르게 진행해야 했고 빛의 속력과 소리의 속력은 이미 측정되어 있었기 때문에, 뉴턴이 밀도에 비례하는 에테르의 탄성을 (밀도는 뉴턴의 분석에 따르면 탄성 매질을 통과하는 진동의 속도를 결정하는 데 절대적으로 중요한 인자인데) 계산해보니 공기 중에서보다 490,000,000,000배 이상 더 커야 한다는 계산을 얻었다. 탄성과 희박성이 그런 비율로 구성되려면 에테르의 입자가 매우 큰 힘으로 '서로 상대방에서 멀어지려고 노력'할 때만 가능하다.[177] 실제로, 에테르의 재등장이 뉴턴의 자연에 대한 철학에서 한 것은 아무것도 없다. 서로 상대방을 미는 입자들로 구성된 에테르는 오히려 그것이 설명한다고 여겨졌던 먼 거리 작용, 바로 그 문제를 구체적으로 안고 있었다. 에테르는 뉴턴의 자연에 대한 철학이 35년 이상이나 의존했던 기본 가정과 절대로 절충을 이룰 수가 없었다.

★

그 기본 가정의 궁극적인 본성은 앞으로 충분히 검토할 것이다. 과학적인 논의로만 치면, 뉴턴은 물체에 귀속된 진정한 힘으로서의 인력과 척력으로만 모든 논의를 진행할 수 있는 만반의 준비를 갖추고 있었으며, 이를 통해 그는 당시 널리 퍼져 있던 기계적 철학과 자신을 의식적으로 구분했다. 그러면서도 그는 끊임없이, '인력'과 '척력'이라는 단어를 사용하는 것이 현상의 원인을 결정하려는 의도는 아니라고 부인하는 문구를 삽입했다. 그런 문구들이 몇 번인가 Principia에 나왔으며, 물음 31에서도 그 의도가 무엇인지를 반복했다.

> 이런 인력이 어떻게 수행될 수 있는지, 나는 여기서 고려하지 않는다. 내가 인력이라고 부르는 것이 충격이나, 또는 내가 아직 알지 못하는 어떤 다른 방법에 따라서 수행될지도 모른다. 나는 여기서 단지 일반적으로 원인이 무엇이든 물체들이 서로 상대방을 향해 다가가려는 경향을 보이는 어떤 힘이라도 그 단어를 사용한다.[178]

뉴턴은 리처드 벤틀리(Richard Bentley) (역주: 17세기 영국의 학자로 뉴턴이 재직

> 생명이 없고 이성이 없는 물질은 (물질적이지 않은 어떤 다른 매
> 개를 거치지 않고서는) 서로 상대방과 접촉하지 않은 채로 다른
> 물질에게 작용을 하거나 영향을 주는 것이 상상할 수 없는 일이
> 다…. 중력은 물질에 고유하고 실질적으로 원래부터 존재하고 그
> 래서 한 물체가 멀리 떨어진 다른 물체에 어떤 것의 매개도 거치
> 지 않고 진공을 통하여 다른 물체에 작용한다. 이렇게 한 물체에
> 서 다른 물체로 접촉하지 않고서도 작용이나 힘이 전달되는 것이
> 나에게는 너무나도 불합리해서 철학적인 문제에 대해 생각할 능
> 력이 충분히 있는 사람이라면 누구도 그렇게 생각할 수 있으리라
> 고는 믿어지지 않는다. 중력은 어떤 법칙에 의거해서 끊임없이 동
> 작하는 행위자에 따라 일어나야만 하지만, 이러한 행위자가 물질
> 적인 것일지 아니면 정신적인 것일지에 대해서 나는 독자들이 판
> 단하게 남겨 놓았다.[179]

실제로는 그가 그것을 독자들이 판단하도록 남겨 놓지는 않는다. 그는
Principia의 제2권을 단지 데카르트 식의 소용돌이가 불가능하다는 것뿐
아니라 어떠한 물질적인 에테르도 존재하지 않는다는 것을 증명하려는
논의로 채웠다. 그리고 그런 점에서 제2권은 단지 그가 개별적인 논문에
서 주장했던 것들을 좀 더 열정적으로 반복했을 뿐이었다. 만일 물질적
에테르가 아니라면 일종의 정신적 에테르인가? 벤틀리에게 보낸 이 문
구가 그것을 두 번 제안하게 의도했다. 무엇이 정신적인 에테르일 수
있는가? 뉴턴에게 그것은 제한이 없이 전능한 신으로, 그 신은 무한성으
로 절대적인 공간을 구성하고 그의 전능함으로 그 공간 전체에 능동적으
로 존재한다.

초기의 De gravitatione에서 뉴턴은 무한한 공간이 신의 감각 기관이고 물체의 성질이나 움직임은 신의 의지가 직접 표출되는 효과일지도 모른다고 시험적으로 생각해 보았다. 우리는 우리 자신의 몸을 움직일 수 있음을 경험에서 알고 있다. 마찬가지로 모든 물체가 경배하는 신은 그의 의지에 따라 물체를 움직일 수 있다. 그런 생각이 전혀 잊히지 않고 남아 있다가 뉴턴의 자연에 대한 개념의 궁극적인 기반이 되었다. Opticks의 물음 28과 31에서 그리고 Principia의 일반 주석(註釋)에서 그는 그의 가장 내면적인 생각을 단지 얼버무려 애매하게 표현하는 데 그쳤다.[180] 그러한 생각들을 모두 다 파헤치려면 그의 개인적 논문들을 주변까지 샅샅이 뒤져야만 가능하다.[181] 물음 31로 알려져 있는 것에 대해 1705년경에 작성한 초고에서는, 어떻게 멀리 떨어진 서로 다른 물체들 사이에 힘이 작용할지 질문을 했다. 고대의 원자론자들은 그림 외에는 다른 어떤 설명도 없이 원자에 중력이라는 성질을 부여했다. 예를 들어, 그들은 신과 물질을 판(Pan) (역주: 그리스 신화에 나오는 신의 이름으로 목신(牧神)이라고도 하며 산과 들에 살면서 가축을 지키는 신으로 알려짐)과 그의 피리로 대표했는데, 그렇게 함으로써 물질은 신에 의존하는데, 단지 그 존재뿐 아니라 이들의 움직임의 법칙조차도 신에게 의존한다고 의미한 듯하다. 데카르트 신봉자들에게 신은 물질의 창조자이다. 따라서 신이 물질의 법칙까지도 창조했다고 보지 않을 이유가 없다. 물질은 수동적이다. 물질은 처음에 정지해 있거나 운동하고 있으면 그대로 유지되며 스스로 움직일 수는 없다. 물질은 자신에게 부여된 힘에 비례하는 운동을 받으며, 그것이 저항한 만큼 저항한다. 이런 것들은 순수하게 수동적인 법칙이지만, 경험은 우리에게 능동적인 법칙도 존재한다는 것을 알려준다.

Life & will are active Principles by wch we move our bodies, &

thence arise other laws of motion unknown to us. And since all
matter duly formed is attended with signes of life & all things are
framed wch perfect art & wisdom & Nature does nothing in vain:
if there be an universal life & all space be the sensorium of a
thinking being who by immediate presence perceives all things in
it ⋯ the laws of motion arising from life or will may be of
universal extent.[182]

실제로, 보편적으로 실재하는 신은 '빛의 가설'에서 뉴턴이 에테르에게
부여했던 모든 기능을 수행했다. 신은 제 차례가 돌아와도 물체에 저항
을 제공하지 않으면서 물체를 이동시킬 수 있는 영적인 에테르였다.[183]
두 입자가 서로 상대방을 잡아당기는 것처럼 보일 때, 다시 말하면, 그
두 입자가 서로 상대방을 향하여 이동할 때, 물질로 된 매질이 아니라
신이 그 원인이 되었다.

> 자연 전체를 물체와 빈 공간으로 나누면서, 에피쿠로스 학자들은
> 신의 존재를 거부했지만, 그러나 그것은 틀림없이 엉터리이다. 왜
> 냐하면 거대한 빈 공간을 사이에 두고 서로 분리되어 있는 두 행
> 성들이 이들 사이에 존재하는 어떤 능동적인 원리로 한 행성에서
> 다른 행성으로 힘이 전달되지 않고서는 어떤 방법을 써도 중력으
> 로 잡아끌거나 서로 상대방에 작용하지 못하기 때문이다. [고대
> 사람들의 의견에 따르면, 그들은 모든 물체가 바로 그들 자신의
> 본성에 따라 무게를 지니며, 원자들 자신은 어떤 다른 물체가 밀
> 지 않는데도 스스로의 본성인 영원한 힘에 따라 빈 공간을 통하여
> 지구를 향해 저절로 떨어지기 때문에 이 매개물은 물질이 아니었
> 다.] 그러므로 초자연적인 철학을 신봉하고 있었던 고대 사람들이
> 어떤 무한한 영(靈)이 모든 공간에 스며들어 있고, 전체 세상을

모두 포함하고 생명을 주고 있다고 가르친 것이 옳았던 것이다. 그리고 이 최고의 영(靈)은 자연의 모든 것에 깃들어 있다는 그들의 혼령이었다. 예수의 열두 사도들이 인용한 어떤 시인에 따르면 다음과 같이 노래한다. 그의 안에서 우리가 살고 움직이고 존재한다. 그러므로 전지전능한 신이 인식되는 것을 유대인들은 '장소'라 불렀다. 그렇지만, 초자연적인 철학자들에게는 판이 그러한 최고의 혼령이었다…. 이 상징으로, 철학자들은 물질이 무질서하지 않고 오히려 조화롭게, 또는 내가 방금 설명했던 것처럼, 조화로운 비례에 따라 그런 무한한 영(靈) 안에서 이동하고 이끌어진다고 가르쳤다.[184]

그렇다면 뉴턴의 궁극적인 형이상학의 관점으로는, 힘이란 정통적인 기계적 철학의 관점에서보다 더 실질적인 존재는 아니었던 것이다. 어떤 경우에는 잡아당기거나 밀치는 것처럼 보이는 것이, 일종의 에테르의 발산과 같이, 보이지 않는 메커니즘에 따른 효과로서 물체들을 밀쳐서 돌게 만들거나 당기거나 밀치는 것처럼 보이게 만든다. 다른 경우에는 잡아당김과 밀침이 비물질적인 매질의 효과로, 무한한 신이 그의 감각기관을 통해, 마치 우리가 우리의 신체를 조절하고 움직이듯이, 물질세계를 조절하고 움직인다. 뉴턴이 일반 주석(註釋)에서 말한 것처럼, '아무리 완전한 존재라도 지배권이 없다면 주 하느님이라고 불릴 수가 없다.'[185] 그의 신은 지배권이 확실하게 있었다. 세상의 모든 움직임은 그의 능력의 직접적인 효과였다.

만일 뉴턴이 자신의 자연 철학에 대한 입장을 선회해서 마지막으로 얻은 결과가 물질적인 에테르 자리를 비물질적인 에테르로 바꾼 것이었다면, 실제로 그러한 변화가 중요하기는 한 것이었을까? 힘의 궁극적인 원인이 무엇이냐는 질문에서 힘의 개념을 추출해 낼 가능성은 정통적인 기계적 철학자에게도 뉴턴만큼이나 똑같이 열려 있었다. 어떤 경우에는 물질적인 에테르가 마치 물체가 서로 상대방을 잡아당기는 것처럼 물체를 이동시킨다면, 나머지 경우에는 비물질적인 매질이 똑같은 행동을 한다. 변한 게 도대체 무엇이란 말인가? 내 생각으로는 모든 것이 변했다. 자연에 대한 새로운 철학이 가능하게 만들었던 것은 힘에 대한 개념이라기보다는 오히려 그것을 정확한 수학적 공식 체계로 수립했다는 것이었다. 기계적 전통이 끊임없이 피타고라스학파 사람들에게 좌절감을 안겨준 100년 동안의 갈등과 반목 뒤에, 마치 라이프니츠가 다른, 그러나 완전히 다른 것은 아닌, 수단을 발견했던 것처럼, 뉴턴도 그들의 화해를 위한 수단을 발견했다. 데카르트에게 자유 낙하에 대한 갈릴레오의 운동학은 물체가 낙하하게 만드는 원인이 되는 메커니즘이 균일하게 가속되는 운동을 발생시킬 가능성이 전혀 없기 때문에 무의미한 연습일 뿐이었다. 천상 세계의 소용돌이 메커니즘도 역시 케플러의 법칙을 가능하게 만드는 데 성공하지 못했다. 인과 관계가 있는 메커니즘을 요구함으로써 자연에 존재하는 수학적 규칙성을 표현하려는 의욕이 끊임없이 방해받았던 것이다. 뉴턴의 비물질적인 에테르인 전지전능한 신은 정확히 이런 점에서 결점은 없었다. 뉴턴은 그것을 깨달았고 그것을 주장했다. 그는 '물질이 수학적 법칙에 의거하여 움직이는 무한하고 동시에 어디에나 존재하는 영(靈)이 존재한다'고 말했다.[186] 그런 편리한 매질이 즉시 뉴턴을 인과 관계의 메커니즘이라는 선입관에서 구해내서, 말로 된 동역학이 아니라 정량적인 동역학으로 향하는 왕도로 인도했다.

실제로 뉴턴이 그가 논의했던 대부분의 힘들을 정성적으로만 다루었다 하더라도, 그 모든 힘은 원칙적으로 정량화가 가능한 것들이었다. 더군다나 그의 타고난 성향이 가능한 한 언제나 이들을 정량화시키게끔 했다. 그는 측정된 빛의 속도를 빛이 휘어질 때 굽은 경로의 곡률 반경과 비교해서, 빛 입자가 잡아당기는 힘이, 빛의 물질의 양에 비례한다면, 던진 물체의 중력에 비하여 10^{15}배 더 강력하다는 것을 계산해 냈다.[187] 모세관 작용이 정량화를 위한 또 다른 기회를 제공했다. 두 개의 평행한 유리판 사이의 간격을 다르게 조정하면서, 그는 두 유리판 사이에 일정 거리 이상 올라간 물의 양을 비교했다. 이는 다시 좀 더 섬세하게 다듬어진 실험을 해야만 했는데, 그는 이 실험을 헉스비의 도움을 받으며 했다. 길이가 약 20인치인 유리판 두 개로, 그들은 유리판 하나를 수평하게 놓고 다른 유리판을 그 위에 올려놓았는데, 한쪽 끝은 서로 접촉시키고 다른 쪽 끝은 약 10에서 15분 정도의 각을 유지하도록 분리시켜 놓았다. 분리된 끝에 오렌지 주스를 한 방울 떨어뜨렸더니 주스는 두 유리판을 모두 적셨다. 이 주스 방울은 즉시 두 유리판이 붙어있는 쪽의 끝을 향해서 이동하기 시작했는데, 뉴턴은 유리가 주스 방울을 잡아당겨서 일종의 가속 운동이 만들어졌다고 생각했다. 이제 만일 주스 방울이 움직여 가는 쪽 끝을 위로 올린다면, 유리판의 경사도가 충분히 가팔라서 방울의 무게가 움직이게 만드는 인력과 평형을 이루어 방울이 정지할 수도 있다. '그리고 이런 방법으로 유리판 위에 만든 길 위의 모든 거리에서 물방울을 잡아당기는 힘을 알아 낼 수가 있다.' 뉴턴은 잡아당기는 표면의 일정한 넓이에 대해 유리판 사이의 거리에 반비례하여 인력이 변한다고 결론지었다. 아주 짧은 거리에서는, 그러한 인력이 매우 커질 수가 있었다. 예를 들어, 1인치의 100만분의 1의 8분의 3이 되는 거리에서 (이 거리는 얇은 막에 생기는 색깔에 대한 그의 연구와 관련이 있는데, 이 정도 두께의 물에서는 빛이 거의 반사되지 않으며, 뉴턴의 이론에 따르면 지름이 그 정도 크기인 입자는 거시적 물체를 구성하는 것 중에서 가장 작은 입자에 속한다) 지름이 1인치인 원형 표면에 작용하는 인력은 길이가 2 또는 3펄롱인 (역주: '펄롱(furlong)'은 길이의 단위로 약 220야드 또는 약 201미터에 해당함) 물기둥을 지탱할 정도이며, 이는 원자의 힘이 중력에 따른 인력보다 얼마나 클 수 있는지 분명히 보여주는 또 다른 증거이다.[188] 뉴턴이 깊이 생각했던 대부분의 힘에 대해서는 이 정도조차도 대충 짐작할 만한 자료가 나와 있지 않다. 그렇지만, 그 모든 힘이 원칙적으로는 정량화될 수 있는 것들이며, 또한 정량적인 동역학 내에서 제대로 기능할 수 있는 잠재력이 있는 것들이었다.

　뉴턴 이후의 과학사에서 자연에 대한 그의 철학이 갖는 궁극적인 중요성은 동역학 분야에서 새롭게 열어놓은 가능성에 있다. 중력에 따른 인력을 예로 들면, 뉴턴이 생각을 바꾸던 시기에 그의 관심을 끌었던 여러 힘 중에서 인력은 전혀 주목받지 못하던 힘이었지만, 이 힘을 통해 뉴턴은 정량적인 운동학에 정량적인 동역학을 결합시켜 믿을 수 없을 정도로 굉장한 능력을 보였으며, 힘에 대한 개념에서 시작해 그 안에 잠재한 정량화의 가능성을 실제로 현실화시킬 수가 있었다. 이 모든 것이 가능했던 것은 물질적 에테르의 메커니즘을 포기하고 마치 정확한 수학적 법칙에 의거하여 물체가 서로 상대방을 잡아당기듯이 물체를 이동시키는 신성(神性)의 매질을 도입했기 때문이었다.

[1] William T. Costello, 17세기 초기의 케임브리지 대학 교과 과정, (Cambridge, Mass, 1958)을 참고하라.

[2] 케임브리지 대학 도서관, Add. MS. 3996, ff. 1~26, 34~81.

[3] 특히 처음에 나오는 항목들 아래 문장이 단어 대 단어로 일치하는 것은 뉴턴이 찰리턴에 대해 알고 있음을 의심할 여지가 없이 보여준다. 나는 가상디한테서는 비슷한 메모를 찾지 못했으며, 그래서 뉴턴의 가상디에 대한 지식은 순전히 찰리턴을 통하여 전해진 것처럼 보인다. 그런데도 나는 이 결론을 받아들이는 것이 불가능하다고 생각한다. 앞으로 논의하겠지만, 가상디의 Opera나 그 밖의 개인적 연구들이 시중에 나와 있었으며, 내가 보기에는, 뉴턴이 공부하는 습관에 비추어, 자신의 생애에 지배적인 영향을 미친 바로 그 출처를 무시했을 가능성은 있을 수 없다. 그가 가상디를 직접 읽었는지 아닌지는 알 수 없지만, 프랑스의 원자론자는 찰리턴을 통하여 그의 흔적을 남겼다.

[4] Roger North, The Lives of the Right Hon. Francis North, Baron Guilford; the Hon. Sir Dudley North; and the Hon. and Rev. Dr John North. Together with the Autobiography of the Author, ed. Augustus Jessopp, 3 vols. (London, 1890)

[5] 케임브리지 대학 도서관, Add. MS. 3996, f. 88.

[6] 월터 찰리턴, Physiologia Epicuro-Gassendo-Charltoniana; or a Fabrick of Science Natural upon the Hyothesis of Atoms, (London, 1654), p. 107.

[7] 케임브리지 대학 도서관, Add. MS. 3996, f. 93.

[8] 위에서 인용한 책, f. 100V.

[9] 위에서 인용한 책, f. 111. The Works of the Honourable Robert Boyle, ed. Thomas Birch, 5 vols. (London, 1744), 1, 27을 참고하라.

[10] 케임브리지 대학 도서관, Add. MS. 3996, f. 112.

[11] 위에서 인용한 책, f. 103V. '볼수 있는 종(種)에 대하여', f. 104V에 나오는 당황스러운 문구를 참고하라. 그 문장에서 뉴턴은 하나의 성질이 다른 성질을 강화시킨다는 낡은 학설이 에테르를 통하여 이동하는 '빛의 작은 달팽이'의 계속되는 운동을 어떻게 설명할 수 있을지 생각했다.

[12] 예를 들어, '중력과 가벼움에 관하여'라는 제목 아래 열을 발생하는 입자와 열을 흡수하는 입자에 대한 가상디의 개념 그리고 (두 가지 모두의 원인이 되는 미묘한 실을 이용한) 자기(磁氣)와 중력에 대한 그의 확인이 제안된 실험의 목표였다: 'Try whither ye weight of a body may be altered by heate or cold, by dilatation or condensation, beating, poudering, transfering to serverall places or seveall heights or placing a hot or heavy body over it or under it, or by magnetisme.

Whither leade or its dust spread abroade, whither a plate flat ways or edg ways is heaviest ….' (위에서 인용한 책, f. 121V.)

13 위에서 인용한 책, ff. 97, 121.

14 위에서 인용한 책, f. 121V.

15 케임브리지 대학 도서관, Add. MS. 3970.3, ff. 473~474.

16 케임브리지 대학 도서관, Add. MS. 3996, f. 121V. 인용된 마지막 세 구절은 다음 과 같이 계속된다: 'To make an experiment concerning this increase of motion When ye Globe a is falne from e to f let ye Globe b begin to move at g soe y^t both ye globes fall together at h.' (그림 30을 보라.) 비록 이 시점에서 뉴턴이, 모든 물체는 동일한 가속도로 낙하한다는 갈릴레오의 결론에서, 무게는 고체성에 (또는, 그의 원자론적 견해에서는, 질량에) 비례한다고 결론을 옳게 끄집어냈지만, 그가 그 결과를 충분히 확신하지는 못했음이 분명했다. 실제로, 앞으로 보게 되겠 지만, 1685년에 이르러서야 겨우 그런 비례성을 최종적으로 그리고 결론으로 받 아들였다. 한편, '희소 정도와 밀도에 관해. 희박화와 응축'이라는 항목 아래 'Questiones'의 시기에 그가 마음의 동요되고 있었음을 보여주는 사항을 포함한 다. 'two bodys given to find W^{ch} is more dense. Upon y^e Threds da & ce hang y^e bodys d & e. & exactly twixt y^m hang y^e spring sbt by a thred soe y^t it have liberty to move to move [sic] any way. then compress y^e spring bs to bt by y^e thred st. Then $\left\{ \begin{array}{l} \text{clipping} \\ \text{cutting} \end{array} \right\}$ y^e thred st y^e spring shall cast both y^e body d & e from it & they receve alike swiftnes from y^e spring if there be y^e same quantity of body in both otherwise y^e body bo (being fastened to y^e spring) will move towards y^e body W^{ch} hath less body in it. W^{ch} motion may be observed by compareing y^e motion of y^e point (o) to y^e point p & other points in y^e resting body qr.' (그림 31을 보라.) (위에서 인용한 책, f. 94.) 그것들의 질량을 비교하려고 단순히 물체의 무게를 재는 대신에, 다시 말하면, 그는 그것들의 관성 질량을 비교하는 메커니즘 을 고안했다.

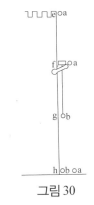

그림 30

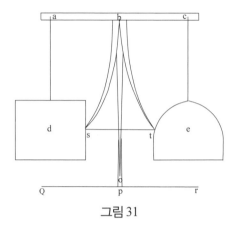

그림 31

[17] 위에서 인용한 책, ff. 122-23V. A. R. Hall, '아이작 뉴턴경의 필기장, 1661~1665,' Cambridge Historical Journal, 9 (1948), 239~250 그리고 R. S. Westfall, '뉴턴의 색이론의 발전,' Isis, 53 (1962), 339~358을 참고하라.

[18] 케임브리지 대학 도서관, Add. MS. 3996, f. 94V.

[19] 위에서 인용한 책, ff. 90V-91. '부드러움, 단단함, 구부리기 쉬움, 유연함, 신장성에 관하여'라는 항목 아래서, 뉴턴은 물체들의 결합에 관계되는 추가의 질문을 포함시켰다: 'Whither had bodys stick together by branchy particles foulded together. Cartes.' (위에서 인용한 책, f. 95V.)

[20] 위에서 인용한 책, f. 121. 숫자 '400'은 Dialogue(p. 80)에서 갈릴레오가 제시한 것인데, 이 숫자는 뉴턴이 Dialogue를 읽었다는 증거로 가능성이 가장 좋은 것일지도 모른다. I. B. Cohen, '뉴턴이 운동의 처음 두 법칙을 갈릴레오에게 돌리기,' Atti del Simposio su 'Galilei nella storia a nella filosofia della scienza,' Firenze-Pisa, 14~16 September 1964, pp. XXIII-XLII. 갈릴레오의 숫자가 다른 경로로 뉴턴에게 전달될 수도 있기 때문에, 아주 빈약한 증거를 기초로 뉴턴이 Dialogue를 읽지 않았다는 코헨의 결론에 내가 도전할 생각은 없다.

[21] 케임브리지 대학 도서관, Add. MS. 3996, f. 103. 여기서 인용된 사실과 그 사실을 설명하려는 이론 모두가 보일의 New Experiments Physico-Mechanical, Touching the Spring of the Air (Works, 1, 54)에서 유도되었다.

[22] 케임브리지 대학 도서관, Add. MS. 3996, ff. 100V, 111, 100.

[23] 위에서 인용한 책, ff. 111V, 110.

[24] 위에서 인용한 책, f. 99.

[25] 위에서 인용한 책, f. 117.

[26] De gravitatione et a equipondio fluidorum (아이작 뉴턴의 미발표 과학 논문집,

ed. A. R. and Marie Boas Hall, 케임브리지 대학 출판부, 1962, pp. 89~156에 영어 번역과 함께 출판됨) 날짜 없음. 필적 하나로만 판단한다면, 이 자료를 검토한 사람들은 모두 1660년대 말일 것으로 예측한다. 뉴턴의 필체는 점점 더 분명해져서 확실히 구분이 되는 단계를 거쳤으며, 비록 그런 경우에 어느 정도의 회의적인 자세는 잃지 말아야 하지만, 나는 그 에세이의 일반적인 시기에 최소의 의구심만 존재할 수 있다고 믿는다. 데카르트의 편지에 대해 말한 것을 보면 (p. 147), 그것은 1668년 데카르트의 서신에 대한 클레셀리어 판이 나온 것 이후임을 알 수 있다.

27 J. E. McGuire, '물체와 빈 공간 그리고 뉴턴의 세계의 시스템에 관하여: 몇 가지 새로운 출처,' Archive for History of Exact Sciences, 3 (1966), 206~248을 참고하라.

28 Hall and Hall, 출판되지 않은 논문들, p. 122.

29 위에서 인용한 책, pp. 124~127.

30 위에서 인용한 책, p. 148.

31 위에서 인용한 책, p. 128.

32 위에서 인용한 책, p. 129.

33 위에서 인용한 책, p. 130.

34 R. S. Westfall, '뉴턴과 절대 공간,' Archives internationales d'histoire des sciences, 17 (1964), 121~132.

35 피에르 가상디, Opera omnia, 6 vols. (Lyons, 1658), 1, 179~228.

36 Hall and Hall, 출판되지 않은 논문들, p. 132.

37 위에서 인용한 책, p. 136.

38 위에서 인용한 책, p. 138.

39 위에서 인용한 책, p. 140.

40 위에서 인용한 책, p. 139.

41 위에서 인용한 책, p. 140.

42 위에서 인용한 책, p. 138.

43 위에서 인용한 책, p. 141.

44 위에서 인용한 책, p. 143.

45 위에서 인용한 책, p. 142.

46 위에서 인용한 책, p. 139.

47 예를 들어, 그는 계속된 수용을 시사하면서, 수은의 밀도를 에테르의 밀도와 비교했다(위에서 인용한 책, p. 147).

48 케임브리지 대학 도서관, Add. MS. 3996, f. 100.

49 위에서 인용한 책, ff. 98-98V, 113~114. 이 에세이 전편(全篇)이 존 허리벌, 뉴턴의 Principia의 배경, (Oxford, The Clarendon Press, 1965), pp. 121~125에 출판되

었다.

50 일기장(케임브리지 대학 도서관, Add. MS. 4004), f. 10V. 허리벌은 '반사에 관하여'를 뉴턴이 삭제한 몇 문구들을 제외하고 출판했다. 지금 인용한 것은 p. 141에 나온다.

51 일기장, f. 12. 배경, p. 153.

52 일기장, f. 12. 배경, pp. 153~154. 이 문장은 대규모로 수정되고 개정되어서 결과적으로 문법이 이상하게 되었다. 그것의 마지막 내용에 대한 허리벌의 결정은 나의 결정과 약간 다르다. 뉴턴이 최후에는 이 전체 구절을 삭제했다.

53 일기장, f. 10V. 배경, p. 137.

54 일기장, f. 10V. 배경, p. 141.

55 일기장, f. 12V. 배경, p. 156.

56 일기장, f. 12V. 배경, p. 155.

57 일기장, f. 12V. 배경, p. 157.

58 일기장, f. 13. 배경, p. 158.

59 일기장, f. 12V. 배경, p. 157.

60 일기장, f. 12. 배경, p. 150.

61 일기장, f. 10V. 배경, p. 141.

62 일기장, f. 12V. 내가 아래에서 언급한 것처럼, 뉴턴은 이 구절을 삭제했다.

63 일기장, f. 13. 배경, p. 157.

64 일기장, f. 13. 배경, p. 159.

65 일기장, f. 13. 배경, p. 159.

66 일기장, f. 14-14V. 배경, pp. 168~169.

67 일기장, f. 10V. 배경, p. 138.

68 일기장, f. 10V. 배경, pp. 137~139.

69 일기장, f. 11V. 배경, pp. 146~147.

70 일기장, f. 11V. 배경, p. 147. 몇 문단 뒤에 나오는 명제 24에서도 한 번 더 같은 개념을 반복했다(일기장, f. 12. 배경, p. 148).

71 일기장, f. 11V. 배경, p. 148.

72 일기장, f. 1. 배경, p. 131. 허리벌은 f. 1에 포함된 모든 자료를 출판하지는 않았으므로, 위의 첫 번째 인용은 그의 배경에는 나오지 않는다.

73 일기장, f. 1. 배경, pp. 129~130. 비록 이 구절이 f. 1에 나오지만, 나는 그것이 ff. 11V-12에 실린 자료 (배경, p. 88) 다음에 기입되었음에 틀림없다는 허리벌의 주장을 받아들일 준비가 되어 있다. 그렇지만 내 논의의 목적으로는 두 사항이 일어난 상대적인 시기는 전혀 상관이 없다. 내가 f. 1에 나오는 자료를 설명한

것은 그것을 처음 검토하고 출판했던 허리벌의 설명에 조금도 더 추가하지 않는다.

원운동에 대한 뉴턴의 분석은 신기해 보이는 원추 진자에 대한 참고문헌 몇 가지를 포함하고 있는 페이지에 나온다. 내가 앞에서 말한 것처럼, 그는 원추 진자가 '중력 광선에서 차지하는 압력과 물체가 임의의 주어진 운동을 갖는 힘 사이의 비율을 …' 비교하는 데 사용될 수 있다고 했다. 이 생각은 특히 줄과 추가 지나가는 원의 반지름 그리고 줄이 매달린 곳에서 원의 중심까지 수직으로 내려 그린 선으로 이루어진 삼각형을 포함한 도표를 보면, 충분히 직관적으로 인식이 가능한 것처럼 보인다. 중력의 힘은 수직선과 그리고 중심에서 원의 반지름까지의 힘에 비례한다. 그것을 개념화시키는 이러한 방법은 동역학적 문제를 정역학적 문제로 바꾸어 놓는다. 그런데 다행스럽게도 그 결과가 틀리지 않는다. 직관적으로 자명하지 않은 것은, 원추 진자가 원추의 수직 높이와 같은 길이의 단진자와 같은 주기로 회전하며 그러므로 수직 높이가 같은 모든 원추 진자는 같은 주기로 회전한다는 진술이다. 이런 주장들은 마치 일반적으로 인정되는 사실에 대한 진술인 것처럼 증명이 필요하다는 제안도 없이 기록되었다. 그 진술들을 기록할 당시에는, 같은 결론에 도달했던 원심력에 대한 호이겐스의 논문은 아직 출판되지 않았다.

74 내가 뉴턴의 비율에 나오는 막연하고 정의되지 않은 '물체' 대신 아무 근거 없이 m(질량)으로 바꾸어 놓았다. 나는 이미 그가 '물체'를 '양'으로 바꾼 것이 나중에 그가 질량을 정의하게 되는 방향을 향한 첫걸음이라고 주장한 적이 있었다. 그런데도, 그 당시에 그는 질량에 대해 분명하게 공식화된 개념이 없었으며, 그 정도로 구심력에 대한 우리 공식으로써 그의 비율에 대한 표현은 그의 이해의 상태를 왜곡한다.

75 지구의 크기와 달까지의 거리 그리고 중력의 가속도에 대해 뉴턴이 사용한 값은 모두 Salusbury가 번역한 Dialogue에서 인용했다. 실제로 그 값들은 Dialogue에서 같은 문제를 다룬 바로 그 페이지에 나와 있으며, 그 문제에 대한 뉴턴의 취급 방법은, 그 문제에 대한 갈릴레오의 진술, 비록 그의 풀이에 따라서는 아닐지라도 영향을 받았음은 분명하다.

76 케임브리지 대학 도서관, Add. MS. 3958.2, f. 45. 이 MS.는 허리벌, 배경, pp. 183~191에 수록되어 있다.

77 Add. MS. 3958.2, f. 45. 배경, p. 185.

78 Add. MS. 3958.2, f. 45. 배경, pp. 186~188. 아마도 1670년대 초로 거슬러 올라가는 사이클로이드 위에서의 운동에 관한 논문에서, 뉴턴은 암묵적으로 중력의 힘이라는 개념을 사용했는데, 그것을 그는 중력이 발생시키는 가속도에 비례한다고 놓았다(그림 35를 보라). '나는 중력의 효력이나 또는 D, δ, P 등과 같은 낙하 중 한 점에서 낙하의 가속도는 DC, δC, PC 등과 같이 기술되는 광간에 비례한다고 단언한다. 분명히 경사진 낙하는 중력의 효력을 감소시켜서 만일 두 무게가 [gravia], 하나는 B가 지름 BC에 의해 직접, 그리고 다른 하나인 Y는 현(弦) YC를 따라서 비스듬히, C까지 낙하하려고 한다면, 무게 Y의 가속도는 경사진 낙하 때문에 YC 대 BC의 비율로 더 작게 되고 그래서 두 무게는 동시에 C에 도달하게 될 것이다.' 그러고 나서 그는 사이클로이드의 성질에서 δ에서의 가속도는 YC를

따른 가속도와 같으며 그리고 D와 δ 모두에서의 가속도는 사이클로이드를 따라서 변위 DC와 δC에 비례한다고 증명했다(배경, p. 203).

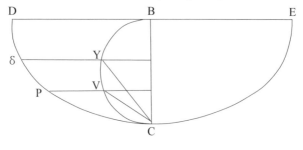

그림 35

79 위에서 인용한 책, pp. 195~197.

80 그레고리의 메모는 아이작 뉴턴의 서간집, ed. H. W. Turnbull and J. F. Scott, 4 vols. continuing. (Cambridge, 1959 continuing), 1, 301에 인용되어 있다.

81 뉴턴 자신의 진술은 미적분학을 누가 발견했느냐에 대한 논쟁과 관련하여 그가 수많은 정당성 주장 중 하나를 쓰고 있던 때, 논의되는 사건이 일어나고 50년 후의 날짜가 찍혀 있다(케임브리지 대학 도서관, Add. MS. 3968.41, f. 85). 1727년에 작성한 Abraham DeMoivre의 다음 기록을 참고하라. 뉴턴이 그의 계산에서 불일치를 발견한 뒤에, '그는 [만일] 달이 소용돌이에서 이동한다면 달이 갖게 될 힘과 중력이 서로 섞일지도 모른다는 생각을 품게 되었다…' (포츠머스(역주: 영국 남부의 항구 이름)의 지방 신문에 남아 있는 이 기록의 불완전한 복사본에 이 문장이 포함되어 있다, Add. MS. 4007, f. 707.) 비록 내가 이런 견해에 세 가지 서로 독립인 출처가 있다고 말했지만, 다른 두 출처가 DeMoivre와 서로 무관했는지 증명할 방법은 없다. Henry Pemberton이 쓴 아이작 뉴턴 경의 철학에 대한 의견은 1728년에 발표되었다. 서문에서 그는 뉴턴이 지구의 크기에 대해 정확하지 않은 숫자를 사용하지 않았기 때문에, '그의 계산이 예상한 결과를 내지 못했다고 주장했다. 그래서 그는 달에서 중력의 능력이 작용하는데 적어도 어떤 다른 원인이 결합했다고 결론지었다.' 윌리엄 휘스턴(William Whiston), Memoirs of the Life and Writings of Mr William Whiston, (London, 1749)도 충분히 그가 말했던 Pemberton의 설명에 의존했을 수 있다. 그에 따르면, '상관관계의 실패가 뉴턴으로 하여금 이 능력이 부분적으로는 중력이고 부분적으로는 Cartesius(역주: 라틴어로 데카르트를 가리킴)의 소용돌이일지도 모른다고 추측하게 만들었다…' (p. 37).

82 케임브리지 대학 도서관, Add. MS. 3958.5, ff. 85-86V, 81-83V. 이전(以前) 판의 제목은 '반사의 법칙'이다. 제2판은 허리벌, 배경, pp. 208~215에 수록되어 있다. 그의 광범위한 주(註)에서, 허리벌은 뉴턴의 상당히 이상하게 보이는 공식들이 어떻게 현대의 결과와 부합하게 만들 수 있는지를 증명한다.

83 위에서 인용한 책, pp. 209~210. 허리벌은 뉴턴의 '원운동의 반지름'이 우리가 말

하는 회전 반지름 (*k*)와 동등하고, 원운동에 대한 뉴턴의 진짜 양 (*Mkw*)는 우리가 말하는 각운동량 (Mk^2w)와 인자 *k*만큼 차이가 난다는 것을 증명했다.

84 위에서 인용한 책, p. 211.

85 원운동의 진짜 양을 정의하면서 뉴턴은 회전하는 물체의 원운동 반지름에서 (또는 회전 반지름에서) 충돌한다고 상상했다. 짐작건대 임의의 충돌에서 나에게는 그가 내면적으로 두 물체가 원운동의 반지름에서 충돌한다고 가정했던 것처럼 보였다. 이것은 단지 그 취급 방법의 일반성을 무효로 만들 뿐만 아니라, 실현시키는 것이 실질적으로 불가능한 경우를 상상하는 것이다.

86 *B*는 접촉면에 수직인 *A*의 운동이라고 하고, *β*는 역시 접촉면에 수직인 *a*의 운동이라고 하자 (그림 37을 보라). *G*는 *A*의 원운동의 반지름이고 (*α*의 *γ*), *D*는 *A*의 원운동의 진짜 속도이고 (*α*의 *γ* 그리고 *F*는 접촉점에서 중력 중심에서 세운 수직선까지 접촉면을 따른 거리 (그림에서 거리 *BC*) 그리고 *ϕ*는 *α*에 대해 대응하는 거리라고 하자 (그러면 *F/G*는 접촉하는 점까지의 반지름과 접촉면에 그린 수직선 사이의 각의 사인값이다).

$$Q = 2B + 2\beta + 2D\frac{F}{G}\,2\delta\frac{\phi}{\gamma}$$

$$P = \frac{1}{A} + \frac{1}{\alpha} + \frac{F}{AG} + \frac{\phi}{\alpha\gamma}$$

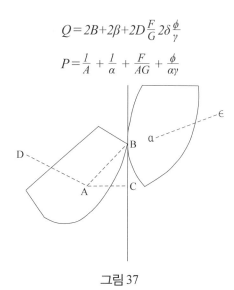

그림 37

87 위에서 인용한 책, pp. 212~213. 허리벌은 현대 표기법으로 이 문제를 풀었다. 나는 그의 풀이에서 어떤 오류도 찾아내지 못했다.

88 위에서 인용한 책, p. 208.

89 위에서 인용한 책, p. 211.

90 Hall and Hall, 출판되지 않은 논문들, p. 128.

91 위에서 인용한 책, p. 148.

92 위에서 인용한 책, p. 148.

93 케임브리지 대학 도서관, Add. MS. 3970.3, ff. 519~528. R. S. Westfall, '후크에게 보내는 뉴턴의 답신과 색에 대한 이론', Isis, **54** (1963), 82~96을 참고하라.

94 서간집, **1**, 364.

95 위에서 인용한 책, **1**, 365~366.

96 출판되지 않은 원고에 나오는 11개의 명제들이 무엇보다도 얇은 막의 현상과 관련된 뉴턴의 에테르 가설에 대한 명료한 진술을 구체화한다. 그 명제들은 물체의 표면이 빛에 작용하고 빛이 물체에 작용하는 매질을 정해놓는다. 그러나 그 매질은 균일한 물체를 통과하는 빛에는 저항하지 않는다. 빛은 매질에 진동을 일어나게 만드는데 굴절을 많이 시키는 광선으로는 더 짧은 진동이 그리고 굴절을 덜 시키는 광선으로는 더 긴 진동이 생기고, 반사와 회절 사이의 차이는 진동의 차이에 의존한다. 다른 곳에서처럼, 그는 또한 같은 매질에서 진동에 대한 감각과 동물의 운동은 신경 내에 국한된다고 말했다(케임브리지 대학 도서관, Add. MS. 3970.3, f. 374V).

97 뉴턴이 올덴부르크에게 보낸 편지, 1676년 4월 26일; 서간집, **2**, 1~2.

98 위에서 인용한 책, **1**, 370.

99 위에서 인용한 책, **1**, 365. 뉴턴은 보일의 **형태와 성질의 기원**에 대한 그의 노트에서 보일의 **침투력이 강한 용매**가 금을 녹이고 흰 가루로 된 침전물을 남기는데 그것이 은으로 밝혀졌다고 기록했다. 게다가, 일부 화학자는 특별한 종류의 **왕수**(王水)를 이용하여 1온스의 금 대부분을 은으로 바꾸었다. '어쩌면 금에는 (그 내면적 혼 또는 기미에) 좀 더 귀하고 미세한 물질이 존재할지도 모르는데, 그것은 은의 입자와 결합했을 때 그것을 금의 모든 현상을 갖게 하고 은이 어떤 물체를 만나면 좀 더 쉽게 결합할 수 있게 한다.' (케임브리지 대학 도서관, Add. MS. 3975, p. 78.)

100 서간집, **1**, 365.

101 갈릴레오, Dialogue, pp. 70~71.

102 후크, Micrographia, pp. 11 f. Micrographia에 대한 노트에서. 뉴턴은 이 개념을 구체적으로 주목했다(케임브리지 대학 도서관, Add. MS. 3958.1, f. 1). 후크의 Micrographia에 대한 뉴턴의 노트는 Hall and Hall, 출판되지 않은 논문들, pp. 400~413에 수록되어 있다.

103 서간집, **1**, 368.

104 '금과 혼합하면 온도가 상승하는 수은에 관해, B. R. 로부터 친절하게 받은 정보,' **철학회보**, **10** (1675), 515~533. 이 논문은 보일, 저작집, **3**, 558~564에 나온다.

105 서간집, **2**, 1.

106 뉴턴이 작성한 연금술에 대한 원고는 대부분 날짜가 기록되어 있지 않다. 필체 하나만으로 판단하면, 그것들이 모두 그의 생애의 한 시기에 만들어진 것은 아니지만, 어떤 기간보다도 1670년대 후반에 좀 더 가까이 밀집되어 있는 것처럼 보인다.

107 뉴턴이 올덴부르크에게 보낸 편지, 1676년 11월 14일; 위에서 인용한 책, 2, 182. 1675년에 발표되었던 이 연구와 뉴턴이 올덴부르크에게 보낸 편지에 언급된 선물 이전에 보일이 출판한 마지막 책은 보일의 **저작집**, 3, 565~652에 수록되어 있다.

108 **서간집**, 2, 288.

109 위에서 인용한 책, 2, 290~291.

110 위에서 인용한 책, 2, 292.

111 뉴턴의 편지가 밀접하게는 아니지만 논평했던 연구인 **성질의 기계적 기원**에 나오는 비슷한 현상에 대한 보일의 정통적인 기계적 논의를 참고하라. 보일은 대부분의 화학자들이 용액은 용매와 용해될 물체 사이의 특정한 호감으로 이루어지는 것처럼 가장한다고 말했다. '그리고 유황이 기름에 용해되는 때처럼, 압축되거나 또는 증류되거나, 각종 경우에서 용매와 용해될 물체 사이에는 말하자면 밀접한 관계가 존재한다는 것을 부정해서는 안 된다. 그러나 아직, 일반적으로 의견이 제안된 것처럼, 부분적으로는 그런 일이 발생하지 않는 다양한 용액이나 현상이 존재하기 때문에, 나는 그것에 묵종(默從)할 수가 없다. 그리고 부분적으로는 심지어 그런 경우에서도, 가장 잘 적용할 수 있음에도 불구하고, 그 효과는 기계적 원리에 의존하는 것처럼 보이기 때문이다.' 진한 질산과 동물, 식물, 그리고 광물 등 갖가지 물질 사이에는 어떤 유사점이 존재할 수 있어서 진한 질산이 녹게 만들고, 실제로 그중 일부는 서로 반감을 갖는 물질일 수도 있을까? 그래서 또한 서로 반감이 있다고 여겨지는 물질도 같은 제3의 물질을 녹일 수가 있다. 그렇다면, 거기 있는 것처럼 그러한 밀접한 관계가 관계된 물체의 어떤 물질적 형태나 소금, 유황, 또는 수은에 속하는 것이 아니라, '기공(氣孔)과 용매의 형태 사이의 일치점, 그리고 그것에 녹는 물체에 속하며, 그리고 그것들의 어떤 다른 기계적 성향에 속한다.' (**저작집**, 3, 628.)

112 **서간집**, 2, 293. **성질의 기계적 기원**에 나오는 보일의 논의를 참고하라. '몇 명의 화학자들은 물론이고, 많은 학자는 금속의 용해에서 관찰되는 가열(加熱)이 어떤 반감(反感) 또는 적대감에서 나오는 충돌이 원인이라고 생각하는데, 그 충돌은 서로 대립되는 물체들 사이에 일어나는데, 특히 하나는 산성염(酸性鹽)이고 다른 하나는 고정되거나 또는 불안정한 알칼리염이다. 그러나 이 원칙은 구체적으로 상상하기가 어려운, 생명이 없는 물체들 사이의 증오를 가정하기 때문에, 도대체 어떻게 진정한 열정이 존재할 수 있으며, 어떤 방법으로 가정한 적대감이 열을 발생시키는지 이해할 수 있게 발표하지 않는 것인가. 이런 이유와 또 다른 이유들 때문에, 호기심이 많은 자연주의자들이 쉽사리 그런 원리에 묵종할 것으로 보이지 않는다. 그리고 다른 한 편으로, 더 그럴듯하지는 않을지라도 혼합물에서 갑자기 발생하는 열은 한 물체의 부분들에서 다른 물체의 부분들을 통하여 매우 빠르고 많은 양이 확산되어, 두 물체가 모두 혼란되어 뒹굴고 열을 발생시키는 운동에서 진행하거나, 또는 이로부터, 용해된 물체의 부분들이 많은 수로 모든 방법으로 존재하게 되어 격렬하게 흩어지거나, 또는 각자의 고유한 본성을 따라 서로 다르게 수정되어 그 물체에 속하는 부분들이 운동하게 되는, 갈등하는 물체들이나 또는 질량들을 구성하는 입자들의 강렬하고 혼란스러운 충격이나 밀쳐지기로부터

진행되거나, 또는 이로부터, 한 물체의 입자들이 다른 물체의 거의 비견할 수 있는 부분들로 충분히 많은 수가 들어와서, 일부 에테르 물질의 운동이, 전에는 차이가 나는 물체에 신속히 스며들지 않았는데, 중단 당하고 방해 당해서, 혼란스러운 방식으로 부분들 주위로, 새로운 혼합물을 통해서 자유롭게 지나가도록 정착될 때까지, 강제로 휘두르거나 또는 선회한다….' (저작집, 3, 581.)

113 휘발성과 고정물에 대한 보일의 논의를 참고하라. 휘발성이 되려면 물체에 몇 가지의 성질이 있어야 한다. 그 물체의 입자는 작고 공기로 올려지려면 너무 무겁지 않고, 부드럽고 운동하기에 편리한 모양이며, 물체에 단지 느슨하게 부착되어 있어야 한다. 그러므로 물체를 휘발성으로 만들려면(예를 들어 발효와 부패에서처럼), 얽혀 있는 범위를 제거하고 다른 입자와 함께 좀 더 휘발성이 되게 연관시키려고, (그가 휘발을 위한 거대 장치라고 불렀던 것처럼) 그 물체를 미세한 입자로 만들고 입자를 문지르고 갈며, 그리고 불이나 또는 다른 형태의 열을 이용한다. 고정시키게 만드는 성질은 입자가 얼마나 큰지 또는 덩치, 입자들의 무게 또는 단단함, 그리고 입자들의 불규칙한 형태이다. 그래서 물체를 고정시키려면 불을 이용하거나 또는 첨가하는 방법으로 휘발성 입자를 제거하고, 물체를 냉각시켜서 입자들이 그들 내부에서 상대적으로 정지해 있게 만들며, 또는 입자들을 얽히게 만드는 물질을 첨가하는 방법으로 입자들을 더 크게 만들 수 있다(위에서 인용한 책, 3, 610~624).

114 서간집, 2, 294.

115 Halls 부자(父子)는, De aere et aethere를 그 번역본과 함께 출판했는데 (출판되지 않은 논문들, pp. 214~228), 그것이 나온 시기가 대략 1674년이라고 기록했다(p. 187). 그것은 1673년에 발표한 보일의 책 이후에 나온 것이 틀림없는데, 그 이유는 그것이 보일의 책을 인용했기 때문이며, Halls 부자는 그것이 분명히 '가설'보다 더 먼저 나왔다고 느끼는데, 그 이유는 그 논문이 '가설'에서는 에테르에 의해 설명했던 힘과 잡아당김을 이야기하기 때문이다. 나의 논의가 뉴턴을 공격하는 것은 그가 당시에는 흔히 보는 통설(通說)이었던, 에테르 메커니즘에서 시작하여 궁극적으로는 그것을 버리고 힘으로 대체한 것을 의미한다. 그들이 (Halls 부자가) 보는 사고(思考)의 발전 과정에 따르면 그 논문을 (실제로 1672년에 초안이 작성되었고, 상당한 불편 때문에 1673년에 De aere가 발표되게 만들었던) '가설'의 전에 놓지만, 내가 보는 발전 과정에 따르면 De aere가 보일에게 보내는 편지 이후에 놓는다. 나는 개인적인 해석이 단편적인 증거들을 강압적으로 획일적인 토대 위에 놓게 하는 위험이 있음을 알고 있다. 이 메모에서 내 해석이 옳다고 주장하는 것이 어떤 타당성도 없음을 인정한다. 그것은 본문 여기저기에 퍼져 있으며 나는 단지 독자의 판단에 맡길 수밖에 없다. 비록 나에게는 De aere et aethere를 보일에게 보내는 편지 이후에 놓는 것이 나의 관점을 보강시켜주는 것처럼 보이지만, 그렇다고 나는 날짜를 제대로 정했느냐가 전체가 성립하느냐 성립하지 않느냐를 가릴 만큼 중요하지는 않다고 생각한다. 보일에게 보내는 편지 이후는 아닐지라도 편지를 보낸 그 시기쯤이라고 보는 것이 내용과 상당히 많은 부분이 일치한다. 이것이 그 논문에 대한 나의 논의에서도 나오게 될 것이다.

[116] Halls 부자(父子)가 원고에 손상을 주지 않기 위해서 전체를 모두 포함시키지 않았던 첫 번째 문장이 나에게는 다음과 같이 읽히는 것처럼 보인다: 'De rerum natura scripturus, a caelestilbus exordiar, et in ijs a maxime sensibilibus aere scilicet & naturis aeris ut sensu docs [sic: 원래는 그 문장의 다른 곳에 적혀 있었지만 줄이 그어 있었던 동일한 구절은 "duce"이다] progrediar.' (케임브리지 대학 도서관, Add. MS. 3970.12, F. 652.)

[117] Hall and Hall, 출판되지 않은 논문들, p. 223.

[118] 위에서 인용한 책, pp. 223~224.

[119] 위에서 인용한 책, p. 226.

[120] 위에서 인용한 책, pp. 226~227.

[121] 위에서 인용한 책, pp. 227~228.

[122] Principia, p. 325. 내가 초판의 라틴어와 일치시키려고 다음과 같은 첫 번째 절의 번역을 수정했다. 'Denique cum receptissima Philosophorum aetatis hujus opinio sit ….' (초판, p. 352).

[123] Principia, 초판, p. 353. 제2판과 그 이후의 판에서는 뉴턴이 마지막 세 문장을 삭제했는데, 그 이유는 제2판이 나올 때쯤에 이르러서 그는 지극히 희박한 에테르의 존재를 인정하기 시작한 때문일 가능성이 있다. 뉴턴은 De motu의 세 번째 버전의 문제 5 다음에 삽입한 주석에서 이 실험에 대해 분명히 말했다. 그는 자기가 지금까지는 에테르를 통과하는 천체(天體)의 운동을 결정하려고 저항이 없는 매질에서 운동하는 물체만 취급했다고 말했다. 에테르의 저항은 없거나 아니면 지극히 작기 때문이다. 물체는 자기의 밀도에 비례하여 저항하는데, 물의 저항은 수은의 저항보다 훨씬 적고, 공기의 저항은 물의 저항보다 훨씬 적다. 전속력으로 질주할 때, 기수(騎手)는 공기에서 상당한 저항을 느끼지만, 배를 탄 선원(船員)은 바람에 의해 차단되어서 에테르에서 나오는 저항을 전혀 느끼지 못한다. '만일 공기는 물체의 부분들을 자유롭게 지나갈 수 있고 공기가 단지 물체 전체의 외부 표면뿐 아니라 물체의 개별적인 부분의 표면에도 또한 작용한다면 공기의 저항은 훨씬 더 크게 될 것이다. 에테르는 물체의 부분들을 완전히 자유롭게 지나가지만 그러나 감지될 만한 저항을 제공하지는 않는다.' (허리벌, 배경, p. 298과 p. 302.) 그는 계속해서 심지어 혜성의 꼬리도 저항을 받지 않음을 주목했다. 비록 그가 '에테르'라는 단어를 사용했지만, 이 구절의 명백한 결론은 물질로서 에테르는 존재할 수 없다는 것이다. 윌리엄 휘스턴도 이 실험의 결과를 똑같은 방법으로 해석했다. '진자를 이루는 물체가 그 내부 부분에서 어떤 감지될 만한 저항도 받지 않았다. 그리고 모든 행성과 혜성이 에테르로 된 영역을 어떤 감지되는 저항도 받지 않고 최대한 자유롭게 경이적으로 빨리 움직이고 있으므로, 일부 사람들이 가정했던 것처럼 우주에 꽉 차 있는 신비스러운 물질이 존재하지 않는다는 것이 확실하다.' (Astronomical Principles of Religion, Natural and Reveal'd, (London, 1725), p. 82.)

[124] Opticks, (New York, 1952), pp. 375~376, Dover Publications Inc., New York의

허락을 받고 전재(轉載)함.

[125] 그 논문들은 Hall and Hall, 출판되지 않은 논문들, pp. 320~347, 302~308에 영어 번역본과 함께 출판되어 있다.

[126] 원래 출판된 논문의 복사본이 영어 번역본과 함께 Isaac Newton's Papers & Letters on Natural Philosophy, ed. I. Bernard Cohen, (Cambridge, Mass., 1958), pp. 255~258에서 쉽게 구할 수 있다.

[127] 케임브리지 대학 도서관, Add. MS. 3970.3, ff. 335~336, 337~338.

[128] 위에서 인용한 책, ff. 338-8V. 이 논문은 손상되었다. 괄호 안에 쓴 것은 내가 본문을 다시 구축하면서 추가한 것이다(역주: 번역문에서 괄호는 별 의미가 없어서 제외했음).

[129] 뉴턴은 자신이 했던 화학 실험을 광범위한 기록으로 남겼는데, 그로부터 물음 31에 대해 상당한 추론을 할 수 있다(케임브리지 대학 도서관, Add. MS. 3973, ff. 1~49; Add. MS. 3975, pp. 101~158). 그 기록들의 날짜는 1678년부터 1696년까지 포함되어 있다. 분명히 3973에 나온 기록이 다른 데서 나오는 기록보다 더 미완성이며, 그는 그 기록 중에서 일부를 3975로 글자 그대로 옮겼는데, 이것은 그가 그 기록들의 의미에 대해 상당히 깊이 숙고했음을 시사한다. 자신이 한 실험이 그의 추론 과정에서 어떤 역할을 했든, 뉴턴이 인용했던 실질적으로 모든 반응은 보일에서 발견되었으며 보일에 대해 기록한 뉴턴의 글들로 미루어보면 뉴턴이 보일에게 큰 은혜를 입었다고 생각하고 있었음을 잊지 말아야 한다. 또한 뉴턴의 필체로 시기를 결정하는 증거들을 믿을 수 있다면, 뉴턴이 연금술 서적을 탐독한 시기가 1675년에서 1685년 사이라는 것도 기억해야만 한다. 비록 내가 그의 실험의 목적을 꿰뚫어 보기 시작했다는 것조차도 만족하지 못하지만, 때때로 한 메모가 절대로 놓치지 못할 만큼 분명하게 연금술에 대한 의도를 표현한 것처럼 보인다. 예를 들어, 다음 두 예를 보자. 'May 10 1681 intellexi Luciferam ♀ et eandem filiam $\hbar^{ni}$, & unam columb^{rum}[?]. May 14 intellexi ∈. May 15, intellexi Sunt enim quaedam ☿^{ij} sublimationes &c ut & columbam alteram: nempe Sublimatum quod solum foeculentum est, a corporibus suis ascendit album, relinquitur foex nigra in fundo, quae per solutionem abluitur, rursusq; sublimatur ☿^{ius} a [ ]datis corporibus donec foex in fundo non amplius restet. nonne hoc sublimatum depuratissimum sit -⧗?' (Add. MS. 3975, pp. 121.) 뉴턴은 나중에 이 기록을 삭제했다. 'ffriday May 23 [c. 1684] Jovem super aquilam volare feci.' (위에서 인용한 책, p. 149.)

[130] Opticks, pp. 378~379.

[131] 위에서 인용한 책, p. 380.

[132] 위에서 인용한 책, pp. 380~381.

[133] 위에서 인용한 책, p. 383.

[134] 위에서 인용한 책, p. 387.

[135] 위에서 인용한 책, p. 339.

¹³⁶ 뉴턴이 1690년경에 Opticks를 진지하게 저술하기 시작했을 때, 그의 첫 번째 충동은 그가 굴절하는 매질 자체에 대해 더 이상 인정하지 않았던, 에테르에서 주기적 현상을 설명했던 진동을 옮겨 놓는 것이었다. 출판한 Opticks에서, 이러한 제안을 거의 눈에 띄지 않을 정도로 아주 망설이며 삽입했다(pp. 280~281). 대략 1690년 경의 원고에서 그 제안을 훨씬 더 확고하게 제안했다. 내가 가장 오래되었다고 추정하는 원고에서, 명제 12는 광선이, 마치 박막의 현상이 보여주듯이, 물체 내부에 진동이 일어나게 자극시킨다고 주장했다. 그는 그 현상이 주기적임을 보이려고 충분히 많은 증거를 인용했다. '& the reason I cannot yet conceive to be any other then that every ray of light in passing through ye first surface of ye plate stirs up a reciprocal motion wch being propagated through the plate to ye second surface doth alternately increase & diminish the reflecting power of y^t surface, so y^t if ye ray arrive at ye second surface when its reflecting power is encreased by the first impulse or vibration of the motion, it is reflected; but if the plate be a little thicker so that ye reflecting power of ye second surface be diminished before the ray arrives at it, the ray is transmitted ····.' (케임브리지 대학 도서관, Add. MS. 3970.3, f. 348.) 내 생각에 더 나중에 나온 또 다른 하나의 논문에서, 그는 이 이론을 상당히 자세하게 다듬어 놓았다.

명제 12 광선(光線)의 충격이 자극하여 투명한 물체에 만들어진 운동은 진동하는 운동이며 이 진동은 물체 내부에 입사한 점들에서 동심원을 그리며 모든 방법으로 전파된다.

명제 13 고밀도 물체의 예리한 가장자리를 통과하면서 회절된 광선이 자극하면 동일한 진동이 만들어진다. 그리고 광선이 비스듬하게 들뜨게 만든 이 진동은 앞 쪽과 뒤 쪽으로 구부러지도록 비스듬하게 만들었기 때문에 뱀장어처럼 물결 모양으로 움직인다.

명제 14 회절된 광선의 자극으로 만들어진 비스듬한 진동이 광선을 옆으로 뒤흔드는 것처럼 굴절된 광선의 자극으로 만들어진 가로 진동의 상반되는 운동은, 광선을 직접 흔들어서 상반되는 운동이 교대로 가속과 감속을 시켜서 그 운동들이 교대로 투명한 물질의 양쪽 면에 의해 교대로 굴절되고 반사되도록 해서 세 번째 책의 관찰에서 설명한 여러 색깔의 많은 동그라미를 만든다. (위에서 인용한 책, f. 335V.)

뉴턴의 '경련'에 대해 더 충분한 논의를 보려면 R. S. Westfall, 'Uneasily Fitful Reflections on Fits of Easy Transmission,' The Texas Quaterly, 10 (1967), 86~102를 참고하라.

¹³⁷ Opticks, pp. 388~389.

¹³⁸ 원래는 크리스티안 호이겐스가 물이 채워진 관에서 이 현상을 발견했다. 후크도 수은을 이용하여 동일한 효과를 내는 데 성공했는데, 뉴턴은 후크한테서 이것을 알았다.

¹³⁹ Optice (라틴어 초판, 1706), p. 337. 이 문장은 1717년에 출판된 영어 제2판 질문

에서는 삭제되었다.

140 Opticks, p. 395.

141 Optice p. 340.

142 모세관 작용에 대한 뉴턴의 초기 설명은 후크의 처음 논문인 An Attempt for the Explication of the Phaenomena, Observable in an Experiment Published by the Honourable Robert Boyle, Esq.에서 중심이 되는 논점이었다. 뉴턴은 그것을 Micrographia에서 찾아내었다. (Hall and Hall, 출판되지 않은 논문들, p. 400을 참고하라.) 아마도 우리는 모세관 작용을 후크의 복수라고 생각해야만 한다.

143 Opticks, p. 400.

144 위에서 인용한 책, pp. 389~390. 이 연구를 출판한 버전에는 결코 들어있지 않았던, 1690년대 초에 저술되었던 Principia의 제3권 명제 7의 주석을 참고하라. 그는 'atomos ipsos ob soliditatem et plenum partium contactum ac densitatem summan nec dividi posse nec alteri nec ulla ratione comminui nec augmentum unquam sumere sed immutabilia rerum semina in aeternam manere et inde fieri ut rerum species perpetuo conserventur.' (케임브리지 대학 도서관, Add. MS. 3965.6, f. 270.)

145 Opticks, p. 400.

146 케임브리지 대학 도서관, Add. MS. 3970.3, f. 234V.

147 케임브리지 대학 도서관, Add. MS. 3965.6, f. 266V. J. E. McGuire, 'Body and Void and Newton's De Mundi Systemate: Some New Sources,' Archive for History of Exact Sciences, 3 (1966), pp. 206~248; 그리고 Arnold Thackray, '"Matter in a Nut-Shell": Newton's Opticks and Eighteenth-Century Chemistry,' Ambix, 15 (1968), 29~53을 참고하라.

148 케임브리지 대학 도서관, Add. MS. 3970.3, f. 296. 이탤릭체는 내가 쓴 것임.

149 케임브리지 대학 도서관, Add. MS. 3965.6, f. 266V.

150 케임브리지 대학 도서관, Add. MS. 3970.3, f. 234. 마지막 절에서, 뉴턴은 원래 네 번째 '1,000배'를 썼는데, 이것은 그의 상상력이 어디로 가고 있었던가를 보여주는 펜의 상징적인 잘못쓰기였다. 조금 덜 당황스러운 형태로, 이 구절에 해당하는 내용이 1706년에 출판된 Opticks의 라틴어 판의 부록에 포함되어 있었으며 그리고 나서는 제2판과 그 이후 판의 제II권, 제III부, 명제 VIII의 끝인 pp. 268~269에 포함되어 있었다.

151 위에서 인용한 책, p. 401.

152 1687년의 'Conclusio'에서 그는 좀 더 확실하지 않게 자신을 표현했다. '나는 물체에는 인력과 척력이 존재한다는 성급한 주장을 하려고 한 것이 아니다. 나는 인력과 척력이 존재하는지 하지 않는지를 좀더 정확하게 규명할 수 있는 추가 실험을 생각해내는 기회를 제공하려고, 일시적으로 이런 일들을 시작했다.' (Hall and Hall, 출판되지 않은 논문들, p. 340.)

¹⁵³ 케임브리지 대학 도서관, Add. MS. 3970.3, f. 479.

¹⁵⁴ 위에서 인용한 책, f. 480V.

¹⁵⁵ Opticks, pp. 401~402.

¹⁵⁶ 유쾌하게 가미된 문장에서, 갈릴레오는 뉴턴이 나중에 사용했던 호감과 반감이라는 개념 사이의 예리한 차이에 대해 지적했다. 살비아티는 나뭇잎 위의 물이 어떻게 방울이 되는지 논의하고 있었다. 그것은 물 내부의 어떤 점착력이 원인은 아니다. 그런 성질은 물이 포도주로 둘러싸일 때, 물이 공기 중에서보다 덜 무거워서, 더 강하게 나타내게 될 것인데, 그러나 실제로는 나뭇잎의 표면에 놓인 물방울 주위에 포도주를 부으면 물방울은 무너져 버리고 만다. 오히려 물방울을 형성하는 것은 공기의 압력 때문인데, 공기는 물 사이에 그가 이해하지 못하는 불일치가 존재한다. 이 시점에서 심플리치오가 (물론 오직 갈릴레오가 그의 입맛에 맞게 고른 것만 말하지만) 끼어든다. 살비아티는 '반감'이라는 단어를 회피하려는 그의 노력으로 그를 웃게 만든다. 갑자기 끼어든 살비아티는 반어적(反語的)으로 다음과 같이 답변한다. '좋아, 그게 심플리치오를 즐겁게 만든다면, 반감이라는 단어가 우리 어려움의 해법이라고 하자.' (Discourses, p. 71.) 분명히 갈릴레오는 그가 이해하지 못했던 불일치와 반감 사이에는, 뉴턴이 사회성에 대한 그의 비밀 원리에 대해서 주장했던 것과 똑같이, 차이가 나는 세상이 존재한다고 느꼈다. 나로서는 개념들이 두 사람 중 누구나 인정했을 법한 것보다 더 많은 공통점이 있는 것처럼 보인다. 비사회성은 (또는 불일치는) 반감이라는 개념이 표현하려고 시도했던 것과 똑같은 특이성에 대응했다. 기계적 철학이 동일한 관찰 대상을 설명하는 데 이용하려고 시도했던 ad hoc의 메커니즘은 항상 가장 두드러진 결점 중의 하나를 구성했다.

¹⁵⁷ '서로 충분히 접촉하는 모두 균질인 단단한 물체의 부분들은 매우 강력하게 서로 붙어 있다.' (Opticks, p. 388.) Opticks의 제2영어판과 연관된 그의 원고 중 하나에서, 그는 발효와 부패를 이용한 방법으로 영양을 공급하는 과정이 존재하는 물질을 활용하기 전에 물체가 그 물체의 궁극적인 입자들로의 분리가 필요한 것에 대해서 깊이 생각했다. '그리고 양육(養育)이 이와 같이 분리와 연마로 준비될 때, 양분을 공급할 물체를 구성하는 입자들은 스스로 그들 자신과 같은 밀도와 성질이 있는 입자 된 양분에서 나온다. 왜냐하면 같은 성질이 있는 입자들은 서로 다른 성질이 있는 입자들보다 더 강력하게 서로를 이끌기 때문이다…. 그리고 다수(多數)의 같은 종류 입자가 자양분(滋養分)에서 함께 모일 때, 그 입자들은 같은 성질이기 때문에 전에 그 입자들을 함께 이끌었던 입자들과 같은 결이 있는 더 큰 입자로 합체하는 경향이 있는데, 그 증거가 바로 소금으로 항상 같은 모습으로 동일한 종류의 결정을 이룬다.' (케임브리지 대학 도서관, Add. MS. 3970.3, f. 235V.) Optice의 Quaestio 22는 (나중에 나온 영어판의 물음 30에 해당하는 것인데) 영어판에서는 삭제된 페이지에서 결론을 내렸는데, 그 페이지에서는 그 다음 Quaestio에 나오는 힘에 대한 논의를 소개했다. 그 페이지에서 그는 'quae sunt ejusdem generis & virtutis …'인 물체들에 대해서 말했다. (Optice, p. 320).

158 Hall and Hall, 출판되지 않은 논문들, p. 341.

159 Principia, ed. 1, p. 402. 이 가설에 대한 논의에 대해서는 J. E. McGuire, 'Transmutation and Immutability: Newton's Doctrine of Physical Qualities,' Ambix, 14 (1967), pp. 69~95; I. Bernard Cohen 'Hypotheses in Newton's Philosophy,' Physis, 8 (1966), pp. 163~184; 그리고 Alexandre Koyré, 'Newton's "Regulae Philosophandi",' Newtonian Studies, (London, 1965), pp. 261~272를 보라.

160 'Ex materia quadam communi formas & texturas varias induente res omnes oriri et in eandem per privationem formarum et texturarum resolvi, docent omnes ….' (케임브리지 대학 도서관, Add. MS. 4005.15, f. 81V.) 주석 159에서 인용된 논문에서, I. Bernard Cohen은 뉴턴이 그 자신은 믿지 않았지만 이것과 같은 문구에서 그는 데카르트와 아리스토텔레스를 반대하는 논점을 추구하고 있었던 하나의 ad hominem 주장(역주: 상대방의 말을 논거로 이용하여 공격하는 주장을 의미함)으로서 가설 III을 삽입한 것이라고 주장했다. 나는 그의 주장을 받아들일 수 없으며 가설 III은 다른 곳에서도 발견되는 확신을 표현했던 것이라고 믿는다. 예를 들어서, De natura acidorum은 만일 금이 발효되고 부패되도록 만들어질 수 있었다면, 그래서 그 구성 요소들을 궁극적인 입자들로 쪼개지면, '그것은 무엇이든 어떤 물체로도 바뀔 수가 있을지도 모른다'고 단언했다. (Cohen, Papers & Letters, p. 258). Opticks의 영어 제2판과 관계되는 나중 원고에서, 뉴턴은 금에 대한 비슷한 문단을 세 가지 다른 형태로 썼다. 세 가지 중에서 마지막 것은, 그 자체도 상당히 많이 교정되고 바뀌었는데, 다음과 같다. 'Si aurum fermentescere posset [& per putrefactionem in particulas minimas resolve, idem, ad instar substantiarum vegetablium & animalium putrescentium, formam suam amitteret, in fimum abiret vegetabilibus nutriendis aptum & subinde pet generationem] in aliud quodvis corpus transformari posset. [Et similis est ratio Gemmarum & mineralium omnium.]' 윗 문장에 나오는 괄호는 뉴턴이 삽입한 것인데 아마도 그 안의 구절을 생략하려는 의도였던 것처럼 보인다. 이 문단에는 줄을 그어 지운 다른 단어들과 문구들이 상당수 있는데 여기서는 보여주지 않았다(케임브리지 대학 도서관, Add. MS. 3970.3, f. 240V.)

161 또 다른 문맥에서 뉴턴은 그와 동일한 것을 보았다. Principia의 제III권, 명제 6의 결과에 대한 수정을 제안하려고 1690년대 초에 작성된 원고를 생각하자. 초판에서는 이 결과가 비중의 차이는 진공의 존재가 필요하다는 점을 확인했다. 그는 이제 다음과 같이 추가할 것을 제안했다. 'Valet haec demonstratio contra eos qui Hypothesin vel terriam vel quartam admittunt. [이 수정판에서 가설 3은 강화와 경감 모두를 인정하지 않는 성질은 보편적으로 모든 물체의 성질이라고 확인했으며, 그리고 가설 4는 모든 물체가 어떤 다른 물체로 바뀌는 것이 가능하다고 반복했다.] Siquis Hypothesibus hisce repudiatis ad Hypothesin tertiam recurrat nempe materiam aliquam non gravem dari per quam gravitas materiae sensibilis explicetur; necesse est ut duo statuat particularum solidarum genera quae in se mutuo transmutari nequeunt: alterum crassiorum quae graves sint pro quantate materiae

et ex quibus materia omnis gravis, totusq; adeo mundus sensibilis conflectur, & alterum tenuiorum quae sint causa gravitatis crassiorum sed ipsae non sint graves ne gravita earum per tertium genus explicanda sit & ea hujus per quartum et sic deinceps in infinitum, Hae autem debent esse longe tenuiores ne per actionem suam crassiores discutiant & ab invicem dissipent: qua ratione corpora omnia ex crassioribus composita cito dissolverentur. Et cum actio tenuiorum in crassiores proportionalis fuerit crassiorum superficiebus, gravitas autem ab actione illa oriatur et proportionalis sit materiae ex qua crassiores constant: necesse et ut superficies crassiorum proportionales sint earum contentis solidis, et propterea ut particulae illae omnes sint aequaliter crassae utq; nec frangi possint nec alteri vel ratione quacunq; comminui, ne proportion superficierum ad contenta solida et inde proportion gravitatis ad quantitatem materiae mutetur. Igitur particulas crassiores in tenuiores mutari non posse et propterea duo esse particularum genera quae in se mutuo transire nequeunt omnino statuendum est.' (케임브리지 대학 도서관, Add. MS. 3965.6, f. 267.)

162 De natura acidorum; Cohen, Papers & Letters, p. 258.

163 Opticks의 초판과 관련된 원고에서 인용함; 케임브리지 대학 도서관, Add. MS. 3970.3, f. 337.

164 라틴어 판과 관련된 원고에서 인용함: 위에서 인용한 책, f. 292.

165 Opticks, pp. 397~400. 수동적인 것과 능동적인 것으로 나누는 이분법이 클라크-라이프니츠 편지 왕래에서 중요한 역할을 했다. 클라크가 라이프니츠에게 보낸 답장을 작성하는데 뉴턴도 참여했음이 증명되었으므로, 그 편지들에 나오는 문구들이 그의 생각을 조명해주는데 도움이 된다. 다음 클라크의 다섯 번째 답변을 참고하라. '그러나 실제로, 모든 단지 기계적 운동의 교환은 적절한 운동이 아니고 밀고 밀리는 물체들 모두에서 단지 수동성일 뿐이다. 작용은 아무것도 없던 데서 생활 또는 활동의 원리에서 아무것도 없던 데서 운동이 시작하는 것이다. 그리고 만일 신(神) 또는 인간, 또는 어떤 살아 있거나 또는 활동적인 능력이, 물질세계의 어떤 사물에게나 늘 영향을 준다. 그리고 모든 것이 단지 절대적인 메커니즘은 아니다. 우주에는 운동의 전체 양이 끊임없이 증거하고 감소해야 한다.' The Leibniz-Clarke Correspondence, ed. H. G. Alexander, (New York, 1956), p. 110, Philosophical Library의 허락을 받고 전재함. 또한 pp. 45, 97, 그리고 112를 참고하라.

166 아마도 애매한 문장에 대해 가장 좋은 예는 Principia에서 혜성의 꼬리에 대한 논의인데, 거기서 뉴턴은 그가 '에테르 공기[aura aetherea]'라고 부른 것을 이용했다. 영어 번역에서, 이것이 '에테르'가 되었지만, 문맥상으로, 그것은 꼬리가 태양의 부근에서 발생한다고 주장하고, 그 꼬리는 단지 전제(前提)한 태양의 대기를 말하는 것만 가능할 뿐이다(Principia, pp. 528~529; 초판, p. 505).

167 Opticks, cxxiii.

168 Principia, p. 547. Henry Guerlac, 'Francis Hauksbee: expérimentateur au profit de

Newton,' Archives internationales d'histoire des sciences, **16** (1963), 113~128; 그리고 'Sir Isaac and the Ingenious Mr. Hauksbee,' Mélanges Alexandre Koyré L'aventure de la science, introduced by I. Bernard Cohen and René Taton, (Paris, 1964), **1**, 228~253을 참고하라.

[169] 케임브리지 대학 도서관, Add. MS. 3965.12, ff. 350~365.

[170] 위에서 인용한 책, f. 357V.

[171] 위에서 인용한 책, f. 350V.

[172] Opticks의 제2영어판에 더해진 추가의 물음들에 대한 초고(草稿)를 포함한 원고에서 인용함; 케임브리지 대학 도서관, Add. MS. 3970.3, f. 241V. 비슷한 원고에서 그가 그곳에 물음 23이라고 표시한 것을 참고하라.

> Qu. 23. Is not electrical attraction & repulse performed by an exhalation wch is raised out of the electrick body by friction & expanded to great distances & variously agitated like a turbulent wind. & wch carrys light bodies along with it. & agitates them in various manners according to it own motions, making them go sometimes towards the electic body, sometimes from it & sometimes move with various other motion? And when this spirit looses its turbulent motion & begins to be recondensed & by condensation to return into the electric body doth it not carry light bodies along with it towards the electrick body & cause them to stick to it without further motion till they drop off? And is not this exhalation much more subtile then common Air or Vapour? For electric bodies attract straws & such light substances through a plate of glass interposed, tho not so vigorously. And may there not be other Exhalations & subtile invisible Mediums which may have considerable effects in the Phaenomena of Nature? (위에서 인용한 책, f. 293V.)

[173] 케임브리지 대학 도서관, Add. MS. 3965.12, f. 351. 신에 관한 일반 주석에 나오는 문구에 대한 일부 초안과 고쳐 쓴 초안을 포함하고 있는 종이에 쓴 12개의 명제들의 명단을 참고하라.

> Prop. 1. Perparvas corporum particulas vel contiguas vel ad parvas ab invicem distantias se mutuo attrahere. Exper 1. Vitrorum parallelorum. 2 Inclinatorum. 3 fistularum. 4 Spongiarum. 5 Olei malorum citriorum.
>
> Prop. 2. vel Schol. Attractionem esse electrici generis.
>
> Prop. 3. Attractionem particularum ad minimas distantias esse longe fortissimam (Per exper 5) & ad cohaesjonem corporum sufficere.
>
> Prop. 4. Attractionem sine frictione ad parvas tantum distantias extendi ad majores distantias particulas se invicem fugere. Per exper 5. Exper. 6. De solutione metallorum
>
> Prop. 5. Spiritum electricum esse medium maxime subtilem & corpora solida facillime permeare. Exper. 7. Vitrum permeat

Prop. 6. Spiritum electricum esse medium maxime actuosum et lucem emittere Exper 8.

Prop. 7. Spiritum Electricum a luce agitari idq; motu vibratrorio, & in hoc motu calorem consistere. Exper 9. Corporum in luce solis.

Prop. 8. Lucem incidendo in fundum oculi vibrationes excitare quae per solida nervi optici capillamenta in cerebrum propagatae visionem excitant. Schol. Omnen sensationem omemq; motum animalem mediante spiritu electrico peragi.

Prop. 9. Vibrationes spiritus electrici ipsa luce celeriores esse.

Prop. 10. Lucem a spiritu electrico emitti refringi reflecti et inflecti.

Prop. 11. Corpora homogenea per attractionem electricam congregari heterogenea segregari.

Prop. 12. Nutritionem per attractionem electricam peragi. (위에서 인용한 책, ff. 361V-362V.)

또한 Opticks의 영어 제2판에서 다룬 사색과 관계되고 1710년에서 1715년 사이의 시기인 것이 분명한, 'De Motu et sensatione Animalium,'이라는 제목이 달린 종이를 참고하라.

1 Attractionem electricam per spiritum quendam fieri qui corporibus universis inest, et aquam vitrum Crystallum aliaq; corpora solida libere permeat libere pervabit. [sic] Nam corpora electrica fortiter attrita aurum foliatum per interpositam aquae vel vitri substantiam trahunt.

2 Spiritum hunc electricum dilatari et contrahi et propterea elasticum esse eundemq; in nervis animalium latentem esse medium quo objecta sentimus et ictu oculi membra movemus. [Nam Spiritus quos vocant animales ob densitatem tarde moventur.] & vibrationes per eundem quam celerrime propagari.

뒤를 이은 두 문단에서 감각과 움직임을 위한 충격을 나르는 전기적 영을 포함한 모세관에 대해 간단히 논의한다. (케임브리지 대학 도서관, Add. MS. 3970.3, f. 236.)

Opticks의 영어 제2판에서 다룬 사색과 관계되고 또한 1710년에서 1715년 사이의 시기에 나온 것과 관계된 또 다른 한 원고는 'De vita & morte vegetabili'라는 제목이 붙어 있다.

1 Corpora omnia vim habent electricam & vim illam in superficiebus particularum fortissimam esse sed non longe extendi nisi frictione vel alia aliqua actione cieatur.

2 Corpora vi electrica plerumq; trahi quadoq; vero dispelli per experimenta constat; et particulas aeris & vaporum sese dispellere. Particulas etiam olei dispellere particulas aquae.

3 Particulas corporum per vim electricam diversimode coalescere & cohaerere. Et particulas monores fortius agere & artius cohaerere.

Particulas menstrui quae vi electrica particulas linguae fortissime agitant sensationem acidi ciere.

Menstruum acidum corpora densa dissolvere per particulas suas acidas, vi attractrice in interstitia partium ultimae compositionis inventes & partem unam quamq; circumeuntes ut cortex nucleum vel atmosphaera terram. partes vero acido circumdatas corpus suum linquere et in menstruo fluitare, atq; acido ambiente linguam pungere excitandi sensationem salis. Nam acidum a nucleo incluso attractum retentum & impeditum minus agit in linguam quam prius.

이 논문은 계속해서, 다른 어느 정도 비슷한 문단에서와 마찬가지로, 이 개념들을 물체들이 자신의 궁극적 구성 입자들로 분리되는 부패와, 궁극적 구성 입자들이 인력에 따라 함께 결합되어 새로운 물질이 되는, 영양 섭취, 발생 등에 적용한다. 논문은 다음과 같은 일반화와 함께 끝을 맺는다. 'Per fermentum itaque corpora mortua dissolvuntur, viva nutriuntur & crescunt. Mortua propter delilem partium attractionem vincuntur a menstruo pervadente: viva propter fortem partium attractionem non dissolvuntur sed menstruum vincunt.' (위에서 인용한 책, ff. 237-237V.)

174 위에서 인용한 책, f. 235. 종이의 맨 위에는 '-conjungi queant ut cohaerescant. p. 340. lin. 27'이라는 제목이 붙어 있다. Opticks의 라틴어 판에서 언급된 단어들은 힘의 존재를 주장하는 논의 끝에 있는 Quaestio 23에 나온다. 출판된 물음은 원래 그랬고 지금도 그런 것처럼, 그 다음 문단이 좀 더 넓은 우주의 문제로 관심을 돌리는데, 거기서 뉴턴은 만일 '능동적인 원리'가 존재하지 않았다면 우주는 멈추게 되었을 것이라고 주장했다. 이와 같이 그가 이 두 물음을 작성했을 때, 그는 그의 주장을 입자들 사이에 힘이 존재한다는 주장에서 그 힘의 전기적 본성을 고려하는 것으로 바꾸려고 의도하고 있었다.

175 Opticks, p. 349. Principia의 제3판에 추가와 수정을 위한 원고에서, 뉴턴은 제III권의 도입부에서 Regulae philosophandi 다음에 현상과 물체와 그리고 빈 공간에 대한 세 가지 정의를 추가하려고 계획했다. 물체에 대한 정의는 에테르에 대한 그의 개념을 분명하게 만들었다. 그는 만져서 알 수 있는 성질과 인식될 수 있는 한 물체가 접촉하는 것에 대한 저항을 가지고 물체를 정의했다. 이와 같이 물체의 밀도에 비례하는 저항이 있는 물체에서 발산하는 것이 물체이다. 수학적 고체는 그렇지 않다. 네 가지 원소와 다르고 어떤 감각으로도 인식되지 않는 본질은 현상이 아니며 그러므로 물체도 아니다. 'Materia subtilis in qua Planetae innatent et corpora sine resistentia moveantur, not est phaenomenon. Et quae phaenomena not sunt nec ullis sensibus obnoxia, ea in Philosophia experimentali locum non habent.' (케임브리지 대학 도서관, Add. MS. 3965.13, f. 422.) 그리고 반대로, 뉴턴의 에테르는 원칙적으로 인식될 수 있었으며 그러므로 물질에 속했다. 그는 또한 제III권의 명제 6, 추론 2를 수정하려고 계획했다. 제2판에서 이 추론은 무겁지 않으면서 중력의 원인이 되는 기계적 에테르에 반대했다. 아마도 그동안에 그가 에테르의 존재를 인정했으므로 (비록 추론에서 구체적으로 논의되었던 성질을 갖는 에테르는 아니었지만), 그는 어느 시점에서 '에테르'라는 단어를 '공기'라는 단어로 바꾸

는 것을 선호했다(위에서 인용한 책, 505). 실제로, 제3판에 그러한 변화가 삽입되지는 않았으며, 정의가 바뀌지도 않았다. Henry Guerlac, 'Newton's Optical Aether,' Notes and Records of the Royal Society of London, 22 (1967), 45~57을 참고하라.

[176] Opticks, p. 353.

[177] 위에서 인용한 책, p. 352.

[178] 위에서 인용한 책, p. 376.

[179] 뉴턴이 벤틀리에게 보낸 편지, 1692/3년 2월 25일; 서간집, 3, 253~254.

[180] 뉴턴은 Quaestio 20에서 (물음 28에서) 공간이 신(神)의 감각 기관이라고 말했던 주장을 수정하려고 라틴어 판인 Optice를 회상하기까지 했다. 원래 출판되었던 Optice에 나오는 문구는 다음과 같다. 'Annon Spatium Universum, Sensorium est Entis Incorporei, Viventis, & Intelligentis; quod res Ipsas cernat & complectatur intimas, totasq; penitus & in se praesentes perspiciat ….' 수정판에서 그는 대신에 다음과 같이 말했다. 'Annon ex phaenomeniis constat, esse Entem Incorporeum, Viventem, Intelligentem, Omnipraesentem, qui in Spatio infinito, tanquam Sensorio suo, res Ipsas intime cernat, pentitusq; totasq; intra se praesens praesentes complectatur ….' 말할 것도 없이, 영어 번역판에는 수정판의 내용이 실렸는데, 그것은 '거기에는 영적이며, 살아있고, 지성이 있으며, 어디나 존재하는 존재가 있는데, 그 존재는 무한한 공간에서, 말하자면 그의 감각 기관에서, 사물 자체를 상세하게 관찰하며, 그런 사물을 철저하게 인식하고, 그리고 자신의 바로 주위에 존재하는 것에 따라서 그 사물들의 전부를 이해한다'고 말한다. (Opticks, p. 370; 이탤릭체는 내가 삽입한 것임.) 몇 개의 복사본은 수정되지 않은 채로 분실되었다. Alexandre Koyré and I. Bernard Cohen, 'The Case of the Missing Tanquam,' Isis, 52 (1961), pp. 555~566을 참고하라.

[181] 출판한 저작물들에서 이 논문들은 원래 De gravitatione에 포함했던 그대로의 생각 중에서 두 가지 면을 강조하는데, De gravitatione는 광범위한 논의를 요구하지 않는 여기서 나의 목적에 크게 저해되지 않는다. 첫째, 그는 물리적 우주에 대한 신의 능력을 비유해 우리가 우리 신체를 자유롭게 움직이는 능력을 끊임없이 강조했다. 1690년대 초의 원고에서 인용한 'Hypoth 5. The essential properties of bodies are not yet fully known to us. Explain this … by yᵉ metaphysical power of bodies to cause sensation, imagination & memory & mutually to be moved by oʳ thoughts'를 참고하라. (케임브리지 대학 도서관, Add. MS. 3970.3, f. 338V.) Optice의 Quaestio 23은 능동적인 힘의 필요성을 주장한 문구에서 영어와 차이가 났다. 우리가 알고 있는 영어는 능동적인 원리에 의해서 생긴 운동을 제외하고는 운동이 거의 존재하지 않는다고 말한다. 그 이전의 라틴어는 다음과 같은 또 다른 가능한 출처를 추가했다. 'Nam admodum paullum Motus in mundo invenimus, praeterquam quod vel ex his Principiis actuosis, vel ex imperio Voluntatis, manifesto oritur.' (Optice, p. 343.) 둘째, 그는 자족적인 물질의 질서라는 개념과 함께, 다시 말하면 물질적인 무신론과 함께, 물질적인 매질이라는 수단

으로 힘을 설명하려는 노력을 결합시켰다. 물음 28은 이것을 충분히 분명하게 만든다. 그는 고대 원자론자들은 원자에게 중력을 부여했다고 말했는데, 이것은 말하지는 않았지만 그것을 밀도가 큰 물질이 아닌 다른 것이 원인이라고 돌린 셈이었다. 그 이후의 철학자들은 그런 원인을 고려하는 것을 자연 철학에서 금지시키면서, 모든 사물을 기계적으로 설명하는 가설이 성립한다고 가장하고 그 다른 원인을 형이상학이라고 불렀다. 그렇지만 뉴턴은 계속해서 자연 철학의 주된 사무(事務)는 우리가 기계적이지 않은, 즉 신인 최초 원인에 도달할 때까지 효과에서 원인을 찾아내는 것이라고 주장했다. Quaestio 23에 대한 초고(草稿)에서는, 뉴턴이 훨씬 더 구체적이었다. 그 문구에서, 그는 모든 추론이 경험에서 시작해야 한다고 다음과 같이 주장하고 있었다. 'Even arguments for a Deity if not taken from Phaenomena are slippery & serve only for ostentation. An Atheist will allow that there is a Being absolutely perfect, necessarily existing, & the author of mankind & call it Nature: & if you talk of infinite wisdom or of any perfection more then he allows to be in nature heel reccon it a chimaera & tell you that you have the notion of finite or limited wisdom from what you find in yor self & are able of your self to prefix ye word not or more r^n to any verb or adjective without the existence of wisdome not limited or wisdome more then finite to understand the meaning of the phrase as easily as Mathematicians understand what is meant by an infinite line or an infinite area. And hee may tell you further that ye Author of mankind was destitute of wisdome & desinge because there are no final causes & that matter is space & therefore necessarily existing & having always the same quantiy of motion, would in infinite time run through all variety of forms one of wch is that of a man Metaphysical arguments are intricate & understood by few The argument wch all men are capable of understanding & by wch the belief of a Deity has hitherto subsisted in the world is taken from Phaenomena. We see the effects of a Deity in the creation & thence gather the Cause & therefore the proof of a Deity & what are his properties belong to experimental Philosophy. Tis the business of this Philosophy to argue from the effects to their causes till we come at ye first cause & not to argue from any cause to the effect till the cause as to its being & quality is sufficiently discovered.' (케임브리지 대학 도서관, Add. MS. 3970.9, ff. 619-19V.) 신성(神性)을 창조와 연관시키려는 뉴턴의 관심에 대해서는 David Kubrin, 'Newton and the Cyclical Cosmos: Providence and the Mechanical Philosophy,' Journal of the History of Ideas, 28 (1967), 325~346을 참고하라.

[182] 케임브리지 대학 도서관, Add. MS. 3970.9, f. 619. 실질적으로 동일한 자료에 대한 다른 초고가 위에서 인용한 책, f. 6620표와 3970.3, f. 252V에서 발견된다. J. E. McGuire and P. M. Rattansi, 'Newton and the "Pipes of Pan",' Notes and Records of the Royal Society of London, 21 (1966), 108~143과 그리고 J. E. McGuire, 'Force, Active Principles, and Newton's Invisible Realm,' Ambix, 15 (1968), 154~208을 참고하라. 특별히 두 번째 연구에서, McGuire는 내가 진행시키

고 있는 것과는 어느 정도 다른 태도를 취했다.

183 대략 1715년에 나온 것이 분명한 물음에 대한 자료의 다음 초고를 참고하라. 'Qu. 17 Is there not something diffused though all space in & through wch bodies move without resistance & by means of wch they act upon one another at a distance in harmonical proportions of their distances.' (케임브리지 대학 도서관, Add. MS. 3970.3, f. 234V.) 그의 네 번째 답장에서, 클라크는 세상에 'to which he [God] is present throughout, and acts upon it as he pleases, without being acted upon by it'라고 말했다(Leibniz-Clarke Correspondence, p. 50).

184 'Epicurei naturam totam in corpus et inane distinguentes Deum pernegabant: at absurde nimis. Nam Planctae duo ab invicem longe vacui intervallo distantes non petent se mutuo vi aliqua gravitatis neq; ullo modo agent in se invicem nisi mediante principio aliquo activo quod untrumq; intercedat, et per quod vis ab utroq; in alterum propagetur. [Hoc medium ex menti veterum non erat corporeum cum corpora universa ex essentia sua gravia esse dicerent, atq; atomos ipsos vi aeterna naturae suae absq; aliorum corporum impulsu per spatia vacua in terram cadere.] Ideoq; Veteres qui mysticam Philosophiam rectius tenurere, docebant spiritum quendam infinitum spatia omnia pervadere & mundum universum continere & vivificare; et hic spiritum supremum fuit eorum numen, juxta Poetam ab Apostola citatum: In eo vivimus et movemur et sumus. Unde Deus omnipraesens agnoscitur et a Judaeis Locus dicitur. Mysticis autem Philoophis Pan erat numen illud supremum ···. Hoc Symbolo Philosophi materiam in spiritu illo infinito moveri docebant et ab eodem agitari non inconstanter sed harmonice seu secundum rationes harmonicas ut modo explicui.' (케임브리지 대학 도서관, Add. MS. 3965.6, f. 269.) 일반 주석에 대한 초고에서 뉴턴은 어떤 출판된 연구에서도 그 길을 찾을 수 없는 다음과 같은 신에 대한 문장을 사용했다. 'Vivit sine corde et sanguine, praesens praesentia sentit et intelligit sine organis sensuum et sine cerebro, agit sine manibus, et corpore minime vestitus videri non potest sed Deus est prorsus invisibilis.' (3965.12, f. 361.) 1697/8년 2월 20일에 David Gregory가 쓴 다음 메모를 참고하라. 크리스토퍼 렌에게 그가 '그것은 [중력은] 기계적 수단으로 발생한 것이 아니라, 원래 창조자가 도입했다는 미스터 뉴턴의 믿음에 미소 짓는다'라고 보고했다(Correspondence, 4, 267). Gregory한테서 또 다른 하나의 정보가 나온다. 1705년 12월 21일자의 메모에서, Gregory는 뉴턴이 Opticks의 라틴어 판에 새로운 물음을 추가하고 있다고 말했다. '그가 미심쩍어 하는 것은 그가 마지막 물음을 이와 같이 작성해야 할 것인가라는 것이었다. 물체가 놓이지 않은 공간은 무엇으로 채워져 있는가. 명백한 진실은 그가 신이 어디에나 존재한다는 것을 글자 그대로의 의미로 믿는다는 것이다. 우리가 대상의 상(像)이 뇌에 있는 장소에 도착하면 그 대상을 감각하는 것처럼, 신도 모든 것이 밀접하게 존재하고 있어서 모든 사물을 감각해야만 한다. 그래서 그는 물체가 존재하지 않는 공간에도 신은 존재하는 것처럼, 물체도 역시 존재하는 공간에 그도 존재한다고 가정한다. 그러나 만일 이것을 제안하는 이런 방법이 그의 개념이 너무 대담하다면, 그는

그것을 그렇게 하자고 생각한다. 고대 사람들은 어떤 원인이 중력을 부여한다고 생각했는가. 그는 그들이 그것의 원인으로, 다른 것이 아니고, 신을 생각했다고 믿는데, 그것은 어떤 물체도 원인이 아니라는 의미이다. 그 이유는 모든 물체가 무게를 가지고 있기 때문이다.' (David Gregory, Isaac Newton and their Circle. David Gregory's Memoranda 1677~1708, ed. W. G. Hiscock, (Oxford, 1937), p.30에서 발췌함.) Whiston의 Astronomical Principles of Religion, Natural and Reveal'd에 나오는 문구들이 물리적 세계에서 관찰되는 인력의 궁극적인 원인에 대해 동일한 개념을 표현한다. 그는 중력은 '전적으로 비-기계적인 능력이며, 모든 어떤 물질적 행위자의 능력도 초월'하는 것이라고 주장했다. 기계적 원인은 단지 표면에서만 작용하지만, 중력은 상당히 안쪽 부분까지 작용한다. 중력은 물체가 정지해 있거나 격렬하게 운동하거나 똑같이 작용하는 데 반해, 기계적 원인은 단지 여분의 속도에 따라서만 작용한다. '이런 능력을 가지고 물체는 멀리 떨어진 다른 물체에 작용하지만, 그러나 어떤 거리에서나 작용하는 것은 아니다. 다시 말하면, 물체들은 자기들이 있지 않은 곳에서 작용한다. 그런데 이것은 물체들이 단지 기계적으로만 그렇게 하는 것이 불가능한 것이 아니라, 실제로 무엇이든 모든 존재가, 기계적이건 비-기계적이건 그렇게 하는 것이 불가능하며, 단지 말하기 좋은 의미로 보면, 행위자는 그 행위자가 존재하지 않을 때, 그 행위자가 존재하지 않는 곳에서 행동할 수 있다는 것이다. 그 때문에 말이 난 김에 앞으로 보게 되는 것처럼, 중력의 이런 능력이 단지 비-기계적일 뿐 아니라, 물질적인 접촉 또는 충격에서 [sic] 발생하는 것도 아니지만, 엄밀하게 말하면, 물체 또는 물질에 속한 어떤 능력도 전혀 아니라는 것을 알게 될 것이다. 개념이나 계산이 쉽도록 우리는 보통 그렇게 말하지만, 그것은 최고의 행위자의 능력이며, 그러한 방식으로 늘 모든 물체를 움직이게 만들고 있어서, 마치 우주에 있는 모든 물체가 잡아당기고, 그리고 모든 다른 물체에 따라 잡아당겨지며, 다르게는 행동하지 않는다.' (pp. 45~46.) 나중에 Whiston은 중력의 원인이 물체들의 크기와 거리를 끊임없이 알고 있으며 항상 물체들을 요구되는 인자에 의한 그런 속도로 움직이도록 이동시키는 존재여야만 한다고 주장했다. '능력이란 그 능력을 행사하는 존재가 실제로 있는 곳에서만 행사될 수가 있기 때문에, 그리고, 이미 본 것처럼, 이 능력은 우주 전체에 대해 끊임없이 행사되고 있다는 것이 분명하기 때문에' 중력의 능력을 창조한 자는 또한 우주의 모든 장소에 그리고 모든 시간에 실재(實在)해 있다. 이 능력은 비-기계적이라고 증명되었기 때문에 그리고 모든 물질적 행위자의 능력을 초월하기 때문에, '이 능력의 창조자는 비물질적이며 영적 존재이고 전 우주에 존재하면서 전 우주를 관통하고 있음이 분명하다.' (p. 89.) Opticks와 Locke의 Essay Concerning Human Understanding을 프랑스어로 번역한 Pierre Coste는 Locke의 Essay의 한 문장에서 뉴턴과의 다음과 같은 주고받은 이야기를 보고했다. 'On pourrait, dit'il, se former en quelque manière une idée de la création de la matière en supposant que Dieu eùt empêché par sa puissance que rien ne pût entrer dans une certaine portion de l'espace pur, qui de sa nature est pénétrable, éternel, nécessaire, infini, car dès la cette portion d'espace aurait l'impénétrabilité, l'une des qualités essentielles à la matiére; et comme l'espace pur est absolument uniforme, on n'a qu'à supposer que Dieu aurait communiqué cette espèce d'impénétrabilité à autre pareille portion de l'espace, et cela nous donnerait en 벼디분 sorte une idée de la mobilité de la matière, autre qualité qui lui est aussi très essentielle.' (Harvard University Press and Chapman & Hall Ltd.의 허락으로 전재된 Alexandre Koyré, *Newtonian Studies*, (Cambridge, Mass., 1965), p. 92 각주에서 인용함.) Coste의 설명에 따르면, 뉴턴은 Locke와 이야기를 나누는 중에 그 생각이 마음에 떠올랐다고 말했다. 뉴턴이 전적으로 솔직한 것은 아니었다. 비록 그 생각이 Locke와 이야기를 나누는 중에 마음에 떠올랐을지는 모르지만, 그는 원래 그 생각을 오래 전부터 품고 있었다. 그것이 정확히 De gravitatione의 위치이며, 내 주장에 따르면, 그의 궁극적인 위치에도 역시, 물리적 세계에 대한 신과의 관계의 개념에서 실질적으로 같다. 또한 Leibniz-Clarke Correspondence에 포함된 Clarke의 논문들에 나오는 다음과 같은 여러 구절을 참고하라. '그러나 신은 한 부분으로서가 아니라 지배자로서 이 세상에 존재하는데, 신은 모든 사물에 작용하지만 자신은 무엇에 따라서도 작용당하지 않는다.' (p. 24.) '물체가 없는 공간은 비물질적인 소재의 성질이다…. 모든 빈 공간에서, 신은 분명히 존재하며, 만져지지도 않고 우리 감각의 어떤 대상도 아닌, 물질이 아닌 다른 많은 소재도 존재할 가능성이 있다.' (p. 47.) '본능적인 동물의 운동에서 영혼은 물질에 어떤 새로운 운동이나 영향을 주지 않고 모든 본능적인 동물의 운동은 물질의 기계적 충동에 따라서 수행된다고 가정하면, 모든 것을 단지 운명과 필요로 간단히 하는 것이 된다. 이 세상에서 모든 사물에 대한 신의 작용은 그가 원하는 방식이 무엇인지 결정된 뒤에, 어떤 결합도 없고, 어떤 사물로도 작용하지 않으면서, 그냥 모든 곳에 존재하는 지배자와 세상의 가상의 영혼 사이의 차이를 똑똑히 보여준다.' (p. 51.) 다른 논의에 대해서는, Henry Guerlac, Newton et Epicure, Conférence donnée au Palais de la Découverte le 2 Mars 1963, (Paris, 1963); A. R. Hall and Marie Boas, 'Newton's Theory of Matter,' Isis, 51 (1960), 131~144; A. J. Snow, Matter & Gravity in Newton's Physical Philosophy, (London, 1926); 그리고 위의 각주 182에 인용된 Rattansi and McGuire의 논문과 McGuire의 논문을 참고하라.

185 Principia, p. 544.

186 케임브리지 대학 도서관, Add. MS. 3965.6, f. 266V. Principia의 초판이 나왔을 즈음의 다음 원고를 참고하라. 'An Prophetae rectius Deum locis omnibus absolute praesentem dixerint et corpora contenta secundum leges mathematicas constanter agitans nisi ubi leges illas violare bonum est.' (3965.13, f. 542.) 네 번째 답장에서, Clarke는 라이프니츠에게 다음과 같이 똑같은 점을 강조했다. '한 물체가 중간에 어떤 중간 수단도 없이 다른 물체를 잡아당긴다는 것이 실제로 기적은 아니지만 그러나 모순이다. 왜냐하면 아무것도 작용하지 않는 곳에서 무엇인가가 작용한다고 가정해야 하기 때문이다. 그러나 두 물체가 서로 상대방을 잡아당기는 수단은 보이지 않을 수도 있고 만져지지 않을 수도 있으며, 기계적인 것과 다른 본성일 수도 있다. 그리고 더구나 규칙적으로 그리고 항상 작용한다면 그것도 충분히 자연적이라고 불릴 수 있다….' (Leibniz-Clarke Correspondence, p. 53, 이탤릭체는

내가 삽입한 것임.)

[187] Optice, pp. 320~321. 대략 1710년 경의 원고에서 뉴턴은 실질적으로 같은 계산을 해서, 광선의 운동을 지구가 공전궤도를 회전하는 운동과 비교했다. 그는 '우리 지구가, 그 질량에 비례해, 태양을 향하는 중력은 광선이 유리나 결정체에 들어오거나 또는 굴절하는 물질에 흡수되거나 밀고 들어가는 힘에 비하여 열 배의 100배의 백만 배의 백만 배의 백만 배의 백만 배보다 더 약하다고 결론지었다.' 전체 계산이 그 종이에 다 나와 있었다(케임브리지 대학 도서관, Add. MS. 3070.9, f. 621).

[188] Opticks, pp. 392~394. 이 실험에 대한 가장 자세한 고찰이 1710년의 다음과 같은 원고에 나온다. 'Si vitra erant 20 digitos longa, Gutta olei ad distantiam quatuor digitorum a concursu vitrorum stabat in aequilibrio ubi vitrum inferius in clinabatur ad horizontem in angulo graduum plus minus sex. Est autem Radius 10 000 ad sinum anguli $6^{gr}viz^t$ 1 045 ut totum guttae pondus, quod dicatur P, ad vim ponderio juxta planum vitri inferioris $\frac{1054}{10000}P$, cui vis attractionis versus concursum vitrorum aequalis est. Haec autem vis est ad vim attractionis versus plana vitrorum ut sinus semissus anguli quem vitra continent ad Radium id est ut tricessima secunda pars digiti ad viginti digitos: ideoq; vis attractionis versus plana vitrorum est $\frac{20 \times 32 \times 1045}{10000}$ P & vis attractionis versus planum vitri alterutrius est $\frac{10 \times 32 \times 1045}{10000}P$ seu 33, 44.P [Sit P pondus grani unius et vis attractionis in planum alterutrum aequalis erit ponderi granorum 33] Distantia vitrorum ad guttam seu crassitudo altitudo [sic] guttae erat octesima pars digiti ideoq; pondus cylindri olei cujus diameter eadam est cum diametro guttae & altitudo est digiti unius aequat 80 P & hoc pondus est ad vim qua gutta attrahitur in vitrum alterutrum ut 80 ad 33, 44 ideoq; vis attractionis aequatur ponderi cylindri cujus altitudo est 33, 44 pars digiti. Haec ita se habent ubi distantia guttae a voncursu vitrorum est digitorum quatuor: in alijs distantijs vis attractionis prodit per experimentum reciproce ut distantia guttae a concursu vitrorum quam proxime id est reciproce ut crassitudo guttae: & propterea vis attractionis aequalis est ponderi cylindri olei cujus basis eadem est cum basi guttae et altitudo est ad $\frac{33,44}{80}$ dig ut $\frac{1}{80}$ ad crassitiem guttae. Sit crassitudo guttae $\frac{1}{10000000}$ pars digiti et altitudo cylindri erit $\frac{3344000}{64}$ dig seu 52 250 dig. id est 871 passuum. et pondus ejus aequabitur vi attractionis Tanta autem vis ad cohaesionem partium corporis abunde sufficit.' 케임브리지 대학 도서관, Add. MS. 3970.3, f. 428V.) 같은 실험에 대한 또 다른 고찰이 같은 표면의 양에 대해 유리판 사이에서 거리에 반비례하는 인력을 주목하면서, 계속해서 만일 유리판이 1인치의 천만분의 1만큼 분리된다면, 지름이 1인치인 원에서 인력은 밑면의 반지름이 동일한 1인치이고 길이가 1마일인 원통에 담긴 물을 지탱할 것이라고 결론지었다. 역시 한 번 더, 그는 자연에는 입자들이 서로 뭉치게 만들 수 있는 행위자가 존재한다고 결론지었다. (3970.9, f. 622.)

08 뉴턴의 동역학

Questiones quaedam Philosophiae에 기원을 둔 자연에 대한 뉴턴의 사색이 끊임없이 발전했던 것과는 대조적으로, 일기장에서 그렇게도 풍성하게 시작하여 De gravitatione로 이어졌던, 역학(力學) 연구는 중도에 멈추기도 하고 갈라지기도 했다. 대략 15년 동안 그는 단지 외부에서 자극이 들어오거나 그 자극이 계속되는 동안에만 역학에 관심을 보였다. 1684년 말에 들어서 소책자인 De motu의 개정판을 준비할 때에 비로소 그는 그가 내려놓았던 담론의 실 가닥을 다시 집어 들었다. 그 시점 이후로는 대체로 De gravitatione에서 도달했던 수준에서 시작해, 그는 실질적으로 Principia를 저술하는 것과 같은 연구를 빠르게 확장해 나갔다. 뉴턴의 학문에 대한 끊이지 않는 의문 중 하나는 왜 1660년대에 시작한 천체 동역학에 관한 아이디어가 Principia의 출판까지 20년 동안이나 지체되었느냐는 것이다. 어떤 의미에서 이 의문은 뉴턴의 역학이 어느 정도 수준이었는지에 관한 것인데, 왜냐하면 1680년대에는 할 수 있었던 초기 통찰력의 지속적인 발전이 왜 1660년대까지 이어지지 않았는지 이유가 분명하지 않기 때문이다. 그렇더라도 실제로 뉴턴이 지속하지 못했던 사실은 그가 1685년 이전에는 Principia를 적절히 표현할 만큼 동역학을 잘 구사하지 못했다는 사실과 무관하지 않아 보인다.

그 사이 몇 년 동안에 뉴턴이 역학을 얼마나 잘 구사했는지 보여주는 사례가 최소한 세 번은 있었다. 지금까지 남아 있는 논문들을 보면 그가 도달했던 이해의 수준과 그에게 열려 있었던 가능성을 아는 데 도움이 되기는 하지만, 어떠한 경우도 그로 하여금 그의 동역학에 원래부터 내재되어 있던 문제점들을 진지하게 검토하게 자극하지는 못했다. 분명한 것은, 호이겐스가 Horologium Oscillatorium을 출판하자, 뉴턴도 사이클로이드에서 관찰되는 동시성(同時性) 진동을 검토했다는 것이다.[1] 호이겐스의 운동학과 비교해 뉴턴은 평소대로 동역학적 접근 방법을 추구하여 나중에 Principia에 나오는 결론에 도달했는데, 그 결론이란 사이클로이드 위의 임의의 점에서 중력의 효과적인 성분은 진자가 정지한 채로 매달려 있는 점인, 최저점을 지나는 곡선을 따라가는 변위에 비례한다는 것이었다. 뉴턴의 동역학의 역사에서 이 논문이 관심을 끄는 이유는, 이 논문이 갈릴레오의 경사면에서 운동학을, 순수하게 동역학적으로만 접근해서 동역학의 기본 식들이 얼마나 수월하게 도출되는지 간접적으로 증명했기 때문이다. 일말의 망설임도 없이, 또한 한마디 근거도 없이 그는 임의의 점에서 '중력의 효력'은 '낙하하는 가속도에 …' 비례한다고 놓았다.[2] 만일 그 논문에 포함된 것만으로 한정해서 말한다면, 마치 최신 동역학의 주요 핵심을 대면하고 있는 것처럼 여겨진다. 물론 문제는 이 논문에 포함되지 않은 것들이다. 중력을 어떻게 취급하느냐에 관한 한, 원운동을 말한 그의 논문 이상은 말하지 않았으며, 사이클로이드에 대한 검토 역시 새로 추가된 것은 아무것도 없었다. 그 논문은 이전 논문에 실렸던 내용 중 많은 부분은 생략했다. 예를 들면 그 논문은 동역학에 관한 어떤 원리도 구체적으로 말하지 않았다. 그 논문은 아예 일반화를 시도조차 하지 않았다. 그 논문은 '힘'이라는 단어를 사용하지 않았고, 그 대신 다른 단어를 사용하지도 않았으며, '중력의 효력'이 좀 더 일반적인 동역학적 원리를 대표하는 것이라고 암시하지도 않았다. 무엇보다도 그 논문은 동역학적 작용의 다른 모형인 충돌을 고려하지 않았으며, 그래서 이 두 모형 중에서 하나를 고르려는 노력을 전혀 하지 않았다. 다시 말하면 요컨대, 그 논문은 그의 초기 동역학에 남아있던 모순들을 해결하거나 제거하려는 노력을 하나도 하지 않았던 것이다.

1679년이 다 저물어갈 즈음에 뉴턴은 헨리 올덴부르크의 사망과 함께 연결이 끊겼던 영국 학술원과 서신 왕래를 다시 시작하자는 로버트 후크의 초대 편지를 받았다. 그 뒤에 이루어진 편지 교환에 대해서는 잘 알려져 있다. 영국 학술원이 관심을 보인 원인 중 일부는 나중에 후크가 제기한 표절 문제의 근거가 된 후크와 뉴턴 사이에 주고받은 편지들 때문이다. 뉴턴 자신도 그 서신 왕래 때문에 타원 궤도를 따라가는 물체가 타원의 한 초점에서 힘을 받으면 그 잡아당기는 힘은 거리의 제곱에 반비례해야만 한다는 것을 증명하는 데 자극을 받았음을 인정했다. 그 증명이 서신 왕래에 포함되지는 않았지만, 동역학의 일부 개념이 10년 전에 이미 그 증명의 전조(前兆)가 되는 형태로 나타났던 것이다.

후크에게 보낸 첫 번째 답장에서, 뉴턴은 지구가 지구의 축을 중심으로 회전하는 것을 증명할 수 있는 실험을 제안했다. 만일 물체를 탑 위에서 떨어뜨린다면, 탑 꼭대기에서 접선 방향 속도가 더 크므로 물체는 떨어지면서 어느 정도 탑의 앞으로 진행해야만 하므로, 약간 더 동쪽에 떨어지게 될 것이다. 뉴턴은 그가 그린 그림에서 지구의 중심에서 끝나는 나선형의 일부분인 경로를 보였다(그림 38을 보라). 후크는 이 부분에서 오류가 있다는 것을 간과하지 않았다. 물체를 적도에서 떨어뜨린다고 가정을 하고, 지구는 두 개의 반구(半球)로 분리되어 그 사이는 진공인 한편 중심을 향하는 중력은 바뀌지 않고 그대로 남아 있다고 가정하자. 그런 경우에, 지구 표면의 접선 속도로 움직이기 시작하는 물체는 타원을 닮은 경로를 따르게 될 것이다(그림 39를 보라). 후크는 효과적으로 낙하 문제를 궤도 운동 문제로 바꾸었다. 그는 '원운동은 직접적인 운동과 중심을 향하는 운동을 복합시킨 운동이라는 이론'에 따르면 묘사한 것과 같은 궤도가 나온다고 말했다.[3]

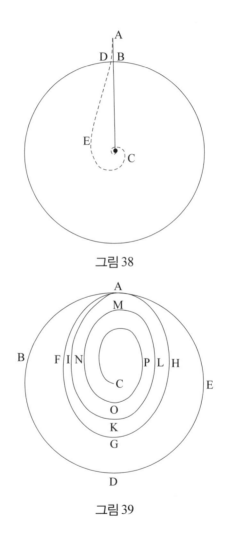

그림 38

그림 39

원운동에 대한 역학에서 후크의 제안은 대단히 중요한데, 얇게 베어버리듯, 원심력이라는 생각에 내재되어 있는 혼동을 베어버리고 기본적인 동역학적 인자(因子)를 놀랍게도 분명하게 드러냈다. 이에 반해서 뉴턴의 반응은, 정량적인 분석을 성공했는데도 원운동에 대해 당시에는 다소 불분명하게 이해하고 있었음을 보여주었다. 만일 물체의 중력이 후크가 상상했던 것처럼 일정하게 유지되면서 물체가 낙하한다면, '물체는 바로 중심까지 나선형을 그리며 떨어지지 않고 물체의 vis centrifuga와 중력이 교대로 평형을 맞추며 만들어진 상승과 하강을 계속하면서 회전하게 될 것이다.'[4] 이 논평은 뉴턴이 원운동을 초기에 어떻게 정량적으로 분석했는지 이해하는 데 도움을 준다는 점에서 의미심장하다. 후크는 항상 중심을 향하는 인력이 접선 방향의 직선 운동을 닫힌 궤도로 바꾸는 것으로 이해했던 데 반해, 뉴턴은 여전히 원운동을 서로 반대되는 힘의 평형이라고 보았고 타원 운동은 두 반대되는 힘이 서로 엇갈리는 비평형이라고 보았던 듯하다. 뉴턴과 후크 사이에 누가 더 먼저였는지에 대한 계속된 논쟁 속에서, 궤도 운동이라는 매우 중요한 문제를, 말하자면 그동안 거꾸로 뒤바뀌어 개념화되어 있던 것을, 실제로 똑바로 세운 사람이 후크였음을 강조할 필요가 있다. 뉴턴이 아니라 오히려 후크가 궤도 운동의 역학적 요소들을 관성의 개념에 적절한 용어로 기술했다. 이 점에서 후크는 궤도 운동의 동역학이 그의 일반적인 동역학과 조화를 이루는 용어를 이용하여 문제를 개념화하도록 뉴턴을 가르쳤다는 점에서 의심할 여지가 없이 뉴턴의 훌륭한 지도자였다.

서로 반대되는 힘이 교대로 엇갈리면서 비평형(非平衡)이 계속되는 이미지를 채택했던 바로 그 편지의 두 번째 문단은 첫 번째 문단과 조화가 불가능한 채로, 뉴턴의 동역학이 궤도 운동에 대한 후크의 개념화에 유익하게 적용될 것임을 미리 암시했다. 이 문단은 또한 충돌 문제를

다루면서 만들어진 힘의 개념이 근본적으로 전혀 다르게 보이는 문제에
도 관련이 있게 만들 수 있음을 암시하고 있었다. 후크는 그가 제안한
문제에서 물체는 타원과 비슷한 경로를 따라서 움직일 것이라고 주장했
다. 뉴턴은 이에 동의하지 않았다. 그는 물체가 지름 *AD*를 지나갈 때,
물체의 운동은 (물체가 타원을 따라 간다면 그래야만 하는 것처럼) 직접
*N*을 향하지 않고 오히려 *N*과 *D* 사이의 어떤 곳을 향할 것이라고 주장했
다(그림 40을 보라).

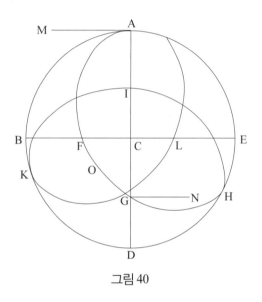

그림 40

For y^e motion of ye body at *G* dis compounded of ye motion it
had at *A* towards *M* and of all ye innumerable converging motions
successively generated by ye impresses of gravity in every moment
of its passage from *A* to *G*: The motion from *A* to *M* being in a
parallel to *GN* inclines not ye body to verge from ye line *GN*. The
innumerable & infinitely little motions (for I here consider motion

according to ye method of indivisibles) continually generated by gravity in its passage from *A* to *F* incline it to verge from *GN* towards *D*, & ye like motions generated in its passage from *F* to *G* incline it to verge from *GN* towards *C*. But these motions are proportional to ye time they are generated in, & the time of passing from *A* to *F* (by reason of ye longer journey & slower motion) is greater than ye time of passing from *F* to *G*. And therefore ye motions generated in *AF* shall exceed those generated in *FG* & so make ye body verge from *GN* to some coast between *N* & *D*.[5]

후크는 답장에서 중력이 일정하다고 믿지 않으며, 오히려 중력은 거리의 제곱에 반비례하여 감소한다고 반박했다. 후크가 나중에 제기한 표절에 대한 항의는 이 편지에 직접적인 근거를 두고 있었다. 이러한 항의는 뉴턴이 그보다 훨씬 이전에 거리의 제곱에 반비례하는 관계를 유도했다는 것을 알지 못해서 이루어진 것이었는데, 물론 후크가 이 사실을 모르기도 했지만, 그가 그 중요성을 이해했어야만 하는 이론을 증명하는 것보다 멋진 아이디어를 내는 것이 더 중요한 것처럼 과대평가한 점도 있다. 뉴턴은 편지에서 중력을 상수(常數)로 취급했는데도 초보적이지만 상대적으로 체계화된 정량적 동역학을 마음대로 구사할 수 있음을 보여주었는데, 이는 후크로서는 결코 가능하지 않았다. 중심으로부터의 conatus라는 자신의 생각을 무시하고, 운동의 방향을 변화시키려고 동작하는 외부의 힘이라는 후크의 개념화를 받아들이면서, 뉴턴은 충돌에서 나온 힘이라는 아이디어를 이 문제에 적응시키려고 극소량이라는 개념을 사용했다. 중력은, 개개의 충돌처럼 일련의 불연속적인 충격이 되어 일련의 불연속적인 운동의 변화를 만들어 낸다. 일정 시간 동안에 작용한 총 힘에 비례하는 운동의 총 변화는 그 시간 동안 불연속적인 충격들의 합과 같을 것이다. 이렇게 설명한 분석에는 결함이 있을 수도 있다. 이 분석은 각 충격이 작용할 때 운동의 방향을 무시하고 매번 지름 *BE*에 수직인 상수(常數) 성분을 가정한다. 그렇지만 결함이 무엇이든 이 분석은 장래의 가능성을 잉태하고 있었다.

분만은 거의 동시에 이루어졌다. 그가 이후 여러 번 말했던 그리고 최근에 확인했던 논문에서,[6] 뉴턴은 앞의 분석을 후크가 정의한 문제에 확장하여 적용했다. 그는 세 가지 가설로 시작했다.

가설 1. 물체는 매질의 저항이나 다른 어떤 힘에 따라서 방해받지
  않는 한 직선 위를 균일하게 움직인다.

약식으로 표현한 관성의 원리인 이 가설은 이 문제에 대한 후크의 정의를 반복한 것이었다. 뉴턴이 De gravitatione에서 마지막으로 운동을 명시적으로 고려하면서 데카르트의 상대성과 함께 관성을 포기한 이래, 그리고 1684년에 작성한 De motu가 De gravitatione의 결론에서 시작한 이래, 가설 1은 뉴턴 역학의 역사에서 약간의 난제(難題)를 불러 일으켰다. 내가 보기에는 뉴턴이 후크가 세운 전제(前提)를 단순히 채택했던 것 같다.

가설 2. 운동의 변화는 항상 운동을 변하게 만든 힘에 비례한다.

뉴턴은 일기장에 나오는 힘의 개념을 이렇게 다시 말한 것에 덧붙여, 세 번째 가설로, 가설 1과 가설 2에서 말한 두 운동을 결합하는 장치로서, 운동의 평행사변형에 대해 진술했다.

뉴턴은 이 세 개의 가설 중 첫 번째 것에서 케플러의 넓이 법칙을 증명

하려고 다음과 같은 개념들을 적용했다. A를 관성으로 움직이는 물체를 잡아당기는 쪽 옆의 중심이라고 하고, '그리고 그 잡아당김은 연속적으로 작용하는 것이 아니라 같은 시간 간격마다 만들어진 불연속적인 충격에 따라 작용한다고 가정하는데, 그러한 시간 간격들을 우리는 물리적 순간들이라고 여길 것이다.' 뉴턴은 평행사변형과 그리고 약간의 간단한 기하를 이용해, 이어지는 순간들 사이에 쓸고 지나가는 넓이들은 모두 같다는 것을 증명했다. 그 다음에 그는 순간들 사이의 간격이 짧아지고 순간들의 수(數)는 in infinitum(역주: '무한히'라는 의미의 라틴어)으로 증가시켜서 다각형은 곡선이 되고 힘의 충격들이 연속되게 만들었다. 쓸고 간 넓이는 그래서 시간들에 비례한다. 그로부터 5년 뒤에 De motu는 실질적으로 같은 방법으로 증명된 같은 명제에서 시작되었고, 그리고 Principia에 나오는 명제 1은 De motu의 것의 반복이었다.

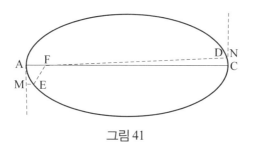

그림 41

1679년에 뉴턴은 타원 궤도 상에서 힘을 계산하는 데 넓이 법칙을 적용하려 했다. 물체를 타원의 두 초점 중 어느 한 초점을 향하는 힘으로 잡아당겨 타원을 그리도록 하려면, 그 힘은 초점에서 거리의 제곱에 반비례하여 변해야만 한다. 두 번째 명제에서 그는 문제를 가장 쉽게 공격할 수 있는 점으로 곡률이 같은 타원의 양쪽 끝을 잡았다(그림 41을 보라). 같은 시간 간격 동안에 두 넓이 AFE와 CFD는 동일하다. 따라서 원호(圓弧)가 충분히 작아서 직선으로 근사시킬 수 있으면, AF/FC는 CD/AE와 같다. 만일 물체를 잡아당기지 않는다면, 물체는 접선 AM과 CN를 따라서 움직이게 될 것이다. '잡아당기는 힘은 물체를 접선에서 벗어나 M에서 E로 그리고 N에서 D로 이끈다 …' 그리고 그러므로 ME와 ND는 잡아당기는 힘에 비례한다. 이 기술은 곡선 운동의 역학에 대한 뉴턴의 이해가 아주 중요한 한 걸음을 내디뎠음을 의미한다. 후크의 지도 아래서, 뉴턴은 원심력에 작별을 고하고 마침내 그를 Principia로 인도해 줄 길로 접어들게 된 것이다. 한편, 양쪽 끝에서 곡률이 같으므로, 원의 기하를 이용하여 즉시 이 두 점에서 잡아당기는 힘이 거리의 제곱에 반비례한다는 결론에 도달했다. 말이 나온 김에, 명제 2는 명제 1처럼 불연속인 힘을 사용하지 않았고 오히려 처음부터 연속적임을 이해했다는 것은 주목할 만하다.

그렇지만 두 번째 것을 일반화시켰던 명제 3은 물리적 순간과 불연속적인 충격으로 되돌아왔다. 타원의 성질을 수립한 세 가지 도움 정리의 도움으로, 그리고 원래 개별적인 '물리적 순간들'에 적용했던 넓이 법칙과 함께, 그는 타원 주위에 그린 그런 다각형에서 힘은 거리의 제곱에 반비례하여 변해야만 한다는 것을 증명했다. 그러므로, 다각형에서 변의 개수(個數)가 in infinitum으로 증가할 때, 물체를 타원 궤도에 붙잡아 두기 위해 필요한 힘도 역시 초점에서의 거리의 제곱에 의존하여 변해야만 한다.[7] 명제 1에서처럼, 뉴턴은 충돌의 모형에서 유도한 힘의 개념에서 증명을 시작했으며, 극한으로 가는 과정에서 중력과 자유 낙하의 모형에 근거하여 눈에 거슬리지 않게 연속적인 힘의 개념으로 슬쩍 들어갔다. 그런 과정은 힘의 문제를 해결하는 게 아니라 그저 애매하게 만드는 역할을 했다.

1679년의 논문은 두 개의 명제들을 뉴턴이 최초로 증명한 것을 포함하고 있는데, 이 명제들은 나중에 De motu와 Principia의 기본이 된다. 이 논문은 비록 논리적 문제를 안고 있음에도 불구하고, **일기장**에 나온 힘의 개념을 관성의 원리에 적용하는 것을 가능하게 함으로써 동역학의 잠재적인 능력을 증명했다는 측면에서 더 중요하지 않나 싶다. 그렇지만 우리에게는 분명하게 보이는 것이 뉴턴에게도 반드시 그렇게 보였던 것은 아니다. 비록 그때 뉴턴은 관성의 원리를 활용했지만, 아직 그것을 끌어안을 것인지까지는 결정하지 않았다. 한 마디로 이 논문은 두 개의 기본적인 명제를 증명하기는 했으나, 뉴턴의 동역학 내부에 포함되어 있는 문제를 해결하는 데는 아무런 역할도 하지 못했다.

후크와 서신 왕래가 있은 지 대략 1년 뒤에 뉴턴은 1680~1681년의 유명한 혜성에 관해 (또는 플램스티드를 제외한 모든 이가 혜성이라고 믿고 있는 혜성들에 관해) 플램스티드(John Flamsteed) (역주: 17세기와 18세기 초에 영국에서 활동한 천문학자로 영국의 그리니치 천문대를 설립하는데 공헌한 사람)와 편지를 주고받게 되었다.[8] 뉴턴은 동역학에 대한 자신의 전문적 지식을 이용하여 플램스티드가 태양을 지나치지 않고 도중에 스스로 방향을 바꾸는 궤도를 유도해 내는 데 근거했던 기상천외의 역학을 비판하기 시작했다. 이 비판은 궤도 운동에 대한 정성적(定性的)인 논의 이상을 요구하지 않았고, 그래서 그 비판이 동역학적 질문에 대한 새로운 고찰로 이어지지는 않았다.

★

그런 새로운 고찰은 1684년에 이르러서야 겨우 시작되었다. 그 해 8월에 핼리가 뉴턴을 방문한 것에 대한 자초지종은 충분히 잘 알려져 있으므로 여기서 반복할 필요는 없을 것 같다. 나로서는 뉴턴이 거리의 제곱에 반비례하는 관계와 타원 궤도 사이의 연결을 증명했던 1679년 논문을 찾을 수가 없다고 했던 주장을 회상하는 것만으로도 처음 정했던 목적을 충분히 달성할 것이라 생각한다.[9] 그렇지만 핼리가 떠나기 전에 뉴턴은 그 명제를 새로 증명할 것에 동의했고, 그 증명이 끝난 뒤에 결과를 핼리에게 보내주었다. 그 결과 1684년 가을에 논문 한편이 런던으로 보내졌는데, 그 논문을 흔히 De motu라고 인용했다.[10] 이 논문은 뉴턴의 우선권을 보장하려고 영국 학술원에 등록되었다. 그리고 영국 학술원의 권유로 뉴턴은 궤도 운동에 대한 조사를 확장하여 Principia에 이르렀으며 이것을 1687년 6월에 출판했다. 뉴턴의 동역학에 관한 한, 그 중심 개념이 변하지 않은 채로 발전할 수 있었던 것은 제I권의 도입 부분을 재차 수정하고 확장했기 때문이다. 이러한 과정은 De motu의 최초 버전을 수정하면서 대략 6개월 동안에 완성한 듯하다.[11]

De motu의 최초 버전에서 뉴턴은 넓이 법칙이라든지, 이와 관계되어 타원 궤도에서는 힘이 거리의 제곱에 반비례해야 한다든지, 또는 균일하게 저항하는 매질을 통과하는 운동과 관련된 기본 명제들을 유도했는데, 이에 사용한 동역학은 그가 1679년에 채택했던 것보다 덜 만족스러웠으며 자체적으로 일관적이지도 못했고 이를 증명하라는 것 자체가 완전히 부적절한 그런 것이었다.

그는 두 개의 정의에서 시작했다. 첫 번째 것은 1679년의 교훈을 이용하여 역학이라는 언어에 새로운 단어를 도입하는 것이었다.

> 나는 중심이라고 여겨지는 어떤 한 점을 향하여 물체를 밀거나
> 잡아당기는 것을 구심력이라고 부르고자 한다.[12]

나중에 뉴턴은 호이겐스가 만든 '원심(遠心)'이라는 단어를 의식적으로 모방해서 '구심(求心)'이라는 단어를 만들었다고 설명했다. 단어를 바꾸

는 것은 원운동의 이해에 대한 좀 더 기본적인 변화를 상징한다. 글자 그대로 '중심에서 달아나는 것'을 의미한 호이겐스의 단어는 원운동의 매우 중요한 면이 물체가 중심에서 멀어지는 노력이라는 견해를 표명한 것이라는 데 반해, 뉴턴의 '중심을 찾는' 힘은, 직선 관성의 개념이 주어 졌을 때, 원운동은 오직 힘이 물체를 직선 경로에서 끊임없이 방향을 바꾸어 줄 때만 가능하다는 깨달음을 파악한 것이었다. 이것이 1679년에 기술된 것이며, 이제 De motu의 정리 2에서 다시 구심력은 '[원을 따라 회전하는] 물체를 끊임없이 접선에서 원주 위로 끌어당긴다'고 기술했 다.[13]

뉴턴이 기록한 것은 로버트 후크의 개념적 통찰력에 대해 그가 진 영 원한 빚이었으며, 역학이라는 과학 또한 후크의 통찰력에 영원히 빚을 지게 되었다. 누구든 이 빚을 중요하다고 할 것이다. 문제를 개념화시키 는 것이 잘 정립됨으로써 지속성이라는 놀라운 능력을 부여받을 수 있었 다. 후크의 통찰력이 뉴턴으로 하여금 원운동에서 평형이라는 장애가 되었던 개념을 제거하게 해주었다. 그렇게 함으로써 최신 동역학을 구축 하는 데서 최상의 상상(想像)을 했는데, 이 상상력이란 균일한 원운동이 겉으로 보기에는 정반대인 것처럼 보이지만, 직선 위에서 균일하게 가속 된 운동과 똑같다는 깨달음이었다. 모든 곡선 운동이 이제 관성 상태가 계속해서 변하는 것으로 일반화된 동역학의 원리의 지배를 적절하게 받 을 수 있게 되었다. 이러한 통찰력이 없었다면, Principia는 가능하지 못 했을 것이다.

그렇지만, 이러한 구심력에 대한 이해를 제외한다면, De motu의 초 판은 1679년의 논문을 무시하고는 De gravitatione의 동역학으로 회귀 했다. 정의 2는 두 번째 형태의 힘을 정의했다.

그리고 물체가 운동을 직선에 유지시키려고 노력하는 것을 물체의 힘 또는 물체에 고유한 힘이라고 [나는 부른다] [vim ⋯ corpori insitam].[14]

이 정의의 의미를 분명하게 만들기 위해 그는 가설 2를 추가했는데, 이로써 이 정의의 해석을 전혀 의심하지 않아도 되었다.

모든 물체는, 외부의 어떤 것으로도 방해받지 않는 한, 그 물체에 고유한 힘만으로 무한히 먼 곳까지 직선을 따라 균일하게 진행한다.[15]

De gravitatione에서 운동에 필수적인 단순한 병진 이동이 아닌 다른 무엇인가가 있다고 했을 때, 이보다 더 De gravitatione의 의도를 분명하게 설명해주는 것은 없을 것이다. De motu에서 관성의 원리에 가장 근접한 경우가, 균일한 직선 운동을, 움직이고 있는 물체의 균일한 힘인 vis insita(역주: '첨가된 힘'이라는 의미의 라틴어)의 산물로 취급한 것이었다.

그런 취급 방법이 남아 있는 원고 중에서, De motu의 첫 번째 버전이 있는데, 이 버전은 원래의 형태, 일련의 수정과 추가, 이렇게 두 단계로 이루어져 있다. 원래 형태는 위에서 인용한 두 개의 정의와 두 개의 가설에서 시작했다. 첫 번째 가설은 물체가 매질이나 또는 다른 외부의 원인으로 자신의 고유한 힘과 구심력을 정확히 따르지 못하도록 방해받지 않는다고 말했다.[16] 다시 말하면 애초에 De motu에서 다루려던 궤도 운동은 고유한 힘과 구심력이 결합되어 작용한 결과로 국한되었다. 뉴턴은 이러한 취급 방법을 완성한 뒤에, 저항하는 매질을 통과하는 운동을 수학적으로 기술하는 수단을 깨닫게 되었음이 틀림없다. 그 시점에서 그는 저항이 운동을 균일하게 방해하는 매질의 힘이라는 세 번째 정의를 삽입했으며, 첫 번째 가설을 수정하여 처음 아홉 개의 명제들에서는 저항이 0이라고 가정하고 나머지 명제들에서는 저항이 물체의 속도와 매질의 밀도에 비례한다고 했다.[17] 뉴턴이 저항도 다른 힘과 수학적으로 같게 취급하는 데 성공한 것은 역학의 역사에서 어느 정도 중요한 사건이었다. 그렇지만 De motu가 주로 관심을 보이고 있는 궤도 운동의 핵심 문제에 관한 한 저항은 아무런 요소가 되지 않았다. 궤도 운동은 계속해서 고유한 힘과 구심력이 결합한 작용의 결과로 기술했다. 최초의 수정이 있고 나서 어느 정도의 시간이 흐른 뒤, 그리고 아마도 위에서 언급한 수정이 있었던 것과 비슷한 시기에, 그는 여백에 세 번째 가설과 '가설 4'라는 제목을 써 넣었지만, 네 번째 가설의 내용은 아예 쓰지도 않았다. 세 번째 가설은 뒤이은 명제들에서 이미 사용했던 동역학을 구체적으로 기술한 것이었다.

> 가설 3. 물체에 [두] 힘들이 동시에 작용할 때, 물체가 주어진 시간 동안에 이동하는 위치는 힘들이 개별적으로 같은 시간 동안에 연이어 작용할 때 물체가 이동하는 위치와 같다.[18]

뉴턴은 이미 정리 1에서 힘들에 대한 평행사변형을 채택했다. 단지 물체에 고유한 힘 하나만 작용하면 물체는 직선 위를 움직이지만, 같은 시간 간격에 구심력의 충격이 작용하면 물체가 새로운 경로로 가게 방향을 바꾼다. 힘의 평행사변형과 약간의 간단한 기하를 사용해, 뉴턴은 케플러의 넓이 법칙이 그런 조건 아래서 만족되어야만 한다는 것을 증명할 수 있었다.[19] 이와 같이 De motu는 De gravitatione가 제시했던 역학의 이상(理想)을 구현했으며, 보편적인 동역학에 운동학을 흡수시키려고 했다.

De gravitatione로 돌아와서, 뉴턴은 De motu의 동역학을 일련의 모순 속으로 밀어 넣었는데, 그 뒤 여섯 달을 그 모순을 해결하는 데 전념했다. 처음 두 정의와 그 다음 세 번째 정의는 고유한 힘과 구심력 그리고 저항 등 세 가지 종류의 힘들을 가정했다. 힘의 평행사변형은 두 힘이 공동으로 작용할 때 그 결과를 결정하는 수단으로 도입되었다. 그 세 가지가 이런 방법으로 비교될 수 있었을까? 실제로 '힘'[vis]이라는 단어가 그 개념들에 공통인 유일한 요소였으며, 그것 말고는 대단히 이질적이었다. 두 번째 정의의 '고유한 힘'은 균일한 직선 운동을 유지시키려고 생각해냈으며, 원래 데카르트의 상대주의를 피하려고 도입했다. 반면에 '구심력'과 '저항'은 일기장에서 개발했던 힘의 개념을 반복했는데, 물체의 균일한 직선 운동을 변경하려고 물체의 외부에서 작용하는 힘의 개념이었다.

만일 핼리가 De motu의 불완전한 첫 번째 버전을 복사해서 두 번째 버전에 기록한 진술이, 뉴턴이 여백에 '가설 4'라고 썼을 때 마음속에서 생각하고 있던 것과 같다고 가정한다면, 힘에 대한 두 가지 개념이 서로 모순되는 것을 네 번째 가설보다 더 잘 설명해주는 것은 없다. 핼리의 버전에서는 '구심력이 작용하는 물체는 무엇이든 종류에 관계없이 운동의 가장 초기에 시간의 제곱에 비례하는 공간을 차지한다.'[20] De motu의 세 번째 버전에서 뉴턴은 (오늘날 도움 정리 2라고 불리는) 명제를 증명하는데 이 명제에서 사용한 가정이 흥미롭다. 우리가 이 명제를 읽을 때는 이 명제의 요점이 거리가 시간의 제곱에 비례하는 것이라고 생각하기가 쉽고 그래서 균일한 힘은 균일한 가속도의 원인이라고 치게 된다. 실제로 이것이 바로 갈릴레오의 해설이라고 부르면서 뉴턴이 가정한 것이다. 여기서 중요한 것은 오히려 '종류에 관계없이'라는 말에 있다. 그는 균일한 구심력뿐 아니라 균일하지 않은 구심력을 받아도, 운동의 가장 초기에 물체가 기술하는 운동의 거리는 시간의 제곱에 비례한다는 것을 증명하는 데 관심을 기울였다.[21] 고유한 힘으로서 '힘'은 균일한 운동 ($F = mv$)의 원인이 되는 데 반해, 구심력으로서 '힘'은 균일한 가속도 ($F = ma$)의 원인이 된다. 힘에 대한 뉴턴의 평행사변형은 운동에 대한 갈릴레오의 평행사변형을 개조한 것이었으며, 힘이 운동보다 더 기본이 된다는 그의 원리를 반영하는 것이었다. 그렇지만 여기서 관심의 대상이 되는 두 힘은 운동에 대해 완전히 다른 관계에 있다. 뉴턴은 평행사변형에서 두 힘이 운동에 대한 관계가 같다고 가정했다.[22]

이것만이 De motu에서 힘의 개념을 곤란에 빠뜨린 유일한 문제는 아니었다. 고유한 힘에 관한 한, De motu에서는 질량의 정의가 포함되지 않았는데도 여기서 생기는 사소한 애매함은 무시할 수 있으며, 고유한 힘은 mv로 측정할 수 있다고 말할 수 있다. 그러면 균일한 운동을 바꾸는 외부 힘은 무엇으로 측정하는가? De motu의 정의를 따르는 한, 그런 힘들은 ma로 측정하는 것처럼 보인다. 가설 4는 명시적으로 균일한 힘은 (구심력은) 균일한 가속도를 일으킨다고 가정했다. 심지어 그가 네 번째 가설을 추가하려고 시도하기도 전에, 그는 같은 관계를 정리 3에서 가정했는데, 이 정리는 Principia 최종판에 나오는 명제 6처럼, 임의의 곡선에서 행해지는 운동에 필요한 구심력을 기하적으로 표현했다. 그는 짧은 선분 QR은 '시간이 주어졌을 때는 구심력에 비례하며, 힘이 주어졌을 때는 시간의 제곱에 비례하고, 아무것도 주어지지 않을 때는 구심력과 시간의 제곱에 비례한다…'고 말했다.[23] 나중에 첨가했던 여백에 쓴 메모는 도움 정리 2에 대해 말했는데, 이것은 버전 3에서 수정될 것을 의미한다. 균일한 원운동에서 구심력의 양을 조사했던 정리 2는 구심력을 균일한 구심 가속도로 측정했다. 그리고 수정하면서 추가했던, 저항하는 매질을 통과하는 운동에 대한 마지막 두 문제에서, 풀이에 기본이 되는 동역학적 원리는 '속력의 감소는 저항에 비례한다…'를 그대로 유지하고 있다.[24] 본문에서 이 진술은 속력의 순간적인 감소, 즉 가속도를 의미한다. 그렇다면 마지막 경우를 제외하고 De motu의 동역학은 분명히 자유 낙하에 대한 갈릴레오의 운동학에 의존하는 것처럼 보인다. 세 번째 버전의 도움 정리 2에서는 명시적으로 거리가 시간의 제곱에 비례하는 것을 말하기까지 했다. 저항하는 매질을 통과하는 운동에 나오는 어려운 문제에 대한 뉴턴의 풀이는, 속도와 저항이 일정하게 변하는 경우, 역시 속도가 순간적으로 감소하는 것이 이상적인 자유 낙하의 균일한 가속도와 유사함을 그가 인식했기에 가능한 것이었는데, 이는 다시 말하면, 저항을 균일한 직선 운동을 변화시키는 다른 힘과 유사하게 취급했다는 것이다.

그렇지만 유감스럽게도 De motu에는 그러한 힘들에 대한 또 다른 측정 방법도 나오는데, 또 다른 측정이란 충돌 현상에서의 힘에 대한 다른 모형으로 돌아가는 것이다. 1679년에 후크에게 보낸 편지에서 뉴턴은 잇따른 순간들에서 작용하는 일련의 불연속적인 충격을 상상했다. De motu의 정리 1은 이와 같은 개념을 사용했다.

> 시간을 같은 간격들로 나눈다고 하고, 시간의 첫 번째 간격에서 물체는 자기에게 고유한 힘 때문에 직선 AB를 진행한다고 가정하자. 마찬가지로 시간의 두 번째 간격에서 물체를 방해하는 것이 전혀 없다면, 물체는 AB와 같은 선분 Bc를 그리면서 c를 향해 직선 위를 진행하게 될 것이다…. 실제로 물체가 B에 도달할 때, 구심력이 단 한번 그러나 매우 큰 충격으로 작용하고, 물체로 하여금 선분 Bc에서 돌아서도록 만들어서 선분 BC로 진행한다고 하자.[25]

마찬가지로, 구심력은 C, D, E 점에서 작용하는데 같은 시간 간격마다 서로에 의해 제거되며 매순간 물체를 옆으로 틀어서 새로운 직선 경로로 가게 한다. 이런 용어로 표현되는 힘은 '한 번에 그러나 매우 큰 충격'으로 작용하며 오로지 Δmv에 따라서만 측정할 수가 있다. 실제로 그러한 측정은 뉴턴에게 많은 것을 제공해 주었다. 비록 엄격한 의미에서 이러한 힘은 균일하게 작용해서 가속시키는 힘만큼이나 고유한 힘과 같은 기준으로 측정할 수는 없지만, 평행사변형으로 다룰 때는 연속해서 가속시키는 힘은 적용할 수가 없는 반면 이러한 힘은 잘 적용할 수 있었다. 예를 들어, 정리 1에서 평행사변형의 (또는 삼각형의) 한 변은 고유한 힘에 의해 발생한 운동에 대응한다. 다른 변도 또한 직선 운동인데, 순간적인 충격에 의해 발생한 운동에 대응하며, 세 번째 변이 그 둘을 합한 결과이다. 뉴턴이 정리 1에서 사용하려던 수학적 도구가 이미 마련되어 있었기 때문에 뉴턴은 연속된 시간 간격에서 이루어지는 넓이가 같다는 것을 삼각형의 기하에서 증명했고, 이와 양립하는 힘의 정의를 사용할 것이 요구되었다. 비록 De motu에서는 Principia에서 사용했던 초기 비율과 최종 비율의 방법이 공식적으로 드러나 있지는 않지만, 그 방법을 여러 번 사용했다. 그 방법이란 상상할 수 없는 정도로 가깝게 다가가는 곡선 상의 두 점들을 통과하는 작은 삼각형들과 사각형들을 그리는 것이었다. 그런 그림에서 두 변 사이의 초기 비율이나 최종 비율은 두 점들이 서로 상대방에게 다가갈 때, 비록 흔히 사용하지 않는 변수로 표현되기는 하지만, 미분과 비슷한 수학적 개념이다. 정리 1에서 작은 삼각형의 한 변이 함축적으로 그렇듯이, 그런 그림의 한 변이 힘을 대표한다면 그 문제는 언제나 힘을 Δmv로 정의하는 것으로 시작한다. 이와 같이 뉴턴은 De motu에서 곡선을 다변형의 극한으로 여기는 수학을 통하여 힘의 정의를 내린 반면, 균일하게 가속된 운동에 대한 그의 물리적 직관은 또 다른 정의를 내리게끔 만들었다. 고유한 힘이라는 쟁점을 제외하면, 초기 De motu의 동역학은 주로 자유 낙하에 대한 갈릴레오의 분석에서 유도했던, 균일한 힘이 균일한 가속 운동을 발생시킨다는 개념에 의존했다. De motu의 수학적 장치들은 충돌 모형으로 모아지고 있었다. 뒤이은 수정에서는 여러 고찰을 통하여 충돌 모형이 더 중요하게 되었고, 마침내 Principia에서 운동의 제2법칙은 '운동의 변화가 새겨진 기동력에 비례한다…'라고 기술하기에 이르렀다.[26]

또한 De motu에서는 뉴턴이 그 두 정의가 서로 모순되지 않는 걸로 보았음이 시사되어 있다. 내가 주장했던 것처럼 17세기의 동역학은 잘못된 차원으로 힘을 정의하여 어찌할 바를 모르게 되었다. 동역학에 대한 그의 기여가 얼마나 크든 뉴턴도 똑같은 궁지에서 빠져 나오는 데 성공하지 못했으며, 그리고 De motu에서 그는 이미 자기 자신이 인지(認知)한 것에서 이 문제를 불분명하게 만들 장치를 숨기고 있었다. 정리 1에서 힘의 불연속적인 충격들이 연속적인 시간 간격마다 작용하며, 각 충격은 그 충격에 비례하는 운동의 증가분을 만들어낸다. 개별적인 간격들에 대응하는 삼각형 넓이들은 모두 같다는 것이 증명된다. 뉴턴은 이제 계속해서 '이 삼각형들의 수는 무한히 많고 크기는 무한히 작아서 하나의 삼각형이 시간상 하나의 순간에 대응한다…'고 가정한다. 이 문장은 약간 애매하다. 이 문장만 보면 시간과 힘이 궁극적으로 불연속이어서 힘의 측정은 단지 운동의 불연속적인 증분(增分)뿐일 수밖에 없다고 암시하는 듯하다. 1679년에 후크에게 보낸 편지는 그러한 개념을 받아들인 것처럼 보인다. 이런 관점에서, 힘의 척도는 Δmv 하나뿐이어야 하고, 그가 일기장에서 사용했던 총 힘이라는 개념은 충격의 증분들과 운동의 증분들을 각각 비슷하게 더한 것으로 발생한 운동을 단순하게 더한 것에 해당했다. 그렇지만, 실제로는 이것이 뉴턴의 견해는 아니었다. 정리 1의 같은 문장에서는 '극한 상황에서도 중단하지 않고 계속해서 작용하는 구심력'이라고 기술했다.[27] 정리 2와 3에서는 시간이 일련의 불연속적인 순간들이 아니라 무한히 많이 나눌 수 있는 연속된 것으로 가정하는 극한에 이르는 과정을 구체적으로 보이고 있다. 실제로, 그 두 정리에서 고려한 문제의 정의에서는 극한까지 가기도 전에 이미 ma에 비례하는 연속된 힘의 개념을 사용하고 있다. 매번 등장할 때마다 항상 뉴턴은 정리 1의 '구심력'을 정리 2와 3에 나오는 '구심력'과 동일하게 이해했다.

이것이 어떻게 가능했을까? 비록 정의 1에서 힘을 정의하는 데 시간의 차원이 있지 않았지만, 문제를 정의하는 데는 시간의 차원이 있었다. 개별적인 충격들이 같은 시간 간격 동안에 작용한다. 극한에 이르는 과정 중에, 연속되는 시간 간격은 극한으로 가면 연속적인 시간 흐름으로 되며, 그리고 개별적인 충격들에 집중되어 있던 힘은 말하자면, 전체 구간에 고르게 퍼지게 된다. 뉴턴이 이전에 말한 것에 따르면, 극한에 이르기 전과 후에 '총 힘'은 변하지 않고 그대로이다. 극한에 이른 후의 총 힘은 적분 $\int F dt$가 된다. 1684년에 뉴턴은 그러한 개념을 구사하기 위한 수학을 이미 오래 전부터 구비하고 있었다. 그런데도 그는 그렇게 하지 않았다. 뉴턴은 나중에 De motu를 수정할 때 순간의 개념을 정의하면서 '힘'에 대한 두 가지 사용법을 절충하는데, 그러한 순간의 정의는 Principia의 제II권에 나오는 궁극적인 도움 정리 II를 예견하는 것이었다.

> 과거와 미래 사이의 현재 시간, 과거와 미래 운동 사이의 현재 운동, 구심력이나 무엇이 되었든 기동력 중에서 어떤 다른 순간적인 힘, 선(線) 중의 한 점, 면(面) 중의 한 선, 부피 중의 한 면, 직각 중에서 접촉각 등과 마찬가지로 [이것이 순간이다], 양(量)의 순간이란 연속적인 흐름에 따라서 그 양이 발생하거나 수정되는 원리이다.[28]

여기서 지적된 차이에도 불구하고, 그는 서로 차원에서 모순인 두 경우를 구별하지 않고 '힘'이라는 단어를 계속 사용했다. 이 정도로 그는 동역학적 단위로 어떤 양을 골라 낼 것인가라는 점에서 한 세기에 걸친 혼란 속에 계속 말려들어 있었다. 그렇지만 De motu에서 이미 그러한 혼란이 뚜렷하게 제한적으로 나타났다. 뒤이어 나온 Principia에서와 같이 De motu에서도 같은 시간 간격으로 연속되는 충격을 가정하는 맥락에서, Δmv로서 힘이 유일하게 사용되었다. 이때 차원적 모순은 그대로 남아 있다고 하더라도, 사고(思考)에서의 혼란은 그렇게 크지 않았으며, 뉴턴이 Δmv로서의 힘을 ma로서의 힘과 구별짓지 못했다고 해도 이전에 다른 이들이 그 때문에 처했던 난처함을 똑같이 겪지는 않았다.

★

뉴턴의 궁극적인 동역학에 관해서 말하자면, De motu의 최초 버전이 남긴 숙제는 그가 하나는 균일한 운동을 유지시키는 물체의 고유한 힘이고, 다른 하나는 물체의 운동을 변화시키는 구심력이라는, 근본적으로 다른 두 힘을 가리키는, 두 개념을 받아들임으로써 전에 불러온 모순을 해결하려는 것이었다. 첫 번째 버전을 약간 수정한 형태에 지나지 않는 두 번째 버전에는 문제를 해결할 만한 어떤 것도 더 추가되지 않았다. 이와는 대조적으로 세 번째 버전은 뉴턴의 사고가 한 단계 더 발전되었음을 보여주었다. 이전 버전들에 나오는 가설 3과 4는 증명으로 보강되어 도움 정리의 지위로 상향되었지만 그 내용은 달라지지 않았다. 뉴턴은 나머지 두 가설에 세 개의 가설을 더 더하고, '가설'이라는 단어가 그가 의미하고자 하는 내용을 표현하지 못한다고 결정해서, 다섯 경우 모두에서 '가설' 대신 새로운 단어인 'Lex'(역주: 법칙이라는 의미의 라틴어)로 바꾸어 놓았다.

그래서 원래 나온 순서로 보면, 운동의 법칙은 다섯 번째가 된다. 첫 번째 법칙은 첫 번째 버전에서 실질적으로 바뀐 게 없이 그대로 남아 있었으며, 여전히 물체는 자신의 고유한 힘 하나로만 직선 위에서 균일한 운동을 진행한다고 주장했다. 그렇지만 두 번째 법칙은 상당히 크게 바뀌었다. '구심(求心)의'라는 단어를 '새겨진'이라는 단어로 바꾸어서 법칙의 일반성을 높였을 뿐만 아니라 뉴턴이 활용하려고 추구하고 있었던 이분법(二分法)을 표현했다. 물체의 고유한 또는 내부의 힘은 물체가 균일한 운동에 있게 유지한다. 물체 외부의 힘인 새겨진 힘은 물체의 균일한 운동을 변화시킨다.

> 운동의 변화는 새겨진 힘에 비례하며 그리고 그 변화는 힘이 새겨
> 진 직선의 방향으로 만들어진다.

(새겨진 힘을 수식하는 '동인(動因)이 되는'이라는 형용사) 한 단어만 제외하면, 이 법칙은 Principia에도 똑같이 나와 있다. 그런데, 이때는 뉴턴이 표현한 말에 만족하지 못했다. 그는 처음 문구를 '발생한 운동 또는 운동의 변화는 …'이라고 바꾸고, 또다시 바꾸어 세 번째 버전에는 '움직이는 상태의 변화 또는 정지 상태로 남아 있는 것의 변화는 새겨진 힘에 비례하며 …'라고 그대로 나와 있었다.[29] 이 정의에서 두 가지를 주목할 만하다. 그가 이 정의에서 정지한 상태와 움직이는 상태를 모두 다 묶어서 부르려고 했던 것은 물체의 절대적인 운동은 물체의 절대적인 힘에 따라 결정된다는 첫 번째 정의와 관련이 있었다. 정지한 상태가 균일하게 움직이는 상태와 같지 않다면 힘의 법칙은 두 상태 모두의 변화를 기술해야만 하기 때문이었다. 둘째, 도움 정리 2와 다른 여러 정리들이 단지 가속도로만 측정하는 힘의 개념을 지속적으로 이용하고 있었

는데도 그가 채택했던 법칙은 충돌의 모형에 근거하여 기술한 것이라는 사실이다.

이 버전에서 추가된 나머지 세 개의 가설들 (또는 법칙들) 중에서, 마지막 것은 첫 번째 버전에서 그가 발견했던 매질의 저항에 관한 것을 정식 법칙으로 만든 것이었다. 그 법칙은 매질의 저항이 매질의 밀도와 움직이는 물체 표면의 넓이 그리고 속도에 비례하며 이 세 가지 모두가 공동으로 기여한다고 주장했다. 이 남다른 '법칙'은 남다른 운명을 겪었다. 다음 번 수정에서 이 법칙은 메모가 추가되는 수모를 당했는데, 이 메모에서 뉴턴은 이 법칙이 정확하다고 확인할 수 없다고 고백했다. 이 법칙이 근사적이라고 말하는 것만으로도 충분했을 텐데 말이다. 그는 이 법칙이 불합리함을 깨닫고는, 마땅히 그래야 했지만, 펜을 한 번 긋는 것으로 그 법칙을 운동의 법칙에서 영원히 제거했다.[30] 세 번째 버전에 나오는 다른 두 법칙들은 덜 이상하긴 했지만 그러나 끝에 가서는 더 골치 아프게 되었다. 그중 한 법칙은 '주어진 공간에서 움직이는 물체들의 상대적 운동은, 이 공간이 정지해 있든 또는 원운동을 하지 않고 직선 위에서 영원히 그리고 균일하게 움직이든 상관없이 같다'고 주장했다. 나머지 다른 법칙들은 물체들로 이루어진 계의 공동 중력 중심은 그 계에 포함된 물체들 사이의 상호 작용 때문에 자신의 운동 상태나 또는 정지 상태를 바꾸지 않는다고 확언함으로써 처음 법칙을 보강했다.[31] 한마디로, 이 두 법칙은 일기장의 통찰력과, 그리고 관성계에서 외부의 영향에서 고립된 두 물체는 두 물체의 공동 중력 중심에 두 물체가 몰려있는 것으로 여길 수 있다는 일기장의 깨달음으로 환원되었다. 그래서 그는 그 두 법칙 중에서 두 번째 것을 법칙 2라고 불렀는데, 확실히 하자면 바로 힘 법칙이라 불리는 것이다. 법칙 2 자체는 운동의 모든 변화에 대한 선형성(線形性)을 새롭게 주장한다는 의미에서 관성의 개념을 내포하고 있다. 그 이후 De motu의 세 번째 버전에서, 운동에 대한 새로운 세 법칙들이 등장하는데, 여기서 뉴턴이 관성 역학으로 돌아오기 시작했음을 알 수 있다. 반면에 법칙 1은 균일한 운동은 그 운동을 유지시키는 내부 힘에 따라서 다른 것들과 구별될 수 있다고 주장해 다른 세 법칙들과 모순되었다. 마치 그 모순을 잃지 않으려는 것처럼, 뉴턴은 또한 문제 5 다음에 주석(註釋)을 넣었는데, 그 주석에서 그는 '하늘이라는 광대하고 진정으로 움직일 수 없는 공간 …'이라고 말했다.[32] 이와 같이 뉴턴이 동역학을 점점 명료하게 만들어 나가면서 절대적 공간의 작용적인 면에서의 중요성이 더 많이 훼손되었고, 그럴수록 오히려 그 공간의 실체를 열렬히 주장할 필요를 느꼈던 것처럼, 서로 모순되는 두 개의 사고의 흐름이 세 번째 버전에 들어 간 수정 사항들을 모두 좌지우지하고 있는 것처럼 보인다.

세 번째 버전과 이른바 Lectiones de motu 사이에 출판한 세 번째 버전을 수정하는 논문에서는 다양한 경향들이 충분히 명백하게 드러나 있다. 대단히 많이 확장된 일련의 정의들이 절대 시간, 상대 시간, 절대 공간, 그리고 상대 공간 등으로 시작한다. 물체에 대한 정의, 물체의 중심과 축에 대한 정의, 장소의 정의 그리고 정지의 정의, 그 다음에 바로 계속해서 뉴턴은 주요 관심사인 절대 운동과 상대 운동을 구분해 내려고 운동의 정의를 고려했다. 원운동에서는 중심에서 멀어지려는 노력에서 우리는 절대적인 회전을 구분해 낼 수 있다. 일반적으로 이를 구별하는 요소는 힘이다.

더군다나, 엄격히 말해서 운동과 정지는 물체 자신들 사이의 상황이나 관계에 의존하지 않는데, 이는 운동이나 정지를 변화시키는 것은 그러한 물체에 새겨진 힘이며 그러한 힘을 제외하고는 운동과 정지를 결코 변화시킬 수 없다는 사실에서 명백하다. 그러나 상대적으로 움직이거나 정지해 있는 것은 오직 그 운동과 정지가 관계되어 있는 다른 물체에 새겨진 힘으로만 바뀔 수가 있으며, 이들의 상대적인 상황이 그대로 유지되는 한, 각 물체에 새겨진 힘에 의해서는 바뀌지 않는다.[33]

형식과 내용 모든 면에서 이러한 정의들은 에세이 De gravitatione로 돌아가 데카르트의 상대주의를 열렬히 거부했는데, 이는 뉴턴이 상대주의를 동역학을 통해서 탈출할 수 있다는 확신을 표현하는 듯하다. 상대 운동과 절대 운동 사이의 이분법은 운동학과 동역학 사이의 이분법과 같다. 그가 De gravitatione에서 말했던 것처럼, '물리적이고 절대적인 운동은 병진 이동을 제외한 다른 것들을 고려해서 정의되어야 하는데, 병진 이동은 단순하게 외부적인 것으로 귀속된다.'[34]

그리고 정확히 여기에 진퇴 양난의 괴로운 상황이 있었다. 그 페이지에서 좀 더 아래쪽으로 내려가면, 이 논문에서는 의식적으로 이전의 주장을 환기시키는 것 같은데, 단순히 외부의 관계가 아닌, 물체가 가지고 있는 고유한 힘에 대한 정의를 내리면서, 그는 먼저 '물체 내에 본래부터 있고 원래 타고난 … 힘 …'이라고 [Vis corporis seu corpori insita et innata …] 불렀으며, 그리고 그 다음에는 '물체 내에 본래부터 있고, 원래 타고났으며 실질적인 힘이라고 …' [Corporis vis insita, innata et essentialis …][35] 불렀다. 이러한 일련의 과정은 수정 작업의 일환이었는데, 이는 절대 운동을 결정하는 데 힘을 무용지물로 만들 수 있는 위기가 될 수도 있었다. De motu는 처음 세 버전에서, 물체의 고유한 힘을 물체가 직선 위에서 균일한 운동을 유지하려는 노력으로 정의했으며, 그리고 운동의 제1법칙은 이 정의가 주장했던 것을 재차 확인했다. 그는 이제 '물체 내에 본래부터 있고, 원래 타고났으며 실질적인 힘은 물체가 정지해 있거나 또는 직선 위에서 균일하게 움직이는 상태를 유지시키는 역할을 하는 능력이며, 그리고 물체의 양에 비례한다'고 말했다. 그 힘은 실제로는 상태의 변화에 비례하게 작용한다….'36 운동의 제1법칙도 이에 대응하는 변화를 겪었는데, 효과적으로 균일한 운동은 균일한 힘의 산물이라는 개념을 단념하고, 고유한 힘을 물체의 상태를 변화시키는 저항으로 바꾸었으며, 암묵적으로 관성의 원리를 포용했다.

그의 동역학이 지향하는 방향을 고려하면, 절대적인 운동에 대한 뉴턴의 고집이 역학에 어떤 실리적인 결과를 가져왔는지 묻지 않을 수 없다. 비록 절대 공간과 절대 시간 그리고 절대 운동에 대한 논의가 1685년을 거치면서 대단히 확장되었고 Lectiones de motu에서 실질적으로 최종적인 형태로 확정되었지만, 모든 중요한 생각은 이미 고려중인 문구에 들어 있었다. 그가 실제로 Principia에서 물체의 진정한 운동이라고 불렀던 것을 가려 낼 수 있는 어떤 기준이라도 있었을까? 뉴턴의 관심사는 절대 운동이었다. 그래서 그냥 절대 공간이 아니라 절대 운동이 존재하는 기준계로서의 절대 공간 말이다. De gravitatione에서 뉴턴은 데카르트의 상대주의가 궁극적으로 불합리하다는 것을 그들의 용어를 사용하여 주장했는데, '움직이는 물체는 어떤 정해진 속도도 없고 정해진 선을 따라 움직이지도 않는다…. 반면에 정해진 속도와 방향이 없는 운동은 존재할 수가 없으므로 운동도 존재할 수가 없다'.37 뉴턴은 Principia에서 서쪽으로 10의 속도로 항해하는 배 위에서 동쪽으로 1의 속도로 걸어가는 선원의 예를 들었다. 만일 지상에서 배가 있는 바로 그 부분이 10,010의 속도로 동쪽을 향해서 진짜로 움직이고 있다면, 선원이 진짜로는 동쪽을 향해서 10,001의 속도로 움직이는 것이다. 이것이 사실이면서도 절대 운동인데, 뉴턴은 이제 그 자신이 이를 확신하였지만 동시에 이를 구별해 내는 방법은 부정하고 있었다. 수정 내용이 적힌 종이에 있던 법칙 4에 따르면, '주어진 공간에 포함된 물체들의 상대 운동은 그 공간이 절대적으로 정지해 있든 또는 원운동 없이 직선 위를 균일하게 영원히 움직이든 차이가 없이 같다.'[38]

뉴턴은 Principia에서 절대 운동과 상대 운동을 구별할 수 있는 세 가지 기준, 즉 그 운동의 성질, 원인, 그리고 효과를 자세히 설명했다. 진짜로 정지해 있는 물체는 상대방에 대해 정지해 있다는 것이 정지의 성질이다. 이것은 단지 병진 이동 또는 운동학적인 기준이며, 그는 변하지 않는 확신으로 기준점이 되는 물체가 진짜로 정지해 있는지 결정하기는 결단코 불가능하다고 지적했다. 진정한 운동의 원인은 그 운동을 바꾸려고 물체에 새겨진 힘이다. 이 기준이 마지막 기준보다 더 좋지는 않다. 이 기준은 오로지 운동의 변화만을 말하고 있으며, 또한 절대 운동 자체를 결정하는 데는 전혀 무력하다. 진정한 운동의 효과는 원운동의 축에서 후퇴하는 힘이다. 실제로 이것이 뉴턴의 논거(論據) 중 가장 중요한 쟁점이었다.

설명하는 과정에서, 그는 두 가지 예를 들었다. 꼬인 밧줄에 물이 담긴 물통을 매달고, 물통이 자유롭게 회전하게 놔두면, 물통은 돌기 시작하더라도 그 속에 담긴 물은 잠시 동안은 정지해 있다. 하지만 물통의 운동이 스스로 물과 의견을 교환하면서 물도 또한 회전하기 시작한다. 물통과 물이 서로 상대적으로 운동 상태에 있을 때, 물의 표면이 평평하다면 물은 진정으로 정지 상태에 있음을 알 수 있다. 물통과 물이 함께 돌아가서 물통과 물이 상대적으로 서로 상대방에 대해 정지해 있을 때, 물의 원심 경향 때문에 생기는 가운데가 옴팍 들어간 물의 표면은 물이 진정으로 운동하고 있음을 보여준다.[39] 아마도 이러한 논증은 너무 많은 것을 보여주는 것이리라. 뉴턴이 물의 평평한 표면에 대해 말했을 때, 그는 그 액체가 정지해 있는 것이 아니라 움직이고 있는 것을 의미했으며, 그것도 실제로는 회전하는 지구 위에서 원운동을 하고 있는 것을 의미했다. 지구가 자신의 축 주위를 실제로 회전하고 있다고 확신할 만한 어떤 방법이라도 있었던 것일까? 뉴턴은 그런 방법이 있다고 확신했다. 만일 두 개의 구(球)를 끈으로 연결하고 두 구의 공동 중력 중심 주위로 회전시키면 '외부에 비교할 수 있는 어떤 것도 없는 진공이어서 두 공이 움직이는지 감지할 수 없다 하더라도,' 줄의 장력을 이용해서 그 두 공이 실제로 움직이고 있는지 결정할 수 있다. 두 공의 서로 마주보는 면을 같은 힘으로 누르고 장력을 이용해서 그 효과를 측정하면 회전의 방향도 정할 수가 있다.

> 그러나 이제, 마치 우리 지역에서 고정된 별들이 그렇듯이, 만일 그 공간에서 어떤 멀리 있는 물체들이 항상 서로 상대방에 대해 정해진 위치를 지키도록 놓여 있었다면, 그런 물체들 사이에 놓인 천구(天球)의 상대적인 병진 이동에서 그 운동이 실제로 천구에 속한 것인지 또는 물체에 속한 것인지 결정할 수가 없었다. 그러나 만일 줄을 관찰하고 그 줄의 장력이 천구에게 요구된 운동을 하게 하는 바로 그 장력이라는 것을 발견한다면, 그 운동은 천구에 속한 것이고 물체는 정지해 있다고 결론지었을지도 모른다. 그리고 그 다음에 마지막으로, 물체 사이 천구들의 병진 이동에서 그 운동의 방향을 찾아낼 수 있어야만 한다.[40]

비록 항상은 아닐지라도 대개의 경우, 뉴턴이 논하는 절대 공간이란 암묵적으로 태양계를 말하는 것으로 확인된다. 예를 들어 Principia는 태양계의 중력 중심은 정지해 있다는 가설을 명시적으로 도입했다.[41] 위에서 인용한 구절에서 분명히 알 수 있다시피 뉴턴은 자신이 그렇게 찾고자 했던 것처럼, 실제로 태양계에서 지구가 정말 회전한다는 것을 입증할 만한 기준이 있었을까? 그는 두 가지 예를 들어 관성 역학의 테두리 안에서 주어진 회전축 주위의 절대적인 회전에 대한 기준을 세웠다. 이 기준은 비판받을 수 있었고 사실 그동안 비판을 받아왔다. 우주는 이미 주어졌다고 가정하고 세워진 역학에서 나온 이 기준은 우주의 나머지 모든 것은 존재하지 않는다고 생각하는 사고(思考)실험의 결과를 당연하게 가정한다. 여기서 나의 목적은 철학적 분석이 아니라 역사적 맥락에서 뉴턴의 사고를 재구성하는 것이므로, 이 기준이 옳다고 받아들이기로 하고 그 결과를 검토하기로 하자. 케임브리지에서 했던 두 구(球)를 이용한 실험을, 심지어 충분히 세밀한 측정이 이루어졌다 해도, 1685년에는 해석하기가 어려웠을 것이다. 북극이나 남극에서 했더라면, 이 실험이 원칙적으로 지구가 그 축 주위로 회전한다는 것을 증명할 수도 있었을 것이다. 다행스럽게도 자연은 그에 대응되는 실험을 스스로 했다. 지구가 완전한 구형이 아니라는 것과 측정한 중력 가속도 모두 지구가 절대적인 회전을 한다는 구체적인 증거라고 뉴턴은 확신했다. 뉴턴 시대에는 위도(緯度)가 서로 다른 지점에서 초진자(秒振子)의 길이가 모두 다르다는 것이 지구가 찌그러진 구 모양이라는 증거였다. 만일 그 결론에 약간의 의심이 남아 있었다 하더라도, 그 당시 세대에서는 과학계가 일반적으로 받아들이고 있던 사실이었다. 뉴턴은 지구 자전으로 인한 원심 효과를 계산에서 수정하려고 중력의 가속도를 달의 구심력과 관련시켰는데, 이는 철저한 오해를 낳았다. 이 상관관계는 궁극적으로 달까지의 거리에 의존했는데, 당시 시차(視差)를 관찰하여 얻을 수 있는 가능한 값들의 오차가 원심력에 따른 수정보다 훨씬 더 컸다. 그런데도 뉴턴이 원심 효과를 측정하려고 측정한 중력 가속도를 사용한 것은 원칙적으로 옳은 결정이었다.

그렇지만 그는 그 이상 조금도 진전할 수가 없었다. 그가 의심의 여지

없이 받아들였던 태양 중심 시스템에 따르면, 지구도 역시 태양 주위를 회전한다. De motu와 관련해서 절대 운동을 정의하면서, De gravitatione와 Principia에서, 뉴턴은 이제 더 자제된 열정으로 데카르트의 상대주의가, 행성들이 멀어지려는 노력은 인정했으면서도 태양 주변을 도는 행성들의 운동은 부정했다고 반박했다. 이 시점에서 뉴턴의 논거에 대한 마흐의 비판은 분명히 반박할 수 없는 것이었다. '역학에 대한 우리의 원리는 모두 다 … 물체들의 상대 위치와 상대 운동과 관계된 실험적 지식이며 …. 누구에게도 이러한 원리들을 경험의 한계 바깥으로까지 확장시켜도 좋다는 근거는 없다.'[42] 정말이지 뉴턴은 어떻게 행성들이 태양에서 멀어지려고 노력한다는 것을 알았을까? 어떠한 구속된 물통이나 줄도 없이 그러한 노력을 관찰할 수는 없다. 그 노력은 오로지 관성 역학의 맥락으로 곡선 운동에서 추리할 수밖에 없다. 뉴턴의 원리는 정확히 그 반대였다. 즉 운동이 힘을 드러내 주는 것이 아니라, 힘이 운동을 드러낸다고 가정했다.

그렇다면 뉴턴은 기껏해야, 아주 좁게 제한된 몇 개의 절대적인 회전을 구분해 낼 수 있는 기준을 발전시켰을 뿐이다. 고유한 힘에 대한 개념은 수정했지만 절대적인 병진 운동에 대해서는 어떤 기준도 얻을 수가 없었으므로, 절대 운동을 결정하려는 그의 목적은 어떤 경우에도 실현하지 못했다. 이미 말했지만 뉴턴에게는 태양계가 절대 공간이었다. 그렇지만, 뉴턴은 Principia에서 이른바 고정된 별들이 정말 정지해 있는지 어떤지 의문을 제기했을 때, 태양계 전체가 한꺼번에 관성적으로 움직일 가능성을 적어도 한 번은 명시적으로 인정했다.[43] 한편 그가 계속해서 주장했던 것처럼, 모든 상대 운동은 그 운동이 일어나는 공간 전체가 균일한 직선 운동을 하면서 움직이든 그렇지 않든, 동일하게 남아있다. De motu의 세 번째 버전에 대한 수정 이후로 그의 동역학은 변하지 않은 채로 운동이 아니라 운동의 변화의 원인을 다루는 과학으로서 남게 되었다. 심지어 절대 운동에 대한 개념이 Principia에 제시되어 있기는 하나, 그 이후의 동역학에는 철저하게 어떤 결과도 내지 않는다.

그러면 뉴턴은 왜 절대 운동을 주장했을까? 아마도 이 질문은, 그의 동역학의 발전과 함께, 사용하는 데 전혀 의미가 없는 개념들을 계속 만들어 내서, 그렇게 만들어진 양에 정확히 비례하며, 그의 주장들의 격렬함과 주장들의 길이 모두에서, 서로 어긋나는 일이 늘게 되었다는 사실과 밀접한 관계가 있다. De motu의 첫 번째 버전에서, 물체에 고유한 힘은 절대 운동을 확인하는 기준을 제공했는데, 그것은 단지 암묵적으로만 언급되었다. 뉴턴은 한 걸음 한 걸음, 관성의 원리와 조화를 이루도록 고유한 힘의 개념을 수정하면서, 절대 운동에 대한 생각을 도입했고, 비록 기준을 추가하지는 않았지만 절대 운동을 점점 더 자세히 설명했다. 뉴턴의 진의를 이해하려면 De gravitatione로 돌아가, 어떤 지침이나 기준점도 존재하지 않았던 세상의 절대적인 불확실성에서 온 뉴턴의 반감이 절대 공간으로 나타났음을 상기할 필요가 있다. '이러한 무한한 공간의 영원한 침묵이 나를 공포로 채워 놓는다.' 파스칼의 cri de coeur(역주: '간청이나 또는 항변의 의미로 내뱉는 열렬한 외침'이라는 의미의 프랑스어)는 상대성이라는 상륙할 해안도 없이 끝없는 바다로 출항하는 것에 대한, 뉴턴의 거부에서 메아리를 찾았다. 다른 모든 것이 실패했을 때, 열정 하나뿐이었다면 그는 자기 자신이 만든 동역학이 이끄는 명백한 결론을 거부했을 것이다. 절대 운동을 주장한 것은 그의 동역학이 태어난 바로 그 생각의 흐름에 맞서 굽히지 않고 궁극적인 형태로 나아가겠다고 대드는 행위였던 듯하다.

어쩌면 뉴턴의 진의를 아는 데 De gravitatione에 나오는 또 다른 문구가 단서를 제공할지도 모른다. 그가 단언했던 데카르트의 상대주의의 불합리성은 그 자체의 용어로 움직이는 물체가 어떤 정해진 속도나 확실한 방향도 가질 수 없다는 결과 안에 충분히 드러나 있다. '그리고, 더 심한 것은, 저항을 받지 않고 움직이는 물체의 속도가 균일하다고 말할 수도 없고, 또한 운동이 이루어지고 있는 선이 똑바르다고 말할 수도 없다.'[44] 관성 역학에 내재하는 상대성은 뉴턴으로 하여금 현대 역학의 궁극적인 패러독스에 직면하게 만들었는데, 이 패러독스란 관성의 원리를 주장하는 것은 그 원리가 옳다고 증명할 수 있는 어떤 기준이라도 부정해야 하는 것과 같다는 것이었다. 관성과 관련된 상대성은 심지어 운동이 균일한지 또는 직선 운동인지조차도 확실히 하지 못한다. 적어도 부분적으로라도 뉴턴이 절대 운동을 주장한 배후에는 그런 패러독스를 받아들이지 않겠다는 의지가 있었음을 이해해야 한다. 만일 그렇다면, 우리는 또한 그가 그런 패러독스를 받아들이든 받아들이지 않든 관계없이 그런 패러독스를 피해갈 수가 없었으며, 이는 동역학이라는 과학을 만들어내려는 그가 지불해야만 하는 대가였음을 깨달아야만 한다.

만일 이 분석이 옳다면, 즉 뉴턴이 절대 운동을 주장한 것이, 이미 내재하고 있기 때문에 절대 운동을 따로 선언하지 않아도 되는 동역학을 포기한 이유라면, 다른 변화 역시 그 배경에 놓인 동기들에 중요한 가치가 있을 것이다. 한 번 더 말하면 뉴턴은 그러한 다른 동기들을 언급하지 않았다. 그렇지만, 우리는 그 변화가 어떻게 당시의 동역학 내부에 존재하는 난제들을 제거했는지 알기 때문에, 전혀 아무런 기초도 없이 추측만 하는 것은 아니다. De gravitatione와 맥락을 같이하는 De motu의 초창기 동역학은 물체의 고유한 힘을 그 물체에 작용한 힘의 총합이라고 보았다. 이런 환경 아래서 원운동을 하게 만드는 힘은 무엇이었을까? 여기서 뉴턴은 17세기 과학이 그렇게나 많이 고민했던 또 하나의 비정상적인 수수께끼와 맞서게 되었다. 뉴턴의 초기 논문인 '운동의 법칙'에서

08 뉴턴의 동역학 | **641**

이미, 그는 운동의 방향이 바뀌는 어떤 충돌에서는 운동의 양이 보존되지 않는다는 사실을 알았다.[45] 이제 그가 균일하다고 알고 있는 원운동에서 구심력을 일정하게 작용하더라도 움직이는 물체의 힘은 조금도 바꾸지 못한다. 세 번째 버전의 수정본에서 그는 '물체가 자신의 운동 때문에 뜻하지 않게 갖게 되는 힘이나 운동의 힘'의 정의를 넣었는데, 그것이 보통 기동력이라고 불리며, 운동의 양에 비례하고, 운동에 따라서 절대적이기도 하고 상대적이기도 했다.[46] 그는 이 정의를 줄로 그어 지웠고 Lectiones de motu의 앞에 나오는 정의들에 대한 마지막 수정본에서 새겨진 힘에 대한 정의에 한 문장을 추가했는데, 그것이 그 정의의 변하지 않는 부분이 되었고 Principia의 모든 수정판에서도 변하지 않고 계속 남아 있게 되었다. '이 힘은 단지 작용하는 중에만 존재하며, 그리고 그 작용이 완성되면 물체에 더 이상 남아있지 않는다.'[47] 운동에 대한 과학을 모두 다 동역학으로 흡수시키려는 뉴턴의 노력은, 충돌의 모형 위에 동역학을 수립하려는 17세기의 모든 노력이 좌절당했던, 피할 수 없는 장애에 걸려서 실패하고 말았다. 물체에 작용한 힘들을 내재화하여 모두 합한 것인 물체의 고유한 힘은 그 벡터적인 표현이라는 본연의 성질 때문에 무능력한 개념이 되었다. 직선 운동을 한다는 생각 아래, 물체의 고유한 힘은 오직 물체가 현재 움직이는 방향으로 미는 것으로만 표현된다. 두 힘이 평행사변형에 의해서 합해져 운동의 방향을 비스듬하게 바꾼 뒤에는 물체의 고유한 힘은 더 이상 그 물체에 작용했던 힘들의 합이 될 수가 없다. 데카르트가 물체의 운동의 힘을 고려했을 때, 이런 필요성에 따라 방향을 바꾸려면 어떤 작용도 요구되지 않는다고 주장하게 된 것이다. 같은 문제에 직면한 뉴턴은 관성의 원리가 방향의 변화를 속력의 변화와 같은 선상에 놓인다고 확신했으며, 그리하여 종국에는 고유한 힘에 대한 개념을 원래 것과 완전히 다르게, 충돌의 모형과 분리된 개념으로 수정했다. 이때부터 그는 자유롭게 **일기장**에 나온 핵심적인 통찰력을 추구했고, 관성의 원리와 관성 운동을 변화시키는 힘의 개념에 기반을 두어 De motu의 동역학과는 다른 동역학을 수립하게 되었다. 일단 이런 필수적인 수정이 이루어지자, 절대 운동의 개념은 뉴턴의 역학에서 아무런 역할도 하지 못하게 되었다.

★

De motu의 세 번째 버전 수정판에서 소개된 뉴턴 동역학의 변화는 고유한 힘에 대한 그의 최초 생각을 거부하는 것 이상으로 확장되었다. 뉴턴은 이 원고에서 의식적으로 천상계의 동역학으로 제한된 범위를 벗어나 체계적으로 동역학의 기초 개념들을 전체 안에서 재검토했다. 원래 형태에서 De motu는 훨씬 더 제한됐었다. 뉴턴은 행성의 운동에 대한 역학을 해결하려고 바로 사용이 가능하지만 검토는 안 된 최소한의 동역학적 개념들을 이용했다. 최초 버전은 단지 두 개의 정의만을 포함했고, 세 번째 버전도 단지 네 개의 정의만을 포함했다. De motu는 계속해서 수정되어서, 세 번째 버전의 수정본에서는 체계적 동역학을 위해 무려 18개의 정의를 내놓았다. 이 논문을 교정하면서 뉴턴의 동역학은 의식적으로 일반화시킨 이론체계라고 여겨졌으며, 궁극적으로 이루어야 할 형태로 다가가기 시작했다.

　정확한 정의를 내리기 힘들었던 양 중 하나는 물질의 양, 즉 질량이었다. De motu에서 원래 질량은 역시 정의하지 않았던 개념인 운동의 양이라는 아이디어 안에 암묵적으로 들어 있는 것 외에는 보이지 않았다. 이제 수정본 논문에서는 운동의 양이란 속도에 운동하는 물체의 양을 곱한 것으로 정의했다. '그렇지만 물체의 양은 형태를 갖는 물질의 덩치로 측정하는데, 보통 그 물체의 중력에 비례한다.'[48] 나중에 그 정의들을 재조정하면서 그는 물질의 양을 명단의 맨 위로 올렸다.

> 물질의 양은 그 물질의 밀도와 그리고 [물체의] 크기가 공동으로
> 기여하여 생기는 것이다. 밀도가 두 배이고 차지하는 공간이 두
> 배인 물체의 양은 네 배이다. 이 양을 나는 물체 또는 질량이라는
> 이름으로 표시한다.[49]

이렇게 '질량'이라는 단어가 역학의 용어가 되었다. 마흐는 순환성을 근거로 이 정의를 비판했다. 뉴턴은 밀도를 이용해서 질량을 정의했지만, 밀도는 오직 질량으로만 정의할 수가 있으며, 그래서 결국에는 서로 의존하는 두 양이 남게 되고 달리 정의할 수가 없다.[50] 실증주의자의 관점에서 보면, 이 비판은 의심할 여지가 없지만, 이 비판은 뉴턴의 생각이 어떻게 진행되었는지 밝히는 데는 그 어떤 도움도 되지 않는다. 기계적 철학자의 입장에서 그는 물질이라는 생각을 아무런 이의 없이 받아들였고 물질이라는 면에서 밀도는 어떤 정의도 필요하지 않았다. 대개의 물질은 고르게 퍼져있는 사물로, 항상 그 크기에 비례하며 단지 양으로만 구별되었다. 비록 원자론자는 데카르트가 물질을 그 크기로 구분하는 것에 반대했지만, 그들 역시 크기에 비례하여 물질이 고르게 분포되어 있다는 그의 견해를 인정했다. 밀도의 차이를 설명하려고 가상디는 밀한 부셸(역주: 'bushel'은 곡물이나 채소 등을 계량하는 단위로 1부셸은 약 36.7리터에 해당함)을 가져다가 흔들어서 낟알들이 틈새 없이 좀 더 고르게 분포되는 경우를 상상했다. 데카르트도 실질적으로 같은 형태인 스펀지를 채택했는데, 물론 이 경우에 작은 구멍은 비어 있는 것이 아니라 미세한 물질로 채워져 있었다. 뉴턴은 물질이 고르게 분포되었다는 가정을 의심하지도 않고 밀도를 단순히 부피가 주어진 물질의 양에 대한 척도로 여기고 그것으로 질량을 정의할 수가 있었다. 밀도는 가동성(可動性)의 개념과는

거리가 먼, 부분적으로는 듬성듬성한 부피에 들어있는 단단한 물질에 비례해서, 가상디가 생각했던 한 부셸의 밀에서 연역된 직관적인 용어였다. 물론 마흐가 지적한대로 뉴턴은 질량과 밀도를 서로 상대방과 무관하게 독립해서 측정하는 방법을 몰랐다.

사실은, 물질의 양에 대한 정의는 뉴턴의 질량 개념에 단지 절반만 제공했다. 나머지는 고유한 힘을 수정하면서 제공했다.

> 물체에 원래부터 있었고, 고유하며, 실질적인 힘은 그 물체가 정지해 있거나 또는 직선 위를 균일하게 움직이는 상태를 유지시키는 능력으로 물체의 양에 비례한다. 그 힘은 실제로 상태의 변화에 비례하여 작용하고, 그 힘이 작용되는 한, 물체에 작용한 힘이라고 불릴 수 있다.[51]

뉴턴은 그 힘을 생각하면서 작용된 힘이라는 생각을 좋아했고 작용한 힘의 정의를 추가했다. 작용한 힘은, 그 힘으로 '움직이거나 또는 정지한 물체의 상태 중 일부분을 한 순간에 잃게 되는 것을 잃지 않고 유지하려고 노력하는 것이며, 그 상태의 변화나 또는 한 순간에 잃어버린 그 부분에 비례한다….'[52] 중요하게는 나중에 이러한 정의들을 수정하면서, 뉴턴은 고유한 힘에 대한 정의를, Principia에 남아 있는 것처럼, '물체의 고유한 힘'이 아니라 '물질의 고유한 힘'으로 바꾸었다. 그는 계속해서 어떤 주어진 물체에서도 물질의 고유한 힘은 질량에 비례하고 질량의 비활동성과 차이가 없다고 했다.[53]

뉴턴의 주장과는 대조적으로 당시 널리 알려진 기계적 철학에 따라 이해되는 물질의 비활동성은 그의 정의에서처럼 고유한 힘과는 확실히 다른 무엇이었다. 만일 물질에 그 물질의 상태를 변화시키려는 노력에 저항하는 고유한 힘을 부여한다면, 그 물질이 전적으로 비활동적일 수 없거나, 또는 17세기의 보편적인 말투로, 운동에 전적으로 무관할 수가 없다. 실제로, 뉴턴이 역학의 법칙들을 공식화한 것에 따르면, 물질은 비활동적인 동시에 활동적이어서, 스스로는 어떤 작용도 주도할 수 없이 수동적으로 외부의 힘에 지배받지만, 일단 외부의 힘이 작용하면 그에 저항하는 능력을 갖는 그런 개념이었다. 비록 라이프니츠도 비슷한 견해에 도달한 바 있지만, 물질에 대한 이런 이상한 개념이 현대 과학의 주류가 되는 데는 Principia의 역할이 가장 컸다. 물론 주류가 되는 과정 중에는, 그러한 물질의 개념을 채택했던 동역학의 능력에서 오는 익숙함이 궁극적인 역설을 인지하는 것을 무디게 했다. Principia에서 뉴턴 자신은 또 다른 비정상적인 구절인 vis inertiae(역주: '비활동적인 힘'이라는 의미의 라틴어)를 가지고 그 역설을 요약했는데, 이것을 마음대로 번역한다면 '비활동성의 활동' 또는 어쩌면 '자력으로 활동할 수 없는 것의 자력 활동' 정도가 될 것이다.

역학에서 이미 수립한 다른 요소들이 주어진 채로, 어떻게 물질이라는 생각도 없이 작동이 가능한 동역학이 개발될 수 있었는지 이해하기 어렵다. 물질이 운동에 무관하다는 것은, 운동하는 물체는 계속해서 운동할 것이라는 갈릴레오의 기본적 통찰력을 훌륭하게 표현하고 있다. 한편, 같지 않은 물체에 같은 속도의 변화를 일으키려면 같지 않은 양의 노력이 필요하기 때문에, 물질이 운동에 완전히 무관할 수는 없다. 데카르트는 이러한 관찰을 표현하려고 물체는 그 안에 들어있는 만큼만 직선 위를 움직일 것을 고집한다고 말했다. 비활동성의 물질에 적용한 활동성에 함축되어 있는, '고집한다'라는 동사는 뉴턴의 vis inertiae라는 역설을 미리 암시한다. 비슷하게, 일기장에서 다룬 충돌에 대한 분석에서는 서로 다른 물체에 적용한 같은 힘은 물체의 크기에 반비례하는 운동을 발생시킨다는 것을 기본 가정으로 기술하고 있다. 같은 충돌 문제를 가지고, 마리오트는 내부 저항이라는 같은 생각에 도달하게 되어 있었으며, 또한 이 질문에 대해 17세기에 이루어진 가장 의식적인 검토 분석으로서, 라이프니츠는 만일 물질이 운동에 무관하다면 임의의 힘이 임의의 물체에 어떤 운동이라도 발생시킬 수 있게 될 것이라고 결론짓기도 했다.[54] 뉴턴과 마찬가지로 라이프니츠도, 우리가 이미 보았다시피 물질의 개념을 다시 공식화했으며, 물질의 핵심으로 크기보다는 힘을 꼽았다. 뉴턴은 그렇게까지 하지는 않았다. 그에게 vis inertiae는 옮겨 놓는 범위가 아니라 단단함이라든가 비투과성과 같이 물질의 보편적 성질 중 하나를 대표했다. 필연적으로 그는 그것을 물질의 양에 비례한다고 놓았다. 뉴턴은 De motu를 Principia로 개정(改訂)하면서, 구체적으로 일기장에 나오는 문구에 영향을 끼친 데카르트식의 운동에 관한 논의로 돌아갔다. 물질의 고유한 힘은 '어떤 물체라도 그것이 놓인 곳에서 정지해 있거나 또는 직선 위에서 균일하게 움직이는 상태를 최대한 고집하는 …' 저항하는 능력이다.[55] 물질의 고유한 힘 때문에 작용한 힘과 그 힘 때문인 물체의 운동 상태의 변화 사이에는 일정한 비례 관계가 존재한다. 이와 같은 개념 없이는 정량적인 동역학도 출현하지 못했을 것이다.

뉴턴은 De motu에 나오는 상당수의 정의를 힘의 개념 자체로 확장하는 데 기여했던 기본 용어들을 재검토하는 부분에 전념했다. De motu에서는 단지 고유한 힘과 구심력만으로 시작했으며, 오래 지나지 않아서 거기에 저항을 추가했다. 세 번째 버전의 수정본에서는 이제 고유한 힘과 운동의 힘, 작용한 힘, 새겨진 힘, 구심력, 그리고 저항 등 여섯 가지 종류의 힘을 정의했다. 그는 '내가 여기서는 고려하지 않은 물체의 탄성이나 부드러움, 단단함 등에 따라 발생하는 다른 힘도 존재한다'고 덧붙였다.[56] 고유한 힘은 지금까지 표현한 것과 같이 수정된 형태에 대해 이미 논의했다. 운동의 힘은 고유한 힘을 수정하면서 제거했던 생각을 되살리려는 마지막 노력이었다. 반면에 작용된 힘은 고유한 힘을 새로 보충하는 개념이었다. 고유한 힘이 질량에 비례하는 데 반해, 작용된 힘은 새겨진 힘에 비례하며 그래서 물체의 움직이거나 또는 정지한 상태의 변화에 비례하고, 물체의 반항 또는 저항이라고 불리기에는 부적절하다. 작용된 힘의 한 가지 종류는 회전하는 물체의 원심력이다.[57] 작용된 힘이라는 생각은 분명, 같은 논문에서 나중에 최초로 발표했던, 제3법칙에 담겨있는 통찰력을 향해 모색하는 한 걸음이었다. 만일 물체가 자신의 운동 상태를 변화시키려는 작용에 저항하면, 물체는 그 물체에 작용하는 무엇에건 반작용으로 힘을 작용하게 된다.

나머지 다른 세 힘들인, 새겨진 힘과 구심력 그리고 저항은 뉴턴의 의견으로는 실제로 같았다. 구심력과 저항은 단지 새겨진 힘의 구체적인 형태일 따름이었다. '새겨진 힘'이라는 문구는 비록 구심력과 저항을 포함하는 정의에는 새겨진 힘이 포함되어 있지 않았지만, De motu의 버전 3에서 운동 제2법칙을 기술하는 데 등장한다. 이제 그는 새겨진 힘을 물체의 운동이나 정지한 상태를 바꾸려고 외부에서 그 물체에 작용하는 다른 힘들을 모두 포괄하는 일반적인 용어로 정의했다.

> 물체가 지니게 되거나 또는 물체에 새겨진 힘은 물체가 움직이거나 정지한 상태에 변화를 강요하는데, 충격이라든가 또는 비연속으로 격발되는 압력, 연속적인 압력, 구심력, 매질의 저항 등과 같이 다양한 종류가 있다.[58]

뉴턴이 운동의 힘과 작용된 힘에 대해 내린 정의를 철회할 즈음에는 두 종류의 힘만이 남아 그의 동역학을 지탱하고 있었는데, 하나는 물체의 운동 또는 정지 상태를 변화시키려고 외부에서 작용하는 새겨진 힘이었고, 다른 하나는 이에 대항하는 물체 자신의 고유한 힘이었다. 물질의 양 또는 질량에 비례하는 고유한 힘은, 새겨진 힘과 그것이 만들어 내는 운동의 변화 사이에 일정한 비례 관계가 성립하도록 만든다.

뉴턴은 '새겨진 힘'에서 그냥 '힘'을 구분하려는 의도로 '새겨진'이라는 형용사를 의식적으로 사용했다는 주장도 있다. 이 제안의 요지는 뉴턴이 법칙 II를 표현했던 특별한 형태에 담겨 있다.

운동의 변화는 새겨진 기동력에 비례한다⋯.[59]

우리는 운동 제2법칙을 약간 다르게 표현해서, 운동 제2법칙이 운동의 변화가 (Δmv) 아니라 운동이 변화하는 비율을 (ma) 지칭한다는 것에 더 익숙하다. 이러한 딜레마를 해결하려고 힘과 새겨진 힘을 구분해야 했고, 그래서 뉴턴은 '새겨진 힘'이란 정해진 기간 동안 작용한 힘을 ($\int F dt$) 의미하는 것으로 이해했다고 주장하는 것이다.[60] 뉴턴이 기술한 제2법칙과 또한 그가 그것을 자주 다른 의미로 사용했던 것 사이의 차이에 대해서는, 이미 나의 해석과 해결 방안을 제시한 바 있으며, 추후 Principia와 연관지어서 다시 이 부분을 참조할 필요가 있을 것이다. 한편, De motu에서 어떻게 정의를 발전시켜 나갔는지 보면, 그는 힘과 새겨진 힘 사이의 차이를 의도하지는 않았던 것 같다. 결정적인 사실은 그가 세운 동역학의 기반이, 결코 정의하지 않으려고 했던 수정되지 않은 힘이 아니라, 다양한 힘의 개념에 놓여 있었다는 것이다. 그 구분은 '힘'과 '새겨진 힘'이 아니라 오히려 '고유한 힘'과 '새겨진 힘', 즉 vis insita와 vis impressa였다. 이 구분은 서로 대조적인 형용사인 '내부의'와 '외부의'로 가장 적절하게 표현했는데, 그는 De gravitatione에서 그렇게 사용했다. 그가 세 번째 버전의 수정본에서 추가했던 여분의 형용사들도, 비록 나중에는 삭제해서 보이지 않았지만, 이 둘의 구분을 보다 명확히 하려는 것이었고, 한편으로는 '물체의 원래부터 있었고, 고유하며, 실질적인 힘'과 [corporis vis insita, innata et essentialis], 그리고 다른 한편으로는 '물체를 지탱하고 물체에 새기려고 가져온 힘'을 [vis corpori illata et impressa] 구분하기 위함이었다.[61]

비록 De motu의 세 번째 버전의 수정본들이 관성의 원리에 대한 진술을 포함하지 않았다고 하더라도 그 진술을 암시하기는 했으며, 뉴턴의 동역학에서 일관되게 유지했던 고유한 힘과 새겨진 힘 사이의 평형을 관성 운동의 변화를 통해 수립하는 방식을 설정하기도 했다. 정역학에서 끄집어낸 개념이 동역학이 더 이상 정역학이기를 그만 둔 시점에 전혀 예상하지 못했던 방법으로, 바로 그 시스템의 심장부에서 다시 나타났던 것이다. 또한 놀랍게도, 우리는 동역학에 대한 뉴턴의 견해에서, 충돌 모형이 중심 역할을 한다는 사실을 깨닫지 않을 수 없다. 물론 한편으로는 비록 뉴턴이 새겨진 힘에 대한 정의를 자유 낙하의 모형에서 유도된 정의와 모순이 되지 않게 이해했다고 주장하긴 했으나, 어찌되었건 그 수정본이 새겨진 힘에 대한 뉴턴의 정의를 제공한 것은 사실이다. 하지만 더 중요한 것은 자유 낙하는 할 수 없었던 방법으로 충돌은 법칙 III에 공식화되었던 통찰력을 주었다. 그리고 법칙 III은 고유한 힘과 새겨진 힘 사이의 관계를 수립함으로써 뉴턴 동역학의 극치를 제공했다.

뉴턴의 역학을 해석하는 데 또 하나 중요한 점은 제3법칙에서 사용한 '작용'이라는 용어가 정확하게 무엇을 정의하려고 한 것이냐이다. 위에서 말한 새겨진 힘에 대한 해석과 마찬가지로, '작용'도 보통 힘과 그 힘이 작용한 시간의 곱, 더 좋게는 정해진 시간 동안 작용한 힘의 효과를 의미한다고 받아들여진다.[62] De motu의 수정본들은 이번에도 역시 그러한 해석에 동조하지 않는다. 그런 방법으로 '작용'을 사용하는 것은 역학에 새로운 용어를 끌어들이는 셈이었을 것이며, 그리고 뉴턴의 정의들은 뉴턴이 새롭다고 여겼던 용어들을 수립할 의도로만 쓰였다. 그는 '작용'에 대한 정의를 제공하지 않았다. 왜 그랬을까? '작용'과 '수동' 즉 '활동'하기와 '받아들이기'는 (agere와 pati) 매일 일어나는 철학적 교류에 대한 용어였으며 그래서 따로 정의할 필요가 거의 없었다. 제3법칙에서 첫 번째 진술을 추상 명사인 '작용'과 '반작용'을 사용하지 않고, 오히려 동사의 명사형인 '활동하기'와 '받아들이기'를 사용했다는 것은 의미심장하다.[63] '작용'은 (어원이 같은 다른 여러 용어와 함께) 데카르트의 저술에서 반복해서 등장하는 단어였고, 뉴턴은 힘의 활동을 표현하려고 흔히 이해되는 단어로 그것을 사용했다. De motu의 어떤 수정본이나 또는 내가 찾아본 어떤 장소에서도 뉴턴은 그의 동역학에서 '작용'을 정량적으로 정의하려는 시도는 하지 않았다.[64]

뉴턴은 De motu의 세 번째 버전에서 연달아 두 번 정의를 수정했다. 그 두 번 중 첫 번째에서 정의는 최종적인 형태를 갖추었다. 두 번째 수정에서는 그 표현 방법이 위에서 지적된 정의의 의미에서 벗어나지 않고, 추후 Principia에 나온 대로 상당부분 확정되었다. 두 번째 수정은 정의에 국한했던 반면에, 첫 번째 수정에서는 여섯 가지의 운동에 대한 법칙을 기술했다.

법칙 1. 모든 물체는 새겨진 힘에 따라 상태를 바꾸도록 강제되지 않는 이상, 자체의 고유한 힘으로 정지하거나 또는 직선 위를 균일하게 움직이는 상태를 유지한다. 그뿐 아니라 이러한 균일한 운동은 두 가지 종류가 있는데, 하나는 직선 위를 진행하는 운동으로 그 직선을 따라 물체의 중심이 균일하게 지나가며, 그리고 다른 하나는 임의의 축을 중심으로 회전하는 원운동으로, 그 회전축은 정지해 있거나 또는 균일하게 움직이더라도 이전의 회전축과 항상 평행하게 유지된다.

법칙 2. 운동의 변화는 새겨진 힘에 비례하며 그 힘이 새겨진 방향으로 만들어진다. 이미 잘 알려져 있었던 이 두 법칙들을 이용해서, 갈릴레오는 저항이 없는 매질에서 중력이 평행선을 따라·균일하게 작용하면 던진 물체는 포물선을 그린다는 것을 발견했다. 그리고 경험에서 공기 저항 때문에 던진 물체의 운동이 약간 뒤처지는 것만 제외하면 이 결론이 옳다는 것이 확인된다.

법칙 3. 한 물체가 다른 물체에 작용하면, 그 물체는 그만큼 반작용으로 되받는다. 무엇이 다른 물체를 누르거나 잡아당기든 다른 물체도 그 물체를 똑같이 누르거나 잡아당긴다. 만일 공기로 채워진 풍선이 다른 비슷한 풍선에 충돌하면, 두 풍선은 똑같이 안쪽으로 밀려들어간다. 다른 물체에 부딪치는 물체가 그 힘으로 다른 물체의 운동을 바꾸면, 다른 물체의 힘 때문에 (두 물체가 서로 작용하는 압력이 같다는 사실 때문에) 그 물체 자신의 운동도 역시 바뀐다. 만일 자석이 쇳조각을 잡아당기면, 자석 자신도 그 대응으로 똑같이 잡아당겨지며, 다른 경우들에서도 역시 똑같이 성립한다. 실제로 이 법칙은 자신의 상태를 보존하려고 작용한 힘이 다른 물체의 상태를 변경하려는 다른 물체에 새겨지는 힘과 같고, 첫 번째 물체 상태의 변화는 첫 번째 힘에 비례하고, 두 번째 물체의 상태 변화는 두 번째 힘에 비례하는 한, 정의 12[고유한 힘] 그리고 14[새겨진 힘]에서 성립한다.[65]

De motu의 세 번째 버전의 법칙 3과 4와 거의 똑같은 법칙 4와 5는, 주어진 공간에서 물체들의 상대 운동은 공간의 관성 운동으로는 바뀌지 않으며 물체들 상호간에 주고받는 작용은 물체들의 공동 중력 중심의 관성 상태에 영향을 주지 않는다고 기술한다. Principia에서, 뉴턴은 이 두 '법칙'들을 운동의 법칙에 대한 따름 정리 V와 IV으로 계급을 낮추었다. 매질의 저항에 대한 법칙 6은 펜으로 줄을 죽 그어서 법칙에서 삭제했다. 그리고 Principia를 완성하기 전에, 뉴턴은 매질을 통과하는 운동에 대한 광범위한 조사를 해 매질이 어떻게 저항하는지 자신의 생각을 바꾸었다. 두 개의 도움 정리가 세 번째 버전의 도움 정리 1과 2와 같고, 또 첫 번째, 두 번째 버전의 가설 3과 4의 내용과 같은데, 이는 (Principia의 제2판이 나오기 전까지는 여전히 적절하지 못하게 표현되었던) 힘의 평행사변형과 어떤 힘이 작용하더라도 초기에는 움직인 거리가 시간의 제곱에 비례한다는 것이었다. 이런 내용이 Principia에서는 운동의 법칙에 대한 따름 정리 I과 제I권의 도움 정리 X으로 실려 있었다.

처음 세 법칙들은 이제까지 여전히 받아들이고 있는 운동에 대한 세 가지 법칙이 분명하다. 법칙 3의 문구는 이른바 Lectiones de motu에서 상당히 수정되었지만, 그 내용은 변함이 없었다. 법칙 2는 그 중심이 되는 아이디어만이 아니라 그 마지막 표현 방법까지도 이미 결정되었는데, 단지 'vi impressae'라는 두 단어들 사이에 형용사 'motrici'(역주: '움직이는'이라는 의미의 라틴어)가 추가되었을 뿐이다. 그렇지만 법칙 1은 전혀 다르다. 최소한 두 가지 점이 이상하다. 첫째로, 법칙 1에서는 균일한 회전이 관성 운동이라고 한다. 이 말에서 뉴턴은 각운동량 보존에 대한 그의 초기 통찰력을 다른 맥락에서 반복한 것으로 적절치 못하다. 그는 Lectiones de motu에 와서야 이를 깨달았다. 균일한 회전은 제1법칙에서 사라졌고, 각운동량의 보존에 대한 원리 자체는 중요하지만 그의 동역학에서 어떤 역할도 맡지 못했다. 두 번째 이상한 점은 'vi insita'라는 문구가 계속 존재해 있는 것이다. 그렇지만 관성 운동을 고유한 힘의 탓으로 돌린 것만 제외하면, 법칙 1의 첫 번째 문장은 Principia에 나오는 법칙 1의 궁극적인 형태와 같다. 그 탓으로 돌린 것은 실제로 단지 겉보기만 그럴까? 세 번째 버전과 사이에서 결정적인 변화는 '정지해 있는[quiescendi]'이라는 단어를 넣은 것이었다. 그 단어가 있는 한 고유한 힘은 이제 더 이상 균일한 운동을 하게 하는 내부 원인으로 여겨질 수가 없는 것이다. 법칙 1은 최종적으로 물체가 운동 상태의 변화에 대해 저항하는 것으로 수정되었으며, 실제로 그 진술이 최종 형태와 실질적인 면에서 다르지 않다. 나중에라도 문맥에서 고유한 힘이라는 언급을 삭제함으로써 혼동을 없앤 것은 명확성을 획득한 승리였음이 분명하다.

모든 실질적인 면에서 1685년 초에 한 것이 분명해 보이는 De motu의 세 번째 버전에 대한 수정은 뉴턴의 동역학의 기본 요소들을 최종적인 형태로 확정했다. De motu의 세 번째 버전의 범위를, 1685년 후반에 처음으로 작성했던 Lectiones de motu와 비교하면, 그 수정이 얼마나 중요한 사건이었는지 명확히 알 수 있다. 뉴턴이 궤도 동역학에서 중심이 되는 문제들을 풀고, 저항하는 매질을 통과하는 운동에 기본이 되는 접근 방법을 터득한 것은 원래부터 충분치 못했던 De motu의 동역학에서였다. 이 둘 중 어떤 경우에서도 그의 원리들이 체계적인 비판을 견디지 못했으며, 그리고 그 원리들이 1685년에 뉴턴이 시작해서 Lectiones에 기록했던 천상(天上)과 지상(地上)의 역학에 대한 광범위한 조사를 모두 다 뒷받침할 수 있었을 거라고는 도저히 믿기가 어렵다. 그렇지만 수정본에서 공식화된 새로운 동역학으로는 훨씬 더 많은 것이 가능했다. 그야말로 Principia와 만유인력의 법칙이 가능해졌으며, 아마도 투자된 노력에 걸맞은 만족스러운 보답일 것이다.

★

뉴턴은 1685년의 처음 반년 동안 그를 가로막고 있었던 중요한 문제들을 해결하고 힘의 개념에 근거하여 정량적으로 일관된 동역학의 중심이 되는 요소들을 공식화했다. 힘의 존재론적 의의(意義)는 정량적인 동역학에서의 의의와는 다른 질문이다. 자연 철학에 대한 뉴턴의 사색이 그의 동역학과 도대체 어떤 관계가 있을까? Principia에서 그는 잡아당김이라는 단어의 사용과 이의 정량적인 취급이 작동 원인을 정의하려는 시도로 이해되지 않기를 바란다고 여러 번 주장한 바 있다. 물리적 실체의 본질이 무엇이든, 힘은 단지 수학적 동역학 안에서만 정확한 용어일 뿐이었다. 논리적 관점에서 뉴턴의 논점은 그럴 듯하다. 그렇지만 그의 사고가 실질적으로 어떻게 펼쳐졌는지 해설하는 면에서는 오히려 완전히 왜곡시킨다. 뉴턴이 보일에게 유명한 편지를 보낸 1679년 2월까지도 뉴턴은 여전히 자연 철학을 주로 기계적인 범주에서 접근하고 있었다. 뉴턴 자신의 **일기장**을 포함하여 수많은 예가 보여주듯이, 기계적 철학은 정교한 정량적 동역학을 세심하게 다듬는 데는 이상적이지 않았다. 뉴턴은 같은 해인 1679년 말에 후크한테 편지를 받았는데, 그 편지는 인력(引力)의 개념에 기초한 천체 동역학을 제안하고 있었으며, 그 결과로 얻은 거리의 제곱에 반비례하는 관계가 타원 궤도와 어떻게 연결되는지에 대한 증명은 인력이라는 개념이 얼마나 자유로울 수 있는지 암시해준다. 힘에 대한 정의가 무엇이든 인력이라는 생각은 인과 관계에 대한 메커니즘이 계속해서 방해하고 있었던 일종의 정확한 정량적 취급 방법을 촉진했다. 그러나 후크의 제안이 뉴턴의 마음에 뿌리를 내리고 번성할 수 있었던 것은 기름진 토양이 있었기에 가능했다. 1679년은 뉴턴의 지적(知的) 생애에서 결정적인 해로, 자연에 대한 그의 철학에 내재된 문제를 물질 입자들 사이의 인력과 척력을 이용하여 해결함으로써 그의 철학을 개조하도록 이끈 해였다. 1679년 12월, 뉴턴은 이전에는 상상도 못했을 태양이 행성들을 잡아당긴다는 제안을 받아들일 준비가 되어 있었다.

그렇지만 후크의 역할은 뉴턴이 이미 염두에 두고 있던 생각을 다시 진술한 것 이상이었다. 뉴턴의 고찰은 무엇보다도 화학 반응과 같은 미시적 현상에 주로 관계되었다. 화학 반응의 궁극적인 실체로써 그가 보았던 입자들 사이의 잡아당김은, 원칙적으로 정량적인 묘사가 가능한 것들이었다. 그러나 실제로 17세기 과학자들이 다룰 수 있는 자료는 말로 묘사하는 수준에 국한되어 있었다. 후크의 역할은 뉴턴의 관심을 미시적인 영역에서 거시적인 영역으로 돌린 것이었다. 후크는 인력의 개념을 천체 동역학에 적용하라고 제안했는데, 천체 동역학은 17세기에 유일하게 정량적으로 다룰 수 있는 대상이었다. 인력이라는 아이디어가 정량적인 동역학을 세우는 데 중심적인 개념을 제공한 곳도 여기였고, 정량적인 동역학이 성공함으로써 그 위력을 증명할 수 있던 곳도 여기였다.

그렇지만, 천체 동역학의 한 원리로써 태양이 행성들을 잡아당긴다고 제안했다고 해서 만유인력의 개념을 제안한 것은 아니다. 이미 주장했다시피, 후크는 결코 그런 개념에 이를 수 없었다. 태양을 회전하는 행성들과 태양 사이에 유일하게 조화를 이루는 특이성에 대한 일부 요소가 후크의 천체 동역학에 심어져 남아있었다. 뉴턴도 또한 이 특이성의 경로를 통하여 인력의 개념에 도달했다. 후크가 창안한 '사회성에 대한 비밀 원리'는 스스로 입자들 사이의 인력으로 해석되었는데, 이는 본질상 일반적이지 못하다. 금(金)은 산(酸)이 금을 잡아당기기 때문에 aqua regia에서 녹지만 잡아당김이 없는 aqua fortis에서는 녹지 않는다고 믿는 사람이, 천체들이 잡아당긴다고 해서 바로 만유인력이라는 아이디어를 떠올릴 법하지 않기 때문이다. 어쩌면 후크와 교환한 서신들의 문맥상, 행성들의 동역학을 지상에서 무거운 물체의 낙하와 연결짓는 것이 만유인력을 향한 첫걸음일지도 모르지만, 그러나 후크에게 보낸 어떤 편지에서도 또 타원 궤도는 필연적으로 거리의 제곱에 반비례하는 인력이 필요하다는 것을 증명하는 어떤 논문에서도 뉴턴은 만유인력을 말하지 않았다. 뉴턴이 1679년에 끝냈던 것은 태양을 향하는 지정되지 않은 구심 인력의 개념에 기초하여 행성의 동역학을 스케치해 본 것뿐이었다.

그뿐 아니라 1679년에는 만유인력에 대한 개념을 불가능하게는 아니지만 어렵게 만든 큰 장애가 최소한 하나는 존재했다. 이미 보았듯이, 10년도 더 전에 뉴턴은 원심 노력을 정량화하여 케플러의 제3법칙에 치환하여 태양계에서 거리의 제곱에 반비례하는 관계를 유도한 적이 있었다. 같은 논문에서 뉴턴은 달의 원심 노력을 측정한 중력 가속도와 비교해서 정확하지는 않지만 근사적인 상관관계를 찾아냈다. 펨버턴(Pemberton)에 따르면, 뉴턴은 그래서 '달에는 적어도 어떤 다른 원인이 중력의 능력의 작용과 결합해야만 한다'고 결론지었다.[66] 드무아부르(Abraham de Moivre) (역주: 프랑스 출신의 영국 수학자로 삼각법에 관한 기본 정리인 '드무아브르 정리'로 유명한 사람이다. 위그노교도였기 때문에 1685년 낭트 칙령의 폐지에 따라 프랑스를 떠나 영국으로 건너가 런던에서 뉴턴 등과 친교를 맺음)와 휘스턴(William Whiston) (역주: 영국의 수학자이자 종교가로 1703년 뉴턴의 후임으로 케임브리지 대학 교수가 된 사람) 두 사람 모두 '다른 원인'으로 소용돌이의 효과를 꼽았으며,[67] 1666년까지는 그럭저럭 꾸려나갈 만했다. 뉴턴의 생각이 어떻게 발달해 나갔는지 알고 나면, 우리는 그가 1679년에도 그 원인으로 소용돌이를 꼽았다는 것을 도저히 믿을 수 없으며, 또한 1685년 전까지는 그가 그러한 믿음을 바꾸지 않았다고 믿을만한 원인들이 많이 존재한다. 그렇지만 화학에 대한 사색에서 출발해서 그런 화학적 요소들을 결코 제거할 수 없는 특정 인력이라는 개념 안에서, 그에는 이미 또 다른 설명이 있었다. 행성마다 그 행성 특유의 중력이 존재한다는 생각은 여러 사람 중에서도 특히 로베르발이 제시했다. 후크는 그 생각을 태양계에 적용했다. 뉴턴이 그의 생각 속 어디에도 존재하지 않았던 균일하고 보편적인 인력이라는 개념을 낚아챘다고 생각하기보다는, 이미 그의 사색의 일부에 존재하고 있었던 아이디어를 천체 동역학에 적용했다고 생각하는 것이 더 수월하다. 이런 구성에서 태양이 행성들을 잡아당기는 중력과 지구가 달을 포함하여 별들을 잡아당기는 중력과 서로 관계가 있기는 하지만 같지는 않다.

뉴턴이 1680년 12월과 1681년 4월 사이에 1680-1라 불리는 혜성에 관해 플램스티드와 나누었던 편지 왕래는 뉴턴이 실제로 그러한 생각을 했다는 사실을 강력하게 시사한다. 혜성에 대한 이론의 역사에서, 이 편지 왕래는 1680~1681년의 겨울에 관찰된 두 개의 혜성들이 실제로는 혜성 하나가 태양 부근에서 경로를 거의 거꾸로 바꾼 거라는 플램스티드의 제안으로 주목을 받았다. 그것은 이견이 전혀 없이 인정되고 있었던 전통의 면전(面前)에 던진 급진적인 제안이었는데, 문제는 플램스티드가 그 제안을 반박이 너무나 용이한 자석의 인력과 척력을 이용한 피상적인 역학의 관점에서 표현했다는 것이다.[68] 뉴턴은 행성 운동에 대한 역학을 푼 뒤 1년이 지난 다음에 그 소식을 들었는데, 만유인력이라는 개념이 있는 사람이라면 누구나 그렇듯이, 플램스티드가 제안했던 혜성의 궤도는 행성 역학을 간단히 확장해서 확인해 볼 수 있는 절호의 기회라고 여겼을 것이다. 이 시점에서 중요한 건 뉴턴의 반응인데, 그는 그 제안을 진지하게 거절했다.[69] 비록 뉴턴이 플램스티드의 역학을 비판했고, 그 역학이 분명히 비판받을 만했지만, 그의 논점에서 결정적인 취지는 다른 데 있었다. 그는 '그러나 어려움이 무엇이든, 11월과 12월의 두 혜성들이 단지 한 개의 혜성이라면 그 하나의 혜성 자체가 모순이라는 것이 가장 믿을만한 부분이다. 그 혜성이 그렇게 휜 선을 따라 간다면 다른 혜성들도 그래야 할 텐데, 지금까지 관찰된 자료에 따르면 그러한 경우는 없고 오히려 반대의 경우만 있다.'[70] 그가 관찰 운운이라고 말은 했지만, 경험을 근거로 이의를 제기한 것으로 이해해서는 안 된다. 4년이 지나지 않아 똑같은 관찰 내용이 더 이상 문제가 되지 않았다. 가장 중요한 것은 뉴턴이 1681년에는 혜성의 궤도가 행성의 궤도와 똑같은 동역학적 요소에 지배받는다고는 도저히 생각할 수가 없었다는 것이다. 과학적 사고의 전체 전통이 혜성을 행성들의 계에는 포함되지 않는 이질적인 물체라고 취급하는 데 동의하고 있었다. 예를 들어서 후크의 혜성에 대한 이론은 이 점을 분명히 했다. 뉴턴이 1681년에 플램스티드에게 보낸 편지들도 이와 비슷한 맥락에서만 겨우 이해가 가능해진다.

그 후 4년도 채 안 되서 뉴턴은 De motu의 첫 번째 버전에서 혜성들을 세월이 제안한 대로 궤도 역학의 범주에 포함시켰다. 그리고 플램스티드에게 보내는 편지에서, 그는 행성들을 관찰해서 얻은 운동의 원리에 따라서 1664년과 1680년에 나타난 혜성들의 경로를 결정할 작정이라고 말했다.[71] 뉴턴이 플램스티드와 서신 왕래를 했을 때부터 De motu를 작성할 동안에 착안한 듯 보이는, 열여섯 가지의 혜성 운동에 관한 요점을 정리한 논문은 뉴턴이 마음을 바꾼 중요성을 다음과 같이 기록했다.

5. 태양이나 각각의 행성 모두 중심을 향하는 중력이 존재한다. 물론 태양의 중심을 향한 중력이 단연코 가장 크다.

6. 태양이나 행성의 표면보다 더 먼 곳에 있는 물체에 작용하는 중력은 태양 또는 행성의 중심에서 거리의 제곱에 비례하여 감소한다.

7. 혜성의 운동은 근일점에 도달할 때까지는 가속되고 그 뒤에는 감속된다.

8. 혜성은 직선을 따라 움직이지 않고 곡선을 따라 움직이는데 태양에서 혜성까지 거리가 최소일 때 곡률이 최대이고, 궤도의 오목한 쪽이 태양을 향하며, 궤도가 놓인 평면이 태양을 지나고, 태양은 근사적으로 그 초점에 있다.[72]

'중력(gravitation)'이라는 단어를 사용한 것 또한 오해의 여지가 있다. Principia가 나오기 전에는, 'gravitas'와 'gravitatio'는 (어쩌면 지구와 같은) 어떤 시스템의 중력이 (화성과 같은) 다른 시스템의 중력과 같다는 것을 의미하지 않고도 시스템들이 한데 결합된 채로 남아 있으려는 경향을 의미했다.[73] 그런데, 혜성의 궤도도 행성의 궤도를 결정한 것과 똑같은 태양의 인력으로 결정되고 또 혜성을 구성하는 물질은 행성을 구성하는 물질과 똑같다는 깨달음은 만유인력에 다가가는 중요한 걸음이 되었다.

비록 그의 생각은 강력하게 그 방향을 향하고 있었다 하더라도, 1684년 말 De motu를 저술하기 시작했을 때는 아직 만유인력이라는 개념에 이르지 못했다. 최초 버전에서 De motu는 구심력의 개념에 기초를 둔 천체 동역학에 대한 소논문이었지만, 거리의 제곱에 반비례하는 힘의 작용 아래서 직선을 따라 낙하하는 물체들의 운동을 정의하려는 마지막 명제가 다루는 범위로 제한되어 지상(地上)의 현상만을 언급했다. 뉴턴이 처음에는 태양이 잡아당기는 것을 기술하려고 중성적인 용어인 '구심력' 대신에 적절한 형용사를 붙이지 않고 '중력'이라는 단어를 사용한 것은 사실이다.[74] 연직 방향으로 낙하하는 물체에 대한 문제 5의 원래 표현 방법도 또한 지상의 중력과 태양계에서 동작하는 구심력 사이의 상관관계를 암시하고 있다.

> 중력이 지구 중심에서 거리의 제곱에 반비례하는 것으로 주어질 때, 정해진 시간 동안에 떨어지는 무거운 물체에 따라 [gravia] 기술되는 거리를 구하라.[75]

그렇지만, 뉴턴은 달을 그 궤도에 붙잡아 두는 구심력과 지구 표면에서 측정한 중력 가속도 사이에 상관관계가 있다고 제안하지는 않았는데, 만유인력의 법칙은 궁극적으로 그 상관관계에 확고하게 의지할 수밖에 없을 것이었다. 세 번째 수정본에서야 비로소 그는 그 상관관계를 첨가하는 모험을 감행했으며, 심지어 그때도 그가 '매우 거의

[quamproxime]'라는 부사와 함께 관계된 동사의 과거형을 사용했는데, 이는 그가 여전히 그 상관관계를 인용하는 것이 만족스럽지 않음을 보여준다.[76] 첫 번째 버전의 수정본에서, 뉴턴은 체계적으로 '중력'이라는 단어를 '구심력'이라는 말로 바꾸었으며, 문제 5의 주석(註釋)에서 중력은 구심력의 한 가지 종류로 언급함으로써 그 쓰임을 스스로 제한했다.[77] 표현법을 수정함에 따라 당연히 더 많은 명제가 추가되었는데, 그렇게 추가된 명제에서 그는 우선 저항하는 매질을 통과하는 운동을 정량적으로 다루었다. 좀 더 일반적인 문구인 '구심력'은 그 당시 시작했던 동역학의 일반화와 맞아떨어지지만, 그의 동역학을 일반화시킨 것은 만유인력 법칙을 엄격하게 유도하는 데 필요조건인데도 '중력'이라는 단어를 삭제한 것은 상당히 아이러니하다고 할 수 있다.

1684년 말에 뉴턴과 만유인력이라는 개념 사이에 가로놓인 것이 무엇이었을까? 나는 이미 달의 구심 가속도와 지구 표면에서의 가속도 사이의 상관관계가 여전히 해결되지 않고 실패했음을 암시했다. 최초로 만족스러운 상관관계는 그가 1685년 후반부에 작성했던 마지막 책의 최초 버전에서야 겨우 등장했다.[78] 존재하는 것처럼 보였던 이론적 문제 때문에 뉴턴은 한동안 그 상관관계를 검토하려는 동기를 갖지 못했음을 시사하는 추가적인 증거가 있다. 그 유명한 사과는 지표면에서 얼마나 높이 있었을까? 언뜻 보기에 사과까지의 거리는 대략 10피트쯤 되었던 것 같은데, 그런가 하면 거리의 제곱에 반비례하는 관계를 생각해보면 그 거리가 4,000마일은 되어야 할 것이다. 이런 맥락에서, 1686년에 거리의 제곱에 반비례하는 관계와 관련된 후크의 주장에 답하면서 뉴턴이 핼리에게 감정을 격하게 폭발시킨 것은 의미심장하다. 그는 '나는 거리의 제곱에 반비례하는 관계를 지표면 아래까지 결코 확장시킨 적이 없으며, 작년에 내가 발견한 어떤 증명 이전에는 그 관계가 충분히 낮게까지 정확히 적용되리라고는 생각하지 않았다…'고 주장했다. 그는 계속해서 같은 편지에서 여전히 더 많은 분통을 터뜨리며 다음과 같이 표현했다.

> 이 명제가 정확하지 못할 것이라는 반대가 어찌나 강력한지 모르겠는데, 후크 씨가 아직 알지 못하는 나의 증명이 없었다면, 분별력 있는 철학자가 이 명제가 도대체 조금이라도 정확하다고 믿을 수는 없었을 것이다.[79]

말하자면, 그가 거리의 제곱에 반비례해서 잡아당기는 입자로 구성된 균일한 구는 그 자체가 외부의 어떤 물체든 그 구의 중심에서 거리의 제곱에 반비례하는 힘으로 잡아당긴다는 것을 증명하기 전에는, 뉴턴이 달의 구심 가속도와 지구의 표면에서 측정한 중력 가속도 사이의 상관관계를 주의 깊게 다시 계산해야 할 아무런 이유도 없었다. 그리고 그 상관관계가 증명되기까지는 그가 만유인력의 법칙을 발견했다고 말할 수도 없다.

만유인력은 단지 생각에 지나지 않는 것이 아니라 그 결론을 증명할 수 있는 것으로서 크게 두 가지 근거 위에 세워졌다고 할 수 있다. 하나는, 타원 궤도는 거리의 제곱에 반비례하는 힘을 필요로 한다는 것이었고, 다른 하나는 균일한 구 사이의 인력이었는데, 이러한 인력이 천체 동역학과 지상의 중력 사이의 상관관계를 가능하게 했다. 그 자신이 증언에 따르면, 뉴턴은 1685년 전에는 이 두 번째 것을 증명하지 못했다고 한다. 이 두 번째 증명은 다시, 유한한 물체의 인력은 그것을 구성하는 무한히 작은 부분들의 인력의 합이라고 제안해 몇몇 방법으로 만유인력에 대한 개념을 보강했다.

뉴턴이 거리의 제곱에 반비례하는 관계를 지구 표면으로 확장하는 데 주저했던 것 역시 다른 이유가 있었을까? 나는 이미 물질이라면 예외 없이 모든 물질에 균일하게 속해있는 인력인, 만유인력에 대한 개념은 그가 화학에서 공부한 특정한 인력에 대한 개념과 모순이 된다는 것을 주장한 바 있다. 1686년에 거리의 제곱에 반비례하는 법칙에 대해 핼리에게 보낸 편지를 보면, 그 내용 중 어떤 것도, 특이성의 잔여 부분 또한 거리의 제곱에 반비례하는 법칙을 일반적으로 적용하지 못하게 했을 가능성을 배제하지 못한다. 최소한 두 가지 증거가 그러한 주장을 직접 뒷받침한다. 1684년 12월 말, 뉴턴은 목성의 부근을 지나가는 토성의 운동에 관한 정보를 요청하는 편지를 플램스티드에게 보냈다.[80] 플램스티드가 인지했던 것처럼, 그 요청은 뉴턴이 두 행성들이 서로 잡아당겨서 서로의 운동에 영향을 주었을지도 모른다고 생각했음을 암시했다. 이 생각 자체가 만유인력으로 향하는 또 다른 하나의 중요한 발걸음이다. 그렇지만 플램스티드가 보내준 자료를 받고 보낸 뉴턴의 편지는 좀 더 복잡한 상황을 제시한다.

> 케플러의 표에서 ♃[목성]과 ♄[토성]의 오류에 관한 귀하의 정보는 내 마음을 편하게 해주었습니다. 나는 거리의 제곱에 반비례하는 관계를 깨뜨릴지도 모르는, 내게 알려지지 않은 어떤 원인이나 다른 것이 있을지도 모른다고 걱정을 했습니다. 한 행성이 다른 행성에 미치는 영향은 내가 짐작했던 것만큼 충분히 크지 않고 그 오류를 결정하는 데 이용된 귀하의 숫자보다 ♃의 영향이 커 보이지 않았습니다. 귀하의 새로운 표에 나오는, 귀하 자신과 핼리 씨가 부여한 ♃와 ♄ 궤도의 긴지름을 알려주신다면, 제가 거리의 제곱에 반비례하는 관계가 어떻게 하늘을 구성하는지 알 수 있을 것 같습니다, 있다면 또 다른 작은 비례 관계와 함께 말입니다.[81]

이 글의 마지막 문장은 다소 당황스럽기는 하나 간단히 해석해서, 태양

하나만의 인력으로 결정된 이상적인 궤도에 도입한 행성들 사이의 상호 인력에 따른 교란을 좀 서투르게 표현한 것으로 참고하면 될 것이다. 그렇지만 이 해석이 받아들여진다고 할지라도 그 편지는, 플램스티드의 자료를 받기 전까지 뉴턴은 만유인력 자체가 모든 현상을 설명할 것이라고 믿지 않았음을 증언한다.

두 번째 증거는 De motu의 세 번째 버전의 수정본에 있다. 20년 전 일기장에서 뉴턴은 물질의 양이 무게에 비례한다고 주장했다. 하지만 이제는 확신하지 못하고 있었던 듯하다. 운동의 양을 정의하면서, 뉴턴은 물체의 양도 정의가 필요하다는 것을 알았다. 그는 물체가 '보통 그 물체의 중력에 비례하는, 유형(有形)의 물질의 크기로 측정한다'고 말했다. '똑같은 진자들을 이용해서, 같은 무게인 두 물체의 진동을 센다면, 각 물체의 물질의 크기는 같은 시간 동안의 진동수에 반비례할 것이다.' 그는 어떻게 동작하는지 정의한 뒤에 계속해서 그것을 시도해보았으며, 원래 진술의 반대쪽의 빈 공간에는 수정한 결론을 기록했다.

> 나는 무게를, 서로 잡아당기는 물체가 존재하지 않을 때는 언제나, 중력을 추상적으로 고려하여 이동할 물질의 양 또는 크기라고 이해한다. 물론 서로 잡아당기는 물체의 무게는 그 물체의 물질의 양에 비례하고, 유사한 양들끼리 서로 상대방을 대표하고 표시하는 것은 적절하다 할 것이다. 실제로 유사성은 다음과 같은 방법으로 결정될 수 있다. 똑같은 진자들을 이용해 같은 무게인 두 물체의 진동을 센다고 하면, 각 물체에 들어있는 물질 덩어리의 크기는 같은 시간 동안에 진동한 수에 반비례할 것이다. 그렇지만 금과 은, 납, 유리, 모래, 소금, 물, 나무, 그리고 밀 등으로 실험을 조심스럽게 수행했을 때, 얻은 결과는 항상 진동한 수가 같다는 것이었다.[82]

De motu를 저술하고 수정하면서, 뉴턴은 vis inertiae가 물질의 양에 비례한다고 했다. 만유인력이라는 개념은 무게도 역시 물질의 양에 비례할 것을 요구했으며, 뉴턴이 위에서처럼 그 뜻이 명백한 표현으로 결론을 기록하기 전에는 그가 그 개념을 충분히 납득했다고 말할 수 없다.

Principia가 나오기 20년 전에 뉴턴은 지상의 중력과 태양계의 운동을 결정하는 동역학적 요소 사이의 유사성을 인지했다. 똑같은 유사성이 1679년 후크와 교환한 편지들에 암묵적으로 포함되어 있었고 De motu에는 명시적으로 표현되었다. 그렇지만, 이 유사성은 결코 만유인력 법칙과 같은 의미가 아니며, 모든 징후로 미루어 보건데 만유인력이라는 개념은, De motu를 저술할 때 중요하게 대두된 것과는 거리가 멀고, 소논문(小論文)을 수정해 가는 동안 점차로 뉴턴의 의식에 자리 잡았음이 틀림없다. 행성의 동역학에 대한 원리로 혜성의 궤도를 설명하는 것과 두 구(球) 사이의 인력에 대한 증명, 토성에 대한 목성의 영향, 질량이 무게에 비례하는 것을 증명하는 실험, 달의 구심 가속도와 중력 가속도 사이의 정확한 상관관계 등, 첫 번째 것만 제외하고는 모든 것이 1685년에 이르러 결정적인 증거와 딱 맞아 떨어졌던 것이다. De motu의 세 번째 버전과 비교하여 이른바 Lectiones de motu가 다루는 범위가 굉장히 확장되었던 것은, 그러한 발견에 대한 실감이 뉴턴을 압도하여 나타난 반응일지도 모른다.

여기서 특별히 중요한 것은 뉴턴은 그의 동역학을 완성시키자마자 바로 그러한 실감을 맛볼 수 있었다는 점이었다. 즉, 단번에 그리고 동시에 만유인력에 대한 개념과 그 개념이 정당하다는 것을 증명하기에 충분히 정교한 정량적 동역학을 모두 소유하게 되었음을 알았다. 두 구 사이의 인력, 질량이 무게에 비례한다는 사실, 달의 운동과 중력 가속도 사이의 정확한 상관관계 등 모든 것이 엄격한 결론으로서 그가 완성하려고 매달려 있는 동역학에 의존하고 있었다. 더구나, 일단 이 개념이 충분히 인식되자 같은 동역학으로 그 개념을 뒷받침할 수 있는 무수한 증거들이 공급되었다. 진자를 이용한 실험은 지상의 물체의 질량은 그 물체의 무게에 비례한다는 것을 보인다. 자연은 다행스럽게도 비슷한 실험을 하늘에서도 수행해 주었다. 만일 행성들이 케플러의 제3법칙에 따라 태양 주위를 움직인다면, 구심력에 대한 정량적인 표현과 거리의 제곱에 반비례하는 관계에서 행성들이 태양에서 같은 거리에 있다면 그 행성들이 모두같은 궤도를 따라 움직이게 될 것이었다. 이것은 다시 서로 다른 행성들사이의 인력이 그 행성들을 이루는 물질의 양에 비례해야만 가능해진다.[83] 목성의 위성들은 좀 더 복잡하다. 케플러의 제3법칙에 따라 위성들이 회전하는 한, 행성과 똑같은 논리를 적용해서 목성은 그 위성들의질량에 비례하는 힘으로 위성들을 잡아당길 것이다. 동시에 그 위성들과목성 모두를 태양이 잡아당긴다. 만일 태양이 볼 때 그 위성들과 목성이똑같지 않아서, 질량에 비례해 태양이 목성을 잡아당기는 힘이 목성의위성을 잡아당기는 힘과 똑같지 않다면 어떻게 될까? 뉴턴은 제3의 물체때문에 생기는 방해를 분석해 만일 질량에 비례하는 위성들에 대한 태양의 인력이 목성을 잡아당기는 태양의 인력 전체에 비하여 단지 1,000분의 1만 변한다고 하더라도, 위성 궤도의 중심은 바깥쪽 달 궤도의 반지름의 5분의 1에 해당하는 거리만큼 이동되어서, 그 궤도가 찌그러진 정도가 지구에서도 어렵지 않게 관찰할 수 있음을 보였다.[84]

그렇게 해서 De motu에서는 꿈도 꾸지 못했던 주장이 Principia에서는 그 정점까지 오를 수가 있었다.

> 모든 물체에 속하며, 이들에게 있는 물질의 몇몇 양에만 비례하는
> 중력의 능력이 존재한다.[85]

마지막 책의 최초 버전에서 물체들이 서로 잡아당기는 힘은 '물질의 보편적인 성질에서 생긴다'는 부분을 좀 더 강력하게 주장했다.[86] 그 결과 그는 인력이 가상의 점을 향하는 것이 아니라 물질로 된 물체를 향한다는 것을 이해해야만 한다고 주장했다. 지구의 부분들이 서로 잡아당긴다는 것에 대한 증명의 초기 버전에서 뉴턴은 지구의 일부분을 잘라내어 어느 정도 멀리 이동시킨다고 상상했다. 무슨 일이 벌어질까? 두 부분들이 서로 잡아당길 것은 명백하다. 두 부분 중 어느 것이 동떨어진 다른 방향으로 중력을 받으리라고는 상상할 수도 없다. 그런 공간은 균일하다. 공간에는 중력이 한 방향보다 다른 방향을 더 선호해서 작용하는 그런 위치는 없다. 만일 지구가 통째로 다른 장소로 이동한다고 하더라도, 지구의 부분들은 계속해서 그 새로운 중심을 향하는 중력을 받게 되는 것이지, 이전에 놓여있던 중심을 향하지는 않을 것임은 분명한 사실이다.

> 물체의 성향이나 동작은 물체에 의존하며, 그래서 이 성향이나 동작은 움직인 공간에 그대로 머무르지 않고 물체를 따라 가게 된다. 자기력은 자석을 찾고, 전기력은 전기적 물체를 찾으며, 구심력은 행성을 찾는다.[87]

이러한 진술이 뉴턴이 반복해서 강조하는 '잡아당김'이라는 용어가 힘의 궁극적인 본성에 대해 어떤 가정도 하지 않는다는 주장과 어떻게 양립할 수 있을지 의아하다. 뉴턴을 비판하는 사람들 역시 마찬가지였으며, 그래서 그의 주장을 가만 두지 않았다. 물론 원칙적으로는 어떤 현상이든 그 현상만을 위한 특별한 메커니즘을 상상하는 것이 언제나 가능하다. 그렇지만 그 현상이 우주에 존재하는 물질을 구성하는 모든 입자와 모든 다른 입자 사이에 작용하는 만유인력인 경우에는 *그것이 에테르*

메커니즘이건 뭐건 조금도 믿지 못할 정도로 무력화되어버리고 말았다. 적어도 뉴턴의 마음속에서는 만유인력 법칙이 그가 다른 경로로 얻은 잡아당김이라는 개념을 궁극적으로 확인하는 것이었다.

민유인력을 완전하게 인식하는 단계에 도달하기까지는 만유인력은 그저 잡아당김이라는 개념과 동등한 산물이었다. 만일 그가 일단 그 결론에 도달해서, 어떤 가설도 세워놓지 않았던 중력의 원인을 말했더라면, 그리고 만일 정량적으로 증명된 현상으로서 만유인력을 그 원인과 분리하는 것을 논리적으로 방어할 수 있었다면, 그가 기존의 잡아당김이라는 개념 없이도 만유인력이라는 아이디어를 생각해낼 수 있었을까? 뉴턴 과학과 샴쌍둥이인 실체로서의 힘과 정량적인 동역학, 둘 사이의 복잡한 상호 교환으로 Principia와 만유인력 법칙이 탄생했다고 하겠다.

만유인력 법칙은 뉴턴의 사색 속에서 등장했던 다른 힘들과 압도적으로 다른 측면이 있었다. 르네상스 시대의 자연주의에 속한 연금술 전통에서 유래한, 입자들 사이의 잡아당김과 밀침이라는 개념은, 그 전통과 마찬가지로, 항상 자연의 통일성을 특정한 행위자들의 다중성으로 분리시키려고 위협하여 왔다. 이와는 대조적으로 만유인력은 특수성보다는 일반성에 대한 주장을 구체화했다. 연금술 전통이 뉴턴의 사고에서 기본 요소 중 하나였던 기계적 전통과 벌이던 결코 끝나지 않을 것 같은 싸움 속에서, 만유인력 법칙을 세운 것은 기계적 전통이, 연금술의 조류에 완전히 밀렸다가 다시 제 역할을 찾은 것을 의미한다. 비록 보통의 의미로 잡아당김이라는 생각은 정통 기계론자들에게는 혐오스러운 것으로 남아 있지만, 뉴턴은 그 생각을 보편적으로 만듦으로써 물질에 대한 기계론자의 개념에 확실하게 부착시켰다. 그의 동역학은 이미 기계적 전통 안에서 균일한 물질에 운동이나 정지의 모든 변화에 저항하는 균일한 vis insita라는 속성을 부여했다. 그런 똑같은 균일한 물질에 뉴턴이 이번에는 또한 물질로서 물질에 귀속되는 균일한 잡아당김이라는 속성을 부여했다. 아마도 Principia의 초판에서 특정 힘에 대한 계획된 논의를 자제하고 모든 물체가 보편적으로 서로 전환될 수 있는 성질에 관한 가설을 삽입했던 것이 아주 우연은 아니었을 것이다. 그가 그 이후의 개정판들에서 그 가설은 생략하고 Opticks에 나오는 힘에 대한 그의 생각을 발표했을 때, 진자처럼 흔들리는 그의 생각은 연금술 쪽으로 다시 돌아와 있었다. 그렇지만 일단 그곳에 돌아오자, 만유인력이라는 결론이 다시는 버려지지는 않았다. 만유인력은 힘의 개념을 기계적 철학에 단단하게 부착되어 절대로 떼어낼 수 없게 했던 것이다.

그의 동역학이나 자연에 대한 기계적 철학 모두에게 만유인력은 많은 것을 제공해주었다. 그의 동역학에게는 만유인력이 유례없는 기회를 제공했다. 비록 뉴턴이 생각한 힘들이 모두 원칙적으로는 정량적으로 만들 수 있었지만, 실제로 17세기 말에 가능한 구체적인 지식의 수준 때문에 그런 힘들에 대한 논의가 말로 묘사하는 정도로 그쳤다. 중력이, 그리고 중력 하나만이 가까스로 얻을 수 있는 자료가 정량화되어 그 개념을 더 다듬어 위력을 발휘할 수 있는 그런 분야를 제공했다. 한편으로 만유인력이 기계적 철학에게 제공한 것은, 움직이는 입자에 적용한 힘의 개념이 어떻게 기계적 철학을 상상의 메커니즘으로 만들어진 숨 막히는 곤경에서 구해내어 정량적인 증명이라는 견고한 토대 위로 인도할 수 있었는지 보여준 것이었다. 정량적인 동역학에서 중심이 되는 요소로서 힘의 개념은 뉴턴이 과학에 기여한 심장이었다. Principia는 1685년 초 몇 달에 걸쳐서 다듬어진 동역학의 확장과 전개라고 보아도 좋다.

★

일기장에 기록된 그의 최초 통찰력이 옳았기 때문에 뉴턴은 힘을, 즉 외부의 행위자에 의해 물체에 새겨진 힘을 항상 물체가 운동하거나 정지한 상태를 변화시키는 작용으로 보았다. 뉴턴이 역학을 공부하기 시작한 것도 관성의 원리였으며, 일시적인 일탈 뒤에 다시 돌아온 곳도 관성의 원리였다. 관성의 원리는 역사적으로도 정확할 뿐 아니라 상징적으로도 그의 동역학의 구조를 대표하기 때문에 운동의 제1법칙은 관성의 원리이어야만 했다.

> 모든 물체는 그 물체에 새겨진 힘이 그 물체가 움직이거나 정지한 상태를 바꾸도록 강요하지 않는 한, 직선 위에서 정지하거나 또는 균일하게 운동하는 상태를 계속한다.[88]

물질은 스스로 움직이지 못한다. 물체는 '모든 종류의 새겨짐을 받는 데 전혀 관여하지 않는다.'[89] 물체는 자기 자신의 어떤 작용으로도 자기가 운동하거나 또는 정지한 상태를 바꿀 능력이 없다. 완전한 구(球)가 표면에 작용한 충격으로 자유 공간에서 회전한다고 하자.

> 이 구는 그 중심을 지나는 모든 축과는 완전히 무관해서 어떤 축이나 어떤 상황을 다른 축이나 다른 상황에 비해 더 많이 선호하지 않기 때문에, 구 자신의 힘으로 결코 구의 축이나 축의 경사를 바꾸지 못할 것이다. 이제 이 구 표면 중에서 이전과 같은 부분에 새로운 충격을 가해서 이 구를 비스듬히 던진다고 하자. 충격의 효과는 그것이 더 빨리 왔느냐 또는 더 늦게 왔느냐에 따라 전혀 바뀌지 않으므로, 연속적으로 새겨진 이 두 번의 충격들은 마치 그들이 동시에 새겨진 것과 똑같은 운동을 만들어 내게 될 것이다. 다시 말하면, 마치 (이 법칙의 따름 정리 II에 의해서) 두 충격이 복합되어 만드는 하나의 간단한 힘으로 이 공을 던진 것과 같은 동일한 운동이 될 것이다.[90]

그렇지만 물질이 전적으로 스스로 움직이지 못하는 것은 아니다. 물체가 어떤 운동 상태에도 무관하다고 할지라도, 그 물체가 원래 속해있던 상태에서 벗어나는 것에는 무관하지 않다. 위에 나온 회전하는 구의 경우는 완전한 구에서만 성립한다.

> 그러나 구의 극과 적도 사이 아무 곳에나 산과 같은 새로운 물질 더미가 추가된다면, 그 물질 더미가, 자신의 운동 중심에서 멀어지려는 노력을 계속해서 구의 운동을 방해하게 될 것이고, 구의 극이 자신들 주위로 반대쪽을 향하는 원을 그리면서 표면 주위를 요동치는 원인이 될 것이다.[91]

비록 위의 예는 원운동 문제 때문에 복잡하기는 하나, 물질에 대한 뉴턴의 개념에 원래 있는 애매함을 구체적으로 알려준다. 물질은 자력으로 행동할 수 없으면서도 동시에 활동적이다. 자력으로 행동할 수 없다는 것은 그것에 새겨진 외부의 힘에 따라 그것의 운동이 지배받는다는 의미이다. 활동적이라는 것은 그것이 자신의 현재 상태를 유지하려고 노력한다는 의미이다. 물질은 자력으로 행동할 수 없기 때문에, 물체에 새겨진 모든 외부의 힘은, 만일 그 힘이 같고 반대 방향을 향하는 다른 힘으로 평형을 이루지 않는 한, 물체에 새로운 운동을 발생시키게 될 것이다. 물질은 활동적이기 때문에 물체는 외부의 힘에 저항하며 그렇게 함으로써 힘과 그 힘이 발생시킨 운동 사이에 일정한 비례 관계가 유지되도록 만든다.

정량적인 동역학이 가능했던 것은 그 비례 관계가 결코 변하지 않고 균일하게 유지되는 데 있었다. 그래서 다음과 같은 운동의 제2법칙이 나온다.

운동의 변화는 새겨진 기동력에 비례하며, 그 힘이 새겨진 직선
방향을 따라 생긴다.[92]

이 법칙에 대한 간단한 논의에서는 이 법칙이 관성의 원리에 얼마나 많
이 기반하고 있는지 강조하고 있다. 힘이 발생시키는 운동은 힘과 같은
방향을 향하므로, '만일 물체가 전에 이미 움직이고 있었다면, 새로운
운동과 이전 운동이 서로 직접 겹치는지 또는 서로 직접 반대가 되는지
에 따라서, [새로운 운동이] 이전 운동에 추가되거나 또는 이전 운동에서
삭제된다. 또는 두 운동이 서로 비스듬하면 비스듬히 결합되어 두 운동
이 합해지는 방향으로 새로운 운동을 발생시킨다.'[93] 관성의 원리 때문에
모든 힘은 정지 상태에 있는 물체를 찾아 작용하며, 물질의 균일성과
힘에 따라 운동의 변화가 균일한 비례 관계를 유지하도록 바꾸어 놓는다
고 여길 수 있다. 관성의 원리는 원인이 되고 운동의 변화를 측정할 수
있게 한다는 점에서 힘의 개념과 상보적(相補的)인 관계이다. 정량적인
동역학은 공식화가 완성되면서 기존의 정량적인 운동학의 옆자리에 예
정되었다.

힘의 개념에서 얻을 수 있었던 즉각적인 부산물 중 하나는 정역학과
동역학 사이의 상호 관계를 분명하게 인식할 수 있었다는 것인데, 이는
17세기 동안에 어느 동역학도 풀지 못했던 복잡한 난제를 단번에 풀어버
렸다. 만족스러운 동역학적 힘의 개념으로 뉴턴은 동역학적 사고에서
간단한 기계가 행사했던 횡포에서 벗어났으며, 정역학은 단지 물체에
새겨진 힘들이 평형을 이루는 특별한 경우를 대표하는 것에 불과했다는
것을 알게 되었다.

기계가, 또는 기계를 사용해서 하는 것은 단지 속도를 줄여서 힘
을 보강시키거나 그 반대이거나이다. 여기서 갖가지 종류의 적절

한 기계들에 관련된 문제가 해결된다. 주어진 무게를 주어진 능력으로 움직이게 만들거나, 또는 주어진 힘으로 임의의 다른 주어진 저항을 극복하는 식이다. 만일 기계가 영리하게 고안되어서 행위자와 방해자의 ['힘들의 결정에 따라서 추산된'] 속도가 그들의 힘에 반비례하면, 행위자는 방해자와 겨우 균형을 유지하겠지만, 속도의 차이가 더 많이 나면 행위자가 방해자를 이기게 될 것이다. 그래서 속도의 차이가 아주 커서, 접촉한 물체들이 서로 문질러서 생기는 마찰이나, 연속된 물체를 떼어놓을 때 생기는 응집력, 또는 올라가는 물체의 무게 등에서 흔히 생기는 모든 저항을 극복하게 되면, 저항에 소진되고 남는 힘에 비례해서 저항하는 물체뿐 아니라 기계의 부분에도 운동의 가속도를 만들어 내게 될 것이다.[94]

정역학과 동역학 사이의 분명한 차이가, 진자에 대한 그의 분석에서도 역시 등장한다. 뉴턴은 추에 작용하는 힘을 진자의 줄 PT에 평행한 지름 성분(CX)과 접선 성분(TX) 등, 두 성분으로 분해했는데, '그중에서 CX는 물체를 직접 P에서 잡아당겨 줄 PT가 늘어나도록 하고, 그리고 저항 때문에 줄이 물체에 만드는 것은 모두 다 소진되어서 별다른 효과를 내지는 않는다. 그러나 물체를 횡으로 또는 X를 향하여 미는 다른 부분인 TX는, 사이클로이드에서 운동을 직접 가속시킨다.'[95] 비슷한 문제와 관련되어 그가 논평했듯이, '그래서 전체 힘은 이 효과를 만들어내면서 소비될 것이다.'[96] 두 물체가 같이 자유 낙하할 때 위에 있는 물체가 아래에 있는 다른 물체를 누를 수가 없다는 갈릴레오의 깨달음은 그래서 동역학에서 먼저 얻은 결론 중에서 하나로 일반화되었다.

정역학과 동역학 사이의 관계는 뉴턴 역학의 관점에서 보면 서로 다른 공식화 과정을 거쳤다. 간단한 기계에 관한 구절이 제3법칙을 정당화시키려는 확장된 논의에 등장했으며, 뉴턴은 계속해서 기계들이 평형에 있지 않을 때도 어떻게 제3법칙을 따르는지 보였다.

> 행위자의 작용을 행위자의 힘과 속도의 곱으로 구한다면, 그리고
> 마찬가지로 방해자의 반작용을 그 방해자의 여러 부분의 속도와,
> 그리고 마찰과 응집, 무게, 부분들의 가속도에서 생기는 저항력과
> 의 곱으로 구한다면, 모든 종류의 기계를 사용할 때 작용과 반작
> 용은 항상 서로 같다는 것을 알게 될 것이다.[97]

제2법칙의 관점으로 보면, 균형이 잡히지 않은 힘은 새로운 운동을 발생
시키는 데 그 힘을 소비한다. 제3법칙의 관점으로 보면 균형이 잡히지
않은 힘은 불가능하다. 동역학은 정역학만큼이나 똑같이 평형에 대한
과학이다. 어떤 경우에는 힘의 평형의 결과로 관성 상태를 유지한다. 다
른 경우에는, 관성 상태의 변화 때문에 vis inertiae와 새겨진 힘 사이에
평형이 다시 회복된다. 실제로 뉴턴의 관점에서는 제3법칙에 따른 시각
이 좀 더 근본적이었다. 그의 동역학은 주로 내부의 힘과 외부의 힘, vis
insita와 vis impressa와 같은 두 힘 사이의 관계에 관심을 두었으며,
이에 따라 제3법칙은 두 힘 사이의 관계를 오랜 전통인 정적(靜的) 평형
으로 표현한 것이다.

만일 새겨진 힘에 적용하는 법칙인 제2법칙이 자유 낙하의 동역학에
대한 갈릴레오의 통찰력을 일반화한 것으로 볼 수가 있다면, 정역학과
동역학 사이의 관계에 대한 뉴턴의 인식 또한 매질의 역학에 대한 갈릴
레오의 분석을 일반화시킨 것으로 보아도 좋다. 어떤 동역학적 문제에서
도 첫 번째 단계는 더하고 빼는 과정을 통하여 효과적인 새겨진 힘을
정하는 것이다. Principia에서 고려한 질문들이 바로 이러한 과정에 대한
가장 좋은 예로, 여기서는 저항하는 매질을 통과하는 운동과 연관된 문
제들이 등장한다. 그렇지만 갈릴레오와는 달리, 뉴턴은 저항 개념을 매

질이 물체를 뜨게 만드는 효과로만 국한하지 않았고, 그가 매질의 저항을 취급한 방법은 어떤 다른 종류의 저항까지도 완벽하게 일반화시킬 수 있었다. 저항하는 매질 내에서 물체를 위로 던지면, 임의의 순간에 물체를 감속시키려고 동작하는 효과적인 힘은, 물체의 무게에 작용하는 매질의 저항을 더한 것이다. 물체가 같은 매질을 통해서 낙하하면 임의의 순간에 물체를 가속시키려고 동작하는 효과적인 힘은 물체의 무게에 작용하는 매질의 저항을 뺀 것이다.[98]

이 시점에서 뉴턴은 갈릴레오를 넘어서는 결정적인 단계를 밟는다. 자유 낙하에 대한 이해를 재구성하면서 갈릴레오는 매질의 저항을, 무게로 나누는 것이 아니라 오히려 무게에서 빼야 한다고 주장했다. 뉴턴은 갈릴레오의 결론을 일반화시키면서, 빼는 (또는 더하는) 과정은 최종 힘을 계산하는 데 국한되지만, 그 효과를 결정하려면 정확히 힘을 저항으로 나누어야 하는데, 이는 갈릴레오가 결론에서 제외시켰던 것이었다. 물론 저항은 매질에 있다는 개념에서 움직인 물체 자체에 있는 것으로 옮겨갔는데, 이는 기동력이 매질에서 기동력 역학의 핵심을 제공한 발사체로 옮겨갔던 것을 상기시킨다. 이제 vis inertiae 또는 질량이라고 불린 것이 힘과 그 힘이 만들어낸 효과 사이의 비를 확립하는 요소가 되었다. 그렇게 해서 뉴턴 동역학의 기본 방정식인

$$a = F/m$$

이 나왔다. 아직 이전의 동역학을 좀 더 생각나게 하는 형태로, 뉴턴은 또한 이 방정식을

$$\Delta v = F/m$$

라고 쓸 준비도 되어 있었다. 두 형태 어느 것에서나, 'F'라는 용어는

매질의 기능에 대한 갈릴레오의 분석을 재활용한 것이다. F는 더하거나 빼서 효과적인 힘을 정할 수 있다.

정량적인 동역학은 기본적으로 힘이 만들어내는 효과를 정확히 정의할 것을 요구한다. 방금 지적했듯이, Principia는 한 가지가 아니라 두 가지 정의를 제안했는데, 그 두 가지 정의가 서로 모순된다. 실제로 그두 정의가 한 문장에 등장하는 문장도 존재한다.

> 물체가 낙하하고 있을 때, 동일하게 작용하는 물체의 중력에 따른 균일한 힘은 같은 시간 간격 동안에 물체에 같은 힘을 새기며, 그래서 같은 속도를 발생시킨다. 그리고 전체 시간 동안에는 전체 힘을 새기며, 시간에 비례하는 전체 속도를 발생시킨다.[99]

만일 뉴턴의 동역학에서 기본이 되는 용어가 애매한 채로 남아 있다면, 뉴턴을 정량적인 동역학의 창시자라고 일컬어도 될까?

운동의 제2법칙은 새겨진 힘의 효과를 틀릴 여지가 없는 명백한 용어로 정의했다. '운동의 변화는 새겨진 기동력에 비례한다….' 이 진술을 식으로 대표하는 데는 오직 한 가지 방법인

$$F = \Delta mv$$

만 존재한다. 그뿐 아니라, 뉴턴의 의도는 의심할 여지 없이 그 단어들이 말한 것과 똑같은 의미로 하려 했을 것이다. 뉴턴은 1690년대 초에 발표한 한 논문에서, 제2법칙에 8개 이상의 서로 다른 진술을 했다. 종이에 그린 운동에 대한 평행사변형 도표에는 곡선으로 된 대각선이 그려져 있는데, 그것은 뉴턴이 중력과 같은 연속적인 힘이 물체의 관성 운동을 변화시키고 있음을 이해했다는 표시이다. 그렇지만 그 여덟 가지 진술

모두에서 운동의 변화가 새겨진 힘에 비례한다고 놓은 부분은 일치했다. 그 논문이 받아들이는 진술에 따르면 제2법칙은 다음과 같다.

> 물체의 상태를 바꾸는 새로운 운동은 모두 새겨진 기동력에 비례하며, 그 물체가 기동력이 없었을 때 점유했을 위치에서 새겨진 힘이 향하는 방향으로 만들어진다.[100]

Δmv에 따라 힘을 측정하는 것이 Principia 전체를 통해서 반복해서 등장한다. 이전에 말했던 것처럼, 임의의 구심력에 대해서 케플러의 넓이 법칙을 증명한 명제 1은 힘이 일련의 불연속적인 충격처럼 작용되는 De motu에서도 계속해서 똑같이 반복된다. 뉴턴은 위에서 인용한 구절에서 춘분점과 추분점의 세차(歲差) 운동이 어떻게 지구의 형태를 알려주는지 설명하면서, [impetus와 impulsus 모두를 포함한] 두 개의 비스듬한 '충격'으로 운동을 시작하는 완전한 구를 상상했다. 그는 그 구가 마치 '두 가지 힘을 합성한 하나의 간단한 힘이 [vi simplici] 민 것처럼' 단 하나의 회전을 하면서 움직일 것이라고 주장했다.[101] 그가 매질의 저항을 다룬 방법에서는 그 저항의 가장 중요한 성분을 물질 입자들의 충돌에서 유도했는데, 그 충돌 하나하나가 Δmv에 따라 측정되어야만 했다. 그는, 월리스와 호이겐스 그리고 렌이 충돌을 다루면서 운동에 대한 그의 세 가지 법칙을 사용했다고 주장했는데, 그런 논쟁의 역사적인 정확성은 어찌되었든, 이 주장의 근거는 위와 동일한 힘의 척도였다.[102] Principia 가 힘의 척도로서 수식 Δmv를 채택했다는 것은 확실하다.

똑같이, Principia가 힘의 척도로서 수식 ma를 채택했다는 것도 확실하다. 수많은 구절이 명시적으로 가속도가 힘에 비례한다고 놓고 있다. 뉴턴은 두 물체가 서로 상대방을 잡아끄는 경우에 제3법칙이 성립하는

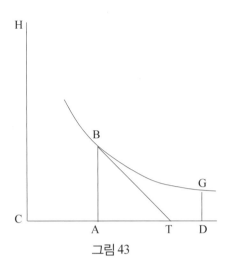

그림 43

것을 증명하면서, A가 B를 잡아당기는 것보다 B가 A를 더 강하게 잡아 당긴다고 상상해 보았다. 만일 그게 사실이라면, 그 계는 선분 AB 위에서 '영원히 가속되는 운동으로 in infinitum' 움직이게 될 것인데,[103] 이 상황은 제1법칙에 위배된다. 어떤 중력 중심을 향해서든 물체의 무게는 그 물체의 질량에 비례한다는 것을 증명하려고 뉴턴은 '동일하지 않은 물체를 동일하게 가속시키는 힘은 그러한 물체에 비례해야만 한다…'라고 추론하면서, 진자와 위성에 대한 증거를 인용했다.[104] 그가 속도의 제곱에 비례하여 저항하는 매질을 통하여 움직이는 물체의 운동을 조사했을 때, 그는 y축이 속도를 대표하고 x축이 시간을 대표하는 직각 쌍곡선을 활용했다(그림 43을 보라). 두 세로 좌표 AB와 DG 사이에서 쌍곡선의 아래 부분의 넓이는 시간 AD동안에 지나간 거리에 비례한다. 더 나아가 뉴턴은 매질의 저항을 운동 초기에 저항이 없는 경우 시간 CA 동안에 속도 AB를 발생시키게 되는 균일한 힘과 같다고 했다.

왜냐하면 만일 B에서 쌍곡선에 접선을 그어 T와 만나도록 BT를 그러면, 직선 *AT*는 *AC*와 같게 될 것이고, 그 *AT*는 처음 저항이 균일하게 계속되면 전체 속도 *AB*를 가져가게 될 그런 시간 간격을 표현하게 될 것이다.[105]

뉴턴의 도표에서 삼각형 *BAT*는 갈릴레오가 균일하게 가속된 운동의 운동학을 표현했던 삼각형에 동역학적으로 정확히 대응한다. 그런 대응은 뉴턴이 균일한 힘을 균일한 가속도에 비례하도록 놓으려 했을 때만 이해될 수 있다.

Principia에서 더 중요한 힘은 물체의 선형적인 속도를 변화시키는 힘이 아니라 운동의 방향을 바꾸는 구심력이다. 명제 I에서 뉴턴은 그러한 힘을 표현하려고 불연속적인 충격을 주는 장치를 사용하여 실연(實演)해 보인 후, 일련의 불연속적인 충격들이 연속적인 힘이 되는 극한을 상상했다. 대부분의 다른 명제들에서는 바로 연속적인 힘에서 시작했으며 그 연속적인 힘의 효과를 제I권의 도움 정리 X에 수록했다.

> 임의의 유한한 힘이 미는 물체가 지나간 공간은 그 힘이 정해져서 결코 바뀌지 않거나, 또는 연속적으로 증가하든 연속적으로 감소하든, 운동 초기에는 시간의 제곱에 비례한다.[106]

이 도움 정리의 요지는 De motu의 세 번째 버전에서 도움 정리 2로 등장했다. 이미 그 도움 정리에 대해 논의한 바 있듯이, 나는 이 도움 정리가 균일한 가속도는 균일한 힘에서 나올 뿐 아니라 균일하지 않은 힘에서도 운동 초기에는 거리가 시간의 제곱에 비례한다는 사실을 반복하는 것으로만 국한시키고자 한다. 힘에 대한 이런 척도는 궤도가 곡률이 있어 접선에서 벗어나는 정도로 구심력을 표현할 수 있기만 하면 항상 Principia에서 전반적으로 사용되었다. 분명 구심력에만 제한된 것은 아니었고, 뉴턴은 필요한 때는 언제든 별 어려움 없이 그것을 일반화시켰다. 예를 들어, 저항하는 매질에서 나선형 경로에 대해 논의하면서, 그는 한 순간의 시간 동안 움직인 원호의 증가분을 PQ라고 놓고, 그 두 배의 시간 동안 움직인 또 다른 원호의 증가분을 PR이라고 놓았다. 그는 '그 원호들의 저항에 따른 감소분은 다시 말하면, 같은 시간 동안 저항하지 않는 매질에서 움직였을 원호들과 위의 원호들 사이의 차이는, 그 차이가 발생한 시간의 제곱에 비례할 것이다…'라고 적었다.[107] 문제에 따라서는 원 궤도에서 구심력을 오늘날 우리가 사용하는 mv^2/γ에 해당하는 표현으로 사용하기도 했는데, 이도 물론 힘의 척도로 ma를 사용한 것이나 마찬가지이다.[108]

또한 마지막으로 뉴턴이 계속해서 Δmv와 ma를 힘의 척도로서 동일하다고 생각했다는 점을 분명히 하자. De motu에서 기본이 된 동역학은 Principia의 모든 개정판에 걸쳐서도 바뀌지 않고 이어졌다. 제2법칙에 대한 논의 자체는 두 표현이 일치함을 주장했다. '만일 어떤 힘이라도 운동을 발생시키면, 그 힘의 두 배가 되는 힘은 두 배의 운동을, 세 배의 힘은 세 배의 운동을 발생시키는데, 이는 힘이 단번에 모두 한꺼번에 새겨지든 점차로 연속해서 새겨지든 상관없다.'[109] 뉴턴은 대학교 시절에 했던 원운동에 대한 분석에서 이미 총 힘이라는 개념을 사용했으며, 그러한 개념이 그의 완성된 동역학에도 그대로 암묵적으로 포함되어 있었고 명시적으로 논의할 필요가 없을 정도로 분명했다. 우리에게는 힘과 전체 힘이 (F와 $\int Fdt$가) 서로 구분되고 둘이 차원적으로도 일치하지 않지만, 두 가지를 모두 '힘'이라고 공통으로 일컫은 것을 보면, 뉴턴에게는 둘이 일치했음을 보여준다. 우리는 뉴턴이 정의했던 것과 같이 정의된 힘의 개념 자체는, 그의 독창적인 결과이며 동역학에 대한 그의 기여였음을 계속 상기해야만 한다. 법칙 I과 법칙 II에서는 관성의 원리를 따라서 힘을 물체의 관성 상태를 변화시키는 원인으로 규정했다. 정의 VI에서는 '새겨진 힘은 직선 위에서 정지해 있거나 또는 균일하게 운동하는 물체의 상태를 변화시키려고 물체에 가하는 작용이다'라고 기술했다.[110] 순간적인 힘과 꼭 마찬가지로 총 힘도 이 정의에 잘 맞아 떨어진다.

뉴턴이 연속적인 힘과 전체 힘의 개념을 받아들였음은 Principia에서 여러 차례 걸쳐 표현되고 있다. 법칙 II에 대한 논의에도 바로 나타난다. 그리고 명제 I에서는 연속적인 충격 사이의 간격을 in infinitum 작게 해서, '원운동하는 물체가 원의 접선으로 가지 않도록 작용하는 구심력이 연속적이 되게…' 만든다.[111] 그 다음에 나오는 명제들을 보면 그가 증명에서 충격의 사용을 회피했을지도 모르겠지만, 유체의 저항이 어디서부터 생기는지 조사할 때는 충격을 사용하지 않고서는 불가능했다. 유체의 저항은 움직이는 물체와 유체의 개개 입자들 사이의 충돌에서 생긴다. 개별적인 충돌의 '힘'은 '속도와 크기와 부딪치는 부분의 밀도가 연합하여 만들어낸다 ….' 유체를 통과하여 움직이며 유체의 입자들과 충돌하는 물체는 그 입자들에게 많은 운동을 부여하며 그에 대한 보답으로 반작용을 받는데 그것이 저항이다.[112] 뉴턴은 유체를 통과하여 움직이는 구가 만나는 저항을 계산하려고 먼저 구가 받는 저항을 같은 물질로 만들어진 지름이 같은 원통이 받는 저항과 비교했다. 그는 평행한 경로를 따라 같은 속도로 움직이는 입자들이 원통의 평평한 표면 위의 모든 점에 충돌하고, 구에서는 한쪽 면 위의 모든 점에 충돌한다고 상상했다. 구에서는 입자들이 수직으로 충돌하지 않기 때문에, 각 충돌의 힘은 비스듬한 정도에 따라 변한다. 그리고 개별적인 힘 하나하나는 구의 표면에 수직이기 때문에, 단지 그 힘의 한 성분만 입자들이 움직이고 있는 방향으로 구를 움직이게 하는데 효과적이다. 그 입자들의 효과를 모두 더해서, 뉴턴은 '구에 작용하는 매질의 전체 힘은 원통에 작용하는 같은 종류의 전체 힘의 절반이다'는 것을 증명했다. 물론 이 경우에 '전체 힘'은 시간에 대한 적분이 아니라 넓이에 대한 적분이다. 즉, 한 입자가 표면의 모든 점에 부딪치는 충격을 의미한다. 이제 매질은 정지해 있고 원통이 매질의 내부에서 움직인다고 생각하자. 만일 완전한 탄성을 가정한다면 원통은 자기와 만나는 각 입자마다 자신의 속도의 두 배를 전달하게 될 것이다. 그러므로 '원통이 그 축의 길이의 절반에 해당하는 거리를 균일한 속도로 앞으로 움직이면서 입자들에게 전달하는 운동과 원통의 전체 운동 사이의 비는 매질의 밀도와 원통의 밀도 사이의 비와 같게 된다.' 구에 대한 저항은 원통에 대한 저항의 절반이지만 그러나 구의 질량은 원통의 질량의 단지 3분의 2에 해당할 뿐이다. 그러므로 구가 자기 지름의 3분의 2에 해당하는 길이만큼 움직이는 데 필요한 시간에 구가 매질의 입자들에게 전달할 운동과 구의 전체 운동 사이의 비는 매질의 밀도와 구의 밀도 사이의 비와 같다. 이 시점에서 뉴턴은 은근 슬쩍 불연속적인 충격들의 합에서 ($\sum F = \Delta mv$) 시간에 대한 힘의 적분으로 ($\int F dt = \Delta mv$) 옮겨갔다. '그리고 그러므로 구는 저항과 만나게 되는데, 그 저항과 구가 자기 지름의 3분의 2에 해당하는 거리를 균일한 속도로 앞으로 진행하는 시간 동안에 구의 전체 운동을 없애거나 또는 발생시킬 힘 사이의 비는, 매질의 밀도와 구의 밀도 사이의 비와 같게 된다.'[113] 이 문제를 해결하면서 뉴턴은 유체의 입자들이 고르게 분포되어 있으며 그러므로 개별적인 충돌은 규칙적인 시간 간격을 두고 일어난다고 가정했다. 명제 1에서와 마찬가지로, 만일 시간이 힘의 정의에 포함되어 있지 않는 경우에는 문제의 정의에 포함되어 있어서 그 문제의 풀이는 어떤 근본적인 오류도 포함하지 않았다. 그런데도 뉴턴은 17세기 전체를 통틀어 정량적인 동역학을 수립하려는 노력을 방해했던 차원의 불일치 문제에 사로잡혀 힘의 개념을 적절히 엄격하게 정의하는 과제를 18세기로 넘겼다.

　뉴턴 동역학의 심장부에 자리 잡은 결함을 설명하려면 그의 동역학이 개발되었던 과정을 회상해 보아야만 한다. 그때까지 해결되지 않고 남아 있었던 불일치는 힘에 대한 그의 개념이 자기 자신의 역사에서 벗어날 수가 없는 수준이었다. 그가 최초로 그런 개념을 형성한 것은 충돌을 분석하면서였는데, 그는 심지어 자연에 대한 자신의 철학이 연속해서 작용하는 힘인 인력과 척력을 제안했을 때조차도 결코 그 모형에서 그의 동역학을 떼어낼 수가 없었다. 1679년에 그리고 그의 동역학을 다시 공식화하기 전이면서 De motu를 저술하기 시작했던 1684년에 그는 궤도 역학을 힘에 대한 충돌 모형으로 접근하는 방법을 채택했는데, 그 접근 방법이 채택된 이후에는, 그의 동역학이 점차로 개선되었지만 계속해서 그의 사고를 지배했다. 그 접근 방법은 다각형에서 변의 수가 무한히 증가하면 그 다각형은 연속적인 곡선으로 접근한다는 수학적 개념에 근거했다. 1679년 뉴턴은 태양의 인력을 시간에서 각 순간이 시작할 때마다 불연속적인 충격이 작용하는 것으로 상상했다. 1684년에는 De motu의 첫 번째 정리에서 그와 똑같은 과정을 사용하여 제도화했는데, 이를테면 힘의 평행사변형은 그가 그 논문에 나오는 서로 다른 힘들을 통합된 동역학으로 결합하려고 시도한 궁극적인 장치이다. 평행사변형은 믿을 수 없을 정도로 간단했다. 역학적 개념으로서 그것은 정역학과 운동학의 평행사변형을 동역학적 용어로 바꾸어 놓았다. 수학적 개념으로서 그것은 곡선의 안쪽이나 바깥쪽에 접하는 다각형을 대표하는데 잘 맞아떨어졌다. 평행사변형이 명료해 보이지만 경로와 힘을 모두 표현하려 함으로써 뉴턴의 힘에 대한 개념 안에 고착된 바로 그 애매함을 은연중에 사용하고 있다는 사실을 감추고 있었다.

　뉴턴의 평행사변형은 De motu에서 처음 진술에 사용했을 때부터 이미 당혹스러운 장치였다.

> [두] 힘이 동시에 작용할 때, 물체가 주어진 시간에 이동한 위치는
> 같은 시간 동안 각각 연달아 작용했을 때와 같다.[114]

우리가 이미 본 것처럼 뉴턴이 결합시키려는 힘은 완전히 다른 힘이다. 그가 가설 3을 작성했을 때처럼 여전히 균일한 속도를 만들어 내는 균일한 힘인 고유한 힘과 그리고 충격이라고 여겨졌던 새겨진 힘, 이 두 힘에 관한 한 평행사변형은 개념적으로 깔끔하지 못하다는 것만 제외하면 아무런 문제도 없었다. 각각의 두 변은 힘과 운동 (또는 질량이 일정하므로 속도) 그리고 (각각의 두 힘에 따라 발생하는 운동이 균일하므로) 단위 시간 동안에 진행한 거리 등 세 가지 비례하는 양들을 대표할 수 있었다. 문제는 세 번째 힘, 즉 균일한 가속도를 발생시키는 연속적인 힘인 새겨진 힘이다. 이 경우조차도 문제가 확연히 드러나지 않는다. 단위 시간 동안에 평행사변형의 각 변은 여전히 힘과 운동 그리고 지나간 거리를 대표할 수 있다. 그렇지만 평행사변형의 대각선은 직선인데 단위 시간 동안에 세 가지 양 모두를 대표하지는 않는다. 달리 말해서, 만일 두 개의 똑같은 평행사변형에서 같은 위치에 대응하는 변을 새겨진 힘이라 하고, (제2법칙이 나중에 말했듯이, 운동의 변화는 힘이 한 번에 모두 다 새겨지든 또는 점차로 연속적으로 새겨지든 같기 때문에) 즉 하나의 평행사변형에서는 충격으로 그리고 다른 평행사변형에서는 연속적인 힘으로 표시한다면, 나머지 같은 위치에 놓인 빗변들이 진행한 거리는 표시할 수 없다. 만일 충격과 같은 힘이 연속적인 힘과 똑같기를 바란다면, 같은 평행사변형으로 힘과 경로를 모두 표시할 수는 없다. 그러나 궤도 운동은 어렵지 않게 기하학적으로 표현되는데, 이에 유용한 장치가

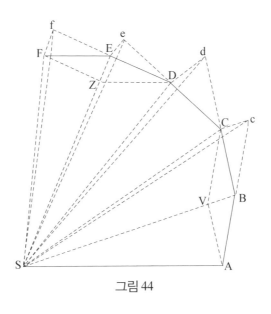
그림 44

평행사변형으로서, 뉴턴은 물체가 움직이는 것은 고유한 힘 때문이라고 말하곤 했는데, 이러한 말은 심지어 추후 고유한 힘으로 균일한 운동을 설명하기를 포기한 이후에도 계속되었다.[115] 뉴턴은 미분과 비슷하게 궁극적인 비율이라는 개념에서, 극한으로 갈 경우 다각형이 곡선으로 접근하는 것처럼, 경로와 힘 모두 연속적이게 만드는 명백한 방법을 발견했다. 다시 말하면, 그는 계속해서 힘과 경로 모두에 대한 평행사변형을 취했으며, 그렇게 하면서 힘에 대한 그의 개념에 원래부터 있던 애매함을 그대로 유지했다.

제I권의 명제 I은 얼마나 자연스럽게 평행사변형의 한 가지 사용법에서 다른 사용법으로 연결할 수 있었는지 보여준다. 실질적으로 1679년 발표 당시의 형태 그대로 남아 있는 명제 I은 케플러의 넓이 법칙을 증명하려고 힘의 개념으로 불연속적인 충격들을 사용한다. 시간을 같은 부분들로 나누고, 첫 번째 부분에서 물체에 원래 있던 힘만으로 직선 *AB*를 그린다고 하자(그림 44를 보라). 그 물체에 아무것도 작용하지 않으면, 물체는 두 번째 부분에서 선 $Bc(=AB)$를 그리게 될 것이고, 간단한 기하로 뉴턴은 삼각형 ABS가 삼각형 BcS와 같다는 것을 증명했다. 그러나 물체가 B에 도달할 때, '[물체에] 구심력이 즉시 굉장히 큰 충격으로 작용'해서 물체를 선 BC를 따라 옆으로 가도록 돌린다고 가정하자. 여기서도 역시 $\triangle BCS = \triangle BcS = \triangle ABS$인 것을 증명하는 것은 간단한 일이다. 그리고 같은 과정을 확장시켜서 나온, 같은 시간 간격 동안에 쓸고 지나가는 연이은 삼각형들도 역시 모두 다 같다. 이때까지 뉴턴은 경로를 대표하는 데는 평행사변형을 드러나게 사용했고, 힘을 대표하는 데는 평행사변형을 은연중에 사용했다. '이제 그러한 삼각형들의 수를 증가시키고, 그들의 폭을 in infinitum 축소시키자. 그러면 (도움 정리 III의 따름 정리 IV에 의해서) 그 삼각형들의 궁극적인 경계선 ADF는 곡선이 될 것이다. 그리고 그러므로 물체를 이 곡선의 접선에서 끊임없이 잡아당기는 구심력도 연속적으로 작용하게 될 것이다. 그리고 항상 쓸고 간 시간에 비례하는 어떤 쓸고 간 넓이들 $SADS$, $SAFS$는, 이 경우에도 역시, 시간에 비례하게 될 것이다.' 최초 문제와 그리고 극한의 경우 모두에서 암묵적으로만 평행사변형이 이중으로 대표한다는 것을 세 번째와 네 번째 따름 정리에서 분명히 명시했다.

따름 정리 III 만일 같은 시간 동안에 저항을 받지 않고 동일한 공간을 그린 원호들의 현 AB, BC, 그리고 DE, EF가 평행사변형 $ABCV$, $DEFZ$를 이룬다면, B와 E에서 받는 한 힘과 다른 힘 사이의 비는, 그 원호들이 in infinitum 축소될 때 대각선 BV와 EZ 사이의 극한 비율과 같다. 왜냐하면 ([평행사변형에 대한] 법칙들의 따름 정리 I에 의해서) 물체의 운동들 BC와 EF는 Bc와 BV 그리고 Ef와 EZ가 결합한 것이기 때문이다. 그러나 이 명제의 증명에서

*Cc*와 *Ff*하고 같은 *BV*와 *EZ*는 *B*와 *E*에서 구심력의 충격으로 발생했으며, 그러므로 그 충격들에 비례한다.

따름 정리 IV   저항이 없는 공간에서 물체들이 직선 운동에서 벗어나게 끌어당겨서 곡선 궤도로 돌리는 힘들은 서로 같은 시간 간격 동안에 진행된 원호의 버스트 사인들이 (역주: 주어진 각 θ의 'versed sine' 값은 $1 - \cos\theta$와 같음) 된다. 그 버스트 사인들은 힘의 중심으로 다가가고, 그 원호들이 무한히 작아지면 현을 이등분한다. 왜냐하면 그러한 버스트 사인들은 따름 정리 III에서 설명한 대각선의 절반들이기 때문이다.[116]

힘의 평행사변형은 처음에 De motu에서 공식화되었는데 그 형태 그대로 별 차이가 없이 Principia의 초판에도 등장했다. 여기서는 균일한 힘은 균일한 운동을 발생시킨다는 것을 기저에 깔고 있는데, 이는 분명 그의 동역학이 가정했던 형태와 상충되었고, 그래서 1690년대에 뉴턴은 평형 사변형이 균일한 운동뿐 아니라 가속된 운동까지도 설명할 수 있도록 수정하는 일에 착수했다.

사례 2. 똑같은 논리로 만일 주어진 시간에 물체가 새겨진 힘 *M*만 작용할 때 *A*에서 *B*까지 균일한 운동을 하면서 이동한다면, 그리고 또 한꺼번에 동시에 작용하는 것이 아니라 서서히 새겨진 힘 *N*만 작용할 때 *A*에서 *C*까지 직선 *AC*를 따라 가속된 운동을 하면서 이동한다면, 같은 시간에 두 힘이 동시에 작용할 때는 평행사변형 *ABDC*를 이루게 될 것이다. 왜냐하면 마지막 순간에는 물체는 선 *CD*뿐 아니라 선 *BD*에서 동시에 발견될 것이기 때문이며 그리고 그러므로

여러 번 다듬고 다듬어진 이 진술은 다음과 같은 형태로 끝을 맺었다.

그리고 그러므로 두 힘 *M*과 *N*이, 따로따로 두 선 *AB*와 *AC*를 따라서 균일한 운동을 발생시키듯이, 그 두 선 *AB*와 *AC*를 따라 한꺼번에 그리고 동시에 새겨진다면, 물체는 주어진 시간 동안에 두 힘 모두에 따라 발생하는 균일한 운동으로 직선인 대각선 *AD*를 따라 *A*에서 *D*까지 진행하게 될 것이다. 그러나 만일 두 힘 *M*과 *N*이 이전과 같은 선 *AB*와 *AC*를 따라 각각이 가속된 운동을 발생시키듯이, 점차로 그리고 연속적으로 작용한다면, 물체는 주어진 시간 동안에 두 힘에 따라 *A*에서 *D*까지 진행하기는 하나 직선이 아닌 곡선을 따라 가속 운동을 하게 될 것이다.[117]

두 번째 진술이 계속해서 충격으로 새겨지든 연속된 힘으로 새겨지든 정량적으로 같은 두 힘은 모두 같은 운동을 발생시키고 같은 거리만큼 진행하는 원인이 된다고 주장하는 한, 그는 여전히 똑같은 애매함에서 벗어나지 못했다고 하겠다.

대략 비슷한 시기에 뉴턴은 제2법칙을 수정할 계획이었으며 기본적으로 같은 문제를 공략했다. 그 법칙에 대한 진술 자체는 계속해서 힘과 그 힘이 발생시키는 운동의 변화가 서로 비례한다는 주장이었다. 그렇지만, 힘과 운동 사이의 선형적인 비례 관계, 충격과 연속적인 힘과의 동일성, 그리고 합성의 규칙들을 논의한 뒤에, Principia에서는 이전에는 결코 출판된 적이 없는 다음 구절이 이어진다.

만일 물체 *A*가 힘이 새겨지기 전에 움직이고 있어서 자신한테 있는 균일한 운동이 계속됨에 따라 주어진 시간 동안에 거리 *AB*만큼 진행할 수 있었다면, 그리고 한편 그 물체를 새겨진 힘으로 주어진 방향으로 밀었다면, 이 물체에 상대적으로 정지해 있는 위치가 물체와 함께 *A*에서 *B*까지 이동하며, 또 물체는 새겨진 힘으로 그 위치에서 벗어나 그 힘의 방향으로 그 힘에 비례하는 운동만큼 밀려가게 된다는 것을 필히 고려해야 한다. 그러므로, 예를 들어 직선 *AC* 방향으로 작용하는 힘이 결정되고 주어진 시간에 처음에는 정지해 있던 물체가 이동하지 않았던 위치 *A*에서 위치 *C*로 움직여질 수 있다면, *AC*와 평행하고 동일한 *BD*를 그리면, 이 법칙의 의미에 따라 같은 힘이 그 물체를 같은 시간 동안에 움직인 위치 *B*에서 새로운 위치 *D*까지 이동시키게 될 것이다. 그러므로 그 물체는 *A*에서 *B*까지 그 물체의 상대 위치의 운동과 그리고 그 위치에서 또 다른 위치 *D*까지, 다시 말하면, 물체가 새겨진 힘 이전에 참가한 운동 *AB*와 그리고 이 법칙 때문에 새겨진 힘이 발생시킨 운동 *BD*에 의해 생긴 운동을 가지고 선분 *AD*를 따라 이동하게 될 것이다. 그래서 선분 *AD*를 따라 생기는 물체의 운동은 이 두 운동이 합쳐서 나타나는 것이다.[118]

그 페이지 밑으로 한참 더 내려가면, '운동'이라는 단어를 '이동[translatio]'이라는 단어로 바꾸어 수정했다. 이 변화는 전체적인 변화를 암시한다. 도표로 힘이나 또는 운동의 양을 나타내려는 노력을 포기함으로써, 뉴턴은 연속적인 힘이 작용해서 물체의 관성 운동을 변화시킬 때 물체가 어떤 경로를 그리는지 정확하게 제시할 수가 있었다. 분명히 이 취급 방법은 힘의 평행사변형이 결코 이룰 수가 없었던, Principia의 힘의 개념에 대응한다. 실제로 Principia는 힘의 평행사변형을 포기함으로써 이 목표를 성취했는데, 아마도 그 사실이 바로 힘의 평행사변형이 인쇄본에서는 결코 나타나지 않았던 이유였을지도 모른다.[119] 실제로 비록 그 도표를 논하자는 것은 아니지만, 운동학적 구성에 기초한 갈릴레오의 포물선 궤도와 큰 차이가 없다. 대신 뉴턴은 Principia의 제2판에 평행사변형을 수정하여 실었는데, 위에서 인용한 상황에서 균일한 힘이 균일한 운동을 만든다는 언급을 피하고, 두 힘 *M*과 *N*은 '위치 *A*에서 따로 새겨졌다 [in loco A impressa]'고 기술하였다. 다시 말하면, 개정된 평행사변형은 두 충격을 다루는데, 이는 Principia에 나오는 문제와 평행사변형이 적용된 그 문제의 풀이와 아무런 상관이 없는 상황이다.

평행사변형에 원래부터 내재되어 있는 애매함 때문에, 뉴턴 동역학은 가장 현대적, 즉 '뉴턴주의적'으로 보이는 계기가 마련되게 되는데, 이는 그런 문제를 기술할 때, 겉으로 드러나는 운동의 경로를 표현하는 기하적인 방식들과 힘을 표현하는 도표들을 서로 분리시켜 놓게 되었기 때문이다. 뉴턴은 힘을 운동을 변화시키는 장치로서 순수하게 기능적으로만 취급하여 힘의 정의에서 오는 복잡성에서 자유롭게 되었으며, 그래서 조금도 망설이지 않고 그 힘을 가속도에 비례한다고 놓을 수 있었다. 오늘날 물리에서 운동의 제2법칙이라고 알려진 관계인

$$F = ma \text{ 또는 } F = \frac{d}{dt} mv$$

는, 제2법칙에 대한 공식적인 진술에서 발견하기보다는 오히려 여기서 발견하게 된다. 중요한 것은, 이러한 제안들이 De motu에는 거의 전혀 포함되지 않았다는 것이다. 이런 제안들은 거의 전부가 그의 동역학이 수정된 다음에야 작성되어서 완성된 형태로 공식화되었다.

진자의 운동이라든가 이와 비슷한 탄성 매질에서의 진동과 같은 운동 분석은 바로 본보기가 되었다. 물론 뉴턴은 Principia가 나오기 10년도 전에 이미 진자의 동역학에 친숙해 있었다. 그렇지만 진자가 De motu에서 두각을 나타내지는 않았고 Principia에서도 등시성(等時性) 진동을 일반적인 동역학의 맥락에서 다루었을 뿐이다. 도표에서 진짜로 그렸던 것은 진자가 만드는 사이클로이드 경로였지만, 뉴턴이 조사하고자 했던 힘은, 사이클로이드의 양쪽 옆면 사이를 진동하는 줄에 따라 결정되는

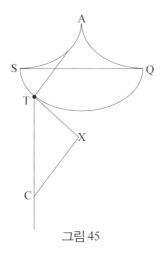

그림 45

이러한 경로의 모양과는 아무런 관계도 없었다. 진자의 등시적 운동은 도표에 그릴 수가 없다(그림 45를 보라). 경로의 각 지점에서 중력을 수직 성분과 접선 성분으로 나누는 분석은 힘과 변위 사이에 함수적 관계를 수립하는 것과 같다. 사이클로이드의 성질에서 뉴턴은 접선 성분이 사이클로이드의 매 지점에서 수직 방향의 변위에 비례한다는 것을 증명했다. '따라서 물체의 가속도는 가속시키는 힘에 비례할 것이 분명하고, 매순간 길이 TX가 될 것이다…'라고 결론지었다.[120] 일종의 말로 묘사하는 적분으로 그는 가속도, 속도, 지나간 거리, 앞으로 지나갈 수선까지의 거리, 소비된 시간 등이 동일한 사이클로이드에서 발생하는 모든 진동에서는 같으며, 그래서 모든 진동은 등시성을 만족한다고 증명하기에 이르렀다.

저항하는 매질을 통한 운동은 문제를 좀 더 복잡하게 만들었다. Principia에서, 뉴턴은 물체가 받는 저항이 자신의 속도에 비례하거나, 속도의 제곱에 비례하거나, 또는 부분적으로는 속도에 비례하고 부분적으로는 속도의 제곱에 비례하는 세 가지 경우를 다루었다. 뉴턴은 요구

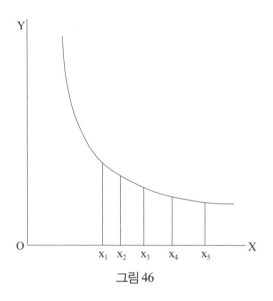

그림 46

되는 지수 함수를 구하려고, 알려져 있던 직각 쌍곡선의 정적분, $xy = k$ 를 사용했다(그림 46을 보라). x_1과 x_2의 사이에서 곡선의 아래쪽 넓이는 다음 적분

$$A = \int_{x_1}^{x_2} y \, dx = k \int_{x_1}^{x_2} \frac{dx}{x} = k(\ln x_2 - \ln x_1) = k \ln \frac{x_2}{x_1}$$

과 같다. 만일 비율 $\frac{x_2}{x_1}$이 일정하다면, 즉 이어지는 x값들을 공비(公比)로 취한다면, 넓이의 증분(增分)은 서로 같아지게 될 것이다. x, y 그리고 A를 문제에 필요한 값으로 바꿈으로써, 뉴턴은 이 수학적 장치를 저항과 관련된 모든 문제에 적용했다.

가장 간단한 경우는 물체의 저항이 물체의 속도에 비례하는 것이다. 시간을 동일한 간격들로 나누고, 저항은 각 간격이 시작할 때 '속도에

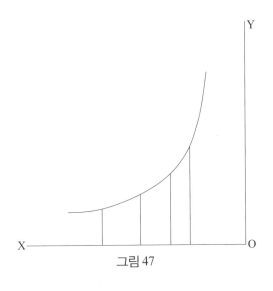

그림 47

비례하는 단 한 번의 충격을 가지고 …' 작용한다고 가정하자. 속도의 감소는 저항에 비례하기 때문에, 이 속도의 감소 역시 속도에 비례하게 될 것이며, 이어지는 시간 간격들이 시작하는 처음의 속도는 연속적으로 비례하게 될 것이고, 동일한 수의 시간 간격으로 이루어진 좀 더 긴 주기의 시간 간격을 잡아도 그 간격이 시작되는 첫 부분에서의 속도 또한 연속적으로 비례하게 될 것이다. '그러한 동일한 시간 간격을 축소시켜서 간격들의 수를 in infinitum 증가시킨다고 하면 저항의 충격이 연속적이 되고', 그리고 동일한 시간 간격의 처음 시작 부분에서의 속도가 기하적으로 변하게 될 것이다.[121] 뉴턴은 이 문제를 제시하기 위해, 제2사분면의 쌍곡선인 $xy = -k$를 사용했다(그림 47을 보라). x축의 거리($-x$)는 속도와 저항 모두를 나타내며, 그리고 넓이의 동일한 증분은 시간을 의미한다. 이 도표는 갈릴레오의 운동학적 삼각형을 동역학에서 복잡한 문제의 경우까지 논리적으로 확장시킨 것이다. 비록 이 경우에 거리가 $x_2 - x_1$으로 나타나기는 하나, 도표의 주목적이 지나간 경로를 보여주자는 데 있지 않다. 오히려, 이 도표는 속도와 저항 그리고 시간 사이에 함수 관계를 제시한다. 비록 이 도표가 이어지는 충격들을 이용하지만, 저항을 수학적으로 표현한 방식과 불연속적인 다중(多重) 충돌이라는 물리적 개념과는 아무런 상관이 없다. 그러므로 이 문제는, 비록 제1권의 명제 1에서 사용된 것과 같은 분명한 힘의 정의를 채택하고 있는데도 저항을 효과적으로 $\Delta v/\Delta t$에 비례하도록 정했다. 그리고 이 경우에 극한으로 가면 진정한 의미에서의 미분 dv/dt가 된다. 명제 1에서, 거리와 운동을 모두 표현하려는 시도는 궁극적인 비율을 완전히 혼란에 빠뜨리는 결과를 낳았다.

De motu의 최초 버전의 수정판은 속도에 비례하여 저항하는 매질을 통과하는 운동에 대한 명제를 추가했으므로, 좀 더 추상적이고 기능적인 힘을 다루려면 뉴턴의 기초 동역학이 완전히 개발되고 성숙될 때까지 기다려야만 했다. 그렇지만, 그런 취급 방법은 그 시기에 대단히 많이 확장되었다. 속도에 비례하는 저항에 관한 De motu의 명제에 추가해서, Principia에서는 속도의 제곱에 비례하는 저항과 그리고 부분적으로는 속도에 비례하고 부분적으로는 속도의 제곱에 비례하는 저항에 대해서 고려되었다. 이렇게 문제들이 점점 더 복잡해지자, 뉴턴은 힘을 노골적으로 함수로 표현해 해결책을 찾았다. 그는 genitum의 모멘트라는 개념을 도입할 필요를 느꼈다. 그는 genitum을 '연속적인 운동 또는 흐름에 의해' 증가하거나 감소하는 양으로서 곱한 곱이나 나눈 몫 또는 제곱근과 같은 임의의 양으로 정의했고, 또 '모멘트'는 '순간적인 증분 또는 감소분'으로 정했다. 그는 계속해서 모멘트는 유한하다고 여기면 안 된다고 말했다. 유한한 양은 모멘트가 아니고 모멘트에 의해 발생한 양이다. 반면에 모멘트는 '단지 유한한 크기를 내는 발생 원리'로 이해되어야만 하는 것이지, 그 크기로 고려되는 것은 아니며, 오히려 모멘트가 처음

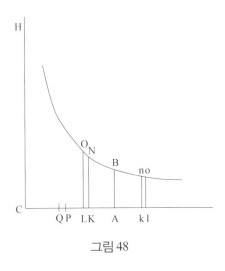

그림 48

발생한 때 첫 번째 비율을 고려해야 한다.[122] 제II권의 도움 정리의 언어
는 제I권에서 초기의 궁극적인 비율에 대한 개념을 도입한 언어와 실질
적으로 똑같다. 그렇지만, 궁극적인 비율은 궤도를 기하적으로 대표하는
것에 적용되는 데 반해, 모멘트는 함수 관계에 적용된다. 그 두 가지는
관심의 대상이 되는 어떤 양을 이른바 시간에 대해 미분하는 것과 같다.

제II권의 명제 VIII에서는 속도의 제곱에 비례하여 저항하는 매질을
통하여 수직 방향으로 움직이는 운동을 다루었다. 제1사분면에 놓인 쌍
곡선에서, 주어진 중력은 AC에 비례한다고 놓고 저항은 변동이 가능한
AK에 (또는 위로 올라가는 운동에 대해서는 Ak에) 비례한다고 놓으며,
그래서 움직이는 물체를 가속시키려고 동작하는 절대적 힘은 KC로 (또
는 kC로) $AC - AK$와 (또는 $AC + Ak$와) 같다(그림 48을 보라). AK와 AC
의 사이에서 비례 중항인 (그리고 AC는 고정된 양이므로 저항 AK의 제
곱근에 비례하는) 선 AP는 속도를 나타낸다. 짧은 선 KL은 시간의 순간
적인 간격 동안에 발생한 저항의 증분이며, 그리고 다른 짧은 선 PQ는
저항의 증분과 동시에 발생하는 속도의 감소분이다. AK는 AP^2에 비례하

기 때문에, 그들의 모멘트인 *KL*과 2*AP* · *PQ*도 역시 서로 비례하며, 그리고 치환에 따라 '속도의 증분 *PQ*는 (법칙 II에 의해서) 발생시키는 힘 *KC*에 비례하므로' *KL*은 *AP* · *KC*에 비례한다.[123] 이것이 증명에서 없어서는 안 될 중요한 단계이다. 미분을 명시적으로 다룬다는 맥락에서, 그는 힘을 속도의 미분인 *dv*/*dt*에 비례한다고 놓았다. 문제의 복잡성이 뉴턴으로 하여금 힘과 속도 그리고 거리를 함수적으로 표현하게 함과 동시에 미분 계산을 도입하게끔 했고, 바로 이 때문에 그는 운동의 제2 법칙의 의미를

$$F = \frac{d}{dt} mv$$

라고 명료하게 진술했다. 이 단계에서 시작해, 효과적인 힘들이 (*AC*, *IC*, *KC*가) 지나간 거리가 일정하게 증가할 때마다 기하학적으로 증가함을 보이는 것은 간단한 기하 문제에 불과했다. 이전의 문제와는 달리 저항이 속도의 제곱에 비례할 때는, 도표에서 어떤 것도 시간을 나타낼 수 없다. 뉴턴은 흘러간 시간을 구하려고 증분의 영역에서 (올라갈 때는 원의, 내려갈 때는 쌍곡선의) 넓이가 '속도에 직접 비례하고 그 증분을 발생시키는 힘에는 반비례하는, 그래서 그 증분에 반응하는 시간의 간격에 비례하는 별개의 도표를 만들어야만 했다.'[124] 다시 말하면,

$$\Delta t = m \frac{\Delta v}{F} \quad \text{또는} \quad F = m \frac{\Delta v}{\Delta t} mv$$

이며, 그는 명시적으로 미분으로 바뀌는 증분을 다루고 있으므로

$$F = \frac{d}{dt} mv$$

이다.

전혀 다른 문제가 또한 뉴턴으로 하여금 힘을 비슷하게 함수적으로 다루도록 이끌었다. 제I권의 명제 XXXIX에서는 임의적으로 변하는 힘을 받으며 아래로 떨어지는 물체의 속도를 임의의 지점에서 찾는 문제를 다루었다. 뉴턴은 그 이전의 일곱 개의 명제들을 통해, 궤도 동역학에 대한 자신의 분석을 힘이 거리의 제곱에 반비례하거나 또는 거리에 정비례하는 구체적인 문제의 풀이를 구하는 데 적용했다. 원추 단면이 오그라드는 극한의 경우 원추의 축으로 접근하게 함으로써, 그는 궤도의 속도에 대한 이전의 결론들을 교묘하게 확장하여 그 극한 상황에서 속도를 결정했다. 이제 그는 어떤 힘에 대해서든 성립하는 일반적인 풀이를 찾고자 했다. 모든 증거가 명제 XXXIX야말로 제I권에 최종적으로 첨가할 것 중 하나임을 가리키고 있었다. 원추 단면에서의 운동을 극한적인 경우 연직선에서의 운동으로 다루는 방법은 그 기원을 따지자면 De motu까지 거슬러 올라가지만, 이른바 Lectiones de motu의 잔존하는 절에 나오는 명제에 부여된 숫자들을 Principia에서 부여된 숫자들과 비교하면 명제 XXXIX은 아마도 IV절과 V절과 함께 Lectiones에 포함되지 않았던 것으로 보인다. 그러므로 그 명제는 뉴턴의 동역학이 최종적인 형태를 갖춘 후로도 한참 뒤인 1685~1686년의 겨울보다 이전에 작성되지는 않았던 것 같다. 그 명제의 구성상 그 명제가 초기 비율에 의존하는 것은 도움 정리 II의 모멘트 또는 미분에 의존하는 것이고, 그 명제가 힘을 취급하는 방법은 저항을 받는 운동에 적용된 방법과 비슷하다.

명제 XXXIX의 구성은 특이하다. 문제에서는 풀이를 유도하는 대신에 그냥 그것을 풀이라 놓고 그 풀이가 옳다는 것을 증명한다. 도표는 낙하하는 연직선인 *AC* 위에 구성된다(그림 49를 보라). *AC*에 수직으로 내리그은 선들 *AB, DF, EG*가 각 점에서 중심 *C*를 향하는 힘을 나타내

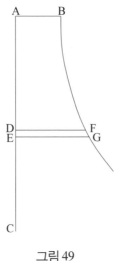

그림 49

고, 그래서 곡선 *BFG*는 중심 *C*에서 거리의 함수로 힘을 표현한다. 물체가 *A*에서 떨어진다고 가정하자. 임의의 위치 *E*에서 속도는 직선을 따라 놓일 것이고, 그 속도의 제곱은 넓이 *ABGE*와 같다. 뉴턴이 기술한 것은 일-에너지 방정식에 해당하는 수학 방정식으로, 실제로 라이프니츠가 얻었던 것보다 더 일반적인 형태이다. 넓이 *ABGE*는 적분 $\int Fds$와 같다. 특히 이 문제의 풀이를 구하려면 곡선들을 정적분할 필요가 있다고 기술되어 있다. 적분에 비례하는 것이 속도의 제곱이다. 물체는 단 한 개라고 가정했으며, 물체는 정지 상태로부터 시작하므로, 결론은 전적으로 다음 식

$$\int Fds = \Delta\left(\frac{1}{2}mv^2\right)$$

와 같게 된다. 물체를 주어진 속도로 출발시킬 수 있었던 따름 정리 III에서는 이 둘이 같다는 것이 더 분명해진다.

뉴턴은 어떻게 이 결론에 도달했을까? 그는 DE를 경로의 증분으로 취하여 증명했다. 만일 D에서 속도가 v라면, E에서 속도는 $v+\Delta v$가 될 것이며, 그리고 발표된 풀이에 따르면

$$\frac{DFGE}{DE}\left(=\frac{F\Delta s}{\Delta s}\right)=\frac{v^2+2v\Delta v+\left(\Delta v\right)^2-v^2}{\Delta s}$$

이다. 극한에서 넓이가 단지 초기의 것이라면

$$DF=\frac{2v\,dv}{ds}\qquad \text{또는}\qquad F\propto v\frac{dv}{ds}$$

가 된다. 뉴턴은 이 관계의 의미를 수립하려고 알려진 원리들에서 다시 시작했다. 물체가 DE를 지나가는 데 걸리는 시간은 거리 DE에 비례하고 속도에 반비례해서

$$\Delta t=\frac{\Delta s}{v}$$

가 된다. 힘은 '속도의 증분 I에 정비례하고 시간에 반비례하므로 초기에 그 비율을 취하면 $\frac{I.V}{DE}$, 즉 길이 DF에 비례한다.'[125] 다른 말로 하면,

$$F\propto\frac{\Delta v}{\Delta t}\propto\frac{\Delta v}{\Delta s/v}\propto\frac{v\Delta v}{\Delta s}$$

이고 극한에서는 $Fds\propto vdv$를 얻는데, 이것이 바로 도표에서 유도한 관계이다. 뉴턴 자신의 해설에 비추어보면, 그가 적분하여 이 관계에 도달

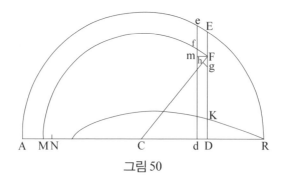

그림 50

했으며, 이미 결과를 손 안에 쥐고 역으로 그 문제를 증명했음이 분명해 보인다. 저항에 대한 증명에서와 마찬가지로 중요한 것은 힘이 속도를 시간에 대해 미분한 것에 비례한다는 사실이다. 방정식으로 표현하는 양들은 뉴턴의 눈에는 전혀 중요하지 않았다는 것은 주목할 만하다. 방정식 $F = ma$ 위에 동역학을 세우면서도, 그는 은연중에 유도된 일-에너지 방정식의 중요성을 파악하지 못했다. 무엇보다도, mv^2으로 주어진 양이 그에게는 어떤 의미도 주지 못했다. 이 양은 라이프니츠의 힘의 개념을 따른 것이었지 뉴턴의 양은 아니었다. 첫 번째 따름 정리에서, 그는 다음 식

$$\frac{W}{\Delta W} = \frac{v^2}{2v\Delta v}$$

와 같은 결과에 도달했다. 그는 바로 충동에 따라 우변을 간단하게 $\frac{1}{2}v/\Delta v$로 적었다.

일-에너지 방정식에 해당하는 똑같은 수학적 관계가, 뉴턴이 진자의 운동에 대한 (속도의 제곱에 비례하는) 저항의 효과를 조사하는 과정에서 다시 등장했다. 그는 낙하하는 동안 그리는 원호와 상승하는 동안

그리는 원호 사이의 차이를 두 원호의 합으로 곱한 것은, 원호 위의 각 점에서 저항을 나타내는 곡선의 아래쪽 넓이와 같다는 결론을 내렸다. 곡선의 아래쪽 넓이는 명백히 적분 $\int Rds$에 해당하며, 그리고 만일 S_1를 낙하하는 동안의 원호라 하고 S_2를 상승하는 동안의 원호라 하면, 이 적분은 $S_1{}^2 - S_2{}^2$에 비례한다는 것인데, 이는 오늘날 퍼텐셜 에너지의 손실이라고 불린다. 이 결과를 얻기 위해 뉴턴은 중력의 효과적인 성분(CD)과 저항(DK), 저항을 매개로 이미 겪은 손실이 주어질 때 D에서의 속도(DF), 물체가 최소의 공간을 지나가는 동안 매질의 저항 때문에 D에서 잃는 속도의 모멘트(Fg), 그리고 속도의 그러한 손실에 기인한 원호의 감소분(MN)을 보여주는 도표를 구성했다(그림 50을 보라). 'df에 수직하게 Fm을 그리면, 저항 DK에 의해 발생한 속도 DF의 감소분 Fg와 힘 CD에 의해 발생하는 같은 속도의 증분 fm 사이의 비는, 발생시키는 힘 DK와 발생시키는 다른 힘 CD 사이의 비와 같게 될 것이다.' 즉,

$$\frac{-\Delta v}{\Delta v} = \frac{R}{F} \qquad \text{또는} \qquad \frac{F}{\Delta v} = \frac{R}{-\Delta v}$$

으로 힘과 속도의 변화가 비례한다는 아주 중요한 관계식인데, 극한에서는 (그리고 그는 모멘트를 언급했다), 힘과 가속도가 비례함을 의미한다. 닮은 삼각형의 성질로 그는 fm과 Fm 또는 Dd 사이의 비는 CD와 DF 사이의 비와 같음을 알아냈으며, 그것은 일-에너지 방정식인

$$\frac{\Delta v}{\Delta s} = \frac{F}{v} \qquad \text{또는} \qquad F\Delta s = v\Delta v$$

와 같게 된다. 또한 Fh 또는 MN과 Fg 사이의 비는 DF와 CF 사이의 비와 같아서

$$\frac{-\Delta S}{-\Delta v} = \frac{v}{S} \qquad \text{또는} \qquad -S\Delta S = -v\Delta v$$

와 같게 된다. 대응하는 항들의 곱에 의해서, MN과 Dd 사이의 비는 CF 와 CM 사이의 비와 같아서

$$\frac{-\Delta S}{\Delta s} = \frac{R}{S} \qquad \text{또는} \qquad R\Delta s = -S\Delta S$$

가 된다. 그러므로 '모든 $MN \cdot CM$들을 다 합한 것은 모든 $Dd \cdot DK$들을 다 합한 것과 같게 될 것이다.'[126] 이것을 우리의 용어로 말하면

$$-\int SdS = \int Rds$$

인데, 다시 말하면 저항에 따른 퍼텐셜 에너지의 손실은 저항에 거스르며 한 일과 같다. 힘은 거리와 함수 관계에 있음을 이해하고 모멘트를 잘 활용할 수 있었기 때문에 뉴턴은 다시 한 번 일-에너지 관계라는 중요한 표현에 도달할 수 있었다. 또한 뉴턴은 힘을 속도의 변화와 연관짓는 것을 제외하고는 어떤 다른 방정식에도 관심을 두지 않았기 때문에 또다시 그가 우연히 얻은 방정식들의 중요성을 무시했던 것이다.

17세기 동역학의 전망 전체를 놓고 판단하면, 뉴턴은 힘의 정의가 정밀하고 분명하게 만드는 데 굉장히 큰 한 걸음을 대디뎠다. 물체의 힘이 그 물체의 절대적인 운동을 표현할 것이라는 절대적 동역학에서 별 성과를 거두지 못한 후, 그는 mv로 주어지는 물체의 운동의 힘이라는 개념을 완전히 폐기했다. 그 점에 관한 한, 그의 동역학의 역사적 발전 과정에서

뒤에 유물로 남겨진, 자신의 고유한 힘으로만 움직이는 물체에 대한 문구들이 우리를 잘못 인도하도록 허용해서는 안 될 것이다. 오늘날 일이라고 부르는 17세기의 힘에 대한 또 다른 척도로 Fs 또는 $\int Fds$는 비록 그 양이 주어진 문제들에서 힘의 맥락으로 등장했지만 그의 동역학에서 결코 '힘'으로 두각을 나타내지 못했다. 그렇지만, 힘에 대한 다른 두 가지 척도인 ma와 Δmv에 관한 한, 그는 두 가지를 모두 사용하는 애매함에서 결코 완전히 벗어나지 못했다. 이미 지적했다시피, 그의 궁극적인 비율과 같이 아직 남아있었던 애매함은 축소되어 거의 소멸되었다. 만일 그 애매함이 전체를 흐리는 개념적으로 미약한 안개를 퍼뜨리면서, 그의 동역학이 지닌 공리적 구조를 흐트러지게 했다면, 그가 주기적으로 반복되는 충격들이라는 맥락에서 Δmv를 대부분 사용했다는 사실, 즉 힘을 정의하는 데 Δt라는 인자가 결여되어 있음을 암시한 사실이 그 애매함에서 모든 저해 요소를 실질적으로 제거했을 것이다. 특별히 힘이 거리 또는 속도의 함수로 주어지고 미분 계산법을 사용한 그런 문제에서, 그의 힘의 평행사변형에 내재되어 있던 혼란은 사라졌고, 제2법칙은 애매함 없이 오늘날 제2법칙에 대한 뉴턴 자신의 기술로 읽으려는 형태인

$$F = \frac{d}{dt}mv$$

로 나타났다.

나는 뉴턴이 힘에 대한 개념을 개발하고 설명하는 면과 그리고 제3법칙에 들어있는 통찰력을 제공하는 면 모두에서, 충돌의 모형은 뉴턴의 동역학에서 아주 중요한 역할을 담당했다고 주장한 바 있다. 동시에, 뉴턴의 동역학과 갈릴레오의 운동학 사이에 존재하는 궁극적인 관계를 빠뜨릴 수 없다. 운동학을 성공적으로 정량화시키는 것은 균일한 운동과

균일하게 가속되는 운동이라는 두 가지 기본적인 개념에 근거했다. 뉴턴의 운동에 대한 처음 두 법칙들은 그 두 가지 운동에 대한 동역학적 조건들을 기술한 것이다. 힘에 대한 그의 정의에 존재하는 차원적 문제가 무엇이든, 뉴턴의 제2법칙은 균일하게 가속되는 운동인 자유 낙하 모형에 대한 동역학적 조건들을 구체적으로 나타냈다. 이러한 기초적인 것들이 최종적으로 그리고 확실하게 제자리를 찾게 되자, 역학이라는 과학이 이미 구축되어 있었던 정량적 운동학을 자연스럽게 보완하면서, 정량적 동역학이 수립될 수가 있었다.

★

뉴턴이 동역학이라는 과학에 기여한 것은 단지 힘의 개념을 정량적으로 정의한 것에 그치지 않고 관성 상태가 변하는 모든 동역학적 상황에 잘 적용되도록 일반화시켰다는 데 있다. 그런 점에서, 뉴턴은 모든 운동 현상을 존재론적으로 대등하게 놓으려고 끊임없이 추구했던 17세기 역학적 전통에 힘입어, 자신의 수학적 재능을 그 전통에 적용해서, 17세기 초반에는 과학적으로 조사할 수 없어 보였던 많은 문제를 정량적으로 취급하는 데 성공했다. 일단 해결의 열쇠가 되는 개념들이 파악되자 충돌과 자유 낙하에서 전형적인 문제들을 동역학적 용어로 간단하게 기술하는 것이 가능해졌다. 그렇지만 동역학이라는 과학은 전형적인 경우를 훨씬 더 복잡한 수많은 문제로 일반화시키는 데 성공했을 때야 비로소 그 존재를 입증한다고 하겠다. 그런 면에서도 역시 Principia는 거대한 걸음을 내디뎠다.

　가장 중요한 것은 곡선 운동을 다루었다는 것이다. 천체 동역학이 Principia에서 중심이 되는 문제인 한, 관성의 원리에서 시작하는 동역학적 관점에서 보면, 이 작업은 방향의 변화와 속력의 변화는 똑같다는 뉴턴의 깨달음에 근거하고 있다고 말할 수 있다. Principia의 궁극적인 승리는 구심 가속도를 균일한 가속 운동의 범주에 귀속시킴으로써, 원운동에서 직면하는 당황스러움과 한 세기에 걸쳐 투쟁해 성공적인 결과를 이끌어낼 수 있었다는 데 있다. 뉴턴이 구심력을 정량적으로 어떻게 다루었는지에 대한 자세한 내용을 반복할 필요는 없다. 심지어 '구심력'이라는 용어를 처음 제안하고 그 용어를 정량적으로 정의했던 사람조차도 원심력이라는 유령을 완전히 몰아낼 수가 없었음을 주목하는 것은 흥미로운 일이다. 뉴턴은 지상계에서 중력이라는 힘은, 달을 그 궤도에 붙잡아 두는 힘과 똑같다는 것을 수립하려고 산 높이 정도에서 지구 주위를 회전하는 위성을 상상했다. 만일 그런 위성이 '궤도에 붙잡아두는 원심력에서 버림받아 궤도를 이탈하게 된다면' 위성은 지구로 떨어지게 될 것이다.[127] 이 문구는 그의 사고가 옮겨감에 따라 뒤에 남겨진 또 하나의 자산으로, 뉴턴이 계속해서 원운동을 두 반대되는 힘의 평형이라고 생각했음을 의미하지는 않는다. 오히려 이 문구는, 구심력의 영향 아래서 움직이는 물체의 경우 오직 물체의 속도가 주어진 힘의 크기로 정해지는 한계보다 작은 경우에만, 닫힌 궤도를 유지하게 될 것이라는 증명을 생각나게 한다. 만일 속도가 그 한계보다 더 크면, 물체는 닫힌 경로가 아니라 쌍곡선 경로로 변환될 것이다. 역으로, 만일 속도가 너무 작다면, 궤도는 중심에서 잡아당기고 있는 물체와 만나게 될 것이고, 움직이는 물체는 지구에서 위로 던진 물체처럼, 중심에서 잡아당기고 있는 물체에 충돌해서 정지하게 될 것이다. '원심력'이라는 단어는 움직이는 물체의 궤도 속도를 만들어냈던 과거 유물이었다. 궤도 동역학을 구성하는 주요 요소는 접선 운동과 구심력인데, 이 구심력은 물체를 자신의 관성 경로에서 계속해서 방향을 바꾸게 함으로써 닫힌 궤도를 유지하게 한다. '왜냐하면 (법칙 I에 의해서) 곡선을 따라 움직이는 모든 물체는 그 물체를 미는 어떤 힘의 작용으로 자신의 직선 경로에서 옆으로 틀어지기 때문이다.'[128] 그는 이 개념을 단지 천체 동역학의 문제들에게 적용했을 뿐만 아니라, 빛이 입자라는 가정 아래서 굴절에 대한 사인 법칙을 유도하는 데도 사용했다.[129]

원운동의 복잡함이 17세기에 역학이라는 과학을 난처하게 만들었다면, 저항의 문제는 솔직히 말해서 아예 과학적으로 다룰 수 있는 영역의 바깥에 놓인 듯했다. 갈릴레오는 마찰이란, 그것이 물체의 운동을 방해하는 방법이 형태나 무게 그리고 속도 등의 변화에 따라 무수히 많기 때문에 '정해진 법칙과 정확한 기술'의 대상이 되지 않는다고 주장했다. '무게와 속도 그리고 또한 형태에 속한 이러한 우연한 성질들 때문에 정확히 묘사하는 것은 불가능하다. 그러므로 이러한 문제를 과학적인 방법으로 다루려면 이러한 어려움들을 떨구어 낼 필요가 있다. 그리고 저항이 없는 경우에 대해 먼저 정리(定理)를 발견하고 증명한 후, 경험이 가르쳐주는 한계 내에서 그 정리를 사용하고 적용해야 한다.'[130] 따라서 갈릴레오는 정의로 마찰이 제거된 이상적인 운동들로 스스로를 국한시켰다. 뉴턴은 거의 어떤 선례도 없이, 저항이라는 조건 아래 일어나는 운동을, 다시 말하면 세상에서 실제로 발견되는 것과 같은 운동을, 과학적으로 다루는 방법을 만들어 냈다. 그는 그러한 운동은 지수 함수적인 본성이 있음을 깨닫고, 직각 쌍곡선이라는 수단을 이용하여 그것을 수학적으로 표현하는 방법을 알아냈다. 또한 이러한 장치를 가지고 속도와 마찰 사이에 여러 가지 경우의 함수 관계를 가정하고, 각각에 대한 결과들을 유도할 수가 있었다.

그렇지만 뉴턴은 저항을 받는 운동을 순전히 가설로만 취급하는 것에는 만족하지 않았다. 그는 매질의 저항이 주로 물체가 통과하면서 매질을 움직이게 하는 데서 오는 매질 자체의 관성에서 유래한다고 확신했다. 이러한 요인은 매질의 밀도와 움직이는 물체의 속도의 제곱, 그리고 물체 단면의 넓이에 (또는 물체 단면의 지름의 제곱에) 비례해야만 한다. 뉴턴은 공기와 물을 통해 낙하하는 물체를 이용한 실험으로 그리고 여러 가지 종류의 유체 내에서 흔들리는 진자들을 가지고, 저항의 실체는 자신의 이론이 예언하는 것과 같을 것이라고 확신했다. 저항하는 매질을 통과하는 운동을 고려한 것 중에 최고는 제II권의 명제 XXXVIII에 대한 따름 정리 III에 있다.

> 만일 공의 밀도와 그리고 운동을 시작할 때 공의 속도 그리고 공이 지나가는 압축되고 고요한 유체의 밀도가 주어지면, 어떤 시간에서든 공의 속도와 공의 저항 그리고 공이 지나간 공간을 구할 수 있다.[131]

이것은 저항하는 매질을 통과하는 운동을 다루면서 갈릴레오가 저항을 제거하여 이상적인 조건을 만들어 다룬 것과 정확히 같다. 제II권도 전체적으로 부족한 점이 있었던 것처럼, 이러한 뉴턴의 취급 방법에도 부족한 점은 불가피했다. 특히 유체가 지닌 저항의 근원에 대한 구상(構想)이, 즉 뉴턴 동역학 전반에 걸쳐 기본이 되는 요소들을 활용하는 구상이, 18세기에 걸쳐 수정이 되고 나서야 만족스러운 취급 방법이 출현할 수 있었다. 그렇게 부족한 점들이 있다고 해서 그의 업적을 가릴 수는 없다. 저항이 나오게 된 물리적 근원이 무엇이든, 그는 동역학에 저항을 포함하여 일반화시켜, 거의 ex nihilo (역주: '무(無)에서'라는 의미의 라틴어) 역학이라는 과학의 새로운 분야를 창조했다. 그리고 그의 오류가 무엇이든, 그는 그런 오류를 바로잡기 위해 거쳐야 할 길을 분명히 알려주었다.

저항의 문제와 밀접하게 유사한 것이 궤도 운동에서 제3의 물체가 존재하기 때문에 생기는 섭동(攝動)의 문제였다. 세 물체 문제는 대단히

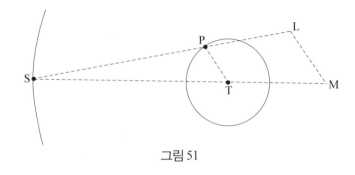

그림 51

복잡한 문제로 일반적으로 해석적인 풀이를 구하는 것이 허락되지 않는
다. 뉴턴은 18세기가 끝나기 전에 그 문제를 다루는 방법을 바꾸어야만
했다. 이 문제에 대한 그의 시도가 중요한 이유는 그의 동역학을 새로운
종류의 현상에 일반화시켜서 그 현상들을 정성적인 논의의 영역에서 정
량적 과학의 분야로 옮겨 놓을 가능성을 보인 데 있었다. 물론 그 자신이
높은 수준의 정확도로 그렇게 정량적인 취급을 하지는 못했지만 말이다.

　그의 기본 장치는 이렇다. T 주변의 궤도를 도는 위성 P를 제3의 물체
S가 잡아당기는데, 이때 이 힘을 두 성분 LM과 SM으로 분해하면 두 성
분은 물론 궤도를 따라 변하게 된다(그림 51을 보라). 성분 LM은 T가
P를 잡아당기는 구심력에 평행하고 P를 궤도에 붙잡아 놓는다. 이 성분
은 구심력을 감소시키는 효과를 내는데, P의 위치에 따라 그 크기가 변
하기 때문에 안정된 타원 궤도를 유지하려고 필요한 거리의 제곱에 반비
례하는 힘을 불안정하게 만든다. 다른 성분인 SM은 $1/PT^2$에 비례하지
도 않고 PT에 평행하지도 않은 채로 위성의 운동을 좀 더 방해하는 역할
을 한다. 그렇지만 이 효과는 S가 T를 잡아당기는 힘으로 거의 상쇄되는
데, 이미 보았다시피 이는 만유인력의 법칙이 유도되었던 기본적인 통찰
력 중의 하나이다. S에서 P까지의 거리와 T까지의 거리가 언제나 같은
것은 아니기 때문에 이들의 잡아당기는 세기나 가속시키는 양은 같지

않으며, 또한 이 둘은 P의 위치에 따라 변해서 성분 SM은 P가, S와 T의 사이에 있을 때는 T를 잡아당기는 힘보다 더 커지고, P가 T를 벗어나면 더 작아진다.

뉴턴은 대단한 창의성을 발휘해, 한 가지 분석으로 네 가지 문제를 해결했다. 처음에는 한 행성이 더 안쪽 궤도를 회전하는 다른 행성의 운동에 미치는 영향에 그 분석을 공개적으로 적용했다. 서로 다른 문제에 적용하려고 S와 T의 크기는 마음대로 조절될 수 있도록 놓았고 S가 T 주위를 돌던 T가 S 주위의 궤도를 돌던 문제의 구조는 바뀌지 않도록 함으로써, 달의 궤도에 미치는 태양의 효과를 조사하는 데도 이 분석을 사용할 수가 있었다. 문자를 S와 T로 (Sol과 Terra로) (역주: 라틴어로 'Sol'은 태양을 의미하고 'Terra'는 지구를 의미함) 선택한 것은 이것이 이 분석의 중심이 되는 목적임을 알려준다. 궤도의 반지름 PT도 역시 이 분석의 주요한 특성을 그대로 유지한 채로 마음대로 바꿀 수 있었다. 이제 P가 지구를 둘러싸는 물질의 벨트가 되어 지구에 인접해 있다고 하자. 액체로서 둘러싸고 있는 물체와 무관하게 움직일 수 있는 것으로는 바다가 가능하며 이 분석은 조류에 적용할 수가 있다. 물체에 부착된 단단한 물질로서, 그 물질이 부착된 물체를 움직이는 것으로만 움직일 수 있는 물질로는 적도 주위의 물질이 가능한데, 이 때문에 지구는 완전한 구 형태에서 벗어나게 되어 주야(晝夜) 평분점(平分點)의 세차(歲差) 운동을 이해할 수 있게 해준다.[132]

뉴턴은 궤도의 섭동(攝動) 운동에는 자신의 결과에 확실히 만족하지 못해서 반드시 나와야만 하는 중요한 불일치들을 말로만 지적하는 데 그쳤다. 조류에 대해서는 당시 입수 가능한 관찰 자료가 제한적이고 조잡했으며, 불규칙적인 해안선 때문에 아주 복잡했다. 그러한 제약을 감안할 때, 그의 분석은 대충 알려진 양들을 가지고 중요한 현상들을 만족스럽게 설명했다고 할 수 있다. 세차(歲差) 운동에 대해서는 스스로 정확성에 대한 환상을 만들어 냈는데, 이 때문에 상당히 잘못된 길을 걷게 되었다. Principia의 초판에서는 세차 운동을 다루면서 필요한 요소로서 결함이 있는 명제를 포함하고 있었는데, 그 결함은 제2판에서 수정되었다.[133] 그렇지만 두 경우 모두에서, 세차 운동과 관련해 관찰한 양에서 세차 운동을 유도하는 과정은 달이 지구를 끄는 힘과 태양이 지구를 끄는 힘 사이의 비율에 의존했다. 이 비율은 조류를 관찰한 현상에서 유도되었다. 초판에서는 관찰에 따라 뉴턴에게 주어진 비율이 $6\frac{1}{3}$ 대 1이었다. 2판에서는 수정된 명제에서 다른 값을 얻게 되었는데, 같은 관찰로 주어진 값이 4.4815 대 1이었다. 실제로 그는 달과 태양을 잡아당기는 힘의 비율을 조정함으로써 이 증명이 그가 원하는 어떤 정도의 정밀도로라도 결론을 내리도록 만들 수가 있었다.

뉴턴의 취급 방법에 대한 결함을 여기서 길게 이야기할 필요는 없을 것 같다. 왜냐하면 일단의 아주 새로운 현상들을 정량적인 동역학의 범위 내로 가져오려는 선구적인 시도에서는 피할 수가 없는 것이기 때문이다. 또한 18세기를 거치며 합리적인 역학과 미적분학이 둘 다 정교해지면서 이들이 결합하여 뉴턴의 노력을 흐릿하게 만든 감은 있지만, 이들도 또한 그 시작에서는 뉴턴의 업적에서 힘을 얻었다는 점 역시 여기서 주장할 필요는 없을 듯하다.

뉴턴은 그의 동역학을 유체 매질을 통과하는 진동 또는 파동의 운동에도 적용했다. 뉴턴 하면 거리의 제곱에 반비례하는 법칙과 연관된다는 것이 너무 유명해서, Principia가 단순 조화 운동에 대한, 비록 그는 이 명칭을 사용하지는 않았지만, 최초의 만족스러운 분석도 포함하고 있다는 사실은 흔히 언급되지도 않는다. 단순 조화 운동에 대해 기본이 되는 동역학적 조건은 힘이 변위에 정비례한다는 것으로 이것은 물론 후크의 법칙에 해당한다. 그리고 뉴턴 이전에 후크가 먼저 진자와 진동하는 용수철이 동역학적으로 같다는 것을 직관적으로 파악했다. 우리가 이미 본 것처럼 후크의 수학과 동역학은 모두 정확한 분석을 하는 데는 적합하지 않았다. 이를 위해 뉴턴이 도입한 도구가 바로 정교한 수학과 동역학이었다. 궤도 운동에서 시작해 구심력이 거리에 정비례해서 변할 때 진자로 옮겨 갔고, 진자로부터 U자 형태의 관에서 진동하는 물기둥으로 옮겨 갔으며, 진동하는 물기둥으로부터 수면에서의 파동으로 옮겨 갔는데, 이 모든 경우에 어떤 종류의 진폭의 진동이든 복원력이 변위에 정비례해서 증가하므로 등시성(等時性)임을 발견했다. 그는 또한 한 번 진동하는 동안에 가속도와 속도, 변위, 그리고 시간 사이의 함수 관계를 제대로 결정할 수가 있었다.[134]

뉴턴은 수면 위의 파동으로부터 탄성 매질을 통하여 전파되는 파동으로 이어나갔다. 최고로 아이러니하게도 빛의 입자설에서 챔피언인 사람이 파동 역학이라는 경쟁자의 이론을 공급했는데, 그쪽 이론 진영의 챔피언은 스스로 그런 이론을 개발할 수가 없었다. 뉴턴은 보일의 법칙이 단순 조화 운동의 동역학적 조건을 의미한다는 것을 알아챘다. 매질의 차이가 나는 부분 EG가 $e\gamma$로 이동할 때 그 부분에 작용하는 힘을 조사하면서, 그는 '물리적인 짧은 선 $e\gamma$를 가속시키는 힘은 진동의 중간 위치인 Ω에서의 거리에 비례한다'는 것을 증명했다.[135] 그러므로 탄성 매질을 통하여 전파되는 진동들은 등시성이며, 주어진 매질에서 전달되는 진동의 속도는 모든 진동수에서 다 똑같다.

파동 운동에 대한 자신의 이론이 옳았음을 증명하려고 뉴턴은 공기 중에서 소리의 속도를 계산했다. 뉴턴의 이론에 따르면 그 속도는 탄성력의 제곱근에 정비례하고 밀도의 제곱근에 반비례해야만 했다. 보일의 법칙에서 첫 번째 인자를 얻을 수 있었고, 물의 밀도와 비교해서 공기의 밀도를 측정한 실험에서 두 번째 인자를 얻었다. 이 작업을 수행했을 때, 계산 결과를 보면 속도는 매초 968피트였다. 트리니티 대학에서 한 자신의 실험을 보면 소리의 속도는 매초 920피트에서 1,085피트 사이에 있었으며, Principia의 초판에서 뉴턴은 그 계산을 실험으로 입증했다고 여겼다. 그러나 안타깝게도 측정을 통하여 그 값을 개선했더니, 그 결과 허용되는 속도의 범위가 매초 984피트에서 1,109피트 사이로 상향 조정 되었다. 하한값은 뉴턴이 계산한 값보다 위에 있었다. 그러자 그는 Principia의 제2판을 준비하면서 적당히 꾸미기 시작했다. 그는 소리가 공기를 통과할 때, 단단한 부분은 순간적으로 이동한다고 정했는데, 이 에 따르면 공기는 어떤 방향으로든 대략 경로의 9분의 1에서 10분의 1 정도는 단단한 물질로 되어 있음을 의미한다. 이 계산은 물이 단단한 물질이라고 가정했다(그가 사용한 물과 공기의 밀도의 비는 850의 세제 곱근으로 9와 10 사이에 해당한다). 물질에 대한 뉴턴의 개념으로 비추 어 보면, 이것은 터무니없는 속임수였다. 그럼에도 그렇게 했더니 공기 의 계산된 속도가 대략 매초 100피트만큼 더 올라갔으며, 뉴턴은 그것을 발표하려고 했다. 그때 프랑스 과학자인 소뵈르(Joseph Sauveur) (역주: 뉴턴과 동시대의 프랑스 물리학자로 음향학 연구에 중요한 공헌을 한 사람)가 공기가 진동 하는 진동수가 알려진 관의 길이를 측정함으로써 소리의 속도를 결정했 다는 소식이 도착했다. 그 새로운 숫자는 매초 1,142피트였으나, 뉴턴은 그 숫자에 대해 의문을 제기하지 않았다. 결국 더 조정해야 했다. 그는 공기의 밀도를 수정했다. 초판에서 밀도의 비율은 850대 1이었다. 그는 그 문구를 고치면서 '850 또는 870'이라고 썼으며 그리고 제2판에서는 즉시 870을 취했다. 공기의 밀도를 낮추었더니 소리의 속도는 분마다 11피트를 더 얻었다. 여기에 그는 단단한 부분에 대한 바로잡음을 추가 했는데, 뉴턴은 정확한 풀이를 얻고자 8과 10 사이에서 수많은 숫자를 시도하여 수정을 했다. 마지막으로, 그는 공기 입자의 지름과 공기 입자들 사이의 거리 비율이 1대 9 또는 10이라고 썼으며, 계산에서는 9를 사용해서 매초 109피트를 더 추가했다. 이제 계산된 속도는 매초 1,088 피트였는데, 여전히 54피트가 모자랐다. 다행스럽게도 수증기로 조정할 수 있는 여지가 여전히 남아 있었다. 수증기는 그 자체의 이유로 진동하지 않는다는 것이 알려졌고, 만일 대기 속의 공기와 수증기 사이의 비가 10대 1이라면, 소리의 속도는 11/10의 제곱근의 비율만큼 더 증가하게 될 것인데, 그것은 21/20과 아주 가까우며, 그것은 다시, mirabile dictu (역주: '이상한 말이지만'이라는 의미의 라틴어), 계산된 소리의 속도를 매초 1,142 피트로 증가시킨다.[136]

주야 평분점의 세차 운동이나 지구와 달에서 중력 가속도 사이의 상관관계와 마찬가지로, 소리가 전달되는 속도의 계산도 그의 시대에 걸맞게 제대로 수행되었다는 느낌이 점점 커진다. 얼버무려 만든 정밀도와 같은 명백한 기만행위에도 불구하고 그 이론에 깔려있는 중요성이 조금도 훼손되지 않는다. 그가 수정에서 필요했던 것은, 공기의 정압 비열과 정적 비열 사이의 비율인 탄성률로 그로서는 도저히 알 수 없었던 것이었다. 바로 그 수정을 통해, 라플라스는 뉴턴의 이론을 사용하여 소리의 속도를 올바르게 계산했다. 파동의 전달에 관한 이론은, 파동 이론이 근거하는 단순 조화 운동에 대한 분석과 함께, Principia의 성공한 업적 중 하나이다.

뉴턴은 또한 그의 원리들을 유체 동역학의 영역으로도 확장했다. 그 주제 전체나 또는 그가 수행했던 문제들이 모두 독창적인 것은 아니었으며, 그 점에서 유체 동역학에 대한 그의 노력이 확실한 성공으로 축복받지도 못했다. 실제로 유체 동역학은 추가의 원리들로 강화되지 않는 한 거의 뉴턴 동역학이 지닌 한계를 증명하려고 고안되었던 것처럼 보인다. 뉴턴 동역학이 힘의 개념을 명확히 한 것이 암시했던 것처럼, 그의 동역학은 주로 불연속적인 물체들이 가속도를 경험하는 문제들을 다루었으며 이 부분에서 크게 성공을 거두었다. 뉴턴은 충돌의 모형으로 동역학에 대한 자신의 비전을 유체의 저항에 적용하려 했지만, 18세기에 그런 노력을 폐기하고서야 비로소 저항을 만족스럽게 다룰 수 있는 결과를 얻었다. 유체 동역학은 저항의 문제와 밀접하게 연관되어 있었으며, 그리고 다시 한 번 더 뉴턴이 정상 상태에 놓여 있는 연속적인 매질의 문제를 가속시키는 힘을 받는 단단한 물체의 문제로 단순화하려는 자발적인 노력이 그의 성공에 예리한 한계를 부여했다.

소용돌이 운동에 대해서는 이러한 판단이 너무 가혹할 수도 있는데, 왜냐하면 대체로 말로 설명하는 문제에서는 그가 도입한 정량적인 동역학이 성공적이었기 때문이다. 그렇지만 그의 성공 자체는 유체(流體)를 어느 정도로 단단한 물체로 취급했느냐에 비례했다. 그의 분석을 구성하는 기본 요소는 소용돌이의 중심에 있는 (한 경우에는 원통, 다른 경우에는 구(球)인) 물체와 동심(同心)인 얇은 껍질들이었는데, 물론 소용돌이를 그러한 껍질로 나눌 수 있었던 것은 소용돌이의 유동성 때문이었다. 그런데, 그가 일단 그런 껍질의 존재를 가정하게 되자, 그의 분석의 성공 여부는 그 껍질을 단단한 것으로 취급할 수 있느냐에 달려있게 되었고, 그래서 그 분석의 문제점은 유체로 된 껍질들은 그가 부여한 조건 아래서 변하지 않고 원래대로 남아있을 수가 없다는 사실과 관련 있었다. 뉴턴은 층으로 이루어진 껍질의 운동을 조사하려고 오늘날 점성이라 부르는 개념에 내포되어 있는 두 가지 가정을 했는데, 하나는 두 인접한 껍질 사이의 마찰은 두 껍질의 상대 속도에 비례한다는 것이었고 다른 하나는 그 마찰은 접촉한 두 표면의 넓이에 비례한다는 것이었다. 물론 각 껍질은 두 개의 마찰력을 받는다. 하나는 궁극적으로 소용돌이를 일으키는 중심에 놓인 물체에서 유래된 운동으로, 회전하고 있는 안쪽의 껍질이 마찰 때문에 계속해서 바로 바깥 껍질의 회전을 가속시키려고 애쓰는 데서 온다. 다른 하나는 바깥쪽 껍질에 따른 것으로 안쪽 껍질이 워낙 도는 정도로만 회전하고 있어서 그 껍질을 끊임없이 감속시키려고 애쓰는 데서 온다. '어느 부분이든 한쪽에서는 마찰이 껍질을 감속시키고 다른 쪽에서는 마찰이 그 껍질을 딱 그만큼 가속시키는 운동을 계속하게 될 것이다.'[137] 표면의 넓이는 그 표면의 반지름의 함수이기 때문에, 반지름의 함수로 각속도를 계산하는 것은 간단한 일이며, 그리고 뉴턴은 그런 가정 아래서 (자연 철학자들에게는 관심이 있는 유일한 소용돌이인) 구(球)형 소용돌이에서 회전의 주기가 소용돌이의 중심에서 거리의 제곱에 정비례해서 변한다는 것을 증명할 수가 있었다. 첫 번째 사례에서 이 분석을 적도, 즉 껍질의 황도(黃道)를 따라 있는 물질에 적용했다. 각 껍질을 분리해서 고리 모양으로 나누고, (껍질과는 달리 끝없이 확장되지는 않는) 고리들 사이의 마찰 때문에 양 극에 가까이 있는 고리들이 혹시라도 더 느리게 회전한다면 더 빨리 회전하게 될 것이라고 주장하면서, 그는 각 껍질 전체가 같은 각운동을 하는 것이 틀림없다고 결론을 내렸다.[138]

뉴턴이 소용돌이를 통해 얻으려고 했던 것은 각 껍질이 자신의 균일한 회전을 계속하게 될 평형 조건이었다. 그가 이 문제에 적용했던 동역학의 이상한 성질과 그리고 그 이상한 성질을 향한 이상한 접근 방법이, 각 껍질의 균일한 운동은 그 껍질의 바깥쪽의 아직 움직이지 않는 물질에 운동을 끊임없이 전달한다고 가정하는 비정상적인 평형에 대한 공리로 인도했다.

소용돌이의 안쪽 부분은 속도가 더 크다는 이유로 바깥쪽 부분을 끊임없이 누르면서 밀고 나가며, 그리고 그런 작용으로 안쪽 부분은 바깥쪽 부분에 끊임없이 운동을 전달해주고, 동시에 그러한 외부 부분은 같은 운동의 양을 여전히 그보다 더 위에 위치한 껍질에 전달하는 방식으로 자신들의 운동의 양을 끊임없이 변하지 않은 채로 간수하는데, 그래서 운동은 중심부에서 가장자리로 계속 전달되어서 끝이 없는 가장자리가 그 운동을 삼켜버려서 없어질 때까지 지속된다. 소용돌이를 중심으로 하는 임의의 두 구형 껍질 사이에 놓인 물질은 절대로 가속되지 않는데, 그 이유는 그 물질이 항상 중심에 가까운 물질에서 가장자리에 가까이 놓여 있는 물질로 운동을 전달만 하기 때문이다.[139]

그런 평형은 결코 도달할 수가 없었다. 운동은 바깥쪽을 향하여 무한히 전달될 것이고, 평형은 그런 전달이 진행하면서 도달될 것이었다. 일반적인 의미에서, 중심에 놓인 물체로부터 운동이 일정하게 전달되어 '삼켜버려서' 무한한 공간으로 '없어지는' 것은 운동 에너지가 열로 전환하는 데 사용되는 것으로, 물론 뉴턴에게는 아직 알려지지 않은 개념이었다. 비록 그의 소용돌이가 층들 사이의 마찰로 발생했다고 하더라도, 그는 거기서 발생할 열에 대해 고려할 수 있는 상황은 아니었는데, 이 열은 그가 가정했던 정상 상태를 끊임없이 손상시켰을 것이다. 뉴턴은 소용돌이에 대한 자신의 연구가 데카르트를 반대하는 입장이기만 하면, 심지어 정상 상태라는 가정도 그럴듯한 것 이상을 허용해야 한다는 사실을 알았다 하더라도 동요되지 않았을 것이다.

바깥쪽으로 전달되는 것이 모두 다 운동은 아니고, 정상 상태를 손상시키는 것이 모두 다 열은 아니다. 비록 그의 분석 조건으로 원심력을 고려하지는 않았지만, 그는 주어진 껍질에서 원심력이 적도에서보다 극쪽에서 더 작다는 것을 알고 있었다. 그 결과 그는 자오선 면에서 물질의 순환이 발생하는데 적도에서는 바깥쪽을 향하고 양 극에서는 안쪽을 향한다는 데 동의했다.[140] 그렇지만, 뉴턴은 그것에 대해 언급만 하고 그 효과를 계산하지는 않았는데, 이는 그 분석이 전체적으로 의존하고 있는 얇은 껍질들의 부단한 소멸보다 나을 것도 없었다.

Principia에 나오는 다른 문제들은 현대 물리학에서도 중심이 되는 질문으로 남아 있었지만, 소용돌이 운동은 그렇지 못했다. 18세기에 데카르트의 유산은 뉴턴의 분석을 개선하도록 이끄는 데 충분한 생명력이 있었고, 뉴턴의 분석은 분명 그것을 필요로 했다. 그래서 이 부분에 대한 긍정적인 평가 역시 논의함이 마땅하다. 뉴턴 이전에는 소용돌이가 오로지 정성적으로만 논의되었다. 뉴턴은 운동하는 물질로서의 소용돌이 역시 모든 물질의 운동을 지배하는 같은 동역학적 조건을 만족해야만 한다고 주장했다. 유체로 된 물질의 서로 다른 층이라는 껍질의 개념으로 그는 유체를 동역학적으로 고려할 수 있는 장치를 상상해 냈다. 그가 서로 다른 층을 단단한 물체로만 취급할 수밖에 없는 한, 그의 원리들은 완벽하게 성공적인 유체 동역학으로는 적절하지 못했다. 그럼에도 그는 적어도 이런 분야의 의문을 정량적인 역학의 영역으로 가져오는 데 기여했다는 것이 중요하다.

유체 동역학에서 그가 진지한 관심을 기울였던 또 다른 중요한 문제로 용기의 바닥에 뚫린 구멍에서 물이 흘러나오는 비율이 있는데, 이를 조사한 제II권의 명제 XXXVI는 그의 동역학의 완벽한 실패를 보여주었다. (그 명제가 명제 XXXVII이었던) 초판에서 뉴턴은 당당하게 이 문제를 균일한 중력의 힘을 받으며 낙하하는 물체의 문제로 바꾸려고 시작했다. 만일 용기 밑바닥의 구멍을 마개로 막는다면, 마개는 그 위의 물 무게를 받치고 있을 것이 분명하다. 마개를 제거하면, '밖으로 흘러나오는 모든 물의 운동은 구멍에서 수직으로 위쪽 물의 무게가 발생시킬 수 있는 운동'이라는 것이 성립한다. 그렇지만 상황이 약간 애매했다. 불연속적인 질량들의 경우 동역학적으로 힘의 효과는 질량의 가속도를 통해 알 수 있다. 구멍에서 흐르는 유체의 경우는 용기는 물이 구멍으로 균일하게 흐르는 정상 상태를 제공하기 때문에 문제는 물의 모든 입자가 안에서 가속되어 구멍으로 나오는 같은 속도를 계산해야 한다는 것이다. 두 경우를 동등하게 다루기 위해, 뉴턴은 구멍 위의 물기둥이 자신의 무게에 해당하는 힘을 받으면서 정지 상태에서 낙하한다고 상상했다. F는 구멍의 넓이이고 A는 기둥의 높이이며, S는 시간 T 동안에 자유롭게 낙하하면서 기둥이 지나가는 공간이고, V는 마지막 시간 T에서 기둥의 속도라고 하자. 기둥이 '획득한 운동인 $AF{\times}V$는 같은 시간 동안에 밖으로 흘러 나간 전체 물의 운동과 같게 될 것이다.' 그 물의 속도와 V 사이의 비는 d와 e 사이의 비와 같게 될 것이다. 속도가 V이면 기둥은 시간 T 동안에 $2S$만큼 지나가는데, 기둥의 실제 속도로는 $2\frac{d}{e}S$만큼 지나가게 될 것이다. 그러므로 길이가 $2\frac{d}{e}SF$인 물기둥이 시간 T 동안 흘러 나가면 물기둥의 운동은 $2\frac{d^2}{e^2}SFV$가 되는데 '이것은 물기둥이 유출되는 시간 동안에 발생되는 모든 운동이다.' 그리고 나서 두 운동이 모두 같은 힘에 의해 발생되었으므로, 뉴턴은 이어서 그 두 운동이 같다고 놓았다. 그러므로

$$\frac{d}{e}\left(=\frac{v}{V}\right)=\sqrt{\frac{A}{2S}}$$

가 된다. 유출되는 흐름의 속도는 물의 깊이의 절반을 통과하여 낙하하는 물체의 속도이며, 그리고 만일 흐름이 위쪽으로 방향이 바뀐다면 표

면의 중간만큼 오르게 될 것이다.[141]

나중에 발전된 내용을 보면 이 명제가 뉴턴의 풀이에 기초가 된 것은 그가 주어진 시간 동안에 알려진 단면적을 갖는 구멍에서 흘러나온 물의 양을 측정했던 실험이었음을 시사해준다. 이 실험은 흐름의 속도가 근사적으로 물체가 구멍 위 물기둥의 절반 높이에서 떨어지면서 얻는 속도와 같아야만 한다는 것을 알려주었다. 여러 해가 지난 다음에 미적분에 대한 논쟁과 관련해서, 뉴턴은 오류들이 모르는 사이에 어떻게 Principia로 들어오게 되었는지 설명하려고 했는데, 그중에 이 문제가 포함되어 있었다.

> 주어진 시간 동안 물통의 바닥에 뚫린 원형 구멍에서 흘러나온 물의 양을 측정해서, 나는 구멍에서 물의 속도는 물체가 물통에 들어 있는 움직이지 않는 물 높이의 절반이 되는 곳에서 떨어지면서 얻게 되는 속도와 같다는 것을 발견했다. 그리고 다른 실험에서 나는 그 뒤에 물이 물통 바깥으로 나온 다음에 물통에서 구멍의 지름과 같은 거리에 도달할 때까지 가속되는 것을 발견했고, 이 부분의 가속으로 결과적으로 물체가 물통에서 정지해 있는 물의 전체 높이만큼 낙하하면서 얻게 될 속도와 같은, 또는 그 정도의 속도를 얻게 되었다.[142]

만일 나중 개정판들의 증언을 믿을 수가 있다면, 다른 실험들이란 물의 흐름이 수평 방향을 향하기도 하고 연직 위로 향하기도 하는 실험들이었다. 수평 방향을 향할 때는 물의 흐름이 포물선 경로를 지나가고 더 빠른 속도가 필요했다. 연직 위 방향을 향할 때는 물의 흐름은 실질적으로 물통 안에 들어 있는 물의 높이까지 올라갔다. 이미 1690년까지, 아마도 파티오 듀일리(Fatio de Duillier) (역주: 스위스 출신의 수학자로 뉴턴과 친교를 유지했던 사람)가 한 것이 분명한, 이러한 실험들이 뉴턴의 관심을 재촉했고, 그 해 3월까지 뉴턴은 그 명제를 고쳤다. 직접적으로 모순되어 보이는 여러 가지 중에서 혼란스러운 한 문구에서는, '구멍에서 물이 나오는 속력은 마치 물통의 가장 꼭대기 물에서 떨어지는 것과 같다…'고 주장했다. 게다가 그는 '떨어지고 있는 물체가 관의 높이만큼 떨어지는 동안에 흘러나온 물의 양은 지름이 관의 지름과 같고 길이는 관 위의 물 높이의 두 배와 같은 물기둥과 같다'고 결론지었다.[143] 이와 같이, 초판에서 그가 사용했던 동역학에 따르면, 흘러나오는 물의 속도가 2의 제곱근배만큼 증가했으므로, 효과적인 힘도 그만큼 증가해야 하는 것이 분명했다.

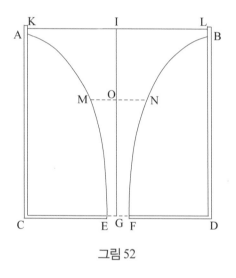

그림 52

증가한 힘을 그는 어떻게 설명했을까? 그의 생각을 재구성해본다면, 그는 아래로 내려가면서 좁아지는 폭포와 같은 물의 흐름을 떠올렸는데, 이에 대한 내용이 제2판과 그 뒤의 개정판들에 등장하고 있다(그림 52를 보라). 용기에 들어 있는 물중에서 유출과 효과적으로 관련된 부분은 물의 표면에서는 용기의 크기만큼 넓고 용기의 바닥에서는 구멍의 단면적만큼 작아지는 폭포와 같은 부분이다. 용기에 들어 있는 물중에서는 이렇게 흐르는 부분을 제외한 나머지는 얼어붙어서 흐름에 동역학적으로 어떠한 역할도 하지 않는다고 상상할 수가 있다. '낙하하는 물이 수평면과 평행인 임의의 표면 MN에 도달할 때 속도는 물이 높이 IQ만큼 낙하하면서 거기에서 얻을 수 있는 속도이다….' 상상한 물이 흐르는 부분은 자유롭게 낙하하는 물 기둥을 대표하며, 그 기둥의 단면적은 속도가 증가하는 것에 비례해서 계속해서 좁아져서 주어진 양의 물이 같은 시간에 더 작은 구멍을 통과할 수가 있다. 그래서 '물이 떨어져서 구멍 EF까지 도달할 때 물의 속도는 물이 높이 IG를 낙하하면서 얻을 수 있는 속도가 될 것이다.'[144] 물이 흐르는 부분의 물질의 양은 구멍 위의 물기둥보다 높이가 두 배인 기둥의 양과 같으며, 그리고 뉴턴이 최종적으로 수정된 형태에서 '물의 기둥 $ABNFEM$의 전체 무게는 전과 마찬가지로 물을 밖으로 내보내는 데 사용될 것이다…'라고 주장했을 때, 이를 염두에 두고 있었던 것이 분명했다.[145] 초판에서 사용했던 것과 동일한 동역학적 원리들을 사용했지만, 힘의 양은 증가했다.

이러한 수정은 더 빠른 속도를 보인 실험들을 설명할 수 있었다. 그러면 흘러나오는 물의 양을 측정한 최초의 실험은 어찌된 일이었을까? 그 실험이 틀렸거나 아니면 왜 그랬는지가 설명되어야 했다. 뉴턴이 최초 실험은 코츠(Roger Cotes) (역주: 뉴턴과 비슷한 시기에 활동했던 영국의 수학자)가 했다고 언급한 원고가 존재한다. 코츠는 원래 결과를 확인했다.[146] 서로 일치하지 않는 실험들의 중압감에서 이상한 명제가 출현했는데, 그 명제는 제2판에 처음 등장해서 문제의 핵심을 직접 공략하지 않고 주변을 빙빙 돌면서 초점을 흐리게 하는 광범위하게 확장된 연습의 형태로 나타났다. 이 명제는 모든 증거를 다 만족시키는 결과를 얻었다고 발표했지만, 증명이라고 불릴만한 것은 어떤 것도 제공하지 못했다. 그 명제는 폭포와 같은 물의 흐름은 포함했지만 우선 무엇보다도 그 명제를 있게 만들었던 자유롭게 떨어지는 물에 대한 원리는 포함하지 않았다. 그 명제가 실제로는, '구멍을 통과해서 지나가는 물이 아래로 향하는 속도는 무거운 물체가 용기 안에 정체되어 있는 물의 높이의 절반을 떨어지면서 얻는 속도와 거의 같다'라는 초판의 기본 결론을 그대로 주장했다.[147] 최초 실험에 대해서는 이 정도로 해두자. 뉴턴은 다른 실험들을 만족시키려고 이제 물이 구멍을 통과한 다음 짧은 거리를 지나면서 가속된다는 것을 발견했다. 물을 구성하는 입자들 대부분은 비스듬하게 구멍을 향해서 접근하므로 강제로 물의 흐름을 수축시키는데, 이것은 그의 용기에서 물 흐름을 설명한 것을 역으로 이용한 셈이다. 측정에 따르면 물 흐름이 구멍 아래로 구멍의 지름과 같은 거리만큼 내려갔을 때 흐름의 지름은 구멍의 지름의 약 6분의 1만큼 (그는 25/21이라는 비율을 사용했다) 수축했다. 만일 흐름이 수축한다면, 물은 가속해야만 하고, 그 비율은 $25^2/21^2$으로, 이것은 실질적으로 $\frac{\sqrt{2}}{1}$과 같은데, 놀랍게도 그가 요구했던 가속도에 대한 정확한 비율이었다.

뉴턴은 명제 XXXVI를 수정하여 그 증명을 광범위하게 확장하기는 했는데, 자신조차도 그 결과에 만족할 수가 없었다. 만일 뉴턴이 겉으로라도 서로 일치하지 않는 증거를 조정하는 데 성공했다면, 그는 아마도 그 과정 중에 자신의 과학적 평판을 높이는 그 어떤 것도 하지 않았을 것이다. 그러한 수정의 기본적인 어려움은 그 문제를 다룰 수 있는 새로운 원리를 찾아낼 능력이 없다는 것이었다. 그에 반해서 호이겐스는 이상적인 조건 아래서 움직이는 물체의 속도는 항상 그 속도를 얻기 위해 처음에 떨어진 높이까지 그 물체를 올려놓을 수 있다는, 원한다면 암묵적으로 에너지 보존 원리라고도 할 수 있는 원리로 이 문제를 처음부터 접근했다. 뉴턴이 다섯 페이지에 걸쳐서 자유 낙하하는 물체의 가속도를 괴롭힌 다음에 억지로 짜냈던 해답을 호이겐스는 한 문장으로 구했던 것이다.

Principia로 출판된 뉴턴의 동역학이 오로지 성공만은 아니었음이 명백하다. 그러나 뉴턴의 동역학이 정량적인 동역학을 향한 초창기의 잠정적인 암중모색을 통합하고 완성해서 합리적인 역학에 새로운 차원을 추가하는 데 성공한 것과 비교하면, 그 실패 정도는 대단히 미미하다는 것 또한 명백하다. 아무것도 필요 없이 단지 뉴턴 동역학의 성공에 대한 실패의 비율, 이 하나만으로도 Principia 저자의 천재성에 대한 평가는 망설일 필요가 없다. 나는 뉴턴의 동역학이 합리적인 역학에 새로운 차원을 추가했다고 주장하지만, 결코 어떤 방법으로도 라이프니츠의 업적을 훼손시키거나 또는 이 늦은 시기에 뉴턴과 라이프니츠 사이의 상대적인 성취에 대한 무익한 논쟁을 다시 열어보려는 의도는 없다. 라이프니츠가 과학에 일반적으로 기여한 부분과 특히 역학에 기여한 부분은 아무도 문제 삼을 수 없다. 게다가 뉴턴 동역학의 원리는 정확하게 뉴턴의 불완전한 점들을 좋게 만들기 위해 요구되는 것이었다. 17세기 역학에 관한 한, 뉴턴의 힘 개념과 뉴턴의 운동 법칙은 직면하고 있는 문제 풀이에 좀 더 관심을 두고 있다. 의심할 여지 없이 그의 동역학이 다른 범위는 그가 해결했던 문제들로 평가한다면, 라이프니츠를 능가했다. 역사적으로 말하면 뉴턴과는 다른 힘의 개념, 즉 후에 운동 에너지로 개명되는 개념을 갖는 라이프니츠의 동역학을 충분히 활용할 수 있으려면 그 전에 뉴턴의 힘의 개념에 근거한 뉴턴 동역학이 먼저 역학으로 병합되어서 철저하게 소화되어야만 했다. Principia에서 뉴턴은 그의 동역학에 대한 원리들을 기술했을 뿐 아니라 그 원리들을 오늘날 역학에 나오는 대부분의 문제에 성공적으로 일반화해서 적용하기까지 했다.

Principia가 가지고 있는 특징 중 하나는, 그리고 Principia에 담긴 동역학의 능력과 활용성을 즉시 평가할 수 있는 기준 중의 하나는, 힘을 거리에 대해 모든 가능한 형태로 변화시키는 방법으로 문제를 일반화하려고 끊임없이 노력했다는 점이다. 뉴턴은 궤도나 경로를 조사하는 데 있어 힘과 거리와의 관계를 임의의 함수로 정하는 방법을 사용했다. 그는 유한한 물체들을 구성하는 입자들이 갖가지 비례 관계에 따라 잡아당긴다고 가정하고, 유한한 물체들 사이에 잡아당기는 힘을 계산했다. 그는 지구를 둘러싸는 대기를 지구가 임의의 힘으로 잡아당길 때 대기의 밀도 변화를 조사하고, 그리고 임의의 힘으로 서로 밀치는 입자들로 구성된 기체에서 압력과 부피 사이의 관계를 조사했다. Principia의 서문에서 그는 합리적 역학이란 '어떤 것인지에 관계없이 임의의 힘의 결과로 나오는 운동에 대한 과학이며, 그리고 어떤 운동이든 정확하게 제안하고 증명된 운동을 발생시키려고 요구되는 힘에 대한 과학이다'라고 말했다.[148] 그리고 또다시 뉴턴은 제III권의 최초 버전에서 자신의 목적이, 행성을 닫힌 궤도에 붙잡아두기 위해서 작용해야만 하는 힘의 양과 성질을 현상을 통하여 보이고, 그 결론을 원리로 하여 좀 더 복잡한 경우에 적용하여 그 효과를 수학적인 방법으로 계산하는 것이라고 선언했다. '수학적인 방법이란, 어떤 가설로 결정해도 이해할 수 없는 힘의 본성이나 성질에 관한 모든 의문을 피하는 것이다….'[149] 뉴턴이 힘에 대한 개념을 제대로 갖게 되자, 정확히 바로 그것 때문에, 뉴턴은 수학적인 방법으로 진행할 수 있는 가능성을 얻게 되었고, Principia에서 그는 수학적인 방법을 사용해서 그의 힘에 대한 개념을 관성 상태의 모든 변화에 적용해서 일반화시켰을 뿐만 아니라 구체적인 물리적 문제에서 그 힘의 개념을 추출해내기도 했다.

그렇지만, 그가 그렇게 진술했다 해도 그에게 힘은 결코 단지 수학적 추상물만은 아니었다. 그가 제II권의 명제 XXIV에서 질량과 무게 사이의 비례 관계를 기술하는 형태는 만유인력에 대해 너무 기초적이어서 전혀 의도한 바는 아니었지만 그의 궁극적인 확신을 표현하고야 말았다.

진동 중심까지의 거리가 진자 길이와 같은, 흔들리는 물체에 포함된 물질의 양은, 무게 비율과 진공에서 진동하는 시간 비율의 제곱으로 표현된다.[150]

이 명제에서 힘은 주어진 양이고 질량은 유도된 양이다. 이 명제를 증명하려면 운동의 제2법칙을 기본적으로 받아들여야 한다. 뉴턴이 오늘날 우리가 알듯이, 자신의 동역학을 궁극적으로 세 개의 용어로 줄이라고 강요받는다면, 그는 길이와 시간 외에 질량보다는 오히려 힘을 선택했을 것이 틀림없다. 힘은 질량에다 이동의 변화율을 곱한 것 이상으로 더 편리한 용어이기 때문이다. 힘은 우주에서 존재론적으로 존재하는 본질이었다.

게다가, 비록 그가 힘과 거리 사이의 관계를 임의적으로 놓고 문제를 일반화시켰다고 하더라도, 거리에 정비례하는 힘과 그리고 거리의 제곱에 반비례하는 힘 등, 두 가지 특별한 관계에 관심이 끌렸다. 그는 균일한 두 구(球) 사이의 인력에 대한 증명 다음에 나오는 주석(註釋)에서 '나는 이제 잡아당김에 대한 두 가지 중요한 경우의 인력을 설명했다'고 선언했다.

더 정확히 말해서, 구심력이 거리의 제곱의 비율로 감소하거나 또는 거리에 정비례해서 증가하면, 두 경우 모두 물체들로 하여금 원추 단면을 따라 회전하게 만들어 구형체(球形體)를 이루게 하는데, 이때의 구심력은 마치 입자들 자체의 힘과 마찬가지로 같은 법칙에 따라, 중심에서 멀어지면서 증가와 감소를 하게 만든다. 이는 대단히 놀라운 일이다.[151]

그것이 뉴턴의 눈에는 정말 놀라운 일이었다. 얼마나 놀라운 일인지는 Principia 전체에 나타나 있다. 이 책은 궤도 조사를 시작해 만일 힘이 거리에 정비례하거나 거리의 제곱에 반비례하면, 물체들은 중심을 잡아 당기면서 타원 궤도를 따라 회전할 것임을 발견했다. 첫 번째 경우에는 잡아당기는 물체가 타원의 중심에 놓이고, 다른 경우에는 타원의 한 초점에 놓인다. 그가 공간에서 궤도의 안정성을 조사했을 때, 힘이 거리의 여섯 제곱에 비례하는 것과 같이 있을 법하지 않은 경우를 고려에서 제외시키면, 만일 힘이 거리의 세제곱보다 더 큰 비율로 감소하지만 않는다면, 그는 물체가 중심을 잡아당기면서 궤도를 따라 회전할 수 있음을 발견했다. 그렇지만 궤도 자체는 위에서 언급한 두 경우에서만 고정된 채로 공간에서 움직이지 않고 남아 있게 된다. 공간에서 안정된 궤도를 낳은 두 관계는 물론 힘이 거리에 정비례할 때와 거리의 제곱에 반비례할 때이다.[152] 위에서 인용한 것이 가리키는 것처럼, 무엇보다도 가장 놀라운 것은, 서로 인력이 작용하는 입자들로 구성된 구(球)에 있는 잡아당기는 성질이었다. 균일한 구는 그 구를 구성하고 있는 입자들이 만족하는 것과 정확하게 똑같은 관계로 서로 잡아당긴다는 것이 두 가지 경우에 한해 발견되었으며, 이러한 두 경우가 또다시 거리에 정비례하거나 거리의 제곱에 반비례하는 경우였다. 이 놀라운 성질에 있는 한 가지 미묘한 특징이 위에서 인용한 진술에는 보이지 않는다. 잡아당김의 세기는 서로 잡아당기는 두 구의 표면 사이의 거리에 의존하는 것이 아니다. 거리의 세제곱이나 네제곱에 반비례하는 인력을 받는 입자들로 구성된 구와 같이, 다른 경우에는 두 구의 표면이 접촉하면 인력의 세기는 무한대로 증가한다. 거리의 제곱에 반비례하는 힘으로 잡아당기는 입자들로 구성된 지구에서 물체의 무게는 지면 근처에서 효과적으로 일정하다. 만일 지구를 구성하는 입자들이 거리의 세제곱에 반비례하는 힘을 받는다면, 무게는 급작스럽게 변하고 일단 지구와 접촉한 물체는 그 무엇으로도 들어올릴 수 없게 된다.[153]

거리에 정비례하는 인력이 거리의 제곱에 반비례하는 힘에 비해 한 가지 고유한 장점이 있는 경우도 있다. 거리에 비례하여 변하는 힘으로 잡아당기는 경우, 제3의 물체의 존재가 타원 궤도를 방해하는 것이 아니라 단지 운동의 속도를 증가시키기만 한다.[154] 다른 관계가 있는 힘의 경우에는 모두 다, 제3의 물체가 존재하면 궤도의 완전한 기하적 형태가 훼손되며, 힘의 관계가 정비례에서 멀어지면 멀어질수록 섭동이 더 커진다. 만일 거리의 제곱에 반비례하는 힘이 제3의 물체 때문에 궤도의 훼손을 피할 수가 없다면, 특정한 조건 아래서 궤도가 적어도 완전한 타원에 접근하도록 섭동을 최소로 만들 수가 있다. 몇 개의 위성이 중심에 놓인 한 물체의 주위를 회전할 때, 다른 물체에 비해서 중심에 놓인 물체가 더 클수록, 궤도의 중심은 전체 시스템의 중력 중심에 더 가까이 놓이며, 더 작은 물체는 서로의 운동을 덜 훼방한다. 달이 있는 지구나 몇 개의 위성이 있는 목성처럼, 둘이나 또는 더 많은 물체로 이루어진 시스템이 다른 물체 주위를 궤도를 그리며 돌면, 그 다른 물체까지의 거리가 더 멀수록, 전체 시스템에 작용하는 인력은 서로 더 평행을 이루게 되고 섭동은 더 작아진다. 그 시스템에 속한 모든 물체에 대해, 외부 물체에 따른 인력과 거리 그리고 질량 사이의 비례 관계가 같으면, 그리고 시스템에 속한 물체도 다시 외부 물체를 잡아당기면 섭동은 또한 최소로 된다.[155] 다시 말하면, 섭동은 실제로 우리 우주와 같은 시스템에 대해 최소화되어 있다.

뉴턴은 벤틀리(Richard Bentley) (역주: 뉴턴과 같은 시대의 영국 신학자로 케임브리지의 트리니티 대학 학장을 역임했음)에게 '내가 우리 시스템에 대한 논문을 쓰고 있었을 때, 나는 신에 대한 믿음만큼이나 인간을 고려하는 데도 동작할지 모르는 그런 원리들이 있을까 하고 계속해서 살피고 있었다…'고 선언했다.[156] 거리의 제곱에 반비례하는 인력이 어떤 원리보다도 더 직접 그의 눈앞에 있었다. 후크는 거리의 제곱에 반비례하는 관계를 멀리서 흘끔 본 것에 불과한데, 그것이 자기의 발견이라는 후크의 주장을 뉴턴이 몹시 싫어했다는 것이 그리 놀랄 일은 아니다. 뉴턴은 그 관계의 정수를 바로 꿰뚫어 보았다. 뉴턴의 견해로는 거리의 제곱에 반비례하는 관계는 단지 경험적 사실이라는 것을 훨씬 넘어서서 원래부터 존재하는 합리성을 구체화한 것으로, 그것 하나만으로도 우주에 적합한 구조를 지을 수 있는 것이었다. 궁극적으로는 거리에 정비례하는 힘은, 무한히 큰 우주에서 무한한 가속도와 무한한 속도라는 결과를 주기 때문에 적합하지 못했다. 게다가, 마치 보상이라도 하듯이 거리의 제곱에 반비례하는 힘으로 잡아당기는 입자들로 구성된, 단단한 구형의 물체로 이루어진 우주에는, 구의 중심과 그 표면 사이에서 거리에 직접적으로 정비례하는 관계도 있었다. 그리고 뉴턴은 그런 힘의 영향 아래서 그가 증명했던 물체의 운동은 물체가 균일한 구의 내부에서 움직여졌을 때도 일어난다는 것에 특히 주목했다.[157] 그것은 어찌했든 난처한 진술이었지만, 사이클로이드에서 등시성 진동을 증명할 때, 원의 내부를 지나가는 사이클로이드를 활용하고 중심을 향하여 잡아당기는 힘은 거리에 정비례하여 변한다고 가정함으로써 중력이 균일해서 그 작용선이 평행하다는 가정을 피하고 있음을 주목하는 것이 적절할지도 모른다.[158] 비록, 그의 표현을 빌면, 대중적인 사이클로이드에서 모든 운동이 효과적으로 같다고 할지라도, 그 증명은 오로지 그가 적용한 조건 하에서만 전적으로 정확하다. 그렇더라도 거리에 정비례하는 힘은 진동하는 운동과 연관된 역할을 자연에서 수행한다. 우주를 건축하는 데는 오직 거리의 제곱에 반비례하는 관계만이 적합하다. 거리의 제곱에 반비례해서 서로 잡아당기는 입자들로 구성된 우주를 세우겠다는 신의 결정보다 더 분명하게 신의 전지전능을 보여주는 것은 없다.

거리의 제곱에 반비례하는 관계는 힘에 대한 뉴턴의 개념에 이중적인 측면이 존재함을 새로이 보여준다. 한편으로는 우리의 논의를 과학적 수준으로 제한하는 한, 물질의 입자들 사이의 잡아당김은 자연에 존재하는 진짜 실재물(實在物)이다. 신은 접촉하지 않고서도 서로 잡아당기거나 밀치는 입자들로 구성된 우주를 창조했다. 구체적인 다른 힘들과 함께, 신은 물질의 각 입자들에게 모든 다른 입자를 두 질량의 곱에 비례하고 두 입자들 사이의 거리의 제곱에 반비례하는 힘으로 잡아당기는 능력을 부여했다. 만일 힘의 존재론적 지위에 대해 일말의 의심이라도 존재한다면, 거리의 제곱에 반비례하는 인력의 합리성과 안정되고 조화로운 우주를 세우는 데 그 힘에 원래부터 있던 안정성을 생각하면 그 의심은 반드시 사라질 것이다. 다른 한편으로는 힘은 정확히 정량적인 동역학의 역량 내에 속하는 수학적 법칙을 따라서 작용한다. 만일 힘이 단순히 수학적인 관념이 아니라면, 수학적으로 그렇게나 덜 정확하지도 않을 것이다. 자연 철학의 주요 임무는 물질을 구성하는, 움직이고 있으며 경험이 있다고 보여주는 힘의 능력을 부여받은, 입자들이 어떻게 관찰된 자연 현상을 만들어내는지 정량적으로 증명하는 것이다.

만일 Principia의 제I권이 그런 임무에 전념하는 것이라면, 제II권은, 널리 퍼져있는 기계적 철학이, 인력과 척력은 마술에 따른 것으로 배척하고 오직 움직이는 입자들만 받아들이는 운동학적 기계적 철학이, 같은 현상을 정확히 정량적으로 비슷하게 설명할 수 없다는 것을 증명하는

데 주로 역점을 두었다. 일반 주석의 서두에서 '소용돌이 가설은 많은 어려움으로 압박을 받고 있다'고 기술하고 있다.[159] Principia에서 증명되었다시피, 정말 그랬으며 소용돌이 가설과 함께 기계적 철학이 모두 그랬다. 만유인력의 법칙에 따르면, 물체의 무게는 보편적으로 자신의 질량에 비례한다. 만일 세 가지 운동 법칙이 인정된다면 이 비례 관계가 실험적으로 증명될 수가 있다. 비록 원칙적으로는 이 비례 관계를 설명하기 위해 에테르 메커니즘을 고안해 내는 것이 가능했지만, 그러한 메커니즘이 성립하려면 뉴턴이 잘 알고 있었던 것처럼, ad hoc 가정들이 많이 요구될 것이었다. 그뿐 아니라 물질의 만유인력을 설명하려고 보통의 물체로 볼 수 없는 매질 물질의 존재를 가정함으로써 기계적 철학의 기본이 되는 전제를 포기해야 할 것이다. 저항하는 매질을 통과하는 운동을 조사한 뉴턴은 만족스럽게도 매질의 저항을 결정하는 중요한 인자가 매질을 구성하는 부분들의 미세한 성질이 아니라 매질의 밀도임을 증명했다. 그래서 그 저항은 결코 제거될 수가 없다. 밀도가 움직이고 있는 물체만큼이나 밀(密)한 매질에서는, 즉 데카르트의 소용돌이 물질에서는 물체는 그 물체의 지름의 두 배와 같은 거리에 도달하기 전에 그 물체의 운동의 절반을 잃게 된다. 우리의 대기(大氣)보다 더 밀(密)하지 않은 매질에서, 대략 물의 밀도와 같은 밀도를 갖는다고 볼 수 있는 목성이 30일 이내에 가지고 있는 운동의 10분의 1을 잃게 될 것이다. 어떤 종류의 저항이든, 저항을 받으며 궤도를 따라 회전하는 행성은 결국에는 나선을 그리며 인력의 중심을 향해 떨어져야만 한다. 데카르트 학파가 행성들은 소용돌이와 함께 움직이고 소용돌이를 통과해서는 움직이지 않는다는 것에 이의를 제기한다면, 혜성의 운동, 심지어는 희박한 분출이나마 혜성의 꼬리까지도, 하늘에서 모든 각도로 자유롭게 움직이는 것이 관찰되었는데, 이에 대해서도 또다시 데카르트 학파는 절대로 피할 수 없는 형태로 이의를 제기할 것이다. 그리고 마지막으로 소용돌이 가설은 혜성의 운동은 뉴턴 동역학으로 분석이 어렵다는 압력을 받았다. 이 분석이 몇몇 가정에 따랐으므로, 데카르트 철학 신봉자들은 케플러의 제3법칙과 모순을 일으키지 않는 소용돌이를 만들어 낼 수 있는 다른 가정들을 끌어들이려고 했을 수도 있다. 그런데도 데카르트 철학 신봉자들이 결코 빠져나갈 수가 없었던 것은 뉴턴의 가정과는 무관한 다른 두 결론이었다. 그중 하나는, 케플러의 제2법칙에 의해 요구되는 것처럼, 각 행성의 궤도 속도가 거리에 따라 변하는 것이, 뉴턴의 제3법칙에 의해 요구되듯이 궤도 속도가 행성들 사이의 거리에 따라 변하는 것과 결코 조화를 이룰 수가 없었다. 다른 하나는, 그리고 종국에는 모든 것 중에서 가장 설득력 있는 것이었는데, 소용돌이는 자체적으로 유지되는 시스템이 아니라는 것이다. 소용돌이가 계속되려면 '지구가 항상 소용돌이의 물질과 연락을 취하면서 계속해서 동일한 양의 운동을 건네받을 수 있게 하는 어떤 능동적인 원리가 요구된다.'[160] 그는 소용돌이 가설이 '천문학적 현상과 지극히 조화를 이루지 못하며, 그리고 오히려 천상의 운동을 설명하기보다는 당황스럽게 만드는 데 기여한다'고 결론지었다.[161] Mutatis mutandis(역주: 라틴어에서 격식을 차린 말로 '필요한 부분만 약간 수정하여'라는 의미), 기계적 철학에서도 같은 말을 할 수 있었다.

널리 퍼져 있던 운동학적 기계적 철학에 대해서도 어느 정도는 같은 말을 할 수 있었다. 뉴턴의 견해로는 힘에 대한 개념이 기계적 철학의 파멸이 아니라 기계적 철학을 구원할 수 있는 전망을 가져다주었다. 그의 철학에서는 움직이는 물질의 입자들이 여전히 자연에서 관찰되는 현상을 만들어낸다. 입자들에게는 이제, 정확히 말하자면 잡아당기거나 밀치는 힘이라는 추가의 성질이 부여되었지만, 그런 힘들은 결코 물질 입자들과 분리되지 않고 오직 다른 물질 입자들에게만 작용한다. 게다가,

그 힘들은 형태나 크기처럼 정확한 정량적 논의가 가능한데, 운동학적 철학의 운동조차도 결코 정량적 논의가 가능하지 않았을 정도이다. 그의 추론에서 튀어나온 동일한 힘들이 그의 동역학을 통해 정량적인 표현을 찾았다. Principia에서 뉴턴은 천체 현상에서 중력의 힘을 유도했다고 천명했다. 그리고 유도된 힘에서 행성의 운동과 혜성의 운동, 달의 운동 그리고 바다의 운동을 유추했다.

> 나는 역학적 원리에서 같은 종류의 추론으로 자연의 나머지 현상들을 유도할 수 있기를 원한다. 왜냐하면 여러 이유에 따라 그 나머지 현상들이 특정한 힘에 의존한다고 의심하게 되었기 때문이다. 그리고 그 힘으로 물체를 구성하는 입자들이, 아직까지 알려지지 않은 어떤 원인들 때문에 서로 상대방을 향해 밀어서 규칙적인 모양으로 결합하거나 또는 상대방을 밀어서 서로 멀어지게 된다고 생각한다. 철학자들은 알려지지 않은 이런 힘들을 자연에서 찾으려고 시도했으나 성과가 없었지만, 나는 여기에 적은 원리들이 이것에 또는 어떤 더 옳은 철학적 방법에 조금이나마 빛을 비출 수 있기를 희망한다.[162]

힘의 개념으로 뉴턴은 17세기 과학에서 가장 유력한 두 전통인 데모크리토스 전통, 즉 입자-역학 전통과 피타고라스 전통, 즉 수학적 전통을 효과적으로 통합했다. 이렇게 수립된 기초 위에 현대 과학의 구조가 세워졌다.

★

한 세대에 걸친 발견은 얼마나 난해하고 그 발견이 출현하기까지 얼마나 힘들었든 그 다음 세대에서는 흔히 평범하고 자명한 이치로 바뀌어 가며, 그리고 그들의 후손들에게는 천박한 오류로 바뀌어 간다. P. G. 테이트(Peter Guthrie Tait) (역주: 19세기 후반의 영국의 물리학자이자 수학자로 기체의 운동 법칙과 열역학 등을 연구한 사람)가 1895년에 **동역학**이라는 적절한 제목의 저서를 출판할 즈음에는, 역학이 힘의 개념을 너무나 철저하게 우리 주변에 녹아들게 만들어서, 역학이 구현한 업적은 인식할 수 없을 정도로 광대해졌다. 에너지의 보존이 이제 무대를 독점하고 있으며 그 옆에서 힘의 개념은 하찮은 존재가 되어 있었다.

> 그러나 힘이라는 아이디어와 관련된 모든 방법과 시스템에서 부자연스러운 낡은 습관이 있다. 이 주제에 대한 진정한 기초는 전적으로 가장 광범위하고 가장 다양한 종류의 실험에 근거해, 물질의 관성과 그리고 에너지의 보존과 변환에서 찾아야만 한다. 운동학적 아이디어를 빌면, 동역학이라는 과학 전체를 이러한 원리들에 기초하는 것이 쉬워진다. 그래서 '힘'이라는 단어를 도입할 필요도 없으며 힘이 원래 기초로 했던 감각에 의존하는 아이디어들 역시 도입할 필요가 없다.[163]

Sic transit gloria mundi(역주: 라틴어로 '이 세상의 영화는 이처럼 사라져 간다'라는 의미).

1 이 논문은 Hall and Hall, Unpublished Papers, pp. 170~180와 Herivel, Background, pp. 198~207에 실려 있다. 만일 날짜가 기록되지 않고 남아 있는 원고 자체에 대한 증거만으로 한정시킨다면 (케임브리지 대학 도서관, Add. MS. 3958.5, ff. 90-91V.), 호이겐스의 Horologium이 이 논문을 작성하게 된 계기가 되었다는 제안이 틀림없어 보인다. 뉴턴은 사이클로이드 진동의 동시성을 증명했을 뿐만 아니라, 사이클로이드의 양쪽 옆면 사이를 흔들리는 진자가 사이클로이드 경로를 따라 움직인다는 것도 역시 증명했다. 게다가, 뉴턴의 편지는 그가 호이겐스의 연구를 알고 있었음을 알려준다(뉴턴이 올덴부르크에게 보낸 편지, 1673년 6월 23일, Correspondence, 1, 290). 그런 내부 증거에 반하는 것이, David Gregory가 1694년에 케임브리지를 방문한 뒤 그가 1669년에 작성되었던 어떤 원고를 보았는데, 그 원고에서 '호이겐스의 Horologium Oscillatorium이 출판되기 전에 뉴턴이 사이클로이드 사이에 매달린 진자에 대한 동일 시간의 원리'를 증명했다는 진술이다(위에서 인용한 책, 1, 301). 뉴턴 자신은 날짜를 기록했음이 틀림 없다. 어쩌면 뉴턴이 Gregory에게 행성에 대한 원심력이 거리의 제곱에 반비례한다는 결론에 도달한 논문을 동시에 같은 원고의 한 부분으로 보여주었기 때문에 뉴턴의 말이 의심받게 되었을지도 모른다. 그는 아마도 후크의 주장에 대한 반박으로 그 논문을 보여주었을 것이므로, 그가 자신의 주장을 내세워 호이겐스보다 일찍 발견했다고 주장했을지도 모른다. 원심력에 대한 질문은, 그것이 Horologium에서도 역시 다루어졌는데, 거리의 제곱에 반비례하는 관계에 도달한 논문과 연관되어 있었다. 이 주장에서 문제는 어떤 사람도 거리의 제곱에 반비례하는 관계를 포함한 논문을 작성한 대강의 시기에 대해 심각하게 의심하지 않는다는 점이다. 필체를 보면 1679년 이전인 것이 틀림없는데, 이것이 후크가 비난과 관련되어 아주 중요하다. 한 가지를 위해 뉴턴이 말한 날짜를 받아들일 수 있다면, 왜 다른 것을 위해서는 뉴턴이 말한 날짜를 받아들이지 못하는가? 그는 틀림없이 1669년에 사이클로이드와 관련된 논문작성에 필요한 기술이 충분히 있었다. 나는 이 문제를 확실하게 해결할 증거를 하나도 알지 못한다. 나는 계속해서 내부의 증거가 호이겐스의 자극을 암시한다고 느낀다. 그렇지만, 뉴턴 동역학의 발전에 대해 내가 설명한 것 중 어느 부분도 이 논문이 발표된 날짜에 의존하지 않으며, 나는 내가 인정한 날짜가 확실하게 수립된 것이라고 생각하지도 않는다. 허리벌 (Herivel)은 1669년을 인정하기를 선호한다(p. 192). Halls는 1673년이라고 본다 (pp. 170~180).

2 Herivel, Background, p. 203.

3 후크가 뉴턴에게 보낸 편지, 1679년 12월 13일; Correspondence, 2, 305~306.

4 뉴턴이 후크에게 보낸 편지, 1679년 12월 13일; 위에서 인용한 책, 2, 307. 뉴턴이 Flamsteed를 위해 Crompton에게 보낸 다음 편지, c. 1681년 4월을 참고하라. 태양

가까이에서 회전하는 혜성의 예리하게 굽은 궤도에 대한 Flamsteed의 생각을 거부하면서, 뉴턴은 혜성이 태양을 껴안는 경로를 따라서 움직일 수도 있다고 'the vis centrifuga at C [perihelion] overpow'ring the attraction & forcing the Comet there notwithstanding the attraction, to begin to recede from ye Sun' (위에서 인용한 책, 2, 361)와 같이 제안했다. D. T. Whiteside, 'Newton's Early Thoughts on Planetary Motion: A Fresh Look,' British Journal for the History of Science, 2 (1964), 117~137; 그리고 'Before the Principia: the Maturing of Newton's Thoughts on Dynamical Astronomy, 1664~1684,' Journal for the History of Astronomy, 1 (1970), 5~19를 참고하라.

5 뉴턴이 후크에게 보낸 편지, 1679년 12월 13일; 위에서 인용한 책, 2, 307~308.

6 Add. MS. 3965.1, ff. 1~3. 이 논문과 약간 다른 버전이 Locke의 논문 중에 존재한다. 두 버전 모두 다 여러 번 출판되었다. 뉴턴의 논문들에 속한 버전은 가장 최근에 Herivel, Background, pp. 246~254와 그리고 Hall and Hall, Unpublished Papers, pp. 293~301에 나왔다. Locke의 논문들에 포함된 버전은 Lord King, The Life and Letters of John Locke, 2nd ed. (London, 1830~1858에 나온 신판에서는 그 논문이 pp. 210~216에 수록됨), 그리고 최근에는 Newton's Correspondence, 3, 71~76에 나왔다.

어떤 방법으로, 1679년에 그의 증명에 대한 뉴턴의 증언은 당황스럽게 만든다. 미적분 논쟁과 연관되어 1715년 이후에 기록된 많은 비망록에서, 그는 1679년에 (Principia의) 제1권에 나오는 가정 I과 XI을 작성했다고 말했다. (Add. MS. 3968.9, ff. 101, 106. Brewster는 이 비망록을 f. 106에 인쇄했는데, 그것은 f. 101에 실린 것의 나중 버전임; David Brewster, Memoirs of the Life, Writings, and Discoveries of Sir Isaac Newton, 2 vols. (Edinburgh, 1855), 1, 471.) Newton에 대한 DeMoivre의 비망록도, 뉴턴이 사망한 뒤에 작성되었고 그리고 짐작건대 뉴턴의 말년 정보에 근거했는데, 동일하게 설명한다(Add. MS. 4007, f. 706). 가정 I은 어떤 구심력이든 그 출처 주위의 운동에 대한 케플러의 넓이 법칙을 증명한 것이다. 가정 XI은 타원 궤도에서 한 초점을 향하는 구심력은 거리의 제곱에 반비례하여 변한다는 것을 증명한다. 가정 XI을 증명하는데 가정 I에 의존하지는 않는다. 가정 XI의 증명이 가정 VI에는 의존하는데, 이 가정은 어떤 곡선에서든 구심력에 대한 일반적인 기하적 표현을 유도한다. 뉴턴은 그가 가정 VI을 1684년에 작성했는데 이 가정은 구심력을 질량과 속도 그리고 반지름으로 표현한 것과는 아주 별개의 일이라고 말했다. 지금 문제가 되고 있는 논문은 두 가정 I과 XI이 동등하다는 것을 증명하는데, 바로 뉴턴의 비망록이 말한 대로, 가정 I에 나오는 넓이 법칙에서 가정 XI을 유도한다. 이 논문이 1679~1680년에 작성되었다고 최초로 확인했던 허리벌(Herivel)은, 이 논문이 제시하는 뉴턴의 동역학적 사고(思考)의 수준을 조심스럽게 분석해, 이 논문이 그때 아니면 1684년에 작성되었다고 자세히 주장했다(Background, pp. 108~117). 뉴턴의 비망록에 따르면 1679~1680년이 맞다. 내가 본문에서 설명하겠지만, 그 날짜가 옳다는 보다 강력한 증거는 뉴턴이 논문에서 유도한 과정이 그가 후크에게 보낸 1679년 12월 13일의 편지에 설명한 내용과 분명하게 같다는 것이다. 또한 그 날짜가 1684년에 나온 De motu 이전이라는 증거는 도표에 대한 분류법인데, 그 분류법이 뉴턴이 1684년에 새로 만들어서 일관되게 이용했던 것과 다르며, 그리고 '구심(求心)'이라는 단어를 사용하지 않은 것인데, 그 명칭은 그가 De motu의 최초 원고를 작성할 때 만들었다. 이 논문에 대한 좀 더 충분한 논의에 대해서는 Richard S. Westfall, 'A Note on Newton's Demonstration of Motion in Ellipses,' Archives internationales d'histoire des sciences, 22 (1969), 51~60을 참고하라.

7 Herivel, Background, pp. 246~254.

8 편지 왕래는 1680년 12월 15일에 플램스티드가 James Crompton에게 보낸 편지로부터 시작했는데, 그 편지의 요약본이 뉴턴에게 전달되었다(Correspondence, 2, 315). 중간에 Crompton이 매개한 몇 번의 편지 왕래 뒤에, 마지막 편지는 뉴턴이 플램스티드에게 1681년 4월 16일에 보낸 것이었다(위에서 인용한 책, 2, 363~367).

9 뉴턴은 항상 논문이 여전히 불완전하고 그 불완전함 때문에 놀림당할 것이 두려워서 논문을 발표하는 것을 어려워했다. 1670년대에 색에 대한 논문은 어떤 것이나 발표하기 전에 늦어졌고 변명을 했다. 이것을 고려하면, 나는 1684년 가을에 뉴턴이 겪은 문제는 그가 1679의 논문을 찾는 것이 불가능했기 때문일 것이라는 데 의심을 하게 된다. 대신 그는 그 논문을 철저하게 수정하기 전에는 남에게 보여주기를 싫어하지 않았나 생각한다. 만일, 내가 그럴 것이라고 주장했던 것처럼, 허리벌(Herivel)이 확인했던 대로 그 논문의 시기가 1679~1680년이 옳다면, 뉴턴의 원고 중에서 그것이 지금까지 살아남은 것이 나의 가설을 지지해 준다.

10 De motu에는 세 가지 서로 다른 버전이 존재한다. 가장 오래된 것은 (Add. MS. 3965.7, ff. 55~62; Herivel, Background, pp. 257~289에 번역본과 함께 출판됨) 제목이 De motu corporum in gyrum이다. 두 번째 것은 (3965.7, ff. 63~70; 이 내용이 Herivel, pp. 292~294에 첫 번째 버전과 비교되어 있음; 이것은 W. W. Rouse Ball, An Essay on Newton's 'Principia,' (London, 1893), pp. 35~51에 출판되어 있음) 제목이 없다. 버전 II는, 내게 한 부도 없기 때문에 그 출처에서 가져와 Rouse Ball이 출판한 것과 비교하면, 내가 판단하기로는 영국 학술원에 등록되어 있는 것과 똑같다. 그것은 내가 역시 보지 못한 Macclesfield collection에 보존된 것과도 똑같다고 전해온다. 세 번째 버전은 (3965.7, ff. 40~54; 이것과 버전 II 사이에 차이나는 부분이 Herivel, pp. 294~303에 실려 있다) De motu sphaericorum Corporum in fluidis라고 불린다. 버전 III에 대한 두 가지 수정을 포함한 논문도 존재한다. 그중 첫 번째 것은 (Add. MS. 3965.5a, ff. 23~26; Background, pp. 304~314) 제목이 De motu corporum in mediis regulariter cendentibus이고, 두 번째 것은 (Add. MS. 3965.5, ff. 21~22; Background, pp. 315~320) 제목이 간단히 De motu corporum이다. 버전 III에 대한 두 번의 수정판은 이른바 Lectiones de motu (케임브리지 대학 도서관, Dd. 9.46; Background, pp. 321~325에 실렸으며 Principia에서 대응하는 구절과 다른 부분들)라고 불리는 것의 예비였는데, 그것들이 실제 강의는 전혀 아니었지만 그러나 De motu를 굉장히 확장시킨 버전이었거나 또는 Principia의 첫 번째 초고(草稿), 또는 두 가지

다였다. 그 두 수정판의 제목은 De motu corporum Liber primus이었는데, De motu Corporum, Liber secundus(아이작 뉴턴, Opera quae exstant omnia, ed. Samuel Horsely, 5 vols. (London, 1779~1785), 3, 179~242; Principia, pp. 549~626의 Cajori 판에 대한 영어 번역본)라는 제목의 또 다른 원고(Add. MS. 3990)에 의해 완성되었는데, 그것이 제III권의 최초 버전이었다. De motu와 마찬가지로, 이른바 Lectiones도 적어도 한 번의 대대적인 수정이 있었는데, 그것은 원고에서 확인될 수 있다.

　De motu에 관해서 광범위한 문헌들이 존재하는데, 그 문헌들은 무엇보다도 (만일 그렇다면) 세 버전 중에서 어느 버전을 1684년 11월에 Edward Paget이 런던으로 가지고 왔는지 확인하려 했는데, 그것은 아마도 뉴턴이 8월에 핼리에게 약속을 지키기 위한 것이었다. 나에게는 적어도, 이 논문이 단지 버전 I일 수밖에 없는 것처럼 보인다. 원래 쓰였던 것처럼, 버전 I은 두 개의 '가설'들을 포함하고 있었다. 수정판에서 뉴턴은 여백에 세 번째 가설을 추가했으며 제목을 'Hyp. 4'라고 쓰고 그 뒤에는 아무것도 더 쓰지 않았다(Herivel, Background, Plate 5 between pp. 292 and 293에 실린 복사판을 보라). 버전 II는 핼리가 가지고 있다. 버전 II가 작성되었을 때, 제목과 가설 4가 들어갈 자리가 비어 있었지만, 그 가설 자체는 나중에 다른 잉크를 이용하여 추가되었으며, 한두 개의 다른 사소한 추가도 또한 버전 I에 표시되어 있었다. 나는 이것을 편지들이 굉장히 요구하고 있다고 증언하는 것처럼, 핼리가 Paget의 논문을 베껴서 12월 10일 전까지 케임브리지까지 가지고 왔다고 가정해야만 설명할 수 있다. 그가 그것을 위해 떠났던 곳에서 그는 그 가설로 들어갔다. 그러면 완성된 논문은 영국 학술원의 등록부에 복사했고 날짜를 핼리가 학회에 보고한 12월 10일이라고 기입했어야만 한다. 버전 III은 토성의 달들에 대한 언급을 삭제한 흥미로운 수정을 포함하고 있다. 12월 27일에 플램스티드한테 온 편지가 그 달의 존재에 대해 의문을 품었다. 12월 30일자의 뉴턴의 편지는 특별히 그 달에 대해 질문했다. 그래서 버전 III는 12월 말 경에 완성됐어야만 한다. 세 번째 버전에서 정리 4의 끝에 추가된 구절에서, 뉴턴은 행성들이 서로 사이의 작용에 대한 의문을 제기하고 그는 그때 그 문제를 다룰 위치에 있지 않다고 말했다. 그 구절은 분명히 동시에 플램스티드와 주고받은 편지 중에서 하나를 상기시킨다(1684년 12월 30일자와 1684/5년 1월 12일자의 그의 편지를 참고하라; Correspondence, 2, 407, 413). 버전 III를 수정한 두 논문 중에서 두 번째 것은 종이의 뒷면에 'Stellarum Longitudines et Latitudines desumptis Nominibus ex Bayero' 명단을 포함하고 있는 종이에 있다. 이 명단은 1684년 12월 27일자 플램스티드의 편지와 관련이 있어 보이는데, 이 명단은 몇 개의 별의 위치를 Bayer가 발표한 위치와 비교했다. 이것이 내가 알고 있는 두 논문의 날짜를 가정할 수 있는 유일한 증거이며, 주로 그 증거에 의거하여 나는 두 논문이 1685년 초라고 가정한다.

11　뉴턴의 동역학에 중심이 되던 대부분의 개념적 어려움들이, 내가 앞으로 주장하게 될 것처럼, 버전 III의 두 번에 걸친 수정에서 해결되었는데, 그것의 날짜를 나는 상당한 오차 내에서 1685년 초라고 어림잡았다. 이른바 Lectiones de motu의 최종 형태는 동역학의 원리들을 설명한 앞부분이 실질적으로 Principia의 초판과

동일하다. 이러한 문구들의 최초 버전은 발견되지 않았으므로, Lectiones의 수정이 얼마만큼 뉴턴의 동역학에 영향을 주었는지 정확히 말하는 것은 불가능하지만, De motu의 버전 III의 수정이라는 면에서 고려하면, 동역학이 훨씬 더 많은 변화를 겪었을 것이라고 상상하기는 어렵다. Lectiones가 최초로 작성된 것은 언제였을까? 한 번 더 이것도 확실히 말하는 것은 불가능하다. 논문의 내용이 1684년 10월부터 시작된 강의에서 이야기한 내용임을 시사하는, 나중에 여백에 추가된 날짜들은 아무런 의미도 없다. 뉴턴은 규정상 정해진 의무를 준수하기 위해 어떤 편리한 논문이라도 추후에 보내서 등록하는 것이 습관이었다. 다른 예정된 강의는 실제로 행해진 강의와 달랐다는 것이 밝혀졌으며, 강의와는 별 상관이 없어 보이는 이 논문들도 다른 경우와 다르다고 생각할 이유가 없다. 실제로, 강의 번호가 초고부터 같은 내용의 그 다음 수정본까지 연속적으로 매겨져 있다. 허리벌 (Herivel)은 Lectiones의 잘못 정리된 페이지 번호를 α, β_1, β_2, 그리고 γ 등 네 그룹으로 나누었다. β_2는 β_1의 수정본으로 주로 나중에 제I권의 IV절과 V절이 된 것을 추가한 내용으로 구성된다. 뉴턴의 편지들을 보면 이러한 수정은 그가 혜성을 다루는 방법을 모색했던, 1685~1686년의 겨울 동안에 진행된 것처럼 보인다. 분명히 그와 동시에 그는 또한 첫 번째 절도 수정했는데, 그것을 허리벌은 α라고 불렀고 페이지 번호가 수정된 것에서 알 수 있듯이 추가로 12 페이지가 더해졌다. 제목이 수정된 것을 보면, 비록 뉴턴이 핼리에게 보낸 편지에서 1685년에 제II권을 완성했다고 주장한 것이 사실이지만, 이 수정은 원래의 제II권의 내용을 제I권과 제II권으로 분리시키려는 결정이 내린 시기와 일치하는 것을 추가로 암시한다. Portsmouth 논문들의 다른 곳에서는 (Add. MS. 3965.3, ff. 7~14) Lectiones의 특징을 가지고 있는 또 다른 8 페이지의 모임이 나와 있는데, 그 페이지들의 오른쪽 위에는 원래 버전의 페이지 번호가 매겨져 있다. 이 페이지들에서 나중에 명제 LXXI이 된 증명이 발견되었는데, 그 증명은 거리의 제곱에 비례해서 감소하는 힘으로 잡아당기는 입자들로 구성된 균일한 구면 껍질은 그 바깥의 물체를 중심에서 거리의 제곱에 반비례하는 힘으로 잡아당긴다. 1686년 6월 20일자로 뉴턴이 핼리에게 보낸 편지는 (Correspondence, 2, 435) 이 증명을 1685년이라고만 했고 더 정확하게는 말하지 않았다. 대체로, 나에게는 이른바 Lectiones의 첫 번째 버전이 1685년 초에 작성되었다고 하는 것이 상당히 그럴듯해 보이며, 이 버전에는 그 이후로도 실질적으로 별로 바뀌지 않고 남아 있는 동역학을 포함하고 있었다.

12 Herivel, Background, p. 257과 p. 277. 나는 위치를 원래의 라틴어와 번역문 모두로 인용한다. 나의 번역이 항상 허리벌의 번역과 일치하는 것은 아님을 말해두는 것이 필요하다. 나는 그 구절을 허리벌이 번역한 것을 보기 전에 이미 번역했다. 비록 내가 일반적으로는 허리벌이 번역한 것을 발표했고 그 위치를 인용했지만, (이 경우에서처럼) 감히 약간의 수정도 소개하려고 하는데, 오해임이 틀림없지만, 나 자신의 구절을 단념하지 않을 수가 없다.

13 위에서 인용한 책, p. 259와 p. 279.

14 위에서 인용한 책, p. 257와 p. 277.

15 위에서 인용한 책, p. 258와 p. 277.

16 'Corpora nec medio impediri nec alijs causis externis quin minus viribus insitae et ecntripetae exquisite cedant.' (Add. MS. 3965.7, f. 55.) 나는 허리벌이 이 원래 버전을 잘못 베꼈다고 믿는다(p. 274).

17 Herivel, Background, p. 257과 p. 277.

18 위에서 인용한 책, p. 258와 p. 278.

19 위에서 인용한 책, p. 258~259와 p. 278. 이 정리는, 다른 두 정리와 함께, De motu 의 모든 수정에서도 변하지 않고 실질적으로 그대로 유지되었다. 그래서, 비록 그의 동역학은 그동안에 그런 개념들을 뒤로 제껴 놓았지만, Principia의 제I권의 I절에 나오는 명제들과 제II권에서 저항하는 매질을 통과하는 운동에 대한 명제들 은 직선 위를 움직이는 sola vi insita 물체에 관한 구절들을 포함한다.

20 위에서 인용한 책, p. 258와 p. 278.

21 위에서 인용한 책, p. 295~296과 p. 300. 굽은 궤도에 물체를 유지시키는 구심력에 대해 힘의 중심 S에서 곡선 상의 임의의 점 P까지 그린 반지름 벡터 SP와, 그 반지름 벡터에 수직인 선분 QT, 그리고 (뉴턴의 용어로는 맞변이라고 불리는) 선 분 QR에 의해, 일반적인 표현을 수립한 정리 3을 참고하라 (그림 42를 보라). 무한 히 작은 그림 QRPT에서, 물체가 직선 경로에서 굽은 것을 대표하는 작은 선분 QR은 주어진 힘에 대해 시간의 제곱에 비례한다. (위에서 인용한 책, p. 260과 pp. 279~280). 비록 도움 정리 2가 '구심력'이라는 용어를 사용하지만, 이 구심력 은 뉴턴이 운동의 경로가 무엇이든 지구의 중심으로 잡아당기는 힘으로써 중력에 적용하려고 준비했던 것인데, 그 증명은 단지 직선 가속도만 구체적으로 다룬다. 운동의 방향을 바꾸는 가속도에 시간에 대한 같은 운동의 변화를 적용할 수 있는 성질은 정리 3에서 내면적으로 부탁된 원의 성질에 의존한다. PR은 곡선에 대한 접선이므로, 그 접선을 따라 같은 거리만큼 증가하면, 어떤 힘도 그 운동의 방향을 바꾸지 않는다면 물체가 따라 갈 균일한 운동에서 시간에 대한 같은 증가를 대표 할 수 있다. 물론 RQ는 구심력에 따라 발생한 새로운 운동이다. 곡선의 선분 PQ가 극한으로 접근하면 만들어지는 원의 경우에, 각 PSQ값이 작으면 RQ는 PR^2에 비 례한다. 그래서 운동의 가장 초기에 기술하는 공간은 시간의 제곱에 비례한다.

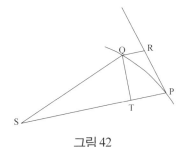

그림 42

22 비록 버전 I에는 평행사변형에 대한 도표가 나오지 않는다고 하더라도, 버전 III에 는 나온다. '물체에 [두] 힘들이 동시에 작용하면, 물체는 주어진 시간에 힘들이

개별적으로 작용할 때 물체가 이동한 두 변이 만드는 평행사변형에서, 같은 시간에 평행사변형의 대각선을 따라 움직인다.' (위에서 인용한 책, p. 295와 p. 299.) 실제로, 버전 I에서 그가 사용한 평행사변형은 물체가 직사각형의 대각선을 따라간다는 같은 것을 가정했다.

말이 나온 김에, 도움 정리 2에 대한 이런 버전이, 단지 표현만 약간 수정해, Principia의 초판에서 운동의 법칙의 추론 1으로 나왔다는 것을 주목하고자 한다 (Corpus viribus conjunctis diagonalem parallelogrammi eodem tempore describere, quo latera separatis). 제2판에 와서야 비로소 그는 그러한 진술이 관성의 원리를 말하는 법칙 I의 추론으로 제시하는 모순을 제거했다. 실제로 그는 추론의 표현을 바꾸지는 않았지만, 초판에서 물체가 힘 M에 따라 A에서 B로 '이동'하고 힘 N에 따라 A에서 C로 '이동'한다는 말을 했던 부분을, 제2판에서는 점 A에서 힘들이 물체에 '새겨진'다고 말했다. 그래서 평행사변형은 원래의 갈릴레오 형태로 돌아왔으며, 운동에 대한 이 경우에는 그 운동을 발생시키는 (전체) 힘에 비례하는 것으로 놓았다. 심지어 수정된 형태에서조차도, 그 개발 과정에서 뉴턴의 동역학이 따라간 경로를 표시한 것은 신기한 가공품으로 남아있다.

23 위에서 인용한 책, p. 260과 pp. 279~280.

24 위에서 인용한 책, p. 270과 p. 287.

25 위에서 인용한 책, p. 258과 p. 278.

26 Principia, p. 13. 내가 명시적으로 그렇지 않다고 말하는 것을 제외하면, Principia에 대한 인용은 Capori의 영어 번역본을 인용하는 것인데, 그 번역본은 비록 결점도 많지만 표준이 된다고 인정받고 있다.

27 Herivel, Background, p. 259와 p. 278.

28 위에서 인용한 책, p. 306과 pp. 311~312.

29 Add. MS. 3965.7, f. 40. 최초 버전에 쓰인 것은 다음과 같다. 'Mutationem motus proportionalem esse vi impressae et fieri secundum lineam rectam qua vis illa imprimitur.' 뉴턴은 이것을 다음과 같이 바꾸었다. 'Motum geitum vel mutationem motus ….' 그리고 나서 두 번째 수정에 다음과 같은 마지막 형태로 남아 있다. 'Mutationem status movendi vel quiescendi proportionalem esse ….' 이 마지막 형태가 허리벌(Herivel)이 출판한 형태이다(p. 294 그리고 p. 299).

30 위에서 인용한 책, p. 295와 p. 299; p. 308과 p. 313.

31 위에서 인용한 책, p. 294와 p. 299.

32 위에서 인용한 책, p. 298과 p. 302.

33 위에서 인용한 책, p. 305와 p. 310.

34 Hall and Hall, Unpublished Papers, p. 128.

35 Add. MS. 3965.5a, f. 26. Herivel, Background, p. 306과 p. 311.

36 위에서 인용한 책, p. 306과 p. 311.

37 Hall and Hall, Unpublished Papers, p. 129.

38 Herivel, Background, p. 307과 p. 313.

39 Principia, pp. 10~11.

40 위에서 인용한 책, p. 12.

41 위에서 인용한 책, p. 419. 제III권의 첫 번째 버전인 다음 '세상의 시스템'을 참고
하라. 뉴턴은 프톨레마이오스의 시스템을 반대하면서, 행성들이 정지하는 점들과
거꾸로 진행하는 것은 단지 겉보기 운동일 뿐이며 그것들의 '절대 운동'은 거의
균일하다고 말했다. 게다가, 행성들은 같은 시간 간격 동안에 같은 넓이를 쓸고
지나가므로, 태양 자체는, 모든 행성에게도 역시 평행한 선들을 따라서 영향을
주어서 전체 계가 그 힘으로 직선을 따라 병진이동하게 만들지 않는 이상, 어떤
주목할 만한 힘으로도 움직이지 않는다는 것이 성립한다. 그는 '전체 계의 그러한
병진 이동을 거부한다면 태양은 그 중심에서 거의 정지해 있게 될 것이다'라고
계속했다. (위에서 인용한 책, pp. 573~574.) 전에 같은 부분에서, 그는 또한 전체
태양계가 어떤 외부 힘의 작용을 받아서 그 힘이 모든 물체를 평행한 선을 따라
이동시킬 가능성도 고려했다. 그런 힘에서는 행성들 사이의 어떤 상대적인 변화나
그 어떤 감지될 만한 효과도 존재하지 않을 것이다. '그러므로, 모든 그런 힘은
다 가상적(假想的)이고 근거가 별로 없으며 또한 하늘의 현상에서 아무런 쓸모도
없는 것으로 치고 무시하자 ….' (위에서 인용한 책, p. 558.)

42 Ernst Mach, The Science of Mechanics, trans. Thomas J. McCormack, 6th ed.
(Lasalle, Illinois, 1960), p. 280.

43 Principia, p. 9.

44 Hall and Hall, Unpublished Papers, p. 129.

45 Herivel, Background, pp. 214~215.

46 위에서 인용한 책, p. 306과 p. 311.

47 위에서 인용한 책, pp. 315~316 과 p. 318.

48 위에서 인용한 책, p. 306과 p. 311.

49 위에서 인용한 책, p. 315와 p. 317.

50 마흐, 역학, p. 237.

51 Herivel, Background, p. 306과 p. 311.

52 위에서 인용한 책, p. 317과 p. 320.

53 위에서 인용한 책, p. 315와 p. 318.

54 약간 풍자적으로, 사무엘 클라크는 같은 내용을 표현한 vis inertiae의 의미에 대
해 라이프니츠로부터 교훈을 얻었다. 그는 vis inertiae가 '그것으로 물질이 운동
에 저항해서가 아니라, 그것이 정지해 있건 또는 운동하건 물체가 처한 상태에서
어떤 변화라도 똑같이 저항하기 때문에 피동적 힘이라고 말했다…. 이러한 vis가
없으면, 최소한의 힘도 정지해 있는 최대한의 물질의 양에 어떤 속도라도 줄 수
있을 것이다. 그리고 운동의 어떤 속도에서라도 최대한의 물질의 양이 어떤 최소

한의 충격도 전혀 받지 않아도 최소한의 힘으로 정지될 수 있을 것이다. 그래서 적절하고도 실제적으로, 정지해 있거나 또는 움직이고 있거나 어떤 물질이든 그 물질의 모든 힘은, 그런 힘의 모든 작용과 모든 반작용은, 모든 충격과 모든 저항은, 단지 서로 다른 환경 아래서 이러한 vis inertiae일뿐 다른 것은 전혀 아니다.' (Leibniz-Clarke Correspondence pp. 111~112.) Leibniz-Clarke Correspondence 에서 뉴턴의 역할을 잘 알려져 있으며, 그 구절은 정량적인 동역학에서 vis inertiae의 기능에 대한 그 자신의 개념을 진술한 것이라고 받아들일 수 있다.

55 Herivel, Background, p. 315와 p. 318. I. Bernard Cohen, '"Quantum in seest": Newton's Concept of Inertia in Relation to Descartes and Lucretius,' Notes and Records of the Royal Society of London, 19 (1964), 131~155를 참고하라.

56 Herivel, Background, p. 306과 p. 311.

57 위에서 인용한 책, p. 317과 p. 320. 허리벌(Herivel)은 이 정의를 두 번째 수정본에 포함시켰다. 이 정의는 첫 번째 수정본의 정의 12와 13의 반대편 여백에 쓰여 있으며, 내 생각으로는 뉴턴이 그 수정본을 쓸 때 그 일부분으로 의도했음이 분명하다. 그는 나중에 줄을 그어서 그것을 지웠다.

58 위에서 인용한 책, p. 306과 p. 311.

59 Principia, p. 13.

60 R. G. A. Dolby, 'A Note on Dijksterhuis' Criticism of Newton's Axiomatization of Mechanics,' Isis, 57 (1966), 108~115; I. Bernard Cohen, 'Newton's Second Law and the Concept of Force in the Principia,' Texas Quarterly, 10 (1967), No. 3, 127~157. E. J. Dijksterhuis, The Mechanization of the World Picture, trans. C. Dikshoorn (Oxford, 1961), pp. 464~477을 참고하라.

61 Herivel, Background, p. 306과 p. 311. 부록 F를 보라.

62 Dolby, 'A Note on Dijksterhuis' Criticism,' and Cohen, 'Newton's Second Law.' 주(註) 60을 참고하라.

63 'Corpus omne tantum pati reactione quantum agit in alterum.' (Herivel, Background, p. 307.)

64 부록 G를 보라.

65 Herivel, Background, p. 307과 pp. 312~313.

66 Pemberton, View of Newton's Philosophy, 서문.

67 Add. MS. 4007, f. 706V; Whiston, Memoirs, p. 37.

68 플램스티드가 뉴턴을 위해 크럼프턴(Crompton)에게 보낸 편지, 1680년 12월 15일; 뉴턴, Correspondence, 2, 315. 플램스티드가 핼리에게 보낸 편지, 1680/1년 2월 17일; 위에서 인용한 책, 2, 336~339. 플램스티드가 뉴턴을 위해 크럼프턴에게 보낸 편지, 1681년 3월 7일; 위에서 인용한 책, 2, 348~353.

69 뉴턴이 플램스티드를 위해 크럼프턴에게 보낸 편지, 1680/1년 2월 28일; 위에서 인용한 책, 2, 340~347. 뉴턴이 플램스티드에게 보낸 편지, 1681년 4월 16일; 위에

서 인용한 책, 2, 363~367.

70 뉴턴이 플램스티드에게 보낸 편지, 1681년 4월 16일; 위에서 인용한 책, 2, 364.

71 Herivel, Background, pp. 267~268과 p. 285. 뉴턴이 플램스티드에게 보낸 편지, 1684/5년 1월 12일; Correspondence, 2, 412~413.

72 Add. MS. 3965.14, f. 613.

73 플램스티드가 뉴턴을 위해 크럼프턴에게 보낸 편지, 1681년 3월 7일: '핼리 씨는 혜성이 중력의 원리를 잃어버린 물체라고 생각하지만, 그러나 내가 동의할 수는 없지만 핼리 씨는 태양이 혜성을 잡아당기리라고 생각하는데, 왜냐하면, 그렇다면 혜성을 구성하는 질량이 흩어지고 혜성을 구성하는 원자들이 스스로 분리되어서 넓은 에테르로 퍼져나가지 않을 이유가 없기 때문이다' (Correspondence, 2, 351)을 참고하라. 이 문구에서 혜성의 중력은 혜성을 구성하는 부분들이 서로 부착하여 하나의 결합된 물체로 유지되게 만드는 것을 가리킨다.

74 Herivel, Background, pp. 275~276.

75 Add. MS. 3965.7, f. 61. 그가 수정한 다음에, 버전 I에서 문제 5의 최종 표현은 '구심력이 중심에서 거리의 제곱에 반비례한다는 것이 주어진다면, 정해진 시간 동안에 수직으로 낙하하는 데 물체가 기술하는 거리를 구하라.' (Herivel, Background, p. 269와 p. 286.)

76 위에서 인용한 책, p. 298과 p. 302.

77 위에서 인용한 책, p. 270과 p. 286.

78 Principia, p. 560.

79 뉴턴이 핼리에게 보낸 편지, 1686년 6월 20일; Correspondence, 2, 435, 437. 제 III권의 다음 명제 VIII을 참고하라. '전체 행성을 향한 중력의 힘이 그 행성을 구성하는 모든 부분들에서 생기고 각 부분을 향한 중력의 힘을 모두 다 조합하여 만들어졌으며, 그리고 각 부분을 향한 힘은 그 부분에서의 거리의 제곱에 반비례한다는 것을 발견한 뒤에, 그렇게 많은 부분이 모두 조합되면 거리의 제곱에 반비례한다는 것이 정확히 성립할지 또는 거의 그럴지에 대해 의심하고 있었다. 왜냐하면 아주 더 먼 거리에서는 충분히 정확하게 성립하는 비례 관계가 입자들의 거리가 동일하지 않고 입자들의 상황이 다른 행성의 표면 가까운 곳에서는 진실과는 거리가 멀 수도 있다.' (Principia, pp. 415~416.)

80 플램스티드가 뉴턴에게 보낸 편지, 1684년 12월 27일; Correspondence, 2, 403~404; 뉴턴이 플램스티드에게 보낸 편지, 1684년 12월 30일, 위에서 인용한 책, 2, 406~407. 플램스티드는 뉴턴이 요구한 주안점이 무엇인지 이해했고, 1684/5년 1월 5일자 그의 편지에서 그는 그렇게나 작은 물체들이 작용하는 구(球)는 서로에게 영향을 줄만큼 충분히 멀리 확장시키는 것이 가능하지 못하다는 의견을 말했다. 가장 가까이 접근했을 때, 목성과 토성은 서로에게서 지구 궤도의 반지름의 네 배와 같은 거리만큼 떨어져 있으며, 이 거리는 그들의 크기에 비례해서 자석의 크기와는 100야드의 비례만큼 훨씬 더 크지만, 자석의 중력의 구는 100야드도 확장하지 않는다(위에서 인용한 책, 2, 408~409). 플램스티드의 반대는 심지

어 접촉하지 않는 물체들 사이의 인력이라는 개념을 받아들일 준비가 되어 있는 사람들까지 포함하여 17세기 말의 과학 공동체가 직면했던 만유인력이라는 생각과 관련된 개념적 문제에 대한 매혹적인 반응이다.

81 뉴턴이 플램스티드에게 보낸 편지, 1684/5년 1월 12일; 위에서 인용한 책, 2, 413.

82 Herivel, Background, pp. 306, 316~317 그리고 pp. 311, 319. 나는 첫 번째 수정본의 이 수정을 두 번째 수정본에 배치한 것은 허리벌이 실수한 것이라고 믿는다.

83 Principia, p. 567.

84 위에서 인용한 책, p. 412.

85 위에서 인용한 책, p. 412. 만유인력의 개념이 가장 늦게 발전된 부분에 대한 간단한 논의를 알려면, Curtis A. Wilson, 'From Kepler's Laws, So-called, to Universal Gravitation: Empirical Factors,' Archive for History of Exact Sciences, 6 (1970), 89~170을 참고하라.

86 위에서 인용한 책, p. 571.

87 Add. MS. 3990, f. 15V. 이 구절은 나중에 삭제되었다.

88 Principia, p. 13.

89 위에서 인용한 책, p. 186.

90 위에서 인용한 책, p. 188.

91 위에서 인용한 책, pp. 188~189.

92 위에서 인용한 책, p. 13.

93 위에서 인용한 책, p. 13.

94 위에서 인용한 책, p. 27.

95 위에서 인용한 책, p. 154.

96 위에서 인용한 책, p. 128.

97 위에서 인용한 책, p. 28.

98 위에서 인용한 책, pp. 237~239, 252~253. 제II권에서, 주어진 매질을 통하여 낙하하면서 물체가 종단 속도에 어떻게 도달하는지 설명한, 명제 XXXVIII의 따름 정리 2를 참고하라. 만일 물체가 이 속도에 도달하면, '무게의 힘은 저항의 힘과 같아지게 될 것이고, 그러므로 그 구(球)는 더 이상 가속될 수가 없다'(위에서 인용한 책, p. 352).

99 위에서 인용한 책, p. 21. 그 이동이 고의는 아니지만 나의 목적에 기여했다. 라틴어판의 원문에서 첫 줄은 '물체의 중력의 균일한 힘'이 아니고 그냥 간단히 '균일한 중력'을 가리킨다. [Corpore cadente gravitas uniformis, singulis temporis particulis aequalibus aequaliter agendo imprimit vires aequales ⋯.] 그렇지만 뉴턴은 항상 중력을 새겨진 힘이라고 취급했으며, 그러한 명백한 용어들에서 반복하여 그렇게 언급했다. 이동(移動)과 관련된 단어들에 따라다니는 의미의 근본적인 애매함은 그 구절에 그리고 실제로 Principia 전체에 존재한다.

100 'Motum in spatio vel immobili vel mobili genitum proportionalem esse vi motrici impressae & fieri secundum lineam rectam qua vis illa imprimitur.' [이 진술은 'in spatio vel immobili vel mobili'라는 구절이 삭제된 다음에 수정되었다.]

'Motum a loco quem corpus alias occuparet, vi motrici impressae proportionalem esse et in plagam ejus dirigi.'

'Motum omnem novum quo status corporis mutatur vi motrici impressae proportionalem esse & fieri a loco quem corpus alias [occup]aret in plagam quam vis impressa petit.'

'Vis omnis in corpus liberum impressa motum sibi proportionalem a loco quem corpus alias occuparet in plagam propriam generat.' [이 진술은 'in corpus liberum'이라는 구절이 삭제된 다음에 수정되었다.]

'Vis omnis impressa motum sibi proportionalem g[enerat]'

'Motum genitum vi motrici impressae proportionalem esse & a loco quam corpus alias occuparet in plagam vis illius fierri.'

'Vis impressa motum sibi proportionalem a loco quem corpus alias occuparet in plagam propriam generat.'

'Mutationem motus quo status corporis mutatur proportionalem esse vi motrici impressae & feieri a loco quem corpus alias occuparet in plagam qua vis imprimitur.' [이 진술은 'Mutationem motum'라는 구절을 삭제하고 그것을 'Motum omnem novum'이라는 구절로 대치한 다음에 수정되었다.] (Add. MS. 3965.6, ff. 274~2774V.) 뉴턴은 세 번째 ('Motum omnem novum …') 다음에 오는 것들을 모두 지웠고 그래서 그가 이 종이에 작업을 하고 있을 때 그것이 가장 인정할 만하다고 알았던 것처럼 보인다.

101 Principia, p. 188.

102 위에서 인용한 책, p. 22.

103 위에서 인용한 책, p. 25.

104 위에서 인용한 책, p. 412.

105 위에서 인용한 책, p. 246. 제II권의 명제 XXXVII를 참고하라. 그 명제에서 원통의 밀도와 같은 밀도의 매질에서 축에 평행하게 움직이는 원통에 작용하는 저항은, 원통이 그 축의 길이의 네 배와 같은 거리를 진행하는 동안 걸리는 시간에 원통의 운동을 정지시키게 될 것임을 증명했다. 만일 원통의 길이가 증가되거나 감소되면, 원통의 운동과 원통이 그 축의 길이의 네 배를 진행하는 동안 걸리는 시간 모두가 같은 비율로 증가하거나 감소할 것이고, '그러므로 같은 운동이 그렇게 증가하거나 감소하도록 만드는 힘은 동일하게 계속될 것이다….' (위에서 인용한 책, p. 347).

106 위에서 인용한 책, pp. 34~35.

107 위에서 인용한 책, p. 283.

108 거기서 사용한 표현은 $(rk)^2/2kC$인데, 여기서 rk는 원호가 바로 만들어지려고 할

때 원호의 절반과 같은 현의 절반이고, *kC*는 문제가 되고 있는 원의 반지름이다. 그는 이 관계를 같은 원에서 '물체가 *R*에서 *K*까지 원을 그리면서 회전할 때 작용하는 힘을 …' 표현하려고 이용했다(위에서 인용한 책, p. 138).

[109] 위에서 인용한 책, p. 13.

[110] 위에서 인용한 책, p. 2.

[111] 위에서 인용한 책, p. 41.

[112] 위에서 인용한 책, pp. 329~331.

[113] 위에서 인용한 책, pp. 331~334.

[114] Herivel, Background, p. 258과 p. 278.

[115] 제I권의 명제 I과 (Principia, p. 40) 그리고 제II권의 명제 I(위에서 인용한 책, p. 235)를 참고하라. 같은 문구가 제II권의 명제 V와 XI에도 (위에서 인용한 책, pp. 245, 272) 등장하는데, 그 명제는 속도의 서로 다른 멱수에 비례하여 저항하는 매질을 통과하는 운동을 다룬다. 비록 어떤 명제도 De motu에는 포함되지 않았지만, 그 명제들은 제II권의 명제 I과 유사하다. 그렇지만, 그 문구는 그 영역과는 관계가 없는 De motu 다음에 작성된 명제들로 슬쩍 들어가는 것이 가능했다. (원일점에 이르는 선의 안정성 또는 운동에 대한) 제I권의 명제 XLIV, 따름 정리 6을 참고하라. '물체 *P*는, 그 물체의 관성 만에 의해, 어떤 힘도 그 물체를 밀지 않는데, 직선 *VP* 위에서 균일하게 진행할 것이기 때문이다.' (위에서 인용한 책, p. 140.) 'Nam corpus *P*, per vim inertiae, nulla alia vi urgente, uniformiter progre야 potest in recta *VP*.' (초한, p. 137.)

[116] Principia, pp. 40~42.

[117] 'Cas. 2. Eodem argumento si corpus dato tempore vi sola *M* in loco *A* impressa ferretur uniformi cum motu ab *A* ad *B* & vi sola *N* non simul & semel sed perpetuo impressa ferretur accelerato cum motu in recta *AC* ab *A* ad *C* compleatur parallelogrammum *ABCD* & corpus vi utraq; feretur eodem tempore ab *A* ad *D*. Nam reperietur in fine temporis tam in linea *CD* quam in linea *BD* et propterea'
'Ideoq; si vires *M* & *N* sedundum lineas *AB* et *AC* simul et semel imprimantur, sic ut motus seorsim generarent in lineis istis *AB* et *AC* uniformes: corpus dato illo tempore perget ab *A* ad *D* in diagonali rectilinea *AD* uniformi cum motu ex vi utraq; oriundo. Sin vires istae *M* et *N* secundum lineas easdem *AB* et *AC* imprimantur paulatim & perpetuo sic ut motus seorsim generarent in lineis istis *AB* et *AC* vel in earum alterutra acceleratos: corpus perget eodem tempore ab *A* ad *D* in diagonali curvilinea *AD* cum motu accelerato ex vi utraq; oriundo.' (Add. MS. 3965.6, f. 86.)

[118] 'Si corpus *A* ante vim impressam movebatur & motu quem habuit in *A* uniformiter continuato distantiam *AB* dato tempore describere posset et interea a vi impressa in datam plagam urgeatur: cogitandum erit quod locus in quo corpus relative quiescite movetur una cum corpore ab *A* ad *B* quodq; corpus per vim impressam

deturbatur de loco hocce mobili et ab eo migrat in plagam vis illius impressae cum motu qui vi eidem proportionalis est. Ideoq; si vis determinatur, verbi gratia, in plagam rectae *AC* ac dato illo tempore corpus motu omni privatum impellere posset a loco immobili *A* ad locum *C*, age *BD* ipsi *AC* prallelam et aequalem & vis eadem eodem tempore ex mente Legis hujus impellet corpus idem a loco suo mobili *B* ad locum novum *D*. Corpus igitur movebitur in linea aliqua *AD* cum motu qui oritur ex motu loci sui relativi ab *A* ad *B* & motu corporis ab hoc loco ad locum alium *D*, id est ex motu *AB* quem corpus ante vim impressam participabat et motu *BD* quem vis impressa per hanc Legem generat. Ex hisce duobus motibus secundum determinationes suas conjunctis oreitur motus corporis [in] linea *AD*.' (Add. MS. 3965.6, f. 274.)

119 제3판에서 뉴턴은 포물선 궤도를 유도하는 어느 정도 유사한 문구를 운동 법칙의 주석으로 추가했다. 그 주석은 여전히 좀 더 순수하게 운동학적이었다는 점에서 위의 문구와 다르다(Principia, pp. 21~22).

120 위에서 인용한 책, pp. 154~155.

121 위에서 인용한 책, p. 236.

122 위에서 인용한 책, p. 249.

123 위에서 인용한 책, pp. 252~253.

124 위에서 인용한 책, p. 255.

125 위에서 인용한 책, p. 126.

126 위에서 인용한 책, pp. 312~313.

127 위엣 인용한 책, p. 409. (조류(潮流)를 설명하려고 뉴턴이 작성한) 제I권의 가정 LXVI, 따름 정리 20을 참고하라. 뉴턴은 세 물체 문제에 대한 그의 일반 풀이를, 지구를 회전하는 위성의 궤도가 줄어들어서 지구의 표면과 일치하는 것에 적용했는데, 거기서 뉴턴은 위성을 하나의 경로를 따라 지구를 둘러싸는 반지 모양의 물로 바꾸었다. 그는 물이 '원심력 때문에 더 이상 그 궤도에 그대로 유지되지 않지만, 물이 흐르는 경로로는 유지된다고 말했다.' (위에서 인용한 책, p. 187.)

128 위에서 인용한 책, p. 42.

129 위에서 인용한 책, pp. 226~227.

130 갈릴레오, 새로운 두 과학, pp. 252~253.

131 Principia, p. 352.

132 위에서 인용한 책, pp. 173~189.

133 초판의 제III권, 도움 정리 I (pp. 467~469); 나중 개정판들에서 도움 정리 I과 II (Principia, pp. 485~488).

134 위에서 인용한 책, 124.

135 위에서 인용한 책, p. 378.

[136] 초판, p. 370. 케임브리지 대학 도서관, Adv. b. 39.1 (초판의 백지를 끼워 넣은 복사본으로 추가된 종이에 첨가사항과 교정사항이 적혀 있음), f. 370A. Principia, pp. 382~383.

[137] 위에서 인용한 책, p. 397.

[138] 위에서 인용한 책, pp. 388~389.

[139] 위에서 인용한 책, p. 390.

[140] 위에서 인용한 책, p. 389.

[141] 초판, pp. 330~332.

[142] Add. MS. 3968.9, f. 102V.

[143] 뉴턴은 자신이 가지고 있던 초판본에 수정을 기입했다; Correspondence, 3, pp. 39~40 주석에 인용함. 파티오가 1689/90년 3월 13일에 이 문구를 복사했다.

[144] Add. MS. 3965.12, f. 205. 이 종이는 제2판에 사용할 목적으로 수정한 명제를 포함하고 있다.

[145] Principia, p. 338.

[146] Add. MS. 3965.12, f. 232V.

[147] Principia, p. 339.

[148] 위에서 인용한 책, p. xvii.

[149] 위에서 인용한 책, p. 550.

[150] 위에서 인용한 책, p. 303.

[151] 위에서 인용한 책, pp. 202~203.

[152] 위에서 인용한 책, p. 145.

[153] 위에서 인용한 책, pp. 214~215.

[154] 위에서 인용한 책, pp. 169~171.

[155] 위에서 인용한 책, pp. 171~172, 190.

[156] 뉴턴이 벤틀리에게 보낸 편지, 1692년 12월 10일; Correspondence, 3, p. 233.

[157] Principia, p. 198.

[158] 위에서 인용한 책, pp. 154~155.

[159] 위에서 인용한 책, p. 543.

[160] 위에서 인용한 책, p. 390.

[161] 위에서 인용한 책, p. 396.

[162] 위에서 인용한 책, p. xviii.

[163] P. G. Tait, Dynamics (London, 1895), p. 361.

부록

|부록 A | 갈릴레오가 사용한 힘

갈릴레오는 '힘'이라는 (forza) 단어를 다양한 방법으로 사용했다. 가장 일관된 사용법은 간단한 기계들에 대한 논의에서 손쉽게 찾아볼 수 있다. 지렛대의 한쪽 끝에 작용하는 'forza'는 다른 쪽 끝의 저항과 균형을 유지하고 그 저항을 이긴다(여기서 갈릴레오는 모든 간단한 기계를 지렛대의 경우로 바꾸어 놓았음을 기억하는 것이 좋다). (Discourses, pp. 110~115, 137~138; Mechanics; Motion and Mechanics, trans. I. E. Drabkin and Stillman Drake, (Madison, Wisconsin, 1960), p. 158을 참고하라. 비록 내가 영어 번역본을 인용했지만, 나는 이 경우들을 확인해서 모든 경우에 Opere와 대비되는 이탈리아 단어를 인용했다.) 뒤에 논의하겠지만, 갈릴레오는 타격(打擊)을 지렛대에 비유하여 분석했으므로, forza della percossa(역주: '때려주는 힘'이라는 의미의 이탈리아어)라는 문구는 이러한 사용법을 자연스럽게 확장한 것이라 볼 수 있다. 움직이는 물체의 속도는 지렛대와 나사못이 그것들에게 작용한 'forza'를 곱하는 것과 꼭 마찬가지로 그 물체의 무게를 곱한다(Discourses, p. 271을 참고하라). 이탈리아어인 forza는 라틴어 fortis에서 유래되었고, 그 단어를 지렛대에 사용할 때는 무게를 들어올리려고 작용하는 물리적 노력을 의미한다. 다른 맥락에서 갈릴레오는 forza를 물리적 세기에 대한 동의어로 사용했다. 그래서 그는 (그가 분석했던 간단한 기계 중의 하나인) 캡스턴을 회전시키는 하역(荷役)용 동물의 'forza'라든가 간단하게 수레를 끄는 말의 'forza'라고 말했다. 철선(鐵線)을 잡아당길 때, 일꾼들은 대단히 큰 'forza'를 가지고 잡아당기는 면(面)으로 잡아당긴다. 손가락들 사이에 낀 줄은 상당히 큰 'forza'로 잡아당기더라도 풀리지 않는다(Mechanics, Motion and Mechanics, pp. 161, 150; Discourses, pp. 53, 9). 확장된 의미로 영어에서와 비슷하게 그는 대화의 'forza'라든가 진리의 'forza' 등의 표현을 쓰기도 했다(위에서 인용한 책, pp. 165, 164). 때로는 세기라는 의미로 forza가, 비록 매우 정확하지는 않더라도, 추상화되고 일반화된 의미를 취하기도 했다. Dialogue에서, 갈릴레오는 움직이는 마차에서 발사한 석궁(石弓)을 이용한 사고(思考)실험의 결과를 적용해, 움직이는 지구에서 동쪽과 서쪽을 향해서 발사한 대포에 대한 티코의 수수께끼를 풀었다. 그는 만일 앞쪽과 뒤쪽으로 쏘았을 때, 활의 세기가 (이 시점에서는 아직 forza가 아님) 같았다면, 두 화살은 마차에서 똑같은 거리에 떨어지게 될 것이라고 주장했다. 그래서 지구의 대포에서도 역시 똑같은 'forza'로 동쪽에서 서쪽을 향해서 발사하고 또 서쪽에서 동쪽을 향해서 포탄을 발사한다면 똑같이 될 것이다. (Dialogue, p. 171). 정확한지 아닌지에는 개의치 않고서, 활의 팽팽함과 대포에서 쏘는 forza는 서로 동등하다고 보았으며 암묵적으로 정량적인 정의가 포함되어 있었다.

타격의 forza라는 표현에 암시되어 있듯이, 움직이는 물체 또한 forza를 분명하게 보여줄 수가 있다. Dialogue에서 심플리치오는 돌멩이를 던지는 사람이 그의 팔을 속력과 'forza'로 움직여서 그 결과 생기는 충격이 돌멩이를 나른다고 강조했으며, 그리고 사그레도는 왜 줄을 연결하여 던진 고리가 맨손으로 던진 고리보다 더 멀리 가서 결과적으로 더 많은 'forza'를 나르는지 질문했다(Dialogue, pp. 151, 158). Discourses

에 나오는 이른바 여섯 번째 날과 관련된 단편(斷片)들에서, 갈릴레오는 투사기의 forza가 발사체에서 보존된다는 아이디어에 대해 더 자세히 조사했다. 그래서 큰 종은 반복하여 밀어서 흔들리게 만들어야만 하는 데, 한 번 밀어줄 때마다 그 이전에 밀어준 것들에서 얻은 'forza'에 'forza'를 추가시킨다. 종이 더 크면 클수록, 종이 얻는 'forza'도 더 많다 (Opere, 8, 346, 또한 p. 345도 참고하라). 갈릴레오가 가상 속도의 원리를 이용하여 지렛대를 분석한 것은 지렛대에 작용한 forza와 운동의 forza가 연결되어 있음을 암시했다. 그가 사용한 'momento'라는 단어는, 그 단어에서 우리가 사용하는 'moment(모멘트)'와 'momentum (운동량)'이 모두 유래했는데 (그리고 그가 momento와 바꾸어가며 사용했던 'impeto'라는 단어는), 물체의 운동의 forza를 표현했다. 그가 momenti를 측정한 표준이 되는 장치 중의 하나는 타격의 forza를 비교하는 것이었으며, 몇 군데에서는 주어진 momento를 발생시킬 수 있는 충격을 의미하려고 forza를 사용했다(Discourses, pp. 286, 273~275. Opere, 8, 338을 참고하라). 논점을 더 흐리게 한 것은 Discourses에서 비록 움직이는 물체의 'forza'가 아무리 작다고 할지라도, 속도들의 비율이 저항과 'forza' 사이의 비율보다 더 크기만 하면 물체의 속도는 천천히 움직이는 물체의 굉장히 큰 저항을 이길 수 있다고 기술한 것인데, 이것은 정지한 무게를 측정하는 표준으로서 forza를 다시 인식하게 되었다는 것이다(Discourses, p. 291). 갈릴레오의 역학에서 momento 또는 impeto의 개념은 힘에 대한 질문에서 중심이 된다. 아래에서 이에 관해 좀 더 자세히 논의하기로 하자.

또한 forza에 대한 나머지 사용법도 언급할 필요가 있다. 아리스토텔레스가 사용한 용어로, 갈릴레오는 강제된 또는 격렬한 운동을 자연스러운 운동의 반대라고 계속해서 생각했다. 공이 경사면 아래로 저절로 굴러 내려가는데, 그 공을 정지 상태로 유지시키려면 'forza'가 필요하다. 공을 경사면 위로 오르게 만들려면, 더 많은 'forza'를 필요로 한다 (Dialogue, pp. 147, 264를 참고하라). 그는 De motu에서 물체를 그 물체의 자연스러운 위치에 붙잡아두는 'forza'는 그 물체의 무게와 같아야만 한다고 말했는데 (On motion: Motion and Mechanics, p. 98), 이것은 마치 저울의 평형과 같은 조건이다. 여기서 개념은 지렛대에서 저항을 이기는 forza로 사용했을 때의 개념과 비슷했으며, 이는 그가 일생에 걸쳐서 계속하여 사용했던 생각이다. 밧줄이 지나친 'forza' 때문에 '교란을 받게'되면, 밧줄은 끊어진다(Discourses, pp. 121~122). 던진 물체의 운동에 대해 논의할 때도 비슷하게 forza를 사용했다. 날아가는 새들은 그런 운동의 특별한 경우였는데, 이에 대해 살비아티는 새의 운동을 지구가 움직인다는 주장을 반박하기 위해 인용한 것은 새들이 살아있어서 지상의 물체에게 애초에 주어진 운동에 대항해서 'forza'를 마음대로 사용할 수 있는 것에 의존한다고 설명했다(Dialogue, p. 186). 비슷하게 그는 바다에서 배의 운동은 천체들이 일주(日周)하는 것과 동일하지 않다고 주장했다. 후자(後者)는 자연스러운 운동임에 반해, 바다에서 배의 운동은 배를 젓는 노의 'forza'가 배에 부여한 우발적인 운동이다 (Dialogue, p. 142).

｜부록 B｜ 데카르트가 사용한 힘

데카르트의 저술에는 'force(힘)'라는 단어가 굉장히 많이 등장한다. 아마도 힘이 일반적으로 통용되고, 동역학에서 중심이 되는 개념이 궁극적으로 힘으로 이름 붙여진 배경에는 데카르트가 힘을 자주 사용했던 것이 크게 작용했을 것이다. 그는 때로는 힘이 확실하게 정량적인 용어라고 보았다. 그가 메르센에게 보낸 편지에는 '힘과 운동 그리고 충격 등은 일종의 수량(數量)이다'라고 쓰여 있다(1640년 3월 11일; Qeuvres, 3, 36). 그는 또 힘이 운동의 변화를 측정하는 것으로 보았는데, 이는 불연속적인 충돌을 기반으로 한 동역학에서는 당연히 그러할 것으로 기대되는 것이었다. 그래서 메르센에게 보낸 편지에서 그는 다음과 같이 잘못된 진술을 하고 있는데, 이는 힘을 운동의 양으로 정의할 때에만 이해될 수 있다. '같은 힘으로 밀었을 때 가장 큰 물체들이 같은 세기의 바람으로 밀었을 때 가장 큰 배들이 그렇듯이, 다른 물체들보다 더 천천히 움직인다.' (1638년 12월; 위에서 인용한 책, 2, 467). 나중에 그는 '일반적으로, 같은 힘으로 민다면, 더 큰 물체일수록 더 천천히 움직여야 한다'고 썼다(데카르트가 메르센에게 보낸 편지, 1639년 12월 25일; 위에서 인용한 책, 2, 467). 때로는 단순히 무엇이 물체를 움직이게 만들었는지 의미하려고 'force'를 사용하기도 했다. 이상적인 구(球)가 이상적인 수평면에 놓여 있고 공기 저항이 전혀 없다면, 'la moindre force'(역

주: '최소의'라는 의미의 프랑스어)가 그 구를 움직이게 만들 것이다(데카르트가 메르센에게 보낸 편지, 1632년 5월 3일; 위에서 인용한 책, 1, 247). 단단한 물체는 그것이 얼마나 크든 유체로 둘러싸여 있다면, 'la moindre force'로 움직이게 만들 수 있다(데카르트가 캐번디시에게 보낸 편지, 1646년 11월 2일; 위에서 인용한 책, 4, 562). 그가 헨리 모어와 나눈 편지에는 'vis movens'와 'vis corpus movendi'가 언급되어 있었는데, 그것은 문맥상 물체를 움직이게 만드는 힘을 의미했다(1649년 8월; 위에서 인용한 책, 5, 403~404). 그렇지만 그는 또한 움직이고 있는 물체에는 그 운동을 계속 유지하는 'force'가 있으며, 정지 상태의 물체에는 정지 상태에 남아 있게 하는 'force'가 있다고 주장했다(데카르트가 메르센에게 보낸 편지, 1642년 10월 28일; 위에서 인용한 책, 3, 213).

그 단어를 단연코 가장 자주 사용한 것은 '그것의 [공의] 운동의 힘'과 같은 문구에서였다(Dioptrique를 참고하라; 위에서 인용한 책, 3, 213). 어느 정도는 물체의 운동의 힘은 그 물체의 속도로 측정했다. 그래서 공기에서 물로 들어가는 공의 속력의 절반을 물이 가져가면, 물은 공의 'force'도 그만큼 가져간 것이다(Dioptrique; 위에서 인용한 책, 6, 98). 크기와 단단한 정도도 역시 물체의 운동의 힘을 키우는 역할을 한다. 크고 무거운 짐을 많이 실은 배는 자신의 운동을 계속하는데, 그 배가 떠서 흘러가는 강물보다, 더 많은 'force'를 갖는다(Le monde; 위에서 인용한 책, 11, 58). 이 개념은 오늘날 운동량의 개념과 비슷해서 오해를 불러일으킬 소지가 다분하나, 데카르트는 종종 그 개념을 어렴풋하게 세기와 가까운 의미로 사용했는데, 이는 그 단어를 처음 어떻게 유도했는지를 생각나게 한다. 예를 들어, 유리가 식으면 유리를 구성하는 입자들은 공기가 더 이상 그 입자들의 교란을 유지시키는 'force'를 가질 수 없을 정도로 섞여 짜이게 된다(철학의 원리, iv, 127; 위에서 인용한 책,

9, 268). 문장의 구조가 달라지면, 형용사 'fort'가 명사 'force'를 대신해서 사용될 수가 있다. 만일 불이 쇠를 방울로 만들기에 충분할 만큼 'fort' 하지 않으면, 강철은 만들어질 수가 없다(철학의 원리, iv, 142; 위에서 인용한 책, 9, 277). 공기를 가열할 때, 만일 공기 입자들의 교란이 대기 (大氣)의 무게보다 더 'plus forte'하면, 입자들은 분리되고 공기는 희박해진다(데카르트가 레네리(Reneri)에게 보낸 편지, 1631년 6월 2일; 위에서 인용한 책, 1, 207) (역주: 'Henricus Reneri'는 네덜란드 출신의 철학자로 데카르트의 절친한 친구로 알려진 사람). 데카르트는 글의 한 절이나 한 문장에서 그 다음으로 넘어가면서 명사에서 형용사나 부사로 그 형태를 바꾸기도 했다. 운동의 제3법칙에서는 자신보다 'plus fort'하거나 또는 'plus foible'한 다른 물체를 만나는 물체에 대해 말하고 있는데, 뒤이은 논의에서는 자신이 만난 물체보다 'a moins de force'하거나 또는 'a plus de force'하다고 말하고 있다(철학의 원리, II, 40; 위에서 인용한 책, 9, 86-77). 소리가 공기를 통하여 지나갈 때, 공기가 일정 거리만큼 움직여져야만 하고, 시간은 소비되며, 따라서 운동은 자신의 'force'의 일부분을 잃는다. 소리가 단단한 대들보를 통하여 같은 거리만큼 지나갈 때, 양쪽 끝이 함께 움직이며, 그리고 소리는 'plus fort'하게 난다(데카르트가 메르센에게 보낸 편지, 1632년 5월 3일; 위에서 인용한 책, 1, 246). 짐을 1피트만큼 움직이게 하기 위해 '힘'은 100피트만큼 가해줘야 하는 바이스로는, 바이스 없이는 100사람이 누르는 듯한 힘을, 한 사람이 'aussy fort'하게 누를 수 있다(데카르트가 호이겐스에게 보낸 편지, 1637년 10월 5일; 위에서 인용한 책, 1, 441~442). 똑같이 'fort'의 반대말도 사용될 수 있었다. 때로는 타는 불꽃이 'si foible et si debile'해서 그 불꽃은 램프의 심지에 불을 붙이는 'force'를 갖지 못한다(철학의 원리, IV, 116; 위에서 인용한 책, 9, 263). 자석에 대해 논의하면서 이 모든 사용법이 함께 섞여서 비할

데 없이 훌륭한 요리가 되었다. 강철은 쇠가 받을 수 있는 것보다 더 많은 자석의 능력인 'plus forte'를 받는다. 지구의 능력은 대부분의 천연 자석의 능력처럼 'si forte'가 아니다. 자석의 'force'는 불로든 또는 자석을 오랫동안 지구의 장(場)에 반대로 놓아두는 것으로든 제거될 수 있다. 자석이 지구의 장과 열을 맞추지 않으면, 일렬로 배열된 조각들은 'plus forts'한 다른 물체로 고정하지 않는 한, 직선 위에서 그들의 운동을 계속 해야만 하는 'force'에 밀려서 열을 맞추게 된다. 긴 자석은 짧은 자석보다 더 넓은 범위를 둥글게 작용하는데, 이는 일렬로 배열된 조각들이 자석의 기공(氣孔)을 통해 지나가는 시간이 더 길기 때문에 공기를 통해 직선으로 더 멀리 움직일 만한 'force'를 획득할 수 있기 때문이다. 그래서 긴 자석의 능력은 비록 그 능력이 'plus foible'할지라도 더 멀리 확장된다. 전기자(電氣子)의 'force'는 순전히 그 전기자가 자석이 잡아당기는 쇳조각들을 접촉하는 방법에 따라 결정된다. 쇠의 무게를 지탱하는 천연 자석의 'force'는 다른 자석이 옆에 있으면 더 증가한다. 자석을 통과해서 지나가는 일렬로 배열된 조각들의 수가 더 많을수록 그리고 더 많이 교란될수록, 자석은 더 많은 'force'를 갖는다. 이와 같이 그는 'plus fort'한 자석이라든가 'plus foible'이라는 식의 표현을 하고 있다(철학의 원리, IV, 145~179; 위에서 인용한 책, 9, 281~303). 데카르트가 'force'를 세기라는 의미로 사용한 것이 처음에는 정확해 보였지만, 알게 모르게 전체적으로 애매하게 바뀌게 되었다. 진자의 경우에, 그는 진자 교란의 'force'라는 말을 했다(데카르트가 캐번디시에게 보낸 편지, 1646년 3월 30일; 위에서 인용한 책, 4, 384). 그는 구멍에서 흐르는 물에 있는 'force'와 (데카르트가 호이겐스에게 보낸 편지, 1643년 2월 18일; 위에서 인용한 책, 3, 627), 타격이 가지고 있는 'force' (데카르트가 메르센에게 보낸 편지, 1640년 3월 11일; 위에서 인용한 책, 3, 42), 물이 흘러

나오는 샘의 'force'에 대해 (데카르트가 메르센에게 보낸 편지, 1639년 2월 9일; 위에서 인용한 책, 2, 505) 논의하기도 했다. 가열된 공기는 그 공기가 들어 있는 용기를 아주 큰 'force'로 터지게 한다(철학의 원리, IV, 47; 위에서 인용한 책, 9, 226). 심지어 빛까지도 'force'가 있다(철학의 원리, III, 63; 위에서 인용한 책, 9, 135, 187). 또한 약(藥)의 'force'에 대해서도 말할 수 있다(데카르트가 빌헬름에게 보낸 편지, 1640년 6월 24일; 위에서 인용한 책, 3, 93).

움직이는 물체의 힘이라는 개념과 밀접하게 관련된 것으로는 오늘날 실질적으로 에너지라고 부르는 것으로 'force'를 사용한 것을 들 수 있다. 소금물을 논의하면서 데카르트는 소금의 입자들을 막대기로 묘사하면서 그 주위로 유연한 물의 입자들이 돌아다닌다고 설명했다. 물의 입자들을 교란시키는 미세한 물질의 'force'는 그 입자들을 소금 입자들 주위로 돌아다니면서 한 소금 입자에서 다른 소금 입자로 움직이게 만드는 데에만 사용된다. 그렇지만 담수(淡水)에서 유연한 입자들이 마치 깡통에 들어있는 벌레들처럼 얽혀 있어서, 그 입자들을 구부리고 서로 떨어지게 만드는 데에도 'force'가 사용되어야만 하며, 그래서 그 입자들을 움직이게 하는 게 그다지 쉽지 않다(Météores; 위에서 인용한 책, 6, 251~252).

데카르트가 정역학에 대한 문제를 논의할 때는 'force'가 아주 다르게 사용되기도 했다. 여기서는 갈릴레오가 의존했던 것과 같은 전통으로 정적(靜的)인 힘의 개념이 분명하게 마련되었는데, 이는 종종 간단한 기계에서 저항을 극복하는 데 적용되었던 것과 같은 것이었다. 데카르트는 경사면을 분석하면서 경사면 위에서 물체를 평형 상태로 유지하는 데 필요한 'force'에 대해 말했다(데카르트가 메르센에게 보낸 편지, 1640년 11월 18일; 위에서 인용한 책, 3, 245). 물을 신속하게 위로 올려주는 장치는 시간에서 얻는 이득만큼 'force'를 잃는다고 말했다(데카르트가 메르센에게 보낸 편지, 1640년 1월 29일; 위에서 인용한 책, 3, 13). 그는 또한 벽에서 돌출되어 있는 서로 다른 원통들을 깨뜨리는 데 필요한 'force'도 말했다(데카르트가 메르센에게 보낸 편지, 1638년 12월; 위에서 인용한 책, 2, 465). 약간 유사하게 원운동을 계속해서 평형의 한 형태라고 여겼기 때문에, 그는 물체가 원운동의 중심에서 멀어지려는 'force'도 말할 수 있었다(Le monde: 위에서 인용한 책, II, 76~77. 철학의 원리, III, 60, 83; 위에서 인용한 책, 9, 133, 149). 그 반대는 물체가 내려오려는 'force'였는데(데카르트가 메르센에게 보낸 편지, 1638년 7월 13일; 위에서 인용한 책, 2, 226), 그것은 물론 정적인 문제에서는 물체의 무게와 같다. 갈릴레오와 마찬가지로, 극복해야 할 저항을 가리키는 데도 'force'라는 단어를 사용할 수가 있었다. 벽에서 수평 방향으로 돌출된 대들보의 경우에, 그는 그 대들보가 붙어있는 데 필요한 'force'와 대들보에게 압력을 작용하는 벽의 'force à resister'를 계산해보려 했다(데카르트가 메르센에게 보낸 편지, 1647년 9월; 위에서 인용한 책, 5, 74~76). 이런 맥락에서, 그는 물체의 절대적인 무게를 '물체가 보통 대기의 지구 중심에서 일정 거리 떨어져 있을 때 직선을 따라 내려오려는 force로서, 아직 어떤 다른 물체로 밀쳐지지도 않고 지탱 받지도 않아서 움직이려고 시작하지 않았을 때의 힘'이라고 정의했다(데카르트가 메르센에게 보낸 편지, 1638년 7월 13일; 위에서 인용한 책, 2, 226~227). 17세기에는 정적인 힘의 개념이 동역학적인 문장에 기어들어오면 항상 혼돈스러운 경향이 있었으며, 데카르트도 납으로 만든 공의 형태를 변형시키는 데 필요한 'force'를 논의하면서 압력이 아닌 충돌을 사용하는 똑같은 함정에 빠졌다(데카르트가 메르센에게 보낸 편지, 1639년 1월 9일; 위에서 인용한 책, 2, 483). 지렛대의 'force'와 도르래의 'force'를 말하면서 더 많은 혼동이 생겼는데, 거기서 데카르트는 단지 기계적 장점들만을 의미할 수밖에 없었다(데카르트가 메르센에게 보낸 편지, 1647년 9월 그리고 1640년 9월 30일; 위에서 인용한 책, 5, 74 그리고 3, 186). 마지막으로 데카르트는 또한 간단한 기계를 분석하면서 오늘날 일이라고 부르는 것을 명시적으로 의미하는 개념으로 'force'를 사용했다. 데카르트는 메르센에게 'force'를 '어떤 사람이 다른 사람보다 force가 더 많다고 말할 때와 같은, 사람의 force라고 부르는 능력'을 의미하지는 않는다고 썼다(1638년 11월 15일; 위에서 인용한 책, 2, 432). 그러나 유감스럽게도 그는 종종 위에서 설명한 예와 정확하게 일치되는 그런 의미로 'force'를 사용하기도 했다. 그가 (우리의 정적인 힘인) 1차원 힘과 (우리의 일인) 2차원 힘 사이를 명시적으로 구분했던 것은 순전히 그의 공로이지만, 두 가지 모두에 대해 같은 단어를 사용한 것은 끊임없이 혼동을 불러일으켰다.

위의 사용법을 제외하고도, 데카르트는 또한 어떤 능력이든 표명하려고 막연하고 직관적인 방법으로 'force'를 사용했다. 그는 태양에 증기를 잡아당겨서 위로 오르게 만드는 'quelque force'가 있음을 부정했다(Météores; 위에서 인용한 책, 6, 239). 또한 데카르트는 메르센과 함께 검(劍)에서 가장 강한 'force'가 그 끝인지, 또는 중력 중심인지, 또는 어떤 다른 곳인지 등, 어디에 있는지 논의했다(1640년 9월 15일 그리고 1643년 4월 26일; 위에서 인용한 책, 3, 180, 658). 더 나아가 그는 헨리 모어에게 영혼을 물질적 사물에 적용하지만 그러나 확장되지는 않는 '어떤 능력 또는 힘'(virtutes aut vires quasdam)으로 이해한다고 썼다(1649년 2월 5일; 위에서 인용한 책, 5, 270).

그도 또한 가끔 비록 그의 철학은 그런 관념을 허용하지 않았지만 힘을 자연의 질서에 반하는 격렬함과 연결시키는 오랜 방법을 사용했다.

탄성을 설명하면서 그는 변형된 용수철의 기공(氣孔)들이 'une figure forcée'를 가지고 있다고 말했다(데카르트가 메르센에게 보낸 편지, 1640년 1월 29일; 위에서 인용한 책, 3, 8~9). 그는 증기에서 수증기 입자들을 다시 언급하면서 이들의 운동이 'force ou violence'를 지닌다고 했으며 (데카르트가 메르센에게 보낸 편지, 1642년 1월 19일; 위에서 인용한 책, 3, 482) 그리고 대포의 포탄에 대해서는 이들이 새겨진 'force'로 움직이고 'avec grande violence'하게 밀린다고 했다(데카르트가 메르센에게 보낸 편지, 1642년 11월 17일; 위에서 인용한 책, 3, 592).

자주 사용되었지만, 'force'라는 단어는, 어쩌면 정역학의 문제들에서 사용되었던 것을 제외하고는 아직 정확한 정의를 획득하지 못했음이 분명하다. 이 단어에 부여된 서로 일치하지 않는 의미들 사이의 대혼란은, 어떤 곳에서보다도 데카르트가 1639년 12월 25일에 메르센에게 보낸 편지에서 찾아볼 수 있다. 그는 왜 용수철이 늘린 채로 오랜 시간이 경과하면 용수철의 'force'를 잃게 되는지 논의했다. 그는 충격을 받으면 동일한 'force'로 밀었을 때 더 큰 물체가 더 천천히 간다고 주장했다. 물체의 각 부분들이 물속에서 'assez fort'를 가하면 움직이지 않는다는 것은 사실이 아니다. 물체 전체가 압축되어 이동할 수가 있다. 사람이 점프할 때, 그 사람은 자기 발로 지구를 누르는 'force'가 반사되어서 공기로 오른다. 충돌의 'force'는 운동의 속도에 의존한다. 무게가 100파운드인 망치가 한 단위의 속도로, 그 속도가 100파운드를 주는 'force'로 모루를 누른다. 무게가 한 파운드인 망치는 100단위의 속도로 'aussy fort'한 모루를 누른다. 손으로 한 바퀴 돌린 망치는 정지한 망치보다 만 배는 더 많은 'plus de force'를 가질 수도 있다. 아르키메데스의 나선체(螺旋體)는 물을 올리는 데 가장 좋은 장치이다. 펌프에서는 너무 많은 'force'를 잃게 된다. 단지 우리 몸의 기묘한 물질뿐 아니라, 동물의 정신도 또한 우리의 움직임에 'force'를 준다(위에서 인용한 책, 2, 626~635. 데카르트가 메르센에게 보낸 편지, 1640년 3월 11일; 위에서 인용한 책, 3, 37을 참고하라. 데카르트가 메르센에게 보낸 편지, 1643년 2월 23일; 위에서 인용한 책, 3, 635. 철학의 원리, III, 114~116; 위에서 인용한 책, 9, 169~170).

┃부록 C┃ 가상디가 사용한 힘

갈릴레오나 데카르트가 사용한 것과 마찬가지로, 가상디가 사용한 'force'라는 단어도 (보통은 vis인데, 찰튼은 매우 일관되게 'vis'를 'force'로 번역했으며, 가상디가 'vis'를 빠뜨린 경우에는 'force'라는 단어를 추가로 삽입했다), 그 용어에 관계된 정확도가 부족했다. 그가 가장 자주 사용한 것은 데카르트가 사용했던 '물체의 운동의 힘'과 비슷했다. 그는 원자들의 중력을 그 원자들의 '선천적인 힘[ipsa nativa Atomorum vis]' 또는 '기동력[motrix sua vis]'이라고 불렀다. (Syntagma philosophicum; Opera, 1, 343.) 회전하는 지구에서 동쪽과 서쪽으로 발사하는 대포의 문제를 생각하며, 그는 대포가 포탄을 '똑같은 힘으로 [paribus viribus]' 발사한다고 말했다. 서쪽에서 발사는 '지구에서 추가된 힘[superaddita a Terra vis]'을 갖는다. 이와 비슷한 움직이는 배 위에서, 선두(船頭)와 선미(船尾)에 놓인 두 대포는 두 포탄에 '같은 힘[par vis]'을 새겨 넣는다. (Institutio astronomica iuxta hypothesis tam veterum, quam Copernici, et Tychonis, (Paris, 1647), pp. 199~200.) 그는 발사체의 포물선 경로를 유도하면서 운동 대신 '힘'을 사용했다. 움직이는 배에서 똑바로 위로 던진 공에 대한 도표에서, *B*는 포물선 *GBH*의 최고점이고, *GR*은 같은 높이에까지 이르는 연직선이다. 공을 *GR*을 따라 보내는 것보다 *GB*를 따라 보내는 것이 던지기에 더 큰 '힘[virtus]'을 필요로 한다고 생각하지 말라. 만일 배가 정지해 있다면 그 말이 옳아서, 던진 사람이 더 큰 '힘[virtus]'을 작용해야 할 것이다. 그렇지만 배가 움직일 때는, 던진 사람이 작용한 '힘[virtus]'에서 부족한 부분은 '배가 추가한 운동의 힘[vis translatitia adiecta a navi]'으로 보충된다. 공의 운동은 앞으로 진행하는 배의 운동과 던진 사람에게서 나오는 위로 올라가는 운동으로 구성되어 있으므로, '던진 힘[vis proiectionis]'도 역시 '던진 사람에 따른 힘[vis proicientis propria]'과 '배가 새긴 힘[vis impressa a navi]'으로 구성되어 있다. 만일 돛대의 꼭대기에서 돌이 떨어진다면, 던진 사람한테서는 어떤 '힘[vis]'도 요구되지 않는다. 연직 성분은 돌의 중력이 공급하며, 수평 성분은 배의 '운동의 힘'이 [a vi, seu a motu ipsius navi] 공급한다. 그뿐 아니라, 위로 향하는 던진 사람의 것이나 아래로 향하는 중력의 것이나 이 '힘들[neuter harum virium]' 중에서 어느 것도, 나머지 힘인 수평 방향의 힘을 파괴하거나 줄어들게 만들지 않는다. 이렇게 던져진 돌은 각 방향으로 '각각의 힘[viribus separatis]'으로 던져진 돌보다 위로, 또는 앞으로 조금도 덜 올라간다거나 덜 진행하지 않는다. (Epistolae tres. De motu impresso; Opera, 3, 484.) 힘에 대한 두 가지의 다른 개념들이 이 구절에 슬며시 들어왔다. 가상디는 던진 물체의 힘(Δmv)을 던져진 물체의 운동의 힘(mv)과 은연중에 같다고 놓았으며, 그리고 더 나아가 던진 물체의 힘을 중력의 힘으로 (아마도 ma로) 대치했다. (또한 Epistolae tres. De motu impresso; 위에서 인용한 책, 3, 498; 그리고 Syntagma philosophicum; 위에서 인용한 책, 1, 388을 참고하라.) '힘'이 운동의 힘을 가리키는 한, 그는 또한 'impetus'라는 단어도 동의어로 사용했다. (Epistolae tres. De motu impresso; 위에서 인용한 책, 3, 488~499를 참고하라.) 비록 그가 운동 이외에는 어떤 것도 새겨진다는 것을 부정했지만, 그는 계속해서 '힘'이라는 단어를 그런 맥락에서 사용했다. (Syntagma philosophicum; 위에서 인용한 책, 1, 354를 참고하라.) 비슷하게 사용한 예가 찰튼에게서 무수히 많이 등장한다. Physiologia, pp. 199, 279~280을 참고하라.

17세기의 다른 저자들과 마찬가지로, 가상디도 역시 정적 힘의 개념을 구사했다. 예를 들어, 기압계에 대해 논의하면서 그는 압력의 개념을 사용했다. 수은 표면 위의 공기는, 위로는 그 위의 공기 때문에 '외부의 힘'으로 압축되고 아래로는 수은의 중력으로 압축된다. 만일 외부의 힘이 제거된다면, 공기의 입자들은 '연합한 힘들로' 자신들의 자연스러운 구조를 회복한다. (나는 찰튼의 구절을 사용했다; 위에서 인용한 책, pp. 55~56.)

'힘'은 중력과 같은 잡아당김에도 역시 적용되었다. 그래서 가상디는, 다른 모든 사람과 마찬가지로, 지구도 자신의 일부분과도 분리되는 것을 저항함으로써 스스로를 보존하는 '타고난 힘[insita vis]'이 있다고 말했다. (Epistolae tres. De motu impresso; Opera, 3, 491.)

'힘'을 격렬함과 관계짓는 것은 여전했다. 찰튼은 독(毒)의 정의를 'quod in corpus ingressum, vim infert Naturae, illamque vincit'라고 인용했는데, 그는 이것을 '신체로 주입된 것이 자연에게 격렬함을 공급해서 자연을 정복하는 것'이라고 번역했다. (Physiologia, p. 377.)

다른 단어들과 마찬가지로, '힘'이라는 단어도 종종 단순히 세기를 의미했다. 찰튼은 천연 자석의 '힘'이 들어올리는 쇠의 중력을 극복하는 데 충분하다고 기술했는데, 이때 그 힘은 정확한 의미와 비유적인 의미 사이를 배회하고 있다(위에서 인용한 책, p. 395). 접촉하지 않으면 자기적(磁氣的) 요소가 '덜 격렬'해지고, 멀리 떨어져 있으면 '기력이 떨어져서 전혀 아무런 힘도 없다고 …' 기술할 때는 (위에서 인용한 책, p. 283),

그저 '세기'의 동의어로 사용했을 뿐이었다. 비슷한 의미로 그는 불의 '힘'에 대해 말했다(위에서 인용한 책, p. 429). 완전히 표상적(表象的)으로 그 단어를 사용하는 경우도 있는데, '자연의 힘[vis Naturae]'으로 두 물체는 동시에 같은 장소에 존재할 수 없다는 진술을 말한다(Syntagma philosophicum; Opera, 1, 392).

|부록 D| 호이겐스가 사용한 힘

마침내, 뉴턴이 '힘'이라는 (또는 'vis'라는) 단어에 정확한 정의를 (또는 더 좋게는, 겉으로 보기에 정확한 정의를) 부여해 용어상의 의문을 해소했다. 그러나 앞으로 보겠지만, 뉴턴 역시 용어들의 애매함을 완전히 피하지는 못했다. 한편, 호이겐스가 (프랑스어로는 'force' 그리고 라틴어로는 'vis'인) '힘'이라는 단어를 사용한 것은 서로 모순되는 사용법으로 절충하지 않아도 되는 새로운 용어를 동역학에 도입하는 지혜를 발휘한 것이다. 호이겐스의 사용법은 그 이전에 역학을 연구했던 누구보다 훨씬 더 좋은 일관성을 성취했다 강조해도 전혀 과하지 않다. 굉장히 많은 경우에서 '힘'이라는 단어는 예를 들어, 물체가 아래로 내려오려는 경향을 일컫는, 물체의 무게로 측정하는 경향인, '중력의 힘[vis gravitatis]'과 같이, 간단한 기계에서 수립한 정적인 용어였다. 이러한 사용법은 그의 낙하의 운동학을 받쳐주고 있는 최소의 동역학적 가정에 대응했다. 그렇지만 이것이 그가 채택한 '힘'에 대한 유일한 사용법은 아니었으며, 그리고 운동학적 용어로 일관되게 취급하려고 그렇게도 노력했던 사람이, 대부분 모순되는 전형적인 사용법들을 피하는 것은 불가능했다는 사실이, 17세기 동역학에서 용어의 문제점을 극명하게 드러내주고 있다.

17세기 동안에 흔히 사용한 '힘'의 사용법 중 하나로 오늘날 영어의 '힘'과 유사하게 사용되는 것이 있는데, 이 단어는 그 의미가 막연하고 불명확하다는 점을 제외하고는 별로 심각한 문제는 없었고, 오히려 추를 움직이는 지렛대에 적용된 세기라는 개념에서 비롯된 그 단어의 기원을 생각나게 한다. 예를 들어, 시계의 진자 운동을 논의하면서, 그는 그 진자의 움직임이 '추가 잡아당기는 바퀴의 힘으로 …' 유지된다고 말했다. (Qeuvres, 18, 95.) 원추 진자를 이용하는 이 시계에서 추는 바퀴가 '더 큰 힘을 가지고 또는 더 작은 힘을 가지고 …' 축이 회전하는지에 따라 더 큰 원을 또는 더 작은 원을 그린다. (위에서 인용한 책, 18, 363.) 비슷한 맥락에서 그는 화약의 '힘'과 용수철의 탄성에서 유래한 용수철의 '힘'에 대해 기술했다(위에서 인용한 책, 21, 461). 이런 경우에서 '힘'은 세기의 동의어로 이용되는 경우보다 정량적으로 덜 정확한 용어이다. 최초의 문맥에서와 같은 의미가 역학을 체계적으로 취급하려고 계획했던 논문에 등장했다. 그는 (말이나 사람과 같은) 동물이나 추, 물, 바람, 또는 용수철 등의 '움직이는 힘'에서 시작할 것을 제안했다. 이 부분에서 무거운 물체를 이동시키는 데 이용되는 어떤 도구나 기계에 적용된 세기라는 원래의 이미지와 그리고 세기에 대해 정확한 정량적인 척도를 제공하기 위한 (호이겐스가 명시적으로 말했던 것처럼) 추의 사용 등 두 가지 모두를 엿볼 수 있는데, 이는 세기로서의 '힘'에서 정확한 과학적 개념으로서의 '힘'으로 생각이 이동하는 것을 보여준다(위에서 인용한 책, 19, 27).

'움직이는 힘'이라는 생각은 힘의 개념을 애매하게 만드는 가장 중요한 출처 중의 하나였다. 간단한 기계는 무거운 물체를 움직이기 위해 존재했지만, 이들에 대한 분석이 평형 조건에 적용되었다. 간단한 기계는 이들 기계 상의 이점(利點)이 힘과 혼동되는 경향이 있었기 때문에 더 복잡해졌다. Académie royale에서 읽은 논문에서 호이겐스는 '움직이는 힘'에 대한 지식이 방앗간을 짓는 데 유용하다고 말했다. 예를 들어, 만일 구할 수 있는 물의 양과 물의 속력을 안다면, 그 방앗간과 같다고 여겨지는 말 또는 사람의 '힘'을 계산할 수 있고, 풍차의 경우에 구하는 '힘'과 같은 효과를 만들어내는 데 필요한 풍차 날개의 크기를 계산할수가 있다. 계속해서 풍차와 관련해서, 그는 풍차의 '힘'이, 길이가 16피트인 지렛대 팔에 놓인 1,646파운드의 추에 해당함을 계산해 냈다. 문맥상에서는 혼동을 일으킬 여지가 없었지만, 오늘날 모멘트라 구분되는개념에 '힘'이라는 단어가 적용되었다(위에서 인용한 책, 19, 140~141). 간단한 기계에 대한 또 다른 하나의 원고는 (이 원고에서는 'vis'라는단어와 함께 'potentia'라는 단어도 역시 사용되었는데) 1파운드의 '힘'을 만일 100배만큼 더 멀리 움직이게 한다면, 100파운드를 움직이게 할수 있다고 강조했다. 여기까지는 좋았지만, 블록과 도구에 대한 분석 옆의 여백에는 '물체에 정해진 속력을 새겨 넣으려면 얼마나 많은 힘이필요한가'라는 질문이 적혀 있었다(위에서 인용한 책, 19, 31~33).

간단한 기계는 아리스토텔레스의 역학을 떠난 지 오래된 이들에게조차, 힘과 운동 사이의 혼동을 계속 유지시키는 데 일조했다. 물리 진자를논의하면서 호이겐스는 '운동의 힘에 따라' 주어진 거리만큼 오를 수있는 어떤 운동을 하는 물체에 대해 말했다. 진자 자체도 흔들리면서'그 운동의 힘으로' 최저점에서부터 오른다(위에서 인용한 책, 16, 417). 관에 뚫린 구멍으로 흘러나온 액체는 그 관이 연결된 용기에 들어있는액체의 표면까지 다시 오르는 '힘을 가지고' 있다(위에서 인용한 책, 19, 166~167). 여기에 '물체의 운동의 힘'이라는 개념이 있었는데, 이것은 17세기 역학을 공부하는 학자들 대부분에게 mv와 비슷한 양을 의미했다. 호이겐스가 위에서 인용한 문구를 쓸 때 정확한 양을 염두에 두고있었든 아니든, 충돌이나 진자에 관한 그의 분석에 비춰보면 물체의 운동의 힘은 오직 mv^2으로만 측정할 수 있다는 것에는 의심의 여지가 없었다. 대부분, 그가 '힘'이라는 단어를 이 양에 적용한 것은 그의 생애 후반부에서 유래한다. 1690년에 그는 '물체는 자신의 중력 중심을 처음 떨어진 높이까지 오르게 하는 힘을 보존하는 … 법칙'에 대해 언급했다(위에서 인용한 책, 9, 456). 같은 시기에 발표한 하나의 주목할 만한 논문은, 공이 경사면을 따라 굴러 내려오면서 얻는 선형 운동과 회전 운동이라는 두 가지 운동을 분석하고 공의 '힘'이 두 개의 같은 부분으로 나뉜다고 말했다(위에서 인용한 책, 18, 433~436). mv^2이라는 양은 항상 무게와 높이의 곱과 연관되었으며, 때로는 '힘'도 또한 이 양과 같다고 놓여졌다. 호이겐스는 물의 저항을 분석하면서, 물이 다른 물체를 이동시킬 수 있는 능력과 연관하여 물의 '힘'이 발견되어야만 한다고 했는데, '그것은 말하자면, 주어진 양의 물이 주어진 속력으로 움직이면 그 물이 얼마나 많은 무게를 주어진 시간 동안에 주어진 높이까지 올릴 수 있느냐는 것이다.' 여기서 힘은, 우리의 용어로는 일에 따라 측정하게 되어 있었다. 그 페이지가 끝나기 전에, 그는 똑같은 물의 그 '힘'을 무게로만 측정하고 있다(위에서 인용한 책, 19, 122). (주석 48에서와 같이) 위에서 인용한 구절에서 그는 모든 움직임에서 '어떤 힘도, 잃어버린 것과 같은 양의 힘이 내는 효과 없이, 잃게 되거나 사라지지 않는다. 내가 의미하는 힘이란 무게를 오르게 하는 능력이다'라고 말했다. (위에서 인용한 책, 18, 477.) 여기서 (mv^2으로서의) 힘은 그 힘이 수행할 수 있는 (우리가 의미하는 단어로) 일에 정비례한다고 놓았다. 그는 물체에 어떤 정해진 속도를 새기는 데 필요한 '힘'을 적어도 한 번은 말했는데, 그 사용법은 오직 Δmv로만 측정될 수 있다(위에서 인용한 책, 19, 482). 같은 힘의 척도가, 충돌에 대한 그의 초기 논문들에서 사용했던, vis collisionis라는 개념에도 암묵적으로 들어 있었다. 이미 지적했다시피, 호이겐스가 사용한 '힘'은 호이겐스 이전의 물리학자들이 사용했던 것보다 더 일관되었으며,

서로 모순이 되는 사용법만을 일부러 골라낸다는 것은 오해의 여지가 있다. 그런데도 이러한 예들은 애매한 용어법이 지속적으로 존재하고 있다는 것과 이로부터 수반되는 문제점들을 보여준다.

|부록 E| 보렐리의 동역학적 전문 용어

전문 용어의 대혼란이 보렐리의 연구보다 더 정점에 이른 적이 없다는 사실 또한 옳다. 그의 경우에는 힘에 대한 직관적인 개념을 정량적인 동역학 문제들에 바로 적용하는 것이 얼마나 혼란스러운 일인지 보여주는 놀랄 만한 예라 할 수 있다. 사용할 수 있는 모든 용어를 모든 직관적인 개념에 일률적으로 똑같이 분별없게 적용함으로써, 전문 용어의 혼동을 개념에 대한 혼동으로 가중시켰다. 역학의 역사에서 개념적 정의의 역할과 용어의 정확성을 그렇게도 분명하게 보여주는 예는 찾을 수 없을 것이다.

그가 발사체의 운동을 논의했던 구절이 대혼란을 단적으로 보여준다. 그는 운동을 시작한 발사체가 자신의 운동을 지속시켜 줄 '힘과 움직이는 능력[vis, & facultas motiva]' 또는 '원인과 움직이는 힘[causa, & vis motiva]'을 획득할 가능성을 생각했다. 보렐리는 안티페리스타시스 (역주: 'antiperistasis'는 아리스토텔레스가 주장한 운동론을 부르는 이름으로, 예를 들어, 물고기는 앞의 물을 뒤로 밀어내며 앞으로 진행한다고 설명함)가 운동을 지속시킨다는 이론이 틀렸음을 증명하면서, 방해가 되지 않도록 비켜야만 하는 유체의 '모멘트와 저항의 힘[momentum, & vis resistentiae]'은 그 유체의 [밀도의 힘[vis densitatis]'과 그리고 그 유체가 이동해야만 하는 '속도의 힘[vis velocitatis]'으로 구성되어 있다고 단언했다. 같은 방법으로 발사체의 뒤에 존재하는 공간을 유체가 채우는 '능력의 모멘트[momentum virtutis]'는 그 유체의 밀도와 그리고 그 유체가 이동해야만 하는 속도로 구성되어 있다. 두 경우 모두에서 유체와 유체의 밀도가 같으므로, '같은 세기[idem robur]'의 두 속도들, 즉 두 모멘트들이 같아서, 그러므로 방해가 되지 않도록 비켜야 할 유체의 저항은 뒤에 있는 공간을 채우는 데서 '유체의 복원력[vis recursus fluidi]'과 같게 된다. 계속되는 논의에서, 'vis'와 'facultas'는 저항과 복귀의 '모멘트', '충격의 모멘트[momentum impulsus],' '충격의 힘[vis impulsiva],' '충격의 능력[impulsiva virtus],' 그리고 '추진하는 능력의 모멘트[momentum virtutis impellentis],' 등, 이 모든 것이 서로 바뀌어 사용된다. 동일한 논의에서, 압축된 공기가 팽창하려고 추구하는 '힘과 에너지 [vis, & energia]' 그리고 압축되면서 희박한 공기가 행사하는 '힘[vis]'이라는 언급이 포함되어 있다. (De vis percussionis, pp. 9~18.) 다시 말하면, '힘'은 (vis, facultas, momentum, virtus, energia) 겉으로 드러나는 활동과 연관된 어떤 양이라도 좋았다.

보렐리가 가장 자주 사용한 동역학적 용어는 '움직이는 힘[vis motiva]'였다. 말할 필요도 없이 그 용어의 사용법은 굉장히 많았다. 특히 De motu animalium에서는 (비록 거기서만은 아니지만) 움직이는 힘은, 특별히 간단한 기계라는 맥락에서 ('움직이는'이라는 형용사인데도) 정적인 힘을 가리킨다. 지렛대가 De motu animalium의 기본이 되는 개념이므로, 지렛대의 한쪽 끝에서는 '움직이는 힘'이 일관되게 등장하고 다른 쪽 끝에서는 '저항'을 움직였던 것은 놀랄 일이 아닌데, 이들 용어들은 간단한 기계에서 이미 정착된 용어들이었다. (De motu animalium, 1, 10~34, passim.) 같은 맥락에서 '움직이는 힘'을 아무런 주저함이나 당황함이 없이 많은 다른 용어로 바꾸었는데, 예를 들면 '힘

[vis]', '수축시키는 힘[vis contractiva]', '능력[virtus]', '움직이는 능력 [virtus motiva]', '동력[potentia]', '에너지[energia]', '세기[robur, validitas]' 등으로 바꾸었고, 또 '동력의 힘[vis potentiae]'처럼 이들의 여러 조합을 사용하기도 했다. (위에서 인용한 책, 1, 10~113, passim.) 또다시 이미 잘 정착한 양식을 따라서, 보렐리는 무게가 정적 힘에 대해 정량적 척도를 제공할 수 있으며, 어떤 정적 문제에서도 직선으로 작용 하는 무게는 다른 종류의 힘을 대신할 수 있다고 보았다. 그래서 '무거운 물체에서 아래를 향하는 움직이는 힘[vis motiva deorsum in gravibus corporibus]' (위에서 인용한 책, 2, 9) 그리고 '무거움이라는 힘 또는 자존성 [vis seu conatus gravitatis]'과 같은 구절이 등장하게 된다. (De motionibus naturalibus, p. 2.) 정적 힘이라는 생각이 분명 그랬던 것처 럼, 그런 용어도 다른 양들과 계속해서 혼동되었다. 근육의 세기를 비교 하면서 그는 근육을 분석하여 근육이 지탱할 수 있는 무게는 그 근육의 단면적에 비례한다는 결론을 얻었다. 그렇지만 근육이 무게를 들어올릴 수 있는 높이는 근육의 길이에 비례하며, 그리고 근육의 '동력[potentia]' 은 그러므로, 근육의 단면적과 근육의 길이와의 곱에 비례한다. (De motu animalium, 1, 210~211.) 물속에서 통나무가 상하로 움직이는 운 동을 분석하면서는 통나무가 받는 힘을 모두 합성한 힘과 그렇게 합성한 힘을 시간에 대해 적분한 것 모두를 '힘[vis]'을 사용하여 나타냈다. (Mediceorum, pp. 70~71.) 위에서 든 예에서 보렐리가 사용한 '힘'은 정 확한 전문적인 용어라기보다는 활동의 출처로 보이는 것을 가리키는 직 관적인 용어에 더 가까웠음이 분명하다. 대부분의 경우에 힘을 '세기'와 구별하는 것이 실질적으로 불가능하다. 물론 'vis'를 포함하여 그가 사용 한 많은 라틴어 단어를 세기라고 번역해도 좋을 듯하다. 그래서 그는 물방울들이 밧줄의 섬유로 스며드는 데 '아주 큰 힘[magna vis]'이 필요

하다고 말했다. (De motu animalium, 2, 48~49.) 근육들은 그 근육의 섬유 속으로 저절로 들어가는 쐐기 모양의 입자들이, '힘과 쐐기의 작용[vis, & actio cunei]'과 비슷하게 '부딪치는 힘[vis percussiva]'으로 공간을 확대시키기 때문에 '굉장히 큰 힘[ingens vis]'을 가지고 수축한다. (위에서 인용한 책, 2, 29~30.) 비슷한 맥락에서, 동일한 연구의 서문에서는 두 가지 목표를 제시했다. 첫째 그는 근육의 섬유조직을 밝히고 동물의 조직이 움직이려면 얼마나 많은 '움직이는 힘[vis motiva]'이 필요한지, 그리고 무슨 기계적 조직에 따른 것인지 보이려 했다. 둘째, 그는 근육이 움직이려면 '움직이는 힘[vis motiva]'이 신경을 통해서 어떻게 분산되는지 조사하고자 했다(위에서 인용한 책, 1, 서문).

　'움직이는 힘'은 종종, 때로는 구별하기가 쉽지 않지만 그래도 구분이 되는, 중세의 기동력이라는 개념과 실질적으로 똑같은 의미도 있었다. 움직이고 있는 물체는 '자력으로 운동할 수 없는 것[iners]'이 아니다. 움직이고 있는 물체에게는 '움직이는 동력[potentia motiva]' 또는 '움직이는 능력[virtus motiva]' 또는 '움직이는 힘과 에너지 [vis, & energia motiva]'가 부여되어 있다. (Mediceorum, pp. 57~61.) 나무 한 조각이 물속에서 떠오를 때, 그 나무 조각은 기동력을 얻게 되고, '끈질긴 기동력이 필연적으로 나무 조각의 속도의 효과를 만들어 낸다 … [impetus perseverans ex sui natura suum effectum velocitatis producit …].' (De motionibus naturalibus, p. 303.) 가벼운 진자는 무거운 진자보다 더 빨리 멈추는데, 그 이유는 가벼운 진자는 더 작은 '움직이는 힘[vis motiva]' 때문에 이동하기 때문이다. (De motionibus naturalibus, pp. 273~274.) 같은 '움직이는 힘[vires motivae]'을 이용해서 서로 다른 두 물체를 밀면, 두 물체의 속도는 각 물체의 크기에 반비례한다. (De vis percussionis, p. 40.) 새가 공중에 높이 떠 있는 것은 자신의 '중력의 힘[vis gravitatis]'를 잃었기 때문이 아니고, 운동의 '힘과 획득한 기동력 [vis, & impetus acquisitus]' 때문이다. (De motu animalium, 1, 320~321.) 그러나 이러한 사용법에는 또다시, 뭐라 딱히 이야기할 수 없는 대혼란이 존재했다. 때로는, '힘'이 1차적으로 속도를 가리키기도 한다. 이와 같이 (여기서는 단순히 속도라고 하기보다는) 물체의 '움직이는 힘[vis motiva]'이 '그 물체의 격렬하거나 또는 강력한 힘[exvehementia seu intensiva eius vi]'과 그리고 물체가 지닌 물질의 양으로 구성되어 있으며, 그래서 모든 입자는 '같은 기동력[idem impetus]'으로 같은 속도로 움직인다. (De vi percussionis, p. 196.) 흔히 사용되는 지렛대의 경우에, 같은 '동력[potentia]'을 얻으려면 받침대에 더 가까운 저항을 움직이는 데 '더 작은 힘[minus vis]'이 필요하며, 실질적으로 작용하는 '모멘트 또는 에너지 [momentum, sive energia]'를 얻으려면 동력이나 저항의 경우 모두 속도로 곱해야만 한다. (Mediceorum, pp. 63~64.) 또한, 그는 물체의 '움직이는 동력 *P*와 속도 *AB*로 구성된 …에너지 [energia composita ex potentia motiva *P*, & velocitate *AB* …]'에 대해서 언급했는데, 이 문장의 맥락에서 *P*는 물체의 크기를 가리킨다 (Mediceorum, p. 59). 시도해보지 않은 것이 남아있을 가능성은 전혀 없음을 확실히 하려고 그는 또한 '단지 약할 뿐 아니라 지극히 느린 운동을 부여받은 힘[vis nedum debilis, sed tardissimo motu praedita]'이 자신보다 심지어 1,000배나 더 큰 매우 큰 속력을 물체에 새길 수도 있다고 주장했다(위에서 인용한 책, p. 62). 이미 분명한 것이, 일상적인 범위의 용어들이 일반적인 의미의 기동력이라는 측면에서 '힘'에 적용될 수 있었다. 두 말할 나위도 없이, 'impetus' 자체가 가장 흔한 단어였다. 그는 빈번히 '기동력'이 보통 말하는 속도와 어떤 방법으로든 차이가 난다는 것과, 그리고 'velocitas' 라는 단어나 또는 'celeritas' 라는 단어 또는 심지어 'motus'라는 단어가 기동력을 대신할 수 있다는 것, 그리고 'momentum'이라는 단어가 혼자서 쓰이건 또는 (예를 들어 momentum potentiae와 같이) 문구에서 나타나든 동일한 개념을 표현하고 있다는 것 등을 이해하지 못한 듯하다.

힘에 있는 또 다른 하나의 두드러진 개념은 '충격의 힘'이라는 문구와 관련이 있었는데, 이러한 개념 역시 동의어들이 상당한 영역에 걸쳐 나타난다. (예를 들어, De vi percussionis, pp. 63~78을 참고하라.) 보렐리는 가장 흔하게는 힘과 기동력의 개념을 구분하지 않았으며, 그래서 그 것은 실질적으로 오늘날의 운동량과 같았다. 그렇지만 가끔 그는 그 둘을 구분하려 했고, 그런 경우에는 '충격의 힘'은 암묵적으로 그 충격이 원인이 된 운동의 변화량인 Δmv에 비례한다고 놓았다. 그래서 어떤 경우에 그는 용수철이 부착된 정지해 있는 배를 상상했다. 용수철을 자유롭게 풀어 놓을 때, 용수철은 '동일한 힘[equali vi]'에 따라 일어난 '반대운동 [contrariis motibus]'으로 배를 밀어서, 배는 계속해서 정지해 있게 된다(위에서 인용한 책, p. 167). 다른 맥락에서도 비슷하게 사용한 것을 보면, 그는 동일한 물체들을 위로 던질 때 '움직이는 힘[vires motivae]'이 물체들이 오를 수 있는 거리의 제곱근에 비례한다는 것을, 즉 Δmv에 비례한다는 것을 알고 있었다(De motu animalium, 1, 277).

마지막으로 알아두어야 할 것이, 최소한 어떤 맥락에서는 특히 외부의 자연스럽지 않은 활동과 관련이 있을 때는, 힘에 계속해서 격렬함이라는 의미를 부여하고 있었다는 점이다. 물방울이 나무의 기공들로 스며들어서 나무가 부풀게 될 때는 물방울은 큰 저항을 극복해야만 한다. 그러므로 물방울은 '그러한 심한 격렬함을 행사하기 위한 힘을 가져야만 … [vim habeant exercendi tam grandem violentiam …]' 한다(De motu animalium, 2, 49). 공기가 '모든 격렬함을 제거당하고 [remota omni violentia]' 자연스러운 상태에 있을 때, 공기가 '최대로 격렬하게 압축되어 있는 상태 [in statu maximae ejus violente constrictionis]'에 있을 때보다, 공기는 2천 배나 더 큰 공간을 차지하며, 만일 공기가 나중 상태에서 벗어나면 공기는 저절로 '원래 가지고 있는 자연스러운 희박성 … [ad pristinam nativam raritatem …]'을 되찾는다(De motionibus naturalibus, p. 161).

|부록 F| 뉴턴이 사용한 새겨진 힘

(Herivel, Background, p. 306 and p. 311.)

나는 뉴턴이 '새겨진 힘'이라는 문구를 사용할 때 합리적인 역학 내에서 정확한 용어로 의도했는지 알 수가 없다. 그가 '새겨진'이라는 형용사와 그에 해당하는 동사를 사용한 것으로 볼 때, 그런 목적을 마음에 품고 있었을 것 같지는 않다. 1690년대 초에 나온 운동의 법칙 수정에 관한 한 논문에는 평행사변형을 다루는 따름 정리에 대한 두 개의 연달은 초안이 나와 있다. 첫 번째 초안에는 물체가 주어진 시간 동안에 균일한 운동을 하면서 'vi sola M in loco A impressa' A에서 B까지 이동하고, 그리고 가속 운동을 하면서 'vi sola N non simul & semel sed pertetuo impressa' A에서 C까지 이동한다. 두 번째 초안에서 그는 동사로 변화 시켰는데, 그리고 그 힘들 M과 N은 'simul et semel imprimantur …'라 고 했다(Add. MS. 3965.6, f. 86.) 그는 힘뿐 아니라 운동도 새겨져 있다 고 말하려 했다. 이와 같이 주어진 밀도의 매질을 같은 속도로 움직이고 있는 같은 물체들은 매질 입자의 특징에 상관없이, 같은 시간 동안에 같은 양의 물질과 충돌하게 될 것이며, 그러므로 '물질에 같은 양의 운동 을 새기게 [imprimant] …' 될 것이다(Principia, p. 331). 만일 운동이 새겨질 수 있다면, '새겨진 운동'도 역시 존재할 수 있는데, (위에서 인용 한 책, p. 584) 새겨진 운동이라는 구절은 타원을 거리의 제곱에 반비례하는 법칙과 연관지었던 1679년에 발표된 논문에 이미 나와 있었다 (Herivel, Background, p. 246). 마지막으로, 같은 어간(語幹)으로 명사형인 '새김'을 만들 수가 있었는데, 그는 이 명사도 사용했다. 구(球)는 '모든 새김을 [impressiones] 받아들이는 데 완전히 무관'하다. 구가 물질로 된 고리로 둘러싸여 있고 그 고리는 자신의 경향을 줄이려고 노력하면, 그 노력은 공에 '운동을 새기며 [motum imprimit]', 그리고 공은 '이렇게 새겨진 운동을 유지시킨다[motum impressum]' (Principia, p. 186). 소용돌이를 분석하면서도 역시 껍질층으로 이루어진 두 표면에 만들어진 '새김 [impressiones]'에 대해 언급했다(위에서 인용한 책, p. 385). 마지막 경우에는 '새김'이라는 단어를 오늘날 우리가 사용하는 '힘' 말고 다른 무엇으로도 번역하는 것이 어려운데, 이 경우를 제외하고는 위에서 나온 모든 문구에서 (새겨진 힘의, 또는 새겨진 힘에 의해 발생한 운동의) 공통의 양을 찾아내는 것이 가능할지도 모른다. 그렇지만 여기서는 그가 '새겨진 힘'이라는 문구를 정량적인 동역학에서 정확한 용어로 이해했는지 아닌지가 의문인데, 내 의견으로는 앞서 열거한 정도의 사용법은 이러한 의문을 불식시키기에는 부족하다.

▮부록 G▮ 뉴턴이 사용한 작용

뉴턴이 '작용'이란 단어를 특징적으로 사용한 것은, 그것이 정량적인 역학에서 정확하게 정의된 용어라고 암시하는 것을 훨씬 넘어서서 '능동적인 원리'라는 문구를 상기시킨다. 예를 들어, 뉴턴은 그가 힘을 물리적이 아니라 수학적으로 고려하고 있다고 말했으며, 그러므로 독자는 그가 인력이나 충격 또는 중심을 향하는 경향이라는 단어를 사용했을 때, 그가 '일종의 작용 또는 작용하는 방식, 거기서 나오는 원인이나 물리적 이유'를 정의하려고 시도하고 있었다거나, 또는 '진정한 그리고 물리적인 의미에서 힘'을 어떤 중심의 속성으로 돌리려 했다고 생각하면 안 된다(Principia, pp. 5~6). 태양과 지구가 달을 잡아당기는 인력을 비교하면서, 그는 '지구에서 달을 잡아당기는 태양의 작용'과 지구가 잡아당기는 '힘' 사이의 비는 1/179라고 결론지었다(위에서 인용한 책, p. 407). 행성들은, 만일 행성들끼리 서로 상호간에 작용하지 [agerent] 않으면, 케플러의 법칙에 따라서 완전한 타원을 따라 움직일 것이다. 그렇지만, 행성들 상호간의 '작용'은 너무나도 작아서, 토성에 대한 목성의 '작용'만 제외하곤 무시될 수 있다(위에서 인용한 책, pp. 420~422). 비록 두 행성 사이의 '상호 작용'은 구별되어서 두 개로 여겨질 수 있지만, 오직 한 가지 동작만 존재할 뿐이다. '태양이 목성을 잡아당기는 작용과 목성이 태양을 잡아당기는 작용이 다른 것이 아니다. 태양과 목성이 서로 상대방에게 접근하려는 상호 노력에 따른 한 가지 작용이다.' (위에서 인용한 책, p. 569.) 비슷한 방법으로 뉴턴은 빛이 그림자로 퍼져 들어가지 않기 때문에, 빛이 '혼자만의 작용'으로 구성될 수 있다는 것을 부정했다(위에서 인용한 책, p. 382). 위에서 인용한 예에서 알 수 있듯이, 'agere'라는 동사는 비슷한 맥락에서도 그 역할을 잘 해내주어서, 뉴턴이 강조하려던 것이 활동이었다는 결론을 보강해주었다. 예를 들어서, 그는 물체가 낙하할 때 '동일하게 작용하는 [agendo]' 물체의 중력은 같은 시간에 그 물체에 같은 힘을 새기며 같은 속도를 발생시킨다고 말했다(위에서 인용한 책, p. 21). 다른 동사들이 'agere' 자리에 대신 사용될 수도 있었다. 뉴턴은 단지 태양에 아주 가까이 접근할 수 있는 혜성은 작다고 주장했는데, 그 이유는 그들 사이의 인력 때문에 태양이 '흔들리지[agitent]' 않아야 했기 때문이었다(위에서 인용한 책, p. 532). 만일 몇 개의 공이 유체 내에서 회전한다면, 그 공은 자신의 운동을 유체 전체를 통하여 퍼져 나가게 만들고 그래서 매질의 모든 부분이, 모든 공의 '작용'의 결과에서 생기는 운동을 지닌 채로 흔들리게 될 것이다(위에서 인용한 책, p. 391). 운동이 매질을 통하여 전파되는 것은 매질 중에서 운동이 생기는 원인 부근의 부분이 그들 너머에 존재하는 부분을 '교란시키고 흔들리게[urgent commoventque]' 하기 때문이다(위에서 인용한 책, p. 371).

만일 뉴턴이 자주 적분 $\int F dt$에 비례하는 운동의 양으로 정확히 치환시킬 수 있는 '작용'을 사용했다면, 그는 또한 그 단어를 다른 적분을 요구하는 다른 방법으로도 사용했다. 다음 경우를 생각해보자. '행성들에 대한 구심력의 작용은 거리의 제곱에 반비례하여 감소하고 주기적 시간은 거리의 3/2 멱수에 비례하여 증가하므로, 구심력의 작용은 그리고 따라서 주기적 시간은 태양에서 같은 거리에 있는 같은 행성들에게는 동일하게 될 것이다. 그리고 서로 다른 행성들이 같은 거리에서 구심력에 따른 전체 작용은 행성들의 크기에 비례하게 될 것이다….' (위에서 인용한 책, p. 567.) 여기서 '작용'이란 물체에 속한 모든 물질에 더한 전체 인력이다. 그는 힘에 대한 정의를 논의하면서도 똑같은 사항을 이야기했다. '물체의 여러 입자에 대해 가속시키는 힘의 작용을 모두 더한 합은 그 전체의 움직이는 힘이다.' (위에서 인용한 책, p. 5.) 그가 가운데 놓인 잡아당기는 구(球)의 모든 방향으로 누르는 유체의 압력을 계산했을 때, 그는 유체를 동심구(同心球)들로 나누고 각 구의 오직 가장 위쪽 표면에만 중력의 힘이 '작용 [agere]'한다고 상상했다. 그는 그 다음에 동심구의 수를 증가시키고 동심구의 두께는 in infinitum 감소시켜서 '가장 낮은 표면에서 가장 높은 표면에 대한 중력의 작용이 연속적으로 … 되게 만들었다'(위에서 인용한 책, pp. 292~293). 이 경우에, 연속적이 된 중력의 '작용'이 시간이라기보다는 오히려 공간에 대해 확장된다. 간단한 기계에 대한 그의 짧은 논의에서, 뉴턴은 여전히 또 다른 방법으로 '작용'을 사용했다. '만일 행위자의 작용을 행위자의 힘과 속도의 곱에서 추산한다면, 그리고 비슷하게 방해자의 반작용을 방해자의 여러 부분의 속도와 그리고 마찰과 응집, 그리고 그 부분들의 가속도에 따라 생기는 저항의 힘들의 곱으로 추산한다면, 모든 종류의 기계에서 사용되는 작용과 반작용은 항상 서로 같음을 알게 될 것이다.'(위에서 인용한 책, p. 28.)

위에서 예로 든 모든 경우에서 (그리고 포함시키기에는 그 수가 너무 많은 다른 경우에서), '작용'이라는 영어 단어는 원래 라틴어의 'actio'를 대신한다. 적어도 나에게는 이 경우가 '작용'에 정확한 정량적인 의미를 부여하려는 어떤 노력도 하지 않고 그냥 직관적으로 사용하려 했다고 보인다.

▌참고문헌▐

Literature on Mechanics in the Seventeenth Century

Agassi, Joseph. 'Leibniz's Place in the History of Physics,' *J. Hist. Ideas*, **30** (1969), 331~344.

Aiton, E. J. 'The Cartesian Theory of Gravity,' *Ann. Sci.*, **15** (1959), 27~50.

_____. 'The Celestial Mechanics of Leibniz,' *Ann. Sci.*, **16** (1960), 65~82.

_____. 'The Celestial Mechanics of Leibniz: a New Interpretation,' *Ann. Sci.*, **20** (1964), III-23.

_____. 'The Celestial Mechanics of Leibniz in the Light of Newtonian Criticism,' *Ann. Sci.*, **18** (1962), 31~41.

_____. 'An Imaginary Error in the Celestial Mechanics of Leibmz,' *Ann. Sci.*, **21** (1965), 169~173.

_____. 'Newton and the Cartesians,' *School Sci. Rev.*, **40** (1959), 406~413.

_____. 'The Vortex Theory of the Planetary Motions - I, II, III,' *Ann. Sci.*, **13** (1957), 249~264; **14** (1958), 132~147; **14** (1958), 157~172.

Andrade, E. N. da C. *Isaac Newton*. London, 1950.

_____. 'Newton and the Science of his Age,' *Nature*, **150** (1942), 700~706.

_____. 'Newton, considerations sur l'homme et son oeuvre,' *Rev. hist. sci.*, **6** (1953), 289~307.

_____. *Sir Isaac Newton*, London, 1954.

Armitage, A. '"Borell's Hypothesis" and the Rise of Celestial Mechanics,' *Ann. Sci.*, **6** (1950), 268~282.

_____. 'The Deviation of Falling Bodies,' *Ann. Sci.*, **5** (1941~1947), 342~351.

Arons, A. B. and A. M. Bork. 'Newton's Laws of Motion and the 17th Century Laws of Impact,' *Am. J. Phys.*, **32** (1964), 313~317.

Auger, Leon. *Un savant méconnu: Giles Personne de Roberval* (1602~1675). Paris, 1962.

Ball, W. W. Rouse. *An Essay on Newton's Principia.* London, 1893.

_____. 'A Newtonian Fragment, relating to Centripetal Forces,' *Proc. London Math. Soc.,* **23** (1892), 226~231.

Belaval, Yvon. 'La rise de la geomitrisation de l'univers dans la philosophie des lumières,' *Revue int. phil.,* **6** (1952), 337~355.

_____. *Leibniz critique de Descartes.* Paris, 1960.

_____. 'Premières animadversions de Leibniz sur les *Principes* de Descartes,' *Mélanges Alexandre Koyré, II. L'aventure de l'esprit,* (Paris, 1964), pp. 29~56.

Bell, A. E. *Christian Huygens and the Development of Science in the Seventeenth Century.* London, 1947.

_____. 'Hypotheses non fingo,' *Nature,* **149** (1942), 238~240

_____. *Newtonian Science.* London, 1961.

Blackwell, Richard J. 'Descartes' Laws of Motion,' *Isis,* **57** (1966), 220~234.

Blake, R. M. 'Newton's Theory of Scientific Method,' *Phil. Rev.,* **42** (1933), 453~586.

_____. 'Isaac Newton and the Hypothetico Deductive Method,' *Theories of Scientific Method: the Renaissance through the Nineteenth Century,* by Ralph M. Blake, Curt J. Ducasse, and Edward H. Madden, (Seattle, Wash., 1961), pp. 119~143.

Bloch, L. 'La mécanique de Newton et la mécanique moderne,' *Rev. sci.,* **23** (1908), 705~712.

_____. *La philosophie de Newton.* Paris, 1908.

_____. 'Les théories newtoniennes et la physique moderne,' *Rev. met. et mor.,* **35** (1928), 41~54.

Bork, Alfred M. 'Logical Structure of the First Three Sections of Newton's *Principia,'* *Am. J. Phys.,* **35** (1967), 342~344.

Boutroux, Pierre. 'L'enseignement de la mécanique en France au XVIIe siecle,' *Isis,* **4** (1921), 276~294.

_____. L'histoire des principes de la dynamique avant Newton,' *Rev. met. et mor.,* **28** (1921), 657~688.

Brewster, David. *Memoirs of the Life, Writings, and Discoveries* of *Sir Isaac Newton,* 2 vols, Edinburgh, 1855.

Broad, C. D. *Sir Isaac Newton.* Annual lecture on a master mind. Henriette Hertz Trust of the British Academy. London, 1927.

Brodetsky, S. *Sir Isaac Newton.* London, 1927.

Brougham, Lord Henry and Routh, E. J. *Analytical View of Sir Isaac*

Newton's Principia. London, 1855.

Brown, G. Burniston. 'Gravitational and Inertial Mass,' *Am. J. Phys.,* **28** (1960), 475~483.

Buchdahl, G. 'Science and Logic: Some Thoughts on Newton's Second Law of Motion in Classical Mechanics,' *Brit. J. Phil. Sci.,* **2** (1951), 217~235.

Burke, H. R. 'Sir Isaac Newton's Formal Conception of Scientific Method,' *New Scholast.,* **10** (1936), 93~115.

Burtt, E. A. *The Metaphysical Foundations of Modern Physical Science,* 2nd ed. London, 1932.

Cajori, Florian. 'Newton and the Law of Gravitation,' *Arch. storia sci.,* **3** (1922), 201~204.

_____. 'Newton's Twenty Years' Delay in Announcing the Law of Gravitation,' *Sir Isaac Newton, 1727~1927. A Bicentenary Evaluation of His Work,* F. E. Brasch, ed. (Baltimore, 1928), pp. 127~188.

_____. 'Sir Isaac Newton on Gravitation,' *Scientific Monthly,* **27** (1928), 47~53.

Carrington, Hereward, 'Earlier Theories on Gravitation,' *The Monist,* **23** (1913), 445~458.

Carteron, H. 'L'idée de la force mécanique dans le système de Descartes,' *Rev. Phil.,* **94** (1922), 243~277, 483~511.

Cassirer, Ernst. *Leibniz System in seinen wissenschaftlichen Grundlagen.* Marburg, 1902.

_____. 'Mathematical Mysticism and Mathematical Science,' *Galileo, Man of Science,* ed. Ernan McMullan, (New York, 1967), pp. 338~351.

_____. 'Newton and Leibniz,' *Phil. Rev.,* **52** (1943), 366~391.

Centre internationale de synthèse. *Galilée, aspects de sa vie et de son oeuvre.* Paris, 1968.

_____. *Pierre Gassendi, 1592~1655. Sa vie et son oeuvre.* Paris, 1955.

Clagett, Marshall. *The Science of Mechanics in the Middle Ages.* Madison, 1959.

Clark, Joseph T. 'Pierre Gassendi and the Physics of Galileo,' *Isis,* **54** (1963), 352~370.

Clavelin, Maurice. *La philosophie naturelle de Galilée.* Paris, 1968.

Comité du tricentenaire de Gassendi. *Actes du Congrès du treicentenaire de Pierre Gassendi.* Paris, 1957.

Cohen, I. B. *The Birth of a New Physics.* Garden City, 1960.

_____. 'The Dynamics of the Galileo-"Plato Problem" – its Relation to Newton's *Principia,'* *Actes du IXe congrès international d'histoire des sciences.* (Barcelona, 1959), pp. 187~196.

_____. 'Dynamics: the Key to the "New Science" of the Seventeenth Century,' *Acta hist. rerum nat. tech.,* **3** (1967), 78~114.

_____. *Franklin and Newton.* (Philadelphia, 1956.)

_____. 'Galileo's Rejection of the Possibility of Velocity Changing Uniformly with Respect to Distance,' *Isis,* **47** (1956), 231~235.

_____. 'Hypotheses in Newton's Philosophy,' *Physis,* **8** (1966), 163~184.

_____. *Isaac Newton. The Creative Scientific Mind at Work.* The Wiles Lectures, 1966. Mimeographed.

_____. *Isaac Newtons Papers & Letters on Natural Philosophy and Related Documents.* Cambridge, Mass., 1958.

_____. 'Leibniz on Elliptical Orbits: as seen in his Correspondence with the Académie Royale des Sciences in 1700,' *J. Hist. Med.,* **17**(1962), 72~82.

_____. 'Newton's Attribution of the First Two Laws of Motion to Galileo,' *Atti del simposio su 'Galileo Galilei nella storia e nella filosofia della scienza'.* (FirenzePisa, 14~16 Settembre 1964), pp. XXIII~XLII.

_____. 'Newton's "Electric and Elastic Spirit",' *Isis,* **51** (1960), 337.

_____. 'Newton's Second Law and the Concept of Force in the *Principia,'* *Texas Q.,* **10** (1967), 127~157.

_____. 'Newton's Use of "Force, "or Cajori versus Newton: A Note on Translations of the Principia,' *Isis,* **58** (1967), 226~230.

_____. '"Quantum in se est": Newton's Concept of lnertia in Relation to Descartes and Lucretius,' *Notes Rec. R. Soc. Lond.,* **19** (1964), 131~155.

Cohen, I. B. and Koyré, A. 'The Case of the Missing "Tanquam": Leibniz, Newton and Clarke,' *Isis,* **52** (1961), 555~566.

_____. 'Newton and the LeibnizClarke Correspondence, with Notes on Newton, Conti and Des Maizeaux, *Arch. int. hist. sci.,* **15** (1962), 63~126.

Costabel, Pierre. 'Essai critique sur quelques concepts de la mécanique cartésienne, *Arch. int. hist. sci.,* **20** (1967), 235~252.

_____. *Leibniz et la dynamique: les textes de 1692*. Paris, 1960.

_____. 'Newton's and Leibniz' Dynamics,' trans. J. M. Briggs, Jr., *Texas Q.*, **10** (1967), 119~126.

Costello, William T. *The Scholastic Curriculum at Early Seventeenth Century Cambridge*. Cambridge, Mass., 1958.

Crombie, A. C. 'Newton's Conception of Scientific Method,' *Bull. Inst. Phys.*, **8** (1957), 350~362.

Dijksterhuis, E. J. 'Christiaan Huygens,' *Centaurus*, **2** (1951~1953), 265~282.

_____. *The Mechanization of the World Picture*, trans. C. Dikshoorn, Oxford, 1961.

_____. 'The Orieins of Classical Mechanics from Aristotle to Newton,' *Critical Problems in the History of Science*, ed. Marshall Clagett, (Madison, 1962), pp. 163~184.

Dolby, R. G. A. 'A Note on Dijksterhuis' Criticism of Newton's Axiomatization of Mechanics,' *Isis*, **57** (1966), 108~115.

Drake, Stillman. 'The Concept of Inertia,' *Saggi su Galileo Galilei*, (Firenze, 1967), pp. 3~14.

_____. 'Free Fall in Galileo's *Dialogue*,' *Isis*, **57** (1966), 269~271.

_____. 'Galileo Gleanings. V. The Earliest Version of Galileo's *Mechanics*,' *Osiris*, **13** (1958), 262~290.

_____. 'Galileo Gleanings XVI. Semicircular Fall in the "Dialogue",' *Physis*, **10** (1968), 89~100.

_____. 'Galileo and the Law of Inertia,' *Am. J. Phys.*, **32** (1964), 601~608.

_____. 'Galileo's 1604 Fragment on Falling Bodies,' *Br. J. Hist. Sci.*, **4** (1968~1969), 340~358.

_____. 'Uniform Acceleration, Space, and Time,' *Br. J. Hist. Sci.*, **5** (1970), 21~43.

Dubarle, D. 'Sur la notion cartésienne de quantité de mouvement,' *Mélanges Akxandre Koyré, II, L'aventure de l'esprit*, (Paris, 1964), pp. 118~128.

Dugas, Rene. 'De Descartes à Newton par l'école anglaise,' *Les conferences du Palais de la Découverte, Sèrie D No. 16*. Paris, 1953.

_____. *Histoire de la mécanique*. Neuchatel, 1950.

_____. *La mecanique au XVIIᵉ siècle*. Neuchatel, 1954.

_____. 'Sur le cartésianisme de Huygens,' *Rev. hist. sci.*, **7** (1954),

22~33.

Duhem, P. 'De l'accéleration produite par une force constante,' *Congrès international de philosophie,* II*ᵉ* session, Geneve, 1905.

_____. *Les origines de la statique,* 2 vols. Paris, 1905~1906.

Ellis, Brian D. 'Newton's Concept of Motive Force,' *J. Hist. Ideas,* **23** (1962), 273~278.

_____. 'The Origin and Nature of Newton's Laws of Motion,' *Beyond the Edge of Certainty,* ed. Robert G. Colodny, (Englewood Cliffs, N. J., 1965), pp. 29~68.

Fierz, Markus. 'Über den Ursprung und Bedeutung von Newtons Lehre vom absoluten Raum,' *Gesnerus,* **11** (1954), 62~120.

François, Charles. 'La théorie de la chute des graves. Evolution historique du problème,' *Ciel et Terre,* **34** (1913), 135~137, 167~169, 261~273.

Gagnebm, Bernard. 'De la cause de la pesanteur. Mémoire de Nicholas Fatio de Duillier présenté à la Royal Society le 26 Février 1690,' *Notes Rec. R. Soc. Lond.,* **6** (1949), 106~160.

Giacomelli, R. *Galileo Galilei giovane e il suo 'De motu'.* Pisa, 1949.

Gerhardt, C. I. 'Leibniz über den Begriff der Bewegung,' *Arch. Gesch. Phil.,* **1** (1888), 211~215.

Glansdorff, Maxime. 'La philosophie de Newton,' *Synthese,* **2** (1947), 25~39.

Goldbeck, Ernst. *Die Gravitationshypothese bei Galilei und Borelli.* Berlin, 1897.

_____. *Kepler's Lehre von der Gravitation.* Halle a. S., 1896.

Grant, Edward. 'Aristotle, Philoponus, Avempace, and Galileo's Pisan Dynamics,' *Centaurus,* **11** (1965~1967), 79~95.

_____. 'Bradwardine and Galileo: Equality of Velocities in the Void,' *Arch. Hist. Exact. Sci,* **2** (1962~1966), 344~364.

Greenhill, George, 'Definitions and Laws of Motion in the *Principia,*' *Nature,* **111** (1923), 224~226, 395~396.

Gregory, Joshua C. 'The Newtonian Hierarchic System of Particles,' *Arch. int. hist. sci.,* **33** (1954), 243~247.

Gregory, Tullio. *Scetticismo ed empirismo. Studio su Gassendi.* Bari, 1961.

Grigoryan, A. T. 'Appraisal of Newton's Mechanics and of Emstein's "Autobiography",' *Arch. int. hist. sci.,* **14** (1961), 13~22.

Guerlac, Henry. 'Francis Hauksbee: expérimenteur au profit de Newton,'

Arch. int. hist. sci., **16** (1963), 113~128.

_____. *Newton et Epicure*. Conférence donnée au Palais de la Découverte le 2 Mars 1963. Paris, 1963.

_____. 'Newton's Optical Aether,' *Notes Rec. R. Soc. Lond.*, **22** (1967), 45~57.

_____. 'Sir Isaac and the Ingenious Mr. Hauksbee,' *Mélange Alexandre Koyré I, L'aventure de la science.* (Paris, 1964), pp. 228~253.

Guéroult, Martial. 'La constitution de la substance chez Leibniz,' *Rev. met. et mor.*, **52** (1947), 55~78.

_____. *Dynamique et métaphysique Leibniziennes*. Paris, 1934.

_____. 'Métaphysique et physique de la force chez Descarteset Malebranche,' *Rev. met. et mor.*, **59** (1954), 1~37, 113~134.

Guzzo, A. 'Meccanica e cosmologia newtoniane,' *Filosofia*, **5** (1954), 229~266.

_____. 'Ottica e atomistica newtoniane,' *Filosofia*, **5** (1954), 383~419.

Haas, A. E. *Die Entwicklungsgeschichte des Satzes von der Erhaltung der Kraft.* Vienna, 1909.

Hall, A. R. *Ballistics in the Seventeenth Century.* Cambridge, 1952.

_____. 'Cartesian Dynamics,' *Arch. Hist. Exact Sci.*, **1** (1961), 172~178.

_____. 'Correcting the Principia,' *Osiris*, **13** (1958), 291~326.

_____. *From Galileo to Newton.* New York, 1963.

_____. 'Galileo and the Science of Motion,' *Br. J. Hist. Sci.*, **2** (1964~1965), 185~199.

_____. 'Mechanics and the Royal Society, 1668~1670,' *Br. J. Hist. Sci*, **3** (1966), 24~38.

_____. 'Newton on the Calculation of Central Forces,' *Ann. Sci.*, **13** (1957), 62~71.

_____. *The Scientific Revolution.* London, 1954.

Hall, A. R. and Marie Boas. 'Clarke and Newton,' *Isis*, **52** (1961), 583~585.

Hall, A. R. and M. B. 'The Date of "On Motion in Ellipses",' *Ach. int. hist. sci.*, **16** (1963), 23~28.

_____. 'Newton and the Theory of Matter,' *Texas Q*, **10** (1967), 54~68.

Hall, A. R. and Marie Boas. 'Newton's Chemical Experiments,' *Arch. int. hist. sci.*, **11** (1958), 113~152.

Hall, A. R. and M. B. 'Newton's Electric Spirit: Four Oddities,' *Isis*, **50** (1959), 473~476.

Hall, A. R. and Marie Boas. 'Newton's "Mechanical Principles",' *J. Hist. Ideas,* **20** (1959), 167~178.

Hall, A. R. and M. B. 'Newton's Theory of Matter,' *Isis,* **51** (1960), 131~144.

_____. eds. *Unpublished Scientific Papers of Isaac Newton.* Cambridge, 1962.

Hankins, Thomas L. 'EighteenthCentury Attempts to Resolve the *Vis viva* Controversy,' *Isis*, **56** (1965), 281~297.

_____. 'The Reception of Newton's Second Law of Motion in the Eighteenth Century,' *Arch. int. hist. sci.,* **20** (1967), 43~65.

Hanson, N. R. 'Galileo's Discoveries in Dynamics,' *Science*, **147** (1965) 471~478.

_____. 'Newton's First Law: a Philosopher's Door into Natural Philosophy,' *Beyond the Edge of Certainty*, ed. Robert G. Colodny, (Englewood Cliffs, N. J., 1965), pp. 6~28.

Harré, R. *Matter and Method. London,* 1964.

Hawes, Joan L. 'Newton and the "Electrical Attraction Unexcited",' *Ann. Sci.*, **24** (1968), 121~130.

_____. 'Newton's Revival of the Aether Hypothesis and the Explanation of Gravitational Attraction,' *Notes Rec. R. Soc. Lond.*, **23** (1968), 200~212.

Hay, W. H. 'On the Nature of Newton's First Law of Motion,' *Phil. Rev.*, **66** (1956), 95~102.

Henrici, J. *Die Erforschung der Schwere durch Galilei, Huygens, Newton als Grundlage der rationallen Kinematik und Dynamik historischdidactisch dargestellt.* Leipzig, 1885.

Herivel, J. W. *The Background to Newton's 'Principia'.* Oxford, 1965.

_____. 'Early Newton Dynamical MSS.' *Arch. int. hist. sci.,* **15** (1962), 149~150.

_____. 'Galileo's Influence on Newton in Dynamics,' *Mélanges Alexandre Koyré, I. L' aventure de la science.* (Paris, 1964), pp. 294~302.

_____. 'The Growth of Newton's Concept of Force,' *Proc. 10th Int. Cong. Hist. Sci.*, 1962, **2**, 711~713.

_____. 'Halley's First Visit to Newton,' 'On the Date of Composition of the First Version of Newton's Tract de Motu,'

'Suggested Identification of the Missing Original of a Celebrated Communication of

_____. Newton's to the Royal Society,' *Arch. int. hist. sci.*, **13** (1960), 63~66, 67~70, 71~78.

_____. 'Newton on Rotating Bodies,' *Isis*, **53** (1962), 212~218.

_____. 'Newtonian Studies III. The Originals of the Two Propositions Discovered by Newton in December 1679?' *Arch. int. hist. sci.*, **14** (1961), 23~34.

_____. 'Newtonian Studies IV,' *Arch. int. hist. sci.*, **16** (1963), 13~22.

_____. 'Newton's Achievements in Dynamics,' *Texas Q*, **10** (1967), 103~118.

_____. 'Newton's Discovery of the Law of Centrifugal Force,' *Isis*, **51** (1960), 546~553.

_____. 'Newton's First Solution of the Problem of Kepler Motion,' *Br. J. Hist. Sci.*, **2** (1965), 350~354.

_____. 'Newton's Test of the Inverse Square Law Against the Moon's Motion,' *Arch. int. hist. sci.*, **14** (1961), 93~97.

_____. 'Sur les premières recherches de Newton en dynamique,' *Rev. hist. sci.*, **15** (1962), 105~140.

Hesse, Mary B. 'Action at a Distance in Classical Physics,' *Isis*, **46** (1955), 337~353.

_____. 'Hooke's Vibration Theory and the Isochrony of Springs,' *Isis*, **57** (1966), 433~441.

Hiebert, Erwin N. *Historical Roots of the Principle of Conservation of Energy*. Madison, 1962.

Home, Roderick W. 'The Third Law in Newton's Mechanics,' *Br. J. Hist. Sci.*, **4** (1968), 39~51.

Hooykaas, R. *Das Verhältnis von Physik und Mechanik in historischer Hinsicht*. Wiesbaden, 1963.

Humphreys, W. C. 'Galileo, Falling Bodies and Inclined Planes. An Attempt at Reconstructing Galileo's Discovery of the Law of Squares,' *Br. J. Hist. Sci.*, **3** (1967), 225~244.

Jammer, Max. *Concepts of Force*. Cambridge, Mass., 1957.

_____. *Concepts of Mass*. Cambridge, Mass., 1961.

_____. *Concepts of Space*. Cambridge, Mass., 1954.

Jourdain, Philip E. B. 'Elliptic Orbits and the Growth of the Third Law with Newton,' 'Newton's Theorems on the Attraction of Spheres,'

The Monist, **30** (1920), 183~198, 199~202.

_____. 'Galileo and Newton,' *The Monist,* **28** (1918), 629~633.

_____. 'Newton's Hypothesis of Ether and of Gravitation,' *The Monist,* **25** (1915), 79~106, 233~254, 418~440.

_____. 'The Principles of Mechanics with Newton, from 1666 to 1679,' *The Monist,* **24** (1914), 187~224.

_____. 'The Principles of Mechanics with Newton, from 1679 to 1687,' *The Monist,* **24** (1914), 515~564.

_____. 'Robert Hooke as a Precursor of Newton,' *The Monist,* **23** (1913), 353~584.

Kargon, Robert. *Atomism in England from Hariot to Newton*. Oxford, 1966.

_____. 'Newton, Barrow and the Hypothetical Physics,' *Centaurus,* **11** (1965), 45~56.

Knudson, Ole. 'A Note on Newton's Concept of Force,' *Centaurus,* **9** (1963~1964), 266~271.

Knudson, Ole and Kurt Pedersen. 'The Link Between "Determination" and Conservation of Motion in Descartes' Dynamics,' *Centaurus,* **13** (1968), 183~186.

Koyré, Alexandre. 'Le *De Motu Gravium* de Galilée. De l'expérience imaginaire et de son abus,' *Rev. hist. sci.,* **13** (1960), 197~245.

_____. 'De motu gravium naturaliter cadentium in hypothesi terrae motae,' *Trans. Am. Phil. Soc.,* **45** (1955), 329~355.

_____. *A Documentary History of the Problem of Fall from Kepler to Newton*. Philadelphia, 1955.

_____. *Entretiens sur Descartes*. New York and Paris, 1944.

_____. *Etudes galiléennes*. Paris, 1939.

_____. 'Etudes newtoniennes III. Attraction, Newton et Cotes,' *Arch. int. hist. sci.,* **14** (1961), 225~236.

_____. 'An Experiment in Measurement,' *Proc. Am. Phil. Soc.,* **97** (1953), 222~237.

_____. *From the Closed World to the Infinite Universe*. Baltimore, 1957.

_____. 'Galileo and Plato,' *J. Hist. Ideas,* **4** (1943), 400~428.

_____. 'Galileo and the Scientific Revolution of the Seventeenth Century,' *Phil. Rev.,* **52** (1943), 333~348.

_____. 'La gravitation universelle de Kepler à Newton,' *Arch. int. hist. sci.,* **4** (1951), 638~653.

_____. 'L'hypothèse et l'expérience chez Newton,' *Bull. soc. fran. phil.*, **50** (1956), 59~79.

_____. 'La mécanique céleste de J. A. Borelli,' *Rev. hist. sci.*, **5** (1952), 101~138.

_____. 'Newton, Galilée et Platon,' *Annales*, **6** (1960), 1041~1059.

_____. *Newtonian Studies*. Cambridge, Mass., 1965.

_____. 'Les regulae philosophandi.' 'Les Queries de l'Optique,' *Arch. int. hist. sci.*, **13** (1960), 3~14, 15~29.

_____. *La révolution astronomique. Copernic, Kepler, Borelli*. Paris, 1961.

_____. 'The Significance of the Newtonian Synthesis,' *Arch. int. hist. sci.*, **11** (1950), 291~311.

_____. 'An Unpublished Letter of Robert Hooke to Isaac Newton,' *Isis*, **43** (1952), 312~337.

Kubrin, David. 'Newton and the Cyclical Cosmos: Providence and the Mechanical Philosophy,' *J. Hist. Ideas*, **28** (1967), 325~346.

Kuhn, T. S. 'The Independence of Density and Poresize in Newton's Theory of Matter,' *Isis*, **43** (1952), 364~365.

_____. 'Newton's 31st Query and the Degradation of Gold,' *Isis.*, **42** (1951), 296~298.

Lenoble, Robert. *Mersenne ou la naissance du mécanisme*. Paris, 1943.

Lenzen, V. F. 'Newton's Third Law of Motion,' *Isis*, **27** (1937), 258~260.

_____. 'Newton's Third Law,' *Science*, **87** (1938), 508.

Lindberg, David C. 'Galileo's Experiments on Falling Bodies,' *Isis*, **56** (1965), 352~354.

Lohne, Johs. 'Hooke *versus* Newton,' *Centaurus*, **7** (1960), 6~52.

Losee, John. 'Drake, Galileo, and the Law of Inertia,' *Am. J. Phys.*, **34** (1966), 430~432.

Macauley, W. H. 'Newton's Theory of Kmetics,' *Bull. Am. Math. Soc.*, **3** (1896~1897), 363~371.

McGuire, J. E. 'Atoms and the "Analogy of Nature": Newton's Third Rule of Philosophizing,' *Studies Hist. Phil. sci.*, **1** (1970), 3~58.

_____. 'Body and Void in Newton's De Mundi Systemate: Some New Sources,' *Arch. Hist. Exact. Sci.*, **3** (1966), 206~248.

_____. 'Force, Active Principles and Newton's Invisible Realm,' *Ambix*, **15** (1968), 154~208.

_____. 'The Origin of Newton's Doctrine of Essential Qualities,'

Centaurus, **12** (1968), 233~260.

_____. 'Transmutation and Immutability: Newton's Doctrine of Physical Qualities,' *Ambix*, **14** (1967), 69~95.

McGuire, J. E. and P. M. Rattansi. 'Newton and the "Pipes of Pan",' *Notes Rec. R. Soc. Lond.*, **21** (1966), 108~143.

McMullin, Ernan. 'Galileo, Man of Science,' *Galileo, Man of Science*, ed. Ernan McMullin, (New York, 1967), pp. 3~51.

Mach, Ernst. *The Science of Mechanics: A Critical and Historical Account of its Development, trans.* Thomas J. McCormack, 6th ed., Lasalle, Ill., 1960.

Meldrum, Andrew Norman. 'The Development of the Atomic Theory: (3) Newton's Theory, and its Influence in the Eighteenth Century,' *Mem. and Proc. Manchester Lit. and Phil. Soc.*, **55** (1910), 1~15.

Metzger, Hélène. *Attraction universelle et religion naturelle chez quelques commentateurs anglais de Newton.* Paris, 1938.

_____. *Newton, Stahl, Boerhaave et la doctrine chimique.* Paris, 1930.

Milhaud, Gaston. *Descartes savant.* Paris, 1921.

Moody, Ernest A. 'Galileo and Avempace: The Dynamics of the Leaning Tower Experiment,' *J. Hist. Ideas*, **12** (1951), 163~193, 375~422.

_____. 'Galileo and His Precursors,' *Galileo Reappraised*, ed. Carlo L. Golino, (Berkeley and Los Angeles, 1966), pp. 23~43.

More, L. T. *Isaac Newton, a Biography.* New York, 1934.

_____. 'Newton's Philosophy of Nature,' Sci. *Monthly*, **56** (1943), 491~504.

Moscovici, S. *L'expérience du mouvement.* Paris, 1967.

_____. 'Recherches de GiovanniBattista Baliani sur le choc des corps élastiques,' *Actes du sytyposium international des sciences physiques et mathematique dans la première moitié du XVIIe siècle*, (Paris, 1960), pp. 98~115.

_____. 'Rémarques sur le dialogue de Galilée "De la force de la percussion",' *Rev. hist. sci.*, **16** (1963), 97~137.

_____. 'Torricelli's *Lezioni Academiche* and Galileo's Theory of Percussion,' *Galileo, Man of Science*, ed. Erman McMullin, (New York, 1967), pp. 432~448.

Mouy, P. *Le développement de la physique cartesienne, 1646~1712.* Paris, 1934.

_____. *Les lois du choc des crops d'après Malebranche.* Paris, 1927.

_____. 'Malebranche et Newton,' *Rev. met. et mor.*, **45** (1938), 411~435.

Natucci, Alpinolo. 'Il concetto di lavoro meccanico in Galileo e Cartesio,' *Actes du symposium international des sciences physiques et mathematiques dans la première moitié du XVIIe siècle.* Paris, 1960.

_____. 'I meriti di Evangelista Torricelli come fisico,' *Convegno di studi torricelliani* (Faenza, 1959), pp. 77~91.

Neményi, P. F. 'The Main concepts and Ideas of Fluid Dynamics in their Historical Development,' *Arch. Hist. Exact Sci.*, **2** (1962~1966), 52~86.

Patterson, Louise D. 'Hooke's Gravitation Theory and its Influence on Newton,' *Isis*, **40** (1949), 327~341, **41** (1950), 32~45.

_____. 'A Reply to Professor Koyré's Note on Robert Hooke,' *Isis*, **41** (1950), 304~305.

Pav, Peter Anton. 'Gassendi's Statement of the principle of Inertia,' *Isis*, **57** (1966), 24~34.

Perl, Marguta R. 'Newton's Justification of the Laws of Motion,' *J. Hist. Ideas*, **27** (1966), 585~592.

Pla, Cortès. *Isaac Newton*. Buenos Aires, 1945.

Reichenbach, Hans. 'The Theory of Motion According to Newton, Leibniz, and Huygens,' *Modern Philosophy of Science.* (London, 1959), pp. 46~66.

Rigaud, S. P. *Historical Essay on the First Publication of Sir Isaac Newton's Principia.* Oxford, 1838.

Rochot, B. 'Beeckman, Gassendi et le principe d'inertie,' *Arch. int. hist. sci.*, **31** (1952), 282~289.

_____. 'Gassendi et l'expérience,' *Mélanges Alexandre Koyré, II. L'aventure de l'esprit*, (Paris, 1964), pp. 411~422.

_____. 'Sur les notions de temps et d'espace chez quelques auteurs du XVIIe siècle, notamment Gassendi et Barrow,' *Rev. hist. sci.*, **9** (1956), 97~104.

_____. *Les travaux de Gassendi sur Epicure et sur l'atomisme, 1619~1658.* Paris, 1944.

Ronchi, Vasco. 'Il dubbii di Isaaco Newton circa la universalitá della legge dell'attrazione,' *Arch. int. hist. sci.*, **13** (1960), 31~37.

Rosenberger, Ferdinand. *Isaac Newton und seine physikalischen Principien.* Leipzig, 1895.

Rosenfeld, L. 'Newton and the Law of Gravitation,' *Arch. Hist. Exact Sci.*, **2** (1962~1966), 365~386.

_____. 'Newton's Views on Aether and Gravitation,' *Arch. Hist. Exact Sci.*, **6** (1969), 29~37.

Russell, Bertrand. *A Critical Exposition of the Philosophy of Leibniz*, new ed. London, 1937.

Russell, J. L. 'Kepler's Laws of Planetary Motion,' *Br. J. Hist. Sci.*, **2** (1964~1965), 1~24.

Sabra, S. I. *Theories of Light from Descartes to Newton*. London, 1967.

Schimank, Hans. 'Die geschichtliche Entwicklung der Kraftbegriffs bis zum Aufkommen der Energetik,' *Robert Mayer und das Energieprinzip*, ed. H. Schimank and E. Pietsch, (Berlin, 1942).

Scott, J. F. *The Scientific Work of René Descartes* (1596~1650). London, 1952.

Scott, Wilson. *Conflict Between Atomism and Conservation Theory, 1644~1860.* London, 1970.

Serrus, Ch. 'La mécanique de J. A. Borelli et la notion d'attraction,' *Rev. hist. sci.*, **1** (1947~1948), 9~25.

Settle, Thomas B. 'Galileo's Use of Experiment as a Tool of Investigation,' *Galileo, Man of Science,* ed. Ernan McMullin, (New York, 1967), pp. 315~337.

Shapere, Dudley, 'The Philosophical Significance of Newton's Science,' *Texas Q*, **10** (1967), 201~215.

Snow, A. J. *Matter and Gravity in Newton's Physical Philosophy.* London, 1926.

_____. 'The Role of Mathematics and Hypothesis in Newton's Physics,' *Scientia*, **42** (1927), 1~10.

Sortais, R. P. Gaston. *Pierre Gassendi, sa vie et son oeuvre.* Paris, 1955.

Stein, Howard. 'Newtonian SpaceTime,' *Texas Q*, **10** (1967), 174~200.

Strong, E. W. 'Hypotheses non fingo,' *Men and Moments in the History of Science*, ed. Herberg M. Evans, (Seattle, 1959), pp. 162~176.

_____. 'Newton and God,' *J. Hist. Ideas*, **13** (1952), 147~167.

_____. 'Newtonian Explications of Natural Philosophy,' *J. Hist. Ideas*, **18** (1957), 49~83.

_____. 'Newton's "Mathematical Way",' *J. Hist. Ideas,* **12** (1951), 90~110.

Sullivan, J. W. N. *Isaac Newton, 1642~1727.* New York, 1938.

Tait, P. G. 'Note on a Singular Passage in the Principia,' *Proc. R. Soc. Edin.*, **13** (1886), 72~78.

Taliaferro, R. C. *The Concept of Matter in Descartes and Leibniz*. Notre Dame, 1964.

Tannery, P. 'Galilée et les principes de la dynamique,' *Mémoires scientifiques*, **6** (Paris, 1926), pp. 387~413.

Tarozzi, G. 'I inflnito cosmico e la mecanica celeste di Newton,' *Arch. st. filos.*, **1** (1932), 5~22.

Thackray, Arnold. *Atoms and Powers. An Essay on Newtonian Matter-theory and the Development of Chemistry*, Cambridge, Mass., 1970.

_____. '"Matter in a Nut-Shell": Newton's *Opticks* and Eighteenth Century Chemistry,' *Ambix*, **15** (1968), 29~63.

Toulmin, Stephen. 'Criticism in the History of Science: Newton on Absolute Space, Time, and Motion,' *Phit. Rev.*, **68** (1959), 1~29, 203~227.

Truesdell, C. 'A Program toward Rediscovering the Rational Mechanics of the Age of Reason,' *Arch. Hist. Exact Sci.*, **1** (1960~1962), 1~36.

_____. 'Rational Fluid Mechanics, 1687~1765,' editor's introduction to vol. II, 12 *Euleri Opera Omnia*, (Zurich, 1954), IX~CXXV.

_____. 'Reactions of Late Baroque Mechanics to Success, Conjecture, Error, and Failure in Newton's *Principia,*' *Texas Q*, **10** (1967), 238~258.

Vavilov, S. I. *Isaac Newton*. Trans. Josef Grun, Wien, 1948.

Weisheipl, James A. 'The Principle *Omne quod movetur ab alio movetur* in Medieval Physics,' *Isis*, **56** (1965), 26~45.

Westfall, R. S. 'The Foundations of Newton's Philosophy of Nature,' *Br. J. Hist. Sci.*, **1** (1962), 171~182.

_____. 'Hooke and the Law of Universal Gravitation: a Reappraisal of a Reappraisal,' *Br. J. Hist. Sci.*, **3** (1967), 245~261.

_____. 'Newton and Absolute Space,' *Arch. int. hist. sci.*, **17** (1964), 121~132.

_____. 'Newton and Order,' *The Concept of Order*, ed. Paul G. Kuntz, (Seattle, 1968), pp. 77~88.

_____. 'A Note on Newton's Demonstration of Motion in Ellipses,' *Arch. int. hist. sci.*, **22** (1969), 51~60.

_____. 'The Problem of Force in Galileo's Physics,' *Galileo Rea-*

ppraised, ed. Carlo L. Golino, (Berkeley and Los Angeles, 1966), pp. 67~95.

Whiteside, D. T. 'Before the *Principia*: The Maturing of Newton's Thoughts on Dynamical Astronomy, 1664~1684,' J. *Hist. Astro.*, **1** (1970), 5~19.

_____. 'Newtonian Dynamics,' *History of Science*, **5** (1966), 104~117.

_____. 'Newton's Early Thoughts on Planetary Motion: a Fresh Look,' *Br. J. Hist. Sci.*, **2** (1964), 117~137.

Wiener, Philip Paul. 'The Tradition Behind Galileo's Methodology,' *Osiris*, **1** (1936), 733~746.

Wilson, Curtis A. 'From Kepler's Laws, So-called, to Universal Gravitation: Empirical Factors,' *Arch. Hist. Exact Sci.*, **6** (1970), 89~170.

Wohlwill, Emil. 'Die Entdeckung der Beharrunggesetzes,' *Zeitschrift für Völkerpsychologie und Sprachwissenschaft*, **14**(1883), 365~410; **15** (1884), 70~135, 337~387.

Wohlwill, E. 'Die Entdeckung der Parabelform der Wurflinie,' *Abh. Gesch. Math.*, **9** (1889), 577~624.

[인명]

[용어와 문헌]

지은이 **리처드 샘 웨스트펄 (Richard Sam Westfall, 1924~1996)**

미국의 저명한 과학사학자로 명문 예일 대학에서 학사, 석사, 박사 학위를 받았다. 1963년에 미국의 인디애나 대학 교수로 부임해서 1989년에 은퇴할 때까지 근무했다. 뉴턴에 대해 본격적으로 연구한 학자로 유명하며 『근대과학의 형성』(1971), 『뉴턴의 물리학과 힘』(1971), 『17세기 영국에서 과학과 종교』(1973), 『결코 쉬지 않는 사람: 아이작 뉴턴의 일대기』(1980), 『갈릴레오 재판에 관한 에세이 모음』(1989), 『아이작 뉴턴의 일생』(1989) 등의 저서를 남겼다. 1977~1978년에 미국 과학사학회의 학회장을 역임했으며, 과학사 분야에서 가장 권위 있는 상으로 알려진 파이저 상을 1972년과 1983년 두 번에 걸쳐 수상했다.

옮긴이

차동우

서울대학 물리학과를 졸업하고 미국 미시간 주립대학교에서 이론 핵물리학 박사 학위를 받았으며, 인하대학교 물리학과 교수를 역임하고 현재 인하대학교 명예교수이다. 저서로는 『상대성이론』, 『교양물리』, 『핵물리학』 등이 있고, 역서로는 『새로운 물리를 찾아서』, 『물리이야기』, 『양자역학과 경험』 등이 있다.

윤진희

서울대학교 물리학과를 졸업하고 미국 퍼듀 대학에서 이론 핵물리학 박사 학위를 받았고, 현재 인하대학교 물리학과 교수로 재직 중이며, 2002~2003년에는 미국 워싱턴 대학교 객원교수, 2006~2007년에는 미국 오크리지 국립연구소 객원연구원을 역임하였다. 현재 한국 물리학회에서 실무이사, 세계물리연맹 실무위원, 여고생 물리캠프 운영위원 등으로 활동하고 있다.